U0254114

中国近代建筑纲要
（1840—1949 年）
Outline of Chinese Architecture of Modern Times

黄元炤 著
Huang Yuanzhao

中国建筑工业出版社

图书在版编目（CIP）数据

中国近代建筑纲要（1840—1949年） / 黄元炤著. — 北京 ：中国建筑工业出版社，2015.7
ISBN 978-7-112-18095-0

Ⅰ.①中… Ⅱ.①黄… Ⅲ.①建筑史—中国—1840～1949 Ⅳ.①TU-092.5

中国版本图书馆CIP数据核字（2015）第091408号

责任编辑：徐　冉　陈海娇
书籍设计：黄元炤
项目摄影：黄元炤
责任校对：张　颖　陈晶晶

感谢北京建筑大学建筑设计艺术研究中心建设项目的支持

中国近代建筑纲要（1840—1949年）
Outline of Chinese Architecture of Modern Times
黄元炤　著
Huang Yuanzhao

*

中国建筑工业出版社出版、发行（北京西郊百万庄）
各地新华书店、建筑书店经销
北京顺诚彩色印刷有限公司印刷

开本：889×1194 毫米 1/16 印张：40½ 插页：10 字数：1152千字
2015年9月第一版　2015年9月第一次印刷
定价：**138.00** 元
ISBN 978 - 7 - 112 - 18095 - 0
　　　（27298）

序

对于中国近代建筑历史的研究，最重要的也是最为困难的就是如何尽可能全面地展现那个时代的整体现象，并将其相应时代建筑所呈现出的丰富性和多样性加以尽可能的还原。目前我国对于近代建筑史的研究方式，往往将视点锁定在几位具有代表性的建筑师、理论家以及个别的典型事件上面。这种简明扼要的研究方式突出了重点，却忽略了对于相同时代及所对应的大批富有活力和创意的建筑师的研究。我们在对近代建筑进行观察的时候，可以看到非常多的以点为题材的研究，但却缺乏一个可以能够看到中国近代建筑历史发展过程的整体的脉络关系。

19、20世纪中国近代建筑的发展，其实并不是简单地由几位所谓的大师一挥而就完成的。在其发生和发展过程中。众多的建筑师、教育家、理论家一直都参与在整个的历史进程之中，并从不同的角度探索着中国近代建筑的发展。如果将这些建筑师、教育家、理论家们的努力一并发掘出来，尽可能地还原当时诸多建筑师、教育家、理论家们的共同的工作状态并以时间、事件、作品等一一的加以对照、研究、呈现，我认为这才是研究建筑历史的正确视点和修史态度。诚然采取这种修史态度所带来的工作量是庞大的，但是这样的研究视点和工作的展开，无疑地将会为我们重新认识和更加客观地理解中国近代建筑的产生、发展的历史提供更加全面和相对详实的资料和信息。

这本**《中国近代建筑纲要（1840—1949年）》**是目前任教于北京建筑大学ADA研究中心的黄元炤先生在他北京大学学位论文《中国近代建筑的谱系与纲要（1840—1949年）》的基础上，花了两年多时间的进一步修改后而完成的，论文中详细地对近代建筑师的整体进行了个体观察的同时，对近代建筑教育的萌生与发展、对近代建筑相关执业形态以及近代建筑组织、机构、团体与媒体的形成和作用进行了非常详细的论述和梳理，并在此基础上对于那个时代的建筑思潮、风格的演变进行了解读。以此给我们呈现出了一个中国近代建筑历史发展过程的富于丰富性和多样性的整体全貌。如此这样系统地对于中国近代建筑史的不厌其烦地进行梳理，在我国尚属首次。相信这样的一种梳理和呈现的方式对我们更加深入地理解中国近代建筑历史的发展、发现那些被遗忘的建筑师、建筑作品以及建筑理论家、教育家在整个近代建筑史当中的贡献及其作用，会有着非常重要的参考价值，为我们大家理解中国近代建筑的发展的整体过程提供了一把钥匙。

王昀

2015年5月于ADA研究中心

前言

楔子

人类要认识和理解"建筑",最好的途径是通过"看"建筑(动态)或"读解"建筑史(静态)的方法来进行,在"动静"之间达到人类对于"建筑"认知的升华。而"建筑史"非仅是人、事、物三方面的简单表述和宣达,是需要通过研究、整理及分析和判断后,才能加以融会贯通,梳理其中所衍生的思想、活动、经验和价值。

研究的状况、起因、重整、还原、梳理

笔者在综观和了解从 19 世纪中叶到 20 世纪中叶(1840—1949 年)关于"中国近代建筑"的发展后,从中观察到,在 20 世纪,已有多位著名建筑师、建筑学者、建筑史学家、建筑理论家对此研究范畴和方向进行过深入或片段的大量研究和探讨,并发表过多篇论文及专著,这些都是极具价值的研究成果。在这些成果中,绝大部分经由资料、图片和文字记录流传下来,让往后的建筑师、教师和学生有机会可以了解到在中国近代建筑发展中"仅存"和"幸存"的记忆与事实。这些大量的研究成果至今没被人们遗忘,更成为日后资料的"藏库",也是兴起笔者对这方面研究的兴趣和成因。

当笔者投入到中国近代建筑的研究中,发现了其中存在些许问题。从 19 世纪中叶到 20 世纪中叶,中国近代经历了军事与政治的冲击,以及经济和科学发展的受挫,这些都影响到整个社会层面,也影响到中国近代建筑的正常化和持续性的发展,致使中国近代建筑历程处于一种"间断"和"无法延续"的状态,历史或研究被切割得残破不全、分崩离析,衍生了各种问题,包括作品的损毁和残破,作品已不复原来面貌;文字记录着重在部分建筑师的报导和解读而忽略其他建筑师的研究;记录内容着重在特定设计潮流;有些建筑师作品被遗忘或被刻意忽略;无法深入分析和分类作品;执业形态的定位不明等。以上这些问题导致中国近代建筑无法得到详细的介绍,不全面或未被客观地呈现在世人面前,因而笔者认为有必要对中国近代建筑再次作一个客观的梳理、还原和定义,重新定位其历史、思想、理论的意义与价值,让世人能够更清楚地认识到中国近代建筑的发展过程。

完整呈现

本书通过大量的查阅和收集工作及实地考察与挖掘,在汇集既有和新发现的"史料"(关于中国近代建筑史研究专著及文章)后,重新整理、一一细分,并编制成"年表"。另外,从读解史料与年表的过程中,进行基础性的概括和归纳,以"纲要"的方式,将"中国近代建筑"(1840—1949 年)作适切的梳理和衔接,还原当时所能掌握到的事件和现象,进行细致、严谨、客观的分类和分析,再予以深化研究、对照和整合,从而叠加出新的体系和框架。最后,笔者冀望,从框架中完整呈现巨大和浩瀚的中国近代建筑(1840—1949 年),并重新审视和建立其内在的价值,最后勾勒出其在 20 世纪世界建筑发展史中自身的角色和定位,尤其是希望本研究能填充和补足被世界建筑史所遗忘的过程。

黄元炤

2015 年 6 月于 ADA 研究中心

目录

序
前言

5.　近代建筑相关执业形态的破啼而生

6. 近代建筑组织、机构、团体与媒体的成形和效应

7. 近代建筑思潮及风格之演变、现象、姿态与哲学观

1. 绪论

1.1 研究背景

"文化体"的变化，那段历史

回溯过往，"建筑"或"建筑学"的观念伴随着近代时局的演变（洋务运动、清末新政、朝代更替等）而被引入中国，它们出现和萌芽于19世纪下半叶，崛起和兴盛于20世纪上半叶。世人皆知，在19世纪末、20世纪初的"中国近代"，正发生自身"文化体"的根本变化，经历着一场"传统"与"现代"或"传统"转向"现代"的辩证过程，是非常入世的现象，产生出许多令人难忘的历史事件。建筑亦然，也有着同那段历史相同、类似的发展，包含着丰富多样的内容。

那段历史的很多内容，皆被人记载并流传下来，包括军事工业、产业转变、新式教育、民主爱国、新文化运动、国政建设、战争诡谲等内容。而在"建筑"部分，从19世纪末开始，许多建筑师、建筑学者、建筑理论家皆从不同层面为中国近代建筑的发展做出了大量开拓性的工作。这些老一辈的建筑历史和理论研究学者所积淀下的工作成果，也被用文字和图片记载并流传，让后人能够了解到那段历史中建筑所发生的种种事情，至今仍能勾起人们对那段历史的回忆。

缺席和无声于"世界"

这些工作成果，有些已被中国建筑学者编写入教学内容，以让建筑后辈可以进一步地了解与认识。然而，因"二战"后时局的演变，世界建筑理论发展的体系与架构，基本上是由"欧美"所主导与引领。学者贯以且以"欧美"为中心视点来关注世界建筑，使得在建筑史传播方面，全世界发达国家和发展中国家皆用以欧美体系为主导来编写世界建筑史知识，并作为学习建筑史方面的依据，亚洲亦然，当然中国也亦然，举凡传统高校建筑系皆以欧美体系为主导的建筑史体系来教学。

但是，若解读具有上述编写特点的建筑史，不难发现，其中并未有对中国建筑在19世纪至今这个时间段的介绍，即使有，也只是零碎、少量的，因此，在这样的建筑史体系架构中，中国建筑是缺席的，是无声的，更是绝对被弱化的。这是笔者所关注到的一个重要现象，值得深刻论证。当然，这种现象与"二战"后以美国为首的资本主义阵营与以苏联为首的社会主义阵营的"冷战"局势有关，那时两大阵营在政治、经济、军事、外交、文化、意识形态等方面都处于"对抗"状态，客观地说，这也广泛地影响到其他事情，如建筑史的编写与纲要。

"本国"的遗失与欠缺

众所周知，老一辈建筑历史和理论研究学者为中国建筑的发展留下了丰硕的成果，形成了珍贵的文献与史料。然而，由于19世纪、20世纪上半叶各省各地战乱横生，许多当时所建造的建筑被摧毁，所完成的相应工作成果遗失，而有幸保存至今的建筑，大多也都因年久失修或被改造而面目全非。这其中有不少优秀的建筑作品，都是由中国建筑师设计的。

建筑实体被毁、资料的遗失，使得关于1840—1949年的建筑记载与研究较难以客观与全面呈现，也难以被与之关联的媒体（报纸、杂志）所报道，加上因时局发展而被忽略（间接）和省略（直接），使得中国建筑的发展缺了一大段，乃至于无法完整、系统和明晰地被探讨，这也是笔者所关注到的另一个重要现象，值得深思。

纵归以上两大原因，笔者认为有必要对1840—1949年的中国近代建筑进行广泛而深入的考据及系统性的研究与梳理，并试图以一个整体性的视点来重整与还原关于中国近代建筑的一切，厘清整体脉络与发展。这在很大程度上弥补了此项研究的不足，并进一步拓宽和加深本领域的研究。

1.2 本书的史料价值

肇始，研究范围，全面性，出生年代

本书的写作所面临的第一件工作，就是要解决"肇始"的时期问题，既要大力寻求中国近代的源头，又要查考历史。但追溯太远，好像也没必要，于是就追溯到19世纪上半叶鸦片战争时期，这也是客观认定的中国近代的发端，因此，本书研究的时间范围是从鸦片战争后到新中国成立前，即从19世纪中叶到20世纪中叶（1840—1949年）。在此大架构下，依序分几个时期——清政府、北洋政府、民国政府、新中国——进行分段研究，从中去观察不同的历史、文化、社会等变革与活动对建筑产生的相关影响，而建筑也反馈在不同时期中其所处的位置和姿态。本书研究对象设定为"全面性"的中国近代建筑师，并延伸至广义的中国近代建筑从业人员及与建筑相关之人士（营造商、地产业、工程师等）。另外，以人的出生年代做进一步的划分，并探讨彼此之间的对应关系，以此作为研究的开始。

查阅文献，第一手资料与图片，完整呈现

中国近代建筑的起源和发展是一个巨大而浩瀚的领域，这个研究实际上是非常困难的，一开始笔者先通过国家图书馆、学校图书馆、网络媒体、市面书店等不同方式查阅相关文献，其次，收集大量有意义、珍贵的第一手资料与图片，以翔实、还原的史实为此项研究提供丰富的依据，力求在涉及中国近代所有的史书、文献、资料中能够查到这些建筑师，将每一个人及他们每个个体周边的情况、所处的社会环境、人和人之间的关系等进行一个"完整呈现"。其次，基于中国近代建筑史相关专著及文章，汇集既有的和新发现的资料，从中了解中国近代建筑的既有研究及需补充的部分。同时，一方面编制建筑师年表，加以解读、分析与归纳，从建筑师的不同角度（籍贯、出生地、家世背景、教育归属、执业形态、业务领域、思想风格、作品分布、纸质媒体、团体机构等）进行分类及梳理，制成相关研究与验证的关系图，内容涉及史料学、方志学、年谱学等诸多课题；另一方面进行实地调查，考察既存建筑，并挖掘其他未曾面世或被遗忘的建筑，在城市和城市之间、建筑和建筑之间还原和感受那段历史的场景和氛围。这也是本项研究的重要依据。

1.3 新的框架、纲要和意义

笔者尝试以多种研究方式来写这本书，最终的成果是叠加出新的中国近代建筑的框架与纲要，从中略窥一时代之建筑风气。新的框架共6大纲要，是为本书的架构，分别如下：

1. 近代的历史、建设和辩证——以历史的观点去回溯从古代过渡到近代的背后成因，及中国近代在世界历史中所处的位置，并从中还原"现代化"文明衍生的基点，文明间因历史发展而导致的影响和重组、调整和延续，更浅析中华建筑古文明。另外，论述"现代化"文明因不同因素、从不同渠道来到中国，产生了硬件的建设（近代城市化的过程）与软件的导入（翻译、图书、杂志与报纸的延伸），以及经济产业的转变，从中辩证硬、软实力的提升以及"现代化"文明的被接受；并从建设（建造）的视角，发现规划观念的初现及材料、工法与设备的引入与运用对营造或建筑的冲击与影响。

2. 近代建筑师之个体观察——单一建筑师的观察是本书研究的重点，也是个开端。从单一的观察到构成整体的呈现，是本项研究的目的。因此，建筑师的"肇始"是重要的，先以建筑从业人员反推来界定出生年代，并加以区分，观察他们自身于历史演变中所处的位置及相互的影响。对建筑师籍贯、出生地的观察也是一项切入点，其或多或少影响到建筑师日后受教育与执业的选择。当观察建筑师个人时，也需了解他们的家世与成长背景，其祖上与出身的因素也许是引导他们从事建筑师业务的利器或诱因，成为与"建筑"或"非建筑"之间的关系。

3. 近代建筑教育的萌生和发展——教育在中国近代文明演变过程中是最重要的一环，它开启了人们对于"现代化"知识的好奇与热情。本书将教育分为境内与境外两部分。境内部分探讨了新式教育的背景与成因，以及"土木工学门"与"建筑学门"课目于《大学堂章程》中的内容与后续影响。同时，将中国近代梳理出不同的教育分期，分有"19 世纪末至 20 世纪 20 年代前"和"20 世纪 20 年代后"两大部分，从中可观察如从传统教育（私塾、书院、公学等）走向新式教育（学堂、工业学校、函授学校、高校等）的过程，及其中建筑教育（土木工程系、土木工程系建筑组、建筑工程系）在不同分期中所处的位置。更重要的是，引出近代建筑学教育的创办及其续办、战时迁徙与并入的过程，到"第二代"的延续，最后，浅析高校建筑学教育的创办与学风。境外部分探讨了中国近代留学教育的背景，以及留学潮的产生与分段、方式；之后，观察留学国家本身建筑教育的始源和"中国留学生"于国外高校受教育的情况。

4. 近代建筑相关执业形态的破啼而生——建筑执业形态在中国近代有着多样性，有些形态是新生的，如房地产业、公职、工务、建筑师；有些是从古代演变来的，如营造厂。本书分 7 个不同的执业形态，依序阐述，细数它的由来及建筑师在其形态中的活动与相互之间关系。这 7 个执业形态分别是：①关于营造厂（从水木作坊到营造厂）；②关于房地产业（华商的形成和投资）；③关于公职、公务、工务和技职（中央、地方）；④关于境内的自学形态（非受过高校建筑专业培养）；⑤关于境外的执业形态（工部局、洋行、洋事务所等）；⑥关于民间企业和团体（金融业、银行）；⑦关于建筑师事务所。其中，在事务所部分，特别加以解析，根据建筑师的出身（境外培养、境内培养）与事务所分类（联合型、个人型），并从年代和区域分布去观察，最后分为 11 大谱系，探讨建筑师事务所"内"或"之外"的分合离散关系，探寻"师承"与"传承"的脉络。

5. 近代建筑组织、机构、团体与媒体的成形和效应——纸质媒体是软实力，包括报纸、期刊，它们在中国近代成为引入"现代"知识与学说的渠道，至关重要。而建筑组织、机构与团体也在中国近代应运而生，它团结了建筑师、工程师等，利于业内人士之间的交流与联系；并创办杂志以达到宣传近代建筑发展的目的。本书将详尽阐述建筑组织、机构与团体及其所办杂志，将其划分为社会类、高校类，并对建筑师发表在报纸、杂志上的文章进行观察。

6. 近代建筑思潮及风格之演变、现象、姿态与哲学观——在中国近代建筑领域，建筑师以团队或个人的形态愉悦地向大众输出他们的创作，而创作中的思潮与风格成了"传统"转向"现代"的过渡历程中一项生产的意义与价值，它揭示着建筑师在实践中对社会与学术的贡献，并让建筑走向大众，不再是一团迷雾，市场成了决定一切的机制，使得建筑百花齐放，再也没有定于一尊的场景。因此，本书将反映芸芸众生中的一处角落、一个部分或一股潮流，梳理出中国近代建筑的思潮与风格之演变、现象、姿态与哲学观。

结语

以上 6 大纲要，是笔者在进行系统梳理后，重新审视和建立的中国近代建筑的内在和完整性，试图做出更为客观的史学和理论上的判断，勾勒出中国近代建筑在 20 世纪世界建筑发展史上的角色和定位。最终，冀望能填补被世界建筑史所遗忘的这方空白，裨益于对建筑史资讯与知识的普及。

2. 近代的历史、建设和辩证

2.1 关于历史背景的概述

2.1.1 史实的回溯：人类文明在不同世纪的演变

人类历史文明演变其来有自，正确地认识和理解人类文明发展的来龙去脉，以历史为鉴，有助于我们从宏观的角度对建筑史进行全面而深刻的理解。以下将探索人类文明在不同世纪的演变。

14 世纪：文艺复兴、人文主义兴起

14 世纪是欧洲文艺复兴、人文主义兴起的时期。当时基督教统治受到挑战，一批思想家质疑人类被宗教信仰捆绑住一切（生活、行为、思想），企图使人在思想上从宗教中解放出来，以得到复兴和再生。于是，人类从关注神性转而关注人性，便在精神层面有了新的认识，逐渐找到属于自己的一条道路——人文主义（关注人的创造、力量等）。同时，一段新的文明史得以展开。而这些新的文明都体现在重要历史事件中：在政治方面，国内朱元璋结束蒙元的统治，建立大一统的明王朝；在战争、军事方面，国外英国和法国展开了百年战争（1337—1453，世界上历时最久的战争），在此过程中，英法两国在武器装备、战争体制、战术思想方面都产生深刻的质变，战后英国被迫放弃控制欧洲大陆的企图，转往海上发展；在科学技术方面，火药和火炮也在此时传入欧洲，并运用到战争中。

15 世纪：远洋探险、开辟新航路、发现新大陆

15 世纪是远洋探险、开辟新航路的时期。明朝航海家郑和率队开展航海事业，共出洋 9 次，曾到达爪哇、苏门答腊、苏禄、马六甲、彭亨等 30 多个国家，最远曾抵达非洲东岸、红海、麦加，对明朝的国势扩张、商业贸易及知识拓展有着巨大的贡献。1422 年在郑和下西洋期间，明朝把都城从南京迁至北京。在欧洲，拜占庭帝国被奥斯曼土耳其帝国消灭，代表中世纪（476—1453 年，也称作黑暗时代，是人类文明史发展较缓慢的时期）的结束。

15 世纪末，航海家克里斯托弗·哥伦布（Cristóbal Colin，1451—1506 年，海洋探险家、殖民者、航海家）在西班牙天主教君主的支持和赞助下，于 1492—1502 年 4 次横渡大西洋，到达美洲，揭开殖民美洲的序曲。而葡萄牙和西班牙也早于其他欧洲国家率先进行远洋探险，标志着世纪之交之际的地理大发现时期的开始。由此得知，15、16 世纪前世界各大洲处于分离、割裂、互不相识的状态，经由航海家的远洋探险，才有了新旧大陆接触的机会。

16 世纪：地理大发现、殖民主义兴起、海权时代

16 世纪是地理大发现、殖民主义兴起的时期。由于美洲在 15 世纪末被发现，欧洲人迅速地开展对新大陆的殖民计划。此后，南北美洲大部分地区成为殖民地，也说明欧洲人以海线取代陆线（被奥斯曼土耳其帝国封锁），来开展世界各地的探险、殖民、贸易、传教等扩张势力的活动，更让世界上洲与洲之间的距离逐渐地缩短，喻示着一个海权时代的来临，同时也代表着殖民主义的兴起，亚洲成为殖民者的选项之一，而澳门被葡萄牙人租借（1557 年）。通过殖民的方式，世界上洲与洲被圈在一起。

17 世纪：殖民主义发展、海上贸易冲突、亚洲被发现、海禁政策

17 世纪是殖民主义发展、海上贸易冲突的时期。17 世纪中叶，英国与荷兰因海上贸易冲突而发生战争，两国互有胜负，荷兰被长年的战争拖累，而英国则于战争后崛起。同时，英国国内也进行着资产阶级革命，资本主义迅速传播开来。在日本，德川家康（1543—1616 年，日本战国时代的大名、江户幕府时期的第一任征夷大将军）消灭丰臣氏，创建幕藩体制，建立江户幕府（1603—1867 年，又称德川时代，到 1867 年大政奉还天皇共历 264 年），之后日本进入锁国时期。在中国，1644 年清军入主中原，明朝灭亡，清朝建立。而此时，于欧洲兴起的殖民主义仍继续发展着，除了葡萄牙和西班牙先一步的殖民开展外，英国、荷兰、法国也相继发现殖民能带来国力扩张和巨大财富。因此，英、荷、法 3 国逐渐向外拓展自己的势力，向非洲和亚洲进军，以建立更多的殖民地，并取代葡萄牙和西班牙，成为新的殖民强国。而葡萄牙和西班牙的殖民地位也因奴役政策的失败而丧失（入侵南美洲，赶杀、消灭当地土著，将大部分的土地占为己有，奴役当地土著，后导致数百万名土著因各种原因而死亡）。

殖民国家经由非洲绕道印度洋后，开始注意到亚洲，殖民势力逐渐东移，并展开了殖民国之间的商业竞争。亚洲从此不平静，除了最早中国澳门被葡萄牙人租借，菲律宾吕宋岛被西班牙殖民，荷兰占据着爪哇，中国台湾又于 1624 年受到荷兰东印度公司的控制。之后，荷兰以台湾地区为据点，建立起与中国大陆之间的贸易衔接。直到 1662 年被郑成功击败，荷兰才退出台湾。而同时期的明朝曾因郑和下西洋的庞大开销，宣布暂停下西洋活动，后又短暂恢复，但部分官员仍认为下西洋是一大弊政，便又停止此活动。同时，在沿海一带，倭寇和海盗横行，明朝实行海禁政策，后又考虑到沿海居民的商贸活动，逐步解除海禁，日后又因倭寇（日本人、沿海一带的破产流民等）大量聚集沿海一带从事走私贸易，对明朝的海疆领域构成严重威胁，明朝又恢复海禁，逐渐关闭国门。

遥远之地不再遥远

从 14 世纪到 17 世纪，世界经历了"文艺复兴、人文主义兴起"、"远洋探险、开辟新航路"、"地理大发现、殖民主义兴起"、"殖民主义发展、海上贸易冲突" 4 个不同的发展期，殖民扩张也从陆线转向海线进行，衍生的殖民之间的竞争也导引出军事对抗，进而改变世界的格局及各大洲之间领土的管辖。"遥远之地不再遥远"，世界各地进行着跨疆域的来往，而各文明之间也开始产生移转和后续影响。英国在这波殖民主义浪潮中顺势崛起，夺取了法国在印度、加拿大等大片领土，又取代荷兰成为最大船运国，建立庞大的商船队和海军。英国从 17 世纪后便成为世界第一大殖民强国，殖民范围涵盖地球上 1/5 的土地，从太阳升起的地方到太阳落下的地方都有英国的殖民地，包括北美、澳洲、南亚等地。之后，英国所主导的鸦片战争也影响了中国近代文明的发展。

2.1.2　现代化文明的衍生：启蒙运动、工业革命

殖民主义持续发展

18 世纪是殖民主义持续发展的时期。英国在 17 世纪崛起后，继续夺取法国、荷兰在印度（法属印度 French India、荷属印度 Dutch India 等）和加拿大（新法兰西、新伯伦瑞克等）等大片殖民领土，并向中南美洲（英属洪都拉斯、特立尼达与多巴哥牙买加等）、南亚（英属印度、孟买、印度各土邦国锡兰）等地殖民。而波兰的土地被俄罗斯（1772 年）、普鲁士（1793 年）、奥地利（1795 年）等国瓜分。

而 18 世纪也是启蒙运动、工业革命时期，并驱使人类历史在知识、文化、思想及产业革命等方面有着突破性的转折。

科学革命，神学中解放，经验法则，理性思考，现代的序幕

在 17 世纪末、18 世纪初，欧洲科学领域受到勒内·笛卡尔（René Descartes，1596—1650 年，法国著名的哲学家、数学家、物理学家，对现代数学有贡献，解析几何之父，西方现代哲学思想的奠基人，开拓欧陆理性主义哲学）对几何坐标体系公式化（解析几何 Analytic geometry）的理性开拓，以及艾萨克·牛顿（Sir Isaac Newton，1643—1727 年，英国著名物理学家、数学家、天文学家、自然哲学家和炼金术士，推动科学革命）对万有引力定律和三大运动定律的影响，推动了科学革命（发生在 16、17 世纪之间的物理学、天文学、生物学及化学思想的根本性变化），将人类的观点从中世纪过渡到现代科学，从神学中解放出来，并对以神学权威为主的知识与传统教条产生普遍性的质疑和否定，开始相信理性发展知识，可以解决人类基本的存在问题，敢于求知地去探讨科学和艺术的知识，改善人类生活，人类不再以宗教信仰的方式去进行思想和思辨的论证，而是以人类的经验法则和理性思考来构成自体的知识和价值。而这股从神学中解放出来的浪潮被称之为启蒙运动。

启蒙运动是接续着文艺复兴而发展出来的，秉持着文艺复兴时期以人本为思考的主体观，并进而感染到社会各个层面（自然科学、哲学、伦理学、政治学、经济学、历史学、文学、教育学等），揭开了人类迈向"现代"和"现代性"的序幕。启蒙运动也经由传教与贸易等殖民活动而传播出去，主要代表人物是伏尔泰、孟德斯鸠、狄德罗、卢梭、蒲丰、孔狄亚克、杜尔哥、孔多塞。

普世价值，宣扬科学和理性，启迪人类思想

启蒙运动影响到各个层面，为政治运动提供了自由、平等的革命思想，提倡以共和体制取代君权神授体制，崇尚民主和基本人权的思想，影响了美国独立战争（1775—1783 年）及法国大革命（1789—1799 年）。启蒙运动主张人权存在是普世的价值，不需依附任何威权，秉持人人平等和言论自由的论点。启蒙运动也为人类获得知识提供了传播的渠道，宣扬科学和理性，就在知识传播中逐渐形塑出现代学术和相关机构，如：在科学发展中，由科学协会和科学院取代神学院大学成为启蒙运动时期的科研中心，发行科学期刊，介绍科学新知，交流及辩证，让世人投入对科学和技术的关注和理解，达到推广的目的，而许多专业（医学、物理、数学等）在启蒙运动时期也有着巨大的进步。总之，启蒙运动启迪人类的行为与思想，直接动摇与冲撞了传统封建的体制，最后，致使资本主义和社会主义的兴起。

图 2-1《牛顿》，威廉·布雷克画作，传达其对启蒙时代思潮的批判与反对立场

图 2-2《哲学家的晚餐》，画家吉恩·胡贝尔·伏尔泰作品

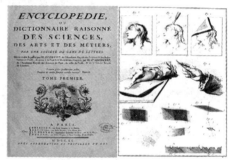
图 2-3 法国《百科全书》　图 2-4 图解雕刻过程

图 2-5 拉瓦锡进行放大太阳光线产生燃烧的实验

图 2-6 启蒙时代发明的幻灯机展示，英国画家保罗·桑德比画作

图 2-7 法国外科学校圆形讲堂亦为启蒙时代建筑代表
图 2-8 1789 年法国《人权和公民权宣言》

图 2-9 古斯塔夫·多雷 1870 绘的伦敦，开始有工业区

图 2-10 工业革命初期的工厂油画

图 2-11 1890 年铁工厂油画

图 2-12 英国 18 世纪蒸汽机工厂仿制品

启蒙运动与建筑、艺术和音乐史上的巴洛克及新古典主义是同一个时期，而此时期的中国正进入清朝的康乾盛世，经济繁荣，国力鼎盛。当时部分西洋传教士将中国图景带回欧洲，公开呈现，引起欧洲对中国的向往，甚而兴起了中国热、中国风，达一世纪（17 世纪末至 18 世纪末）之久。这种风潮在欧洲曾蔚为一种时尚，展现在日用物品、家居装饰与园林建筑等方面，影响了欧洲人的生活。

思维的改变，工坊转向工厂，产品机械化、工业化

一般认为，设计的早期衍生阶段可追溯到工业革命，但若更全面地了解现代设计，则需往前追溯到更远的时期，在前工业时期去寻找答案，即从手工业转向工业的过程中，人们开始在构思、制作一个物件时，将手工与机械分开进行，是人类在创作思维上的改变。

英国在 18 世纪下半叶已进入工业化时期，早于邻近欧洲国家受到工业革命的影响，那是英国因人口不断地增加、农业革命及圈地运动所形成的农业劳动力过剩的后果，必须寻求在就业上的突破，以利于工商业的发展。当时，人们消费能力增强，商品的需求日益增大，制作方也需在生产方式及营销策略上有所改变。此时，原本在封建制度下只为贵族及大地主（享有特权及贸易专利）服务的工坊，已转变为为广大的中产阶级服务的工厂，供应能快速生产、价格低廉的产品给大众，且是量产（动力机械）。手工制造逐渐地被拥有高生产力的机械所取代，产品趋近于机械化。而此项转变更推动了自由贸易，市场的规模越来越大，工商业的发展更加蓬勃。同时，1765 年蒸汽机的发明改变了人们的生活，让冶金技术得到革新，以焦煤取代木材炼钢，让煤、铁有了输出的窗口，带动了经济效益。机械的制造产生了全新的重要性，成了工业化的先决条件。

殖民发展，贸易扩张，崇尚简约，推动现代化

殖民主义的持续发展促使世界自由贸易的扩张，全球化的交通建设显得更为重要。火车的运输及铁路路线的建立、内陆运河的建设、公路的改善，这些都需要在机械动力下生产出，给了工业革命时代最好的例证，并使得殖民或非殖民城市建造了一批新的火车站、旅馆、工厂、办公楼等建筑。而自由贸易扩张后，殖民城市也成为提供原料和商品出口的市场，满足了庞大的需求。

因此，工业革命是一项人类文明发展过程中因现实的困窘而产生出来的一项产业革命，从工坊的手工业转向工厂的机械工业，是巨大的变革，影响人类生活的各方面，并导引人类（中产阶级）开始对19世纪前的古典风格提出反对，不再响应奢华，崇尚谦逊与简约，朝向创造素净、实用与舒适的家居文化与特性迈进。工业革命在现代化进程推动中起到了不可取代的作用，把人类推向一个崭新的时代，影响了全世界。

图 2-13 殖民美洲

2.1.3　殖民板块路线的移转将文明传播：路线、海线

殖民交替与拓展，路线未果，海线探索

　　欧洲第一代的殖民强国（15、16世纪时）是葡萄牙、西班牙，到了18世纪后，逐渐被英国、法国、荷兰所取代，英国更成为新崛起的殖民霸主。英国曾试图路线拓展，由欧洲大陆起，往东北方向前进，经由俄罗斯去到东方，建立一条"向东方"的商贸路线，但这条路线没有进行。之后，转以海线拓展，由大西洋起，往西北方向前进，经由美洲北部去到东方。但到了美洲后，发现此大陆未经开发，也由于之前西班牙对中南美洲殖民时发现大量金子而变得极端富裕，使得欧洲向往美洲，英国便对美洲进行殖民，尤其北美洲部分，那是一个没白人定居的地方，但有着许多金子。

图 2-14 弗吉尼亚伦敦公司的特许状
图 2-15 弗吉尼亚殖民地建立者之一，约翰史密斯船长

　　1607年（英国）伦敦弗吉尼亚公司（由一群英国商人于1606年成立）的普利茅斯集团在北美切萨皮克湾的詹姆斯敦建立第一个殖民地（弗吉尼亚），其下伦敦集团于1607年夏天将100多人移民到此地定居，但仅维持了短暂的一个冬天。之后，该公司陆续在北美洲的大西洋沿岸建立殖民地。1670年哈德逊湾公司（The Hudson's Bay Company，欧洲在北美成立最早的股份公司，世界上最早成立的公司之一）成立，占据了北美洲大片土地，控制着大部分的皮草贸易，并向北美洲进行开发和探索。在殖民地建立之前，哈德逊湾公司曾是北美地区的政府架构，与当地土著商人有着长期的商贸合作关系。

图 2-16 哈德逊湾流域，是英王御准哈德逊湾公司独占皮草贸易的活动范围

图 2-17 哈德逊湾公司标志

　　荷兰曾在北美洲东部设立殖民地（新尼德兰、纽约州、康涅狄格州、新泽西州和特拉华州部分地区），但在英荷战争后，荷兰撤离北美，被迫与英国媾和，将新尼德兰割让给英国，而英国仍持续在北美进行殖民开发与拓展，直到北美独立战争前，英国在北美洲大西洋沿岸先后建立13个殖民地（马萨诸塞、新罕布什尔、罗得岛、康涅狄格、纽约、宾夕法尼亚、新泽西、特拉华、马里兰、弗吉尼亚、北卡罗来纳、南卡罗来纳和佐治亚）。因此，欧洲国家殖民美洲时，皆是经由海线（大西洋）进行，大西洋也逐渐取代

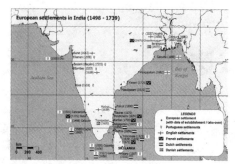
图 2-18 英国及其他欧洲国家在印度的拓居地（1501—1739 年）

图 2-19 公司总部设于东印度大楼

图 2-20 荷兰东印度公司

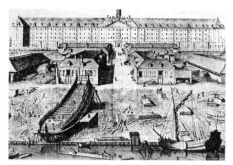

图 2-21 荷兰最大造船厂—阿姆斯特丹的东印度公司船厂

图 2-22 1655 年，尼霍夫用大量篇幅及版画详细介绍17 世纪清帝国

图 2-23 1655 年，尼霍夫用大量篇幅及版画详细介绍17 世纪清帝国

地中海成为新的海上商贸交通路线，地中海沿岸传统商业城市逐渐衰落。

海线（经印度洋）探索，向东方，东印度公司的成立

另一条海线的拓展是经印度洋往西南前进，去往东方。1600 年，在英国，一群勇于创业的商人组成（英国）东印度公司（初名是"伦敦商人在东印度贸易的公司"，The Company of Merchants of London Trading into the East Indies），获得英国皇家贸易专利特许（15 年），并给予在印度贸易的特权，共有 125 个持股人，资金为 7.2 万英镑，随后就对印度拓展殖民。殖民印度后，东印度公司逐渐从商贸企业变成印度实际权力的主导者，曾协助政府统治，获军事职能，对贸易进行垄断，建立起不动产等企业，进行硝石与鸦片贸易。之后，便以印度洋为主线，建立了一条英国、印度与中国之间的贸易航线，以进口茶叶和丝绸为主。

1602 年，在荷兰一群商人为了避免过度的商贸竞争，将原本成立 14 家的东印度贸易公司合并成一家联合公司，取名为（荷兰）联合东印度公司（Vereenigde Oost-Indische Chomping），由国家议会授权其在非洲好望角和南美洲南端的麦哲伦海峡具有贸易垄断权，可自组佣兵、发行货币，实行殖民与统治的权力。之后，逐渐垄断与中国、印度、日本、锡兰和香料群岛的贸易。

奴隶政策被解放，向东方，中国是最后一站

18 世纪末，法国爆发法国大革命（1789—1799 年），冲撞瓦解了当时旧有的君主与封建制度，由天赋人权、三权分立等民主思想取代之，现代社会的雏形在革命中拉开序幕，而自由民主思想的传播，也使得殖民国家的奴隶政策彻底被解放，原本被殖民国家殖民的美洲部分地区纷纷脱离宗主国而独立。另外，美国独立战争后，英国也逐渐丧失在美洲的控制权，于是，英国和法国、荷兰等国家在美洲的殖民被迫中断，便开始把注意力转往由海线（印度洋）拓展而寻出的区域，更多的是关注到未经开发的区域，如南非、印度、东南亚等，开始向东方进行殖民活动。他们先到达南非，后经由印度洋来到南太平洋，在南亚洲建立起海岸地区的殖民地。

除了英国、法国、荷兰等国家以海线为殖民拓展的主线外，德国的殖民则以路线拓展为主，向东南方向前进，到达东非，建立德属东非殖民地（卢旺达、布隆迪、坦噶尼喀以及莫桑比克北部等地区），之后，更与俄罗斯帝国有着频繁的联系与接触。

总之，14—18 世纪，欧洲国家对世界各地的殖民，大部分以海线拓展为主，依靠着强大的船舰商队来支撑远洋探险，加上工业革命后的材料技术的进步，远渡重洋成为殖民主义的一项主流趋势，共分有 3 条路线：①先取近，以地中海为起始，在地中海沿岸地区建立起殖民地，同时传播地中海文化；②向西走，横跨大西洋，来到美洲进行殖民拓展，设立据点，开发大陆，往西探险（路线）；③往下走，来到南非，后经印度洋，来到南亚洲，再往上走，来到中国。因此，中国是欧洲国家殖民活动的最后一站。

2.2 关于建筑文明的概述

2.2.1 文明之间的流动与影响：重组、调整和延续

流动与影响

中华建筑古文明、欧洲建筑古文明、波斯建筑古文明、印度建筑古文明、奥斯曼建筑古文明、埃及建筑古文明皆是古老的建筑文明，存在久远各异，各自对各大洲、邻近区域的发展造成影响，而受影响的区域内的建筑文明也都体现着混杂、混交的现象。

在亚洲部分，东南亚建筑文明受到了来自北方的中华建筑古文明、来自西方的印度建筑古文明及欧洲建筑古文明的影响。中华建筑古文明和印度建筑古文明皆因地域接近而直接传播到东南亚地区，而欧洲建筑古文明则是由欧洲国家经航海、殖民活动（16 世纪后）而引入到东南亚地区，之后，汇聚 3 种建筑古文明的东南亚建筑文明，也由殖民者经航海、开发、探险被带至环太平洋上的各岛屿，并植入，后与本身各岛屿的当地土著建筑文明融合和分立，形成一种混杂、混交的岛屿建筑文明。而部分环太平洋岛屿（中国台湾、日本等）亦受来自邻近的中华建筑文明的植入和影响。

深处内陆的中亚地区受到来自邻近的中华建筑古文明、印度建筑古文明和波斯建筑古文明的植入和影响，使得中亚建筑有着一种东西兼容的文明氛围。地中海建筑文明则隶属于欧洲建筑古文明的一股支流，早在 15 世纪以前，地中海建筑文明也经由探险、殖民传播到地中海沿岸地区，后传播到非洲地区，而非洲地区本身也存在有当地原始的土著建筑文明。17 世纪前，美洲新大陆被探险者发现后，欧洲国家越过大西洋、前进美洲进行殖民活动，同时也把欧洲建筑古文明引入美洲，而美洲也有着当地原始的土著建筑文明。

工业革命后的调整和延续

17 世纪末、18 世纪初的启蒙运动产生后，导引出人类迈向现代化和现代性的序幕，因此，18 世纪是世界历史发展历程中从传统转向现代的初磨合时期，促使着划时代的工业革命于 18 世纪下半叶开展，并延续到 19 世纪初，影响了人类近代文明的发展，欧洲国家和美国因工业革命在技术、材料、经济上的实质进步，壮大了本身的生产力和国力，加上启蒙运动的各类现代化学说（物理、化学、生物学等）的成型，标志着新时代即将到来，也因工业革命使得欧洲殖民国家的活动不减反增，人流和物流皆产生变化，同时，也让建筑文明有了新的调整和延续。

在亚洲，原本中华建筑古文明地区，因殖民原因导入了来自欧洲的欧洲建筑古文明、来自日本的历史主义建筑文明、来自美洲的新古典主义建筑文明及来自俄罗斯的建筑文明（受欧洲新艺术运动影响的建筑文明及本身俄罗斯建筑文明）。在美洲，南北美洲仍然延续着欧洲建筑古文明的影响，后于 18 世纪末及 19 世纪

有来自欧洲的新古典主义建筑文明的导入。而欧洲建筑古文明也曾导入俄罗斯，19世纪末的新艺术运动风格也因与本身俄罗斯风格接近而被导入，并迅速传播开来，之后这类风格还往殖民地迁移（中国东北地区）。日本也于19世纪下半叶明治维新后导入了欧洲建筑古文明（英、法、德），而欧洲建筑古文明继续在印度、东南亚和环太平洋建筑文明地区造成影响。

2.2.2 浅析中华建筑古文明：朝民分野和中间状态、中介游离

中华建筑文明，营造与建筑

中华建筑古文明与欧洲建筑古文明、伊斯兰建筑古文明并列世界三大建筑文明体系。中华建筑古文明是一项延续了5000多年的环境空间营造体系的传统工程技术，也是中国传统文化的一项重要的时代指标。中华建筑古文明实乃中华营造古文明，因"建筑"乃是在20世纪初，在现代化过程中导入到中国的新名词，当时因"建筑"而产生了中国建筑师。而中国建筑师在20世纪里是社会发展上新颖的职业名词，也是一种现代性的执业称谓。而在20世纪以前，中国传统文化社会对于所谓盖房子的活动是以营造行为来称之，是一种中国式的师徒相传、世代相袭的技艺。因此，中国古代没有"建筑师"这个名词，更多称之为"工匠"、"梓人"。或许可以这样认为，现代对应于建筑与建筑师，而传统则对应于营造与工匠师。

朝民分野，身份的未知与模糊

清朝以前，所谓营造的从业人员并不是很多，在民间，多以工匠师为主。若工匠师在民间所从事的成果丰硕或有佳绩，被朝廷所知，会被拔擢到中央封为营造官，成为兴建宫廷或宗教建筑的官方营造团队中的一员。所以，民间的工匠师与朝廷的营造官在执业状态是分野的，可称之为朝民分野。而这种分野基本构成了清朝以前关于盖房子的执业形态。

在中国古代，不管在朝廷或民间，营造官或工匠师在社会上的声望和地位普遍不高。可是，他们是有成果的，实践过程中的内在精神状态与自信是存在的，且经过多年实践后，逐渐积累出一套营造行为模式和建造方法，是自己所熟悉的。当外界的需求到来时，即能针对这些需求完成任务，在实践上有所突破，发挥他们内在潜藏的技能，来执行盖房子的工作。但是，由于他们在社会上无声望、无地位，或被有形力量所压迫，致使所营造出的有意义、有价值及有贡献的项目，很难得到社会各阶层的普遍认同，而一般功劳事迹或完成品，总会归于民间有资产的望族、乡绅，及朝廷有权势的帝王和达官，使得中国古代的营造从业人员整体状态都非常不明确，有一种模糊的身份状态。即使到了清朝末年、民国初期，此状态依然存在，如当时的中国建筑从业人员均挂靠在洋人所开设的洋行、事务所与建筑公司下生存，而不是自己开业。

到了20世纪20年代后，身份的未知与模糊状态才有了改善，因为有了独立建筑师的出现与事务所的成立。他们先受到欧、美、日等国的建筑学教育及中国境内本土建筑学教育的培养，之后在国内执业，于20世纪20年代到40年代间陆续成立与创办测绘行、建筑师事务所和建筑公司，并建造出代表中国建筑师自己的作品。因此，在中国古代的营造官或工匠师属于较边缘的人物，但不代表他们不重要，他们的工作也各自有专注的内容。

民间的工匠师，各侧重部分

民间的工匠师地位不及有名望、但无任何实质地位的古代画家和诗人，可是大部分的工匠师仍然进行着营造活动，而就营造活动可区分为以下几类：

1. 有的侧重于民间宅第的新建，如：黎巨川（南北朝永乐侯黎侨三十四世孙，名汝汶，字巨川）兴建的广州陈氏书院，是广州民间建筑的一个代表，属于岭南建筑的典型，集广东工艺美术装饰之大成；司马第兴建的永康市厚吴村的二十九间院是三进两天井的院落，属于浙中民居体系，有着抬梁、斗栱、牛腿、雀替、蝴蝶木等古典的构件和元素；熊罗宿（1866—1930年，字浩基，号译元，江西丰城河洲太阳庙人，中国近代藏书家、版本目录学家）新建考工九室，有内有九室和外有九室。

图 2-24 广州陈氏书院

2. 有的侧重于传统园林、亭、楼阁等的新建，比如：余枕（字士元，清浙江龙游人，喜营建），筑藏书阁及镜园；姚承祖新建苏州怡园的藕香榭、木渎镇的严家花园、光福香雪梅的梅花亭等。

3. 有的侧重于寺庙、塔楼的修复，如：黄攀龙（清湖南桂东人，精于攻木）修复武昌的黄鹤楼；李毓德（清乾隆人）重修大慈寺。

图 2-25 浙江省永康市的厚吴村

4. 有的侧重于环境、道路、桥梁的工程，如：吴学成（江西义宁州人）是工头与工班，鸠工凿山，聚集工匠与凿山开路；王明颁（字三锡，清江西人），凿洋坑，因羊肠滩常石险坏舟；胡绍箕（清湖南安化人），险滩凿平；僧祖印（清四川眉州洪塔寺僧），重修眉洲的红塔寺石桥。

5. 有的侧重于室内装修，如：谷丽成（清苏州人），负责两淮内府装修，出图样尺寸；潘承烈（字蔚谷，清乾隆人），精宫室装修。

图 2-26 苏州怡园的藕香榭

朝廷的营造官，各侧重部分

在朝廷营造官部分，有负责官方建筑的新建与修复，如：梁九（顺天府人，生于明代天启年间，卒年不详，曾拜明末著名工匠冯巧为师，并接替他到工部任职），负责新建与修复紫禁城内的大内、太和等三大殿；雷发达（1619—1693年，字明所，南康府建昌县梅棠乡新庄人，宫廷"样式房"的掌案，总设计师）与堂兄雷发宣负责新建与修复大内、太和等三大殿，及"四园"（圆明园、颐和园、静宜园、静明园）、"三山"、"三海"与"二陵"；马鸣萧（字和銮，号子干，清朝青县人，顺治丁亥进士，历官工部员外郎），负责监修乾清宫；张衡（字友石，清景州人，官工部郎中），负责新建皇陵、瀛台与内殿门观百余所；陈壁（字玉苍，福建闽县人，官至邮传部尚书），负责重建东西两陵、正阳门、城楼与箭楼，新建摄政王府与崇陵工程。另外，有的负责军事工程的新建，如：袁保龄（清河南项城人），负责筑旅顺军港、开山浚海、筑拦潮坝。有的负责环境工程，如：高第（清直隶人）于清顺治三年

图 2-27 北京故宫太和殿

图 2-28 北京中南海中的瀛台

图 2-29 北京正阳门

图 2-30 北京崇陵工程

图 2-31 旅顺军港

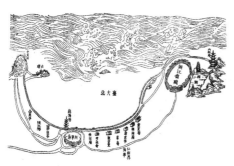
图 2-32 清代的海塘大业

图 2-33 三山五园总策划者

率大兵开辟秦州至汉中栈道 700 里；张自德（字元公，别号洁源，顺天丰润人，河南巡抚，工部尚书），修筑遥堤缕堤，为治河；程兆彪（字慰书，清安徽休宁人），辅佐相国治河；俞兆岳（字岱祯，清浙江人，官至吏部左侍郎），修筑苏松海塘。

最重要的是，除了朝廷的营造官负责官方建筑的新建与修复外，本身朝廷的主政者也参与官方的营造活动，如康熙、雍正、乾隆和慈禧是"三山五园"（"三山"是万寿山、香山和玉泉山，"五园"是圆明园、长春园、绮春园、畅春园、西花园）的总策划和设计者。

传统文人的中间状态、中介游离

除了民间的工匠师和朝廷的营造官外，在中国古代有许多的传统文人（诗人、画家、书法家等），有时也参与到营造活动中，或与工匠师配合与合作，他们犹如是从业余跨到职业，或是非专业跨到专业领域，就像是跨界合作。所以，他们的身份有着一种中间状态或中介游离的执业状态，身份较自由，时间也自由，没任何的定性，而定量也多由工匠师来掌握。因此，传统文人在营造活动中的角色是随心所欲、可有可无的，相对来说，他们活动范围和参与程度可以适度地调整和运用，弹性多，如：叶洮（字金城，号秦川，上海人），是一位山水画家，同时创造出畅春园；李渔，创造出北京半亩园和芥子园；张然，创造出西苑的瀛台、玉泉山与静明园。

而传统文人参与到营造活动当中，也就开创出一条专注于意境营造的创作路线，他们试图在营造中体现中国传统艺术与文化的特有创造部分，可称之为园林景观师。其中有人从小就跟随父辈学习造园，如：戈裕良（1764—1830 年，出生于武进县城东门），家境清寒，从小随父学习造园，年少时即帮人造园叠山，好钻研，师造化，能融泰、华、衡、雁诸峰于胸中，后来创造出苏州环秀山庄、常熟燕园、如皋文园、仪征朴园、江宁武松园、虎丘一榭园等。

部分地方乡绅也会参与到营造活动当中，如：谢甘棠（江西建昌府南城人），筑沟壕，新建文武庙与小桥亭路 20 处。

营造理论家与营造历史学家

除了营造实践外，也有部分营造官、工匠师、文人和园林景观师进行着对营造相关理论或学说的研究梳理和典藏建立，这些人可称之为营造理论家或营造历史学家。他们既实践又研究，角色是双重的，如：李渔编有《闲情偶寄》、《一家言》等著作；姚承祖（字汉亭，号补云，江苏吴县人）编著《营造法原》

图 2-34 复建后的绮春园鉴碧亭

图 2-35 北京绮春园

图 2-36 芥子园画谱

图 2-37 苏州环秀山庄

图 2-38 芥子园画谱　　图 2-39 静明园

图 2-40 苏州环秀山庄

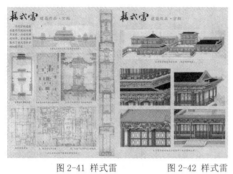 

图 2-41 样式雷　　　图 2-42 样式雷　　　图 2-43 《扬州画舫录》　　图 2-44 《工段营造录》

图 2-45 样式雷　　　图 2-46 样式雷　　　图 2-47 《芥子园画传》　　图 2-48 《李渔》

图 2-49 《闲情偶寄》　　图 2-50 《营造法原》　　图 2-51 《音学辨微》　　图 2-52 《雷氏族谱》

一书；熊罗宿对音韵学与古代帝王明堂殿宇有所钻研，编著《明堂图说》一书，曾被聘到京师大学堂主讲历史；雷景修负责整理样式雷的图稿、烫样与模型，并保存与典藏；雷克修负责梳理与撰写雷氏支谱与世系图；李斗（字艾塘，清江苏仪征人）通数学音律，著有《扬州画舫录》，共 18 卷，内容有名胜、园亭、寺观、风土、人物等，末附《工段营造录》讲清代工程的做法。

还有的精通制图，如姚蔚池（清乾隆苏州人），善图样；有的精通工程，如文起（字鸿举，清江苏江都人），精通工程做法。

2.3　关于现代化的到来

2.3.1　文化碰撞的现实传播渠道：租界、通商口岸

租界的产生，文化碰撞之渠道

租界的产生始于 19 世纪 40 年代，因战争后签订条约而设立的，之后成了东西方文化碰撞的一个重要的渠道，而租界内所设立的通商口岸让内地市场开启了对外的商贸活动，并促进了人员的往来和交流。最早，中国的租界以上海、广州等为范本，并影响到其他地区租界的成形。

经济活动，向外扩张和延伸，建设契机

租界是清朝和洋人共同划定一个区域来供洋人活动，拥有独立的行政和司法体系，由洋人内部自治管理，不另派总督，并成立市政管理机构——工部局，以负责租界内的市政、税务、警务、工务、交通、卫生、公用事业、教育、宣传等职能。在名义上，租界仍属出租国，是洋人通过不平等条约取得公民领事裁判权，还有立法权限。而清朝将租界视为外国领土，不会干涉其内部事务。因此，租界成了"国中之国"。租界一般分有两种，单一租界与公共租界。单一租界是由一个国家单独设立管理，如天津英租界、汉口法租界等；公共租界是由多个国家共同设立管理，如上海公共租界、广州沙面租界等。另外，租界一般在沿海（福州、厦门、宁波等）与河岸（上海、汉口、天津等）沿线设立，如：上海租界根据条约规定沿黄浦江、苏州河而设立，依次有英租界、法租界与美租界；汉口租界沿长江而设立，依次为英租界、俄租界、法租界、德租界与日租界；天津租界部分沿海河而设立，依次为英租界、法租界、美租界、俄租界、意租界、奥租界与比租界；广州沙面租界沿珠江而设

图 2-53　单一租界，天津，沿海河而设立

图 2-54　单一租界，汉口，沿长江而设立

图 2-55　公共租界，上海，沿黄浦江、苏州河而设立

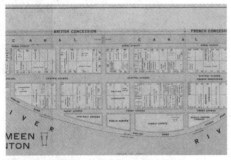

图 2-56　公共租界，广州沙面，沿珠江而设立

图 2-57　北京东交民巷使馆区

图 2-58 鸦片战争前夕的上海港集散中心繁荣景象

图 2-59 通商口岸对外进行商贸活动

图 2-60 早期福州水上人家

图 2-61 天津海河一带通商贸易

图 2-62 广州十三行商船贸易景象

立；厦门租界沿内港海岸而设立。更重要的是，租界的设立让洋人便于垄断临岸的商贸和行使特权，是资本主义进行经济活动的区域。

租界设立后，洋人经由通商口岸来到中国从事传教和商贸活动，开始在沿岸口兴建教堂、学校、医院等建筑，就此定居发展。所以，各国在华的租界于 19 世纪中叶后相继增加，英国有 6 处（天津、汉口、广州、九江、厦门、镇江），法国有 4 处（上海、天津、汉口、广州），日本有 5 处（重庆、苏州、杭州、汉口、天津），德国有 2 处（天津、汉口），俄罗斯有 2 处（天津、汉口），意大利有 1 处（天津），奥匈帝国有 1 处（天津），比利时有 1 处（天津），美国有 2 处（上海、天津）。而租界的活动也日趋频繁，经济和文化发展都高于周围其他地区（租界外或后来产生的华界），成了城市中重要的商业中心，并逐渐向外扩张，影响到周边地区，带动城市发展，从而有了建设的契机。

租界文化，华洋共处，文明的杂处和共生

从 19 世纪中叶到 20 世纪，租界在中国发展了近 100 年的历史，许多租界所在地逐渐形成一种特有的租界文化，深入影响当地人民生活。这些文化有的直接承袭外来文化，有的是由外来文化与当地文化碰触后产生的混杂文化，包括殖民文化、商业文化、城市文化、现代文化等。因此，租界文化多元，包容的广度也相对大。同时，租界的繁荣发展吸引外来人口不断地到来，加上原本的华人与洋人，使得租界形成了一种华洋共处的社会模式，不同文化背景和身份的人都聚集在一起。因此，多元文化的杂处和共生是租界里的一种社会群居现象。而各文化间也彼此碰撞、渗透和影响着，开启了中国近代社会从传统过渡到现代的一个过程，进而产生出古今、东西、中外、华洋、旧新、城乡等辩证的语境，同时也反映到各个层面上。

租借地、总督统治，使馆区、共同管理

除了租界外，各国在华的领土占领还有租借地、使馆区与避暑地，也是经由条约来获取的，但租借地不同于租界，属于他国在华有期限地租借、行使主权，洋人可在租借地的通商口岸租赁土地、建造房屋，及享有永久居住的权利，如青岛、广州湾等。他国可派遣总督统治。使馆区以北京东交民巷使馆区为主。1860 年第二次鸦片战争后，各国公使馆均选择北京东交民巷作为馆址，这一带聚集了法国、日本、美国、德国、比利时、荷兰等多国公使馆。1900 年后，根据《辛丑条约》规定东交民巷改名为 11 国共同管理的使馆区，而行政、司法等职能由各国使馆行使。因此，使馆区不同于租借地的总督统治，也不同于租界的工部局管理，而清政府在此只保留部分衙署（吏、户、礼三部和宗人府）。之后，各国在此一带发展并建造各类房子，有银行建筑（英国汇丰银行、麦加利银行、俄国华俄道胜银行、日本横滨正金银行、德国德华银行、法国东方汇理银行等）、邮局（法国邮局）、医院等硬件设施。

现代化的导入

不管是租界、租借地，还是使馆区等，皆成为中国近代城市中最受人关注的区域，而资本主义经济在租界、租借地等蓬勃发展，进而刺激周边传统民族资本主义的改善，租界等便成了一条文化碰撞的现实传播渠道，许多现代化的事物经由租界而引入中国，提供给中国人接触到"新"的文化和资讯的途径。

2.3.2 硬件的建设：近代城市化的过程

更新与汰换，现代化城市的硬软件建设

租界、租借地或使馆区成了文化碰撞的现实传播渠道后，也让现代化文明有机会被引入中国。最早来到租界活动的是洋人中的领事馆官员、传教士和商人，洋行也因此产生。同时，租界也吸引邻近区域华人的进入，为了谋生，大量工厂被创设以解决就业问题，而通商口岸也进行着对外商贸活动。当租界内的人越聚越多，数量快速增长，原本的城市已无法满足与负荷人口增长带来的城市压力。因此，为了解决此问题，及生活方式的改变和经济形式的发展，城市就面临着更新与汰换，必须进行现代化的城市建设。

道路修建，路牌，植树，公共交通网路，公共卫生下水道网络

在道路、交通建设部分，租界内的老城开始征收土地，以修建道路。而在修建过程中，也不断提高道路的铺筑技术和质量，最初用沙石、泥土拌和压实来铺筑，后改由鹅卵石、煤屑、碎砖来铺筑，之后重要道路以花岗石碎片和黄沙铺筑，到了20世纪初，开始用石油、沥青来铺筑，后又用水泥、混凝土来铺筑。而在铺筑道路的过程中，也开始设立中英文同显的路牌（强调东西融合与共存），及在道路两旁植树（行道树）以改善城市环境。还设立电车公司，并于1908年开通第一条有轨电车线路，后又开通无轨电车线路（1914年）及公共汽车线路（1922年）。城市便逐渐形成一定规模的公共交通网络系统。下水道

图 2-63 修筑马路情景

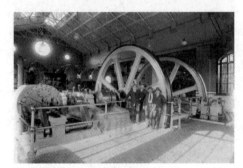
图 2-64 自来水公司车间内先进的设备

图 2-65 电气公司建成之发电厂

图 2-66 电力公司

图 2-67 道路两旁竖立的煤气灯
图 2-68 马路上的红绿灯

图 2-69 马路上的有轨电车

图 2-70 公共汽车

图 2-71 人工电话交换所

图 2-72 邮电汽车在运送邮包

图 2-73 城市夜景

建设是城市基础建设的重要一环，其中排水计划是对原有城市的排水设施进行改建，构筑成一套公共卫生下水道网络系统，还不断地提升排水设施的质量，从砖泥结构的排水管进阶到陶制排水管，改良其坡度设计，增强排水效果；之后更采用水泥混凝土管（1895 年）。

城市夜景，供电，书信往来，电话交换网

在城市照明方面，自来火房的设立（1865 年）是为了向城市供应煤气，同时安装新型煤气路灯（205 盏），取代传统的豆油灯、火油灯（稍有不慎易起火），让城市照明进入到一个新的阶段。又因煤气灯较豆油灯、火油灯光亮且便利（豆油灯、火油灯需不断地添油），扭转一点就亮，许多洋行、街道、行栈、铺面、茶馆、戏楼和居家都改用煤气灯，为城市提供了入夜时的光亮和夜景。之后，煤气生产规模不断地扩大，销售量剧增。1882 年还设立电光公司，开始对城市供电，舍弃煤气路灯改用电灯，除了光亮增加，也降低不少成本。当电灯普及后，电光公司也改为新申电气公司，后被工部局收购，进行内部组织重新管理，改成立电气处，并增添设备来扩大电厂的容量，并在购地筹建电站。

在邮政、电话建设方面，1863 年设立工部书信馆，以收发国内外往来的邮件为主，邮件按重量收费，之后实行邮票制度，并在各处设置邮筒。磁石式人工电话交换所由丹商大北电报公司所开设（1882 年），为外商银行、饭店安装了第一批 10 个用户的电话，而交换所兼营电话业务与拍发新闻发电。之后，又安装共电／磁石人工电话交换机，后来，（英商）上海华洋德律风公司建成自动电话交换所，形成了人工和自动电话交换网。最终，人工改自动，形成旋转制为主的电话交换网。

水厂，用户送水，市政和居民供水

在给水建设方面，设立自来水公司（1880 年），之前还建成第一座小型水厂（1872 年），又建成供水的自来水厂（1875 年），附有沉淀池、过滤池、水泵、皮龙等设施，并用水车向用户家里送水，水价视路程远近而定，还在城市主要道路铺设自来水管，以提供市政和居民用水，取代传统的开凿深水井取水。

苏醒，更新发展契机

以上这些城市硬件设施的产生和运行，揭示着工业革命后现代化文明的进步，让原本传统城市经由现代化的建设从老

图 2-74 城市建设后之街景，北京

图 2-75 城市建设后之街景，广州

图 2-76 城市建设后之街景，天津

图 2-77 城市建设后之街景，上海

旧、破败中苏醒过来，有了更新的气息，并成为发展和繁荣的契机。

2.3.3 软件的导入：翻译、出版、期刊、报纸

知彼虚实，撰写专著，介绍与批评

现代化的软件建设部分，在19世纪中叶后，洋领事官员、洋传教士、洋商等陆续来华，并以各种媒介和渠道将现代化的资讯和知识引入中国，让部分清朝官员与学者可以浏览大量的现代化经贸和文化资料。同时，为了了解外面的世界，知彼虚实，他们投笔撰写专著，研究外国的一些著作，专门向国人介绍西方各国的一切，包括：①《合众国说》，由梁廷枏（1796—1861年，字章冉，号藤花主人，清政府内阁中书，清代学者、史学家）于1884年以美国来华传教士所撰的《合众志略》为基础，补充修改而撰成，共3卷，内容以介绍美国地理情况、哥伦布发现美洲新大陆、英国移民美洲、政治制度、资产阶级民主叙述、宗教信仰、风俗习惯、贸易、物产、科学、技术等为主；②《耶稣教难入中国说》，由梁廷枏于1844年所著出版，主要介绍基督教及其传入中国的历史，对基督教全盘认识，分析基督教之难入中国，实质是为了宣扬儒学圣道，以此化解基督教的传教活动；③《粤道贡国说》，由梁廷枏于1844年所著出版，6卷，介绍1840年以前经由广州而进行的中外贸易志；④《兰苍（英国）偶说》，介绍英国的历史、地理、风俗、宗教、政治、经济、教育、中英贸易等内容；⑤《海国图志》，由魏源（1794—1857年，名远达，字默深，又字墨生，汉士，号良图，汉族，湖南邵阳人，清代启蒙思想家、政治家、文学家）所著，达100卷，介绍世界各国的历史、地理、政治、经济、文化、宗教、风俗等情况，并论述如何效仿西方的军事制度和技术，加强海防，抵抗外国侵略，并提出"以夷攻夷"、"以夷款夷"、"师夷长技以制夷"的新思想，强调应该学习外国在科学、技术方面的先进长处等；⑥《瀛寰志略》，由徐继畬（1795—1873年，字松龛，又字健男，别号牧田，书斋名退密斋，山西代州五台县人，清代著名地理学家、学者、政治家）于1849年成书，共10卷，全面介绍世界各国（英国、法国、美国等）的地理、历史、经济和文化等，有大清国疆土的"皇清一统舆地全图"及朝鲜、日本地图，其他地图是临摹欧洲地图所制。

同时，清政府推行的洋务运动最先关注的是军事工业，如何吸收现代化的工业与技术，以加强军事实力与壮大国力，皆

图 2-78 《东方杂志》　　图 2-79 《教育杂志》

图 2-80 《小说月报》　　图 2-81 《妇女杂志》

图 2-82 《伊索寓言》　　图 2-83 《法意》

图 2-84 《西海纪游草》　　图 2-85 《普法战纪》

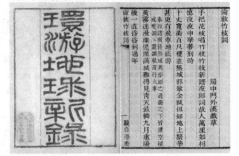

图 2-86 《环游地球新录》　　图 2-87 《伦敦竹枝词》

图 2-88 《察世俗每月统记传》　图 2-89 《东西洋考每月统记传》

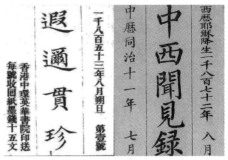

图 2-90 《遐迩贯珍》　图 2-91 《中西闻见录》

图 2-92 《格致汇编》　图 2-93 《格致汇编》

图 2-94 《强学报》　图 2-95 《时务报》

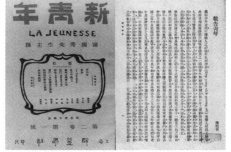

图 2-96 《新青年》　图 2-97 发刊词

经由洋人传授和阅读书籍来获得，官方或民间更创办书馆进行大量的书籍出版发行。

翻译与出版的机构

　　洋传教士来华之后在各地开始成立教会学校，并建造校舍，开设印书馆来翻译大量期刊、书籍以教学。印书馆相关机构有：

　　（上海）墨海书馆于 1843 年由一批英国伦敦传教士（麦都思、美魏茶、慕维廉、艾约瑟等）创建，是中国近代最早一家出版社，采用西式汉文铅印活字印刷，翻译介绍西方政治、科学、宗教方面的书籍，包括：《中国内地一瞥——在丝茶产区的一次旅行期间所见》，麦都思著，墨海书馆出版，1845 年；《大美联邦志略》二卷，（美国）裨治文（Bridgman）撰，墨海书馆出版，1851 年；《博物新编》三集，（英国）合信（Hobsin, B.）撰，墨海书馆出版，1855 年；《使徒保罗达罗马人书》，麦都思、王韬翻译墨海书馆出版，1857 年；《使徒保罗达哥林多人前书》，麦都思、王韬翻译，墨海书馆出版，1858 年；《植物学》八卷，（英国）韦廉臣著，（英国）艾约瑟译，墨海书馆出版，1858 年等。同时，书馆培养出一批学者，通晓西学，如王韬、李善兰等。

　　（上海）广学会于 1887 年由英美基督教传教士（韦廉臣、李提摩太等）创建主持，从 19 世纪末起出版刊物，主要有：《万国公报》，1874—1907 年，林乐知主编，是中国近代影响最大之刊物；《中西教会报》，1891—1917 年，1912 年后称《教会公报》；《大同报》，1904—1917 年；《格物探原》，韦廉臣著；《七国新学备要》，李提摩太著；《泰西新史揽要》，马恳西著；《中东战纪本末》，林乐知著等。其中，《泰西新史揽要》专门介绍 19 世纪世界各国的变法维新的历史，而《中东战纪本末》介绍中日甲午战争的史实和评论，对中国时局的评论深深地影响着康有为、梁启超、谭嗣同等人。

　　（上海）商务印书馆于 1897 年由原美北长老会美华书馆工人夏瑞芳、鲍咸恩、鲍咸昌、高凤池，获长老会牧师费启鸿资助而创建，初期以出版商业簿记为主，1902 年开设印刷所、编译所及发行所，并制订全面的编辑出版计划，为中国现代出版业巨擘，翻译出版有：《群学肄言》，严复译；《伊索寓言》，林纾等译；1904 年创刊《东方杂志》，1909 年创刊《教育杂志》，1910 年创刊《小说月报》，1911 年创刊《少年杂志》。

　　清政府洋务运动下成立的江南制造局、福州船政局、开平矿务局、天津机器局、上海广方言馆、广州同文馆等机构皆设有翻译和出版的机构，翻译科学、技术、公法、化学、法律方面的书籍。

赴国外旅行，出版游记志略，设驻外公使

官员、知识分子、商人等人因洋务运动的推行得而赴国外旅行，这些人回国后皆出版游记、志略，将国外之所见、所闻记录在纸质上，提供给国人知晓和认识，如：《西海纪游草》，林针著，1849年出版，记录游欧美的游记；《法国志略》和《普法战纪》，王韬著，1870年出版，记录游欧事宜；《环游地球新录》，李圭著，记录环游地球一周事宜；《伦敦竹枝词》，张祖翼著，记录对英国议会政治的描述等。之后，清政府开始设驻外公使，而使节官员待的时间长，对西方社会的一切了解得更加深入，如：《日本国志》，黄遵宪著，介绍日本的历史及维新运动进步发展的情形。

图 2-98 《上海新报》　　图 2-99 《申报》

图 2-100 《新闻报》　　图 2-101 《大公报》

教会期刊，洋人创办，介绍信息与传教

除了翻译和出版书籍，定期出版的期刊也是中国近代传播的重要媒介。在19世纪中叶前，以教会发行的出版物、期刊为主，如：《察世俗每月统记传》，由英国耶稣会教士马礼逊和米怜于1815年创立；《东西洋考每月统记传》，由荷兰教士郭士立于1833年创立。以上出版物，除了报道教会事宜，也报道相关外来的新闻、文学等资讯，但没有产生太大的影响，只是宣传之用。到了19世纪中叶，期刊的创办陆续增多，如：《遐迩贯珍》，由理雅各和麦华陀于1853年在香港创办；《中外新报》，由美国传教士玛高温于1854年在宁波创办；《中西杂述》，由英国耶稣会士于1862年在上海创办；《中国教会新报》，由美国教士林乐知于1868年创办；《中国闻见录》，由京都施医院于1872年在北京创办；《格致汇编》，由英国人傅兰雅于1876年在上海创办等。其中《中国教会新报》发行量最大且发行时间最久，以全面介绍现代化的知识为主。

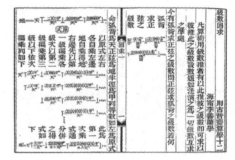

图 2-102 《几何原本》

图 2-103 《穆勒名学》　　图 2-104 《全体新论》

社会期刊，华人创办，宣传变法图存

由洋人所创办的期刊在19世纪占了绝大多数，直到19世纪末，受到中日甲午战争的刺激，国人因救国图存，纷纷创办起期刊。此时的期刊是一种会报性质，如同加厚的报纸，依附着社会团体所创办，内容以争相报道现代化的政治、科学的思想和学术及宣传政治主张为主，撰写政论，以增加国内人民的认同度及爱国心，如：《强学报》由康有为等人于1896年创办，是强学会的会刊，是中国近代较早的政论刊物，用以宣传维新

图 2-105 《化学鉴原》　　图 2-106 《名学浅说》

图 2-107 《科学电报》　　　　　　　　图 2-108 《良友》

变法;《时务报》由梁启超、黄遵宪、汪康年等人于 1896 年创办,是维新派的刊物,设"论说"、"谕折"、"京外近事"、"域外报译"等栏目,以宣传变法图存为宗旨,抨击顽固守旧势力,对推动维新运动起了很大作用。这类关注政治、爱国的期刊的影响力开始超过教会期刊,并对民族和社会产生广大的影响。

科学与民主、传统和现代之争论,马克思主义

辛亥革命后,陈独秀于 1915 年创办了《新青年》,由他与钱玄同、高一涵、胡适、李大钊、沈尹默以及鲁迅等人轮流编辑,宣传倡导科学("赛先生",Science)与民主("德先生",Democracy),提倡新文学,反对旧文学,提倡白话文,反对文言文,发起了"新文化运动",内容对新文化有所探讨,掀起一股传统和现代的争论。还受 1917 年俄国十月革命的影响,在后期开始宣传马克思主义与哲学。

报纸

除了期刊外,报纸是最快、最大传播和影响的媒介,能深入社会各阶层,如:《上海新报》由英商匹克伍德于 1861 年在上海创办,是第一份中文报纸,以介绍新闻、商务、科学、技术等资讯为主;《申报》由英商美查于 1872 年创办,洋商和华人知识分子具体负责,到了 1910 年代中才售给华人,成为纯粹的华人报纸,是中国近代历时悠久且影响力最大的媒体,以报道新闻、奇闻、思想及消息为主。其他还有《中外新报》、《近事编录》、《德臣西报》、《华字日报》、《新闻报》、《时报》、《大公报》等报纸。

学说、书籍、著作

各类学说也于 19 世纪中叶后开始传入中国。在哲学方面:葡萄牙传教士傅泛际曾撰写大量关于亚里士多德哲学的介绍,包括知识论、理则学、形而上学等;而中古神哲学家阿奎那的著作也曾被翻译传入中国;《穆勒名学》由严复翻译,以介绍演绎及归纳逻辑为主,对后世影响很大。在数学方面:墨海书馆曾与李善兰共同翻译《几何原本》、《代数术》、《代微积拾级》等著作,将符号代数及微积分等知识最早传入中国;华蘅芳和傅兰雅也合作翻译不少著作,将对数表、概率等数学知识介绍给国人,对 19 世纪末的新式教育起到了很大的影响，数学教材多取自两人著作；北京大学也曾于1913年成立数学门，是中国近代专门研究数学的学术单位。在地理和地质学方面：《地学浅释》由华蘅芳于1873年翻译出版，以介绍现代化地质学为主；之后，中国学者也曾撰写多部关于地理和地质学方面的教科书，让国人加强对世界的了解，进而改变传统的世界地理观念（传统观念认为中国之外尚有其他世界，或以中国为中心、四周为外夷），认识到海外还有更广大的世界。在生物和植物学方面：《全体新论》、《合体阐微》等皆是19世纪传入中国专门介绍生物学的著作；《植物学》由李善兰和韦廉臣合译，于1858年出版，以介绍植物的特性、种类、器官等为主；《天演论》由严复翻译并引入中国，使国人在生物学的基础上对社会、哲学、历史、思想起到了重大观念上的改变和影响。在物理学方面：《重学》由英国人胡威立著，于1840年后传入中国，以介绍力学的一般知识和牛顿力学三大定律为主；《通物电光》由王季烈于1899年翻译出版，主要介绍X光的知识。在化学方面：《博物新编》由墨海书馆于1855年出版，是中国近代最早介绍西方化学的著作；而《化学鉴原》、《化学术数》、《化学考质物体遇热改易记》等著作则由徐寿翻译出版，使国人能够充分地了解化学知识；同文馆也曾翻译出版《化学指南》、《化学阐原》等著作。

其他在医学、应用科学、政治学、社会学、经济学、历史学等方面的学说皆于19世纪中叶后传入中国，对社会各阶层的政治、思想、学术、文化、生活等方面产生至关重要的影响。

突破和冲击，定义"现代"的价值

现代化的学说突破和冲击了中国传统学术的基本价值，带来了一种新的知识力量，中国人经过现代化学说的洗礼后，也对世界的历史、政治、经济、社会、自然等方面的看法有了巨大的转变，之后，更重新定义"现代"（1910年代末）的价值，形成一种多元的思想奔放（诸子百家、无政府主义、社会主义思想等）的氛围，政治运动也展开，并产生了划时代的影响（戊戌变法、晚清新政、立宪运动、辛亥革命、共和议会、五四运动、联省自治、北伐统一、共产革命），同时还引进了新的经济思想，既振兴民族工业，促进国内的建设和发展，也对教育（废科举、新式教育）起到改革的作用，破除了传统阶级（士、农、工、商）的秩序和观念，让人人皆获得平等和发展的机会。

图 2-109 沿海通商经济，码头堆栈

图 2-110 装运货物运往外洋

图 2-111 传统商铺

图 2-112 沿街商铺

图 2-113 各类商铺林立

图 2-114 衣服行大拍卖

图 2-115 转角钱庄

图 2-116 百货商店

图 2-117 银行大楼内景

图 2-118 工作中的银行职员

2.3.4 经济产业的转变：小农经济、沿海通商经济、城市资本经济

小农经济、商业型农业、手工艺产业，重本抑末，亦贾亦儒

明朝以前，中国传统农业社会的经济形态以小农经济为主，生产只要满足每家每户日常生活所需即可，倾向于一种家族式的经营模式，自发性的生产，规模偏小，自给自足，作坊式的产业。明朝时，每家每户除了种植稻米，也种植部分经济性作物以获取利润，出现了商业型农业，产生出一种手工艺的产业模式，用手工艺的作品来贩卖和销售。因此，商业型农业与手工艺产业促进了当时的市场经济化和城市化，产业开始从封闭转向开放。而在中国传统文化观念中，奉行重本抑末的政策，主张重视农业，限制或轻视工商业，认为农业是人民衣食和富国强兵的来源，必须抑商和禁末，才能增加农业的劳动力和农民的生产性。到了明朝中后期，许多士大夫认为经商有成，可带给他们一些额外的收入，出现了亦贾亦儒和弃儒就贾的社会现象，让传统的重本抑末的观念逐渐地被打破。而经商的结果带来城镇经济方面的繁荣，使得一些地区（扬州、徽州、广东、福建、苏州等）成了全国经济的集散地，并形成部分商帮，如徽商等。后来因沿海地区倭患盛行，朝廷实施海禁政策，禁止中国人赴海外经商，并限制洋商到中国进行贸易，使得原本公开化的海外贸易转入到地下，从而出现走私贸易的情形，之后海禁政策又被朝廷废止，对外贸易得以正常化，开放大量的货品出口外销，也进口了不少国外物品，东西方的交易和交流得到正常发展。

自给自足，抵制殖民，沿海通商经济，放宽私办企业

到了清朝，朝廷为了封锁反清复明力量，实行迁海令，不准居民出海，导致经济活动受到很大的影响，发展落后许多，华东、华南的沿海地区田园荒芜，生计断绝，居民流离失所。而制度的统治又强调自给自足，回到了重本抑末，并强力抵制和消灭反清势力及欧洲殖民主义的入侵，将原本四口通商改一口通商，停止了厦门、宁波等港口的对外贸易活动，商业性农业的发展受到了压制。到了鸦片战争后，沿海地区的通商口岸——上海、宁波、天津、大连等因条约的签订被迫开放，使得资本主义入侵，商业活动产生了新的变化，逐渐从内陆转往沿海发展，并扩散至周边地区。而 19 世纪中叶后因洋务运动重视工业的发展，让沿海一带齐聚了许多工厂，沿海地区因商贸和工业活动的频繁，逐渐由传统保守的封闭城市转为"现代贸易"的港口城市，外国商船不断地来到沿海进行交易，促使市场更全面的开放。因此，经济的发展由传统的小农经济转变成沿海通商经济。之后，境外资本大量投入，广设工厂，盘踞和掌控整个市场，经济一面倒向境外势力，迫使清政府决定放宽对民间私办企业的限制，华商等才得以投资和发展。

图 2-119 证券交易所大厅

垄断资源，政策混乱，经济制度崩解，反思与革命

19世纪末，政局处于不稳定的时期，城市中发展出"坏"的商业资本主义，政府、当权者垄断一切的社会资源和活动，官僚贪污腐化，财税政策混乱，行政效率低落，无法朝向工业资本主义发展；又因洋务运动的失败，健全的市场机制和秩序便难以再建立，贪污变本加厉，经济制度再次崩解，难与外企抗衡和竞争。而腐败积弱的国体给了西方列强侵略的机会，同时给了国人反思与革命的契机。

图 2-120 百货公司内景

华商活络，传统产业，工业建筑，操控货币交易机制

到了辛亥革命后，资本主义继续发展，华商开始活络，经济开始好转，出现了许多华商创办的面粉、食品、造纸、卷烟、染织业等传统产业。而这些传统产业的复兴，便产生出许多公司、厂房等工业建筑。在北洋政府时期，因1916年后的军阀混战而使经济发展减缓，各省各地的军阀操控货币交易机制，使得国内生产力下降，贸易也中断了彼此的往来。

图 2-121 先施化妆品发行所

全面建设，进入世界经济圈，现代化金融体系

1927年北伐成功，民国政府结束了军阀混战，定都南京，随后进行全面的建设和发展，经济才又进入到黄金的发展时期。在城市中，工业复兴促进了经济的发展，产生出许多新兴的产业，而经济复苏也让中国进入到世界经济圈。民国政府推行的税制政策成效良好，经济增长了80%。但在农村部分，有些仍以自给自足的农业经济为主，但成果丰硕，于1921—1936年间粮食总产量增长了30%。因此，此阶段形成了城市和农村并行的经济体系，在沿海地区的轻工业也有着很大的发展。1927年民国政府进行货币改革，1936年发行法币、英镑和美元，在中国近代金融史上建立了第一个现代化的金融体系，也为抗战时期的财政稳定积淀下强大的基础。1930年土地法颁布施行，使得土地租佃契约制度更加完善和多元，让城市资本主义的商业分工形成了绵密的金融网。政府所掌控的中央银行也发挥功能，控制调节着经济，并于1931年后实行债

图 2-122 江南机器制造总局

图 2-123 汉阳兵工厂

券制度，让 20 世纪 30 年代的中国近代经济发展到达了高峰，也带动了城市建设和建筑活动，建造出许多住宅、商业、工业、医疗、学校等类型的建筑。

金融资金填补战争所需，通货膨胀

经过十年黄金时期的经济发展，抗日战争的爆发使得经济发展迟缓，战争期间较大部分的金融资金都用来填补战争所需的军事和设备费用，而非用于民生物需和公共建设。抗日战争结束后，1948 年更发生了恶性的通货膨胀现象。

2.4 关于建设（建造）的初探

2.4.1 规划观念的初现

军事工业，集群式规划

19 世纪中叶后，清政府因鸦片战争战败后，部分官员以"师夷长技以制夷"的口号展开了洋务运动，进行大规模的工业化运动，主张摹拟与学习西方国家的工业技术，发展近代军事工业以获得军事进步，并希望以增强国力来维护清政府的统治权。清政府首重强化国力，便在各省各地成立军事工业，包括安庆内军械所（1861 年设立）、北洋机器制造局（1867 年设立）、江南机器制造总局（1865 年设立）、汉阳兵工厂（1894年设立）、金陵机器制造局（1865 年设立）、福州船政局（1866 年设立）、兰州制造局（1867 年设立）等。其中，江南机器制造总局由曾国藩于 1865 年在上海设立，之后由李鸿章实际负责操作，起先向美商旗记铁厂购买厂房和船坞，用来制造枪炮和造船，同时开设广方言馆、翻译馆、工艺学堂，用来从事教学和翻译工作，以介绍先进的知识及培养语言和科技的专业人才，而翻译包括有军事、科技、地理、经济、政治、历史等方面的书籍；福州船政局则由左宗棠于 1866 年在福州马尾设立，后由沈葆桢执掌事务，设有铁厂、马尾造船厂和求是堂艺局，初期委任法国人为监督，造船厂以制造船舰及相关火炮等军械为主，并从欧洲聘请工匠及教习来教授造船技术，同时求是堂艺局来培养船政及海军人才，之后求是堂艺局改称船政学堂，成绩优秀者还可被送往欧洲各大船厂、海校等继续深造。在军事工业的组成过程中，可以观察到有一种集群式规划设计的成型，包括工厂、造船厂、学堂、方言馆等设施，且执行规划的大多是清朝官员和洋人参谋。

图 2-124 福州船政局

2.4.2　材料、工法与设备的导入与运用

先进的现代化材料、工法、技术与设备随着通商口岸的开放而被引入中国，冲击到原本以木石为主要材料而构筑的中国传统营造式样和行为，进而改变中国近代整体的建造、营造构筑的观念，也直接改变了设计观。

砖（石）木混合结构

1840 年鸦片战争后，不平等条约的签订使得通商口岸被迫开放，洋人携带家属陆续来到中国寄居，各通商口岸开始建一批房子，如领事馆、官邸、商馆、洋行、教堂等建筑，而砖（石）木混合结构便于此时期被引入中国。这些房子中，以使用柱梁结构所形成的外廊式建筑居多，砖墙、砖柱承重，由木柱、木梁与木楼板构成，多为 2 层高，墙体仍采用中国传统建筑的土坯砖或青砖砌筑，墙体较厚。到了 19 世纪 50 年代后，红砖被传入中国，便出现了红砖和青砖混合的砌筑，接着慢慢改用清水砖墙，墙体厚度减少，楼层增高至 3、4 层以上。而有些教堂因跨距大，便用大跨度的木桁架屋架体系来支撑。而此时期中国人兴建的房子仍是以传统木构架体系为主。可以发现西方的砖（石）和中国的木（石）开始在此时期进行辩证的融合。

铸铁、混凝土、钢、大跨度和多层

19 世纪 60 年代后，清政府推行洋务运动，产生许多军事工业的群体建筑，有洋人参与，并承担设计与绘图工作，中国人任中方总监工，华洋合作进行营造，开始出现部分与中国传统木构建筑不同的工业建筑，尝试摆脱传统木构架体系，以砖木混合结构取代。这类混合结构有坡屋顶和平屋顶两种，多使用三角形木桁架体系，并用铁件和钢拉杆辅助连接，而外墙仍是青砖砌筑，单层形式，内柱开始用铸铁柱。同时，一部分的城市建筑已开始用混凝土作为结构体，在往高层发展时，用钢作为基本的构架。铁与钢在此时正式登场。传统木构架体系逐渐被淘汰有其原因。木材因本身材料特性，防火不易，失火后易造成大面积迅速地燃烧和焚毁，延展性更不足，不适于在大范围、大面积的厂房使用，厂房空间的构筑受到局限，无法有所突破，致使厂房内的制造与生产受到限制；木材的热工性能也较差，若木材使用久了，不加以维修与保固便容易衰坏与折损。因此，当铁、钢与混凝土于 19 世纪下半叶传入中国后，逐渐地取代木材成为建造中首选的材料，它们的材料特性优于

图 2-125　木构系统市场顶棚

图 2-126　钢构系统市场顶棚

图 2-127　新建之钢构桥

图 2-128　车站之钢构顶棚

图 2-129　高层楼房施工现场

图 2-130 基础施工

图 2-131 钢骨钢筋混凝土结构施工现场

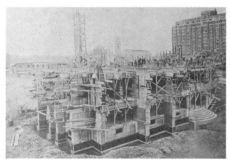
图 2-132 施工过程

图 2-133 建成后之银行墙面

图 2-134 电梯联系高层建筑上、下楼之间

木材，可以增加空间的使用性和灵活性。有些建筑的地基与基础开始用混凝土（波特兰水泥）构筑，钢铁厂也用钢、铁为结构。而混凝土构筑后的墙面可辅以饰面材料（砖、木板等）加以装饰和利用。同时，建筑开始朝向大跨度和多层（5—7层等）方面发展。

桩基的使用，先进的现代化营造工法，改变建造和设计观

在基础工程部分，由于部分地区土质松软，若又濒临河岸边的话，地下水位偏高，地基较软，施工时存在一定的风险，传统的木构架体系无法解决这一问题，而桩基便于此时传入，可以改善基础工程的问题。施工人员将桩基打入地层使用，加上对于先进的现代化营造技术和工法的了解和掌控，解决了土质松软带来的结构框架下降的问题，加强了稳定性，更让建筑可以放心朝高层发展。规模较大的建筑多使用此材料工法。因此，桩基的使用是建造过程中一项重要的基础工法，对中国传统木构工法产生巨大冲击，并进而改变了中国人的建造与设计观。到了19世纪90年代后，先进的现代化结构、材料、设备陆续地传入中国，广泛运用在建筑上。钢的使用也趋频繁，并与其他材料搭配使用。部分城市中开始建造钢结构人行桥，或将木桥改为钢桥，而有些需要大空间的工厂、菜场也用钢作为主要结构材料；同时由于空间较大，室内需要有足够采光，便在钢结构的顶部覆盖玻璃天棚，钢和玻璃便在此时搭配使用。到了20世纪初，钢结构开始运用在民用建筑的主体结构上。

水泥、预制产品、混凝土浇筑楼版、载客电梯、基础工程更新

水泥作为新材料在19世纪末传入中国。在城市建设中，水泥开始是用来铺设马路。混凝土制品厂也相继出现，以水泥作为原料生产出排水管、浴池、电线杆、混凝土桩等预制产品。之后，水泥还生产出统一规格并定制特殊规格用于建筑工程、铺设人行道及下水道工程，部分建筑也采用混凝土浇筑楼板，产生出有梁与无梁的结构体系。后来也出现材料的混合使用。在20世纪后，材料的混合使用便经常出现在建筑上，钢梁柱外包混凝土结构或钢筋混凝土框架结构，材料混合使用后安全性和稳定性增高，允许建筑往更高层发展。同时，也传入了新的载客电梯来联系高层建筑的上、下之间，让垂直交通流线达到了便利性。之后，基础工程不断地更新和改善，高层的基础工程开始应用蒸汽与电动打桩机，高层的垂直吊装使用到电力升降机，而钢框架结构则使用起重机联合吊装组件与地面三角固定式吊车，以及自行生产混凝土搅拌机。

图 2-135 施工情形

图 2-136 营造场之工地现场工务所

图 2-137 工人在工地现场捆扎钢筋

图 2-138 起重机联合吊装组件之起吊作业

3. 近代建筑师之个体观察

3.1 关于建筑师的出生年代和成长

3.1.1 中国近代建筑从业人员

定义

如何去推断中国近代建筑师的出生年，是一个较广义而宽泛的命题。对"中国近代建筑师"更为合理且恰当的解释应为中国近代建筑从业人员，因为"建筑师"这个称呼最早出现在 20 世纪 20 年代初——当时一批留学归国的人，如庄俊、关颂声、朱彬、柳士英等，或是受本土教育培养的人，如杨润玉、杨元麟、过养默、黄元吉、杨锡镠等，他们分别创办了事务所才有了"建筑师"这个称呼，这个职业也才被社会所认知和接受。所以，"建筑师"可以被理解为是新时代的新兴执业名词。可是，早在 19 世纪末、20 世纪初，就已经有一部分人从事着与建筑方面相关的业务，因此，可以统称他们为中国近代建筑从业人员。

在中国近代建筑从业人员当中，他们人生最精华时期实际上跨越了两个朝代——清政府、国民政府，皆出生和受教育于清政府时期，实践于清政府和国民政府时期（包括北洋政府时期），其中有广州陈氏书院的兴建者黎巨川、永康市厚吴村二十九间院的兴建者司马第、考工九室的兴建者熊罗宿、重修眉洲红塔寺憎祖印、修复武昌黄鹤楼的李毓德、杭州西泠印社的兴建者叶为铭、提出废传统攻读古书之制的乐嘉藻、曾任中华工程师学会会长的沈琪、创办中国营造学社的朱启钤、创办厦门大学的陈嘉庚、曾任北洋政府国务院司法部技正的贝寿同、曾任北洋政府国务院交通部路政司技正的华南圭、《建筑新法》的著作者张锳绪、曾任北洋政府国务院教育部技正的金殿勋等。以上这些人出生于 19 世纪 60 年代末或 70 年代，正是清政府经历了两次鸦片战争战败、推行洋务运动的时期，发展着近代工业技术和商业模式。因此，这批人经历了中国近代第一次大规模实施工业化的改良运动，从童年、少年再到青年皆见证了这一段时期的历史。

成长、执业

在教育方面，他们青少年时期仍接受着传统教育或是折中教育。一部分是正式受教——即先在传统私塾、书院接受培养后，参加科举考试来取得为官和服务社会的机会，如：乐嘉藻（1870 年生），清末举人，曾在地方创办新式学堂——贵州蒙学堂（倾向于办学）；朱启钤（1872 年生），清末举人，曾任清末京师大学堂译学馆监督（倾向于兴学）；华南圭（1875 年生），清末中举，之后曾任北洋政府国务院交通部路政司技正（倾向于中央政府事务）；许推（1880 年生），曾被清政府授予工学举人（非科举的一种），之后创办湖南长沙公输土木建筑学校（倾向于办学）等。另一部分是受完局部教育或专业教育后，进入家族事业实习和工作，或是入政府（中央或地方）或其他公司任职，如：凌云洲（1870 年生），幼时从姐夫学习建筑设计；沈琪（1871 年生），北洋武备学堂铁路工程专业毕业，曾组织铁路技术委员会（倾向于铁路事业）；周惠南（1872 年生），曾至英商业广地产公司任职（1884 年），之后创办周惠南打样间（20 世纪初）；陈嘉庚（1874 年生），继承家族事业，之后创办厦门大学（倾向于办学）；金殿勋（187？年生），于 1901 年入广州同文馆学习日文，之后任北洋政府国务院教育部技正（倾向于中央政府"事务"）；孙支厦（1882 年生），1909 年通州师范学校土木科毕业，之后入江苏省咨议局工程处工作（倾向于地方政府"事务"）等。

更重要的是，一部分人受完局部教育、语言教育或专业教育后出国留学，成了最早一批赴海外留学攻读非建筑或建筑专业的学生，之后回国服务，如：贝寿同（1876 年生），上海南洋公学特班毕业，赴日东京早稻田大学攻读政治经济，之后赴德柏林夏洛顿堡工科大学攻读建筑专业，归国后任北洋政府国务院司

图 3-1 近代场景

法部技正（倾向于中央政府事务）；华南圭，清末中举后也曾赴法（法国巴黎工程专门学校）攻读土木工程专业；张镁绪，入北洋水师学堂学习英文普通学及制造学，后入日华学堂学习日文及高等普通学，之后赴日（东京帝国大学）攻读机械专业，归国后任保定初级师范学堂（1904 年由严修创办，1909 年改称直隶第二初级师范学堂，1949 年后定名保定师范学校）监督兼教习（倾向于办学），并著有《建筑新法》是中国近代第一部建筑学著作（商务出版社，1910 年出版）；徐鸿遇（187？年生），曾赴英（利兹大学）就读；许士谔（187？年生），浙江省自费生，曾赴日（日本东亚铁道学校）攻读建筑科；裴璞（187？年生），四川省自费生，曾赴日（东京高等工业学校）攻读建筑科；杨传福（187？年生），江苏省自费生，曾赴日（日本福冈工业学校）攻读建筑科；许推（1880 年生），曾赴日（名古屋高等工业学校）攻读建筑科。赵世瑄（1884 年生），曾赴日（东京高等工业学校）攻读建筑科，归国后任国民政府行政院交通部路政司司长（倾向于中央政府"事务"）；蔡泽奉（1888 年生），湖南高等实业学堂预科毕业，曾赴日（东京高等工业学校）攻读建筑科，归国后湖南大学教授（倾向于授业）等。

从以上可以观察到，他们部分人于成长阶段经历了科举被挑战及新学被提倡的年代；之后，更面临着改朝换代的时局，教育成了可以救国的重要志业，他们皆投身到教育的行业中，也可以发现他们所处的那个年代正经历着从传统走向现代、从抛弃旧文化到学习接受新文化的时局。

3.1.2　出生年代的区分

据历史资料记载，从建筑从业人员反推"建筑师"的出生年代，出生于 19 世纪 60 年代末或 70 年代的中国建筑从业人员可以推断为是最早一批中国近代建筑从业人员；再以世纪的视角，可区分生于 19 世纪与生于 20 世纪两大宗的建筑从业人员。

图 3-2 生于 1860、1870、1880、1890 年代

其中未有头像的人如下（出生年不明者未标）：

生于 1870 年代：凌云洲（1870 年）、周惠南（1872 年）、张锳绪（1877 年）、金殿勋、徐鸿遇、许士谔、裴璞、杨传福；

生于 1880 年代：许推（1880 年）、赵世瑄（1884 年）、蔡泽奉（1888 年）、王信斋（1888 年）、郑校之（1888 年）、周运法

关颂声（1892年）　罗邦杰（1892年）　缪恩钊（1893年）　范文照（1893年）　林澍民（1893年）　刘福泰（1893年）　巫振英（1893年）

朱士圭（1893年）　柳士英（1893年）　吕彦直（1894年）　虞炳烈（1895年）　张光圻（1895年）　杜彦耿（1896年）　朱彬（1896年）

刘敦桢（1897年）　谭天宋（1898年）　赵深（1898年）　谭真（1899年）　董大酉（1899年）　顾鹏程（1899年）　杨锡镠（1899年）

过养默（1895年）　鲍鼎（1899年）　陈均沛（189?年）　钟煐（189?年）

图3-3 生于1890年代
其中未有头像的人如下（出生年不明者未标）：
施兆光（1891年）、戚鸣鹤（1891年）、王克生（1892年）、黄森光（1892年）、黄锡霖（1893年）、余清江（1893年）、李鸿儒（1894年）、顾道生（1894年）、汪申（1894年）、林缉西（1894年）、王之英（1894年）、薛次莘（1895年）、徐鑫堂（1895年）、裘樊钧（1895年）、张光圻（1895年）、朱神康（1895年）、朱芳圃（1895年）、李鉴（1896年）、李英年（1896年）、葛尚宣（1896年）、施嘉干（1896年）、李蟠（1897年）、葛天回（1897年）、林瑞骥（1897年）、冯宝龄（1898年）、陈其芬（1898年）、庄秉权（1899年）、浦海（1899年）、关颂坚、葛宏夫、钟铭玉、庄允昌、卓文扬

图 3-4 生于 1900 年代

其中未有头像的人如下（出生年不明者未标）：

施德坤（1900 年）、卢铺标（1900 年）、唐英（1900 年）、李宗侃（1901 年）、黄祖淼（1901 年）、张克斌（1901 年）、施求麟（1901 年）、郭秉琦（1901 年）、黄玉瑜（1902 年）、黄耀伟（1902 年）、关以舟（1902 年）、杨耀（1902 年）、胡德元（1903 年）、许瑞芳（1903 年）、滕熙（1904 年）、刘炜（1904 年）、杨光煦（1904 年）、常世维（1904 年）、余森文（1904 年）、贺敏学（1904 年）、杨元麟（1905 年）、罗竟忠（1905 年）、孙继杰（1905 年）、铁广涛（1906 年）、许道谦（1906 年）、高公润（1906 年）、李兴唐（1906 年）、刘国恩（1906 年）、萧鼎华（1906 年）、周曾柞（1906 年）、白凤仪（1906 年）

林徽因（1904年）　卢毓骏（1904年）　刘鸿典（1904年）　陆谦受（1904年）　吴景祥（1905年）　过元熙（1905年）　王虹（1906年）

徐敬直（1906年）　甘洺（1906年）　王华彬（1907年）　哈雄文（1907年）　郑定邦（1907年）　于均祥（1907年）　戴志昂（1907年）

单士元（1907年）　朱栋（1908年）　梁衍（1908年）　阮达祖（1908年）　伍子昂（1908年）　唐璞（1908年）　黄廷爵（1908年）

张镛森（1909年）　郭毓麟（1909年）　曾子泉（1909年）　张连步（1909年）　辜其一（1909年）　刘致平（1909年）　关永康（190?年）

罗明燏（1905年）　秦邦宪（1907年）　张充仁（1907年）　赵文钦（1908年）　王璞子（1909年）

图 3-5 生于 1900 年代
其中未有头像的人如下（出生年不明者未标）：
张锐（1906年）、梁精金（1906年）、吴世鹤（1906年）周方白（1906年）、陶述曾（1906年）、佟汉功（1907年）、黄学诗（1907年）、丁凤翔（1907年）、姚文英（1907年）、蔡恢（1907年）、钱湘寿（1908年）、佟明春（1908年）、杨润钧（1908年）、梁衍（1908年）、孟宪英（1908年）、丁宝训（1908年）、王先泽（1908年）、吴文熹（1908年）、张昌华（1908年）、刘秀峰（1908年）、花怡庚（1908年）、张湘琳（1908年）、汪季琦（1909年）、黄钟琳（1909年）、李惠伯（1909年）、王璞子（1909年）、贾震（1909年）、顾久衍、刘宝廉、缪凯伯、濮齐材、钱树鼎、沈政修、薛仲和、杨大金、姚祖范、赵善余、郑源深、许窥豹

图 3-6 生于 1910 年代

其中未有头像的人如下（出生生年不明者未标）：

马俊德（1910 年）、石麟炳（1910 年）、陈穆（1910 年）、夏行时（1910 年）、王进（1911 年）、张峻（1911 年）、陈业勋（1911 年）、阎子洋（1911 年）、陈锦文（1911 年）、龙炳芬（1911 年）、吴耿光（1911 年）、杨思忠（1911 年）、余寿祺（1911 年）、赵象干（1911 年）、郑文骧（1911 年）、朱叶津（1911 年）、屠达（1911 年）、孙秉源（1911 年）、梁思敬（1912 年）、陈家赞（1912 年）、黄志劭（1912 年）、张轩朗（1912 年）、梁耀相（1913 年）、范志恒（1913 年）、彭涤奴（1913 年）、张正位（1913 年）、高乃聪（1913 年）、邱式淦（1913 年）、姚集珩（1913 年）、朱绍基（1913 年）、张杏村（1913 年）、汪之力（1913 年）、马克勤（1913 年）、黄强（1913 年）、林熙业（1914 年）、陈文焕（1914 年）、黎抡杰（1914 年）、陈国冠（1914 年）、贺业钜（1914 年）、关伟亮（1914 年）、余玉燕（1914 年）、罗白桦（1914 年）、邓恩诚（1914 年）、李人俊（1914 年）、章周芬（1915 年）、胡燕君（1915 年）、沈尔朋（1915 年）、王涛（1915 年）、汪受衷（1915 年）

邓如舜（1915 年）
叶树源（1915 年）
黄作燊（1915 年）
杜仙洲（1915 年）
徐尚志（1915 年）
叶仲玑（1915 年）
佘畯南（1915 年）
吴华庆（1915 年）
陈占祥（1916 年）
汪坦（1916 年）
虞曰镇（1916 年）
陈登鳌（1916 年）
赵冬日（1916 年）
林乐义（1916 年）
莫宗江（1916 年）
郑孝燮（1916 年）
姚岑章（1917 年）
杜汝俭（1917 年）
金长铭（1917 年）
吴一清（1917 年）
卢绳（1918 年）
刘光华（1918 年）
陈从周（1918 年）
于倬云（1918 年）
冯建逵（1918 年）
黄宝瑜（1918 年）
王大闳（1918 年）
贺陈词（1918 年）
樊明体（1918 年）
徐炳华（1918 年）
沈勃（1918 年）
张德霖（1919 年）
汪国瑜（1919 年）
黄康宇（1919 年）
陈绍蕃（1919 年）

图 3-7 生于 1910 年代

其中未有头像的人如下（出生年不明者未标）：

翟立林（1915 年）、居培荪（1915 年）、孙宗文（1916 年）、钱致祓（1916 年）、朱谱英（1916 年）、霍云鹤（1916 年）、李金培（1916 年）、曹洪涛（1916 年）、邱圣瑜（1916 年）、龙希玉（1917 年）、张其师（1917 年）、刘济华（1917 年）、方山寿（1917 年）、王济昌（1917 年）、郑惠南（1917 年）、何忌（1917 年）、曾永年（1918 年）、魏庆萱（1918 年）、戴琅华（1918 年）、殷海云（1918 年）、王文克（1918 年）、任朴斋（1918 年）、刘佐斌（1918 年）、程应铨（1919 年）、金瓯卜（1919 年）、陈干（1919 年）、徐鸿烈（1919 年）、安永瑜（1919 年）、高旭、胡璞、蒙仁礼、王宇英、汪原洵、许崇基、张秀璜、周庆素、胡佩英、方之恂、朱宏隆、顾忠涛、方鉴泉、陈荣耀、陈士钦、陈一鸣、邓汉奇、古节、何绍祥、黄德良、黄家驹、黄理白、黄绍祥、黄炜机、李楚白、李肇周、连锡汉、梁慧芝、梁建勋、潘文稔、裘同怡、苏灝、苏飞霖、唐翠青、杨蔚然、庾锦洪、张炳文、张景福、赵善苓、郑官裕、许屺生、江一麟、冯天麒、叶德灿

图 3-8 生于 1920 年代

其中未有头像的人如下（出生年不明者未标）：

郑贤荣（1920 年）、孙芳垂（1920 年）、张守仪（1922 年）、辜传诲（1922 年）、张福中（1922 年）、田聘耕（1922 年）、冯让先（1922 年）、何郝炬（1922 年）、谢辰生（1922 年）、肖桐（1922 年）、王作锟（1922 年）、张之凡（1922 年）、程天中（1922 年）、臧尔忠（1923 年）、张兆栩（1923 年）、籍传实（1923 年）、虞福京（1923 年）、张庆云（1923 年）、王轸福（1923 年）、高俄光（1923 年）、李莹（1924 年）、王玉堂（1924 年）、黄祖权（1924 年）、奚小彭（1924 年）、翁致祥（1924 年）、何启谦（1924 年）、虞颂华（1924 年）

黄兰谷 (1925年)　曾坚 (1925年)　沈祖海 (1926年)　张驭寰 (1926年)　陈谋德 (1926年)　朱自煊 (1926年)　秦崇佑 (1926年)

董鉴泓 (1926年)　张似赞 (1927年)　唐葆亨 (1927年)　宋融 (1927年)　侯继尧 (1927年)　高介华 (1928年)　潘谷西 (1928年)

戴复东 (1928年)　黄毓麟 (1928年)　陶宗震 (1928年)　陆元鼎 (1929年)　王其明 (1929年)　陈志华 (1929年)　吴焕加 (1929年)

关肇邺 (1929年)　钟训正 (1929年)　赵冠谦 (1929年)　肖林 (1929年)　林伯年 (192?年)　胡允敬 (192?年)　刘开济 (192?年)

张敬德 (192?年)　甘柽 (1925年)　李光耀 (192?年)　黄忠恕 (192?年)　崔豫章 (1924年)　钮薇娜 (1928年)　宋秉泽 (192?年)

图 3-9 生于 1920 年代
其中未有头像的人如下（出生年不明者未标）：
周文藻（1924年）、尹淮（1924年）、樊书培（1925年）、舒子猷（1925年）、周半农（1926年）、郭敦礼（1927年）、杨慎初（1927
年）、黄毓麟（1928年）、汪孝慷（1928年）、许介三（1928年）、唐云祥（1928年）、郭功熙（1928年）、翁厚德（1928年）、
李定毅（1929年）、王儒堂（1929年）、张德沛、林远荫、潘韶潮、胡允敬、周仪先、张琦云、巫敬桓、韩莉丽、杨光珠、欧阳昭、
范政、郭丽蓉、韦耐勤、周文正、徐志湘、孙润生、王功溥、叶谋方、朱耀慈、赵枫、黄显灏、汪遵谦、广士奎、刘友渔、蔡绍怀

3.2 关于建筑师的籍贯、出生地

3.2.1 籍贯、出生地（境内）之总体分析和区域的代表性

籍贯由来，总体分析

籍贯通常指的是一个人的祖居地、出生地或成长地。在中国古代，"籍"与"贯"曾分开解释过，"籍"指的是一个人的家庭对朝廷所负担的徭役种类，"贯"指的是一个人生长的所在，"籍"与"贯"合在一起即是指一个人的徭役种类和生长地点。中国古代的朝廷为了避免徭役与税赋的流失，对籍贯加强控制；到了中国近代，籍贯已广义解释为本人的出生或长居地，也亦指自己家族传宗繁衍的主要地域；而今，中国的籍贯是按照中共中央组织部及国家档案局1991年颁布的《干部档案工作条例》中规定：籍贯填写本人的祖居地（指祖父的长期居住地）。

由一个人的籍贯来了解建筑师本身于全国区域内的分布情形，是一项可切入的视点与可研究的范畴，借此明了建筑师在一定区域内的多寡和所占有的比例，来观察其日后求学、执业根据地的转变和走向，中国近代建筑师群体中的籍贯以长江三角洲（江苏、上海、浙江）和珠江三角洲（广东）一带占多数，其次是渤海湾（河北、北京、天津）一带，然后是辽宁、湖南、福建、重庆和四川成都。

若用籍贯、出生地的区域划分，代表性的建筑师有：

辽宁——童寯、刘鸿典、郭毓麟、刘致平、马俊德、赵冬日；

北京——钟森、单士元、华揽洪、王大闳、陈其宽、关肇邺；

河北——石麟炳、张守仪、臧尔忠、张兆栩、王翠兰；

天津——沈琪、张镈绪、阎子亨、关颂坚、冯建逵；

山东——吕彦直、张锐、唐璞、张镈；

河南——杨廷宝、冯纪忠；

湖北——鲍鼎、卢镛标、哈雄文、张良皋；

湖南——许推、蔡泽奉、刘敦桢、汪定曾、贺陈词、修泽兰、高介华、钟训正；

江苏——周惠南、贝寿同、华南圭、孙支厦、董修甲、柳士英、虞炳烈、赵深、杨锡镠、朱兆雪、过元熙、张昌华、费康、周基高、何立蒸、徐中、周卜颐、汪坦、陈登鳌、卢绳、刘光华、戴念慈、吴良镛、肖林、张德沛；

上海——杨宽麟、杜彦耿、黄家骅、黄元吉、奚福泉、杨元麟、周方白、王吉螽、李德华、曾坚、樊书培、潘谷西、陆元鼎；

安徽——叶为铭、胡兆辉、叶仲玑、黄康宇、孙芳垂、傅义通、朱自煊、戴复东、吴焕加；

江西——汪申、蔡方荫、龙庆忠、黄学诗、洪青；

浙江——庄俊、齐兆昌、沈理源、徐鑫堂、李英年、董大酉、顾鹏程、钟铭玉、卢树森、陈植、许窥豹、张开济、李承宽、毛梓尧、陈占祥、虞曰镇、陈从周、黄宝瑜、黄克武、朱畅中、严星华、白德懋、龚德顺、童鹤龄、唐葆亨、黄毓麟、陈志华、赵冠谦、扬芸、吕俊华；

重庆——胡德元、汪国瑜、程绪珂、尹准、宋融；

四川——陈炎仲、戴志昂、辜其一、张家德、张玉泉、徐尚志、辜传诲、罗哲文、陈谋德；

贵州——乐嘉藻、朱启钤；

福建——陈嘉庚、林是镇、林澍民、林缉西、苏夏轩、林徽因、卢毓骏、王华彬、林宣、叶树源、林乐义、李莹、王炜钰、沈祖海；

广东——郑校之、杨锡宗、关颂声、罗邦杰、范文照、刘福泰、巫振英、余清江、朱彬、谭天宋、谭真、李锦沛、吴景奇、刘既漂、林炳贤、林克明、梁思成、陈荣枝、李扬安、陈伯齐、夏昌世、谭垣、陆谦受、吴景祥、徐敬直、梁衍、阮达祖、

伍子昂、李惠伯、余寿祺、郑祖良、司徒惠、黎抡杰、莫伯治、黄作燊、佘畯南、莫宗江、张德霖、张肇康、欧阳骖、罗小未、张似赞、郭敦礼。

3.2.2 籍贯、出生地（境内）之区域细部分析和观察

东北区域

在东北地区，以籍贯在辽宁的居多，其次在黑龙江和吉林有出现一两个。在此区域中，代表性的建筑师有童寯（辽宁奉天）、刘鸿典（辽宁宽甸）、郭毓麟（辽宁奉天）。清光绪年间设奉天省，省会为奉天府（今沈阳市），辖境有辽宁省、安东省和辽北省（延续到民国时期），奉天省曾于 1929 年改名为"辽宁省"，但民间仍称"奉天省"，1932 年伪满洲国成立，又改回为旧名"奉天省"，1945 年抗日战争结束，改回"辽宁省"，因此，"辽宁奉天"即为今的"辽宁沈阳"。

而值得一提的是，籍贯在此的建筑师中，有刘鸿典（辽宁宽甸）、孙继杰（辽宁奉天）、铁广涛（辽宁奉天）、李兴唐（辽宁奉天）、刘国恩（辽宁奉天）、白凤仪（辽宁开原）、丁凤翎（辽宁辽阳）、佟汉功（辽宁抚顺）、佟明春（辽宁抚顺）、孟宪英（辽宁盘山）、郭毓麟（辽宁奉天）、张连步（辽宁新宾）、刘致平（辽宁铁岭）、马俊德（辽宁兴城）皆为（沈阳）东北大学建筑工程系（1928 年秋由梁思成、林徽因创办）第一届和第二届的学生，他们与当时受聘任教于此的童寯（1930 年任教）皆出生于辽宁省，因此，童寯和学生们有着一层东北老乡的关系。之后，梁思成辞去系主任一职，1931 年 6 月从沈阳回到北京，由童寯接任系主任。

1931 年 9 月，"九·一八"事变爆发，日本关东军炮击北大营，张学良受制约不准抵抗，东北便沦陷于炮火之中，东北大学被迫停办，师生纷纷外出逃难。系主任童寯慷慨解囊资助学生，他携带着教学用的资料与幻灯片，与学生分别连夜乘火车进关避难。学生到北平后，联系到梁思成，被留下数人，有的筹建东北流亡分校，有的由清华大学土木系接纳借读。之后，童寯决定南下，于 1931 年 11 月到上海，与赵深、陈植商讨组建事务所事宜，隔年正式成立华盖建筑事务所。同时，童寯也为他的学生张罗延续就学之事，他召集流离失所的东北大学建筑工程系三、四年级学生来上海复课，请托陈植帮忙向（上海）大夏大学协商安排他们借读（有学籍），学费由东北大学按月补助。童寯还以他的工资给学生作生活费，并在家中讲课及考试，但课程视情况略有增减；还呼吁他的建筑界友人，共同义务为学生上课，由陈植与童寯教建筑图案课，江元仁与郑干西教建筑工程课，赵深教营业规例、建筑合同与估价课。历经两年，前后共 16 位学生，最终完成全部课程，获得东北大学毕业证书。童寯还为学生的就业到处作介绍推荐，有的被安排在事务所实习。

另外，1949 年东北大学从北平迁回沈阳，校址在沈阳铁西区，并更名为沈阳工学院。1950 年，沈阳工学院改名为东北工学院，设冶金、采矿、机电、建筑四个系，而原本毕业于东北大学建筑工程系的刘鸿典和郭毓麟也回到了家乡，投入到复办建筑系的教学行列中，当时刘鸿典任教授兼教研室主任，郭毓麟任系主任。

渤海湾区域

在渤海湾（河北、北京、天津）一带，建筑师的籍贯较集中在北京和天津，其次是散落在河北一带。代表性的建筑师有：钟森（北京）、沈琪（直隶静海）、张镈绪（直隶天津）、阎子亨（天津）、关颂坚（天津）、冯建逵（河北天津）、石麟炳（河北昌黎）、臧尔忠（河北安新）、张兆枬（河北昌黎）、王翠兰（河北正定），而华揽洪是出生在北京。明朝时期，称隶属于京师的地区为"直隶"，之后分北直隶（北京、天津、河北省

大部分和河南、山东小部分）与南直隶（江苏、安徽、上海）；到了清朝初年，将北直隶改称"直隶省"，辖境仍照旧，行政中心设在保定，1914 年改称"河北省"。因此，"直隶"指的就是北京、天津、河北省一带，而"直隶静海"和"直隶天津"今已隶属天津。

另外，可以观察到籍贯在河北、天津一带的建筑师，大部分选择前往北京大学就读，有籍贯在河北的杜仙洲（河北迁安）、臧尔忠（河北安新）、张兆栩（河北昌黎）、祁英涛（直隶易县）和籍贯在天津的冯建逵（河北天津）、于倬云（河北天津），他们皆就读于北京大学工学院建筑工程系。

1927 年北平大学（民国时期南京教育部设立的大学综合体）因奉系军阀攫取北京政权后被宣布取消，与北京其他 8 所大学合并为"京师大学校"。之后，国民政府定都南京，实行"大学区"制，将"京师大学校"改组为"中华大学"，后改组为"国立北平大学"，下设有 11 所学院，其中在艺术学院（前身为 1918 年创立的北平艺术专科学校，1927 年并入北平大学，称美术专门部，1928 年改称艺术学院）下创办建筑系，系主任为汪申，教师有华南圭、沈理源、朱广才、曾叔和、张剑锷、乐嘉藻、林是镇、梁思成。1937 年抗日战争爆发，北平沦陷，1938 年华北伪政府将北平大学工学院改为北京大学工学院，设有建筑工程系，系主任为朱兆雪，教师有沈理源、钟森、高公润等，而上面提到的杜仙洲、臧尔忠、冯建逵、于倬云是 1938 级的学生，张兆栩是 1940 级的学生，祁英涛是 1943 级的学生，其中冯建逵毕业后曾留校任教。

其他部分人选择前往天津高校就读，有就读于北洋大学土木工程系的张湘琳（直隶静海）和张剑霄（河北宁河），及就读于天津工商学院建筑工程系的许岂生（北京）、刘友渔（天津）、周治良（生于天津）。冯建逵和张湘琳日后成为天津大学土木建筑工程系创系的主力教师，臧尔忠和张兆栩日后成为北京市土木建筑工程学校（今北京建筑大学）的主力教师。

籍贯在北京的钟森除了任教外，也曾在当时活跃于北京一带的（德国）雷虎工程司工作。20 世纪初，雷虎来到中国执业，先在山东青岛与友人合伙创办建筑公司，几年后自行前往北京开办"雷虎工程司"，统揽设计、工程、家具等业务，之后于 20 世纪 30 年代赴奉天市（今沈阳市）执业工作，任工程师和华人经理（1934 年）。

籍贯在天津的沈琪、张锳绪、阎子亨在中国近代建筑发展上都留下不可磨灭的贡献。沈琪曾任山东、京奉、京张各铁路技师，以及奉天工程局总办、盛京铁工局总办、津浦铁路南北段总稽查、交通部技正、技监等，一生皆奉献给"交通"事业。张锳绪出版了中国近代第一部介绍建筑学的专著——《建筑新法》，他也被称作"中国近代第一位建筑家"。阎子亨更是一名土生土长的当地性建筑师，出生于天津，求学于天津，曾短暂留学香港，毕业后回天津执业，成了天津一带著名的中国近代建筑师，并也投身到教育领域，任教于北洋工学院土木系和天津工商学院建筑工程系。

长江三角洲区域

长江三角洲一带（江苏、上海、浙江）是中国近代建筑师出现最密集的地区。江苏，自古以来是中国较为富庶的地区，也是中国近代轻纺工业发展较早的地区，更是重要的农业区，素有"鱼米之乡"之称号；在地域文化上，有着"吴韵汉风"之说，其中苏州、无锡、常州属于底蕴深厚的"吴文化圈"，也是中国近代建筑师籍贯出现最密集的三区，人文荟萃。可以发现，这三区环绕着太湖，都说明着人类的文化与文明皆因水而生，太湖的风光绝美，更造就了环绕太湖而立的人文汇聚，除了建筑师外，古今也产生不少名人（顾恺之、徐霞客、唐文治、钱穆、钱钟书、徐悲鸿等）。

苏州、无锡、常州这三区代表性建筑师有周惠南（江苏武进）、贝寿同（江苏吴县）、华南圭（江苏无锡）、李祖鸿（江苏常州）、缪恩钊（江苏常州）、朱士圭（江苏无锡）、柳士英（江苏苏州）、虞炳烈（江苏无锡）、赵深（江苏无锡）、杨锡镠（江苏吴县）、过元熙（江苏无锡）、张昌华（江苏吴县）、费康（江苏吴县）、吴若瑾（江苏无锡)、徐中（江苏常州）、汪坦（江苏苏州）、陈登鳌（江苏无锡）、戴念慈（江苏无锡）。

可以观察到籍贯在江苏一带的建筑师，其求学与工作阶段，几乎都选择离开家乡（或者在家乡求学完后离开），大部分前往上海发展，包括：周惠南曾至（上海）英商业广地产公司任职（1884年），之后于上海创办周惠南打样间（20世纪初），代表作为原上海大世界游乐场（1924年建成）；贝寿同曾就读于（上海）南洋公学特班；董修甲留美归国后，曾任上海市政府顾问（1925—1928年）；戚鸣鹤于苏省铁路学堂建筑科毕业后，前往上海自办事务所（1934年）；朱士圭留日归国后，曾入（上海）罗德打样行工作（1920—1922年），后入（上海）华海公司建筑部工作（1929年）；柳士英也是留日归国后曾入（上海）冈野建筑师事务所工作（1921年），后与王克生等创办（上海）华海公司建筑部（1922年）；薛次莘于交通部上海工业专门学校土木工程科毕业后留美，归国后曾任（上海）慎昌洋行建筑部工程师（1922年）；张光圻留美归国后曾任（上海）六合贸易工程公司建筑师（1923—1927年）；冯宝龄于交通部上海工业专门学校土木工程科毕业后留美，归国后曾任（上海）慎昌洋行建筑工程部工程师（1934—1937年）；赵深留美归国后曾任（上海）范文照建筑师事务所建筑师，后与陈植、童寯合办（上海）华盖建筑事务所（1933年）；浦海于江苏工业专门学校土木科毕业后，又入美办上海万国函授学校建筑及土木科学习，之后曾入（上海）董大酉建筑师事务所（1932—1937年）；杨锡镠于交通部上海工业专门学校土木科毕业后，曾任（上海）东南建筑公司工程师（1923—1925年），后与黄元吉、钟铭玉合办（上海）凯泰建筑师事务所（1924年），后还自办事务所（1929年）及任《中国建筑》杂志发行人（1934年）等。

他们选择上海的原因——1842年签订的《南京条约》中将上海列为五个通商口岸之一，英、法各国相继进入上海，强辟"租界"，引入了"现代化"文明的产物，致使上海得以迅猛发展起来，逐渐成为中国近代第一大城市，以及经济、文化、工业与教育的中心，因此，驱使建筑师都愿意前往上海发展。

另外，部分建筑师前往南京发展，包括：虞炳烈留法归国后，曾任国立编译馆建筑师（1933年），后任南京的中央大学建筑工程系教授兼主任（1934—1937年）；杨光煦于中央大学建筑工程系毕业，后任南京总理陵园管理委员会建筑科主任（1934年）；朱栋于中央大学建筑工程系毕业，后任南京总理陵园管理委员会总务处（1937年）；张镛森于中央大学建筑工程系毕业，曾任（南京）永宁建筑师事务所助理建筑师（1930—1931年），后任（南京）中山陵陵园管理委员会工务祖建筑设计员（1932年）；刘宝廉于中央大学建筑工程系毕业，后任教于（南京）中央大学建筑工程系（1931年）；濮齐材于江苏省苏州工业专门学校建筑科毕业，后任中央大学建筑工程系助教（1927—1931年）；薛仲和于江苏省立苏州工业专门学校建筑科毕业，后开办（南京）苏工建筑事务所（1929年）；其他如王发苨、王蕙英、赵济武、何立蒸等建筑师也都曾前往南京发展过。

而籍贯为南京的代表性建筑师有濮齐材、刘光华、肖林。

上海除了是许多建筑师前往发展之地外，其本身也诞生了许多建筑师，他们选择在本地就读与发展，代表性建筑师有：杨宽麟（江苏青浦）、杜彦耿（江苏上海）、黄家骅（江苏嘉定）、黄元吉（江苏上海）、奚福泉（江苏上海）、杨元麟（江苏上海）、王吉螽（上海）、李德华（上海）、曾坚（上海）、樊书培（上海崇明）、潘谷西（江苏南汇）、陆元鼎（上海）。

以上建筑师大部分都留在上海求学与工作，包括：王信斋曾任徐汇天主堂工程师，后自办（上海）信记建筑师事务所；杨宽麟于上海圣约翰大学毕业，留美归国后曾自办（上海）华启顾问工程师事务所，还任（上海）圣约翰大学工学院院长（1940—1950年）；顾道生于美办上海万国函授学校土木科毕业，后曾与人合办（上海）公利营业公司（1926年）；葛尚宣于（上海）徐汇公学毕业，后曾任（上海）沪南工巡捐局工程处测绘员（1918年）及上海特别市工务局第二科计划股技佐（1927年）；杜彦耿于中学毕业后，协助父亲经营营造事业，1932年于上海创办《建筑月刊》并任主编（1932年），后于上海市建筑协会附设正基建筑工业补习学校负责校务及教学；李蟠于（上海）震旦大学土木工程系毕业，留比归国后曾于（上海）轮氽公司工作（1930年）；庄秉权留美归国后曾与黄家骅合办（上海）东亚建筑公司（1934年）；黄家骅留美归国后曾与庄秉权合办（上海）东亚建筑公司（1934年），还与人创办（上海）沪江大学商学院建筑科，并任第一任科主任（1933年）；黄元吉于（上海）南洋路矿学校土木科毕业，曾在（上海）公共租界工部局（1920—1922年）和（上海）东南建筑公司（1922—1924年）工作，后与杨锡镠、钟铭玉合办（上海）凯泰建筑师事务所（1924年）；奚福泉留德归国后，曾任（上海）英商公和洋行建筑师（1930—1931年），后在（上海）启明建筑事务所工作（1931—1935年），还自办过事务所（1950年）；杨元麟于美办上海万国函授学校土木科毕业，后与杨润玉、杨锦麟合办（上海）华信建筑师事务所（1921年）；王轸福于（上海）圣约翰大学建筑系毕业，曾任上海都市计划委员会绘图员（1948—1952年），后任同济大学建筑系教授；王吉螽于（上海）圣约翰大学建筑系毕业，曾工作于（上海）鲍立克建筑事务所（1948—1949年），后任同济大学建筑系教授；李德华于（上海）圣约翰大学建筑系毕业，曾任上海市工务局和上海市都市计划委员会技士（1945—1947年），后工作于（上海）鲍立克建筑事务所（1947—1951年），后任同济大学建筑系教授和系主任。

另外，个别建筑师前往外地发展（求学与工作），包括：姚文英于少年时随父亲在工地学习，后入（上海）万国函授学校建筑科深造，之后考入南京市政府工务局任职（1930年），实践于南京；姚岑章于（南京）中央大学建筑工程系毕业，后工作于（南京）兴业建筑师事务所；曾坚于（上海）圣约翰大学建筑系毕业，后赴北京工业建筑设计院工作（1960—1970年）；樊书培于（上海）圣约翰大学建筑系毕业，后赴北京市城市规划管理局工作（1954—1960年）；舒子猷于（上海）圣约翰大学建筑系毕业，后曾赴中共中央华北局建筑科之华北直属建筑设计公司任职（1952—1953年）。

籍贯在浙江的建筑师人数仅次于江苏、上海，其中又以杭州为最多，代表性建筑师有：齐兆昌（浙江杭州）、沈理源（浙江杭州）、董大酉（出生于浙江杭州）、钟铭玉（浙江杭县）、陈植（生于浙江杭州）、许窥豹（浙江杭州）、张开济（浙江杭州）、陈从周（生于浙江杭州）、朱畅中（生于浙江杭州）、龚德顺（浙江杭州）、童鹤龄（浙江杭州）、黄毓麟（浙江杭州）。

籍贯在浙江的建筑师部分选择就读于之江大学建筑系，有黄克武、黄毓麟、魏志达、许介三等。当时建筑系低年级学生在杭州上课，高年级学生则改在原上海大陆商场内上课，由陈植、王华彬、陈裕华、颜文梁、伍子昂、罗邦杰、黄家骅、谭垣等教师授课。

另外，大部分籍贯在浙江的建筑师也纷纷选择前往上海发展，包括：庄俊留学美后在上海自办事务所（1925年）；莫衡于交通部上海工业专门学校土木工程科毕业，后任上海特别市工务局技正兼科长（1927—1932年）；施兆光于浙江定海高等学校普通科毕业，后自办事务所（1925年）；徐鑫堂于交通部上海工业专门学校土木工程科毕业，后自办事务所（1937年）；李英年于美办上海万国函授学校土木科毕业，后曾任周惠南建筑师顾问工程师（1925—1930年），后自营执行顾问工程师业务（1930年）；董大酉留美归国后曾入墨菲事务所（1927年）与庄俊事务所（1928年）工作，后自办事务所（1930年）；顾鹏程于同济大学土木工程系毕业，后自办事务所（1937年）；钟铭玉于南洋路矿专门学校土木科毕业，后与黄元吉、杨锡镠合办（上海）凯泰建筑师事务所（1924年）；庄允昌曾在（上海）东南建筑公司（1923—1926年）和（上海）彦记建筑事务所（1926—1929年）工作，后任上海市中心区域建设委员会建筑师办事处技士（1929年）；陈植留美归国后与赵深、童寯合办（上海）华盖建筑事务所（1933年）；许窥豹曾任《时事新报》主编，还曾编辑《中国建筑》创刊号；张开济曾在（上海）英商公和洋行设计部（1935年）和基泰工程司（1936年）工作过；毛梓尧曾在上海打样间当学徒，后到（上海）华盖建筑事务所（1933年）工作，之后曾在上海新新实业地产部、上海信托局地产处、上海市人民政府房地产管理处等单位任职；其他如黄克武、魏志达、白德懋、翁致祥、虞颂华、童鹤龄、黄毓麟等建筑师都曾在上海工作过。

另外，部分建筑师前往外地发展（求学与工作），包括有沈理源留学（意）归国后曾任黄河水利委员会工程师，之后赴天津经营华信工程司（1920 年后）；黄祖淼留学（日）归国后赴苏州工业专门学校建筑科任教员（1925 年），后又任汉口特别市政府工务局技士（1929 年）；孙增蕃于（南京）中央大学建筑工程系毕业，后任职于（南京）基泰工程司（1936 年）；沈参璜于同济大学土木工程系毕业，曾赴北京任德国雷虎建筑公司工程师；朱畅中于（重庆）中央大学建筑系毕业，后任武汉区域规划委员会技术员、湖北省建筑工程处工程师、南京都市计划委员会设计室工程师（1945—1947 年），后受聘到清华大学建筑系任教（1947 年）等。

珠江三角洲区域

珠江三角洲（广东）一带是仅次于长江三角洲（江苏、上海、浙江）的、为中国近代建筑师出现次要密集的地区。广东，自古以来在历史、语言与风俗方面有着独特的岭南地区的地域文化——岭南文化，又称南粤文化，是一种原生性的文化。由于珠江三角洲濒临南海，岭南文化便以海洋文化和农业文化为始点，在演进过程中，吸取着长江三角洲一带的中原文化和导入的海外文化，并加以融汇而成。广东境内土地和水资源的丰厚，使得位于珠江三角洲一带的沿岸城市素被称作"鱼米之乡"，也产生不少古今名人（六祖惠能、康有为、梁启超、丘逢甲、邓世昌、孙中山、叶剑英、何香凝、容闳、詹天佑、宋子文、宋庆龄）。"鸦片战争"后，广东省广州市作为开放通商口岸之一，成了现代化文明导入的渠道，致使到了中国近代，广州已发展得最为鼎盛。在广东以籍贯为广东香山的建筑师最多，其次是广东台山、广东新会、广东南海。

广东香山即为今天的广东中山市，是鸦片战争的战场之一，也是战后对外开放之地，更是中国近代留学的开始之地（容闳，广东香山人，首位留美学生，被称"中国留学生之父"）。还有不少商人均生于此，如 20 世纪 30 年代的上海四大百货公司——先施（马应彪）、永安（郭标、郭乐和郭泉）、新新（李煜堂、李敏周）、大新（蔡昌）——皆由香山人创办。而广东香山人也遍布在中国近代洋人洋行之中，即俗称的买办（崛起于 19 世纪初，帮助外国商人与中国进行双边贸易的中国商人，有着极强的外语能力），有唐廷枢（怡和洋行总买办）、徐润（宝顺洋行总买办）、郑观应（宝顺洋行买办）。

籍贯在广东香山的代表性建筑师有：郑校之、杨锡宗、谭真、卓文扬、谭垣、吴景祥、徐敬直、杨润钧、郑祖良、张肇康、欧阳骖、程观尧、郭敦礼、黄远强。籍贯在广东台山的代表性建筑师有：黄森光、余清江、谭天宋、陈均沛、李锦沛、陈荣枝、李扬安、陈伯齐、伍子昂、余寿祺。籍贯在广东新会的代表性建筑师有：梁思成、陆谦受、梁衍、阮达祖、李惠伯、梁思敬、莫宗江、陈濯。籍贯在广东南海的代表性建筑师有：金殿勋、朱彬、吴景奇、蔡显裕、关伟亮、巫敬桓。还有关颂声（广东番禺）、罗邦杰（广东大埔）、范文照（广东顺德）、刘福泰（广东宝安）、刘既漂（广东兴宁）、林炳贤（广东）、林克明（广东东莞）、关以舟（广东开平）、司徒惠（广东开平）、黎抡杰（广东番禺）、莫伯治（广东东莞）、黄作燊（广东番禺）、佘畯南（广东潮阳）、罗小未（广东番禺）、张似赞（广东汕头）。

3.2.3　籍贯、出生地、成长地（境外）之总体分析和观察

有的建筑师生长于国外，后回国受教育，或生长于国内，有一段时间迁住于国外，之后又回国受教育，再出国留学的学生，如：巫振英，籍贯广东龙川，1893 年生于美国夏威夷，回国入清华学校就读，后赴美国哥伦比亚大学建筑学院攻读，1921 年回国发展；吕彦直，籍贯山东东平（亦有称是安徽人），1894 年生于天津，1902 年父亲过世后，跟随姊姊侨居巴黎，数年后回国，在国内受教育，后出国留学，1921 年

回国发展 ；梁思成，籍贯广东新会，1901 年生于日本东京，后回国受教育再出国留学，1928 年回国任教 ；董大酉，籍贯浙江杭县，1899 年生于杭州，成长于日本，幼时曾游历罗马，对建筑产生兴趣并选为未来职业，后出国留学，1928 年回国发展；林徽因，籍贯福建闽侯，1904 年出生，1921 年随父亲至英国短暂居住，在伦敦入女子学校，1924 年赴美留学，1928 年回国任教；梁衍，籍贯广东新会，1908 年生于东京，后回国受教育再出国留学，1933 年回国发展。

有的是生长于国外，并受国外建筑教育系统培养的学生，即拥有华侨的身份，如：李锦沛，籍贯广东台山，1900 年诞生在一个经商的华人家庭（其父李奕沿于 19 世纪下半叶时移民至美国纽约发展，经商并创建纽约广盛源号），从小在美国纽约长大，入纽约普瑞特艺术学院（Pratt Institute）攻读建筑学专业，后入麻省理工学院和哥伦比亚大学建筑系学习， 1919 年入美国纽约布杂艺术学院（Beaux-Arts Institute of Design）学习，1923 年被美国基督教青年会全国协会派遣到中国，担任驻华青年会办事处副建筑师，1927 年创建李锦沛建筑师事务所；李扬安，籍贯广东台山，1902 年出生于美国纽约，1928 年毕业于美国宾夕法尼亚大学建筑系，于 20 世纪 30 年代初回国发展，曾于李锦沛所开设的事务所工作过，之后脱离并自办事务所；黄耀伟，籍贯广东开平，1902 年生于墨西哥，在国外成长与学习，1930 年回国发展。

3.3 关于建筑师的家世背景与建筑之间的关系

3.3.1   出身于政治世家

齐兆昌（188？—1956 年）

齐兆昌的祖上齐召南（1703—1768 年，字次风，号琼台，晚号息园，浙江天台人，清朝官吏、著名地理学家，著有《齐太史移居集》、《琼台集》、《历代帝王年表》等）于清雍正、乾隆年间做过侍读学士、内阁学士（学士是虚衔，是皇帝的智囊团，出谋献策用，如李鸿章是文华殿大学士、曾国藩是武英殿大学士等）、礼部侍郎（侍郎是实授，相当于现今的副部长，掌有实权），也曾是雍正六皇子弘瞻的师傅。之后，齐召南其兄犯文字狱，齐召南受牵连，但乾隆念其有功，免去流放，返还部分家产，遣回原籍，遂举家迁往杭州。后来，齐兆昌的祖父成了一名刻瓷工人，家境也衰落，生活困苦，于是，齐兆昌被教会收养。齐兆昌之子是齐康。

林是镇（1891—1962 年）

林是镇的祖父和父亲均为清朝翰林，皇帝的文学侍从官，是皇帝身边非常受信任的人。翰林为翰林院（从唐朝起开始设立，专门起草机密诏制的重要机构）主管编修国史、记载皇帝言行的起居注、讲经史，并草拟有关典礼文件的掌院长官，以大臣充任，属官如侍读学士、侍讲学士、侍读、侍讲、修撰、编修、检讨和庶吉士等，统称为翰林。翰林可等同于今天的高阶政治人物的文胆，是草拟撰写各种文告、演讲稿、新闻稿等文书的关键性幕僚人员。

吕彦直（1894—1929 年）

吕彦直的父亲吕增祥（初名吕凤祥，字秋樵，号太微，别号君止、临城、开州，籍贯安徽滁州，己卯举人），国学深厚，于 1879 年考中举人后，在李鸿章幕府任文案知县（天津），是李鸿章的"三循吏"之一。1880 年，西学广博的严复（1854—1921 年，原名宗光，字又陵，后改名复，字几道，汉族，福建侯官人，中国近代启蒙家、思想家、

图 3-10 齐召南

图 3-11 齐兆昌　　图 3-12 齐康

图 3-13 严复　　图 3-14 《天演论》

图 3-15 林纾　　图 3-16 吕彦直

图 3-17 刘敦桢

图 3-18 1938 年刘敦桢一家五口

图 3-19 刘敦桢与刘叙杰

（教育家）从福建调到天津，任北洋水师学堂总教习，与吕增祥相遇，两人投缘，最终成为好友、至交、亲家（吕增祥女儿吕静宜嫁给严复儿子严伯玉，严复女儿则是吕增祥儿子吕彦直的未婚妻）。19 世纪末，严复在翻译《天演论》时经常请教吕增祥，而在《天演论》出版前，吕增祥受严复之托，将《天演论》传播给梁启超等众多知识分子，《天演论》便成为戊戌变法的重要思想，因此，吕增祥协助严复翻译并传播了《天演论》（1896—1897 年间译成）。吕增祥逝世后，严复主动安排吕增祥的孩子读书和生活，吕彦直便在严复安排下与严复长子严伯玉一同前往巴黎读书，吕彦直回国后，又受到严复的安排，就读于（北京）五城学堂，师从国文教员林纾（1852—1924 年，福建闽县人，中国近代文学家、翻译家，创办"苍霞精舍"——今福建工程学院前身），后报考清华学校。

刘敦桢（1897—1968 年）

刘敦桢出生于清朝的官宦世家，儿时接受诗书启蒙教育，1908 年离家赴长沙，就读于楚怡小学与工业学校。从小受兄长（参加同盟会）的影响，矢志科学救国，振兴中华，但未如行；1913 年考取官费，赴日留学（东京高等工业专科学校建筑科，1921 年毕业）。

卢树森（1900—1954 年）

卢树森出身于乌镇卢氏望族，祖父辈多为绅士、文人，家境相当富裕。卢树森曾祖父卢景昌在乌镇任立志书院山长、绅士。卢树森祖父卢福基也是乌镇当地绅士。卢树森的父亲卢学溥（1877—1956 年，字鉴泉）是清朝举人，也是茅盾（1896—1981 年，原名沈德鸿，字雁冰。浙江嘉兴桐乡人，中国近代作家、文学评论家、社会活动家）的表叔和老师。卢学溥于 1916 年离乡到南京的财政金融界工作，入财政部任秘书，1923 年参加创办浙江实业银行，之后历任南京中国银行分行监察、交通银行董事长、浙江实业银行常务理事。抗日战争期间，卢学溥拒绝为日伪政府工作，深居简出，解放后才复出。

林徽因（1904—1955 年）

林徽因的祖父是林孝恂（?—1914 年，字伯颖，福建闽县人，清朝翰林）。福建闽侯林氏原是地方望族，到林孝恂这一代已式微，沦为"布衣"，但林孝恂上进，在清光绪年间，以进士之身（与康有为同科）列翰林之选，历任浙江海宁、孝丰、仁和各州县地方官。林孝恂能接受"现代化"政法思想，并注重后代之教育，送后代多人赴日留学，其子有林长民、林尹民、林觉民。林孝恂亦投股（上海）商务印书馆，以帮助"现代"出版事业的发展。

林徽因的父亲林长民（1876—1925 年，又名则泽，字宗孟，号双栝庐主，自称苣苳子、桂林一枝室主，中国近代政治家、教育家），曾留日（1902 年，早稻田大学）攻读政治经济（贝寿同也曾于 1904 年赴早稻田大学攻读政治经济），回国后执教福州法政学堂，民国时期曾任北洋政府国务院内务部参事、法典委员、参议、法制局局长、段祺瑞内阁司法总长、总统府外交委员会委员兼事务主任等。

林徽因是林长民和何雪媛结婚8年后生的第一个孩子（生了三个孩子：一个儿子、两个女儿，儿子和女儿在孩提时相继夭折，林徽因是唯一活下来的孩子），从小随祖父母（林孝恂）居住在祖父的大院里，因父亲林长民留日，林徽因便由大姑母林泽民授课启蒙，一度移居上海，后到北京，就读于培华女中（1914年成立，是英国人创办的一所教会中学），之后随父亲游历欧洲，在英国伦敦就读女子学校。

图 3-20 林孝恂　图 3-21 林长民

　　1921年林徽因随父回国，入培华女中续学。1923年与徐志摩、胡适等人在北京成立新月社，参加文艺活动，并登台演出印度诗人泰戈尔的诗剧《齐德拉》。1924年和梁思成同赴美攻读建筑学，林徽因入宾夕法尼亚大学美术学院学习，从三年级读起，选修了建筑系的主要课程。1927年夏毕业后，入耶鲁大学戏剧学院学习舞台美术设计半年。1928年春，与梁思成结婚。1928年夏，夫妻一同回国，执教于东北大学建筑系。

图 3-22 林觉民　图 3-23 林尹民

吴景祥（1905—1999年）

　　吴景祥的父亲吴天赐（字湄纶），曾在海上当过领航员，吴天赐与孙中山先生是同乡（广东中山），后追随孙中山先生参加同盟会。民国时期，吴天赐任职于安东、长春、保定、张家口等地的邮政局局长，后被升任（北平）邮政总局次长。吴天赐与原配夫人吴郑丽春生有四子五女，吴景祥是长子，从小规矩听话，颇受父亲的宠爱。少年时，吴景祥入（长春）商华第一小学读书（1913年），后入（天津）南开中学就读，中学时参加过"五四"运动，之后考入清华大学土木工程系（1925年），毕业后获得官费资助留法（1929年，法国巴黎建筑专门学院）。在法期间，吴景祥深受现代建筑思潮的影响，日后他曾在《同济大学学报》（1958年01期）发表"勒·柯布西耶"一文。1933年吴景祥毕业回国后在上海中国海关总署工作，设计一些海关建筑项目。1947年梁思成在筹备纽约联合国大厦时，吴景祥曾作为梁思成的助手，协助设计活动，并获得不少的酬金，而联合国大厦最终反映了勒·柯布西耶的思想。

图 3-24 林徽因

图 3-25 林徽因（左一）与妹妹及表姐合影

图 3-26 林徽因与父亲林长民在寓所进餐

张锐（1906—1999年）

　　张锐的父亲张鸣岐（1875—1945年，字坚白，一作健伯，号韩斋，山东无隶人，甲午科举人，1898年师从名举岑春煊，清朝官吏），曾任两广学务、营务处、广西布政使、广西巡抚等职，镇压过黄花岗起义，曾赞助袁世凯称帝，袁垮台后，张鸣岐逃至天津。张鸣岐有四子一女，张锐是长子，曾任上海市政府高级参议，次子张铸是天津化工专家，三子张镈是建筑大师，曾返乡指导重建海丰塔，四子张钧是一名高级工程师，张镈与张钧乃一母所生，张鸣岐一女张锦是北京师范大学高级讲师。

图 3-27 张鸣岐　图 3-28 岑春煊

　　其弟（同父异母）张镈（1911—1999年，中国近代建筑师、建筑学家）是北京市建筑设计院总建筑师。少年时跟随父母辗转于日本、天津、上海等地，并在颠沛流离的生活中读完了中学，后考取了东北大学建筑系，因"九·一八"

图 3-29 袁世凯

事变爆发，转入中央大学就读，并获建筑学学士学位。

图 3-30 张锦　　图 3-31 张镈

图 3-32 汪凤瀛　　图 3-33 汪荣宝

图 3-34 汪衡　　图 3-35 汪东

图 3-36 汪季琦　　图 3-37 汪坦

汪季琦（1909 年一）

汪季琦的父亲是汪凤瀛（1854—1925 年，字志澄，号荃台，祖籍江苏元和，中国近代政治家），晚清"四大名臣"之一张之洞（1837—1909 年，字孝达，号香涛、香岩，又号壹公、无竟居士，晚年自号抱冰，中国近代政治家）的重要幕僚，曾任张之洞创办的自强学堂（1893 年创办，武汉大学前身，是张之洞为培养"精晓洋文"的外交人员而创办的，是中国近代第一所由中国人自行创办和管理的新式高等专门学堂）与湖北农务学堂的提调，之后又出任常德知府、武昌知府及长沙知府。民国时期，被袁世凯聘为政府高级顾问，后任高等文官甄别委员会委员（1914 年）。

汪家是官吏世家，一门出三拔贡（凤池、凤瀛、荣宝）和四知府（凤池、凤藻、凤瀛、凤梁），参与中国近代（清朝、民国时期）历次重大事件，如 1895 年甲午战后的中日交涉、晚清钦定宪法的起草、和保皇派的论战、辛亥革命等，对中国近代政局有着深远影响。汪凤瀛共有 8 子，分别为汪荣宝、汪乐宝、汪东（汪东宝）、汪季琦（汪楚宝）、汪桢宝、汪衡（汪椿宝）、汪松宝、汪敏之（汪相宝），还有女儿汪梅未（汪春绮）、汪梅梧，其中长女汪梅未是陈衡恪（1876—1923 年，字师曾，号槐堂，又号朽道人，生于湖南，祖籍江西修水县，中国近代画家、艺术家）之妻。

汪坦（1916—2001 年）的八叔祖是汪东（著名文学家、书法家，原名东宝，后改名东，字旭初，号寄庵，别号寄生、梦秋）。早年，汪东追随孙中山先生参加辛亥革命，之后，任《大共和日报》总编辑、中央大学文学院院长。

林宣（1912—2004 年）

林宣的祖父是林孝恂（？—1914 年，字伯颖，福建闽县人，清朝翰林），父亲是林天明，曾留学日本，因此，林家家学渊源，家境富裕，让林宣从小就受到良好教育。少年时，林家请老师来教导林宣古汉语，还请英语老师辅导，奠定了林宣良好的古汉语和英语的基础。其堂姐林徽因与堂姐夫梁思成对其学业和事业影响极大。

图 3-38 梁思成、林徽因与女儿及林母

图 3-39 梁思成　　图 3-40 林宣

冯纪忠（1915—2009 年）

冯纪忠的祖父冯汝骙（？—1911 年，字星岩，河南祥符县人，清癸未科进士，翰林院庶吉士，清朝官吏）曾出任四川顺庆府知府、山东青州知府、安徽徽宁池太道、甘肃按察使、陕西布政使、浙江巡抚、江西巡抚。而冯纪忠的父亲，毕业于政法大学，中文根底非常深厚，家里还专门请老秀才教授子女国学，以致冯纪忠从小受到国学的熏陶和培养，冯纪忠的父亲也曾任民国时大总统徐世昌的秘书。少年时，冯纪忠在（北京）外交部小学读书，后入（上海）圣约翰大学就读。冯家与徐世昌、梁启超、林则徐等人的家族都有着关系，冯家和梁家曾同住在北京东堂子胡同的一个院落。

图 3-41 冯汝骙　　图 3-42 冯纪忠

徐尚志（1915—2007 年）

徐尚志的父亲于清末民初时宦游（古代士大夫阶层生活方式之一，指士人外出做官，泛指离乡求官奔波在外）于夔州（今奉节）、江油、射洪、内江等地，曾是同盟会会员，做过洪县知事、四川教育厅编审委员会主任、内江县县长。其子徐行川现为成都协合设计行川建筑师事务所（原徐尚志建筑师事务所）总建筑师。

图 3-43 冯汝骙小楷书法

图 3-44 冯纪忠母亲与弟弟冯纪宪

王大闳（1918 年—）

王大闳的父亲王宠惠（1881—1958 年，字亮畴，广东东莞人，中国近代法学家、政治家、外交家），于民国时期曾任外交总长、司法总长、国务总理、代理行政院长、第一任司法院院长等，曾参与起草《联合国宪章》，著有《宪法评议》、《宪法危言》、《比较宪法》等。王大闳于苏州景海小学毕业后，入南京金陵中学与苏州东吴初中就读。1930 年随父亲前往海牙，入瑞士栗子林中学就读。1936 年考上英国剑桥大学的机械工程系，后转入建筑系。1941 年入美国哈佛大学建筑研究所就读，与菲力普·强生（Philip Johnson）是同班同学，1942 年秋取得建筑设计硕士学位。毕业后，王大闳接受驻美大使魏道明邀请在华盛顿中国驻美大使馆任随员。后回国，在上海与同学、友人共同成立五联建筑师事务所（1947 年）。

图 3-45 徐尚志　图 3-46 徐行川

王秋华（1925 年—）

王秋华的父亲王世杰（1891—1981 年，字雪艇，湖北省崇阳人，中国近代政治家、教育家），早年就读于（湖北）优级师范理化专科学校，肄业于北洋大学采矿冶金科（1911 年），后留学英国（1917 年获英国伦敦大学政治经济学士）、法国（1920 年获法国巴黎大学法学研究所法学博士），回国后曾任教于北京大学，创办《现代评论》（1924 年于北京创刊，1928 年停刊，王世杰负责编辑，主要撰稿人有胡适、高一涵、唐有壬、陈源、徐志摩等，发表大量时事短评），后入政界，曾任国民党政府法制局局长、湖北省政府委员兼教育厅长、海牙公断院公断员、教育部长、军事委员会参事室主任兼政治部指导员、国民党中央宣传部长、中央设计局秘书长。王世杰也是国立武汉大学（前身为自强学堂，1913 年由国民政府建立国立武昌高等师范学校，1928 年定名国立武汉大学，是中国近代第一批综合性大学之一，湖北省第一所高等学府）的首任校长。

图 3-47 王宠惠　图 3-48 王大闳

图 3-49 王宠惠与胡汉民、陆丹林

3.3.2　出身于军人家庭

哈雄文（1907—1981 年）

哈雄文的父亲哈汉章（？—1953 年，字云裳，回族，湖北汉阳人，祖籍河北沧州河间，中国近代军人，黎元洪的密友），是清雍正朝军机处学习行走、贵州提督哈元生（字天章，回族，河北省直隶河间人，清朝将领，史称"扬威将军"，河间哈

图 3-50 王宠惠与日本记者

图 3-51 王宠惠与香翰屏、李大超、褚昌年

图 3-52 王世杰　　图 3-53 王秋华

图 3-54 中央研究院第二次院士会议

图 3-55 哈汉章　　图 3-56 哈雄文

图 3-57 萨镇冰　　图 3-58 萨本远

图 3-59 海圻舰官兵，后排中为萨镇冰

图 3-60 成济安　　图 3-61 成竟志

氏第八代世祖）的后代。哈汉章在湖北武昌的陆军堂读书，毕业后留军中任职，之后被慈禧批准为第二期赴日本留学的官派留学生（第三期有蔡锷，第四期有何应钦，第六期有阎锡山），是河间哈氏宗族唯一出国留学的新军将领，也曾是兴中会成员，与黄兴、李书诚等密谋反清运动。民国时期，是廉威将军陆军中将。新中国成立后，曾在（北京）北海公园文史馆工作。哈雄文随着父亲于军中的任职，便生于湖北汉阳。

哈雄文祖籍为直隶河间，是哈氏宗族的后代。哈氏宗族的始祖是哈喇卜丁，是西北沙漠山后人氏，于公元 1450 年来中原，保大明英宗（朱祁镇）重登皇位，因功被钦赐"忠顺"，后安置于河间，并不断向外沿袭的。全国姓"哈"的人，几乎都是河间的始祖"哈喇卜丁"的后代。清末、民国期间，河间地区除了自然灾害外，战争的侵袭使得人民生活贫困潦倒，以致哈族人选择背井离乡移居到外地谋生活，主要分布在辽宁、吉林、黑龙江三省，如沈阳、本溪、丹东、长春、哈尔滨、牡丹江、佳木斯，以及北京、天津及中国西北等地。

萨本远（1911 年—）

萨本远的父亲萨镇冰（1859—1952 年，字鼎铭，中国近代军人），出身于福州色目人萨氏家族。少年时，萨镇冰入福建船政学堂学习，同学中有邓世昌。之后任"海东云"船二副，巡防台湾，后派至英国留学，回国后，曾管带"海圻"号，任"澄庆"驱逐舰大副、清朝海军统制（总司令），创建烟台海军学校。民国时期，任海军总长等军职，曾代理过国务总理一职。

成竟志（1920—2010 年）

成竟志的父亲成济安（？—1952 年，原名国屏，别名惜侬，湖南省湘乡市苏坡乡白石村人，中国近代军人），早年留日，加入同盟会，武昌起义后，率部光复苏州，后任江苏都督府总务厅厅长兼卫成部长暨南京临时政府宪兵司令（1912 年），曾参加"二次革命"，入政法大学就读，主办过《民国日报》（1916 年以"讨袁"为主旨在上海创刊，刊载全国各地"讨袁"消息，并设有"来电"、"专论"、"要电"、"时评"、"快风"等专栏，后成了国民党中央机关报），任《世界日报》总编辑，又任国民政府文官处参事、军法执行总监部督察官、国民政府参军处中将参军。1942 年结识周恩来，并与李大钊来往密切。

成竟志的母亲任瘦青，曾任南京市妇女教济院院长，营救过史良（1900—1985 年，出生江苏常州，曾参加五四运动，考入上海法政大学就读，后因领导抗日救亡运动被国民党政府逮捕入狱，是历史上著名的"七君子"之一，中国近代法学家、政治家），帮助过新四军干部。

3.3.3　出身于大姓、名门望族

贝寿同（1875—1945年）

　　贝寿同是著名的吴中贝氏家族一员。贝氏家族原籍浙江兰溪，明朝中叶迁居江苏吴县（今江苏苏州），贝寿同便出生在此。贝氏从兰溪到吴县已历17世家传，落居吴县后，自此成为吴中之大姓。贝氏始祖字兰堂，原在街上摆摊卖草药为生，也做过大夫帮人治病，贝家秉持着诚信和实在的经营原则，生意逐渐获得乡里的认同，卖药生意蒸蒸日上。兰堂其子（二世贝兰亭）与孙（三世贝和宇）接续着卖药生意，更扩大营业，开起中药店来，之后也从中药业扩展为兼营其他商业，到了清乾隆年间，贝家已成为吴中四富之一（四富：戈、毛、毕、贝），开始置田造房、捐款救灾、救济族人、造桥铺路、回馈乡里，还将家传祖业向外延伸至浙江等地经营，开设以"贝"氏（贝益寿、贝文一、贝泰来等）为代表的家族国药号，贝家各房皆有股东，足见当时家族企业之庞大，贝家后代也慢慢的成为清朝著名的中医。到了清末，贝家在经商成功之后，也将多年汇聚的资金投资到金融、房地产等事业，同时更积极地投资和培育后代，让后代接受新式教育与思想，当后代养成后发展到各领域，皆有一番建树和成就，有些更享有家喻户晓的"大家"风范，其中有收藏家（十世贝墉）、藏书家（十一世贝信三）、颜料商（十三世贝润生）、房地产商（十三世贝润生）、金融家（十二世贝晋恩、十三世贝理泰、十四世贝祖贻、十五世贝大智、十五世贝祖武、十五世贝祖盈）、会计师（十五世贝祖翼）、建筑师（十三世贝寿同、十五世贝聿铭）、昆剧表演家（十三世贝晋眉）。

　　十二世贝皖生（十二世晋思之弟）是贝寿同（十三世）之父，育有七子（贝受璜、贝寿昌、贝寿彭、贝寿同、贝寿章、贝寿慈、贝晋眉），贝寿同排行老四，是美籍华人建筑师贝聿铭的叔祖。贝寿同早年就读江南格致学院，毕业后，于1901年春考入上海南洋公学所创建的短期特班就读，后前往日本攻读政治经济学。

3.3.4　出身于御医、医生世家

关颂声（1892—1960年）

　　关颂声的父亲关景贤（国华）毕业于北洋西医医学馆，是一名清政府时期的军医。

　　北洋西医医学馆（即总督医院附属医学校）于1881年由直隶总督李鸿章从省军防经费中支拨费用创办，并聘请马根济（于1879年由基督教伦敦会派遣赴津任伦敦会医院院长，并建议李鸿章创办西医医学馆）和驻津英美海军中的外科医生担任教习，是中国近代史上兴办西医教育之始。医学馆12月开学，第一届招8名学员（只招广东省学员，之后引起津人士抗议，才争得更多的名额），后剩6

图 3-62　贝润生　　图 3-63　贝理泰

图 3-64　贝晋眉　　图 3-65　贝寿同

图 3-66　贝祖贻　　图 3-67　贝聿铭

图 3-68　贝祖贻

图 3-69　贝家祠堂

图 3-70　关颂声　　图 3-71　关颂韬

图 3-72　朱彬　　图 3-73　关永康

名学员毕业（1885年），关景贤是其中之一。1893年李鸿章在原医学馆基础上创建北洋西医学堂，并附设北洋医院，专门为清政府培养军医人才。关景贤毕业后被授予文职京官，派往水师医院服务，历任副院长、院长，于1892年生下关颂声。关景贤育有5男3女，关颂声为长子。之后，他被朝廷召入宫，任御医（中国古代国家体制下的医生职务），专为光绪帝诊病及其宫廷亲属治病。

关颂声的三弟关颂韬是中国近代神经外科的先驱者，毕业于北平协和医学院（第一期），曾留学美国，归国后在协和医院工作，曾给少年时期居北平的李敖做过手术，1949年，关颂韬赴美国定居。六弟是关颂凯毕业于北平协和医学院，后留学美国，是一名牙科医生。

3.3.5　出身于教育、书香、绘画、篆刻世家

赵深（1898—1978年）

赵深，从小出生在江苏无锡一个普通的教师家庭，家境并不富裕，当教师的父亲于赵深幼年时生病去世，导致原本并不富裕的家境生活更加艰难，家里一切的生活皆由父亲世交来资助，而赵深有两位兄长，后来也外出工作来维持家中生活开销。从小在贫困家庭中成长的赵深身体自小就不好，常常生病，由母亲来照顾，幼年时几乎都在家养病，卧床不起常服药，曾开刀医治过重症，且间间断断地休学了几年。体弱多病的赵深，感念到母亲照顾的辛劳，从小便懂事并刻苦用功读书，学业成绩一向都是不错的，1911年赵深报考当时全国著名高等学府——（北京）清华学校，并顺利考取。之后赴美留学，入美国宾夕法尼亚大学建筑系就读，靠公费填补生活开支。由于是插班生，课程脱落，但赵深刻苦学习，通过补修课程慢慢地追上了同年级的进度，于1922年获学士学位，1923年获硕士学位。

杨锡镠（1899—1978年）

杨锡镠，祖籍江苏吴县（今江苏苏州），1899年出生，字右辛，出身于书香世家。其父亲为杨敦颐（1860—1928年，近代中国的著名国学大师），曾于1885年（光绪乙酉十一年）被选为拔贡（科举制度中由地方贡入国子监的生员，原定六年考一次，后改为十二年考一次，每府学二名，经过朝考合格后任京官、知县和教职），与曹元弼（1867—1953年，近代中国的著名学者、藏书家，曹氏当年夺得拔贡生第一名）并称为"苏府二龙"。原本科举考试三年一次，且在1903年（光绪癸卯）刚举办过会试，下次考试在1906年（光绪丙午）举办，但在1904年，适逢慈禧太后七十大寿，当时称"万寿节"，全国上下普天同庆，于是在慈禧授意下，科举考试按惯例加试一科，称作"甲辰恩科"，随后经礼部会试选拔出贡士273名，进入紫禁城保和殿进行殿试，由皇帝主持，来自直隶省（今河北省）肃宁县的刘春霖考中状元，而杨敦颐则考中举人，被派到镇江府做学政（也称督学使者，别称学台，是光绪年间学部于各省设的提督学政，是教育事业的最高长官），及丹徒县县学训导。杨锡镠也跟随着父亲来到镇江。而杨敦颐也是封建科举考试制度的末代举人，因清政府于1905年就宣布废除科举制度。之后杨敦颐辞官，到商务印书馆任职。由于对国学与文字学的潜心研究，便参与到《辞海》的编纂工作。另一方面，杨敦颐也设私塾，给学生讲授国学及中国文字起源等方面的课程，杨锡镠从小便在自家私塾接受扎实而良好的国学和家庭教育。

杨敦颐共生有五子七女，杨锡镠是家中最小的儿子，其姊杨纫兰毕业于上海务本女学，之后，创办吴江县第一家蒙养院。杨纫兰生有5子女，有费振东、费青、费霍与费孝通（著名社会学家、人类学家、民族学家、社会活动家，中国社会学和人类学的奠基人之一）。

杨锡镠兄长杨千里承继父业，在国学方面有着深厚的基础，在书法、金石、诗词方面有很深的功底，

曾任职于民国时期的中央政府部门；一位兄长是清华大学毕业生，和胡适是同学，一同被送到美国留学，学的是机械专业，留美归国后，在天津一带开办洋行与工厂；一位兄长是杨锡冶（字左陶），后改名为杨左匋，也曾留学美国，是苏州美术界的第一个中国动画专家，之后也在好莱坞画动画片，参与动画片《白雪公主和七个小矮人》的创作；一位兄长学的是西医专业，是一名医生，而杨锡镠则从事建筑设计工作。

从以上杨家兄弟之后在各个领域的不同发展，可以看出杨敦颐所给予子女们的教育是开明与开放的，虽然他是学国学出身的，但他不守旧，同时也反映出在那个年代（1900—1920年）里人们尝试接受新事物的价值观与社会氛围。

图 3-74 杨千里　图 3-75 杨锡镠

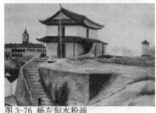

图 3-76 杨左匋水粉画

童寯（1900—1983年）

童寯，满族人，属"八旗"的正蓝旗钮钴禄氏（清末慈安太后一系），其祖先曾随努尔哈赤多年征战于辽东半岛。努尔哈赤夺取辽西，于1625年迁都沈阳，童寯祖先钮钴禄家族就在沈阳东郊的东台子村定居，之后，童寯便出生于此（1900年）。"钮钴禄氏"是满族八大姓氏（佟佳氏、瓜尔佳氏、马佳氏、索绰罗氏、齐佳氏、富察氏、纳喇氏、钮祜禄氏）之一，世居东北一带，原是满族地名，以地为氏，是建州女真氏族，原居住在黑龙江、松花江中下游，历经3次迁徙（向东南），终居长白山者尤著，后散居于英额一带。在金代，"钮钴禄氏"原称"女奚烈氏"，宗族人数多，明初演变为"钮祜禄氏"，汉译为"狼"（满语是niohe），清朝时，演变为"郎"（汉字姓），便冠用此姓氏（"郎"），童寯的祖父即姓"郎"，名为郎德祥，一生务农，之后，"郎"家改姓"童"。

图 3-77 杨纫兰　图 3-78 费孝通

图 3-79 费孝通、费振东和费青

郎德祥有一子，名为恩格，字荫普，即童寯的父亲，务农的郎德祥刻意培养恩格成为一名读书人，读四书五经，恩格勤奋向学，并考中秀才（专指府学、县学的生员），还开办私塾。

1908年，童寯被父亲恩格送进以辅助家庭教育为主的奉天省蒙养院（清朝教育体制中最初级的学校，作为学前儿童的专门机构）进行启蒙教育（学前教育）。

在任家庭教师与管教孩子之余，恩格以奉天省学选中的"廪生"（从府、州、县学中选送）资格，考取"岁贡"（由地方贡入国子监的生员一种，每2、3年举办1次，由公家给以膳食的生员），可入京师国子监读书，后方可参加殿试。殿试前，恩格先在紫禁城内保和殿复试，复试毕，才参加殿试，殿试只考策问（皇帝亲自设问，要求解答），恩格成绩中上，考取后被赐予第二甲第十一名进士出身（钦定御批一甲第一、二、三名即为状元、榜眼、探花，一甲三人称"进士及第"。二甲若干人，占录取者的三分之一，称"进士出身"。三甲若干人，占录取者的三分之二。分别授以庶吉士、主事、中书、行人、评事、博士、推官、知州、知县等职），钦点七品。放榜后，恩格返回奉天，任劝学所所长。劝学所始设于1906年，为各厅、州、县全境学务之总汇，设所长1人，综合各学区之事务，主要功能有筹募教育经费、办新式学堂、发展社会教育、公布招生讯息及管理各级学校。劝学所

图 3-80 遏必隆

图 3-81 钮祜禄氏

图 3-82 孝圣宪皇后（乾隆帝生母）

就是地方教育局的前身。

　　恩格对孩子管教严格，童寯被父亲恩格督促开始背诵古文，学习四书文、五言八韵诗、五经文。受过良好启蒙培养的童寯，心态向上，抓紧学习，在少年时期便积淀下相当深厚的古典文学基础与修养。之后，在恩格的建议与鼓励下，童寯先到唐山交通大学应考，后又赶赴北平参加清华学校考试，在激烈的竞争中（考生近400人），童寯考了第一（唐山交通大学）与第三（清华学校），最后，选择"清华"就读，1925年入美国宾夕法尼亚大学建筑系就读。

杨廷宝（1901—1982年）

　　杨廷宝的祖父是河南南阳的地主，经商，开有中药店、杂货店和粮行，是当地（赵营村）的大户人家，富商大家族，之后由于家族成员染上恶习（黄、赌、媚），挥霍族产，到了杨廷宝父执辈这一代，家业衰败、家道中落。

　　杨廷宝的父亲杨鹤汀（1877—1962年，名维禄，河南南阳宛城区人）是一位知识分子、教育家，誉满河南南阳的开明士绅、高流名士。他在同辈中排行十四，从小受旧式教育，一生平淡守静，从容过日，看破功名利禄、有着无羁无绊的本性。由于深感清朝腐败，立志教育救国，后毕业于北京政法学堂，推崇"康梁"（康有为、梁启超）两人，拥护维新，创办新学，曾于1908年与罗飞声（1879—1913年，字锐青，笔名蜚声、非声、新野县城关人，清末秀才，同盟会会员，以教学作掩护从事反清活动）创办南阳公学，自任监督，校内附设初级简易师范，并鼓吹师生加入同盟会，在民国时期任南阳第一任知府（被民众推选），并选为河南省参议会议员，之后创办南阳女子中学（1928年），自任校长。

　　杨廷宝的母亲出身于城里大户人家（米姓），是宋代四大书法家米芾的后人，从小受旧式教育，能识文解字与画画，是位才女。但身子虚弱，于杨廷宝出生当天（10月2日）因失血过多而离世（21岁），而深受重病卧床的杨廷宝的祖父也在当天去世（因听到媳妇去世而悲痛），因此，杨廷宝以后不过生日（既是自己生日，又是祖父及母亲的忌日）。

　　杨廷宝童年时被家人送进家塾读书，家塾里的学生全是杨廷宝的堂、表兄弟，大家学习着《三字经》、《诗经》、《论语》等，但杨廷宝因体弱记性不好，学习欠佳，父亲杨鹤汀便将杨廷宝带回家调养身子，并练练字。在家人的疼爱与照顾下，激起了杨廷宝的上进心，勤奋地学习书画，日益进步，后得到父亲的赞赏，而书画功底也成为杨廷宝将来读建筑专业时的根基，且甚为重要。之后，杨廷宝被送进南阳一所小学就读，因战乱辍学，他又在家继续练习书画，与父亲友人学习古文，学识与日俱增。之后杨鹤汀便让他投考河南留美预备学校（今河南大学前身），打算将他送到国外读书，杨廷宝便远离家乡（1912年），到300多公里外的省城开封应考，并幸运地考上。

　　进入河南留美预备学校读书的杨廷宝，由于有了之前在家自修的铺垫，心态上刻苦认真、努力向上，有了难得读书的机会，也想争口气。在老师循循善诱的教导下，学习成绩不错，便从低段班转入高段班。两年半后，因没

图3-83 后排：童寯（右）、童诗白

图3-84 童寯　　图3-85 童诗白

图3-86 杨鹤汀与杨廷宝（8岁）合影

图3-87 杨廷宝12岁　图3-88 清华时杨廷宝

图3-89 杨廷宝在清华舞剑

图3-90 杨鹤汀与其子杨廷宾合影

有经费，学校要缩编，校长建议学生们报考清华学校，考上后可减轻学校负担，而清华那里也有留学经费支助（庚款），杨廷宝便报考了，并以第一名的成绩考入清华。

杨鹤汀的次子杨廷宾（1910年—，杨廷宝之弟），毕业于北平大学艺术学院西画系，是中国近代木刻、版画艺术家，作品曾刊登于延安《解放日报》、《前线画报》和《中国妇女》报，毛泽东的《论联合政府》和朱德的《论解放区战场》两幅木刻肖像作品，即出自杨廷宾之手。杨鹤汀的三子杨廷桢（杨廷宝之弟）是新中国成立前的中共地下党员。杨鹤汀的长女杨廷宜，毕业于北平协和医护专科学校，后于湖南某高校从医。杨鹤汀的次女杨廷宁，从小受高等教育，后在家相夫教子。杨鹤汀的三女杨廷寅，毕业于河南大学，后长期在南阳教书。杨廷宝的长子杨士莪是中国水声学奠基者、中国工程院院士。杨廷宝的长女杨士英是南京大学化学系教授。杨廷宝的次子杨士芹，早年从军，今为中科院后勤处处长。杨廷宝的次女杨士华是中央某研究所研究员。杨廷宝的三女杨士萱，毕业于清华大学，在美国从事建筑行业。

图3-91 杨鹤汀全家合影

图3-92 杨廷宝全家合影

梁思成（1901—1972年）

梁思成的父亲梁启超（1873—1929年，字卓如，一字任甫，号任公，又号饮冰室主人、饮冰子、自由斋主人），广东新会人，清光绪举人，中国近代启蒙思想家、政治家、教育家。其妻林徽因是中国古代建筑领域的开拓者，文学著作包括散文、诗歌、小说、剧本、译文和书信等，代表作有《你是人间的四月天》、《莲灯》、《九十九度中》等。

图3-93 杨士英　图3-94 杨士莪

图3-95 梁启超　图3-96 梁思成

陈植（1902—2002年）

陈植出生在一个名门世家、书香门第，家人颇多建树。

陈植的祖父陈豪（1839—1910年，字蓝洲，号迈庵、墨翁、止庵、怡园居士，浙江杭州人）是清代著名的书画家。早年，陈豪是清同治九年（1870年）的优贡生，之后在湖北汉阳、应城、汉川当知县，后来辞官回老家侍奉养母，并以书画自娱，其书法习于苏东坡，兼画山水与花卉，尤其擅画梅。作画时，陈豪喜取意境，构思神逸，运笔古雅，作品有《苍松图》轴（典藏在浙江省宁波市天一阁文物保管所）、《暗香疏影图》轴（典藏在故宫博物院）等。同时，他还兼篆刻，有法度，曾倡立"辅文社"，选才隽者亲教之。

陈豪有3个儿子（光第、汉第和敬第），大儿子陈光第早逝。

图3-97 梁启超与梁思成（右一）

陈豪的二儿子陈汉第（1874—1949年，字仲恕，号伏庐，浙江杭州人，清朝翰林，中国近代政治家、教育家）即是陈植的父亲。陈汉第，自幼承家教，勤奋认真向学，成为贡生。甲午战争后，与汪康年、朱智等人四处奔走，鼓吹兴办新学，途中遭遇浙江官绅阻挠。后在浙江巡抚廖寿丰、杭州知府林启的支持下，于1897年创办（杭州）求是书院（今浙江大学前身）。取名"求是"，即"务求实学，存是去非"之意；而定"书院"名，即考虑官绅又从中作梗，保留传统称谓，而非称"学堂"。陈汉第任（杭州）求是书院文牍斋务（副监院），

图3-98 梁思成（左一）于日本横滨

图 3-99 梁思成与林徽因

图 3-100 梁思成与林徽因、女儿在家中

图 3-101 梁从诫　　图 3-102 梁再冰

图 3-103 陈敬第　　图 3-104 陈植

图 3-105 陈植在宾大与同学合影

图 3-106 陈植与童寯合影

图 3-107 费叶氏等三代合影

1898 年代任监院，之后扶正。1901 年求是书院改称"浙江求是大学堂"，1902 年改称"浙江大学堂"，陈汉第也因种种原因，辞去监院职务。此后，他赴日本留学，与孙中山等革命党人士关系密切，走上从政之路。辛亥革命后，陈汉第先后任水灾督办处坐办、印铸局局长、总统府秘书、国务院秘书长和参政院参政等职，也曾担任过清史馆编纂、提调、故宫博物院委员等职。晚年寓居上海，潜心书画创作。

陈豪的三儿子陈敬第（1876—1966 年，字叔通，浙江杭州人，清朝翰林，中国近代政治活动家、爱国民主人士），幼时继承家学，对诗词、古文皆有造诣。1902 年中举人，次年中进士，并朝考中试，授予翰林院（起源于唐朝，是中国古代带有学术色彩的官署，集各朝代知识分子中的精英，社会地位优越）编修，曾留日（1904 年）攻读政治和法律，回国后，任清政府资政院民选议员，但对清朝感绝望。民国时，曾反对袁世凯，后任《北京日报》经理，长期任上海商务印书馆董事、浙江兴业银行董事（1927 年）等。陈敬第专长政治、法律，著有《政治学》、《政法通论》，也爱好诗词、书画、金石与收藏，著有诗集《百梅书屋诗存》。陈敬第的上海商务印书馆董事、浙江兴业银行董事的职务，与日后"华盖建筑"项目的获得，息息相关。

陈植的母亲是陆召南，在他出生不久后离世，因父亲陈汉第忙于政务，便由奶妈抚养长大，陈植也随父亲职务关系从江南北上，来到京城定居，住在京城东南的礼士胡同（明朝属思诚坊，称驴市胡同，亦称"骡市"，据传，此地曾是驴骡市场，故而得名。清宣统时"驴市"废，以其谐音改称"礼士胡同"）的一座四合院里，在那里上学读书。

儿时，陈植常去叔父陈敬第家，与堂兄妹（陈敬第育有三男两女）玩在一起，无忧无虑，很是欢乐，叔父家成了陈植儿时最喜欢去的地方，之后，陈汉第因政务繁忙，便委托弟弟陈敬第代为照顾陈植，将陈植寄宿在陈敬第家。

陈敬第非常注重儿女的家庭教育，施行严格的管教，孩子们也多认真学习，陈植身在其中，也感染了这种奋发向上的氛围，培养出好学的精神；同时，陈敬第也刻意栽培子女们对于文化素养的熏陶。因此，出生于名门世家、书香门第的陈植，家族亲人的文化修养与气度自然影响着他，加上接受叔父陈敬第的严格管教，陈植从小便知道要勤奋向学。

费康（1911—1942 年）

费康出身书香门第，祖父仿壶老先生是一位名医，曾是清朝的宫廷御医，费家共有 4 子，有费穆、费秉、费康、费泰。费康的兄长费穆（1906—1951 年，字敬庐，号辑止，中国近代电影导演和先驱，代表作有 1932 指导的《城市之夜》、1936 指导的《狼山喋血记》、1948 年指导的《小城之春》），学贯中西，法文非常流利（曾就读于法文高等学堂），也精通其他外语（英、德、意、俄），更博览群书，特别喜爱中国诗词、古典文学，是一位具有深厚人文情怀的导演。费康曾参与费穆导的影片《孔夫子》等布景设计工作。

费康的女儿费琪（1938年—，江苏吴县人），毕业于北京地质学院石油地质勘探专业，曾任石油系系主任、石油研究院院长、中国石油协会理事、中国地质学会湖北分会理事等，现为中国地质大学石油地质专业教授、博士生导师。

图 3-108 穆秉康泰，费氏四兄弟

汪坦（1916—2001年）

汪坦的父亲汪星伯（1893—1979年，生于苏州望族）曾就读"清华"，考上公派留学，去法国学习土木工程，但生病后没去。年轻时，曾随陈师曾（1876—1923年，又名衡恪，号朽道人、槐堂，江西义宁人，湖南巡抚陈宝箴孙，陈三立长子，陈寅恪之兄，善诗文、书法、绘画、篆刻，中国近代画家、篆刻家、教育家）学绘画、篆刻，大学毕业后去上海电讯局任职，受吴昌硕（1844—1927年，原名俊，字昌硕，别号缶庐、苦铁等，浙江安吉人，"诗、书、画、印"四绝的一代宗师，中国近代国画家、书法家、篆刻家）赏识，曾被 吴昌硕推荐出任"停云馆"会长。陆小曼曾拜汪星伯为师，学习画山水及作诗。之后，汪星伯"弃艺从医"，在上海名中医恽铁樵门下学习，学成后正式行医（1927年）。新中国成立后，又"弃医从艺"，修复拙政园、虎丘、留园、耦园。汪星伯从小教导汪坦琴棋书画。

图 3-109 费康和张玉泉

汪坦的母亲是陆润庠（1841—1915年，字凤石，江苏元和县人，清朝状元，曾任山东学政、御史、内阁大学士，也做过末代皇帝溥仪的老师）的孙女，陆润庠的祖父陆方山及父亲陆懋修都精通医术，是苏州有名望的儒中医，陆润庠也会医术。

图 3-110 费康全家合影

金长铭（1917—1985年）

金长铭的父亲金毓黻（1887—1962年，字静庵，别号千华山民，书室号静晤，辽阳人），毕业于北京大学文科，师从著名文字学家黄侃（1887—1935年，初名乔鼐，后更名乔馨，最后改为侃，字季刚，又字季子，晚年自号量守居士，湖北省蕲春县人，与章太炎、刘师培为"国学大师"，中国近代传统语言文字学家），曾任（南京）中央大学历史系教授、东北大学教授、北京大学教授。金毓黻在历史、文学、文字、考古、文献、地理等都有精深的研究，学识渊博，功力深厚，享有很高的声誉，是中国近代"东北史"研究的开拓者和奠基者，著作有《奉天通志》、《辽海丛书》、《东北通史》、《宋辽金史》、《中国史学史》等。金长铭是金毓黻的三子。

图 3-111 费穆　图 3-112 费麟

图 3-113 汪坦全家合影

金长铭于1948年携眷赴台，入台湾省立工学院建筑系任教，教授投影几何、透视、阴影、水墨渲染、建筑设计等课程，几年后工学院升格为成功大学。

卢绳（1918—1977年）

卢绳出生于南京望鹤岗一个知识分子家庭，他父亲古典文史功底深厚，曾办过学堂，但英年早逝，卢绳便一直由兄长卢冀野（1905—1951年，原名卢

图 3-114 汪星伯和汪坦、马思琚合影

正绅，后改名为卢前）抚养。卢冀野家学渊源，国学功底很好，入东南大学文科就读，师从国学大师吴梅学曲（对近代戏曲史有深入的研究，被誉为"中国近代着、度、演、藏各色俱全之曲学习大师"），重视整理乡邦文献，曾被聘为南京市通志馆馆长，主持编辑出版《南京文献》，还自己撰写《冶城话旧》和《东山琐缀》，被誉为"江南才子"。卢绳从小在卢冀野抚养栽培下，受到艺术的熏陶，对史籍文献特别精通。

图 3-115 汪坦在与学生交流

图 3-116 汪坦 80 大寿时与众弟子合影

冯让先（1922 年—）

冯让先的父亲冯超然（1882—1954 年，名回，号涤舸，别号嵩山居士，晚号慎得，原籍江苏常州，中国近代画家），在童年时，酷爱绘画，少年时绘画已有成果，早年以画人物画（精仕女）为主，晚年主攻山水画，与吴昌硕、吴湖帆、顾鹤逸、陆廉夫等多有来往，同吴湖帆、吴待秋、吴子深在上海画坛有"三吴一冯"之称。

图 3-117 金毓绂

图 3-118 金长铭

王炜钰（1924 年—）

王炜钰的父亲是教数学的大学教授，他将家中小孩都送往工科院校读书。王炜钰的表姐林徽因，是中国古代建筑领域的开拓者，对王炜钰产生重要的影响。因此，王炜钰的父亲从小就培养王炜钰的艺术修养，年轻时，王炜钰常利用业余时间学画，后顺利考入北京大学工学院建筑系就读。

图 3-119 冯超然

3.3.6　出身于地方企业（买办、经商、开店、航运、作坊）

庄俊（1888—1990 年）

庄俊的爷爷曾在宁波经营祖传酒行，即庄源大酒行（以高粱烧酒为主，多为泰兴、泰州人经营，至今已有 130 多年历史），到了庄俊父亲这一代，家道逐渐衰落。庄俊父亲一家有 3 兄弟（大房、二房和三房），庄俊父亲排行老三（三房）。分家后，庄家中所有的财产全被庄俊父亲的哥哥们所霸占，酒行由庄俊父亲的哥哥（大房）来经营。当时庄俊和他的母亲靠着大伯父经营酒行分给的部分生活费来勉强维持家中的生活，所以，幼年的庄俊与母亲的生活非常困苦。据闻，庄俊每次要去领取生活费时，总会受到大伯父的白眼对待与屈辱。艰难的生活致使庄俊从小就立志要出人头地、刻苦学习，为自己与母亲在庄家的地位上争口气。

图 3-120 卢冀野　　图 3-121 卢绳

图 3-122 王炜钰

1903 年，庄俊进入敬业学堂求学，之后转入南洋中学。南洋中学师资力量的强大加上高质量的教学内容，使得庄俊青少年时期的学习成绩较好，为以后人生的发展奠定下良好的基础。庄俊于 1909 年考取唐山路矿学堂，学习了铁路科与矿科的专业，当时分甲、乙两班上课，但庄俊仅学习了一年，就从路矿学堂肄业，之后又考取了清华学校的庚款留学生第二届预备班。

图 3-123 受访时　　图 3-124 王炜钰

李锦沛（1900 年—）

　　李锦沛出生在一个经商的华人家庭。他的父亲李奕治，1864 年出生于广州，有过两段婚姻，第一段婚姻育有 15 个小孩，李锦沛就是其中之一，第二段婚姻育有 2 个小孩。李奕治于 19 世纪下半叶时移民至美国纽约发展，经商并创建"纽约广盛源号"。李锦沛从小在美国纽约长大，曾就读于美国纽约市布朗克斯的 23 公立学校（P.S.23,New York City）。 1917 年，李锦沛从 DeWitt 克林顿高中毕业后，随即进入到纽约普瑞特艺术学院（Pratt Institute）建筑学专业攻读。 1921 年的夏天，李锦沛进入麻省理工学院学习；1922 年，又进入哥伦比亚大学建筑系学习。值得一提的是，1919 年，李锦沛进入美国纽约布扎艺术学院（Beaux-Arts Institute of Design）学习。

林克明（1901—1999 年）

　　林克明出生在一个经商家庭，祖父林玉生是一名开藤工人，在香港开设孟兴昌藤铺，父亲林杰臣是"二世祖"（专指有不少家产的富家子弟、纨绔子弟），继承林克明祖父的藤业及其他产业，但经营不善，日渐衰落，对子女的学业并不关心，但也未给予太多约束。林克明从小随父亲一起生活并读私塾，后入香港圣士提反英文书院就读，之后投考高师附中，又跳级投考高等师范学校英语系。由于林克明从小喜欢画画，便立志当建筑师，后赴法攻读建筑学专业。

奚福泉（1903—1983 年）

　　奚福泉的父亲奚澜庆，是一位经营进出口业务的商人。由于家中常年经商，从小奚福泉家境较为富裕，父亲有经济能力照顾子女的成长与教育。在就学之余，父亲特别请家庭教师教导奚福泉课业，使奚福泉从小就受到良好的教育熏陶。1914 年考入上海工部局的华童学堂（英国人开设，只收中国人子弟的学堂）就读；1921 年考入同济大学附中的德文专修班；1922 年远赴德国留学，考入位于德国的黑森州的达姆斯塔特高等工业大学建筑系就读，于 1926 年毕业，获该校建筑系特许工程师证书；后又于 1927 年进入到（德国）柏林高等工业大学（夏洛滕堡）就读博士班，于 1929 年毕业获工学博士学位。奚福泉在德国学习勤奋且成绩优秀，受到德国导师的赞许。

卢毓骏（1904—1975 年）

　　卢毓骏的先祖于五胡乱华时南迁福建，他父亲在地方开书店，并印行书籍，家中藏有不少旧书籍。卢毓骏家里共有兄弟姐妹 9 人，其姐卢毓英对他帮助最多。卢毓骏于 1916 年入福州高级工业专科学校就读，接受工科的初步训练，之后以赴法"勤工俭学"（20 世纪初，蔡元培、李石曾、欧乐等人士为了发展中法两国之交谊，促进中国经济文化之发展，在巴黎发起成立"华法教育会"，在国内也成立"华法教育会"。五四运动前后，中国许多优秀知识分子在目睹国势严峻危亡和教育受到摧残时，为了免去失学失业之苦，寻找救国图强之方式，投入赴法"勤工俭学"运动，即一边求学读书，一边工作、劳动，多以学工科救国为志）方式到法国进修（1920 年），入巴黎国立公共工程大学就读，毕业后在巴黎大学都市计划学院当研究员。

陆谦受（1904—1992 年）

　　陆谦受的父亲陆灼文（1866—1938 年）早年曾试图通过科举走上仕途（中国古代平民分为士、农、工、商这四个阶级，体现了一种古代社会结构和文化，"士"是最高阶级，一般平民靠"科举"出人头地、晋升上流社会，成为官吏——学而优则仕，"仕途"即是做官的途径、道路、生涯和过程），但是却屡试不中，于是陆灼文放弃从仕，来到了香港，开始经营航运事业，而陆谦受也因此生在香港湾仔（是香港发展最早的地方之一，自英国占领香港后曾是工业和仓

图 3-125 陆灼文　图 3-126 陆谦受

图 3-127 湾仔船街厚丰里老宅书房

图 3-128 徐润　图 3-129 徐敬直

图 3-130 宝顺洋行最著名的买办是徐润

图 3-131 张开济全家合影

图 3-132 张开济　图 3-133 张永和

图 3-134 张开济与宋怀桂、安德鲁合影

库用地发展之地，之后成为华人主要的聚居地，亦曾为英国殖民政府的军事基地，是香港岛的三大中心区之一，湾仔内遗留许多历史建筑）跑马地附近。陆灼文曾在跑马地附近办义学，为贫苦学生提供学习受教育的机会，后来成为香港一带的中国近代著名慈善家、教育家，也是知名的办报人，曾帮助过《华字日报》（1872年由陈霭庭创办，是香港开埠初期的中文报章，为《中外新报》以后的香港第二份中文报纸，初期每周出版三次，提供清政府消息，及粤、港两地、海外的近闻）。小时候陆谦受住在香港湾仔船街的一栋中华传统的大宅内，此栋中式大宅与周边的殖民建筑形成强烈对比，大宅内外的空间丰富有趣。由于陆灼文曾努力参加"科举"，一心从仕，虽未能如愿，后来成为一名商人，但他仍是个重视文化和教育的商人，对子女的教育也格外地重视，曾请一位朋友（曾是清朝翰林）教导陆谦受国学知识，使得陆谦受在获得英语正规教育的同时也获得良好的国学培养。

1915 年陆谦受入香港湾仔官立小学就读，后入香港圣若望书院，在学期间擅长诗文，曾获中文比赛一等奖。1922 年陆谦受毕业后在香港一家英国投资的事务所（谭仁纪建筑师事务所，Dension,Ram and Gibbs）受训、实习，是先以学徒的方式接触到建筑事业，之前毫无任何基础或专业训练，不同于其他建筑师是先受过建筑学教育后才入事务所实习、工作。陆谦受在受训 4 年后决定出国深造，加强对建筑学的知识理解，于 1927 年赴英，报考英国伦敦建筑学会建筑专门学校建筑系。

徐敬直（1906 年—）

徐敬直的祖父徐润（1838 年—？，又名以璋，字润立，号雨之，别号愚斋，广东珠海人，中国近代上海买办、商人、工商业活动家）的家族是买办世家。他的伯父徐昭珩（钰亭）是上海宝顺洋行买办，堂族叔徐关大是上海礼记洋行买办，季父徐瑞珩（荣村）经营荣记丝号，也是位为洋行服务的商人。

徐润少年时入英商宝顺洋行当学徒，学艺办事，好学向上，深受洋行看重。1859 年与宝顺洋行另两名买办合伙开"绍祥"字号，包办各洋行丝、茶、棉花生意，并合股开设"敦茂"钱庄，之后就接任副买办（源于清朝 19 世纪，指帮助主管人员总理行内办房事务之人，知晓外文，办理洋务），还投资房地产业。1868 年自设"宝源祥茶栈"，在浙江、江西、湖北等地设茶号，成为一名有资产的独立商人，结识绅商权贵，晋升为商业界的知名人物。

1873 年，李鸿章将轮船招商局（创办于 19 世纪 60 年代，是洋务运动的军事工业，为了挽回沿江沿海的航运业和抵制外轮侵夺而设立，之后奠定中国近代航运业）由"官办"改为"官督商办"，委任唐廷枢为总办，徐润为会办。之后，徐润勘查和投资工矿企业（1888 年后），在山东烟台缫丝局、安徽贵池煤铁矿、湖北鹤峰铜矿、奉天金州煤矿等均有股份。虽然徐家为买办世家，生活富裕，但徐敬直父亲早故，他由母亲一手抚养长大，生活较为艰苦，在天津念完中学，入沪江大学就读，后留美。

张开济（1912—2006 年）

　　张开济的祖上曾在清朝初年时，从绍兴到杭州"扇子巷"首开"张子元扇庄"，以作纸扇为生，是当时杭州最大的一家制扇作坊。扇子巷是一条古巷，巷内有许多制扇作坊和工场，从宋以来到明、清，这里的扇子业日益兴旺，成了全国的制扇中心。而杭州扇业有三大名庄，分别是"张子元扇庄"、"舒莲记扇庄"、"王星记扇庄"。"张子元扇庄"与"舒莲记扇庄"以生产"黑白花扇"闻名。清末时，张家扇业经营不善，家道逐渐衰落，张开济的祖父张光德便复兴祖业，于清光绪年间重开"张子元扇庄"。民国时，"张子元扇庄"成了杭州扇庄之首。而随着 20 世纪上半叶科技的发展，纸扇被电风扇取代，纸扇逐渐退出现代社会的日常生活而成了艺术收藏品。

　　张开济的祖父张光德因家道衰落时没能念上书，等到经商（扇子业）成功后，自学并非常支持后人读书，鼓励后人要"儒贾并习"，一面读书，一面经商，于是，张开济的父亲张季量有了受教育的机会，也开启了张家读书受教育的传统。

　　张开济的父亲张季量（1887 年—？杭县人，自题为"钱塘张晏孙"，晏孙是名字，因在泉界出人多用其字季量，故习称为张季量，另号觉庵，嗜收藏古董，中国近代文人、古钱家），毕业于（上海）复旦公学（今上海复旦大学），是建校后第二届毕业生中的第一名。学术素养丰厚，领域涵盖中外，后来教书，曾担任中学校长，任职于（上海）启新洋灰（水泥）公司，后受聘于上海文史馆。张季量在古泉币上的造诣很深，收藏不少钱币精品，有南宋银质宫钱"绍兴元宝"和"坤宁万寿"，还曾撰文介绍自己收藏的珍稀泉币。1936 年"中国古泉学会"在上海成立，张季量曾任评议员，是上海"寿泉会"十老之一；张开济的母亲毕业于洋学堂，懂英文，常与友人赋诗闲情。张开济生于上海，少年时回杭州上小学，后回上海读中学，从小沉迷于画画，后来选择建筑专业就读，年轻时也常舞文弄墨，与张爱玲、苏青等文艺人士都有来往；其子是张永和。

黄作燊（1915—1975 年）

　　黄作燊的祖上几代都是书香世家，而他父亲黄颂颁曾在水师学堂（广东黄埔）学习，后来到天津，入（英商）亚细亚石油公司任经理，此后，黄家经济好转，较为富裕。黄颂颁有 5 个孩子，黄作燊是最小的，深受父亲喜爱。由于黄家原本的书香氛围和父亲的社会关系，交往多是有文化素养（爱好戏曲、书画等）的社会上流人士，影响了黄作燊对文化和艺术的兴趣，而黄颂颁也送黄作燊去（天津）法国学堂学习，之后留英。黄作燊的兄长黄佐临（1906—1994 年，原名黄作霖。祖籍广东番禺，生于天津）曾赴英攻读商科，之后开始涉足戏剧，师从英国戏剧大师萧伯纳，在剑桥大学皇家学院研究莎士比亚，在伦敦戏剧学馆学习导演，后回国到上海从事演剧事业，是中国近代戏剧家、导演艺术家。

陈占祥（1916—2001 年）

　　陈占祥的父亲陈传法，于清末民初时原是裁缝师傅，后来雇了员工，成为一名小作坊的老板。陈家原籍浙江奉化，与蒋介石家族是世交，而陈占祥是陈传法长子。陈传法因从小没受过多少教育，从事裁缝工作，但他还是认为"文化"有其重要性，于是决心栽培下一代成为一名有文化的读书人，聘请家庭教师来教导子女练字习画，还请外籍（葡萄牙籍）教师教导子女外语。董大酉曾是少年时陈占祥的榜样，陈占祥心仪董大酉设计的原上海市市政大楼，影响陈占祥日后决定选择建筑专业就读。

陈濯（1920 年—？）

　　陈濯的父亲陈耀珊是天津中原公司董事之一。天津中原公司于 1928 年元旦开业，创办天津中原公司的发起人是林紫垣（1892 年—？，广东中山人），原在上海开"兴业酒家"，后入上海先施公司任管理，常往来中日两国采买商货。1926 年，上海先施公司到天津筹办百货公司，林紫垣负责邀请蓝赞襄（神户汇丰银行买办）、鲍翼君（正金银行买办）与大阪各地侨商集资二十余万元，并邀请陈光远、陈耀珊、徐良等入股，共筹得资金一百三十万元，在日租界旭街（今和平路）兴建大楼，由基泰工程司设计兴建，复兴公司投标包工，1927 年建成。

图 3-135 黄作燊 10 岁 图 3-136 青年时黄作燊

图 3-137 黄作燊与程玖在哈佛时

图 3-138 陈占祥 图 3-139 留英时

图 3-140 陈占祥和夫人陶丽君合影

图 3-141 夏安世 图 3-142 夏昌世

图 3-143 夏昌世与夏思薇、陆天佑

3.3.7 出身于工匠、工程世家

阎子亨（1892—1973 年）

阎子亨诞生在一个传统工匠式的家庭，阎家共 6 个小孩，阎子亨排名老三。阎子亨的父亲阎筱亭早年从事营造包工的工作，之后专门从事木匠工作。阎子亨的母亲为家管，掌理家务。天津的杨柳青石家大院是阎筱亭的作品，石家大院始建于 1875 年，1877 年完工，院落 15 进，房屋 278 间，是天津地区规模最大的民居建筑群，今为博物馆功能，专门陈列与展出天津的民间工艺。此建筑群布局注重规则，遵从礼法，展现出北方大宅院般的高贵典雅之气，同时也注重细节，在砖雕、木雕、石雕部分着力至深，构件之处讲求细致与精美，将手工匠的雕刻精神予以完整的体现。

阎筱亭做事认真、律己甚严，他也教导与要求子女们要正直、严谨与忠诚，做人要堂堂正正、光明磊落与品行端正，这在阎子亨日后的执业过程中起到了关键性的影响。阎子亨出生后，阎筱亭已转向从事木匠工作，制作木器。

夏昌世（1903—1996 年）

夏昌世出生在一个华侨工程师家庭，他祖父曾于 1852 年去美国参与道路施工，1864 年后回国。夏昌世的父亲夏佐邦（字彝臣）是一位机械工程师，原配夫人去世后，他另娶一名福建闽侯的女子，即为夏昌世的母亲邱玉卿，邱氏生有四子、三女，夏昌世是次子。夏佐邦原在陶瓷制造厂工作，1898 年清朝为修建铁路及制造武器，急需钢铁，故选定萍乡煤田，挖煤井，成立"萍乡煤矿"，矿区在今江西省萍乡市安源区境内，以安源山机矿（今安源煤矿）为主矿，煤矿甚富，属于古生代煤炭纪，色黑如漆，黏结性富，是制造焦煤的上品，而天子山、紫家坑、小坑、龙家坑、王家源、铁炉坑、善竹岭、张公塘等煤矿均归"萍乡煤矿"管理。之后，盛宣怀将"萍乡煤矿"与"汉阳铁厂"、"大冶铁山"合并成立"汉冶萍煤铁厂矿有限公司"，公司设在上海，由盛宣怀负责，夏佐邦也搬到江西萍乡，任副总工程师。

夏昌世出生后，全家搬到湖南长宁县水口山，夏佐邦入铅锌矿任主管，为夏昌世和兄长夏安世（1903—1986 年，留德后领导创建上海交通大学制冷专业）聘请一位家庭教师，施行旧式教育。之后，夏昌世曾随母亲搬到广州，上公立学校（1912 年），不久又搬回湖南长宁县水口山。到了 1917 年，夏昌世父母又将两兄弟送往广州读书，夏佐邦成为广州的锯木厂和瓦厂的一名合伙人，而夏昌世两兄弟一同入培正中学（1889 年创办，广州百年名校）就读。1922 年毕业后，两兄弟一同赴德留学，出国前，还回到水口山拜别父母。夏昌世两兄弟在柏林大学德语专修班进修德语，并在德累斯顿工业大学补习基础课程（1923—1924年）。1924 年两兄弟入卡尔斯普厄工科大学，夏昌世就读建筑专业，夏安世就读机械专业。

杨作材（1912—1989 年）

杨作材的父亲是杨达聪（1884—1964 年，字作谋，号伯臣，小名杨李福，城山镇杨草湾里人）。杨达聪的父亲杨荣猷（杨作材的祖父）曾在江西九江开设杨荣猷营造厂，家境堪富，使得杨达聪少年时得以入私塾读书，成绩优异，是清朝最后一批秀才之一。杨荣猷英年早逝（51 岁去世），杨达聪便撑起"营造"家业，刻苦学习，很快就熟习从设计、绘图到施工的一套建造流程；所承建的工程，质量优良，承包许多私人工程，还中标不少公共工程。1931 年黄茅堤匮缺，杨达聪承担重修黄茅堤重任，将杨作材（幼子，当时正读本科）带来参加施工实践，之后，黄茅堤成了坚固的水利工程。抗战胜利后，杨达聪将营造厂交给长子杨克刚（杨作材的兄长）管理。

杨达聪共生有三子三女，长子杨克刚是南昌大学教授；次子杨克毅曾任中山大学教授；幼子杨作材于武汉大学毕业后投身革命，新中国成立后，任国家计委副主任。

司徒惠（1913—1991 年）

司徒惠的父亲司徒浣，有子女共 8 名，司徒惠为次子，毕业于（香港）圣保罗书院，后赴（上海）圣约翰大学就读，后以英国工业界联盟（Federation for British Industries）学人身份赴英深造土木工程。

3.3.8　家族、亲戚关系与建筑之关系

贝寿同与贝聿铭（叔祖关系）

贝寿同是美籍华人建筑师贝聿铭的叔祖。

齐兆昌与齐康（父子关系）

齐兆昌之子齐康（1931 年—），为中国科学院院士、建筑师、建筑学家、建筑教育家。父子皆为建筑师。

关颂声与关颂坚（兄弟关系）

关颂声的五弟关颂坚（189？年—，基泰工程司合伙人），关颂坚任基泰工程司平津部主任，于 1941 年散伙，改由张镈任平津部主任。新中国成立后，任天津市建筑设计院总工程师，曾与原意商立多利房地产公司工程师凯思乐（瑞士籍）合作，将原天津回力球场拆除并改建成文化宫大剧场，成为新中国第一个工人文化宫。

关颂声与关永康（堂兄弟关系）

关颂声的堂弟关永康（基泰工程司建筑师），曾设计香港的九龙电报大楼。

关颂声与朱彬（郎舅关系）

关颂声的妹夫朱彬（1896—1971年）（基泰工程司合伙人）。新中国成立后赴港，主持（香港）基泰工程司。

范文照（1893—1979年）与范政、范斌（父子关系）

范文照的儿子范政、范斌皆任职于（香港）范文照建筑师事务所，父子三人皆为建筑师。范文照曾毕业于（上海）圣约翰大学土木工程系（1917年），而范政则毕业于（上海）圣约翰大学建筑系（1952年）。范文照（宾夕法尼亚大学）与范政（哈佛大学设计研究生院）皆留美，范政于1958年任职于父亲在香港事务所，后赴美任职于其他事务所（1963-1978年）并自办事务所（1978年）。

余清江（1893—1980年）与余玉燕（父女关系）

余清江和女儿余玉燕（1914年—）皆为建筑师。余清江早年以实习工程出身自学建筑设计，1932年在广州与关以舟合作开业（1932年）；新中国成立后，任职于广州市设计院。余玉燕毕业于广东省立勤勤大学建筑工程学系（1938年），之后自办事务所（1946年）；新中国成立后，也任职于广州市设计院。

刘敦祯与刘叙杰（父子关系）

刘敦桢的儿子是刘叙杰（1931年—，中国建筑学家、史学家、古建园林专家），父子皆为建筑师。

杨廷宝与杨士萱（父子关系）

杨廷宝的三子杨士萱，毕业于清华大学，在美国从事建筑行业，父子皆为建筑师。

梁思成与林徽因（伉俪关系）

梁思成的夫人林徽因，夫妻皆为建筑师。

林徽因与林宣（堂姐弟关系）

林徽因的堂弟林宣（1912—2004年），毕业于（沈阳）东北大学建筑系，求学时（1930-1931年）由梁思成亲自讲授"西洋建筑史"及"初步设计"，后为西安建筑科技大学建筑系教授。

林徽因与王炜钰（表姐妹关系）

林徽因的表妹王炜钰（1924年—），毕业于北京大学工学院建筑系，后留校任教，1952年院系调整后任清华大学建筑系教授。

张锐与张镈（兄弟关系）

张锐的弟弟（同父异母）张镈，曾考取（沈阳）东北大学建筑系（1930年），师从梁思成、童寯等师，后毕业于（南京）中央大学建筑工程系，后入基泰工程司工作（1934年），师从杨廷宝，曾任教于天津工商学院建筑系（今天津大学前身之一）。新中国成立后，入北京市建筑设计院任总建筑师。

许道谦（1906年—）与于均祥（伉俪关系）

许道谦的夫人于均祥（1907年—）。许道谦（1933年毕业）和于均祥（1934年毕业）皆毕业于（南京）中央大学建筑工程系，夫妻两人皆为建筑师。

伍子昂（1908—1987年）与伍江（祖孙关系）

伍子昂的孙子伍江（1960年—），毕业于同济大学建筑系，曾任同济大学建筑与城市规划学院副院长，现为同济大学副校长。

王秉忱（1910—1976年）与吕彦直（父亲同学、朋友关系）

王秉忱的父亲王季梁（1888—1966年，本名王琎，字季梁，中国近代分析化学学科开创人、中国科学史研究先驱），早年就读京师大学堂（今日北京大学），曾是清朝政府派出的第一批（1909年）的庚款留美学生，与梅贻琦、金邦正、何杰、张子高、胡刚复等47人为清华大学第一届，也与吕彦直同为庚款留美的同学和朋友。当时吕彦直常到王家作客，在吕彦直的影响下，王秉忱从小就对建筑产生兴趣，中学时就爱好绘画和艺术。王季梁留美回国后，曾任教于湖南高师、南京高师、东南大学、中央大学、四川大学、浙江大学等高校，长期担任中国科学社的组织领导工作，也曾在蔡元培领导下，参与创建中国第一个国家科学研究机构——中央研究院，并任第一任化学所所长（1928—1934年），故父亲的身教言教和朋友圈都对王秉忱产生很大的影响。

费康与张玉泉（伉俪关系）

费康的夫人张玉泉，毕业于（南京）中央大学工学院建筑工程系，与费康是同届同学，毕业后与费康结婚，之后赴广州，到老师刘既漂所创办的事务所工作，之后与费康于上海创办大地建筑师事务所（1941年），代表性作品为蒲石路12栋花园住宅的"蒲园"。

费康与费麟（父子关系）

费康的儿子费麟（1935年—，江苏吴县人），毕业于清华大学建筑系，曾任清华大学讲师和土建综合设计院建筑组长，机械部设计院总建筑师、副院长，现任中国中元国际工程设计研究院资深总建筑师。

费康与费菁、费芸（祖孙关系）

费康的孙女费菁和费芸都是中国当代建筑师。

张开济与张永和（父子关系）

张开济的儿子张永和（1956年—）是中国当代建筑师、建筑教育家。

杨作材与杨达聪（父子关系）

杨作材的父亲杨达聪，继承"营造"家业（杨荣猷营造厂）。

司徒惠与司徒浣（父子关系）

司徒惠的父亲司徒浣曾于19世纪到香港发展，与同乡创办生利建筑公司，承建工程。父子皆从事建筑事业。

章周芬（1915年—）与徐炳华（伉俪关系）

章周芬和丈夫徐炳华（1918年—）皆为建筑师。章周芬毕业于（南京）中央大学建筑工程系（1939年），徐炳华毕业于西南联大工学院土木系（1939年），俩人于1941年结婚，1946年一同赴美留学，后回国参加建设。20 世纪 50 年代后，夫妻二人调中国建筑东北设计研究院工作。

徐尚志与徐行川（父子关系）

徐尚志的儿子徐行川（1947 年—）毕业于重庆建筑工程学院建筑系，曾任中国建筑西南设计研究院建筑师、主任建筑师、副总建筑师、常务副总建筑师，父子皆为建筑师。

龙希玉（1917—2002 年）与刘光华（伉俪关系）

龙希玉和丈夫刘光华皆毕业于（南京）中央大学建筑工程系（1940 年），皆任教于南京中央大学建筑工程系。

李德华与罗小未（伉俪关系）

李德华和夫人罗小未先后毕业于（上海）圣约翰大学建筑系，两人也都任教于（上海）圣约翰大学建筑系。

修泽兰与傅积宽（伉俪关系）

修泽兰的丈夫傅积宽是位结构工程师，毕业于（上海）交通大学土木工程系。

王翠兰与陈谋德（伉俪关系）

王翠兰和丈夫陈谋德皆毕业于（南京）中央大学建筑工程系（1948 年），夫妻两人皆为建筑师。曾任云南省设计院总建筑师（王翠兰）和院长（陈谋德）。

郭敦礼与郭丽蓉（兄妹关系）

郭敦礼和妹妹郭丽蓉先后毕业于（上海）圣约翰大学建筑系，兄妹两人皆为建筑师，后都赴港发展。

巫敬桓与张琦云（伉俪关系）

巫敬桓和夫人张琦云先后毕业于（南京）中央大学建筑工程系，夫妻两人皆为建筑师，后都入北京市建筑设计研究院工作。

周文正与韦耐勤（伉俪关系）

周文正和夫人韦耐勤皆毕业于（上海）圣约翰大学建筑系，夫妻两人皆为建筑师，后都赴港发展。

3.3.9 家族、亲戚关系与非建筑之关系

朱启钤（1872—1964 年）与瞿鸿机（姨父）、徐世昌（义父）

朱启钤的姨父瞿鸿机（1850—1918 年，字子玖，号止庵，善化人，同治进士，授翰林院编修，清朝大臣），于光绪年间曾出任工部尚书、军机大臣、政务大臣、外务部尚书等职，授协办大学士。朱启钤，1881 年寓居长沙，1891 年随姨父瞿鸿机赴川，以捐府经历试仕川省，曾供职盐务局；朱启钤的义父是徐世昌（1855—

1939 年，字卜五，号菊人，又号弢斋、东海、涛斋，曾祖父、祖父在河南官居，徐便出生在河南，中国近代政治家）。1912 年 3 月，袁世凯继任中华民国临时大总统，徐世昌力辞太保，观望时局变化，而朱启钤于 7 月起，连任北洋政府国务院陆征祥、赵秉钧内阁交通部总长，1913 年 8 月代理国务总理，之后任熊希龄内阁内务部总长。1914 年 5 月袁世凯任命徐世昌为国务卿（1914 年 5 月，袁世凯改北洋政府国务院为政事堂，国务总理为国务卿，政事堂设于总统府，1916 年袁世凯帝制失败，政事堂改为国务院），次年袁公开推行帝制，徐世昌以局势难卜求去，退居河南。之后又复出，在公私两方面为袁尽力，1918 年选举总统一职。

图 3-144 瞿鸿机　图 3-145 朱启钤

图 3-146 瞿鸿机在内的清大臣合影

关颂声与国民党

据说关颂声在美期间与宋子文交往甚密（《我的建筑创作道路》张镈著，1993 年出版），他又是洪门弟子（"洪门"与"青帮"是中国近代两大帮派，是江湖帮会。"洪门"的缘起众说纷纭，而又神秘。1903 年孙文曾加入"洪门"；"洪门"曾参加反清革命起义，与国民党有"形影不离"的密切关系，或者说国民党是"洪门"的一个堂口；1949 年"洪门"赴台），之后与蒋介石关系良好。而他的原配李凤麟在美就读时是宋美龄在马萨诸塞州卫斯理学院的同班同学（1912 级）。凭着与宋家及国民党高层的关系，关颂声事业的发展取得"非一般人所有"的特殊与强大的基础，之后，还延揽了不少官署建筑与政府工程（20 年代末起，关颂声专"跑"业务）。

图 3-147 徐世昌、朱启钤察看铁路设计

柳士英（1893—1973 年）与柳成烈（兄弟）

柳士英自幼在善堂学习 3 年后，于 1907 年考入公费的（南京）江南陆军学堂，3 年后（1910 年）入（南京）陆军第四学校，参加光复活动。虽然，柳士英在清政府所办的军备学堂、学校学习，理应支持清政府才对，但他却参加反清的光复会活动，之后，更实际地参与从戎，部分受其兄长影响，柳士英便具有强烈的民主革命情怀。1911 年，柳士英的兄长柳成烈（上海同盟会会员，苏州同盟会主脑）在苏州招兵，筹建北伐先锋队，准备会攻南京，柳士英从南京返回苏州并加入，参加攻打南京战役，与清军血战多日，终于光复南京。1913 年讨袁的"二次革命"爆发，柳士英任北伐先遣营营长，但最终"二次革命"失败，柳士英也随其兄柳成烈逃亡至日本，并改名为柳飞雄。

图 3-148 朱启钤与巡警厅同僚

图 3-149 陈从周与夫人蒋定合影

梁衍与萨镇冰（岳父、女婿）

梁衍的岳父是萨镇冰，民国时期任海军总长等军职，及曾代理过国务总理。

图 3-150 徐志摩　图 3-151 张大千

张昌华（1908 年—）

张昌华的夫人是孟璧擎，其外祖父是民国时期北洋政府交通总长兼内务总长。

图 3-152 沈葆桢

图 3-153 东三省总督徐世昌与同僚等，朱启钤（第二排左二）

陈从周（1918—2000 年）

　　陈从周的夫人蒋定，出身于浙江海宁民门，与徐志摩（1897—1931 年，原名章垿，字槱森，留美时改名"志摩"，曾经用过的笔名：南湖、诗哲、海谷、谷、大兵、云中鹤、仙鹤、删我、心手、黄狗、谔谔等，出生于浙江海宁，是新月派代表诗人，中国近代诗人、散文家）有内亲关系，徐志摩是蒋定的姨表兄。陈从周是张大千的入室弟子。

沈祖海与沈葆桢（高祖父）

　　沈祖海的高祖父沈葆桢（1820—1879 年，字翰宇，又字幼丹，福建省侯官县人，清朝重臣）是清政府抵抗侵略的著名封疆大吏林则徐的女婿，曾被派到台湾为钦差大臣，办理海防，兼理各国事务大臣，筹划海防事宜，办理日本撤兵交涉，是台湾第一任巡抚。

4. 近代建筑教育的萌生和发展

4.1 关于近代境内教育

4.1.1 新式教育背景和成因

教育和科举，风尚，框限

  教育是人类社会文明发展的必要环节，是一种有目的、计划、系统的培养阶段。至今，除了正规的学校教育，还包括有社会教育、成人教育、终身教育等。教育在中国古代最早起源于夏朝，那时开始有中国古典著作的创作，以"口耳相传"的口头形式进行文学创作，之后教育也成为选拔和任用官员的渠道，即科举考试。科举制度始于隋朝（605年），发展并成形于唐朝、五代十国，到宋代，制度才臻于完善，是中国古代一项选拔人才的重要制度，对中国古代社会结构、政治、教育、人文思想都产生巨大的影响，而通过考试产生的士大夫（古代官吏，是社会上具有声望、地位的知识分子），构成了中国古代历朝历代的精英群体，直接参与到国家政治层面。因此，科举与教育在中国古代就形成了密不可分的关系。科举入士成了社会生活的一种风尚、时尚，蔚为一种受教育风潮。

  僵化成了科举制度的败笔，也间接成了中国古代教育的一种束缚。科举制度演变到明代时，读书人应考所读的范围框限在四书五经、八股文，缺少独立思考和创作能力，眼界、视野及对生活事物的判断都受到了限制，而科举考试内容也流于制式化、统一化，趋于保守。到了清朝，科举成了一般老百姓当官的一种固有途径，已偏离原本科举制度成形时的那股单纯求知识、读书的热潮，科举制度逐渐成了旧文化、旧时代的产物。因此，科举制度在19世纪末的中国近代时局中受到了巨大的挑战与冲击，同时，迎来了新式教育。

教会学校，洋办，传教和拓展新知

  19世纪中叶，天主教会和基督教会相继进入中国，洋人传教士除了传教外，开始创办教会学校，给学生传教和拓展新知，包括英语、汉语、算术、几何、化学、美术等课程，培养出一批中国学生，如：容闳（1828—1912年，曾入澳门马礼逊教会学校，之后留美，为首名于耶鲁学院就读的中国人，后回国创设幼童留美计划，是中国近代留学生之父）、黄宽（1829—1878年，曾入澳门马礼逊教会学校，之后留美，是中国近代第一位留英医学博士，后回国被李鸿章聘为医官）、黄胜（1827—1902年，曾入澳门马礼逊教会学校，之后留美，后回国率第二批学童留美，是中国近代商人）、唐廷枢（1832—1892年，曾入澳门马礼逊教会学校，后为洋务运动代表性人物，协助李

图4-1 明代绘画中的殿试

图4-2 金榜，科举制度中最高一级考试成绩排名榜

图4-3 传统私塾

图4-4 女修士在郊区向船民传教

图4-5 北京贝满女塾

图 4-6 北京贝满女塾学生

图 4-7 洋人传教士办慈幼事业，收容穷人孩子

图 4-8 天主教圣母院内的纺织工厂，培养孤儿

图 4-9 总理各国事务衙门

图 4-10 天津武备学堂

鸿章开办轮船招商局）。之后，教会学校于中国各地不断地创建，比如：美国圣公会创建的上海文纪女塾（1851 年）、上海圣约翰书院（1879 年）、武昌文华书院（1871 年），美国卫理公会创建的北京贝满女塾（1864 年）、北京潞河书院（1867 年）、苏州存养书院（1871 年）、天津成美学堂（1890 年）等。到 19 世纪末，教会学校已达 2000 余所，成为当时一股重要的教育洪流，也是新式教育的一个重要分支。

外语人才学校，官办，培养翻译人才，工科知识

1840 年鸦片战争之后，清政府和列强签订条约，国门大开，许多现代化的事物传入中国，清政府为了与洋人打交道，需要足够的外语人才，于 1862 年成立京师同文馆，隶属于总理各国事务衙门（1861 年成立，是清朝第一个掌理外交事务的衙门机构，但不是一个正规的政府部门，是下属机构，是临时性的机构，没有正式的官品和编制），是清政府时期第一个官办的学校，以教授外语为主，商请外籍传教士任总教习，初设英文馆，后设法文、俄文、德文、日文、格致（清末民初时声光化电等自然科学的统称）、化学等馆，学制分 5 年和 8 年。京师同文馆也供洋人学习汉语。

清政府在上海、广州成立方言馆（1863 年），也是一种外语学校，聘请优秀的举人、贡生和外籍教师授课，以培养翻译人才为主，后亦教授机械、船炮等工科知识，成绩优秀者由清政府给予官职（海关、通商、外事交涉），因此，同文馆、方言馆都是 19 世纪新式教育中的外语人才学校。

军事学堂，教授造船、航海、外语

由于鸦片战争战败，部分为官的知识分子认识到清政府在科技、工业方面落后于西方国家，必须学习"现代化"技术，于是有了洋务运动（1860 年代初兴起），在各省成立新的军事工业，如安庆内军械所、江南制造总局、金陵制造局、福州船政局、西安机器局、天津机器制造局、兰州织呢局。福州船政局设有求是堂艺局（船政学堂），专门培训船政及海军人才，如中国近代启蒙思想家、翻译家严复（1854—1921 年，1867 年入船政学堂学习驾驶，1871 年毕业，是第一届毕业生，在建威、扬武两舰实习，后赴英学习海军事业，回国任船政学堂教习，后接触到现代社会学、政治学、政治经济学等，翻译《天演论》，曾是首名录取生。船政学堂是中国近代第一所航海学堂，也是"现代化"的军事学校，孕育不少中国近代的海军高级将领。之后又陆续产生不少其他军事学堂。

教育救国，话语权，新式教育，改革

从 19 世纪下半叶到 20 世纪初，以科举制度为代表的旧式教育日益受到新式教育的挑战，"现代化"的观念不断地被导入中国，清政府的积弱不振，也让当政所维持的旧式教育受到质疑，同时，留学归国的学生也引入新的教育观念，容闳便提出教育应借鉴西方"现代化"教育模式，取消科举制度，让学生学习普及各方面知识。各地出现部分新式学堂，如武昌两湖书院，天津北洋西学学堂（北洋大学堂前身，被视为晚清新式教育的起源，是中国近代第一所大学）等等。

图 4-11 福州船政学堂

兼习中西学，设学堂，私办学堂，废除八股文

1898 年的变法维新当中，教育改革是最被重视的一环。清政府下令将各省道、府、州、县的所有书院、祠庙、义学、社学改为兼习中西学的学堂，同时设立京师大学堂，由孙家鼐（1827—1909 年，字燮臣，号容卿、蛰生，别号澹静老人，安徽省凤阳府寿州人，清朝状元、中国近代政治家）主持，在北京（今景山东街和沙滩红楼等处）创立，分大学院、大学专门分科、大学预备科三部分，兼学中外语、天文、地理、政治、军事等专业。

图 4-12 天津水师学堂学生

清政府还在各省设高等学堂、中学堂、小学堂，学生入学依次递升，不参加科举考试，高等学堂按照政、艺分科，学习内容比大学堂稍少，是为大学预备学校，可按照成绩优劣给予出身。另外，也鼓励民间私人开办学堂，设立翻译、医、农、商、铁路、矿、茶务等速成学堂，同时挑选学生留学（当时以留日为主）和派遣皇族、宗室、官员出国游历接触"现代化"的知识和事物。之后，清政府更废除八股文、乡试会试及生童岁科考试，改考历史、政治、时务、四书五经。

图 4-13 武昌两湖书院

设立学部，拟定癸卯学制，制度的官方确立，废除科举

当各地新式学校不断地被创建后，清政府也于 1905 年设立学部（今教育部），是中央总管教育的机构，命张百熙充任学务大臣，管理大学堂事。学部职能以掌理劝学育材，颁布各学校政令。1902 年张百熙（1847—1907 年，字埜秋，一作冶秋，号潜斋，湖南长沙人，中国近代教育家）主持拟定的《钦定学堂章程》，称为"壬寅学制"，但遭到质疑；之后张百熙等人重新拟定《奏定学堂章程》，称为"癸卯学制"，是中国近代第一部由中央政府颁布在全国范围内实行的法定教育学制系统，标志着新式教育制度被官方确立。1905 年清政府下诏宣布废除科举，新式教育成了学校教育的主要内容，在中国各地迅速发展开来。

图 4-14 天津北洋西学学堂

图 4-15 京师大学堂旧址（北京景山东街）

4.1.2 《钦定学堂章程》、《奏定学堂章程》

《钦定学堂章程》，三级分科分院，延揽师资人才

　　《钦定学堂章程》将大学堂分预备科（预科）、大学专门分科和大学院三级，预备科（预科）分政、艺分科。政科有经史、政治、法律、通商、理财；艺科有声、光、化、农、工、医、算学。采取 3 年学制，毕业后入大学专门分科，并给予举人出身。大学专门分科相当于现今的大学本科，分科（如现今大学中的学院）有政治、文学、格致、农业、工艺、商务、医术，分科下分门目（如现今学院下的系）。7 个分科设有 35 门，3—4 年学制，毕业后入大学院继续深造。大学院相当于现今的研究生院，给予进士出身。另外，大学堂设有速成科，有仕学、师范（如现今大学的师范学院）二馆，3—4 年学制，毕业后可任初级官吏或学堂教习；大学堂还办了医学馆、译学馆、实业馆、报馆和书局等。

　　张百熙为了办好大学、延揽师资人才，网罗各界名流于一堂，由吴汝纶（1840—1903 年，字挚甫，一字挚父，安徽桐城人，进士，曾任曾国藩、李鸿章幕僚，深州、冀州知州，长期主讲莲池书院）任大学堂总教习，张筱浦任副总教习，于式枚（1853—1916 年，字晦若，贺县人，进士，任李鸿章幕僚多年）任大学堂总办，李家驹（1871—1938 年，字柳溪，光绪进士，授翰林，曾任湖北学政）、赵从蕃任副总办，李希圣（1864—1905 年，字亦元，号卧公，湖南湘乡（长沙）人，进士，官刑部主事，荐举经济特科，尝纂《光绪会计录》）任编书局总纂，严复任译书局总办，林纾任副总办，杨仁山、屠敬山、王瑶舟任国学教习，孙诒让、蔡元培任史学教习。

《奏定学堂章程》，加重经史，中学为体、西学为用，设总监督

　　《奏定学堂章程》的架构没有太大改变，只在《钦定学堂章程》的基础上做了几点修改：一是将原本大学专门分科由 7 科 35 门改为 8 科 46 门，加重经史的比重，包括有周易、尚书、毛诗、春秋左传、春秋三传、周礼、易礼、礼记、论语、孟子、理学 11 门课程；二是恢复进士馆，办学思想朝向以中国传统经史为主、授于西学为辅，朝向"中学为体，西学为用"的教育思路；三是大学院改称通儒院，学制由 3—4 年改为 5 年；四是加设总监督（如现今大学校长），掌管全学堂各分科事物，听命于学务大臣（如现今教育部长）。

4.1.3 《大学堂章程》、土木工学门与建筑学门

《大学堂章程》，官方拟订与认可

　　《奏定学堂章程》是中国近代第一个以教育法令公布并实行于全国的学制，对中国近代教育产生了重大的影响，学制有《初等小学堂章程》、《高等小学堂章程》、《中学堂章程》、《高等学堂章程》、《大学堂章程》（附《通儒院章程》)、《蒙养院及家庭教育法》、《初级师范学堂章程》、《优级师范学堂章程》、《初等农工商实业学堂章程》（附《实业补习普通学堂章程》及《艺徒学堂章程》)、《中等农工商实业学堂章程》、《高等农工商实业学堂章程》、《实业教员讲习所章程》、《译学馆章程》、《进士馆章程》，还有《学务纲要》、《各学堂管理通则》、《各学堂奖励章程》和《各学堂考试章程》等 20 种章程。而土木工学门和建筑学门最早被官方列为教育科目，是出自清末修订的《奏定学堂章程》中的《大学堂章程》。在《大学堂章程》中，共分 9 门工科大学，有土木工学门、机器工学门、造船学门、造兵器学门、电气工学门、建筑学门、应用化学门、火药学门、采矿冶金学门。

图 4-16 朱启铃、袁世凯、张百熙合影

图 4-17 译学馆教师合影

图 4-18 译学馆德文班师生合影

图 4-19 译学馆法文班学生合影

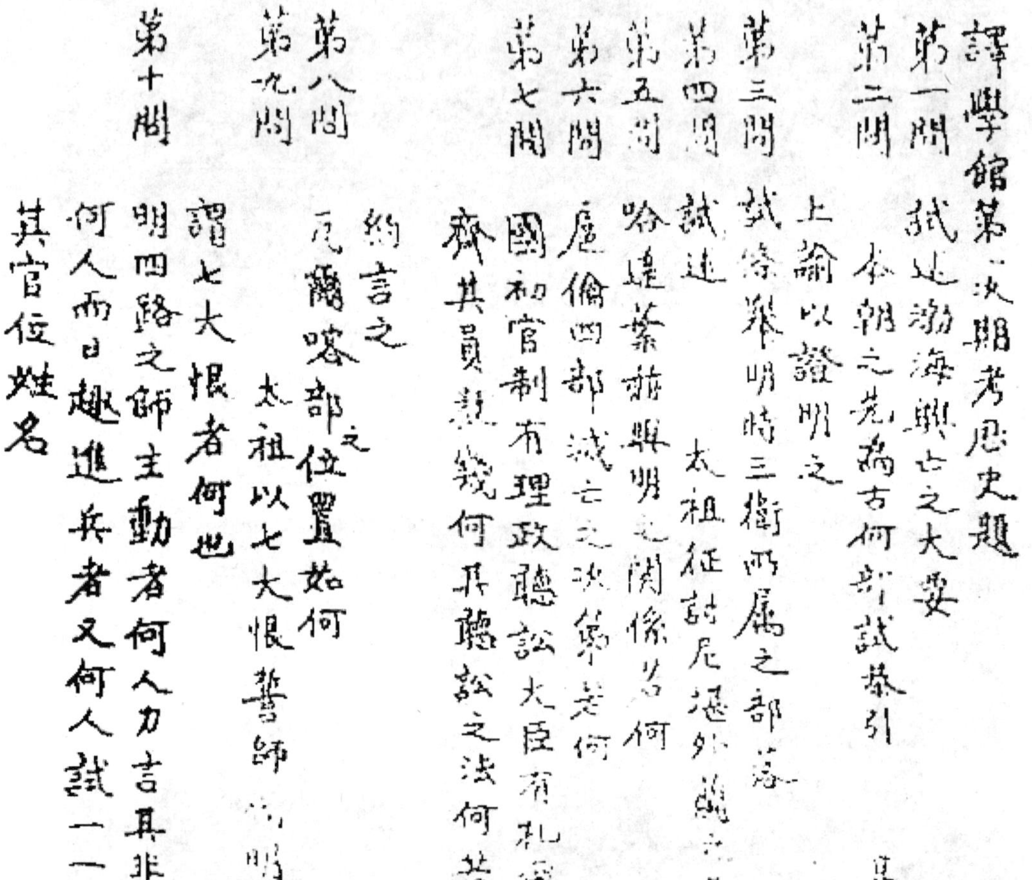

図 4-20 译学馆第一次期考历史题

譯學館第一次期考歷史題

第一問　試述渤海興亡之大要

第二問　本朝之先為古何部試舉引
上諭以證明之

第三問　試條舉明時三衛兩屬之部落

第四問　試述太祖征討尼堪外蘭之大略

第五問　哈達葉赫與明之關係若何

第六問　扈倫四部滅亡之次第若何

第七問　國初官制布理政聽訟大臣有札爾固
齊其員數幾何其聽訟之法何若試述

第八問　約言之
瓦爾喀部位置如何

第九問　謂七大恨者何也
太祖以七大恨誓師定明而

第十問　明四路之師主動者何人力吉其非者
何人而曰趣進兵者又何人試一一舉
其官位姓名

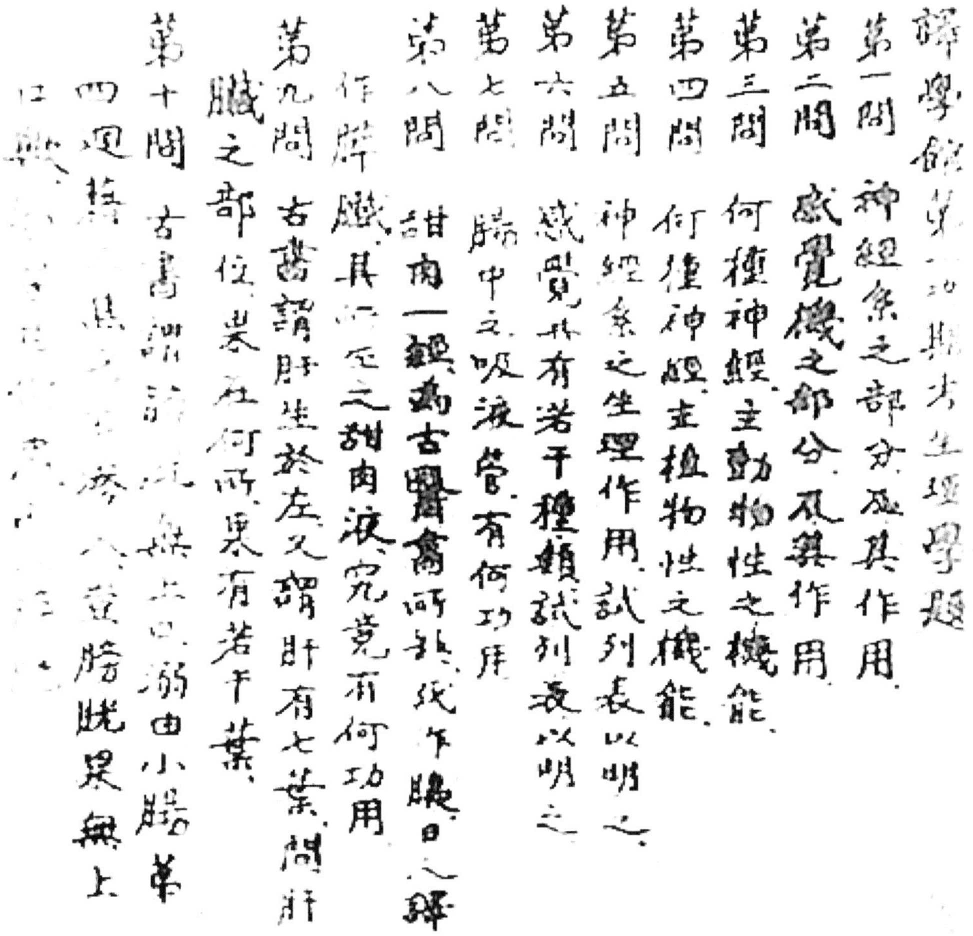
譯學館第一次期考生理學題

第一問 神經系之部分及其作用

第二問 感覺機之部分及其作用

第三問 何種神經主動物性之機能

第四問 何種神經主植物性之機能

第五問 神經系之生理作用試列表以明之

第六問 感覺共有若干種類試列表以明之

第七問 腸中之吸液管有何功用

第八問 甜肉一體為古醫書所載然乍聽之譯作脾臟其所在之甜肉液究竟有何功用

第九問 古醫謂肝生於左又謂肝有七葉問肝臟之部位果在何所果有若干葉

第十問 古書謂[illegible]然[illegible]溺由小腸第四迴轉[illegible]其[illegible]膀胱果無上口歟[illegible]

图 4-21 译学馆第一次期考理学题

土木工学门，培养环境、交通、水利人才

　　土木工学门的主课有算学、应用力学、机器制造法、建筑材料、石工学、桥梁、通路、测量、河海工学、铁路、水力学、地震学、房屋构造等，辅助课有工艺理财学、土木行政法、电气工学大意。毕业时，需呈毕业课艺和自着论说、图稿（毕业设计与论文）。从《奏定学堂章程》所载列的课程看，土木工学门较偏向于培养环境、交通、水利方面的专业人才，同时还授予经济、法规、施工方面的知识。

建筑学门，培养技术人才

　　建筑学门的主课有算学、应用力学、建筑材料、房屋构造、建筑意匠、应用力学制图及演习、测量实习、制图及配景法、计划及制图、水力学、施工法、实地演习等，辅助课有建筑意匠、建筑历史、配景法与装饰法、自在画、美学、装饰画、地震学。毕业时，需呈毕业课艺和自着论说、图稿（毕业设计与论文）。从《奏定学堂章程》所载列的建筑学门课程来看，美学是清末导入中国的新课程，并把历史与意匠方面的课程设在辅助课，着重于在材料、构造、施工、技术方面的主课教学，反映出当时较偏向于培养技术方面的人才，对设计、历史、美学、艺术方面的培养较不重视。

着重技术实践、设计思维弱之，内外融合的混杂

　　《奏定学堂章程》中的土木工学门与建筑学门的科目基本皆引进和参考日本高校的科目体系，且两门培养课程的主线相似——着重于技术、实践方面的培养，设计、思维方面则弱之（趋近于无）。这反映两种现象：一是甲午战争后，当时清朝力行变法维新，致力于教育改革的管学大臣们便向国外取经，提倡学习和参考日本各学校之课程（日本学制参考欧洲各国教育制度而形成自己的体系），斟酌变通，援以引用，故势必带有国外学校课程的影子；二是中国人视中国的"建筑"为"土木"的传统思维没有改变，只不过把"现代化"的教育课程引入国内，而更重要的是，经过引入的中国的课程实际上融合了西方、日本与本身的中国文化，成为一个内外融合的混杂教育，是教育上的一种折中状态。在这样交融与折中的辩证中，开启了从旧的（传统）教育体系转向新的（现代）教育体系的过渡过程，同时，也是中国近代"现代化"教育的开端。

　　民国成立后，中央政府体制也随之建立并正常运作。当时北洋政府教育部颁布新的大学章程，将《奏定学堂章程》中的土木工学与建筑学教育课程予以延续使用，内容上没有太大变动，只增加了几项课程，有"中国建筑构造法"、"建筑史"、"工业经济学"等，加强了对所谓的"中国建筑"的认识与理解。从清末到民国，在该章程的官方认可、拟订与再修订后，驱使一些学校开始设立土木系，有京师高等实业学堂（1904 年）、江西工业学堂（1911 年）、交通部唐山工业专门学校等。

4.2　关于近代教育的分期——19 世纪至 20 世纪 20 年代前

4.2.1　教育的分期：1895 年前后

传统教育，部分新式教育

　　在 1895 年以前，这一时期仍是以传统教育和部分新式教育为主，产生一大批私塾、书院、书（文）馆、公学、学堂、萃英馆、工艺院等机构。

同文馆、西学局，修习外语及文艺

其中，京师同文馆、上海同文馆、广州同文馆、上海西学局、金陵同文馆是属于清政府官方所创建的学校，其中同文馆以教导外语为主，培养翻译人才，是清政府迈向新式教育的一个始点。上海同文馆改名上海广方言馆后，1869 年并入江南制造局，分有英文馆、法文馆、算学馆、天文馆，3 年学制，学生毕业后视成绩分赴各衙门、海关任翻译工作。由曾国藩奏准于 1872 年设立的上海西学局，是专门为出国留学者而设，以学习外语及文艺为主。

江南储材学堂，修习外语与中学

1897 年创设的江南储材学堂是在金陵同文馆（1883 年设立）基础上创设。当时两江总督张之洞（晚清四大名臣之一、中国近代政治家）于"甲午"战败后，感于实业救国的重要性，奏请光绪帝支持筹建，以增强教育的基层立基，学堂分为交涉、农政、工艺、商务四类高等班及英语、德语、法语的初等班，以修习西学（外语、科学和技术）为主，兼修中学，由中学教习授课，另聘有外籍教习教授西学。1898 年，江南储材学堂在变法维新的政策下改为江南高等学堂，并按《钦定学堂章程》的《大学堂章程》定章，之后，变法失败，学堂被裁撤取消，改为原江南格致书院，但仍遵循着学堂的教育体制而运行。在中国近代建筑师当中，贝寿同曾就读于江南格致书院，在此教育体制下修习了外语与中学。1904 年，清政府颁行《奏定学堂章程》，江南格致书院又改为江南农工格致实业学堂，经过数次更名，最终定名江南高等实业学堂，到了辛亥革命后就停办了。

求是堂艺局、水师学堂、武备学堂，军事工业而生

属于军事学堂的有求是堂艺局、天津北洋水师学堂、天津北洋武备学堂等，都伴随着洋务运动的军事工业而生。

修习船政、军事、外语、铁路

求是堂艺局专门培训船政及海军事务，也培育不少在工程、思想方面的杰出人物，有严复、詹天佑、刘步蟾等。而天津北洋水师学堂（1881 年设立）和天津北洋武备学堂（1885 年设立）皆由直隶总督兼北洋大臣李鸿章所创办，都欲以新式教育来培养新时代的军事人才。天津北洋水师学堂的著名毕业生有黎元洪、马寅初、张伯苓等。天津北洋武备学堂的著名毕业生有段祺瑞、冯国璋、曹锟等。

从天津北洋水师学堂和天津北洋武备学堂可以观察出，两间新式教育的军事学堂皆培养出不少各省的新军骨干，其中黎元洪、段祺瑞、冯国璋、王士珍、曹锟、吴佩孚等都成为了中国近代北洋军阀的重要人物。而天津北洋武备学堂的内部制度也成为清政府在陆军学堂的基础，成为其他各省武备学堂的范本，以供参用。在中国近代建筑师当中，张镁绪曾就读于天津北洋水师学堂（1893 年入），学习英语、普通学及制造学。沈琪曾就读于天津北洋武备学堂，学习铁路工程专业，两人皆是新式教育的军事学堂所培养的建筑师。

女塾、书院、书塾，修习西学与外语，设夜间补习班

这一时期，教会学校的代表上海圣约翰书院创建于 1879 年，由美国圣公会上海主教施约瑟（Samuel Isaac Joseph Schereschewsky）将原来的两所圣公会学校培雅书院（创建于 1865 年）和度恩书院（创建于 1866 年）合并而成，设有西学、国学、神学三门科目，校址设在上海偏僻乡下的梵王（皇）渡路（今万航渡路）上，是苏州河边的一个渡口。1881 年美国圣公会传教士卜舫济（1864—1947，美国纽约人，美国圣公会传教士）来

到上海，入圣约翰书院任英文教师，1886年卜舫济被委任为监院（校长），当时才24岁，非常年轻。上任后的卜舫济，开展英语教学，果断调整教学内容，于1894年规定自然科学课程均用英语教授，之后规定医学部、神学部课程均使用英文教材。圣约翰书院成了中国近代第一所用英语授课的学校。1892年，卜舫济为提升办学档次，试办"正馆"，成立大学部，开办大学课程，于1896年得到美国教会认可改组，"圣约翰书院"改组为"圣约翰学校"。中国近代工程师杨宽麟于1900年入圣约翰学校住校学习。1905年年底，圣约翰学校正式在美国华盛顿注册为圣约翰大学，设文学院、理学院、医学院、神学院四所学院及一所附属预科学校（获美国政府认可在华的教会学校）。

图4-22 圣约翰书院

另外，上海宏文书院（1873年创办）、上海法华书塾（1886年创办）也皆由洋人所创办，上海宏文书院由英国领事倡议设立的，专门以讲授西学为主，入学须有介绍人。上海法华书塾由法国董事萨坡赛提议开办，以专授法语为主，另当时因法租界华人巡捕不懂法语，附设夜间补习班，专授华人巡捕初级法语，后改称中法学堂。

图4-23 圣约翰书院

全人式教育

广州岭南中学于1888年在广州创校，是一所本着基督教义及精神办学的学校，以基督之人生观为教育之最高理想，不论贫、富、智、愚皆为学生提供一个优良和积极的学习环境，校风纯朴，既严谨又关怀。中国近代建筑师杨锡宗曾在岭南中学受到"全人式"的教育，除了基础知识教育的训练外，也培养出健全的人格，是有道德、有知识、有能力、和谐发展的"全人"，并且重视人和社会的价值。

图4-24 徐家汇土山湾孤儿工艺学校

传授科学技术、知识，补习学校，传授华语与英语

而上海格致书院（1874年创办）由徐寿（1818—1884年，字雪邨，号生元，江苏无锡北乡人，中国近代化学的启蒙者、教育家）和傅兰雅（由徐寿于1868年招聘的西方学者，任教于江南机器制造总局翻译馆）等人创建，以传授科学技术与知识为主，开设矿物、电务、测绘、工程、汽机、制造等科目，延揽中外知名人士讲授自然科学，包括有华蘅芳、季凤苍等人，对中国近代科学技术教育起到传播和示范的作用。而中西萃英馆（1894年创办）则是中国人自办的补习学校，以传授华语、英语为主。

图4-25 徐家汇土山湾孤儿工艺学校绘画作业

图4-26 徐家汇土山湾孤儿工艺学校教师指导

孤儿技艺，慈善教育

在这一个时期中，值得一提的还有（上海）徐家汇土山湾工艺学校。（上海）徐家汇土山湾工艺学校于1868年由上海耶稣会建立的，是一所培养"孤儿技艺"的艺术学校，既属于慈善教育也属于职业教育，就像如善堂（专门培养帮助穷苦平民百姓习得一门手艺、技艺的慈善教育）、贫儿院（为贫苦儿童提供受学和就业机会的慈善教育机构）一般。

技艺和工艺的培养，图画和绘图的训练

工艺学校的技艺教育以实用为主，注重基础教育的培养，使用的教材和范本皆从国外进口。工艺学校大部分课程皆由中国籍教师任教，自创办后共收养和培育近万名孤儿和贫困幼童，设有雕塑间、图画间、皮作间、细木间、粗木间、布鞋间、翻砂间、铜匠间、印书间、照相间等，学生以学习图画、木匠、油漆、凋花、铁匠等技艺为主。以图画课程来说，学画的过程严谨且循序渐进，先以基础的线条练习切入，再临摹各个模型物体形状与质感，再临摹名画及外出写生，同时，学校会聘请社会著名画师来传授绘画技巧，学生们在经历这样的严格训练后才能成为一名合格画师。图画间除了教授绘画外，不时也对外承接绘画项目订单，按画件大小定价和收费，同时为解决孤儿的谋生能力而生产各类艺术作品（油画、水彩画、雕塑、印刷品、家具、木凋、金属制品等）并销往全国及世界各地，亦多次参加国内外的博览会，走出国门，迎向世界。因此，工艺学校享誉中外，造就了一批批的工艺美术艺术家，（上海）徐家汇土山湾孤儿工艺学校便成为中国近代第一所关于艺术、技艺、工艺类型的培养学校。

中国近代建筑师杨润玉在工艺学校以学习图画、木匠等技艺为主，专门地接受一套完整的图画、绘图的技艺训练，1911年他从工艺学校毕业，所以，杨润玉求学期间并没有接受正统的建筑学专业的训练，他并不是科班出身的建筑师。

4.2.2　教育的分期：1895—1911年

中西兼学成为一种趋势

在1895—1911年间，这一个时段以新式教育为主，所有书院、祠庙、义学、社学自1898年变法维新被改为学堂，代表性的有京师大学堂的创立，揭示着中国近代教育改革迈出一大步。此后，各省各地新式学校不断地被创办或者改办，清政府还在各省设高等学堂、中学堂、小学堂，并鼓励民间私人开办学堂，设立翻译、医学、农、商、铁路、矿、茶务等速成学堂。因此，科举所代表的传统教育在此阶段面临着新式教育的强大挑战，中西兼学成为一种趋势

设立学部，废除科举，撤销国子监，大学堂

当新式学校不断增多后，清政府为便于管理，设立学部，废除科举，撤销国子监。学部也就成为国家中央总管教育的机构，就如同现今的教育部。1898年建立的京师大学堂即成为清政府官方最高学府和教育行政机构，也承继了国子监（中国古代教育体系的最高学府，称之官学，也是教育的国家行政主管机关，具有监视、监督教育和国政的功能，协助科举的举办和考核）的学统，京师大学堂也于1912年更名为北京大学，由严复出任校长。

颁布《兴学诏》，改设、合并、创建风潮

1901 年，清政府颁布《兴学诏》，要求"除京师已设大学堂应行切实整顿外，着各省所有书院于省城均改设大学堂，各府及直隶州均改设中学堂，各州县均改设小学堂，并多设蒙养学堂"。此诏一出，各省大学掀起一股改设、合并、创建的教育运动风潮，当中有山西设立的晋省大学堂（1902 年创办），湖北的两湖书院改为两湖大学堂（1902 年创办），广东的广雅书院改为广东省大学堂（1902 年创办），江苏的江阴南菁书院改为江苏全省南菁高等学堂（1901 年创办），浙江的求是书院改为浙江大学堂（1902 年创办），河南创办河南大学堂。其中北京五城学堂（1901 年创办，今北京师范大学附中前身）是中国近代创办最早的中学堂。

浙江求是书院于 1897 年创办，取名"求是"，即"务求实学，存是去非"之意。之所定"书院"而非"学堂"，正因考虑官绅欲从中作梗，保留传统称谓。中国近代政治家、教育家 陈汉第任求是书院文牍斋务（副监院），1898 年代任监院，之后扶正，1901 年求是书院改称浙江求是大学堂，1902 年改称浙江大学堂。

官院改名，现代化科学

敬业学堂也改为上海县官立敬业高等小学堂。据清嘉庆《上海县志》记载，敬业学堂初名为申江书院，创建于 1748 年（乾隆十三年），是清政府时期著名学校之一，作为举贡生童每月会课的地方。18 世纪 70 年代（乾隆三十五年），清政府集资大兴土木重建书院，并参考了《礼记·学记》中的"三年视敬业乐群"之句，将校名改为敬业书院，同时，提供给学习和进修的生童些许"膏火费"（即现在的津贴之称）与书籍，以资奖励向学，使得各地的学子纷纷慕名而来。之后，敬业书院开始作考棚，定期每年举办两届县试。1902 年，当时的上海知县实行新式学校政策，改书院为学堂。敬业学堂推崇现代化的科学，课程设置了西算、理化、博物等学科，培养出众多优秀的中国近代知识分子。1913 年，据癸卯学制，学堂改名为县立第一高等小学。1923 年改办初中，称上海县立敬业初级中学。1929 年添办高中，设普通科与师范科，更名为上海特别市市立敬业中学。至今，是上海历史最悠久的名校之一。

私塾改名，改学制，中学堂，赴日考察，总结制度

有些地方教育家创办的私人书塾也于这一时期改名、改学制。如，上海的育材书塾由著名的爱国教育家王培孙（1871 年生，祖籍山西太原，后移居沪上，之后考入南洋公学师范院就读，是南洋公学的第一位学生）的叔父王柳生于 1896 年在大东门的王家祠堂创办，之后交给王培孙续办，于 1904 年改名为南洋中学；天津的严馆（1898 年创办）和王馆（1901 年创办）分别由严范孙和王奎章创办，于 1904 年合并为私立中学堂，张伯苓任监督，后改名敬业中学堂，1907 年校址迁入南开，再更名为"南开中学堂"。

以上创办两所学校的教育家皆不约而同地赴日本考察教育，亲见明治维新后的日本对教育的重视与方法，深受启发，回国后便总结出一套适宜适所的制度，秉持着教育救国的理念，注重学生们的全面均衡发展，注重科学知识、精神和创新能力的培养，教材自编，教学质量不断提高。在中国近代建筑师当中，庄俊曾就读于南洋中学（1909 年毕业），阎子亨曾就读于南开中学堂（1912 年毕业）。

私办中学，数理化训练，中外文科，社会科学

由中国近代第一家营造厂创办人杨斯盛（1851—1908 年，字锦春，上海川沙八团乡青墩杨家宅人，1880 年在上海开设杨瑞泰营造厂——是中国近代第一家营造厂）捐银三十余万两创立的上海浦东中学，是上海地区创建最早的一所现代化中学，享有"北南开，南浦东"之盛誉。杨斯盛聘李平书、秦砚畦、黄炎培、顾冰畦、陆逸如、张伯初、孟子铨为校董，1907 年正式开学，更延聘黄炎培（上海川沙人，字任之，别号抱一，上海南洋公学毕业，清末举人，曾投身辛亥革命和讨袁护国运动，之后出国考察，寻求教育改革途径，倡导职业教育，中国近代教育家、政治家）为首任监督（校长）。

浦东中学校风纯朴、师资精良，创办之初学校十分重视师资力量的组成，在延聘中外各科教师方面条件严格，选聘有数学教师周翰澜、王季梅、许松云，物理教师张靖远，化学教师陆咏秋，美籍英文教师孟保罗，丹麦籍德、法文教师葛麟书等，各科教师皆学有专精，有着丰富的教学经验。浦东中学课程着重数理化的训练，教材多为英文原版，也重视中外文科的培养，同时，还让学生学习社会科学，加强对历史、地理、时事的认识与了解。而课程范围的安排依学生学习能力而设置，不受年级固定课程的限制，非常的灵活，给学生广阔的学习领域，让学生可以自由地探索丰厚的学识和知识。中国近代建筑师杨润玉曾于1908年在（上海）浦东中学短暂学习后，便转往（上海）徐家汇土山湾工艺学校入读。

路矿学堂，铁路科，矿科

唐山路矿学堂（即唐山交通大学的前身）是中国近代第一所关于铁路教育的学堂，其前身要追溯1896年由津榆铁路总局（北洋铁路总局）所创办的山海关北洋铁路官学堂。此学堂因1900年八国联军入侵山海关而被迫中断办学，两年后，八国联军撤离山海关，清政府铁路大臣与相关铁路总局办便筹划恢复学堂的运营，1905年，择定唐山作为恢复建校的校址，并延用旧的学制设立铁路工程科，改称唐山铁路学堂。1906年，又称之山海关内外路矿学堂，之后又改称唐山路矿学堂。学堂开始招收矿科学生，约40名，同时在天津、上海等地刊登报纸广告招生，学生需经过考试才得以入学。庄俊于1909年考取唐山路矿学堂，学习了铁路科与矿科的专业，当时分甲、乙两班上课，但庄俊仅仅学习了一年，就从路矿学堂肄业，之后考取了清华学校的庚款留学生第二届预备班。而唐山路矿学堂于1908年改归邮传部（1907年，清政府设立邮传部，主管路、轮、邮、电四政）管辖，更名为邮传部唐山路矿学堂，成为当时全国独立开办的铁路学校。

唐山工业专门学校，土木科，基础技艺

1912年民国政府成立，路矿学堂改归交通部直辖，停办矿科，校名即改为唐山铁路学校，隔年又改为交通部唐山工业专门学校，而原本的铁路工程科也更名为土木工程科，1913年，中国近代建筑师过养默入学，受土木工程科的基础技艺操作与专业课程的训练，包括投影几何学、锻工学、机械学、木工学、平面测量、大地测量、铁路测量等课程。

上海工业专门学校，电气机械科、土木科、铁路管理科

另一位建筑师杨锡镠于1918年进入交通部上海工业专门学校的土木工程专科就读。而交通部上海工业专门学校，原本只有电气机械与土木这两个专科，且是3年制，设有预科；1915年学校将原本3年制改为4年制，并在之后开办铁路管理科，正式成为一所具有3个以上专业专科的大学。

上海的土木科移唐山，唐山的铁路与机械科移上海

1921年上海工业专门学校设立董事会，推举社会名流徐世章、叶恭绰、郑洪年、梁士诒、严修、唐文治、沉琪、孙鸿哲、王景春、关赓麟、刘景山等为校董，交通总长叶恭绰（玉甫）被推选为校长，并设总校驻京办事处，总理京、唐、沪学校的事务，北京、唐山、上海各校均设正副主任。之后，董事会通过将上海工业专门学校的土木科移并于唐山工业专门学校，唐山工业专门学校的铁路机械科移并于上海工业专门学校，并改组添设机械科，而电气机械科改称电机科。同年，上海工业专门学校也改称为交通大学上海学校。所以，当时大学三年级的杨锡镠与同学（蒋以铎、张成俭、赵祖康、陈崇晶、钱天鹏、萧簏、邢国柽、徐

世雄、江祖岐、李为骏、过伟良、窦端芝、王庆禧、王祖范、王汝梅、王元康、杨肇辉、姚章桂）皆赴唐山学校修习大学四年级课程，完成最后一年学业。

当时任教于土木科的教员有万特比克（H. A. Vanderbeek，美国籍，美国康奈尔大学硕士，于 1915 年被聘用，任土木科科长）、毕登（Wm. E. Patten，美国籍）。其中，万特比克暂时没离开上海，改任本校工程师，而毕登则改赴唐山学校任教并代理土木科科长。

交通部唐山大学，交通部南洋大学

1921 年，交通大学完成阶段性改组，分别设北京、上海、唐山三校，上海学校设立电机与机械两科，唐山学校设立土木工程科，统称为理工部，而北京学校则设立经济部及专门部各科。1922 年，北洋政府国务会议通过交通部议案，将上海、唐山两校分立，不再归属于同一个高校体系，即分别设立交通部唐山大学（唐山）与交通部南洋大学（上海）。

蒙养院，启蒙教育，重养不重教，幼稚园（幼儿园）的前身

蒙养院是清政府教育体制中最初级的学校，作为学前儿童的专门机构，进行启蒙教育（学前教育）。中国近代建筑师童寯曾入奉天省蒙养院，学习了纸剪、板排、箸排及用木方按图堆积屋宇坊、舟车、桥梁之形等手技训练。

圣经书院，外语

（天津）新学书院，前身为（天津）养正学堂（英国基督教伦敦会于 1864 年创建，是一所圣经学堂），是英国基督教伦敦会 1902 年用庚子赔款资助创办的，旨在对中国学生施行英国式教育，开化中国国民意识。学科上，参酌清政府法令，照应时势办理，以道德为体、艺术为用，兼学中外历史、地理、外语、文学、哲学、法制、经济、科学、宗教学等科。除国文、中国史地用中文教材外，其他课程一律用英文教材，英语讲授，公文写作用英文，办英文讲演会，用英语读圣诗、唱圣歌与读圣经。中国近代建筑师童寯曾在此专修英文课，基泰工程司的大老板关颂声的三弟关颂韬也曾就读此校，后毕业于北平协和医学院（第一期），是中国近代神经外科的先驱者。

工艺局，教习艺徒，分科传习，实业学堂，艺徒学堂

19 世纪中后期，西方的资本主义势力被导入，中国国内市场不断地被扩大，致使各地的工业生产兴起，冲击到传统手

图 4-27 广雅书院改为广东省大学堂

图 4-28 河南大学堂

图 4-29 唐山路矿学堂

图 4-30 蒙养院内，教师在教孩子们唱歌谣

图 4-31 幼儿教育

图 4-32 汉璧礼蒙养学堂的各国侨民子弟

工业。清政府为了振兴国内产业，在各省各地开办军事工厂，机器和工厂生产需要测量、绘图、制作等方面的技术人才，于是实业教育成了当务之急。清政府开始设置工艺局、实业学堂、艺徒学堂等"实业教育"机构。1907年，清政府农工商部设立工艺局，包括有织工、绣工、染工、木工、皮工、藤工、纸工、料工、铁工、画漆、图画等科，招聘工匠技师，教习艺徒，分科传习，制造器物；设立成品陈列室，罗列货品；并附设讲堂，授以普通教育，学生毕业后可继续留学深造，或派往各地任实业学堂的教员，或从事工艺设计工作。

湖南高等实业学堂（1903年创办）和农工商部艺徒学堂（1906年创办）是中国近代实业教育（包括正规实业学堂、补习实业学堂、艺徒学堂、实业教员养成所）的其中两种，依照《奏定学堂章程》中的《高等农工商实业学堂章程》、《艺徒学堂章程》而设立。湖南高等实业学堂的创办乃因当时湖南人民为开展粤汉铁路废约自办运动、开采矿山，保护本省路矿的权益，但路矿缺乏人才，留日归国的梁焕奎向赵尔巽建议创办实业学堂，以培养路矿专门人才。农工商部艺徒学堂是专为各省贫寒子弟所创办的学堂，教养相资，使人民能求学兼谋生，增加就业机会，并能振兴产业，图国家富强之根基。

业公所，设小学与艺徒学校，义务教学

除了以上政府或官方所创办的学校，在地方和民间也有部分营造业人士设立的"业公所"。杨斯盛于1880年创办中国近代第一家营造厂，开启了中国近代有组织性的"承包商"运作模式，他以"现代工匠"即所谓的承包商与营造厂方式进入到实践领域。感念到从事营造、土木业者人数不断地增多，于是他与同行筹办了水木工同业公所，在公所下设立小学、艺徒学校，以培养建筑人才，并义务教学。

留学潮，留美预备学校

中国近代建筑师留学潮始于19世纪90年代末。中日甲午战争战败后，民间开始觉醒，一个论点在国内发酵，即日本从19世纪60年代的明治维新运动后成为亚洲强国。除了震撼了中国人民外，日本也成为中国学生留学的选项之一（也因中、日两国距离近，便于节省经费与实地考察，文体易通晓，风俗相近），之后就有一批学生经由各种方式（招募、派遣、省选拔官费、学部公费、自费）前往日本留学，其次有少部分学生前往欧美留学，这是中国近代建筑师的第一波留学潮。20世纪10、20年代，除了既有的留日、欧各国外，留美成了第二波留学潮的主流，

图4-33 小学生在上体操课

图4-34 扩建后的清华学堂

图4-35 肄业馆第一期留美师生合影（1909）

图4-36 清华学生赴美途中在渡轮上合影

图4-37 清华学生在西雅图火车站合影

原因是清政府利用美国退还庚子赔款建立了留美的预备学校，于 1909 年创设游美学务处，附设肄业馆，这样的机制同样也是美国力图在文化教育方面对中国进行影响。

20 世纪初，美国决定逐年退还庚子赔款，以用于培养专业人才及后续赴美留学使用，于是清政府时期的外务部和学部就上奏朝廷，准予成立游美学务处附设肄业馆（1909 年 7 月），并任命驻美公使馆代办、游美学生监督的周自齐（1869—1923 年，字子廙，祖籍山东省单县，中国近代外交家、政治家、教育家）兼任学部丞参上行走、游美学务处总办，还任命唐国安（1858—1913，字介禄，号介臣，广东香山人，中国近代教育家、外交家）任会办（1912 年清华学堂改为清华学校时任首任校长），任命容揆（1861—1943 年，字知叙，广东新会人，容闳侄子，历任中国驻美公使馆参赞、代办，中国近代外交家）任驻美学生监督，共同主持游美学务处，及组织学生赴美留学。1911 年，肄业馆改称清华学堂，任命会办范源濂和唐国安共任监督。学堂分中等科（4 年学制）和高等科（4 年学制），实行高等科文（文法）、实（理工）分班（中等科毕业相当于美国高中一、二年级的水平，高等科毕业相当于美国大学三、四年级的水平，可以直接就读），聘请名师任教，而学生大部分来自省立高等学堂与各教会学校，皆是男生，其中规定学生所学专业若为化工、机械、土木、冶金及农商等科，需要有一定的自然科学基础。

入学后，学校对新生实行严格的管理，由斋务主任、教师负责，学生住校并编有学号。在课程设置上，由于"清华"是留美预备学校，课程安排与其他学校有所不同，分上午课和下午课两部分。上午课部分，由外籍教师和部分中国籍教师用英语授课，教科书由美国出版，设有英文、数学、地理、作文、公民、历史、物理、化学、政治学、社会学、心理学等课程；下午课部分，由中国籍教师用普通话授课，教科书由中国出版，设有国文、修身、地理、历史、伦理学、中国文学史、哲学史等课程。因此，"清华"的课程体现了一种"中西并学"的教学方向，且特别注重英文课，授课时间最多，所以"清华"出来的学生一般平均成绩和英语程度皆优于其他学校。除此之外，"清华"也特别注重体育课，上午第二堂课与第三堂课间会有 15 分钟的体操时间，下午 4 点到 5 点会强迫学生运动 1 小时，希望让学生养成爱好运动的习惯。

中国近代建筑师庄俊于 1910 年就读清华学堂的第二届留美预备班，同期的还有赵元任、钱崇澍、竺可桢、张彭春、易鼎新、胡适等学生。之后，还有一波学生经由庚款赴美留学，有罗邦杰、吕彦直、薛次莘、林澍民、张光圻、李鉴、裘樊钧、谭真、董修甲、朱彬、赵深、庄秉权、董大酉、杨廷宝、陈植、梁思成、黄家骅、童寯、过元熙、王华彬、哈雄文等。之后，辛亥革命爆发，于 1912 年撤销游美学务处，而清华学堂也改名为清华学校，并隶属于外交部（民国时期的行政机构）管辖。到 1929 年后，清华学校再没有派遣学生出国留学，而庚子赔款则多用来建设校园与培养国内高校学生。

4.2.3　教育的分期：1911—1920 年

专门学校、工业学校

1911—1920 年间，延续着上一区段（1895—1911 年）新式教育成形的背景因素，许多学校皆合并、创建或改建。

1912 年建立的河南留学欧美预备学校（中国近代建筑师杨廷宝曾就读于此），其前身是 1902 年于河南开封创建的河南大学堂，1923 年改称中州大学，后合并河南公立法政专门学校、河南省立农业专门学校成立开封中山大学，1930 年更名为河南大学。1912 年建立的唐山工业专科学校，其前身是唐山路矿学堂。1912 年建立的交通部上海工业专门学校，其前身是 1896 年创建的南洋公学，后于 1906 年改名为邮传部高等实业学堂。1912 年建立的江苏省苏南工业专门学校，其前身是 1907 年创建的苏省铁路学堂和前官立中等工业学堂。1907 年，苏省铁路学堂设有建筑和业务两科，学制 3 年；1909 年设测绘科；1910 年改为中等工业学堂，设土木科；1911 年创建官立中等工业学堂，设图稿绘画、染色，学制 3 年；之后合并为江苏省立第二工业学校。

公学、外语、科学、文化

此一时间段也出现部分洋人开办的公学，如上海工部局育才公学、上海工部局华童公学等。

上海工部局育才公学前身为 1901 年创办的育才书社，源于 19 世纪末 20 世纪初上海地区对于熟悉英国情况的翻译人才的迫切需要。由埃丽斯·嘉道理（Ellis Kadoorie）创办，初期以培养外语人才为主，为英国人开办的央行、工厂、商行、公司及租界工部局所服务，后也兼学科学文化知识，着力于声光、中文、艺体、品格等综合素质的培养。1912 年改归上海公共租界工部局办理，大批政界人士、精英知识分子、洋华商都将子女送入就读（王国维的儿子王潜明、王高明、王贞明，杜月笙的儿子，蒋介石子侄，以及李鸿章后人等），毕业可直接就读圣约翰大学或进入社会工作，成为中国近代最早的一批中产白领阶层，"育才"被誉为是一所"中英并包，汉英兼采"的公学。

上海工部局华童公学的前身为 1874 年由英国领事麦华佗倡议下、由徐寿在上海公共租界筹建的格致书院，意在培养科技人才，以"格物致知，求实求是"为校训。1914 年格致书院被上海公共租界工部局收归改名为华童公学，所有教材皆与英国伦敦的公学同步，聘外籍教师任教。中国近代建筑师奚福泉曾就读于此。

中学校

奉天省第一中学校前身为奉天普通学堂，创建于科举制度被废除的那一年（1905 年），当时奉天省学务处租用了盛京大东区大北门佟裕书（依大人胡同协领）的 30 多间旧宅当校舍使用。1906 年奉天普通学堂改称奉天中学堂，相继由戴裕忱、郑鼎臣、邹大镛等担任校长。1910 年更名为奉天省城中学堂，校舍也被不断地扩充，新建楼房数十间，原租的佟裕书旧宅也已退还。1912 年又易名为奉天省普通中学校，1913 年再改称奉天省立第一中学校，学生达到 800 余人，师资力量也最为雄厚。奉天省立第一中学校学制 4 年，设有经学、中文、外语（包括英文、日文）、历史、地理、算术、博物、图画、体操等课程。中国近代建筑师童寯在此接受新式教育，开始感兴趣于语言、图画、历史与地理等项目，一面学习素描、油画等图画课程，

图 4-38 河南大学堂

图 4-39 上海格致书院

图 4-40 同济医工学校木工厂陈列室

图 4-41 上海美术专门学校

图 4-42 美专西画系与女模特儿合影

一面学习英文，订阅英文周报加强阅读，学习刻苦认真，成绩优异，常名列前茅，于1921年毕业。

函授学校，职业再教育

此一时间段也出现函授教育，其之所以成形，有它的历史背景。1912年，国民政府强调教育为立国之本，但因国体刚换，时局仍处于纷乱与不稳定状态，后军阀割据，内战频传，致使许多政策与改革无法如实进行，之前清政府的割地赔款与向外国借款，使得国家经费实难充足，教育更不可达到完全落实。因此，民间出现了一种函授教育，为了适应本职工作或就业需要专门在较短时间内授予学员某一专业和学科的专业知识和技能而开设的，犹如是职业再教育。函授教育，属私立的较多，内容比较多元，学生来自各地，没有年龄限制，学费低廉，学生可自由选择上课时间，存在洋人与华人分别开设的函授学校。与建筑方面相关的函授教育有美办上海万国函授学校、天津万国函授学校等。美办上海万国函授学校于1919年由中华书局（美国函授学校的中国总经理）在上海招生，所设的学科有建筑、土木、电机、水电、机械、汽车等，以工艺类为主，另设速记、打字、簿记、法政、商业、会计等学科，教员共有300余人，全国各地有不少人报名了这所函授学校。

青年会，社会教育，现代化知识，外语，面向国际

奉天基督教青年会创建于1912年，是奉天省许多青少年学习"现代化"知识、外语与认识朋友的交谊场所。不时会举办讲座，讲题多面向"国际"，包括世界文明演变、近代科学起源、艺术源流、爱国与民主思想等内容；讲师多来自国外（美、日等）或有留学背景，用英语讲授，学生经常前往聆听，以此来加强英语听力，同时了解世界文明，开拓视野，增广见闻，接触到国外的信息。中国近代建筑师童寯会到青年会听讲座，加强对世界历史与地理的了解。张学良（1901—2001年，奉天省辽宁海城人，奉系军阀领袖张作霖长子，民国四公子之一）也常光顾青年会，钻研学业，结交朋友（阎宝航在青年会工作时与张学良相识，颇受张的赏识，日后，阎宝航是张学良在政治上倚重的智囊与幕僚）。可以有理由相信，童与张两人曾共处一会（青年会）。

现代美术教育，男女同校，探讨现代美术

上海美术院创建于1912年，是一所中国近代关于"现代"美术教育理念的新学校，1915年改名为上海图画美术院，1921年再改名为上海美术专门学校，1930年定名为上海美术专科学校。其办学宗旨为发展东方固有艺术、研究西方艺术的蕴奥。成立之初，只设绘画一科，以教导西洋画为主。首先开办人体写生课，破除传统世俗保守的偏见，并于1917年公开举行人体写生成绩展览会。后于1919年成立校董事会，同时增设中国画科、西洋画科、工艺图案科、劳作科、高等师范科和初等师范科，形成了完善的美术教育体系。实行男女同校制，开创学生出外旅行写生的先例，发行中国近代第一本校刊——《美术》杂志（1918年），内容有探讨现代美术、美术思想建构、中西美术交流、教育论等议题，具有较高学术价值。上海美术专科学校是中国近代学术界公认的第一所美术学校，它改变了中国艺术教育的师徒传承制，引进现代美术教育理念与机制，通过此模式向社会大量输送艺术人才。1947年，上海美术专科学校将学制定为5年，于1952年并入华东艺术专科学校。

4.3 关于近代境外教育

4.3.1 留学教育的背景

留学活动，对中国近代国家和社会的生存和发展起到了巨大的影响作用，也成为国家和社会迈向"现代化"的推动力，直接地促进了改革与维新。

传教、办学、留学的起始，学成投入洋务运动

中国近代最早的留学活动始于19世纪50年代。鸦片战争之后，部分西方宗教团体（天主教会、基督教会）来到中国传教，由于语言的隔阂及民智未开，洋人传教士便兴起办学的念头，开办教会学校，一面传教，一面办学，为当时学生拓展新知，培养出一批学生。之后，洋人传教士带着这批学生前往西方留学，开启了中国近代第一批留学运动，而这批学生学成回国后参与到洋务运动当中，带进他们所学到的"现代化"的知识和见解，提出不少革新政策供当政者参考。于是，他们便成了中国近代革新运动中的一批先进力量。因此，从接受教会教育到出国留学再到成为革新先进力量，从学校走向社会，标志着留学活动对国家和社会的变革和发展有着相对的影响力。

在留学初始的学生当中，以容闳、黄宽、黄胜为代表，他们之前皆毕业于澳门马礼逊纪念学校（1839年创办，附设于伦敦妇女会女校，是中国近代第一所教会学校），是中国近代第一批留学生。

容闳（1828—1912年），少年入马礼逊纪念学校就读，1847年随勃朗（Rev. Samuel Robbins Brown，美籍传教士、教育家）牧师前往美国留学，同行同学有黄宽（1829—1878年）及黄胜（1827—1902年）。之后，只有容闳一人留在美国升学，黄宽于1849年转读苏格兰爱丁堡大学，而黄胜则因病返港。容闳在美国时，先就读于孟松预备学校（Monson Academy），后考入耶鲁学院（1850年），为首名在耶鲁学院就读的中国留学生，1852年入美国籍，1854年获文学学士毕业，学成回国先后任职于广州美国公使馆、上海海关等处，并参与到洋务运动当中，曾于1870年倡议派幼童前往泰西肄业之计划，得到曾国藩、李鸿章的支持，并成立驻洋肄业局。从1872年起，清政府便分批将120名幼童送往美国留学，容闳也被任命为留美学生监督及驻美副公使，后因政治误会因素，1881年容闳随留学生回国。

铁路之父，近代政治家、外交家

被容闳带出国留学的这批学生回国后，也对中国近代发展做了不少贡献，其中著名的有詹天佑、唐绍仪等。詹天佑，幼年读私塾，学习很好，后考进幼童出洋预备班，是清政府官派第一批留美幼童30人之一，在美国入小学、中学，后入耶鲁大学（1878年）攻读土木工程铁路专业，1881年获哲学学士学位毕业。唐绍仪从小在上海读书，后就读于香港皇仁书院（1862年创立，香港一所顶尖的官立中学，声名显赫，以英语为教学语言），1874年考进幼童

图 4-43 容闳（左）、黄宽（右）

图 4-44 容闳和清代外交官

图 4-45 到达美国加州的留美幼童合影

图 4-46 唐绍仪（右）与梁如浩（左）合影

图 4-47 伍廷芳、唐绍仪、载搏（自左至右）

图 4-48 清政府派遣第一批留美幼童在上海合影

出洋预备班，是清政府官派第三批留美幼童，后肄业于美国哥伦比亚大学。

近代媒体、报业、华商、医官

图 4-49 王韬 图 4-50 《漫游随录》

与容闳一同赴美留学的黄胜（1827—1902年，小名胜，字平甫），后因病返港，从事印刷及翻译工作，曾创办《中外新报》、《华字日报》（1872年独立发行，香港开埠初期的中文报纸，是继《中外新报》后的香港第二份中文报纸）及《循环日报》（1874年创刊，是香港第一份华人资本、主理的报纸），还曾与王韬合作编译《火器说略》（关于西法铸造火炮的书籍，一卷五章：《炼铁》、《造模》、《置炉》、《钻炮》、《验药》，并附各种测量表格）一书。

图 4-51 詹天佑（四排左一）在耶鲁毕业照

在留学中，黄胜虽未能完成学业，但仍对中国近代媒体、报业及武器翻译工作有着一定的贡献，还曾协助清政府率领第二批官派学童留美。之后，黄胜从商，经营土地买卖，是中国近代香港地区的华商之一。

图 4-52 美国的中国留学生合影

黄宽（1829—1878年，字绰卿，号杰臣，生于广东香山县）先与容闳、黄宽一同赴美留学，后于1849年转读苏格兰爱丁堡大学，是中国近代第一位留英学生，获医学博士学位。毕业后回国行医，在香港开诊所，后被李鸿章聘任为医官，在临床医学上有着深刻的研究，擅长外科。

图 4-53 德国哥廷根的中国留学生合影

4.3.2　留学潮的波段

图 4-54 日本早稻田大学师生合影

甲午战败的民间觉醒，留学欧美转向日本

中国近代最早的留学始于19世纪50年代，当时以留学欧美为主。到了19世纪90年代，由留学欧美转向日本，主要有5点原因：①19世纪60年代后，日本从明治维新面向"现代化"学习的革新运动中，军事和经济实力提升，国力强大起来，成了19世纪下半叶的亚洲强国，于是，日本兴起向外拓展疆域的想法，并迎来甲午战争的胜利，使日本进入到海外殖民的时期，震撼了当时的中国，冲击到清政府所施行的洋务运动，使国人意识到学习"现代化"的重要性，留学抑或之后的教育救国成了当时的一种风潮，日本便成为留学的目的地之一；②日本在甲午战争中的胜利，使许多人选择赴日攻读军事；③部分学生于19世纪末、20世纪初就读的学校（如上海南洋公学），教师们除了授予学生知识外，也不时将民主和爱国的信息传递给学生，讲述革命思想和趋势，陶冶学生的爱国情操及对政治的兴趣，于是，有些人便决定前往日本攻读政治经济（日本东京早稻田大学设有政治经济学科、法学科、理学科、英学科）；④在20世纪初，许多人参与到革命团体（如爱国学社）的运动中，受到清政府的镇压，便出国避风头，选择东渡到日本短暂求学，有的还加入中国革命同盟会（1905年由孙中山先生在东京筹备成立，后改名中国同盟会），积极拥护革命；⑤中日两国在地理位置上偏近，文化同源（中原文化）、文体通晓、风俗相近，许多人为了节省经费，便选择前往日本留学。

图 4-55 鲁迅（后排左一）与日本仙台医学专校同学合影

综合以上原因，留日成了 19 世纪末、20 世纪初留学的主流趋势。1896 年，中国驻日公使曾在上海、苏州一带招募学生前往日本学习。当时留日学生中，有后来从事革命活动的秋瑾、黄兴、胡汉民等，有从事新文化运动的胡适、陈独秀、鲁迅、李大钊等，有从事政治、军事活动的周恩来、邓小平、宋教仁、蒋介石等。

中国近代建筑师第一波留学潮——留日为主，留欧为辅

中国近代建筑师第一波留学潮也始于这段时期（19 世纪末、20 世纪初），即从 1890 年后到辛亥革命（1911 年）前，以留学日本为主，留学欧洲为辅。

最早留日的是张锳绪，就读于日本东京帝国大学工科机械专业（1899 年入学，1902 年毕业），之后是贝寿同，就读于日本东京早稻田大学政治经济学科（1904 年入学，1909 年留德，入到柏林夏洛顿堡工科大学，攻读建筑工程科），再来是许士谔（1905 年入日本东亚铁道学校建筑科就读）、杨传福（1907 年入日本福冈工业学校建筑科就读）、许推（1907 年入日本名古屋高等工业学校建筑科）。越到后来，留日就读（日本）东京高等工业学校建筑科的学生成为多数，包括金殿勋（1909 年毕业）、裴璞（1910 年毕业）、赵世瑄（1910 年毕业）等。此后，（日本）东京高等工业学校建筑科成了中国留学生攻读建筑专业的首选高校。另外，部分学生前往欧洲留学，包括有徐鸿遇（1905 年入英国利兹大学）、华南圭（1907 年入法国巴黎公益工程大学）。

爱国情操和政治热度，"传统"与"现代"的辩证，一种中国性的"现代意识"

辛亥革命后，留学的目的有了变化。1911 年武昌起义后，辛亥革命成功，清政府退位，中国进入到民国时期，之后，各省各地军阀割据，时局仍未安定下来，于是，人们思考到改革并未彻底。同时，"现代化"的学说与思想于 19 世纪末、20 世纪初大量导入中国，影响着年轻一代，体现在高等教育的开放学风（北京大学在蔡元培的领导下，引进开放的学风，提出"思想自由、兼容并包"办学方针，聘请名师任教，培养学生独立自主、开放进步的思想和精神）；媒体刊物（《新青年》，1915 年创刊，由陈独秀、钱玄同、高一涵、胡适、李大钊、沈尹默、鲁迅轮流编辑，中国近代具有影响力的革命杂志）的创刊、社团组织的成立（工学会、新民学会、新潮社、平民教育讲演团、工读互助团等）、文体运动（白话文运动，由作家及学者于 20 世纪 10 年代后期发起，是中国近代影响深远的一场文学与语文的改革运动）的推展等等，代表"现代"自由等思想正挑战着"传统"权威等思想。

1919 年新文化运动爆发，由胡适、陈独秀、鲁迅、钱玄同等发起"反传统、反儒教、反文言"的思想文化革新、文学革命运动，部分人宣传倡导科学（赛先生 Science）、民主（德先生 Democracy），批判传统中国文化，部分人支持白话文运动，主张以实用主义代替儒家学说。新文化运动高举的"民主"、"自由"、"科学"、"人权"正从思想、政治、文化方面刺激着中国人。因此，在 20 世纪 10 年代末、20 年代，中国人的爱国情操和对政治的热度被炒热起来（1919 年第一次世界大战后，北洋政府的中国代表在巴黎和会上企图收回山东权利未果，引发五四运动，之后，北洋政府拒绝签署《凡尔赛条约》），而中国社会也正处于一场"传统"与"现代"的论战之中，何者占优？——是"现代"的科学技术，还是"传统"的伦理文脉？而中国的知识分子也在此时思考着本身个体自觉性与自明性的省悟，一种中国性的"现代意识"正植入中国人心中。所以，处于这一段时期的青年学生留学，多有满腔热血，以学习政治、军事居多（爱国情操和对政治的热度使然）；回国后，也多投入或响应政治运动，有留学苏联的邓小平、刘少奇、蒋经国、杨尚昆、叶剑英、朱德等，有留学日本的胡适、陈独秀、鲁迅、李大钊等（新文化运动运动代表），另有部分以勤工俭学方式留法。

中国近代建筑师第二波留学潮——留美为主，留欧日为辅

中国近代建筑师的第二波留学潮也始于这段时期（20 世纪 10、20 年代），属于辛亥革命后的民国时期，这段时期留学根据地由留日转向留美为主，留欧、日为辅，起因是庚子赔款及留美预备学校的成立，以及美国高校的建筑和土木工程专业的兴起，如宾夕法尼亚大学、康奈尔大学、伊利诺伊大学、哥伦比亚大学、密歇根大学、麻省理工学院等。留学美国学生有：庄俊、关颂声、吕彦直、杨锡宗、董修甲、杨宽麟、罗邦杰、林澍民、董大西、范文照、童寯、杨廷宝、梁思成、陈植、刘福泰、过养默、朱神康、谭天宋、林炳贤、徐敬直、王华彬、缪恩钊、薛次莘、过养默、谭真、蔡方荫等。在留美学生中，以就读宾夕法尼亚大学建筑系的学生居多，原因是20世纪10—30年代间，宾夕法尼亚大学建筑系学生获得不少设计竞赛奖牌（由美国建筑学会举办），打响了名声，加之本身师资力量及教学方法的不同，成为当时中国留学生留美的首选，此现象直到20世纪30年代后才有所改变。

留学欧洲的有：留意的沈理源，留法的汪申、朱兆雪、刘既漂、李宗侃、林克明、卢毓骏，留德的奚福泉、夏昌世，留英的黄锡霖，留比的李蟠、罗竟忠等。留学日本的有：巫振英、高士光、林是镇、蒋骥、蔡泽奉、王克生、朱士圭、盛承彦、柳士英、刘敦祯、黄祖淼等。

北伐成功，定都南京，"现代化"的建设和发展，国内高校教育兴起

1916年北洋政府陷入分裂局面（因袁世凯去世），北方军阀各自为首，三股军阀势力（段祺瑞—皖系；曹锟—直系；张作霖—奉系）互相争夺对战，之后引发南北方军阀对战（吴佩孚、孙传芳为首的直系向张作霖为首的奉系开战），使当时中国政治和军事形势呈现多方控制的局面（张作霖掌控华北、东北等地；吴佩孚掌控湖南、湖北、河南、河北、陕西等地；孙传芳掌控江苏、浙江、上海、江西等地；阎锡山掌控山西）。而国民政府实际只控制两广一带（广东、广西）。因此，从20世纪10年代中期之后，中国处于军阀割据的时期。

1925年孙中山先生逝世，国民会议召开无望，国民政府内部发动"北伐"的呼声强烈，于是，1926年国民政府以国民革命军为主力，发动北伐战争，连克长沙、武汉、南京、上海等地。之后，宁汉分裂，1927年国民党在南京成立国民政府，定南京为首都，宁汉之后又复合，国民革命军继续"北伐"，于1928年攻克北京，北伐战争才结束，国民政府才获得国际社会承认为中国唯一之合法政府，中国近代正式进入到民国时期。

1928年定都南京的国民政府通过"改组国民政府"等议案，政府部门设有内政、外交、财政、交通、司法、农矿、工商等部，设军事委员会、最高法院、监察院、大学院等，之后又决定以"五院制"（行政院、立法院、司法院、考试院、监察院）组成国民政府，确立了国民政府的政权组织，同时开始发展和建设国内环境，进行"现代化"的城市规划工作。许多留学生回国后，投入到国内建设、发展及办学的团队中，让高校教育兴起，使青年愿意就读，国民政府也用"以量控管"的方式控制想要出国留学的人，于是留学生人数便逐年递减。此时期留学便以"官派赴美"为主，有朱光亚、李政道、孙本旺等人。

中国近代建筑师第三波留学潮——留美为主，留欧、留日为辅

中国近代建筑师的第三波留学潮在此段时期也逐渐式微，因国民政府教育政策朝向以青年学生受国内教育体系培养为主。

第一、二波留学生（贝寿同、沈理源、刘福泰、童寯、杨廷宝、梁思成、陈植、林克明、林炳贤等）回国后，在此一时期投入到办学领域，而部分高校也纷纷合并或新办建筑学专业，包括：（南京）中央大学建筑工程系（1927年成立）、北平大学艺术学院建筑系（1928年成立）、（沈阳）东北大学建筑工程系（1928年成立）、广东省立勷勤大学建筑工程系（1932年成立）、（上海）沪江大学商学院建筑科（1933年成立）等。另外，原本优惠的留学条件消失（"清华"将庚款挪到校园建设之用），于是能出国留学的学生也逐渐变少，但仍以留美为主，留欧日为辅。留美的有：鲍鼎、徐中、汪定曾、华国英、周卜颐、陈裕华、蔡显裕、张昌华、黄

强、伍子昂、成竟志、杨润钧、张昌华、李惠伯、过元熙、黄作燊、钱致被、王大闳、吴景奇、黄耀伟、萨本远、王华彬、哈雄文等；留欧的有：陈炎仲、虞炳烈、吴景祥、陈占祥、冯纪忠、黄作燊、陈伯齐、李承宽、华揽洪、洪青、陆谦受、阮达祖、王大闳、苏夏轩等；留日的有：胡兆辉、龙庆忠、邓恩诚、于倬云、金长铭、赵冬日等。

4.3.3 留学的方式

中国近代建筑师留学方式分几种类别：①庚子赔款；②申请津贴；③省选拔官费与学部公费；④自费；⑤境外考取、直升；⑥勤工俭学。

①庚子赔款留美——清政府利用美国退还庚子赔款建立了留美预备学校，于1909年创设游美学务处，附设肄业馆，招考第一批留美学生。庄俊是中国近代赴美留学而学习建筑专业的第一人，之后回国执业时间，在"清华"任教。由于庄俊有着留美经历，于是他受学校委任，于1923年带领一百多位学生（包括陈植等）赴美留学（庚款留美），他也利用这次出国，再次去美国高校（纽约哥伦比亚大学研究生院）进修。

中国近代建筑师当中，考取庚子赔款公派留学生有：

1910年考取——庄俊（入美国伊利诺伊大学建筑工程系）；

1911年考取——罗邦杰（入美国明尼苏达大学冶金工程系）；

1913年考取——吕彦直（入美国康奈尔大学建筑系）、关颂声（入美国麻省理工学院建筑系）；

1916年考取——薛次莘（入美国麻省理工学院道路工程系）、林澍民（入美国明尼苏达大学建筑系）、张光圻（入美国哥伦比亚大学建筑学院）、李鉴（入美国康奈尔大学土木工程系）；

1917年考取——裘燮钧（入美国康奈尔大学土木工程系）、谭真（入美国麻省理工学院土木工程系）；

1918年考取——董修甲（入美国密歇根大学市政系）、朱彬（入美国宾夕法尼亚大学建筑系）；

1919年考取——赵深（入美国宾夕法尼亚大学建筑系，因病在家休养，学校准予推迟1年入学）；

1920年考取——庄秉权（入美国伦斯勒理工学院土木工程系）；

1921年考取——董大酉（入美国明尼苏达大学建筑系）、杨廷宝（入美国宾夕法尼亚大学建筑系）；

1923年考取——陈植（入美国宾夕法尼亚大学建筑系）、梁思成（入美国宾夕法尼亚大学建筑系，因车祸在家休养，学校准予推迟1年入学）；

1924年考取——黄家骅（入美国麻省理工学院建筑系）；

1925年考取——蔡方荫（入美国麻省理工学院土木工程系）、童寯（入美国宾夕法尼亚大学建筑系）；

1926年考取——过元熙（入美国宾夕法尼亚大学建筑系）、张锐（入美国密歇根大学市政系）、黄学诗（入美国麻省理工学院土木工程系）、陶述曾（入美国麻省理工学院土木工程系）；

1927年考取——王华彬（入美国宾夕法尼亚大学建筑系）、哈雄文（入美国宾夕法尼亚大学建筑系）；

1928年考取——梁衍（入美国耶鲁大学建筑系）；

1929年考取——萨本远（入美国宾夕法尼亚大学建筑系）。

②申请（北京）清华学堂津贴——杨宽麟入圣约翰大学文学院攻读英文专业，1909年以优异成绩（第一名）毕业。先任圣约翰大学高中部教员，将所领工资存下，并向亲戚及教友借了钱，同时申请了（北京）清华学堂的津贴，才勉强启程，于1911年秋入美国密歇根大学土木工程系就读，侧重铁路工程专业。刚到美国的杨宽麟，学费与生活费大部分是靠借贷来的，因此，生活比较节省，他与两位中国留学生寄住在美国居民家里（寄宿家庭），与房东一家更成为长久的挚友关系。

图 4-56 资助留学经费申请案   图 4-57 公费留学申请案

③省选拔官费、公费资助（考上官方指定学校，每月可得到政府官费、公费资助）分别有：

四川省官费留日——裴璞（入日本东京高等工业学校建筑科）；

江西省官费留日——赵世瑄（入日本东京高等工业学校建筑科）、龙庆忠（入东京工业大学建筑科）；

湖南省官费留日——许推（入日本名古屋高等工业学校建筑科）；

江苏省官费留德——贝寿同（入德国柏林夏洛顿堡工科大学建筑工程科）；

江苏省官费留法——华南圭（入法国巴黎公益工程大学土木工程系）；

上海市官费留意——沈理源（入意大利拿波里工程专科学校建筑学科）；

直隶省公费留港——阎子亨（入香港大学土木工程系）；

湖北省公费留美——鲍鼎（入美国伊利诺伊大学建筑工程系）；

江苏省公费留法——虞炳烈（入法国里昂中法大学）；

广东省公费留日——陈伯齐（入东京工业大学建筑科）。

④自费（非由庚子赔款留美和经省选拔官费、学部公费的学生皆为自费生）——杨锡宗曾短暂就读（北京）清华学校，因母亲生病，弃学返回广州，隔一年便自费赴美。在途经日本之际，被当地市政规模及建筑所吸引，原本打算赴美攻读经济专业的他，在到达美国纽约后，便决定改攻读建筑专业，旋即入美国康奈尔大学建筑系。

⑤境外考取直升（非中国境内出生，同时成长、学习于境外教育系统）分别有：

李锦沛——祖籍广东台山，出生于美国纽约，后入纽约普瑞特艺术学院建筑学专业，于20世纪20年代初回国发展。

李扬安——祖籍广东台山，出生于美国纽约，后入美国宾夕法尼亚大学建筑系，于20世纪30年代初回国发展。

黄耀伟——祖籍广东开平，出生于墨西哥，后入美国宾夕法尼亚大学建筑系，于20世纪30年代初回国发展。

伍子昂——祖籍广东台山，出生于美国，后入美国哥伦比亚大学建筑学院，于20世纪30年代初回国发展。

⑥勤工俭学（一边求学读书，一边工作、劳动）——林克明于1920年与友人一同报名勤工俭学项目，目的是先去法国，找到工作后，再半工半读。经30多天的航程，到达法国马赛，后乘火车到巴黎，得知里昂成立中法大学（是法国将庚子赔款用作为中国培养专业人才），林克明通过关系，于1年后进入中法大学；有住宿与补贴。

4.3.4 留学国家的观察：留日系统

日本近代建筑教育发展始于 19 世纪 70 年代，源于明治维新政策背景下。

江户幕府，大政奉还，明治维新，迈向"现代化"

17 世纪的日本由德川家康统治（1651 年始），是一个高度集权的江户幕府时期，社会分有士、农、工、商四个阶级，以及秽多、非人等贱民阶层，江户幕府限制阶级间的交流与活动。欧洲人早于 16 世纪中叶（1543 年），即日本战国时期，将宗教与贸易传入日本并迅速普及化，逐渐威胁到江户幕府的统治权力，于是，1641 年幕府便将洋人逐出日本，进行锁国政策。直到 19 世纪中叶，欧美殖民主义势力（1853 年黑船事件、一系列不平等条约——1854 年签订《日美和亲条约》）来到日本导致暴动维新事件频传，人心思变的思绪涌然而生，才改变锁国这个状况。

当时德川幕府成为日本社会讨伐的对象，封闭保守的"幕府"体制已无法负荷"倒幕尊皇"运动（日本近代革命运动），于是，1867 年德川幕府将大政奉还给明治天皇，"幕府"时代正式结束。日本新政府成立后，为挽救积弱不振的国家和社会，进行了全面性的革新运动——明治维新，迅速地发展工业，富国强兵，以迈向"现代化"国家来发展；同时在教育方面也进行了一系列的改革，开启一波日本近代教育的发展（引进西方"现代化"建筑教育，派遣学生去国外留学，引进外籍教师任教）。

日本近代建筑教育，工部省，工学寮，"工部大学校"，聘外籍教师

日本近代留学始于 1871 年，由岩仓具视（1825—1883 年，生于京都，是权中纳言河堀川康亲的第二子，受训于关白鹰司政通，日本近代政治家）率领庞大代表团访问欧美时，携 5 名少女赴美留学，经过一年多的各地考察，深知"现代化"的重要性。而英国从 17 世纪崛起成为海上殖民主义霸主，18 世纪的工业革命也标志着英国成为"现代化"文明国家的代表，于是，日本决定派遣学生赴英学习。因此，英国的建筑教育、建筑师于此时开始影响日本。

另外，日本恢复了学问会（于德川幕府末年废止），并讲授"现代化"的格物穷理之学。更重要的是，在 1870 年，日本为了发展"现代化"产业，设立工部省（日本明治维新时期的中央官厅之一），在英国技师的建议下，设立了工学寮（从民部省分离出一部分机构成立工部省，下设工学寮、劝工寮、矿山寮、铁路寮、土木建筑寮、灯塔寮、造船寮、电讯寮、制铁寮、制造寮和测量司，共九寮，是负责推行产业政策的领导机关），由大隈重信（1838—1922 年，明治时期政治家、财政改革家、内阁总理大臣）领导。工部省以学习西方先进的工业技术和生产方式为主，创办官营企业，扩充军工生产，兴建铁路，架设电报网，聘请工程人员，进行技术改造，工部省成了开启日本走向"现代化"的重要机构。1877 年，工部省改工学寮为"工部大学校"，分土木、机械、建筑、电气、化学等科，以培养各方面的人才，而"工部大学校"即为"东京帝国大学工学部"的前身。

同时，日本招聘外籍建筑师来任教并设计校舍，但因语言隔阂、种族态度的问题，未能进行，不久后，工部省又另聘外籍教师。

师徒制，理论、历史、构造，古典学院派

1877 年，英国建筑师、教育家康德尔（Josiah Conder，1852—1920 年）来日任教，任工部大学校造家学科教师，采英国"师徒制"教学方式，前后任教长达 11 年。康德尔在建筑理论、历史、构造的丰富学识，带给学生焕然一新的感受。在教学上，他更强调追求建筑的本质与美，认为这些都存在于历史建筑的式样中——古典学院派教育传统。之后，康德尔培养的学生成为日本近代建筑的先驱者及第一代建筑泰斗，有

图 4-58 大政奉还，江户幕府统治结束

图 4-59 日本工部大学校校园

图 4-60 日本工部大学校校舍

图 4-61 康德尔（Josiah Conder，1852—1920 年）

图 4-62 日本工部大学校第一期学生合影

第 1 期生片山东熊、辰野金吾、曾祢达藏、佐立七次郎，第 2 期生渡边譲，第 3 期生久留正道，第 4 期生河合浩藏、新家孝正，第 5 期生滝大吉，第 6 期生妻木赖黄，而康德尔的建筑学教育体系深刻地影响了 20 世纪初日本建筑教育。

讲座制与研究室并行

1886 年，日本公布"帝国大学令"，将工部大学校与帝国大学工艺学部合并为帝国大学工科大学，延续康德尔所带进的英国教育方法，另增加几门与日本相关的课程，同时仿效欧洲大学的制度，创设"讲座制"——即每位教授负责一门专业课程的教学，讲座制与研究室并行，由一个研究室负责，拥有自己的经费、设备、图书和人员编制。

技职工体系

帝国大学工科大学是日本近代建筑教育的开端，掀起了一批日本学校创办建筑专业的风潮，偏向工程方面的培养，学制 3 年，包括东亚铁道学校建筑科、福冈工业学校建筑科、名古屋高等工业学校建筑科、大阪高等工业学校、仙台高等工艺学校、京都高等工艺学校等。有些学校也开始培养技职工体系，东京高等工业学校就是其中之一，而这些学校中就有中国近代建筑师留学的痕迹，例如许士谔（1905 年入日本东亚铁道学校建筑科就读）、杨传福（1907 年入日本福冈工业学校建筑科就读）、许推（1907 年入日本名古屋高等工业学校建筑科）。

东京高等工业学校建筑科，职工徒弟学校，培养助手人才，获手岛奖

留日是中国近代建筑师第一波留学潮的主流，始于 19 世纪末、20 世纪初。而在纵观中国学生留日系统，日本东京高等工业学校建筑科成了中国留学生攻读"建筑"专业的首选高校。东京高等工业学校原名职工徒弟学校，1881 年创建，以培养助手人才为主，1890 年改名为东京工业学校，1901 年又改称东京高等工业学校，是工业留学的重点学校，而"建筑科"于 1902 年创办。

当时的校长是手岛精一（1890 年任），是日本明治时期的工业教育家和实业教育家，是日本工业、职业教育的先驱者，被誉为日本的"工业教育之父"。他在领导东京高等工业学校时，提出"手工科教育论"、"女子职业教育论"和"工业补习教育论"等工业教育理论，为日本近代工业教育的发展提供了理论依据，培养出不少人才。留学于此的中国学生有：金殿

東京高等工業学校歌
（明治三十九年制定）
中村秋香　作歌
東京音楽学校　作曲

一、
堤の櫻名に流れたる
隅田の川の西の岸
此處こそ櫻にいやまさる
花咲き匂ひ馨はしき
果實を結ぶ工業の
木高き林の立つところ

二、
強兵富國世に類なき
果實はやがて工業の
花に結ぶといはずやは
この林こそ其の花の
為にと凤く開かれし
因由古き園生なれ

三、
見よその若木は移しく廣く
總ての土地よ繁りあひ
苗木は年々敷知らず
園生の中に生立ちて
おのゝ花を競ひつゝ
果實の貢獻に勉むるを

四、
富強の果實を得る花園と
世に仰がれて隅田川
水の流れ乃常久ふ
生ひ繁り行くこの林
誇りて祝へ諸ともに
祝ひて誇れ諸馨に

图 4-63 日本东京高等工业学校校歌

图 4-64 日本东京工业大学新入学生募集

图 4-65 日本东京工业大学校门

图 4-66 日本东京工业大学校园

图 4-67 日本东京工业大学教学主楼

图 4-68 日本东京高等工业学校校园鸟瞰图

图 4-69 日本东京高等工业学校图书馆

图 4-70 校长手岛精一　图 4-71 教师佐野利器

图 4-72 1920 年东京高等工业学校建筑科师生合影

图 4-73 日本东京高等工业学校建筑科上课情景

图 4-74 日本东京高等工业学校制图教室上课情景

勋（1909 年毕业），裴璞（1910 年毕业），赵世瑄（1910 年毕业），
巫振英、高士光（1915 年毕业），林是镇（1917 年毕业），蒋骥、
程璘（1918 年毕业），蔡泽奉、王克生、朱士圭、盛承彦（1919
年毕业），柳士英（1920 年毕业），刘敦桢（1921 年毕业），黄祖
淼（1925 年毕业），杨金（1928 年毕业），胡德元（1929 年毕业）。
东京高等工业学校于 1929 年升格为东京工业大学，中国学生
还有龙庆忠（1931 年毕业）、陈伯齐（1930 年就读）、刘英智（1936
年毕业）、胡兆辉（1937 年毕业）、邓恩诚（1940 年进修）曾留学
于此。

中国留学生在东京高等工业学校求学时，多数学生学业优
秀，并获该校奖牌，例如赵世瑄、蒋骥和柳士英曾获手岛奖牌
2 次，盛承彦曾获手岛奖牌 1 次。

功能合理性，构造教育

东京高等工业学校建筑科教育源自于职工徒弟学校的木
工科，以及后来改名为东京工业学校附设的工业教员养成所
（1894 年）的木工科。课程着重在设计上的功能合理性和构造
教育，延揽的教师皆是这方面的专家，因此，在构造教育是处
于日本建筑科教育领先的地位，这也是工业学校教育的特点，
并影响了 20 世纪初中国近代工业学校的教学走向。

任教教师和专长

滋贺重列（1866—1936 年，毕业于美国伊利诺大学建筑系，获学
士和硕士学位，日本近代建筑家、教育家）于 1894 年受东京工业学
校附设工业教员养成所木工科授业方取调，1902 年任东京高
等工业学校第一任建筑科长，专长于建筑材料、制图方面的
教学，曾设计东京高等工业学校新校舍（1903 年）及自宅（1931
年），也是日本住宅设计改良的专家。

前田松韵（毕业于东京帝国大学，日本近代城市规划家、建筑教
育家）于 1905 年任大连军政署技师，同年任关东都督府民政部
土木课技师，曾负责伪满洲大连都市整备计划，是城市规划的
先驱，设计过原大连民政署（1908 年建成）；1907 年任东京高
等工业学校建筑科教授，专长于建筑沿革（西方和日本）、家屋
构造、施工法方面的教学制图方面的教学；1909 年赴英留学，
主攻日本住宅设计改良——重视合理性和功能性。

佐野利器（1880—1956 年，进学于东京帝国大学建筑科，日本近
代城市规划家、建筑教育家、理论家），毕业后于东京帝国大学建
筑科首开铁筋混凝土课程，并任教于东京高等工业学校建筑
科。1904 年台湾斗六发生地震，台湾嘉义厅新港支厅曾委托

图 4-75 日本东京高等工业学校敷地

图 4-76 日本东京高等工业学校校门

图 4-77 日本东京高等工业学校教学楼

图 4-78 日本东京高等工业学校校园情景

图 4-79 日本东京高等工业学校校园情景

佐野利器到月眉潭庄附近测绘，以供日后重建修补之参考。1911 年佐野利器赴德国留学，博士论文为"家屋耐震构造论"，他专长于家屋构造、耐震理论方面的教学，后任日本建筑学会会长。1932 年，佐野利器受日本关东军委托出任伪满洲国都建设局专家咨询委员会委员，提出对新京（今长春市，1932—1945 年是"伪满洲国"的首都）城市规划和建设的 11 个项目的建议书，其中一项内容——商店、住宅和一般建筑的式样最好能丰富有变化，并顺其自然，而任何一种官衙建筑，其内容尽量求"便利"为原则，并兼重外形和实质，以满洲的气氛为基准。这部分的建议对伪满洲式建筑定了官方基调，佐野利器来到伪满洲国，其拥护者和学生也随之而来，为伪满洲式建筑样式奠定基础并逐渐完善，而佐野利器也是历史主义帝冠式建筑的积极倡导者。

4.3.5　留学国家的观察：留欧系统（法、英、德、奥、意、比）

法国近代建筑教育

法国近代建筑教育（巴黎美术学院的学院派布扎体系）对欧洲近代建筑教育形成关键性的影响。

学徒制，君主专制，中央集权，法语通用

在中世纪时期，欧洲关于建筑师的培养是以学徒制的方式传授与传承，之后，逐渐演变成学院制体系的教授方式。到了 17 世纪殖民主义发展的时期，法国著名思想启蒙家、哲学家伏尔泰（Voltaire，1694—1778 年，信仰自由、支持社会改革的思想，对美国革命和法国大革命的主要思想家有着巨大的影响）称 17 世纪是路易十四的世纪，因他在位长达 72 年（实际执政 54 年），是欧洲历史上在位时间最长的君主。路易十四在法国建立君主专制的中央集权王国，把大贵族集中在凡尔赛宫居住，法国官僚机构全集中在他周围，借以强化他的政治、军事、财政的决策权，同时扩大领土疆域，让法国成为当时欧洲内陆最强大的国家，而法语也成了 17、18 世纪欧洲对外交涉及上流社会聚会的通用语言。

资助科学与艺术，兴建凡尔赛宫，芭蕾舞蹈的定性

路易十四多才多艺，通晓天文、地理与解剖学，特别资助科学与艺术领域的发展，用来彰显他个人的风采及威望。在资助科学方面，提出电与蓄电的想法，以金属代替蜡烛来发电，影响了之后爱迪生的发明等。在资助艺术方面，兴建凡尔赛宫（10 年时间建造花费大笔金钱），将大贵族变成宫廷成员，集中在宫殿里进行宴席、聚会、舞会等活动，也借以剥削大贵族在地方上的权力。同时，下令在巴黎创办第一所皇家舞蹈学校，路易十四更亲临演出（希腊神话中的太阳神阿波罗，路易十四自诩为"太阳王"），芭蕾舞蹈（确立芭蕾的 5 个基本脚位、12 个手位和一些舞步，并以法文命名）。路易十四成为法国有史以来最伟大的艺术赞助者。由于路易十四身材矮小，为了塑造权威感，他特别订制穿上 15cm 高的鞋，引起人民的争相模仿，之后发展为高跟鞋，风靡于全世界。所以，穿高跟鞋的源头是路易十四。

古典的时尚，研究与传授古典，建筑专门学校

17 世纪下半叶，当时法国正处于文艺复兴时期，在法国理性主义哲学的催化下，研究古典主义建筑蔚为是一种时尚、风尚。路易十四于 1671 年 12 月 30 日在法国皇家研究会中增设皇家建筑研究会（Académie royale d'architecture），亲自任命尼古拉斯·弗朗索瓦·布隆代尔（Nicolas-François Blondel，1618—1686 年，法国军人、外交家、土木工程师和军事建筑师）为首任主席，并任命会员，同时将其参与到宫廷生活当中——皇家建筑研究会每周定期聚会一次，研讨古典主义建筑，并做学术交流，会后总结呈报路易十四审阅。

皇家建筑研究会首任主席布隆代尔同时在一所学校任教，每周两次讲座，后变成固定课程。布隆代尔在授课中教导关于古典主义建筑的形式、规范、设计和实践，并定期举办建筑设计竞赛，教授和研究会会员可在听课人中选择弟子作为皇家建筑研究会正式学生，学校设在卢浮宫内。这所学校在18世纪末的法国大革命之后被保留下来，但皇家建筑研究会被国家科学与艺术研究院取代，附属于皇家建筑研究会的学校也关闭，其中建筑学校被独立出来，并在拿破仑时期改名为建筑专门学校（1795年，国民议会颁令成立10所专门学校，第九所取名建筑专门学校）。1793年，巴黎成立公共工程学院，设有土木、建筑专业，后改组为工业大学，于1816年并入建筑专门学校，而此时拿破仑已从滑铁卢战役中惨败，宣布退位，结束了法兰西第一共和国、第一帝国的岁月。

图4-80 凡尔赛宫图（现藏于凡尔赛美术馆）

图4-81 芭蕾舞蹈

巴黎美术学院，理论教学，画室，师徒制教学

1819年夏，法国皇家将建筑专门学校与雕塑、绘画专门学校（创建于1648年）合并组建成皇家美术学院（Ecole Royal des Beaux-Arts），设有绘画、雕刻、建筑等专业（通常把1819年视为美术学院正式成立时间）。1848年，法国国民议会又再次革命，推翻帝制，成立法兰西第二共和国，由拿破仑三世担任总统，法国皇家又将原分布于各地的美术学院合并成一所大学，在各地（里昂、马赛）设有分院，位于巴黎的就称之为巴黎美术学院。因此，巴黎美术学院有300多年的历史，而建筑科一直持续发展至20世纪60年代。

巴黎美术学院坐落于巴黎的左岸，以理论教学和画室的教学并行。理论教学负责大量的公共、专业、技术、史论等基础课程，画室则负责建筑设计专业课程。画室成了巴黎美术学院教学上的特点，由著名建筑学者担任指导教授，采取"一对一"方式辅导，并面向学生讲评。

图4-82 西方古典建筑艺术

图4-83 法国巴黎美术学院

学院派（Beaux-Arts）教育，古建筑的考据、典范、式样

在教学思想上，巴黎美术学院是一所以古典与折中教学方向并存的建筑教育中心，称之为学院派教育体系和风格（Beaux-Arts style，称美术、布扎风格），认为古典主义建筑美学是艺术美学，非技术美学，把建筑、雕塑、绘画放在一起传授。学院派教育充分采纳对西方古建筑（古希腊、古罗马等）遗迹的考据成果，将此传授出一种典范、式样的极致风格，同时也要

图4-84 法国巴黎美术学院

图 4-85 西方古典建筑艺术

图 4-86 渔获（林风眠之画作）

图 4-87 法国里昂中法大学

图 4-88 托尼·加尼尔（Tony Garnier）

图 4-89 环市铁道车站竞赛设计图（虞炳烈）

求学生在构图上的严谨、比例、对称、轴线，注重绘图功力，并面对现实需求将古典主义建筑语言予以适当地变体、整合并表现运用在建筑上。在 19 世纪，巴黎美术学院培养出许多伟大的建筑师、艺术家，影响了整个欧洲、美国和中国的近代建筑教育的发展。

罗马大奖

法国政府为了鼓励学生赴邻近国家考察建筑，以提供奖学金（罗马大奖 Grand Prix de Rome，于 1720 年创立）的方式，让成绩优秀的学生可以前往各国考察，通常称"大旅行"（Grand Tour）。在路易十四统治时期，此制度最早是提供给画家和雕塑家，分绘画和雕塑两类，于 1720 年建筑有此资格，1803 年加入音乐。有了学校后，此大旅行由皇家美术学院主办，将资格提供给学生，而其他国家学校也仿效，成为建筑专业一项课堂外重要的"行走"学习，此奖项也促使在教学中对古典建筑的遵从。

美术领域

在法国近代，高校的美术教育都受到巴黎美术学院的影响，中国近代老一辈的画家皆毕业于此，有徐悲鸿、林风眠、颜文梁、潘玉良、刘海粟、刘开渠、吴冠中、李风白等，而巴黎美术学院也影响着法国高校的建筑教育（乃至后来的美国宾夕法尼亚大学建筑系的教育也受其影响）。在中国近代建筑师当中，刘既漂于中学毕业后前往上海，就读中华艺术大学，学习中国画、西洋画、水彩画，以及建筑学，毕业后（1920 年）官费留学法国，就读于巴黎美术学院系统的专门学校，后入法国巴黎大学攻读建筑专业，学习建筑与图案设计，1927 年秋，刘既漂学成回国，与林文铮、吴大羽等同学从巴黎乘火车，途经苏联回到北京。

中国近代建筑师在法国的留学身影，里昂中法大学、里昂建筑学院

虞炳烈（1921 年入学）和林克明（1922 年入学）先后入法国里昂中法大学（中国在海外设立的一所大学机构，是法国将庚子赔款用作为中国培养大批优秀人才，第一批 127 名中国留学生于 1921 年 9 月 25 日抵达里昂）预科学习。里昂中法大学的制度中，文理科才有大学，工科是许多专科学院，有美术、化学、纺织等，林克明报了建筑专业，第一年进美术学院进修，学习素描、模型及建筑初步等基础课程，下半年学建筑画，由两位老师指导，而

图 4-90 中国学舍北立面图（虞炳烈）

图 4-91 中国学舍南立面图（虞炳烈）

图 4-92 中国学舍北面透视图（虞炳烈）

图 4-93 中国学舍南面鸟瞰图（虞炳烈）

虞炳烈也报了建筑专业。之后，两人 1923 年入巴黎美术学院建筑科的里昂分校（法国里昂建筑学院），皆师从于托尼·加尼尔（Tony Garnier，1868—1948 年，法国近代建筑师、法兰西政府总建筑师兼里昂市总建筑师）。法国里昂建筑学院在教育上分有两学派，一是学院派（Beaux-Arts），是古典式的教学；另一派教学则较开放与自由，而托尼·加尼尔属于这一派。虞炳烈学习期间曾获工程建筑竞赛一等奖，也曾获全国竞争考试名誉奖，学习成绩非常优秀，毕业后（1929 年）入法国巴黎大学市政学院攻读都市计划与市政工程专业。

另外，华南圭于 1904 年初官派到法国巴黎公益工程大学（Travaux Publics）学习土木工程，是该校的第一个中国留学生，1909 年取得工程师学位后毕业，后在法国大北铁路实习一年。李宗侃（1923 年）和吴景祥（1933 年）毕业于法巴黎建筑专门学校并获建筑师文凭，朱兆雪毕业于法国巴黎大学理学院获数学硕士学位（1923 年），汪申获法国巴黎建筑学院硕士学位，陈其芬（1930 年）毕业于法国公共工程学校建筑科，洪青（1932 年）毕业于法国装饰美术学校建筑科，华揽洪毕业于法国巴黎土木工程学院获建筑师和土木工程师双重文凭，并毕业于法国国立美术学院，获法国国授建筑师文凭。

英国近代建筑教育

英国近代建筑教育源于中世纪行会的作坊及法国近代建筑教育（巴黎美术学院的学院派布扎体系）。

17 世纪的英国与荷兰、法国发现通过殖民可带来新的发现及巨大财富，于是把触角延伸到欧洲以外地区，形成殖民主义发展的时期，之后，英国成为世界的海上霸主及殖民强国，顺势崛起，而 18 世纪中叶后的工业革命，也带给英国在科技、科学、艺术、文学等方面的长足进步和成就。

作坊，建造，面向社会与人民

英国近代关于建筑的教育源于中世纪行会的作坊，以师傅带徒弟的实践关系和方式完成对建筑的理解和教育，是一项从与石头打交道到接触混凝土的过程，倾向于一种"建造"的教育过程，冀望从实践中学习并检验真理，及以经验论的观点出发，让物质决定意识与行为。因此，英国近代建筑教育是一项实践过程中的教育，是面向社会、人民的民间性质的教育，而不是面向皇室、贵族的学院式的教育，师傅带领徒弟过程中，让徒弟从实践中去学习对事物的观察，并逐渐地掌握建造的基本技能与方法，直到徒弟自己有能力独立承担与运作设计。

开设建筑课程，旅行与考察，实践经验，社会教育

因此，早期英国近代建筑教育是属于"社会"性质，分有几个阶段。在 19 世纪初（1808 年），英国皇家建筑学会（Royal Institute of British Architect）或建筑协会（Architecture Association）面向人民开设建筑相关课程，建筑师先通过此阶段完成基础训练，接着赴外旅行，考察兼学习，体验建筑，提升自己的鉴赏能力，最后，进入到作坊、事务所实习，积淀对工程中结构、构造与细步做法的实践经验，以此来完成一名建筑师该有的训练。而这样的训练，非学院式的，是属于在社会上的教育过程。

法案立法，社会需要人才，学院派与学徒制的结合

而英国近代学院式的建筑教育始于 19 世纪下半叶。1884 年英国建筑师协会成立，1887 年建筑师与工程师登记法委员会成立，决定推动注册建筑师、工程师、测量师法案的立法，但遭政府机构的代表工程师反对而延宕。1889 和 1891 年委员会再次提出注册建筑师法案，获得皇家建筑学会的支持，于 1892 年立案通过，从此建筑师需经过考试才能得到资格认证，建筑师便成了一门职业，得到政府认可。

图 4-94 英国皇家建筑学会

图 4-95 英国利物浦大学

图 4-96 英国利兹大学

图 4-97 英国伦敦建筑学会建筑专门学校

图 4-98 英国伦敦大学

建筑师是一项职业后，同时社会迫切需要建筑专业人才，促使着英国高校决定设立建筑系，建筑教育正式在学院里出现，先是伦敦国王学院（King's College London，1829 年由英王乔治四世和首相威灵顿公爵于伦敦泰晤士河畔一带创建，是一所由教会管理的大学学院，也是伦敦大学最古老、最大的学院之一）开设建筑研究课程；到了 1894 年，英国利物浦大学（University of Liverpool，始建于 1881 年）创办建筑系（英国近代第一所有建筑专业的高校）。因此，英国近代建筑教育的开办与注册建筑师法案的立法与认证及社会对建筑专业人才的需求有莫大的关系。而 19 世纪流行于欧洲的巴黎美术学院学院派教育也传播到英国，加上早期学徒制（源于中世纪行会的作坊）的职业训练，构成了英国近代建筑教育的体系与内容。

中国近代建筑师留英的痕迹

在中国近代建筑师当中，最早赴英留学是徐鸿遇（1905 年入学），毕业于英国利兹大学，接着是黄锡霖（1914 年毕业），毕业于英国伦敦大学学院土木工程系。

伦敦建筑学会建筑专门学校，开放和独立的教育，前后期同学与同事关系

英国伦敦建筑学会建筑专门学校（简称"AA"）是英国最古老的一所独立建筑教学院校，该校成立契机始于 1847 年，两位不满学院派教育的建筑师（Robert Kerr、Charles Grey）企图用一种较为开放和独立的教育来突破学院派布扎教育的传统。在 1890 年到 1901 年间，此教育系统逐渐成形，吸引到青年学子的关注。在中国近代建筑师当中，就有 4 人就读于此，分别是陈炎仲（1928 年毕业）、陆谦受（1930 年毕业）、黄作燊（1937 年毕业）、郑观宣、郭敦礼（1954 年毕业）。

陆谦受在英国"AA"留学期间，结识了中国银行行长张嘉璈（1889—1979 年，字公权，江苏宝山人，早年游学日本学习金融，回国后先后任参议院秘书长、中国银行副总裁、中国银行总裁，经营中国银行 20 多年，是江浙金融圈主要代表人物，长期在中央银行、中国银行、中央信托局高层活动，深受国民政府在财政金融方面的倚重，中国近代金融家，被称为"中国现代银行之父"），张嘉璈很欣赏陆谦受，便邀请陆谦受回国主持（上海）中国银行建筑课，于是 1930 年陆谦受毕业后，便来到正在蓬勃建设中的上海，投入到实践市场。陆谦受在回国前，先游历了欧美各国（法国、意大利、匈牙利、捷克、奥地利、瑞士、德国、荷兰、瑞典、美国等），考察了许多当时的新建筑，特别关注到各国的银行设计，为入职中国银行做

117

准备。回到上海后，受聘入中国银行（总管理处）建筑课工作，担任课长，合作人是毕业于美国宾夕法尼亚大学建筑系的吴景奇，两人一同主持建筑课业务。

毕业于英国利物浦大学建筑系的阮达祖（1933 年毕业）和陈国冠（1938 毕业）皆曾任职于（上海）中国银行建筑课，阮达祖任助理建筑师，陈国冠任办事员，陆谦受与吴景奇是他们的主管。

陆谦受也与"AA"学弟黄作燊有着建筑教育和业务上的合作关系（任教于上海圣约翰大学建筑系，合办五联建筑师事务所）。

黄作燊通过天津市留英考试，直接去了"AA"读书。求学时，他的成绩斐然，设计思路极为活跃，毕业后赴美，在哈佛大学研究生院继续深造，师从沃尔特·格罗皮乌斯（Walter Gropius，1880—1968 年，德国包豪斯创办人之一，曾主持哈佛大学建筑研究所），而黄作燊与贝聿铭（1917 年一，出生于广东广州，美籍华人建筑师）是格罗皮乌斯的得意门生。毕业于英国剑桥大学建筑学院王大闳，也正在哈佛大学研究生院就读（1941 年入学，1942 年毕业），他与菲利普·约翰逊（Philip Cortelyou Johnson，1906—2005 年，美国建筑师，是第一位普利兹克建筑奖得主）是同班同学，郑观宣也在哈佛攻读过。

毕业后的黄作燊，于 1942 年被上海圣约翰大学土木工学院院长杨宽麟邀请一起参与筹办在土木工程系高年级成立建筑组的事宜，之后建筑组在环境和办学条件、资源不足的情况下发展成建筑工程系，由黄作燊担任系主任及专职教师，主讲建筑原理、建筑理论及指导建筑设计课。之后，黄作燊邀请陆谦受、郑观宣、王大闳前来任教，给师生们做汇报、讲学，指导建筑设计，参加评图；也邀请毕业于英国利物浦大学城市规划系，后攻读英国伦敦大学学院城市规划获博士学位的陈占祥来讲授关于城市规划方面的专业知识。1945 年，黄作燊、陆谦受和陈占祥、郑观宣、王大闳于上海合办五联建筑师事务所。

格拉斯哥美术学院

另外，自幼喜爱绘画的李祖鸿于 1907 年考入英国格拉斯哥美术学院，接受 5 年学院式严格的正统训练，成绩名列前茅，之后接受留学生公费，入格拉斯哥大学物理系深造，回国后，任北京大学理工学院、北京高师、北京美术专科学校等高校教授，北大画法研究会导师，上海美专教务长，以及（南京）中央大学教育学院艺术科主任、工学院教授等职。1937 年抗战期间，李祖鸿随中央大学迁往重庆沙坪坝任教，一直专任建筑绘画课程。

图 4-99 陆谦受与同学合影

图 4-100 英国格拉斯哥美术学院

图 4-101 英国格拉斯哥美术学院

图 4-102 查尔斯·雷尼·麦金托什

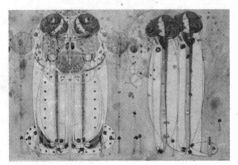

图 4-103 麦金托什之作品

格拉斯哥美术学院（The Glasgow School of Art）创立于1845年，是英国历史最悠久的艺术学院之一，学院自1899年以来一直占据着格拉斯哥市中心的主要区域。

注重以工作室、画室的实践为基础的教育方式，查尔斯·瑞尼·麦金托什（Charles Rennie Mackintosh，1868—1928年）就曾就读于此。麦金托什是19世纪末20世纪初活跃于苏格兰的设计师，是格拉斯哥四人设计集团（Glasgow Four）的灵魂人物，反对新艺术运动主张（曲线、自然装饰、反对直线、反对机械工业化生产），在设计中追求几何和有机形态的混合使用，将简单直线通过不同的编排、布局形成高度的装饰效果，而主张直线、简单的几何的思想为后来的机械、工业的"现代化"形式奠定了基础，格拉斯哥美术学院是其代表之作。

德国近代建筑教育

德国近代建筑教育始于德意志启蒙运动的浪漫主义时期。

开明专制，人人平等，普及全民教育

18世纪下半叶的德意志帝国是由普鲁士王国（Königreich Preußen，1701—1918年，王国名字是继承普鲁士而来，权力基础从勃兰登堡得来的，曾属于神圣罗马帝国的一部分）领导，在位者为腓特烈二世（Friedrich II von Preußen，1712—1786年，在位时间从1740—1786年，德国近代军事家、政治家、作家、作曲家）和腓特烈·威廉二世（Friedrich Wilhelm II，1744—1797年，在位时间从1786—1797年，德国近代军事家、政治家）。

腓特烈大帝（腓特烈二世）是开明专制的君主，是德意志启蒙运动的重要人物。统治期间（1740—1786年），普鲁士王国霸权横深，军事力量强大，领土不断向外扩张，成为欧洲大陆的大国之一。在内政方面，腓特烈大帝推行农业、军事、教育、法律等改革政策，奉行人人平等原则，鼓励宗教自由，对移民和宗教信徒（如天主教徒等）采取开放宽容政策，在政治、经济、哲学、法律等方面都颇有建树，也对文化、艺术和教育方面给予赞助，兴建数以百计的学校，普及全民教育（1763年，人类历史上第一个普及全民教育的国家），让德意志启蒙运动的浪漫主义（始于18世纪中叶，反对封建君主提倡的理性主义，用浪漫主义反封建专制和压迫，于18世纪末至19世纪初进入浪漫主义全盛时期）得以开展。

德意志启蒙运动，浪漫主义，民族意识

德意志启蒙运动不在乎进行资产阶级革命，而在于德意志民族统一，也使得德国文化得到勃兴，让哥丁根学派崛起（始于18世纪60年代），解放了文学运动（18世纪70年代），出现莱辛、赫尔德、歌德、席勒等著名人物。总之，德意志启蒙运动两大思想是浪漫主义与民族意识。

建造、工程技术方面的注重

德国最早的建筑教育也始于德意志启蒙运动的浪漫主义时期（18世纪下半叶）。柏林采矿学院于1770年创建（由腓特烈大帝发起创立）；柏林建筑学院于1799年创建（由德国皇家发起创立）；柏林艺术科学技术学院于1790年开设建筑课程，将建筑属为工程技术院校，即表现对工程、技术教育方面的注重。在德国建筑教育课程中，有基础素描课与历史课，学生先临摹与练习大师作品，再对大师的作品进行深入的研究与分析，而设计课更强调对建造、工程技术方面的学习；在完成设计后，还训练学生进入到施工图阶段，要求对设备、物理的考虑及结构的计算，在设计的想象力与创造性则较少着墨。

中国近代建筑师留德的痕迹

柏林采矿学院、柏林建筑学院与另一所皇家职业学院于 1879 年合并成立皇家柏林工业高等学院（Koenigliche Technische Hochschulezu Berlin），亦称夏洛顿堡工学院（Technische Hochschule Charlottenburg），是德国最早的高等工业学院，1899 年获颁发博士文凭的权利。中国最早远赴德国留学的学生首推贝寿同，他就读于柏林夏洛顿堡工科大学，攻读建筑工程科。

奚福泉先于德累斯顿工业大学（1828 年成立，德国最古老的工业大学之一）取得学士学位，获颁特许工程师，后又到夏洛顿堡工学院攻读博士学位（1929 年毕业）。而夏洛顿堡工学院曾关闭一段时间（1945 年），后又重新开学（1946 年），称柏林工业大学。陈伯齐曾于 1934 年转赴柏林工业大学建筑系学习，1939 年毕业后留校任教，并在该校建筑设计部工作。李承宽也曾留学于柏林工业大学。

夏昌世曾就读于德国卡尔斯普厄工业大学（1825 年创办，是德国历史最悠久的理工科院校）建筑与建筑历史专业，考取工程师资格（1925—1928 年），毕业后曾入柯布西耶事务所实习（1928—1929 年），接受现代建筑观念的训练，之后入德国蒂宾根大学（德国最古老的大学之一）艺术史研究院攻读艺术史（1930—1932 年），接受建筑史观与艺术史训练，获得考古学和地理学博士学位，是中国近代建筑师中少有的两个博士学位的获得者。

复辟、革命、政变、战争

进入到 19 世纪，德国处于复辟、革命、政变、战争的过程。1814 年建立由 39 个主权邦组成的德意志邦联。此时，德国人民对欧洲协调政治不满，促成自由主义革命运动，但运动被压制下来，也受法国大革命影响，德国人逐渐支持民族主义和自由主义。1848 年，德国知识分子和平民发动革命，后被暂时平息。接着，在数年之间陆续发生战争，有 1862 年的军事政变、1864 年爆发普丹战争、1866 年爆发普奥战争。而在 1870 年爆发的普法战争中，法国失利，德意志帝国（1871—1918 年，是后来魏玛共和国和纳粹德国的正式国名）宣布成立。

因此，1814—1870 年间，德国经历长达 60 年的动荡过程。在这时期，兴盛于 18 世纪末的德意志启蒙运动对德国教育仍影响重大，学校纷纷兴建和创办，并开设一些建筑学院，有 1825 年于卡尔斯路易城开办建筑工程学院、1827 年于慕尼黑城设立建筑学院等，而最重要的是于 1879 年由柏林采矿学院、柏林建筑学院与皇家职业学院合并成立的皇家柏林工业高等学

图 4-104 腓特烈二世演奏长笛

图 4-105 德意志启蒙运动文学作品

图 4-106 德国夏洛顿堡工学院

图 4-107 德国卡尔斯普厄工业大学

图 4-108 德国蒂宾根大学

图 4-109 卡尔·弗里德里希·辛克尔

图 4-110 柏林老博物馆（辛克尔）

图 4-111 柏林御林广场剧院（辛克尔）

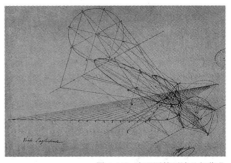

图 4-112 沈理源的画法几何作业

图 4-113 比利时岗城大学

院，是德国最早的高等工业学院。

19 世纪流行于欧洲的巴黎美术学院学院派教育也传播和影响到德国。而德国本身建筑教育大部分设在技术学院、工业学院之下，着重在建造和技术方面的教学，此现象也反映在德国建筑师的思潮和实践中。

卡尔·弗里德里希·辛克尔（Karl Friedrich Schinkel，1781—1841 年）是德国普鲁士王国时期的建筑师、都市规划师和画家，曾师从弗里德里希·基利（Friedrich Gilly，1772—1800 年，德国普鲁士王国时期的建筑师，是德国新古典主义建筑的精英），是新古典主义的拥护者。新古典主义是兴起于 18 世纪的欧洲建筑思潮运动，是为了寻求理性思考，反对巴洛克与洛可可的装饰过火，强调回归古典，找寻古建筑中的几何、比例、韵律的美学精神，分为浪漫古典主义（在美学上，重视建筑的型、相）和结构古典主义（在务实上，重视技术、结构的分类）。

辛克尔是拥护新古典主义的代表，将新材料（铁、钢）应用在建筑上，形成一种精确、冷静、细密的形体组织构成，影响了建筑教育及之后 19 世纪末 20 世纪初德国兴起的德意志制造同盟（1907 年成立于慕尼黑，是一个结合工业产品和机械生产推进工业设计的舆论集团）。因此，从思潮和实践观察，德国近代建筑专业是一个从建造和技术方面切入的教学体系，都开设在技术学院、工业学院之下。

意大利、比利时、奥地利

在其他中国近代建筑师当中，沈理源留学于意大利，先于拿波里工程专科学校攻读数学科，修习完其课程以后，又接着攻读土木与水利工程学科、建筑学科。由于拿波里是欧洲文艺复兴运动的发祥地，沈理源在意大利期间，便徜徉在文艺复兴时期的古典建筑的环境与氛围当中，对西方古典建筑非常感兴趣的，开始钻研文艺复兴时期的古典建筑的形式与做法，投入大量精力去学习，同时也进行全面的资料收集与汇整。

李蟠（毕业于比利时鲁汶 Lounain C.U. 土木科）、朱兆雪（1926年毕业于比利时岗城大学皇家工程师研究院，获水陆建筑工程师文凭）、苏夏轩（1928 年毕业于比利时岗城大学建筑系，获建筑师文凭）、罗竞忠（1925 年毕业于比利时沙勒罗瓦 Charleroi T.U. 土木工学专业）、洪青（毕业于比利时布鲁塞尔圣律克艺术高等学院装饰美术科）皆留学比利时。冯纪忠留学奥地利，1941 年毕业于奥地利维也纳工业大学建筑系，获建筑师及工程师文凭。

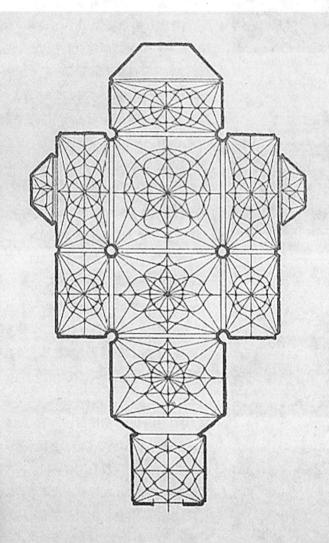

GEORG WEISE

DIE SPANISCHEN HALLENKIRCHEN

DER SPÄTGOTIK UND DER RENAISSANCE

I. ALT- UND NEUKASTILIEN

图4-114 《西班牙大厅式教堂》的封面（夏昌世绘制）

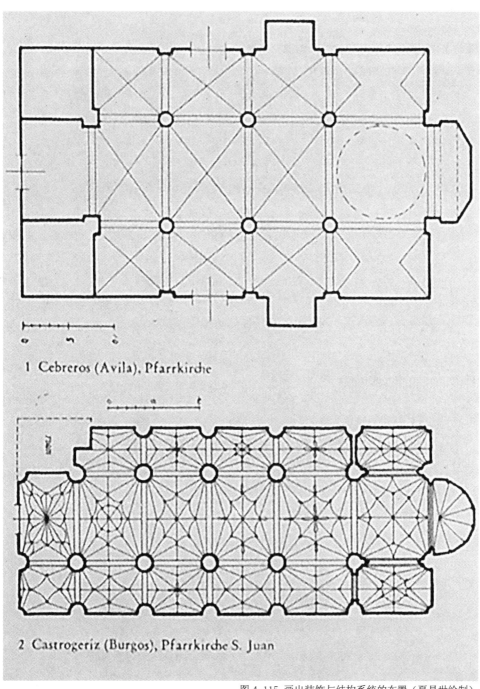

1 Cebreros (Avila), Pfarrkirche

2 Castrogeriz (Burgos), Pfarrkirche S. Juan

图 4-115 画出装饰与结构系统的布置（夏昌世绘制）

4.3.6 留学国家的观察：留美系统

美国近代建筑教育

美国近代建筑教育源于英国学徒制实务训练、法国的巴黎美术学院学院派教育和德国的工程与技术的课程教育。

欧洲人对美洲大陆殖民，革命战争，《美国独立宣言》

15世纪是开辟新航路的时期。在东方，明朝郑和于1405年应明成祖的海洋扩张政策，率庞大船队（240多艘海船和27400名船员）展开航海事业，远到红海，访问许多国家，增进明朝和东南亚、东非之间初步了解和交流。在西方，巴尔托洛梅乌·迪亚士（Bartolomeu Dias，1451—1500年，葡萄牙贵族、航海家）于1487年探险至非洲西南端，发现好望角（今非洲南非共和国的西南端），为葡萄牙开辟通往印度的新航线；克里斯托弗·哥伦布（Cristóbal Colón，1451—1506年，热那亚共和国探险家、殖民者、航海家）于1492—1502年间，横渡大西洋发现美洲新大陆，标志着欧洲人对美洲大陆的探险和殖民的开始，于是，从15—18世纪，欧洲人迅速对美洲大陆殖民，南、北美洲大部分地区皆成为欧洲各国（西班牙、葡萄牙、法国、荷兰）的殖民地。

从17世纪起，英国成为世界上第一大殖民强国，开始在北美建立起弗吉尼亚殖民地，并陆续在北美大西洋沿岸建立13个殖民地（马萨诸塞、新罕布什尔、罗得岛、康涅狄格、纽约、宾夕法尼亚、新泽西、特拉华、马里兰、弗吉尼亚、北卡罗来纳、南卡罗来纳和佐治亚）。在18世纪60、70年代，英国与13个北美殖民地发生革命战争，1776年北美殖民地发表《美国独立宣言》，脱离英国统治，1777年北美殖民地采纳邦联条例，建立了联邦主权国家，而英国于1783年签下《巴黎条约》，正式承认美国独立，美国也得到世界各国的承认。

社会建筑教育，作坊引入，学徒制，移民后的师承

在美国独立之前，从17世纪开始，许多欧洲建筑师因殖民活动陆续来到美国，其中以英国建筑师居多，同时也把英国近代早期的建筑教育（源于中世纪行会的作坊学徒制职业训练）带进美国，开设建筑作坊（事务所、建筑公司），事务所如同一所建筑学校，以边工作边学习的方式训练徒弟与学员，培养出一批人才，亦属社会建筑教育模式，被称作"美国建筑之父"的本杰明·亨利·拉特罗布（Benjamin Henry Latrobe，1764—1820年，英国建筑师）就是此例，他移民美国，自办事务所。

本杰明·亨利·拉特罗布曾旅行于巴黎、意大利等国，会多国语言（德语、法语、希腊语、拉丁语、意大利语和西班牙语）。1784年后曾在事务所工作，受学徒制职业训练。思想上受克劳德·尼古拉·勒杜（Claude Nicolas Ledoux，1736—1806年，法国建筑师，法国新古典主义建筑的倡导者）的影响，崇尚新古典主义。1790年被任命为伦敦公共测量师，1791年在伦敦执业，之后因项目原因（国会不批准他的项目计划）濒临破产。1796年，拉特罗布移民美国，在弗吉尼亚定居，1779年设计州立监狱项目，后迁到费城，自办事务所。1803年被杰弗逊聘为美国公共建筑测量师，投入到华盛顿地区（美国国会大厦、华盛顿海军工厂正门、圣约翰圣公会教堂、迪凯特楼、白宫门廊等）项目设计。许多美国近代早期第一代本土建筑师皆出自拉特罗布门下，如罗伯特·米尔斯和威廉姆·斯蒂克兰。

罗伯特·米尔斯（Robert Mills，1781—1855年）出生在南卡罗来纳州，1802年搬到费城，在拉特罗布事务所工作，是美国第一位本土出生和培养的建筑师，曾设计华盛顿特区华盛顿纪念碑。

威廉姆·斯蒂克兰（William Strickland，1788—1854年）出生在新泽西州，执业于宾夕法尼亚州和田纳西州，曾在拉特罗布建筑师事务所工作，是美国希腊复兴建筑运动（Greek Revival architecture，建筑使用古希腊柱式，对此简单与模仿，私人住宅利用外涂白漆的木材示意古希腊柱式）的创始人，曾设计费城的美国第二银行、

图 4-116 克劳德·尼古拉·勒杜

图 4-117 巴里夫人宫（勒杜）

图 4-118 拉特罗布（左）、斯蒂克兰（右）

图 4-119 费城银行

图 4-120 宾夕法尼亚大学校舍

田纳西州国会大厦。他也是一名土木工程师，最早提倡在铁路上使用蒸汽机车，曾访问英国，提出将英国的铁路技术转移到美国。

高校建筑教育，宾夕法尼亚大学开设绘画与建筑课程

在高校建筑教育部分，本杰明·富兰克林（Benjamin Franklin，1706—1790 年，美国政治家、科学家、出版商、印刷商、记者、作家、慈善家，发明"避雷针"）于 1743 年开始筹备一家学院，8 年后成立，1755 年改名为费城学院和研究院，1777 年改名为宾夕法尼亚学院。1779 年宾夕法尼亚政府通过立法对学校进行改组，正式命名为宾夕法尼亚州大学，1791 年校名缩为宾夕法尼亚大学。学院创立初期，富兰克林即将建筑学教育体系纳入学校发展规划中。

威廉姆·斯蒂克兰曾于 1817 年设计扩建医学院，1829 年设计建造联邦学院及医疗建筑，都成了宾夕法尼亚大学最早的校舍。

宾夕法尼亚大学于 1852 年成立采矿、艺术与工业系，开设了徒手画与平面图绘制课程，1867 年成立艺术系，后改名科学系，开设绘画与建筑课程，是宾夕法尼亚大学第一次将"建筑学"课程纳入教学体系中。

弗吉尼亚大学首创建筑专业，帕拉第奥风格的植入

另外，美国第三任总统托马斯·杰弗逊创建的弗吉尼亚大学（1819 年创建，一所公立研究型大学，也是第一所将教育独立于教会的高校），首创建筑专业。托马斯·杰弗逊除了从事政治事业外，他通过阅读与旅游的方式而成为一名建筑师。在创建弗吉尼亚大学时，将西欧曾盛行一时帕拉第奥风格植入美国，运用在项目上，对日后美国建筑走向影响深远。帕拉第奥风格是根据古罗马和希腊的"古典"建筑的对称思想和价值而形成的，代表性建筑师是安德烈亚·帕拉第奥（Andrea Palladio, 1508—1580 年，意大利籍古典建筑师，著有《建筑四书》）。

始源：社会教育与高校教育

19 世纪的美国近代建筑教育始源分两部分，一是属于社会建筑教育——源于英国近代早期的建筑教育，学徒制职业训练，在实践中培养；一是属于高校建筑教育——弗吉尼亚大学于 1819 年首创建筑专业，循学院式的培养。之后，社会建筑教育中的学徒制职业训练也被引入到美国高校建筑教育体系当中（因开业建筑师陆续任教于高校建筑系），成为一项训练方式。

仿画室的工作室，学院派思想的传承

在事务所开设建筑学校是美国近代最早的一种实践和教育结合的社会建筑教育模式，如理查德·莫里斯·亨特（Richard Morris Hunt，1827—1895年，美国建筑师）于纽约第10街的工作室，创办了美国建筑学校。

理查德·莫里斯·亨特少年就读于波士顿拉丁学校，后入巴黎美术学院学习（是美国第一位被录取的学生）学院派教育，受到良好的建筑与艺术教育，曾监督卢浮宫博物馆的设计工作。1855年回国，参考巴黎美术学院的画室模式，在纽约第10街开设工作室（一开始只有4名学员），开有绘画、设计、建造与技术课程，他企图将学院派教育与思想宣传出去。同时，亨特还与美国建筑师共同创办美国建筑师协会（American Institute of Architects），于1888—1891年任协会第三会长，之后美国建筑师协会于费城、芝加哥、波士顿设立分会。

许多美国著名建筑师、教育家皆出自亨特门下，有亨利·霍伯逊·理查德逊（Henry Hobson Richardson）和威廉姆·罗伯特·威尔（William Robert Ware，1832—1915年）。其中，威廉姆·罗伯特·威尔是麻省理工学院建筑学院和哥伦比亚大学建筑学院创始人。

威廉姆·罗伯特·威尔在米尔顿学院、哈佛大学完成培养，1859年入理查德·莫里斯·亨特工作室，工作和学习巴黎美术学院学院派思想与风格，不久任教于美国建筑学校并加入美国建筑师协会，同时开办事务所，将学院派教育和思想传承下去。

开创与欧洲不同的教育体系

南北战争（1861—1865年）从维护国家统一到为了黑奴自由的新生而战，最终，奴隶制度被废除，对美国社会及文化产生巨大的影响，标志着美国的诞生，国家实力稳定与扩张后，办学的教师便想要开创与欧洲不同的教育体系，或有所区别。

1862年麻省理工学院聘请威尔创办建筑系，他为了有所不同，在参考了德国建筑教育体系之后，提出一套关注建造、工程、技术和历史方面的训练课程，加上法国的巴黎美术学院学院派教育及英国的学徒制实务训练，构成"三国叠加"的混合教学风格，成了美国近代高校建筑教育的范本。后来，威尔创办了哥伦比亚大学建筑系（1881年），之后哥伦比亚大学、宾夕法尼亚大学、伊利诺伊大学、康奈尔大学等高校建筑系都沿用此套教学方案。

图4-121 富兰克林（左）、杰斐逊（右）

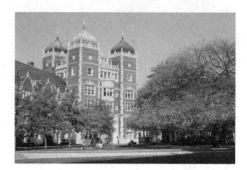
图4-122 美国弗吉尼亚大学

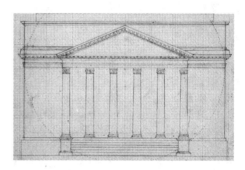
图4-123 圆形大厅立面图

图4-124 弗吉尼亚大学校舍

图4-125 弗吉尼亚大学校园鸟瞰图

图 4-126 亨特（左）、威尔（右）

图 4-127 美国建筑师协会

图 4-128 美国麻省理工学院建筑系画室

图 4-129 美国麻省理工学院大圆顶

图 4-130 美国哥伦比亚大学

学院派教育和思想的发扬光大

法国的巴黎美术学院学院派教育和思想于 19 世纪向海外传播，来到美国后，在宾夕法尼亚大学建筑系生根并发扬光大，由受过巴黎美术学院学院派教育的建筑师引进美国，主要有三位关键性人物：沃伦·莱尔德、保罗·克莱特和哈瑞·斯敦凡尔特。

沃伦·莱尔德（Warren Laird, 1861—1948 年，出生在明尼苏达州，美国建筑师、教育家）曾就读于威诺纳州立师范学院和康奈尔大学，之后去巴黎留学，1890 年于任教于宾夕法尼亚大学建筑系。

有入学条件，设奖学金，参访欧洲，引名师，兼顾艺术和技术

宾夕法尼亚大学建筑系于 1890 年由钦德勒（Chandler）成立，隔年，由莱尔德接任领导。莱尔德领导时，建筑学是草创阶段，设备、资金、教师及课程都是缺乏的。在任期第一年，莱尔德要求有入学条件，强调专业性教育，鼓励学生投入设计竞赛，设有奖学金及安排参访欧洲计划（每年有学术旅行奖学金）。莱尔德同年引进名师，有建筑史专家、钢笔画专家、渲染专家、城市专家及开业建筑师，组成一组专业的教学团队。同时还参考巴黎美术学院学院派教育，但不试图重塑一个巴黎美术学院体系，而是强调建筑学教育应兼顾艺术和技术两方面。

基础课训练，设计课是重点，有竞赛，侧重设计表现，建筑史辅助，事务所实习

在课程设计上，先让学生学习徒手画、画法几何，以及一些基础课（画石膏像、画装饰画、画水彩、透视课、阴影课等）与基本方法，聘请美术教师乔治·道森（George Walter Dawson）来指导。道森的专长是水彩画，他以渲染法，用三色（红、黄、蓝）分别画出不同色质的层次与变化，既写实也精到。学生在道森指导下，在铅笔画、炭画、蜡笔画、粉笔画、水彩画方面都有所进步，取得非凡的成就。道森是中国近代留学生在学生时代基础课的一位恩师。之后，设计课培养设计，先从分析古典主义的柱式开始，到建筑元素分析和方案设计，以侧重设计表现为主，技术课相对弱化，同时开设建筑史、美术史、雕塑史等课程，以辅助设计教学，还设有校内设计竞赛体制，也会要求学生暑假到事务所实习，以增加实习和实务经验，也需学习法文，便于阅读法国建筑杂志。

设工作室，专门指导教授，容纳低班和高班，教学相长

　　莱尔德也沿用巴黎美术学院的画室模式，设工作室，容纳低班和高班学生。每个工作室都有专门负责人（指导教授）指导学生设计课程，学生日常的学习和生活、设计和绘图都在工作室进行，是一种教学相长、相互学习的环境，中国近代留学生也都在工作室的环境中渡过。此工作室模式沿用了很多年，直到 20 世纪 50 年代才没落。

　　莱尔德执行严格淘汰制，但建筑系学生还是逐年增加，使得学校日益地看重建筑学专业，之后，莱尔德升任宾夕法尼亚大学美术学院院长，1932 年退休。

　　保罗・克瑞（Paul Philippe Cret, 1876—1945 年，出生在法国里昂，法裔美国建筑师、教育家）曾就读于法国巴黎美术学院，之后工作于让・路易・帕斯卡尔（Jean-Louis Pascal, 1837—1920 年，出生在法国巴黎，法国建筑师，曾任教于巴黎美术学院）工作室，1903 年被聘请到宾夕法尼亚大学建筑系任教。

图 4-131 莱尔德（左）、克瑞（右）

图 4-132 印第安纳波利斯中央图书馆（克瑞）

坚持艺术性，发挥想象力，权衡指导，指导下频频获奖

　　克瑞执教时，是学院派教育在"宾大"的巅峰时期，他是第一位从巴黎美术学院毕业到美国高校执教的法裔美国建筑师。克瑞为人正直，教学认真负责，他并未一味遵循学院派教育体系，坚持建筑的艺术性，让学生充分发挥想象力，特别是在设计课时。克瑞在工作室的教学中，会依学生的水平和能力"权衡指导"，不同的学生有不同的设计绘图要求，在克瑞指导下，学生频频获奖（1911～1914 年连获"巴黎大奖"4 次），他自己也常获全美设计竞赛首奖。"一战"期间，克瑞回法国参军，耳朵被炮弹震坏，战争结束后，返回美国继续教学。

　　克瑞于 1927 年成为美国公民。除了任教，他也设计过不少项目，有印第安纳波利斯中央图书馆（1917 年）、底特律艺术学院（1927 年）、费城罗丹博物馆（1929 年）、福尔杰・莎士比亚图书馆（1932 年）、辛辛那提联合车站（1933 年）、费城联邦储备银行（1932 年）、华盛顿中央供热厂（1934 年）、德州大学奥斯汀分校主楼（1937 年）、贝塞斯达海军医院大楼（1942 年）等，这些作品都体现一种简化的西方古典语言，在设计上倾向于西式折中的姿态，他始终摆荡在"传统"和"现代"之间。在 1938 年获得美国建筑师学会金奖。

　　中国近代建筑师杨廷宝是克瑞在设计课上的学生，他在导师克瑞的教导下，全面地学习以学院派教育导向的西方古典样式，作业成果超群，深受克瑞的赞赏，因此克瑞成为影响杨廷宝一生重要的恩师。之后，杨廷宝获学校颁发 Senior Honors

图 4-133 美国宾夕法尼亚大学艺术学院大楼

图 4-134 美国宾夕法尼亚大学建筑系设计教室

图 4-135 斯敦凡尔特及其作品

（学士学位学生的高级荣誉），当时系主任沃伦·莱尔德称赞说："杨廷宝是一位才华出众的学生"。之后，杨廷宝继续攻读研究所半年，毕业后在克瑞事务所实习（1925—1926年），受克瑞在实践工作中的指导，参与部分项目（底特律艺术学院 费城罗丹博物馆）的施工详图与细部设计，曾亲自到工厂看师傅制作构件的过程，积累了经验，为他后来的实践打下基础。

哈瑞·斯敦凡尔特（Harry Sternfeld, 1888—1976年，出生在美国费城，美国建筑师、教育家），出生在美国费城，中央高中毕业后入宾夕法尼亚大学建筑系就读，接受巴黎美术学院学院派教育风格训练，学校放假时，曾到亨利·霍恩博斯特尔（Henry Hornbostel）和琼斯（Jones）的工作室实习，参与设计竞赛并获奖（布扎风格的设计），于1914年获美术设计学会（Beaux-Arts Institute of Design）举办的巴黎大奖，后赴欧洲在巴黎美术学院进修1年，1923年任教于宾夕法尼亚大学建筑系。

中国近代建筑师陈植与梁思成的建筑设计导师是哈瑞·斯敦凡尔特。

乔治·霍华德·毕克莱（George Howard Bickley, 1880—1938年，曾在法国深造，获法国国家文凭建筑师，美国建筑师、教育家）。出生在费城，在新泽西州念高中，1899年毕业后到费城的高校学建筑。本科时，毕克莱即展现优异的设计能力，曾在设计竞赛中获一等奖；毕业那年（1903年）参加全美建筑系大学生设计竞赛，获亚瑟·斯佩德·布鲁克纪念奖（Arthur Spayd Brooke Memorial Prize）。之后，他前往巴黎，进入到巴黎美术学院。在巴黎期间，在雷敦工作室（Atelier Redon）实习，1907年从巴黎美术学院毕业，回国后，他在霍勒斯公司（Horace Trumbauer）任设计师（1907—1910年）。1911年与大学同学克拉伦斯（Clarence DeArmond）合伙创办克拉伦斯与毕克莱设计公司（DeArmond, Ashmead & Bickley）。1910年，毕克莱入宾夕法尼亚大学建筑系任讲师，1914年任助理教授，1922年任教授，1930年任美术学院副院长。

乔治·霍华德·毕克莱是童寯的设计导师，也是陈植读研时的导师，童寯与陈植共同待在一个工作室。毕克莱有着优异的设计能力，曾获得法国国家建筑师文凭。在设计教学上，毕克莱以开放的态度鼓励创新，希望能突破学院派教育的困窘，而童寯与陈植在他的指导下，反对模仿，讲求创新，深得毕克莱的赞许，师生常相互探讨与辩证设计上的问题。

设计竞赛获奖，向往名校

宾夕法尼亚大学建筑系是中国近代建筑师早期留美时人数最多的高校，原因是宾夕法尼亚大学建筑系于20世纪初崛起，因学生在设计竞赛中的获奖而声名远播。当时美术设计学会（Beaux-Arts Institute of Design，设在纽约，由巴黎美术学院毕业生组成）每年组织一系列设计竞赛——"巴黎大奖"，学会提供获奖者奖学金，可赴巴黎考察、深造和交流，这样的方式刺激了建筑师和建筑系学生，除了可赢得荣誉而被关注外，大家也不断地通过自己专业上的努力来取得出国深造的机会，而学生也通过设计竞赛来积累并提升学习档次。在20世纪10年代，宾夕法尼亚大学建筑系连续4次获得"巴黎大奖"，从20世纪10年代到30年代，宾夕法尼亚大学建筑系独揽"巴黎大奖"的四分之一名次，跃升为全美最好的建筑高校，声名远播，而成为当时莘莘学子向往的名校。

中国近代建筑师在"宾大"时的痕迹

在中国近代建筑师中，第一位就读宾夕法尼亚大学的学生是朱彬，于1918年入学，从一年级读起。接着是范文照，于1919年入学。赵深于1920年入学，从二年级读起（原本1919年考取庚款名额，因病，晚入学）。杨廷宝于1921年入学，从二年级读起，与路易·康（Louis Isadore Kahn, 1901—1974年，出生于爱沙尼亚，1905年随父母移居美国费城，毕业于费城宾夕法尼亚大学，1935年在费城开业，1947－1957年任耶鲁大学教授，1957年后兼任宾夕法尼亚州立大学教授，美国建筑师、教育家）是同班同学，此时朱彬和范文照是四年级，赵深是三年级。

美国教师对中国学生留下深刻良好的印象，因他们在美学习成绩优异，杨廷宝与之后到来的中国留学生（陈植、梁思成、童寯等）都得到学长（朱彬、范文照、赵深）的关照。

之后，朱彬、赵深、杨廷宝先后攻读研究所。范文照于1921年毕业后，在美投入工作，于1922年回国，入（上海）允元公司建筑部工作，任工程师。而朱彬和赵深同年（1923年）取得硕士学位。朱彬毕业后，短暂地在美国事务所实习，不久即回国，在天津一带工作，先被天津警察厅聘为工程顾问，同时在天津特别一区（今河西区）任工程师，天津特别二区（今河北区）工程科任主任，后与关颂声的二妹结婚，并加入关颂声创办的基泰工程司，成为第二合伙人（1924年）。赵深曾在攻读研究生课程时，利用暑假到（美国）纽约一带的建筑师事务所实习，同时参加建筑设计方案竞赛，毕业后，入（费城）台克劳特建筑师事务所和（迈阿密）菲尼裴斯建筑师事务所实习，除了学习经验外，也为赴欧考察积蓄旅费，于1926年同妻子孙熙明与学弟杨廷宝结伴游历欧洲，1927年回国，经李锦沛介绍任美国基督教青年会驻上海办事处建筑处建筑师（半年），后入范文照建筑师事务所。

在清华就读时，陈植经梁思成建议与鼓励，决定与梁一同前往费城读书，彼此也好有个照应，但梁思成遭车祸，脊椎受伤，左腿骨折，进行3次手术治疗，必须推迟1年赴美留学，陈植只能单独负笈求学，与卢树森、李扬安（祖籍广东台山，出生于美国纽约）、黄耀伟（祖籍广东开平，出生于墨西哥）一同于1923年入学，从一年级读起，此时杨廷宝与路易·康是四年级。梁思成与恋人林徽因（两人已订婚）结伴赴美入宾夕法尼亚大学就读，于1924年入学，谭垣也同期入学，梁思成从二年级读起，谭垣从一年级读起，所以，梁思成与陈植、李扬安、黄耀伟、卢树森是同届同学。陈植经梁思成介绍结识了林徽因，因学校限制，林徽因只能入美术学院美术系三年级就读（1924年宾夕法尼亚大学招生办公室记载着：音乐与美术课程是对男与女开放，建筑学课程只允许男生入读），但有一半时间在建筑系活动，选修"建筑"课程。 此时杨廷宝正攻读研究所（研一）。

在杨廷宝之后入"宾大"建筑系就读的中国留学生有陈植、卢树森、李扬安及黄耀伟（1923年入学），与梁思成、林徽因及谭垣（1924年入学），杨廷宝曾给他们作过辅导。

童寯赴美前，听说学长杨廷宝在美学习，便写信给杨廷宝，询问关于"宾大"建筑系情况和入学须知，两人因此认识，杨廷宝回信说明后，童寯便启程前往美国。1925年夏，童寯与一群清华学生南下在上海外滩码头搭客轮，先到东京，越过太平洋，来到美国西岸西雅图，再搭火车横越美洲大陆，来到美国东部的费城，于9月入"宾大"建筑系就读，当时正在就读的中国留学生有梁思成、陈植、李扬安、黄耀伟、卢树森（三年级），谭垣（二年级），而杨廷宝已毕业，在导师保罗·克瑞（Paul Philippe Cret）的建筑师事务所实习（1925—1926年），参与此时期保罗·克瑞的设计项目，深受克瑞的西式折中影响。1926年秋，杨廷宝用他在美的积蓄（竞赛奖金、工作工资、办画展收入）与正在美工作的赵深（1923年"宾大"硕士毕业）、孙熙明夫妇同游西欧，后于1927年回国，在天津短暂停留，被关颂声邀请加入基泰工程司，成为第三合伙人（"宾大"学长朱彬已是合伙人之一）。吴景奇于1925年入学，就读四年制班；过元熙于1926年入学，就读五年制班。

之后，梁思成、陈植、李扬安、童寯、谭垣、吴景奇继续在"宾大"攻读研究所。过元熙则赴美国麻省理工学院攻读。黄耀伟先在美工作后，回国任职于庄俊建筑师事务所。卢树森毕业后回国，于1929年任教于（南京）中央大学建筑工程系。梁思成于1927年以优异的成绩获"宾大"建筑学硕士学位，毕业后赴哈佛大学研究院继续深造，攻读建筑及美术史，此时，陈植留校在研究生院深造。之后，梁思成游历欧洲，于1928年回国与林徽因共同创办（沈阳）东北大学建筑工程系。

陈植和李扬安于1928年夏毕业，陈植入（美国）纽约伊莱·雅克·康（Ely Jacques Kahn）建筑师事务所实习1年多，积累实践经验，作为以后执业的铺垫。1929年夏，陈植受挚友梁思成、林徽因邀请，放

图4-136 费城罗丹博物馆（杨廷宝曾参与此项目）

图4-137 纽约华尔街120号（童寯曾参与此项目）

弃考察欧洲建筑的计划，回国任教于（沈阳）东北大学建筑工程系（1929年8月）。李扬安在美实习2年，于1930年回国后任职于李锦沛建筑师事务所。童寯也于1928年夏毕业，到（美国）费城本科尔（Ralph B. Bencker）建筑师事务所工作，任绘图员，1年后，陈植推荐童寯到（美国）纽约伊莱·雅克·康建筑师事务所工作，任设计师。1930年4月，童寯辞去伊莱·雅克·康事务所工作，于4月底从纽约启程，乘"欧罗巴"号客轮赴欧洲游历，历时3个月，1930年8月下旬结束，在西伯利亚乘火车回国，到沈阳后，由（沈阳）东北大学工学院院长孙国锋出面邀请童寯出任建筑工程系教授。

谭垣于1930年毕业后，在美国事务所工作2年，任绘图员，后回国任职于范文照建筑师事务所（"宾大"学长）；吴景奇于1931年毕业后，在美事务所工作，任绘图设计员，后回国任职于范文照建筑师事务所。

之后，梁衍（1928年入学）、王华彬（1928年入学）、哈雄文（1928年入学）、萨本远（1930年入学）皆就读于宾夕法尼亚大学建筑系。梁衍于1931年毕业后赴康奈尔大学、哈佛大学研究生院继续深造，后在赖特事务所工作，是赖特的第一位中国籍的学徒生，1933年回国任职于基泰工程司（"宾大"学长朱彬、杨廷宝皆为"基泰"合伙人）；王华彬于1932年毕业后，在美事务所工作1年，后回国任职于董大酉建筑师事务所，参与到"大上海计划"的建筑设计；哈雄文于1932年毕业后，赴欧游历，同年回国任职于董大酉建筑师事务所；萨本远之后赴美国麻省理工学院攻读硕士学位，1933年毕业后回国任职于基泰工程司。

中国留学生在宾夕法尼亚大学，入学时的基础已很好，多数从二年级或三年级开始读起，刻苦认真，努力学习，在课堂内外结出丰硕成果。

杨廷宝在美术教师乔治·道森（George Walter Dawson）的指导下，完成多幅作品，还广泛地学习其他画家（Russell Flint、Birch Burred Long 等）的技巧与画风，加以演练与修饰，刻苦向学，一有空就写生画画，最终形成自己的一套水彩画风格（用色大胆，色彩明快、简洁与鲜亮）；也因写生画画结识了外国友人并成为挚友，融入了当地的家庭与社会生活，徜徉在东西文化交流的碰撞之中；放假时，还会到美术学院暑期学校（Academy of Fine Arts Summer School）学雕刻。

杨廷宝优异的能力也被口耳相传，他的动作比别人快，常在设计课交图前几天就把图画好，剩余时间帮同学画图，使得他比别人多做了几道课题演练。在美学习勤奋的他，两年半把学分基本修完（90 个专业学分，25 个非专业学分），成绩都为"优"，不到 3 年就完成本科学业，实为难得，于 1924 年获学士学位，获学校颁发 Senior Honors（学士学位学生的高级荣誉）。他还经常参加设计方案竞赛，并获奖多次，1924 年获 Emerson Priz Competition 一等奖（艾默生设计竞赛最高奖）及 Municipal Art Society Prize 一等奖（全美大学生设计竞赛最高奖）。由于杨廷宝受学院派教育的洗礼，获奖作品皆反映出此一教学成果——对称式平面布局、立面三段式分割、局部古典元素装饰的西式折中建筑语言。3 年后，他的获奖作品被收录在美国《建筑设计习作》（1927 年）一书中，作为建筑学的教材使用。他还于 1924—1925 年获 Warren Prize 并被选入 Sigma Xi。1925 年杨廷宝毕业，获硕士学位。杨廷宝是"宾大"优秀毕业生，是童寯与陈植、梁思成三人的"清华"学长，他们视杨廷宝为学习的榜样。

陈植在"宾大"本科 4 年级时（1926 年），曾参加柯浦纪念设计竞赛（Walter Cope Memorial Prize Competation），获一等奖，作品被刊登在《费城时报》，很是光荣。

陈植的作品充分地反映了他所受教育的结果。在改造过程中，陈植赋予市政厅一个倾向于西方古典风格的新立面，并与市政厅原立面转轴、脱离，成为城市道路转角处的标志物，西方古典的拱券门与柱式，加上置中的讲台与两侧台阶，构成了一处庄重、典雅的转角空间，渲染图的终极表现，更让学院派教育的痕迹如实体现。

在繁重课程中，陈植还利用课余时间在费城科迪斯音乐学院（The Curtis Institute of Music）学了 4 年的声乐，师从著名男中音歌唱家霍顿·康奈尔（Horaton Connell）。当"宾大"成立合唱团后，陈植报名参加，录取后成为合唱团里唯一一位中国学生，也成为中国学生在海外演唱男中音的第一人，并随同合唱团受到美国总统柯立芝在白宫的接见。

梁思成就学时，好学不倦，设计成绩突出，常被评为一级，参加柯浦纪念设计竞赛（Walter Cope Memorial Prize Competation）获名誉奖（1926 年），参加全美建筑系大学生设计竞赛，获亚瑟·斯佩德·布鲁克纪念奖（Arthur Spayd Brooke Memorial Prize）金奖（1927 年），参加南北美洲市政建筑设计联合展览会，获特等奖章（1927 年）。林徽因则是加强学习建筑，她与梁思成用两年半时间修完必修课程，之后，林徽因投入舞台布景设计。梁思成和林徽因皆被聘为设计课的指导教师。

童寯在美术教师乔治·道森（George Walter Dawson）的教导与挖掘下，在铅笔画、炭画、蜡笔画、粉笔画、水彩画都有所进步，尤其在水彩画方面取得非凡的成就。

童寯从不把时间浪费在交际与娱乐上，不分周间与周末，刻苦认真，读书用功，朴素的生活让他专注于学问的研究，他的辛勤劳动在中国留学生中很是突出，于 1927 年参加全美建筑系大学生设计竞赛（罗丹博物馆），获亚瑟·斯佩德·布鲁克纪念奖二等奖，隔年又参加该竞赛（新教教堂），获金奖。早年，杨廷宝的同届同班同学路易·康也于 1924 年参加此竞赛，获三等奖。

过元熙也曾参加柯浦纪念设计竞赛（Walter Cope Memorial Prize Competation），获一等奖；王华彬则获赫可尔建筑一等奖。

工学院，美术研究生院，艺术建筑学院

从 19 世纪下半叶到 20 世纪上半叶，绝大部分美国高校建筑系皆设在工学院体系下。虽然美国早期近代建筑教育受三国英、法、德三国教学风格的影响，但在 19 世纪下半叶，美国的建筑领域着重在结构、构造方面的实践探索和发展（与实用主义价值体系，及 19 世纪下半叶兴起芝加哥学派有关，当时芝加哥学派建筑师采用新材料、技术与工法盖高楼，产生许多金属框架构成的摩天楼，大胆地表露高楼的结构受力状态，且不再是用古典的装饰去隐藏框架结构）；同时又因美、英之间的特殊关系，英国学徒制实务训练中关注构造、技术方面和职业建筑师的训练都影响着美国近代建筑教育发展。因此，大部分建筑高校的建筑系皆设在工学院体系下，包括

伊利诺伊大学、康奈尔大学、麻省理工学院、北卡罗来纳州立大学等。只有宾夕法尼亚大学建筑系设在美术研究生院，耶鲁大学建筑系设在艺术建筑学院，而这两所高校建筑学教育皆倾向于一种"艺术性"的教学方式，有别于其他建筑高校的建筑教育。

不同的高校选择

中国留学生赴美留学时分布在不同地区的高校中，多数选择美国高校的建筑系和土木工程系就读，少数选择市政系和冶金工程系。高校里有建筑系的有：宾夕法尼亚大学、伊利诺伊大学、康奈尔大学、密歇根大学、麻省理工学院、明尼苏达大学、西雅图华盛顿大学、耶鲁大学、哈佛大学、俄勒冈州立大学、北卡罗来纳州立大学等。高校里有土木工程系的有：康奈尔大学、密歇根大学、麻省理工学院、哈佛大学、波士顿大学、北卡罗来纳大学、加利福尼亚大学、北俄亥俄大学、伦斯勒理工学院等。

宾夕法尼亚大学建筑系、麻省理工学院建筑系、麻省理工学院土木工程系、伊利诺伊大学建筑工程系、康奈尔大学建筑系、康奈尔大学土木工程系、哥伦比亚大学建筑学院、密歇根大学建筑工程系、密歇根大学土木工程系、哈佛大学设计研究生院，以上高校为中国留学生选择攻读建筑专业较集中的院校。

麻省理工学院建筑系

麻省理工学院于1862年创办建筑系。在中国近代建筑师当中，关颂声（1918年本科毕业）、罗邦杰（1918年硕士毕业）、李锦沛（1921年进修）、黄玉瑜（1926年本科毕业）、黄家骅（1927年本科毕业）、过元熙（1930年硕士毕业）、萨本远（1933年硕士毕业）曾在麻省理工学院校建筑系就读。

1914年，关颂声赴美留学，先到波士顿大学土木工程系短暂就读后转到麻省理工学院建筑系，1918年本科毕业后，入哈佛大学研究生院进修土木工程与建筑学1年。之后，关颂声短暂地在美国多家工程师事务所实习与见习，不久就回到天津（1919年），在北洋政府下属的机关工作，任天津警察厅（中国近第一个警察机构，1901年设立）工程顾问，在交通部管辖的津浦路（京沪铁路最早通车的一段，天津到浦口）任技正，在北宁路（原京奉铁路，后改称津榆、京山，1911年改称北宁铁路）任建筑工程师，还任内务部土木司技正。1920年，关颂声创办基泰工程司，在天津法租界马家口执业，是中国近代在租界上取得建筑师营业执照的第一人（关颂声据理力争，从把持发照权的天津法租界工部局手上取得）。20世纪30年代后，基泰工程司业务量扩增，急需设计人才加入，萨本远（"宾大"建筑系本科毕业，是朱彬、杨廷宝的学弟）顶着留美高学历的光环，被延揽进基泰工程司，任设计师，襄助主创建筑师，并负责项目的设计绘制和后续执行。而罗邦杰、黄玉瑜、黄家骅、过元熙毕业后，皆回国在上海从事实践和任教工作。

麻省理工学院土木工程系

麻省理工学院也设有土木工程系，是孕育工程专业人才的一所重点高校，缪恩钊、薛次莘、过养默、谭真、蔡方荫、黄学诗、陶述曾都曾就读于此。

缪恩钊于1918年毕业，获硕士学位，于1929年任武汉大学珞珈山新校舍监造工程师及工程处负责人。

过养默于1919年毕业，获硕士学位，随即进入波士顿的电气工程建筑工厂（斯通与韦伯斯，Stone & Webster）工作，这是一家关于建设和维护化石燃料、炼油、化学设施、勘探及环境整治的工程公司。一年后，辞职回国发展，与吕彦直、黄锡霖共同在上海合伙创办东南建筑公司（1921年），他初期任总工程师，后期任经理并参与部分设计，而主要操刀设计的是吕彦直。

当时东南建筑公司的业务内容不单单只是设计，也包含施工，设有营造部，由朱锦波担任营造部主任长达8年，业务范围以上海、南京一带为主，公司成员前后有黄元吉、杨锡镠、庄允昌、裘星远、李滢江。

图 4-138　意大利威尼斯圣马可大教堂（杨廷宝欧游速写，1926 年 11 月绘）

图 4-139　意大利威尼斯大运河（杨廷宝欧游速写，1926 年 11 月绘）

图 4-140　美国宾夕法尼亚大学学生宿舍（杨廷宝于"宾大"时绘，1923 年）

图 4-143　陈植获柯浦纪念设计竞赛一等奖——市政厅立面作品

图 4-141　市场设计平面图（杨廷宝学生作业）

图 4-142　市场设计侧立面图（杨廷宝学生作业）

图 4-144 意大利威尼斯卡列吉宫（杨廷宝欧游速写，1926 年 11 月绘）

图 4-146 英国约克城古老居民区（童寯欧游绘画，1930 年）

图 4-147 意大利威尼斯河边住宅（童寯欧游绘画，1930 年）

图 4-145 英国牛津大学一角（杨廷宝欧游速写，1926 年 8 月绘）

图 4-148 童寯获亚瑟·斯佩德·布鲁克纪念奖金奖——新教教堂作品

公司成员除了吕彦直外，皆清一色来自于土木工程培养出身，包括有黄锡霖（主持人，于1914年毕业于英国伦敦大学学院土木工程系）、黄元吉（1922—1924年间任副建筑师，毕业于上海南洋路矿专门学校土木科）、杨锡镠（1923—1925年间任工程师，毕业于上海南洋大学土木科）、裘星远（1926年任工程师，于1918年毕业于美国康奈尔大学土木工程系，是过养默在康奈尔大学的同学）等，因此可以认定东南建筑公司是一所以土木工程背景出身的建筑公司。

过养默在交通部唐山工业专门学校的同学谭真也于1918年毕业于土木工程系，获硕士学位，回国后，在天津一带实践兼任教，之后成为中国近代天津当地的著名建筑师。

蔡方荫毕业后，被（沈阳）东北大学建筑工程系聘请任教（1930年），教授结构、画法几何及阴影学，同时与梁思成、林徽因、陈植与童寯合办（沈阳）梁林陈童蔡营造事务所，承接原吉林省立大学规划与校舍设计，以及原交通部唐山大学锦县分校设计。

伊利诺伊大学建筑工程系

伊利诺伊大学于1867年创办建筑工程系，建筑教育偏向于建造、工程与技术的训练课程，庄俊、薛楚书、陈裕华、孙立己、鲍鼎、徐中、汪定曾、华国英、周卜颐、张其师、张肇康、彭涤奴、陈其宽、张守仪曾就读于此。

庄俊于1914年本科毕业，获学士学位，是中国近代第一位获得建筑工程学位的建筑师，毕业后被"清华"电召回国担任中国近代最早的驻校建筑师（之后陆续是北京燕京大学与南京女子金陵大学的吕彦直与李锦沛，湖南大学的刘敦桢，沈阳东北大学的杨廷宝与杨宽麟及武汉大学的缪恩钊），并任部分英语教学工作，同时成为亨利·墨菲的助手（庄俊最早），共同完成"清华"校园早期总体规划与四大建筑（大礼堂、体育馆、科学馆与图书馆）的设计，庄俊负责工程的总体规划、全校道路管网等设施的布置，及部分教学用房、教职工与学生宿舍的设计和监造。

鲍鼎于1933年毕业，获硕士学位，回国后边任教边工作，先后在（武昌）中华大学、（湖南益阳）信义大学任教员，还任（天津）宝成纱厂及汉口市第三特别区市政局工程师，之后在（南京）中央大学建筑工程系任教（1933年）。

徐中（1935年毕业）、彭涤奴（1937年毕业）、周卜颐（1940年毕业）、张其师（1941年毕业）、陈其宽（1945年毕业）、张守仪（1945年毕业），皆是（南京）中央大学建筑工程系毕业生，先后赴伊利诺伊大学攻读硕士学位。

康奈尔大学建筑系、土木工程系

康奈尔大学于1871年创办建筑系，杨锡宗、吕彦直、陈裕华、梁衍、蔡显裕、程观尧曾就读于此；也设有土木工程系，裘星远、过养默、冯宝龄、张昌华、黄强曾就读于此。

杨锡宗于1918年建筑系本科毕业，获学士学位，回国后，先暂居香港，后受广州市政厅工务局聘为技士（1921年）。杨锡宗和另一位建筑师郑校之（1907年毕业于朝鲜国家专门学校土木工程科）是早期入广州市政厅工务局工作的建筑师（20世纪20年代初）。到了20世纪20年代末，相继有黄森光、林克明、陈荣枝、李炳垣、梁学海、郑裕尧等广州一带的专业人才入工务局任职，且都有着国内外高校建筑专业的背景，以上这些建筑师，构成了20世纪20年代岭南一代最活跃的中国近代建筑师群体。杨锡宗之后被陈炯明聘为漳州市政总工程师，赋予实权，从事规划漳州市道等工作。

吕彦直于1918年建筑系本科毕业，获学士学位，后留在美国发展，入纽约墨菲（Murphy & McGill & Hamlim）事务所工作，于1921年回国，被墨菲雇用并负责墨菲在上海分公司的设计任务，协助设计南京金陵女子大学。

而同时期在康奈尔大学土木工程系就读的中国留学生有过养默、裘星远、冯宝龄。两系（建筑系、土木工程系）的中国留学生皆相互认识，并在康奈尔大学成立"中国同学会"。因此，在土木工程系就读的过养默和裘星远与在建筑系就读的吕彦直，也因这一层同校、同学的关系构成了日后在东南建筑公司的合作关系（合伙人和同事）。

之后，吕彦直于1925年与黄檀甫共同创办（上海）彦记建筑事务所，裘星远与庄永昌也跟随着吕彦直来到"彦记建筑"工作。

陈裕华于1931年土木工程系毕业，获硕士学位，后在美短暂工作，不久后回国，在（南京）陈明记营造厂任工程师（2年），1933年任教于（南京）中央大学建筑工程系。

哥伦比亚大学建筑系

哥伦比亚大学于1881年创办建筑系，巫振英、张光圻、李锦沛、庄俊、董大酉、伍子昂、成竟志、周卜颐、王秋华、陈均沛、黄家骅、张锐曾就读或学习于此。

巫振英和张光圻是同届同学，两人毕业（1920年）后回国，都在（上海）六合贸易公司任建筑师，1927年两人与庄俊、范文照、吕彦直等发起组织中国建筑师学会（原上海建筑师学会）。庄俊受"清华"委任，于1923年带领100多位学生（包括陈植等）赴美留学（庚款留美），他利用这次机会再次去美国高校（纽约哥伦比亚大学研究生院）进修。而庄俊本身是"清华"培养出身，后任"清华"驻校建筑师，让人逐渐知晓建筑师的执业内容与属性，影响了一代"清华"学子（陈植、梁思成、黄家骅、童寯、王华彬、哈雄文等）选择赴美攻读建筑，1925年庄俊回国自办事务所。董大酉本科读的是明尼苏达大学，后到哥伦比亚大学攻读美术考古博士课程，1928年在（纽约）亨利·墨菲建筑事务所工作，后回国在庄俊建筑师事务所协助设计。伍子昂毕业后回国在范文照建筑师事务所任帮办建筑师，后曾任（上海）沪江大学商学院建筑系主任，长达7年。成竟志（1941年毕业）、王秋华（1946年毕业）是（南京）中央大学建筑工程系毕业生，后赴哥伦比亚大学攻读硕士学位。

密歇根大学建筑工程系

美国密歇根大学建筑工程系也有部分中国留学生，黄森光、陈均沛、陈荣枝、徐敬直、杨润钧、李惠伯、陈业勋、许崇基曾就读于此，而杨宽麟、屠达、孙芳垂就读于土木工程系。黄森光毕业后回国入广州市政府工作，担任过技士、建筑顾问、城市设计专员等职，曾参与广东勤勤大学的校园规划。陈荣枝毕业后在美实习4年，后回国入广州市工务局工作，任课长兼技正。徐敬直、杨润钧、李惠伯回国后兴业建筑师事务所。

1911年秋，杨宽麟入美国密歇根大学土木工程系就读，侧重铁路工程专业，受到较完整的"现代化"土木工程教育，曾在美国密歇根及纽约铁路公司分段任工程师（1915年）。杨宽麟于1915、1916年相继完成了本科和研究所学业，以优异的成绩获学士和硕士学位，留美工作1年多，进入俄亥俄钢铁厂任工程师，于1917年6月回国，来到天津，应聘北洋大学教职，有感于建筑市场长期（19世纪末到20世纪20年代）被洋人所垄断，施工也都使用国外进口材料（洋人统包），为此，他想创业，但刚回国的他，尚无足够资本，就由他留美同学先出资，两人一同创办了（天津）华记工程顾问事务所，后改名（天津）华启工程顾问事务所。之后，因业务关系结识到关颂声（基泰工程司第一合伙人），关颂声于20世纪20年代末邀请杨宽麟加入基泰工程司，成为第四合伙人，配有股权。

图 4-149 杨宽麟（左一）住在美国密歇根老百姓家

图 4-150 童寯（右）、过元熙（中）、陈植（左）在宾大绘图教室合影

图 4-151 杨宽麟（左三）在美国密歇根与同学合影

图 4-153 杨廷宝（左）与同学化妆演出

图 4-152 林徽因（右三）与杨廷宝（右一）、陈植（右二）等中国留学生合影

图 4-154 杨廷宝（三排右三）与宾大同班同学的毕业合影

图 4-156 林徽因（左二）与陈植（右一）在美合影

图 4-157 童寯（左一）、陈植（上）与同学在宾大绘图教室合影

图 4-155 童寯（三排左二）与同学的毕业合影

图 4-158 梁思成（左一）、林徽因（左三）、陈植（左五）等中国留学生合影

留美中国学生总会

20世纪10年代，出国留学形成潮流，以留美居多，一波波学子奔赴美国。到10年代中期，留学人数已近1400多人（公、私费皆有），分布在不同高校（康奈尔大学、哥伦比亚大学、伊利诺大学、哈佛大学、麻省理工学院等）。留美学生多之后，留学生便开始组织学生会，先后有美洲中国留学生会（1902年成立于旧金山）、中美中国学生会（1903年成立于芝加哥）、绮色佳中国学生会（1904年成立于康奈尔大学）、太平洋岸中国学生会（1905年成立）、东美中国留学生会（1905年成立于马萨诸塞州）。由于各学生会分立，随着人数不断增多，留学生最后决定将学生会合并统一，取名为"留美中国学生总会"（1911年），分东美、中美、西美三个分部。"总会"每年夏天召开年会，有运动会、辩论会、中英文演讲会、名人演讲、议事与选举等，在三个分部中，以东美分部最为活跃，承担了留美中国学生总会的发展。

关颂声热爱运动，在"清华"就读期间体育成绩优良，参加校运会曾获数项冠军（1912年校运会880码、1913年校运会铁饼）。1913年，关颂声赴菲律宾参加第一届远东运动会，获1英里接力第二名。留美期间，关颂声的体育成绩依然不错，在罗德岛布朗大学举行的东美中国学生第13次年会的运动会上成绩仍居第一。 杨宽麟担任过密歇根大学中国留学生会主席，于1914—1915年任留美中国学生总会中美与西美两个分部的主席。

图4-159 哥伦比亚大学中国同学会合影

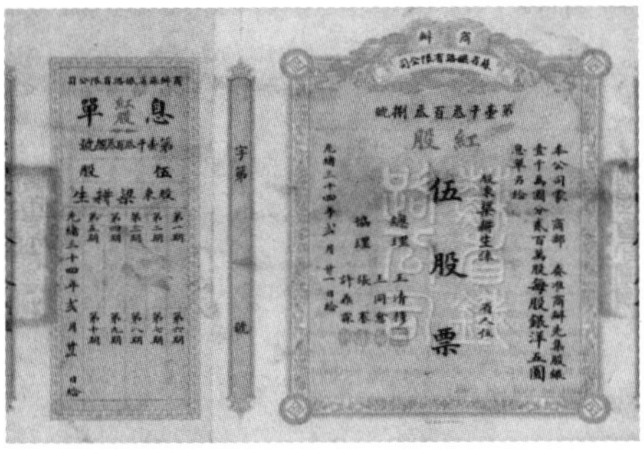

图 4-160 1908 年商办苏省铁路有限公司股票

图 4-161 总理王清穆（左）、协理张謇（右）

图 4-162 刘勋麟（左）、邓邦逖（右）

图 4-163 虞炳烈在江苏省立第二工业学校毕业证书

图 4-164 柳士英（左）、朱士圭（右）

4.4 近代建筑学教育的里程碑（20 世纪 20 年代后）

4.4.1 江苏省立苏州工业专门学校建筑科——1923 年由柳士英等人创办

建筑教育起始

江苏省立苏州工业专门学校建筑科并不是中国近代最早的建筑教育机构，但却是建筑教育起始的重要里程碑。

崇文重教，铁路建成，加快"现代化"，人才需求，苏省铁路学堂

江苏省立苏州工业专门学校前身之一是苏省铁路学堂。苏州是江南地区的文化城市，素有崇文重教的教育传统，1906年沪宁铁路建成，加快苏州城的"现代化"进程，使得江南一带建筑市场开始活跃，社会出现对人才的需求。于是，1907年由筹建沪宁铁路的苏路公司在苏州盘门新桥巷创办苏省铁路学堂，办学经费由苏路公司筹措而来，苏路公司的总理王清穆、协理张謇、王同愈和许鼎霖任创办人及学堂监督，隔年（1908 年）聘龚杰（1874—1922 年，号子英、笔名侠、侠客、三楚侠民，江苏吴县人，考进广方言馆学习，精通天文、算学，清光绪秀才，创刊《新新小说》并任主编，辛亥革命后任江苏财政司长，世代金业，在上海开有金铺）为驻校监督。

设建筑科，铁路建设的土木工学培养，共通学科

苏省铁路学堂设建筑和营业两科，由《奏定学堂章程》中建筑学门科目设定而来。1908 年夏创办测绘科，学制 3 年，最后一学期毕业考，由邮传部唐绍仪候补侍郎到校命题考试，最终有 19 人通过复核。建筑科教学内容基本仿效日本铁路学校（日本东亚铁道学校建筑科等）而来，倾向于铁路建设（车站、工厂、供电站等）方面土木工学的培养，此部分属于工业建筑的高等教育（迥异于柳士英等创办的江苏省立苏州工业专门学校建筑科的建筑教育内容）。土木工学是各专门学科的共通学科，各专门学科都会涉及土木工学，内容有交通设施（道路、铁道、港湾、飞行场、河川）、利水及治水设施（发电水力、河川改修）、卫生设施（上下水道）、附带设施（桥梁、隧道、其他）及土木材料（木材、石材、铁材、铁筋混凝土、炼瓦、陶管、沥青等）与施工法（土工、基础工等）。著名的毕业生有钱宝琮（建筑科）、潘镒芬（测绘科）。

中国近代建筑师戚鸣鹤曾就读于建筑科，毕业后入上海公共租界工部局沟渠部任副工程师，同时也任母校的教员。

江苏省立第二工业学校，设有土木、机织、染色三科，土木科设建筑学课

1912年苏省铁路学堂与苏州官立中等工业学校（1911年创建）合并成立为江苏省立第二工业学校，是江苏仅有的公立工业学校，由刘勋麟（1879—1941年，字百荷，又字北禾，江苏省常州府武进县人，武进西营刘氏第十九世，曾公费留学日本，宏文学院、京都高等工艺学校机织科毕业，曾任苏州官立中等工业学堂机织科主任，中国近代政治家、教育家）任校长，并于当时扩建校舍、延聘教师、添置设备，购买改建印染、化学、木工等工厂，以作为教学实习用途；刘勋麟还出国（南洋、美国、英国等）考察教育，提出多项教育改革方案。设土木、机织、染色三科，土木科设有建筑学课，注重理论与实务的结合。

1913年，刘勋麟聘请中国近代纺织专家邓邦逖（1886—1962年，字着先，江苏省江宁人，祖籍江苏吴县洞庭西山，是协助林则徐查禁鸦片、抗击英军的民族英雄邓廷桢的后裔，曾参加官费留学考试，赴英国曼彻斯特大学纺织系就读，后转入英国里兹大学研究班深造，对纹织设计有研究，中国近代教育家、纺织专家）任机织科主任，之后代理校长一职。

中国近代建筑师虞炳烈于1915年从机织科高等班毕业，后任江苏省立苏州工业专门学校助教，以及无锡县立乙种工业学校教员，1921年考取官费留法，入（法国）里昂中法大学预科就读。

苏州工专，筹办建筑科，参考"东工"，工程技术与艺术的培养

1923年，江苏省立第二工业学校改为江苏省立苏州工业专门学校（"苏州工专"），在首任校长刘勋麟、代校长邓邦逖等人支持下，邀请柳士英、朱士圭筹办建筑科并任教。1923年建筑科正式成立，柳士英任科主任。

柳士英在"东工"的学弟黄祖淼，于1925年毕业，先在（日本）东京市役所（市政府）任雇员，执行设计职务（3个月），之后回国被邀请前去"苏州工专"任教（9个月）。同年，刘敦桢任（长沙）湖南大学校舍工程师兼土木工程系教授，隔年（1926年）也被邀请前去"苏州工专"任教。而"苏州工专"也由三科增加为四科（土木、机织、染色、建筑）。建筑科筹办之初，正处于军阀统治与社会动荡时期，教材和教学设备欠缺，从日本回国的柳士英仅带回部分资料，有书籍（《近代建筑》）和图案（住宅、医院、学校、剧院及装饰）等。由于柳士英（1920年建筑科毕业）、刘敦桢（1921年建筑科毕业）、朱士圭（1919年建筑科毕业）、黄祖淼（1925年建筑科毕业）、高士光（1915年电气科毕业）等人都曾留日，且都毕业于东京高等工业学校，因此，柳士英等人即参考东京高等工业学校建筑科的学制与课程，以"培养全面懂得建筑工程，能担负整个工程设计到施工的全部工作的人才"为目标，确定学制3年，开设34门课（普通课5门，专业课29门，其中25门与工程相关，受"东工"建筑教学影响），平均每学期有6门课，包括建筑意匠（今建筑设计）、建筑史、中西营造法（今建筑构造）、都市计划、测量、美术等课程，逐渐发展出一套适用于国内的、注重工程技术训练及兼顾艺术培养的教学方法；同时还购置设备和图书等。

延聘原教师及知名工匠，因专长分别授课，名家云集，倾力办学

苏州工专的师资力量，除了留日海归教师，还延聘原江苏省立第二工业学校及苏州工专的老师，如：沈慕增，毕业于美国康乃尔大学土木专业，曾任苏州工专土木科主任；钱宝琮，毕业于苏省铁路学堂，曾任江苏省立第二工业学校土木科主任；陈摩，曾任苏州工专美术教师。同时还聘请了苏州地方知名工匠，如：姚承祖，出身营造世家，祖父姚灿庭建筑技艺高超，著有《梓业遗书》，姚承祖11岁随叔父姚开盛在苏州习木作，1912年倡导成立苏州鲁班协会并任会长，著有《营造法原》一书，是中国近代知名工匠。

老师们针对各自专长分别授课：柳士英教授建筑构造、建筑设计、西洋建筑史、都市计划等，治学严谨，恪守操守，强调学以致用，在授建筑史课时，讲究先了解古代社会的背景，接着才深入探讨古代建筑风格的演变与源流，让学生从中吸取益处；刘敦桢教授中国建筑史、庭园设计，治学严谨，课余时会带学

图 4-165 刘敦桢（左）、苏工校训（右）

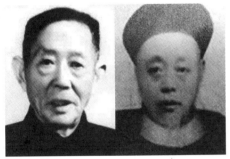

图 4-166 钱宝琮（左）、姚承祖（右）

图 4-167 江苏省立苏州工业专门学校

图 4-168 苏州工专复校纪念合影

生外出考察调研苏州古建筑，对学生厉色训教，但也关心学生日常生活；姚承祖教授中国营造法，在任教时，提供了许多家藏秘籍、图册当教材，并亲自编写，之后出版的《营造法原》，即是当时的建筑科教材之一；朱士圭教授建筑材料、工程结构、施工法、工程计算；黄祖淼教授内部装饰、卫生建筑；高士光教授金木工实习；沈慕增教授土木工学、应用力学；钱宝琮教授投影画、透视画；陈摩教授美术学；虞炳烈任助教。

一时之间（20 世纪 20 年代中期），"苏州工专"名家云集，师资力量在当时是非常难得的，老师们皆倾力办学，为建筑科教育创造了极为有利的条件。

原江苏省立第二工业学校机织科主任邓邦逖，于 1925 年接任"苏州工专"校长，在教育经费短缺的情况下（省拨经费有限），学校急需扩充，他开源节流，四处活动联系，筹措资金，完成教学楼工程，并充实工场和实验室的设备和仪器，以满足教学的需要。

从土木学科分离出，建筑科成一门独立学科

在中国近代教育史的历程中，建筑专业真正从土木学科分离出来并成为一门独立学科，是始于江苏省立苏州工业专门学校建筑科，因此，柳士英等人成了中国近代建筑学教育的开创者和先驱者，培养出第一代建筑专业的毕业生，对中国近代建筑学教育有着巨大的贡献和影响。

前两届顺利毕业

建筑科自 1923 年创办起，每年招收一班学生，到 1926 年共招收了四个班。前两届学生（第一、二班）分别毕业于 1926 年（14 人）和 1927 年（4 人），共计 18 人，包括周曾柞、刘炜、濮齐材、薛仲和、蔡恢等人。

大学区制，院校合并，迁往南京，（南京）中央大学建筑科

1927 年春，国民政府教育行政委员会效法法国教育行政制度，在中央设大学院主管全国教育，管理全国学术和教育行政事宜，任命蔡元培为大学院院长，公布了《大学组织法》，而地方试行大学区制，取代之前各省设教育厅的制度，规定全国各地按教育、经济、交通等状况，划分若干个大学区，每区设大学 1 所，设校长 1 人，负责大学区内一切学术、教育及行政事务，因此，某些院校便需要进行合并。1927 年底，"苏州工专"迁往南京，与东南大学、河海工科大学等 9 院校合并成立国立第四中山大学，建筑科以原"苏州工专"为基础在工学院内设立。1928 年春，更名为中央大学建筑科，1932 年建筑科改称建筑系。

请求恢复"苏州工专"，保留技职教育体系，转入"央大"

但"苏州工专"校长邓邦逖反对此一政策，他认为"苏州工专"是培养社会需要的专门人才的学校，创建较早，并在社会上已有影响力，力求保持其"独立专科学校"性质为宜，保留技职教育体系，为此，邓邦逖奔走呼吁请求恢复江苏省立苏州工业专门学校，但终未果。

建筑教育的高等专科与大学本科的首创

当时，柳士英因参加苏州市政筹备工作，于 1927 年任苏州市政筹备处工程师及工务局长，未能随"苏州工专"的合并去南京任教，由刘敦桢带领部分教师及学生去南京。因此，江苏省立苏州工业专门学校建筑科是（南京）中央大学建筑系的前身，这两个学校也分别是建筑教育的高等专科与大学本科的首创。

4.4.2　续办、战时迁徙与并入——1928 年至 1945 年

附设职业学校改归江苏省续办，无增办建筑科

1928 年秋，中山大学工学院决定在"苏州工专"原址上开办附设职业学校，委派邓邦逖兼任校长，设染织科，招收新生，1930 年招职业预科。而邓邦逖仍倾注于教育事业，为"苏州工专"复校四处奔走。经过长期努力后，1932 年，原附设职业学校改归江苏省续办，并定名为江苏省立苏州工业学校（"苏州工专"），但未得到官方认可。邓邦逖任校长，设染织（后改纺织）、土木两科，1934 年又增办机械科，但无增办建筑科；并呈报省政府请求拨地，建"苏工二院"，充作校舍，后得到棉业统制会的资助，建纺织、机械实习工场，并添购一批实验仪器和图书。

战时迁徙，借得民房上课，在上海招生，正式定名，5 年学制

1937 年抗日战争爆发，邓邦逖与教师商议先把"苏州工专"迁至常州；常州沦陷后，又迁至武进埠头镇；为躲避日本侵略，1938 年又迁入上海租界。在上海时，获上海纺织界和校友的支持，借得民房为校舍，继续上课，并在上海招生，吸引上海的学子入读。1940 年经省教育厅核准，正式定名为江苏省立苏州工业专科学校，改为 5 年学制。

隐去校名，工业补习班，并入上海工业专科学校

1941 年年底，太平洋战争爆发，日本侵略租界，汪伪政府威迫学校登记立案并欲直接控制，邓邦逖坚决不妥协，将校名隐去并以"工业补习班"之名义继续办学，借民营纱厂当校舍使用。战时的上海，物资匮乏，经费断绝，在 1942 年，由颜惠庆、蒋维乔、唐星海、荣鸿仁等社会贤达和纺织界人士发起集资创办私立上海工业专科学校，不向汪伪政府立案，委托邓邦逖任校长，而邓邦逖便将"工业补习班"的学生纳入上海工业专科学校。

在此期间，（上海）诚孚高级职员养成所创立（后改名诚孚纺织专科学校），聘邓邦逖为校董事，他于 1942—1944 年出任教务长、校长。

4.4.3 江苏省苏南工业专门学校建筑科——1947年由蒋骥任科主任

复校，返回苏州，恢复校名，复办建筑科，"苏工"第二代，聘请名师

1945年夏，抗战胜利，邓邦逊受江苏省教育厅命令接收汪伪政府时期的省立苏州职业学校，邓邦逊便开始筹备专科及复校事宜，师生从上海返回苏州，于1946年春开学，恢复了江苏省立苏州工业专科学校的名称，邓邦逊任校长，设土木、纺织、机械三科。

图4-169 苏州工专沧浪亭校景，俗称罗马大厅

同时，邓邦逊与有着建筑背景并任教于诚孚纺织专科学校人才养成所的蒋骥（蒋骥任教时，邓邦逊是"诚孚"的校长）以及刘敦桢、胡粹中（苏州美专创始人）等人共同筹划复办建筑科，并于1947年复办。

当时"苏州工专"聘请蒋骥（1892—1963年，经公费东渡日本求学，1918年毕业于日本东京高等工业学校建筑科，毕业课题为江苏省议会，曾在北京工业专科学校、上海中华职业学校任教，后任教于上海诚孚纺织专科学校）任建筑科科主任。

图4-170 蒋骥（右）、朱葆初（左）与程璜（中）合影

之后，蒋孟厚（1920—2002年，常州人，1943年毕业于交通大学土木系，1961年获苏联建筑科学院副博士学位，常年从事建筑学专业的教学和科研，著有《工厂建筑》一书）代科主任一职，又聘请原苏州火车站设计者朱葆初（1900—1985年，原籍江苏昆山，生于苏州，毕业于金陵大学文学系，入基泰工程司学习建筑设计，之后于南京自办事务所；抗战时，以家庭教师为生），以及创办江西工业学校的程璜（江西人，毕业于日本东京高等工业学校建筑科，曾同朱士圭、黄祖森参加日本建筑学会，回国后创办江西工业学校）前来任教。

新中国成立后，"苏州工专"更名为江苏省苏南工业专科学校（"苏南工专"），而建筑科就成了"苏州工专"建筑教育的第二代。

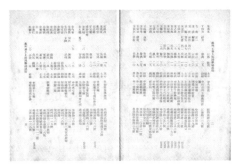

图4-171 苏州工专上海同学通讯录

正则艺术建筑科并入

1950年，丹阳正则艺术专科学校建筑科由沈元恺、杨卜安等带队并入"苏南工专"。丹阳正则艺术专科学校前身为创办于1912年的正则女校，1929年改办正则职业学校，设绘绣、蚕桑、建筑三科，分中学、师范二部，附设小学和幼稚园。1937年日寇攻陷丹阳，被迫停课，部分教职工逃难到重庆，经地方人士支持，在重庆办起"正则蜀校"。1940年创办私立正则艺术专科学校，规模变大、专科增多。1946年回迁丹阳，在原址重建，由正则小学、正则中学、正则职中、正则艺

专四部分组成。1950 年后无偿交国家公办，而建筑科则并入"苏南工专"。

1951 年，"苏南工专"邀请任教于苏州美术专科学校的陈从周前来讲授中国建筑史和中国营造法课程。在课余时，陈从周开始研究考察苏州古典园林、古建筑和名人故居，之后出版《苏州园林》、《苏州旧住宅》等学术专著。

参考"东工"，工业学校教育，聘苏沪名师

从 1923 年的江苏省立苏州工业专门学校建筑科（一代）到 1947 年的江苏省苏南工业专科学校建筑科（二代），"苏工"两代的教学师资（一代：柳士英、刘敦桢、朱士圭、黄祖森；二代：蒋骥、程璞）皆是日本东京高等工业学校建筑科毕业生，他们求学时都非常优秀，曾获该校奖金及奖状（柳士英和蒋骥曾获手岛奖牌），之后这两波人在办学时，教学方向也都受到日本工业学校教育的影响。蒋骥在复办建筑科前，曾请教过刘敦桢关于办学的建议和想法，两人皆认为建筑学教育的基础需扎实，要有一套对建筑设计、内容、构造、施工、经济等完整过程的培养体系。之后，"苏南工专"聘请苏州、上海两地名师前来任教与讲学，有黄家骅、张志模、丁志梁、李德华、吴一清等教师，以苏州沧浪亭和可园作校舍，学生在传统园林中学习、生活。

迁至西安，合并成立西安建筑工程学院建筑系

1956 年全国院系调整，"苏南工专"建筑科迁至西安，与"东工"建筑系（1950 年沈阳工学院改名为东北工学院，设冶金、采矿、机电、建筑四个系，有刘鸿典、郭毓麟、赵超、林宣、张似赞、张剑霄等教师）合并成立西安建筑工程学院建筑系，随迁教师有"苏南工专"体系的朱葆初、胡粹中、沈元恺、徐明，以及"东工"体系的刘鸿典、郭毓麟、林宣、张似赞、张剑霄、彭埜等，两校教师构成了西安建筑工程学院建筑系的师资力量，刘鸿典为首任系主任。

4.5 关于近代高校建筑教育的创办和学风

4.5.1 （南京、重庆）中央大学建筑工程系

南京高等师范学校，东南大学

20 世纪 10 年代，郭秉文（中国近代著名教育家）从美国获得博士学位，收到南京高等师范学校（前身是 1902 年创建的三江师范学堂，1905 年更名为两江师范学堂，之后因战火停办）校长江谦的邀请，回国担任南京高等师范学校教务主任，并代为延揽师资。1921 年，郭秉文在南京高等师范学校基础上创建东南大学（中国近代第一所现代国立高等大学），是当时中国仅有的两所国立综合大学（另一所是 1898 年创建的京师大学堂，今北京大学前身）。

"苏州工专"等并入，国立第四中山大学，中央大学

根据大学区制，1927 年秋，东南大学便与江苏河海大学、南京工专、苏州工专（江苏省立苏州工业专门学校）、上海医学院等校合并成立国立第四中山大学。据传当时大学院院长蔡元培与其他教育知识分子体察到建筑学教育的落后，且因时代需要，力主增设建筑系，因此，将"苏州工专"建筑科迁来国立第四中山大学，设于工学院内，刘敦桢转入任教。1928 年春，更名为（南京）中央大学建筑科，1932 改称建筑系。

图 4-172　1931 年（南京）中央大学建筑工程科师生合影

原"苏工"第一届学生濮齐材与薛仲和毕业后，留校任教，后也随"苏州工专"迁入（南京）中央大学建筑科任助教。"苏州工专"后两届同学（第三、四班），于 1927 年底随"苏州工专"转入（南京）中央大学建筑科成为第一、二届学生，分别毕业于 1930 年（6 人）和 1931 年（5 人）。第三班学生有：顾久衍、刘宝廉、钱湘寿、滕熙、杨光煦、姚祖范；第四班学生有：郑定邦、张镛森、钱树鼎、沈政修、赵善余。其中刘宝廉与张镛森留校任助教，张镛森成了导师刘敦桢的得力助手，孙国权等任助教。1928 年，新招的一年级（1932 届）只收两人，是辜其一和杨大金；后一年（1933 届）招 3 人，是戴志昂、许道谦、郑源深。

聘系主任，四大导师

原来中央大学预邀请吕彦直任建筑工程科科主任，但由于吕彦直于 1925、1926 年分别获孙中山先生南京中山陵图案竞赛与孙中山先生广州纪念碑、纪念堂设计竞赛的首奖，名气大增，且陵墓施工在即，吕彦直无暇分身，因而改聘刘福泰（毕业于美国俄勒冈州立大学建筑系）任系主任，同时聘请留美的卢树森（毕业于美国宾夕法尼亚大学建筑系）、留德的贝寿同（毕业于德国柏林夏洛顿堡工科大学建筑工程科）、留英的李毅士（毕业于英国格拉斯哥美术学院）前来任教。

刘敦桢与卢树森、贝寿同、李毅士，成了早年（南京）中央大学建筑工程科的四大教师。

工程技术的培养，因专长任教

（南京）中央大学建筑工程系在"苏州工专"的基础上，作了重新安排，采用 4 年学制，学年学分制，有必、选修课。在课程方面，一年级设有中文、英文、物理、建筑初则及建筑画、初级图案、投影几何、透视画等课程，二年级设有建筑图案、西洋建筑史、模型素描、水彩画、阴影法、材料力学、营造法等课程，三年级设有建筑图案、中西建筑史、中国营造史、钢筋混凝土、美术史、力学、内部装饰等课程，四

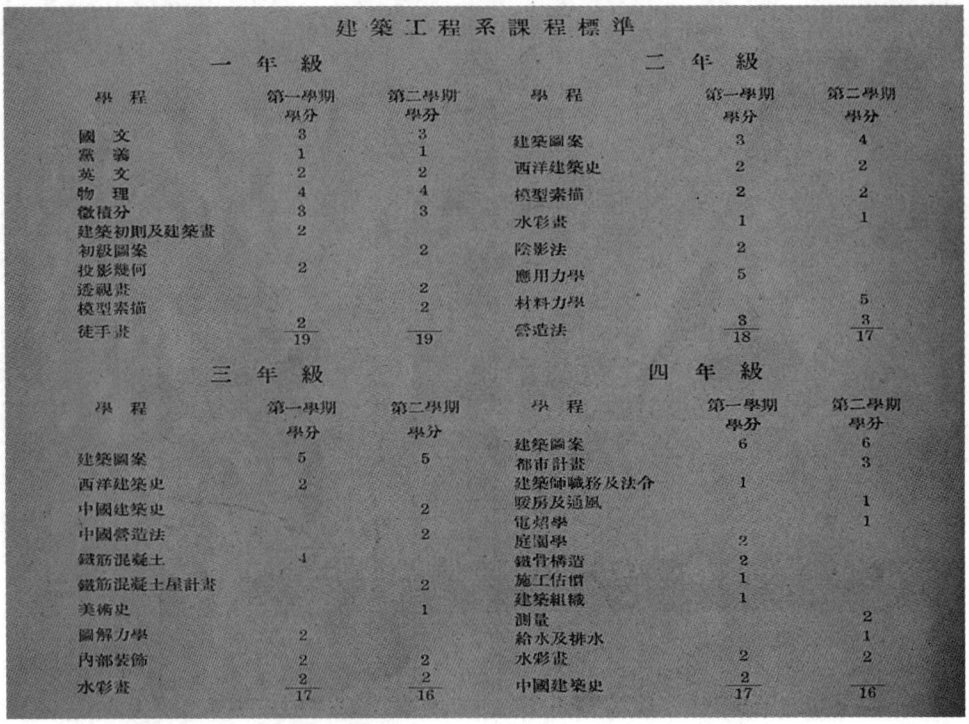

建築工程系課程標準

一 年 級

學程	第一學期學分	第二學期學分
國文	3	3
黨義	1	1
英文	2	2
物理	4	4
微積分	3	3
建築初則及建築畫	2	
初級圖案		2
投影幾何	2	
透視畫		2
模型素描		2
徒手畫	2	
	19	19

二 年 級

學程	第一學期學分	第二學期學分
建築圖案	3	4
西洋建築史	2	2
模型素描	2	2
水彩畫	1	1
陰影法	2	
應用力學	5	
材料力學		5
營造法	3	3
	18	17

三 年 級

學程	第一學期學分	第二學期學分
建築圖案	5	5
西洋建築史	2	
中國建築史		2
中國營造法		2
鐵筋混凝土	4	
鐵筋混凝土屋計畫		2
美術史		1
圖解力學	2	
內部裝飾	2	2
水彩畫	2	2
	17	16

四 年 級

學程	第一學期學分	第二學期學分
建築圖案	6	6
都市計畫		3
建築師職務及法令	1	
暖房及通風		1
電照學		1
庭園學	2	
鐵骨構造	2	
施工估價	1	
建築組織	1	
測量		2
給水及排水		1
水彩畫	2	2
中國建築史	2	
	17	16

图 4-173 （南京）中央大学建筑工程系课程标准

年级设有建筑图案、都市计划、建筑师职务及法令、暖房及通风、庭园学、钢骨构造、施工估价、建筑组织、测量、给排水、中国建筑史等课程。

可以观察到，建筑系聘请教师皆留学于各国（留美、英、德、日等），因此，在课程设置上兼取东西方的长处，高年级通学中西建筑史，并加重建筑图案（建筑设计）课程，一年级学习初步图案，二、三、四年级加强建筑图案（建筑设计）的训练，同时也保有工程技术方面的培养，在高年级侧重工程方面知识的训练，并学习建筑师职务法令和施工估价，以便学生毕业后能顺利投入到实践行列。因此，（南京）中央大学建筑工程系在课程设置上是理论和实务并重。

刘福泰任系主任时，也教授“都市计划”课程，采用《*City Planning*》一书为教材，并带领学生赴南京市区实地参观考察，了解当时南京市区的城市相关规划，教学上强调理论和实践并重；刘敦桢教“中国营造法”课程，侧重文献的重要性，课程首重查阅大量经典著作，也注重田野调查工作，1931 年刘敦桢曾率助教濮齐材、张镛森和部分高年级同学（戴志昂、辜其一、杨大金等）赴北平、山东、河北一带考察古建筑；贝寿同教“建筑初步及建筑画”课；李毅士教“建筑写生和人体素描”课。

学生、由（沈阳）东北大学建筑工程系第三届学生转入

从 1930 年后，（南京）中央大学建筑工程系每年就固定招收 10 位左右的学生。1932 年初，（沈阳）东北大学建筑工程系第三届学生转入“央大”，插班入本科二年级就读，包括费康、张镈、林宣、唐璞、曾子泉。此后，“央大”各届学生有：

1930 级（1934 届）毕业中，原本学生有：王虹、于均祥、朱栋、张家德、吴若瑾、张玉泉；插班转入的有：张镈、唐璞、林宣、费康、曾子泉；

图 4-174 （南京）中央大学建筑系 1934 届学生合影（前排自左至右：张家德、吴若瑾、于均祥、张玉泉、费康；后排自左至右：曾子泉、唐璞、林宣、王虹、朱栋、张镈）

1931 级（1935 届）有：王秉枕、石昭仁、王发芫、王蕙英、赵济武、何立蒸、孙增蕃、萧永龄、徐中、张开济；

1933 级（1937 届）有：陈家赟、范志恒、彭涤奴、高乃聪、王宇英；

1934 级（1938 届）有：陈穆、张正位、邱式滏、胡燕君、叶树源、朱谱英、戴琅华、陈文焕；

1935 级（1939 届）有：章周芬、方山寿、林熙业 汪原洵；

1936 级（1940 届）有：周卜颐、邓如舜、钱致祓、龙希玉、刘济华、曾永年、魏庆萱、刘光华；

1937 级（1941 届）有：张其师、高旭、胡璞、蒙仁礼、张秀璜、朱宏隆、成竟志；

1938 级（1942 届）有：叶仲玑、郑孝燮、卢绳、张云尧、王申佑、黄明高；

1939 级（1943 届）有：汪坦、殷海云、戴念慈；

1940 级（1944 届）有：刘昌诚、黄估禧、刘政洪、辜传诲、姚岑章、程应铨、吴良镛、胡允敬、周仪先、潘锡之、李均、向斌南、陈其宽、杨士杰、刘应昌、郭耀明、刘朝阳；

1941 级（1945 届）有：周庆素、周辅成、孙恩华、胡佩英、黄耀群、辜传诲、张昌龄、刘导澜、张守仪、朱畅中、严星华、巫敬桓、方之洵、王春庚、沈圭绪；

1942 级（1946 届）有：宋云鹤、黄宝瑜、林建业、王秋华、张琦云、张秀兰、曹长庚、陈家樨、曾德修、孙鸣九、罗维东、蔡登尘、陈乐水、李惠华、徐鸿烈、陈铁尧、徐彰；

1943 级（1947 届）有：邓祖光、杨光珠、劳远游、张良皋、修泽兰、童鹤龄、黄兰谷、梅振干、韩利丽、何明煌、陈庚仪、王永涵、周叔瑜、华世镛、杨宝熙、刘君彬、林元准、曾致和、王秉全、华冠球、廖祖奇；

1944 级（1948 届）有：潘昌候、王翠兰、陈谋德、吴承枞、尹献年、林炳彰、沈泰魁、潘云章、沈元恺、黄祖权、张致中、王光烈、张近仁、王重海、刘江仲、王世宁、薛孔仪、林维昆、陈永江；

1945 级（1949 届）有：杭翼、陈明哲、张锡光、凌信伟、余大尹、俞经武、张勋之、王彬、杨希文、钟庚华。

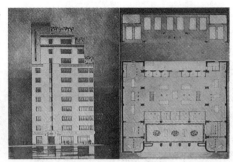

图 4-175 公共办公室习题，正立面图、断面图（戴志昂，29 级）

图 4-176 公共办公室习题，侧立面图（戴志昂，29 级）

图 4-177 邮政局习题，立面图（朱栋，30 级）

图 4-178 邮政局习题，立面图（费康，30 级）

图 4-179 乡村学校习题，透视图（张镈，30 级）

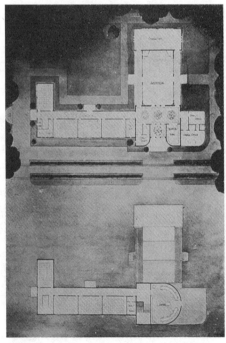

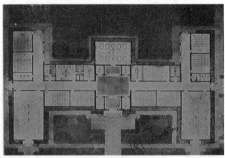

图 4-181 乡村学校习题，平面图（张玉泉，30 级）

图 4-180 乡村学校习题，平面图（张镈，30 级）

图 4-182 乡村学校习题，透视图（张玉泉，30 级）

图 4-183 博物馆习题，立面图（王惠英，31 级）

图 4-184 博物馆习题，平面图（王惠英，31 级）

图 4-185 博物馆习题，立面图（王同章，31 级）

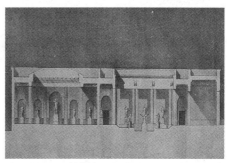

图 4-186 博物馆习题，断面图（王同章，31 级）

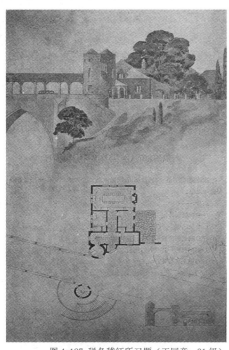

图 4-187 税务稽征所习题（王同章，31 级）

图 4-188 税务稽征所习题（徐中，31 级）

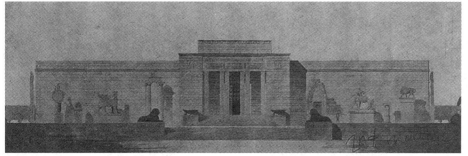

图 4-189 博物馆习题，立面图（张开济，31 级）

151

图 4-190 天文台习题，立面图（张镈，30 级）

图 4-191 天文台习题，平面图（张镈，30 级）

152

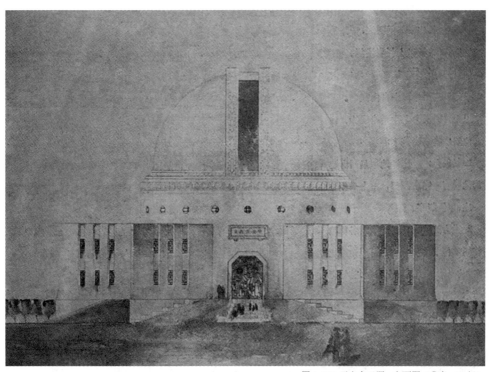

图 4-192 天文台习题，立面图（费康，30 级）

图 4-193 天文台习题，平面图（费康，30 级）

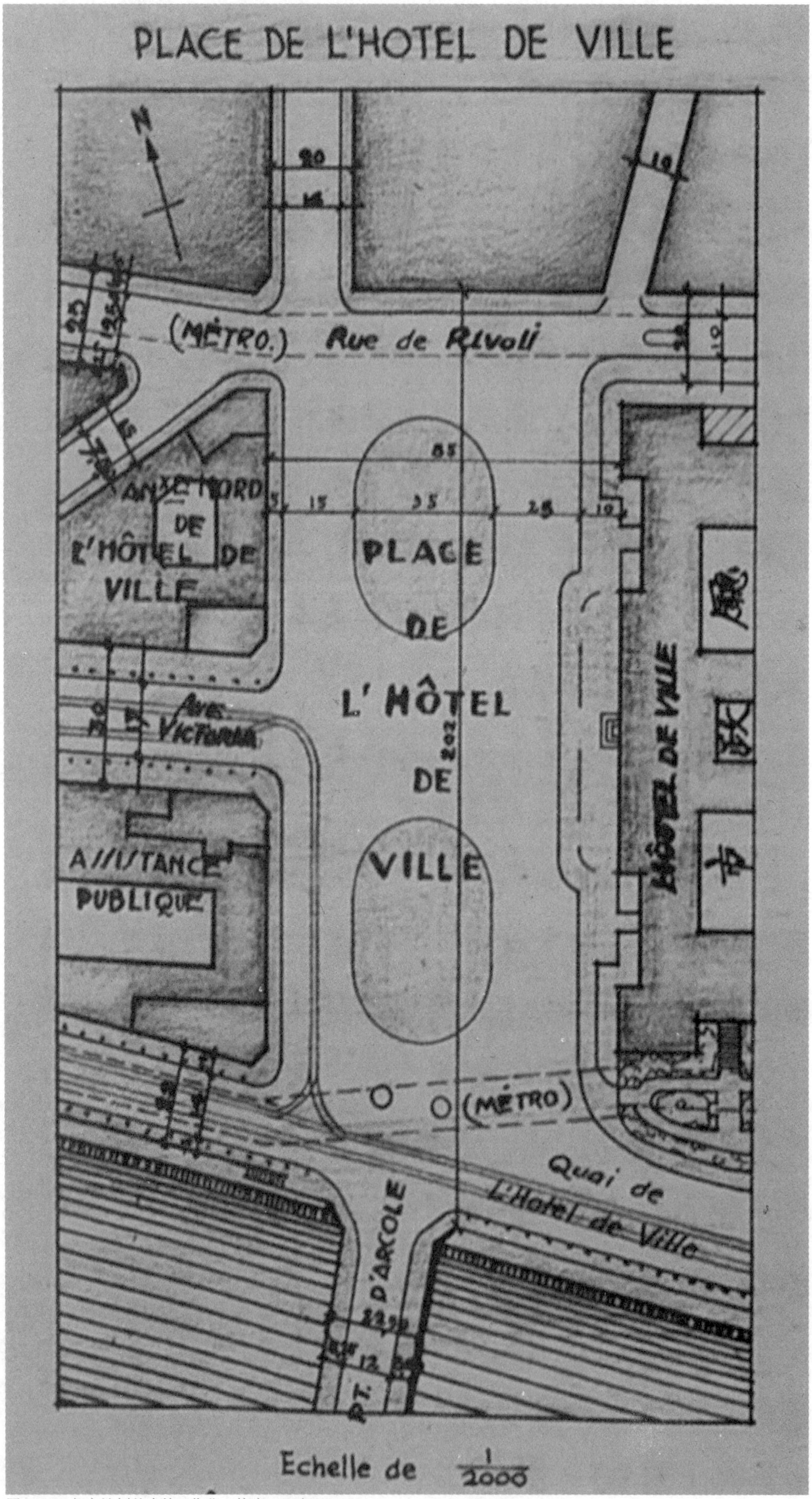

图 4-194 都市计划基本练习作业（徐中，31 级）

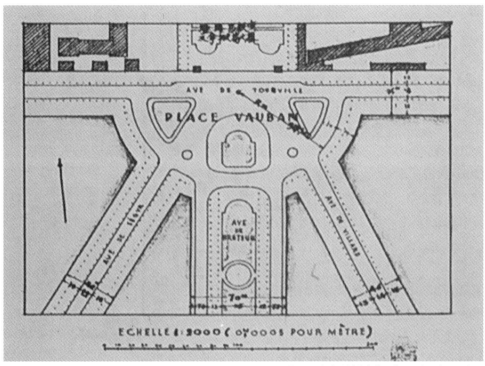

图 4-195 都市计划基本练习作业（张开济，31 级）

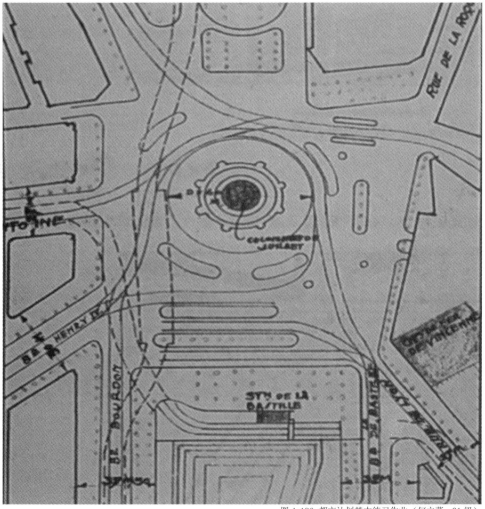

图 4-196 都市计划基本练习作业（何立蒸，31 级）

离职、增聘

1929年，朱启钤为整理和研究中国古建筑，发起组织学术研究机构——中国营造学社，于1930年邀请梁思成和刘敦桢参加。1932年后，刘敦桢赴（北平）中国营造学社任职，而卢树森去了铁道部任职，贝寿同也入国民政府司法行政部任技正。之后，建筑系先后增聘教师，包括鲍鼎、谭垣、虞炳烈、朱神康、刘既漂、陈裕华等人，其中刘既漂教"室内装饰"课，虞炳烈和谭垣教"建筑设计"课，鲍鼎教"营造法和中国建筑史"课。教师们也会组织学生赴外地学习，而当时在（北平）中国营造学社的梁思成与林徽因会带学生考察古建筑，如天津蓟县独乐寺。

图 4-197 （重庆）中央大学建筑系 1944 届师生合影

学院派（Beaux-Arts）教育，艺术与技术并重，强调个性

教师们对学生的启蒙教育十分重视，教学都非常认真，要求学生基本功要扎实，要求学生要把西方古典五柱式学好。由于部分老师毕业于宾夕法尼亚大学建筑系，便将学院派（Beaux-Arts style，称美术、布扎风格）的艺术与技术并重的教育模式带入教学当中。在设计课中重视思想性、合理性、科学性和艺术性，以及平面和立面的仔细推敲，对于学生在体型和细部、比例调和、体量平衡、光影掌握、虚实对比、色彩选择等方面都逐一严格要求。

图 4-198 1943 年中央大学建筑系在重庆沙坪坝系馆合影

虽然在教学上倾向于学院派教育体系，但却采取兼容并蓄的方式，允许学生们自由发挥，强调个性，不拘泥于某种流派，学生作业中，充分展现出不同的设计，有西方古典、现代主义、西班牙式、立体主义、文艺复兴等多种式样。同学之间也相互观摩和学习，并从中锻炼出自己的设计思路和方式。

图 4-199 （重庆）中央大学建筑系女生宿舍

内迁至重庆，沙坪坝黄金时代

抗战爆发后，建筑工程系随学校内迁至重庆沙坪坝继续兴学，有部分教师跟随，包括刘福泰、谭垣、李毅士等人。刘福泰回任系主任（1937—1940年），后校方聘卢树森任系主任，不到一年卢树森又离去，再聘鲍鼎任系主任（1940—1944年）。刚到重庆的中央大学急需教师，邀请杨廷宝（1940年）等多名教师前来任教，同期教师还有谭垣、鲍鼎、李祖鸿、陆谦受、李惠伯、龙庆忠、夏昌世、童寯等人，而部分毕业学生也留系工作，有戴念慈、汪坦、叶仲玑、张守仪等。

图 4-200 （重庆）中央大学建筑系设计制图教室

在重庆期间，鲍鼎教"世界建筑史"课，他依照英文原版的比较学方式授课，课后要求学生提交课堂笔记及作业。李剑晨教"美术史和素描课"课，教导学生画石膏画像及人体画像，

图 4-201 学生在宿舍里画渲染

图 4-202 （重庆）中央大学柏溪分校运动场合影

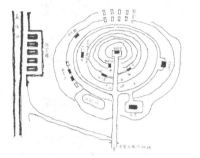

图 4-203 重庆松林坡校园初步规划示意图

图 4-204 （南京）中央大学建筑系馆大平房

图 4-205 南京工学院建筑系馆"中山院"

图 4-206 教师指导学生设计

以及各种水彩技法。徐中教"西方古典建筑构图设计和透视原理"课，用渲染的方式来教导学生如何表现古典石工的精巧和细腻。

1942年，（重庆）中央大学建筑工程系拟聘请刘敦桢回系任教，1944年刘敦桢就任系主任。在此时期，杨廷宝、童寯、李惠伯与陆谦受先后来到（重庆）中央大学建筑工程系任教，他们因优秀的设计能力被建筑界誉为"四大名旦"，在业界享有盛名，加上原本专职的教师（刘敦桢、谭垣、李剑晨、徐中等），以及助教（巫敬桓、樊明体、卢绳、叶仲玑等），中央大学建筑工程系师资阵容逐渐壮大，提升了建筑系的教学水平和工作能力，学生数量也日益增多，教学质量达到创系以来的巅峰状态。因此，这时期被称为中央大学的"重庆沙坪坝黄金时代"。

迁回南京

抗战胜利后，中央大学建筑工程系迁回南京。杨廷宝于1949年任南京大学建筑系（原南京中央大学建筑工程系）主任，同年入学学生有钟训正、强益寿、何必男、郭湖生、刘季良、沈佩瑜、齐康与华万桩。

4.5.2 （北平）北平大学艺术学院建筑系

京师大学校，北平大学，从图案科中独立成立建筑系

1927年（南京）中央大学建筑工程系成立后，国内高校先后创办建筑系。1927年北平大学因奉系军阀攫取北京政权被宣布与北京其他8所大学合并为京师大学校。之后，国民政府定都南京，实行大学区制，将京师大学校改组为中华大学，后又改组为国立北平大学，下设有11所学院，其中艺术学院（前身为1918年创立的北平艺术专科学校，1927年并入北平大学，称美术专门部，1928年改称艺术学院）下创办建筑系，即从原本的图案科独立出来，院长为徐悲鸿，当年招生，系主任为汪申，教师有华南圭、沈理源、朱广才、曾叔和、张剑锷等人，1930年后又陆继聘请一批教师，有乐嘉藻（时任农商部主事）、林是镇（时任北平特别市工务局科长）、朱兆雪（时任奉天冯庸大学中学部数理教授）、梁思成（时任北平中国营造学社法式部主任）。

建筑系分有预科（一、二年级）与本科（一、二、三、四年级）。预科一、二年级课程有中文、英文、代数、几何、三角、物理、化学、木炭画、西洋美术、书法等；本科一年级课程有中文、英文、测量、微积分、建筑工程、投影几何、建筑图案、水彩

图 4-207　抗战时，中央大学之重庆沙坪坝校园

图 4-208　1938 年（重庆）中央大学建筑工程系师生合影

图4-209 1947届学生合影（上）、1952届学生合影（下）

图4-210 1953年师生合影

图4-211 1953年南京工学院建筑工程系教师与毕业生合影

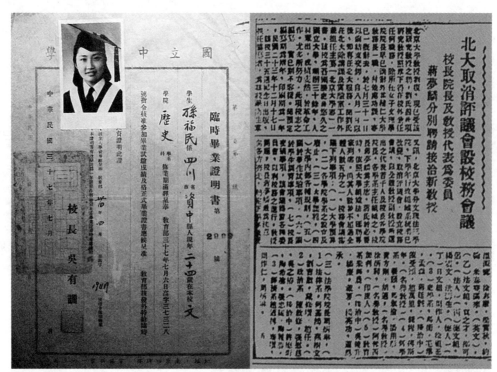

图 4-212 中央大学临时毕业证明书　　　　　　图 4-213 北大取消评议会设校务会议之消息

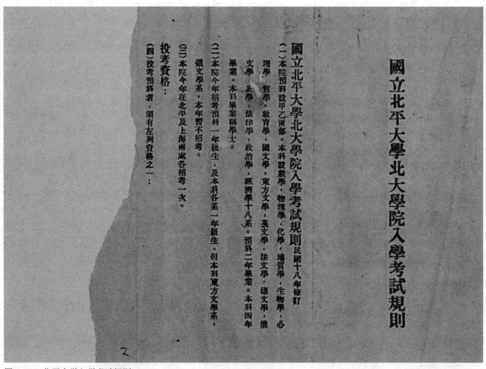

图 4-214 北平大学入学考试规则

画、木炭画等；本科二年级课程有中文、法文、英文、建筑工程、建筑图案、制图几何、建筑学、木炭学、水彩画、材料耐力学、美学等；本科三年级课程有法文、建筑工程、建筑图案、建筑学、材料耐力学、法律学、经济学、木炭画、水彩画等；本科四年级课程有建筑装饰、建筑学、地质学、建筑史、建筑图案、木炭画、水彩画等。

其中，华南圭教"建筑工程"课与"材料耐力学"课，并借建设北平（今北京）之机会，带领学生实际练习；沈理源教"建筑设计、建筑图案"课；乐嘉藻教"庭园建筑法"课；林是镇教"建筑条例、建筑史"课；朱兆雪教"铁筋混凝土设计、制图几何、射影学"课；梁思成教"建筑历史"课。

参照法国建筑教育，偏向艺术方面培养，首重绘画、造型及设计的训练

在任课教师中，系主任汪申（1925 年毕业于法国建筑高等专业学校，获工学硕士）与教师华南圭（1911 年毕业于法国巴黎工程专门学校，获工程师文凭）皆留学于法国，于是便参照法国的教育体系，在教学上偏向艺术方面的培养，首重绘画和造型的基础训练（本科一年级到四年级皆需修"水彩画、木炭画"课）及设计的培养（本科一年级到四年级需修"建筑图案"课）；其次注重工程方面的训练（"建筑工程"、"材料耐力学"课）。

与现况不符，建筑系停办

之后，因在艺术学院下设建筑系的教育体制与当时中国的现况不符（因部分建筑系皆设在工学院下），难以维持下去，1933 年，建筑系从艺术学院分出，改归属于工学院之下，部分教师离去，原教师沈理源于 1934 年出任北平大学工学院建筑系系主任，不久后，建筑系停办。

艺术学院建筑系只招收过 3 届学生，共 3 班，学生有：陈师检、吴玉岚、国振裕、褚保炎、李性良、朱尚先、黄光辉、麦俨曾、邵庄、王志信、黄廷爵、高公润等人。其中，黄廷爵毕业后，曾在天津自办建筑事务所，并任教于天津工商学院建筑系，还曾于 1951—1952 年间暂代津沽大学建筑系系主任。

4.5.3 （沈阳）东北大学建筑工程系

东北大学成立，聘请名师，添购设备，觅地建校舍，成立研究会，举办讲座

1921 年张作霖为盛京将军，督理奉天军务，此时，奉天省代省长王永江和教育厅厅长谢荫昌向张作霖建议：欲使东北富强，必须兴办大学教育，积极地培养各方面的人才。张作霖采纳此建议，1921 年秋奉天省议会讨论并通过联合吉、黑两省创办东北大学的议案。到了 1922 年春，（沈阳）东北大学筹备委员会组成，次年春，奉天省公署颁发东北大学之印正式启用，东北大学宣告成立。东北大学在原文学专门学校旧址开办文法科大学，在高等师范学校旧址开办理工科大学，由王永江出任首任校长，聘请名师，添购设备，觅地建校舍。1925 年，理工大楼、教授住宅、学生宿舍等设施竣工，先后投入使用。同时，校方按照"现代化"大学的格局设立理、工、文、法、教育等学科，成立各种自治会、研究社、学会、研究会等教育发展团体，举办各类学术讲座，内容涉及政治、人文、科技等多个领域，还聘请多位归国教师参与到办学计划中，培养优秀人才，此时期的东北大学正经历着一场"现代化"大学的革新洗礼。

建设校园

1927 年，首任校长王永江逝世，由刘尚清（奉天省省长）继任校长一职。1928 年，张学良（东北保安总司令）继任东北大学第三任校长，继续奉行校训"知行合一"的思想，深化教育建设。张学良投入大量心血，捐

图 4-215 在（沈阳）东北大学教授住房前合影（坐者左起 ：刘崇乐、傅鹰、陈植、蔡方荫、梁思成、徐宗漱，站立者：
陈雪屏）

图 4-216 1931 年（沈阳）东北大学建筑工程系师生合影（自左至右：蔡方荫、童寯、董鹭汀、陈植、梁思成）

献巨款，建设一系列新校舍，由当时任职于基泰工程司的杨廷宝（建筑师）、杨宽麟（结构工程师）负责校园总体规划和设计，包括文法学院教学楼（汉卿南楼和汉卿北楼，捐款 100 万元修建）、马蹄形体育场（捐款 30 万元修建）、图书馆、化学馆和实验馆（捐款 50 万元修建）及学生宿舍、教职员宿舍、教授俱乐部等。这些校园建筑在 1928—1930 年间建成投入使用，是（沈阳）东北大学建校以来首批校园集群设计工程。因此，硬件（校舍、设备）的充足加上软件（教学思想、名师）的提升，使得（沈阳）东北大学成为当时全国的一流学府。

创办建筑工程系

1928 年张学良批准创办建筑工程系，原先想邀请负责新校园总体规划与设计的杨廷宝任系主任，但由于杨廷宝已在基泰工程司工作，业务繁忙，分身乏术，便婉谢出任系主任一职。但杨廷宝向校方推荐"清华"与"宾大"的学弟梁思成任系主任。

在梁思成与林徽因回国前，梁思成的父亲梁启超开始帮他们"铺路"，他先拜托"清华"校长增设建筑图案讲座，让梁思成任教。所以，当（沈阳）东北大学工学院院长高惜冰直接送上聘书时，梁启超考量东北建筑事业有发展机会，且教师工资较高（张学良高薪礼聘、专家学者执教），一时又等不到"清华"确切答复，便亲自作决定，替梁思成收下聘书。最终，梁思成前往（沈阳）东北大学创办建筑工程系（1928 年）。

创办初期，东西营造方法并重

梁思成到沈阳后，工学院院长高惜冰在车站接他，并告知建筑工程系已招收一班学生，但尚无师资及课程，系上一切待梁思成来进行与决定，梁思成从此便投入到创系的工作中。林徽因是梁思成能找到的"现成"教师，他在与梁思成回国后，先赴福州探望母亲，并应（福州）师范学校和英华中学之请，做关于"建筑与文学"和"园林建筑艺术"的演讲，不久，便辞别母亲，急赴东北，从旁襄助梁思成。（沈阳）东北大学建筑工程系第一学期便由他俩承担所有课目的拟定与授课。

梁思成既当系主任，又任主力教师兼勤务员，林徽因既当教师，又是梁的助手，每晚替学生修改绘图作业，所有课程皆由梁、林两人分担。而第一届学生有：常世维、孙继杰、铁广涛、李兴唐、刘国恩、萧鼎华、白凤仪、丁凤翎、郭毓麟、刘致平等（共约 10 多位学生，有的因"夜工"难做而转系）。

梁思成为建筑系拟定了办学思想，采取"东西营造方法并重"的教学理念，以母校宾夕法尼亚大学建筑系的课程内容为蓝图，增设"中国宫室史"、"营造则例"、"东洋美术史"等课程，以培养具有中国精神和审美标准的建筑师为主。为了体现（沈阳）东北大学"知行合一"的校训思想，梁思成在教学上强调设计和实践的并重。梁思成主讲中西方建筑史，林徽因担任设计、美学、雕塑史、英语课教师，常带学生赴北陵和沈阳故宫上课，以当地的古建筑文物做教材，实地给学生讲解建筑和古典美之间的对应关系。

由于沈阳的古建筑不少，尤其是清代的皇室陵寝，这使在美国已对古建筑领域感兴趣的梁思成与林徽因（梁启超寄给梁思成的《营造法式》陶本，以及梁思成入"哈佛"研究院的博士论文《中国雕塑史》），在教学之余开展了对中国古建筑的考察工作，于 1929 年赴沈阳的清代北陵，调研与测绘，从书本进入到实地考察，由沈阳起步。

学院派教育，艺术与技术并重，"现代主义"图案习题

第二学期，经梁思成与林徽因邀请，陈植回国任（沈阳）东北大学建筑工程系教授（1929 年 8 月），接着又聘请从（美国）麻省理工学院土木工程系毕业的蔡方荫前来任教（1930 年）。之后，第二届学生有：刘鸿典、佟汉功、佟明春、孟宪英、王先泽、张连步、马俊德、石麟炳、梁思敬等人；第三届学生有：费康、张镈、林宣、唐璞、曾子泉等。1930 年 9 月，童寯欧游结束回到沈阳后，也被（沈阳）东北大学工学院院

图 4-217 雕饰图（刘图思，28 级）

图 4-219 模型写生图（铁广涛，28 级）

图 4-218 雕饰图（刘致平，28 级）

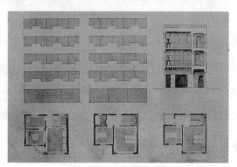

图 4-220 新式住宅习题，平面与断面图（李兴唐，28 级）

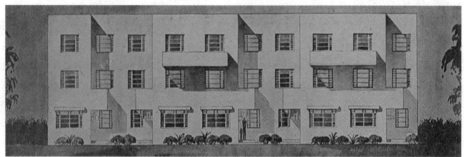

图 4-221 新式住宅习题，立面图（李兴唐，28 级）

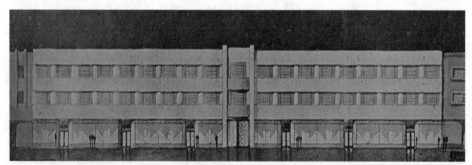

图 4-222 新式住宅习题，立面图（李兴唐，28 级）

图 4-223 市立音乐堂习题，立面图（孟宪英，29 级）

图 4-224 中学校设计习题，立面图（李兴唐，28 级）

164

图 4-225 公安分局设计习题，立面图（佟明春，29级）

图 4-226 中学校设计习题，立面图（郭毓麟，28级）

图 4-227 公安分局设计习题，平面图（佟明春，29级）

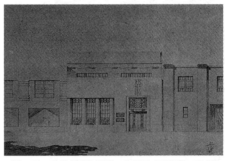

图 4-228 小银行设计习题，立面图（丁凤翔，28级）

图 4-229 灯塔习题，立面图（梁思敬，29级）

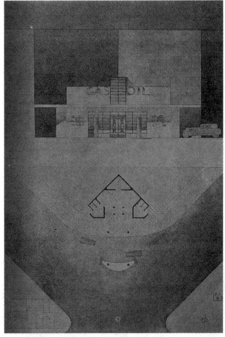

图 4-230 汽油栈习题，断面图（石麟炳，29级）

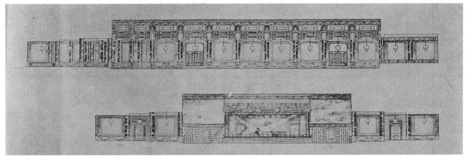

图 4-231 临时剧院习题（刘致平，28级）

图 4-232 名人纪念堂习题，立面图（马俊德，29 级）

图 4-233 小城市市政府习题，立面图（萧鼎华，28 级）

图 4-234 名人纪念堂习题，立面图（孟宪英，29 级）

图 4-235 花园大门习题，立面图（叶辕，28 级）

图 4-236 市立音乐堂习题（张连步，29 级）

图 4-237 救火会习题（刘鸿典，29 级）

长孙国锋邀请出任建筑工程系教授。

梁思成、陈植与童寯便负责带领建筑设计课程。在教学过程中，3位教师各有特点，基本功都特别扎实，令学生们折服。评图时，各持论点，互有争论。蔡方荫教"阴影学和立体几何"课程。林徽因除了授课，还设计了（沈阳）东北大学的校徽。

为了加强教育与实践之间的联系，梁思成、林徽因先与陈植、张润田合作成立（沈阳）梁林陈张建筑师事务所（1929年）。童寯与蔡方荫加入后，改称为（沈阳）梁林陈童蔡营造事务所（1930年），承接原吉林省立大学规划与校舍设计，一面任教和开展建筑学教学实践，一面经营建筑设计事务。梁思成、陈植、童寯3位皆毕业于（美国）宾夕法尼亚大学建筑系，在教学上走着一条类似于学院派教育体系和风格的艺术与技术并重的道路，也允许操作部分现代主义图案习题。实行学分制，采取师徒制，学生依建筑设计课的优劣分等级，学习好的可破格升级，也设了工作室，低年级和高年级在一个大的制图室共同学习与改图，因此，同学间可相互观摩、学习和交流，但老师的教学方式各有千秋。

梁思成辞去系主任，童寯接任

创办3年后，梁思成辞去系主任一职，从沈阳回到北京。客观因素是：20世纪20年代末，世界性经济危机波及日本，日本便加快侵华脚步以转移国内日益激化的阶级矛盾，导致东北地区形势越趋紧张，无法持续办学；张学良军阀式治理学校的作风逐渐使人反感。主观因素是：刚生完小孩的林徽因，体质虚弱，加上东北严寒的气候，感染上肺结核病，已于1930年冬天停止了教学与考察工作，回到北京香山静养；另外，（北平）中国营造学社的朱启钤极力聘请梁思成与林徽因加入。综合以上原因，梁思成决定离开沈阳，于1931年6月回到北京安家，并加入中国营造学社，任法式部主任。而（沈阳）东北大学建筑工程系由则童寯接任系主任。

被迫停办，师生外出进关逃难，筹建流亡分校与借读

1931年9月"九·一八"事变爆发，日本关东军炮击北大营，张学良受制约不准抵抗，东北地区沦陷于炮火之中，（沈阳）东北大学被迫停办，师生纷纷外出逃难。系主任童寯慷慨解囊以银元资助学生，携带着教学用的资料与幻灯片与学生分别连夜乘火车南下进关避难。到北平后，童寯仍不忘情于学术研究，曾考察河北易县清陵（清代帝王陵寝之一，埋葬着雍正、嘉庆、道光、光绪及后妃、王爷、公主、阿哥等76人，共14座陵寝，还筑有行宫、永福寺）、北京大正觉寺塔（明代仿中印度式金刚宝座塔建成，塔上浮雕梵像、梵宇、梵宝、梵花、狮、象及飞马诸像）、北京香山碧云寺塔（香山东麓碧云寺内，是现存最高的金刚宝座塔，建于清乾隆三十年）等建筑。而学生到北平后，联系到梁思成，有的留下筹建东北流亡分校，有的由清华大学土木系接纳借读。

张罗延续学生就学，协商借读，义务讲学

1932年童寯再次南下避难，来到上海后，除了与赵深、陈植商讨共组事务所，忙于建筑业务，也为他的学生们张罗延续就学之事。他召集流离失所的（沈阳）东北大学建筑工程系三、四年级学生来上海复课，请托陈植帮忙向（上海）大夏大学协商安排他们借读（有学籍），学费由（沈阳）东北大学按月补助。童寯还以他的工资给学生作生活费，并在家中讲课及考试，但课程视情况略有增减；还呼吁他的建筑界友人共同义务为学生上课，由陈植与童寯教建筑图案课，江元仁与郑干西教建筑工程课，赵深教营业规例、建筑合同与估价课。经历两年，前后共16位学生最终完成全部课程，获（沈阳）东北大学毕业证书，童寯还为学生的就业到处做推荐，有的学生被安排在事务所实习。而原（沈阳）东北大学建筑工程系第三届部分学生也于1932年转入"央大"，插班入本科二年级，继续就读，包括费康、张镈、林宣、唐璞、曾子泉。

4.5.4 （广州）省立工业专门学校、（广州）广东省立勤勤大学建筑工程学系

（广州）工艺学校，振兴工艺，招收艺徒，传授技艺

（广州）广东省立勤勤大学工学院是在（广州）省立工业专科学校的基础上组建的。

（广州）省立工业专科学校的前身是 1917 年由广东工艺局（20 世纪初官办的经济机构，是清政府实行新政的重要指标）创办的（广州）工艺学校，在"振兴工艺"的口号下，招收艺徒（官费与自费），聘请教习传授技艺，有书画、数算、镌刻、织布、织绒毯、绣花、珐琅、铜铁、瓦木等课程，2 年学制，专门培养技术人员；艺徒学成后，各民间企业、公司可取材，因此，工艺学校促进了工业技术的传承、传播和各地工业的发展。1920 年，（广州）工艺学校改名为广东省立第一甲种工业学校，学制改为 4 年。1923 年又改名为（广州）省立工业专门学校。

（广州）省立工业专门学校，设土木、机械、化学专科及高中工科

1926 年，（广州）省立工业专门学校并入（广州）中山大学，设为工业部；之后，（广州）中山大学改组，工业部被撤销，（广州）省立工业专门学校重新设立（1927 年），并恢复原校名，学制改为 3 年，停办预科，设土木、机械与化学专科及高中工科，校方更增设新工厂（机械、皮革、陶瓷、化工等方面）、各科新实验室并添购新设备，以完善教学的环境与硬件，作为培养专业工程人才的基础。

1926 年，留法（1926 年毕业于法国里昂中法大学建筑工程学院）归国的林克明先到汕头市政府工程科任科长一职（1927 年），但并不能有所发挥。两年后，林克明通过人事关系调回广州，入广州市工务局第三课建设股工作，任主任兼技士。当时广州市工务局的设计工程师多来自留美学生，林克明是唯一一个留法的，他同时在广州市立第二职业学校兼任教职（1928 年）。1929 年，林克明任（广州）中山纪念堂建设委员会顾问工程师，同年，兼任（广州）省立工业专门学校土木专科的建筑专业教授。

（广州）省立工业专门学校土木科于 1927 年入学、1930 年毕业的学生有：邱耀渠、凌鸿起、朱乃文、黄思仁、谢启宣、刘楚彬、李其祯、丘祖德、刘美荫、黎敏虔等 18 人。于 1928 年入学、1931 年毕业的学生有：文士弘、朱志扬、李桂材、何德明、吴康发、陈志超、林衡、梁宏度、黄崇佑、蔡瑞占、廖绍琪、冀君仪、罗承烈等 23 人。

（广州）省立工业专科学校，来自工务部门的教师 L，土木科背景，"工程技术"的培养

1930 年，（广州）省立工业专门学校改称（广州）省立工业专科学校。1929 年毕业于（日本）东京高等工业学校建筑科的胡德元，先在（日本）东京清水组建筑任现场监督（8 个月），在东京铁道省建设局任技师（6 个月），回国后入（广州）省立工业专科学校土木工程科任教授。

除了林克明与胡德元外，（广州）省立工业专科学校大部分教师多来自于政府的工务部门，这与早年工艺学校为"官办"的性质有关，这些教师为土木科背景出身，且大多在工务部门（广东省建设厅、广州市工务局等）服务，包括麦蕴瑜（广州市工务局建筑课课长）、陈昆、陈良士、李文邦、李达勋等人，因此，使得（广州）省立工业专科学校教育倾向于工程技术方面的培养。

提出创办建筑系的建议，委托筹办

只有林克明与胡德元是建筑背景出身，一个留法，一个留日。在任教期间，林克明已在《广东省立工专校刊》上发表文章，提出创办建筑系的建议。文中林克明阐述的重点是：建筑工程学系为适应我国社会

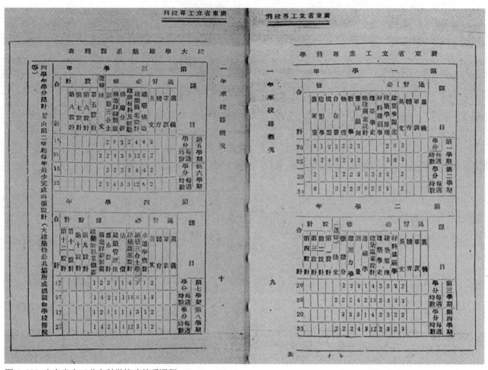

图 4-238 广东省立工业专科学校建筑系课程

需要而设。首先,他提到建筑与土木人才是建设之必需,且非常迫切,欧洲国家对于这两种人才的数量是相等的,而我国高校则以设立土木工程科居多,建筑工程科甚少,故建筑人才只能从海外留学生中找求;另外,他提到社会上尚不明了建筑与土木的不同,它们各有专长,而建筑事业往往委托土木工程师负责办理。因此,他认为有设立建筑工程学系的必要。此论点一出,得到校方高层的认可,之后(1932年)就委托林克明筹办建筑系。

　　(广州)省立工业专科学校土木工程科于1930年入学、1933年毕业的学生有:游寿绵、钟灵、徐则劲、萧心余、凌礼棠、叶树德、袁开、张庆利、吴多泰、李寿荣、钟家升、杨荃、梁华会、许达光、李土梅等24人。于1931年入学、1934年毕业的学生(毕业时已改制,故为工学院土木工程专修科)有:史庆新、阮亦陶、吴耀祥、李惠伯、李恩继、沈延泽、林元庆、林书秀、林朝珍、许耀文、黄培汉、黄卓业、蔡铁儿、刘榕柏、刘永年、钟北辰、简冠之、陈锦良、韦振义、张普光、麦禹喜、吴国英等36人。

合组(广州)广东省立勷勤大学,建筑工程学系成立,觅地筹建校舍

　　1931年,中国国民党第四次全国代表大会议决由广东教育厅、广州市政府筹议就(广州)省立工业专科学校与(广州)市立师范学校分别改办工学院、师范学院并开设商学院之事宜,合组(广州)广东省立勷勤大学,以培育专门职业技术人才与中学师资,交由省、市两政府负责筹办。1932年秋,(广州)省立工业专科学校依照大学课程标准添设建筑工程、机械工程两班,以作为改制大学之准备;同年9月,广东省政府议决成立勷勤大学董事会,从董事中推举3人为建校筹备委员,成立勷勤大学筹备委员会,并订定组织大纲,于1933年8月将(广州)省立工业专科学校改组为工学院,原建筑工程班与机械工程班改为建筑工程学系与机械工程学系,(广州)市立师范学校则改组为师范学院,同年招收新生,须为已立案的公、

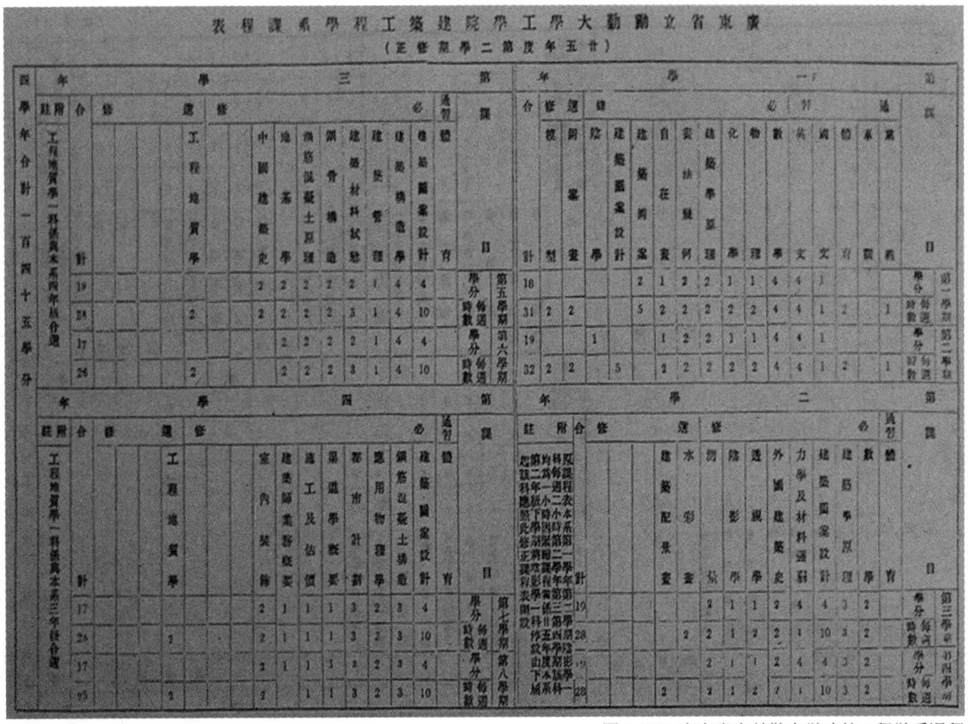
廣東省立勷勤大學工學院建築工程學系課程表

（廿五年度第二學期修正）

图 4-239 广东省立勷勤大学建筑工程学系课程

私立高中或同等学校毕业生，经入学试验合格者，修业 4 年，采学分制，分必、选修课目，经所属学院规定在附校或指定场所实习并及格后方能毕业。由于（广州）广东省立勷勤大学校址分散（工学院在广州省立工业专科学校原址；教育学院设在广州市立师范学校原址，粤秀书院街及西湖路前；商学院及大学本部办事处设在广州市工务局旧址），办事与管理联系不便，且校舍陈旧狭隘，无宿舍，教室也不敷使用，急需觅地筹建校舍。于是，勷勤大学筹备委员会拟定计划大纲，列经费粤币 224 万元，择定依山环水、林色葱翠的石榴冈一带为新校址用地，订立建筑合同，招商承包，依国、省、市库的拨款进度分 3 期进行建造。

纪念古勷勤，研究高深学术，养成社会专门人才

组织大纲详列定名“广东省立勷勤大学”，是为纪念古勷勤先生（1873—1931 年，原名应芬，字勷勤，别字湘芹，原籍广东梅县，生于番禺；1904 年留学日本，与胡汉民同窗；1905 年在东京加入同盟会；1907 年在日本法政大学专门部毕业回国，任广东法政学堂编纂，又兼任广东省咨议局秘书，从事秘密反清工作；1911 年初，在香港积极赞助黄兴、胡汉民等人进行广州黄花岗起义工作，是年 10 月武昌起义后，任广东军政府秘书长；1914 年协助朱执信进行秘密活动；1923 年任广州大本营行营秘书长，讨伐陈炯明；1925 年后，历任广东政务厅厅长、国民政府财政部部长、南京国民政府常务委员兼财政部长、中央政治会议委员、国民政府文官长等职），以研究高深学术及培养服务社会的专门人才为目标，设工学院、教育学院与商学院，由校长聘任院长 1 人，院下各学系设主任 1 人，由院长商请校长在各位教授中聘任，各学院设教授、副教授、讲师与助教若干名，由院长商请校长聘任。1934 年 7 月，勷勤大学董事会依据组织大纲推林云为校长，陆嗣曾为副校长，林云聘请卢德任工学院院长，卢德从教授中找了既是同乡又是留法（法国里昂大学）同学林克明，聘他任建筑工程学系首届系主任，委托筹建建筑系工作。林克明接下筹建工作后，师资成了眼前重要的事情。建筑工程学系除了延用一些在专科学校时期任教并在政府工务部门任职的老师,林克明也利用之前在工务局的关系邀请到几位结构工程师前来"勤大"兼任,如:梁启寿(曾与林克明在工务局合作设计平民宫),担任钟点教师;胡德元也留下担任教职,讲授"建筑图案设计"、"建筑学原理"、"都市设计"三门课程。结构课程(力学、钢筋混凝土原理、钢骨造、地基学、工程地质学等)则有土木背景教师授课,教授有罗明燏、叶保定,讲师有罗济邦、霍耀南、温其浚、邝曜厚、罗清滨、陶维宣、麦蕴瑜、吴国太、赵尹任等。

留法的经历使林克明知道建筑学教育并非只有技术与工程方面,也需加强艺术与美术方面的培养,于是,他聘请在广州市立美术学校任教的楼子尘(毕业于日本栗本图案词分馆,曾任浙江省第一中学艺术科主任,上海三余工业社图案技师)、陈锡钧(1928年毕业于美国波士顿博物馆美术学校,毕业于意大利佛罗伦萨学院)与王昌(毕业于上海美术专门学校),以及中国近代印象画家邱代明(毕业于法国巴黎国立美术专门学校,曾任暨南大学教授及上海美术专门学校主任兼教授)前来"勤大"任美术教师,加强学生美术方面的素养,而郑可(1934年法国国立高等美术学校雕塑系毕业,曾参观包豪斯学校设计展览)被聘为室内装饰课讲师。

拟定课程大纲,重技术、轻美术

除了组建师资外,林克明也需拟定课程大纲,胡德元从旁襄助,两人从"专科学校"到"勤大",成为建筑教育事业上的好伙伴。

林克明与胡德元,一个留法(里昂中法大学建筑工程学院),一个留日(日本东京高等工业学校建筑科),分别受到不同体系的建筑学教育:林克明培养于学院派教育体系的古典美学训练,胡德元受到注重技术、构造与实践的全面工程人才训练。两人在拟定课程时,或多或少都受到所受教育体系的影响,然而,林克明在拟定课程时,反而突破学院派教育的困窘,希望以训练全方面人才为主,兼学各学科,以适合社会情况之需要,但首重建筑技术与工程实践的培养,这方面也与胡德元所受教育有关,同时也是(广州)省立工业专科学校延续下来的教学传统(工程技术)。所以,在所有课程中,材料、结构、构造课程(材料强弱学、应用力学、建筑构造、建筑材料及试验、构造分析、构造详细制图、钢筋三合土)所占比重大,其次是图案设计、建筑学史、建筑学原理。学生从第2年起每年须完成4个设计,没有完成者不能参加毕业考试。当然在低年级还是设有美术课程,如自在画、阴影学、图案画,以强调实在的艺术方法表现培养。因此,在创系初期,(广州)广东省立勤勤大学建筑工程学系的

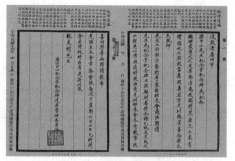

图 4-240 广州中山堂纪念碑建筑管理委员会聘请公文

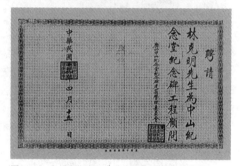

图 4-241 广州中山堂纪念碑建筑管理委员会聘请状

图 4-242 广东省立勤勤大学石榴冈校园全图

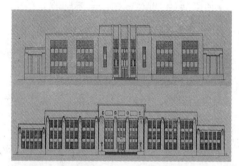

图 4-243 工学院立面图(上)、师范学院立面图(下)

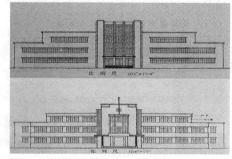

图 4-244 商学院立面图(上)、化学实习室立面图(下)

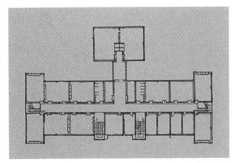

图 4-245 工学院平面图

图 4-246 第三宿舍施工情形

图 4-247 电力厂施工情形

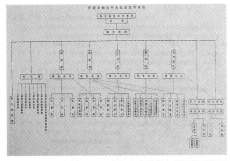

图 4-248 广东省立勤勤大学组织系统图

图 4-249 图书馆借书证(上)、工学院学生证(下)

建筑教育重技术,而轻美术训练。

现代建筑思潮的影响

20 世纪 20 年代末,欧洲兴起的现代建筑思潮运动(林克明称之为"摩登建筑",即新建筑)也影响了"勤大"建筑学教育的走向。从建筑学史课目安排,即可窥知一二。此课目由胡德元讲授,包括古典与现代两部分,他一开始参考弗莱切尔(Banister Fletcher)所著的《比较建筑史》一书,翻译整理成为教材,之后顺此架构接续介绍新的现代建筑思潮及其演变脉络。

(广州)广东省立勤勤大学建筑工程学系成立后,林克明既负责筹建工作又要在工务局工作,来回奔波,便无法兼顾,于是 1933 年他辞去工务局职务,专注在"勤大"的教职。另外,他被聘请承接(广州)中山大学新校舍工程,由于已离开工务局,便借此机会申请成立事务所(因工务局任职的设计师不能成立事务所或在外承接设计项目)。

第一期部分校舍建成,实用、经济、不采华丽繁复的装饰

林克明与朱志扬、黄森光等负责新校区(石榴冈)建设工作,包括校园规划及校舍设计,有校门、校道、运动场、篮球场工程(励图、协兴、张廷记公司承揽),以及工学院教室(泰孚公司承揽)、教育学院教室(协兴、生利公司承揽)、科学馆(生利公司承揽)、学生第一宿舍(泰孚公司承揽)、学生第二宿舍(铨城公司承揽)、学生第三宿舍(励图公司承揽)、商学院教室、图书馆、机械实习室、化学实习室、材料试验室、化学工厂、电力厂、锻工场、堪工场、临时驻所与工场等工程。

最终,新校区只有校门、校道、运动场、工学院教室、教育学院教室、科学馆、学生第一宿舍、学生第二宿舍、学生第三宿舍建成,大多为第一期工程,之后部分校舍(第二期、第三期),因投标或经费原因而未施工。这些校舍皆以实用、经济为设计原则,减少铺张浪费,不采取华丽繁复的装饰,工料上也坚实而适用,但工料价格时有起落。

改变师资结构,聘请建筑背景教师

创系之后的几年内,林克明逐渐改变之前以土木背景居多的师资结构,更多具有建筑背景及经历的建筑师加入教学团队,例如,1935 年聘有谭天宋(1924 年毕业于美国北卡罗来纳州立大学土木机械纺织厂构造及建筑工程科,也是 1925 年哈佛大学建筑学专修生)和过元熙(1929 年毕业于美国宾夕法尼亚大学建筑系,获学士学位；1930 年毕业于美国麻省理工学院建筑系，获硕士学位）两位老师，引进了新的教学方法与理念。

举办学生设计成果展，出版刊物，让社会人士对新建筑关注

1935 年春，（广州）广东省立勤勤大学建筑工程学系在原广州市立中山图书馆美术展览厅举办"建筑图案设计展览会"，展出建系之后第一、二、三届学生的设计方案成果，引起社会关注，这在中国近代建筑教育发展上是首次，意义非凡，获得建筑界一致好评；（南京）中央大学建筑系学生曾前去参观，并高度赞赏。"勤大"也为此展览出版了刊物，即《广东省立勤勤大学工学院（建筑图案设计展览会）特刊》（1935 年），林克明在特刊上撰文说明此次展览之意义（鼓励同学努力、让社会人士对新建筑之关注），并说明了"勤大"对现代主义建筑思想与教育的探索；多位建筑系学生也在特刊上发表文章，有郑祖良（"新兴建筑在中国"）、黎抡杰（"建筑的霸权时代"）、裘同怡（"建筑的时代性"）、杨蔚然（"住宅的摩登化"）、李楚白（"建筑设计上的风水问题"）等人，他们皆倾向于阐述有关现代建筑的议题。

教育上的"新建筑运动"（现代建筑运动）

现代主义在建筑史发展中的自然性与合理性，（广州）广东省立勤勤大学建筑工程学系是有着清晰的认识，并给予支持与肯定。现代建筑讲究的实用与经济在校舍中也体现出。因此，1935 年是（广州）广东省立勤勤大学建筑工程学系把他们倾向的现代建筑教学成果正式向外界宣告的一年，他们把此称之为"新建筑运动"，师生皆参与其中。

赴日考察，参访母校，考察"东工"课程设置

1935 年夏，林克明与胡德元两人偕同夫人前往日本考察，胡德元利用关系得到补助旅费。来到大阪，他们参观了很多私人中小型的工厂，体察到日本工业的进步。到了东京，一路看了车站、邮局、办公楼、工厂与住宅等建筑，以及日本建筑师的作品，还参观了一些军事设施及富士山，行程丰富紧凑。行程中，另一项重点是参访胡德元的母校东京高等工业学校，他们参访时已改名为东京工业大学（1929 年升格）。"东工"原是一所职工学校（1881 年建校），以训练工学方面专业人才为主，培养出许多日本"现代化"的技术工人和工程师，3 年前（1932 年）林克明在拟定课程时，与胡德元的交流中已了解到"东工"的建筑学教学体系。此次，他则是亲自参访与考察"东

图 4-250 广东省立勤勤大学石榴冈校园

图 4-251 教育学院教学楼

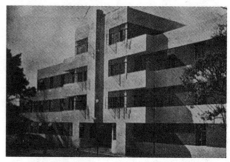

图 4-252 第一宿舍

图 4-253 《比较建筑史》（左）、建筑史学，胡德元讲授（右）

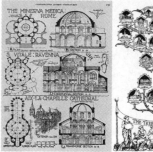
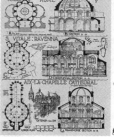

图 4-254 《比较建筑史》

图4-255 参访东京工业大学

图4-256 东京工业大学教学主楼

图4-257 东京工业大学学生正在上测绘课

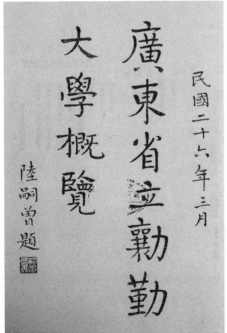
图4-258 《广东省立勤勤大学概览》

工"的课程设置，势必又有所启发，修订"勤大"建筑学课程体系的想法已悄然衍生。采买也是行程中的重要选项，林克明买了不少书籍，因日本翻译做得好，国外新书一出，日本立马有日文版本出版。

回国修订课程，加重建筑史论课程、对新建筑的介绍

回国后，林克明便进行课程体系的调整，加重建筑史论课程，将建筑学史分为"中国建筑史"与"外国建筑史"，让教师在授课时更为专精，学生听讲时更为专注。其中，"外国建筑史"课添加介绍新建筑的演变，这也与当时建筑思潮及教学方向有关。1935年胡德元也在（广州）中山大学土木工程学系任讲师，教"房屋建筑及设计"课。

聘请教师

1936年后，建筑工程学系又聘请了一批教师，有杨金（1928年毕业于日本东京高等工业学校建筑科）、陈逢荣（毕业于美国芝加哥蓦麻理科大学学院建筑系，获学士学位）、谭允赐（毕业于美国加省大学建筑工程学，获学士学位）、陈荣枝（1926年毕业于美国密歇根大学建筑科）。

学生自治会活动，组织"建筑工程学社"

建筑工程学系部分学生在学期间非常活跃，有的参与到工学院学生自治会活动（郑祖良、李楚白、唐萃青、朱叶津、朱绍基、黎抡杰、李金培、袠同怡等人），为建筑系学生委员，并在《工学生》杂志撰文。1935年底，本科三年级学生提议组织"建筑工程学社"，并于12月16日开社员大会。

（广州）勤勤大学工学院建筑工程学系于1932年入学、1935年毕业（第一届）的学生有：郑文骥、梁耀相、朱叶津、朱绍基、赵象干、关伟亮、余寿祺、陈锦文、梁精金、吴耿光、黄庭蓁、杨思忠、龙炳芬。朱绍基之后留校任助教。

创办《新建筑》杂志，报道"现代主义"思潮，新生活运动

1936年10月由郑祖良（1933级）、黎抡杰（1933级）、霍云鹤（1933级）等学生创办《新建筑》杂志，由郑祖良与黎抡杰担任主要编辑工作。《新建筑》延续着建筑图案设计展览会及特刊上的基调，以报道与探讨"现代主义"思潮与运动为主，宗旨是反抗现存因袭的建筑样式，创造适合于机能性、目的性的新建筑，并将新生活运动（1934年国民政府推行公民教育）的口号"整齐、清洁、简单、迅速、确实、朴素"登于创刊词的前面，因该运动口号与现代主义建筑的基调不谋而合。同年，（广州）广东省立勷勤大学工学院迁入建成的新校区（石榴冈）。

（广州）勷勤大学工学院建筑工程学系于1933年入学、1937年毕业（第二届）的学生有：何绍祥、李金培、李肇周、李楚白、姚基珩、陈荣耀、陈廷芳、陈士钦、唐萃青、梁建勋、庾锦洪、苏飞霖、霍云鹤、郑祖良、裘同怡、邓汉奇、杨蔚然、黄家驹、黄德良、黎抢杰、黄理白、黄绍祥、张景福、苏灞等。郑祖良之后留校任助教。

迁往内地，提供祠堂及房子当校舍，继续上课，增聘教师

抗战爆发后，广州遭到轰炸，机关学校多数迁离，工学院欲迁往内地，派林克明至广东云浮一带考察迁校用地的地形。因云浮交通方便，且山洞多可躲避轰炸，1938年春（广州）勷勤大学工学院便决定迁往，校址设在云城春岗山的龙母庙（已毁）一带，经当地乡长帮忙，提供祠堂及其他房子供学生上课之用。由于林克明在广州还有事务所工作，分身乏术，便由胡德元任第二任系主任（1938年9月），林克明之后与两位"勷大"化工教授一起辗转逃难到广西，巧遇自己的学生梁耀相（1932年入学、1935年毕业，越南华侨），建议他移往越南海防避难。

此时期在广东云浮的"勷大"增聘了几位教师，皆是国外留学的背景，有胡兆辉（1937年毕业于日本东京工业大学研究院）、黄玉瑜（1926年毕业于美国麻省理工学院建筑系，获学士学位）、刘英智（1936年毕业于日本东京工业大学建筑科）、金泽光（1932年毕业于法国巴黎土木工程大学）、黄适（1931年毕业于美国俄亥俄州立大学建筑科，获学士学位）、黄维敬（毕业于美国密歇根大学土木工程系，获硕士学位）等人，其中黄玉瑜曾是"勷大"毕业考试委员会校外委员，黄适是"勷大"筹备委员会建校设计技士。

被当局裁撤，宣告解散，工学院并入中山大学，（广州）中山大学建筑工程系

战争时期，时局纷乱，居无宁日，学生多无心向学，不久云浮也遭到轰炸，房屋都被炸毁，工学院难以维持。在第三届学生毕业后，（广州）广东省立勷勤大学被当局裁撤，宣告解散，工学院并入中山大学，建筑系部分教师（胡德元、胡兆辉、黄玉瑜、刘英智、金泽光、黄维敬）与学生（余兆聪、杜汝俭、叶锡荣、潘绍铨、詹道光等）便来到中山大学，同时成立（广州）中山大学建筑工程系（1938年）。

（广州）勷勤大学工学院建筑工程学系于1934年入学、1938年毕业（第三届）的学生有：古亢、方子容、余玉燕、周毓芬、连锡汉、古节、梁慧芝、黄炜机、赵善苓、郑官裕、陆斯仑、杨照华、张炳文、陈薰桢、陈一鸣、潘文稳等。

4.5.5 （上海）沪江大学商学院建筑科

上海浸会大学，沪江大学，教会大学

（上海）沪江大学原是20世纪初一所上海教会大学。1900年前后，在西方列强对华渗透时，中国北方爆发庚子之乱（针对在华洋人及华人基督徒的暴力活动），并演变至各省各地。在庚子之乱期间，许多基督教成员纷纷跑到上海避难，其中美南浸信会的华中差会和美北浸礼会的华东差会的教会成员逃难到上海后，分别于1906年开办浸会神学院，于1909年开办浸会大学堂。1911年两会决定合并组建成上海浸会大学，1914年定名为沪江大学，校址选在上海引翔区（今上海市东北部）的军工路以东，即当时杨树浦淞浦西北岸土塘东侧，黄浦江畔。

与中国建筑师学会商议合办建筑科，招收在职人员，培养职业建筑师

1928年（上海）沪江大学向国民政府立案。1932年受到战火的波及，校方决定在上海公共租界城中区的圆明园路寻临时校址，购得真光大厦2层，将商学院迁至此处，院长为朱博泉。除本科外，设有专科和普通科。

1933年（上海）沪江大学商学院与中国建筑师学会商议合办建筑科，属专科类，2年学制，为已就业、家境贫寒、好学的青年提供接受高等教育的机会，且招收在事务所工作的在职人员，以培养职业建筑师。因此，（上海）沪江大学建筑科倾向一种在职教育，课程切合实际，颇受社会好评并卓有成效。

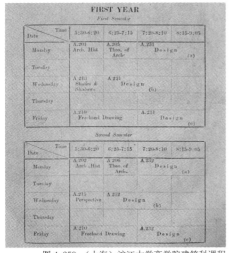

图4-259 （上海）沪江大学商学院建筑科课程

"在职"专科教育、再次进修

1934年中国建筑师学会通过筹建议案，建筑科于秋天招生，报名学生40多人，利用每周一、三、五晚上业余时间（17：30—21：05）上课，课程约3个半小时，每晚有2或3门课。在两年学制中，分两个学期，第一年课程设有建筑历史、建筑理论、建筑设计、形状和阴影、徒手画、透视等，第二年课程设有建筑历史、房屋建造、建筑设计、色彩、钢筋混凝土、徒手画、供热和供水等。从课程设置可以观察到，"建筑设计"课所占的比例最多，周一、三、五皆有，其次是"建筑历史"、"建筑理论"课。而第二年设有构造、结构、设备方面的课程，是为了因应现实工作的需要，加强学生对于工程、技术方面的培养。总体来说，（上海）沪江大学商学院建筑科所开设的课程较一般高校建筑系来得少，属于一种在职的专科教育，为已工作的建筑从业人员提供再次进修的机会。学生修业满两年，经考试合格后方可毕业，由校方和学会联合颁发毕业证书。

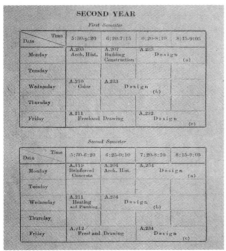

图4-260 （上海）沪江大学商学院建筑科课程

学院派教育

由于（上海）沪江大学商学院与中国建筑师学会合作办学，于是学会中许多建筑师便参与到教学工作中，由黄家桦担任第一任科主任，而陈植、王华彬与哈雄文则具体拟定教学计划和课程。由于，陈植、王华彬和哈雄文皆毕业于（美国）宾夕法尼亚大学建筑系，因此，在课程设置较偏向学院派的教学方向。在每周五上"建筑设计"课前，会安排"徒手画"课，以学院派的古典方式来教导，任教老师有庄俊、杨锡镠、李锦沛等人。1935年由哈雄文任第二任科主任，又陆续增加一些教师，有范文照、罗邦杰、张杏春、萨本远、陈业勋、吴一清、曹敬康、钟耀华等人。1939年由伍子昂担任第三任科主任；

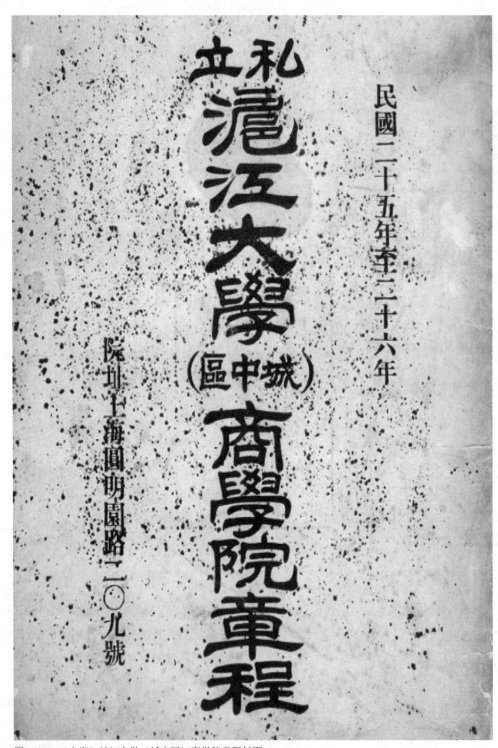

图 4-261 （上海）沪江大学（城中区）商学院章程封面

UNIVERSITY OF SHANGHAI

Founded 1906   1936

SCHOOL OF COMMERCE

(DOWNTOWN)

MORNING, AFTERNOON AND
EVENING CLASSES

209 YUEN MING YUEN ROAD
SHANGHAI, CHINA

VOLUME VI   No. 1

图 4-262 （上海）沪江大学（城中区）商学院章程扉页

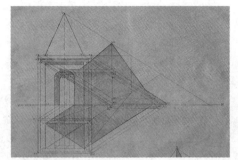

图 4-263 射影学作业（王德生）

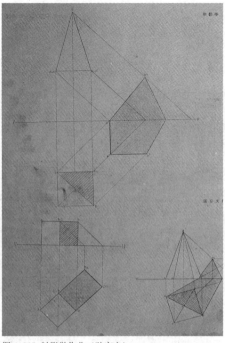

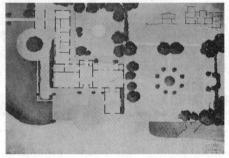

图 4-264 小住宅设计习题，平面图（陈登鳌）

图 4-265 射影学作业（孙宗文）

图 4-266 室内网球场题，立面图（范能力）

图 4-267 室内网球场习题，立面图（陈登鳌）

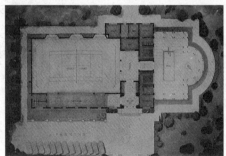

图 4-268 室内网球场习题，平面图（范能力）

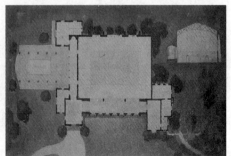

图 4-269 室内网球场习题，平面图（陈登鳌）

图 4-270 小住宅设计习题，透视图（陈登鳌）

沪江大学校庆八十五周年纪念集

沪江大家庭

辛未春 张森题

图 4-271 沪江大学校庆 85 周年题字

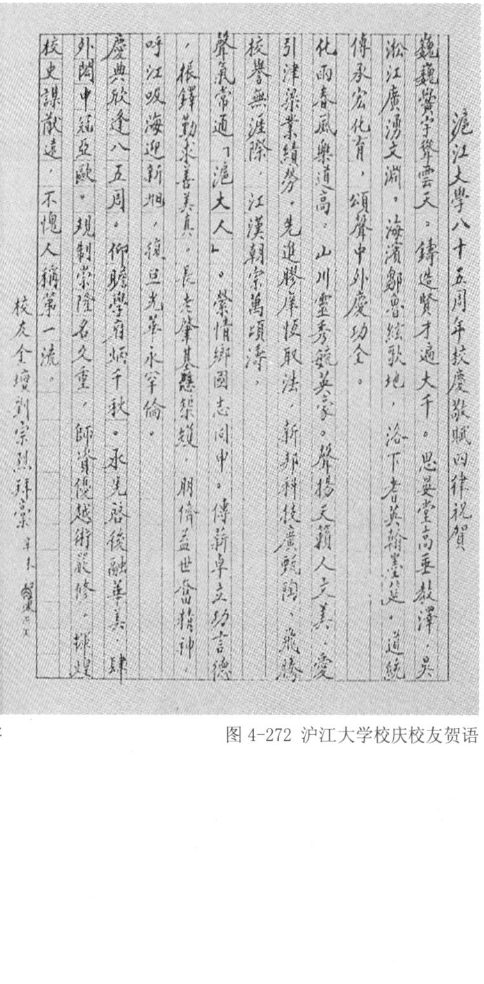

沪江大学八十五周年校庆敬赋四律祝贺

巍巍黉宇郁云天，铸选贤才通大千。思晏堂高垂教泽，吴
淞江广涤文渊。海滨邹鲁绕弦歌地，泺下青莪翔素庭，道统
传承宏化育，颂声中外庆功全。山川灵秀竞英姿，馨扬天籁人文美，爱
化雨春风乐道高。引津溱溱业绩芳，先进股焊恒取法，新邦科技广颐陶，飞涛
校誉无涯际，江汉朝宗万顷涛。萦情乡国志同心，传薪卓立功言德，
馨气常通「沪大人」，朋俦益世富精神。振铎勤求喜美真，长者肇基悬架擎，
呼江吸海迎新旭，缤旦光革永宇伦。庆典欣逢八五同，仰瞻学府蝗千秋，
外阆中冠互融。现制崇隆名父重，师资德越后荻修，
校史谋猷远。不愧人称第一流。

校友全坛引宗烈拜呈

图 4-272 沪江大学校庆校友贺语

1946 年停办，沪江大学商学院建筑科为当时上海地区较早的建筑教育基地之一。

学生动向

(上海)沪江大学商学院建筑科从 1933 年开始招生到 1946 年停办，共有 10 余届、300 多位学生毕业，包括孙宗文、陈登鳌、林乐义、香洪、张志模、孙秉源等人。毕业后，孙宗文在上海自办宇成建筑师事务所，1955 年加入华东建筑设计公司与南京工学院合办的中国建筑研究室，开始专注于在宗教建筑（佛教、道教、伊斯兰教）方面的研究；陈登鳌在上海、南京从事建筑设计工作，1949 年后在新乡、北京从事建筑设计和技术管理工作，后入建设部建筑设计院工作；林乐义曾赴美（美国佐治亚理工学院）进修建筑学，后回国历任北京中南建筑公司总建筑师、建筑工程部北京工业建筑设计院总建筑师、河南院总建筑师、中科院总建筑师、建设部建筑设计院总建筑师、顾问总建筑师；张志模一直从事设计工作，1949 年后入华东建筑设计公司工作，曾与陈植、汪定曾合作设计上海鲁迅纪念馆。

4.5.6　（天津）天津工商学院建筑工程系、（天津）津沽大学建筑工程系

工商大学，工商学院，开建筑学课，建筑专业从土木系独立出来

天津工商学院前身为 1920 年由法国天主教会在天津英租界马场道创办的天津工商大学，设有工业、商业两科，1933 年改名为天津工商学院，由华南圭任院长，兼铁路学教授。华南圭曾官派到法国留学，取得工程师学位，于是办学时，他引入法国大学的实习制度，让学生利用课余或假期外出实习，积累经验，培养学生的实事求是精神，而这也是天津工商学院的校训。华南圭还编写一套关于现代土木工程的教材，内容大部分涉及铁路工程专业。

早年，天津工商学院工业科下只有土木系，在土木系中开设建筑学课程。1937 年天津工商学院将工业科改称为工学院。为了使学生学有专精，及适合国家建设的需要，工学院将建筑专业从土木系独立出来，于是有了建筑工程系与土木工程系，经教育部批准，是天津当时唯一的工科学校。

建筑系聘请时任天津市工务局技士、科长陈炎仲（1901—1938 年，毕业于北平交通大学铁路管理系，1928 年毕业于英国伦敦建筑学会建筑专门学校，曾在英国伦敦苏斯特绘图所任绘图师并参访欧洲城市，1928 年回国，1929 年任天津中国工程司咨询建筑师）为第一届系主任。陈炎仲也是天津当地著名建筑师，曾是阎子亨主持的（天津）中国工程司的咨询建筑师，设计多项作品（原天津茂根大楼等）。陈炎仲积极筹备建筑系，曾在《工商学志》发表关于"工学院之过去未来"的文章，内容提及社会急需专门人才，工学院需添设建筑系以备社会之需。

《工商学志》是天津工商学院刊物，其前身为 1929 年由天津工商学院北辰社创办的《北辰》杂志，宗旨是以舆论为利器，主持正义，抗御强权，促成中国之进步。1934 年更名为《工商学志》。

在师资部分，有些从土木系延揽，有些从外聘请。沈理源（时任北平市工务局业务技师）、阎子亨（自办天津中国工程司）、慕乐（法商永和工程司）均为外聘教师。1940 年沈理源被聘为第二任系主任（1940—1946 年），并陆续聘请一些教师，有谭真（时任天津荣华建筑工程公司工程师）、张镈（时任重庆基泰工程司图房主任）、高镜莹、陈式桐、林世铭、杨学智、冯建逵、宋秉泽、黄廷爵等人。

主力教师，因专长而教学，艺术、技术、工程、实践

陈炎仲、阎子亨、沈理源和张镈是建筑工程系创办后的主力教师，他们也皆是著名的实践型建筑师。陈炎仲是创系系主任，负责制定以技术、工程与实践为培养方向教育框架，训练全面的建筑人才。阎子亨

图 4-273 天津工商学院校园鸟瞰图

图 4-274 天津工商学院校牌

图 4-275 天津工商学院教学楼

图 4-276 天津工商学院图书馆

图 4-277 津沽大学校门

是天津一带多产的建筑师，拥有多年的实践经验，早年曾入香港大学受"现代"土木工程教育的培养，毕业后回到天津，从1918—1924年间，先后工作于直隶河务局、绥远实业处、绥远警察厅、陆军部建筑科、直隶省公署、天津电话局。在工作之余，曾在天津万国函授学校建筑系勤学4年，1925年创办亨大建筑公司，1928年更名为中国工程司，1933年任教于河北省立工业学院市政水利系、北洋工学院土木系。陈炎仲曾与阎子亨共事过（天津中国工程司），之后便延揽阎子亨投入教学工作。阎子亨的工程实践能力非常强，除了训练学生设计绘图外，还要学生下工地参加实践，以身体力行的方式去理解建筑完成的过程。

沈理源曾留学于意大利拿波里工程专科学校，钻研文艺复兴时期的古典建筑的形式与做法。回国后投入实践工作，在天津一带设计多所银行，包括浙江兴业银行、中华汇业银行、盐业银行、新华信托储蓄银行、金城银行、中南银行，大部分展现成熟的西方古典设计手法，是天津第一位华人银行建筑师。因此，在教学上，沈理源偏重于艺术与技术方面的培养，要求学生在设计绘图上有严谨与清晰的态度，且带学生参观他设计的作品，强调理论与实务并行。

张镈是（沈阳）东北大学的学生，后转到（南京）中央大学建筑系就读。早年曾受业于梁思成、童寯、陈植、刘福泰、鲍鼎、谭垣等教师。毕业后，通过哥哥张锐与"基泰"大老板关颂声的关系进入"基泰"工作。1935年派去北京协助杨廷宝（"基泰"第三合伙人）工作，杨廷宝对张镈严加鞭策。1936年张镈征得杨廷宝同意，请调到"基泰"南京总部工作。1938年到重庆任"基泰"图房主任建筑师。1941年出任"基泰"平津部主持建筑师，负责主持京津两地的业务（1940—1948年）。1940年张镈到天津工商学院建筑系任教时，教"建筑理论"、"中西建筑史"、"建筑构造"、"建筑设计图案"课。由于长期跟在杨廷宝身边工作，基本功相当扎实，方案能力非常强，他注重培养学生的设计实践能力，并负责带学生测绘故宫及北京中轴线的文物建筑，培养出一批建筑人才，学生毕业后，有的入基泰工程司工作。

工程与实践，技术与工艺，职业建筑师的训练

天津工商学院建筑工程系在课程设置上，分两部分：低班（一、二年级）与高班（三、四年级）。

低班部分注重基本功的培养，以打好基础为主，设有木工厂实习、建筑原理、建筑制图、画法几何、色彩学、徒手画、

图 4-278 1942 年天津工商学院工科毕业生合影

图 4-279 由张镈率部分学生测绘北京故宫的图纸　　　　图 4-280 1949 年津沽大学建筑工程系师生合影

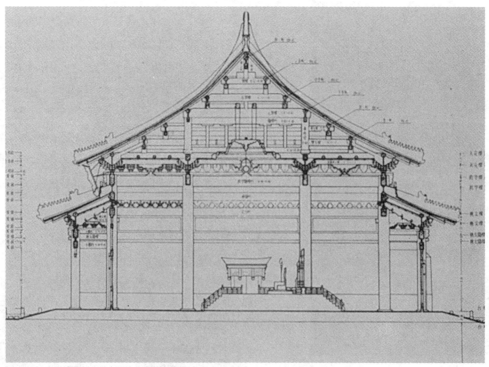

图 4-281 由张镈率部分学生测绘北京故宫的图纸

建筑史、工程力学、材料力学、透视投影学、水彩画、房屋构造、建筑柱式、测量学等课程。其中，在建筑史方面，兼学中西建筑史，并开了一门建筑柱式课，注重培养学生对西方古典的柱式比例和韵律的理解和认知，倾向于学院派的教法。工程力学则是和土木系学生合班上课；而建筑设计课从二年级开始教起一直到毕业。高班部分，一方面注重建筑设计课训练，一方面注重工程、技术、设备方面的培养，加强学生对工程相关知识的理解和掌握，设有钢筋混凝土结构、木结构、钢结构、给排水工程、电气照明工程、采暖通风工程、工程预算等课程。总的来说，技术、结构、构造、设备等方面的比重大。

天津工商学院建筑工程系师资有来自平津一带的著名开业建筑师（沈理源、阎子亨、谭真与张镈）及原土木工学背景的教师，因此其授课注重工程与实践方面，特别是技术与工艺的培养，锻炼学生的实践能力（下工地参加实践；鼓励学生利用寒暑假到事务所勤工俭学，参与设计、施工图绘制及测绘等技术工作），故没有过分遵循学院派教育体系，以培养学生成为一名职业建筑师为主，以满足社会对技术人才之需。

测绘，两校（北平大学、天津工商学院）之间的交流

沈理源在任教时，教学上即体现重视文物建筑保护。他认为古建筑是中华文明的根，必须让学生们意识到这一点，当他1940年接第二任系主任时，就组织北平大学与天津工商学院部分师生们测绘北京故宫的中轴线，由张镈带队，于1941—1944年间，对北京故宫进行大量古建筑测绘工作，后来陆续有平津两地的学生加入，主要测绘工作是由天津工商学院的学生与基泰工程司的测绘技师共同完成，全部工作绘成大张图纸360幅，比例为1/100、1/50与1/20，成了珍贵的历史资料与档案，并被当作一种精密与完整的范本来推广，也反映出天津工商学院在教学上非常扎实的基本功训练。当时参加测绘的有北京大学学生冯建逵、臧尔忠、祁英涛等人（沈理源于1938—1951年间在北京大学建筑工程系任教），及天津工商学院学生杨学智、龚德顺、虞福京等人。沈理源非常注重两校之间的交流，曾请梁思成为两校学生做过讲座。

津沽大学，天津大学建筑系的前身之一

1945年后，天津工商学院已有三院九系的规模。1948年国民政府教育部正式批准立案，将天津工商学院改名为私立的津沽大学。1951年中央人民政府教育部发布号令批准改为公立，宋秉泽与黄廷爵暂代系主任。1952年全国高校院系调整，津沽大学建筑系与北洋大学建筑系、唐山交大建筑系合并，定名为天津大学土建系，系主任为张湘琳与范斯锟，教师有：徐中、沈玉麟、宗国栋、卢绳、庄涛声、冯建逵、石承露、童鹤龄、郑谦、周祖奭、何广麟、王宗源、张佐时、宋秉泽、王瑞华、黄廷爵、林世铭、杨学智等。天津大学土建系后改名为天津大学建筑系。因此，天津工商学院建筑系是天津大学建筑系的前身之一。

学生动向

1937年后，天津工商学院建筑工程系陆续招收的学生有：1939届的许屺生，1941届的林远荫、林伯年等，1942届的陈濯、张伯仑等，1944届的刘友渔、李宝铎等，1945届的龚德顺、虞福京、杨云、翟光明、范贻孙等，1947届的刘开济等，1948届的傅义通等，1949届的陈淑琴、周治良、宋秀棠等。

1941届的林远荫、林伯年是张镈的学生，毕业后先后入基泰工程司工作，在张镈手下做事。他俩在学期间曾在《工商学志》第10卷第4期发表文章，阐述对"竹筋混凝土"的认识。林柏年1949年赴台，任（台湾）建筑师公会会长，设计台北圣家堂；林远荫于1945年后主持基泰工程司，1949年赴美，后再赴港发展，曾设计香港九龙区加多利高级公寓、香港半山区圆形公寓等项目。

1942届的陈濯（天津中原公司董事陈耀珊之子），毕业后入（天津）济安自来水公司任建筑师，1945年入基泰工程司工作，任各地（北京、天津、广州等）分所建筑师，1949年后赴台，于1950年在台北创办利群建筑师事务所。1942届的张伯仑毕业后入华盖建筑事务所工作。1945届的龚德顺毕业后入国家建工总局工作，曾任建设部设计局局长，后到深圳华森公司任总经理。1945届的虞福京毕业后入基泰工程司工作，曾任天津市建筑设计公司主任工程师、天津市建筑工程学校校长及天津市副市长。

1947届的刘开济毕业后入（北京）华泰建筑师事务所工作，后到北京院工作，曾任院总建筑师。1948届的傅义通毕业后入北京院工作，曾任院副总建筑师。1949届的陈淑琴毕业后留校任沈理源的助教。1949届的周治良毕业后入北京院工作，曾任副院长与副总建筑师。1951届的石学海毕业后入建设部设计院工作，曾任院总建筑师。

4.5.7　（北京）北京大学工学院建筑工学系

北京大学工学院，创设建筑工学系，教师的回任与新聘，专长任教，艺术设计与工程技术并重

1937年年底，日本在北平扶植傀儡政权，称中国民国临时政府（华北伪政府），将北平改为北京，同时借北京大学名义成立国立北京大学，而原北平大学工学院也改为北京大学工学院。

1938年北京大学工学院创设建筑工学系，聘请曾在北平大学艺术学院建筑系任教的朱兆雪（时任北平中法大学理学院数理教授，兼任北平师范大学数学系讲师）为系主任，沈理源（时任北平市工务局业务技师）被回聘为教师。原北平大学建筑系第二届毕业学生高公润（自办北平协成建筑师事务所）也被回聘任教。除了回聘教师，也新聘一批教师，有钟森（时任北京龙虎建筑公司总工程师）、赵冬日（在华北交通株式会社工作）等人。

在教师当中，朱兆雪之前留学比利时（1926年毕业于比利时岗城大学皇家工程师研究院，获水陆建筑工程师），专长是土木工程方面，以钢筋混凝土为教学方向；沈理源之前留学意大利（1925年毕业于意大利拿波里工程专科学校建筑学科），专长是建筑、艺术与历史方面，以建筑的分析处理与历史探源为主要教学方向；钟森是同济医工大学土木工程毕业，曾任北京龙虎建筑公司总工程师，是一位实践型建筑师，是提倡和推动建筑工业化的专家，以建筑工程（材料、结构）为主要教学方向。

北京大学工学院建筑系在教学上采取艺术设计与工程技术并重的培养方向，与之前艺术学院建筑系的教学方向（偏向于艺术方面培养、首重绘画和造型的训练）略有不同，注重学生绘图基本功的训练，要求学生把构造关系和细节梳理清楚，还注重古典建筑形式的构图训练，稍带有学院派教育的痕迹。

北京临时大学，北洋大学北平部，北京大学，清华大学，天津大学

1945年抗战胜利后，北京大学工学院建筑系改为北京临时大学工学院建筑系。1946年工学院由北洋大学接管，于是沈理源和刘福泰便讨论创办北洋大学建筑工程系北平部（总部在天津），沈理源和赵冬日、张镈就在北洋大学北平部任教。1947年北洋大学北平部又改回北京大学工学院，教师有卢绳、张守仪、周卜颐、辜传诲、王炜钰、沈参璜、王之英等人。1952年全国高校院系调整，北京大学工学院各系并入清华大学，建筑系教师也跟着来到清华大学继续任教，有张守仪、周卜颐、辜传诲、王炜钰等教师，而冯建逵和卢绳到天津大学土建系任教。

建筑学教育的破啼而生与动荡波折，学生动向

沈理源从北平大学艺术学院时期就一直任教，参与了建筑学教育在北平大学时期的破啼而生，也经历了北京大学建筑学教育的动荡波折。因此，沈理源对北平大学或北京大学的建筑学教育贡献良多，是一位兼具建筑艺术与工程技术的教师，培育不少优秀学生。

1938 年后，北京大学工学院建筑工学系学生有：1942 届的杜仙洲、于倬云、冯建逵、臧尔忠等，1943 届的边鸿谋等，1944 届的王式贞、张兆枸等，1945 届的王炜钰、李准、赵家明等，1946 届的陈式桐、王鹏、欧阳骖等，1947 届的方伯义、祁英涛等，1948 届的牛衍芬、杨芸等，以及丁用洪、刘洪滨、牛志钧、王文友、王彻、王开先、马志和等。

其中，1942 届的冯建逵毕业后留校任沈理源的助教，1943 年任基泰工程司测绘技师，1946 年任职于（天津）华信工程司，同时也任教于天津工商学院建筑系，之后院校合并，入天津大学任教。他是沈理源在华信工程司的得力助手。1945 届的王炜钰毕业后留校任沈理源的助教，之后院校合并，入清华大学任教。1946 届的陈式桐毕业后任天津工商学院建筑系助教，协助沈理源教课，同时也在华信工程司工作，后来到东北院工作。1946 届的欧阳骖毕业后任华信工程司的监工与助手，也曾在（北京）龙虎建筑公司任工程师，后来到北京院工作。1947 届的方伯义毕业后入（北京）龙虎建筑公司工作。1948 届的杨芸毕业后入中共中直修建办事处工作，曾任建设部设计院主任建筑师，中国建筑科学研究院副总建筑师。而 1942 届的杜仙洲、于倬云、冯建逵、臧尔忠，则活跃于中国古建筑领域。

王炜钰与陈式桐在任助教时，继续完成沈理源在任教时编写的《建筑原理》的教科书，主要内容是西方古典建筑的构图与设计原则以及现代建筑的设计，之后出版成书。

4.5.8 （杭州）之江文理学院建筑系

育英书院，之江大学，开设建筑工程课，之江文理学院

（杭州）之江文理学院的前身为一所教会大学。1845 年美国北长老会在宁波设立的崇信义塾，原是一所男生寄宿学校，女生寄宿学校也随之开办，开设有中国经学、圣经、作文、书法、算术、地理、天文及音乐等课程，以培养本土神职人员。1867 年迁至杭州钱塘江畔，改名（杭州）育英义塾，增设代数、几何、历史及生理等课。1897 年开设大学课程并改名育英书院，学制 6 年，英语作为一门课程，取消以往用英语授课的教学方法。

1906 年华东差会议决成立大学董事会，由杭州、上海、宁波、苏州布道站各出 1 人加上大学教员 1 人组成大学董事会。11 月董事会第一次会议召开，一致通过将学校扩充为大学，1914 年正式命名为（杭州）之江大学，1920 年在美国哥伦比亚特区立案通过，1929 年成立土木系，由徐篆任土木工程系主任，为改变贫弱的社会现状及适应经济发展的需求，徐篆和教师们开设许多关于建筑工程、机械工程领域的课程，以培养建设方面的专门工程人才。

1931 年（杭州）之江大学向政府立案，因只有文、理两学院，故定名为之江文理学院。

战时迁徙，建筑系成立，聘请教师

1937 年夏抗日战争爆发，日军进袭浙江，学校决定撤离杭州，迁至皖南屯溪。迁校 1 个月后，之江文理学院不得不解散，部分教员返回原校址。由于上海战事已结束，校方考虑迁往上海公共租界，1938 年春在上海博物院路 128 号的广学会大楼重新开学，设文、商、工三个学院。

1938 年陈植和廖慰慈（时任土木系系主任）商议在工学院下组建建筑系，暂由廖慰慈代系主任，择定在（上海）大陆商场内上课，当时，申报流通图书馆、中国建筑师学会与上海市建筑协会皆在此办公。1940 年校方决定由王华彬担任系主任，建筑系正式成立，继续在（上海）大陆商场上课。从 1938 年起，陆续聘陈裕华、颜文梁、罗邦杰等教师。

图 4-282 （杭州）之江文理学院校舍鸟瞰

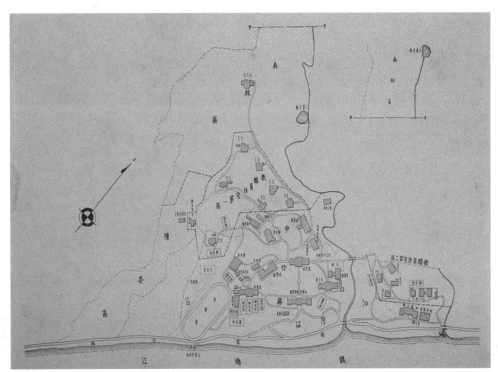

图 4-283 （杭州）之江文理学院校舍平面图

图 4-284 （杭州）之江文理学院校景

此时，文学院有中文、英文、政治、教育 4 个系，商学院有工商管理、国际贸易、银行、会计 4 个系，工学院有土木工程、建筑工程、化学工程、机械工程 4 个系。

被迫内迁，开办补习班课程

太平洋战争爆发后，上海公共租界遭到入侵，之江文理学院又被迫内迁，但部分学生（建筑系）留在沪，继续上课（开办补习班，补足课程）。当时上海地区多处建筑不敷使用，上课没有教室，环境相当艰苦，学生便在老师陈植家中刻苦学习，继续完成学业。之后建筑系又陆续聘请多位教师，有伍子昂、黄家骅、汪定曾、张充仁、谭垣、吴景祥等人。

课程配置，专长任教

（杭州）之江文理学院建筑系在课程配置方面，一年级设有机械画、木工试验，二年级设有建筑图案、阴与影、铅笔画、徒手画、建筑理论、应用力学、房屋结构、平面测量学、测量实习，三年级设有建筑图案、木炭画、建筑史、结构学、钢筋混凝土、钢筋混凝土设计，四年级设有建筑图案、水彩画、建筑史、建筑机械设备、业务实习。其中，王华彬、陈植、汪定曾、谭垣、吴景祥、汪定曾几位老师教"建筑图案"课，吴景祥还教"建筑图案论"课，汪定曾教"音波学"课，罗邦杰教"房屋构造、钢筋混凝土"课，颜文梁和张充仁教"水彩画、木炭画"课，黄家桦教"城市设计论、建筑史、营造法"课，伍子昂教"阴影透视"课。

"古典"和"现代"教学并行

从课程配置中可以观察到，（杭州）之江文理学院建筑系在一年级进行各院系的统一教学，只开有部分初级专业课程（机械画、木工试验）。到了二年级，专业课成为教学重点，首重"建筑图案"课，从二年级开始贯穿到毕业，同时训练学生的绘画能力（阴与影、铅笔画、徒手画、木炭画、水彩画）。在"建筑图案"课部分，由于建筑系的多位教师皆毕业于（美国）宾夕法尼亚大学建筑系，包括陈植、王华彬、谭垣，于是建筑教学是倾向于学院派教育的训练和培养，以遵循西方古典形式的方法开展对建筑本体的认识和理解，让学生在绘画当中去关注建筑元素之间的组合性，并在练习过后对建筑设计展开训练，借此扎下对西方古典体系的深厚根基。二年级训练学生对于西方古典柱梁基本布局、原则的初步认识。三、四年级继续加强学生对建筑构图的表现并着重在西方古典美学的比例和韵律的

图 4-285 同怀堂（左）、慎思堂（右）

图 4-286 经济馆前

图 4-287 教学楼（左）、科学馆（右）

图 4-288 慎思堂

图 4-289 上海孤岛生活大本营——"慈淑大楼"

图 4-290 讨论课业中

图 4-291 户外上测绘课

图 4-292 在课室自习

图 4-293 在实验室做实验

图 4-294 建筑系上绘画课

训练。之后，教师要求学生在采取西方古典形式的基础上进行设计演练，也要求学生不必遵循西方古典形式而自由发挥，设计出自由形式并实用的房子，培养学生的创造能力。此部分教学受现代主义思潮的影响（国内现代建筑的产生和部分建筑杂志的报道），以及部分新进教师带进"现代"的教学方法。注重实际解决问题，要求学生做模型来帮助对空间设计的思考，探究更深层次的空间内涵和思想，而不是只追求建筑的形式。

因此，（杭州）之江文理学院建筑系的教学便在学院派教育体系下，允许对"现代性"进行设计的创造和思辨，行着一条"古典"和"现代"并行的教学方式。

之江建筑学会

1940 年夏，之江文理学院举办建筑系成绩展览，学生组织成立之江建筑学会，借以联络学生感情、研究学术与相互交流，毕业或肄业的同学皆可加入。学会聘请李培恩、明思德、何惟聪、顾琢人、谭天凯等先生为名誉顾问，王华彬、陈植、罗邦杰、陈裕华、颜文梁、许梦琴、何鸣岐、黄润霖等先生为正式顾问。第一届会长为包汉第，副会长兼秘书长为余庆康，司库为吴一清，事务为屠澄及朱桦；第二届会长及副会长兼秘书长均被选连任，司库为方鉴泉，事务为许保和与严庆炘。学会每学期举行全体大会两次，举办交谊大会，节目有顾问演讲、游艺表演等，备茶点。学会还筹备出版会刊，特组出版委员会负责出版事宜，总编辑兼会计为方鉴泉，文字编辑为余庆康与吕庆昌，美术编辑为张建吾，照片收集为包汉第，推销及广告为沈镇京、包汉第和严庆炘，出版为许保和与仇景泰，事务为许保和与屠澄。

战时继续迁徙，时局凶险，宣布停办

1942 年之江文理学院在浙江金华筹备复学，但日军随即侵占金华，于是学院又往福建方面撤退，取得（福建）协和大学的帮助，使用"协和"的图书和仪器设备，学生住进"协和"的宿舍，文学院请"协和"代为开设。之后，之江文理学院决定建造自己的教学和生活用房。1943 年秋，之江文理学院工学院迁到贵阳花溪，开设 4 个系，有建筑、民用工程系、机械工程系和化学工程系。1944 年年底，日军进犯贵阳，时局凶险，工学院不得不向重庆转移；同年，在福建之江文理学院总校也宣布停办，文学院与商学院的学生转到其他大学继续上学，多数流亡到福建长汀的厦门大学、晋阳的暨南大学及浙江云和的英士大学。

图 4-295 素描图

图 4-296 素描图（左）、户外写生图（右）

图 4-297 城市博物馆设计习题

图 4-298 纪念碑设计习题

图 4-299 大戏院设计习题，透视图

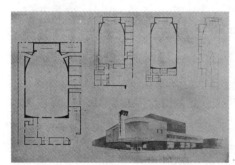

图 4-300 大戏院设计习题，平面与透视图

图 4-301 纺织工厂设计习题

图 4-302 沿街店面设计习题，立面图

图 4-303 和平纪念碑设计习题，立面图

图 4-304 图书馆设计习题

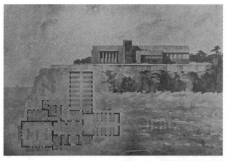

图 4-305 图书馆设计习题

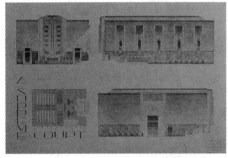

图 4-306 最高法院设计习题

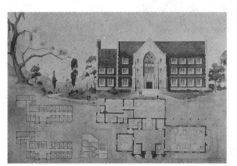

图 4-307 女生宿舍设计习题

图 4-308 国际展览会入口设计习题，立面图

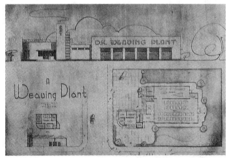

图 4-309 纺织工厂设计习题

图 4-310 夏季别墅设计习题

图 4-311 柱廊设计习题

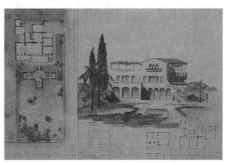

图 4-312 住所设计习题

图 4-313 高层公寓设计习题

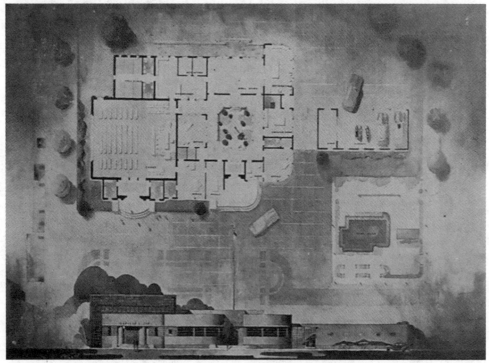

图 4-314 派出所设计习题

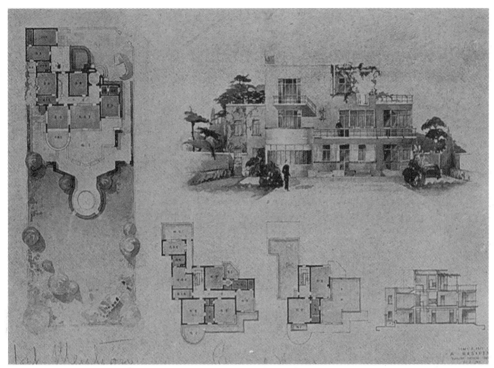

图 4-315 住宅设计习题

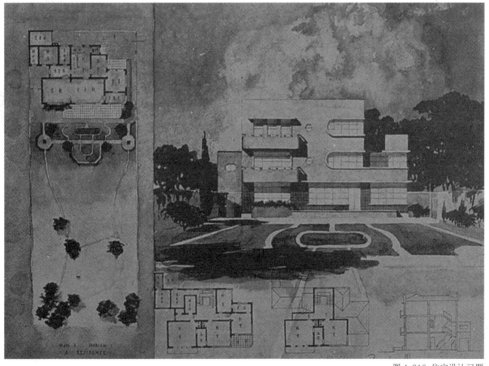

图 4-316 住宅设计习题

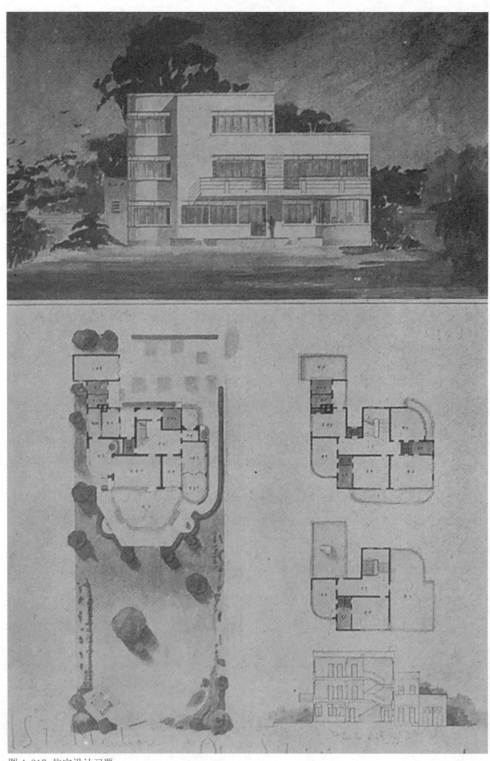

图 4-317 住宅设计习题

图 4-318 办公楼设计习题

（杭州）之江大学

1946年（杭州）之江文理学院恢复称（杭州）之江大学并重新开学。考虑到杭州校区尚未修复完整，教具、图书与仪器一时不能使用，于是暂时安排低班（一、二年级）在杭州校区，高班（三、四年级）仍在上海上课。

1949年陈植担任建筑系主任。由于教育经费短缺，便将上海的建筑系撤掉，但因所聘教师皆是上海开业建筑师，无法抽身到杭州兼课，系主任陈植便向校方提出自付办学的计划，获校方首肯，于是陈植便自己来填补办学经费和教师酬金，并聘请陈从周来建筑系教"中国建筑史"课。1952年全国高校院系调整，（杭州）之江大学与上海地区其他高校建筑系合并组建成（上海）同济大学建筑系，（杭州）之江大学建筑系走入历史。原教师陈植、王华彬、黄家骅、汪定曾、张充仁、谭垣、吴景祥、罗邦杰、陈从周、吴一清、黄毓麟、王季卿、叶谋方等随系入（上海）同济大学建筑系继续任教，部分学生一并转入继续就读。

学生转向

1938年后，（杭州、上海）之江文理学院建筑系招收学生先后有：吴一清、方鉴泉、张德霖、黄克武、郑贤荣、冯让先、黄毓麟、王季卿、魏志达、张似赞、秦崇佑、赵冠谦、许介三、汪孝慷、叶谋方、朱耀慈、赵忠邃、庄涛声等。其中吴一清、黄毓麟、王季卿毕业后皆留系工作，院系调整后到（上海）同济大学建筑系任教，吴一清教"阴影法"、"徒手画"、"初级图案"、"水彩画"课，黄毓麟则协助"建筑图案"课。方鉴泉、黄克武、郑贤荣、魏志达毕业后，入华东建筑公司（华东建筑设计院）工作，黄克武之后赴中国建筑西北设计研究院工作。张德霖于1949年后赴台发展。张似赞毕业后赴（沈阳）东北工学院建筑系任教，1956年随（沈阳）东北工学院建筑系调至西安建筑工程学院建筑系。赵冠谦、汪孝慷、叶谋方毕业后，都赴俄罗斯莫斯科建筑学院攻读博士，于1958年毕业，赵冠谦后赴建设部设计院工作，叶谋方则是毕业后留系协助"建筑图案"课，后赴俄留学。冯让先1944年毕业后曾任上海招商局副总工程师，新中国成立后长期服务于交通部水运工程设计单位。

4.5.9　（广州）中山大学建筑工程学系

广东大学，改名为中山大学，党化高校

（广州）中山大学创建于1924年，其前身为广东大学。1924年春，孙中山准备筹建广东大学，任命邹鲁（1885—1954年，字海滨，广东大埔人，中国近代教育家、政治家）为主任，聘请傅斯年、程天固等为筹备委员，之后将广东高等师范学校（1904年创立）、广东公立法政大学（1905年创立）、广东公立农业专门学校（1909年创立）三校合并为广东大学，邹鲁任校长，以灌输及研究高深学理与技术为办学宗旨。实质上，广东大学也成为国民党及孙中山演讲和宣传三民主义的场所。同时因原校舍多老旧毁坏，广东大学便寻地建新校区（广州石牌一带），邹鲁还于1928年后考察20多个国家的高校教育和校园规划。为纪念孙中山先生，1926年广东大学正式改名为中山大学，并发展成一所综合型高校，也是一所"党化"的高校，皆由国民党高层出任校长（经亨颐、戴季陶、朱家骅、许崇清、邹鲁等），多数学生需加入国民党，接受三民主义教育。

成立（广州）中山大学建筑工程学系

抗战后，（广州）广东省立勷勤大学工学院并入中山大学，成立（广州）中山大学建筑工程学系（1938年），胡德元任首届系主任（1938年9月）。而原本广东省立勷勤大学建筑工程学系完整成熟的教学体系及

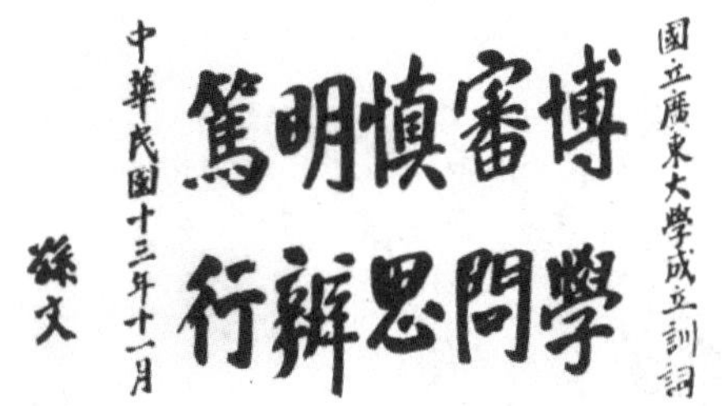

图 4-319 （广州）广东大学成立训词

图 4-320 （广州）广东大学文明路校址

图 4-321 鲁迅与助教和学生（左）、
郭沫若与郁达夫（右）

图 4-322 法学院（上）、7 号楼（下）

图 4-323 文学院（上）、6 号楼（下）

经验也移转到（广州）中山大学建筑工程学系，继续施行"现代"建筑学教育，以强调美术与科学的结合、注重技术与工程实践的教学走向为方针，只是换了一批教师授课，课程内容没变，增加了雕刻、工场建筑、建筑估价、建筑计划、中国营造学等课目。

战时迁徙，借用祠堂和庙宇上课

由于战争的原因，（广州）中山大学建筑工程系随着校方有过几次迁址，先迁至广东罗定，后又迁往云南澄江，走海路（广州—汕头—澳门—香港—海防—河内—昆明—呈贡—澄江），长途跋涉。当时中山大学师生共 2000 余人，无法集中教学，各学院分散在城内外，借用祠堂和庙宇上课，工学院在城外金莲乡、梅玉村、中新乡、旧城乡、玄天阁、东岳庙、计院舍等处。

此时期，原"勤大"建筑系第二届毕业生黎抡杰（1933 年入学、1937 年毕业）被聘为助教，专门从事建筑研究，在校期间译有《现代建筑》一书，并撰写"防空都市计划"、"现代建筑造型理论之基础"等论文。而"中大"建筑系第一届毕业生杜汝俭（1935 年"勤大"入学、1937 年"中大"毕业）也留校任助教，杜汝俭的同学练道喜与学妹吴翠莲等为技佐。1939 年 10 月，"中大"又增聘吕少怀（毕业于日本东京工业大学建筑科）、黄宝勋（毕业于天津工商学院，获工学士学位）、丁纪凌（毕业于德国柏林大学美术学院）等几位教师。

另外，广东省立勤勤大学建筑工程学系学生创办的《新建筑》杂志也因广州沦陷而停刊（1939 年）。

部分教师离去，师资匮乏，硬软件不足，增聘教师

1940 年夏，建筑工程学系随着中山大学从云南澄江迁至粤北坪石山区继续上课。坪石时期的建筑工程学系是办学最为困难的时期，教师流失严重，师资匮乏，学校除利用当地的寺庙、祠堂与空舍上课外，还新建 80 余座校舍（男生宿舍 22 座、女生宿舍 3 座、大小课室 36 座、教职员宿舍 6 座、膳堂兼课室 12 座、绘图室 2 座、膳堂兼礼堂 2 座、办公厅 1 座等），皆是用竹木所建的临时建筑，1943 年初才全部建成。当时，硬软件都显不足，师生们吃的都是大锅菜，靠政府资金供给。而部分校舍（礼堂、实验室、学院宿舍等）由系主任虞炳烈设计。

当时，部分教师离职，如黎抡杰、杜汝俭、吕少怀、黄宝勋等人。黎抡杰前往重庆复刊《新建筑》，于 1941 年 5 月发行《新建筑》战时刊，又称渝版，黎抡杰与郑祖良任主编，林克明与胡德元担任编辑顾问，霍云鹤与莫汝达任发行人。之后，黎抡杰被聘为重庆大学建筑工程系讲师；吕少怀前往（四川）西康技艺专科学校任土木科教授（1941—1953 年）。（四川）西康技艺专科学校成立于 1939 年，位于四川省凉山州西昌市，李书田（原北洋工学院院长）是首任校长，以"从严务实，学以致用"为办学宗旨，成了川、康民族地区高等教育之滥觞。1953 年，吕少怀被重庆建筑工程学院聘为教授，1954 年与辜其一、叶启燊、吕祖谦等组建建筑历史教研室；黄宝勋前往重庆，任（重庆）陪都建设计划委员会常务委员，并主编《陪都十年建设计划》一书，还任（重庆）胜利记功碑筹建委员会委员，主持策划记功碑建造事宜（记功碑则由黎抡杰设计，由土木工程师李际蔡及建筑师唐本善、张之蕃、郭民瞻等共同协助，由天府营造厂得标承建）。

由于部分教师离去，建筑工程学系又增聘一批教师前来任教，如曾任（南京）中央大学建筑工程系教授兼系主任（1934—1937 年）虞炳烈（1929 年毕业于法国里昂建筑学院建筑系，"勤大"建筑系系主任林克明留法时的高年级同学）。此时，系主任胡德元因母亲病重请辞回四川垫江（今重庆垫江），由虞炳烈接系主任（1941 年 1 月）。

虞炳烈接任系主任时，继续增聘教师，如章翔（1930—1931 年曾就读于东北大学建筑系，后毕业于比利时皇家建筑学院），另有一些毕业生留校任助教，有詹道光（"勤大"建筑系 1936 年入学，"中大"建筑系 1940 年毕业）、李煜麟（1937 入学，1941 年毕业）、卫宝葵（1937 入学，1941 年毕业）等。

1941 年秋，虞炳烈从重庆迁居桂林，创建（桂林）国际建筑师事务所，在桂林、衡阳、赣州等地从事建筑师业务。建筑工程学系系主任改由卫梓松（毕业于北京大学土木系）接任（1941—1945 年），并继续增聘教师，有李学海（毕业于北京大学土木系）、钱乃仁（1937 年毕业于美国密歇根大学建筑系）、黄培芬（1934 年毕业于菲律宾马保亚工程大学建筑系，英国建筑师学会毕业）等人，同时有一些毕业生留校任助教，如区国垣、沈执东、吴锦波、邹爱瑜等人。由于师资不够，课程被精简，如"建筑学原理"、"中国建筑"等。

举办建筑图案展览会，跨省展出

在卫梓松任系主任期间，中山大学建筑工程学系的学生社团建筑工程学会于 1942 年春策划"建筑图案展览会"，选在校本部同德会举办，是"中大"时期的第一次，广义地说，算是"勤大"时期的第二次（第一次在 1935 年春举办，由系主任林克明负责）。展览会展出学生平日的课堂作业及成果，分各类型

图 4-324 （广州）中山大学石牌坊

图 4-325 （广州）中山大学北上服务团捐赠救护车

图 4-326 在云南澄江时的工学院教室

图 4-327 师范学院礼堂立面图（虞炳烈）

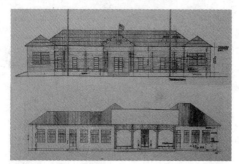

图 4-328 工学院电机实验室（上）、生物地质实验室（下）

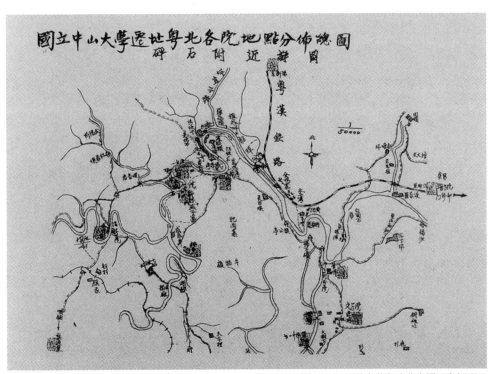

图 4-329 迁徙粤北各院分布图（虞炳烈）

（住宅、商业、教育、交通、纪念、宗教、防空等）建筑的演练与美术作品等近百余帧。在校内展完后，也在校外展出，甚至跨省展出。由于作品内容极为丰富与精彩，参观者很多，喜获外界之佳评。

　　任职于广西桂岭师范学校图画教员的油画家符罗飞（毕业于意大利那不勒斯皇家美术大学研究院），经同乡陶林英（黄埔三期，第七战区少将）和助教詹道光的推荐，被聘请到中山大学建筑工程学系任美术教授，兼中山大学师范学院美术课程。他住在坪石的三星坪，之后也在校本部同德会举办个人画展，学生热心帮助他筹备展览。符罗飞还受聘兼任湖南工业专科学校建筑系主任及教授（1943 年）。1943 年夏，符罗飞的画展在校内展完，前往韶关巡展，还一路写生创作，跟随他的学生有何沛侃、蒋军剑、焦耀南、陶正平等。到韶关后，选在韶关公园和韶关黄田霸青年教育馆举办画展，展出 200 余幅画作，他的学生作品也一同展出。因此抗战期间，符罗飞一面在学校担任教职，一面进行绘画创作，来回于湘、桂、粤、港等地授课与办展。

继续迁徙

　　1945 年初日军攻占韶关，中山大学不得不又要迁校，各学院迁往不同地方。工学院迁往兴宁东坝朱屋，经乐昌、曲江、南雄、丰顺、龙南、定南、彭寨、东水、老隆、五华、抵达兴宁东坝朱屋，历时一个多月。在兴宁时，由符罗飞任系主任继续办学；而卫梓松因病未跟随迁校，久病煎熬，坚决不受敌人利用，最后服毒自杀。

迁回广州石牌原校址，复员委员会，聘请名师

　　1945 年抗战胜利后，中山大学筹划回广州石牌原校址，组成复员委员会。之后，各地师生陆续回到母校。但在复员过程中，发生沉船事件，罹难师生近百人。

原本在粤北坪石的教师刘英智、黄培芬、卫宝葵、丁纪凌、李学海、符罗飞、邹爱瑜等人也回到原石牌校址继续授课。1945年年底，工学院聘请拥有多年执教及执业经验的夏昌世（1928年毕业于德国卡尔斯普厄工业大学建筑专业，考取工程师资格；1932年毕业于德国蒂宾根大学艺术史研究院，获博士学位）任建筑工程学系教授，隔年接系主任（1946—1947年）。同时期，教务长邓植仪介绍林克明到建筑工程学系任教授（1945年年底）。1946年夏昌世任系主任期间，又聘请在重庆大学建筑工程系任教时（1941—1943年）的同事龙庆忠与陈伯齐任教授，隔年，龙庆忠任系主任兼工学院院长（1947—1951年），1951年陈伯齐任系主任（1951—1952年）。1949年杜汝俭被返聘回任教授（1949—1952年）。1950年对城市建设工作感兴趣的林克明，经广州市建设局工作的老同事、老朋友金泽光介绍，担任黄埔建港管理局规划处处长（朱光副市长委任），便离开了教职。

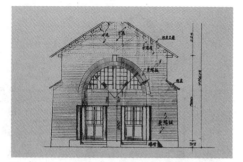
图4-330 清洞文学院礼堂（兼膳厅、大课室）（虞炳烈）

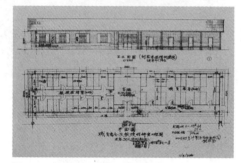
图4-331 车田坝职员宿舍与教授招待所（虞炳烈）

4.5.10 （上海）圣约翰大学土木工程系建筑组

三级教学，土木工学院、土木工程系建筑组、建筑工程系

（上海）圣约翰大学原为一所教会书院，创建于1879年。1913年添设大学院，开始招收硕士研究生，形成了预科、本科、大学院的"三级教学"等级。1925年学生因五卅惨案罢课，校方便宣布停学，部分师生愤而离校，另组建（上海）光华大学。1936年学校又开始招收女生，逐渐发展成一所综合性教会大学，拥有5个学位、16个系。

曾就读于（上海）圣约翰学校的学生有杨宽麟、范文照，杨宽麟于1900年住校学习，后到文学院攻读英文专业，1909年以优异成绩（第一名）毕业，后任"圣约翰大学"高中部教员。范文照于1913年入土木工程系学习，毕业后留校任教，任土木工程系算术测量教授，1919年赴美留学，入（美国）宾夕法尼亚大学建筑系就读。（上海）圣约翰大学的土木工学院还未成形前，李锦沛和过养默皆曾任教于土木工程系，李锦沛于1929年任兼职教授，过养默于1937—1940年间任兼职教授。之后，（上海）圣约翰大学土木工程系逐渐发展成土木工学院。

20世纪40年代初杨宽麟被聘为土木工学院院长，兼任土木系系主任。虽然杨宽麟是"土木"背景出身，但他与"建筑"接触颇深，又是"基泰"的合伙人，便有意在学院体系下设建筑系。1942年杨宽麟邀请从（美国）哈佛大学设计研究生院毕业的黄作燊，一起筹划在土木工程系高年级成立建筑组。

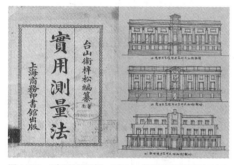
图4-332 《实用测量法》（左）、黄培芬教材图例（右）

图4-333 黄培芬教材图例

图4-334 抗战建国纪念塔毕业设计（詹道光）

图 4-335 （广州）中山大学第 19 届工学院毕业生合影

之后，建筑组在环境和办学条件、资源不足的情况下发展成建筑工程系，由黄作燊任系主任及专职教师，主讲"建筑原理"、"建筑理论"课并指导"建筑设计"课。建筑工程系第一届学生有 5 人，其中白德懋、李滢、李德华、虞颂华这四位学生皆从土木工程系转来。由于学校学分制的关系，这些既修过"土木"又修"建筑"的学生，后来都获得双学位。在杨宽麟主持工学院的岁月中（1940—1950 年），工学院得到很大的发展，学生逐年增加，师资也不断补充，培育出数百名学生。之后，他还被选为校务委员会主任，襄助圣约翰大学校务发展。

聘请教师，专长任教

1945 年杨宽麟还介绍鲍立克（Richard Paulick，毕业于德国德累斯顿工程高等学院，曾在格罗皮乌斯事务所工作。参与包豪斯的建校工作。二战后，其夫人因犹太籍身份受到迫害，当时包豪斯也被迫解散，两人便辗转来到中国。德国近代建筑师、教育家）前来任教，教"建筑设计"、"室内设计"、"都市计划"等课程。不久后，鲍立克也创办了鲍立克建筑事务所和时代室内设计公司。

另外，还有教"西方建筑史"的海吉克（Hajek，匈牙利建筑师、教育家），以及教"房屋构造学"的白兰德（Brandt，毕业于英国伦敦建筑协会建筑学院，是黄作燊的同学，他父亲在上海创办英商泰利洋行，英国近代建筑师、教育家）。系主任黄作燊还聘请著名园林专家程世抚教"园艺建筑"课，聘请水彩画家程及教"水彩画、炭笔画"课。

艺术和技术并重，文科和工科并修，鼓励实习，接触社会，参照包豪斯，摆脱学院派教育

建筑工程系创建初，土木工学院院长杨宽麟和系主任黄作燊皆认为建筑学教育应艺术和技术并重，即文科和工科应并修。

课程设置方面，低年级的公共课部分设有国文、英文、物理、化学、数学、经济等课程，以加强学生在人文、科学方面的训练，学生可到其他院系选修，同时要求选修经济；低年级的专业基础课部分设有应用力学、材料力学、图解力学、投影几何、机械制图等课程，以加强学生在专业技术、基础方面的训练和铺垫。当时与土木系一起上课，鼓励学生利用寒暑假外出实习，参与到民间单位的绘图、做模型、设计和工程工作，接触社会，学习高校教育以外所给予的知识和经验。

绘画、美术训练方面，设有建筑绘图、铅笔画、木炭画、水彩画等课，占总课程量的比例不多。其中，绘画作为一门基础课程，要求学生由绘画或其他表现工具来体现对一件事物设计上的想象力和创造力，并要求动手操作，进行各种抽象或具象的构成练习（线、面、体块、空间等），培养学生的设计能力；并加设一门模型课，用模型来指导学生探索形体和空间发展的可能性。

从课程内容来观察，绘画的训练贴近"包豪斯"的基础课程，训练过程摇摆于"艺术"与"非艺术"之间。这套教学方法由师从沃尔特·格罗皮乌斯的黄作燊引入，企图摆脱传统学院派教育对古典的模仿，大胆地进行"现代"空间探索，是中国建筑学教育发展史上由"古典"向"现代"的一次转型和尝试。

设计和理论并行，关注近代建筑

到了高年级，开始加强学生对于设计、历史与技术方面的训练，"建筑设计"是重点课程，从二年级贯穿到毕业，与"建筑理论"课同步进行，以理论作为设计演练前的铺垫和导引，通过讲解和探讨理论来了解建筑和时代、生活、社会等面向之间的关系，这也不同于学院派教育的古典构图、比例与美学的训练。

另外，还设有建筑历史、建筑原理、室内设计、园艺建筑、都市计划、钢筋混凝土、钢铁计划、结构学、结构设计、电线水管计划、平面测量等课程。其中在"建筑历史"课部分，着重在近代建筑的教学，关注建筑中的时代、背景、科学、技术、经济、价值等议题，介绍和批判建筑家，探讨理论的本质。还聘请建筑史专家讲授西方古代建筑史，让学生通盘地了解各时代的建筑样式，并着重在历史建筑背后产生的理性分析。

"传统"和"现代"的某种融合，时代性、社会性

在学风中，现代主义或现代建筑的教学成了建筑工程系培

图 4-336 （上海）圣约翰大学校园空中一瞥

图 4-337 （上海）圣约翰大学教学楼

图 4-338 （上海）圣约翰书院校景

图 4-339 1929年（上海）圣约翰大学唱诗班

图 4-340 1929年校长卜舫济带领学生前往（北平）燕京大学访问

图 4-341 建筑系学生（右四：李德华；右一：王吉螽）

图 4-342 建筑系学生（右起：樊书培、华亦增、沈祖海、李德华）

图 4-343 学生登记册（左）、考卷（右）

图 4-344 教师评图（左起：白兰特、钟耀华、郑观宣、黄作燊、王大闳）

图 4-345 （上海）同济大学校门

养的主轴。教师们并不赞成将大屋顶式样的中华古典风格教给学生，而关注更多的是用"现代"的空间、材料来暗喻"传统"的特点，企图在教学中寻求"传统"和"现代"在某方面的融合。

此外，也更关注现代建筑中的时代性与社会性，鼓励学生到社会实习，参与实践，到一些公部门去了解政府运作状况及建立城市与建筑秩序的过程，以此训练学生既能当一位个性化建筑师，也能当一位社会型建筑师。同时，建筑工程系也不时举办讲座，邀请各方面领域的专家来给学生讲解关于时代的新潮流与动向。

学生动向

1942年后，（上海）圣约翰大学建筑工程系招收学生先后有：白德懋、李滢、李德华、虞颂华（1945届），张肇康、程天中、卓鼎立（1946届），程观尧、曾坚（1947届），翁致祥、罗小未、樊书培、籍传实、王吉螽、张庆云、鲍哲思、何启谦、华亦增、王轸福、张宝澄、周文藻、周铭勋（1948届），沈祖海、欧阳昭、徐志湘、韦耐勤、郭敦礼（1949届），舒子猷、徐克纯、张抱极、朱亦公（1950届），周文正（1951届），郭丽蓉、江天筠、范政、唐云祥、陈宏荫、陈亦翔、富悦仁、关永昌、郭功熙、李定毅、刘建昭、吕承彦、倪顺福、潘松茂、沈志杰、汤应鸿、汪佩虎、王儒堂、翁厚德、徐克纲、姚云官、曾莲菁（1952届）。

部分学生曾工作于鲍立克的设计公司（鲍立克建筑事务所和时代室内设计公司），有李德华、王吉螽、程观尧，部分留校当助教，有李德华、王吉螽、翁致祥等。

1949年后，外籍教师纷纷离系，留校助教加上其他回校任教的新教师（白德懋、罗小未、樊书培、李滢、王轸福等）组成一批青年师资力量，协助黄作燊办学。1952年全国院系调整，教师们随（上海）圣约翰大学建筑工程系一同并入（上海）同济大学建筑系。

图 4-346 1952 年（上海）圣约翰大学建筑系师生合影。黄作燊（前排左一）、王吉螽（前排右一）、罗小未（中排左一）、
李德华（后排右一）

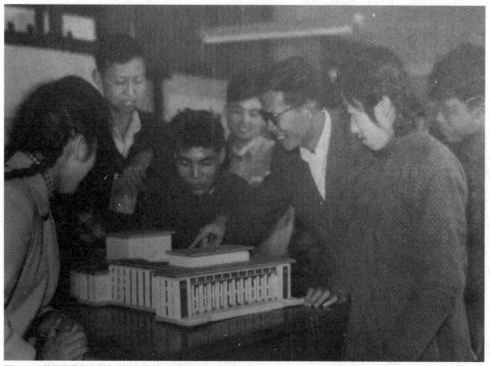

图 4-347 教师指导学生制作歌剧院模型

图 4-348 1950 年（上海）圣约翰大学土木系外出实习测量队

图 4-349 建筑系教师参加拔河比赛

5. 近代建筑相关执业形态的破啼而生

5.1　关于营造厂

5.1.1　设计与建造的华洋碰撞

"现代化"的建筑技术与理论于19世纪40年代后导入中国，对中国传统建筑文化和价值观产生了冲击。

碰撞和微妙的变化，"华洋共生"的构筑

1840年鸦片战争后，因条约的签订，洋人在华可获特权（领事裁判权和传教权）及可在通商口岸租屋和建房的条约（《南京条约》、《虎门条约》等），驱使许多洋人纷纷来华发展，在通商口岸附近租用一批民房，作为教堂、学校、医院等用途，后陆续建造教会学校、教会医院、教堂、圣教书局、领事馆，这批建筑砖木混合结构居多，以柱梁形成拱卷结构的外廊为主要特征，前期用青红砖砌筑，2、3层楼高，后期用红砖砌筑或清水砖墙，3、4层楼高，带有2、3面外廊，这种样式原本盛行于印度、东南亚一带，后经英国人带进中国，先在广州十三行立足，后北上，传入上海、汉口、天津一带，称之为"外廊样式"。而"华洋之间"对于设计与建造行为上的碰撞和微妙变化便在这批"外廊样式"房子中展开。

一开始，中国工匠不太懂这些房子的施工、技术工法（承重墙系统）。洋人传教士、官员在建造房子时，都是自己亲自设计，草绘图样并指导施工，再雇用中国工匠进行施工建造。因地域的关系，建造房子时，必须使用当地材料（桐油灰砖、土坯砖、青砖），或因气候和外在条件，以"因地制宜"的方式酌量参详当地的技术工法（抬梁式木构架），或直接由中国工匠加以改造。因此，当时的房子多以中国工匠使用传统方法建造，及在外观上遗留下当地材料和工法的痕迹，房子的构筑就成了一种"华洋共生"的方式，更重要的是，也让中国工匠逐渐地知晓西方"现代化"的施工、技术工法。

19世纪下半叶，洋人建筑师开始来到中国实践，开班授课，传授西方"现代化"的建筑工艺，让中国工匠有系统地学习，更深入地了解。

相互磨合，"折中"建造，市场竞争

甚初，"华洋之间"除了技术和沟通（中国工匠难读懂洋人的图纸、存在语言隔阂等）的困难外，彼此常有着心态上的排斥与牵制，及对彼此文化与美学上的对抗。中国工匠常自想为了生活，要放弃自己熟悉的中国传统建造方式，而了解西式"现代化"建造方式，于是，常修改技术工法，使得房子的建造不完整，产生许多华而不实、技术粗糙的房子。由于彼此对建造价值观的隔阂与落差，产生了允长的磨合时期（19世纪中叶到19世纪末）。在磨合过程中，中国工匠接触越来越多的施工项目（洋人房子），经验不断地积累，也冲击到原本熟悉的传统建造模式（木结构体系），迫使必须从中学习洋人的设计与建造经验，排斥的观点逐渐地减少，中国工匠试图把它转化为一种助力，将中西两方的技术方法结合并提升，形成一套折中的建造方法，并进而参与到市场的竞争、投入到工程投标中。

19世纪下半叶，中国工匠以工程承包、工程投标的方式进入建筑实践市场。刚开始是零散的个体或是有限的群体，并没有有效地组织起来，当建筑的生产日趋复杂化，需依靠集体合作完成，同时为了适应建筑发展的需要，于1880年第一家中国营造厂产生，由杨斯盛创设，是较早有组织的营造团队。但此时期中国人对于建造的思维仍停留在传统工匠"实作、营造"的观念，对纯"设计"着墨较少，即是以"现代工匠"的承包商与营造商的角色进入到实践领域。一方面传统水木作坊也开始在转型，告别"作坊式"经营模式，投入到市场中竞争。

图 5-1 古代工匠，属"个体户"，没有组织

图 5-2 工匠常为官府修建宫殿、官署、衙门等设施

图 5-3 锯匠、瓦匠、竹匠、油漆匠等

图 5-4 手工业工作者

图 5-5 鲁班，为战国时工匠，泥木工匠之开山鼻祖

5.1.2 营造厂前身——水木作坊

营造厂前身——水木作坊始于明代。

个体户，服劳役

中国古代的工匠是属于个体户性质，没有组织，通常以服劳役的方式来建造房子，施工前被临时召集，施工后即随之解散。

编入匠籍，手工业工作者，隶属官府

元代时，工匠为官府所强制征调居多，并编入匠籍（匠人户籍，是中国古代户籍，一般分民籍与军籍。匠籍是主要户口，工匠和军匠地位皆低于民户），只要是从事手工业工作者都入匠籍，隶属于官府，子孙世代承袭，不得脱籍改业，常为官府修建宫殿、官署、衙门、寺庙等设施，匠籍也因此限制了工匠行独立自主经营的权力。

住坐与轮班，以"银"代"役"

到了明朝，匠籍制度下的工匠改为住坐和轮班两种，住坐匠为原籍于京师及附近地区者，只需每月服役 10 天，轮班匠则是住于原籍及远离京师地区，分 5 年一班（木匠）和 4 年一班（锯匠、瓦匠、竹匠、油漆匠等），两班轮流赴京服役劳动，无任何补偿，盘缠自理，剩余时间自己支配，可自制成品出售。在制度稍放宽下，工匠成了半自由的手工业工作者，但仍有多数工匠因劳役繁重、严酷剥削，不堪忍受而流亡逃避，为了缓和这种状况，明成化年间（1485 年），以"银"代"役"，即"班匠银"（官府对工匠征收的代役金），规定工匠愿意出"银"者，如：南方"工匠"出白银 9 钱者，可免赴京；北方"工匠"出白银 6 钱者，随即批放；而不愿出"银"者，仍要当班。

一条鞭，新工匠形态

明嘉靖年间（1562 年）曾推行一条鞭法（施行于地方的新法，各项杂款、均徭、力差、银差、里甲徭役等，一律改收银两），以纳税、征银代替劳役，不准工匠自赴京师服劳役，每人每班征银一两八钱，分 4 年征缴，工匠通过纳税、征银后获得自由，成为独立的手工业工作者，可在茶馆等地与雇主取得雇佣关系，随着匠籍制度的改革逐渐地深化，让工匠比以往更自由，之后，多数工匠（明崇祯朱由检年间已达 500 多人）以纳税来换取自由之身，同时也促进了民间手工业生产的发展，致使产生出新的工

匠形态——水木作坊。到了清朝，清政府决定废除匠籍制度，工匠从此了获得了自由的身份。

水木作坊，依地域各自立帮

清道光年间出现水木作坊——是工匠在历史演变过程中，逐渐形成的一个民间工匠组织团体，用来承建工程，组织构成以师徒、家族、同乡为主，而作头则是水木作坊的组织者。作坊中分有木工（建造木构架、制作门窗）、泥工（砌墙粉刷）、雕锯工（雕刻装饰）、石工（剔凿石块）、竹工（制造竹器）等。水木作没有固定的作头和工匠，包工头承接工程后，才到茶馆、大街小巷等地招募工匠，而各工种工匠的费用由作头分给各工种的档手，若工程浩大，通常档手下面还有小包头。在木作工匠的领域分大木作和小木作，大木作即为各工种之首，其他工种（木工、土作、瓦作、石作）工程中的尺度、式样等皆需经大木作同意才可施作，小木作即为家具、装饰等加工的木工。一般大工程由官员主持兴建，小工程则让资深、有经验的大木作来统筹。

总之，水木作坊始于明代，盛行于清朝，属于民间性质，依地域各自立帮（江苏、上海、绍兴、宁波帮），上海等地乡镇水木作坊曾捐资购地建鲁班殿（鲁班为战国时著名工匠，被后人奉为泥木工匠之开山鼻祖），每年鲁班诞辰纪念日各地工匠皆云集于此，举办纪念活动。水木作坊的传统工匠形态一直持续到19世纪80年代末，直到中国营造厂的出现才逐渐转型。

5.1.3   第一家中国营造厂创设及其营造的"师承"和"社会"关系

泥水手艺，砌筑灶头，房屋修理，学英语，熟悉"现代化"工法

杨斯盛（1851—1908年，字锦春，小名阿毛，上海川沙八团乡青墩（现蔡路乡）杨家宅人，后更名为杨斯盛），幼年丧父母，由婶娘抚养长大，自幼家境贫寒，生活穷苦，13岁时外出谋生，暂时投靠到上海哥哥那边，并经由他介绍到工地学习泥水活，杨斯盛刻苦认真学习，泥水手艺进步神速，于是有了一技之长，成了泥水匠师傅。

19世纪中叶的茶馆（是供人泡茶品茗的店铺，始于唐朝开元年间，713—741年间，称茗铺，宋代杭州茶馆称为茶肆，清代茶馆发展成大众娱乐场所）是汇聚大众用来休闲、娱乐之场所，也是各路生意消息的发源地。杨斯盛为了洽谈生意经常去茶馆，久了就成熟客，与茶馆老板、员工都熟识。有一次，茶馆老板请他帮忙翻修灶头，翻修完受到茶馆老板赞赏其砌的灶好用，样式新颖，发火旺大，所以，除了砌墙，杨斯盛也是一名砌灶专家。修好灶的佳事很快被传开，之后，就被一位海关厨师请去海关砌筑灶头，顺便就留在海关做些房屋修理工作。杨斯盛工作认真，技术手艺又好，工作状况和成果很使人满意，于是结交了一群洋人朋友，同时学会了英语。又有一次，杨斯盛拾金不昧的举动，受到苦主的赞赏。他将拾到的一个皮包（内有外币和银票）原封不动地等着苦主出现，并交还给他，让苦主好生激动的表示感谢，而这位苦主是（英商）公平洋行大班阿摩尔斯，记下了诚实的杨斯盛。由于阿摩尔斯的赏识，也为杨斯盛迎来新的工程机会，之后，杨斯盛就受公平洋行委托建造沪、宁等地的缫丝厂房和砌灶，期间熟悉了一套"现代化"的建筑技术、施工方法，同时也积累下资本，为以后的创业做准备。

杨端泰营造厂，工程承包，投入竞标、接标，为中国人争光

1880年杨斯盛在阿摩尔斯的支持下在上海开设杨端泰营造厂——是中国近代第一家营造厂。杨端泰营造厂办理了工商注册登记，采取包工不包料或包工包料的方式，接受工程承包，也竞标，一开始并没有

图 5-6 茶馆用来休闲、娱乐，也是各路生意消息的发源地

图 5-7 杨阿毛洽谈生意经常去茶馆

图 5-8 旧江海北关（1857 年建成）

图 5-9 新江海北关（1893 年建成）

图 5-10 杨斯盛（左）、胡适题字（右）

固定工人，采分包方式分工种给二包头，由二包头招募工人，而营造厂只设内部管理人员，施工人员依工程方式向外界招募，签订雇佣关系的合同，此经营方式逐渐被同业所接受并发展开来。

1891 年因原本旧江海北关（1857 年建成）年久失修、破败陈旧，海关税务司决定建造新江海北关，由英国工程师设计，样式新颖，突破旧江海北关的"中华古典"风格的建筑形式，以西式折中语言呈现，4 层楼加中间 6 层塔楼的设计，但结构、构造方式极其复杂，建造难度相当大，非一般没实力、能力之营造商能够承揽。新江海北关原本由意大利营造商中标兴建，但工程初步进行时，就遇到困难，新址位在黄浦江外滩边上，滩地临江，土质松软且地下水位高，在软地基兴建高楼存有高度风险，意大利营造商打桩时，地下水位不断地上涨，桩也无法打下去，于是就停工，无法兴建，而建筑营造业同业也不敢接标。就在此时，杨斯盛已经营营造厂 10 年多时间，对"现代化"营造、技术工法很熟悉，且也了解和掌握上海地质的特性，在经过深思熟虑后，杨斯盛决定接标，意大利营造商也欣然同意（为了不耽误工期）。

杨斯盛决定接标的原因，除了工程技术上有控制能力外，也跟中国人意识有关，在那个大环境下，建筑、营造市场皆是洋人所把控的局面，中国人能出头发声的机会很难，也不多，刚好碰上新江海北关这个项目机会，他决定在世人、洋人面前大展身手，以建造象征中国主权、国家门户的海关大楼来扬眉吐气，为中国人争光！

近代营造业泰斗

由于工程极度地困难，同业们都为杨斯盛担心，而他自己也深知责任的艰难和重大，于是坚定自己和施工团队的信心，步步为营地要求工程的完善和质量，组织好工程流程，详尽每一工种、工序之间的衔接，亲自下工地督工，做得不好的重做，严格审查把关，精心施工，在他和团队的刻苦努力下，终于在 1893 年完工。海关对建成大楼进行验收后，十分地满意，同业也为之赞赏，更为中国人争了一时的光彩，由中国营造工匠完成，也显示出中国营造团队不输洋人。杨斯盛一战成名，成为中国近代首屈一指的营造业泰斗。

新的营造团队与杨斯盛之间的关系

19 世纪末，中国营造业不断地壮大并延伸发展出去，新的营造厂是由杨瑞泰营造厂和洋行房产部管理人员分支出去独立成为新的一批施工团队，及衍生部分的社会（请益、合作）关系，比如：顾家增（顾兰记营造厂主持人）、赵增涛（赵新泰营造厂主持人）、周瑞庭（周瑞记营造厂持人）是从杨斯盛分支出去成立新的营造团队；江裕生（江裕记营造厂主持人）和杨斯盛是惺惺相惜的合作关系；杨斯盛主动提出与张继光合办营造厂；姚锡舟（姚新记营造厂主持人）曾慕名登门请教过杨斯盛；张效良（久记营造厂主持人）追随杨斯盛，捐款成立上海水土业公所；俞积臣（余洪记营造厂主持人）崇拜杨斯盛，支持杨斯盛建造重修"鲁班殿"；魏清涛（魏清记营造厂主持人）撇开地域和同行竞争的门户之见，大力支持杨斯盛成立上海水木业公所，两人成为挚友；王松云（王发记营造厂主持人）与杨斯盛是好友，曾投资入股杨瑞泰营造厂并为工程垫资。

杨瑞泰营造厂——杨斯盛系统的如下：

师徒、师承关系（直接或间接）：

顾家增（1853—1938年，号兰州，晚号剑斋老人，上海川沙八团乡青墩杨家宅人）是杨斯盛同乡，父亲早亡，由母亲抚养长大，家境贫寒，曾乞讨为生，11岁到上海当学徒，学习木匠手艺，之后在轮船上当木工师傅，之后在俞积臣那当过木工工头，学到不少木工技艺，后跟随杨斯盛做木工小包。顾家增工作认真，受到杨斯盛的器重，被提升到监工，参与到新江海北关的建造过程。由于工程原因需接触洋人，于是就自学英语，结识一些洋行（沙逊洋行、马海洋行、新瑞和洋行等）中的洋人，建立起关系，成为日后承接工程项目的渠道，1892年顾家增脱离杨斯盛，自办（上海）顾兰记营造厂。

周瑞庭（1869—1949年，字名莹，浦东高桥周家滨人）早年学习木匠出身，后在杨端泰营造厂和顾兰记营造厂工作承包工程，1895年自办（上海）周瑞记营造厂。

赵增涛（1866—1937年，号文照，小名羽涛，上海川沙八团乡青墩杨家宅人），13岁时随父亲到上海学习水泥匠，后拜杨斯盛为师，工作非常认真，深得师傅的赞赏，职位也渐进提升，由小包到档手师傅，参与新江海北关建造工程，在工地现场受杨斯盛亲自教导，手把手教学方式，分外深刻，赵增涛获益良多。1894年赵增涛离开杨斯盛，自办（上海）赵新泰营造厂，后大力支持师傅杨斯盛创办上海水木业公所，并捐款任董事。

沈祝三（1877—1941年，浙江宁波人），幼年父亲病逝，读过私塾，家境贫寒后无力续读，跟随母亲到各地做临时工，学木匠工艺，后跟随舅舅到上海帮工，通过在汉协胜营造厂任职的孙仁山结识王文通（当时在杨瑞泰营造厂任职），复经王文通介绍推荐到杨瑞泰营造厂工作，任监工一职。沈祝三除了任监工外，又与张继光、邵春荣等另组协盛营造厂（资本皆由杨斯盛先投资），协助处理工程事务。（上海）协盛营造厂承包（英商）平和洋行的工程，英商征得杨斯盛同意，指派沈祝三前往汉口主持营造工程，后（上海）协盛营造厂便将汉口业务交给沈祝三负责，沈祝三就于1908年创办（汉口）汉协盛营造厂。

请益、提携关系（慕名与投资）：

姚锡舟（1875—1944年，名锦林，上海川沙人，出生在上海南姚），幼年父亲早亡，家境贫寒，没法求学，从小就自谋生路，曾从事过沿街叫卖的小贩、球场球童（英租界网球场，习得初步英语沟通）与保安工作，过着有一日没一日的生活。之后经人介绍到上海租界工部局当马路小工，开始造路，结识一些外籍工程师，经由他们介绍认识其他工程师，获得工程项目。姚锡舟当工期间，刻苦勤奋，受作头的赏识，被提升为班首及包工头，曾慕名登门请教杨斯盛关于工程方面的问题，再加上自己努力学习钻研工法，营造技艺日益精进，掌握一套技术、施工工法，于1900年自办（上海）姚新记营造厂。

张继光（1882—1965年，浙江宁波人），少年父亲因病去世，家境陷入困难，靠母亲种田维生，16岁时经二伯（上海石顺记营造厂账房）介绍到（上海）何祖记营造厂当学徒。何祖记营造厂有着传统的师徒制，张继光跟着师傅学习木匠技艺，还需侍奉师父母，之后报名上夜校学英语，为的是能跟洋人打样间沟通工程问题。同时，更加强对施工流程和细节的详尽，不断地钻研各个环节，从工程预算的编列到现场监工，无一不细细掌握，逐渐熟悉营造业务。有一次，张继光被老板派去茶馆参加聚会，结识到杨斯盛，他俩聊过后，杨斯盛惜才，认定张继光为不可多得的后起之秀，刻苦干练，有意帮助，之后再次见面时，杨斯盛主动提起与张继光合办营造厂，资本皆由杨斯盛先投资，在1900年张继光就创办（上海）协盛营造厂。

图 5-11 周瑞庭（左）、沈祝三（右）

图 5-12 姚锡舟（左）、张继光（右）

图 5-13 江裕生（左）、余积臣（右）

图 5-14 陶桂林（左）、张效良（右）

图 5-15 谢秉衡（左）、孙德水（右）

同乡、追随关系（赞助与捐款）：

江裕生（1855—1938年，上海南汇周浦镇人），早年到上海学泥工，师从著名工匠张裕泰，学得一身好手艺。之后洋人传教士借住他家，彼此认识后，洋人就帮江裕生介绍业务，接触到一些洋行（玛礼逊洋行、倍高洋行等）建筑师，自此工程项目接踵而来。1874年江裕生自办（上海）江裕记水木作，后改为（上海）江裕记营造厂。杨斯盛兴建新江海北关成名后，江裕生非常佩服，为同是浦东老乡和中国营造界感到骄傲，当杨斯盛于1894年主持修建鲁班殿时，江裕生大力支持并捐款赞助，鲁班殿得以重修，并在此成立上海水土业公所（上海营造业帮、宁波营造业帮、绍兴营造业帮共同成立）。1908年上海水土业公所开成立大会，营造业同行都参加，选蔡瑞堂、周瑞庭、沈文卿、奚瑞良、周荣照、张裕田为新董事，江裕生与顾家增等同行力推杨斯盛任上海水土业公所领袖董事，而顾家增任副领袖董事。

张效良（1883—1936年，原名毅，上海南汇沙渡庙人），父亲是锯工出身，1881年开设福隆久记木行。张效良从小生活在木行，协助父亲经营木行，在学习木行业务之余，还上夜校攻读土木建筑课程，及学英语。在熟悉业务及营造技术知识后，兴起承包工程的念头，以木行的名声招揽工程项目，成立（上海）久记营造厂。1906年追随杨斯盛，捐款成立上海水土业公所，1910年当选为董事，1911年被顾家增推荐当选上海水土业公所董事长。

俞积臣（1862—1930年，字有增，浙江余姚人），出生在木匠世家，从小随父亲学习木匠工艺，属于粗木匠（细木匠是制作；粗木匠是建造房屋），逐渐从放样、选材、立柱等技法中掌握营造技艺，之后承包小型工程项目，1895年创办（上海）余洪记营造厂。俞积臣崇拜杨斯盛，支持其建造重修鲁班殿，捐银320两。1908年杨斯盛逝世后，俞积臣继承杨遗志，游说同行，在顾家增、江裕生等支持下，于1911年成立沪绍水木公所。

好友、合作关系（同行与同乡）：

魏清涛（1854—1932年，浙江余姚人），祖上经营木行。早年，魏清涛在上海学木匠工艺，之后独立开业，于19世纪末创办魏清记营造厂，是绍兴帮营造业代表人物，杨斯盛则是上海浦东帮营造业代表人物，在杨斯盛提出成立上海水土业公所时，魏清涛撇开地域和同行竞争的门户之见，大力支持成立并捐银，之后与杨斯盛成为好友，曾帮助杨斯盛解决工程资金短缺及工程进度的问题。

陶桂松（1879—1956 年，小名阿蔡，上海川沙八团乡青墩杨家宅人）受魏清涛栽培，后于 1920 年自办（上海）陶桂记营造厂。陶桂松出身于务农家庭，家境贫寒，之后独自到上海谋生，先到瓦筒场当木模工，1908年魏清记营造厂招募水木工匠，陶桂松报名，后被录取，勤奋工作、认真努力的陶桂松深得魏清涛的喜爱，决定栽培他，分包工程给陶桂松负责，之后陶桂松自立门户。

王松云（1857—1939 年，字志庆，上海浦东高桥费陆宅人），幼年读过私塾，家境贫困，随父亲学习泥水工技艺，习得一身砌筑技巧，之后去一家营造厂做泥工小包头，结识同乡杨斯盛，成为好友，当杨斯盛筹办营造厂资金短缺时，王松云鼎力相助，投资入股杨瑞泰营造厂，并为杨斯盛承接的工程垫资，积极呼应杨斯盛筹办上海水木业公所，捐款赞助，之后杨斯盛也成为王松云承接工程项目的担保人，1908 年王松云自办（上海）王发记营造厂。

5.1.4 营造商与建筑师之间的关系

营造团队成形，姓氏与姓名为公司名

在 19 世纪末，中国营造团队相继成形，到了 20 世纪 20 年代初，中国营造厂已有数十家正式登记，华人开设 30 多家，洋人开设 20 多家，而华人代表性营造厂有杨瑞泰营造厂、江裕记营造厂、顾兰记营造厂、裕昌泰营造厂、协盛营造厂、余洪记营造厂、姚新记营造厂、王发记营造厂、周瑞记营造厂、久记营造厂。其中，杨瑞泰营造厂是营造厂的始祖，顾兰记营造厂、协盛营造厂、周瑞记营造厂、赵新泰营造厂、姚新记营造厂皆由杨瑞泰营造厂分支出去，成为新一代的营造力量，是营造业发展的一条主线。

中国营造厂多数以创办人"姓氏"、"姓名"为公司名，也因常与洋人打交道，多附上营造厂的英文商号。内部成员有厂主（创办人）、账房、工地看工，与工人则是雇佣关系，于任务前至市场上雇工。而从杨瑞泰营造厂和它衍生的新一代营造厂（顾兰记营造厂、周瑞记营造厂）及其他营造厂，多数与工部局、洋行、洋企业、洋机构、洋人建筑师、洋人工程师为首的洋人系统打交道，及有着业务关系。名单如下：

上海江裕记水木作（1874 年创办），承建原上海德华银行、原上海德国总会；

上海杨瑞泰营造厂（1880 年创办），承建原上海新江海北关大楼；

上海顾兰记营造厂（1892 年创办），承建原上海怡和洋行、原南京英国领事馆、原北京英国公使馆、原上海太古洋行、原上海先施公司；

上海余洪记营造厂（1895 年创办），承建原上海英国领事馆、原上海跑马厅总会看台；

上海周瑞记营造厂（1895 年创办），承建原上海扬子大楼、原上海礼查饭店、原上海俄罗斯领事馆；

汉口明昌裕营造厂（1898 年创办），承建原汉口颐中烟草公司、原汉口西商跑马场、原汉口隆茂打包厂；

上海久记营造厂（1899 年创办），承建上海东方饭店；

上海魏清记营造厂（19 世纪末创办），承建原上海西桥青年会、原汉口江汉关大楼、原汉口亚细亚石油公司、原汉口太古洋行、原汉口花旗银行等；

上海协盛营造厂（1900 年创办），承建原日本驻上海总领事馆、原上海东方汇理银行；

上海姚新记营造厂（1900 年创办），承建原上海德律凤电话公司、原上海工部局大楼、原上海法国总会、原上海英美烟草公司；

汉口汉协盛营造厂（1908 年创办），承建原汉口保安大厦、原汉口横口正金银行、原汉口景明洋行、原汉口亚细亚洋行、原汉口汇丰银行；

汉口康生记营造厂（1908 年创办），承建原美国海军青年会、原扬子江饭店；

汉口汉合顺营造厂（1908年创办），承建汉口宝顺洋行；

上海王发记营造厂（1908年创办），承建原上海汇中饭店、原上海虹口救火会；

上海新仁记营造厂（1910年创办），承建原上海特区第二法院监狱、原上海沙逊大厦；

上海裕昌泰营造厂（1910年创办），承建原上海麦边洋行、原上海有利银行、原上海亚细亚银行、原上海怡和洋行；

汉口兴汉昌营造厂（创建时间不明），承建原汉口电灯公司、原英文楚报大楼；

汉口广大昌营造厂（创建时间不明），承建原汉口巴公房子、原汉口俄国巡捕房。

而部分营造厂与华商、华人也有着业务关系，名单如下：

上海久记营造厂（1899年创办），承建上海城隍庙重建；

上海魏清记营造厂（19世纪末创办），承建原上海永安公司、原上海商务印书馆；

上海协盛营造厂（1900年创办），承建原上海大清银行、原上海福新面粉厂、原上海纱布交易所等；

汉口汉协盛营造厂（1908年创办），承建原汉口三元里、承建原汉口共和里、承建原汉口德华里、原汉口南洋兄弟烟草大厦；

汉口康生记营造厂（1908年创办），承建原汉口长清里、义祥里、伟英里、联保里、如寿里、公德里等；

汉口汉合顺营造厂（1908年创办），承建原汉口华商赛马公会、原汉口大清银行、原汉口中国银行、原汉口汉安村；

汉口永茂隆营造厂（创建时间不明），承建汉口咸安坊、同兴里；

汉口袁瑞泰营造厂（创建时间不明），承建汉口咸安坊；

汉口阮顺兴营造厂（创建时间不明），承建汉口泰安坊、联怡里；

汉口陈茂盛营造厂（创建时间不明），承建汉口和利冰厂。

另外，洋人营造团队的组成，部分是由早期洋行转投资开设营造厂，部分是新创办的营造厂（以建筑公司命名）。内部成员有厂主（创办人）、账房、买办（由懂英语的华人担任），及工程监理室、材料堆场和工场等设施，规模较华人营造厂完整。

中国营造厂的兴旺，洋人营造厂的淡出

到了20世纪30年代后，政府列国政计划加强国内建设，项目增多，市场活跃，建筑师事务所不断地合办及开设，营造厂亦是，呈现一片行业兴旺的景象。此时，各省各地都已有较具规模的中国营造厂（分甲、乙等级营造厂），且都有健全的组织部门，总部设在办公楼内，及设有材料场地与建筑制品加工场，固定会面向社会招募劳务，因此吸引到政界、金融界、银行界、实业界、房地产界的入股加盟，有些营造厂在各地设立分厂，有了"跨区承包"工程的模式，同时洋人营造团队逐渐地淡出中国建筑市场，而中国营造厂与中国建筑师、房地产商之间形成紧密的合作关系，承建许多中国建筑师、房地产商设计或投资的项目。

营造厂（依区域分）承接建筑师之项目如下：

天津：

天津振元木器厂承建原天津扶轮公学校南北楼（建于1918—1921年间，庄俊设计）；

天津复兴公司承建原天津中原百货公司大楼（建于1927—1928年间，基泰工程司设计，关颂声、朱彬主导）；

天津惠通成木厂承建原天津基泰大楼（建于1928年，基泰工程司设计，关颂声、杨廷宝主导）；

天津申泰营造厂承建原湖南省邮政管理局办公楼（建于1935—1937年，卢镛标设计）——跨区承包。

青岛：

青岛美化营造厂承建原青岛市礼堂（建于1934—1945年间，基泰工程司设计，郑德鹏主导）。

汉口：

汉口汉协盛、汉口袁瑞泰、汉口永茂隆营造厂和上海六和公司等合伙承建武汉大学（建于1929—1935年间，缪恩钊任

监造工程师）；

汉口汉协盛营造厂承建原汉口四明银行（建于 1934 年，卢镛标设计）、原汉口金城银行（建于 1930—1931 年间，庄俊设计）、原汉口金城里（建于 1930—1931 年间，庄俊设计）；

汉口明昌裕建筑公司承建汉口江汉村（建于 1936 年，卢镛标设计）；

汉口李丽记营造厂承建原武汉大陆银行（1934 年建成，庄俊设计）、原武汉大陆坊（1934 年建成，庄俊设计）、原汉口华商柴海楼（建于 1936 年，卢镛标设计）、原聚兴诚银行汉口分行（建于 1936 年，张境设计）；

汉口泰兴营造厂承建原沙市邮局大楼（建于 1936—1937 年间，奚福泉设计）—跨区承包。

上海：

上海赵新泰营造厂承建原上海银行公会大楼（建于 1925 年，东南建筑设计，过养默主导）；

上海泰康工程行承建原上海金城银行（1926 年建成，庄俊设计）、原南京铁道部大楼（1930 年建成，范文照、赵深设计）、原上海中国银行虹口大楼（1936 年建成，陆谦受、吴景奇设计）—跨区承包；

上海姚新记营造厂承建南京中山陵第一期（建于 1926—1929 年间，吕彦直设计）、原南京国民政府外交部大楼（建于 1933—1934 年间，华盖建筑设计）—跨区承包；

上海新金记康号营造厂承建南京中山陵第二期（建于 1927—1930 年间，吕彦直设计）—跨区承包；

上海馥记营造厂承建南京中山陵第三期（建于 1929—1931 年间，吕彦直设计）、广州中山纪念堂（建于 1929—1931 年间，吕彦直设计）、原重庆美丰银行（1935 年建成，基泰工程司设计，杨廷宝主导）、原上海大新公司（1941 年建成，基泰工程司设计）—跨区承包；

上海江裕记营造厂承建原上海八仙桥基督教青年会大楼（建于 1929—1931 年间，李锦沛、范文照、赵深设计）、原上海中华基督教女青年会大楼（1933 年建成，李锦沛设计）、原南京中央博物院（1933 年建成，兴业建筑设计，徐敬直、李惠伯主导）—跨区承包；

上海陆根记营造厂承建原南京励志社总社（建于 1929—1931 年间，范文照、赵深设计）、上海百乐门舞厅（1933 年建成，杨锡镠设计）—跨区承包；

上海辛丰记营造厂承建原上海王伯群故居（建于 1930—1934 年间，柳士英设计）、原大夏大学群贤堂（1932 年建成，柳士英设计）；

上海梁记营造厂承建原上海新华路 483 号花园别墅（建于 1930 年，顾梦良设计）；

上海怡昌泰营造厂承建原上海中国国华银行（建于 1931—1933 年间，李鸿儒设计）；

上海新金记祥号营造厂承建原上海南京饭店（1931 年建成，杨锡镠设计）；

上海周瑞记营造厂承建原上海四行储蓄会（1932 年建成，庄俊设计）、原上海浦东同学会（1936 年建成，奚福泉设计）；

上海久记营造厂承建原大上海大戏院（建于 1932—1933 年间，华盖建筑设计）、原上海涌泉坊（建于 1937 年，华信建筑设计，杨润玉、杨元麟、周济之主导）；

上海王发记营造厂承建原上海四明新村（1933 年建成，凯泰建筑设计，黄元吉主导）；

上海仁昌营造厂承建原上海恒利银行（1933 年建成，华盖建筑设计，赵深主导）；

上海新仁记营造厂承建原上海都城饭店（1933 年建成，奚福泉参与设计）；

上海新亨营造厂承建原中国银行南京分行（1933 年建成，陆谦受、吴景奇设计）—跨区承包；

上海朱森记营造厂承建原上海特别市政府大楼（1935 年建成，董大酉设计）；

上海张裕泰营造厂承建原上海市博物馆、原上海市图书馆（建于 1934—1935 年间，董大酉设计，由王华彬、庄允昌、刘慧先，刘鸿典等协助）；

上海久泰锦记营造厂承建原上海中国航空协会陈列馆及会所（建于 1934—1935 年间，董大酉设计）；

上海长记营造厂承建原上海孙克基妇孺医院（1935 年建成，庄俊设计）；

上海费新记营造厂承建原南京新都大戏院（1935年建成，李锦沛设计）—跨区承包；

上海建华建筑工程公司承建原南京大华大戏院（建于1935年，基泰工程司设计，杨廷宝主导）—跨区承包；

上海泰兴营造厂承建原汉口中央信托公司（建于1936年，卢镛标设计）—跨区承包；

上海陶桂记营造厂承建原上海中国银行大厦（1937年建成，陆谦受吴景奇吴景奇设计）、上海美琪大戏院（1941年建成，范文照设计）；

上海申泰营造厂承建原金城银行南京分行（建于1946年，陆谦受设计）—跨区承包。

南京：

南京建华营造厂承建原南京中央医院（建于1931—1933年间，基泰工程司设计，杨廷宝主导）；

南京朱森记营造厂承建原南京中央研究院地质研究所（建于1931年，基泰工程司设计，杨廷宝主导）；

南京余洪记营造厂承建原金陵女子大学（建于1922—1923年间，亨利·墨菲、吕彦直设计）；

南京王竟记营造厂承建南京中山陵行健亭（1933年建成，华盖建筑设计，赵深主导）；

南京顺源营造厂承建南京福昌饭店（1935年建成，华盖建筑设计）；

南京裕信营造厂承建原南京国际联欢社（建于1935—1936年间，基泰工程司设计，梁衍主导）；

南京新金记康号营造厂承建原南京美国顾问团公寓大楼（建于1936—1945年间，华盖建筑设计）、原南京中央研究院总办事处（建于1947年，基泰工程司设计，杨廷宝主导）；

南京中华兴业营造厂承建原南京瑞士公使馆（建于1936—1937年间，华盖建筑设计，赵深主导）；

南京陈明记营造厂承建原金陵大学图书馆（建于1936年，基泰工程司设计，杨廷宝主导）；

南京三合兴营造厂承建原南京中央大学附属牙科医院（建于1936—1937年间，基泰工程司设计，杨廷宝主导）；

南京馥记营造厂承建原国民党中央监察委员会（建于1936—1937年间，基泰工程司设计，杨廷宝主导）、原南京馥记大厦（建于1947—1948年间，兴业建筑设计，李惠伯、汪坦主导）；

南京六合营造厂承建原南京中央研究院历史语言研究所（建于1936年，基泰工程司设计，杨廷宝主导）。

建筑师、事务所常合作之中国营造厂如下：

华信建筑（杨润玉、杨元麟、杨锦麟）—上海久记营造厂；

基泰工程司（关颂声、朱彬、杨廷宝、杨宽麟、关颂坚）—天津复兴公司、天津惠通成木厂、青岛美化营造厂、上海馥记营造厂、上海建华建筑工程公司、南京建华营造厂、南京朱森记营造厂、南京裕信营造厂、南京新金记康号营造厂、南京陈明记营造厂、南京三合兴营造厂、南京馥记营造厂、南京六合营造厂；

东南建筑（过养默、吕彦直、黄锡霖）—上海赵新泰营造厂；

华盖建筑（赵深、陈植、童寯）—上海姚新记营造厂、上海久记营造厂、上海仁昌营造厂、南京王竟记营造厂、南京顺源营造厂、南京新金记康号营造厂、南京中华兴业营造厂；

凯泰建筑（黄元吉、杨锡镠、钟铭玉）—上海王发记营造厂；

兴业建筑（徐敬直、杨润钧、李惠伯）—上海江裕记营造厂、南京馥记营造厂；

庄俊—天津振元木器厂、汉口汉协盛营造厂、汉口李丽记营造厂、上海泰康工程行、上海周瑞记营造厂、上海长记营造厂；

柳士英—上海辛丰记营造厂；

范文照—上海泰康工程行、上海陆根记营造厂、上海陶桂记营造厂；

吕彦直—上海姚新记营造厂、上海新金记康号营造厂、上海馥记营造厂；

董大酉—上海朱森记营造厂、上海张裕泰营造厂、上海久泰锦记营造厂；

卢镛标—天津申泰营造厂、汉口汉协盛营造厂、汉口明昌裕建筑公司、汉口李丽记营造厂、上海泰兴营造厂；

李锦沛—上海江裕记营造厂、上海费新记营造厂；

吴福泉—汉口泰兴营造厂、上海周瑞记营造厂、上海新仁记营造厂；

杨锡镠—上海陆根记营造厂、上海新金记祥号营造厂；

中国银行建筑课（陆谦受、吴景奇、黄显灏）—上海泰康工程行、上海新亨营造厂、上海陶桂记营造厂、上海申泰营造厂。

图 5-16 永亨营造厂（左）、陆根记营造厂（右）

5.2 关于房地产业

5.2.1 居住问题和房市兴起

避难后居住问题的产生，洋人主导建房、发战争财

19世纪中叶，天地会（Heaven and Earth Society，又称洪门，于1663年后兴起，清朝民间反对清政府的秘密组织）的分支"小刀会"（自备小刀，以求互保，与反清复明无关）在厦门成立，成员有游民、农民、工人、商人等，广东人占半数，于1853年秘密结党，打着"反清复明"口号，在上海一代发动起义。清政府从江南大营（清文宗咸丰皇帝督令绿营官兵在太平天国天京城外的正规军部队）抽调兵力，前往镇压、围剿，但久攻不下。当时，上海一带租界里的洋人保持中立，不参与战事，许多"小刀会"的供给经由租界来运输，部分美英军队还予以帮助，与清军爆发武装冲突。最终清军败退，死伤300余人，"小刀会"占领上海宝山、南汇、嘉定、青浦等地，总部设在豫园，建立"大明国"。

图 5-17 朱森记营造厂（左）、安记营造厂（右）

战争中，"小刀会"未与洋人为敌，没有攻击租界里的人，但却给租界外的华人带来灾难，租界内安然无事，租界外战火震天，城里尽是烧毁的房子，市民便涌入租界避难，租界成了当时的和平区。

原本清政府和英、法、美等国协议"华洋分居"，租界内只住洋人，不住华人，但"小刀会"的战事打破了这项协议，大量的华人纷纷涌入租界里生活与经商，包括有江浙乡绅、难民等。来到租界的华人身上都携带着积蓄，部分人便向洋人租房居住。但一时人如潮涌，房子数量供不应求，无法满足大量华人居住，房租也跟着飙涨，洋人与洋行顺势大发，看准时机，从原本只卖鸦片转而开始建造起"简易木板房"，再以高额的租金租给华人，洋人从中获利。在分隔英法租界的洋泾浜两岸，建起一排排简易小木屋，暴涨的房租金，让洋人、洋行赚进大笔的金钱，成为租界最主要的税收来源，许多洋行（沙逊洋行、怡和洋行、仁记洋行、通和洋行、太平洋行、泰来洋行、荣康洋行、长利洋行等）看准房市的大好情势，纷纷转进房地产业，当

图 5-18 桂兰记营造厂（左）、仁昌营造厂（右）

图 5-19 馥记营造厂

图 5-20 褚抡记营造厂

图 5-21 租界外战火震天，市民便涌入租界避难

图 5-22 战争后，避难居住问题产生

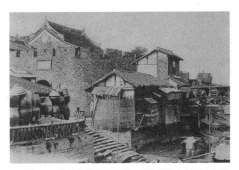

图 5-23 房子数量供不应求，无法满足大量华人居住

图 5-24 简易房子

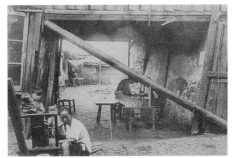

图 5-25 木构系统建成的房子

起开发商，迎来了中国近代"第一波"房地产兴盛时期（1853—1880 年）——由洋人、洋行充当了房地产业的投资者，即发战争财。

老石库门，"中国性"，华人式房地产经营，房市没落

当时，"简易木板房"是木构造系统建成的房子。之后，开发商转而建起高 2、3 层的小楼，改为砖木结构承重，有独户和联排式，用来供人出租，称之老石库门，样式也慢慢在演变。老石库门的样式类似于江南地区传统的院落，"中国性"风韵甚浓，3—5 开间，前后各有出入口，立面的中央就是石库门，设有围墙，与外界形成隔绝，内部厢房围绕着一个天井，形成一个相对独立、安静的居住领域。受外来文化的影响，在建筑细部上是西方和中国古典的装饰融合，"混杂"与"折中"的语言体现在老石库门上，受社会上层人士的欢迎。

一开始房地产商只租不卖，后来又租又卖，有钱的华人（乡绅、买办）便把整批房子买下，再分租出去，倾向于一种华人式的房地产经营（买下租出）模式，多数是"个体经营"。之后，"太平天国"灭亡（1864 年），战事平息，租界里的华人返回家园，空出很多房子，而建造中的房子纷纷停工，让花大把银子投资的房地产商濒临破产的边缘，华人（乡绅、买办）投资者也血本无归。而银行、钱庄也把资金投入到房市里，都出现经济危机，银行、钱庄濒临倒闭，房市一度没落（1890 年后）。

房市于各地的活跃，华商介入房地产业

20 世纪 10 年代前后，濒临改朝换代。因为租界是革命党和军阀不敢造次和冒进的地区，各省各地租界便成为清皇族、遗老和官员选择避难和居住的地方，他们纷纷买房定居，有分布最广的上海租界外，还包括有北京的东交民巷、天津的各国租界（日、英等国）、大连租界、青岛租界、汉口、广州租界等，日后产生许多名人故居。当时清皇族、遗老和官员也将积蓄钱财存在当地银行，而华界也因革命成功纷纷展开新的建设，华洋租界内的经济、房地产市场蓬勃的发展，带来新一波民国时期的房市繁荣景象，而原本城市建设落后于洋租界的华租界，也逐渐拉短差距，华商相继地投入房地产业，迎来了中国近代"第二波"房地产兴盛的时期（1900—1925 年）——由华商介入房地产业，成为可以与洋商抗衡的开发商。

城市建设下的房市发展，政治主导

20 世纪 20 年代末，北伐战争结束，民国政府定都南京，

制订了《首都计划》、《大上海计划》，在各省各地也因政局安定纷纷进行着新建设，如：1927年的柳州市政设施、1935年的青岛市施行都市计划。

《首都计划》始于1927年，是民国政府对南京市的都市计划文件，着重在道路系统之规划、市郊公路计划、水道之改良、自来水计划、电力厂之地址、电线及路灯之规划等一系列城市硬件建设，同时对官方和民用的建筑有着一番建造，包括原南京铁道部大楼（1930年，范文照、赵深设计）、原南京国际联欢社（1936年，梁衍、杨廷宝设计）、原南京首都饭店（1933年，华盖建筑设计）、原南京最高法院（1933年，过养默设计）、原南京华侨招待所（1933年，范文照设计）、原南京外交部大楼（1934年，华盖建筑设计）、原南京中央医院（1933年，杨廷宝设计）、原南京新都大戏院（1935年，李锦沛设计）、原南京大华大戏院（1935年，杨廷宝设计）、原南京国民大会堂（1936年，奚福泉设计）等。《首都计划》的城市建设，活络了南京的建筑实践市场，带动了一波波房市发展。

《大上海计划》始于1929年，是建设上海新城市中心所制定的计划，区域在翔殷路以北、闸殷路以南及淞沪路以东一带（今上海杨浦区殷行街道、五角场镇、五角场街道及新江湾区内），包括有市中心区域和附近港口、铁路计划等。《大上海计划》经发行公债和出售土地的方式筹集资金，建造一批上海新政治中心和民用建筑，包括原上海特别市政府大楼（1933年，董大酉设计）、原上海市图书馆（1935年，董大酉设计）、原上海市博物馆（1935年，董大酉设计）、原上海市立医院（1935年，董大酉设计）、原上海卫生试验所（1935年，董大酉设计）、原上海中国航空协会陈列馆（1935年，董大酉设计）、市光路和民府路的36幢别墅群等。《大上海市计划》也带动了这一带的房地产业。

以上，民国时期两项具代表性的重要城市计划，是政局稳定后的建设，政府掌握主控权，是中国近代"第三波"房地产兴盛的时期（1927—1937年）——由政治力量带动的。

西南大后方的房市，华人主导

20世纪30年代中后期，抗日战争爆发，国民政府和平民移至西南（昆明、贵阳、重庆等）避难和发展，导致此区域内的人口越来越多，出现房市需求的现象，原本抗战前的房租、房价不算高，但战争爆发后，房租、房价迅速暴涨。

图5-26 砖木结构建成的房子

图5-27 城市中，难民临时居住的房子

图5-28 独户和联排式建筑由有钱华人买下房子再分租

图5-29 公寓式里弄住宅

图5-30 华人职员的家居生活

图 5-31 北京东交民巷，华商（清皇族、遗老和官员）
介入房地产业

图 5-32 天津租界，华商（清皇族、遗老和官员）介入
房地产业

图 5-33 西南大后方的房市需求

图 5-34 战争爆发后，重庆的房租、房价迅速暴涨

图 5-35 传统商帮，华商崛起并介入房地产业

在昆明，当时北方高校（北京大学、清华大学、南开大学）从长沙向西南迁，知名的文化人（冯友兰、闻一多、梁思成、林徽因、朱自清、沈从文等）也来到昆明，有的自己建造房子（梁思成、林徽因等），有的租房（闻一多、朱自清、沈从文等），相对活络了昆明一带的房市，房价、地价上涨飞快。但由于市区房租太高，居住不易，于是许多人迁至郊区居住，当时房东因发战争财成了让人羡慕的职业。

重庆因地理位置的特殊性成为国民政府的"陪都"，政府机关（国民政府的行政院、考试院、监察院、立法院、司法院）、学校、难民也纷纷撤到重庆，"陪都"让重庆也汇聚了国民政府的官吏。从1938年开始，撤往重庆的人逐年增多，人口增长数倍，人越来越多，空房就越来越少，原因有二：部分被租赁、买卖；部分被轰炸、烧毁。所以，也导致房租与房价暴涨，许多难民因供需少与租金高，选择与人并租，一家民房常挤上数10户人家，有的也在江岸边搭起简易房子居住，当时房市需求日益强烈，建设量也增多，是中国近代"第四波"房地产兴盛的时期（1937—1945年）——处于战争时的间歇性的房市发展，兴盛于局部省份、地区。

战争时，房价被哄抬高是一项历史的规律，因烟硝过后必有房荒，而炸弹也把物业费哄抬高，因战争时期的社会秩序混乱，为了安全住户需缴交保护费。而战争时期的选房与非战争时期较不一样，原因有：①因市中心的房子大部分为城市中的重要建筑（政府机关、银行、商场、学校等），成为敌军轰炸的目标，因此，这些建筑旁边的房子不能买；②虽然，城市中夜晚灯火通明的地段是娱乐的中心，常汇聚人气，但却成为敌军轰炸的目标，这附近的房子也不能买；③高层带有电梯的公寓也不能买，要买只能买低楼层（1—3层，当时较贵），因楼房被轰炸时，高楼层最先遭殃毁损，低楼层还能躲过一劫，可快速逃离；④轰炸时，地下室最安全，所以房价、房租最贵。

战后的复原与产业复兴

1945年抗日战争胜利后，原本移至西南大后方的国民政府与平民陆续返回原城市（南京、上海、广州等）。由于这些城市因战争所带来的大量破坏与房屋毁损，以及人员返回后的房市需求，急需进行建设，在短时间内提供住房，便迎来了中国近代"第五波"房地产兴盛的时期（1945年后）——属于战后的复原与产业复兴。

图 5-36 花园洋房内的一家浴室，仿欧式风格，豪华至极

图 5-37 中产阶级生活水准的公寓住宅

5.2.2 华商的形成和投资

近代商贸，"商帮"、华商的崛起

中国传统社会以农业为本，奉行"重农抑商"的政策，对商业贸易关注不高，认为农业是人民衣食和富国强兵的来源，重农才能增加农业的劳动力与农民的生产性。到了19世纪，随着国门的打开，"现代化"的资讯导入，沿海城市成为对外的通商口岸，如：上海、宁波、天津、大连等，出现了沿海商业贸易经济，商贸活动进一步扩大，商人不断地增加，势力也进一步扩张。

明清以前，"商帮"是中国传统社会较早出现的帮会组织，由民间自发组织，组成性质各异，有从事传统产业商贸性质的盐帮、丝帮、茶帮；从事交通运输商贸性质的船帮、马帮、驼帮；属于同乡关系性质的浙江帮、福建帮、广东帮。明清以后，中国近代形成了"十大商帮"，依地区分布分别是晋商（山西一带）、徽商（安徽黄山、安徽绩溪县、江西婺源县）、陕商（陕西一带）、闽商（福建一带及部分客家商人）、粤商（广东一带）、赣商（江西一带）、苏商（江苏苏州一带）、宁波浙商（江浙宁波一带）、龙游浙商（浙江中西部一带）、鲁商（山东一带）等。这些"商帮"和"商帮"里的大商人兴起，改变和活络了原本传统农业或手工业的市场体系，"商帮"成为了联系传统产业与市场之间的桥梁，其中以晋帮、徽帮、浙商、粤商最为著名，他们积聚大量资本，资金雄厚，活动范围广阔，活跃于19世纪到20世纪上半叶间。因此，"商帮"的出现，加上市场贸易的来临，及日后政府官员投入商贸活动，便迎来了中国近代一批华商的崛起。

"租赁"是房市主要的构成部分

中国近代"商帮"进入房地产业始于19世纪70年代后。早在19世纪60年代房地产业兴起时，"租赁"是房市主要的构成部分，当时华人（有钱的乡绅）买下洋人兴建的简易房，再分租出去，以收取高额的租金，利润相当可观，华人开始介入房地产业，但当时未形成风气，只是"个体户"经营方式。19世纪70年代后，以"租赁"为主的房地产业进入稳定发展时期，不管华人或洋人（房地产商）皆以"租赁"为经营模式，此时期出身于买办世家的徐润（1838年—?，又名以璋，字润立，号雨之，别号愚斋，广东珠海人，中国近代上海买办、商人、工商业活动家）也投资房地产业。

民间的华商，租地，低价买土地，借贷资金造屋，高价卖出

徐润原本以经营茶叶为主，曾与唐延枢（1832—1892年，初名唐杰，字建时，号景星，又号镜心，广东香山县唐家村人，中国近代买办、商人、工商业活动家）等一同创办上海茶叶公所。在经营茶叶数年间，是中国茶叶输出最兴旺时期，徐润也被称为"中国近代茶王"，积累下不少资本后，徐润看中房地产业的振兴，开始投资，以现有房子作抵押，从钱庄和银行贷得资金，购得新产，再将新产作抵押，并借贷资金，就这样不断地获取资金后，以低价买进土地，过段时间，以高价卖出，再从别处购得土地，然后盖房子，是"炒地"兼"炒房"。到了1884年，徐润已拥有3000多亩地、洋房50多所、房屋2000多间，每年收获"租赁"银两达12万余元，名下有上海地丰公司、宝源祥房产公司、业广房产公司、广益房产公司、先农房产公司等多家公司，在"华商"当中已是地产大王。

南洋刘氏兄弟刘尊德（刘承干）、刘崇德（刘梯青）、刘景德（刘湖涵）也是崛起于20世纪初的房地产大王。刘崇德（1876年—?，字渊叔，号梯青，廪贡生，直隶省候补道员，钦加三品衔，因办山西赈捐，奏保二品顶戴，赏戴花翎，特赏头品顶戴，正一品封典）曾与同乡庞赞臣、张伯琴、俞富岩集资筹建营崇裕丝厂（新中国成立后称杭州新华丝厂），建成后投入使用，为浙江一带大型缫丝企业。同时，他拥有大量房产，于20世纪前后，购买

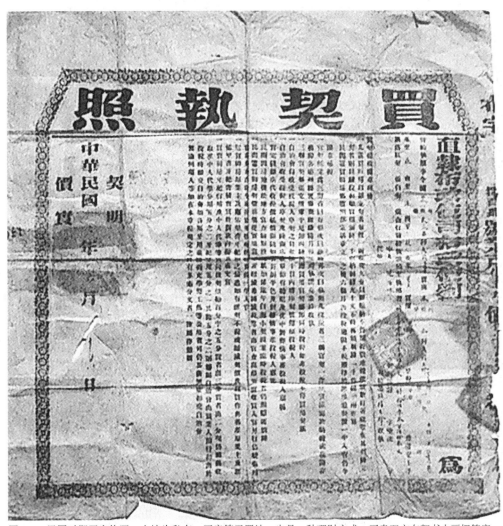

图 5-38 民国时期买房执照，土地为私有；买房等于置地，也是一种理财方式，买卖双方在契书上画押签字，交易即完成

大量土地建造房屋并出租，成为当时有名的房地产业主，而刘景德则任总账房，把刘家经营得有条不紊，使刘家在房地产和金融界信誉卓然。到了 20 世纪 20 年代，刘家在上海、扬州、杭州、青岛、汉口、长沙等地皆有房地产，在原上海景云大楼设房地产总账房，在青岛、汉口、扬州设分账房，刘氏兄弟也名列《上海总商会会员录》的（1928 年 4 月出刊）16 家房地产大户之一。民国时期的民族资本家（谭同兴、叶澄衷、周莲堂、贝润生等）也投资房地产，让房地产业成了当时最热门的职业，并刺激到建筑业的发展，许多的建筑项目不断地被设计及建造。

著名的吴中贝氏家族，是吴中四富之一（四富：戈、毛、毕、贝）。房地产商十三世贝润生（1872—1947 年）曾在瑞康颜料行当学徒，任经理后将颜料行发展起来，数年间成了颜料业巨头，及当选上海商务总会议董。之后投资滋康瑞记钱庄、瑞昶盛记钱庄、宝丰安记钱庄等，并投资房地产业，致富后，拥有各类房屋近千幢，大量房产，成为中国近代房地产业新兴力量。

周浩泉（1896—1977 年），江苏无锡人，毕业于（上海）交通大学土木工程系，曾在中国公学、澄衷中学任数理教员。1925 年筹办竟成造纸厂，任厂长。1929 年辞厂长职务，从事房地产经营，先租得二亩余土地，并采取分期领取押款的方式取得贷款，设计建造 30 幢新式里弄房屋（3 层），以最低造价建成，作出租使用，之后，他便以"租地造屋"的方式，在各地置房产，获取巨大利润。1931 年创办三兴地产公司，专门做房地产收租和房屋设计业务，还于 1933 年投入营造业，创办三兴营造厂，投资开办天生纱厂和惠民银行。

官方的华商，强占，官办，官商合办，控制房产和土地

在 19 世纪，中国近代城市的房地产业者有清政府、机构团体、教会、房地产商和其他企业等，其中洋人所兴办的教会最多，分散在各省各地（哈尔滨、北京、天津、青岛、汉口、上海、广州等城市），土地和房产皆为教会所有，是属于利用条约协议及口岸开放的方式取得中国土地，租界就是占有土地的一种房地产模式，而租界以外，也被洋人银行和资本家购买。19 世纪下半叶，清政府洋务派人士创办近代企业，购买大量土地，创办工厂，发展近代军事和工业，占有土地面积很庞大。到了 20 世纪初，许多近代企业家（张之洞、盛宣怀等）已占有不少土地和房屋，而清政府、北洋政府时期的一些官僚、军人（李鸿章、段祺瑞、阎锡山、曹汝霖、孙传芳、张学良等）也因创办工厂、公司（启新洋灰公司，煤矿场等）及兴建医院，或自购土地，占有大片房屋和土地，这些人也就成为了房地产大户。日后，部分人当大地主兼商人，经营房地产业。

另外，民国时期的"四大家族"（指 20 世纪上半叶，控制中国政治，经济命脉的四个家族，即蒋介石家族、宋子文家族、孔祥熙家族和陈果夫、陈立夫家族）垄断金融体系，使官僚资本在近代经济中占重要地位，当时"官办"银行是所有银行总数 75%，其余银行也都是"官商合办"或资本家"商办"，而这些金融机构的房产和土地大部分归"四大家族"所有，"四大家族"便通过"官办"和"官商合办"控制民间工商企业，也控制大量房产和土地。因此，从清政府到民国，部分"近代官僚"和"四大家族"可称之为官方的"华商"。

5.2.3 房地产与建筑业、建筑师之间的关系

契约、项目的商业与买卖、房地产业建筑

20 世纪初，房地产与建筑业之间的关系是密不可分，房地产业的兴起为建筑业带来了建设的机会，而建筑师与房地产开发商形成了一种"契约"关系，让建筑师与项目进入到商业、买卖、开发的过程。而

中国近代城市在20世纪初不断地"城市化"，大量的建设市场和高额的利润吸引了境内外资金的涌入，中国成为了世界投资的重要国家，以房地产为主，而投资房地产也成为银行金融资本变相保值和增值的手段，可以预防金融风险。

20世纪20年代末，从中央到地方等城市进行了一系列的城市建设计划（《首都计划》、《大上海计划》、《柳州市政设施》、《青岛市施行都市计划》等），吸引各界对房地产的投资，也带动了"计划"周边的建设发展，为建筑业带来繁荣的景象，各行各业也都投入建设行列，形成了一股以投入房地产业的风潮，从洋行、房地产商（洋商、华商）、银行金融资本（洋商、华商）、家族企业、政府官员、前朝遗老等开始大量的投资盖房子，且以建成的房子来彰显本身雄厚的经济实力，中国近代建筑师也因此活跃于房地产业建筑当中。

以洋行为首的投资（洋行自建洋行大楼、办事处或兴建其他建筑）——沙逊洋行兴建沙逊大厦、都城饭店、河滨公寓等。

以教会为首的投资（教会自建教堂或兴建其他建筑）——美国基督教青年会（宗教性质的社会服务团体，国际性的组织）投资兴建保定、济南、南京、宁波、南昌、成都、福州、武昌等地的青年会会堂（1923年后，李锦沛设计），清心女子中学（1930年，李锦沛设计），上海八仙桥基督教青年会大楼（1931年，李锦沛设计），上海中华基督教女青年会大楼（1933年，李锦沛设计），美国长老会投资兴建上海中华基督教会鸿德堂（1927年，杨锡镠设计）等。

以银行为首的投资（银行自建银行大楼或兴建其他建筑）——浙江兴业银行投资兴建原浙江兴业银行天津分行（1921年，沈理源设计），上海浙江兴业银行（1931年，华盖建筑设计）；上海银行公会（由信诚、中国通商、四明、浙江兴业等国内华商银行于1918年发起组织的上海金融团体）投资兴建上海票据交换所（1925年，东南建筑设计）；金城银行（金城与盐业、中南、大陆4家北方私营银行通称为"北四行"，之后广设分支机构，将原本在北方的总行或总管理处移至上海营运）投资兴建上海金城银行大楼（1926年，庄俊设计），汉口金城银行（庄俊设计），汉口金城里（1931年，庄俊设计）；中国银行投资兴建安徽芜湖中国银行（1927年，柳士英）；大陆银行投资兴建汉口大陆银行（庄俊设计）、汉口大陆坊（1934年，庄俊设计）；某银行投资兴建上海富民会馆（1930年代，庄俊设计）；交通银行投资兴建哈尔滨、大连、济南、青岛、徐州等分行（庄俊设计）；交通银行投资兴建福州、南通、杭州等分行（1930年代，刘鸿典设计）；"北四行"（原大陆、中南、金城、盐业四家银行）投资兴建上海四行储蓄会（1932年，庄俊设计）；大陆银行投资兴建上海大陆商场（1935年，庄俊设计）；中国实业银行投资兴建汉口中国实业银行（1935年，卢镛标设计）；四明银行投资兴建汉口四明银行（1936年，卢镛标设计）；中国银行投资兴建上海中国银行大厦及各地分行、行员宿舍（1930年代，陆谦受、吴景奇设计）；万国储蓄会投资兴建毕卡弟公寓；四行储蓄会投资兴建上海国际饭店等。

以保险公司为首的投资（保险公司自建大楼或兴建其他建筑）——香港爱群人寿保险公司投资兴建广州爱群大厦（1937年，陈荣枝、李炳垣设计）等。

以房地产公司为首的投资（地产公司自建大楼或兴建其他建筑）——天津房地产济安公司投资兴建 天津民园西里（1939年，沈理源设计）等。

以教育事业为首的投资（学校兴建规划和兴建校园建筑）——金陵女子大学投资兴建校舍（1923年，亨利·墨菲、吕彦直设计）；天津南开学校倡议兴建天津南开中学范孙楼（1929年，阎子亨设计）；天津耀华学校投资兴建天津耀华学校教学楼等（1930年代，阎子亨设计）；北洋工学院增建北洋工学院工程学馆等（1936年，阎子亨设计）；清华学校投资规划校园和兴建四大建筑"大礼堂、体育馆、科学馆与图书馆"（1914—1920年，庄俊设计和监造）；上海真茹暨南大学投资兴建校舍等（1923年，东南建筑设计）；东南大学委托兴建东南大学科学馆（1927年，杨锡镠设计）；交通部南洋大学投资兴建体育馆（1926年，杨锡镠设计）；上海大厦大学投资兴建校舍（1930年，柳士英、董大酉设计）；上海圣约翰大学投资兴建交谊室（1929年，范文照设计）；南京中央大学投资兴建（1930年代，虞炳烈）；广东省立勷勤大学投资兴建校舍（1935年，林克明）；广州中山大学投资兴建校舍（1935年，杨锡宗、林克明、郑校之、胡德元、余清江、关心舟设计）；湖南大学投资兴建抗战迁校临时校舍和原址校舍（1941年，蔡泽奉、刘敦桢、柳士英设计）；东北工学院投资兴建校舍（1950年代，

图 5-39 原（上海）金城银行　　图 5-40 原（汉口）金城银行

图 5-41 原（上海）中国银行堆栈仓库　　图 5-42 原（上海）中国银行大厦

图 5-43 原（天津）盐业银行　　图 5-44 原浙江兴业银行天津分行

图 5-45 原（上海）八仙桥基督教青年会　图 5-46 原（上海）清心女子中学

图 5-47 原（上海）南京大戏院　　图 5-48 原（昆明）南屏大戏院

图 5-49 原（北京）清华大学男生宿舍　图 5-50 原（南京）中央大学南大门

图 5-51 原（广州）第一公园　　图 5-52 （广州）黄花岗七十二烈士墓园

刘鸿典、黄民生、王耀、侯继尧设计）；中山医学院投资兴建校舍（1950 年代，夏昌世设计）。

以图书出版事业为首的投资（书局、出版社自建大楼或兴建其他建筑）——中华书局投资兴建中华书局广州分局（1936 年，范文照设计）；商务印书馆投资兴建长沙商务印书馆（1937 年，柳士英设计）。

以政府名义的投资（国政城市建设下的官署建筑与政府工程）——国民政府投资兴建原南京中央研究院地质研究所、南京中山陵音乐台、南京谭延闿墓、原南京中央医院、原南京中英庚子赔款董事会办公楼、原南京国民党中央党史史料陈列馆、原南京国民党中央监察委员会、原南京资源委员会背躬楼、原南京招商局候船楼、原南京国民党中央通讯社办公楼等（以上皆由基泰工程司设计）。

以个体户为首的投资（政府官员、前朝遗老、营造商、收藏家、商人等）——由营造巨商与收藏家谭敬投资兴建上海华业公寓（1934 年，李锦沛设计）；交通部次长（民国行政机关）兼"铁路同人教育会"会长叶恭绰委托兴建天津扶轮公学校（1919 年，庄俊设计）；上海医学院妇产科教授孙克基投资兴建上海孙克基妇孺医院（1935 年，庄俊设计）；浙江商人顾联承投资兴建上海百乐门舞厅（1931 年，杨锡镠设计）；广东商人江耀章投资建造上海大都会舞厅（1934 年，杨锡镠设计）；四行储蓄会天津分会经理胡仲文投资建设天津永定里（1937 年，阎子亨设计）。

御用，代表性，常用、委托和循环的合作关系

以上所列只是部分行业投资房地产业和建筑业，从中可发现中国近代建筑师的踪迹。在银行业的角度来说，用金融资本投入房地产并兴建大楼，其目的是让本身资本、资金可达到保值、增值的目的，建筑师受银行业委托设计大楼，将获很高的声望和话语权及与其他银行合作的契机。这种情况加强了建筑师与金融界、银行界之间的关系，于是，部分建筑师成了中国近代银行的"御用"建筑师（庄俊—金城银行、大陆银行、交通银行；陆谦受、吴景奇—中国银行）或"代表性"建筑师（沈理源—天津一带代表；庄俊—上海、汉口等地代表）。因此，银行业向房地产大量投资兴建，委托建筑师设计，建筑师又获得其他银行业投资房地产的委托任务，形成了一种"银行业"—"房地产业"—"建筑师"—"银行业"—"房地产业"项目委托和循环的合作关系。

有的成了教会建筑的"御用"建筑师（李锦沛于 1923 年，他被美国基督教青年会全国协会派遣到中国，担任驻华青年会办事处副建筑师，协助主任建筑师阿瑟·阿当姆森的设计工作，先后负责设计了保定、济南、南京、宁波、南昌、成都、福州、武昌等地的基督教青年会会堂）。有的成了戏院建筑的"常用"建筑师（早年，华盖建筑的赵深因在原南京大戏院的优异设计能力，获得何挺然的赏识，借以，又再度接到何挺然投资原大上海大戏院，与陈植、童寯共同设计，之后又承接原昆明大逸乐大戏院、原昆明南屏大戏院）。有的成了校园建筑的"常用"建筑师（基泰工程司承接原沈阳东北大学北陵校园总体规划设计、清华大学第二阶段校园规划设计、原南京中央大学部分校舍设计、原成都四川大学规划及校舍设计；杨锡宗承接原广州中山大学总体校园规划及第一期校舍设计）。有的成了景观建筑的"常用"建筑师（杨锡宗承接原广州第一公园设计、广州黄花岗七十二烈士墓园设计、广州十九路军淞沪抗日阵亡将士陵园设计）。

5.3 关于公职、公务、工务和技职（中央、地方）

5.3.1 清政府时期——任职于中央或地方

跨越三个朝代，活跃于清政府时期，生于 19 世纪 70、80 年代

中国近代建筑的执业活动始于清朝，发展跨越了三个朝代（清朝、民国、新中国）和四个时期（晚清末年、北洋政府或军政府、国民政府、新中国）。

最早于清政府时期就已活跃在政治、教育和社会层面的一批人，其中以生于19世纪70年代的乐嘉藻、凌云洲、沈琪、朱启钤、周惠南、陈嘉庚、华南圭、贝寿同、张锳绪、金殿勋、徐鸿遇、许士谔、裴璞、杨传福和部分生于19世纪80年代的赵世瑄、周运法、齐兆昌为主，他们皆于19世纪末、20世纪初接受完传统教育或新式教育，或自学后踏入社会。

既受传统教育又受新式教育

乐嘉藻、朱启钤是清末举人出身，两人皆投身教育事业，但是两者所处区域、形态、职位、内容有所不同。朱启钤远离故乡，待在京师（祖籍贵州开州，生于河南信阳），1903年任京师大学堂译学馆监督，属于在中央教育机构任职；乐嘉藻待在故乡贵州（祖籍贵州黄平），曾赴日考察学务，于1904年在贵州创办蒙学堂（新式学校），属于在地方教育机构任职。但不论是活动于中央还是地方，皆受清政府时期试行教育改革政策影响。

沈琪、华南圭、贝寿同、张锳绪皆在清政府时期迈向新式教育的学校中学习过。沈琪毕业于北洋武备学堂铁路科，由军事学堂所培养；华南圭曾是中举，后为京师大学堂师范馆学生，由大学堂所培养；贝寿同曾在江南格致书院（储材学堂）、上海南洋公学特班就读过；张锳绪曾入北洋水师学堂学习，由军事学堂所培养，后留日，学成回国后任保定师范学堂监督兼教习，及北京艺徒学堂监督。张锳绪受新式教育培养，后又投身新式教育事业，进入到中央教育机构任职，于1905年殿试及第，进士出身，及参加京师大学堂的规划，与朱启钤是同一个教育单位（京师大学堂）。

分科大学成立，学科制定，校舍建设，赴日考察，聘请日籍建筑师

1908年京师大学堂分科大学成立，清学部试图把分科大学建成像日本东京帝国大学，在关于学科制定和校舍建设，派人赴日考察。何燏时（1906年毕业于东京帝国大学采矿冶金系）奉召至京师，任学部专门司主事及京师大学堂教习兼工科监督，负责筹划和添置大学堂图书、实验仪器设备及校舍建造事宜，何燏时后赴日考察大学相关事宜。学部也为分科大学建造事宜成立工程处，张锳绪和何燏时皆是工程处成员，两人负责规划事宜。之后，何燏时聘请真水英夫（1868—1938年，1892年毕业于东京帝国大学建筑科，师从辰野金吾，后任日本文部省技师，设计过日本一些学校，如：旧第三高等学校机械工厂、京都大学附属图书馆书库等，后赴华任日本驻华公使馆建筑师）任工程处建筑技师，真水英夫介绍荒木清三（1902年毕业于培养技师助手的日本工手学校，真水任教工手学校时是荒木的老师，荒木是真水设计日本公使馆的制图师，后加入中国营造学社任校理，1932年退出）为他助手，协助设计经科大学讲堂、文科大学讲堂等项目的工作。

留日学生参与京师大学堂建设工程——中国近代建筑师在实践上的初试啼声（1908年后）

留日的金殿勋（1909年毕业于东京高等工业专门学校建筑科）于毕业后，回国参与京师大学堂的建设工作，与樊成章、陈新炳等人任中国测绘员，金殿勋的学弟赵世瑄（1910年毕业）也回国参与工程。由于真水英夫与荒木清三为日籍建筑师，张锳绪、金殿勋与赵世瑄解决了语言和专业面沟通的困窘。他们参与到"中央"教育机构的建设工程，是20世纪初中国近代建筑师在实践上的初试啼声。

朱启钤于清政府时期任北京城内警察总监，1908年任东三省蒙务局督办，1910年任津浦路北段总办。此时，乐嘉藻创设实质学堂，及投身报业，1907年参与创办《黔报》（贵州创办第一份日报，意在宣传民主思想和爱国主义，反对列强瓜分中国，唤起民众推行政治改革），任编辑，1909年被推举为贵州谘议局议长。

因此，可以这么认定，朱启钤是在清政府时期的中央与地方单位，任公务（总监）、工务（督办）或技职（总办）；而乐嘉藻则在地方单位任公务（议长）。之后，两人的身份没有因"改朝换代"（清政府过渡到民国、

图 5-53 1912 年铁道协会合影

图 5-54 监修原（北京）练兵公署（清末陆军部、海军部）

图 5-55 《建筑新法》（张锳绪）

图 5-56 内务总长朱启钤（前排左四）与政治会议议员合影

图 5-57 朱启钤（右二）与旅京贵州同乡合影

北洋政府）而搁置，朱启钤续于 1912 年起在北洋政府国务院陆征祥、赵秉钧内阁任交通部总长，之后一直在中央部会任公职（1913 年代理国务总理等）与公务（内务部总长等），他的执业生涯前半段时间是从政和参与政治活动（1915 年拥护袁世凯复辟帝制、任登基大典承办处处长、任南北议和北方总代表），在中央之部发展；而乐嘉藻续于 1913 年在北洋政府时期任天津工商陈列所所长，兼办中国参加巴拿马国际博览会事宜，后于北平大学艺术学院建筑系任教师，教"庭园建筑法"课，他的执业生涯在地方和教育事业上发展。

投身铁路事业，中央指派的建筑师

毕业于铁路专业的沈琪，任山东、京奉、京张各铁路技师，奉天工程局总办，盛京铁工局总办，津浦铁路南北段总稽查，先在清政府时期的铁路单位任职（技师、稽查），改朝换代后，到北洋政府时期国务院的中央部会，任公职、公务（交通部技正、路政局科长、路工司司长、技监）。沈琪和华南圭是同专业，两人皆投身铁路事业，沈琪是国内教育体系培养的，而华南圭有着留学背景（法国巴黎公益工程大学土木工程专业），回国后的华南圭于 1913 年起先在北洋政府国务院的交通部路政司、考工科任技正，后在京汉铁路任工程师分段长、工务处处长，及任铁路词典编委，因此，华南圭也有着在中央部会任公职、公务和在铁路单位任技职的经历。

沈琪在清政府任技职时，曾设计和监修原北京练兵公署（清末陆军部、海军部），由中国营造厂施工，他是清政府时期第一位由中央指派的建筑师，原北京练兵公署体现的是西方古典的建筑风格。

负责主持全国司法系统的建筑事务，监理农工商部建筑工程，《建筑新法》

贝寿同（先赴日本早稻田大学攻读政治经济，后入柏林夏洛腾堡工科大学攻读建筑工程专业）是中国近代最早赴德攻读建筑专业的留学生。1914 年回国后，贝寿同在北洋政府国务院司法部任技正，先在中央部会任公务（技正），负责主持全国司法系统所管辖的建筑方面相关事务，同时还于 1916 年起兼任北京大学工科讲师及交通大学北京分校教务主任。1919 年贝寿同任督办鲁案公署的专门委员，主持办理收复山东德国租借地的事宜。张锳绪是进士出身，后在清政府农工商部任主事，监理北京、保定等地的建筑工程，是先在中央部会任技职（监理、监工），后投身于中央和地方的教育事业，在农工商部中、初两等工业学堂任教职，及在直隶师范学堂任监督，在北京工业学堂任教务长，还任过考试东西洋留学生的襄校官和学部二等谘议官，在任教时参与（北京）资政院工程，著有《建筑新法》一书。

5.3.2 北洋政府、军政府时期——任职于中央

活跃于北洋政府时期，生于19世纪70、80年代及部分90年代

活跃在北洋政府时期的政治、教育和社会各层面以生于19世纪70年代的乐嘉藻、凌云洲、沈琪、朱启钤、华南圭、贝寿同、张锳绪、金殿勋和生于19世纪80年代的许推、孙支厦、赵世瑄、李祖鸿、蔡泽奉、庄俊、王信斋、郑校之、杨锡宗、周运法、齐兆昌为主，及部分生于19世纪90年代的董修甲、莫衡、林是镇、施兆光、杨宽麟、戚鸣鹤、阎子亨、蒋骥、杨润玉、王克生、关颂声、黄森光等人为主。

内务部总长，交通部总长，国务院总理，技正、叙五等官，给第六级俸

朱启钤于1912年7月任北洋政府国务院陆征祥内阁的交通部总长，次年9月朱启钤辞职（赵秉钧内阁），曾一度暂代国务院总理职务两天，后在段祺瑞内阁任交通部总长（1913年7月），到了熊希龄内阁时辞掉职务（1913年9月），后又兼代（1914年2月），及在孙宝琦内阁任内务部总长和续任交通部总长。之后辞掉交通部总长，一直续任内务部总长（徐世昌内阁、段祺瑞内阁），于1916年免职。华南圭于1913年后曾在朱启钤领导的交通部下任路政司技正，叙五等官，给第六级俸，根据1912年颁布的《技术官官俸法》，政府系统的专业技术官员分为简任技监、荐任技正和委任技士三等，其月薪有：技监分1－6级，800－550元；技正为1－12级，440－220元；技士分1－14级，165－25元。同样在交通部任技正（1922年）的还有莫衡。华南圭任北洋政府国务院交通部总工程师（1913—1919年，工务），从旁襄助交通部次长叶恭绰创办原（天津）扶轮公学校和交通传习所（北京交通大学前身）土木工程系。华南圭于任教期间，编写了一套中文的"现代土木工程"教材，铁路工程是其中一部，也是中国的第一部，于1916年出版。

路政司司长，订立铁路规章，规划全国铁路，负责铁路行政

沈琪于1914年7月任交通部下的路政司司长，间断地任了几年司长。交通部的前身是清政府时期的邮传部（是清政府的机构，改革的产物，为了加强对铁路、航运、邮电、电信等行业的管理）是专门管理全国交通的部门，邮传部设有两部是负责铁路行业管理，路政司（负责铁路订立铁路规章、规划全国铁路等事宜）与铁路总局（负责铁路行业的行政及外交），而京张铁路便是这一时期建成。民国成立后，邮传部改称交通部，路政司和铁路总局合并称路政司，统一管理全国铁路行业事宜。

考察新式监狱，司法部技正

1912年当时北洋政府司法部总长许世英曾通电全国派员调查各县的旧式监狱之实际状况，以供新式监狱筹建之参考与规划，在这个基础上，贝寿同出国考察并回国负责旧式监狱改造，位于江苏的原苏州高等检察厅看守所（今苏州市警察博物馆和禁毒博物馆）成为贝寿同监狱改造的一个代表性作品。1915年贝寿同任北洋政府国务院徐世昌内阁的司法部技正，负责主持全国司法系统所管辖的建筑方面事务。

外交部顾问建筑师，承担交通部设计任务，襄助与创办，编写工程教材

庄俊在美留学本科毕业后，被母校"清华"电召回任驻校建筑师（1914年），成为墨菲的助手。次年，

图 5-58 朱启钤（右七）在法国巴黎大学接受学位

图 5-59 沈琪于 1914 年任司长，京张铁路建成

图 5-60 原（苏州）高等检察厅看守所（贝寿同）

图 5-61 1905 年清政府设巡警部

图 5-62 关颂声参与（北平）协和医院改扩建

被北洋政府国务院外交部聘为顾问建筑师（工务），负责外交部新公署项目的建造，曾在中央部会任事务性质的建筑师，因此认识任交通部次长的叶恭绰（铁路同人教育会会长），受叶恭绰委托承担了原（天津）扶轮公学校（中国最早用来教育中国铁路系统员工子弟的学校）的设计任务。

警察厅工程顾问，交通部津浦路技正，北宁路建筑工程师

关颂声留美回国后，先在北洋政府下属的机关工作，任天津警察厅工程顾问（1919 年）。之后关颂声在交通部管辖的津浦路（京沪铁路最早通车的一段，天津到浦口）任技正与北宁路（原京奉铁路，后改称津榆、京山，1911 年改称北宁铁路）任建筑工程师，还任内务部土木司技正。之后，因三弟关系，关颂声于 1919 年便参与到（北平）协和医院改扩建工程，进而影响他的设计思路。1915 年洛克菲勒基金会购得东单三条胡同原豫王府，投入巨资进行新校建设，由加拿大籍建筑师哈里·胡赛（Harry Hussey）负责设计（北平）协和医学院一期工程，耗资 750 万美元。胡赛采用中华古典风格，医学院由 14 栋建筑组成，砖混结构，轴线院落式布局，反宇屋面，琉璃中式大屋顶（钢筋混凝土），在设计进行时，关颂声参与其中，负责监造，因此，关颂声受到了中华古典风格的影响。监造时，关颂声就创办基泰工程司（1920 年），在天津法租界马家口执业，是中国近代在租界上取得建筑师营业执照的第一人。

航空署总工程师

1919 年北洋政府国务院设航空事务筹备处，1921 年改为航空署，设有督办（特任）和署长（简任），机构分总务处及军事、机械、航运、经理四厅。过养默于 1924—1925 年间被北洋政府航空署聘为总工程师，负责兴建上海、南京、徐州、济南等地机场。

5.3.3 北洋政府、军政府时期——任职于地方

工务局，设计课，吸引人才投入，承接公办项目

在地方部分，工务局是中国近代最早地方政府的建设、规划与设计的机构，主导和管理地方上大规模的城市建设和市政改良计划，在中国近代城市和建筑发展历程中扮演着重要的角色。工务局设有设计课，属于公办性质，负责事务有规划街道、市场、公园、桥梁、庙宇、水道等工程事项，及测量、制图、

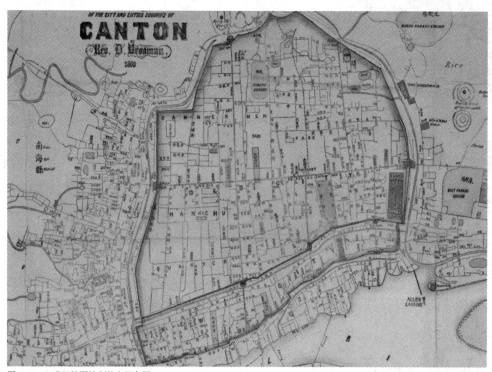

图 5-63 19 世纪德国绘制的广州全图

印刷及保管仪器图籍，还参与绘图工程事宜。而工务局设计课是地方政府所主导和实行的设计单位，在当时尚未成熟的"建筑工程师登记执业制度"成型前是不错的单位，薪资稳定，建筑师可直接操作到公办项目（市政道路、城市规划、建筑设计等）。20 世纪 20 年代后，吸引着不少海内外学成的专业技术人才投入其中，进而积累人脉关系，得以在日后独立执业。

拆城筑路，广州市政公所，广州市政厅工务局，聘请专业人才

20 世纪初的广州是一座古城，古城内没有马路。为了城市的发展，1902 年岑春煊（1861—1933 年，原名春泽，字云阶，广西西林县人，壮族，清末重臣，与袁世凯势力抗衡，史称"南岑北袁"，中国近代政治家、军事家）调任两广总督时，洋务总办温宗尧（1876—1947 年，字钦甫，广东台山人，历任驻藏参赞大臣、广东军政府外长、政务总裁，中国近代资产阶级政客）提议拆城墙，将城西长寿寺封闭拆平，改建自来水塔和乐善戏院，并开辟一条马路，给人行走（不能行走车辆），在路旁开设商店，并提议将广州城南一带（靠珠江岸）修筑沿江马路，给车辆行走。但拆城筑路，兹事体大，涉及许多居民的住宅、商铺权益及地价悬殊的问题，各方赞成反对意见都有，来自城内的世家大族和豪商巨贾反对声极高（若拆城，城内原本的社会阶级秩序将产生冲击），因此，拆城的事进行并不顺利。1912 年辛亥革命后，广州府被废，成立广东军政府，"拆城筑路"成为军政府重要的施政方向，便陆续拆除城墙。

1917 年因不满北洋政府，孙中山抵达广州准备另立国民政府，成立中华民国军政府，他被选举为大元帅，行使中华民国行政权，展开护法运动，同年设立广州市政公所，专门负责"拆城筑路"之建设事宜。隔年（1918 年）发出第一号布告"拆除全部城墙，将旧城墙基开辟为马路"。

由于广州是中国近代重要的城市，国民政府特别地重视，而广州市政府也有意进行庞大的城市建设，将广州市政公所改为广州市政厅工务局，专门负责规划新辟街道、公园、市场等工程事项，及聘请一批留学欧美归国的专业人才投入建设团队，执掌市政厅各局。杨锡宗和郑校之（1907 年毕业于朝鲜国家专门学校土木工程科）在此时期投入，是早期在工务局任职的建筑师（20 世纪 20 年代初）。

《建国方略》，山水生态城市规划，广州城内外筹建公园

　　20 世纪 20 年代初，广州进行大规模的城市建设，孙中山曾在他所著的《建国方略》（是孙中山于 1917 年至 1920 年期间所著的三本书——《孙文学说》、《实业计划》、《民权初步》的合称）一文中提到：考虑将广州改良为一世界港，及建成一座"花园都市"（中国人的园林艺术发展至今有花园的概念，但没有公园的概念，公园来自于西方，日后花园和公园演变为异曲同工的模式）。而时任广州市长的孙科也提出迈向"现代化"城市的广州应该是一座"田园都市"，他为广州制订"山水生态城市"的规划，力主城市中公用土地皆要种植花草树木，让广州成为一座大公园，于是广州就有了建公园的计划（20 世纪 20 年代前广州是没有公园的），提供给市民休养、娱乐、运动和诵读，并增加社交情感的场所，因此公园成为了迈向"现代化"城市不可缺少的部分，可以有美化城市和平衡生态环境、净化空气的重要作用。广州市政厅工务局便开始选址，在城内外筹建公园，共 3 处：第一公园选在清朝巡抚署旧址；第二公园选在东较场；第三公园选在海珠一带。以第一公园当示范，由中国近代建筑师设计。

　　杨锡宗归国后，原本计划赴华北 5 省调研考察，继续增长学识，但受到广州市政厅工务局的邀请，又因本身是广州人及感于建设之所需，便放弃赴华北考察，赴广州市政厅工务局工作，担负起（广州）第一公园的设计重任。

模范漳州运动，漳州市政总工程师，漳州市政改良

　　陈炯明主政漳州时，全力推行模范漳州运动，致力建设漳州为"闽南之星"。风闻杨锡宗为建造之人才，即电杨来闽南一聚。两人见面时，畅聊漳州未来市政。陈炯明大力赞扬杨锡宗的市政规划，便聘请他为漳州市政总工程师，赋予实权从事规划漳州市道等事。于是杨锡宗在设计完原（广州）第一公园后前往漳州履职，专职规划，对漳州市政改良投入不少心血，同时也被委任为石码工务局局长。杨锡宗对于漳州和石码市道改良和建设皆亲手规划，统筹全局，新的市政道路所定的路线皆尽力亲为。

取缔课长兼技士，代理第二任局长，规划城市公园，政变辞职

　　1921 年杨锡宗回到广州后，广州建市（中国近代第一个建市），《广州市暂行条例》公布实施，孙科任首任市长，邀请杨锡宗任工务局取缔课长兼技士（1921 年），希望杨锡宗发挥其才干，对市政有所贡献。之后因陈炯明叛变，杨锡宗短暂地接替程天固（1889—1974 年，幼名天顾，后改名天固，广东香山人，早年留学英美，1921—1923 年，1929—1936 年，两度任广州工务局长，主持城市规划、交通设计、兴修道路等，后任广州市市长，是广州走向"现代化"建设的开拓先驱）代理工务局第二任局长职务（1922 年 6 月～12 月）。

　　重新接掌广州市政厅工务局的杨锡宗，及因地缘、地利（广州人）的关系得到了发挥所长的机会，与市长孙科合作，在经济极为困难的情况下，决心改变广州市容，整治环境，继续设计完原（广州）第一公园后，又规划了 5 座城市公园，同时也被广东省教育委员会聘为建筑委员（除了工务局外，其他地方政府各局属皆设有设计机构及设计人员（专任），也都因建设需要聘请建筑师任委员、技士、工程师，承担规范、指导村镇建设，及城市总体规划、市域体系规划）。之后，又因政变（1922 年 6 月陈炯明叛变孙中山，炮轰总统府）左右为难（孙中山、孙科与陈炯明皆与杨锡宗有着事业上合作的关系和情谊），便辞职离开政界，从此不问政事自行开业，专心做自

239

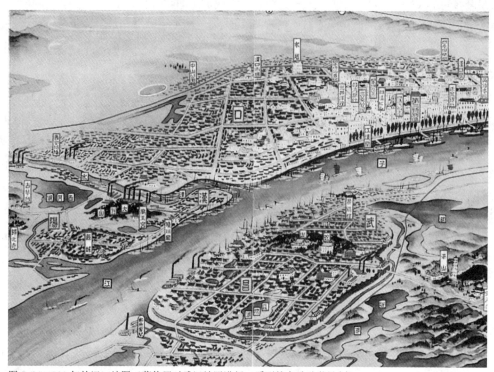

图 5-64 1930 年的汉口地图（董修甲对武汉地区进行一系列的市政改革计划）

图 5-65 1945 年的汉口、汉阳、武昌地图

己的画则本行。而广州黄花岗七十二烈士墓园始建于 1912 年，是 1921 年杨锡宗回任工务局取缔课长兼技士时才陆续完工。

独立执业，接触建筑项目

在公园、墓园的设计后，杨锡宗在业界已获得良好名声，就开始接触到建筑项目，这时的他已经离开工务局，独立执业（1924 年取得香港建筑师注册登记）。

取缔科科长，代理副局长

毕业于（朝鲜）国家专门学校土木工程科的郑校之，先在香港洋人工程师事务所实习，后任广东都督府测绘员。1912 年广东都督府工务局（1912 年成立）特给郑校之执业证书，核准自营郑校之建筑工程事务所，是建筑师执业的首例。1917 年郑校之任广州大元帅府参军处技师，1921 年起受聘在广州市政府任职（取缔科科长、代理副局长）。

广州一带近代建筑师最早发声之处

杨锡宗和郑校之是早期（20 世纪 20 年代初）在地方政府设计机构（广州市工务局）任职的建筑师和工程师。到了 20 世纪 20 年代末，先后有黄森光、林克明、陈荣枝、李炳垣、梁学海、郑裕尧等广州一带的专业人才投入工务局任职，皆有着国内外高校建筑专业的背景，以上这些服务于工务局的建筑师构成了 20 世纪 20 年代岭南一代最活跃的中国近代建筑师群体，而工务局也成为了广州一代的中国近代建筑师最早崛起与发声之处。

武汉市"现代化"建设，工务和公用事业的开拓，"现代化"城市规划理念的引入

1912 年国民政府设汉口市，次年在天元善堂建汉口市政府大楼，汉口市政府成立。1917 年中国对德国宣战，收回汉口、天津两地德租界，汉口改为第一特别区。1924 年汉口俄租界交还中国，改为第二特别区。1926 年北伐军攻克武汉三镇后，国民政府将武昌、汉阳、汉口三镇作为京兆区（1927 年），统称武汉市，并正式从广州迁都武汉。

汉口市政府工务局的局长、科长、技正（工程师）等，部分有着留学背景，任职时，引进了"现代化"的城市建设和规划观念，对武汉一带的城市"现代化"建设起很大的影响。董修甲毕业于（美国）密歇根大学市政经济专业，后赴加州大学攻读市政管理硕士学位，学成回国先在吴淞市政筹备处，任欧美市政调查主任（1922—1924 年），1925 年起任汉口市政府顾问，之后任武汉市政委员会秘书长（1928 年），1929 年任汉口市政府工务局长。董修甲专研市政学和城市管理，参与武汉地区一系列的市政改革计划，是汉口工务和公用事业的开拓者，也是将"现代化"城市规划理念引入中国的学者，撰写大量规划著作（《市政新论》、《都市存款问题》、《市政学纲要》、《市财政学纲要》、《直接立法与代议立法》、《中国地方自治问题》），曾主持拟定《武汉特别市工务计划大纲》（1929 年），当时是武汉地区城市建设的范本，董修甲为中国近代城市迈向"现代化"做出巨大贡献。

沪南工巡捐局，填浜筑路

上海沪南工巡捐局是继城厢内外总工程局（1905 年成立，是清政府时期由篁怀珠、李平书、叶佳棠、姚文枬、莫锡纶等 5 位上海绅商主持的自治组织，上海道台赞同设立，代表上海绅商参与各种市政事务）之后专门为老上海"填浜筑路"的市政管理机构。葛尚宣于上海徐汇公学毕业后曾在洋行（义品洋行、粤商嘉洋行）任制图员，于

1918 年任上海沪南工巡捐局工程处测绘员，及上海市政公所工程处测绘员。

负责实施南通城市建设，建筑设计和施工

孙支厦毕业于通州师范学校测绘科和土木工科，师从宫本学习建筑，1908 年毕业，曾受张謇推荐在江宁劝业道任职，当负责江苏省咨议局设计时，曾赴日考察建筑，之后回到南通任县署技士。他负责实施"张謇规划"的南通城市建设、建筑设计和施工，包括有改建州衙监狱（1913 年）、南通图书馆（1914 年建成）、濠南别业（1914 年建成，张謇私人住宅）、城中心钟楼（1915 年建成）、更俗剧场（1919 年建成）等。

图 5-66 洋泾滨，原为一条小河，1915 年填平为路

图 5-67 巡捐局专门为老上海"填浜筑路"

5.3.4　国民政府时期——任职于中央（五院）

活跃于国民政府时期，生于 19 世纪 90 年代、20 世纪 00 年代和部分 10 年代

生于 19 世纪 70 年代、19 世纪 80 年代和部分 19 世纪 90 年代（1890—1892 年）的人皆活跃于清政府时期和北洋政府时期，他们跨越了两个朝代。而大部分生于 19 世纪 90 年代、生于 20 世纪 00 年代和部分生于 20 世纪 10 年代的人皆活跃在国民政府时期的政治、教育和社会各层面。

图 5-68 原浜已填平为路，供人车行走使用

南北分治，北伐，定都南京，获得国际承认，国民政府

1917 年孙文于广州成立中华民国军政府，发起护法运动，与北京的北洋政府抗衡与对峙，从 1917 年至 1927 年的中国近代处于象征意义上的"南北分治"，但主权仅在南方省分的中华民国军政府并不受国际承认。1925 年中国国民党于广州成立国民政府，改组原来的军政府，于 1926 年率师"北伐"，发起统一战争。国民革命军由南向北进行，连克长沙、武汉、南京、上海等地，1927 年国民政府定都南京后继续"北伐"，于 1928 年攻克北京，"北伐"战争结束，国民政府这时才获得国际社会（西班牙、德国、法国等国）承认，中国近代正式进入到国民政府时期。1929 年东北易帜，北洋奉系服膺国民政府，国民政府才真正成为中国的唯一合法政府。

图 5-69 考试院鸟瞰

国民政府中央体制"一府五院"，地方分省、县、乡等三级

国民政府定都南京后，按照孙文的《五权宪法》理论，通过《中华民国国民政府组织法》，依法施行"一府五院"的中

图 5-70 卢毓骏规划设计（南京）考试院等项目

央政府组织，"一府"是总统府，"五院"则指行政院、立法院、司法院、考试院和监察院，而地方政府架构分省、县、乡等三级。行政院是国家最高位阶之行政机关，协调各部会的运行与政策统合，当时设有内政部、外交部、军政部、财政部、农矿部、工商部、教育部、交通部、铁道部、卫生部；立法院是国家最高位阶之立法机关，设有立法委员，行使人民的选举、罢免、创制、复决的权利，首届委员共49席，由国民政府任命；司法院是国家最高位阶之司法机关，监理各级法院，掌理民事、刑事、行政诉讼之审判及公务员之惩戒；考试院是国家最高位阶之考试机关，掌管国家考试及公务人员事务等工作，及文官人事行政的相关事务；监察院是国家最高位阶之监察机关，行使弹劾权、纠举权及审计权。

考试院，建立技术人员考试制度，规划设计考试院项目，介绍现代主义建筑思潮

卢毓骏于1933年起在考试院任职，任考试院典试委员会，及第二届高等考试典委会简任秘书，1934年获考试院院长戴季陶延揽任考试委员会专门委员，协助建立专门技术人员考试制度，1944年，任考试院考选委员会处长。

卢毓骏在考试院任职长达10多年，负责规划设计南京考试院、考选委员会、大考场及铨叙部新厦等项目。有着留法（1920年赴法勤工俭学，后入巴黎国立公共工程大学学习，1925年在巴黎大学都市规划学院任研究员）经历的卢毓骏，虽然攻读的是规划专业，但当他在欧洲留学与研究时，正值现代主义建筑思潮蓬勃发展的时期（20世纪20年代末，勒·柯布西耶在巴黎最活跃的年代），各种新的建筑思想和城市规划观念被提出，卢毓骏或多或少也会关注到，于回国后在《时事新报》介绍现代主义建筑思潮及翻译勒·柯布西耶著的《明日之城市》一书（1936年译）与出版《现代建筑》一书（1953年出版）。但在建筑实践上，卢毓骏是以大屋顶式的中华古典风格来面世（考试院，对政治权力、意识形态的妥协），但他也是把现代主义建筑思潮介绍给中国的建筑师及传播者。

5.3.5　国民政府时期——任职于中央（内政院、军政部）

内政部参事，简任，咨询拟订和审议各种法律命令之任务

张锐毕业于（美国）密歇根大学及哈佛大学市政专业，回国后，先后任教于东北大学、清华大学、南开大学市政系。1928年国民政府设立天津特别市并成立天津特别市政府，由行政院直辖，张锐任职于天津特别市秘书、科长、参事、设计委员会委员等职，后于1931年起被聘为内政部参事（官阶与司长同等），简任，从事咨询、拟订和审议各种法律命令之任务，同时兼任中央古物保管委员会主席。

内政部技正，营建司司长，建筑行业法制化，编写《营建法规》

哈雄文毕业于（美国）宾夕法尼亚大学建筑系（1932年），后游欧9个月，研究欧洲城市，回国后先入（上海）董大酉建筑师事务所任职，1935年起任（上海）沪江大学商学院建筑科第二任科主任，1937年任内政部技正。

1938年国民政府为了更精确地建构建筑制度，以面对逐渐成熟的建设市场，将建筑行业法制化，公布了《建筑法》，以此规定主管机关的层级与权限。1942年在内政部下创设营建司，以做为管理城市、建筑建设与相关事务的对口单位，延揽建筑师又是市镇规划专家的哈雄文任司长，于1943年5月到任，1949年3月免职。哈雄文任司长期间组织编写《营建法规》，包括有城镇建设、建筑管理等23部法规。因此，从《建筑法》到《营建法规》的修订和公布实施，哈雄文负责前期策划、系统组织到亲自实施的部

图 5-71 戈比意（Le Corbusier）著 . 明日之城市 . 卢毓骏译 . 上海：商务印书馆，1936.

图 5-72 卢毓骏著．现代建筑．台北：华岗出版有限公司，1953.

份，全心投入，在法律面确立了建筑类别所归属的各个层面的对应关系，对建筑行业有着巨大的贡献，让中国近代建筑行业逐步迈向依法实践的正轨。

（南京）中央大学建筑工程系的教师谭垣，也曾于 1944 年任内政部技正，5 个月，简任；留英攻读城市规划专业的陈占祥，毕业回国后曾被内政部营造司聘为简派正工程师（1946 年后），同时兼中央大学建筑系教授。

军政部

军政部为掌管全国军政的中央机构，负责陆海空三军行政事宜、全国总动员筹划、管区筹设、兵员征募编练、军事后勤等业务，隶属行政院，也隶属军事委员会。下设陆军、海军、航空、军需、兵工等署及审查处、总务厅，设部长 1 人，政务、常务次长各 1 人，主任参事 1 人，参事若干人。

军需署、营造司，负责相关军需工程事宜

军政部下设的军需署，设署长、副署长各 1 人，设有总务处、会计司、储备司、营造司（工程处）、审核司，而沈政修、张家德、蒋骥、赵济武、曾子泉皆曾任职于军需署的营造司，为全国陆海空三军的行政事宜提供技术咨询和服务，负责相关军需工程业务。

蒋骥于 1934—1948 年间在（上海）中华职业学校任土木科主任，期间于 1936 年任军需署营造司技正；沈政修（1931 年毕业，由"苏工"转入）、张家德（1934 年毕业）、曾子泉（1934 年毕业）和赵济武（1935 年毕业）皆毕业于（南京）中央大学建筑工程系，先后入军需署营造司服务，沈政修任营造司少校技正（荐任，8），后入（重庆）永正工程司事务所工作，张家德任营造司技正，同时任南京炮兵工程处少校技正（荐任，8），后入重庆迦德工程司事务所工作，曾子泉入营造司后，任教于（南京）中央大学建筑工程系，新中国成立后，任湖南省建筑设计院总建筑师。

兵工署，负责兵工建设事宜

军政部下设的兵工署，设署长、副署长各 1 人，设有总务处、资源司、行政司（1934 年改制造司）、技术司，常世维、刘国恩、王发苍皆曾任职于此，负责全国兵工及兵工建设事宜。常世维（1932 年毕业）和刘国恩（1932 年毕业）皆毕业于（沈阳）东北大学建筑工程系，皆曾任职于此。常世维于 1933 年起在（上海）华盖建筑事务所及（上海）董大酉建筑师事务所工作，任绘图员、设计员，1936 年任兵工署设计员；刘国恩任兵工署制造司技正，后在（重庆）中国建筑师事务所工作；王发苍（1935 年毕业）毕业于（南京）中央大学建筑工程系，入兵工署任材料库工程员，之后在（重庆）华西兴业公司任工程师。

军政部台城工地监工员，化学兵工厂设计组组长、技术员，厂房及库房项目

20 世纪 30 年代，军政部在各省各地展开修建工事、机场等一系列国防建设，周卜颐于 1935 年从苏南工业专门学校毕业后，曾入军政部工作，任台城工地监工员 1 年，后入（南京）中央大学建筑工程系就读。

在国防建设中，军政部兵工署和参谋本部先后拟制《建设新兵工厂计划》和《兵工厂整理计划草案》，以整理旧兵工厂、建设新兵工厂为计划纲领。在整理旧兵工厂部分采撤并和扩建方式；在建设新兵工厂部分，拟建炮弹厂、炼钢厂、动力厂、化学厂等，经费约 8000 万余元。在抗日战争前，建有巩县兵工厂（以生产军用化学用品）和株州兵工厂（武器研发和修理）。巩县兵工厂是中国近代四大兵工厂之一，1933 年在河

南巩县组建，后于 1937 年迁至四川泸州，称泸州第 23 化学兵工厂，是中国近代唯一的化学兵工厂，负责化学战剂的研制与生产，当时能够生产光气、双光气、芥子气、路易氏气等毒剂。当时兵工厂成立新厂建筑工程处，下设设计组、施工组与材料组，毕业于（南京）中央大学建筑工程系的唐璞（1934 年毕业）和汪原洵（1939 年毕业）先后任职于此。

唐璞毕业后，先任虞炳烈建筑师工程助理（1936 年），1937 年起任（四川）泸州第 23 化学兵工厂设计组组长，设计组共建筑师 5 人，工程师 2 人，负责水厂、电厂及库房等设计工程，1938 年后设计小学、职工家属住宅、单身宿舍、礼堂、子弟中学等项目。唐璞于 1941 年在泸州自办天工建筑师事务所，员工 5 人，设计交通器材修配厂全部工程、泸州男子中学校舍（教学楼、礼堂、学生宿舍等）、泸州私立幼儿园等；汪原洵则任泸州第 23 化学兵工厂技术员，1945 年任重庆市工务局技正，粮仓部仓库工程处副工程师，1949 年后赴台，在台湾省政府公共工程局及交通处公路局任职，还任逢甲工商管理学院建筑系系主任，及中原理工学院建筑系教授。

兵工厂总工程师、营缮科长、技术员、工程师，负责房屋及防空洞、防空厂房项目

抗战爆发后，北方许多城市相继沦陷，国民政府军政部将受日军威胁地区的兵工厂搬迁西南大后方地区，包括有金陵兵工厂、弹道研究所、百水桥研究所、广东第二兵工厂、兵工署第三工厂等。郭秉琦（1925 年毕业）毕业于同济大学土木工程系，先在上海从事建筑工程，后在国民政府军事委员会航空局、广东省建设厅任工程师、技正，于 1936 年任兵工厂总工程师；龙庆忠留日（1931 年毕业于东京工业大学建筑科）回国后，先在（沈阳）南满铁路局、上海商务印书馆、河南省建设厅等单位工作，任临时译员、技正，也任教于（江西）吉安乡村师范学校，于 1937 年任广东第二兵工厂（搬迁到重庆）营缮科长。广东第二兵工厂下设炮厂、炮弹厂、引信厂、工具厂、打铁厂、木工厂、动力厂，有 300 多人，40 位中外技职人员。

军政部设有第 50 兵工厂，按兵工署统一设置，下设制炮所、弹夹所、引信所、火工所、工具所、样板所、铸工所、锻工所、木工所、水电所、修配所。郑祖良（1937 年毕业）毕业于广东省立勷勤大学建筑工程系，留校任教，1938 年由"勷大"教授麦蕴瑜介绍入重庆兵工署第 50 兵工厂任技术员、工程师，负责普通房屋设计及防空洞、防空厂房的项目工作，1939 年任兵工署建库委员会技术员，担任仓库房屋设计工作，后调任鹅公岩第 1 兵工厂，1940 年再由麦蕴瑜介绍给夏昌世，入重庆陪都建设计划委员会任技士，担任设计工作，后入重庆市工务局任技士，1941 年与夏昌世在重庆成立友联建筑工程师事务所。

城塞局技士

军政部也增设城塞局，负责武汉、重庆等地区工事构筑，在主城各地修建掩体，1942 年初，重庆的一、二期国防工事完成，有重机枪掩体、轻掩盖重机枪掩体、无掩盖重机枪掩体、永久高射重机枪掩体等，掩体都是火力互相掩护，交叉使用。徐中于 1937 年留学回国，曾在城塞局任技士，后入（重庆）中央大学建筑工程系任讲师，次年晋升教授，并是（重庆）兴中工程司建筑师。

公路和营房工程

范志恒（1937 年毕业）毕业于（南京）中央大学建筑工程系，后入基泰工程司任职，抗战时加入美陆军，负责管理广西省由南宁百色至旧州一线公路和营房工程。关以舟（任上校技正）、郭秉琦、黄森光（技正）、刘既漂、费康（工程处技正），当时皆任职于广东省第一集团军总部。

5.3.6　国民政府时期——任职于中央（交通部）

交通部路政司司长、技士、技佐、民航局兼任专员，平汉铁路管理局顾问建筑师

赵世瑄于清政府时期参与京师大学堂分科大学的建设工程，1925年起任职于各地的铁路单位，有交通部界汉川铁路科、奉天四洮铁路局长、京绥铁路局长等，也任江西工业学校校长及江西交通司长，于1928年任交通部路政司司长，掌管全国铁路、道路、公路等交通事宜。夏昌世留学回国后，曾在（上海）启明建筑师事务所任建筑师1年，后于1932年起任铁道部任技士（荐任）及交通部任技士，也是平汉铁路管理局顾问建筑师。戴志昂（1932年毕业）毕业于（南京）中央大学建筑工程系，留校任助教，抗战前，在陆军炮兵学校汤山炮兵场舍工程管理处任技正，于1935年任交通部技士，荐任。徐中于抗战胜利后，曾在交通部民航局兼任专员，并在南京一带实践和执教。张正位1938年毕业于（南京）中央大学建筑工程系，后任交通部技佐，掌技术事务。

铁道部，统筹全国铁道营运管理，建设国有铁道，规划铁道系统，监督商办铁道

国民政府时期，孙文曾说"铁道"为中国实业振兴之主要关键，设立铁道部有其必要性。1928年国民政府令交通部将关于铁道行政一切事宜移交铁道部办理，铁道部便负责统筹全国铁道营运、管理，并建设全国国有铁道、规划全国铁道系统、监督商办铁道，设有部长、政务次长、常任次长、参事、秘书、技监等职，及置总务司、财务司、业务司、工务司、会计处等单位。当时铁道部掌握的资源十分庞大，于1928—1938年间负责统筹修建铁路达2万余公里，于1938年裁撤并入交通部，曾于1938年前在铁道部任职的有卢树森、夏昌世、范文照、莫衡，分别任技正、技术专员、材料管理处。

铁道部下属单位

铁道部下属单位有铁路管理局、铁路工程局、交通学校及东北交通委员会等。

铁路管理局（委员会）——设管理局，包括有国有铁路、省营或民办铁路及中外合办铁路。在国有铁路部分，设国有管理局，以行政管理为主，管理平汉、北宁、津浦、京沪沪杭甬、胶济、平绥、粤汉、陇海、正太、广九、南得、道清、吉长、吉敦、四洮、洮昂等线；在省营或民办铁路部分，设省营或民办管理局监督，管理杭江（浙赣）、沈海、吉海、齐克、洮索、呼海、鹤冈、双城、开丰、南京、漳厦、潮汕、新宁、同蒲、江南、个碧石、龙溪、汕樟、北川、枫上等线；在中外合办铁路部分，与外国铁路单位成立中外合办铁路理事会负责管理，管理中东（中苏）、南满（日人经营）、滇越（法人经营）、穆棱（中日合办）、金福（中日合办）、溪城（中日合办）等线。

铁路工程局（处）——在各地铁路设管理局，负责正在进行的铁路工程或与铁路有关工程，包括吉敦铁路工程局、沧石铁路工程局（1920年兴建，1929年设立）、包宁铁路工程局（1931年设立）、粤汉路株韶段工程局（1929年设立）、首都轮渡工程处（1930年设立）、陇海铁路渔西段工程局（1931年设立）、大淹铁路工程处（1933年设立）、苏嘉铁路工程处（1934年设立）、成渝铁路工程局（1936年设立）、湘黔铁路工程局（1937年设立）、湘桂铁路工程局（1937年设立）、川湘铁路筹备处（1937年设立）、滇缅铁路工程局（1938年设立）等。

工程局局长，总务处长，顾问工程师，测量队描图员、工务员，帮工程师

中国近代建筑师当中，部分人曾工作于各省各地铁路工程师，任局长、工程司、顾问建筑师等职。黄祖淼于1926年任辽宁洮昂铁路工程局工程司及1928年任黑龙江齐克铁路工程局工程司，莫衡于1933年任陇海铁路工程局局长及1933年任京沪沪杭甬铁路工程局总务处长，杨作材于1937年任桂林湘桂铁路工

图 5-73 唐山工学院建筑系师生合影，林炳贤（前排中立）

图 5-74 1947 年唐山工学院建筑系学生合影

图 5-75 20 世纪 40 年代末建筑系学生合影

图 5-76 1951 年（北京）铁道管理学院时期师生合影，徐中（左三）

图 5-77 1951 年（北京）铁道管理学院建筑系师生合影

程局测量队描图员，邱式淦于 1938 年任叙昆铁路工程局工务员，方山寿于 1945 年任陇海铁路工务处帮工程师等。

交通学校——部辖交通大学（本部在上海）、扶轮中学（天津、郑州）及扶轮小学等，交通大学下分上海管理学院、科学学院、电机工程学院、机械工程学院、土木工程学院及（北平）铁道管理学院、唐山工程学院。

北平铁道管理学院

北平铁道管理学院是铁道部下属单位的交通学校，沈琪曾于 1928 年任北平铁道管理学院院长。

北京铁路管理学校、北京邮电学校，合并为交通大学

北平铁道管理学院前身为清政府时期邮传部于 19 世纪末创办的北京铁路管理传习所。北京铁路管理传习所是中国近代第一所专门培养邮电和管理人才的高等学校，开启了中国电信工程和管理教育之先河，为加强邮电事业增设邮电班，并更名为北京交通传习所。1912 年中华民国成立改隶交通部，改名为交通部交通传习所，增设电气工程、有线电工科、无线电等科，后又成立了电信系。1917 年交通部充实课程，并依铁路、邮电的不同，将学校改组为北京铁路管理学校和北京邮电学校。1922 年北京铁路管理学校和北京邮电学校与上海工业专门学校、唐山工业专门学校合并为交通大学，下设京、沪、唐三校，定名为交通大学北京学校，1923 年改名为北京交通大学。

南迁、合并，交通大学贵州分校

1928 年南京国民政府取代北洋政府，北京更名为北平，改隶属于铁道部。1929 年改名为交通大学北平铁道管理学院。抗战爆发后南迁，与唐山工学院（湖南省湘潭县）合并，后迁至贵州，于 1941 年改名为国立交通大学贵州分校。

回迁唐山，战后复原，建筑工程系成立，天大前身

抗战胜利后，原唐山工学院回迁唐山，校址在河北唐山，辟地约 200 亩，进行战后复原工作，设土木工程、建筑工程、采矿工程、冶金工程学系及矿冶专修班一班。1946 年唐山工学院建筑工程系成立，首任系主任为林炳贤。1948 年秋，北洋大学建筑工程系主任刘福泰率唐山工学院建筑工程系随校南迁，借助上海交通大学校舍复课。1949 年秋又迁回唐山，改名"中国交通大学唐山工学院",建筑工程系暂停招生。1950年秋,中国交通大学唐山工学院改名为北方交通大学唐山工学院,建筑工程系恢复招生,并聘请教师。1951年徐中教授接替刘福泰,任建筑工程系主任。1951年秋,建筑工程系由北方交通大学唐山工学院迁至北方交通大学北京管理学院,徐中续系主任。

林炳贤、刘福泰、佘畯南、戴志昂、卢绳、徐中、童鹤龄、樊明体、朱耀慈皆曾在唐山工学院体系任教。林炳贤1929—1948年间任教于唐山工学院建筑系,1946—1948年间任系主任,讲授"建筑构造"、"建筑工程"、"市政工程"等课程;刘福泰1948—1951年间任职唐山工学院建筑系系主任;佘畯南1944—1946年间任教于唐山工学院建筑系;戴志昂1949年任教于唐山工学院建筑系;卢绳1949—1952年间任教于唐山工学院建筑系。徐中1951年受聘于唐山工学院建筑系任教,1951年任系主任,后随唐山工学院迁至北方交通大学北京管理学院,续任系主任;童鹤龄与樊明体、朱耀慈也曾任教于唐山工学院建筑系。唐山工学院建筑系即是天津大学建筑系前身之一。

天津扶轮公学校

20世纪20年代前后,交通部在各省各地设扶轮小学,供铁路工人子弟就读,天津扶轮公学校便因此成立。

1918年交通部次长(民国行政机关)兼铁路同人教育会会长叶恭绰委托庄俊设计原(天津)扶轮公学校(今天津市扶轮中学),1922年改称交通部部立天津市扶轮中学校。新中国成立后改称天津铁路职工子弟中学,1963年改称天津铁路职工子弟第一中学,2005年改称天津市扶轮中学。原天津扶轮公学校校位于河北区吕纬路93号,庄俊设计了两栋教学楼(南、北楼),由天津振元木器厂承建,南楼(教学楼)于1919年完工,北楼(办公楼与宿舍)于1921年完工,算是庄俊最早的个人独立设计完成的作品之一。

5.3.7 国民政府时期——任职于中央(实业部、粮食部、军事委员会等)

其他中央各院部还有国防部、参谋本部、训练总监部、政治部、后方勤务部、兵役部、财政部、实业部、粮食部、主计部、社会部、铨叙部、军训部,而委员会有军事委员会、航空委员会、建设委员会、资源委员会、全国经济委员会、蒙藏委员会、侨务委员会。

技佐,工程处正工程司,委员会组长、处长,气象台监造工程师,通信研究员

濮齐材曾在实业部(经济部前身,管理全国实业行政事务,设有林垦署、总务司、农业司、工业司、商业司、渔牧司、矿业司、劳工司、合作司)任技佐(1942年)。叶树源于1941年被延揽出任粮食部专员兼工程审核委员会委员,1948年任粮食部仓库工程处正工程司。郭秉琦和姚文英皆曾先后在军事委员会、航空委员会任职过,任工程师、兼任组长、处长;张镛森曾在资源委员会任技正(1946—1947年)。高公润曾在蒙藏委员会任工程师。李宗侃曾在建设委员会任工程师。

另外,其他中央重要直属机关有清宫善后委员会、中央研究院、故宫博物院、中央图书杂志审查委员会、国史馆筹备委员会、国家总动员会议、战时生产局、善后救济总署、善后事业委员会、物资供应局、新闻局、中央古物保管委员会。

中央研究院是国民政府的最高学术研究机,以指导、联络、奖励学术研究为主,培养高级学术研究人才,及科学与人文之研究,设有物理、化学、工程、地质、天文、气象、历史语言、国文学、考古学、心理学、教育、社会科学、动物、植物等研究所。卢树森曾于 20 世纪 30 年代任中央研究院北极阁中央气象台计划监造工程师。梁思成于 1933 年任中央研究院历史语言研究所通信研究员。

研究室主任、副院长、研究员，建筑技师，通讯专门委员，古建部设计组组长

故宫博物院于 1925 年成立，是国家一级博物馆。1911 年辛亥革命爆发，清帝退位，仍居紫禁城内，于外廷成立古物陈列所，1924 年冯玉祥发动北京政变，驱逐溥仪，盗运书画、精品、古籍善本出宫。1925 年李石曾建议设立清室古物保管委员会与清宫善后委员会，由他任委员长，并制定了故宫博物院临时组织大纲及故宫博物院临时董事会组织章程，1925 年秋在北京故宫正式成立故宫博物院。1933 年后为了躲避日本侵略，故宫文物南迁，经过上海，南京，安顺、重庆、乐山、峨眉等地，1937 年成立故宫博物院南京分院。

单士元、汪申、梁思成、高乃聪、于倬云皆曾供职于故宫博物院。单士元毕业于北京大学研究所国学门，曾任清室善后委员会书记员，1930 年供职故宫博物院文献馆，之后于 1954 年后任建筑研究室主任、副院长、研究员；汪申留法（法国巴黎建筑学院）回国后，于 1928 年任北平大学艺术学院建筑系主任、教授，1931 年任北京特别市工务局长，1934 年任故宫博物院建筑技师；梁思成于 1934 年任故宫博物院通讯专门委员，同时还任国立古都历史修复委员会成员兼技术专家；高乃聪（1937 年毕业）毕业于（南京）中央大学建筑工程系，后入故宫博物院供职；于倬云（1942 年毕业）毕业于北京大学工学院建筑系，后供职于北平文物整理委员会工程处任技士，1954 年调故宫博物院古建部任设计组组长。

建筑专家组成员、委员

中央古物保管委员会是民国政府时期所设立的文物管理机构（1928 年成立），设北平分会、江苏分会、浙江分会等下属机构，进行关于古建筑、古墓葬、古遗址的实地考察与调研工作，并发表具高度价值的文保学术报告。1932 年，国民政府行政院公布《中央古物保管委员会组织条例》，规定中央古物保管委员会的隶属关系、职权范围、工作内容和具体组织方法，并规定人员编制及所司职责，抗日战争结束即终止。梁思成和张锐皆曾于 20 世纪 30 年代供职于此，分别任建筑专家组成员、委员。

专门委员、技术室技士

联合国（二战参战国，非后来的联合国组织）善后救济总署创立于 1943 年，统筹重建在 "二战" 中受害严重且无力复兴的参战国，以中国为主，1942 年行政院设立善后救济总署，代表政府与联总的对应机构，负责接受和分配 "联总" 提供的救济物资，黄强和白德懋皆曾供职于此，分别任专门委员、技术室技士。

5.3.8 国民政府时期——任职于地方（市政府、工务局、省政府建设厅等）

20 世纪 20 年代末，负责管理、统筹地方上的城市、建筑及大规模市政建设与改良计划的工务局，因各地建市后不断地产生。

北平特别市政府

北平市（今北京市）是清政府、北洋政府时期的京师、首都、政治和文化中心（1912 年始）。清政府时期称顺天府，民国后改为京兆，直辖于北洋政府，1914 年朱启钤（内务总长）因市政重要划定市区，设京

图 5-78 北平市市长等在西山碧云寺合影

图 5-79 北平市市政设计委员会 1931 年成立时成员合影（前排右二：熊希龄；右三：朱启钤；右四：李石曾；右七：蔡元培）

都市政公所，后民国政府定都南京（1927年始），撤销京兆，京都改名为北平，设北平特别市，任命市长，北平特别市政府正式成立，后经过三次改名（七七事变后、抗日战争结束，解放军入北平）。

局长，科长，执行业务技师，文物整理建筑股主任，技工，工程处技术员

1928年北平特别市政府设工务局，华南圭、林是镇、葛宏夫、高公润、于均祥、沈理源、杜仙洲、王璞子皆曾供职于此。华南圭1928—1929年间任工务局局长，土木工程出身、铁路工程专家的他，短短一年任内主持对北京郊区水源的调查，提出修治永定河、整理玉泉水系计划，成为日后北京城水系整治的蓝本，曾在中华工程师学会的《会报》发表"北平特别市工务局组织成立宣言"、"北平之水道"、"玉泉源流之状况及整理大纲计划书"、"北平通航计划之草案"等文章，为北京水利发展史做出巨大地贡献；林是镇1929年任工务局科长，拟定北平东城铁师子胡同总理行馆表门青天白日藻绘图样，之后任技正（1930年）、科长（1931年），曾赴天津、济南、青岛等地考察市政，对北平城的保护与更新有所贡献，之后还参与策划北京城的新城规划；沈理源任北京大学工学院建筑系主任时（1934年后），曾是工务局执行业务技师（1935年）；葛宏夫曾任工务局文物整理建筑股主任；高公润曾任工务局技士；杜仙洲于1942年曾供职于工务局，任文物整理工程处技术员；王璞子于1945年任职于工务局文整处。

天津特别市政府

1928年国民革命军占领天津，国民政府设立天津特别市，并成立天津特别市政府。张锐曾任市政府秘书、第四科（秘书科）科长、帮办秘书长、参事、设计委员会专门委员、市政传习所训练主任，同时还任教于南开大学市政系。

《天津特别市物质建设方案》

市政专家的张锐曾于1930年与梁思成（梁于1929年被辽宁省政府建设厅聘为建设委员会委员）共同起草，合作编写完成《天津特别市物质建设方案》，是中国近代第一部天津城市规划方案，是从竞赛征集中获选为最佳方案（1930年天津特别市政府受《首都计划》的影响，登报征选《天津特别市物质建设方案》），方案内容有天津物质建设的基础、区域范围、道路系统规划、道旁树木种植、路灯与电线、下水与垃圾、六角形街道分段制、海河两岸、公共建筑物、公园系统、航空场站、自来水、电车电灯、分区问题、公共汽车路线、分区问题、本市分区条例草案和结论等，方案以鼓励生产、培植工商业、提倡市政公民教育、改善现有组织、采用新式吏治法规及推行新式预算为主，对之后天津城市规划和建设有一定的影响。

局长兼任城市规划委员会主任，第三科（建筑科）科长、技士、技佐

天津特别市政府设工务局，是管理天津市区建设的行政管理机关，主要负责市区道路、桥梁、河坝、码头工程的修建、养护管理、公园的管理、建筑物修建、审核工作等。阎子亨、陈炎仲、石麟炳、张剑霄皆曾供职于此。阎子亨（1919年毕业）毕业于香港大学土木工程系，在天津一带实践（亨大建筑、中国工程司）和任教（河北省立工业学校、北洋工学院、天津工商学院），于1935年任天津市政府建设委员，曾拒绝出任日占领天津时期的天津市副市长与工务局长，抗战胜利后，出任天津市工务局长兼任城市规划委员会主任（1945—1947年），后来任天津市政府园林处处长；陈炎仲留英（英国建筑学会学校）回国后，于1929年入（天津）中国工程司（阎子亨主持）任建筑师，及任天津市工务局技士、第三科（建筑科）科长，之后任教于河北省立工业学院、北洋大学工学院与天津工商学院，1937年任天津工商学院建筑系主任。

石麟炳（1933 年毕业）毕业于（沈阳）东北大学建筑工程系，后入杨锡镠建筑师事务所工作，任助理建筑师，随同杨锡镠参与到《中国建筑》杂志社的编辑工作，成为杨锡镠的得力助手，任杂志主编，执笔不少文章，成为杂志的主笔，其发表文章有第 1 卷第 1 期"中国建筑"、第 1 卷第 4 期"对于上海金城银行建筑之我见"、第 2 卷第 1 期"北平仁立公司增建铺面"、第 2 卷第 1-10 期的"建筑正轨"、第 2 卷第 7 期的"建筑几何（译）"、第 2 卷第 8 期"建筑循环论"、第 2 卷第 9/10 期合刊"各大城市建筑规则之比较"（与王进合著），1935 年任天津市工务局技士。张剑霄（1933 年毕业）毕业于北洋大学土木系，后任上海建明建筑师事务所工程师，之后曾任天津市工务局技正兼技术室主任。徐中（1935 年毕业）毕业于（南京）中央大学建筑工程系，后入天津市工务局任技佐，1936 年入（上海）中国银行建筑课任实习建筑师，后赴美攻读硕士学位。

苏州市政府

苏州古称吴、苏州府。1912 年北洋政府时期废府留吴县。1927 年国民政府定都南京，实行省县两级制，在经济上有足够能力者可设市，于是苏州市市政工程筹备处成立，1928 年设立苏州市，苏州市政府正式成立，柳士英参与苏州市规划和建设计划。

市政工程筹备处总工程师，工务局长，《苏州工务计划设想》，工程科科长

柳士英留日（1920 年毕业于东京高等工业学校建筑科）回国后，曾任职于日人（冈野重久）开设事务所，后与留日同学合办（上海）华海公司建筑部（1922 年），及于 1923 年创办江苏省立苏州工业专门学校（"苏工"）建筑科，这时苏州开始筹备建市。1927 年建筑科并入（南京）中央大学，成立建筑工程科，柳士英未前往南京，而是留在苏州任苏州市市政工程筹备处总工程师及首任工务局长，投入到家乡的市政筹备工程（市区勘测、工程视察，计划拟定、民情调查等）中，并拟出一套《苏州工务计划设想》（1927 年完成）。

《苏州工务计划设想》分两章：第一章为"市区域"，对市区环境、交通、名胜分布等进行综合分析，界定苏州新市域范围，划三大区域并分三期实施（整理旧市区旧有城厢、建设新市区、建设扩张区）；第二章为"整理计划"，分街道规划、河道治理、公园系统、其他要项。苏州市政计划在柳士英主持下得以逐步进行，1930 年苏州市被撤销，原苏州市辖区并入吴县，计划中断。而柳士英的"东工"学长朱士圭，也到苏州市工务局，1928—1929 年间任工程科科长，于 1929—1930 年间无锡市政工程筹备处工务科科长，之后入（上海）华海公司建筑部，成为合伙人。

上海特别市政府

辛亥革命后，上海在行政上隶属江苏省。1924 年江浙战争爆发后，上海地区损失惨重，许多难民涌入租界，各界呼吁设立特别市，北洋政府时期曾有设市构想，名称采用淞沪特别市，但迫于形势（上海租界原因）作罢。1927 年武汉国民政府在上海租界以外地区设上海特别市，将原属江苏省的上海县、宝山县 17 市乡并入，上海正式脱离江苏省管辖，同年 4 月，由国民党上海临时政治委员会掌握上海市政权，5 月国民党中央政治会议通过并公布《上海特别市暂行条例》（1927 年）与《上海特别市组织法》（1928 年），《条例》规定上海为特别市，直隶中央政府，不入省县行政范围，地位与省相等，市政府设市长 1 人、参事若干人，下置财政、工务、公安、卫生、公用、教育、土地、港务、农工商、公益 10 局，上海特别市政府正式成立。1930 年南京国民政府颁布《上海市组织法》，改上海特别市为上海市，其余各局、处名称照旧。

顾问、审计处工程股长

董修甲曾于北洋政府到民国政府时期任上海市政府顾问；王虹（1934 年毕业）毕业于（南京）中央大学建筑工程系，曾是中央大学新校舍工程员，后供职于上海市政府审计处任工程股长，办理工程稽核事宜。

工务局技正兼科长，技佐，都市计划组专员，实习生，工程师

1927 年夏，上海特别市政府筹备成立工务局，先后接收上海市公所工程处、沪北工巡捐局之工务处、浦东塘工善后局等局属单位，工务局负责上海城市规划，以及道路、桥梁、码头、沟渠、公园、菜场等工程的设计与筹建，同时在沪南、闸北、沪西等区设工程管理处及发照处，负责工程承包施工等事宜，莫衡、葛尚宣、马俊德、高乃聪、黄作燊、李德华、虞颂华、童鹤龄、蔡恢皆曾供职于此。莫衡于交通部任技正后（1926 年），调上海特别市工务局任技正兼科长（1927—1932 年）；葛尚宣、马俊德、高乃聪曾任技佐；黄作燊于 1942 年创办（上海）圣约翰大学建筑系，后于 1946 年供职于上海市工务局技术顾问委员会，任都市计划组专员；李德华和虞颂华（1945 年毕业）皆毕业于（上海）圣约翰大学建筑系，一同入上海市工务局任实习生、工程师；童鹤龄曾供职于上海市工务局任技佐（1947—1949 年）。

《大上海计划》，解决华界落后问题，主任建筑师、助理建筑师、技士、技佐、绘图员

1927 年上海特别市成立时，上海市中心大部分区域皆为租界区（公共租界、法租界），而上海特别市政府在远离市中心的偏远地区，市政府为了与市内租界相抗衡，及以华界的统一为契机，并改变偏远地区城市建设的落后，提出《大上海计划》，借由市府的搬迁有效连接闸北、上海县城等华界区域，并通过都市计划的推进，解决华界所面临的种种城市落后与衰败的问题。1929 年上海市中心区域建设委员会成立，负责都市计划的编制与执行，正式进入《大上海计划》的实施阶段。1930 年市中心区域建设委员会公布了《建设上海市中心区域计划书》，内容对市中心区域进行详细的介绍。市政府进一步提出《黄浦江虬江码头计划》与《上海市分区计划》，主张新建虬江码头，新建闸北水厂、飞机场、铁路枢纽等设施。而《上海市道路计划》则是以五角场为新华界中心的近 60 条放射干道网的建设计划。

当时上海市中心区域建设委员会由工务局局长沈怡任主席，聘请董大西为该会顾问兼建筑师办事处主任建筑师，网罗一批知名建筑师加入建设委员会团队，王华彬、巫振英为助理建筑师，庄允昌、刘慧忠、葛宏夫为技士，范能力、秦国鼎、张光庭、张继襄为技佐，刘鸿典、徐辰星、浦海、宋学勤为绘图员。

建设需求量，建筑师有机会参加竞赛与取得项目

《大上海计划》准备对全市道路进行系统性规划，以发行公债和出售土地的方法筹募资金后进行建设，新开辟出的道路有原政同路（今政立路）、原三民路（今三门路）、原五权路（今民星路）、世界路、原大同路（未建成）、原其美路（今四平路）、国定路、市光路等，这些道路是以行政区域为中心，向外辐射而成棋盘型或蜘蛛网型的道路，并在《建设上海市中心区域计划书》下进行包括市政府大楼、各局办公楼及市立运动场、市立图书馆、市立博物馆、市立医院、市立公园、国立音专等项目的建设，及在原政同路两旁进行工业区与住宅区的建设。以上这些建设需求量让中国近代建筑师（沈理源、朱葆初、董大西、徐鑫堂、巫振英、赵深、杨锡镠、李锦沛、许瑞芳、罗邦杰、杨润玉等）有机会参加竞赛与取得项目，并一展设计长才。

1928 年上海特别市征求市内出租住房标准图案竞赛，许瑞芳获第一名。1930 年上海特别市征求行政区与市政府新屋图案竞赛，赵深和孙熙明获第一名，巫振英获第二名，李锦沛获佳作奖，徐鑫堂和施长刚获佳作奖，沈理源获杰出奖，朱葆初获杰出奖，杨锡镠获杰出奖。建筑师杨润玉没有参加《大上海计划》相关的图案竞赛，但靠着自己的业务能力在原政同路取得住宅的项目，并进行两种不同型式的住宅设计。

《首都计划》，"现代化"城市的改造

1912 年中华民国临时政府在南京成立，孙文就任临时大总统，改江宁府为南京府。1927 年国民政府定都南京，同年置南京特别市，国民政府命令办理国都设计事宜，开始对南京进行大规模首都城市改造计划，使国民政府首都建设委员会于 1929 年成立，委员会任务除了将首都从北京移到南京外，也负责将省级城市（南京）建设成全中国的政治中心，成为一个"现代化"的城市。委员会委员集结政界和社会各界的精英，蒋介石任委员会主席，胡汉民、戴传贤、孙科、阎锡山、赵戴文、孔祥熙、宋子文等人任委员（当然委员、常务委员），并聘请亨利·墨菲（Henry Killam Murphy）与古力治（Ernest P. Goodrich）负责首都规划工作，吕彦直为其助手。1929 年底，国民政府首都建设委员会发布《首都计划》（1927—1937 年），旨在将南京市改造成现代化的城市，1930—1937 年随着计划调整又制订《首都计划的调整计划》，后于 1947 年制订《南京市都市计划大纲》。

中华固有之形式原则，政治主导与控制建筑之成形，中华古典风格的大屋顶时代浪潮

为了复兴中华传统文化，南京国民政府对《首都计划》中的建筑形式与风格作了规定——企盼以"中华固有之形式"为原则，以发扬光大中华固有之文化，以观外人之耳目，以策国民之兴奋也，其中政府建筑以突出古代宫殿为优，商业建筑亦应具备中华特色，色彩需最悦目，光线、空气需充足，建筑需有弹性、伸缩的特性，以利后续分期建造。总的来说，南京国民政府是以政治方针来主导与控制《首都计划》下建筑大部分之成形，以此来树立法统彰显国府的正统与权威，及民族之复兴。此方针一出，从 20 世纪 20 年代末起，在社会各界兴起了一片中华古典风格的大屋顶浪潮，部分地区皆受此影响。就建筑学的观点，这实乃传统的延伸抑或是传统寄居在现代基础上的再现，换个"马甲"，重新上场。当然，一国的文化之下就有一国文化所应有的建筑，这也是对中华文化处于世界文化之中所该有的宣示。

技正、科员、建筑课课长，经办首都市政工程

1927 年南京特别市政府成立工务局，主要负责南京市道路河道桥梁码头的规划、建筑和管理，公司市场等公用场所的规划，违法房屋的取缔，及其他市政工程事项等，设总务、设计、建筑、取缔、公用 5 科，卢毓骏、姚文英、唐璞、薛次莘、

图 5-80 20 世纪 30 年代《大上海计划》之大上海市政府鸟瞰图

图 5-81 20 世纪 30 年代《大上海计划》中的上海市运动场

图 5-82 20 世纪 30 年代的上海市中心

图 5-83 20 世纪 30 年代《首都计划》之南京新街口鸟瞰

图 5-84 以"中华固有之形式"为原则，树立法统

王发茏、张正位皆曾任职于此。卢毓骏留法回国后，在工务局任技正、科员、建筑课课长，及市政府技术专员，经办中山路、中山桥及首都市政工程；姚文英 1930 年考入工务局任职，1932 年转入导淮委员会；唐璞于 1934 年任工务局设计科技术员。

广州市工务局

广州市是中国近代第一个建市（1921 年），国民政府于 20 世纪 20 年代初即对广州进行城市建设，而广州市工务局成为主导和实行的政府设计单位。杨锡宗和郑校之早期（20 世纪 20 年代初）是地方政府设计机构（广州市工务局）的建筑师和工程师。接着先后有黄森光、林克明、陈荣枝、李炳垣、梁学海、郑裕堯等广州一带的专业人才于 20 世纪 20 年代末投入工务局任职，他们有国内外高校建筑专业的背景，以上这些服务于工务局的公部门的建筑师，构成了 20 世纪 20 年代岭南一代最活跃的中国近代建筑师群体。

城市设计专员，参与设计广州市道路系统

黄森光留美（1921 年毕业于美国密歇根大学建筑系）回国后，任广东开平县工务局局长，后入广州市工务局任技士、建筑顾问，于 1931 年任广州市政府城市设计专员，参与设计广州市道路系统 1 年多。

建设股主任兼技士，顾问工程师，来自工务部门的教师，独立执业

1926 年留法（1926 年毕业于法国里昂中法大学建筑工程学院）归国的林克明，先到汕头市政府工程科任科长一职（1927 年），两年后，林克明入广州市工务局第三课建设股工作，任主任兼技士，当时广州市工务局的设计工程师多来自留美学生，林克明是唯一一个留法的，同时到广州市立第二职业学校兼任教职（1928 年）。

课长兼技正

陈荣枝留美（1926 年毕业于美国密歇根大学建筑系）毕业后，先在美实习 4 年，于 1930 年回国入广州市工务局任技士，1933 年被广州市政府提升，任课长兼技正，同时也是黄埔督办公署设计专员。在工务局任职期间，设计原广州市洲头嘴内港货仓、原广州爱群酒店（与任职于工务局的李炳垣合作）、原广州朱执信纪念碑、原广州市府宾馆等项目，还规划了原广东省立勤勤大学新校区（石榴冈）校园，及设计校舍（师范学院、体育馆、金木土工实验室），但并未被采用。之后任教于广东省立勤勤大学建筑工程学系，1949 年赴港发展。

广东省一带的台山、开平、新会、汕头等地方政府设有工务局，但编制较小，也有设计专员负责城镇规划和建筑设计。余清江早年以实习工程出身，自学建筑设计，后入台山市工务局任职；林克明于 1927 年曾在汕头市政府工程科任科长（入广州市工务局之前）。

土木组技正，新宁铁路委员会技士，建设委员会委员，建设委员会技士，总工程师

国民政府时期，除了工务局外，地方政府各局属皆设有设计机构及设计人员（专任），其他政府机构也都因建设需要聘请建筑师任委员、技士、工程师，承担规范、指导村镇建设，及城市总体规划、市域体系规划。黄森光于广州市服务后，被广东省政府建设厅聘为技术委员会土木组技正（1932 年），任期两年半；郭秉琦也曾被广东省政府建设厅聘为新宁铁路委员会技士（1928 年）；梁思成于 1929 年在（沈阳）东北大学建筑工程系任教时，被辽宁省政府建设厅聘为建设委员会委员，在任职期间（1929—1931 年）与张锐（天津市政府设计委员会专门委员）共同起草了《天津特别市物质建设方案》；张昌华和任震英也曾任职于甘肃省政府建设厅，张昌华任总工程师，负责督察兰州，修筑西北连俄段公路，而任震英于 1938 年任总工程师

室副工程师；丁凤翎被浙江建设厅聘为风景整理建设委员会技士；赵冬日留日（1941 年毕业于日本早稻田大学建筑科）回国后，先任教于北京大学工学院建筑系，于 1944 年任职于河北省政府建设厅营造科。

5.4　关于境内的自学形态

5.4.1　中式自学——直接参与和继承家族营造事业

营造行为，工匠，作坊、营造厂

19 世纪的中国近代尚未有西方学术界所定义的建筑师，建筑的设计和施工都由中国工匠来进行，在工匠体系中，是以"师徒制"的方式传授建造技术和工法，当时也没有土木工程专业的培养，一切关于建筑的营造行为全由工匠来进行，而工匠以一种作坊的方式经营。19 世纪中叶后，洋人官员、传教士、建筑师陆续来到中国，导入了"现代化"的新式材料（铁、钢、玻璃、水泥）和设计观念，在实践市场上，形成由洋人（洋官员、洋传教士、洋建筑师）来设计绘图，由华人（中国工匠）来建造施工的合作模式，而中国工匠也从与洋人合作交流中，逐渐习得一套"现代化"的建造工艺和工法，到了 19 世纪 80 年代后，中国营造厂的产生，中国工匠已可自己承接工程，并进行少部分的设计。

工匠二代与后代，参与家族营造事业，继承或另立门户

在 19 世纪从事营造事业的人，绝大部分皆是自学实践出身，可称之为一种中式自学系统，部分工匠的二代或后代从小因身处环境及成长背景的特殊使然，耳濡目染、潜移默化地接收到本身家族在从事相关"营造"事业的人事物，久而久之，这种情景、状态、模式便成为一种平常生活的深刻印象和范式，皆习以为常，符合现实又贴切，于是，工匠二代或后代便自然地直接参与到家族的营造事业中，从少年起，开始学习起土、木、泥水等大小木作的工艺和技法，或协助与学习相关工程业务和经营管理，时间长了，逐渐培养自己对营造事业的热爱，能够独当一面，继承起家族的营造事业，或另立门户。

营造厂学徒、实习生，提升为经理、档手、包头，自立门户或与人合伙

工匠二代有的随父亲（非经营和主持者，仅是木工、泥工等）到营造工地中去学习；有的经亲戚介绍到营造厂当学徒、实习生，在寄人篱下的情况下，刻苦认真，勤奋向上；有的入职业学校学习，之后受师傅器重，循序渐进地被提升为经理、档手、包头，略有经验可独立干活后自立门户，或与人合伙创办营造厂，当起主持人、创办人、经营者或营造商。

事务所学徒生、测绘员、绘图员，提升为设计师、建筑师，自行创业或与人合伙

到了 20 世纪后，有了中国建筑师，大部分皆受国内外学校的土木或建筑专业的培养，承袭着一套学院式的关于建筑和营造的观念和价值观，与 19 世纪的工匠式的培养大相径庭，在学成后皆投入到实践市场，有的入中央和地方政府设计机构任职，有的开办建筑师事务所（个人型或联合型）。在事务所成员中，一方面接受来自专业高校培养出的学生，有接受未过专业课程培养的学徒生，也是一种自学，在专业事务所（纯设计、监工，不含包工程、施工）中实践，从测绘员与绘图员当起，之后任设计师与建筑师，与主持建筑师配合或实际负责设计项目，部分日后也自行创业或与人合伙创办事务所。

总之，在中式自学部分，分两种形态和模式：一种是入工地或营造厂学起，始于 19 世纪 70 年代前后；一种是入建筑师事务所学起，始于 20 世纪 20 年代前后。

依区域划分的中式自学部分如下：

上海：

凌云洲—自幼随姐夫学建筑设计。曾于 1921 年与黄炎培、张志鹤、顾兰洲等人集资组建上川交通股份有限公司，参与道路事业工程的建设。

杜彦耿—中学毕业后，协助父亲经营营造事业（杜彦泰营造厂），在父亲培养下，自学建筑技术、工法和外语，逐渐掌握"现代化"的营造技术和观念，25 岁时（1921 年）已能独立承接工程项目，30 岁时（1926 年）能承包和管理，1931 年，筹划创建上海市建筑协会，被推举为协会执行委员，负责主持学术及宣传活动，1932 年策划创办《建筑月刊》，并任主编、主笔，同时在正基建筑工业补习学校任教。

庄允昌—教育不详，于 1923—1926 年间任职于（上海）东南建筑公司，后于 1926—1929 年间任职于（上海）彦记建筑事务所，推测属于自学出身。

丁宝训—于（上海）光华大学就读一年后辍学，1926 年后于（上海）范文照建筑师事务所及工部局实习，后入华盖建筑事务所，后与人合办（上海）华泰建筑师事务所。

南京：

姚文英—9 岁时（1920 年）随父亲到营造工地学习，之后从事营造方面工作。

福建：

陈嘉庚—17 岁时（1891 年）到父亲经营的顺安号米店学习经营管理，1905 年米店歇业，便开始创业，开设橡胶制造厂，发展橡胶事业，生产胶鞋、轮胎等产品，还经营菠萝罐头、冰糖、肥皂、药品、皮革等产业，之后成为大实业家，后投身教育事业，创办集美小学、师范学校、中学、男女小学和幼儿园，投资建设和规划校园建筑，创办厦门大学。

林缉西—1917 年格致书院毕业后，到福州协和建筑部任学徒 9 年，于 1928 年受资助（协和建筑部负责人）前往美国留学，学成后回福州协和建筑部任建筑师，于 1947 年再度前往美国进修建筑，学成后到上海卫理工会建筑部、福州协和建筑部工作。

5.4.2　西式自学——从洋行、洋地产公司、洋事务所中实习、培养

实习生、技术员、测绘员、绘图员、主持建筑师助手，自行开业或与人合伙

以自学实践出身的建筑师，除了中式自学外，还有西式自学的模式。在 19 世纪下半叶到 20 世纪初，洋人所开设的洋行、洋地产公司、洋事务所与洋建筑公司在实践市场中占多数，部分人先入洋人设计机构实习与工作，担任实习生、技术员、测绘员、绘图员，及任主持建筑师的助手，参与协助建筑设计事宜及处理相关建筑事务，并从中学习到"现代化"的建筑设计、技术、工法、工地经验和经营管理，在假以时日后可以独立干活，便自行开业或与人合伙创办事务所。

依区域划分的西式自学 部分如下：

湖北：

卢镛标——于 1922 年经其兄长卢东阳介绍进入（汉口）景明洋行，学习建筑和设计 2 年，1924 年卢东阳去世，卢镛标顶替其兄职位空缺继续工作，1925 年与刘根泰组建宏泰测绘行，设计联保里、长春里、福生里等工程，后在函授学校攻读土木工程专业，1929 年辞去景明洋行工作，自办事务所（武汉华人第一家），主要承接工业和民用建筑设计及测绘业务。

上海：

周惠南——1884 年到上海谋生，入（上海）英商业广地产公司任职，后在上海铁路局、沪南工程局，及浙江兴业银行

房地产部任建筑设计室主任，20世纪10年代创办周惠南打样间。

　　王信斋——1908年跟随上海徐汇天主堂工程师，学习建筑工程及钢筋水泥，后自办（上海）信记建筑师事务所。

周运法——1912—1915年间在上海（比商）海兴建筑工程公司实习3年，后于1915—1922年间在上海（英商）公平洋行建筑部实习7年，1922—1924年间在上海（美商）苏生洋行任建筑师2年，1924—1927年间在上海（英商）公平洋行建筑部建筑师3年，1927年在（上海）业广地产公司建筑部任建筑师。

　　施兆光——浙江定海高等学校普通科毕业后，1913年在汉口（德商）宝利建筑公司学习建筑测绘，1916年在上海（德商）宝昌洋行建筑部，任主任工程师，1925年自办（上海）施兆光工程师事务所。

　　葛尚宣——上海徐汇公学毕业后，入（上海）义品洋行营造部任制图员，后入上海（奥商）嘉洋行机械部任制图员，1918年任上海沪南工巡捐局工程处任测绘员，入上海市政公所工程处任测绘员。

　　张轩朗——1929年入（上海）公和洋行建筑工程结构部任实习生、技术员、工程师，新中国成立后任轻工业部设计公司上海分公司土建处主任工程师、副处长。

　　毛梓尧——1932年曾入上海一家打样间当学徒，后入华盖建筑事务所工作。

5.5　关于境外的执业形态

5.5.1　公有部分——工部局

租界自治单位，董事会决策，华董加入（20世纪20年代后）

　　在19世纪中叶，洋人在中国所属的租界（英租界、英美租界、各国公共租界）相继成立行使行政权的工部局（市政委员会），此局属于洋人在租界的自治单位。工部局成立后，清政府也逐渐失去对洋租界（外侨居留地）的控制，租界"国中之国"的现象因工部局的成立而日益地明显。工部局有一套完整的行政体系，拥有人事权，设有警察、法庭、监狱等，同时对市政进行建设、管理与征税，如同市政府的角色。工部局受外国驻沪领事团和公使管辖（有的后来不受公使管理），成立初期限制华人加入，决策是由洋人组成的董事会拟定，董事成员是不支薪，设有若干咨询委员会（警备、工务、财政税务及上诉、卫生、铨叙、公用、音乐、交通、学务、华人小学、图书馆、公园及宣传），各委员从洋人（有纳税）中选出，是董事会的咨议机构。到了20世纪20年代末，委员会才有华人（华董）的加入。20世纪40年代后各地租界取消，工部局也同时结束。

　　最先成立（1854年成立）的是上海公共租界工部局，以英籍人士（9名董事）为主，美籍人士参与部分管理工作，19世纪70年代后有德籍人士加入，"一战"过后（1915年），日籍人士加入取代德籍人士，1928年增加3名中籍人士席位，后又增至5名。

　　天津英租界工部局于1862年成立，也以英籍人士为主。20世纪初原天津美租界并入天津英租界，规定工部局董事会由英、美籍人士组成，英籍人士5名，美籍人士1名。1926年，增加中籍人士。天津法租界工部局也于1862年成立，之后所管辖的秘书部与工程部改组成天津法租界公议局，而公议局的巡警局改组成新的天津法租界工部局，负责租界内的警务、道路和卫生等工作。天津德租界工部局成立于1906年，由德国侨民组成，接管租界内的行政、财务、工程和卫生等事项。天津意租界工部局成立于1923年，后改名为天津意租界市政局，和天津意租界董事会共同管理警察、工程和财政等行政事务，董事会由中外侨民选举产生，以意籍人士居多。

图 5-85 （上海）工部局

图 5-86 工部局董事会座椅（左）、职员牌（右）

图 5-87 （上海）公董局（1862 年脱离工部局管辖）

图 5-88 （天津）英租界工部局大楼戈登堂

图 5-89 （天津）法租界公议局（前身为天津法租界工部局）

工务委员会，承担市政工程管理和监督

工部局自成立起设若干委员会，有财政、捐税及上诉委员会、警备委员会、工务委员会、电气委员会、华人教育委员会、慈善团体委员会、卫生委员会等委员会。其中工务委员会主要负责承担各个市政工程管理和监督，比如：马路、人行道及小径的设计、铺设及修改，维修道路和监督修路工，购买材料、测量、下水道、阴沟、码头、桥梁等建和在建的工事。在进行一切的建筑工程前，都须经过董事会的决策咨询机构讨论同意后，方可施工。

工务处，负责租界内工务及市政建设

行政管理部分，工部局设有总办处、警务处、捐务处、卫生处、工务处、教育处、财政处、电务处、水道处与卫生医官处等处。其中工务处主要负责租界内的所有工务活度，从道路修筑开始到市政建设，并聘有土木工程师，职掌所有工程的进度、编列工程预算书、拟订合同并签订、工程图的设计和绘制、工程说明书的编写，而这些都需经工务委员会批准后方可执行，并做适当的工作安排。

工务处下属机关有行政部（职掌行政工作、各部往来接洽）、土地测量部（职掌拟定计划、测量、接洽购地、扩展马路，后改称土地科）、构造工程部（职掌桥梁、滩岸等设计及修理，后改称构造科）、建筑测量部（职掌查核新建筑之计划及改建、扩建房屋的设计、发许可证，检查不安全的建筑，后改称建筑科）、沟渠部（职掌沟渠及污水处理）、道路工程师部（职掌修理、清洁道路和弄堂、建设新路、处理垃圾，后改称道路科）、工场部（职掌修理公务和工务车辆、机器、检查设备）、公园空地部（职掌管理所有公园、空地及行道树）、会计（职掌一切会计、财政事务，后改称会计股）。

绘图员、副工程师、建筑设计师、估价委员会委员

部分中国近代建筑师皆先后在工部局服务过，有凌云洲、丁宝训、戚鸣鹤、何义九如、黄元吉、李锦沛、施德坤。凌云洲曾被聘为工务处建筑设计师；丁宝训曾在工务处建筑科实习；戚鸣鹤毕业于苏省铁路学堂建筑科后，入工务处沟渠部任副工程师，负责沟渠及污水处理；何义九如 1913 年前在工务处修学；黄元吉曾就读上海工部局创办的育才公学普通科，后入南洋路矿学校攻读土木工程专业，1920 年入工务处任绘图员，2 年后入（上海）东南建筑公司任副建筑师；李锦沛原是美国基督教青年会派遣到华的建筑师，负责各地的青年会设计任务，1927 年自办李锦沛建筑师事务所，同时被工部局聘请

为估价委员会委员，负责工程估价的拟订和建议；施德坤毕业于中华铁路学校，先在安徽水利局任测绘员一职，后入工务处任副工程师。

5.5.2　私有部分——洋行、洋地产公司、洋事务所、洋建筑公司

洋行，商贸合作，建造楼房，投资房地产业，外资设计机构

洋行是中国近代洋商在华从事进出口商贸、买卖的代理行号与商行，始于18世纪末（1782年于广州开设的柯克·理德行）。

洋行于19世纪初在部分地区迅速地发展开来，以经营鸦片贸易为主。1840年鸦片战争后，洋商对华进行通商贸易逐渐增多，且商贸重心由南向北转移，从珠江三角洲延伸到长江三角洲，并一路向渤海湾发展，许多外国轮船公司纷纷在通商口岸开设洋行，经营轮船、船舶修造、码头仓栈及贸易服务加工制造等商贸活动。洋行多以联合集资为主，彼此竞争激烈，洋行之间也会进行商贸合作，形成洋行资本集团。之后，一些洋行把资金从投资商贸及收取佣金等业务转到加工制造、航运、保险、金融等其他业务，以英商经营的占多数。

19世纪中叶后，洋行开始在中国各地（青岛、广州、汕头、福州、长沙、昆明、厦门、北平等）设分支机构，建造代表洋行的楼房、码头、仓库，并开始投资房地产业，兴建铁路、船坞、工厂、矿务、船务、银行等建筑。许多洋行成为外资在民间的设计机构，也留下部分中国近代建筑师的足迹，如下所示。

（英商）怡和洋行（Jardine Matheson）——1832年由苏格兰裔英国人威廉·渣甸（William Jardine，1784—1843年）及詹姆士·马地臣（James Matheson，1796—1878年）在广州创办，主要从事鸦片及茶叶的买卖。1843年在上海成立分部，除了贸易外，还投资兴建铁路、船坞、工厂、矿务等行业，1912年后将总部设在上海。曾实习、工作于（英商）怡和洋行的有：施兆光毕业于浙江定海高等学校普通科，1913年在汉口（德商）宝利建筑公司，学习建筑测绘，1916年在上海（德商）宝昌洋行建筑部，任主任工程师，1921年入上海（英商）怡和洋行任电气部设计员，1925年自办（上海）施兆光工程师事务所。

（英商）公平洋行——1850年在上海英租界创办，经营有丝、茶贸易及地产、房地产，还兼营保险代理业务。代表作品有原上海公平丝厂（1882年建成）。曾实习、工作于（英商）公平洋行的有：周运法于1912年入上海（比商）海兴建筑工程公

图5-90　（天津）意租界工部局（后改名天津意租界市政局）

图5-91　（天津）法租界工部局证书

图5-92　（天津）英租界工部局通用钞

图5-93　20世纪20年代末上海特别市工务局合影

图5-94　广州十三行

图 5-95 （美商）旗昌洋行

图 5-96 （美商）慎昌洋行之广告

图 5-97 老沙逊洋行（左）、仁记洋行（右）

图 5-98 早期怡和洋行

图 5-99 重建后的怡和洋行

司实习 3 年，后于 1915 年入上海（英商）公平洋行实习 7 年，1922 年入上海（美商）苏生洋行任建筑师 2 年，

（英商）有恒洋行（Whitfield & Kingsmill）——1858 年由金斯密（Thomas William Kingsmill, 1837—1910 年, 1887 年应山东巡抚聘请测量运河北段，调查山东、四川一带的煤矿资源，旅居汉口、上海多年，对汉学有深入地研究）在汉口英租界创办，之后经过几次成员退出，及与人合伙改名。1860 年在上海英租界另立分部，1913 年后淡出。后来部分洋行建筑师都出自有恒洋行。代表作品有原上海总巡捕房（1893 年建成）、原上海外白渡桥（1907 年建成）。曾实习、工作于（英商）有恒洋行的有：凌云洲自幼从姐夫学建筑设计，1880 年在（英商）有恒洋行供职过。

（英商）毛利逊洋行（Morrison, G. James）——1877 年由毛礼逊（Gabriel James Morrison, 1840—1905 年）在上海英租界创办，承接土木工程和建筑设计业务为主，之后经过几次改名、拆伙与合伙。20 世纪 10 年代后散伙。主要成员皆是在英国执业的建筑师，有着英国土木工程师及电机工程师学会、英国皇家建筑师学会会员或准会员的身份。创办人毛礼逊曾于 1882、1883 年被选为上海公共租界工部局董事，及 1886、1887、1888 年被选为副总董，还曾于 1901 年任上海工程师建筑师学会首任会长，主要成员卡特（W. J. B. Carter, ? —1907 年），也曾任上海工程师建筑师学会副会长。代表作品有原上海中国通商银行（1893 年前建成）、原上海招商局（1901 年建成）、原上海汇中饭店（1908 年建成）、原北京汇丰银行、原天津汇丰银行。曾实习、工作于（英商）毛礼逊洋行的有：李英年曾于 1914 年于（英商）毛礼逊洋行练习满期。

（英商）新瑞和洋行（Davies, Gilbert & Co.）——1895 年由覃维思（Gilbert Davies）在上海英租界成立，除了承接建筑设计和土木工程外，也投资房地产，之后经过几次改名、拆伙与合伙，1930 年后改名为建兴洋行（Davies, Brooke & Gran Architects）。主要成员有着英国建筑师学会、英国建筑工程师学会、皇家建筑师学会会员或准会员的身份，创办人覃维思于 20 世纪 30 年代后退休。代表作品有原上海太古洋行（1906 年建成）、原上海理查饭店（1910 年建成）、原上海德律风电话公司（1908 年建成）、原上海大北电报公司（1922 年建成）、原上海兰心大戏院（1931 年建成）、原上海麦特赫斯脱公寓（1934 年建成）、原上海懿德公寓（1934 年建成）、原上海伍廷芳寓、原青岛东海饭店（1936 年建成）。曾实习、工作于（英商）新瑞和洋行的有：凌云洲 1914 年于（英商）新瑞和洋行工作过；严有翼 1921 年前在（英商）新瑞和洋行学习过。

（英商）公和洋行（Palmer & Turner, Architects and Surveyors）——1868 年由威廉·萨尔维（William Salway）在香港创立，之后加入测量师和建筑师卡文·巴马（Clement Palmer, 1857—1953 年）。公和洋行因参加第二代香港汇丰银行总行大厦设计竞赛获胜（1886 年），声名大噪而奠定地位，1895 年改名为巴马丹拿。1912 年国民政府成立，巴马丹拿派事务所成员乔治·威尔森（George Leopold Wilson, 1880 年—？）和洛根（M. H. Logan）远赴上海开设分所，以公和洋行名称面世，几年后威尔森和洛根成为正式合伙人和主持人，总部也从香港迁往上海，在外滩一带实践。代表作品有原上海江湾跑马场（1908 年建成）、原上海有利银行（1916 年建成）、原上海永安公司（1918 年建成）、原上海公共租界工部局（1922 年建成）、原上海汇丰银行（1923 年建成）、原上海麦加利银行（1923 年建成）、原上海横滨正金银行（1924 年建成）、原上海新江海关大楼（1927 年建成）、原上海沙逊大厦（1928 年建成）、原上海新犹太教堂（1927 年建成）、原南京中央大学礼堂（1930 年建成）、原上海亚洲文会大楼（1932 年建成）、原上海汉弥尔登大厦（1933 年建成）、原上海都城饭店（1934 年建成）、原上海河滨大厦（1935 年建成）、原上海中国银行大楼（1937 年建成）、原香港中国银行大楼。

新中国成立后，公和洋行撤出上海，继续在香港地区发展，多以巴马丹拿面世。到了 20 世纪 80 年代后，巴马丹拿返回大陆发展，并建有项目，代表作品有南京金陵饭店（1983 建成）、北京东方广场、上海新天地、重庆浪高君悦酒店等。曾实习、工作于（英商）公和洋行的有：周基高（1928 年毕业）毕业于（上海）圣约翰大学，后入（英商）公和洋行任职（1929—1931 年），后自办周基高建筑师事务所；张轩朗曾于 1929 年任公和洋行土建结构工程部实习生、技术员；黄家骅留美（1927 年毕业于麻省理工学院建筑系）毕业回国后，1930 年入（英商）公和洋行任建筑师，1932 年入（上海）东南建筑公司任职，曾任（上海）沪江大学商学部建筑科主任（1933—1935 年）；奚福泉留德（1929 年毕业于德国柏林工业大学建筑系获工学博士学位）毕业回国后，1930 年入（英商）公和洋行任建筑师 1 年，参与原上海都城饭店（1934 年建成）、原上海河滨大厦（1935 年建成）设计，1931 年加入（上海）启明建筑公司；张开济（1935 年毕业）毕业于（南京）中央大学建筑工程系，后入（英商）公和洋行设计部任职，1936 年入基泰工程司工作。

与（英商）公和洋行有合作关系的有：20 世纪 30 年代初，中国银行行长张嘉璈买进上海仁记路（今滇池路）和圆明园路的地皮，并每年提存 50 万元房产基金，准备建造新大楼，委托公和洋行设计，当时陆谦受任职于（上海）中国银行（总管理处）建筑课课长时，曾与（英商）公和洋行合作设计原上海中国银行大楼（1937 年结构工程完工）。

（英商）爱尔德洋行（Algar & Co., Architects）属（英商）业广地产有限公司——1897 年由爱尔德（Albert Edmund Algar, 1873 年—？，1888 年来到上海，入有恒洋行当学徒）在上海英租界创办，之后经过合伙、改名与拆伙，1915 年改组为爱尔德有限公司安利洋行，属（英商）业广地产有限公司。代表作品有原天津英国俱乐部（1903 年建成）、原上海中国基督教青年会（1907 年建成）、原上海圣约翰大学思孟堂（1909 年建成）、原上海华懋公寓（1929 年建成）、原上海俄罗斯总领事馆、原上海加拿大太平洋铁路公司、原上海慕尔公司大楼、原上海盲人之家、原上海元芳洋行大楼、原天津仁记洋行、原北京六国饭店。曾实习、工作于（英商）爱尔德洋行、（英商）业广地产有限公司的有：周惠南 1884 年到上海谋生，入（英商）业广地产有限公司任职，后在上海铁路局、沪南工程局及浙江兴业银行房地产部任打样间（建筑设计）主任，20 世纪 10 年代创办周惠南打样间；杨润玉（1911 年毕业）毕业于（上海）徐家汇土山湾工艺学校，后入浦东塘工善后局任测量及设计员，1912 年入（英商）爱尔德洋行任助理建筑师，1915 年创办（上海）华信测绘行；许瑞芳曾就读美办上海万国函授学校建筑系，1918 年入（英商）业广地产有限公司任建筑设计员、副建筑师，1929 年入（上海）锦兴地产公司任建筑师，1942 年自办事务所；周运法 1912 年入上海（比商）海兴建筑工程公司实习 3 年，1915 年入上海（英商）公平洋行实习 7 年，1922 年入上海（美商）苏生洋行任建筑师 2 年，1924 年复入上海（英商）公平洋行任建筑部建筑师，1927年入（英商）业广地产有限公司任建筑部建筑师。

（美商）慎昌洋行（Andersen, Meyer & Company, Limited）——1905年由丹麦籍伟贺慕·马易尔（Vilhelm Meyer，1902年来到上海，供职于丹麦宝隆洋行）和安德森等人在上海成立"安德森—马易尔公司"，经营进出口业务，几年后安德森离去，由马易尔独立经营。1915年马易尔与美国奇异电器公司（1878年托马斯·爱迪生创立爱迪生电灯公司，1892年爱迪生电灯公司和汤姆森—休斯顿电气公司合并，成立通用电气公司，简称GE，即美国国际通用电气公司）合作，慎昌洋行成为"奇异"在中国的代理商，成为一家美商企业。除了电器元件外，也进口建筑工业产品（钢窗、瓦块等），获利丰厚，上海街道照明设备大部分是慎昌洋行进口的"奇异"产品，而工部局大楼、外滩字林西报大楼、大北电报公司等建筑内部都使用慎昌洋行供应的电器设备，许多高楼使用的钢窗是出自慎昌洋行机器制造的产品。从1931年起，慎昌洋行工厂也参与许多建造工程，有上海龙华飞机场、虹桥飞机场、浙江笕桥飞机大楼的钢结构建造、杭州钱塘江大桥桥基的钢结构建造、永安公司新楼、原上海中国银行的钢结构建造等。代表作品有原上海杨树浦工场扩建（1921年）。曾实习、工作于（美商）慎昌洋行的有：薛次莘（1919年毕业于美国麻省理工学院土木工程系）留美毕业回国后，1920年入（美商）福开森建筑公司任监工员，1922年入（美商）慎昌洋行任建筑部工程师，为吴淞大中华纱厂建筑工程师，于1927年入上海市工务局任技正、第四科科长，同时也是（上海）金城银行（由庄俊设计）监造工程师；蔡恢1927年入（美商）慎昌洋行任设计员；冯宝龄（1922年毕业于美国康乃尔大学土木工程系获硕士学位）留美毕业回国后，于1934、1937年入（美商）慎昌洋行任建筑部工程师，后与人合办（上海）开林工程事务所。

（英商）景明洋行（Hemmings & Berkley）——1908年由海明斯（R.E.Hemmings）和柏克利（Berkley）在汉口英租界创办。海明斯和柏克利皆毕业于英国伦敦皇家建筑学院，20世纪初两人来到汉口从事零星建筑设计，受到英国领事馆、工部局、洋行、银行业的关注，协助介绍建筑项目并贷款资助他们，之后在沈祝三（汉口汉协盛营造厂主持人）支持下成立（英商）景明洋行。主要成员有英国伦敦皇家建筑学院毕业的建筑师，及德国柏林土木建筑工程学院、德国格阿高级工程建筑专科学校的建筑师，业务范围在汉口、天津一带。1938年因武汉沦陷被迫歇业。代表作品有原汉口电灯公司（1908年建成）、原汉口巴公房子（1910年建成）、原汉口台湾银行（1915年建成）、原汉

图5-100 买办是洋行的代理人，在交易中提成

图5-101 美和洋行广告（左）、大来洋行广告（右）

图5-102 某洋行写字间（办公间）

口保安大厦（1914年建成）、原汉口南洋兄弟烟草公司（1918年建成）、 原天津花旗银行（1918年建成）、原汉口景明洋行大楼（1920年建成）、原汉口交通银行（1921年建成）、原汉口横口正金银行（1921年建成）、原汉口新泰大楼（1921年建成）、原汉口卜内门洋行（1921年建成）、原天津平安电影院（1922年建成）、原天津麦加利银行（1923年建成）、原汉口亚细亚洋行（1924年建成）、原汉口浙江实业银行（1926年建成）、原天津李氏眼科医院（1926年建成）、原汉口大孚银行（1936年建成）、原汉口聚兴城银行（1936年建成）。

曾实习、工作于（英商）景明洋行的有：卢镛标1922年经其兄长卢东阳介绍进入（英商）景明洋行当学徒，后顶兄职入（英商）景明洋行工作，1925年与刘根泰组建宏泰测绘行，设计联保里、长春里、福生里等工程，后在函授学校攻读土木工程专业，后自办卢镛标建筑事务所；张境、陆志刚、刘根泰、钟前功、蒋啸涛、许佩青、顾本祥皆曾在（英商）景明洋行任助手。

其他还有"英商"的上海（英商）克明洋行、上海（英商）五和洋行、上海（英商）茂泰洋行、上海（英商）远东测绘行；"法商"的有上海（法商）电气公司、上海（法商）赖安洋行；"德商"的有汉口（德商）宝利建筑公司、汉口（德商）宝昌洋行；"比商"的有上海（比商）海兴建筑工程公司、上海（比商）义品洋行；"奥商"的有上海（奥商）嘉洋行；"美商"的有汉口（美商）美孚洋行、上海（美商）茂旦洋行、上海（美商）苏生洋行、上海（美商）德士古洋行、上海（美商）克理洋行等。在"英商"洋行实习、工作的有陆志刚、邱在恩、郑定邦、汪敏信；在"法商"洋行实习、工作的有王信斋、苏夏轩；在"德商"洋行实习、工作的有施兆光、奚铁吾；在"比商"洋行实习、工作的有周运法、葛尚宣；在"奥商"洋行实习、工作的有葛尚宣；在"美商"洋行实习、工作的有缪恩钊、卓文扬、徐镇蕃、董大酉、浦海、邱在恩、白德懋、罗小未、严有翼。

洋地产公司、洋事务所、洋建筑公司

除了洋行外，中国近代建筑师也曾在部分洋地产公司、洋事务所、洋建筑公司实习与工作过。有的先入洋事务所工作，后因项目成为洋事务所的合作者；有的则是被聘为担任洋建筑师在项目上的助手。

（美）亨利·墨菲建筑事务所——1908年由亨利·墨菲（Henry Killam Murphy）和达纳（Richard H. Dana, Jr.）合伙在上海开办分公司。亨利·墨菲毕业于（美国）耶鲁大学建筑系，与合伙人达纳（1920年退出）在美国纽约麦迪逊大街开办事务所（1908年），进行了一些校园规划，设计出多样风格的建筑（哥特、殖民地复兴等），但是那时墨菲仍是一个平凡（尚未出名）的建筑师。八国联军后，促使大批美国基督教会来华投入到教育事业方面，花大量资金建设校园，由于墨菲与基督教会的关系，他就于1914年跟随着耶鲁教会社团来到中国，之后为基督教会规划设计多所教会大学，此一系列设计工作称之为"耶鲁大学在中国"计划。代表作品有原湖南长沙雅礼大学校舍（1916年建成）、原湖南长沙湘雅医学院教学楼病房大楼（1918年建成）、原上海复旦大学简公堂（1922年建成）、原汉口花旗银行（1922年建成）、原燕京大学校舍（1924—1927年建成）、原北京清华学校校舍（1920年建成）、原厦门大学校舍（1921—1923年建成）、原南京金陵女子大学校舍（1921—1923年建成）、原南京国民革命军阵亡将士纪念塔（1929年建成）、原广州岭南大学校舍（1930年建成）。

曾实习、工作、合作于（美）亨利·墨菲建筑事务所的有：庄俊于1914年被"清华"电召回国任亨利·墨菲的助手，协助进行"清华"校园总体规划与四大建筑（大礼堂、体育馆、科学馆与图书馆）设计，庄俊负责工程的总体规划、全校道路管网等设施的布置，及部分教学用房、教职工与学生宿舍的设计和监造；吕彦直于（美国）康奈尔大学建筑系毕业后（1918年），进入到纽约亨利·墨菲（Murphy & McGill & Hamlim）事务所工作。之后吕彦直回国（约1920年），被墨菲雇用，负责墨菲在上海分公司的设计任务，协助设计南京金陵女子大学校舍，1921年与过养默、黄锡霖合办上海东南建筑公司，1922年正式脱离亨利·墨菲事务所；李锦沛于纽约普瑞特艺术学院建筑学专业毕业后（1920年），入麻省理工学院学习，1922年入哥伦

图 5-103 （杭州）韦兰中国男子学院

图 5-104 （长沙）雅礼大学

图 5-105 1918 年墨菲与他的成员在上海办公室

图 5-106 （南京）金陵女子大学

图 5-107 （北京）燕京大学

比亚大学建筑系学习，1923 年获纽约州立大学建筑师文凭，先后在芝加哥和纽约的几家事务所工作过，曾入纽约墨菲事务所工作，1923 年被美国基督教青年会全国协会派遣到中国，担任驻华青年会办事处副建筑师，协助主任建筑师阿瑟·阿当姆森（Arthur Q Adamson）的设计工作，先后负责设计了保定、济南、南京、宁波、南昌、成都、福州、武昌等地的基督教青年会会堂，1927 年创建李锦沛建筑师事务所。

（美）凯尔斯建筑事务所（F.H.Kales）——凯尔斯（F.H.Kales，1889—1979 年）毕业于（美国）麻省理工学院建筑系，20 世纪 20 年代来到中国。20 年代末，国民政府大学院聘李四光、王星拱、张难先、石瑛、叶雅各、麦焕章为武汉大学新校舍建筑设备委员会委员，李四光和叶雅各赴上海邀请凯尔斯担任新校舍建筑工程师，还聘阿伯拉罕·列文斯比尔（A.Leverspiel）和石格斯（R.Sachse）为他助手，工程由汉协盛营造厂、袁瑞泰营造厂、永茂隆营造厂及上海六合公司承建。代表作品为武汉大学校舍。曾与（美）凯尔斯建筑事务所合作的有：缪恩钊留美（1918 年毕业于麻省理工学院土木工程系）毕业回国后，曾先在上海从事进出口业务，后任湖南高等职业学校土木科教授、主任，后入汉口纽约标准石油公司工程部任工程师，1929 年被聘为武汉大学建筑工程处新校舍监造工程师、工程处负责人，负责施工技术监督及部分结构、水暖设计，新中国成立后，任教于湖南大学。

（匈）拉斯洛·邬达克建筑事务所——拉斯洛·邬达克（L.E.HUDEC）毕业于布达佩斯皇家学院，后参军。曾当选匈牙利皇家建筑学会会员，于 1918 年流亡到上海，在克利洋行当助手，1925 年在上海创办事务所。代表作品有原上海虹口大戏院（1908 年建成）、原上海万国储蓄会霞飞路公寓（1924 年建成）、原上海美国总会（1925 年建成）、原上海大光明大戏院（1928 年建成，1933 年改建）、原上海浙江大戏院（1930 年建成）、原上海慕尔堂（1931 年建成）、原上海爱文公寓（1932 年建成）、原上海广学会大楼（1932 年建成）、原上海南洋大学工程馆（1934 年建成）、原上海达华公寓（1937 年建成）、原上海吴同文住宅（1937 年建成）。实习、工作于（匈）拉斯洛·邬达克建筑事务所的有：虞曰镇（1937 年毕业）毕业于（香港）美尔顿大学建筑系后，入（上海）邬达克建筑事务所任助理工程师，参与设计上海国际饭店，1940 年入华盖建筑事务所，任贵阳办事处主任，1941 年自办（桂林）有巢建筑师事务所。

其他

赵冬日曾任职于华北交通株式会社（1938年创建，南满洲铁道公共运输公司）；王信斋1908年跟随上海徐汇天主堂葡籍工程师学习建筑工程及钢筋水泥，后自办（上海）信记建筑师事务所；柳士英（1920年毕业于日本东京高等工业学校建筑科）留日毕业回国后，经朱士圭介绍到上海（日商）日华纱厂当施工员，后入（上海）冈野重久建筑师事务所任设计师，1922年与人合办（上海）华海公司建筑部；朱士圭和范文照曾入（上海）允元公司任建筑部工程师；汪家瑞曾于1921年跟随德籍建筑师礼勃处学习制图；陈业勋曾于1936年入纽约霍必根建筑事务所上海中国营业公司工作；李德华和王吉螽曾入（上海）鲍立克建筑事务所时代室内设计公司任设计师。

5.6 关于金融业——中国银行、浙江兴业银行

国民政府时期的中国银行，前身为大清银行。20世纪初，清政府在北京西交民巷成立大清户部银行，并在各省各地（天津、上海、汉口、济南、奉天、营口、库伦、重庆、南昌）设立分行，是中国近代历史上的第二家银行（第一家为中国通商银行，由盛宣怀发起于1897年在上海成立，属官商合资），1906年改名为大清银行，辛亥革命爆发后，大清银行随之倒闭。

《中国银行条例》，总管理处设建筑课

1912年后，民国政府在大清银行基础上筹建中国银行，属官商合办股份制，在大清银行旧址开业，银行制度全盘仿效日本银行制度，不久后中国银行被袁世凯掌控，1914年颁布《国币条例》，后设立币制局，发行新银币，1916年袁世凯取消帝制，提出停止兑换银元，爆发挤兑风潮。1923年孙文于广州筹设广州军政府自有的国家银行，1924年中央银行正式成立。1927年在北伐中，国民革命军抵达上海，接收被北洋政府控管的中国银行，1928年民国政府颁布《中央银行条例》，明定中央银行为国家银行，对中国银行进行改组，将总管理处迁往上海，在原德国总会大楼内办公。1928年国民政府也公布了《中国银行条例》，将中国银行定为"特许国际汇兑银行"，在上海成立总行，并先后在各地设立分行，拓展外汇业务。1930年起中国银行每年提取基金来建造行屋，1931年中国银行颁布《中国银行组织大纲》，总管理处设有总稽核和总秘书，而总秘书下设有秘书室、总务室、股务室、卷务室、

图 5-108 武汉大学

图 5-109 武汉大学图书馆

图 5-110 1930年张嘉璈（右五）与中国银行伦敦经理处同仁合影

图 5-111 宋子文在（上海）中国银行发表演说

图 5-112 （上海）中国银行员工工作场景

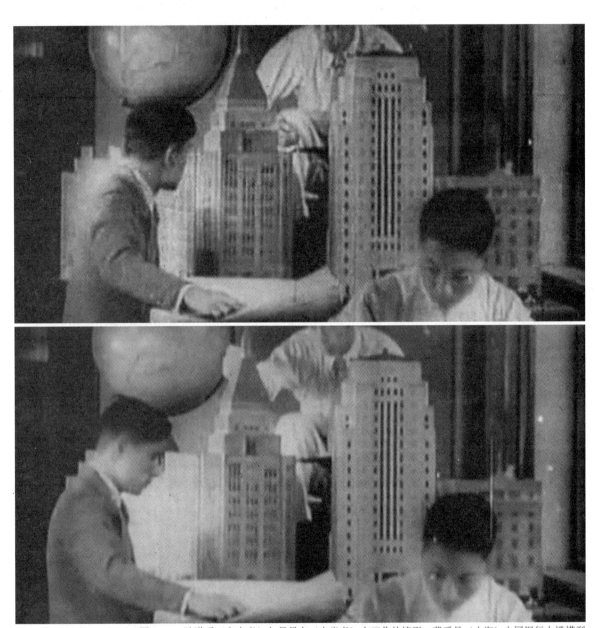

图 5-113 陆谦受（左立者）与吴景奇（右坐者）在工作的情形，背后是（上海）中国银行大楼模型

图 5-114 （上海）中国银行大楼

建筑课，其中建筑课负责有办理全行建筑修缮设计、监督全行房屋营造工程、办理建筑修缮估价和投标、办理用具设备配置和打样、掌管全行不动产价格和折旧审查及纪录。而原广州的中央银行则改组为广东中央银行，后又改为广东省银行，1935 年民国政府通过《中央银行法》取代《中央银行条例》，随即实施法币制度，此政策既出，稳定了中国货币，是中国近代最成功的一次币制改革。

建筑课课长，总工程师，办事员，雇员，监工员，从业人员，银行企业设计团队

1930 年陆谦受毕业后回国受聘于中国银行，担任建筑课课长，合作人是毕业于（美国）宾系法尼亚大学建筑系的吴景奇，两人一同主持建筑课业务，建筑课还设有总工程师由黄显灏担任，办事员由李明超、王鹤鸣、陈国冠、邓如舜担任，雇员由吕仁、黄名生、陈伯高担任，监工员由周建海担任，从业人员有杨荫庭、阮达祖（1934 年助理建筑师）、郭毓麟（绘图组领组）、华国英（1934—1935 年工程员）、屠庭镐（1936 年助理工程师）、陈善庭（复核员）、张志华，以上这些建筑课的专业力量隶属于银行企业机构的一支设计团队，主要以负责中国银行系统内各地（上海、南京、青岛、济南、重庆等）的行屋项目设计为主。

建筑设计室主任，总行建筑师，地产部副工程师，设计绘图员

与中国银行同属于银行企业机构的建筑团队还有（上海）浙江兴业银行。浙江兴业银行成立于 1907 年，由浙江铁路公司（1905 年由江浙绅商 160 余人在上海斜桥洋务局集会，要求自筹资金修筑苏杭甬铁路，并成立浙江全省铁路公司）设立并持有大部分股权。浙江铁路公司成立后，决定成立公司附属银行，资本额为 100 万元，分 1 万股，每股 100 元。当时银行是新生的商业事物，也是企业的象征，便以"振兴浙江实业"的名义成立浙江兴业银行，总行设在杭州，是浙江省第一家银行，也是中国近代第一家商业银行，之后在上海、汉口设立分行。1915 年浙江兴业银行改组，把业务中心移到上海，将上海分行改为"总行"，改杭州总行为"分行"，由叶景葵任董事长，业务稳中求进，发展迅速，储蓄存款逐年增加，常年居私营银行之榜首。

部分中国近代建筑师也曾任职于此，有周惠南（房地产部建筑设计室主任）、李英年（1933 年信托部）、马俊德（1936 年总行建筑师）、刘鸿典（1939—1941 年总行建筑师）、陈登鳌（总行信托地产部副工程师）、黄志劭（1934—1940 年打样间设计绘图员）。

5.7 关于建筑师事务所

5.7.1 事务所形态的衍生

洋人的设计机构（洋行、工部局工务局）

洋建筑师于 19 世纪中叶后来到中国，并参与到教会学校及教会医院、教堂、圣教书局、领事馆等设计任务，除了教会学校外，就属领事馆、公馆、别墅等建造量最大。洋人设计机构（洋行、工部局工务局）成为这期间主要的建筑实践团队，而中国近代建筑从业人员也开始在洋人的设计机构（洋行、洋地产公司）留下身影，其中以周惠南和杨润玉为代表。

周惠南和杨润玉，20 世纪 10 年代后创办

周惠南和杨润玉，一位是自学出身，一位是受工艺学校教育的训练，两人皆于 20 世纪 10 年代先后创办建筑执业公司。

自学出身，（英商）业广地产，浙江兴业银行地产部，自办打样间

　　出身于江苏武进的周惠南（1872—1931年），19世纪80年代独自来到上海，进入上海（英商）业广地产有限公司（1888年创立）实习，任测量、绘图练习生，负责绘制里弄住宅图样。周惠南未受过专业建筑学训练，以自学方式，在刻苦认真、反复学习下，习得一套"现代化"的建筑设计及技术知识，之后他离开"业广"，到上海铁路局、沪南工程局任职，后又入浙江兴业银行地产部任打样间（建筑设计）主任，独立负责设计项目。1910年后，周惠南在上海自办打样间，由家人担任员工，帮忙处理设计业务，周惠南打样间成为了中国近代建筑师自己拥有的第一间建筑设计公司，作品有（上海）大世界游乐场、原（上海）中央大戏院、原（上海）天蟾舞台、原（上海）远东饭店、原（上海）爵禄饭店、原（上海）一品香旅社、原（上海）大西洋菜馆、原（上海）中西大药房、原（上海）中法大药房、原（上海）明清池浴室、原（上海）梅清池浴室及一些居民住宅。

工艺学校训练，浦东塘工善后局，（英商）爱尔德洋行，创办测绘行

　　出身于江苏上海的杨润玉（1892年—？），1908年毕业于（上海）浦东中学便转往（上海）徐家汇土山湾工艺学校（1868年创立）就读，以学习图画、木匠等技艺为主。由于杨润玉受过一套图画与绘图的技艺训练，毕业后进入社会谋生不成问题，1911年他便入（上海）浦东塘工善后局（1906年由谢源深组建，为了抵制列强扩张及经济干预，以谋求地方发展，清理洋商吞噬的沿江公地，巩固地权，修建渡口海塘，开辟水陆交通，并捐资发展地方公益事业）任测量及设计员，负责协助善后局新建渡口、码头等工程事宜。工作1年后，于1912年入上海（英商）爱尔德洋行（1897年创办）工作，任助理建筑师，开始地接触到建筑事业，工作3年后，杨润玉便自主创业，于1915年创办（上海）华信测绘行，杨润玉任经理和主持人，而杨元麟（1905年—？，籍贯江苏上海，上海青年会中学毕业，美办上海万国函授学校土木科毕业，1921年入华信测绘建筑公司任练习生，1927年任建筑师兼协理，1935年任主任建筑师）和杨锦麟（上海沪江大学建筑专科毕业，入华信测绘建筑公司）两兄弟先后加入华信测绘行，并任主持人。之后，三杨（杨润玉、杨元麟、杨锦麟）便共同携手主持公司业务，另聘周济之任工程师，负责处理项目方面的结构和工程的问题，公司员工有严晦庵（1917—1919年间任练习生）、张因（1923年任建筑师）、杨德源（任建筑师）等，华信测绘行以上海为事业发展根据地，公司在原上海南京路大陆商场5楼。之后改名为华信建筑公司、华信建筑师事务所。作品有（上海）愚谷邨、（上海）涌泉坊、原（上海）政同路住宅、原（上海）江湾体育会路住宅、原（上海）民孚路住宅、原（上海）三民路集合住宅、原（上海）静安寺路住宅、原（上海）威海卫路住宅等。

引领风潮

　　周惠南（1910年后）的打样间和杨润玉（1915年）的测绘行成立后，为中国近代关于事务所的成形起了带头作用，引领着之后中国近代建筑师成立事务所的风潮（20世纪10年代后）。

5.7.2　事务所的两股出身——境外培养，境内培养

境外培养，境内培养

　　在20世纪20年代前后，构成中国近代建筑师队伍主要来自于两股出身，一股是来自于境外培养出身；一股是来自于境内培养出身。

图5-115 近代建筑师执业区域分布图

境外培养出身：始于19世纪末、20世纪初的中国近代建筑师第一波留学潮，以留日为主，留欧为辅，20世纪10、20年代后，第二波留学潮以留美为主，留欧、日为辅。而这两波留学潮中留日的有张锳绪、贝寿同、许士谔、杨传福、许推、金殿勋、裴璞、赵世瑄、巫振英、高士光、林是镇、蒋骥、蔡泽奉、王克生、朱士圭、盛承彦、柳士英、刘敦桢、黄祖森等人；留欧的有徐鸿遇、华南圭、贝寿同、沈理源、汪申、朱兆雪、刘既漂、李宗侃、林克明、卢毓骏、奚福泉、苏夏轩、夏昌世、黄锡霖、李蟠、罗竟忠、冯纪忠等人；留美的有庄俊、关颂声、吕彦直、杨锡宗、董修甲、杨宽麟、罗邦杰、林澍民、董大酉、范文照、童寯、杨廷宝、梁思成、陈植、刘福泰、过养默、朱神康、谭天宋、林炳贤、徐敬直、王华彬、缪恩钊、薛次莘、过养默、谭真、蔡方荫等人。他们大部分出自于国外高校土木工程或建筑专业的培养出身。

境内培养出身：在19世纪末、20世纪初，受国内学校（专门学校、路矿学校、函授学校等）培养出身的有孙支厦、朱神康、戚鸣鹤、黄元吉、钟铭玉、李鸿儒、吴文熹、钟森、杨锡镠、徐鑫堂、莫衡、顾道生、李英年、浦海、卓文扬、张克斌、许瑞芳、杨元麟、姚文英等人。他们大部分出自于国内高校相关（铁路、土木等）及其他专业的培养出身。

以上两股培养出身的建筑师，皆在毕业后（回国）陆续创办测绘行、建筑师事务所或建筑公司（联合型、个人型），同时也在高校里创办建筑学教育，有江苏省立苏州工业专门学校建筑科（1923年成立）、南京中央大学建筑工程系（1927年成立）、北平大学艺术学院建筑系（1928年成立）、沈阳东北大学建筑工程系（1928年成立）、广东省立勤勤大学建筑工程系（1932年成立）、上海沪江大学商学院建筑科（1933年成立）等，积极地培养下一代建筑专业人才。

依培养出身创办事务所的名单如下：

境外培养出身，留日系统：

（上海）华海公司建筑部，由柳士英、刘敦桢、朱士圭和王克生于1922年合办；

（广州）胡德元建筑师事务所，由胡德元1930年自办；

（湖南）长沙迪新土木建筑公司，由柳士英与湖南土建界人士于1934年组建；

（昆明）金城建筑公司，由胡兆辉于1941年自办；

（重庆）朱士圭建筑师事务所，由朱士圭1946年自办。

境外培养出身，留欧系统：

（天津）华信工程司，由沈理源于1931年经营；

（上海）启明建筑事务所，由奚福泉于1931年经营；

（青岛）马腾建筑工程司，由苏夏轩于1932年自办；

（广州）刘既漂建筑师事务所，由刘既漂于1932年自办；

（广州）林克明建筑设计事务所，由林克明于1933年自办；

（上海）吴景祥建筑师事务所，由吴景祥于1934年自办；

（上海）公利工程公司，由奚福泉于1935年自办；

（北平）立群建筑师事务所，由汪申于1937年自办；

（北平）大中建筑师事务所，由朱兆雪于1938年自办；

（上海）大地建筑师事务所，由刘既漂、费康、张玉泉于1941年合办；

（贵州）桂林国际建筑师事务所，由虞炳烈于1941年自办；

（重庆）阮达祖建筑师事务所，由阮达祖于1943年自办；

（上海）李宗侃建筑师事务所，由李宗侃于1945年自办；

（上海）五联建筑师事务所，由陆谦受、黄作燊、陈占祥、王大闳、郑观萱于1945年合办；

（上海）奚福泉建筑师事务所，由奚福泉于 1950 年自办；

（上海）群安建筑师事务所，由冯纪忠于 1950 年自办。

境外培养出身，留美系统：

（天津、北平、南京、上海、重庆、成都、昆明）基泰工程司，由关颂声于 1920 年创办，朱彬、杨廷宝、杨宽麟、关颂坚先后加入成为合伙人；

（上海）东南建筑公司，由过养默、吕彦直、黄锡霖于 1921 年合办；

（上海）彦记建筑师事务所，由吕彦直、黄檀甫于 1925 年合办；

（上海）大昌建筑设计事务所，由施嘉干、蓝荣庠于 1925 年合办；

（上海）庄俊建筑师事务所，由庄俊于 1925 年自办；

（上海）施兆光工程师事务所，由施兆光于 1925 年自办；

（上海）李锦沛建筑师事务所，由李锦沛于 1927 年自办；

（上海）范文照建筑师事务所，由范文照于 1927 年自办；

（沈阳）梁林陈童蔡营造事务所，由梁思成、林徽因、陈植、童寯、蔡方荫于 1930 年合办；

（上海）董大酉建筑师事务所，由董大酉于 1930 年自办；

（北平）梁思成、林徽因建筑师事务所，由梁思成、林徽因于 1931 年合办；

（上海）赵深、陈植建筑师事务所，由赵深、陈植于 1931 年合办；

（上海）林澍民建筑师事务所，由林澍民于 1931 年自办；

（广州）谭天宋建筑师事务所，由谭天宋于 1932 年自办；

（上海、南京、重庆、昆明、贵阳）华盖建筑师事务所，由赵深、陈植、童寯于 1933 年合办；

（上海、重庆、南京）兴业建筑师事务所，由徐敬直、李惠伯、杨润钧于 1933 年合办；

（南京）谭垣、刘福泰建筑师事务所，由谭垣、刘福泰于 1933 年合办；

（上海）东亚建筑公司，由黄家骅、庄秉权于 1934 年合办；

（上海）李扬安建筑师事务所，由李扬安于 1935 年自办；

（上海）罗邦杰建筑师事务所，由罗邦杰于 1935 年自办；

（上海）孙立己建筑师事务所，由孙立己于 1935 年自办；

（上海）谭垣、黄耀伟建筑师事务所，由谭垣、黄耀伟于 1937 年合办；

（上海）董张建筑师事务所，由董大酉、张光圻于 1937 年合办；

（重庆）刘福泰建筑师事务所，由刘福泰于 1937 年自办；

（广西）桂林建筑师事务所，由虞曰镇于 1937 年自办；

（上海）永宁建筑师事务所，由卢树森于 1938 年自办；

（上海）大中建筑师事务所，由黄家骅于 1939 年自办；

（南京）陈裕华建筑师事务所，由陈裕华于 1941 年自办；

（重庆）中大建筑师事务所，由谭垣于 1943 年自办；

（上海）谭垣建筑师事务所，由谭垣于 1944 年自办；

（重庆）甚露工程司，由张其师于 1945 年自办；

（北平）谭真建筑师事务所，由谭真于 1946 年自办；

（上海）张光圻建筑师事务所，由张光圻于 1946 年自办；

（广州）彭涤奴建筑师事务所，由彭涤奴于 1946 年自办；

（上海）华安建筑师事务所，由蒋骥、朱士圭于 1947 年合办；

（上海）文华建筑师事务所，由黄家骅、哈雄文、刘光华于1948年合办；

（上海）黄家骅建筑师事务所，由黄家骅于1948年自办；

（上海）王华彬建筑师事务所，由王华彬于1948年自办。

境内培养出身：

（上海）凯泰建筑公司，由黄元吉、杨锡镠、钟铭玉于1924年合办；

（上海）新华建筑工程公司，由李鸿儒于1924年自办；

（天津）亨大建筑公司，由阎子亨于1925年自办；

（上海）公利营业公司，由杨润玉、顾道生于1925年合办；

（上海）杨锡镠建筑师事务所，由杨锡镠于1929年自办；

（汉口）卢镛标建筑师事务所，由卢镛标于1930年自办；

（广州）广州建筑师事务所，由关以舟、余清江于1932年合办；

（上海）郑定邦建筑师事务所，由郑定邦于1933年自办；

（上海）信记建筑师事务所，由王信斋于1933年自办；

（北平）龙虎建筑公司，由钟森于1934年任华人经理；

（北平）协成建筑师事务所，由高公润于1934年自办；

（上海）戚鸣鹤建筑师事务所，由戚鸣鹤于1934年自办；

（杭州）审美建筑公司，由滕熙于1934年自办；

（上海）孙立己建筑师事务所，由孙立己于1935年自办；

（上海）施求麟建筑师事务所，由施求麟于1936年自办；

（上海）黄钟琳建筑师事务所，由黄钟琳于1936年自办；

（天津）黄廷爵建筑师事务所，由黄廷爵于1937年自办；

（上海）徐鑫堂工程师事务所，由徐鑫堂于1937年自办；

（上海）顾鹏程工程公司，由顾鹏程于1937年自办；

（上海）张克斌建筑师事务所，由张克斌于1937年自办；

（上海）许瑞芳建筑师事务所，由许瑞芳于1937年自办；

（上海）华海建筑师事务所，由浦海于1937年自办；

（南京）社会建筑社，由李兴唐于1937年自办；

（广州）杨锡宗建筑师事务所，由杨锡宗于1937年自办；

（四川）泸州天工建筑事务所，由唐璞于1941年自办；

（重庆）叶树源建筑师事务所，由叶树源于1941年自办；

（重庆）怡信工程司，由徐尚志、戴念慈、李继华、朱民声、雷明于1942年合办；

（重庆）张峻建筑师事务所，由张峻于1943年自办；

（南京）永新工程司，由叶树源于1945年自办；

（南京）伟成建筑师事务所，由张开济于1945年自办；

（广州）郭秉琦建筑师事务所，由郭秉琦于1945年自办；

（广州）新建筑工程司事务所，由郑祖良于1945年自办；

（上海）施兆光建筑师事务所，由施兆光于1946年自办；

（广州）余寿祺工程事务所，由余寿祺于1946年自办；

（广州）余玉燕建筑师事务所，由余玉燕于1946年自办；

（广州）范志恒建筑师事务所，由范志恒于 1946 年自办；

（上海）刘鸿典建筑师事务所，由刘鸿典于 1947 年自办；

（南京）兴华建筑师事务所，由龙希玉于 1947 年自办；

（南京）戴志昂工程司，由戴志昂于 1947 年自办；

（南京）戴念慈建筑师事务所，由戴念慈于 1947 年自办；

（南京）中和建筑师事务所，由高乃聪于 1948 年自办。

主动出场，百花齐放，繁荣景象

以上一批具有实力、竞争力的中国近代建筑师队伍，宣告着中国近代建筑师于 20 世纪 20、30、40 年代的主动出场，而他们更因项目数量的大增和实践作品的水平、质量的提升，足以与当时的洋人设计机构相互抗衡与竞争，并存发展，打破原本由洋人设计机构独揽项目的局面，也带动了中国近代建筑活动的百花齐放、繁荣景象，开创中国近代建筑师登上世界舞台的新局面。

5.7.3　事务所的形态分类——联合型

在中国近代事务所的形态（测绘行、事务所、公司）中，分有"联合型"与"个人型"两种。

合伙合资，成员多，中大型"现代化"企业

"联合型"事务所采多数或 3 人以上合伙人的合资制度，事务所从业人员较多，包括有合伙建筑师、项目经理、项目设计师、绘图员、工地主任、行政幕僚、经济管理等，属中、大型"现代化"的企业模式，如下所示：

基泰工程司，由关颂声于 1920 年创办，之后朱彬加入成为合伙人，于 1924 年合办（天津、北平、沈阳）基泰工程司，1927 年杨廷宝加入，成为第 3 合伙人，之后杨宽麟、关颂坚相继加入，也成为第 4 与第 5 合伙人。1947 年设初期合伙人，由张镈、初毓梅、肖子言、郭锦文担任，从业人员较多，有陈延曾、王勤法、萨本远、关永康、孙增蕃、陈濯、虞福京、林全荫、林远荫、郭瑞麟、李昌运、刘友渔、郑翰西、朱葆初、张智、关仲恒、阮展帆、马增新、程天中、李厚田、颜家倾、张开济、范志恒、叶树源、龙希玉、陈其宽。

彦记建筑事务所，由吕彦直、黄檀甫于 1925 年合办，从业人员有裘樊钧、葛宏夫、庄允昌、李锦沛、刘福泰、卓文扬、徐镇蕃等。

华盖建筑事务所，由赵深、陈植、童寯于 1933 年合办，从业人员常世维、陈延曾、丁宝训、刘致平、毛梓尧、陆宗豪、葛瑞卿、沈承基、汪履冰、鲍文彬、黄志劭、周辅成、陈瑞棠、张伯伦、张昌龄、何立蒸、杨卓成、刘光华、彭涤奴等。

兴业建筑师事务所，由徐敬直、李惠伯、杨润钧于 1933 年合办，从业人员有戴念慈、吴继轨、曾宪源、徐不浮、赵璧、赵鹤皋、陈浩生、周泰禧、曹见宾、马志中、陈志建、汪坦、姚岑章、林鸿恩、胡璞、刘登、邓琼照、蓝志勤、朱民生、赵枫、田润波、周仪先、张琦云、巫敬桓等。

大地建筑师事务所，由刘既漂、费康、张玉泉于 1941 年合办，从业人员有张开济、陈登鳌、陈渊若、沈祥森、胡廉葆。

专业分工、相互支援和帮助

"联合型"事务所采专业分工的合作模式，工作性质分有负责设计、绘图、市场、管理、技术等方面，若合伙人彼此执掌的性质重复或雷同，可相互支援和帮助，如下所示：

基泰工程司，关颂声主跑业务，朱彬负责管理财务（关颂声把公司财务交给自己人管理）与进行有效控管与节约成本，并投资国外企业（美国电力和电话公司），为公司财务保值。杨廷宝为主创建筑师，负责大量设计项目。杨宽麟是房屋结构工程专家，负责项目的结构设计、计算与审核，常亲临工地查看，并与项目建筑师（关颂声、朱彬、杨廷宝）合作。结构工程专业出身的人还有初毓梅和郑瀚西。

东南建筑公司，由过养默、吕彦直、黄锡霖于1921年合办。过养默初期任总工程师及后期任经理，并参与部分设计工作，主要操刀设计的是吕彦直，设有营造部，由朱锦波任主任。

凯泰建筑公司，由黄元吉、杨锡镠、钟铭玉于1924年合办，旗下员工的赵曾和任工程师，陆宗豪负责绘图设计，张念曾任绘图员，李定奎任绘图员，孙秉源任绘图员。

华盖建筑事务所的赵深因有多年执业经验，主要负责对外承接业务并管理财务。陈植因家族有着与财团的人脉关系，也负责对外承接业务，并兼管内务。童寯有着实践和教学的经验，主要负责设计及技术，主持图房设计工作。

大地建筑师事务所，由刘既漂、费康、张玉泉于1941年合办，张开济支援任主任建筑师，陈登鳌任南京分部建筑师，陈渊若与沈祥森负责施工现场管理，胡廉葆负责经济预算。

共同、各自负责项目

"联合型"事务所在项目的承接、管理，到后续发展均有一套对应于市场的运作机制，由合伙建筑师共同负责、掌握和执行，各项目的设计、管理、发展也由合伙建筑师依公司和现实需要（外地）共同或各自负责，如下所示：

华信测绘行，合伙建筑师（杨润玉、杨元麟、杨锦麟）共同负责的项目有原（上海）德丰纱厂、原（上海）华成烟厂、原（上海）大东烟厂、原（上海）沪东杨树浦路怡德公司中广式厂房、原（上海）公共体育场、（上海）愚谷邨、原（上海）政同路住宅、原（上海）江湾体育会路住宅、原（上海）民孚路住宅、原（上海）三民路集合住宅、原（上海）静安寺路住宅、原（上海）威海卫路住宅、（上海）涌泉坊等。

基泰工程司，合伙建筑师（关颂声、朱彬、杨廷宝、杨宽麟）共同负责的项目有：原（天津）中原百货公司大楼、原（天津）基泰大楼等。各自负责的项目：关颂声负责原（天津）大陆银行大楼、原（天津）永利制碱公司大楼及原（天津）南开大学校舍；朱彬负责原（北京）大陆银行、原（天津）南开大学木斋图书馆及其他校舍，原（天津）大陆银行货栈、原（上海）大陆银行、原（上海）大新公司大楼、原聚兴诚银行上海分行、原（上海）中山医院、原（上海）美国教堂布道所医院、原（上海）青年兄弟银行家公司等；杨廷宝负责原京奉铁路沈阳总站、原天津中国银行货栈、原北京交通银行、沈阳少帅府、原沈阳同泽女子中学、原沈阳东北大学北陵校园总体规划和校舍设计、清华大学第二阶段（1929—1931年）校园规划设计、清华大学图书老馆扩建、清华大学生物馆、清华大学气象台、原清华大学明斋、原（南京）中山陵园邵家坡新村合作社、原（南京）中央研究院地质研究所、（南京）中山陵音乐台、（南京）谭延闿墓、原（南京）中央医院、原（南京）中央体育场建筑群、原（南京）中英庚子赔款董事会办公楼、（南京）中国科学院紫金山天文台、原（南京）宋子文故居、原（南京）国民党中央党史史料陈列馆、原（南京）国民党中央监察委员会、原（南京）中央研究院历史语言研究、原（南京）下关火车站扩建、原（南京）中央研究院社会科学研究所、原（南京）国际联欢社、原（南京）资源委员会背躬楼、原（南京）招商局候船楼、原（南京）孙科故居、原（南京）国民党中央通讯社办公楼、原（南京）中央研究院地理研究所、原中央研究院化学研究所办公楼、原（南京）结核病防治院等；杨宽麟负责原（上海）龙华水泥厂、原（上海）南阳兄弟烟草公司、原（无锡）申新纱厂、原（无锡）面粉厂、原（南京）江南水泥厂、原（南京）永利化工厂。

东南建筑公司，合伙建筑师（过养默、吕彦直、黄锡霖）共同负责的项目有东南大学学校总体规划、原（上海）真茹暨南大学科学馆、原（上海）真茹暨南大学教工宿舍、原（上海）第一家票据交换所。各自负责的项目：过养默负责原（南京）国民政府最高法院、原（上海）顾维钧故居、原（上海）高家宅公弄口邓骏声市房、原（上海）谢永钦故居；吕彦直负责（南京）孙中山先生中山陵与（广州）孙中山先生纪念堂、纪念碑的设计投标竞赛。

凯泰建筑公司，合伙建筑师（黄元吉、杨锡镠、钟铭玉）共同负责的项目有原（上海）光华大学部分校舍、原上海大学全部校舍、原（上海）胜德织造厂、原柳州无线电台。各自负责的项目：黄元吉负责原（上海）四明里、原（上海）四明别墅、原（上海）恩派亚大厦、原（上海）厉氏大厦、原（上海）安凯第商场；杨锡镠负责—原（上海）中华基督教会鸿德堂。

华盖建筑事务所，合伙建筑师（赵深、陈植、童寯）共同负责的项目有原（上海）浙江兴业银行、原南京国民政府外交部大楼与原大上海大戏院。各自负责的项目：赵深负责原（上海）大沪旅馆、原（上海）恒利银行、（南京）中山陵行健亭、原（南京）瑞士公使馆、原（昆明）南屏大戏院、原（昆明）金碧公园、原（昆明）昆华医院、原（昆明）兴文银行等；陈植负责原（上海）富民路花园里弄住宅、原（上海）福开森路金叔初洋房、原（上海）静安寺路交通银行办公大楼、原（上海）大华大戏院、原（上海）蒲石路陆栖凤库房等；童寯负责原（南京）首都饭店、原（南京）张治中公馆、原（南京）马歇尔公馆、原（南京）陵园中山文化教育馆、原（南京）水晶台地质矿产陈列馆、原（南京）白下路国民党政府审计部办公楼、原（贵阳）花溪清华中学、原（贵阳）湘雅村国立湘雅医学院讲堂及宿舍、原（南京）童寯故居、原（南京）高楼门公路总局办公大楼、原（南京）萨家湾交通银行等。

项目设计师负责执行和发展

有的"联合型"事务所的项目会由项目设计师或设计人员去执行和发展；或襄助主创建筑师，负责项目的设计绘制和后续执行；或由项目设计师自己承接，如下所示：

中国工程司咨询建筑师陈炎仲负责设计原（天津）茂根大楼（与阎子亨共同合作）。

基泰工程司于1935年派张镈去北京协助杨廷宝完成古建筑修护工程。1936年在北京的张镈请调到南京总部工作。从业建筑师梁衍1936年负责原（南京）国际联欢社设计。1938年初张镈来到重庆，任图房主任建筑师，郭锦文任主任绘图师，初毓梅（结构工程师）负责成都业务，梁衍（建筑师）则负责昆明业务。原（成都）四川大学规划及校舍（图书馆、化学馆、学生宿舍等）设计由杨廷宝领着张镈一同进行。1940年张镈出任平津部主持建筑师，负责主持京津两地的业务（1940—1948年），重建原（天津）中原公司，负责有原北京大学农学院罗道庄教学楼及男女生宿舍楼、原清华大学教职工住宅新区、原北大山老胡同教授住宅改建、原（北平）美国总领事馆修缮改建、原（天津）美国总领事馆新楼、原（北平）中和医院扩建和改建、原北京大学医学院扩建、原（北平）中央银行新楼及地库与宿舍等项目。

东南建筑公司建筑师杨锡镠负责原（南京）东南大学科学馆、原交通部南洋大学体育馆的设计。

兴业建筑师事务所的建筑师汪坦负责设计原（上海）张群故居，及原（南京）馥记大厦设计，由合伙人兼主创建筑师李惠伯带领。

迁移总部、设立分部、分所

有些"联合型"事务所会依区域、业务、现实与时局因素迁移总部，或于各省各地设立分部、分所，如下所示：

基泰工程司于1928年在上海、南京设立分部（办事机构），承接宁沪一带项目，但主设计还是在天津总部进行。1934年杨廷宝与中国营造学社合作修缮与加固一些北京古建筑，便成立北京分部负责主持，助手有董伯川（施工工程师）、侯良臣（木工师傅）、李益甫与王钟仁等。20世纪30年代初，当基泰工程司在进行东北与华北项目时，建造一批高品质、富有设计感的作品，取得极高的社会评价，吸引到"日伪"的关注，便要关颂声出任"满洲国工程部"部长，但关颂声因与党国的关系及爱国的心态，对"日伪"的诱惑不为所动，遭到禁锢。不久，洪门将他营救至上海（1931年），之后，关颂声与朱彬在上海市取得开业登记（1932年），业务便转往沪、宁一带发展，天津、北京仅留少数人留守。关颂声将总部设于南京，由他与杨廷宝主持，上海分部由朱彬与杨宽麟执掌，两地员工相互支援与流动，在部分项目上有着合作。1937年抗战爆发，合伙人与员工"分路而行"，关颂声先将总部自南京迁往上海，不久后，上海时局混乱，随着国民政府撤往西南大后方，将总部迁到重庆。1945年抗战胜利后，国民政府还都南京，基泰工程司也将总部迁回南京。

抗战爆发后，华盖建筑事务所业务暂时停顿。1938年赵深先到湖南长沙视察项目，处理工程事宜，之后转赴昆明开拓业务，设立"华盖建筑"分所。1939年童寯赴贵阳设立分所，陈植则留守上海。抗战结束后，赵深与童寯返回上海，昆明与贵阳分所结束业务，总所继续在上海经营建筑业务，并在南京设分所。

抗战爆发后，兴业建筑师事务所于1938年将总部迁到重庆，并在昆明、贵阳皆设立分部。

组成关系，姻亲，前、后期的同学

"联合型"事务所的组成原因，有的是姻亲关系，采取家族式经营，有的是求学过程（境内、外）中同校的前、后期的同学关系，如下所示：

朱彬与关颂声的二妹结婚，后加入基泰工程司，成为第二合伙人，基泰工程司便由关颂声与朱彬共同经营。

基泰工程司的朱彬（1923年毕业）和杨廷宝（1925年毕业）皆毕业于（美国）宾夕法尼亚大学建筑系，两人是学长弟同行。

东南建筑公司的过养默、吕彦直皆曾就读于（美国）康奈尔大学，一位是土木工程系（过养默，1918年学习）、一位是建筑系（吕彦直，1919年毕业），两人是同校不同系的关系。

华海公司建筑部的柳士英（1920年毕业）、刘敦桢（1921年毕业）、朱士圭（1919年毕业）和王克生（1919年毕业）皆毕业于（日本）东京高等工业学校建筑科，四人是学长弟关系。

凯泰建筑公司的黄元吉和钟铭玉皆毕业于（上海）南洋路矿专门学校土木科，两人是同校关系。

梁林陈童蔡营造事务所的梁思成（1927年毕业）、陈植（1928年毕业）、童寯（1928年毕业）皆毕业于（美国）宾夕法尼亚大学建筑系，三人是学弟与同学关系。

华盖建筑事务所的赵深（1923年毕业）、陈植（1928年毕业）和童寯（1928年毕业）皆毕业于（美国）宾夕法尼亚大学建筑系，三人是学长弟关系。

兴业建筑师事务所的徐敬直（1929年毕业）、李惠伯（1932年毕业）和杨润钧（1931年毕业）皆毕业于（美国）密歇根大学建筑工程系，三人是学长弟关系。

谭垣、黄耀伟建筑师事务所的谭垣（1930年毕业）和黄耀伟（1930年毕业）皆毕业于（美国）宾夕法尼亚大学建筑系，两人是同学。

董张建筑师事务所的董大酉（1927年毕业）和张光圻（1920年毕业）皆曾就读于（美国）哥伦比亚大学建筑学院，两人是学长弟。

大地建筑师事务所的费康（1934年毕业）和张玉泉（1934年毕业）皆毕业于（南京）中央大学建筑工程系，两人是同学。

五联建筑师事务所的陆谦受（1930年毕业）和黄作燊（1937年毕业）皆曾就读于（英国）伦敦建筑专门学校（AA），而黄作燊（1942年毕业）、王大闳（1942年毕业）和郑观宣皆曾就读于（美国）哈佛大学设计研究生院，以上都是学长弟。

华安建筑师事务所的蒋骥（1918年毕业）和朱士圭（1919年毕业）皆毕业于（日本）东京高等工业学校建筑科，两人是学长弟。

创办（合办）的时间

"联合型"事务所的创办（合办）时间，始于20世纪20、30年代居多，20世纪40年代相对来得少，而分布区域以上海为主，沈阳、北平、天津、南京、重庆、广州次之，如下所示：

合办于20世纪20年代：

（天津、北平、南京、上海、重庆、成都、昆明）基泰工程司，由关颂声于1920年创办，朱彬、杨廷宝、杨宽麟、关颂坚先后加入成为合伙人；

（上海）东南建筑公司，由过养默、吕彦直、黄锡霖于1921年合办；

（上海）华海公司建筑部，由柳士英、刘敦桢、朱士圭和王克生于 1922 年合办；

（上海）凯泰建筑公司，由黄元吉、杨锡镠、钟铭玉于 1924 年合办；

（上海）公利营业公司，由杨润玉、顾道生于 1925 年合办；

（上海）彦记建筑事务所，由吕彦直、黄檀甫于 1925 年合办；

（上海）大昌建筑设计事务所，由施嘉干、蓝荣庠于 1925 年合办；

（沈阳）梁林陈童蔡营造事务所，由梁思成、林徽因、陈植、童寯、蔡方荫于 1928 年合办。

合办于 20 世纪 30 年代：

（北平）梁思成、林徽因建筑师事务所，由梁思成、林徽因于 1930 年合办；

（上海）赵深、陈植建筑师事务所，由赵深、陈植于 1931 年合办；

（上海）启明建筑事务所，由奚福泉于 1931 年经营；

（广州）广州建筑师事务所，由关以舟、余清江于 1932 年合办；

（上海、南京、重庆、昆明、贵阳）华盖建筑事务所，由赵深、陈植、童寯于 1933 年合办；

（上海、重庆、南京）兴业建筑师事务所，由徐敬直、李惠伯、杨润钧于 1933 年合办；

（南京）谭垣、刘福泰建筑师事务所，由谭垣、刘福泰于 1933 年合办；

（北平）龙虎建筑公司，由钟森于 1934 年任华人经理；

（湖南）长沙迪新土木建筑公司，由柳士英与湖南土建界人士于 1934 年组建；

（上海）东亚建筑公司，由黄家骅、庄秉权于 1934 年合办；

（上海）谭垣、黄耀伟建筑师事务所，由谭垣、黄耀伟于 1937 年合办；

（上海）董张建筑师事务所，由董大酉、张光圻于 1937 年合办。

合办于 20 世纪 40 年代：

（上海）大地建筑师事务所，由刘既漂、费康、张玉泉于 1941 年合办；

（重庆）怡信工程司，由徐尚志、戴念慈、李继华、朱民声、雷明于 1942 年合办；

（上海）五联建筑师事务所，由陆谦受、黄作燊、陈占祥、王大闳、郑观萱于 1945 年合办；

（上海）华安建筑师事务所，由蒋骥、朱士圭于 1947 年合办；

（上海）文华建筑师事务所，由黄家骅、哈雄文、刘光华于 1948 年合办。

5.7.4　事务所的形态分类——个人型

个人独资，人员偏少，小型"现代化"企业

"个人型"事务所采个人独资的方式，事务所成员较联合型事务所少，内部成员有主持建筑师、助理建筑师、绘图员、帮办等，属于小型"现代化"企业模式，如下所示：

庄俊建筑师事务所，由庄俊于 1925 年自办，从业人员有董大酉（1928 年协助建筑设计）、苏夏轩（1928—1932 年间任助理建筑师）、黄耀伟（1933—1935 年间任助理员、 1935—1937 年间任建筑师）、孙立己、戴琅华（绘图员）等。

李锦沛建筑师事务所，由李锦沛于 1927 年自办，从业人员有裘樊钧（1930 年任绘图员）、张克斌、李扬安、王秉枕、吴若瑾、香福洪、陈培芳（任绘图员）、屈培荪、林寿南、卓文扬等。

范文照设计事务所，由范文照于 1927 年自办，从业人员有丁宝训（1926 年实习）、赵深（1928—1930 年间任建筑师）、谭垣、吴景奇（1931 年任助理建筑师）、铁广涛、徐敬直、李惠伯、伍子昂（1933 年任帮办建筑师）、萧鼎华（1933 年实习）、张良皋、黄章斌、陈渊若、杨锦麟、赵璧、厉尊谅、张伯伦、林朋等。

杨锡镠建筑师事务所，由杨锡镠于 1929 年自办，从业人员有白凤仪、石麟炳（1933—1935 年间任助理建筑师）、萧鼎华（1934—1936 年间任建筑师）、俞锡康、孙秉源等。

董大酉建筑师事务所，由董大酉于 1930 年自办，从业人员有浦海（1932—1937 年）、哈雄文、王华彬（1933 年任建筑师助理）、陈登鳌（任助理建筑师）、常世维（1935 年任设计员）、许崇基、陈顺滋等。

胡德元建筑师事务所，由胡德元 1930 年自办，从业人员有郑祖良（任助理工程师）等。

华信工程司，由沈理源于 1931 年经营，从业人员有冯建逵（1946 年任职）、陈式桐（1946 年任职）、欧阳骖（任监工与助手）等。

刘既漂建筑师事务所，由刘既漂于 1932 年自办，从业人员有费康、张玉泉（1937 年任设计员）等。

郑定邦建筑师事务所，由郑定邦于 1933 年自办，从业人员有华敬轩等。

罗邦杰建筑师事务所，由罗邦杰于 1935 年自办，从业人员有丁凤翎（任绘图主任）、张杏村等。

顾鹏程工程公司，由顾鹏程于 1937 年自办，从业人员有张开济、陈登鳌等。

杨锡宗建筑师事务所，由杨锡宗于 1937 年自办，从业人员有朱颂韶、谭子元、陈厚贻等。

永宁建筑事务所，由卢树森于 1938 年自办，从业人员有王虹（1940 年任建筑师）等。

陈裕华建筑师事务所，由陈裕华于 1941 年自办，从业人员有何立蒸等。

郭秉琦建筑师事务所，由郭秉琦于 1945 年自办，从业人员有陈锟培、郭一川、黎汉超等。

范志恒建筑师事务所，由范志恒于 1946 年自办，从业人员有彭涤奴（任建筑师）、钟巧良、黄祥等。

彭涤奴建筑师事务所，由彭涤奴于 1946 年自办，从业人员有赵明轩、李衍铨、莫棠等。

黄家骅建筑师事务所，由黄家骅于 1948 年自办，从业人员有石昭仁等。

奚福泉建筑师事务所，由奚福泉于 1950 年自办，从业人员有康来敏、黄裕堂、刘凤鸣、沈广三、沈恬、舒钦棠、薛秋农等。

张镈建筑师事务所，由张镈自办，从业人员有刘友渔、虞福京等。

一人，单飞

有的建筑师创办一人性质的"个人型"事务所，没有员工，以个人单飞的形式来从事实践，自己独立运作整套设计到施工（监工）的流程，如下所示：

新华建筑工程公司，由李鸿儒于 1924 年自办；施兆光工程师事务所，由施兆光于 1925 年自办；林澍民建筑师事务所，由林澍民于 1931 年自办；孙立己建筑师事务所，由孙立己于 1935 年自办；施求麟建筑师事务所，由施求麟于 1936 年自办；黄钟琳建筑师事务所，由黄钟琳于 1936 年自办；张克斌建筑师事务所，由张克斌于 1937 年自办；许瑞芳建筑师事务所，由许瑞芳于 1937 年自办；叶树源建筑师事务所，由叶树源于 1941 年自办；张峻建筑师事务所，由张峻于 1943 年自办；余寿祺工程事务所，由余寿祺于 1946 年自办；余玉燕建筑师事务所，由余玉燕于 1946 年自办；刘鸿典建筑师事务所，由刘鸿典于 1947 年自办；兴华建筑师事务所，由龙希玉于 1947 年自办；戴志昂工程司，由戴志昂于 1947 年自办等。

实践，研究，教学并行

由于是"个人型"模式，主持建筑师身兼老板与资方，可以弹性地运用和掌握自己的时间，便有时间可以被高校聘请任教，从事一面实践一面研究、教学的"产学研"工作，有的更投入到建筑媒体行业，担任发行人和报纸专刊主编，如下所示：

阎子亨（亨大建筑公司主持建筑师），曾在河北省立工业学院市政水利系、北洋工学院土木系、天津工商学院建筑工程系任教。

庄俊（庄俊建筑师事务所主持建筑师），曾在（上海）大同大学、（上海）交通大学土木工程系、（上海）沪江大学商学院建筑系任教。

李锦沛（李锦沛建筑师事务所主持建筑师），曾在（上海）圣约翰大学、（上海）沪江大学商学院建筑科任教。

范文照（范文照设计事务所主持建筑师），曾在（上海）圣约翰大学土木工程系、（上海）沪江大学商学院建筑科任教。

杨锡镠（杨锡镠建筑师事务所主持建筑师），曾在（上海）沪江大学商学院建筑科任教，并曾任《中国建筑》杂志社发行人、《申报》建筑专刊主编。

胡德元（胡德元建筑师事务所主持建筑师），曾在广东省立工业专门学校、广东省立勤勤大学建筑工程系、（广州）中山大学建筑工程系任教。

沈理源（华信工程司主持建筑师），曾在北平大学艺术学院建筑系、北京大学工学院建筑系、北洋大学建筑工程系北平部、天津工商学院建筑系、津沽大学建筑系任教。

刘既漂（刘既漂建筑师事务所主持建筑师），曾在（南京）中央大学建筑工程系任教。

谭天宋（谭天宋建筑师事务所主持建筑师），曾在广东省立勤勤大学建筑工程系、（广州）中山大学建筑工程系任教。

林克明（林克明建筑师事务所主持建筑师），曾在广东省立工业专门学校、广东省立勤勤大学建筑工程系、（广州）中山大学建筑工程系任教。

吴景祥（吴景祥建筑师事务所主持建筑师），曾在（上海）同济大学土木工程系、（上海）之江大学建筑工程系任教。

罗邦杰（罗邦杰建筑师事务所主持建筑师），曾在清华大学土木工程系、（上海）交通大学土木工程系、（上海）沪江大学商学院建筑科、（上海）同济大学土木工程系任教。

刘福泰（刘福泰建筑师事务所主持建筑师），曾在（南京）中央大学建筑工程系、唐山工学院建筑系、交通大学唐山工学院建筑系、天津北洋大学建筑工程系任教。

朱兆雪（大中建筑师事务所主持建筑师），曾在北平大学艺术学院建筑系、北京师范大学、（北平）中法大学、北京工业大学任教。

黄家骅（黄家骅建筑师事务所主持建筑师），曾在（上海）同济大学土木工程系、（上海）沪江大学商学院建筑科、（上海）之江大学建筑工程系、（南京）中央大学建筑工程系、重庆大学建筑工程系任教。

陈裕华（陈裕华建筑师事务所主持建筑师），曾在（南京）中央大学建筑工程系任教。

虞炳烈（桂林国际建筑师事务所主持建筑师），曾在（南京）中央大学建筑工程系、（广州）中山大学建筑工程系任教。

胡兆辉（金城建筑公司主持建筑师），曾在广东省立勤勤大学建筑工程系任教。

谭垣（谭垣建筑师事务所主持建筑师），曾在（上海）同济大学土木工程系、（上海）之江大学建筑工程系、（南京）中央大学建筑工程系、重庆大学建筑工程系任教。

创办的时间

"个人型"事务所的创办时间始于在 20 世纪 30、40 年代居多，20 世纪 20 年代相对来得少，分布区域以上海、南京、广州为主，而北平、天津、杭州、重庆、四川、昆明、广西次之，如下：

自办于 20 世纪 20 年代：

（上海）新华建筑工程公司，由李鸿儒于 1924 年自办；

（天津）亨大建筑公司，由阎子亨于 1925 年自办；

（上海）庄俊建筑师事务所，由庄俊于 1925 年自办；

（上海）施兆光工程师事务所，由施兆光于 1925 年自办；

（上海）李锦沛建筑师事务所，由李锦沛于 1927 年自办；

（上海）范文照设计事务所，由范文照于 1927 年自办；

（上海）杨锡镠建筑师事务所，由杨锡镠于 1929 年自办。

自办于 20 世纪 30 年代：

（汉口）卢镛标建筑师事务所，由卢镛标于 1930 年自办；

（上海）董大酉建筑师事务所，由董大酉于 1930 年自办；

（广州）胡德元建筑师事务所，由胡德元 1930 年自办；

（天津）华信工程司，由沈理源于 1931 年经营；

（上海）林澍民建筑师事务所，由林澍民于 1931 年自办；

（青岛）马腾建筑工程司，由苏夏轩于 1932 年自办；

（广州）刘既漂建筑师事务所，由刘既漂于 1932 年自办；

（广州）谭天宋建筑师事务所，由谭天宋于 1932 年自办；

（上海）郑定邦建筑师事务所，由郑定邦于 1933 年自办；

（上海）信记建筑师事务所，由王信斋于 1933 年自办；

（广州）林克明建筑设计事务所，由林克明于 1933 年自办；

（北平）协成建筑师事务所，由高公润于 1934 年自办；

（上海）戚鸣鹤建筑师事务所，由戚鸣鹤于 1934 年自办；

（上海）吴景祥建筑师事务所，由吴景祥于 1934 年自办；

（杭州）审美建筑公司，由滕熙于 1934 年自办；

（上海）公利工程公司，由奚福泉于 1935 年自办；

（上海）李扬安建筑师事务所，由李扬安于 1935 年自办；

（上海）罗邦杰建筑师事务所，由罗邦杰于 1935 年自办；

（上海）孙立己建筑师事务所，由孙立己于 1935 年自办；

（上海）施求麟建筑师事务所，由施求麟于 1936 年自办；

（上海）黄钟琳建筑师事务所，由黄钟琳于 1936 年自办；

（北平）立群建筑师事务所，由汪申于 1937 年自办；

（天津）黄廷爵建筑师事务所，由黄廷爵于 1937 年自办；

（上海）徐鑫堂工程师事务所，由徐鑫堂于 1937 年自办；

（上海）顾鹏程工程公司，由顾鹏程于 1937 年自办；

（上海）张克斌建筑师事务所，由张克斌于 1937 年自办；

（上海）华海建筑师事务所，由浦海于 1937 年自办；

（南京）社会建筑社，由李兴唐于 1937 年自办；

（重庆）刘福泰建筑师事务所，由刘福泰于 1937 年自办；

（广州）杨锡宗建筑师事务所，由杨锡宗于 1937 年自办；

（广西）桂林建筑师事务所，由虞曰镇于 1937 年自办；

（北平）大中建筑师事务所，由朱兆雪于 1938 年自办；

（上海）永宁建筑事务所，由卢树森于 1938 年自办；

（上海）大中建筑师事务所，由黄家骅于 1939 年自办。

自办于 20 世纪 40 年代：

（南京）陈裕华建筑师事务所，由陈裕华于 1941 年自办；

（贵州）桂林国际建筑事务所，由虞炳烈于 1941 年自办；

（昆明）金城建筑公司，由胡兆辉于 1941 年自办；

（四川）沪州天工建筑事务所，由唐璞于 1941 年自办；

（重庆）叶树源建筑师事务所，由叶树源于 1941 年自办；

（重庆）阮达祖建筑师事务所，由阮达祖于 1943 年自办；

（重庆）中大建筑师事务所，由谭垣于 1943 年自办；

（重庆）张峻建筑师事务所，由张峻于 1943 年自办；

（上海）谭垣建筑师事务所，由谭垣于 1944 年自办；

（上海）李宗侃建筑师事务所，由李宗侃于 1945 年自办；

（南京）永新工程司，由叶树源于 1945 年自办；

（南京）伟成建筑师事务所，由张开济于 1945 年自办；

（广州）郭秉琦建筑师事务所，由郭秉琦于 1945 年自办；

（广州）新建筑工程司事务所，由郑祖良于 1945 年自办；

（北平）谭真建筑师事务所，由谭真于 1946 年自办；

（上海）施兆光建筑师事务所，由施兆光于 1946 年自办；

（重庆）朱士圭建筑师事务所，由朱士圭于 1946 年自办；

（上海）张光圻建筑师事务所，由张光圻于 1946 年自办；

（广州）彭泽奴建筑师事务所，由彭泽奴于 1946 年自办；

（广州）余寿祺工程事务所，由余寿祺于 1946 年自办；

（广州）余玉燕建筑师事务所，由余玉燕于 1946 年自办；

（广州）范志恒建筑师事务所，由范志恒于 1946 年自办；

（上海）刘鸿典建筑师事务所，由刘鸿典于 1947 年自办；

（南京）兴华建筑师事务所，由龙希玉于 1947 年自办；

（南京）戴志昂工程司，由戴志昂于 1947 年自办；

（南京）戴念慈建筑师事务所，由戴念慈于 1947 年自办；

（上海）黄家骅建筑师事务所，由黄家骅于 1948 年自办；

（上海）王华彬建筑师事务所，由王华彬于 1948 年自办；

（上海）奚福泉建筑师事务所，由奚福泉于 1950 年自办；

（上海）群安建筑师事务所，由冯纪忠于 1950 年自办。

5.7.5 事务所的年代和区域分布（总体）

20世纪10年代，寥寥无几

在20世纪10年代开始有事务所的创办，但寥寥无几，共2家成立，是（上海）周惠南打样间与（上海）华信测绘行。

20世纪20年代，缓慢成长，数量持续累加，投入实践行列

在20世纪20年代，事务所的创办开始逐年缓慢的成长，从1年成立1家（1920年、1921年、1922年、1923年、1926年）到1年成立2—3家事务所（1924年、1927年、1928年、1929年），其中有1年（1925年）更成立到8家，数量持续累加，到了20世纪20年代末，已成立约23家事务所（已所能收集到的数据统计），其中联合型事务所约占15家，个人型事务所约占8家，那是因为受高校建筑学教育培养的学生，不管境内与境外，毕业后开始尝试创办事务所，投入实践行列。

20世纪30年代前中期（1930—1937年间），瞬间增多，稳定成长

到了20世纪30年代，事务所的创办瞬间增多，且逐年稳定成长，从1年成立4—5家（1930年、1931年、1932年、1935年）到1年成立7—9家事务所（1933年、1934年），越接近20世纪30年代中、后期，事务所成立越多，尤其以1937年1年内增加最多，约占15家（联合型事务所约占6家；个人型事务所约占9家）。整个20世纪30年代共产生约58家事务所（已所能收集到的数据统计），联合型事务所约占24家，个人型事务所约占34家，增加的数量和态势明显地超过20世纪20年代。

国内建设契机，纷纷创业，百花齐放，时代表征

从增加的数量和态势反映了一项时代背景的原因，即1927年国民政府定都南京，北伐战争结束，国民政府决定加强对国内的建设与发展，在政治、经济、基建、文化、教育、社会、外交、军事等领域拟订了许多政策与方针，逐步地建立起一个相对稳定的执政时态，开启了中国近代在政治、经济等发展的新进程，而加强国内发展带来了建设的契机，也带给建筑师承接项目的机会，一展所长，许多早年留学海外而发展的建筑师，看到以市场为导向的国内发展趋势，纷纷回国创业，因此，不管是海归或是本土培养出身的建筑师皆创办事务所，使得一时之间的中国近代建筑界呈现百花齐放的现象，建筑师成为是一股文化复兴、社会再生的中坚力量，可视作一项时代的表征。

20世纪30年代后期及40年代初（1938—1940年间），急速下降，战事影响

1937年抗日战争爆发，原本稳定发展的繁荣社会面临战火的波及，"现代化"的城市建设遭到破坏，政治、经济、文化、教育等方面的成果也瞬间幻化为泡沫，战争更对建筑业造成巨大的影响，建设与项目少了。因此，从20世纪30年代后期到40年代初（1938—1943年），事务所的创办急速下降，1938年还有7家事务所成立，但大部分选在西南大后分（昆明、重庆）成立，长江三角洲以北几乎没有成立的迹象，而南京已沦陷，没有1家成立，上海也只有2家成立。1939、1940年的事务所创办更下降到2—3家。

抗战时期的瞬间增多（1940—1944年间），西南大后方建设契机

事务所在1940年成立2家、1941年有8家成立、1942年成立3家、1943年成立5家及1944年成立2家。虽然1941年事务所的创办在抗战时期瞬间增多，但全集中在四川、重庆、昆明、桂林一带成立，1942、

1943年也是如此，那是因建设大后方的原因。

1937年后，国民政府的战略转为以持久战为主，计划建设西南大后方（四川、重庆、昆明、贵阳）作为长期抗战的根据地，同时国民政府也将沿海地区（战区）的企业、技术、人员等转移到大后方，提供西南大后方在产业上发展的物资和人力，加快大后方的建设发展，于是在西南大后方推动了另一波中国近代"现代化"城市发展的进程，有了项目的机会。因此，部分事务所也跟随着政府迁移到西南大后方，设立分部，继续发展建筑事业，如：1938年基泰工程司将总部迁至重庆，同时设专人负责昆明（梁衍）与成都（初毓梅）业务；1938年在上海的华盖建筑事务所，派赵深赴昆明设立华盖分所，1939年又派童寯赴贵阳，设立华盖分所；兴业建筑师事务所也将总部迁到重庆，派李惠伯赴昆明，设立分部。

也因为西南大后方（四川、重庆、昆明、贵阳）的建设机会，有的建筑师便在此一带成立事务所。在重庆成立的有：1938年创办的中央工程司、1940年创办的泰山实业公司、1941年创办的迦德工程司事务所、1941年创办的天工建筑设计事务所、1942年创办的怡信工程司、1942年创办的现代建筑工程事务所、1943年创办的阮达祖建筑师事务所、1943年创办的张峻建筑师事务所、1943年创办的中华建筑师事务所；在昆明成立的有：1941年创办的金城建筑公司、1941年创办的兴华建筑师事务所；在贵州成立的有：1941年创办的桂林国际建筑师事务所。

20世纪40年代中后期（1945—1948年间），复苏激增，战后重建工程

到了20世纪40年代中期，战争已接近尾声，1945年日本无条件投降，历时8年的抗战终于结束，社会暂时恢复了平静，国民政府还都南京，原本迁移到大后方的事务所也返回原发展地继续执业。大战过后的城市，硬软件设备已遭受损坏，急需建设与复兴，建筑师有了承接项目机会，纷纷投入战后的重建复原工程。因此，从1945年后，事务所的创办又复苏了起来，成立数量在2、3年内激增，1945年成立9家、1946年成立10家、1947年成立10家，及1948年成立6家，绝大部分选在南京、上海、广州一带成立，在西南大后方成立已偏少，从1944年到1948年共产生约35家事务所（以所能收集到的数据统计），联合型事务所约占10家，个人型事务所约占27家。

依区域分布划分之事务所如下：

辽宁：

联合型事务所：梁林陈童蔡营造事务所；

北平：

联合型事务所：梁思成、林徽因建筑师事务所、龙虎建筑公司；

个人型事务所：协成建筑师事务所、立群建筑师事务所、大中建筑师事务所、谭真建筑师事务所；

天津：

联合型事务所：基泰工程司；

个人型事务所：亨大建筑公司、华信工程司、黄廷爵建筑师事务所；

山东：

个人型事务所：马腾建筑工程司；

湖北：

个人型事务所：卢镛标建筑师事务所；

湖南：

联合型事务所：长沙迪新土木建筑公司；

上海：

联合型事务所：东南建筑公司、华海公司建筑部、凯泰建筑公司、公利营业公司、彦记建筑事务所、大昌建筑设计事务所、赵深、陈植建筑师事务所、启明建筑事务所、华盖建筑事务所、兴业建筑师事务所、东亚建筑公司、谭垣、黄耀伟建筑师事务所、董张建筑师事务所、大地建筑师事务所、五联建筑师事务所、华安建筑师事务所、文华建筑师事务所；

个人型事务所：新华建筑工程公司、庄俊建筑师事务所、施兆光工程师事务所、李锦沛建筑师事务所、范文照设计事务所、杨锡镠建筑师事务所、董大酉建筑师事务所、林澍民建筑师事务所、郑定邦建筑师事务所、信记建筑师事务所、戚鸣鹤建筑师事务所、吴景祥建筑师事务所、公利工程公司、李扬安建筑师事务所、罗邦杰建筑师事务所、孙立己建筑师事务所、施求麟建筑师事务所、黄钟琳建筑师事务所、徐鑫堂工程师事务所、顾鹏程工程公司、张克斌建筑师事务所、许瑞芳建筑师事务所、华海建筑师事务所、永宁建筑事务所、大中建筑师事务所、谭垣建筑师事务所、李宗侃建筑师事务所、施兆光建筑师事务所、张光圻建筑师事务所、华安建筑师事务所、刘鸿典建筑师事务所、黄家骅建筑师事务所、王华彬建筑师事务所、奚福泉建筑师事务所、群安建筑师事务所；

江苏：

联合型事务所：谭垣、刘福泰建筑师事务所；

个人型事务所：社会建筑社、陈裕华建筑师事务所、永新工程司、伟成建筑事务所、兴华建筑师事务所、戴志昂工程司、戴念慈建筑师事务所、中和建筑师事务所；

浙江：

个人型事务所：审美建筑公司；

重庆：

联合型事务所：怡信工程司；

个人型事务所：刘福泰建筑师事务所、叶树源建筑师事务所、阮达祖建筑师事务所、中大建筑师事务所、张峻建筑师事务所、甚露工程司、朱士圭建筑师事务所；

四川：

个人型事务所：沪州天工建筑事务所；

云南：

个人型事务所：金城建筑公司；

贵州：

个人型事务所：桂林国际建筑师事务所；

广州：

联合型事务所：广州建筑师事务所；

个人型事务所：胡德元建筑师事务所、刘既漂建筑师事务所、谭天宋建筑事务所、林克明建筑设计事务所、杨锡宗建筑师事务所、郭秉琦建筑师事务所、新建筑工程司事务所、彭涤奴建筑师事务所、余寿棋工程事务所、余玉燕建筑师事务所、范志恒建筑师事务所；

广西：

个人型事务所：桂林建筑师事务所。

5.8 关于建筑师事务所的分合离散关系的观察

事务所的分合离散也发生在中国近代事务所群当中，合伙人之间的合作、拆伙或加入新合伙人，或内部人员的移转、流动，或内部人员由原本事务所分支出去组成新团队，或原同事之间独立组成新的团队，或事务所和事务所之间合并，或身跨两间事务所等，皆存在于中国近代建筑执业形态活动中，而从这当中似乎可以观察到中国近代建筑师事务所的"师承"、"传承"与"影响"的相互延续的执业关系。

5.8.1 以基泰工程司为首的发展谱系

成立较早，发展规模大，助手一路跟随

基泰工程司是中国近代建筑执业形态中发展规模最大的一家建筑公司（1949年前共有50多人先后工作过），且成立较早（同期成立的有上海东南建筑公司1921年成立、上海华海公司建筑部1922年成立）。

20世纪10年代末，当关颂声负责监造（北平）协和医学院一期工程时，创办基泰工程司（1920年），他在天津法租界马家口执业，是中国近代在租界上取得建筑师营业执照的第一人（关颂声在据理力争下，从把持发照权的法国工部局手上取得）。关颂声有一位助手郭锦文，从创办开始就一路跟随关颂声。由于郭锦文曾在洋行工作，习得一身绘图技法，绘制质量高，于是他就一直任主任绘图师，负责施工图绘制，之后成为4位初级合伙人之一（1947年），配有股权3%。

姻亲关系，家族式经营，负责管理财务

而朱彬毕业后短暂地在美事务所实习，不久后回国，在天津一带工作。他与关颂声一样，先被天津警察厅聘为工程顾问，同时在天津特别一区（今河西区）任工程师，及天津特别二区（今河北区）工程科任主任。1924年朱彬与关颂声的二妹结婚，后加入基泰工程司，成为第二合伙人，与关颂声共同经营，最初公司英文名为Kwan & Chu Associates，取自关颂声与朱彬的英文名姓氏，或者可以这样理解，基泰工程司一开始采家族式经营。

朱彬加入后，与关颂声就合办（天津、北平、沈阳）基泰工程司（1924年），同时担任二把手，长期负责管理财务（关颂声把公司财务交给自己人管理），进行有效控管与节约成本，并投资国外企业（美国电力和电话公司），为公司的财务保值。

在朱彬加入的前3年，基泰工程司处于早期业务开拓阶段，由关颂声独立承揽项目，有天津大陆银行大楼（设计于1919年）、天津永利制碱公司大楼（设计于1921年）及天津南开大学校舍（1921年开始设计）。在天津近代史上，永利制碱、南开大学与《大公报》号称是"天津三宝"，关颂声囊括其中"两宝"（"永利"与"南开"）及大陆银行总行的设计委托，足见他当时在地方上关系的良好。

朱彬加入后，开始负责部分项目的设计主导，有北京大陆银行、天津南开大学木斋图书馆及其他校舍。

学历及能力受到重视，主创建筑师

朱彬早已风闻他有一位非常优秀、才华出众的"清华"与"宾大"的学弟杨廷宝，在他游欧后回国时，朱彬与关颂声亲自邀请杨廷宝加入基泰工程司，成为第三合伙人，杨廷宝便加入这个在他往后执业生涯起到至关重要影响的工作单位，一待就是22年（1927—1949年），前10年（1927—1937年）都待在天津居住。

1927年杨廷宝加入，优秀的学历及能力受到关颂声的重视，成为主创建筑师，负责大量设计项目，20年代末关颂声就只负责主跑业务。

负责项目的结构设计、计算与审核，对外交涉业务

在天津与留美同学共同创办华记工程顾问事务所，后改名华启工程顾问事务所（取名"华启"，即是由华人来开办启动之意）的杨宽麟，一面做着土建的结构设计，一面做建筑材料的买卖，并与各建筑师事务所合作，承担项目的结构设计，及负责钢铁（由美国进口）的承包。因业务上的关系，杨宽麟结识到关颂声，两家公司（"华启"、"基泰"）便在几个项目上合作。由于合作愉快，关颂声于 20 世纪 20 年代末邀请杨宽麟加入"基泰工程司"，成为第四合伙人，配有股权。20 世纪 30 年代初，因华北局势动荡，导致房市紧缩，杨宽麟便结束了"华启"业务。

由于杨宽麟是房屋结构工程专家，任主任结构工程师，负责项目的结构设计、计算与审核，常亲临工地现场查看，以保房子安全无虞，他与项目建筑师（关颂声、朱彬、杨廷宝）彼此合作无间。

基泰工程司还有一位合伙人关颂坚，是关颂声五弟，负责公司对外业务的交涉，较少参与设计，曾被聘为（北平）梁思成、林徽因建筑师事务所（1931 年创办）的技师，负责项目施工图的绘制工作，参与 1932 年梁思成设计的（北平）仁立公司铺面改造工程。

固守京津，往外拓展，锁定东北

基泰工程司业务始于京津（天津大陆银行、天津永利制碱公司大楼、天津南开大学校舍、北京大陆银行、天津南开大学木斋图书馆等），杨廷宝、杨宽麟加入后，多了人手，且团队能力提升，于 20 世纪 20 年代中后，除了固守京津，也开始往其他地区发展业务与承接项目，初期锁定在东北，承接原京奉铁路沈阳总站、（沈阳）少帅府、原（沈阳）同泽女子中学、原沈阳东北大学北陵校园总体规划和校舍项目。

外地人委托，树立名声，建造自用办公楼，树立公司形象

由于基泰工程司是华人所创办，也是天津一带在租界上取得建筑师营业执照的第一家公司，及经过早年开拓时的一些实践，逐渐在地方上有了名声，进而有机会获得外地人在天津的委托项目，承接到原（天津）中原公司项目。

而原（天津）中原公司于 1928 年建成后，让基泰工程司在行业内创造出口碑，名声大起，业务量逐渐增多，于是，他们决定在天津法租界择地建造自用的办公楼（原本在关颂声的祖产上经营），即原（天津）基泰大楼，由杨廷宝主导设计，建成后，大楼顶层设为总部，扩大经营，招募新员工。5 位合伙人各自配有办公室和会计室，还设有大图房、图库、文具库、保险库、传达室、图书馆、会议室、接待室等功能空间，大图房可容纳 20 张图桌，在当时来说，规模之大可以想像，也是一种树立公司形象的标志和手段。

设立分部（办事机构），业务量逐年地扩增

1928 年在上海、南京设立分部（办事机构），准备承接宁沪一带的建筑设计项目，但主设计还是在天津总部进行。从 1928 年到 1936 年间，业务量逐年地扩增，范围也遍及沈阳、北平、天津、陕西、上海、南京、重庆一带，各项目主创建筑师经常要南北奔波，穿行在各省份之间，

延揽专业人才，关系的运用

20 世纪 30 年代后，由于业务量扩增，急需设计人才加入，萨本远（毕业于麻省理工学院建筑系）和梁衍（毕业于耶鲁大学建筑系，曾在美国赖特事务所工作）就顶着留美高学经历的光环，先后（1933 年、1934 年）加入，任设计师，襄助主创建筑师，并负责项目的设计绘制和后续执行。

除了第四合伙人杨宽麟是结构工程师外，也引进其他结构工程专业出身的初毓梅和郑瀚西来任工程师。初毓梅，山东省莱阳人，1929 年于（天津）北洋工学院土木工程科毕业，郑瀚西也毕业于此，俩人后入基泰工程司工作。1947 年初毓梅成为基泰工程司 4 位初级合伙人之一，配有股权（5%）。而关颂声的堂弟关永康，毕业于英国剑桥大学建筑学院，是英国皇家建筑学会会员，也加入到"基泰工程司"任职，49 年后赴港创办（香港）关永康建筑师事务所。

20 世纪 30 年代初，在天津特别市政府任职的张锐请关颂声设计房子，两人也因此建立起关系，当时基泰工程司名声已很响亮，关颂声、朱彬与杨廷宝更是建筑学子们心仪的建筑师。于是，临毕业之际的张镈（张锐的弟弟，1934 年毕业于南京中央大学建筑工程系），便通过哥哥张锐与关颂声的关系，得而进入赫赫有名的基泰工程司工作。在报到那天，基泰工程司向张镈约法三章，督促他刻苦努力工作。那时，"基泰工程司"除了几个合伙人外，还有 10 多个绘图员，皆能独立作业完成主创建筑师交付的设计任务，基泰工程司也同时有 10 多个项目在进行。

北京古建筑的修缮与加固，北京分部，修旧如旧

另外，基泰工程司应北平市文物整理委员会的邀请，与中国营造学社合作修缮、加固一些北京古建筑。营造学社的梁思成与刘敦桢找到了杨廷宝，由杨廷宝任修护计划的主持建筑师，朱启钤、刘敦桢与梁思成任顾问。之后，杨廷宝为了方便作业，就主持基泰工程司北京分部（1934 年），其助手有董伯川（施工工程师）、侯良臣（木工师傅）、李益甫与王钟仁等。由于修护的工程量大，需要人手帮忙，1935 年关颂坚便派张镈去北京协助杨廷宝。

除了古建筑修缮，基泰工程司也承接有（北京）清华大学第二阶段（1929—1931 年）校园规划设计、清华大学生物馆、清华大学男生宿舍（明斋）、清华大学气象台、清华大学图书馆扩建项目。

拒绝出任日伪职务，遭禁锢，被营救，落地上海执业，业务的转折（第一个）

20 世纪 30 年代初，当基泰工程司在进行东北与华北项目时，发生一段插曲，成为基泰工程司在业务上的转折。当时基泰工程司在东北建造一批高品质及富有设计感的作品，取得极高的社会评价，也吸引到日伪的关注，便要关颂声出任满洲国工程部部长，协助建设，实为是招降，但，关颂声因与党国的关系及爱国的心态，对于此诱惑不为所动，便遭到禁锢，过不久，洪门将他营救至上海（1931 年）。之后，关颂声与朱彬就落地上海执业，两人在上海市取得开业登记（1932 年）。此后，"基泰工程司"的业务便转往沪、宁一带发展，朱彬也加入上海市建筑技师公会。

关颂声被营救到上海后，也将设计大本营南迁至南京、上海，天津、北京仅留少数人留守，关颂声将总部设于南京，由他与杨廷宝主持，上海分部由朱彬与杨宽麟执掌，两地会相互支援，员工有的皆窜来窜去（梁衍、熊大佐），并在部分项目上有着合作（原南京中央医院）。

南京的业务，官署建筑与政府工程

由于关颂声与宋家及国民党高层的关系，从 20 世纪 30 年代后（抗战前、后）在南京的业务以政府的官署建筑与政府工程为主，关颂声接活、杨廷宝设计，包括有原（南京）中山陵园邵家坡新村合作社（1930 年）、原（南京）中央研究院地质研究所（1931 年）、（南京）中山陵音乐台（1932 年）、（南京）谭延闿墓（1933 年）、原（南京）中央医院（1933 年）、原（南京）中央体育场建筑群（1933 年）、原（南京）中英庚子赔款董事会办公楼（1934 年）、（南京）中国科学院紫金山天文台（1934 年）、原（南京）宋子文故居（1936 年）、原（南京）国民党中央党史史料陈列馆（1934 年）、原（南京）国民党中央监察委员会（1935 年）、原（南京）中央研究

院历史语言研究所（1936年）、原（南京）中央大学图书馆扩建（1933年）、原（南京）中央大学南大门（1933年）、原（南京）金陵大学图书馆（1935年）、原（南京）中央大学附属牙科医院（1936年）、原（南京）大华大戏院（1935年）等。

上海的业务，工商界的项目，跨区接活，开办（上海）华启工程事务所，项目合作

由于地缘与城市文化的关系，上海分部以接工商界的项目为主，有时会跨区到南京、无锡接活。而到上海的杨宽麟，也与人合伙开办（上海）华启顾问工程事务所（约1932年），承接土木工程设计与咨询工作，做点建筑材料的买卖生意，招聘土木工程背景员工，之后"华启"与基泰工程司上海分部单独或共同在项目上有着合作（此方式与20世纪20年代"华启"与 基泰工程司天津总部合作方式相同），包括有原（上海）大陆银行（1932年）、原（上海）大新公司大楼（1936年）、原（上海）龙华水泥厂、原（上海）南阳兄弟烟草公司、原（无锡）申新纱厂、原（无锡）面粉厂、原（南京）江南水泥厂（1934年）、原（南京）永利化工厂（1935年）、原聚兴诚银行上海分行（1935年）、原（上海）中山医院（1936年）等。

业务量最多，发展规模最大

由于上海大部分地区皆是英法美为首的列强所管辖的范围（租界），加上1932年上海被侵华日军轰炸（"一·二八"淞沪抗战），局势恶化，各行各业逐渐萎缩，有些地区建筑业已陷入停顿，致使"基泰工程司"上海分部的业务量偏少。

但，在20世纪30、40年代（抗战前、后）基泰工程司在南京、上海两地的业务拓展仍顺利，已成为是中国近代建筑执业形态中业务量最多及发展规模最大的一家建筑公司。

设平津事务所，续延揽人才，部分人员流向

1936年基泰工程司设平津事务所，由关颂坚主持华北业务。由于杨廷宝已将事业重心南迁，原先在北京的张镈在征得杨廷宝同意后，请调到南京总部工作（1936年）。同期，又招入颜家卿与李厚田（毕业于上海圣约翰大学），及谢振文（绘图员）、李益甫（绘图员）等多位员工。

而张镈在（南京）中央大学建筑工程系的学弟孙增蕃（1935年毕业）、张开济（1935年毕业）与范志恒（1937年毕业）于毕业后也陆续入基泰工程司工作。

张开济毕业后先入上海（英商）公和洋行实习，后入基泰工程司工作，几年后入（上海）大地建筑师事务所（由刘既漂、费康、张玉泉于1941年合办）任主任建筑师，当时入职的有陈登鳌（任南京分公司建筑师，另张开济和陈登鳌曾任职于上海顾鹏程工程公司），之后张开济于1945年自办（南京）伟成建筑师事务所。

范志恒于1937年毕业于南京中央大学建筑工程系，入基泰工程司南京总部工作，抗战时加入美陆军，负责管理广西由南宁百色至旧州一线公路和营房工程，之后于1946年创办（广州）范志恒建筑师事务所。

受邀参加设计竞赛，无斩获，贵在参加

基泰工程司的建筑师在20世纪30年代也开始受邀参加一些设计竞赛。1930年参加（南京）中山纪念塔图案竞赛，获第三名，奖金900元，而范文照与赵深合作获第二名，奖金1200元，董大酉则获第五名。1935年关颂声参加（南京）国民大会堂设计竞赛，同期参加建筑师有赵深、苏夏轩、奚福泉、王华彬、张家德等，关颂声获第二名，华盖建筑的赵深获第三名，第一名由奚福泉获得，但，最后方案是综合一、二、三名的优点而建造。同年，基泰工程司还应邀参加（南京）中央博物院图案设计竞赛，同期参加建筑师有庄俊、虞炳烈、董大酉、李锦沛、梁思成、苏夏轩、李宗侃、奚福泉、陆谦受、过元熙、徐敬直、李惠伯

等，最终由徐敬直与李惠伯合作的方案获首选。在社会公开竞赛方面，基泰工程司并没有太多的斩获，重在参加。

参与展览，中国近代建筑的崛起，第一届中国建筑展览会，宣传、对话与反思

同时，也开始参与到一些展览活动。从 20 世纪初到 30 年代，中国城市"现代化"的持续发展，建设在城乡之间放射状的展开，从北到南，沈阳、北京、天津、青岛、上海、南京、厦门、广州等城市都出现不少新建筑，各种新思潮与流派经由建筑的实践广泛被流传，并影响到中国建筑界。因此，中国建筑在近代历程有了崛起的态势，为了让社会大众了解到建筑界的发展，及促进建筑界的对话与反思，进而树立建筑新体系，便产生了第一届中国建筑展览会（1936 年）。

共商发起，征集展品，费用自理

一群建筑产业相关人士，包括官员、学者、建筑师、工程师与营造业主，齐聚一堂，共商在上海举办第一次全国性大规模的建筑展，由中国工程师学会、中国建筑师学会、中国营造厂同业公会等机构发起，推举吴铁城（上海市市长）为名誉会长，沈怡（上海市工务局局长）等为名誉副会长，叶恭绰任会长，展览地点选在原上海市博物馆（后因展品过多，开辟分会场—原中国航空协会新厦），向全国征集展品，费用由提供者自理。

征集组主任

多位建筑师参与到展览会实际运作过程，李锦沛任副会长，基泰工程司的关颂声任征集组主任，华盖建筑的赵深任征集组副主任，董大酉与林徽因任陈列组主任，赵深、裘樊钧、杜彦耿、董大酉、梁思成、卢树森等任常务委员。

主题以中国古代与近代建筑为主

展览消息一出，受到建筑界的重视与呼应，并收到数千件展品，展览主题以中国古代与近代建筑为主，经征集组筛选出 1580 余件展品参展，展品依形式分有模型、图样、摄影、书籍、工具、材料，古代建筑选在博物馆大厅展，近代建筑选在前、后厅展，于 1936 年 4 月 12 日开幕，19 日结束，展期共 8 天。

河北蓟县独乐寺观音阁模型，山西应县佛宫寺释迦木塔图面，北平故宫模型

值得一提的是，在一楼部分，开展当天由中国营造学社提供的河北蓟县（今天津蓟县）独乐寺观音阁模型（由百名雕刻工制作）置于博物馆大厅中央，极为醒目。之前（1932 年），中国营造学社法式部主任梁思成曾到独乐寺观音阁进行实地研究考察与测绘，并依据调研资料撰写"蓟县独乐寺观音阁山门考"，刊载于《中国营造学社汇刊》第三卷第二期"独乐寺专号"，并指出独乐寺观音阁（建于辽代）为中国木建筑中现存最古老的木构高层楼阁。山西应县佛宫寺释迦木塔图面与其他古建筑图则悬挂在大厅两侧墙上，北平故宫与其他古建筑模型则放在大厅后方，而各类建筑相关书籍与材料沿着大厅边上摆放展出。

另外，在前、后厅也放置部分模型，有原中国航空协会新厦、陈英士纪念塔、上海市新中心区域建成的模型等近代建筑的模型。二楼则展出公寓、住宅、银行、商店、戏院、学校、办公楼、工厂等图样和照片（工程进行时与完工后），而建筑施工机械、工具等也沿边展出。因此，这是一次（首次）中国近代建筑界最全面、完整与新颖的展览，参观者络绎不绝，是那一代中国建筑界丰硕的成果呈现。

执业现象

在 20 世纪 40 年代前，基泰工程司有一现象，除了杨宽麟以外，其他合伙人（关颂声、朱彬、杨廷宝）都是职业建筑师，皆未在高校里任教。之后，杨宽麟为母校张罗筹办建筑工程系事宜。

创办（上海）圣约翰大学土木工程系建筑组

毕业于（上海）圣约翰大学的杨宽麟，曾在 10 年代任（上海）圣约翰大学高中部教员，留学回国后任教于北洋大学土木工程系（1918—1920 年）。30 年代跟随"基泰"南迁到上海后，也与母校取得联系，他除了看望老校长，也拜访新成立的工学院。之后于 20 世纪 40 年代初被聘为土木工学院院长，并兼任土木系系主任。

虽然是土木背景出身，但杨宽麟与建筑接触颇深，又是基泰工程司的合伙人，他便有意在学院体系下设建筑系。1942 年杨宽麟邀请从美国哈佛大学设计研究生院毕业的黄作燊（师承格罗庇乌斯）一起参与筹办在土木工程系高年级成立建筑组的事宜，之后建筑组在环境和办学条件、资源不足的情况下发展成建筑工程系。

基泰工程司合伙人中，只有杨宽麟与杨廷宝（20 世纪 40 年代后）在高校里任教，但，杨宽麟是早于杨廷宝在高校中任教与办学，他与黄作燊相当重视理论与实务的联系，认为建筑学教育应艺术和技术并重，即文科和工科应并修，在专业课训练外，鼓励学生实习，接触非高校教育能给予的知识和经验，以做为未来出社会的铺垫，由此看出，杨宽麟是一位思想开放的结构工程师。

在杨宽麟主持工学院的岁月中（1940—1950 年），工学院得到很大的发展，学生逐年增加，师资也不断补充，培育出数百名学生，之后，他还被选为校务委员会主任，襄助圣约翰大学校务发展。

业务的转折（第二个），总部迁往重庆，合伙人分路而行（第一次），波折后的会合

1937 年抗日战争爆发，对基泰工程司在建筑业务上，又有了一个转折点，合伙人与员工也分路而行。关颂声先将总部自南京迁往上海，杨廷宝也前往，不久后，上海时局混乱，"基泰"如同其他建筑师与事务所跟随着国民政府撤往西南大后方，将总部迁到重庆，并自建办公楼，做为基地。

当时，杨廷宝并未跟随"基泰"前往重庆，而是与家人带着部分家当（书籍、画卷等）回到河南南阳老家避难。杨宽麟则留在上海，投身教育事业（上海圣约翰大学土木工学院院长）。朱彬来到重庆。张镈则于 1937 年初回津完婚（关颂声亲自到津祝贺）后，携眷回宁，同年 7 月调上海，1938 年初来到重庆，任图房主任建筑师。部分员工也来到重庆，有郭锦文、方山寿、陈均、郭瑞麟、王钟仁、郑汉西等近 20 人，郭锦文任主任绘图师。

在河南南阳老家避难的杨廷宝，曾搬到河南内乡山区的村寨躲避日机轰炸，不久后，被母校河南大学（原河南留美预备学校）聘为英语教师，以微薄的工资养家活口。杨廷宝在避难一年半后（1937—1939 年），老东家（基泰工程司）来电，邀请他奔西南，负责原（成都）刘湘墓园等设计工作，杨廷宝获悉后，极为高兴，又可以重回老本行，便只身赴渝（1939 年春），与老同事们会合，也再一次地投身建筑事业。另外，来到重庆的"基泰"员工，开始被赋予其他地区的设计任务，初毓梅（结构工程师）负责成都业务，及梁衍（建筑师）则负责昆明业务。

国防建设，业务的拓展，维持高产的设计

关颂声在重庆期间参加国防工程建设，也曾任四川省迁厂用地评价委员会委员，并参加建造泸县机场的工作，并靠着擅长的业务关系，为"基泰"在西南大后方承揽到一些政府项目，也与四川财团与金融界交好，拉了不少银行界业务。因此，离开南京、上海的"基泰"，仍享有盛名，在重庆、四川等地的业务仍是应接不暇，维持高产的设计，获得不少利润，在战争的年代，公司业务仍顺利地运行下去。

1937年后，基泰工程司在西南大后方的项目有原（成都）励志社大楼（不详）、原（成都）四川大学规划及校舍设计（1938年）、原（重庆）中央银行（1938年）、原（重庆）嘉陵新村国际联欢社（1940年）、原（重庆）圆庐（1940年）、原（重庆）石庙子中央银行办公楼及库房与宿舍（1939年）、原（重庆）美丰银行（1940年）、原（四川）长寿县中原电气炼化厂（1940年）、（成都）刘湘墓园（1940年）、原（四川）漕家渡中央银行（1940年）、原（成都）中央银行宿舍（1940年）、原（重庆）国民政府大楼（1941年）、原（重庆）农民银行（1941年）、原（重庆）中国滑翔总会跳伞塔（1942年）、原（重庆）春森路军委会外事局招待所（1942年）、（重庆）林森墓园（1944年）、原（重庆）中国兴业公司办公大楼门（1943年）、原（重庆）青年会电影院（1944年）、原（成都）裕丰银行大楼（1944年）等。

以上项目，除了原（重庆）中央银行由朱彬设计外，其余皆由杨廷宝主导，朱彬也同时负责上海少量项目（上海美国教堂布道所医院、上海青年兄弟银行家公司）的设计。因杨宽麟留在上海，项目的结构设计、计算与审核也交由另一位结构工程师初毓梅承担。

执教岁月的展开，四大名旦，"央大"的重庆沙坪坝黄金时代

除了实践，杨廷宝在重庆开始了他的执教岁月。抗战爆发后，原在南京的中央大学建筑工程系内迁至重庆沙坪坝继续兴学，急需教师，邀请杨廷宝（1940年）等多名教师前来任教，同期教师还有谭垣、鲍鼎、李祖鸿、陆谦受、李惠伯、龙庆忠、夏昌世、童寯等人。另外，重庆大学建筑工程系于1940年创办，原在土木工程系任教的陈伯齐任建筑工程系首届系主任（1940—1942年），杨廷宝也被邀请前去任教，同期教师有谭垣、龙庆忠、夏昌世、黎抡杰、金长铭等。因此，杨廷宝在重庆期间一面执业，一面任教，他在高校的任教生涯就此展开。当时，杨廷宝（基泰工程司）与李惠伯（兴业建筑）、童寯（华盖建筑）、陆谦受（中国银行建筑课）4人被建筑界誉为四大名旦，因他们优秀的设计能力而受到各界肯定。

续延揽人才，部分人员流向

而毕业于（重庆）中央大学建筑工程系的叶树源（1939年毕业）、方山寿（1939年毕业）、龙希玉（1940年毕业）与曾永年（1940年毕业）曾先后入基泰工程司工作。

叶树源之后在重庆自办事务所，1945年在南京自营永新工程司，1950年赴台发展，入台湾省立工学院（今台湾成功大学）建筑系，任教授，并在1954年在台湾省立工学院创立今日建筑研究会，任发行人，《今日建筑》也创刊，后兼任台湾地区逢甲工商学院建筑系教授。

龙希玉和曾永年都在梁衍手下做事（昆明业务）1年，之后，两人一同离开基泰工程司，与"央大"学长何立蒸（1935年毕业，曾于1939年入华盖建筑昆明分所工作）和同学刘光华（1940年毕业，曾入华盖建筑昆明分所工作）共同于1941年在昆明合办兴华建筑师事务所（兴华建筑）。因此，兴华建筑是从基泰工程司和华盖建筑原有的设计人员独立出去的一支设计团队。

毕业于广州中山大学土木建筑工程系的杨卓成，曾于1941年入华盖建筑工作，后入基泰工程司任职，被派往广西，负责桂林业务（1943—1949年间），之后自办在上海事务所，1949年后赴台，于1953年在台北创办（台湾）和睦建筑师事务所。

闹矛盾，拆伙，另立平津部主持建筑师

1940年关颂声和关颂坚闹矛盾（因关颂坚私自高价卖掉关氏家族共有的天津基泰大楼）。此时，张镈回天津

探亲，经关颂坚推荐到天津工商学院建筑系（1937年创办）任教（1940—1946年）。由于，他长期跟在杨廷宝身边工作，基本功相当扎实，方案能力非常强，注重培养学生的设计实践能力，并负责带学生测绘故宫及北京中轴线文物建筑，因此，张镈培养出一批建筑人才，他的学生有的毕业后先后入基泰工程司工作。而1941年关颂坚拆伙，退出基泰工程司，关颂声和朱彬决定由张镈出任基泰工程司平津部主持建筑师，负责主持京津两地的业务（1940—1948年）。

续延揽人才，部分人员流向

主持京津业务的张镈于1940年底负责因失火重建的原（天津）中原公司（原建于1927年，由朱彬、杨廷宝、杨宽麟设计）设计，原大楼框架并未烧毁，室内布局没变，张镈仅将原本"古典"改成"现代"语汇，在立面上强调竖向分割的语言。他还曾于1942年参加华北建筑协会举办的一系列建筑设计竞赛，并分别获奖，有祭典场馆附设市民会馆获二等奖与佳作奖、街头公共厕所获三等奖、市民建筑与附属设施获佳作奖。

林柏年（1941年毕业）、林远荫（1941年毕业）、陈濯（1942年毕业）、刘友渔（1944年毕业）、李宝铎（1944年毕业）与虞福京（1945年毕业）皆是张镈在天津工商学院建筑系任教的学生，毕业后也都先后入基泰工程司工作，在张镈手下做事。

林柏年跟随张镈多年，1949年后赴台，曾任（台湾）建筑师公会会长，曾设计台北圣家堂；林远荫于49年后赴美，后在赴港发展，曾设计香港九龙区加多利高级公寓、香港半山区圆形公寓等项目；陈濯（天津中原公司董事陈耀珊之子）毕业后入天津济安自来水公司任建筑师，1945年入基泰工程司工作，任各地（北京、天津、广州等）分所建筑师，1949年后赴台，于1950年在台北创办（台湾）利群建筑师事务所。

就读于（上海）圣约翰大学土木工程系建筑组的沈祖海（1949年毕业），曾入基泰工程司实习，后留美毕业后赴台，于1958年在台北创办（台湾）沈祖海建筑师事务所。

业务的转折（第三个），战后建设的机会

1945年抗战胜利后，国民政府还都南京，基泰工程司也将总部迁回南京。同年，关颂声任中华营建研究会编辑委员会名誉编辑及中国市政工程学会第二届监事，隔年任孙中山先生陵园新村复兴委员会委员。此时，杨廷宝正在美国、加拿大、英国考察建筑（1944—1945年）。战后的南京，急需建设复兴，于是基泰工程司迎来了新的项目机会。

在这段时期，承接的项目有原（南京）正气亭、原（南京）华东航空学院教学楼（1953年）、南京大学东南楼（1954年），以及少数"折中"设计，如：原（南京）资源委员会背躬楼（1947年）、原（南京）娄子巷职工宿舍（1946年）、原（南京）祁家桥俱乐部（1948年）、原（南京）中央研究院化学研究所（1948年）、原（南京）结核病防治院（1948年）。

部分人员流向，京津的业务

抗战胜利后，基泰工程司在南京的业务顺利进行时，京津业务也由张镈主持（1946年），他自己也创办了（北平）张镈建筑师事务所，原本在基泰工程司跟随张镈工作的刘友渔和虞福京，被张镈延揽入自己事务所。关颂坚和虞福京于1949年后入原天津市建筑设计公司（今天津院）工作。关颂坚任总工程师，曾将原回力球场拆除，改建成文化宫大剧场；虞福京则任大组组长、主任工程师、技术室副主任。

毕业于（重庆）中央大学建筑工程系（杨廷宝的学生）的姚岑章（1944年毕业）、陈其宽（1945年毕业）也先后入基泰工程司工作，任设计师。姚岑章于49年后跟随着关颂声赴台，在关颂声创办的（台湾）基泰建筑事务所下工作；陈其宽离开基泰工程司后赴美留学，入伊利诺伊大学建筑工程系，与"央大"学长彭涤奴（1937年毕业）、张其师（1941年毕业）和同学张守仪（1945年毕业）一同攻读硕士学位，后皆是1949年毕业，于1951年入美国格罗庇乌斯建筑师事务所任设计师，并任教于麻省理工学院建筑系，后于1954年与贝聿铭、张肇康一同设计（台湾）东海大学校园，并创办东海大学建筑系，任第一任系主任。

张镈于1946年后所负责项目有原北京大学农学院罗道庄教学楼及男女生宿舍楼、原清华大学教职工住宅新区、原北大山老胡同教授住宅改建、原（北平）美国总领事馆修缮改建、原（天津）美国总领事馆新楼、原（北平）中和医院扩建和改建、原北京大学医学院扩建、原（北平）中央银行新楼及地库与宿舍。

增设合伙人，配有股权

1947年基泰工程司开合伙人会议，增加4位初期合伙人，分别是张镈、初毓梅、肖子言、郭锦文，并配有股权。1948年张镈被派往广州主持分所，后曾定居香港一阵，1951年回到北京，后入北京院任总建筑师。

解体，合伙人与员工各自分路而行（第二次），分隔三地

新中国成立后，时局变化，基泰工程司间接解体，合伙人与员工又各自分路而行，分隔三地（大陆、台湾、香港）发展，命运皆不同。

随国府赴台，创办（台湾）基泰工程公司，后续发展

关颂声与国府的关系，他选择随国府赴台，后与部分从大陆赴台建筑师（郑定邦、张德霖）发起筹备（台湾）建筑学会，1950年创办（台湾）基泰工程公司，任总工程师，同年，台湾省技师公会成立，关颂声任常务理事，及曾多次担任（台湾）区运动会径赛裁判及（台湾）田径协会主任委员、理事长，还任（台湾）建筑师学会理事长，设计有（台湾）人造纤维公司、各大城市电信局、台北综合运动场、台中省立体育场、复兴大楼等项目。杨廷宝在"央大"的学生姚岑章（本科毕业后曾入兴业建筑工作，并曾于1946年参与到南京中央博物院设计制图）也跟随关颂声赴台，入（台湾）基泰工程公司。

迁居香港，主持（香港）基泰工程司，后续发展

朱彬于1949年后迁居香港，主持（香港）基泰工程司，也是香港建筑师协会主要发起人之一（1956年）。其实，基泰工程司在抗战期间已在香港立足，曾设计（香港）九龙中华电力总办事处，由关永康（关颂声的堂弟）设计，1949年后沿用相同公司名继续发展，设计有（香港）龙圃大宅、（香港）万宜大厦、（香港）美丽华酒店、（香港）陆海通大厦、（香港）先施保险大厦、（香港）牛津道英华书院、（香港）邵氏大楼等项目，以上这些项目更多的是倾向于"现代建筑"的设计。

留在大陆，兴学任教，组建兴业投资公司建筑工程设计部

杨廷宝选择留在大陆，1949年任南京大学建筑系（原南京中央大学建筑工程系）主任，同年入学学生有钟训正、强益寿、何必男、郭湖生、刘季良、沈佩瑜、齐康与华万桩。杨廷宝还任江苏省政协委员会副主席。1950年杨廷宝与杨宽麟受兴业投资公司邀请，两人一同搭档组建兴业投资公司建筑工程设计部，杨廷宝任建筑总工程师，杨宽麟任结构总工程师，但不常驻京，旗下成员部分来自基泰工程司与圣约翰大学毕业生，包括有王钟仁、郭锦文、巫敬桓、张琦云、乔伯人、孙天德、孙有明、杨伟成，此时期的设计项目有（北京）和平宾馆、全国工商业联合会办公楼、（北京）王府井百货大楼等。

留在大陆，与老搭档（杨廷宝）共组新单位，入北京市设计院工作

　　杨宽麟亦选择留在大陆，1949 年前他一直任（上海）圣约翰大学工学院院长。新中国成立后，北京急需建设，迫切地需要将人才集结一起，将力量集中，北京商业系统就成立兴业投资公司，属公私合营，即是团结私营企业，为北京工商业改造立下基础。兴业投资公司除了做工商业生产外，也投资进行建造旅馆，但无相关建筑专业人才与团队，便南下邀请杨宽麟来京主持工程设计，杨宽麟推荐"基泰"老搭档杨廷宝（两人在"基泰"共事近 10 年）一同合作，共组兴业投资公司建筑工程设计部。同时，社会上土木建筑工程人才短缺，杨宽麟被相关工程单位聘为顾问工程师，也被高校聘为考试与设计评论委员。1954 年兴业投资公司建筑工程设计部并入北京市设计院（今北京市建筑设计院），成为第五设计室，部分员工自谋出路，部分一同并入，杨宽麟任院总结构总工程师和第五设计室室主任。

5.8.2 　以华信测绘行、"华信建筑"为首的发展谱系

创办测绘行，数度改名，加入合伙

　　杨润玉于 1915 年创办（上海）华信测绘行，任经理和主持人，之后数度改名，有华信测绘建筑公司、华信建筑公司与华信建筑师事务所。杨元麟和杨锦麟先后加入华信测绘行并任主持人，三人共同主持公司业务。

与人合办，继续经营

　　1925 年杨润玉与人合办（上海）公利营业公司，任建筑师，但继续经营华信建筑业务，开始设计一系列住宅项目。在这些项目中，依业主的个性和需求不同，导致需要各异，出现各种不同类型的住宅模式，包括有英国式、西班牙式、美国式、殖民地式、国际流行式。虽然大部分住宅外观采欧美形式，但内部布局则是以适合中国人生活习惯为主的设计，包括有（上海）愚谷邨等。20 世纪 30 年代后，因《大上海计划》的实施及建设的需求量，杨润玉靠着自己的业务能力承接有原（上海）政同路住宅，并进行了两种不同型式（西班牙式、时代流行式）的住宅设计，接着又承接原（上海）江湾体育会路住宅、原（上海）民孚路住宅、原（上海）三民路集合住宅、原（上海）静安寺路住宅、原（上海）威海卫路住宅、上海涌泉坊、原（上海）陈楚湘住宅等。杨元麟于 1940 年入（上海）兴仁房地产公司，任副经理，专职担任建筑设计事宜。1945年后，杨元麟与杨德源合办（上海）华信建筑师事务所，1950 年赴台，在台北独自主持华信建筑师事务所。

5.8.3 　以"华海建筑"为首的发展谱系

前后期同学，先后回国，共同合办，稍晚加入

　　（上海）华海公司建筑部（"华海建筑"）由柳士英与王克生创办，刘敦桢稍晚加入，他们皆毕业于（日本）东京高等工业学校建筑科，是前后期的同学（王克生，1919 年毕业；柳士英，1920 年毕业；刘敦桢，1921 年毕业）。

　　王克生于 1919 年先回国，在（上海）轮船招商局工程委员会、总管理处，任工程师。柳士英于 1920年回国，先经由留日同学朱士圭（1919 年毕业，回国在三井物产上海纺织公司任建筑挂员，1920 年任上海罗德打样行工程师，1922 年任沈阳大新公司工程师、建筑师）介绍到（上海）日华纱厂任施工员，接着在（上海）东亚公司任建筑技师，1921 年入（上海）冈野重久建筑事务所，任设计师，此时，刘敦桢毕业后留在日本，在（东京）

图 5-116 孙立己、杨宽麟、杨廷宝（左起）

图 5-117 杨宽麟与兴业同仁及家属合影

图 5-118 杨廷宝（左）与杨宽麟在和平宾馆开工前合影

图 5-119 兴业公司设计部同仁合影

图 5-121 在和平宾馆屋顶平台上合影

图 5-120 兴业设计部同仁（一排左起：郭锦文、杨宽麟）

图 5-122 杨宽麟（左三），张镈（左六），顾鹏程（左十）

图 5-123 前排左起：郑怀之、杨廷宝、孙葆初；后排左起：杨宽麟、孙立己、汤绍远、马增新

池田建筑事务所任设计员（1921—1922年），此时期柳士英承接有原（上海）同兴纱厂设计。1922年，柳士英与王克生共同合办（上海）华海公司建筑部，同年，刘敦桢回国，在（上海）绢丝纺织公司任建筑师。1923年，刘敦桢加入"华海建筑"，三人共同经营建筑业务。

"华海建筑"的三位合办人各司其职，王克生负责公司业务的经营，柳士英负责设计与工程监理部分，刘敦桢负责笔墨的撰写，此时期设计有原（杭州）武林造纸厂（厂房、办公楼、仓库、蓄水池、烟囱等）、原（南京）大高俱乐部、原（南京）高等工业学校教学楼，原（苏州）范补臣住宅、原（苏州）高等工业学校教学楼。

业务不顺，分路而行，回乡办学，继续经营

由于各种主客观原因，"华海建筑"的业务进展不顺，柳士英于1923年从上海回到家乡苏州办学，而王克生、刘敦桢继续经营建筑师业务，王克生并于1924年加入（上海）中华学艺社。
1923年江苏省立第二工业学校改为江苏省立苏州工业专门学校（苏州工专），在首任校长刘勋麟、代校长邓邦逊等人支持下，邀请柳士英、朱士圭筹办建筑科并任教。1923年建筑科正式成立，柳士英任科主任。柳士英在"东工"的学弟黄祖淼，于1925年毕业，先在（日本）东京市役所（市政府）任雇员，执行设计职务（3个月），之后回国被邀请前去"苏州工专"任教（9个月）。同年，刘敦桢也离开"华海建筑"，赴长沙任湖南大学校舍工程师兼土木工程系教授，隔年（1926年），也被邀请前去苏州工专任教。

筹备处工程师，工务局长，专注教育工作，兼建筑师

1927年底苏州工专迁往南京，与东南大学、河海工科大学等9院校合并成立国立第四中山大学，1928年春，更名（南京）中央大学建筑科，1932年建筑科改称建筑系。当时柳士英因参加苏州市政筹备工作，1927年任苏州市市政工程筹备处工程师，及首任工务局长，未随苏州工专去南京任教，由刘敦桢带领部分教师及学生等去南京，而柳士英则投入到家乡的市政筹备工程。

朱士圭也未去南京，而是到厦门警备司令部堤工处任建筑师（1927—1928年）。1928年他来到苏州，任苏州市工务局工程科科长（1928—1929年），成为柳士英的下属，襄助苏州的城市建设与规划，后于1929年任无锡市政工程筹备处工务科科长，之后入（上海）华海公司建筑部，成为合伙人（1929年），与王克生共同经营业务。此时期柳士英与朱士圭还共同承接原（安徽）芜湖中国银行设计。

虽然刘敦桢去了南京，他仍于1927年年底任苏州市市政工程筹备处技师兼建设股主任，1年后，则专注在（南京）中央大学建筑科的教育工作（1928—1931年），同时兼（南京）永宁建筑师事务所建筑师。

重整业务，再度任教

1930年柳士英返回上海，与王克生、朱士圭一同重整"华海建筑"业务，并与朱士圭执教于（上海）大夏大学、（上海）中华职业学校（中华职业教育社创办），朱士圭还任（上海）大夏大学土木科主任。此时期设计有原（上海）中华学艺社、原（上海）大夏大学校舍及大夏新村、原（上海）王伯群故居。

研究院建筑师，文献部主任，再度任教

在任教期间，刘敦桢还任中央研究院气象研究所建筑师，设计中央研究院气象研究所图书馆，并任（南京）中山陵纪念塔图案评判顾问。在任教3年后，于1931年刘敦桢受朱启钤的邀请前往北平，入中国营造学社，任文献部主任。1935年任中央文物保管委员会专门委员及（南京）中央博物院图案设计竞赛审查员。1936年任中国建筑展览会常务委员，1942年任中央博物院中国建筑史料编纂委员。1943年回（重庆）中央大学建筑工程系任教，及任教于重庆大学建筑工程系，1944年接中央大学建筑工程系系主任，1945

年任中央大学工学院院长，兼建筑工程系主任。

中南地区任教，组建合办

1934年柳士英离开上海，前往长沙，任教于湖南大学土木工程系，之后任系主任，聘请许推、蔡泽奉等留日、欧、美的学者任教，同时与湖南土木、建筑界人士组建长沙迪新土木建筑公司，并任总工程师，之后就一直待在中南地区发展，实践与任教，设计项目有原（长沙）电灯公司厂房及办公楼、原湘鄂赣粤四省物品展览会、原（长沙）商务印书馆、原（长沙）上海银行、原（长沙）李文玉金号、原湖南大学抗战迁校临时校舍、原湖南辰溪湘乡会馆、原湖南大学学生第二宿舍、原湖南大学学生第三宿舍、原湖南大学学生第九宿舍、原湖南大学学生第四宿舍、原湖南大学学生第七宿舍、原湖南大学胜利斋教工宿舍、原湖南大学集贤村教工住宅区、原湖南大学至善村教工住宅区、原湖南大学老图书馆、原湖南大学科学馆、原武汉华中工学院校区总体规划及设计、原湖南大学工程馆、原湖南大学大礼堂、原爱晚亭（改建）。

1953年成立中南土木建筑学院，柳士英任院长，进行一系列教学改革和建制工作，提高教学质量，开展科学研究，1962年任导师。

5.8.4　以"东南建筑"、"凯泰建筑"、"彦沛记建筑"为首的发展谱系

同学关系，设计和施工（包工、监工），土木工程背景

1919年过养默于（美国）麻省理工学院土木工程系硕士毕业，随即进入一家位于（美国）波士顿的电气工程建筑工厂工作，1年后辞职回国发展（1920年）。

1921年过养默与吕彦直、黄锡霖在上海创办东南建筑公司（"东南建筑"），过养默任总工程师及后期任经理，并参与部分设计工作。吕彦直在入"东南建筑"前曾在（纽约）亨利·墨菲事务所工作（1918—1922年），之后回国（1921年），被墨菲雇用并负责上海分公司，协助设计南京金陵女子大学校舍。在回国前，过养默和吕彦直曾同一段时间在（美国）康奈尔大学读书，一位攻读土木工程学，一位攻读建筑学，也因为这层在同一所高校学习的关系，1921年吕彦直入"东南建筑"，成为合伙人之一，他和另一位合伙人黄锡霖皆任主创建筑师。

由于过养默和黄锡霖皆是土木工程专业培养出身，因此，"东南建筑"的业务内容包含设计和施工（包工、监工），也因工程需要设有营造部，由在"东南建筑"当学徒的朱锦波任主任（曾任绘图员1年，后接营造部主任8年多），业务范围锁定上海、南京一带，从业人员先后有黄元吉（1922—1924年间任副建筑师）、杨锡镠（1923—1925年间任工程师）、庄允昌、裘星远（1926年任工程师）、李滢江。"东南建筑"从业成员大部分也是土木工程专业培养出身，因此可以认定"东南建筑"是一家以土木工程背景出身的建筑公司。

教物理试验课

过养默也进入交通部上海工业专门学校的土木工程科任教（1921—1923年）。当时"东南建筑"的建筑师杨锡镠正在这所高校读书，但过养默并未真正指导过杨锡镠。

各自负责不同竞赛与设计

"东南建筑"的3位合伙人各自负责不同的设计工作，吕彦直从1924年开始负责（南京）中山陵与（广州）孙中山先生纪念堂、纪念碑的设计投标竞赛，过养默负责银行建筑（原上海第一家票据交换所）、大学校

舍（原上海真茹暨南大学科学馆、原上海真茹暨南大学教工宿舍、梧州广西大学）与法院（原南京国民政府最高法院）的设计。吕彦直于 1925 年离开"东南建筑"，所以，过养默似乎并没有参与到中山陵设计过程与后续施工阶段。在"东南建筑"刚创建时，东南大学委托"东南建筑"负责学校总体规划设计，由吕彦直主导，工程师杨锡镠参与，负责了原东南大学科学馆（今东南大学健雄院）的部分设计工作，及交通部南洋大学体育馆设计。过养默于 1930 年加入中国工程学会，为土木正会员。隔年，中国工程学会与中华工程师学会在南京合并改名为中国工程师学会。

"东南建筑"除了设计部分银行建筑与大学校舍外，也承接部分居住项目，集中在上海，有 1936 年建成的原（上海）顾维钧故居（3 层）及原（上海）高家宅公弄口邓骏声市房（2 层），与 1939 年的原（上海）谢永钦故居，但现今都已不存在，此时，过养默任"东南建筑"经理。

抗战爆发，经营陷入困境，重回高校执教，赴英经商

1937 年抗日战争爆发，经济不稳定导致社会建设量逐渐减少，"东南建筑"的业务陷入困境，为了维持生计，过养默选择重回高校执教，入（上海）圣约翰大学土木工程系，任兼职教授，直到 1940 年，同时辛苦地维持"东南建筑"的经营。抗战结束后，过养默选择到英国定居与经商，参与华人商会的会务与活动。

人员流向，独立分出，土木工程背景，师承与传承

黄元吉于 1922 年入"东南建筑"任副建筑师，协助和完成主创建筑师交付的设计任务，1924 年黄元吉离开"东南建筑"与"东南建筑"的同事杨锡镠（先与黄元吉合组事务所，后于 1925 年正式离开"东南建筑"）及钟铭玉（是黄元吉于上海南洋路矿专门学校的同学，两人属于前后期学长弟关系）共同创办（上海）凯泰建筑师事务所（"凯泰建筑"），所以"凯泰建筑"是从"东南建筑"独立出去的一支设计团队。而黄元吉、杨锡镠、钟铭玉三人有着相同的求学背景，皆是国内高校培养的土木工程专业学生，因此，从"东南建筑"到"凯泰建筑"是以土木工程专业为背景的事务所组成形态，也有着一种师承与传承的执业关系。

"凯泰建筑"业务范围在上海一带，主要项目有：原（上海）光华大学部分校舍、原上海大学全部校舍、原（上海）胜德织造厂、原柳州无线电台、原（上海）中华基督教会鸿德堂、（上海）四明新村、原（上海）恩派亚公寓、原（上海）厉氏大厦、原上海安凯第商场、原（上海）美商协丰洋行 3 层洋房、原（上海）王准臣 3 层铺面公寓、原（上海）虹桥疗养院病房疗养室、原（上海）开林营造厂市房、原中国农业机械公司宿舍等。其中，黄元吉负责的有：（上海）四明新村、原（上海）恩派亚公寓、原（上海）厉氏大厦、原上海安凯第商场，杨锡镠负责的有：原（上海）光华大学部分校舍、原上海大学全部校舍、原（上海）胜德织造厂、原柳州无线电台、原（上海）中华基督教会鸿德堂。旗下从业人员先后有：赵曾和（工程师）、陆宗豪（绘图设计）、张念曾（绘图员）、李定奎（绘图员）、孙秉源（绘图员）。

陆宗豪于 1930 年入"凯泰建筑"负责绘图设计任务，3 年后离职，入（上海）"华盖建筑"（由赵深、陈植、童寯于 1933 年合办）任职。孙秉源入"凯泰建筑"任绘图员，之后来到原"凯泰建筑"合伙人杨锡镠于 1929 年自办的事务所任职。

"耶鲁大学在中国"

吕彦直在"东南建筑"里是唯一有着建筑学专业背景的建筑师。加入前，吕彦直跟随亨利·墨菲 3 年（1918—1922 年），直到加入"东南建筑" 1 年后，才正式脱离墨菲。在墨菲手下做事的吕彦直，参与墨菲所执行的"耶鲁大学在中国"计划——即 20 世纪初，美国基督教会来华，投入到教育事业，花大量资金

建设校园，在中国各省各地规划设计多所教会大学（燕京大学、长沙雅礼大学、南京金陵女子大学、福建协和大学、广州岭南大学）。吕彦直跟随墨菲一起探索中华古典复兴的建筑风格，曾协助设计原（南京）金陵女子大学校舍。

结识在巴黎，合伙并工作于两公司，拆伙又新成立

加入"东南建筑"后，吕彦直从1924年开始负责（南京）中山陵与（广州）孙中山先生纪念堂、纪念碑的设计投标竞赛，于1925年获首奖，并离开"东南建筑"，与黄檀甫合办（上海）彦记建筑事务所（"彦记建筑"），在这之前，吕黄两人早在1922年合办（上海）"真裕公司"。

吕彦直和黄檀甫结识在巴黎（1921年初），1922年两人合办（上海）"真裕公司"，公司就两人，规模小，吕彦直（沉静拘谨的个性）主内，负责设计（参加中山陵竞赛），黄檀甫（外向活跃的个性）主外，负责接项目、与人交往、演讲及对外交涉（与南京政府官员交涉），而两人也承接房屋租赁和修缮业务，来填补公司的开支，所以，吕彦直同时合伙并工作于"东南建筑"（1921—1924年）和"真裕公司"（1922—1925年）。1925年孙中山先生葬事筹备委员会公开向海内外征求陵墓设计方案，吕彦直从众多国内外建筑师脱颖而出，获得了（南京）中山陵设计竞赛首奖，筹备委员会一致决定采用吕彦直的设计方案来建造，同时聘请他为陵墓建筑师，此时，吕彦直离开"东南建筑"，与黄檀甫合办（上海）彦记建筑事务所（"彦记建筑"），但"真裕公司"依然存在，之后，黄檀甫逐渐成为吕彦直的"全权代表"，在（南京）中山陵奠基典礼由黄檀甫代表吕彦直发表讲话，并负责涉及吕彦直一切的建筑事务。

网罗人员，之后流向

吕彦直和黄檀甫合办"彦记建筑"后，网罗了之前在"东南建筑"任职的裘星远和庄允昌（1926年）加入，任工程师，同时也网罗之前在（上海）公利营业公司（由杨润玉、顾道生于1925年合办）任职的葛宏夫（1926年）加入。

曾在（天津）万国工程公司任职的刘福泰也入"彦记建筑"任建筑师，他同时参加（广州）中山纪念堂设计竞赛，获名誉第一名，之后刘福泰参与（南京）中央大学建筑工程科（1932年改系）的创建工作，任第一任科主任，并网罗一批名师任教（濮齐材、张至刚、刘敦桢、贝寿同、卢树森、卢毓骏、张镛森、刘宝廉、朱神康、刘既漂、戴志昂、薛仲和、谭垣、鲍鼎、李祖鸿等），之后，刘福泰与同事谭垣合办（上海）谭垣刘福泰建筑师事务所（1933年创办），后于1937年创办（重庆）刘福泰建筑师事务所。

在同一家公司任职，加入改名

李锦沛于1928年加入"彦记建筑"。加入前李锦沛和吕彦直一样曾在（纽约）亨利·墨菲事务所工作过，推测李锦沛也参与到亨利·墨菲的"耶鲁大学在中国"的计划，开始接触到"中华古典"复兴的建筑风格领域，另外，吕李两人入职时间不同（吕彦直是1918—1922年，1921年已回国；李锦沛是1922—1923年），但推测彼此听说过在同一家公司，也因这层关系，李锦沛后来加入"彦记建筑"（1928年）。在吕彦直病逝后，李锦沛继续执行吕彦直的设计任务，完成（南京）中山陵与（广州）中山纪念堂等工程，李锦沛成为了南京中山陵的"完工建筑师"。

因李锦沛的加入，"彦记建筑"改名为"彦沛记建筑"（彦沛记建筑师事务所），而黄檀甫也把"真裕公司"改组为真裕地产股份有限公司，任董事长兼总经理，采用股份制，吸引许多名人、商人都慕名（吕彦直）入股，黄檀甫还投资房地产兴建住宅，也兼任李锦沛建筑师事务所的业务经理。1951年真裕地产股份有限公司歇业。

青年会办事处副建筑师，独立执业

早在李锦沛加入"彦记建筑"前，李锦沛已回国发展一段时间，1923 年他离开亨利·墨菲事务所，被美国基督教青年会全国协会派遣到中国，担任驻华青年会办事处副建筑师，协助主任建筑师阿瑟·阿当姆森（Arthur Q Adamson）的设计工作，先后负责设计了保定、济南、南京、宁波、南昌、成都、福州、武昌等地的基督教青年会会堂，1927 年他创办（上海）李锦沛建筑师事务所，承接项目有（上海）盲童学校、原（上海）清心女子中学、原（常州）武进医院病房大楼、原（上海）八仙桥基督教青年会大楼、原（上海）中华基督教女青年会大楼、原（上海）吴淞国家检疫局办公大楼、原中央储蓄会大楼（广东银行）、原聚兴城银行南京分行、原（南京）新都大戏院、原（杭州）浙江建业银行、原（上海）愚园路俭德坊张惠长洋房、原（上海）川公路益寿里石库门楼房、（上海）华业公寓等。

除了项目设计，李锦沛也参加一些竞赛，1928 年参加大上海市政府图案竞赛，获第 1、3 奖，参加大上海市政府住宅图案竞赛，获第 1、2 奖，参加大上海市中心区图案竞赛，获第 4 奖，1933 年参加广州中央党部图案竞赛，获第 1 奖。1935 年还应邀参加（南京）国立中央博物院图案设计竞赛，并且在 1936 年担任中国建筑展览会副会长。

人员流向

李锦沛建筑师事务所的从业人员有裘星远（绘图员）、张克斌、李扬安、王秉枕、吴若瑾、香福洪、陈培芳（绘图员）、屈培荪、林寿南、卓文扬（监工）。

原本在"彦记建筑"任工程师的裘星远，于 1930 年入李锦沛建筑师事务所工作，1949 年后赴台，曾在（台湾）电力公司任编辑部工程师。张克斌于 1930 年入李锦沛建筑师事务所任建筑师，7 年后离开自办（上海）张克斌建筑师事务所。李扬安之后离开李锦沛建筑师事务所，于上海自办事务所，1949 年后赴港，创办（香港）李扬安建筑师事务所。在李锦沛建筑师事务所任监工员的卓文扬，之后也到广州自办事务所。屈培荪于 1951 年创办（上海）建明建筑师事务所，从业人员有郭毓麟（任助理建筑师）和张剑霄（任工程师）。

拆伙，任公职，负责柳州市政规划，独立执业，成员背景与流向，舞厅设计专家

从"东南建筑"独立分支出去的"凯泰建筑"原本有 3 位合伙人（黄元吉、杨锡镠、钟铭玉），杨锡镠于 1927 年离开"凯泰建筑"前往广西担任公职，任广西省政府物产展览会筹备处建筑科长，负责柳州的市政设施建设的重任，同时承担起梧州中山纪念堂的后续设计工程（1928 年）。1929 年因广州、广西政局陷入混乱回到上海，并创办（上海）杨锡镠建筑师事务所，还加入中国建筑师学会（经范文照、李锦沛介绍），之后兼任（上海）沪江大学商学院建筑科讲师。

原本在"凯泰建筑"（杨锡镠于 1924—1927 在"凯泰建筑"任主持建筑师）任绘图员的孙秉源也来到杨锡镠自办的事务所工作，旗下从业人员还有白凤仪（1932 年一，绘图监工员）、石麟炳（1933—1935 年，助理建筑师）、萧鼎华（1934—1936 年）、俞锡康等。

其中白凤仪（1932 年毕业）、萧鼎华（1932 年毕业）、石麟炳（1933 年毕业）皆毕业于（沈阳）东北大学建筑工程系（1928 年创办），是头两届的学生，师从梁思成、林徽因、陈植、童寯、蔡方荫。1931 年"九·一八"事变爆发后，他们南下避难去到上海，在老师童寯和他建筑界好友一起补课下，完成近两年的学业。毕业后，白凤仪和石麟炳入杨锡镠建筑师事务所工作，而萧鼎华入（上海）范文照设计事务所，实习 1 年，于 1934 年入杨锡镠建筑师事务所工作。

独立执业后，杨锡镠的项目有原（上海）真茹国际通讯大电台、原（上海）中法报台、原（上海）中正西路 300 与 302 号牛小姐 3 层洋房、原（上海）南京饭店等项目设计。其中，原（上海）南京饭店建成后，让杨锡镠的知名度迅速提高，也为他迎来了下一个重要项目——上海百乐门舞厅，更成为上海当地广为知晓，并享有较高声誉的中国近代建筑师，之后，还受广东商人江耀章邀请负责设计（上海）大都会舞厅，成为旧时代"舞厅"的设计专家。而百乐门舞厅与大都会舞厅也构成了20世纪30年代上海静安寺一带入夜后灯红酒绿与风花雪月之处，成为中外达官富商夜生活的首选之地。

杂志发行人，建筑专刊主编，近代建筑媒体人，审查委员会委员

在中国建筑师学会负责《中国建筑》杂志组稿与编辑工作的杨锡镠，于1934年专职任杂志社的发行人，一度暂停建筑师业务，而石麟炳（在杨锡镠事务所任助理建筑师）也随同杨锡镠参与到《中国建筑》的编辑工作，成为得力助手，1935年石麟炳入天津市工务局，任技士。而杨锡镠还担任过《申报》建筑专刊主编，他是一位中国近代的建筑媒体人。1935年杨锡镠被中国工程师学会推定为国货建筑材料展览会筹备委员会委员，任审查委员会委员。在杨锡镠事务所从业的建筑师萧鼎华于1949年后赴台，曾任教于原（台湾）逢甲工商学院建筑工程系。

又再度合伙，联合顾问建筑师工程师事务所，分路

抗战结束后，杨锡镠再次加入"凯泰建筑"（1948年），负责一些零星的小项目，1951年与黄元吉（"凯泰建筑"合伙人）一同加入以"华盖建筑"和其他5家事务所为基础而成立的（上海）联合顾问建筑师工程师事务所，事务所包括有10多位建筑师（赵深、陈植、童寯、戚鸣鹤、罗邦杰、黄家骅、黄元吉、奚福泉、谭垣、吴景祥、哈雄文、黄毓麟等）和3位工程师（顾鹏程、冯宝龄、张轩朗），但没过多久，于1952年，联合工程师事务所业务结束，黄元吉入轻工业部华东设计分公司，杨锡镠北上调入北京市城市规划管理局设计院（今北京市建筑设计研究院前身）工作，任总建筑师兼三室主任，投入新中国的建设任务，先后负责项目有（北京）陶然亭游泳池、（北京）红领巾湖室外游泳场、（北京）太阳宫体育馆、北京体育馆、北京医学院、中国科学院物理所等。

5.8.5　以梁林陈童蔡营造事务所、"华盖建筑"为首的发展谱系

前后期同学，同事，合伙

华盖建筑事务所（"华盖建筑"），由赵深、陈植与童寯于1933年刊报公告成立，3人皆毕业于（北京）清华学校与（美国）宾夕法尼亚大学建筑系，是前后期的同学。

早年，赵深是陈植、童寯在（北京）清华学校的学长，出国留学后，赵深又是陈植、童寯在（美国）宾夕法尼亚大学建筑系的学长，他又早于陈植、童寯回国发展（1927年），先在其他事务所任职。1931年赵深自办（上海）赵深建筑师事务所，不久后，与陈植合办（上海）赵深陈植建筑师事务所（1931年）。1933年，赵深与陈植、童寯共同创办（上海）华盖建筑事务所（"华盖建筑"）。

在美实习，放弃考察，回国任教

陈植于1928年毕业，在伊莱·雅克·康（Ely Jacques Kahn）建筑师事务所实习1年多。1929年夏，陈植受挚友梁思成与林徽因邀请，放弃考察欧洲建筑的计划，回国任（沈阳）东北大学建筑工程系教授，隔年（1930年），童寯也被聘为教授，与陈植成了教学上的同事。

成立营造事务所，承接项目，梁思成辞去，童寯接任系主任

为了加强联系教育与实践之间的关系，梁思成、林徽因先与陈植、张润田合作成立（沈阳）梁林陈张建筑师事务所（1929年），（沈阳）萧何园是他们的设计作品。童寯与蔡方荫加入后，改称为（沈阳）梁林陈童蔡营造事务所（1930年），承接原吉林省立大学规划与校舍设计、原交通部唐山大学锦县分校设计。

创办3年后，梁思成辞去（沈阳）东北大学建筑工程系主任一职，于1931年6月从沈阳回到北京安家，并加入中国营造学社，任法式部主任，而由童寯接任系主任。

赵深回到国内的动态

当陈植与童寯任教时，赵深比他俩早回到国内。1927年赵深和杨廷宝游欧后回国，杨廷宝入（天津）基泰工程司任职，成为第三位合伙人（基泰工程司原合伙人为关颂声、朱彬），而赵深则回到上海，经李锦沛推荐任美国基督教青年会驻上海办事处建筑处建筑师，任期半年，之后应范文照邀请加入范文照建筑师事务所，两人通力合作，范文照负责对外交涉业务，赵深则负责主要设计任务，先后完成原（南京）铁道部大楼、原（上海）南京大戏院、原（南京）励志社总社等设计。

赵深是个才华洋溢的建筑师，对建筑设计很热爱，希望能有自己的事务所，发挥所长，便于1931年离开范文照事务所，自办（上海）赵深建筑师事务所，承接了原（上海）大泸旅馆项目。

赵深与陈植的碰面、商谈合伙，合办事务所

赵深经营个人事务所后，在夹缝中求生存，项目规模难有突破，工作遇到瓶颈，而当时陈植接受了原（上海）浙江兴业银行的设计委托，于1930年离开（沈阳）东北大学建筑工程系，来到上海，获悉赵深在上海执业，而赵深也知陈植到上海，便登门拜访陈植，两人商谈合伙事宜。赵深想强化事务所实力，又知道陈植的家族亲戚在金融界、银行界丰富人脉对承接项目有所帮助，及陈植也想闯荡一番事业，两人商谈后，一拍即合，愿一同奋斗，就于1931年春合办（上海）赵深陈植建筑师事务所，承接了原（上海）浙江兴业银行、原（上海）恒利银行、原（南京）国民政府外交部大楼等项目。当时，童寯还在"东北大"任教。

（沈阳）东北大学被迫停办，师生外出进关逃难，筹建流亡分校与借读

1931年9月，"九·一八事变"爆发，日本关东军炮击北大营，东北便沦陷于炮火之中，（沈阳）东北大学被迫停办，系主任童寯与学生分别连夜乘火车进关避难。

项目机会增多，急需人手分摊，邀请南下加盟，合伙创办

那时，上海远离北方的战事，又多是外国租界，市场受战局的影响不大，加上政府建设（《首都计划》、《大上海市计划》）的延续，使得华东地区的业务量遽增，国内建筑事业正蓬勃发展，中国近代建筑师有了发挥的空间，而赵深与陈植在上海共同执业后，项目增多，急需人手分摊，依照陈植与童寯多年交情，他即刻想到了在北平避难的童寯，先与赵深商量后，便联系童寯，邀请南下加盟。也由于日本进犯东北后已对华北虎视眈眈，北平开始不太平静，童寯便决定南下，于1931年11月到上海，与赵深、陈植商讨组建事务所事宜，隔年正式成立（上海）华盖建筑事务所（"华盖建筑"）。而"华盖"之名由叶恭绰（1881—1968年，字裕甫，又字誉虎，号遐庵，晚年别署矩园，室名"宣室"，中国广东番禺人，中国近代书画家、收藏家、政治活动家）选定，意喻为"中华盖楼"而努力。

各自分工，各司其职，相互讨论，培养默契，良好关系，业务攀升

　　"华盖建筑"成立后，3 位合伙人也各自分工，各司其职，各展所长。赵深负责对外承接业务并管理财务，陈植负责对外承接业务，并兼管事务所内务，童寯负责设计及技术，主持图房设计工作。3 位合伙人在合作中常相互讨论、切磋及培养默契，不同意见做充分地交流、沟通及相互尊重，发挥团队力量，和外界建立良好的社会关系，业务不断攀升，以上海、南京一带为主，主要的项目有原大上海大戏院、原（上海）金城大戏院、原（南京）国民政府外交部大楼、原（上海）北站修复、（上海）梅谷公寓、原（上海）安和寺路西班牙别墅、原（上海）合记公寓、（南京）福昌饭店、原北平故宫博物院南京古物保存库、原（南京）首都饭店、原（南京）张治中公馆、原（南京）马歇尔公馆、原南京陵园中山文化教育馆、原（南京）水晶台地质矿产陈列馆等。

　　"华盖建筑"承接项目后，只负责建筑设计，结构部分请结构设计单位承接，而设计绘图中的电气设备线路图由承包商负责，施工图完成后送政府部门申请施工执照，批准后即可进行发包投标的事宜。"华盖建筑"（乙方）与业主（甲方）签订委托合同，业主（甲方）与承包商（丙方）签订承包合同，而设计费按总造价 3%—5% 收取。

仅有的合作项目

　　原（上海）浙江兴业银行、原（南京）国民政府外交部大楼与原大上海大戏院是"华盖建筑"3 位合伙人仅有的合作项目，而原大上海大戏院更是"华盖建筑"创建后，执业初期重要的代表性作品。

故友重逢

　　20 世纪 30 年代后，基泰工程司业务从东北与华北转往华东（沪、宁）一带发展，杨廷宝便常到上海（1934年），因业务关系一待就是几个月，常利用周日找童寯叙叙旧，并同游上海周边城镇与古迹，晚上还到童寯家做客，交流与闲谈。

人员流向

　　"华盖建筑"从业人员先后有常世维、陈延曾、丁宝训、刘致平、毛梓尧、陆宗豪、葛瑞卿、沈承基、汪履冰、鲍文彬、黄志劭、周辅成、陈瑞棠、张伯伦、张昌龄等。

　　丁宝训未受过建筑学专业的培养（上海光华大学 1 年级辍学），曾以学徒的方式在（上海）范文照事务所实习（1926 年），受范文照与赵深指点学习建筑绘图与设计，后从英租界工部局建筑科转入"华盖建筑"工作，于 1937 年离开"华盖建筑"，后自办（上海）华泰建筑师事务所，1949 年后赴北京，入北京工业建筑设计院，任工程师，之后曾任"中国建筑工业出版社"编审。而原在（上海）范文照事务所工作的张伯伦，之后也曾入"华盖建筑"工作。

　　常世维于 1933 年入"华盖建筑"，任绘图员（9 个月），之后入（上海）董大酉建筑师事务所，任设计员（4 个月），1936 年入国民政府军政部兵工署，任设计员。

　　刘致平是（沈阳）东北大学建筑工程系的学生，跟随着童寯来到上海，经童寯的帮忙转入（南京）中央大学建筑工程系就读，1932 年毕业后，被童寯收留在"华盖建筑"，任实习生，后经刘福泰（南京中央大学建筑工程系系主任）介绍到浙江省风景整理委员会任建筑师（1934 年），后又经梁思成推荐入（北京）中国营造学社，任法式助理（1935—1943 年）。

毛梓尧于 18 岁时，经亲友介绍到上海小型打样间当学徒生，1 年后经师傅推荐入"华盖建筑"，任绘图员、实习设计师。1940 年独立设计原（上海）金山饭店，1946 年通过高等建筑师考试取得甲等建筑师资格，之后在（上海）新新实业地产部、（上海）信托局地产处、上海市人民政府房地产管理处等单位任工程师科长、技士、建筑师，创作上海多处住宅、（上海）达人中学、（上海）南京西路新华电影院、（杭州）红十字会纪念堂、原（上海）陈叔通公寓等设计，1949 年后赴北京，入北京工业建筑设计院，任主任设计师。

湖南长沙视察工程，设立昆明分所

抗日战争爆发后，"华盖建筑"业务暂时停顿，1938 年赵深先到湖南长沙视察正在施工的清华大学矿物工程系教学楼和机电楼，处理工程事宜，之后转赴昆明开拓业务，设立"华盖建筑"分所，从业人员先后有何立蒸（1939—1941 年）、杨卓成（1941—1943 年）、刘光华（1941 年—）、彭涤奴（1942—1945 年）。主要设计项目有原（昆明）南屏大戏院、原（昆明）金碧公园、原（昆明）昆华医院、原（昆明）兴文银行、原（昆明）白龙潭中国企业公司办公室、原（昆明）大观新村、原（昆明）南屏街聚兴城银行。

人员流向

何立蒸（1935 年毕业）和刘光华（1940 年毕业）毕业于（南京）中央大学建筑工程系，先后入"华盖建筑"昆明分所工作（何立蒸是 1939—1941 年；刘光华 1941 年—），两人后来离开"华盖建筑"昆明分所，与龙希玉和曾永年（龙希玉、曾永年和刘光华是南京中央大学建筑工程系同届同学，曾在基泰工程司昆明分所梁衍手下做事）于 1941 年在昆明合办兴华建筑师事务所（"兴华建筑"）。因此，"兴华建筑"是从基泰工程司和"华盖建筑"原有的设计人员独立出去的一支设计团队。

彭涤奴于 1937 年毕业于（南京）中央大学建筑工程系，于 1942 年入"华盖建筑"昆明分所工作，3 年后离开"华盖建筑"昆明分所，入"央大"同学范志恒在广州自办的事务所工作（1946 年），不久后自行开业，于 1946 年自办（广州）彭涤奴建筑师事务所，从业人员有赵明轩、李衍铨、莫棠，之后，又入（美国）伊利诺伊大学建筑工程系攻读硕士学位，1949 年与"央大"学弟妹陈其宽和张守仪（1945 年毕业于南京中央大学建筑工程系）一同毕业，后赴港发展，入（香港）巴马丹拿建筑师事务所（原上海公和洋行）工作。

毕业于（广州）中山大学土木建筑工程系的杨卓成，曾于 1941 年入"华盖建筑"工作（1941—1943 年），后入基泰工程司任职，被派往广西，负责桂林业务（1943—1949 年），因此，杨卓成同时有着基泰工程司和"华盖建筑"的工作经历。1949 年后杨卓成赴台，在台北创办和睦建筑师事务所。

设立贵阳分所，任教

1937 年抗战爆发后，童寯于受（南京）国民政府资源委员会化学专门委员叶诸沛（1920—1971 年，中国近代冶金学家，中国科学院学部委员）之邀到重庆，后于 1939 年底赴贵阳，设立"华盖建筑"分所，并协助赵深在昆明分所的工作。主要设计项目有原（贵阳）花溪清华中学、原（贵阳）花溪贵筑县政府、原（贵阳）贵州省儿童图书馆、原（贵阳）民众教育馆、原（贵阳）湘雅村国立湘雅医学院讲堂及宿舍等。同时，童寯应刘敦桢之邀赴（重庆）中央大学建筑工程系任教。

人员流向

汪坦于 1941 年毕业于（重庆）中央大学建筑工程系，曾入"华盖建筑"贵阳分所工作，不久后入"兴业建筑"重庆分所，工作 2 年后，回母校任助教，教构造，当时助教还有戴念慈和刘济华，后于 1946 年又入"兴业建筑"（南京）工作，1948 年赴美留学。

留守上海

1937 年后，赵深（昆明）和童寯（贵阳）赴西南大后方为"华盖建筑"开拓市场，陈植留守在上海，负责"华盖建筑"在上海、南京、苏州等地承接的部分业务和后续执行，承接项目有原（苏州）景海女子师范学校礼堂、原（上海）叶揆初合众图书馆、原（上海）张允观故居、原苏州市吴宫大戏院、原（上海）福开森路金叔初洋房、原（上海）富民路花园里弄住宅、原（上海）静安寺路交通银行办公大楼、原（上海）大华大戏院等。

返回总所，又设分所

抗战结束后，赵深（1945 年）和童寯（1946 年）先后返回上海，昆明和贵阳分所结束业务，3 人又以上海总所继续经营建筑业务，并在南京设分所，童寯负责南京的项目，有原（南京）美国顾问团公寓大楼、原（南京）下关工人福利社、原（南京）小营航空工业局、原（南京）孝陵政治大学校舍、原（南京）童寯故居、原（南京）高楼门公路总局办公大楼、原（南京）萨家湾交通银行等，而原（上海）浙江第一商业银行项目设计就由陈植、赵深负责。

联合成立，各自发展，分路而行

1950 年后，"华盖建筑"与其他 5 家事务所共同成立的（上海）联合顾问建筑师工程师事务所，联合事务所运作没多久，因政策施行下，朝向"公私合营"模式发展，即解散（1952 年 5 月），建筑师有的参加国营设计院工作，有的入高校任教，"华盖建筑"的三位合伙人也从此分路而行。

5.8.6 以"兴业建筑"为首的发展谱系

前后期同学

兴业建筑师事务所（"兴业建筑"），由徐敬直、杨润钧、李惠伯于 1933 年合办，3 人皆毕业于（美国）密歇根大学建筑工程系，是前后期的同学。

徐敬直于 1931 年毕业后赴（美国）匡溪艺术学院建筑系进修（1932 年创立，以英国工艺美术运动为蓝本进行教学实验，以建立高度浪漫的艺术品和手工艺品设计为主要的教育内容）。1934 年校方聘请在密歇根大学建筑系任客座教授的艾里尔·沙里宁（Eliel Saarinen，1873—1950 年，出生于芬兰；受英国格拉斯哥学派和维也纳分离派的影响；在城市规划、建筑设计、室内设计、家具设计、工业设计等领域有着综合的成就，是芬兰裔美国著名建筑师、建筑理论家，被称为美国"现代设计"之父）任院长，并制定一套学院的发展计划，关注于艺术和人文的教育训练。徐敬直 1931 年毕业后，曾跟随艾里尔·沙里宁参与匡溪艺术学院的校园规划和设计。此时杨润钧刚毕业（1931 年），在（美国）底特律汤玛斯·透纳（Thomas Tanner）事务所任绘图员（半年），1932 年李惠伯也毕业并在（美国）乔治·汉斯（George J. Haas）事务所实习。

曾经的同事关系，人员流向

1932 年徐敬直和李惠伯两人双双回国，一同入（上海）范文照设计事务所工作，同期任职的建筑师有谭垣（1930 年毕业于美国宾夕法尼亚大学建筑系，曾在美国事务所工作 2 年，任绘图员）、吴景奇（1930 年毕业于美国宾夕法尼亚大学建筑系，后在美事务所工作，任绘图设计员），范文照是谭垣和吴景奇在"宾大"的大学长。因此，谭垣、吴景奇、徐敬直与李惠伯曾在同一段时期短暂共事过。

合伙创办，竞赛获奖

徐敬直和李惠伯在范文照设计事务所工作1年后，于1933年和刚回国的杨润钧共同合办（上海）兴业建筑师事务所（"兴业建筑"），徐敬直任总经理，李惠伯与杨润钧为合伙人，业务范围涵盖上海、南京、昆山、杭州一带，主要项目有原（南京）实业部中央农业实验所、原（昆山）徐士浩律师住宅、原实业部上海鱼市场、原（上海）祥德路陆冠芳住宅、原（上海）闸北严家阁路新新公司3层职员宿舍、原（南京）玄武门方竹荫住宅原杭州丁榕住宅及上西大街谢宾来住宅等。

多次获竞赛首奖

1933年夏，李惠伯与范文照合作参加广东省府合署图案竞赛，获首奖。同年徐敬直与童寯、吴景奇代表中国建筑师学会主持设计芝加哥博览会之中国馆图案，年底赴日本，在东京、神户一带参观考察。隔年（1934年），杨润钧任（上海）建兴地产公司副经理。

在"兴业建筑"三位合伙人中，李惠伯的渲染图与透视图画得好，设计及结构能力也很强，多次获设计竞赛首奖；徐敬直则是一位好老板，对员工很爽快。1935年是"兴业建筑"关键性的一年，徐敬直和李惠伯应邀参加（南京）中央博物院图案设计竞赛，同期参加建筑师有庄俊、关颂声、杨廷宝、虞炳烈、董大酉、李锦沛、梁思成、苏夏轩、李宗侃、奚福泉、陆谦受、过元熙等。徐敬直和李惠伯获首奖，也让他们名声大噪，最终此项目于1948年建成。

总部迁往重庆，现代主义教学

抗日战争爆发后，"兴业建筑"也随国民政府内迁，以重庆为发展根据地，业务范围涵盖重庆、昆明、贵阳一带，李惠伯被刘福泰（1937—1940年间任重庆中央大学建筑工程系系主任）聘入（重庆）中央大学建筑工程系任教（1940年前后）。在任教期间，李惠伯教授现代主义建筑思潮方面的课程，用一本包豪斯的书当教材，并要学生在设计山坡地住宅时，用马粪纸做模型，认为建筑师不仅会做设计，也应会计算、估价。"兴业建筑"于1937年负责（重庆沙坪坝）中央大学松林坡校园规划和设计，修建办公室、教室和宿舍。"兴业建筑"的其他项目还有原（重庆）建国银行行屋、原（云南）保山县兴文银行积谷仓廒、原内江液体燃料管理委员会加油站、原（贵阳）环城路兴业新村林雅桓洋房住宅、原（贵阳）环城路兴业新村王兴周汇利烟草厂、原（贵阳）环城路兴业新村汇利企业公司、原（贵阳）陈虎生洋房住宅、原（昆明）中国银行昆明分行职员宿舍、原（昆明）王振宇住宅、原（昆明）王振宇仓库等。

人员流向

由于"兴业建筑"将总部迁到重庆，且李惠伯任教于中央大学建筑工程系于是"兴业建筑"先后吸收了一批建筑工程系毕业生，成为事务所的生力军，包括刘光华、汪坦、胡璞、戴念慈、姚岑章、周仪先（周仪先是被汪坦推荐去"兴业"）。有的留在重庆总部，有的负责外地（昆明）建筑业务。

刘光华毕业后（1940年毕业），入"兴业建筑"实习3个月，被交付负责昆明的建筑业务，当时李惠伯主持"兴业建筑"昆明业务。1941年刘光华离开"兴业建筑"，入"华盖建筑"昆明分所工作，在赵深手下做事2个月后离开，与龙希玉和曾永年（3人曾是南京中央大学建筑工程系同届同学，曾在基泰工程司昆明分所梁衍手下做事）于1941年在昆明合办兴华建筑师事务所（"兴华建筑"）。

胡璞和汪坦同年毕业后（1941年毕业）。胡璞直接入"兴业建筑"重庆总部工作，后赴美入密歇根大学建筑工程系攻读硕士学位（"兴业建筑"3位合伙人皆毕业于密歇根大学建筑工程系），毕业后留在芝加哥工作。

汪坦先入"华盖建筑"昆明分所，在童寯手下短暂做事，后入"兴业建筑"重庆总部工作，2年后离开，赴（重庆）中央大学建筑工程系任助教（1943—1946年），其间参加抗日战争，担任美军翻译工作。抗战结束后，"兴业建筑"总部迁回上海、南京，汪坦又复入"兴业建筑"任建筑师（1946—1947年），设计了原（上海）张群故居，由戴念慈画透视图，并与李惠伯共同设计了原（南京）馥记大厦（当时李惠伯正在美国，汪坦用一周将图画出）。1948年汪坦考取公费留学（当时国家不给钱，但有了出国资格），便离开"兴业建筑"赴美，入（美国）赖特建筑师事务所，1949年回国，在大连工学院施工教研组当主任，讲"施工技术"、"施工组织计划"、"水工施工机械化"、"大坝施工现场布置"相关课程，及任大连工学院基建处副处长（1951—1957年）。之后，被梁思成请去清华任教（1958年—），1959年任清华大学土建综合设计院首任院长兼总建筑师。

戴念慈毕业后（1943年毕业）留校任助教、讲师，1年后，经汪坦推荐入"兴业建筑"重庆总部工作，任建筑师。抗战结束，跟随着"兴业建筑"返回上海工作，其间曾参加（上海）抗战胜利门设计竞赛并获一等奖（1946年）。1947年离开"兴业建筑"独立开业，创办（南京）戴念慈建筑师事务所，从业人员有田润波（原在"兴业建筑"工作，后跟随着戴念慈）、沈学优。1948年戴念慈又在上海创办信诚建筑师事务所，同时加入（重庆）怡信工程司（1942年创办，主持建筑师为徐尚志等）任建筑师。新中国成立后，经梁思成推荐，戴念慈被调到北京，任中央直属机关修建办事处设计室主任，1953年任中央建筑工程设计院主任工程师和总建筑师。

姚岑章与周仪先毕业后，先后入"兴业建筑"重庆总部工作。姚岑章于1949年后随关颂声赴台，入（台湾）基泰建筑公司工作。周仪先原本由资源委员会公费派出两年，后到赖特建筑师事务所工作，并改名林白。

返回，各自发展，分路而行

抗战结束后，"兴业建筑"总部从重庆返回南京与上海，继续建筑业务。当时，建筑师靠营造厂揽活，由于陶馥记营造厂与政府高层关系很好，"兴业建筑"经济力量较弱，便将办公处设在营造厂的办公楼内，业务获得了陶桂林的支持，1947年陶桂林发起成立了中华营造业全国联合会，并当选为理事长。此时期，除了完成未建完的原（南京）中央博物院工程外（1948年建成），还设计有原（南京）丁家桥中央大学附属医院修建门诊部、原（南京）中央博物院宿舍、原（南京）馥记大厦等项目。

1949年后"兴业建筑"3位合伙人也分路而行，徐敬直和李惠伯同赴港发展，徐敬直于1950年在香港创办兴业建筑师事务所，继续在港从事建筑业务，设计有（香港）基督复临安息日会九龙教会、（香港）旺角麦花臣游乐场等项目，后组织成立香港建筑师学会，并任第一任会长（1956—1957年），也曾任（香港）扶轮社主席，杨润钧则于1949年前赴广州发展。

5.8.7 以庄俊事务所、上海市中心区域建设委员会、董大西事务所为首的发展谱系

最早驻校建筑师，担任英语教学，顾问建筑师，独立执业

（上海）庄俊建筑师事务所属于"个人型"事务所，创办于1925年。早年，庄俊于（美国）伊利诺大学建筑工程系本科毕业后，被母校"清华"电召回国（1914年），是中国近代最早的驻校建筑师，成为亨利·墨菲的助手，共同完成"清华"第一批的校园总体规划与四大建筑设计（大礼堂、体育馆、科学馆与图书馆）。

庄俊负责工程的总体规划、全校道路管网等设施的布置，及部分教学用房、教职工与学生宿舍的设计和监造。这一批校舍于 1914 年设计，1915 年始建，1921 年完工，而庄俊也被 "清华" 聘为讲师，担任部分英语教学工作。1915 年庄俊任外交部顾问建筑师，负责外交部建造新公署工程。1918 年交通部次长（民国行政机关）兼"铁路同人教育会"会长叶恭绰委托庄俊设计原（天津）扶轮公学校（今天津市扶轮中学），作为中国近代最早用来教育铁路系统员工子弟学校的校舍。

庄俊 1923 年带领 100 余位学生（包括陈植等）赴美留学（庚款留美）并再次进修，顺道对美国各地及欧洲各国进行参访与考察，举凡新、老建筑。1924 年庄俊辞去了"清华"的教职，隔年，在上海创办庄俊建筑师事务所，开始个人实践的执业生涯。

从业人员，银行建筑师

事务所从业人员有董大酉（1928 年协助建筑设计）、苏夏轩（1928—1932 年助理建筑师）、黄耀伟（1933—1935 年助理员、1935—1937 年建筑师）、孙立己、戴琅华（绘图员）。庄俊主要负责的项目有原（上海）金城银行、原（哈尔滨）交通银行、原（大连）交通银行、原（济南）交通银行、原（青岛）交通银行、原（徐州）交通银行、原（汉口）金城银行、原（武汉）大陆银行、原（南京）盐业银行、原（上海）中南银行等，以上这些银行建筑建成后， 庄俊的声名也传播千里，成为中国近代建筑师设计"银行建筑"的翘楚与代表性建筑师。从 20 世纪 20 年代中期到 30 年代中期，也是庄俊承接业务项目与设计创作的辉煌时期。

组织成立学会

除了实践外，庄俊也致力于将中国建筑师的身份与地位取得社会上的认同与提升，急欲打破原本洋人建筑师垄断的设计业务，并将分布各地的建筑师给组织与召集起来，以利于齐心协力与洋人建筑团体之间的竞争。于是在 1927 年，他与其他同行建筑师（吕彦直、张光圻、李锦沛、范文照、巫振英）发起组织与成立中国建筑师学会（初名"上海建筑师学会"），庄俊当选首届会长，吕彦直为首届副会长。之后，庄俊被连选任多届会长与副会长。

除了银行建筑项目外，庄俊也设计住宅与别墅类型的建筑，分别在上海与汉口一带，有原（上海）袁佐良故居、（汉口）金城里、（汉口）大陆坊，其中金城里与大陆坊是汉口一带银行高层职员的高档住宅区，也提供给社会的中产阶级（商人、医生等）来居住。之后，还设计原（上海）富民会馆、原（上海）古柏公寓、原（上海）四行储蓄会、原（上海）财政部部库、原（上海）孙克基妇孺医院等项目。

暂停建筑师业务，高校任教

20 世纪 40 年代，庄俊一度因太平洋战争爆发后日军占领租界而暂停建筑师业务。而中国建筑师学会与（上海）沪江大学商学院合办建筑科（1933—1946 年）， 庄俊就在（上海）沪江大学夜校与（上海）大同大学担任教职。抗战胜利后不久，内战又起，经济建设无法顺畅进行，建筑师业务也无法进展。

投入祖国建设，编纂《英汉建筑工程名词》

新中国成立后，中央专程派人请庄俊参与建设新首都工作，他便结束事务所，并与一批建筑专业人才赴北京投入建设，获得高度的评价。庄俊被任命为交通部华北建筑工程公司（新中国第一个包括设计、施工、材料生产的跨地区的大型国营建筑设计机构）的总工程师。1952 年中央成立了建筑工程部，该公司改组为建筑工程部中央设计院（即后来的北京工业建筑设计院、建设部建筑设计院，今为中国建筑设计研究院），庄俊任总工程师，之后又调任建筑工程部设计总局任总工程师。

1954 年庄俊因年事已高，欲回上海休养，便调任华东工业建筑设计院，任总工程师，同时编纂《英汉建筑工程名词》一书，内容为工程上英汉字词的对照，历时四年，为祖国的社会主义建设做出了巨大的贡献。

前后期同学，协助建筑设计

曾在庄俊事务所协助建筑设计（1928 年）的董大酉，日后也成为中国近代著名建筑师，在《大上海计划》下设计一系列公共建筑。早年，董大酉是庄俊在"清华"的学弟（庄俊，1910 年；董大酉，1921 年），他俩有庚款公派留学的资格。之后董大酉在美国两所高校（明尼苏达大学、哥伦比亚大学研究生）就读，攻读建筑及城市设计、美术考古专业，并在圣保罗、明尼苏达、芝加哥、纽约等建筑师事务所任绘图员。

1928 年董大酉进入（纽约）亨利·墨菲建筑公司任职，那段时期，墨菲一半时间在纽约，一半时间在亚洲，因他的最大宗生意是中国近代大学的项目，尤其又被国民政府首都建设委员会（1929 年成立）聘请负责《首都计划》的"现代化"城市改造建设工作，但董大酉在墨菲那短暂工作后就回国，入庄俊建筑师事务所协助建筑设计，参与到一些银行建筑的项目。

离职，合办洋行

一年后，董大酉离职，与美国同学菲利普（E. S. J. Philips）合办（上海）苏生洋行（E. Suenson & Co. Ltd.），并共同参加首都中央政治区图案竞赛获佳作奖（1929 年），渐渐崭露头角。

顾问兼建筑师办事处主任建筑师，主持《大上海计划》，延揽国内外专业人才

1929 年，上海市中心区域建设委员会成立，负责都市计划的编制与执行及实施《大上海计划》，由工务局局长沈怡任主席。1930 年夏聘请董大酉为该会顾问兼建筑师办事处主任建筑师，并先后网罗一批建筑师加入团队，王华彬、巫振英为助理建筑师，庄允昌、刘慧忠、葛宏夫为技士，范能力、秦国鼎、张光庭、张继襄为技佐，刘鸿典、徐辰星、浦海、宋学勤为绘图员。上海市中心区域建设委员会的建筑师团队，来自于国内外专业人才。王华彬毕业于（美国）宾夕法尼亚大学建筑系（1932 年），后在美国费城事务所工作，后回国加入"建设委员会"团队。巫振英毕业于（美国）哥伦比亚大学建筑学院（1920 年），后在美国纽约建筑师事务所工作（3 年），1921 年回国，入（上海）六合贸易工程公司任建筑师（6 年），1930 年参加原上海特别市政府新屋设计图案，获第二名。之后，被揽进"建设委员会"团队。庄允昌曾任职于（上海）东南建筑公司（1923—1926 年），及（上海）彦记建筑事务所（1926—1929 年），后入"建设委员会"团队。葛宏夫曾（上海）公利营业公司（1921—1926 年），及（上海）彦记建筑事务所（1926—1930 年），他与庄允昌是"彦记"的同事，后入"建设委员会"团队。范能力毕业于（上海）沪江大学商学院建筑科，也入"建设委员会"团队。

创办事务所，前后期同学，延揽人才

1930 年董大酉创办（上海）董大酉建筑师事务所，原本在上海市中心区域建设委员会任职的建筑师，有的先后入董大酉事务所工作，有浦海（1932—1937 年）、王华彬（1933 年，建筑师助理）。

刚从（美国）宾夕法尼亚大学建筑系毕业的哈雄文，也于赴欧旅行考察 9 个月后，回国入董大酉事务所工作（1932 年）。他与王华彬是"宾大"的同学（1928 年入学），更是董大酉在"清华"的学弟（董大酉，1921 年；哈雄文、王华彬，1927 年）。所以，从庄俊到董大酉、哈雄文、王华彬皆是"清华"培养出身，有着前后期的同学关系。

浦海在入（上海）费力伯事务所工作后，也被上海市中心区域建设委员会网罗加入《大上海计划》团队（1932年），不久便入董大酉事务所工作，他有着（美办上海）万国函授学校的建筑及土木科的学历，在入董大酉事务所前，已有10多年的工作经历。之后，还有常世维（1935年设计员）、许崇基（1938年）、陈顺滋、陈登鳌（1937年）等成员加入。

完成公用建筑，悬奖征集设计图案，发行公债

创办事务所后，董大酉继续负责主持《大上海计划》的城市规划和建筑设计，在抗战前完成道路工程和一些公用建筑，包括有原上海特别市政府大楼、市政府五局办公楼、原上海市博物馆、原上海市图书馆、原上海市运动场、原上海市立医院、原上海卫生试验所、原上海中国航空协会陈列馆及会所等。其中，在原上海特别市政府大楼建立设计规范（中国式样、各局功能分立、分期建造），并公开悬奖征集新屋设计图案，收到19份设计图案，经评审专家（叶恭绰、墨菲、柏均士、董大酉）评判，由赵深与孙熙明获第一名（奖金3000元），巫振英获第二名，李锦沛获佳作奖，徐鑫堂和施长刚获佳作奖，沈理源获杰出奖，朱葆初获杰出奖，杨锡镠获杰出奖。但第一名没按图实施，最终由董大酉综合和参考其他图案后，另行设计及建造。由于市政府大楼的"大屋顶"的中华古典风格设计，其复杂的结构耗费多时，导致《大上海计划》建设经费大为缩减，其他建筑只能在有限经费下进行。

1933年上海市政府为了建造而发行公债，原上海市博物馆与原上海市图书馆就由董大酉与王华彬共同设计完成。刘鸿典毕业于（沈阳）东北大学建筑工程系（1933年毕业），之后入上海市中心区域建设委员会，任绘图员（3年），协助董大酉建筑设计，负责有原上海市游泳池、原上海市图书馆。

积极参与社会活动，受邀参加设计竞赛

除了主持《大上海计划》，董大酉也积极参与社会活动和受邀参加设计竞赛，1930年参加（南京）中山陵纪念塔图案竞赛，获第5名，1935年受邀参加（南京）中央博物院图案设计竞赛，并由中国工程师学会推定为国货建筑材料展览会筹备委员会委员，并任审查委员会委员。1931年任中国建筑师学会书记，及参加上海市建筑协会成立大会。1933年任中国建筑师学会会长，1934年任（上海）京沪、沪杭甬铁路管理局顾问。1936年由中国工程师学会、中国建筑师学会、中国营造厂同业公会等机构发起举办第一届中国建筑展览会，地点选在董大酉设计的原上海市博物馆（后因展品过多，开辟分会场一原中国航空协会新厦），董大酉任常务委员，并与林徽因一同任陈列组主任，展期8天，他设计的原上海中国航空协会陈列馆及会所、上海市新中心区域等模型也展出。1937年成为中国工程师学会正会员，同年任广东省政府建筑顾问及广东省政府技正，曾计划江西、湖北、广东等省省会及汉口市等之行政区。1947年董大酉任南京市都市计划委员会委员，兼计划处处长、主任建筑师。

参加设计院工作

1949年新中国成立后，董大酉参加设计院工作，1951年董大酉奔陕西，任西北（公营）永茂建筑公司总工程师，1952年任西北建筑设计公司总工程师，1955年任北京公用建筑设计院总工程师，1956年任城市建设部民用建筑设计院总工程师，1957年任天津民用建筑设计院总工程师，1963年任浙江省工业建筑设计院总工程师，1984年任杭州市建筑设计院顾问工程师。

人员流向，共同办学与任教，独立执业，营建司司长，联合顾问事务所

1937 年董大酉曾与张光圻合办（上海）董张建筑师事务所，浦海跟随着董大酉来到"董张建筑"任职，之后他创办（上海）华海建筑师事务所，而其他董大酉事务所成员也各自发展。

王华彬于 1935 年参加（南京）国民大会堂设计竞赛，获第五名，同期参加建筑师有赵深、苏夏轩、奚福泉、关颂声、张家德等，关颂声获第二名，赵深获第三名，第一名由奚福泉获得，但，最后方案是综合一、二、三名的优点而建造。

1933 年（上海）沪江大学商学院与中国建筑师学会商议合办建筑科，由黄家桦担任第一任科主任（1933—1935 年），王华彬就与陈植、哈雄文拟定教学计划和课程，哈雄文任第二任科主任（1935—1937 年），王华彬任教授（1937—1939 年）。哈雄文与王华彬早年是"清华"与"宾大"的同学，后有一同在董大酉事务所工作，成为同事，又是董大酉的得力助手，之后又共同办学，成为教学上的同事，关系密切。

1938 年陈植和廖慰慈（时任土木系系主任）商议在之江文理学院工学院下组建建筑系，暂由廖慰慈代系主任，择定原（上海）大陆商场内上课，1940 年校方决定由王华彬担任系主任，建筑系正式成立，王华彬就一直任教到 1949 年。1948 年王华彬在上海创办王华彬建筑师事务所，曾设计有原（上海）福开森路福园 3 号饶韬叔宅、原（上海）愚园路杨树勋 2 层花园住宅及 2 层水泥化验所、原（上海）江西路 467 号联康信托银行等。1952 年入（上海）华东建筑设计公司，任建筑师。

哈雄文于 1937 年入政府部门工作，任内政部技正（1937—1943 年）。1942 年内政部创设营建司，做为管理城市建筑建设与相关事务的对口单位，哈雄文任营建司司长（1942—1949 年），开始组织编写《营建法规》，将建筑业逐步地走向依法实践的正轨，1945 年任《公共工程专刊》（内政部营建司发行）编辑。1948 年任教于（上海）复旦大学土木工程系，1950 年随系并入（上海）交通大学任教。1948 年与黄家骅、刘光华合办（上海）文华建筑师事务所，1951 年"文华建筑"与"华盖建筑"等 5 家事务所共同成立的（上海）联合顾问建筑师工程师事务所，哈雄文任建筑师。1952 年事务所业务结束，同年，哈雄文随（上海）交通大学土木工程系并入同济大学建筑系，任建筑设计教研室主任。

负责第一设计室，主持"同济"校园总体规划，设计处为设计院前身

1951 年年底，"同济"校务会议决议"添设工务组，隶属秘书处，先行呈报教育部批准，再研究人选"，之后增设工务组，成为"同济"的建筑工程处。1953 年初，建筑工程处成为设计处，负责从事设计工作，并成立各设计室，哈雄文、黄毓麟负责第一设计室，俞载道参加，负责规划问题较多的房屋设计，每设计室下设 5 个设计组，编制为 35—40 人，之后，"同济"抽调教师参加设计处工作，第一设计室为王季卿，而哈雄文便主持"同济"校园总体规划设计，并与黄毓麟设计了文远楼，先后完成工程 10 余项。之后，因设计工作与教学有些脱节，设计处被华东行政委员会文教委员会撤销，哈雄文与曹敬康为留守人员，负责工程后续收尾工作。1958 年"同济"在设计处的基础上筹办设计院，成立土木建筑设计院筹备委员会，主任是吴景祥，副主任是王达时、冯纪忠、许振玉，委员是胡家骏、曹敬康、冯之椿、谭垣、哈雄文、金经昌、陈从周、董鉴泓、熊同舟、陈本端、黄家骅、郑大同，不久，土木建筑设计院正式成立。

第一代"哈工大"人

哈雄文是九三学社创社元老及负责人（1952 年）。1956 年九三学社上海分社同济大学支社成立，哈雄文与侯希忠为副主委，主委是谢光华，组织委员是蒋汉文，宣传委员是陈汉民，秘书是王季卿。1958 年哈雄文赴东北，任教于哈尔滨工业大学，1959 年任哈尔滨建筑工程学院系主任，成为第一代的"哈工大"人。

银行行员，经办建筑师业务，总行建筑师，自办专科学校，与人合伙，独立执业

刘鸿典于 1936 年入上海交通银行，任行员（1936—1939 年），经办建筑师业务，设计项目有原（福州）交通银行（建于 1936 年）、原（南通）交通银行（建于 1937 年）、原（杭州）交通银行（建于 1937 年，但因抗战停建）、原（镇江）唐氏住宅（建于 1937 年）、原（上海）祁齐路交通银行宿舍和住宅（建于 1937 年）、（上海）上方花园住宅群（分批建于 1938—1940 年，合作者李英年、马俊德）。

1939 年刘鸿典入浙江兴业银行，任上海总行建筑师（1939—1941 年），此时期设计有原（上海）南京西路美琪大厦（建于 1940 年，合作者李英年、马俊德）。1941 年刘鸿典自办（上海）宗美建筑专科学校，兼营建筑师业务（1941—1945 年），1945 年任上海补给区建筑工程处技正（1945—1947 年），1947 年与人合伙在上海成立鼎川营造工程司，同年自办（上海）刘鸿典建筑师事务所，从业人员有施子惠，此时期设计有原（上海）虹口中国医院（建于 1948 年）、原（上海）陈氏住宅（建于 1949 年，合作者李英年、马俊德）。

第二代"东北大"人，高校任教，建校设计室主任，负责校园规划与校舍设计

1949 年东北大学从北平（流亡分校）迁回沈阳，校址在铁西区，并更名为沈阳工学院，1950 年改名为东北工学院，设冶金、采矿、机电、建筑 4 系，建筑系主任为郭毓麟。1949 年后，刘鸿典赴东北，任东北工学院二级教授，兼教研室主任，成为第二代的"东北大"人，其他教师还有张剑霄、袁士林、谌亚遽、李鸿棋、彭垫、王耀、黄民生、贾伯庸、张秀兰、赵克冬、郑惠春等。

刘鸿典还任建校设计室主任，负责东北工学院校园总平面规划设计（1950 年），此时期的设计有原沈阳工学院采矿馆（建于 1950 年）、原沈阳工学院学生宿舍两栋（建于 1950 年）、原东北工学院家属住宅群（建于 1952—1953 年）、原东北工学院学生宿舍两栋（建于 1952 年）、原东北工学院冶金学馆（建于 1952 年）、原东北工学院校门（建于 1952 年）、原东北工学院长春分院教学楼（建于 1953 年）。其他校舍由其他教师设计，黄民生主持设计原东北工学院建筑馆（1952 年），由刘鸿典和孔令文、张靖宇等几个学生完成施工图；王耀设计原东北工学院机电馆（1953 年），也有学生画施工图；侯继尧设计原东北工学院采矿馆（1956 年），由学生完成全部施工图，武成文做结构设计。

迁至西安，合并成立，第一代"西建大"人

1956 年全国院系调整，东北工学院建筑系迁至西安与苏南工专建筑科合并成立西安建筑工程学院建筑系，随迁教师有刘鸿典、郭毓麟、林宣、张似赞、张剑霄、彭垫等，与苏南工专教师朱葆初、胡粹中、沈元恺、徐明，构成了建筑系的师资力量，刘鸿典任首任系主任，成为第一代的"西建大"人，刘鸿典之后设计有原西安冶金建筑工程学院印刷厂（建于 1976 年）、原西安冶金建筑工程学院家属集体宿舍（建于 1977 年）等。

前后期同学，因业务认识，短暂任职，独立开业

除了董大酉外，其他任职于庄俊建筑师事务所的建筑师情况如下：

孙立己（1928 年毕业），是庄俊（1914 年毕业）在"伊大"的学弟，曾在纽约工作。1931 年回国后，在上海建筑事务所工作，并受"四行"（金城银行、中南银行、大陆银行及盐业银行）聘为企业部及调查部专员，任"四行"储蓄会地产处副经理及顾问。1933 年"四行"储蓄会委托庄俊设计虹口分行，刚好孙立己在"四行"储蓄会任信托部沪部襄理，两人便因此认识。孙立己经由庄俊、赵深介绍加入中国建筑师学会，之后，短暂加入庄俊建筑师事务所任职（1934 年），不久便自办事务所，负责上海、南京一带银行项目设计工程（交通银行、南京盐业银行），但他的事务所仍开在"四行储蓄会"运转。1933 年"四行"创办与自办国际大饭店股份有限公司，集资 80 万元投资兴建远东第一高楼——国际大饭店，四行大楼改称国际大饭店大楼。1936 年孙立己兼任起国际大饭店有限公司常务董事及国际大饭店的 22 层经理，1949 年后赴美。

毕业于（美国）宾夕法尼亚大学建筑系的黄耀伟（1930 年毕业），曾在国外实习，回国后入庄俊建筑师事务所工作，任助理员（1933—1935 年）、建筑师（1935—1937 年），之后与谭垣合办（上海）恒耀地产建筑公司（1934 年），以及谭垣黄耀伟建筑师事务所。

银行及旅行社建筑工程师，独立执业，旅行社专员

苏夏轩毕业于（比利时）岗城大学建筑系（1928 年），回国入庄俊建筑师事务所工作，任助理建筑师（1928—1932 年），同时也任上海商业储蓄银行及中国旅行社建筑工程师。1932 年苏夏轩自办（上海）马腾建筑工程司及（青岛）马腾建筑工程司；1935 年参加（南京）国民大会堂设计竞赛，获第六名，还受邀参加（南京）中央博物院设计竞赛。此时期设计作品有原（青岛）上海商业储蓄银行、原（西安）中国旅行社西安分社西京招待所、原（南京）上海商业储蓄银行南京支行、原（上海）愚园路 1412 弄里弄联排民宅、原（上海）赫德路恒德里里弄联排民宅。1945 年苏夏轩任（上海）中国旅行社专员，主管该社全国各分社及招揽战后修缮、重建与新建工作（1945—1952 年），也任中国旅行社南京分社首都饭店经理，参与中国旅行社南京分社首都饭店的建设。1952 年后任西安市城市建设局高级工程师、总工程师。

银行建筑科建筑师，独立执业，联合顾问事务所

除了苏夏轩外，罗邦杰也曾是银行的建筑师。1918 年毕业于（美国）麻省理工学院建筑工程系的罗邦杰，曾在美国钢铁公司学习，回国后任清华大学土木工程系教授、技术部主任、工务委员会副主席，计划该校煤气厂工程、成志小学校舍，并监造图书馆、宿舍、生物馆及气象台（由基泰工程司的杨廷宝设计）等建筑工程（1928—1930 年），1929 年任（天津）北洋大学土木工程系教授，及汉口市政府工务局技正。1930 年罗邦杰入（上海）大陆银行建筑科任建筑师，设计有原（青岛）大陆银行、原（南京）大陆银行、原（济南）大陆银行等。1935 年他自办（上海）罗邦杰建筑师事务所，从业人员有丁凤翔、张杏村，此时期设计作品有原（上海）音乐专科学校校舍（与吴景祥合作）、原（上海）江湾卢医生周尾别墅、原（上海）佛教法宝馆、原（上海）姚主教路梁锦洪公寓等。

同时，罗邦杰任教于（上海）沪江大学商学院建筑科，1938 年任教于之江文理学院建筑系，教“房屋构造”、“钢筋混凝土”课，后入（上海）联合顾问建筑师工程师事务所，任建筑师（1951 年），1952 年任教于同济大学建筑系，任建筑构造教研室主任（后调出，改由黄家骅任），及（上海）华东建筑设计公司建筑师，建筑工程部建筑科学研究院总工程师、高级工程师。

5.8.8　以“启明建筑”、公利工程司为首的发展谱系

主创建筑师，自办工程司，竞赛获第一名

1950 年奚福泉在上海创办奚福泉建筑师事务所，也属于“个人型”事务所。早年，奚福泉留德，先于德累斯顿工业大学（1828 年成立，德国最古老的工业大学之一）取得学士学位（1926 年），获特许工程师，后又到夏洛顿堡工学院攻读博士学位（1929 年毕业）。毕业后，奚福泉经英国、法国、美国和日本回到国内，1930 年入（英商）公和洋行任建筑师，参与到原（上海）都城饭店、原（上海）河滨大厦设计。1931 年奚福泉加入（上海）启明建筑事务所，任主创建筑师。“启明建筑”主持人是张远东、曹次骞与唐树屏，成员

有奚福泉（1931—1935 年）、夏昌世（1931—1932 年）、殷楚年、李春龄、韩济仲、裴功懋、康来敏、杨锡祺，其中奚福泉与夏昌世（卡尔斯普厄工业大学、德国蒂宾根大学）同是"留德"的建筑师，但不久后夏昌世即离职，赴国民政府铁道部、交通部任工程师（1932 年）。此时期奚福泉设计有原（上海）国民革命军陆军第五师阵亡将士纪念塔、（上海）康绥公寓、（上海）福明村、原（上海）白赛仲路公寓、（上海）梅泉别墅、原（上海）虹桥疗养院、原（上海）兴业信托社、原（上海）市中心小菜场及铺面。

1935 年奚福泉离开"启明建筑"，自办（上海、南京）公利工程司，从业人员有康来敏，同年，奚福泉参加（南京）国民大会堂设计竞赛，参加建筑师有关颂声、赵深、苏夏轩、奚福泉、王华彬、张家德等，奚福泉获第一名（关颂声获第二名，赵深获第三名，张家德获第四名，王华彬获第五名，苏夏轩获第六名）。奚福泉还被应邀参加（南京）中央博物院图案设计竞赛，参加建筑师有庄俊、关颂声、杨廷宝、虞炳烈、董大酉、李锦沛、梁思成、苏夏轩、李宗侃、陆谦受、过元熙、徐敬直、李惠伯等。此时期设计有原（上海）中国国华银行、原（南京）国民大会堂、原（南京）国立美术馆、原中国国货银行南京分行、（上海）建国西路花园住宅、原（上海）浦东同学会、原（南京）邮局大楼、原（汉口）邮局大楼、原（芜湖）邮局大楼、原（沙市）邮局大楼、原欧亚航空公司上海龙华飞机棚厂、（上海）自由公寓。

迁徙西南，自办工程司

1937 年抗战爆发，上海的建筑业进入停顿状态，1938 年奚福泉在云南昆明结识国民参政会参政员缪云台（1894—1988 年，原名缪嘉铭，字云台，云南昆明人，1913 年留学美国堪萨斯州西南大学、伊利诺大学、明尼苏达大学，1920 年回国后任云南个旧锡务公司经理，云南省政府委员兼农矿厅厅长等职，中国近代政治活动家）。缪云台于 1934 年创设云南全省经济委员会，及任常务委员会主任委员，贡献发展地方实业，抗战期间，云南成为西南大后方，以物资支援国民政府。奚福泉得到缪云台的支持，继续开业，自办（昆明）公利工程司，设计有原昆明大戏院、原（昆明）裕滇纱厂等项目。

主动歇业，重新恢复工程司

1940 年奚福泉短暂回到上海，为社会名流设计一批公寓住宅，有原（上海）高安路 18 弄住宅、（上海）玫瑰别墅、原（上海）农工路 75 号住宅。1942 年日军占领上海租界，成立日伪政府，当时要求建筑师重新办理登记，奚福泉不愿为日伪效力，主动歇业。1944 年他加入了中国营造学社。

1945 年抗战胜利后，奚福泉重新恢复工程司营运，设计有原（南京）中山北路四层邮局、原（上海）中国纺织机械厂机械化铸工车间、原（上海）龙华机场候机楼、原中国民用航空华东管理局龙华航空站、原欧亚航空公司南京故宫站、原（上海）杨树浦底复兴岛内行政院物资供应局仓库。

结束工程司，创办事务所，协助筹建设计分公司，副总工程师

1949 年新中国成立后，奚福泉结束公利工程司，创办（上海）奚福泉建筑师事务所，从业人员有康来敏、黄裕堂、刘凤鸣、沈广三、沈恬、舒钦棠、薛秋农，设计有原（上海）榆次经纬厂职工住宅。1951 年因执业体制改变，奚福泉结束个人事务所营运，加入（上海）联合顾问建筑师工程师事务所。由于国家处于经济恢复时期，事务所承担的都是一些小项目，第一个五年计划实施后才有大项目，承接有中纺机器公司变压器室、工友膳食间与源祥马达间。

1952 年奚福泉受轻工业部部长黄炎培之托，协助筹建轻工业部华东设计分公司（后改为上海轻工业设计院），1953 年调任该处副总工程师，负责土建设计，包括总图与预算的部分，且常亲赴各地勘察基地，选择厂址并当场做设计。在纸厂方面，新建的有南平造纸厂、芜湖东方纸板厂、镇江苇浆厂、福建青州纸厂

与湖南岳阳纸厂。除了新建外，还扩建至广州、淮南、南昌与佳木斯等地。设计的轻工业厂房有南京钟表材料厂、西安风雷仪表厂、唐山轻工机械厂、甘肃甘谷油墨厂、西安子午厂与福建三明塑料厂等。援助有几内亚火柴卷烟厂、阿尔巴尼亚四方造纸厂、阿尔巴尼亚五金厂、阿尔巴尼亚塑料制品厂。

5.8.9　以刘既漂事务所、"大地建筑"、顾鹏程工程公司为首的发展谱系

老师与学生关系

1932 年任教于（南京）中央大学建筑工程系的刘既漂，之后在广州自办刘既漂建筑师事务所，费康与张玉泉（刘既漂在"央大"的学生）毕业后，被邀请加入工作。

任教、自办事务所

刘既漂毕业于法国巴黎国立美术专门学校及巴黎大学建筑系（1926 年）。在学期间，刘既漂于 1924 年曾与林风眠、林文铮、王代之、吴大羽等组织霍普斯社，即海外艺术运动社，以研究新艺术为宗旨；同年，霍普斯社与美术工学社在法举办旅欧华人第一次中国美术展览会，刘既漂任筹备委员。

毕业后，刘既漂回国，于 1927 年任南京国立艺术大学筹备委员。1928 年后，又与林风眠、林文铮成立艺术运动社，成员基本是原霍普斯社成员，以团结艺术界力量，致力于艺术运动及促进东方新兴艺术为宗旨；同时在杭州西湖艺术院设计西湖博览会建筑。西湖博览会各项目由各建筑师设计，大礼堂由许守忠与汤伟青设计，工业馆由盛承彦与孙炳章设计，博物馆由盛承彦与朱伟设计，各馆所出口由许守中与浦海设计，而刘既漂则设计了进口大门（与李宗侃合作）、各馆所进口、一号码头（与陈庆合作）。

1929 年刘既漂参加广州市府合署图案竞赛，1932 后年入（南京）中央大学建筑工程系任教师，教"室内装饰"课，之后在广州自办刘既漂建筑师事务所，从业人员有费康、张玉泉。

1937 年抗战爆发，刘既漂任广东第一集团军总司令部总工程师，而费康正编写《国防工程》一书，之后被邀请去（梧州）广西大学任教，教"国防工程"课，张玉泉也一同前往（毕业后，费康与张玉泉已在上海完婚），承接广西大学校舍及住宅、空防设施项目设计。1938 年费康与张玉泉返回上海省亲，不久，梧州也失守。

合办事务所

20 世纪 40 年代初，刘既漂从广州返回上海，就与费康与张玉泉合办（上海）大地建筑师事务所（"大地建筑"），参加了（上海）蒲园投标，并中标。"大地建筑"除了合伙人外，多数员工由（上海）顾鹏程工程公司转过来。

自办工程司，事务所

顾鹏程于抗战前后创办（上海）顾鹏程工程公司，从业人员有陈登鳌、沈祥森、胡廉葆等。早年，顾鹏程毕业于（上海）同济大学土木工程系（1925 年），入（上海）同济建筑公司任土木工程师，1935 年在原（上海）恒利大楼（"华盖建筑"赵深设计的）内自办（上海）中都工程司，并成为中国工程师学会会员，后自办事务所，设计有原（上海）岳州路 414 号楼房 8 栋、原（上海）龙华路 2591 号兵工署驻沪修理厂车库。1949 年后，顾鹏程加入（上海）联合顾问建筑师工程师事务所，之后北上，入北京（公营）永茂建筑公司，任总工程师。

图 5-124 费康实业部技师登记证书（1937 年）

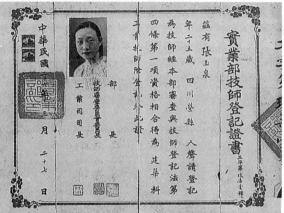

图 5-125 张玉泉实业部技师登记证书（1937 年）

图 5-126 大地建筑事务所成员合影

转入任职

"大地建筑"创办后，陈登鳌、沈祥森、胡廉葆等转入任职，而费康与张玉泉在"央大"建筑系的学弟张开济（费康、张玉泉，1930级；张开济，1931级），也从原任职的基泰工程司前来加入"大地建筑"，任主任建筑师，而陈登鳌负责建筑设计，沈祥森负责施工现场管理及胡廉葆负责经济预算。1942年年底，费康因染上白喉恶疾，住院动手术后，不幸逝世。"大地建筑"设计有（上海）蒲园、原（上海）金谷饭店、原（上海）金谷农场、原（上海）标准味粉厂、原（上海）新星药厂、原（上海）新星药房、安徽茶叶站厂房、原（上海）福履理路花园住宅、原（上海）万国药房、原（上海）衡丰公司等项目。

人员流向

"大地建筑"于1950年停业，张玉泉受聘于上海人民政府，任建筑师，1951年任华东建筑工程公司建筑工程师，设计有（上海）虬江机器厂、（上海）工具厂、（上海）灯泡厂等项目。1952年任华东建筑设计公司建筑工程师。

张开济于1945年自办（南京）伟成建筑师事务所，1946年后获（上海）抗战胜利门设计竞赛第四名（与"央大"建筑系同学孙增蕃合作），1950年后北上，入北京（公营）永茂建筑公司，任设计部主任，后为北京院总建筑师。

陈登鳌之后在赣西煤矿局任土木工程师，也任南京市都市计划委员会正工程师，1949年北上入华北建筑公司平原分公司设计科任科长，并入（北京）中国建筑企业总公司设计部任正工程师。1953年入中央设计院第六设计大组，任副主任工程师，及入建工部北京第二工业建筑设计院，任副总工程师兼技术室主任，之后任建工部北京工业建筑设计院副总工程师。

5.8.10 以范文照事务所、中国银行建筑课为首的发展谱系

前后期同学，同时参加设计竞赛与获奖，写信邀请共组事务所

（上海）范文照建筑师事务所属于"个人型"事务所，创办于1927年。早年，范文照曾在（上海）圣约翰大学土木工程系，任算术测量教授（1917—1919年），后赴美留学，入（美国）宾夕法尼亚大学建筑系就读。范文照是第二位中国留学生就读于"宾大"建筑系，于1919年入学，第一位是朱彬，于1918年入学，第三位是赵深，于1920年入学，第四位是杨廷宝，于1921年入学。朱彬（基泰工程司第二合伙人）、范文照（范文照建筑师事务所）、赵深（赵深建筑师事务所、赵深陈植建筑师事务所、华盖建筑师事务所合伙人）、杨廷宝（基泰工程司第三合伙人）是前后期同学，他们日后也成为中国近代著名建筑师与事务所。

1921年范文照本科毕业，获学士学位，并成为美国宾夕法尼亚州及费城建筑学会会员，同时短暂在美事务所（Ch.F.Durang，Day & Klaude）工作一段时间，1922年回国，在上海允元公司（Lam Glines & Company）建筑部工作（1922—1927年），任工程师。

而赵深继续攻读研究所，利用暑假到（美国）纽约一带建筑师事务所实习，并参加一些建筑设计竞赛，1923年毕业，获硕士学位，进入（费城）台克劳特建筑师事务所和（迈阿密）菲尼裴斯建筑师事务所工作。

1925年范文照与赵深同时参加（南京）中山陵图案设计竞赛，范文照获第二名，第一名是吕彦直，第三名是杨锡宗。由于设计竞赛应征者来源皆不受限（向全世界的建筑师和美术家征集陵墓设计图案），赵深是唯一一位来自境外（美国）的应征者，其方案最终获得评审专家的赏识和认可，获名誉奖第二名。范文照很赏识赵深的才华，又是"宾大"前后期同学，曾多次写信邀请赵深回国共组事务所。

但赵深因学校的助学金可领到 1925 年，没直接回国。在参加完设计竞赛后，赵深与"宾大"学弟杨廷宝结伴于 1926 年同游欧洲，考察欧洲各国（英、德、法、意）的城市和建筑，在考察期间，两人皆留下多幅写生水彩画，此次考察也完成了赵深和杨廷宝的梦想。同年，范文照又参加（广州）中山纪念堂设案竞赛，获第三名，第一名是吕彦直，第二名为杨锡宗。

基督教青年会建筑师，创办事务所，允诺加入

1927 年赵深回到上海，偶遇李锦沛。当时美国基督教青年会正要兴建原上海基督教青年会大楼，需要人才，李锦沛深知赵深的设计能力（赵深和李锦沛曾在纽约事务所共事过，彼此认识），便将赵深介绍给阿瑟·阿当姆森，并聘（约聘）赵深为美国基督教青年会驻上海办事处建筑处建筑师，任期半年。之后建筑处因故（缺建造经费）撤销。不久后，李锦沛创办个人建筑师事务所（1927 年）。

1927 年范文照创办（上海）范文照建筑师事务所，就在建筑处被撤销后，范文照再次邀请赵深加入他的设计团队，赵深这次允诺加入。因此，赵深、范文照、李锦沛 3 人关系很紧密（同学关系、同事关系、项目关系）。1928 年原（上海）基督教青年会大楼兴建经费已筹备完成，两家事务所（李锦沛、范文照）因彼此的联系和责任关系便共同设计此项目。

1928 年范文照受聘为（南京）中山陵园陵园计划专门委员，1929 年范文照受聘（南京）首都设计委员会评议员，并兼任（上海）沪江大学商学院建筑科教师。

1929 年赵深与孙熙明合作参加原上海特别市市政府新屋设计图案竞赛，获一等奖（奖金 3000 元），但之后没实施，最终由董大酉（上海市中心区域建设委员会顾问）综合和参考其他图案后，另行设计及建造。同时，赵深也与范文照合作参加（南京）中山纪念塔图案竞赛，获第二奖，最终图案也未实现。

参与社会事务，开拓事业关系

赵深的加入为事务所增加了实力和光彩，范文照便将部分重心转移到对外交涉业务，积极地参与社会事务，开拓事业关系。他于 1930 年入上海扶轮社成为社员，并任上海联青社社长（国际性基督教青年会，1924 年海外成立），赵深则负责主要设计任务，两人通力合作，有着革命情感，先后完成原（南京）铁道部大楼、原（上海）南京大戏院、原（南京）励志社总社的设计。

另外范文照还自行设计原（上海）圣约翰大学交谊室、原（上海）交通大学执信西斋、原（上海）乐园大戏院、原（上海）新东方大戏院、原（上海）沪江大戏院。

离开，独立执业，补进聘请

经过国内外不同事务所历练后，1931 年赵深离开范文照事务所，自办（上海）赵深建筑师事务所，从业人员有丁宝训（原 1926 年在范文照事务所任职，后跟随赵深），承接作品有原（上海）大泸旅馆设计。

在赵深离开后，范文照在往后几年又聘请几位建筑师，有谭垣（1930 年毕业于美国宾夕法尼亚大学建筑系，获硕士学位，在美事务所工作 2 年，1931 年回国入范文照事务所任建筑师，并任教于南京中央大学建筑系）、吴景奇（1931 年毕业于美国宾夕法尼亚大学建筑系，获硕士学位，在美事务所工作 2 年，1931 年回国入范文照事务所任助理建筑师）、徐敬直（1931 年毕业于美国密歇根大学建筑系，获硕士学位，跟随艾里尔·沙里宁参与匡溪艺术学院的校园规划和设计，1932 年回国入范文照事务所）、李惠伯（1932 年毕业于美国密歇根大学建筑系，获学士学位，在美事务所工作半年，1932 年回国入范文照事务所），其他成员还有黄章斌、陈渊若、杨锦麟、赵璧、厉尊谅、张伯伦。

1929 年（南京）总理陵园管理委员会在葬事筹委会基础上成立，1931 年（南京）总理陵园管理委员会聘请赵深绘制各种纪念亭（由广州市政府捐建）图样，给予建筑费 5% 之酬劳费（8850 元），行健亭由赵深设

计及绘制。

社会活动，补进新成员

1932 年范文照任（南京）中山陵园顾问、国民政府铁道部技术委员、全国道路协会名誉顾问。1933 年范文照任（上海）锦兴地产公司兼职顾问建筑师，同年参加广东省政府合署图案竞赛，获首奖。此时期设计有原（上海）中央银行银库、原（上海）三山会馆市房全部、原（南京）卫生设施实验处新屋、原（上海）卫生防疫站。

1933 年前后，范文照事务所员工先后离职，便又补进新成员，有林朋、伍子昂（1933 年美国哥伦比亚大学建筑学院毕业，获学士学位）、萧鼎华与铁广涛（1932 年毕业于沈阳东北大学建筑工程系，获学士学位，1933 年入范文照事务所实习）。1935 年，范文照代表国民政府出席伦敦第 14 次国际城市房屋设计会议及罗马国际建筑师大会，并考察欧洲。此时期设计作品有原（上海）历届殉职警察纪念碑、原（上海）西摩路与福煦路转角处市房公寓、原（青岛）孔祥熙别墅、原（上海）中华麻风疗养院、原（上海）丽都大戏院改建、原中华书局广州分局、原（上海）孔祥熙故居、（上海）协发公寓、（上海）美琪大戏院、（上海）集雅公寓。

新中国成立后，范文照先赴美国，后赴香港，创办事务所，从业人员有范政、范斌等，之后设计作品有原（香港）铜锣湾豪华戏院与公寓、原（香港）崇基学院临时女生宿舍、原（香港）崇基学院图书馆、原（香港）崇基学院多功能用途中心、原（香港）崇基学院女生宿舍、原（香港）崇基学院男生宿舍、原（香港）崇基学院教学楼、（香港）循道卫理联合教会北角卫理堂、原（香港）石硖尾警局、（香港）观塘银都戏院等。

离职，合办

除了赵深外，原本在范文照事务所任职的建筑师也先后离职，如下：

谭垣于 1933 年离职，与教学上同事（"央大"建筑系）刘福泰合办刘福泰谭垣建筑师都市计划师事务所；1934 年与黄耀伟合办（上海）恒耀地产建筑公司，之后任教于重庆大学建筑工程系，并创办（重庆）中大建筑事务所；1944 年在上海自办谭垣建筑师事务所，并任教于之江大学建筑工程系；1951 年加入（上海）联合顾问建筑师工程师事务所；1952 年随之江大学建筑系并入同济大学建筑系任教授。

吴景奇于 1932 年后离职，与陆谦受一同主持中国银行（总管理处）建筑课业务，陆谦受任课长，吴景奇任助理建筑师，建筑课设有总工程师由黄显灏担任，办事员由李明超、王鹤鸣、陈国冠、邓如舜担任，雇员由吕仁、黄名生、陈伯高担任，监工员由周建海担任，从业人员有杨荫庭、阮达祖（1934 年任助理建筑师）、郭毓麟（绘图组领组）、华国英（1934—1935 年任工程员）、屠庭镐（1936 年任助理工程师）、陈善庭（复核员）、张志华。

1931 年陆谦受加入中国建筑师学会，积极参与学会的相关业务，曾任会计，1935 年当选副会长，并应邀参加（南京）中央博物院图案设计竞赛。

20 世纪 30 年代后，建筑课以负责中国银行系统内各地（上海、南京、青岛、济南、重庆等）的行屋项目设计为主，设计作品有原（上海）中国银行虹口大楼、原（上海）极司非而路中国银行行员宿舍、原（青岛）中国银行行员宿舍、原（重庆）中国银行行员宿舍、原（上海）中国银行行员宿舍、原中国银行南京分行、原（南京）警厅后街中国银行三层住宅、原（南京）住宅区新建住宅、原（南京）中国银行行员宿舍及堆栈、原（上海）中国银行同孚大楼、原（上海）中国银行堆栈仓库、原（上海）中国银行新大楼等。

1937 年抗战爆发后，中国银行（总管理处）建筑课内迁至重庆，继续在重庆一带实践，设计作品有原（重庆）中国银行分行、原重庆钢铁厂、原（重庆）邮政储蓄银行、原（重庆）机房街金城银行重庆分行、原（重庆）红岩新村、原（重庆）中国银行总管理处中国银行电台、原（重庆）玉灵洞中国银行宿舍等。之后陆谦受应（重

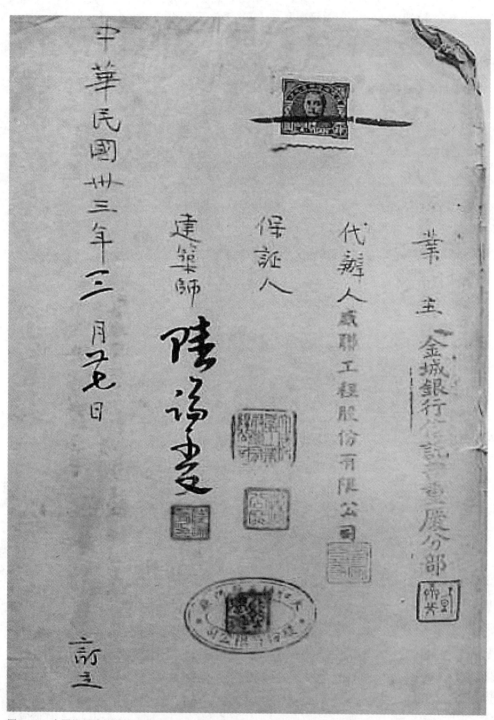

图 5-127 中国银行建筑课的陆谦受于 1944 年在重庆设计建造金城银行信托部的原始合同及亲笔签名

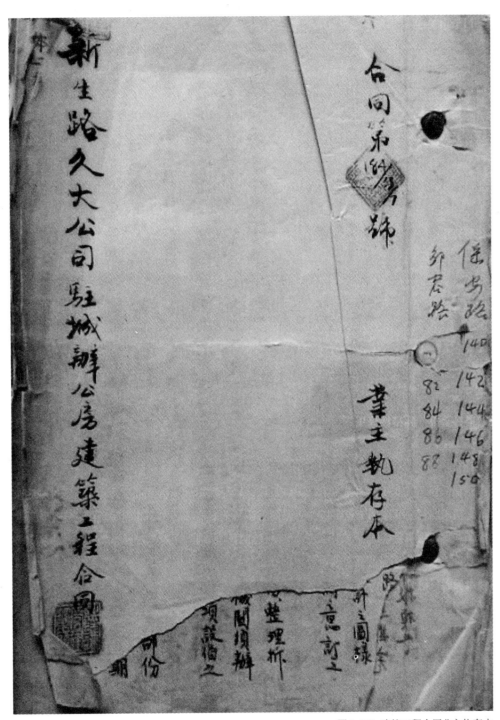

图 5-128 建筑工程合同业主执存本

325

庆）中央大学建筑工程系之邀赴系任教。

20 世纪 40 年代后，陆谦受还先后任（重庆）空袭掩体工程委员会技术顾问、（重庆）中国工程师学会材料测试委员会委员、（重庆）中国桥梁建设公司建筑顾问，还曾应梁思成和林徽因的邀请加入中国营造学社（1944 年）。

抗战胜利后，中国银行（总管理处）建筑课返回上海继续执业，之后，陆谦受应（上海）圣约翰大学建筑系系主任黄作燊的邀请赴系执教，1945 年陆谦受和黄作燊同陈占祥、郑观宣、王大闳，5 人于上海合办五联建筑师事务所，设计项目有原（广州）中央银行（1948 年）、台湾华山路范园魏公馆（1948 年）、台湾渔业管理处（1948 年）等。

五联建筑师事务所 5 位合伙人皆有着相同的留学背景，陆谦受（1930 年毕业）、黄作燊（1937 年毕业）和郑观宣皆毕业于英国伦敦建筑学会建筑专门学校（"AA"），陈占祥毕业于英国利物浦大学城市规划系，王大闳毕业于英国剑桥大学建筑学院，之后、黄作燊、郑观宣、王大闳皆赴美入哈佛大学攻读硕士学位。

黄作燊与贝聿铭是格罗皮乌斯的得意门生，王大闳则与菲利普·约翰逊是同班同学。因此，五联建筑师事务所的组成有着强烈鲜明的现代主义和包豪斯的色彩，而黄作燊所创办的圣约翰大学建筑系（1942 年创办）更被公认为是中国近代建筑学教育第一个采用包豪斯体系教学的建筑系，也就是今同济大学建筑系的前身。

1947 年陆谦受在上海自办事务所，1948 年赴港发展，在香港设立事务所，从业人员有郑观宣、陆承忠（陆谦受的侄子）等，还曾于 1949 年取得台湾省建筑师开业证。

阮达祖于 1935 年离开建筑课，入建明建筑师事务所任建筑师，1943 年在重庆自办阮达祖建筑师事务所，1949 年后赴港发展，自办事务所。

合伙创办，竞赛获奖

徐敬直和李惠伯在范文照事务所工作 1 年后，于 1933 年和刚回国的杨润钧共同合办（上海）兴业建筑师事务所（"兴业建筑"），徐敬直任总经理，李惠伯与杨润钧为合伙人，业务范围涵盖上海、南京、昆山、杭州一带。1933 年夏，李惠伯与以前老板范文照合作参加广东省府合署图案竞赛，获首奖。

萧鼎华于 1934 年离开，入（上海）杨锡镠建筑师事务所任建筑师（2 年），1936 年任山海大理石石厂兼设计工程师，1949 年赴台入（台湾）逢甲工商学院建筑工程系，任教授。铁广涛于 1949 年赴台，在台湾从事建筑业务。伍子昂于 1939 年起任（上海）沪江大学商学院建筑科第三任科主任（1939—1946 年），1941 年任教于之江文理学院建筑系，教"阴影透视"课，1949 年后任山东省建筑设计院总建筑师。

5.8.11 以广州市工务局、杨锡宗画则行、林克明事务所为首的发展谱系

自办事务所，任教

胡德元于 1930 年自办（广州）胡德元建筑师事务所，同时任教（广州）省立工业专科学校土木工程科，同期任教的有林克明。

技士，市政总工程师，取缔课长兼技士，局长

杨锡宗、郑校之比林克明早入广州市工务局工作。早年，杨锡宗于 1918 年毕业于（美国）康奈尔大学建筑系，回国暂居香港，原本计划赴华北 5 省调研考察，继续增长学识，但受到广州市政厅工务局邀请，

聘为工务局技士（1921年），担负起原（广州）第一公园的设计重任。之后，受陈炯明聘请，任漳州市政总工程师，从事规划漳州市道等事，也被委任为石码工务局局长。1921年，杨锡宗回到广州，又被邀请任工务局取缔课长兼技士，之后，因陈炯明叛变，杨锡宗短暂地接替程天固代理工务局第二任局长职务（1922年6—12月），规划了5座城市公园，同时也被广东省教育委员会聘为建筑委员，之后又因政变，辞职离开政界，自行开业，此时期设计有广州黄花岗七十二烈士墓园后期规划及建筑设计。

取缔课长，代理副局长

郑校之于（朝鲜）国家专门学校土木工程科毕业后，先在香港洋人工程师事务所实习，后任广东都督府测绘员。1912年，广东都督府工务局（1912年成立）特给郑校之执业证书，自营（广州）郑校之建筑工程事务所——是建筑师执业制度的建立。

独立执业，校园规划工程，组建土木工程系

杨锡宗在设计完公园、墓园后，在业界已获良好的名声，于是开始接触到建筑项目，这时的他已离开工务局，独立执业（1924年取得香港建筑师注册登记）。设计有原（广州）嘉南堂、原（广州）培正中学美洲华侨纪念堂、原（广州）仲元图书馆、原（广州）岭南大学水塔、（广州）十九路军淞沪抗日阵亡将士陵园。除了承接项目，杨锡宗也参加设计竞赛并获奖：1925年参加（南京）中山陵图案竞赛，获第三名；1926年参加（广州）总理纪念碑图案竞赛，赢得第一名（第二名为陈均沛、第三名为叶永俊），获奖金500元，但并未实施建造；同年又参加孙中山先生广州纪念堂、纪念碑设计，获第二名。之后，他被聘为孙中山先生广州纪念堂的建筑委员及管理委员会总干事，也被广东省教育厅许任为总工程师。

杨锡宗于1932年负责（广州）中山大学新校区（广州石牌一带）第一期校园规划工程，担任总工程师。新校园于1933年动工兴建，1934年秋完工，建有20多座校舍和硬件设施，杨锡宗设计有原入口石牌坊、工学院的电子机械工程系馆、工学院土木系馆、教职工宿舍。杨锡宗除了设计土木系馆外，还于1931年参与组建工学院土木工程系，任筹备委员。

筹建，建筑工程学系创办

此时，林克明受（广州）省立工业专科学校委托筹办建筑系（1932年），胡德元从旁协助。于1933年8月（广州）广东省立勤勤大学工学院成立，林克明任建筑工程学系系主任，胡德元任教职。

离开工务局，自办事务所，校园规划工程

由于林克明既负责筹建工作，又要在工务局工作，来回奔波，无法兼顾，1933年辞去工务局职务，专注在"勤大"的教职，同时，他被聘请承接（广州）中山大学新校区（广州石牌一带）第二期校园规划工程（第一期由杨锡宗负责），郑校之与胡德元也先后设计部分"中大"校舍。也由于林克明已离开工务局，便借此机会于1933年申请事务所的成立（因工务局任职的设计师不能成立事务所在外承接设计项目），此时期设计有原广州市市立中山图书馆、原广东省立勤勤大学新校区（石榴冈）规划及校舍设计、原广东省立勤勤大学市立二中教学楼、原（广州）梅花村住宅、原（广州）中山大学物理系教学楼、原（广州）中山大学农林化学馆、原（广州）中山大学地质地理生物系、原（广州）中山大学天文系、原（广州）中山大学法学院。

郑校之设计有原（广州）中山大学文学院、原（广州）中山大学天文台、原（广州）中山大学研究院。胡德元设计有原（广州）中山大学工学院强电流实验室、原（广州）中山大学工学院日规台、原（广州）中山大学电话所。

（广州）中山大学新校区（广州石牌一带）第三期校园规划工程（1935年后）由余清江、金泽光负责，设计有原（广州）中山大学体育馆（与关以舟合作），金泽光设计有原（广州）中山大学卫生细菌研究所、原（广州）中山大学传染病院。1934年胡德元为广州市工务局执业建筑师，继续经营建筑师业务，1935年入（上海）中华学艺社。

技士，城市设计专员，建设厅技正

任职于广州市工务局的黄森光，曾于1932年后与林克明、朱志扬等负责原（广州）广东省立 勤勤大学新校区（石榴冈）建设工作。早年，黄森光于1921年毕业（美国）密歇根大学建筑工程系，回国后在广东开平县工务局任局长，后入广州市工务局任技士。1931年任广州市政府城市设计专员，参与设计广州市道路系统（1年2个月），1932年入广东省政府建设厅技术委员会土木组，任技正（2年5个月），1935年任第一集团军总司令部技正（2年5个月）及筹建工厂办事处副主任（1年5个月）兼建设厅技正。1936年任第四路军总司令部技正（4个月）及广州市政府下水道工程处副处长。

技士，课长兼技正

任职于广州市工务局的陈荣枝，毕业于（美国）密歇根大学建筑工程系（1926年），曾在美实习4年，回国后于1930年入广州市工务局，任技士，1933年任工务局课长兼技正，设计有（广州）广东省立勤勤大学校园规划及部分校舍（师范学院、体育馆、金木土工实验室），但未实施。1935年应邀参加（南京）中央博物院图案设计竞赛，之后被（广州）广东省立勤勤大学聘为建筑工程学系教师，并任广州市政府都市计划委员会委员，设计有（广州）爱群大厦、原（广州）方便医院，1949年后赴港发展。

抗战前，林克明还设计有原（广州）法国同学会会所，原（广州）金星戏院、原（广州）新星戏院、原（广州）林克明自宅、原（广州）知用中学实验楼、原广东省教育会会堂、原（广州）大中中学校舍等。

迁往内地，自办事务所

抗战爆发后，（广州）广东省立勤勤大学被当局裁撤，宣告解散；工学院并入中山大学，成立（广州）中山大学建筑工程系（1938年），胡德元任首届系主任（1938年9月）。1940年，胡德元因母亲病重请辞系主任，回四川垫江（今重庆垫江），并成立重庆市建筑师事务所。抗战胜利后，于南京自办胡德元建筑师事务所，从业人员有郑祖良。

项目委托，自办事务所

抗战前，杨锡宗还设计有广州银行汕头、江门、海口等支行，1937年抗战爆发后，因建筑萧条，部分项目委托给其他建筑师（基泰工程司、董大西）执行。1946年他自营（广州）杨锡宗建筑师事务所，从业人员有朱颂韶、谭子元、陈厚贻（向广州市工务局申请开业证明），设计有 原广州市银行华侨新村。1949年后，杨锡宗回到他的出生地（香港），在港终老。

合办工程师事务所，自办工程司

1947年任职于（南京）胡德元建筑师事务所的郑祖良，是胡德元的学生。郑祖良于1937年毕业于（广州）广东省立勤勤大学建筑工程学系，入胡德元事务所任助理工程师。之后，他随"勤大"工学院并入中山大学，任建筑工程系助教，并监理工程组设计及监理工作。不久，经麦蕴瑜介绍赴重庆兵工署工作，从事普通房屋、防空洞、防空厂房的设计。1940年郑祖良又经麦蕴瑜介绍给夏昌世，再经夏昌世介绍入重庆陪

图5-129 1953年林克明与陈伯齐、金泽光、郑祖良、梁启杰等创办广州市设计院的合影，朱光（左二）、金泽光（右一）、林克明（右二）、伦永谦（左一）、林夕（右三）

都建设委员会任技士，之后与夏昌世一同离职，同年夏天入重庆市工务局任技士。1941年初，与夏昌世、莫朝俊在重庆合办友联建筑工程师事务所。隔年郑祖良又与"勤大"同学黎抡杰合办新建筑工程师事务所，从业人员有夏昌世、刘桂荣、高洁。1945年郑祖良回到广州，自办新建筑工程司。黎抡杰于1949年后移居香港，改名黎宁。

加入联合事务所

　　1947年郑祖良出任奥桂闽产业管理局房地产科科长；1949年在（广州）联美营造厂兼职工程师与股东；1952年加入（广州）工联建筑师联合事务所，并入广州市建设局设计科任工程师。

　　1945年抗战胜利后，中山大学迁回广州石牌原校址。1945年年底，工学院聘请夏昌世任建筑工程学系教授，隔年接系主任（1946—1947年），同时期教务长邓植仪介绍林克明到建筑工程学系任教授（1945年年底），此时期林克明设计有（广州）翟瑞元住宅、原（广州）徐家烈住宅、原（广州）豪贤路住宅、原（广州）唐太平医院平房式。1950年林克明任黄埔建港管理局规划处处长（朱光副市长委任），离开教职，担任城建工作。

创办设计院

　　1951年林克明入广州市人民政府市政建设计划委员会任副主任。1952年林克明主持创办广州市建筑学会任理事长，同时还任广州市建筑工程局副局长、设计处处长及广东省建筑学会理事长。1953年林克明与陈伯齐、金泽光、郑祖良、梁启杰等创办广州市设计院。之后设计有原（广州）华南土特产展览会总平面、原（广州）中苏友好大厦、原（广州）华侨大厦、原广州体育馆、原（广州）广东科学会馆、原（广州）中国出口商品陈列馆、原广东省农业展览馆等。

6. 近代建筑组织、机构、团体与媒体的成形和效应

6.1 关于报纸

6.1.1 《申报》的产生与内容

传播和影响大众的出版物，文明演进的软件资讯

报纸在中国近代历史发展中是最能传播和影响大众的出版物，是刊登新闻、时事和评论的重要载体。15 世纪，报纸因印刷技术的发明而发行。由于报纸轻质、便携、廉价，逐渐被社会各阶层的人们所接受。同时，它的内容也影响了社会舆论的导向。之后，由于工业革命后，人类文明的高速发展，报纸成为现代化文明演进时的重要软件资讯。在近代时，报纸已贴近大众，它的大众化也揭示着大众传播时代的来临。

《上海新报》

19 世纪，报纸因开埠通商进入中国。1861 年，中国近代第一份汉语报纸《上海新报》在上海由字林洋行出资创办（当时一批英文报纸已早于汉语报纸而发行），由美国传教士伍德担任主编，以介绍新闻、商务、科学、技术等资讯为主。当时，由于列强入侵、内外战争频发，《上海新报》便以报导战争、战事的即时信息给大众，从而获得人民的青睐，之后，便一直占据着中文系统的报业市场，并获得可观的广告收益，阅读群众随之增加，以大量华人为主。于是，汉语报纸成为了一项可开发的市场，让其他商人意识到办报会带来的潜力、话语权及巨大的经济效益。

《申报》

《申报》于 1872 年在上海由英国商人安纳斯脱·美查和他友人一同筹资创办。《申报》参考了香港相关汉语报纸的形式与内容，援以引用，采用中式书册的排版方式，每份售价 8 文，外埠每份 10 文，价格低廉（《上海新报》每份 30 文），较能被收入不高的中下层人民所接受。通过刊登各类商业广告以获取利润。并鼓励大众投稿。《申报》创办之初选录《京报》、《香港中文报》上的内容，之后，慢慢形成自己的新闻搜集体系，还增刊《民报》，用白话文编写，是最早使用白话文和标点符号的报刊。《申报》派驻战事通讯员，在战争前线发回消息报道，争取新闻报导的真实性，并招聘采访员（英租界访员、法租界访员等）采访当地新闻，及增聘外地采访员报道当地新闻，更鼓励读者投稿，事后予以付酬。还发布即时消息，单印，不列入正常的编号，是中国近代最早的"号外"。在销售上，《申报》在各地设立代销点，并专门雇佣报童上门送报，随着"中国化"和商业手法的经营，《申报》的新闻网和销售网不断扩大，其销量直线上升，盈利日益丰厚。

《申报》阅读对象以华人为主，美查便聘请华人主笔，负责总编辑、编辑等业务。

蒋其章（1842 年—？，字子相，别号芷湘，安徽歙县人，1870 年成为举人，1877 年成为进士，查《明清进士题名碑录索引》光绪丁丑科的进士题名，蒋其章位列第三甲第四十九名，中国近代报业家），被美查聘为《申报》创刊的第一任总主笔，其后，邀请友人何桂笙、钱昕伯作为政治编辑，襄办理相关出版业务。蒋其章在《申报》用笔名——蠡勺居士、小吉罗庵主发表新闻和诗文，以宣传自己的信念，使《申报》从经济效益转向政治效益。由于华人的身份，加上友人从旁协助，使得《申报》更加中国化，后续内容也更符合当时中国人的口味。另外，蒋其章通过发起诗友会、在《申报》大量发表诗文的方式，取得了江浙一带文人的支持。申报馆还创刊《瀛寰琐记》，以连载的方式翻译西方小说《昕夕闲谈》（1873—1875 年，共分 26 期刊登），单本出售，每部三册，定价四角。1875 年，蒋其章离开申报馆，赴京应试，于 1877 年成为进士，由钱昕伯接任总主笔。

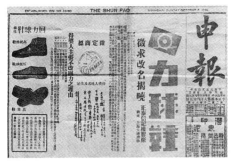

图 6-1 《申报》，采中式书册排版方式，价格低廉

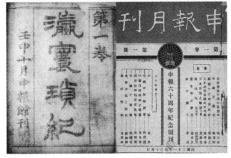

图 6-2 《瀛寰琐记》（左）、《申报月刊》（右）

图 6-3 早期申报馆

图 6-4 创办之初选录《京报》内容

图 6-5 总经理史量才阅读《申报》

钱昕伯（1832 年—？，名征，别署雾里看花客，浙江湖州人，早年中秀才，擅长诗文，中国近代报业家）为《申报》第二任总主笔。在《申报》创刊前，他曾被派往香港考察报业。接任后，钱昕伯主持《申报》编辑部"尊闻阁"，历时 20 多年，曾主持编辑出版"申报馆丛书"，将申报馆所拥有的珍贵书籍、资料予以保存，还曾主编中国近代最早的画报《寰瀛画报》，共 5 卷。由于，钱昕伯身体欠佳，未能经常到馆掌事，于是，总主笔事务就由何桂笙代理。

《申报》除了总主笔与主笔外，还招聘江浙一带一批秀才、举人出身的文士任职于主笔房，协助主笔的笔政，包括有黄协埙、蔡尔康、高太痴、杨乃武、韩子云等。同时，这些文士因洋务运动的革新影响，尝试着接收现代化的思潮，借由执笔鼓励人民走向文明。

19 世纪末，美查决定返回英国，便将《申报》改组为"股份有限公司"，售出自己股份（得银 10 万两）。《申报》事务由董事会主持。此时，《申报》因总主笔的保守，使得报纸的文风偏向八股文的僵硬、腐气与陈旧，声誉大受影响。又因《申报》批判"百日维新"运动，报道有失偏颇，引起全国舆论的一片骂声，其他报业群起攻之，致使《申报》销量大跌，从而经历了一段暗淡的时期。到了 20 世纪初，《申报》主笔阵容有了重大的变化，留学归国的人员占绝大部分，因此，也影响了报纸走向。经改革，调整报道导向，在社评中倡导立宪，连篇连载，并从旁关注革命运动，遂又逐渐取得了人民的认同。

华资报纸

20 世纪初，席裕福（字子佩，江苏吴县洞庭东山人，清末买办，其兄曾在《申报》任经理，兄病故后，席裕福接任《申报》经理一职。中国近代报业家、金融家）于 1907 年购买了《申报》所有股份，花了 75000 元，成为了唯一的股东。从此，《申报》的产权与管理权真正为中国人所掌控，成为一份华资的报纸。

之后，席裕福经营不善，遂又将《申报》所有股份售给史量才、张謇、应德闳、赵凤昌和陈冷等。

史量才（1880—1934 年，原名家修，江苏江宁人，毕业于杭州蚕学馆，即今浙江理工大学，曾任教于育才学堂、南洋中学，后任《申报》编辑、主笔，中国近代报业家）于 1912 年与张謇等人购得《申报》产权，之后又陆续购进《新闻报》、《时事新报》的大部分股权，并被推选为上海地方协会会长、上海市参议会议长，参与和主持上海地方事务，于 1934 年遭暗杀身亡。

张謇（1853—1926 年，字季直，号啬庵，江苏海门人，清末状元，曾主张实业救国，中国近代报业家、政治家、教育家）创办中国近代第一所师范学校——南通师范学校与中国第一家民办博物馆——南通博物苑，曾参与筹建中国近代第一所高等师范学堂——三江优级师范学堂，并参与南京高等师范学校、东南大学、河海工程专门学校、复旦大学、吴淞商船专科学校等校的筹建，曾任国民政府时期的工商部长。

应德闳（1876—1919 年，浙江永康芝英镇人，考中举人后出任清朝地方官，民国后曾任江苏都督、江苏省第一任民政长，中国近代报业家、政治家）任江苏省民政长时，与史量才、张謇、应德闳等 5 人共同集资购入《申报》股份，合股经营，其长子朱应鹏曾任《申报》总编。

取得《申报》股份后，史量才任总经理，陈冷为总主笔，席裕福任经理。之后，张謇等人退股，史量才取得所有股份，自此他一人全面接手掌管《申报》，聘张竹平任经理，于 1918 年兴建新报馆，同时全力拓展广告和营销业务，增添新的印报设备，业务量提高不少，利润不断攀升。至 20 世纪 20 年代初，《申报》已成为全中国第一大报，阅读群众广，对社会有着重要的舆论影响力，是中国近代历时悠久且影响力最大的媒体。

6.1.2　《时事新报》的产生与内容

1909 年《时事报》（1907 年创刊）和《舆论日报》（1908 年创刊，由邵松权等集资创办，汪剑秋主编）合并为《舆论时事报》，由著名出版家张元济（1867—1959 年，号菊生，浙江海盐人，出身于书香世家，清末进士，后入商务印书馆历任编译所所长、经理、监理、董事长等职，著有《校史随笔》等，中国近代出版家）、高梦旦（1870 年—?，名凤谦，字梦旦，长乐龙门乡人，清末秀才，曾在求是书院和蚕业学校任教，曾被商务印书馆聘为编译所国文部部长，后继任编译所所长，中国近代出版家、编译家）等组创办，主编是狄葆丰，两年后改名为《时事新报》。

清末时，这是一份倡导"立宪政治"，倾向于改革派的报纸。民国时，该报集中关注西方资讯，编译中外报章，发表许多"倒袁"文章，坚决反对袁世凯复辟，成了为国政辩护的纸媒。

1918 年后，《时事新报》增辟副刊《学灯》，主编先后有张东荪、匡僧、俞颂华、郭虞裳、宗白华、李石岑、郑振铎、

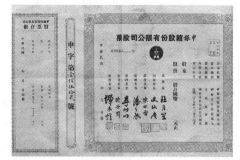
图 6-6　申报馆股份有限公司股票

图 6-7　杜威夫妇及胡适、蒋梦麟、陶行知参观申报馆

图 6-8　1918 年兴建新报馆

图 6-9　《申报》营业部一景

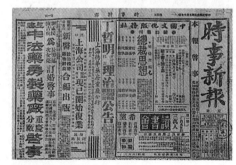
图 6-10　《时事新报》

柯一岑、朱隐青、潘光旦、钱沧硕等人。《学灯》采用白话，评论主要关注教育，广泛地介绍新思潮、新学说、新文艺。

在"五四"运动中，《学灯》一方面批判了北洋政府破坏"思想自由"与"学说自由"的行径，一方面与《新青年》辩论起来。《学灯》对"五四运动"影响深远，是支撑着"新文化运动"的媒体。1919年开辟"社会问题"、"妇女问题"、"劳动问题"等专栏，将评论面向各阶层。曾在《学灯》发表或刊登文章的有周作人、沈雁冰、宗白华、叶圣陶、郭沫若、沈泽民、成仿吾、胡适、鲁迅、郑振铎、王独清、郁达夫、郑伯奇、滕固、徐玉诺、冰心、谢六逸、王平陵、俞平伯、胡梦华、徐志摩等。除了《学灯》外，《时事新报》之后又增辟《文学旬刊》和《社会主义研究》旬刊。

6.1.3　建筑师发表在《申报》、《时事新报》文章之观察

辟有专栏和副刊

《申报》创刊于上海，之后影响到全国，对中国近代政治、社会、文化等发展起到重大作用。它为人民普及应有的知识与常识，成为传播新知的媒介。20世纪20年代，《申报》辟有专栏和副刊，如"建筑专刊"、"经济专刊"、"教育消息"、"商业新闻"、"科学周刊"、"通俗讲座"、"医学周刊"、"电影专刊"、"读者顾问"、"图画周刊"等，从而让中国近代建筑师有机会在《申报》上发表文章，来阐述自己对城市规划、建筑设计等方面的看法与观点。

将现代化城市规划理念引入中国

董修甲，1891年生，江苏六合人，清华学校毕业后曾赴美留学，在美国密歇根大学取得经济市政学士学位，后又在加州大学取得市政管理硕士学位，归国后，在南洋铁道矿山专门学校、北京法政大学、北京师范大学、上海国民大学等多所高校任教，历任吴淞港改筑委员会顾问、吴淞临时市政府市政调查局局长等要职，曾主编《中国建设》第3期"市政专刊"。

董修甲是中国近代著名的市政专家，试图经由拟定市政规划、撰写大量规划论著将现代化城市规划理念引入中国，其中先以发表文章为主。1923年3—6月，董修甲在《申报》一连发表数篇文章，他先阐述了"城市计划"的意义（"城市计划之意义"，《申报》，1923-3-30），接着对"城市计划"制度的种类与调查加以描述（"城市计划制度之种类"，《申报》，1923-4-4；"城市计划以前之调查"，《申报》，1923-4-6），之后，他关注到城市里房屋段落的计划及公私有房屋在"城市计划"中的限制（"城市房屋段落之计划"，《申报》，1923-4-14；"城市公共房屋之计划"，《申报》，1923-4-18；"城市私人房屋之限制"，《申报》，1923-4-20），同时，还试图解释"城市计划"中的社会状况，例如政治、经济、人文、道德等方面（"城市计划中之社会状况"，《申报》，1923-4-23）。

之后，他还出版数本个人著作，如《市政新论》（商务印书馆出版，1924年）、《市政学纲要》（商务印书馆出版，1927年）、《市政研究论文集》（青年协会出版，1929年）。

介绍各国市政，中国城市地位，市政人才培养，城市法规探讨，市政财政问题

1928年，董修甲在《时事新报》上每月固定发表2篇，最多3篇，内容涉及欧美各国的市政发展史、市政的要素、中国城市地位的问题、市政专门人才的培养、对于城市根本法规的探讨、市政财政问题的

厘清等（"各国市政之发达史（续）"，《时事新报》，1928-1-13；"模范市政之要素"，《时事新报》，1928-2-10；"论南通模范市组织制度"，《时事新报》，1928-2-24；"中国市制之进境"，《时事新报》，1928-3-9；"美国分权市制与集权市长制之研究"，《时事新报》，1928-3-16；"警务行政组织之商榷"，"对于我国市公安行政之我见"（署名鼎三），《时事新报》，1928-4-27；"欧美各国市制之沿革"，《时事新报》，1928-5-7；"筑路收用土地的问题"，《时事新报》，1928-5-11；"我国城市地位问题"，《时事新报》，1928-6-1；"呈内政部关于城市根本法规意见书"，《时事新报》，1928-6-8，1928-6-15；"市财政问题"，《时事新报》，1928-9-7；"市工程行政问题"，《时事新报》，1928-9-14；"市政与市民"，《时事新报》，1928-9-28；"市政与市政专门人才"，《时事新报》，1928-10-5；"市公共事业问题"，《时事新报》，1928-11-9；"振兴城市新区之计划"，《时事新报》，1928-12-21；"道路之包工与自建法"，《时事新报》，1928-12-28）。

城市推向现代化，关注其他城市改革与发展，考察市政

董修甲经由一系列在《申报》与《时事新报》上发表的文章及出版的著作，逐渐形成他自己独特的市政理念。1928年底，董修甲赴武汉，任武汉市市政委员会秘书处秘书长，之后历任武汉市市政委员会秘书长、武汉市市政秘书长、武汉特别市政府参事、代理工务局局长、汉口特别市政府工务局局长等要职。他选择在汉口进行"市政改革"运动，试图将"城市计划"理论付诸实践，主持拟定"武汉特别市工务计划大纲"（刊登于1929年6月《武汉特别市市政月刊》），一步步将汉口城市推向现代化。

董修甲在武汉期间，仍持续关注其他城市的市政改革与发展。1928年，南京正进行着《首都计划》，董修甲也曾在《申报》与《时事新报》上发表关于"首都（南京）建设"相关的"城市计划"见解与建议（"首都建设问题"，《申报》，1928-7-7；"与南京特别市刘市长论首都建设问题"，"评审查公布后之两种市组织法"，《时事新报》，1928-8-3；"评（陆丹林编）市政全书"，《时事新报》，1928-8-17；"复南京市长函"，《时事新报》，1928-8-24）。1930年，他还赴南京、上海、杭州考察市政，之后还编撰《京、沪、杭、汉四大都市之市政》（大东书局，1931年）一书。

中山陵建筑图案说明书，南京市道路工程概观

20世纪20年代，曾在《申报》上发表文章的建筑师还有吕彦直和卢毓骏。吕彦直于1925年5月参加孙中山先生南京中山陵图案竞赛，最终，他从众多国内外优秀建筑师当中脱颖而出，一举夺魁。9月他接受"孙中山先生葬事筹备委员会"聘请，任陵墓建筑师，还接受南京国民政府聘请，任总理陵园计划专门委员。同时，他也把南京中山陵建筑图案的说明书发表在《申报》上，让各界所知，内容有陵园总体布局、陵墓设计等（"孙中山先生陵墓建筑图案说明书"，《申报》，1925-9-23）。

有着留法经历（巴黎国立公共工程大学）的卢毓骏，回国后，入南京特别市市政府工务局，任技正、科员、建筑课课长（1928年后）。当时，国民政府正进行着《首都计划》，卢毓骏便负责中山路、中山桥等工程。中山路最宽路幅达40米，是一条宽阔的林荫大道，沿途建起不少建筑，中山路成了南京第一条柏油马路。1928年12月，卢毓骏便在《申报》上发表他参与南京市道路工程一年来的概观（"南京市工务局一年来之建筑道路工程概观"，《申报》，1928-12-10）。同时，在课长任内，他还经办首都市政工程，包括有铁路、车站、港口计划、飞机场站之位置、自来水计划、电力厂之地址、电线及路灯之规划、公营住宅、学校计划等。

介绍建筑论述，资讯及作品

《申报》和《时事新报》当时作为最重要的两份纸媒，还介绍国外许多重要的建筑论述、资讯及作品。《时事新报》曾介绍日本东京帝国饭店（弗兰克·劳埃德·赖特设计，1922年建成）、纽约帝国大厦（Shreeve, Lamb, and Harmon 建筑公司设计，1931年建成）、纽约人寿保险公司大楼等，而《申报》曾翻译刊载介绍现代

主义建筑思潮的相关文章，如"论万国式建筑"、"机械时代中建筑的新趋势"、"论现代化建筑"等。

现代主义建筑思潮，科学—诗境

卢毓骏在欧洲留学时，正值现代主义建筑思潮蓬勃发展的时期，他深受影响。回国后，他在《时事新报》上发表文章，介绍这个新思潮（勒·柯布西耶著，"建筑的新曙光，科学—诗境"，卢毓骏译《时事新报》，1933-4-12; "建筑艺术新论"，《时事新报》，1933-4-12，1933-4-19，1933-4-26）。他是近代把现代主义建筑思潮和观念引进中国的建筑师之一。在"建筑的新曙光，科学—诗境"这篇文章的卷头语卢毓骏介绍了勒·柯布西耶，阐明他是现代主义建筑思潮运动的鼻祖。

从建国方略说到南京改造

1926年毕业于巴黎美术专门学校及巴黎大学建筑系的刘既漂，回国后参与国立艺术大学的筹建，任筹备委员。筹备委员还有蔡元培、林风鸣、杨杏佛、吕彦直、萧友梅等人。1928年，国立艺术院在西湖边上成立，林风鸣任校长，设有绘画、雕塑、图案三系（原在计划中拟设立建筑系，但因缺教师，暂未开办，仅属筹备阶段）。刘既漂任图案系教师及系主任，其他教师有陶元庆、雷元圭等。同年，刘既漂在《时事新报》上发表两篇文章，阐述他对南京《首都计划》的看法（"从建国方略说到南京改造"，《时事新报》，1928-1-6，1928-1-13），他从《建国方略》（孙文于1917—1920年间所著的三本书——《孙文学说》、《实业计划》、《民权初步》的合称）说起，谈什么是"国家建筑"、"纪念建筑"、"美术建筑"等，及其对南京改造的影响。

1929年国立艺术院改为国立杭州艺术专门学校，1932年后增设音乐系、书画研究会、实用艺术研究会，1933年后，建筑系才成立，1949年后，并入同济大学建筑系。刘既漂早于1929年即离开国立杭州艺术专门学校，只身前往上海执业。

美国建筑界新兴势力，工程介绍

出身于营造世家的杜彦耿，年少时曾帮助父亲经营营造厂，日久，对建筑材料、技术和工法颇有专精，25岁后即可独立承包工程。1931年，他筹划创建"上海市建筑协会"，被推举为协会执行委员，负责主持学术及宣传活动，之后，常在《时事新报》上发表文章，内容涉及美国建筑界所发展的新兴势力及对一些工程的介绍（"美国建筑界的新兴势力"，《时事新报》，1931-4-10；"建筑上之砖堵工程"，耿译，《时事新报》，1931-4-20；"建筑商人失败之主因"，杜彦耿译，史督铁著，《时事新报》，1931-4-30；"工程日记"，杜渐，《时事新报》，1933-10-18）。1932年，杜彦耿策划创办《建筑月刊》，并任主编、主笔，承接起繁重的编辑工作，自此便以《建筑月刊》作为主要发表媒介，鲜少在其他报纸、杂志上发表。

关注中国建筑的过去与未来，专注古建筑和艺术的研究

辜其一是南京中央大学建筑工程系1928级的学生。当时该系只招了两名学生，另一位是杨大金。1931年夏，本科三年级的辜其一与同学杨大金、学弟戴志昂（1929级）随老师刘敦桢与助教濮齐材、张镈森赴山东曲阜、北平一带参观，考察了孔庙、故宫、北海、天坛、颐和园、十三陵、香山、居庸关、长城等，一群人对古建筑进行调研、测绘和摄影。这次出行是中国近代建筑学界对古建筑较早的一次调研与考察活动。当时，辜其一还是一名本科生，便已在《时事新报》上发表数篇文章（"中国建筑之现在与将来"，《时事新报》，1931-8-20，1931-8-30，1931-8-10；"建筑设计原理概况"，《时事新报》，1931-9-20；"历史上之西洋建筑作风"，《时事新报》，1931-10-10；"航空站建筑概要"，《时事新报》，1931-12-10）。他关注到中国建筑的过去与未来。

在老师刘敦桢的指导下，辜其一开始专注中国古建筑和艺术领域的研究。由于他是四川人，毕业后便

回到成都工作，曾在蜀华公司任工程师，也曾在四川艺术专科学校建筑科任科主任（1946年后），1949年后，先任四川大学教授，后被叶仲玑邀请至重庆建筑工程学院建筑系任教，历任教授及系主任。同时，他也开始对四川一带的石阙、石窟、摩崖、崖墓、藏殿等进行纪略与研究，并发表多篇论文"东汉石阙类型及其演变"、"麦积山石窟及窟檐纪略"、"敦煌石窟宋初窟檐及北魏洞内斗栱述略"、"四川唐代摩崖中反映的建筑形式"、"四川忠县汉阙纪略"、"四川江油县窦圊山云岩寺飞天藏及藏殿勘察纪略"、"乐山、彭山和内江东汉崖墓建筑初探"，合篇《中国建筑史》、《四川建筑史》。

建筑的宽泛漫谈，西方古典建筑领域，宗教建筑的研究

孙宗文，1937年毕业于上海沪江大学商学院建筑科。建筑科是1933年沪江大学商学院邀请中国建筑师学会商议合办的学科，属专科类别，两年制，为已就业、家境贫寒、好学的青年提供高等教育的机会，也招收在事务所工作的在职人员，以培养职业建筑师为主，倾向于在职教育。

孙宗文1937年毕业，据上推测为1935年入学，而他从1932年起陆续在《申报》与《时事新报》发表建筑专业知识的相关文章，内容涉及建筑的娱乐、城市、材料、卫生、装饰、居住等范畴（"公共娱乐的建筑"，《申报》，1932-12-17；"建筑卫生漫谈"，《申报》，1933-3-14,1933-3-28；"建筑制图论"，《申报》，1933-6-13,1933-6-20,1933-6-27,1933-7-4,1933-7-18,1933-8-8.1933-8-15；"建筑城市论"，《时事新报》，1932-11-16；"建筑材料论"，《时事新报》，1932-12-21；"浦滨建筑物的巡礼——世界建筑艺术美的展览馆"，《时事新报》，1933-4-19；"科学的居住问题——建筑卫生漫谈之一"，《时事新报》，1933-4-26,1933-5-3；"艺术的居住问题——建筑装饰漫谈"，《时事新报》，1933-6-14,1933-6-28,1933-7-4）。因此，推测他在入学前已是一位建筑从业人员，对建筑领域已有所了解，尤其他在"建筑制图论"的课题上，以连篇连载的方式发表，一连发了7篇，阐述建筑制图的制图仪器、方法、字体、几何画、投影画、透视图等内容。入学后，他似乎开始关注西方古典建筑领域，并继续在《申报》发表文章（"从建筑艺术说到希腊的神庙"，《申报》，1935-7-9,1935-7-16,1935-7-30,1935-8-6,1935-8-13,1935-8-20；"古代浴园建筑的探讨"，《申报》，1935-12-3,1935-12-10）。

毕业后，孙宗文返回实践行列，由于对建筑研究的兴趣，1955年便加入中国建筑研究室（华东建筑设计公司与南京工学院合办），全心投入科研领域，并专注于宗教建筑方面的研究，继续把研究成果发表在其他杂志和期刊（《现代佛学》、《百科知识》、《文博通讯》、《古建园林技术》、《建筑学报》、《东南文化》等）上。

试图建立建筑批评或建筑评论，建筑批评家、评论家

美国俄勒冈州立大学建筑系毕业的刘福泰，回国后曾在上海彦记建筑师事务所任职，之后，被聘为南京中央大学建筑工程系系主任，与刘敦桢、卢树森、贝寿同、李毅士等5位教授一起负责建筑工程系的创建工作，1928年与关颂声、梁思成一起参加全国大学工学院分系科目表的起草和审查。抗日战争开始后，中央大学迁往重庆。从南京到重庆，刘福泰共在中央大学建筑工程系任职13年（1927—1940年），在授课期间，曾在《申报》上发表文章（"建筑与历史"，《申报》，1932-12-5；"建筑师应当批评吗"，《申报》，1933-4-11）。其中在"建筑师应当批评吗"这篇文章中，刘福泰经由在街道上看到许多陋列散漫的房子影响到城市美观，且也无法表现出艺术之美等问题，他觉得补救的方法就是多量的批评，那"谁"能够批评？用什么方法批评？则需多加考虑。他认为一位"建筑批评家"必须具备广博的知识、哲学的思考、豁达的胸怀和无畏的精神，更认为建筑界最需严厉的批评来建立一种进步的力量。刘福泰当时的观点等于试图建立起中国近代建筑界的"批评"抑或"评论"的声音，呼吁在众多的创作者中产生一两位的"建筑批评家"或"建筑评论家"。

"四行大楼"的概况，国际大饭店的来由与过程

毕业于美国伊利诺伊大学建筑系的孙立己，毕业后曾在纽约城任建筑师3年，1931年回国，在上海事务所工作，并被"四行"——（金城银行、中南银行、大陆银行及盐业银行）聘为企业部及调查部专员。20世纪30年代初，"四行"储蓄会吸收的储蓄存款有5300余万元，且仍在不断地增加中，为了解决储蓄存款的出路，"四行"储蓄会便投资房地产，购进地皮，建造"四行大楼"。该楼1934年完工，耗费420万元（含地价），建成后供"四行"储蓄会使用，剩余的出租。

孙立己当时任"四行"储蓄会地产处副经理及顾问，后任"四行"信托部沪部经理（1933年），由于建筑学专业的背景，他便参与工程当中，对投资建造"四行大楼"的过程颇为熟悉，曾在《申报》上介绍"四行大楼"的概况（"四行大楼概况"，《申报》，1932-12-17）。

另外一位建筑师庄俊，常年接受银行业的委托，设计营业厅大楼，"四行"便委托庄俊设计"四行"储蓄会虹口分行，刚好当时孙立己在"四行"工作，两人便因此认识，孙立己也经由庄俊、赵深介绍加入中国建筑师学会，之后，还曾短暂加入庄俊建筑师事务所任职（1934年），过不久便独立开业，自办事务所，负责上海、南京一带银行项目设计工程（交通银行、南京盐业银行）。

虽然独立开业，但孙立己始终没有离开"四行"，他事务所仍开在"四行"储蓄会内运转。1933年"四行"储蓄会为了树立形象，决定进军饭店业，创办与自办"国际大饭店股份有限公司"，并集资80万元，投资兴建远东第一高楼"国际大饭店"，而"四行大楼"便改称为"国际大饭店大楼"。当时邬达克从众多竞争同行中脱颖而出，获得设计权。国际大饭店由陶馥记营造公司承建，1934年完工。1933年，孙立己曾在《时事新报》上发表文章谈及国际大饭店形成的来由与过程（"国际饭店开标"（邬达克设计），《时事新报》，1933-3-1）。1936年孙立己还兼任起国际大饭店有限公司常务董事及国际大饭店的22层经理。

工程概要，计划概要，奠基后图片

《大上海计划》于20世纪20年代末展开，上海市中心区域建设委员会聘请董大酉出任顾问兼建筑师办事处主任建筑师，负责主持《大上海计划》的城市规划和建筑设计，重要公共建筑项目皆由董大酉设计，包括有原上海特别市政府大楼、原上海市图书馆、原上海市博物馆、原上海市体育馆、原上海市市立医院、原上海市卫生试验所等。1934年，董大酉还任京沪、沪杭甬铁路管理局顾问，并负责设计了原京沪、沪杭甬办公大楼。身为一位执业建筑师，董大酉将他负责项目的工程与计划概要发表在《申报》上让外界所知（"上海市图书馆、博物馆工程概要"，《申报》，1935-1-1；"元旦举行奠基礼之上海市市立医院、卫生试验所工程概要"，《申报》，1935-1-8；"京沪、沪杭甬拟建办公大楼计划概要"，《申报》，1935-3-26），内容包括有建筑经过、布局、式样、材料、设备、标价、工期等纪要，同时还附上奠基后图片。

提倡国货，抵制日货，报道国货市场批发情形，怎样提倡国货建筑材料

20世纪20年代末，日本军事侵略中国，经济也加紧入侵，导致市场上充斥着日本商品。1931年"九一八"事变后，人民抗日情绪高涨，"提倡国货、抵制日货"的运动展开。之后，"中国国货公司"于1933年在上海成立，为推销国货的全国中心机构。

中国国货公司采薄利多销、商品寄售的营销方式，服务周到，生意逐渐兴隆起来。1937年，方液仙与吴鼎昌等人筹建创办中国国货联营公司，以集中货物方式向外地推销，先后在南京、宁波、汉口等地设分支机构，扶持弱小的民族工业发展。而《申报》曾大力报道国货市场的批发情形，如"国货商场批零两旺，不仅门市部拥挤，批发同样热闹，皮箱、搪瓷、热水杯、茶壶、牙刷、玩具、肥皂、阳伞、绸缎、布匹、罐头食品、袜子等，都有各地新开的国货商店来采办"，其他报纸《京报》、《纺织时报》等也纷纷报道，推销国货。

本土学历（交通部上海工业专门学校土木科毕业）出身的杨锡镠，于1929年经范文照、李锦沛介绍加入中国建筑师学会，开始负责《中国建筑》杂志的组稿与编辑工作。之后，他暂停建筑师业务，专职任杂志社的发行人，并任《申报》的"建筑专刊"主编（1934年），且一连发表数篇"怎样提倡国货建筑材料"的文章（"怎样提倡国货建筑材料"，《申报》,1934-9-11，1934-9-18等）。隔年，他被中国工程师学会推定为国货建筑材料展览会筹备委员会委员，任审查委员会委员。另一位建筑师薛次莘也在《申报》发表关于国货建筑材料进展的文章（"近年来国货建筑材料之进展"，《申报》,1935-1-8,1935-1-15）。

6.1.4 其他报纸之观察（《大公报》、《宜宾日报》、《中央日报》等）

除了《申报》与《时事新报》外，还有其他报纸也曾留下建筑师的笔墨。

《大公报》于1902年由英敛之（1867—1926年，字敛之，号安蹇斋主、万松野人，满族正红旗，创办辅仁大学，中国近代报业家、教育家）在天津法租界创办，主要经济资助人是王祝三（1866—1936年，字显才，安溪县常乐里由义乡人，清末秀才，曾任典狱官、科员、谘议、高小学校校长、县长，热爱公益）。该报是一份倾向于抨击"保皇派"的报纸，敢于评论清政府的弊政，反映社会民间疾苦，因而闻名全国，在华北地区舆论界占有一席之地。

北平古建筑保存，论述中国古建筑之美

时任天津工商陈列所所长的乐嘉藻曾在《大公报》（艺术半月刊）上发表关于"北平古建筑保存"的建议及论述中国古建筑之美（"北平旧建筑保存意见书"，《大公报》（艺术半月刊），14-15期，1930；"中国建筑之美"，《大公报》（艺术半月刊），19期，1930-3-10）。之后，他在北平大学艺术学院建筑系教授"庭园建筑法"课程（1931年），是一名有着独到视角的中国古建筑领域的史学家。在乐嘉藻任课那年，"九·一八"事变爆发，《大公报》便开始筹办"南方"版，1936年4月上海版发刊。1937年抗战爆发后，天津版与上海版先后停刊，转往各地继续办报，有了汉口版、桂林版、重庆版。因《大公报》坚定的抗日立场，重庆版的销量与日激增，《大公报》成为了抗战期间一份重要的纸媒。抗战胜利后，《大公报》相继在上海、天津等地复刊，直至1966年停刊。

建筑与地理，宜宾旧州坝墓塔实测记，漫谈建筑考古

1942年毕业于（重庆）中央大学建筑工程系的卢绳，对于博大精深的中国建筑史领域特别感兴趣，在学时，经常与任"中西建筑史"课程的老师鲍鼎探讨建筑史方面的问题。卢绳在重庆读书期间，成立于1930年的中国营造学社因抗战被迫南迁，途中经武汉、长沙、昆明，最后撤到四川，在宜宾李庄继续中国古建筑领域的调查和研究工作。

毕业后的卢绳，进入在李庄的"中国营造学社"实习，任研究助理，与林徽因、莫宗江一同协助梁思成进行《中国建筑史》一书的编撰，卢绳负责元、明、清文献资料的收集，并在《宜宾日报》科学副刊上发表文章（"建筑与地理"，《宜宾日报》,科学副刊,1942），而卢绳也在李庄开启了他对中国古建筑领域研究的岁月。1943年，他测绘宜宾一带的古建筑，并发表成果——"宜宾旧州坝墓塔实测记"，之后回母校任教，任系主任刘敦桢的助教，教授"中国建筑史"及"营造法"课程。抗战结束后，卢绳随母校返回南京，并加入中国建筑师学会，之后便专注在古建筑领域的考古研究，并在《中央日报》的副刊发表"漫谈建筑考古"（3—7）文章。1948年后，卢绳先后任教于重庆大学建筑系、北京大学工学院建筑系、中国交通大学唐山工学院建筑系。1952 年院系调整后，卢绳到天津大学土木建筑系任教，教授"中国建筑史"，并展开中国古建筑的测绘教学课程。

6.2 关于组织、机构、团体、期刊

6.2.1 上海市建筑协会、《建筑月刊》的产生与内容

营造家组织，维护利益，宣传观点，推动企业前进，民间自发

《建筑月刊》是上海市建筑协会主办的期刊，属于民办性质。

20 世纪 30 年代前，中国近代建筑实践市场大部分被洋人的设计机构（洋行、洋事务所、洋地产公司等）所主导与控制，而中国近代营造厂则以承接洋人设计的工程为主。在承接过程中，中国建筑从业人员不时会受到洋人的欺凌，深感自身在实践市场的地位低下与不受尊重，因此纷纷不平。同时，营造厂负责人或总包会不定时聚会，讨论工程进行中所遇到的困难，相互交流经验，以提升自身营造的水平，也会讨论中国建筑业的现状，抱怨洋人的专横。在此背景下，一群中国近代营造家便兴起组织大家、维护自身的利益、宣传自我的建筑观点，以此推动中国建筑企业的前进。

1930 年春，30 多位中国建筑从业人员组织成一个团体，取名为上海市建筑协会，杜彦耿（继承父业经营自家营造厂）、陶桂林（陶馥记营造厂创办人）、汤景贤（泰康行创办人）、卢松华（鹤记营造厂创办人）、陈寿芝（洋行买办）等为发起人。由颇具威望的杜彦耿负责筹划，汤景贤任筹备委员会主任，开始拟定起草协会章程及招揽会员等工作。汤景贤还将自身公司泰康行（上海九江路 19 号）作为临时会所。协会还向上海特别市政府提出正式申请，经当局批准，上海市建筑协会于 1931 年正式成立，成为了中国近代第一个以营造业人员（包括设计、材料从业人员）为主的综合性建筑团体，属民间自发性质。

召开成立及征求会员大会，《建筑月刊》问世，对外宣传的纸媒，补习学校创设

1931 年初，在杜彦耿的筹划下，上海市建筑协会在上海西藏路宁波同乡会召开成立及征求会员大会，设 5 人主席团，凡营造家、建筑师、工程师、监工员及其他建筑相关热心人士者皆可申请成为会员（由会员两位以上介绍，经执行委员会认可），当时会员超过百人（杜彦耿、汤景贤、卢松华、宋树德、顾海、傅雅谷、李发元、吴光汉、张博如、殷信之、朱桂山等），会址设在上海南京路大陆商场 6 楼 620 号。

杜彦耿作为大会 5 人主席团之一，他向大会汇报了协会筹备创建的过程，并宣读协会起草的章程和宣言。杜彦耿、汤景贤、卢松华等被大会推举为执行委员，各自负责不同的工作。杜彦耿主持学术及宣传工作。1932 年冬天，杜彦耿策划的《建筑月刊》问世，他任主编、主笔，负责《建筑月刊》的总体组编与运行，月刊成为了上海市建筑协会对外宣传的纸媒，发行后，引起社会各界的关注，不少名人（孙科、吴铁城、林森、孔祥熙等）都曾为《建筑月刊》题写贺词。汤景贤负责建筑教育工作，他担任上海市建筑协会所创设的正基建筑工业补习学校的校长，学校校址选在汤景贤所经营的泰康行来运行。卢松华负责调查股工作，他积极支持《建筑月刊》的发行与正基建筑工业补习学校的创设。

协会会报，知名度与影响力

《建筑月刊》的前身实为上海市建筑协会筹办阶段所发行的会报，以免费的方式赠予外界，以说明筹办协会的相关信息及对外宣传，因当时受到上海营造厂同业公会的质疑，初期便以此方式向外界释疑，并

图 6-11 1933 年正基建筑工业补习学校教职员合影，前排左起胡允昌、朱友仁、汤景贤、袁耀宗、江绍英，后排左起谈紫电、陈昌贤、贺敬第、叶敬梁、江长庚、杜彦耿

扩大协会在社会的知名度与影响力。会报帮助了协会的推进工作，也吸引了新会员的加入。

《建筑月刊》

之后，《建筑月刊》便在会报的基础上创建，以研究建筑学术、改进建筑事业和发扬东方建筑艺术为发行主旨，通过科学方法来改善建筑途径，谋固有国粹之亢进，以科学器械改良国货材料，塞舶来货品之漏厄，同时提高商业知识，促进建筑之新途径，并奖励专门著述，互谋建筑之新发明，也介绍建筑项目方案和作品，发表建筑师之观点和论述，推荐新材料、技术和工法，介绍新型设备等。

内容

《建筑月刊》开本为 16 开，封面有图片和文字，每期图片皆不同，可以是建筑物的摄影作品、建筑物的表现图等，文字有"建筑月刊"四字、卷号、期号，还附带"The BUILDER"的英文名，"BUILDER"即代表着是建设者、建筑者、经营建筑业者，某些期封面会有知名人士的题字和贺语，及"征求会员"的招募字样。《建筑月刊》内容以文本与广告构成，广告页穿插在每期前后数页，有砖瓦厂、钢厂、油漆行、营造厂、水电公司、陶器公司、五金工厂等广告信息，之后才是文本内容。

《建筑月刊》广告页之后是目录，有两种排版方式——竖向与横向，前几期是竖向，之后改为横向排版。在竖向排版中，是由右往左阅读。目录首页左为"建筑月刊"四字、卷号、期号及出版日期，目录页每一列上方为标题文字，下方为作者名与页码，中间以点线联系，依序排列。翻页之后是目录的英文版和广告索引，两者均是横向排版，由上往下阅读。目录的英文版在右，广告索引在左。在横向排版中，目录与广告索引放在同一页，由上往下阅读，目录在左，广告索引在右，中间以点线分隔，卷号、期号置于点线中，少了出版日期的标示，"建筑月刊"四字置于最上方，而目录的标题文字在左，作者名在右，有时有页码，有时则没有。翻页之后是上海市建筑协会建筑丛书的广告页，内容有推荐文字与预约办法。有时为了节省页面空间及增加关注度，某些期的目录与广告索引会以半页（上半页）视之，另一半页则是厂家广告、丛书广告及《建筑月刊》紧要启事的声明，声明内容通常是告知读者为了符合每卷规定的期数，内容力求充实，当刊或下刊为本年度内的"合订本"，但不加价，仍每册5角。翻页之后以广告页填充。

《建筑月刊》目录之后是文本，分三大部分，插图、论著、专载或附载。先是插图部分，包括有计划中项目的设计图及表现图、进行中之建筑摄影、竣工后之建筑摄影、各种类型设计之图样及摄影、家具与装饰等介绍，让读者一开始先阅读图像，了解当时建筑项目进行过程的影像纪录。接着进入论著部分，开始阅读文字和数据，每期内容皆不同，端看当期月刊走向，内容包括有主编及其他作者的文章、协会特辑、史论连载、营造连载、法规探讨、工程估价、工程报告、建筑辞典、建筑材料价目表、大样图、工具发明、销售概况、会务等。最后是专载或附载部分，包括有合同细则、建筑章程、公会会讯、编余、建筑界消息、同仁联谊会追志、筹建初勘记、通信栏等，倾向于一种建筑活动与同行交流间的纪录范畴，也回答读者提问，为编者与读者提供了一个交流的平台，同时宣传或刊载政府、协会或其他团体重要通知的事项，让读者掌握最新资讯，属记述性质。《建筑月刊》中的"建筑材料价目表"、"工程估价"、"营造学"、"建筑辞典"、"建筑史"、"建筑工价表"、"北行报告"、"各种建筑形式"的稿件属于连载性质，倾向于专栏的意义，成为组成《建筑月刊》中重要的部分。

《建筑月刊》文本之后是投稿简章、广告价目表及版权页的说明。

投稿简章说明投稿文章之文体不拘，文言文、白话文皆可，加新式标点符号。译作需附寄原文，或注明原文书名、出版日期和地点，文章登载后赠阅当刊并付给作者酬金（撰文者每1000字1～5元，译文者每1000字0.5～3元），重要著作者特别优待，酬金另谈。对投稿的文章，《建筑月刊》编辑有权增删修减，不愿者须先声明。投稿后文章概不退还，预先声明者不在此例，但须付足寄还之邮费。另抄袭之作，取消酬赠。

广告价目表说明不同位置的全页、半页与四分之一页的广告所需价目，地位分为封底外面、封面及封底之里面、封面里面及封底里面之对页及普通位置。在全页部分，封底外面为75元、封面及封底之里面为60元、封面里面及封底里面之对页为50元及普通位置为45元。在半页部分，封面及封底之里面为35元、封面里面及封底里面之对页为30元及普通位置为30元。在四分之一页部分，普通位置为20元。另外，小广告每期每格一寸高、三寸半宽为洋4元。广告盖用白纸、黑墨印刷，若须彩色，价目另议，若要铸版雕刻，费用另加。

版权页列有"内政部登记证号"（警字第二五五四号）及"中华邮政特准挂号认为新闻纸类"字样，并说明每月1册及全年12册的订购办法、价目及邮费。同时详列编辑者（"上海市建筑协会"，南京路大陆商场）、发行者（"上海市建筑协会"，南京路大陆商场）、印刷者（新光印书馆，上海圣母院路圣达里31号，电话74635）、主编（杜彦耿）、刊务委员会（竺泉通、江长庚、陈松龄）的信息资料。

《建筑月刊》原先没有刊务委员会，直到1934年上海市建筑协会决定成立刊务委员会，来帮助《建筑月刊》做更好的组织和运行，维持杂志内容的质量和稳定性。

《建筑月刊》版权页翻页后是读者意见的征询与回复，读者可向《建筑月刊》询问相关建筑材料工具运用于营造厂之一切最新出品等问题，填表邮寄后，由服务部答辩回复。《建筑月刊》服务部也代理向出品厂家索取样品标本及价目表供读者参考。以上服务内容，属义务性质，是《建筑月刊》面向公众服务的一项福利，不收取任何费用。接着是订阅月刊、更改地址、查询月刊的小条，最后《建筑月刊》以数页的广告页作为收尾。

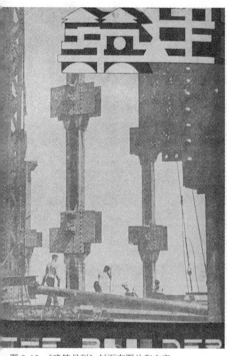

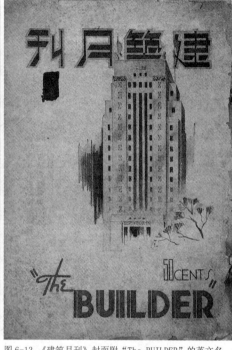

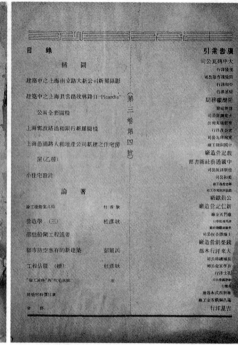

图 6-12 《建筑月刊》封面有图片和文字　　　图 6-13 《建筑月刊》封面附 "The BUILDER" 的英文名　　　图 6-14 目录在左，广告索引在右，中间以点线分隔

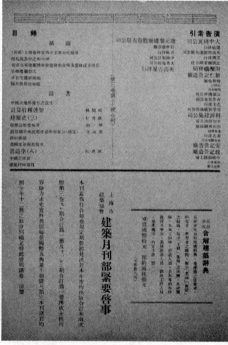

图 6-18 封面的 "BUILDER" 即代表建设者、建筑者、经营建筑业者　　　图 6-19 某些期封面会有知名人士的题字和贺语　　　图 6-20 某些期的目录与广告索引会以半页视之

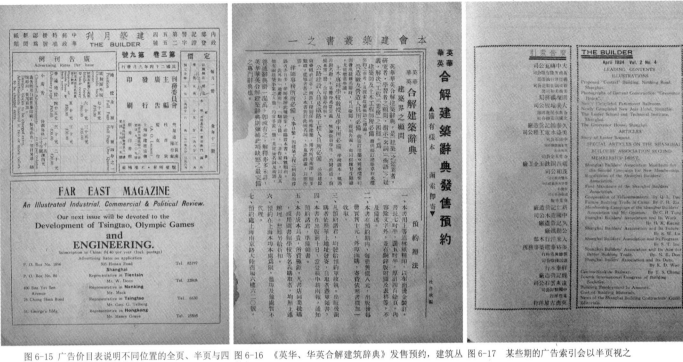

图6-15 广告价目表说明不同位置的全页、半页与四分之一页所需价目　图6-16 《英华、华英合解建筑辞典》发售预约，建筑丛书之一　图6-17 某些期的广告索引会以半页视之

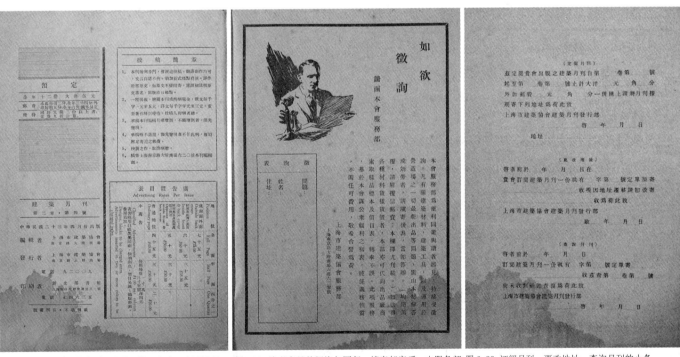

图6-21 投稿简章说明文体不拘，文言、白话皆可，加新式标点符号　图6-22 读者意见的征询与回复，填表邮寄后，由服务部答辩回复　图6-23 订阅月刊、更改地址、查询月刊的小条

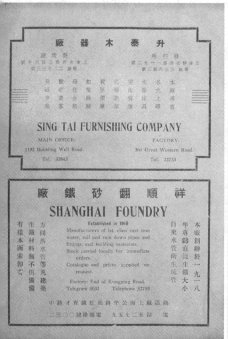

图 6-24 生泰木器厂、祥顺翻砂铁厂广告

图 6-25 科学仪器馆、美商吉时洋行广告

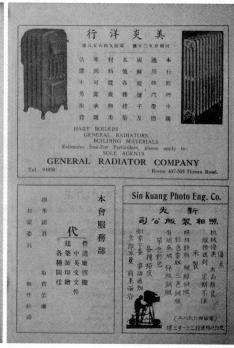

图 6-26 美炎洋行、新光照相制版公司、本会服务部广告

图 6-30 杨洪记营造厂广告

图 6-31 东南砖瓦公司、中国铜铁工厂广告

图 6-32 合众水泥花砖厂、比国钢业联合社广告

图6-27 合作五金公司、国泰陶器公司、永丰夹板 图6-28 新仁记营造厂广告 图6-29 合丰行、信孚装璜油漆公司、会计杂志广告
公司广告

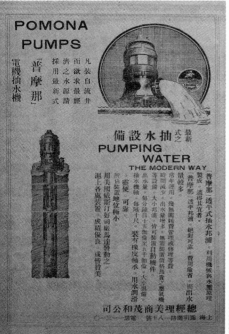

图6-33 普摩那电机抽水机广告　　　　　　图6-34 馥记营造厂广告　　　　　　图6-35 商业月报广告

《建筑月刊》自1932年11月创刊到1937年4月因抗战原因而停刊，共出版了6卷46期，大量刊载了当时中国近代建筑（包括天津、上海、南京、武汉、重庆等城市）的资讯、文字、图纸与照片，是一本有着极高历史资料价值的期刊。

6.2.2 《建筑月刊》部分每期标题

1932年第1卷第1期：

1. "营造业改良刍议"杜渐
2. "工程估价"杜彦耿
3. "建筑物新的趋向"黄钟琳
4. "分析四万美金之住宅"谈锋
5. "出租房屋的改良"黄奂若
6. "道路建筑漫谈"袁向华
7. "木材防腐研究"顾海
8. "建筑章程"
9. "峻岭寄庐建筑章程"
10. "沈云岩等通函及其他"
11. "通信栏"

1932年第1卷第2期：

1. "上海四行二十二层大厦工作情形"
2. "总理陵墓建筑工程摄影四幅"
3. "英国式小住宅摄影及平面图"
4. "国难当前营造人应负之责任（渐）"
5. "上海博物院路平治门栈房摄影"
6. "海军部海道测量局公署摄影及建筑图"
7. "上海面粉交易所摄影"
8. "美国洛克斐洛城R.K.O.大戏院之钢干图"
9. "工程估价（续）"杜彦耿
10. "恒利银行新屋配景图及建筑图"
11. "峻岭寄庐配景图"
12. "建筑章程"
13. "峻岭寄庐建筑章程（续）"
14. "可爱的小住宅摄影及平面图"
15. "美国移民式住宅摄影及平面样"
16. "和合式住宅摄影及平面图"

17. "美国古代之住宅式样摄影及平面图"
18. "西班牙式平屋摄影及平面图"
19. "建筑工程中杂项费用之预算"蔡宝昌
20. "美国西北电话公司二十六层大厦"古健
21. "日本水泥倾销概况"
22. "美国去年之建筑总额"谈锋

1933年第1卷第3期：

1. "大上海影戏院（四色版）"
2. "译著"
3. "开辟东方大港的重要及其实施步骤"杜渐
4. "国立青岛大学科学馆"珂罗版
5. "邯郸舞场"珂罗版
6. "青岛大学科学馆正后面样"
7. "上海自来火公司瓦斯池底基"
8. "大华公寓面样及工作图"
9. "久安公墓"
10. "上海麦特赫司脱公寓 四行储蓄会廿二层大楼"
11. "公和祥码头打桩情形"
12. "英和建筑语汇编纂始末概要"
13. "建筑辞典"
14. "上海之钢窗业"
15. "峻岭寄庐配景图"
16. "峻岭寄庐建筑章程（续完）"
17. "工程估价（二续）"杜彦耿
18. "天一地产公司天一大厦面样"
19. "居住问题"
20. "一二八闸北建筑物被毁图七幅"
21. "飞机场图样"
22. "外墙建筑法"运策译

1933 年第 1 卷第 7 期：

1. "上海电力公司杨树浦锅炉房..."
2. "插图"
3. "上海电力公司锅炉房搭架骨干摄影"
4. "上海电力公司杨树浦电间构筑钢干摄影"
5. "编著"
6. "正在建筑之上海电力公司杨树浦锅炉房"
7. "建筑中之浦东大来码头又一摄影"
8. "建筑中之上海中央捕房新屋"
9. "上海大舞台戏院新屋建筑图"
10. "高桥海滨饭店全套建筑图样"
11. "建筑辞典"
12. "开凿自流井之要点"
13. "明日之屋"
14. "居住问题"
15. "乡村茅屋"
16. "中山路新建之小住宅"
17. "问答"
18. "其他"
19. "编余"
20. "建筑材料价目表"
21. "建筑工价表"

1933 年第 1 卷第 8 期：

1. "上海虹口公和祥码头之运货钢架..."
2. "插图"
3. "译著"
4. "开辟东方大港的重要及其实施步骤（续）"
5. "首都最高法院新屋摄影"
6. "上海大方饭店正面图，楼地盘图，剖面图及..."
7. "建筑辞典（续）"
8. "大舞台新屋之建筑要点"
9. "建筑界新发明"
10. "麻太公式"盛群鹤
11. "胡佛水闸之隧道内部水泥工程"扬灵
12. "上海爱文义路黄君住宅全套图样"
13. "居住问题"

14. "建筑界消息"
15. "其他"
16. "营造与法院"
17. "问答"
18. "编余"
19. "建筑材料价目表"
20. "建筑工价表"

1933 年第 1 卷第 9-10 期：

1. "上海跑马总会大厦及会员看台"
2. "插图"
3. "建筑中之上海跑马厅路年红公寓"
4. "上海文庙图书馆摄影"
5. "上海融光大戏院摄影"
6. "汉口商业银行新屋模型及图样"
7. "大公职业学校钢笔绘图"
8. "上海贝当路住宅图样及估价单"
9. "上海虹桥路一住宅全套图样"
10. "译著"
11. "建筑辞典（续）"
12. "建筑的原理与品质述要"黄钟琳
13. "嘉善闻氏住宅彩绘图样及承揽章程"本会服务部
14. "居住问题"
15. "住宅图说"施兆光
16. "胡佛水闸之隧道内部水泥工程（续完）"扬灵
17. "铁丝网篱与现代建筑"张夏声
18. "工程估价（续）"
19. "其他"
20. "营造与法院"
21. "问答"
22. "编余"
23. "建筑材料价目表"
24. "建筑工价表"

1933 年第 1 卷第 11 期：

1. "改革营造业之我见"
2. "材料估计单"

8. "上海寗波路广东银行新层"

9. "校试平准仪 札立柱头铁之摄影"

10. "上海中央捕房新屋进行中之摄影"

11. "上海南京路大陆商场房屋加高一层"

12. "南京交通部新署东西部摄影"

13. "南京交通部新署之洋台与斗拱式之牛腿"

14. "桥梁"

15. "南京主席公邸图样全套"

16. "中央农业实验所图样全套"

17. "译著"

18. "硬架式混凝土桥梁" 林同棪

19. "建筑辞典"

20. "美国农村建筑之调查" 朗琴

21. "建筑材料价目表"

22. "会务"

23. "编余"

1934年第2卷第6期：

1. "上海青岛路派克路口建筑中之市房"

2. "插图"

3. "上海西区计拟中之一公寓"

4. "建筑中之上海地丰路懿德公寓摄影"

5. "懿德公寓平面图"

6. "译著"

7. "用克劳氏法计算次应力" 林同棪

8. "水泥爆炸桩" 雨田

9. "新中国建筑之商榷" 过元熙

10. "苏俄造桥实况"

11. "最近完成之英国第一条用电焊融合之公路桥梁"

12. "看台上之钢筋水泥悬挑屋顶"

13. "建筑辞典（续）"

14. "营造与法院"

15. "经济住宅"

16. "建筑材料价目表"

17. "问答"

18. "会务"

19. "北行报告"

1934年第2卷第7期：

1. "天津北宁路局将建之礼堂配景图（三色版）"

2. "插图"

3. "天津北宁路局将建之大礼堂地盘图"

4. "天津北寗路局将建之一医院平面图"

5. "天津北寗路局将建之一医院配景图"

6. "巴黎城中之桥梁"

7. "北四川路崇明路角之公寓摄影"

8. "粤汉铁路株韶段隧道摄影"

9. "上海北四川路新亚酒楼"

10. "大礼堂"

11. "西餐室与川堂"

12. "长廊"

13. "正面图"

14. "底上层平面图"

15. "屋顶平面图"

16. "剖面图"

17. "论著"

18. "建筑辞典（续）"

19. "振兴建筑事业之首要"

20. "经济住宅"

21. "建筑材料价目表"

1934年第2卷第8期：

1. "上海南京路永安公司正在添建中之新厦"

2. "永安公司新厦 正面图"

3. "永安公司新厦 侧面图"

4. "永安公司新厦 下层平面图"

5. "永安公司新厦 上层平面图"

6. "永安公司新厦建筑底基之摄影"

7. "张君习绘火车站图"

8. "总地盘"

9. "下层平面图"

10. "剖面图乙乙"

11. "剖面图甲甲"

12. "美国空前图样竞赛揭晓" 朗琴

13. "建筑辞典"

14. "美国复兴房屋建设运动" 璨

15. "嘉善砖窑业之衰落"

16. "建筑师与广播电台" 锋

17. "正基建筑工业补习学校招生"

18. "工程估价（十六续）" 杜彦耿

19. "建筑材料价目表"

20. "北行报告（续）" 杜彦耿

21. "污水沟渠初期建设计划"

22. "编余"

23. "问答"

1934年第2卷第9期：

1. "Nwe Ju-Kong Bridge at the New ..."

2. "上海市中心区府南右路虬江桥详图"

3. "伦敦市之桥梁"

4. "美国图样竞赛 附选之七"

5. "美国图样竞赛 附选之八"

6. "美国图样竞赛 附选之九"

7. "美国图样竞赛 附选之十"

8. "美国图样竞赛 附选之十一"

9. "上海市中心区市光路新建小住宅之一"

10. "上海市中心区光路新建小住宅之二"

11. "上海市中心区市光路新建小住宅之三"

12. "建筑辞典"

13. "直接动率分配法" 林同棪

14. "美国门罗炮台之堤防建筑工程" 朗琴

15. "工程估价（十七续）" 杜彦耿

16. "沪西张智先生住宅"

17. "上海虹桥路建筑中之一住宅" 海杰克

18. "本会附设正基建筑补习学校学生朱光明习 ..."

19. "本会附设正基建筑补习学校学生吴浩振习 ..."

20. "建筑材料价目表"

21. "北行报告（续）" 杜彦耿

1934年第2卷第10期：

1. "青岛海军船坞平面图及解剖图"

2. "青岛海军船坞土坝工程完竣摄影"

3. "捣注抽水机房平顶混凝土之摄影"

4. "青岛海军船坞外口停泊坞门右耳石壁摄影"

5. "青岛海军船坞外口停泊坞门左耳石壁摄影"

6. "青岛海军船坞锚练坡弧壁及梯步摄影"

7. "青岛海军船坞石壁及梯步一部分摄影"

8. "青岛海军船坞斜梯步及进出水管口摄影"

9. "青岛海军船坞舵坑垫木墩及石壁摄影"

10. "新近完成之上海中汇银行大楼侧影"

11. "The new apartment house on corner..."

12. "德邻公寓下层平面图"

13. "德邻公寓上层平面图"

14. "德邻公寓第四层平面图"

15. "德邻公寓屋顶平面图"

16. "德邻公寓正面图"

17. "德邻公寓正面图及剖面图"

18. "德邻公寓东立面图及剖面图"

19. "美国图样竞赛 附选之十二"

20. "附选之十三"

21. "附选之十四"

22. "附选之十五"

23. "附选之十六"

24. "优良混凝土之基本要件" 向华

25. "制砖" 王壮飞

26. "经济住宅区计划" 唤弱

27. "工程估价（十八续）" 杜彦耿

28. "本会出借图书第三次续购新书目录"

29. "上海西爱咸斯路一住宅"

30. "上海虹桥路一住宅"

31. "闸北一住屋"

32. "下层平面图 上层平面图"

33. "见了大门的入口便想到内部充溢着和谐与舒适"

34. "建筑材料价目表"

35. "本会第三届会员大会纪详" 愧安

36. "北行报告（续）" 杜彦耿

图 6-36 英国皇家建筑师学会总会新会所

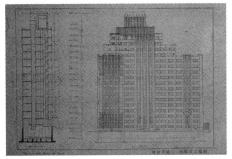

图 6-37 南京路中央大厦（左）、北四川路新亚酒楼（右）

图 6-38 峻岭寄庐建筑图样全套

图 6-39 建筑与建设之信息

图 6-40 正在兴建中大楼之施工情形

6.2.3　建筑师发表在《建筑月刊》文章之观察

　　杜彦耿一手策划并主编、主笔《建筑月刊》，他从第 1 卷第 1 期起，就常以笔名"杜渐"、"渐"、"彦"在刊物上发表文章，并与刊务委员会共同策划与主导着《建筑月刊》的布局与走向，报道的内容分为几大部分：关注国内外新建筑与建设，关注建筑师，关注建筑史，关注新的建筑消息、资讯、动态及趋势，介绍新的工具、材料、技术、工法与设备，介绍工程技术与应用，介绍法规、合同及章程等。

关注国内外新建筑与建设

　　在国内外关注新建筑与建设方面，《建筑月刊》主要报道欧美及亚洲其他国家的新建筑与建设，如"美国之道路建设"（1934 年第 2 卷第 1 期）、"日本东京英使馆新屋：大门入口处及办公处"（1934 年第 2 卷第 2 期）、"苏俄造桥实况"（1934 年第 2 卷第 6 期）、"巴黎城中之桥梁"（1934 年第 2 卷第 7 期）、"美国复兴房屋建设运动"（1934 年第 2 卷第 8 期）、"日本共同建筑物株式会社新屋"（1934 年第 2 卷第 11-12 期）、"苏联梅艳华大戏院"（1936 年第 4 卷第 2 期）等。而报道国内建筑和建设的有"恒利银行新屋配景图及建筑图"（1932 年第 1 卷第 2 期）、"青岛大学科学馆正后面样"（1933 年第 1 卷第 3 期）、"南京华侨招待所正侧面样"（1933 年第 1 卷第 5 期）、"汉口商业银行新屋模型及图样"（1933 年第 1 卷第 9-10 期）、"上海百老汇大厦背影"（1934 年第 2 卷第 3 期）、"上海百乐门跑舞场"（1934 年第 2 卷第 4 期）等。

关注建筑师

　　在关注建筑师方面，《建筑月刊》会个别报道当时活跃的一线建筑师，形成一个专辑。在 1933 年第 1 卷第五期中报道"邬达克建筑师小传"，在 1933 年第 2 卷第 1 期报道"国民政府建筑顾问茂飞建筑师小传"，在 1934 年第 2 卷第 4 期报道"财尽其用的莱斯德先生"和"建筑中之上海莱斯德工艺学院图样全套"，在 1935 年第 3 卷第 5 期报道"欢饯茂飞建筑师返美志盛"。

关注建筑史

　　在关注建筑史方面，年轻时的杜彦耿协助父亲经营家业时，曾刻苦学习英文，数年后，英文能力得到提升，便在《建筑月刊》组稿过程中，翻译了"建筑史"，并以连载方式（1935年3卷7-12期、1936年4卷1-12期、1937年5卷1期）从地理疆域、各国历史、建筑风格及实例说明等角度来介绍各国各时期的古代建筑及建筑则例、建筑详解等，向国人传播西方古建筑文化。

关注新的建筑消息、资讯、动态及趋势

关注新的建筑消息、资讯、动态及趋势方面，是《建筑月刊》组稿的重点，有专门作者撰文此部分内容，国内外报道都有，成为国人了解信息的一个渠道，如黄钟琳"建筑物新的趋向"（1933年第1卷第1期）、谈锋"日本水泥倾销概况"及"美国去年之建筑总额"（1933年第1卷第2期）、"建筑界消息"（1933年第1卷第3、5、8期，第2卷第3期）、"支加哥博览会电业馆"（1933年第1卷第4期）、谈锋"去年国产油漆销售概况"（1933年第1卷第5期）、谈锋"沪战后建筑之进展"（1933年第1卷第6期）、"建筑界新发明"（1933年第1卷第8期）、张夏声"铁丝网篱与现代建筑"（1933年第1卷第9-10期）、"近代影院设计之趋势"（1933年第1卷第12期）、《二十二年度上海英租界营造概况》及《二十二年度上海法租界营造概况》（1934年第2卷第1期）、"二十二年度上期上海市营造统计概数"（1934年第2卷第2期）、朗琴"中国之变迁"（1934年第2卷第2期）、朗琴"万国建筑协会第四次会议追志"及"美国建筑界服务人员及商店之统计"（1934年第2卷第4期）、朗琴"美国农村建筑之调查"（1934年第2卷第5期）、过元熙"新中国建筑之商榷"（1934年第2卷第6期）、"北行报告"（1934年第2卷第6、7、9、10期）、"振兴建筑事业之首要"（1934年第2卷第7期）、"本会出借图书第三次续购新书目录"（1934年第2卷第10期）、"美国意利诺州工程师学会五十周年纪念会"（1935年第3卷第1期）、"现代建筑形式的新趋势"（1936年第4卷第7期）等。

《建筑月刊》也报道会员大会的相关内容，如"上海市建筑协会第二届征求会员大会宣言"、"上海市建筑协会第二届征求会员大会特辑"、"章程"及"附录成立大会宣言"，及大会召开后会员所发表的文章，有陶桂林"建筑同业应有之认识"、谢秉衡"我国建筑业过去的失败与今后的努力"、汤景贤"本会二届征求会员感言"、江长庚"本会之使命"、卢松华"有望于本会发起人者"、殷信之"贡献于建筑协会第二届征求会员大会之刍见"、杜彦耿"建筑工业之兴革"、贺敬第"本会事业之前瞻"，以上都刊载于1934年第2卷第4期。也发布招生信息及学生作业，如"正基建筑工业补习学

图 6-41 兴建中之大新公司、"财尽其用的莱斯德先生"

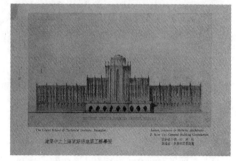

图 6-42 兴建中之上海莱斯德工艺学院图样全套

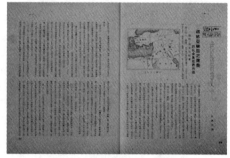

图 6-43 "西部亚细亚之建筑，巴比伦及亚西利亚"

图 6-44 介绍各国各时期的古代建筑

图 6-45 罗马柱式

图 6-46 "万国建筑协会第四次会议追志"

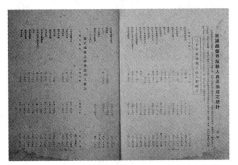

图 6-47 "美国建筑界服务人员及商店之统计"

图 6-48 "上海市营造厂业同业公会会讯"

图 6-49 法国巴黎国际博览会

图 6-50 "教育部训令"

校招生"（1934 年第 2 卷第 8 期）、"本会附设正基建筑工业补习学校学生朱光明习绘"及"本会附设正基建筑工业补习学校学生朱光明习绘"（1934 年第 2 卷第 9 期）。同时，也会刊载国内外展览和竞赛信息，如朗琴"美国空前图样竞赛揭晓"（1934 年第 2 卷第 8 期）、"美国图样竞赛，附选之七、八、九、十、十一"（1934 年第 2 卷第 9 期）、"美国图样竞赛，附选之十二、十三、十四、十五、十六"（1934 年第 2 卷第 10 期）、"中国工程师学会建筑展览会记"（1935 年第 3 卷第 8 期）、"中国建筑展览会"（1936 年第 4 卷第 2 期）、"（中国建筑展览会）座谈会追述"（1936 年第 4 卷第 3 期）。

介绍新的工具、材料、技术、工法与设备

举凡一切新的工具、材料、技术与工法，《建筑月刊》都加以报道，更新建筑从业人员对工程科学方面的知识，也介绍新的设备，或对于既有材料的研究论述和施工过程进行报道，如顾海"木材防腐研究"（1932 年第 1 卷第 1 期）、"公和祥码头打桩情形"（1933 年第 1 卷第 3 期）、向华"建筑工具之两新发明"（1933 年第 1 卷第 5 期）、黄钟琳"有色混凝土制造法"（1933 年第 1 卷第 6 期）、"开凿自流井之要点"（1933 年第 1 卷第 7 期）、扬灵"胡佛水闸之隧道内部水泥工程"（1933 年第 1 卷第 8 期）、扬灵"胡佛水闸之隧道内部水泥工程（续完）"（1933 年第 1 卷第 9-10 期）、"爱克司光在建筑上之应用"及"冷溶油之研究"（1933 年第 1 卷第 11 期）、琳"水泥储藏于空气中之影响"及黄钟琳"气候温度对于水泥，灰泥与混凝土三者之影响"（1934 年第 2 卷第 1 期）、"混凝土护土墙"及"轻量钢桥面之控制"及"开滦钢砖之特点"（1934 年第 2 卷第 2 期）、振声"粤汉铁路株韶段工程"（1934 年第 2 卷第 4 期）、雨田"水泥爆炸桩"及"看台上之钢筋水泥悬挑屋顶"（1934 年第 2 卷第 6 期）、"污水沟渠初期建设计划"（1934 年第 2 卷第 8 期）、朗琴"美国门罗炮台之堤防建筑工程"（1934 年第 2 卷第 9 期）、向华"优良混凝土之基本要件"及王壮飞"制砖"（1934 年第 2 卷第 10 期）等。

介绍工程技术与应用

在介绍工程技术与应用方面，华裔建筑工程力学专家林同棪教授是预应力工程理论的研究者及实施者，1933 年他学成（美国加州大学伯克利分校硕士学位）回国，先后任成渝铁路桥梁课长、滇缅铁路设计课长，1934 年他开始在《建筑月刊》陆续发表关于工程技术与应用方面的文章，如："克劳氏连架计算法"（1934 年第 2 卷第 1 期）、"杆件各性质 C, K, F 之计算法"

（1934年第2卷第2期）、"硬架式混凝土桥梁"（1934年第2卷第5期）、"用克劳氏法计算次应力"（1934年第2卷第6期）、"直接动率分配法"（1934年第2卷第9期）等，为《建筑月刊》提供了一份专业的工程知识。

介绍法规、合同及章程

介绍法规、合同及章程的有"建筑章程"及"峻岭寄庐建筑章程"（1932年第1卷第1期）、"建筑章程"及"峻岭寄庐建筑章程（续）"（1932年第1卷第2期）、"峻岭寄庐建筑章程（续完）"及运策译"外墙建筑法"（1933年第1卷第3期）、"普庆影戏院合同细则"、"建筑章程"及袁向华"普庆影戏院建筑章程"（1933年第1卷第4期）等。

作为《建筑月刊》主编、主笔的杜彦耿为刊物编写了"工程估价"、"建筑史"（译）、"建筑辞典"、"居住问题"、"营造学"等连载文章。

"工程估价"

"工程估价"主要内容有开掘土方、水泥三合土工程、砖墙工程、石作工程、木作工程、五金工程、屋面工程、粉刷工程、油漆工程、管子工程、杂项、整体造价估算等，一一介绍各工程中材料的分类、特型与建筑施工人员的工价标准和计算方式，及不同材料与工总的技术标准与施工要点，并说明建筑材料与人员工价随着市场的行情而波动，从1932年起以连载方式在《建筑月刊》上刊登（1932年第1卷第1期-1935年第3卷第4期），共连载24篇。

图6-51 "征求会员大会宣言"、协会章程

图6-52 入会志愿书、会员所发表的文章

图6-53 "邵伯船闸工程述要"

图6-54 "国人发明之银光泡"

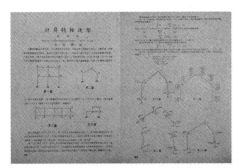

图 6-55 "计算特种连架"

图 6-56 "家具与装饰"、写字台最佳设计

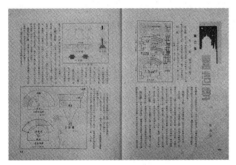

图 6-57 "营造学"

图 6-58 "建筑材料价目表"

"建筑辞典"、《英华、华英合解建筑辞典》

1932 年，杜彦耿致函上海建筑师学会、北平营造学社和上海市工务局，提议以举办建筑学术讨论会的形式来统一建筑专用名词及规范，明确与国外建筑用语之间的对应关系，由庄俊、董大酉、杨锡镠、杜彦耿组成起草委员会来执行此项计划。于是，各人有各自起草的范围，每周二开会讨论 1 次，但因其他人忙于业务，无法按期开会，终由杜彦耿 1 人完成他所应做的部分，草拟依英文字母排列之名辞，从 1933 年起用"建筑辞典"专栏名称，以连载方式在《建筑月刊》上刊登（1933 年第 1 卷第 3-12 期，1934 年第 2 卷第 1-3、5-9 期），共连载 17 篇。之后，杜彦耿于 1936 年将文章集结成书，出版了《英华、华英合解建筑辞典》一书，是当时建筑界的一件出版大事。

"营造学"

"营造学"主要内容有建筑工业、建筑分类、建筑制图、瓦砖、砖作工程、空心砖、石作工程、墩子及大料、木工之镶接、楼板、分间墙，刊载在《建筑月刊》的 1935 年 3 卷 2-12 期、1936 年 4 卷 1-12 期及 1937 年 5 卷 1 期，共连载 22 篇，内容极为丰富，图文并茂，具有很高的专业知识价值。

另外，《建筑月刊》编辑部也为刊物编写了"建筑材料价目表"（1932 年第 1 卷 3 期 -1937 年第 5 卷 12 期）、"各种建筑形式"（1935 年第 3 卷 8 期 -1936 年第 4 卷 11 期）、"建筑工价表"（1933 年第 1 卷 4 期 -12 期）的连载数据及文章。

图 6-59 在远东最大的锅炉间建筑工程，大宝建筑公司

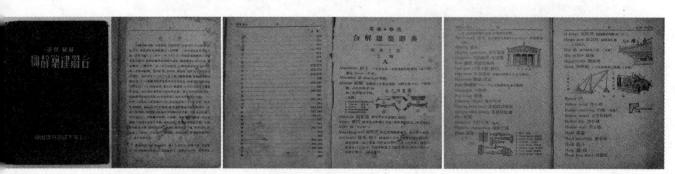

图 6-61 《英华、华英合解建筑辞典》封面、自序　图 6-62 部首索引、英华之部（上编）　　　图 6-63 内页

图 6-60 上海电力公司杨树浦电厂落成后之摄影，大宝建筑公司

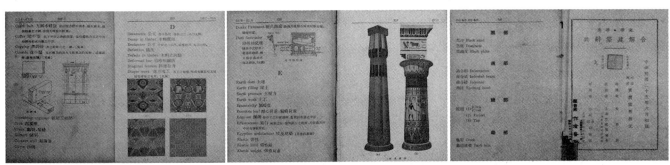

图 6-64 内页　　　　　　　　图 6-65 内页　　　　　　　　图 6-66 华英之部、版权页

6.2.4　中国建筑师学会、《中国建筑》的产生与内容

建筑师发起，民办性质

除了《建筑月刊》，同时期另一本建筑专业杂志《中国建筑》也出刊，由中国建筑师学会创办，也属于民办性质。与《建筑月刊》由一群营造业负责人（营造家、工程师、监工员）操盘不同，《中国建筑》则由一群建筑师发起，两本杂志的编辑团队、成员不同，内容也各异。

国外的学习与实践经验，建筑师权益之维护

20世纪初，国门渐开，许多人为了接收与学习外面世界先进的资讯与知识，纷纷在自费或接受补助的情况下出国留学，这其中包括深造学习建筑与土木工程专业的学生，他们分布在欧美各国，接受当地高校建筑学教育培养。有的在学期间，在当地事务所、工程公司实习，等到毕业后，也在当地工作，投入实践行列，在国外待上了一段时间，如庄俊待了4年（1910—1914年），吕彦直待了7年（1914—1921年），范文照待了3年（1919—1922年），张光圻待了7年（1916—1923年），巫振英待了6年（1915—1921年）。所以，他们除了有着学校教育外，也有着建筑的实践经验。他们在国外投入实践的初期，经由工作圈、生活圈及与同学、同僚之间的谈话，相对了解了当时国外建筑的相关资讯，如材料、技术、工法、管理、估价、法规、细则等，当然也包括关于建筑师权益的维护，了解到建筑师学会的相关事宜。

成立之初暂缓，时机成熟，学会成立、改名，设立分会

20世纪20年代初，最早一批出国留学的中国建筑师（庄俊、吕彦直、巫振英、范文照、张光圻等）相继回国，他们在国外学习了现代建筑师的执业理念，有感于当时中国建筑界缺少为中国建筑师发声的团体，于是，在急欲打破原本由洋人建筑师垄断设计业务的局面，便参考国外建筑师学会的组织与用途，成立属于本国自己建筑师的团体，但因当时建筑师人数偏少，成立之事暂时停缓。

到了20年代中后，中国建筑师纷纷回国，人数增加，加上国内时局稳定（北伐结束，1927年国府定都南京），建筑产业渐趋兴盛，以庄俊为首的建筑师见"成立之事"时机已成熟，便于1927年冬正式成立上海建筑师学会。学会的成立整合了原本零散的建筑师个体，团结业内同仁以形成社会影响力，并提高建筑师的社会地位与知名度，使中国的建筑事业跻身于国际。1928年，考虑到中国建筑师非仅限于上海地区，遂将上海建筑师学会改名为中国建筑师学会（1928年于国民政府工商部注册），吸收其他城市的建筑师（刘福泰、卢树森、刘既漂、刘敦桢、贝寿同、杨廷宝、关颂声、林徽因、梁思成、朱彬、虞炳烈、陈炎仲、阎子亨等）参加，在全国各地设立分会，以扩大学会的影响力。

中国建筑师学会是中国近代建筑界最早的机构团体，属于民间性质，宗旨在于团结与维护建筑师的合法权利，并期望在学术研究、行业发展与宣传交流等方面发挥作用。中国建筑师学会会员中庄俊、范文照、吕彦直、李锦沛、董大酉、陆谦受皆曾先后担任会长与副会长一职。

学会章程，业务规则，学会公守诚约

中国建筑师学会制定了《中国建筑师学会章程》、《建筑师业务规则》及《中国建筑师学会公守诚约》等文件。在《中国建筑师学会公守诚约》中，对建筑师的活动、道德与规范作了相关规定，将建筑师定位为"乙方"（设计方），是"甲方"（业主）的委托与顾问者，是"丙方"（营造厂）的监督与指导者，并明令建筑师不得与同行争夺业务，不能不合理地接受不符合建筑师地位的设计业务，不向任何方面收取额外

图 6-67 1933 年中国建筑师学会会员合影

费用等诚约，以改善原本无规则、无章法的行业状态，灌输与提高建筑师的职业道德观。在《建筑师业务规则》中，对建筑师的业务范畴、工作方式、收费标准等内容有统一的规定，以此树立建筑师在社会的整体形象，加大大众的认同度。

正会员、仲会员、名誉会员的认定与审核标准

中国建筑师学会对欲加入的会员也有相关的认定与审核标准，会员需先是"中华民国"的国民，分有正会员、仲会员、名誉会员（1933 年增设）。正会员需是国内外建筑专门学校毕业，且有 3 年以上实习经验并持有证明书者（属执业建筑师范畴）；需是国内外建筑专门学校毕业，且有 3 年以上专任建筑学教授经验者（属建筑教师范畴）；需有国民政府颁发的"工业技师建筑科"登记证书者（属非科班出身的自学与自营范畴，为没有建筑学的学历文凭但又有着至少10年工作经验者而设）；办理建筑事项有改良或发明之成绩，或有特别著作，或具有相当资格"经理事部"审查合格者（属建筑历史学家、理论家及建筑经营管理者范畴，对建筑事业有特别贡献者）。仲会员需是国内外建筑专门学校毕业，尚未有 3 年以上实习经验之资格者；在国内大学与高等工业专门学校毕业，具有 5 年以上建筑经验者；在建筑界服务具有充分经验，"经理事部"审查及格者。

正会员享有会员权利的选举权与被选举权，仲会员则不享有，但可出席学会所举办的各项会议，并可被委任各委员会之成员。入会之会员需缴纳入会费及日常会费。

正会员留美居多，其次留欧

据 1930 年《中国建筑师学会会员录》所列，当时正会员已发展至 33 人，仲会员 16 人。到了 1932 年，正会员发展至 39 人，仲会员没增加，1933 年增设名誉会员 2 人——（朱启钤、叶恭绰）。在正会员的 39 人

名譽會員

姓名	字	履歷	通訊處	電話
朱啓鈐	桂莘	前內務總長北平中國營造學社社長	北平中央公園內中國營造學社	
葉恭綽	譽虎	前交通總長交通部長交通大學校長	上海呂班路一三八號	

會員

姓名	字	出身	通訊處	電話
呂彥直		B. Arch., Cornell Univ.		
張光圻		B. Arch., Columbia Univ	北平東城頭條胡同三號	
李錦沛	世楷	Beaux Arts, Pratt Institute, New York, Columbia Univ	上海四川路念九號	14849
劉福泰		B. Arch., Oregon State Univ.	南京中央大學	
范文照	文照	B. Arch., Univ. of Pennsylvania.	上海四川路念九號	19395
莊俊	達卿	B. S. Univ. of Illinois	上海江西路二一二號	19312
黃錫霖		Diploma, London Univ.	Pedder Building, Pedder, Hongkong.	
趙深	淵如	B. Arch., M. Arch., Univ. of Pennsylvania.	上海寧波路四十號華蓋建築事務所	13735
盧樹森		Univ. of Pennsylvania	南京中央大學	
劉旣漂		巴黎國立美術專門學校	南京大方建築公司	
董大酉		B. Arch, M. Arch., Univ. of Minnesota. Graduate School. Columbia Univ.	上海江西路三六八號三樓三一一號	13020
李宗侃		巴黎建築專門學校建築工程師	南京大方建築公司	
劉敦楨	士能	日本東京高等工業學校建築科畢業	南京中央大學	
陳均沛		Univ. of Michigan, N. Y. Engineering College, Columbia Univ.	南京鐵道部建築課	
楊錫鏐		B. S. N. Y. Univ.	上海寧波路四〇號四樓四〇五號	12247
貝壽同		Certificate, Technische. Hochschole zur Schorlottenburg. Berlin.	南京司法部	
楊廷寶		B. Arch., M. Arch., Univ. of Pennsylvania.	上海九江路大陸大樓八〇一八〇二號	12222
闕頌聲		B. S, M. I. T., Graduate School Havard Univ.	仝上	
黃家驊		B. Arch. M. I. T.	上海博物院路念號東亞建築公司	12392 / 14740
奚福泉	世明	Dipl.-Ing, Technische Hochschule zo Darmstadt. Dr.Ing Technische Hochschule zu Charlottenburg.	上海南京路大陸商場啓明建築公司	93345
李揚安		M. Arch., Univ. of Pennsylvania.	上海四川路念九號李錦沛建築師事務所	14849
巫振英	勉夫	B. Arch. Columbia Univ.	上海霞飛路二二〇號	31135
羅邦傑		B. S, Univ. of Minnesota.	上海九江路大陸大樓	

图 6-68 中国建筑师学会名誉会员、会员之履历、出身、通讯处与电话

譚 垣		M. Arch, Univ. of Pennsylvania.	上海蘇州路壹號	
陸謙受		倫敦建築學會建築學校英國國立建築學院院員	上海外灘中國銀行建築課	11089
陳 植	植生	M. Arch., Univ. of Pennsylvania.	上海寧波路四〇號華蓋建築事務所	13735
林徽音		美國彭城大學學士	北平中央公園中國營造學社	
梁思成		M. Arch., Univ. of Pe nylvania.	仝　　上	
童 寯		M. Arch. Univ. of Pennsylvania.	上海寧波路四〇號華蓋建築事務所	13735
朱 彬		M. Arch. Univ. of Pennsylvania.	上海九江路大陸大樓基泰工程司	13605
薛次莘		B. S., M. I. T.	上海南市毛案衖市工務局	15122
龔夏軒		比利時建築師	上海靜安寺路一六〇三弄延年坊四七號	33568
林樹民		M. Arch., Univ. of Minnesota.	上海博物院路念號	18947
莫 衡		B. S. N. Y. Univ.	上海京滬路管理局	44120
裴雯鈞		M. C. E. Cornell. Univ.	上海南市毛案衖市工務局	15122
吳景奇		M. Arch· Univ. of Pennsylvania.	上海中國銀行建築課	11089
黃耀偉		M. Arch. Univ. of Pennsylvania.	上海江西路二一二號莊俊建築師事務所	19812
孫立己		B. Arch. Univ. of Illinois	上海四川路四行儲蓄會	18060
朱神康		B. S. Univ. of Michigan.	南京建設委員會工程組	
徐敬直		M. Arch. Univ. of Michigan.	上海博物院路十九號興業建築師	14914
黃元吉			上海愛多亞路三八號凱泰建築公司	19984
顧道生			上海福州路九號公利營業公司	13683
許瑞芳			上海仁記路錦興地產公司	15149
繆蘇駿	凱伯		上海康腦脫路七三三弄一三號	33341
楊潤玉	楚翹		上海大陸商傷五二五號華信建築公司	94790
李惠伯		B. Arch. Univ. of Michigan.	上海博物院路一九號興業建築師	14914
王華彬		B. S. Univ. of Pennsylvania.	上海江西路上海銀行大廈董大酉建築師事務所	13020
哈雄文		B. S. Univ. of Pernnsylvania.	仝　　上	13020
張至剛		B. S. N. C. Univ.	南京中央大學	
丁寶訓			上海寧波路上海銀行大廈華蓋建築事務所	13735
張克斌			上海四川路二九號李錦沛建築師事務所	14843
浦 海			上海江西路上海銀行大廈董大酉建築師事務所	18080
葛宏夫			仝　　上	
莊允昌			仝　　上	
李 蟠			上海四馬路九號	10350

图 6-69 中国建筑师学会名誉会员、会员之履历、出身、通讯处与电话

中，有 37 人有着国外学历，以留美居多，共 29 人（庄俊、吕彦直、范文照、张光圻等），其次是留英 2 人（黄锡霖、陆谦受），留法 2 人（刘既漂、李宗侃），留德 2 人（贝寿同、奚福泉），留比 1 人（苏夏轩），留日 1 人（刘敦桢），而有 2 人是国内学历（杨锡镠、莫衡）。以上多数是执业建筑师，部分是建筑教师及有特别贡献者（刘福泰、刘既漂、刘敦桢、贝寿同、谭垣、林徽因、梁思成）。

仲会员国内学校培养或自学出身

仲会员则大部分是国内学校培养或自学出身，有的在工务局工程科任职（周曾祚），有的在总理陵园（南京）工作（杨光熙），有的在事务所或建筑公司工作（浦海、卓文扬、张克斌、顾道生、丁宝训、杨锦麟、陈子文、赵璧等），有的在地产公司工作（许瑞芳），有的在高校任教（濮齐材、刘宝廉）。

组织委员会

中国建筑师学会依照会务发展，组织多个委员会，1932 年度的委员会成员有：①会所筹备委员会：陆谦受、赵深、陈植；②筹备会所工作委员会：童寯、杨锡镠、董大酉；③出版委员会：杨锡镠、童寯、董大酉；④计划芝加哥中国馆委员会：徐敬直、童寯、吴景奇；⑤编制章程表式委员会：范文照、杨锡镠、朱彬；⑥建筑名词委员会：庄俊、杨锡镠、董大酉。

召开年会，介绍新会员，委员会成员报告会务，讨论相关事件与议决，选举下期职员

中国建筑师学会每年召开 1 次年会。在 1933 年 1 月 12 日召开的年会中，到会有陆谦受、吴景奇、杨锡镠、薛次莘、巫振英、奚福泉、杨廷宝、罗邦杰、孙立己、董大酉、林澍民、范文照、庄俊、李锦沛、赵深、陈植、童寯等会员，主席为赵深。会上先介绍新会员（顾道生、黄元吉、杨润玉、李惠伯、王华彬、浦海、张克斌、丁宝训等），并颁其证书，后由委员会成员报告会务事项：①会所筹备委员陈植报告；②会记陆谦受报告财政状况；③筹划会所工作委员童寯报告；④出版委员会杨锡镠报告；⑤设计芝加哥博览会中国馆委员会徐敬直报告；⑥编制章程表式委员会范文照报告；⑦建筑名词委员会庄俊报告。同时讨论相关事件，如：陈植提议修改本会会费案，议决是将原入会费定为 25 元、常年费 10 元、经常费每月 3 元；董大酉提议暂时取消本会仲会员案，议决为暂时不提。接着，选举下期职员，如：会长董大酉，副会长庄俊，书记杨锡镠，会记陆谦受，理事范文照、李锦沛、赵深、巫振英、罗邦杰。会完合影。

1934 年年会

中国建筑师学会在 1934 年 3 月 26 日召开年会，到会会员有童寯、陆谦受、奚福泉、赵深、李锦沛、巫振英、张克斌、吴景奇、哈雄文、罗邦杰、陈植、庄俊、杨锡镠、浦海等。新会员是伍子昂。主席为董大酉。会上报告事项有：①会长董大酉报告一年来会务状况；②书记报告一年来本会对外往来文件提要；③理事长庄俊报告一年来本会发展情形；④会计陆谦受报告一年来会计状况；⑤各委员会报告一年来各委员会工作状况。之后，由委员提出讨论事项，包括有赵深提议取消仲会员案，议决为暂不取消；有赵深提议中国建筑师学会所在之通讯处（大陆商场）开支浩大，对会务进展无任何用处，拟行取消，议决为会所准取消，另觅新地点；有童寯提议本年以前所有一切委员会宣布解散，另行组织，议决通过；理事会提议凡会员无故不到会，且持续 3 次以上，在年会上通过取消其会员资格，议决通过。最后，改选新职员，下届会长庄俊，副会长李锦沛，会计奚福泉，书记童寯，理事董大酉、赵深、巫振英、陈植、杨锡镠。

《中国建筑》

中国建筑师学会于1932年11月创办《中国建筑》杂志,办刊目的是宣传与记录中国近代建筑相关方面的学术研究、建筑业发展与交流等事宜,刊载最先进之现代建筑理念,并进而推动展现建筑学教育之成果与事业之发展。原《时事新报》主编许窥豹曾编辑《中国建筑》创刊号,但由于许窥豹发生问题,未能继续负责编辑事宜(《中国建筑》于第1卷第1期首页刊载人员变动启事),后由中国建筑师学会派专员继续负责杂志之出刊,由出版委员会杨锡镠、童寯、董大酉负责此项工作,而杨锡镠从《中国建筑》第2卷(1934年)起开始专职任《中国建筑》杂志的发行人,有一阵子暂停建筑师业务。

内容

《中国建筑》开本为16开,绿皮。封面有图片和文字,图片为封面上方有一排斗栱的符号及中间的建筑局部、细部或单品图片,斗栱符号每期不变,中间图片每期皆不同。而文字则有"中国建筑"四个大字和"中国建筑师学会出版"九个小字及卷号、期号,还附带"THE CHINESE ARCHITECT"的英文名,其中"中国建筑"四字是由毛笔书写的艺术字体,每期字体的形式皆不同。若当期为重要项目之专刊,封面会加以注明,如南京中央体育场专刊、上海市政府特刊。封底多为厂家的广告页,或其相关工程项目施工图,或施工中与完工照片,如陆根记营造厂(第1卷第1期),西摩路新式4层钢骨公寓为陆根记营造厂最近承造工程之一(第1卷第3期),极司非而路新建中国银行行员宿舍工程第二期摄影是陆根记营造厂最近承造工程之一(第1卷第4期)。此封面模式曾经过数次改版,上述所说的第一套模式用于第1卷第1期到第1卷第6期,到了第2卷,封面改版,灰白皮,去掉了图片,只余文字视之,整体上用黑白、蓝白与绿白对比来强调更简单、更直接的表述形式。"中国建筑"四个大字位置与形式不变,白底黑字,"THE CHINESE ARCHITECT"英文名移至封面上方,取代斗栱符号,黑底白字,卷号、期号移至封面下方,也是黑底白字。而斗栱由一排变为单组,置于封面右下角,饰以朱红色,下方附上出版日期。而在封面左下方则附上"内政部登记证警字第XXXX号、中华邮政特准挂号认为新闻纸类"等小字。之后,封面又改版,去掉对比,只以文字表述,而"THE CHINESE ARCHITECT"书写得更艺术性。

《中国建筑》内容以文本与广告构成,广告页穿插在每期前后数页,包括有砖瓦厂、钢厂、油漆行、营造厂、水电公司、陶器公司、五金工厂等广告信息,之后才是文本内容。

《中国建筑》广告页之后是目次,采用横向从上至下排列,由左往右阅读,目录首页上方第一排为"中国建筑"四字,接着是卷号、期号及出版日期,目次从第1卷第2期开始分著述与插图,标题文字在左,作者名(设计方、译者名)与页码在右,中间以点线联系。目次翻页之后是"卷头语",由编者所撰写,接着进入到文本(著述与插图)的实质内容。

《中国建筑》文本的著述部分,每期内容皆不同,端看当期月刊走向,内容包括有重要项目之设计经过与建筑概述、个别项目之介绍、项目计划大要及图样、项目落成记、专文连载、史论文章、译文、高校建筑系介绍及学生习题、事务所附设夜校学生习题、房屋设备、诉讼案件、房屋请照事宜、建筑文件、建筑章程、建筑规则、答问栏、制图画法、结构设计、会务报告等。其中《中国建筑》中的"建筑文件"、"上海公共租界房屋建筑章程"、"上海市建筑房屋请照会记实"、"房屋声学"、"建筑正轨"、"建筑几何"、"钢骨水泥房屋设计"、"中国历代宗教建筑艺术的鸟瞰"、"钢骨水泥房屋设计"、"建筑用石概论"、"建筑投影画法"、"实用简要都市计划学"等稿件属于连载性质,倾向于专栏的意义,成为组成《中国建筑》文本中重要部分。

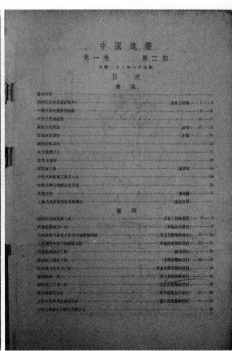

图 6-70 《中国建筑》16 开，封面有图片和文字　　图 6-71 "中国建筑"四字是由毛笔书写的艺术字体　　图 6-72 目次采用横向由上至下排列，由左往右阅读

图 6-76 封面文字有"中国建筑"四大字、"中国　图 6-77 斗栱由一排变为单组，置于封面右下角，饰以朱　图 6-78 目录首页上方第一排为"中国建筑"四字，
建筑师学会出版"九小字、卷号、期号，附带"THE　红色　　　　　　　　　　　　　　　　　　接着是卷号、期号及出版日期
CHINESE ARCHITECT"的英文名

中國建築雜誌社徵求著作簡章

本社徵求關於建築學說,藝術,及計劃之一切著作;暫訂簡章於後:

一、應徵之著作,一律須爲國文。 文言語體不拘,但須注有新式標點。 由外國文轉譯之深奧專門名辭,得將原文寫出;但須置於括弧記號中,附於譯名之下。

二、應徵之著作,撰著譯著均可。 如係譯著,須將原文所載之書名,出版時日,及著者姓名寫明。

三、應徵之著作,分爲短篇長篇兩種:字數在一千以上,五千以下者爲短篇;字數在五千以上者,均爲長篇。

四、應徵之著作,一經選用,除在本刊發表外,均另酌贈酬金。 不願受酬者,請於應徵時聲明,當贈本刊半年或全年。

五、應徵著作之中選者,其酬金以篇數計:短篇者,每篇由五元起至五十元;長篇者每篇由十元起至二百元。 在本刊發表後,當以專函通知酬金數目,版權即爲本社所有,應徵者不得再在其他任何出版品上登載。

六、應徵著作之未中選者,槪不保存及發還。 但預先聲明寄還者,須於應徵時附有足數之還回郵資。

七、應徵著作之選用與否,及贈酬若干,均由本社審查價值,全權判定。 本社並有增刪修改一切應徵著作之權。

八、應徵者須將著作用楷書繕寫清楚,不得污損模糊;並須鈐蓋本人圖章,以便領酬時核對。 信封上須將姓名及詳細住址寫明,由郵遞直接寄至本社編輯部,不得寄交私人轉投。

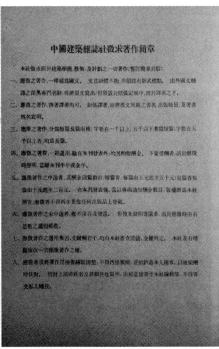

图 6-73 刊有详细的征求著作的简章，对投稿文章有具体要求

廣告索引

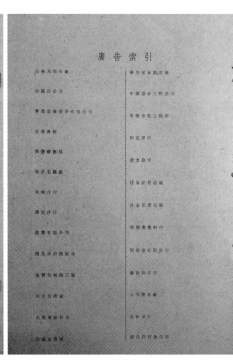

图 6-74 广告索引，包括有砖瓦厂、钢厂、油漆行、营造厂、水电公司、陶器公司、五金工厂等广告信息

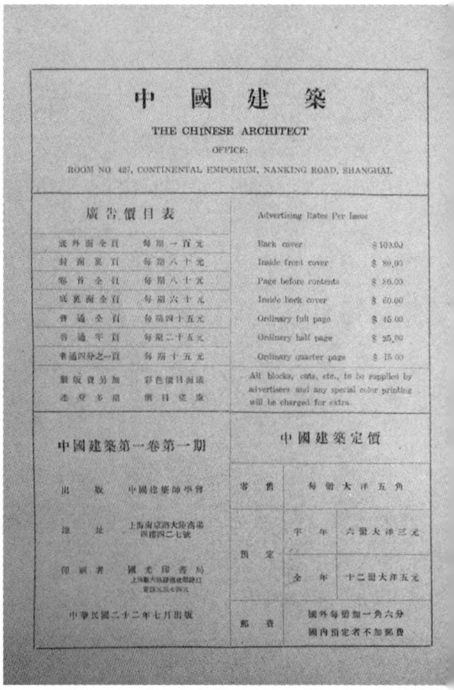

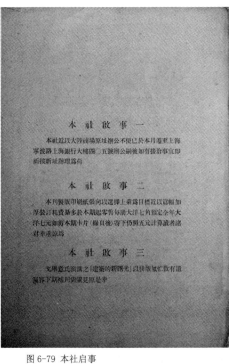

中國建築

THE CHINESE ARCHITECT

OFFICE:

ROOM NO. 427, CONTINENTAL EMPORIUM, NANKING ROAD, SHANGHAI.

廣告價目表

Advertising Rates Per Issue

底外面全頁	每期一百元	Back cover	$100.00
封面裏頁	每期八十元	Inside front cover	$ 80.00
卷首全頁	每期八十元	Page before contents	$ 80.00
底裏面全頁	每期六十元	Inside back cover	$ 60.00
普通全頁	每期四十五元	Ordinary full page	$ 45.00
普通半頁	每期二十五元	Ordinary half page	$ 25.00
普通四分之一頁	每期十五元	Ordinary quarter page	$ 15.00
製版費另加 連登多期	彩色價目面議 價目從廉	All blocks, cuts, etc., to be supplied by advertisers and any special color printing will be charged for extra.	

中國建築第一卷第一期

出版 中國建築師學會

地址 上海南京路大陸商場四樓四二七號

印刷者 國光印書局

中華民國二十二年七月出版

中國建築定價

零售	每冊大洋五角	
預定	半年	六冊大洋三元
	全年	十二冊大洋五元
郵費	國外每冊加一角六分 國內預定者不加郵費	

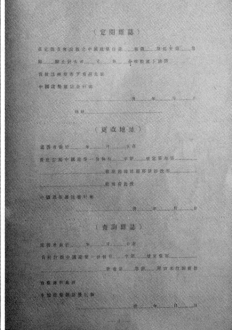

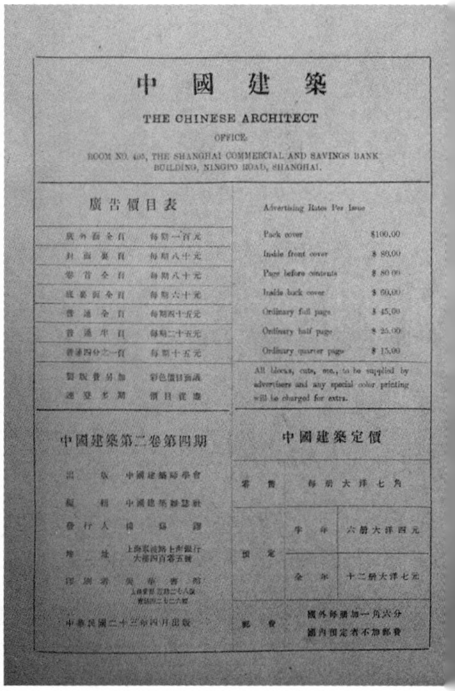

图 6-75 广告价目表说明各页面所需之广告价目

本社啟事一

本社近以大陸商場原址辦公不便已於本月遷至上海寧波路上海銀行大樓四〇五號辦公嗣後如有接洽事宜即希按新址辦理爲荷

本社啟事二

本刊製版印刷紙張向以選擇上乘爲目標近以篇幅加厚裝訂耗費綦多於本期起零售每冊大洋七角預定全年大洋七元如剪本期卡片(線頁後)寄下仍照五元計算讀者諸君幸垂諒焉

本社啟事三

戈畢意氏演講之「建築的新曙光」以排版匆忙致有遺漏容下期補刊尚祈見原是幸

图 6-79 本社启事

(定閱雜誌)

(更改地址)

(查詢雜誌)

图 6-80 订阅杂志中说明，包括订阅方式、更改地址与查询杂志

中國建築

THE CHINESE ARCHITECT

OFFICE:

ROOM NO. 405, THE SHANGHAI COMMERCIAL AND SAVINGS BANK BUILDING, NINGPO ROAD, SHANGHAI.

廣告價目表

Advertising Rates Per Issue

底外面全頁	每期一百元	Back cover	$100.00
封面裏頁	每期八十元	Inside front cover	$ 80.00
卷首全頁	每期八十元	Page before contents	$ 80.00
底裏面全頁	每期六十元	Inside back cover	$ 60.00
普通全頁	每期四十五元	Ordinary full page	$ 45.00
普通半頁	每期二十五元	Ordinary half page	$ 25.00
普通四分之一頁	每期十五元	Ordinary quarter page	$ 15.00
製版費另加 連登多期	彩色價目面議 價目從廉	All blocks, cuts, etc., to be supplied by advertisers and any special color printing will be charged for extra.	

中國建築第二卷第四期

出版 中國建築師學會

編輯 中國建築雜誌社

發行人 楊錫鏐

地址 上海寧波路上海銀行大樓四百零五號

印刷者 美華書館

中華民國二十三年四月出版

中國建築定價

零售	每冊大洋七角	
預定	半年	六冊大洋四元
	全年	十二冊大洋七元
郵費	國外每冊加一角六分 國內預定者不加郵費	

图 6-81 版权页说明着杂志的定价，详列卷号、期号及出版日期、出版方、出版方地址

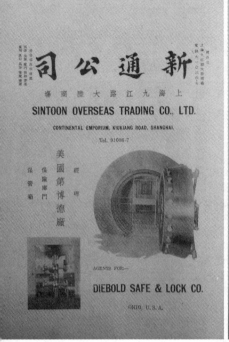

图 6-82 新通公司广告

图 6-83 胜利钢窗厂广告、中国水泥股份有限公司广告

图 6-84 中国石公司广告

图 6-88 东方年红电光公司广告、美商约克洋行广告

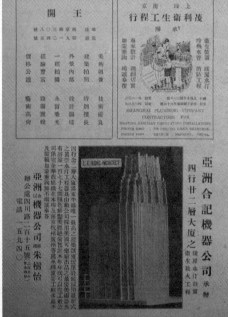

图 6-89 茂利卫生工程行广告、亚洲合记机器公司广告

图 6-90 谦信机器有限公司广告

图 6-85 慎昌洋行建筑部广告

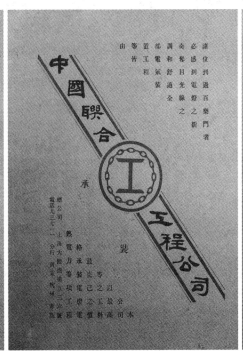

图 6-86 中国联合工程公司广告

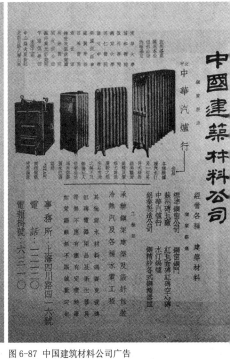

图 6-87 中国建筑材料公司广告

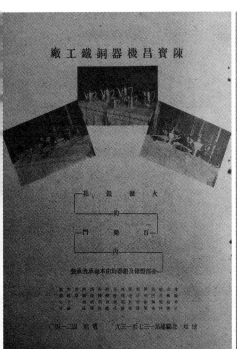

图 6-91 陈宝昌机器铜铁工厂广告

图 6-92 Vitrea Window Glass 广告

图 6-93 瑞昌铜铁五金工厂广告

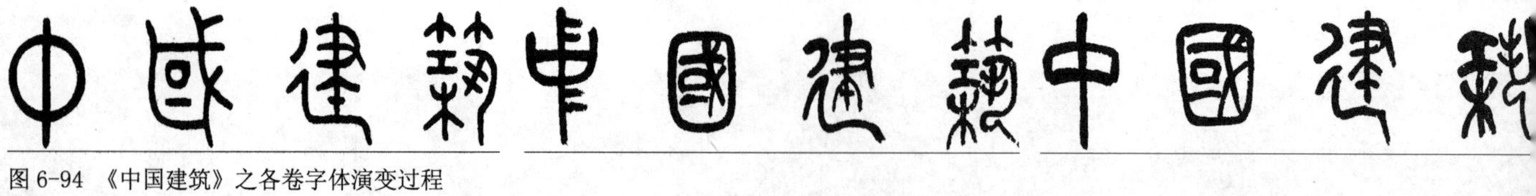

图 6-94　《中国建筑》之各卷字体演变过程

　　《中国建筑》文本的插图部分，通常是跟随着著述内容所附属或补充的相关图帧，有重要项目实地摄影及设计图案（谭故院长陵墓、首都中央体育馆、上海金城银行、上海中国银行虹口分行、上海清心女子中学校、上海恒利银行、常州武进医院、上海市政府、百乐门大饭店、北平仁立公司、青岛交通银行、大上海大戏院、金城大戏院、中央医院、上海市历届殉职警察纪念碑、聚兴诚银行南京分行、南京卫生设施实验处、上海运动场、上海体育馆、上海游泳池、上海运动场、上海广东银行、上海新式住宅新华一村等），有个别项目实地摄影及设计图案（郑相衡先生住宅、伟达饭店、总理铜像、萧特烈士之墓、愚谷邨里弄建筑、外交宾馆等），有个别文章摄影及图案（大德路何介春先生住宅内部建筑、八仙桥青年会内部建筑、内部装饰设计、建筑文件、白马寺、中国宗教建筑插图等），有展览会实地摄影及设计图案（支加哥博览会），有建筑师摄影作品（滁州琅琊山古刹），有高校建筑系学生习题图案（东北大学建筑系、中央大学建筑系、沪江大学商学院建筑科），有事务所附设夜校学生习题图案（华盖建筑事务所）。

　　自 1935 年第 3 卷第 2 期后《中国建筑》文本作了大更动，原本的各类文章与专栏数量大幅降低，整本杂志改为以刊登与介绍建筑师（会员）的设计图案与建成作品为主，犹如是一本建筑师的专辑，包括有董大西、华盖建筑（赵深、陈植、童寯）、凯泰建筑（黄元吉、杨锡镠、钟铭玉）、庄俊、范文照、李锦沛、中国银行建筑科（陆谦受、吴景奇）、李英年、奚福泉、华信建筑（杨润玉、杨元麟、杨锦麟）等。

　　《中国建筑》文本之后是订阅杂志、广告价目表及版权页的说明。

　　订阅杂志中说明订阅方式、更改地址与查询杂志。其中订阅方式标示读者如欲订阅需标明卷号与期号，及共计多少金额与地址，《中国建筑》杂志发行部将依照读者提供信息寄予。若读者长期订阅杂志，一旦原先读者所给的地址有变更，则可以将变更地址回复给《中国建筑》杂志发行部，以作变更。当读者未收到杂志，也可向《中国建筑》杂志发行部查询，可事后补寄。

　　广告价目表与版权页同在一半页。广告价目表说明各页面所需之广告价目，封底外面全页为每期 100元，封面里页为每期 80 元，卷首全页为每期 80 元，封底里面全页为每期 60 元，普通全页为每期 45 元，普通半页为每期 25 元，普通 1/4 页为每期 15 元。广告的制版费另加，用白纸、黑墨印刷，若须彩色，价目另议。广告连登多期，价目将从廉。

　　版权页说明着《中国建筑》杂志的定价，零售每册大洋 5 角，若要预定的话，半年 6 册大洋 3 元，全年 12 册大洋 5 元，而邮费分国内外价目，国外每册加 1 角 6 分，国内预订者则不加邮费。以上定价只用于从创刊号到第 1 卷第 6 期。从第 2 卷第 1 期开始，因制版印刷张数增多及篇幅加厚，装订耗时，所以定价调高为零售每册大洋 7 角，若要预定的话，半年 6 册大洋 4 元，全年 12 册大洋 7 元，邮费不变。

　　版权页同时详列《中国建筑》的卷号、期号及出版日期，出版方中国建筑师学会，出版方地址上海南京路大陆商场 4 楼 427 号。《中国建筑》所合作的印刷者有过 1 次更换，从创刊号到第 1 卷第 3 期为国光印书局（上海新大沽路南成都路口，电话 33743），第 1 卷第 4 期之后都为改"美华书馆"（上海爱而近路 3 号，电话 42726）。美华书馆是中国近代设备最新颖、利用最先进的活字排版、机械化印刷的印刷厂，设中英文

中國建築中國建築中國建築

排字部、铸版部、印刷部、装订部、仓库等，备有多座大型滚筒印刷机，以及其他各类印刷机，

《中国建筑》在第 1 卷第 4 期的封面里页刊有详细的征求著作的简章，对投稿文章有具体要求，如应征之著作，一律用中文书写，文体不拘，但须著名新式标点符号，翻译文章中的深奥专有名词需将原文写出，原文置于括号中，附在译名之下；应征之文章，原创与翻译皆可，若是译文，需加列出原文之书名、出版日期及原著者名；应征之文章，分有长、短篇两种，长篇字数在 5000 字以上，短篇字数在 1000 字以上、5000 字以下；应征之文章一经选用，除了在杂志上发表外，也会赠酬金，若不愿受酬者，将赠杂志半年或全年；而酬金计算以篇数计，短篇者每篇由 5 元起至 50 元，长篇者每篇由 10 元起至 200 元，当文章发表后，酬金将以专函通知酬金数目，而文章之版权将为杂志社所有，作者不能再在其他任何出版品上登载；未选中之文章，杂志社概不保存与退还，若需退还者，需预先声明，并自行支付退还之邮资；应征之文章，杂志社将掌有选用及赠酬之权利，同时杂志社也可依内容与版式需求增删修改；应征者需将文章用楷书书写清楚，不得污损模糊，并需盖作者本人之图章，以便领酬时核对，在信封上需将姓名及地址详细写明，邮寄至杂志社编辑部，不得寄交他人转投。

出版委员，专职杂志发行人

杨锡镠 1929 年加入中国建筑师学会，1933 年与童寯、董大酉一同出任《中国建筑》杂志的出版委员，1934 年专职任《中国建筑》杂志发行人，所以，自第 2 卷第 1 期，在版权页上增列发行人杨锡镠，出版方改为编辑及出版《中国建筑》杂志社。到了第 2 卷第 4 期，在版权页上又将编辑及出版分列，出版为中国建筑师学会，编辑为《中国建筑》杂志社。从第 2 卷第 1 期开始，因原地点（上海南京路大陆商场）办公不便，杂志社迁到宁波路上海银行，出版方地址也变更为上海宁波路上海银行大楼 405 号。1934 年 6 月 6 日中国建筑师学会迁到上海香港路银行公会 108 号办公。

《中国建筑》从 1932 年 11 月发行创刊号，1933 年 7 月发行第 1 卷第 1 期，到 1937 年 4 月停刊，共出版 30 期，基本上按月发行，只在 1934 年 10 月第 2 卷第 9、10 期及 11 月第 2 卷第 11、12 期发行合刊，之后，由于时局动荡，出版较不顺畅，稿件征集不易，常有延期出版的状况及制版印刷费时等问题，自 1936 年后，取消按月发行的方式，改不定期出版，将卷号与期号改为只标注期号，如 1936 年第 24 期、1936 年第 25 期、1936 年第 26 期、1936 年第 27 期，1937 年只发行 2 期（28 期、29 期），终因战乱而停刊。

获得中国近代建筑界的关注与好评

《中国建筑》发行后，由于当时关于此类建筑专业的杂志甚少，又因取材多样，内容丰富，文章质量高，图样效果好，印刷精良，从而获得中国近代建筑界的关注与好评，订购者相当踊跃，代售处常销售一空，效果奇佳。

图 6-95 长城机制砖瓦股份有限公司广告

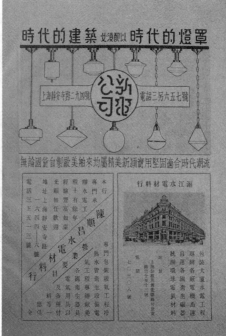

图 6-96 新电公司广告、陈顺昌水电材料料行广告、沪江水电材料行广告

图 6-97 上海地产大全广告、冯成记西式木器厂广告、复昌五金制造厂广告

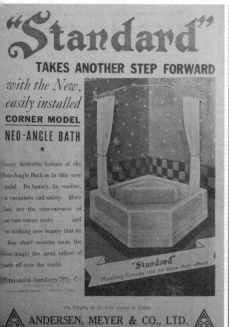

图 6-101 ANDERSEN，MEYER & CO. LTD. 广告

图 6-102 张德兴电料行广告、永康电器商店广告、懋利卫生工程行广告

图 6-103 公勤铁厂股份有限公司广告

图 6-98 东方钢窗公司广告、大宝工程建筑厂广告

图 6-99 铝业有限公司广告

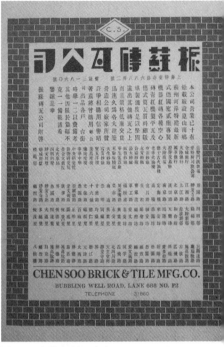

图 6-100 振苏砖瓦公司广告

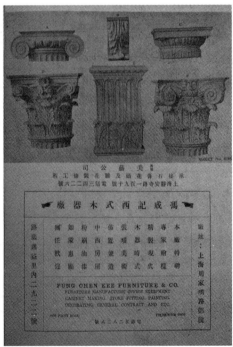

图 6-104 美艺公司广告、冯成记西式木器厂广告

图 6-105 琅记营业工程行广告、钟山营造厂广告、亚细亚晒图股份有限公司广告

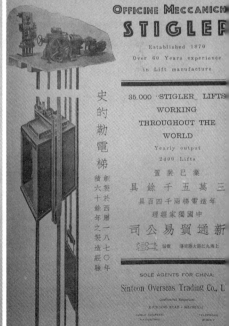

图 6-106 新通贸易公司广告

6.2.5 《中国建筑》部分每期标题

1933年第1卷第1期：

目次

1. "编辑者言"
2. "故吕彦直建筑师传"
3. "广州中山纪念堂设计经过"
4. "广州中山纪念堂建筑概述"
5. "南京蒋委员长官邸"
6. "华业大厦"
7. "外交大楼"
8. "中国银行堆栈"
9. "西班牙式公寓计划大要"
10. "两路国难殉职员工纪念堂图样"
11. "虹口公寓"
12. "南京饭店"
13. "南京中国银行新建行屋图案"
14. "中国古代都市建筑工程的鸟瞰"
15. "建筑师应当批评么"
16. "中国建筑"
17. "东北大学建筑系成绩（名人纪念堂）"
18. "建筑文件"
19. "中国建筑师学会22年年会"
20. "中国建筑师学会会员录"
21. "公共租界房屋建筑章程"

1933年第1卷第2期：

目次

著述

1. "卷头语"
2. "谭故院长陵墓设计情形" 基泰工程司
3. "中国内部建筑几个特征"
4. "什么是内部建筑"
5. "谈谈住的问题" 钟熉
6. "伟达饭店说明" 李蟠
7. "总理铜像说明"
8. "住宅建筑引言"
9. "沪西愚谷邨"

10. "说制施工图" 杨肇煇
11. "中央大学建筑工程系小史"
12. "中央大学公共办公室习题"
13. "建筑文件" 杨锡镠
14. "上海公共租界房屋建筑章程" 杨肇煇译

插图

1. "谭故院长陵墓图七帧" 基泰工程司设计
2. "内部装祯设计一帧" 美艺公司设计
3. "大德路何介春先生住宅内部建筑四帧" 黄元吉建筑师设计
4. "八仙桥青年会内部建筑五帧" 李锦沛建筑师设计
5. "内部装饰设计二帧" 钟熉设计
6. "伟达饭店摄影六帧" 李蟠建筑师设计
7. "郑相衡先生住宅三帧" 华盖建筑事务所设计
8. "总理铜像一帧" 董大酉建筑师设计
9. "萧特烈士之墓一帧" 范文照建筑师设计
10. "愚谷邨图样五帧" 华信建筑公司设计
11. "上海市政府新屋图案四帧" 董大酉建筑师设计
12. "中央大学戴志昂绘公共办公室"

1933年第1卷第3期：

目次

著述

1. "卷头语" 编者
2. "中央体育馆筹建始末记" 陈希平
3. "中央体育馆概况" 夏行时
4. "首都中央体育馆建筑述略"
5. "里弄建筑"
6. "女青年会"
7. "建筑文件" 杨锡镠
8. "东北大学里弄建筑习题"
9. "民国二十二年八月份上海市建筑房屋请照会记实"
10. "专载"
11. "上海公共租界房屋建筑章程" 杨肇煇译

插图

1. "首都中央体育馆实地摄影十六帧" 基泰工程司设计

1934 年第 2 卷第 9 期：

目次

著述

1. "上海广东银行落成记"

2. "上海新式住宅新华一村兴建始末"编者

3. "中央大学建筑系学生成绩"

4. "东北大学建筑系学生成绩"

5. "建筑正轨"石麟炳

6. "建筑投影画法"顾亚秋

7. "实用简要都市计划学"卢毓骏

8. "接连梁弯幂系数"王进

9. "各大城市建筑规则之比较"王进 石麟炳合集

插图

1. "上海广东银行实地摄影二帧"李锦沛建筑师设计

2. "上海广东银行设计图案八帧"李锦沛建筑师设计

3. "上海新式住宅新华一村实地摄影五帧"

4. "上海新式住宅新华一村设计图案二十三帧"

5. "中央大学建筑系绘博物馆图案六帧"

6. "东北大学建筑系绘中学校图案五帧"

1934 年第 2 卷第 10、11 期：

目次

著述

1. "卷头语"编者

2. "建筑正轨"石麟炳

3. "建筑投影画法"顾亚秋

4. "实用简要都市计划学"卢毓骏

5. "洛阳城市沿革"杨哲明

6. "最大正负弯幂之决定"王进

7. "弯幂与挠角之关系"王进

8. "建筑几何"石麟炳

9. "国产木材之实用计算法表说明"赵国华

插图

1. "外交宾馆全部图样"基泰工程司设计

2. "东北大学学生成绩"

1937 年第 29 期：

目次

1. "卷首语"编者

2. "导言"华信建筑事务所

3. "上海愚园路住宅"华信建筑事务所

4. "上海政同路住宅（一）"华信建筑事务所

5. "上海政同路住宅（二）"华信建筑事务所

6. "上海江湾体育会路住宅"华信建筑事务所

7. "上海民孚路住宅"华信建筑事务所

8. "镇江小住宅"华信建筑事务所

9. "上海三民路集合住宅"华信建筑事务所

10. "上海静安寺路集合住宅"华信建筑事务所

11. "上海中华劝工银行"华信建筑事务所

12. "上海巨籁达路住宅"巫振英

13. "上海麦特赫司脱路住宅"巫振英

14. "上海大西路住宅"巫振英

15. "沪江大学商学院建筑科概况"哈雄文

16. "沪江大学商学院建筑科学生成绩"

17. "房屋各部构造述概"杨大金

18. "Lettering"编者

6.2.6　建筑师发表在《中国建筑》文章之观察

第一代的建筑杂志

　　《中国建筑》杂志创刊以来内容偏重于建筑项目的介绍与评论、建筑思想的研讨、设计施工的概况、建筑资讯的传达等，举凡一线活跃的建筑师都有在《中国建筑》上发表过文章，如范文照、董大酉、赵深、石麟炳、刘福泰、钟煜、张镛森、唐璞、戴至昂、王进、徐鑫堂、杨锡镠、何立蒸、卢毓骏、过元熙、陆谦受、吴景奇、杨大金等。所以，可以客观地认定，《中国建筑》是 20 世纪中国建筑界第一代的建筑杂志。

　　中国建筑师学会创办初期的核心团队中，皆留美，有的是同学与同事关系，有的也有着业务合作上的关系，这都是他们共同创办中国建筑师学会的重要原因。

同学与同事关系，参赛相互结识

　　庄俊毕业于伊利诺伊大学建筑工程系（1910—1914 年），在学期间，曾积极参与留美中国学生会的活动，回国执业后，再率清华学生（100 人）赴哥伦比亚大学进修建筑（1923—1924 年），回国后，在上海自办事务所，几年后，庄俊已是设计银行建筑的翘楚，在业界享有甚高的知名度。张光圻与巫振英都毕业于哥伦比亚大学建筑学院（张 1916—1920 年，巫 1915—1920 年），回国后，两人又同在上海六合贸易工程公司任建筑师（张 1923—1927 年，巫 1923—1929 年），所以，他俩既是同学，也是同事。吕彦直毕业于康乃尔大学建筑系（1914—1918 年），回国后执业，因在中山陵与孙中山先生纪念堂、纪念碑的设计竞赛中获首奖，而名气大涨。范文照毕业于宾夕法尼亚大学建筑系（1919—1921 年），回国执业后，在上海允元公司（Lam Glines & Company）建筑部任工程师（1922—1927 年），他也参加了中山陵的设计竞赛获第二名，在孙中山先生纪念堂的设计竞赛中获第三名。因参加竞赛的原因，吕彦直与范文照便结识。

"中国建筑师学会缘起"

　　范文照在《中国建筑》创刊号中发文阐述了中国建筑师学会的组成与缘起，讲述了几位核心团员如何组织学会（"中国建筑师学会缘起"，《中国建筑》，创刊号，1932-11）。而在中国建筑师学会创办的前夕，范文照在上海自办事务所（1927 年）。

前后期同学关系、同事关系、项目关系

　　而曾在范文照事务所工作的赵深，是范文照在宾夕法尼亚大学建筑系的学弟，他也参加了中山陵的设计竞赛，获名誉奖第二名（是唯一一位来自境外的应征者，当时赵深还在国外，1927 年回国）。他的优异设计能力受到范文照赏识。在进入范文照建筑师事务所工作前的赵深，在欧游回国后，曾被李锦沛介绍给阿瑟·阿当姆森（Arthur Q Adamson），任美国基督教青年会驻上海办事处建筑处建筑师，李锦沛、赵深在业务上有了第一次的搭帮。之后，李锦沛自办事务所，而赵深进入范文照事务所工作，两家事务所因彼此的联系和责任关系便共同负责先前未完成的项目（原上海八仙桥基督教青年会大楼）。因此，赵深与范文照、李锦沛 3 人关系密切，李锦沛之后也参与创建中国建筑师学会。

致发刊词，创办杂志的初衷明义

　　刚入范文照事务所工作的赵深，经范文照与庄俊介绍加入中国建筑师学会，几年后，1931 年赵深离开范文照事务所，自办赵深建筑师事务所。1932 年，赵深在年会上被选举为会长，并任会所筹备委员会委员，同年年底，中国建筑师学会创办《中国建筑》杂志，赵深在创刊号上致发刊词，阐述创办之初衷明义。文中写到："……自总理陵园，上海市政府新屋等征求图样以后，社会一般人士，始瞿然知世尚建筑学与建筑师之地位，而稍稍加以注意矣。然在物质文明落后之中国，是特建筑界一线之曙光耳。发扬光大，贵在同人之共同努力，不容诿卸也。惟念灌输建筑学识，探研建筑学问，非从广译东西建筑书报不为功因合同人之力，而有中国建筑杂志之辑……"以上内容说明着建筑学与建筑师因竞赛与征求图样后，争取到社会上的认知度，是一道曙光的乍现，但这并不够，需要建筑界人士再共同努力，发扬光大，不容推诿，灌输、探研建筑与学问，"广译"中外建筑书报，这是创办《中国建筑》杂志的初衷。而文中又写到"……凡中国历史上有名之建筑物……必须竭力搜访以资探讨，此其一；国内外专门家关于建筑之作品，苟愿公布，极所欢迎，取资观摩，绝无门户，此其二；西洋近代关于建筑之学术，日有进步，择尤择述，借功他内，此其三；国内外大学建筑科肄业诸君，学有深造，必多心得，选其最优者，酌为披露，以资鼓励，此其四……"以上内容说明着创办的目的，鄙弃门户之见，囊括搜集中外建筑师与建筑学生之作品、建筑之学术，以资观摩、学习与鼓励，期望杂志内容能集中外建筑之特长，并以发扬本国固有建筑文化为最大之使命，同时也需建立建筑学上的专有名词，力求通达与直白的表述。

杨锡镠于1929年加入中国建筑师学会，同年在上海自办事务所，旗下员工有白凤仪（绘图监工员）、石麟炳（1933—1935，助理建筑师）、萧鼎华（1934—1936年）、俞锡康、孙秉源等。员工部分来东北大学建筑工程系第一、二届毕业的学生，白凤仪与萧鼎华皆于1932年毕业，石麟炳1933年毕业，他们都是梁思成、林徽因、陈植、童寯、蔡方荫回国办学任教所培养的第一批学生。同时期，杨锡镠承接上海百乐门舞厅的设计。

在此项目中，杨锡镠使用了汽车钢板支托舞池地板，让人跳舞时，会有振动的感觉，被称之为"弹簧地板"。建成后，此项目在《中国建筑》第2卷第1号发表，杂志上刊登"百乐门之崛兴"一文，及杨锡镠撰"弹簧跳舞地板之构造"一文。

"百乐门之崛兴"

"百乐门之崛兴"一文主要先阐述项目之成形及过程。"在城市中，因娱乐事业发展之必须，与繁荣之联系，加上原公共宴舞厅因大华饭厅而没落，急需大规模的宴舞厅，便择地委任杨锡镠承接，设计3月，施工9月，开幕时，嘉宾如云，声誉春申，执宴舞界之牛耳者，将舍此而莫属。"接着，经杨锡镠口述设计之经过概况。他在承接后，绘制草图不下10余套，经严密审查及修改后，方才定案，其设计重点有：①场地——该建筑基地之选择，施工执照之核准，治安与交通之种种问题的解决，如何取得在转角处设置大门之经过（当时警务处反对在转角上设大门）；②内部布置——出入口之选择，因地价经济原因需在一层添设店面出租，增加收入，设置宽大的厨房，以满足百人以上使用，增设2层以上旅馆，另辟旅馆部大门；③内容范围——考虑使用的效率将舞厅分为数部段，添建楼座及宴会室（容纳数10人），据舞客之多寡而权宜开放楼座与宴会室，楼下容200余座，楼厅容250座，宴会2间各容75座，设大型休憩室，供宾众憩息候客之用，转角上灯塔置一圆形休憩室，设男女衣帽室及糖果部定座处，设各个功能设备间（酒排室、音乐台、演员化妆室、厨房间、冷藏室、备餐室、供饮室等），由专门人才负责舞厅之桌椅布置、音乐台之分配、侍役之出入、水电煤气之供给等；④构造——按建筑章程，全为防火材料建造，钢骨混凝土结构，楼厅一层作"走马楼式"，楼厅下有支柱、骨架为钢铁，慎昌洋行设计，由该行钢铁建筑部工程师冯宝龄（交通部上海工业专门学校土木工程系学士，康奈尔大学土木工程系硕士，曾参与广州中山纪念堂结构设计工作）全权负责计划，全部楼厅不用一柱支撑；⑤机械设备——因经济关系，将冷暖气合并使用，用同一机械及气管，屋顶进气，地板下出气，以暗灯之装饰，总电线及水管之位置、电话接线间皆按便利与效率之原则布置；⑥材料

图 6-107 "百乐门之崛兴"

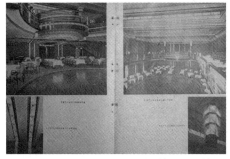

图 6-108 百乐门舞厅

图 6-109 百乐门舞厅

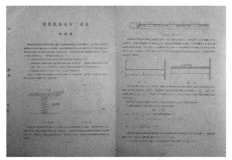

图 6-110 "弹簧跳舞地板之构造"

图 6-111 工程更改通知书、工程更改证书

选择——除玻璃、金属、钢铁等无国产,其余如石料、砖料、水泥、五金及内部装修材料与配备皆采用国产,材料使用前需先绘制详图,计算所需数量,提早向厂家订购、各项材料需依期到施工现场,不能延迟,工程才能顺利进行。

"弹簧跳舞地板之构造"

"弹簧跳舞地板之构造"是杨锡镠亲自撰写的文章,专门阐述了百乐门舞厅的弹簧跳舞地板的构造原理。文中以跳舞者的经验说明跳舞地板不能过硬,否则跳久容易疲乏,需有点弹性,地板因而设计得随着舞者的步伐而轻微地颤动。而如何让地板可以颤动,杨锡镠说明了他选用哪类弹簧来作地板的材料。他本欲用钢质弹簧地板,但因材料不易取得,且需特别定制,不易掌控其耐久性。于是,他设计了一种悬挑式的木质弹簧地板,利用挠度的力学原理,将杠杆与圆轴搭配,有效地转移地板上的载重,将载重集中在杠杆的两端。此弹簧地板既经济简单又实用。

"建筑文件",编制章程表式委员会委员,现代标准化的格式

杨锡镠也在《中国建筑》杂志上以连载式发表以"建筑文件"为题的数篇文章。杨锡镠曾是 1932 年度中国建筑师学会的编制章程表式委员会委员,另两位委员是范文照与朱彬。委员会是为专门拟定相关建筑说明书与合同而设,将原本各自为政的说明书与合同予以格式上的统一,建立一种现代标准化的建筑文件。之后,杨锡镠便在杂志刊载历年来所用的说明书与合同,以供建筑师参考使用。

建筑合同

在《中国建筑》第 1 卷 1 期的"建筑文件"中,杨锡镠以图文并茂的方式,刊载他在上海百乐门舞厅中所用的建筑合同(附建筑章程工程说明书及图样各一份),共 7 页,由甲方承裕地产公司与丙方陆根记营造厂协议订立,合同中规定了细项,以资双方信守,如工程范围、图样章程、更改图样、造价期银(分期付款表)、完工期限、工程延迟、灾害、保险、权利、工程玩忽、工程保证、保证人、解决执争、遵守合同,最后由保证人与立合同人甲乙丙三方签名存证。

建筑章程,施工细则,建造章程

在《中国建筑》第 1 卷 2 期的"建筑文件"中,杨锡镠撰文阐述说明书分为两部分:一是总纲,一是材料说明与工程进

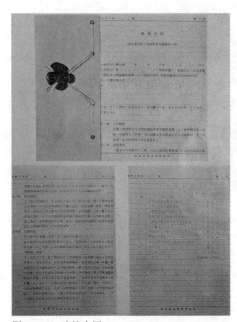

图 6-112　建筑合同

图 6-113　建筑合同

图 6-114　建造章程

图 6-115　建造章程

行方式（依不同工程而列）。总纲后称之为"建筑章程"，材料说明与工程进行方式称之为"施工细则"。同时刊载他在原上海第一特区法院中所用说明书之"建造章程"，共 8 页，包括有总纲、图样与说明书章程、工作范围、工程师之职权、承揽人之责任、承揽人与工程师之关系、承揽人与业主之关系等章节，以供建筑师同仁参考。

工程更改证明书，工程更改证书

在《中国建筑》第 1 卷 3 期的"建筑文件"中，杨锡镠撰文阐述在工程进行中，常因业主对原图样进行更改，而致使承包人成本超支，需"加账"数目，而成为甲丙双方争端之所在，然建筑师作为乙方，不得不出面调解，秉公处理，但又易引起甲丙双方不满意，而导致争议诉讼不断。所以，为了避免更改而导致争议，需立"工程更改证明书"，更改之要项与相对"加账"数目应征得甲丙双方的同意，并签字证明，以补合同之不足，也减少无谓纠纷。杨锡镠也刊载他个人习用的工程更改通知书与工程更改证书各一份。工程更改通知书载明了承造工程更改信息，并命该项工人照所附"更改图样"作更改，由建筑师亲启；工程更改证书载明了拟行更改部分、原订说明书及图样、现拟更改为、价值之加减等四项说明，由工程师、立证书人、业主与承揽人签字留存证明，一式 3 份，由业主、承揽人及工程师各执一份存照。

工程说明书，建筑名词委员会

在《中国建筑》第 1 卷 4 期的"建筑文件"中，杨锡镠撰文阐述在所有"建筑文件"中最重要的部分——"说明书"，建筑师除了设计、图样、人工运用及材料选择外，有些不能用设计或图样表明的，须用说明书详加解释。同时中国建筑师学会于 1932 年成立"建筑名词委员会"，由杨锡镠与庄俊、董大酉共同组成，专事审查及纠正建筑上的专门名词，这些名词也罗列在说明书当中。杨锡镠刊载他在原上海山西路南京饭店中所用的"工程说明书"，共 15 页，以章节分有底脚桩头、钢骨凝土、墙垣水料、木料装修、粉刷装饰、铜铁五金、门窗五金、油漆玻璃、沟渠杂项及补遗，后附说明书之修改条文，以应现况变更之所需。

中国近代建筑评论家

在东北大学建筑工程系求学的石麟炳，1933 年毕业后入杨锡镠建筑师事务所工作，任助理建筑师（1933—1935 年），也随同杨锡镠参与《中国建筑》杂志社的编辑工作，成为杨的得力助手，后任主编，执笔不少文章（主笔）。从他发表的文章内容来看，既有史论，也有解析，是当时的中国近代建筑评论家。

文章类别

石麟炳发表的文章分四类：①单篇文章，内容有史论概述（"中国建筑"，《中国建筑》，1 卷 1 期，1933，7）与作品解析（"对于上海金城银行建筑之我见"，《中国建筑》，1 卷 4 期，1933，10；"北平仁立公司增建铺面"，《中国建筑》，2 卷 1 期，1934，1）；②连载文章，内容有介绍建筑之学识与经验（"建筑正轨"，《中国建筑》，2 卷 1-10 期，1934，1-10）；③翻译文章，内容是阐述建筑几何之性质（"建筑几何"（译），《中国建筑》，2 卷 7 期，1934，7，2 卷 8 期，1934，8，2 卷 11/12 期，1934.11/12）；④合著文章，内容是阐述建筑规则之统计与对比（"各大城市建筑规则之比较"（与王进合著），《中国建筑》，2 卷 9/10 期合刊，1934，9/10）。

"中国建筑"

在单篇文章部分，石麟炳在"中国建筑"这篇文章中，分有 6 个段落：原始、建筑之进展、唐代建筑之盛况、SCALE DRAWING 之起源、明清之建筑、现代建筑。每个段落皆简短、扼要，阐述了从古代到近代的中国建筑发展脉络。内容大致如下：首先，从上古人的穴居谈到构木为巢的"有巢氏"而见建筑之雏形，直到黄帝的宫室之制，是为中国建筑之滥觞；接着，说到尧的成阳之宫、舜的郭门之宫、夏末乌巢作甄、商纣造鹿台、秦皇修建长城与阿房宫、汉高祖之长乐宫与未央宫、汉武帝之甘泉宫与建章宫，中国建筑到了两汉时期已发达可观；再来，印度传来的希腊佛教，造就唐朝成为中国艺术史上的黄金时期，而大明宫、华清宫与兴庆宫，配置整齐，规模宏大，西安大雁塔更是珍品。到了北宋，郭宗恕善画的"建筑图样"（界画），是 SCALE DRAWING 之滥觞，而李明仲所著的《营造法式》，是研究木构建筑的典籍与依据。到了元明清，元的居庸关之圆洞，明清的北京宫殿，样式雷家族的设计，欧化之影响，开启了古代走向近代的契机。

文章重点落在最后一个段落——现代建筑，分两小部分：建筑人材之产生、所希望国人研究建筑学者。石麟炳用了相当篇幅介绍留学归国的建筑志士在高校中创办建筑科之壮举，及因时局事变对建筑科的影响，借以说明人材培养的重要性和延续。接着，石麟炳批判了对外来样式（德、英、美）的抄袭之风及未顾及本国固有的建筑形式，反映了当时中外建筑文化碰撞后的反思，同时提到了中国营造学社创始于朱启钤，在梁思成与刘敦桢加入后，日有起色，是复兴中国建筑的寄托所在，望建筑界诸君勿漠然视之。因此，从文章中可观察出，石麟炳是支持中国固有之形式的旗手。

石麟炳也撰文对近代建筑作品进行解析，共 2 篇，"对于上海金城银行建筑之我见"与"北平仁立公司增建铺面"。

"对于上海金城银行建筑之我见"

在"对于上海金城银行建筑之我见"一文中，石麟炳先阐述了银行建筑在社会上特殊之地位"既足利人，复以利己，以收厚利，达众望所归之目的"，接着说明建筑师庄俊设计金城银行，如何达到大众的适用性，并依序解析其设计要点：①光线之解决，将主要功能空间布置于临马路一侧，以享充分之光源；②排木打桩之工法，用排木的方式打桩，使基础安如磐石，房屋重心集中在中部，震动而不裂，水浸无患；③经济上特殊之解决，选用上品的材料及内部设备，建造需耗费多的西方古典建筑，但却控制预算造价（90 万元），既经济又力求美满；④库门之美感与便利，将保险库库门设计成圆形，如隐者之洞，使人入眼为安。最后，石麟炳说明金城银行虽未设计地下室，较不经济，但可隔绝水患（上海是软土地基，土质松软，地下

图 6-116 "中国建筑"，支持中国固有形式的旗手

图 6-117 "对于上海金城银行建筑之我见"

图 6-118 "北平仁立公司增建铺面"

图 6-119 "北平仁立公司增建铺面"

图 6-120 "建筑循环论"

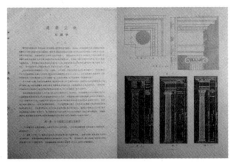

图 6-121 "建筑正轨"

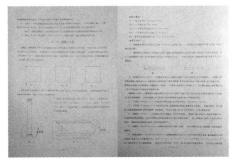

图 6-122 参考哈卜生所著《学习建筑设计》一书

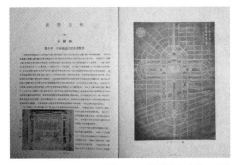

图 6-123 以章的方式逐一表述

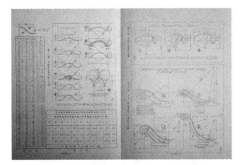

图 6-124 "建筑几何"

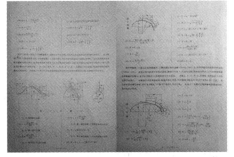

图 6-125 着重在绘图时，对几何的画法与构造

水位高）。建筑的文艺复兴样式更是西方古典建筑之标榜，文后附两张金城银行室内图片。

"北平仁立公司增建铺面"

北平（今北京）王府井大街仁立地毯公司的增建铺面由梁思成设计。原楼房是西方古典的三段式作品，业主希望在外面增加与建筑物同高的 3 层楼，并将内部重新装修，且需为中国样式。石麟炳在评论此项目时，着重在以下几点：①他说明建筑师解决了双出入口的轻重之分，手法巧妙；②石麟炳提点读者注意，一层顶端斗栱与水泥过梁同模凝结而成，斗栱为柱梁之间的过渡，有结构作用，非仿古的装饰性，而斗栱间的人字栱有装饰意味；③石麟炳发现在层与层之间，都是有趣的装饰点缀（彩画、八角柱、砖砌浮雕勾栏、平坐、玻璃瓦、古红灯等）；④石麟炳也发现梁思成没有舍弃内部原有的磨砖护墙（台度），那是北平特有的手艺；⑤宋式的斗栱与彩画同样出现在内部装修上，与外立面格调统一。最后，石麟炳评价了梁思成在研究中国古代建筑领域的专精与思考，梁思成到多处考察各时代建筑，了解到古建筑构架与各部之功能后，得出一种中国式建筑，实为别开生面的一种试验。

石麟炳在之后的"建筑循环论"（1934 年第 2 卷第 3 期）一文中提倡"中国固有之形式"是国粹，应发扬光大，并提出"循环论"，认为建筑是"天演公例、物归循环"，所以中国固有之形式并不是复古，对当时世界上所兴起的现代建筑风潮，他予以排斥，因不久即会看厌。

"建筑正轨"

在连载文章部分，石麟炳从第 2 卷第 1 期开始发表以"建筑正轨"为题的文章，共 10 篇，其内容参考了哈卜生（John F. Harbeson）所著的《学习建筑设计》一书。石麟炳在第 2 卷第 1 期的引言中先阐述了"什么是建筑"、"为什么要研究建筑"的原因，及研究中国固有建筑文化的重要性及急迫性。接着，他说到从 19 世纪末到 20 世纪 30 年代，中国近代建筑事业已渐趋发达，建筑学校得已创建，建筑人材与日俱增。首先建筑人更需具备建筑事业之学识与经验，他便立此专栏，以供初学者参阅。之后，石麟炳以章的方式逐一表述，分别有文具仪器之设备及其应用、线条之注意、草图、鉴定与列表、题目之探讨、着色、建筑之性质、平面图设计法及其性质、建筑之权衡等。

"建筑几何"

在翻译文章部分，石麟炳从第 2 卷第 7 期开始翻译以"建筑几何"为题的文章，共 3 篇，内容着重在绘图时对几何的画法与构造。

"各大城市建筑规则之比较"

在合著文章部分，石麟炳在第 9/10 期合刊与王进合著"各大城市建筑规则之比较"一文，他们向各大城市（上海市、青岛市、南京市、杭州市、天津市、上海工部局）的工务局征稿，以列表的方式比较各大城市之间的建筑规则，包括有房屋高度、建筑面积、材料重量、楼板载重、楼梯及走廊之载重，以供建筑界同仁参考。其中广州市来稿较迟，未能及时列入，以附注的方式列之。

结构工程，设计规范

毕业于复旦大学土木工程系的王进曾在《中国建筑》发表大量文章，内容着重在结构工程及设计规范方面。单篇文章有"楼版格栅之设计"（《中国建筑》，2 卷 1 期，1934，1），"建筑底角"（《中国建筑》，2 卷 7 期，1934，7），"接连梁弯系数"（《中国建筑》，2 卷 9/10 期合刊，1934，9/10），"最大正负弯幂之决定"、"弯幂与挠角之关系"（《中国建筑》，2 卷 11/12 期合刊，1934，11/12）。连载文章有"钢骨水泥房屋设计"（《中国建筑》，2 卷 1-7 期，1934，1-7）。翻译文章有"上海公共租界房屋建筑章程"（《中国建筑》，2 卷 1-2 期、6-8 期，1934，1-2、6-8）。

"楼版格栅之设计"

在"楼版格栅之设计"一文中，王进解释当时（20 世纪 30 年代）虽钢骨水泥结构之用途日见扩大，多用于高层建筑，但在低层建筑仍以砖木结构为主，因较为经济。而砖木建筑之载重，由楼板到格栅，再到砖墙，终止于墙基上，所以格栅之大小关系到建筑坚固与否。王进把格栅分两种，格栅之无夹砂者与格栅之有夹砂者（格栅之间实为煤屑三和土），并详列其静载重、材料之应力、计算用之公式及图表之应用。

"钢骨水泥房屋设计"

"钢骨水泥房屋设计"是连载文章，王进以章的方式逐一说明，分别有水泥平板、钢骨水泥大料，内容以文字搭配计算公式及列表。其中关于"活载重"，在上海地区有规定，在租界以英工部局的规定为准则，在南市以市工务局为准，王进将

图 6-126 "各大城市建筑规则之比较"

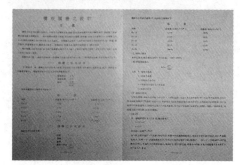

图 6-127 "楼版格栅之设计"

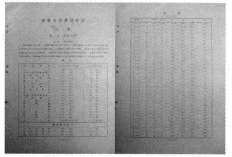

图 6-128 "钢骨水泥房屋设计"

图 6-129 "上海公共租界房屋建筑章程"

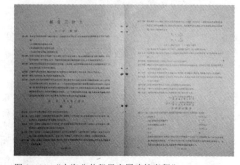

图 6-130 "上海公共租界房屋建筑章程"

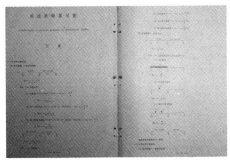

图 6-131 "接连梁弯系数"

图 6-132 "上海市政府新屋水泥钢骨设计"

图 6-133 "房屋声学"

图 6-134 参考《建筑声学》（Acoustics of Buildings）一书而译

图 6-135 "普通医院设计"

两局的规定内容（各种房屋内楼板，每平方公尺上所受之活载重）皆列下，以便为计算之依据。

"上海公共租界房屋建筑章程"

"上海公共租界房屋建筑章程"由上海公共租界工部局制订，是为了保障市民居住安适所规定，"总章"依条列之，内容有样图、请照单及执照费、篱笆棚架、地基、屋址之地面、包工人用之临时厂房、墙垣、砖柱、格栅、烟囱、火炉之烟囱、屋面材料、房屋之高度、货栈容量之限度、防火墙内之防火门及空洞、安全之准备、火警时之逃避方法、火警龙头、房屋四围之空地、流通空气、公路上之伸出物、水沟、厨房天井等之铺做、厕所小便处及洗涤室、改造及添建。接着，依章列之内容有墙、避火材料、灰浆及混凝土之结合、决定载重之定则、厕所，还包括了关于戏院等之特别章程、钢骨三和土、钢铁工程及中式房屋建筑规则。杨肇辉（第 1 卷第 1 期至第 1 卷第 6 期）与王进（第 2 卷 1、2、6、7、8 期）先后译成中文，以连载的方式发表，之后，王进将译文集结，于 1934 年 11 月出版《上海公共租界房屋建筑章程》一书，上海公共租界工部局著，王进译，由《中国建筑》杂志社出版，校订者石麟炳，发行者杨锡镠，印刷所美华印书馆，每册定价 1 元。

"上海市政府新屋水泥钢骨设计"

毕业于交通部上海工业专门学校土木工程科的徐鑫堂也曾在《中国建筑》第 2 卷第 2 期针对个案发表关于钢骨水泥设计方面的文章，名为"上海市政府新屋水泥钢骨设计"。由于，第 1 卷第 6 期以介绍上海市中心区域（行政区计划简略说明、建筑深水码头、改变现有铁道线）及上海市政府新屋（建筑经过、概略、电气设备）为组稿主题，所以，推断徐鑫堂的"上海市政府新屋水泥钢骨设计"一文是接续着上期主题而于当期列之，并带出下篇王进以"钢骨水泥房屋设计"为名的连载文章。

徐鑫堂设计了上海市政府新屋的钢骨水泥，他在"上海市政府新屋水泥钢骨设计"文中说到上海市政府新屋是中华古典风格的建筑，构架、楼板与屋顶皆为钢骨水泥所造，计算同其他普通钢骨工程有几点不同，如下：①经济——此项目不宜节省材料，应选用相当之钢条，以使结构安全且永久坚固；②钢骨水泥构架——由于市政府新屋大礼堂跨度大且上两层还有多种功能空间使用，故在支架上须多加考虑，水泥大料不合适，钢质构架较普遍，虽易于装置且可靠，但徐鑫堂仍仍用钢骨水泥构架，原因是钢骨水泥构架易与水泥楼板及大料接连，较钢质构架稳定，热胀冷缩系数较小（楼板裂缝较稀）；③钢骨水泥屋顶构架——徐鑫堂将屋顶架与构架置于同一柱上，故柱身尺寸大，并能将屋顶与楼板重量集中在各柱上，载重分布较平均，并在与屋顶架直交向，用小人字形构架，作为横撑，使屋顶固定，防风。

"房屋声学"

唐璞毕业于中央大学建筑工程系（1934年），在学期间（1933年冬），他便在《中国建筑》以连载方式（第1卷5期至第2卷8期）发表翻译文章"房屋声学"，共10篇。"房屋声学"参考了原著《建筑声学》（Acoustics of Buildings，1923年出版）一书而译，由美国伊利诺伊大学物理教授沃特森（F.R.Watson）所著。沃特森曾于1918—1924年欲改良伊利诺伊大学大礼堂之声音，费6年之研究，后将此研究成果出书，取名为《建筑声学》。所以，"房屋声学"是偏向建筑物理方面的译文，内容以章的方式说明，包括有声在建筑物上的作用，声波在室内之运作，会堂中之循环回声及其控制，会堂之声学设计等。

"普通医院设计"

《中国建筑》在第2卷第4期刊载了"中央医院设计经过"，由唐璞撰写一篇"普通医院设计"文章，作为引言。在"普通医院设计"一文中，唐璞阐述了现代化医院建筑的必要性，是科学与应用技术的实施地，其功能较其他项目复杂，设计者需具备医院设备该有的知识。接着，唐璞列举了几项医院设计的要点：①床位之规定；②地址之选择；③各部分（行政部、公用部、病人部、手术部、X光线部、药材部、职员宿舍、炊食部、锅炉部、洗衣部等）的处置。其为一院之条件及需要。

唐璞在中央大学的老师刘福泰，接受了中山陵建设委员会的任务，曾委派并指导唐璞试做中山陵扩建设计方案（1933年）。刘福泰于1928年经巫振英、李锦沛介绍加入中国建筑师学会，同时期也任中央大学建筑工程系系主任与教授。

"建筑师应当批评吗"

1933年，刘福泰在《中国建筑》第1卷第1期发表名为"建筑师应当批评吗"一文。此文的立基点着眼于在中国传统的治学中，缺少科学理性的批评方法，一直到近代，也是如此，而在中国近代建筑界中，有人主张不需批评，他们以为这样就"不是大方"了，刘福泰对此"三缄其口"、"与人为善"、

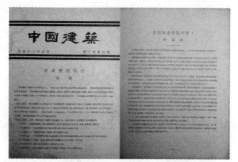

图 6-136 "普通医院设计"、"建筑师应当批评吗"

图 6-137 "中国历史宗教建筑艺术的鸟瞰"

图 6-138 "洛阳白马寺记略"

图 6-139 "吾人对于建筑业应有之认识"

图 6-140 "谈谈住的问题"

"择善而从"、"从善如流"的观点加以反驳，他认为建筑师应当批评抑或建筑应当批评。他并指出往往在一代人里面，批评人才比创造人才要稀少，原因是批评家需具备广博的知识、哲学的脑筋、豁达的胸怀与无畏的精神，这样的人才，自然不多见。接着，他认为建筑界的批评者，并不只限于几位建筑学的专家，只要是批评家态度真诚，言词合理，能洞察各种各样的纤小细微的事物与错误，加以指正与提点，那么，不论批评者出于何人，大家都应当诚恳地接受。文中又提到，若纯粹以奖励作为批评的唯一的资料，对建筑界也不能产生十分的贡献；"虽则谀词甘言，为一般人所欢迎，究竟与事何补？"因此，养成一种批评的习惯是很重要的，严厉的批评才是建筑界所需，大家积极进取求进步。

"中国历史宗教建筑艺术的鸟瞰"

孙宗文在《申报》与《时事新报》上发表大量文章，是位勤于写作的建筑师，他也在《中国建筑》上以"中国历史宗教建筑艺术的鸟瞰"为名，从第 2 卷第 2 期起连载了 5 篇文章。在此文绪论部分，首先孙宗文说明了建筑是一种艺术与科学相结合的学问，艺术求美，科学求真，两者贯通，使建筑达到真美合一。在历史上，建筑物本身受外来的影响，其风格会转变，同时遗留下来的建筑物，永远是各民族思想变迁与文化改进的结晶。接着，孙宗文将中国古代建筑分为三种：住宅建筑、宫殿建筑、宗教建筑。将各朝代建筑分为三个时期：礼治的（太古、唐虞、夏、商、周、秦）、宗教的（汉、三国、晋、南北朝、隋、唐、五代、宋、元）、欧式的（明、清）。之后，孙宗文以"宗教的"时期为主，在可能的范围内，将中国历代关于宗教的建筑艺术及其主要的代表作品介绍给读者，分几个段落阐述，分别是宗教未传入以前的中国建筑，混交时代的中国宗教建筑艺术之奇迹，一座最初佛教建筑物——白马寺，佛教建筑的黄金时代，石窟建筑艺术的奇迹，宗教建筑艺术作风的转变，结论等。

孙宗文在结论特别说明，宗教建筑除了佛教外，尚有伊斯兰教建筑，但对中国建筑影响甚小，故从而简略，他锁定在佛教建筑，而佛教最初传到中国约在东汉初期，因此，孙宗文特别在段落中提到了白马寺是佛教传入中国后兴建的第一座寺院，僧寺的鼻祖，也是中国建筑进入到"宗教的"时期的代表作品。孙宗文也在文中提醒读者欲参阅"白马寺"详文，看《中国建筑》第 1 卷第 5 期由戴志昂所撰写的"洛阳白马寺记略"一文。

"洛阳白马寺记略"

戴志昂 1932 年毕业于中央大学建筑工程系，在学期间，1931 年夏他与同学辜其一、杨大金一起跟随老师刘敦桢及助教濮齐材、张镈森一同赴山东曲阜、北平一带参观古建筑。毕业后的戴志昂，留校任助教，于 1933 年在《中国建筑》第 1 卷第 5 期发表"洛阳白马寺记略"一文。戴志昂在文中说到，因到白马寺时，甚而匆促，未能详细观览，测量工作也只两小时，企盼日后重游。同时，他阐述白马寺当时仅存的几栋古建筑，画栋雕梁，极为壮观，比例与遗迹有高度研究价值，殿（观音殿、观音拜殿、大雄殿）内塑像及彩画生动庄严，尤为精彩，是为一项古建筑的造形美术，戴志昂望有志者，共同考察发现之。但白马寺已是多年失修之古庙，戴志昂望将来负责设计与修护者，能"复古而不失真"、"采新而不碍于全体之调和"地进行整修，他更提议复兴白马寺，获建筑界诸公赞同。

戴志昂在中央大学的学长张镈森，1931 年毕业前后常负责老师卢树森所交付的设计任务，绘制设计图，并负责施工时的监造，如中山陵园藏经楼、中央大学教授住宅等，之后，留校任助教（1931—1939 年，1939 年离系，1947 年回任副教授、教授）。1931 年秋，经老师卢树森与刘福泰介绍加入中国建筑师学会，隔年，任南京总理陵园管理委员会工务组建筑设计员。

"吾人对于建筑业应有之认识"

1933 年，张镛森在《中国建筑》第 1 卷第 4 期发表"吾人对于建筑业应有之认识"一文，文中先说明中国文化之发源不迟于埃及，中国古建筑之开端不晚于希腊，但因后起乏人，以致沦沈，且在古代建筑事业者多为梓工大匠之事，士大夫对此多为不屑。直到近代，建筑师吕彦直设计总理陵墓，及国民政府定都南京后极为重视建设事业，使建筑事业得以渐兴，建筑足以转移国家之民风，陶冶人民之性情，是为重要，更需深切明了。接着，张镛森认为建筑中的梁柱材料大小，能让人产生心理上的视幻之感，若窗户位置失当，大小不称，则会让人生厌恶之感，因此必须有所讲究。他更认为建筑由物质所构造，由材料所集成，一须有精密之计划及复杂之结构，二须随处适合地理地质之情形，才能保障安全。所以，对建筑的布置、组合、地位、方向须有高深的研究，作精密之进行，而建筑之意义在于效用、坚固、美观，也是文章、艺术、工程的专学，既广博又深奥。

图 6-141 "中国内部建筑几个特征"

图 6-142 八仙桥青年会内部

"谈谈住的问题"，"内部装饰设计二帖"

1928 年春，《上海漫画》创刊，是由漫画会创办的大型漫画刊物，内容有政治漫画、风俗漫画、肖像漫画、连环漫画以及新闻照片、名媛照片、人体照片、古今名画等，主要编辑者有叶浅予、张正宇。张正宇在当时关注社会热点，及国外美术思潮、现代装饰艺术和现代设计，常以图文并茂的方式介绍设计新人，引导大众对新艺术趋势的关注，以推动现代艺术在中国近代的发展。他于 1929 年 7 月在《上海漫画》介绍了归国任教的钟熀及他在法国的室内设计作品。

钟熀不是一位建筑师，也非建筑教师，他是一位工艺美术家兼美术教授，曾于 1919 年赴法国研究工艺美术，先后 10 年，于 1925 年获巴黎万国建筑装饰工艺美术展览会特奖，之后又获得巴黎各工艺美术展览会奖牌与证书（1926—1927 年），1928 年冬回国，任北平大学艺术院实用美术系教授。

钟熀也于 1933 年在《中国建筑》第 1 卷第 2 期发表"谈谈住的问题"一文及"内部装饰设计二帖"。在文中，钟熀首先提及他在参加巴黎万国建筑装饰工艺美术展览会时所观察到的现象，即各国人士无不用资力研究现代的建筑装饰，并彼此交流，促成无国界的新式建筑装饰的进步。接着，他说到中国的建筑装饰自古就有，数千年的历史，精巧别致为欧美各国所称道，但后来的人只知模仿古化，无改进思想，值得警惕。到了近代，有志之士远渡重洋，学习现代化的建筑装饰，方能贡

图 6-143 何介春先生住宅内部

图 6-144 "实用简要城市计划学"

献本国。之后，钟熀提出他的观点，认为建筑与装饰，虽时常连用，但各有区别，却缺一不可。他放了两张室内装饰图片（设计：钟熀，装饰者：艺林公司），来说明客厅与餐室、卧室该有的不同装饰，从色彩、光线、面积、家具、软饰等角度分析，如何设计出富有现代性装饰艺术的室内布置。

"中国内部建筑几个特征"，"什么是内部建筑"

同期《中国建筑》也编辑了"中国内部建筑几个特征"及"什么是内部建筑"两篇文章，并附上多幅室内设计图片，有大德路何介春先生住宅内部建筑四帧（黄元吉建筑师设计）、八仙桥青年会内部建筑五帧（李锦沛建筑师设计），因此，第1卷第2期组稿的主题偏向于内部建筑、室内设计方面。其中的"中国内部建筑几个特征"一文，编者将视点放在古建筑装饰上，重点概述了内部建筑的几个特征，有举架、天花、梁、色彩、斗栱。此文的观点迥异于钟熀，与钟熀的文章形成了一个对比性。

"建筑的新曙光"

曾在《时事新报》上发表翻译文章的卢毓骏，同样在《中国建筑》杂志上以连载方式（第2卷第2期至第2卷第4期）发表同名文章"建筑的新曙光"，共3篇，是勒·柯布西耶于1930年在俄国真理学院的演讲稿。在译文中，柯布西耶首先说到，科学、经济学与社会学在将来的社会组织是要均衡的，当时的全世界经济不景气，促进建筑事业的改革，标准化、工业化与合理化是让一切事物达到完善、捷便与经济的良法，是建筑事业该采取的方针。接着，他说砖石造的建筑已过了巅峰的时期，铁造与钢骨水泥的发达使得砖石造势微了，并特别补充此观点是针对平民的房子，而非贵族的房子。他同时比较了砖石造与钢骨水泥造房子的差异性，砖石造的墙需负荷楼板载重，也妨碍了室内的光线，因墙的开窗受到限制；钢骨水泥造用柱子负荷楼板载重，柱子立于坚固的地盘上，墙便彻底解放，可尽量开窗，室内可得充足的光源，不需开窗处用材料填塞，钢骨水泥造造价不贵，钢骨柱子离地3公尺高，腾出了地面层更多的空地，可放车子、植树等，空气流畅。柯布西耶更强调钢骨水泥造房子做平屋顶，每公尺有1公分的倾斜度，融雪的水可作屋里水源，但因水泥有涨缩性，裂缝后易漏水，因此建议将顶层做屋顶花园。柯布西耶利用科学的方法营造出一种诗境的建筑。而卢毓骏则用翻译的方式将现代主义资讯传递到国内，致力于宣扬此新的建筑思潮。

"现代建筑概述"

同样地，在《中国建筑》第2卷第8期，何立蒸也撰文阐述现代主义建筑思想及其建筑，发表名为"现代建筑概述"一文。何立蒸1935年毕业于中央大学建筑工程系，1934年刊登"现代建筑概述"一文时，他仍是在学期间。

20世纪30年代正是现代主义兴盛的时期，当时，何立蒸有感于国内一些建筑都不是大屋顶建筑，而对现代建筑产生兴趣，且布朗诺·陶特（Bruno Taut，1880—1938年）的现代建筑也对何立蒸产生影响。

何立蒸在"现代建筑概述"一文中首先表明从古典主义转向现代主义的背景及趋势，因古典主义所代表的西洋建筑式样已无法再进步，且受木石材料之限制，不能再演化，而折中主义的雕饰牺牲了建筑的实用，已失建筑的主旨，此现象是新建筑产生的转机。因此，工业革命后社会变迁，新材料钢铁、水泥等产生，大量生产，普遍运用，新的构造工法使新的建筑语言正式诞生，包括有新艺术运动、维也纳分离派、芝加哥学派等，这些新语言都对往后现代建筑思潮产生影响。接着，何立蒸说到欧战后的经济破产，致使建筑力求简单，尤以公共住宅为甚，且工业的高速发展，机械化进入日常生活，几何形取代人体花草的曲线，建筑亦大受影响，现代建筑便应运而生，代表人物有勒·柯布西耶与瓦尔特·格罗皮乌斯。何立蒸表明格罗皮乌斯所说的现代建筑中心思想即为实用，称之为功能主义（Functionalism），建筑在体量与权衡

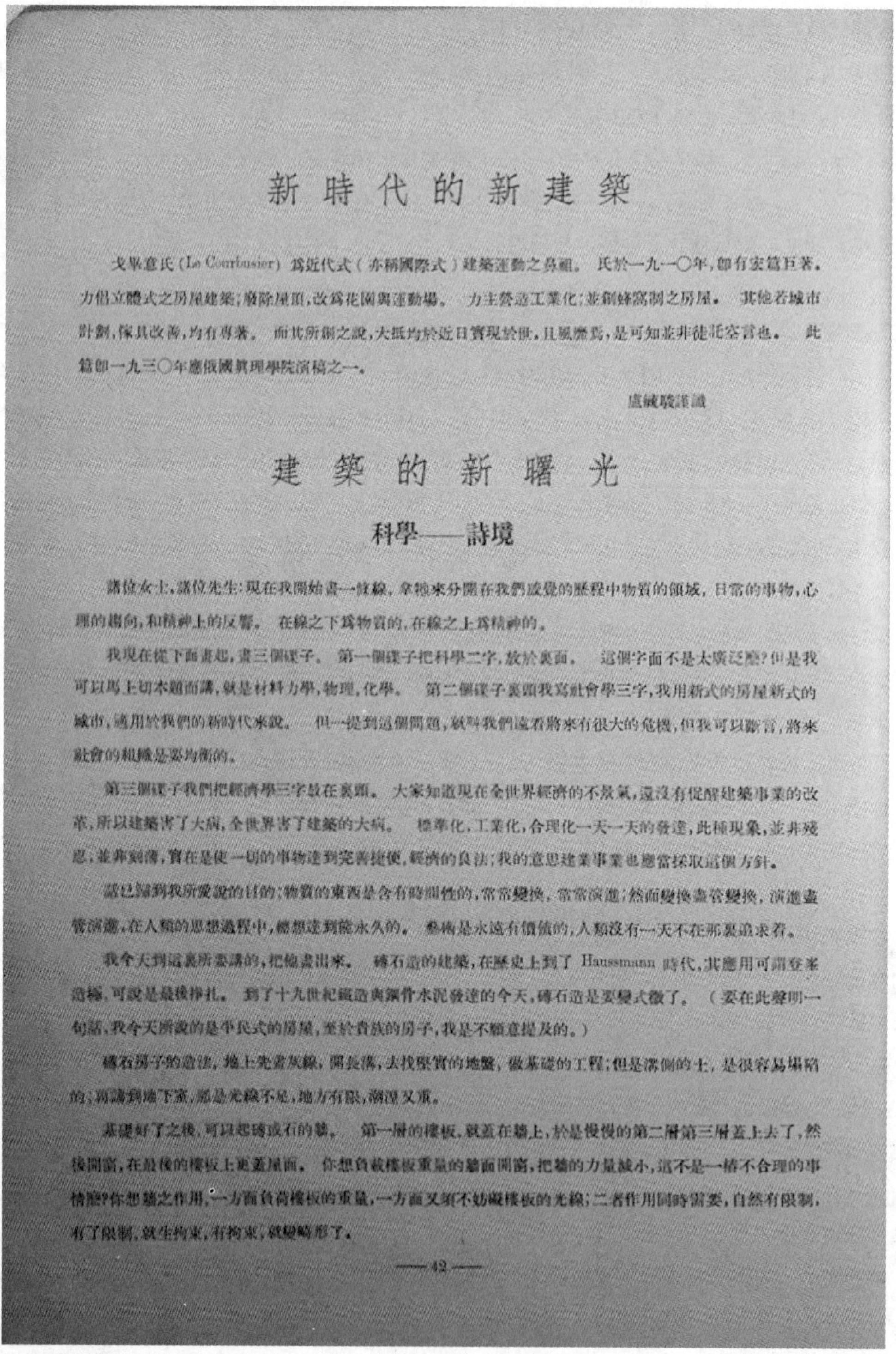

新 時 代 的 新 建 築

戈皋意氏 (Le Corbusier) 為近代式（赤稱國際式）建築運動之鼻祖。 氏於一九一〇年,即有宏篇巨著,
力倡立體式之房屋建築;廢除屋頂,改為花園與運動場。 力主營造工業化;並創蜂窩制之房屋。 其他若城市
計劃,俾其改善,均有專著。 而其所倡之說,大抵均於近日實現於世,且風靡焉,是可知並非徒托空言也。 此
篇即一九三〇年應俄國莫理學院演稿之一。

盧毓駿謹識

建 築 的 新 曙 光

科學——詩境

諸位女士,諸位先生:現在我開始畫一條線,拿牠來分開在我們感覺的歷程中物質的領域,日常的事物,心
理的趨向,和精神上的反響。 在線之下寫物質的,在線之上寫精神的。

我現在從下面畫起,畫三個碟子。 第一個碟子把科學二字,放於裏面。 這個字面不是太廣泛麼?但是我
可以馬上切本題面講,就是材料力學,物理,化學。 第二個碟子裏頭我寫社會學三字,我用新式的房屋新式的
城市,適用於我們的新時代來說。 但一提到這個問題,就叫我們遠看將來有很大的危機,但我可以斷言,將來
社會的組織是要均衡的。

第三個碟子我們把經濟學三字放在裏頭。 大家知道現在全世界經濟的不景氣,還沒有促醒建築事業的改
革,所以建築害了大病,全世界害了建築的大病。 標準化,工業化,合理化一天一天的發達,此種現象,並非廢
忽,並非剝奪,實在是使一切的事物達到完善捷便,經濟的良法;我的意思建業事業也應當採取這個方針。

話已歸到我所愛說的目的;物質的東西是含有時間性的,常常變換,常常演進;然而變換盡管變換,演進盡
管演進,在人類的思想過程中,總想達到能永久的。 惑病是永遠有價值的,人類沒有一天不在那裏追求著。

我今天到這裏來講的,把牠畫出來。 磚石造的建築,在歷史上到了 Haussmann 時代,其應用可謂登峯
造極,可說是最後掙扎。 到了十九世紀鍛造與鋼骨水泥發達的今天,磚石造是要變式微了。 (要在此聲明一
句話,我今天所說的是平民式的房屋,至於貴族的房子,我是不願意提及的。)

磚石房子的造法,地上先畫灰線,開長溝,去找堅實的地盤,做墓礎的工程;但是溝側的土,是很容易場塌
的;再講到地下室,那是光線不足,地方有限,潮溼又重。

墓礎好了之後,可以起磚或石的牆, 第一層的樓板,就蓋在牆上,於是慢慢的第二層第三層蓋上去了,然
後開窗,在最後的樓板上更蓋屋面。 你想負載樓板重量的牆面開窗,把牆的力量減小,這不是一樁不合理的事
情麼?你想牆之作用,一方面負荷樓板的重量,一方面又須不妨礙樓板的光線;二者作用同時需要,自然有限制,
有了限制,就生拘束,有拘束,就變畸形了。

—— 42 ——

图 6-145 "建筑的新曙光"

我講建築的重要原則，就是『建築房屋要使樓板光線充足』。　什麼理由呢?你想房子內光亮，就想做工，若是黑暗，便想睡覺了。

　　鋼骨水泥造的房子，可將牆完全取消，可用細小的柱子，並且相隔很遠，未負樓板的重量;只消鑽鑿眼井，埋設柱子於堅固的地盤上，用不着什麼掘土開溝的工夫。再就到鋼骨水泥或鐵柱子的價錢，那也不貴。我可以起至離地三公尺的高，而做樓板於他的上面，由是我們於地下層可得許多空地。

　　於這個空地上，放汽車，植樹木，我們可以想見空氣流暢，與花香宜人的景色。　我做我的第二層第三層的樓板，我不造屋頂。因為研究嚴寒地方的暖房設備，還要利用融雪的水，設法輸流於屋裏，做水汀的水源呢?吾的屋頂為平面的，每公尺有一公分的傾斜度，肉眼是看不出的。　再我研究氣候酷熱的地方鋼骨水泥屋面，因水泥富於膨縮性，發生了裂縫，雨水不免要漏，所以主張做屋頂花園。　於熱帶地方，這種公園我已經有了十三年的經驗，覺其能吸收太陽的熱光，而樹木又生長得很快。

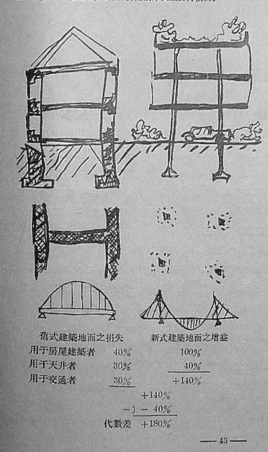

舊式建築地面之損失
用于房屋建築者	40%
用于天井者	30%
用于交通者	20%

新式建築地面之增益
	100%
	40%
	+140%
	+140%
	−) − 40%
代數差	+180%

　　我現在畫兩平面於兩剖面的下面，一屬磚石造的，一屬鋼骨水泥造的或鐵造的，而他的下層完全為空地。但我請工程家注意，此種舊式石造的房屋的梁，和我所主張的鋼骨水泥房屋的梁的不同的地方;材料力學明明的告訴我們，頭一種應力的情形三倍不合算於後一種。

　　還有就是在鋼骨水泥的房屋的造法，不特用不着什麼牆來負樓板的荷重，還可以於牆的全面積上，盡量的開窗，有的地方不需要玻璃窗也可以用材料填塞牆面，總說之，都是樓板去負這種重量。與普通習慣太相反，照這樣看起來，不是把房屋是需要樓板光線充足的原則解決了麼!

　　其他像這樣鋼骨水泥造或鐵造的柱子，列立在屋面的向裏邊，得很不安心，但你以後可以明白什麼作用。

　　結果我房子的最下層是空的;屋頂地面是漂出的，屋面解放的，由是我的房子就一點也不畸形了。

— 43 —

图 6-146　"建筑的新曙光"

395

現代建築概述

何立燕

過去西洋建築式樣,至十九世紀初葉,已發展至無可再進之地步;其歷史既甚悠久,變化亦頗複雜,惟主要式樣則爲(1)樑柱式(Post and lintel system),(2)法圈圓頂式(arch, Dome and vault),(3)高晶式(Gothic)三類,此三種式樣依次相因,然處處受木石等材料之限制,而不能再有所演化,文藝復興末期之 Rococo 式樣,雖欲另闢蹊徑,力求自由的表現,而其結果則不免流於妄肆堆砌,產生非建築的 (unarchitectural) 式樣,此種風氣在十八世紀至爲流行,致建築師者僅一博聞強記,善於檢書之專家,一窗一門無不加意雕飾,意趣之所至,雖犧牲建築物之實用而無所惜焉。

上述之衰頹風氣,固有失建築之主旨,而此種現象,實乃舊式樣崩潰之徵兆,而新建築產生之特機也。

產業革命以後,社會組織根本變遷,新需要至爲迫切;同時工業上之銳進,新式建築材料,如鋼鐵,水泥等相

（圖一） 德國 Werkbund 博覽會戲段正門　　　　建築師 Henri Van de Velde

—— 45 ——

图 6-147 "现代建筑概述"

（圖八）　法蘭式住宅　　　　　建築師 Le Corbusier Lyon

於發達而成爲一種式樣（Style）尚非一朝一夕之事，將來演化至若何程度，殊難逆料，然其基本精神，則不至變更也。茲提要發之，以爲結束：——

(1) 建築物之主要目的，在適用。

(2) 建築物必完全適合其用途，其外觀須充分表現之。

(3) 建築物之結構必須健全經濟，衛生設備亦須充分注意，使整個成爲一有機的結構。

(4) 須忠實的表示結構，裝飾爲結構之附屬品。尤不應以結構爲裝飾，如不負重之樑，柱等是。

（圖九）　德國之 Bauhaus 學校　　建築師 Walter gropius

——49——

图 6-148　总结现代建筑的几点

397

上有讲究，去除装饰，房子之正立面及内外部皆无所偏重，屏弃国家、地域的观念，探求统一之形式，也称之国际式（Internationalism）。他同时反驳了他人对新建筑理论的否定，他说工厂、学校、图书馆、娱乐场所等已非像神殿、教堂、皇宫那样壮丽宏伟，不需要艺术表现，它们更需要符合实际的需求，贴近人的生活与社会活动，功能合理化的展现有机的结构，间接地否认对建筑美观之追求。

最后，何立蒸总结了现代建筑的几点：①建筑的目的在实用；②建筑需完全适合其用途，其外观需充分表现之；③结构需健全经济，卫生设备需注意；④忠实地表现结构，装饰为结构之附属品，结构不为装饰；⑤平面布局力求完美，不因外观而牺牲；⑥材料取其性质之宜，不模仿，不粉饰；⑦色彩应多加注意。以上几点望建筑师掌握，并有所发挥地开创建筑之新纪元。

"实用简要城市计划学"

卢毓骏除了传递现代主义之信息，他同时也发表关于城市计划学的文章于《中国建筑》杂志上，并以连载的方式（第9、10期与第11、12期）刊登，因为，他有着留法的都市计划研究（法国巴黎大学都市计划学院研究员）的背景。在"实用简要城市计划学"一文中，卢毓骏说明新市之计划与旧市之改良需有精密之的预备工作，要准备许多参考资料，即所谓的都市计划之基本调查，分述如下：①地质调查——地层性质之调查，并着颜色，以供研究；②水文资料——包括地下泉、渗透层与不渗透层、水流状况及方向、洪水区之调查；③气象调查——包括气象水高度之统计、最大最小之常年平均与每季平均、暴雨之时期与最大暴雨之久暂及其雨量高度调查；④地理调查——可就已有地图得之；⑤建筑方位与向阳方位之调查——绘出阳光不及地带，绘所有将来城市方位之地面的特别性质；⑥历史调查——调查都市历史沿革及各时代人口分布状况；⑦卫生调查——可由市政统计而得出；⑧人口及住宅调查——照市政统计得之，绘制清晰的图表；⑨城市分区调查——将全市面积细加研究，将各种工业、商业、住宅区等作区分；⑩交通调查——分地方交通路与地域交通路，再依重要性分主、次要干路等，并加绘铁道、航道港口等出入口；11. 地下工程之调查——绘明地下工程，如阴沟、自来水管、煤气管、电缆管、地下铁道等；12. 经济调查——须知市内地价与市郊地价，绘出各区地价增涨之曲线统计图。最后，将以上基本调查制成报告书。接着，卢毓骏阐述在基本调查后，进行都市测量与航空测量（随测量师共同作业），并附两张航拍图与一张平面图辅助说明，而此资料由卢毓骏友人李景潞提供，他任职于参谋本部，主持航空测量多年。最后，卢毓骏说多数中国近代城市的地图尚欠缺，急需完成测量，才能进行相关市政建设。

"支加哥博览会小引"

《中国建筑》杂志也会在当期刊登下期主题预告，以让读者得知并关注，如在第2卷第1期由编者撰写的"支加哥博览会小引"，预告第2卷第2期的"支加哥百年进步万国博览会"的主题。在"支加哥博览会小引"一文中，编者阐述博览会的发起乃是表现建筑进化之精神，也是代表科学百年进步的大计，博览会的建设更是重要，尽量采"新法"，力求现代化。接着，编者提到幸有建筑师过元熙服务于博览会，负责监造"热河金亭"工程（1933年），而过元熙也被国民政府实业部聘为设计委员，此后官办改由商办，过元熙任工程顾问。因此，过元熙熟悉博览会的一切，并搜集了该会的材料，经《中国建筑》杂志社的邀稿，报导博览会的信息，于第2卷第2期刊登。而本期付印之顷，介绍数幅图片先，有美国政府暨联邦专馆、电机专馆、仿造之热河金亭。

热河金亭为中国著名喇嘛庙，清皇帝祈福所在，年久失修。之后，有一美商本特，喜爱东方美术，约瑞典籍探险家搜集遗物，请中国建筑师与工匠照样摹划，将庙材（约2万8千件）运往美国，并聘过元熙在博览会会场督工监造。

图 6-149 "支加哥博览会小引"、美国政府暨联邦专馆

图 6-150 电机专馆、仿造之热河金亭

图 6-151 "支加哥百年进步万国博览会"

图 6-152 热河金亭由过元熙在会场督工监造

图 6-153 热河金亭施工情形

"支加哥百年进步万国博览会"专辑

在第 2 卷第 2 期，《中国建筑》杂志刊有"支加哥百年进步万国博览会"专辑，文起延续了上期兴办博览会的目的，并接着说明人类生存与科学之依归，博览会将展现百年内科学实业进步的历程，而建筑的布置在建筑界也开辟了新纪元。当筹备会举行时，会长说到：我们生于科学时代，如何将现在生活用各种科学方法解说明白，而 20 世纪人类的生活与从前生活多有不同，在此，博览会用科学方法详明注载之。编者续说，博览会记载方法与目的有三：科学之发明、科学制造方法及科学对于人生实用之贡献。此三个伟大目的与其他展览会不同（普通展览会志在商战，多所竞争），旨在合作地表现 20 世纪科学之进化计。接着，叙述了博览会的准备计划，约在 12 年前（约 1921 年）筹备已在酝酿，设有委员会与建筑委员会，陈列各馆需十足表现 20 世纪营造的进步，规模是绝无仅有的，陈列物品上至天文、下至地理，古玩异类，各国奇珍。

"博览会陈列各馆营造设计之考虑"

过元熙在第 2 卷第 2 期撰"博览会陈列各馆营造设计之考虑"一文。首先，过元熙说在各国博览会陈列馆设计与建造前，需先了解该博览会的组织情况，并对建造材料、经济及营造方法需特别研究，以节省与适用，以发挥该会的目的与精神为原则，而博览会属临时性质，也需考量其未来继续使用与发展的机会。接着，过元熙提出了他参加监造热河金亭工程的经验，由于建造资金的冲突与落差、官商改办的延搁及相关复杂的作业程序，使得博览会的中国专馆设计鄙陋，营造费超支，商品协会欲改造，使得中国专馆结果不佳，有损国体，归根究底都是因国内不了解博览会性质而导致。同时，过元熙又说对于博览会的地点、材料、气候、民土风情亦需多加考虑，这关系到建设营造之成败。另外，时间也是一大考虑要素，由于不够积极的原因，中国专馆在博览会开幕之日，尚在赶造，无法如期完工，直到半月后，才正式开放，而延迟完工也在于筹建中国专馆团体中，意见不一，因此，过元熙认为建筑事务不在人多，而在于有无才能及负责之人如期进行。而关于陈列馆图案的式样，易遭到争议与辩论，设计者更需思考周密，从根本上解决问题，他列了几项要点：①陈列馆之式样——需能代表一国或一地之文化与精神，及描写现代生活、经济及社会变迁之状况；②陈列馆之外观——以卓绝而吸引人注意为要，推销国产，追求国际贸易之精神；③科学新式——科学新式以节省、实用为方法及构造方针，以提倡民众教育的新观念与目的。

在过元熙的文章之后，《中国建筑》杂志刊登了数幅"支加哥博览会"的图片，由过元熙提供，有博览会天桥、美国政府专馆、博览会办公室、电机专馆、电气馆、普通展览专馆、普通陈列馆、科学专馆、运输机械专馆、转运馆、农业馆与农学馆等。

"我们的主张"

陆谦受与吴景奇任职于（上海）中国银行建筑课，他俩是合作人，于 20 世纪 30 年代起先后参与近 30 座银行相关行屋设计（原中国银行南京分行、原上海中国银行虹口大楼、原上海中国银行同孚大楼、原上海中国银行堆栈仓库、原上海中国银行、原青岛中国银行分行、原济南中国银行分行、原厦门中国银行分行等），堪称是上海一带的银行设计专家。在他们的作品中，可以观察到受现代主义建筑思潮的影响，但也不反对古典和折中，这也反映在他们的文章中，派别是无关重要的。

1936 年《中国建筑》第 26 期，陆谦受与吴景奇撰写了一篇名为"我们的主张"的文章来表明他们对于当下建筑思潮以及他们自己建筑思想的追求、立场与态度。文中他们首先提到从事艺术的人，须有一个主张，而主张因时代变迁，没有绝对性的对错。而他们所认为的主张有三派：复古派、求新派与折中派，以上三派各有各的见地和道理，但他们暂时不去谈论它。接着，他们说到住是人类生存的根本问题，随着条件的不同而发生变化，之后与美术产生关系，因为人是有情感的，需为情感寻求一条出路，因此，美术、音乐、文学等都成为抒发的工具，建筑也是如此。所以，当人们看到一个时代或地方的绘画、文学、雕刻与建筑时，可以臆想与推测当时社会的一切情形，陆谦受与吴景奇便认为一件成功的建筑作品，派别是无关重要的，更重要的是实用的满足，不能离开时代的背景，不能离开美术的原理，不能离开文化的精神。"实用"是符合现代化功能的需求；"时代"是反映当时现状，而不能是仿古；"美术"是结构、颜色与形式都需合理，不能突兀；"文化"是代表自己的文化精神。他们认为必须这样，建筑才能出头。

图 6-154 "博览会陈列各馆营造设计之考虑"

图 6-155 美国政府专馆、博览会办公室

图 6-156 博览会办公室、电机专馆

图 6-157 普通陈列馆、科学专馆

图 6-158 科学专馆

图 6-159 转运馆

6.2.7 原勤大建筑工程学社、《新建筑》、《市政评论》的产生与内容

《新建筑》

　　《新建筑》不同于《建筑月刊》与《中国建筑》，后两者由社会上建筑机构所创办，而前者是一本由原广东省立勤勤大学建筑系学生所创办的杂志。《新建筑》于1936年10月由郑祖良、黎抡杰、霍云鹤等学生创刊，郑祖良与黎抡杰担任主要编辑工作。

　　郑祖良，1914年生，籍贯为广东香山（今广东中山），从小接受私塾教育，1930年入原广东省立工业专门学校高中工科土木系就读，1933年毕业，后入原广东省立勤勤大学建筑系就读。之后参与原广东省立勤勤大学工学院学生自治会活动，为建筑系学生委员，同期先后加入的有李楚白、唐萃青、朱叶津、朱绍基、黎抡杰、李金培、裘同怡等人。1935年底，原广东省立勤勤大学建筑系本科三年级学生提议组织"建筑工程学社"，拟章程，报院长核准备案，于12月16日开社员大会，郑祖良被选为学术股干事。隔年春天，建筑工程学社自主改选，郑祖良被选为干事。1936年5月，郑祖良又在《工学生》杂志第1卷第2期发表"新兴建筑思潮"一文，阐述了现代主义建筑思潮，包括有维也纳分离派、表现主义建筑、玻璃建筑、构成主义建筑、合理主义及国际建筑样式的诞生等内容，充分地显示出郑祖良对现代主义建筑思潮的理解与掌握。1936年秋，郑祖良与同学黎抡杰、霍云鹤等创办《新建筑》杂志，任主编。1937年毕业后留校任助教，后任中山大学建筑系助教。1941年任《新建筑》战时刊（渝版）主编，1943年在重庆举办"中国新建筑造型展"，1946年任《新建筑》胜利版主编。

　　黎抡杰，笔名黎宁、黎明、赵平原，1912年生，籍贯为广东番禺，1933年入原广东省立勤勤大学建筑系就读，于1935年在《广东省立勤勤大学工学院（建筑图案设计展览会）特刊》上发表"建筑的霸权时代"一文，阐述建筑需开拓独特新生命，创制新的建筑机轴，1935年参与原广东省立勤勤大学工学院学生自治会活动，为建筑系学生委员。1935年年底，黎抡杰是原广东省立勤勤大学建筑系建筑工程学社创办的一员，被选为学术股干事，隔年春天，也被改选的建筑工程学社选为干事。1936年秋，黎抡杰与郑祖良、霍云鹤等创办《新建筑》杂志，任主编。1939年被中山大学建筑系聘为助教，专门从事建筑研究，译有《现代建筑》一书，后任《市政评论》主编，被重庆大学建筑工程系聘为讲师、副教授，并参与《新建筑》战时复刊及与《市政评论》合刊工作。

"建筑图案设计展览会"，特刊，让社会人士对新建筑事业之关注

　　在《新建筑》创办之前，1935年春，原广东省立勤勤大学建筑系曾在原广州市立中山图书馆美术展览厅举办"建筑图案设计展览会"，展出建系之后建筑学教育的成果，还为此出版刊物，即《广东省立勤勤大学工学院（建筑图案设计展览会）特刊》。当时系主任林克明在特刊中发表"此次展览会的意义"一文，文中说明了为了鼓励同学努力及让社会人士对新建筑事业关注，特办此展览，从中揭示了勤大对现代主义建筑思想与教育的努力及探索，而多位学生也在特刊中发表文章，有郑祖良的"新兴建筑在中国"、黎抡杰的"建筑的霸权时代"、裘同怡的"建筑的时代性"、杨蔚然的"住宅的摩登化"、李楚白的"建筑设计上的风水问题"等。

探讨现代建筑思潮，"新生活运动"的口号

　　之后，《新建筑》便延续着建筑图案设计展览会及特刊上的基调，杂志仍以报道与探讨现代主义思潮与运动为主。在创刊词一文中，编者表述原广东省立勤勤大学的青年建筑研究者曾就当时中国建筑界的现

状提出意见，如：不能再漠视无秩序、不调和并缺乏"现代性"的都市机构，对不卫生、不明快、不合乎机能性与目的性的建筑物最不能忍耐。他们觉得新建筑的使命就是要将建筑从泥水工匠、土木工程师的观念中解放出来。制定《新建筑》的宗旨是——反抗现存因袭的建筑样式，创造适合于机能性、目的性的新建筑。因此，《新建筑》有别于《建筑月刊》与《中国建筑》的刊物主轴——古典、折中、现代并存，高呼着现代主义口号并倡导其先进性，成为中国近代建筑界中反抗古典的纸质媒体。

1934年国民政府推行公民教育，提倡"新生活运动"，蒋介石在南昌以"新生活运动之要义"之名作演说时提到："新生活运动之要义，如狂风扫荡社会的落后状况，并以柔风鼓吹社会的生活力与正当精神"。国民政府试图以"礼义廉耻"挽救堕落的民德和人心，改造革命环境，从人民基本日常生活做起，务求达致一个全面社会风气的革新，人民展现出"整齐、清洁、简单、迅速、确实、朴素"之良好行为。《新建筑》创刊后，即将"新生活运动"的口号"整齐、清洁、简单、迅速、确实、朴素"刊于创刊词前面，而该运动口号也与现代主义建筑的基调相似，不谋而合。

因广州沦陷而停刊，重庆复刊，战时刊，渝版

抗战爆发后，原广东省立勷勤大学被裁撤，工学院并入中山大学，建筑系部分教师胡德元、胡兆辉、黄玉瑜、刘英智与学生余兆聪、杜汝俭、叶锡荣、潘绍铨、詹道光等便来到中山大学，同时成立中山大学建筑工程系（1938年），郑祖良与黎抡杰先后任助教。而《新建筑》也因广州沦陷而停刊（1939年）。

20世纪40年代初，《新建筑》酝酿在重庆复刊，于1941年5月发行《新建筑》战时刊，又称渝版，由林克明与胡德元担任编辑顾问，霍云鹤（1933级）与莫汝达（1934级）任发行人，郑祖良（1933级）与黎抡杰（1933级）任主编，杂志方向与战前一样。

《市政评论》

《市政评论》原名《市政问题》，是《华北日报》的副刊，于1933年秋创刊，共出28期，由殷体扬（1909—1993年，金乡镇人，著有《城市管理学》、《市政学》、《日本市政考察记》等，论文有"试论我国城市行政改革"、"我国城市回顾和前瞻"等）任主编，1936年《市政问题》改为《市政评论》，独立刊行，并将原1—28期合订为第1卷出版，殷体扬任总编辑，改由中国市政协会上海分会编辑，迁杭州出版，后又迁上海、重庆出版。办刊主旨在于"灌输市政知识、促进都市建设"，刊有短评、论文、专载，各都市市政通讯及调查、游记，中外市政资讯及有关图片，涉及社会、教育、公安、卫生、财政、公用自治等方面。殷体扬曾在《市政评论》报道赴欧美学习市政的留学生，回国后从事市政有关工作的情形，有孙科主持广州建市、赵祖康主持上海工务局、张锐致力于市政学研究工作、董修甲政教领域的涉足等。而郑祖良与黎抡杰则属于本土培养，曾任《市政评论》主编，夏昌世任编辑顾问。

《新市政、新建筑合刊》

1942年，郑祖良与黎抡杰合组新建筑工程师事务所，从业人员有夏昌世、刘桂荣与高洁，而《新建筑》也与《市政评论》合刊，改名为《新市政、新建筑合刊》，于1942年10月发行创刊号。此时，杂志方向有了明显的转变，偏向报道"市政"、"都市建设与计划"方面的内容，有郑祖良"实业计划的中国都市建设"（《新市政、新建筑合刊》，创刊号，1942，10.10）、郑祖良"都市计划新论"、"论陪都（渝市）营造管理之改进"、"论战后都市计划与市地国有"、"重庆之防空洞"，黎抡杰"重庆新市政"、"防空都市计划"、"防空建筑技术"（《新市政、新建筑合刊》，1943，6）。

图 6-160 《新建筑》于 1936 年 10 月由郑祖良、黎抡杰、霍云鹤等学生创刊

『新建築』創刊號目次

中國新建築月刊雜誌社服務部承辦委托設計及調查簡章

1. 本社承辦委托設計及調查關於建築方面之工作

2. 委托本社調查以下列各項爲限

　　a. 關於研究建築之書籍與文献　　b. 關於國內外之建築狀況調查

　　c. 關於各地建築材料之調查　　d. 關於樓房設計建築工學之詢問

3. 委托本社設計者以建築方面爲限如樓房設計力學計算………等對於委托籌劃市民
　住宅之防空避難室尤表歡迎

4. 代辦調查與委托設計原則上不受報酬但如工作過於煩雜者得索取計劃或調查必需
　之費用

5. 一切代辦調查與委托設計均得在本刊發表

6. 委托調查與設計須用本社社徽貼於來函方爲有效否則慨不答覆（社徽在頁底）

7. 來函或磋商請到廣州市永漢路海味新街一號三樓中國新建築月刊雜誌社

图 6-161　创刊号目次

405

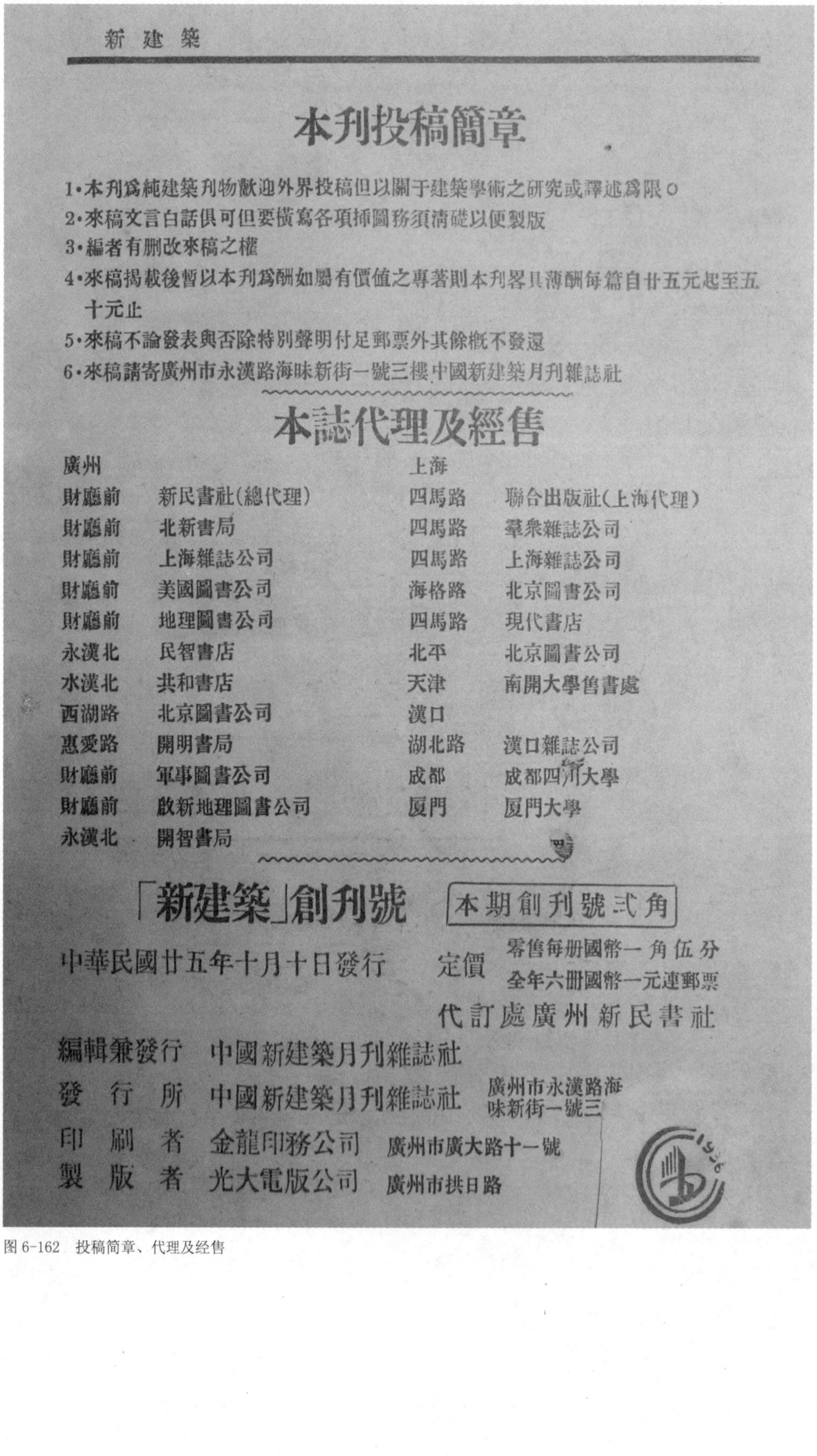

本刊投稿簡章

1．本刊爲純建築刊物歡迎外界投稿但以關于建築學術之研究或譯述爲限。
2．來稿文言白話俱可但要橫寫各項插圖務須清礎以便製版
3．編者有刪改來稿之權
4．來稿揭載後暫以本刊爲酬如屬有價值之專著則本刊酌貝薄酬每篇自廿五元起至五十元止
5．來稿不論發表與否除特別聲明付足郵票外其餘槪不發還
6．來稿請寄廣州市永漢路海味新街一號三樓中國新建築月刊雜誌社

本誌代理及經售

廣州		上海	
財廳前	新民書社(總代理)	四馬路	聯合出版社(上海代理)
財廳前	北新書局	四馬路	羣衆雜誌公司
財廳前	上海雜誌公司	四馬路	上海雜誌公司
財廳前	美國圖書公司	海格路	北京圖書公司
財廳前	地理圖書公司	四馬路	現代書店
永漢北	民智書店	北平	北京圖書公司
水漢北	共和書店	天津	南開大學售書處
西湖路	北京圖書公司	漢口	
惠愛路	開明書局	湖北路	漢口雜誌公司
財廳前	軍事圖書公司	成都	成都四川大學
財廳前	啟新地理圖書公司	廈門	廈門大學
永漢北	開智書局		

「新建築」創刊號　　本期創刊號弍角

中華民國廿五年十月十日發行　　定價　零售每冊國幣一角伍分
　　　　　　　　　　　　　　　　　全年六冊國幣一元連郵票

代訂處廣州新民書社

編輯兼發行　中國新建築月刊雜誌社
發 行 所　中國新建築月刊雜誌社　廣州市永漢路海味新街一號三
印 刷 者　金龍印務公司　廣州市廣大路十一號
製 版 者　光大電版公司　廣州市拱日路

图 6-162　投稿简章、代理及经售

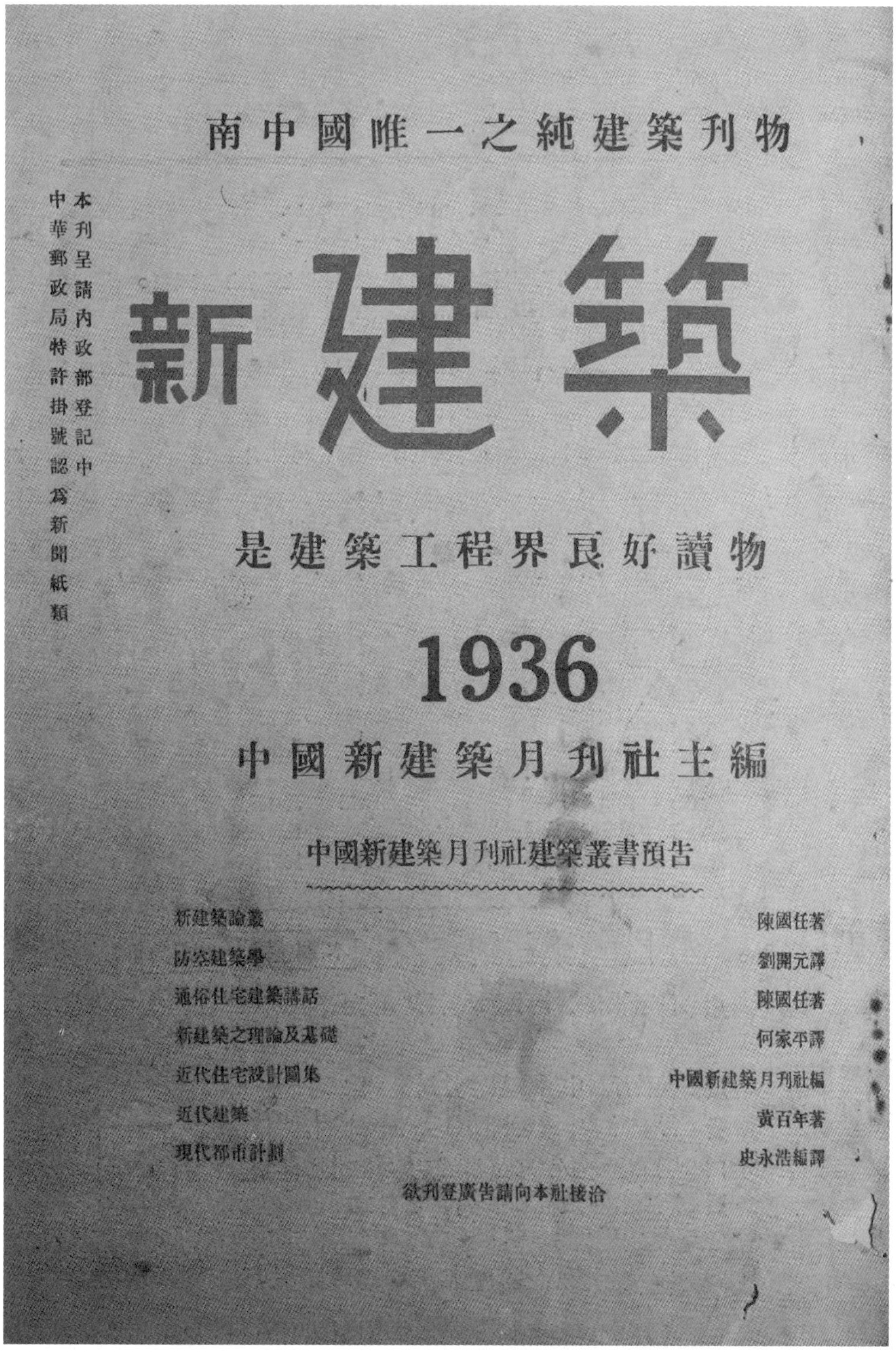

南中國唯一之純建築刊物

新建築

本刊呈請內政部登記中

中華郵政局特許掛號認爲新聞紙類

是建築工程界良好讀物

1936

中國新建築月刊社主編

中國新建築月刊社建築叢書預告

新建築論叢	陳國任著
防空建築學	劉開元譯
通俗住宅建築講話	陳國任著
新建築之理論及基礎	何家平譯
近代住宅設計圖集	中國新建築月刊社編
近代建築	黃百年著
現代都市計劃	史永浩編譯

欲刊登廣告請向本社接洽

图 6-163 封底、建筑丛书预告

广州复刊，胜利版

　　抗战胜利后，郑祖良来到广州，自营新建筑工程师事务所，而《新建筑》也于 1946 年 6 月 6 日工程师节在广州复刊，称《新建筑》胜利版，虽延续着战前创办时的宗旨，但内容也包含都市规划与民生政策方面的泛论，于 1949 年 8 月终刊。

内容

　　《新建筑》开本为 16 开，封面有图片和文字，每期图片皆不同，而创刊号是构成主义建筑的草图，呈现出杂志所要表达的新现代建筑的内容与风格，而文字有"新建筑"3 字及"DIE ARCHITEKTUR"德语名，"ARCHITEKTUR"即代表"建筑学"，"新建筑"与"DIE ARCHITEKTUR"置于封面上方，而下方则是"中国新建筑两月刊杂志"10 字及年号。另在封面中部还附期号及内容提要，如建筑论丛、住宅计划、防空建筑、工程常识、建筑情报等。此封面形式一直使用到 1938 年。

　　《新建筑》出刊后的前几期内容多，议题广，之后稍缩减点。在信息方面，每期会介绍国内外建筑情报或相关动态，如：创刊号的"国际建筑情报—中国建筑展览"；第 2 期的"国际建筑情报—柏林博物馆东亚美术馆"等。

　　在项目方面，不定期会刊登项目资讯，包括建成后与进行中的工程及国外优秀之作品，如：创刊号的"OLYMPIC STUDIUM"、"德国 Berliner 之飞行场与航空博物馆"、"将完成之爱群楼与已完成之华安公寓"、"近代的荷兰建筑"；第 2 期的"巴黎博览会之捷克馆"、"中山县模范新式监狱行将建筑"等。

　　在论述方面，不定期会刊登探讨建筑思潮与研究及相关评论文章，这部分在杂志中占有一定份量，如：创刊号的"新生活与住宅改良"（龙京公）、"天才与建筑"（净目）；第 2 期的"金字塔"（汉元）、"住宅问题之研究"（梁净目）；第 3 期的"建筑智识"（汉元）；第 4 期的"苏联新建筑之批判"（赵平原）、"合理主义的建筑"（冠中）；第 5、6 期的"高层建筑论"（郑祖良）；第 7 期的"国际新建筑会议十周年纪念感言"（林克明）；第 9 期的"合理主义的建筑再论"（冠中）、"挽近新建筑的动向"（郑祖良）、"苏联建筑通讯"（黎抡杰）。

　　在都市议题方面，不定期有着关于现代都市规划与研究的文章刊登，如：第 2 期的"都市计划与未来理想都市方案"（魏信凌）；第 5、6 期的"公营住宅区计划之研究"（李楚白）、"都市之净化与住宅政策"（黎抡杰）、"田园都市之研究"（庾锦洪）、"现代的都市集合邻居"（霍云鹤）、"现代都市对于航空港计划问题之研究"（黄理白）。

　　在材料、工程方面，有介绍项目的材料工程市场调查、战时军工材料的文章，如：创刊号的"水平线下建筑物的隔湿构造"（过北平）、"最近建筑材料之市场调查"；第 2 期的"木材之检验及选择应有的知识"（过北平）、"中山县模范监狱设计材料工程构造书"、"最近建筑材料之市场调查"；第 3 期的"最近之市价调查"；第 9 期的"战时物质之节约与军工材料之征用"。

渝版复刊后的调整

　　《新建筑》战时刊复刊后，封面样式有了调整，以文字表述为主，"新建筑"3 字不变，仍置于封面上方，而除了"DIE ARCHITEKTUR"德文名外，另加了多国语言名，有"NEW ARCHITECTURE"英语名、"Новая архитектура"俄语名等，置于"新建筑"3 字下方，而版权页置于"新建筑"3 字右侧，列有出版日期、编行者（中国新建筑社）、编辑人（郑祖良与黎抡杰）、发行人（霍云鹤与莫汝达）、通信处（重庆中二路 11 号转桂林马房背八号楼上）、经售处（全国各大书局）及定价（每期实价 6 角）。期号置于中部，下附英语注解。而内容提要置于封面右下方，列有主要文章的标题，如"五年来的中国新建筑运动"、"论

图 6-164 1941 年发行战时刊，又称渝版　　　　　　　图 6-165 1946 年在广州复刊，称胜利版

新建筑与实业计划的住居工业"、"国际建筑与民族形式—论中国新建筑底型的建立"、"隧道式防空洞的入口处理"、"隧道式标准防空洞之提案"。而由中国新建筑社同人所撰写的"复刊之话"也列在封面，冀望海内外建筑先进继续给予《新建筑》杂志支持与指正。

胜利版复刊后的调整

　　《新建筑》胜利版在广州复刊后，因只剩郑祖良任主编，在封面上便加上"郑梁主编"4 字（郑梁是郑祖良笔名），"新建筑"3 字仍在，但位置做了更换，与期号置于封面下方，封面上方则是"DIE NEUE BAUKUNST"字样，即"新建筑艺术"的意思，而封面底部有"新建筑社出版"6 字与"内政部登记证号"警字第 XXXX 号。

关注灾区重建议题、住宅计划与相关政策

　　复刊后的内容大部分皆由郑祖良主笔。由于抗战后不久，重建的问题接踵而至，因此，这时期《新建筑》的内容关注到灾区重建的议题，刊有相关文章，如：胜利版第 1 期的"苏联重建城市计划"、"行将实施之广州灾区重建办法"、"论广州市内灾区之重建与土地处理"（郑梁）；胜利版第 2 期的"将大量输入美流动房屋以补救房屋缺乏"。而住宅计划与相关政策更是重建的重点，如何建设好新的住宅区，及解决都市人口的集中与泛滥都是急迫性的问题，如：胜利版第 1 期的"民生主义居住形态"（郑梁）；胜利版第 2 期的"建筑家与住宅计划"（郑梁）、"民生主义住宅政策泛论"（汪定增）、"住宅问题之发生及其解决"、"都市人口与住宅问题"、"明日之住宅"、"实用住宅计划"。

岭南纸媒的成形

　　总之，《新建筑》出刊后，开启了现代主义建筑思潮在中国岭南一带的传播，介绍现代主义建筑大师，报道现代主义建筑资讯，发表关于现代主义的观念与流派，更宣传中国现代建筑的项目与活动，补足了中国近代建筑界对现代建筑认识的缺失与遗漏，对中国现代建筑发展起到至关重要的作用，并与《建筑月刊》、《中国建筑》共同推动着中国近代建筑界纸质媒体的成形。

6.2.8 《新建筑》部分每期标题

1936 年创刊号：

1. "创刊词"
2. "扉画—献给天才建筑家"编者
3. "London 之建筑赏"
4. "OLYMPIC STUDIUM"
5. "德国 Berliner 之飞行场与航空博物馆"
6. "都市防空建筑之研究—民众防空避难室的计划"
史永浩、任革源
7. "将完成之爱群楼与已完成之华安公寓"
8. "新生活与住宅改良" 龙京公
9. "国际建筑情报—中国建筑展览"
10. "建筑与建筑家—纯粹主义者 Le corbusier 之介绍"
赵平原
11. "水平线下建筑物的隔湿构造"过北平
12. "天才与建筑"净目
13. "现代的荷兰建筑"欧阳佑琪
14. "最近建筑材料之市场调查"

1936 年第 2 期：

1. "Mareb 之荣誉"
2. "都市防空建筑之研究—民众防空避难室的计划"
史永浩、任革源
3. "都市计划与未来理想都市方案"魏信凌
4. "金字塔"汉元
5. "建筑费之指数"
6. "巴黎博览会之捷克馆"
7. "木材之检验及选择应有的知识"过北平
8. "现代监狱建筑"
9. "中山县模范新式监狱行将建筑"
10. "中山县模范监狱设计说明书"
11. "中山县模范监狱设计材料工程构造书"
12. "国际建筑情报-柏林博物馆东亚美术馆"
13. "最近建筑材料之市场调查"
14. "住宅问题之研究"梁净目

1937 年第 3 期：

1. "色彩建筑家 Bruno Taut"赵平原
2. "都市防空建筑之研究—民众防空避难室的计划"、
史永浩、任革源
3. "都市防空建筑之研究"
4. "最近之市价调查"
5. "建筑智识"汉元
6. "建筑师在中国"
7. "国际建筑情报"

1937 年第 4 期：

1. "苏联新建筑之批判"赵平原
2. "都市防空建筑之研究—民众防空避难室的计划"
史永浩、任革源
3. "都市防空建筑之研究"
4. "合理主义的建筑"冠中
5. "国际建筑情报"

1937 年第 5、6 期：

1. "高层建筑论"郑祖良
2. "公营住宅区计划之研究"李楚白
3. "建筑形式在防空都市之研究"李金培
4. "都市之净化与住宅政策"黎抡杰
5. "田园都市之研究"虞锦洪
6. "现代的都市集合邻居"霍云鹤
7. "现代都市对于航空港计划问题之研究"黄理白

1938 年第 7 期：

1. "防空棚与燃烧弹的防御"荣枝
2. "战时后方伤兵医院计划"李楚白
3. "致读者"
4. "国际新建筑会议十周年纪念感言" 林克明
5. "论近代都市与空袭纵火"黎抡杰
6. "世界建筑名作"
7. "现代建筑计划的防空处理"郑祖良

1938 年第 9 期：

1. "合理主义的建筑再论" 冠中

2. "世界建筑名作"

3. "挽近新建筑的动向" 郑祖良

4. "苏联建筑通讯" 黎抡杰

5. "苏联新建筑图版"

6. "粤省防空建筑设施的检讨" 黄理白

7. "战时物质之节约与军工材料之征用"

1946 年胜利版第 1 期：

1. "论都市计划与市地国有" 郑梁

2. "民生主义居住形态" 郑梁

3. "苏联重建城市计划"

4. "新建筑新技术时代"

5. "行将实施之广州灾区重建办法"

6. "各国建筑图片"

7. "建筑家" 郑梁

8. "论广州市内灾区之重建与土地处理" 郑梁

1946 年胜利版第 2 期：

1. "建筑家与住宅计划" 郑梁

2. "建筑图片" 郑梁

3. "将大量输入美流动房屋以补救房屋缺乏"

4. "民生主义住宅政策泛论" 汪定增

5. "住宅问题之发生及其解决"

6. "都市人口与住宅问题"

7. "明日之住宅"

8. "实用住宅计划"

图 6-166 "都市防空建筑之研究－民众防空避难室的
计划" 史永浩、任革源

图 6-167 "天才与建筑" 净目

6.2.9 建筑师发表在《工学生》、《新建筑》、《市政评论》文章之观察

郑祖良与黎抡杰在本科四年级时作为《新建筑》杂志的主要编辑人员，肩负起大量的专辑撰写工作。

"新兴建筑在中国"，"建筑的配色问题"，"新兴建筑思潮"

郑祖良在编辑《新建筑》内容前，他已在《广东省立勤勤大学工学院（建筑图案设计展览会）特刊》与《工学生》两本刊物上发表过文章，分别是"新兴建筑在中国"、"建筑的配色问题"与"新兴建筑思潮"这3篇文章，郑祖良主要介绍与探讨现代主义。"新兴建筑在中国"（1934年）一文阐述着现代主义所产生的新建筑是新时代的象征与一种情感的投射，代表现代科学的精神，他认为旧的建筑样式虚伪与陈腐，毫无生气，不足以代表时代精神，而新建筑挟着革新的条件，自然地产生出来。文中，郑祖良表明了立场，反对古典、提倡现代，旗帜鲜明。接着，在"建筑的配色问题"（1935年）与"新兴建筑思潮"（1936年）两文中，延续着现代主义思路，在配色与思潮上有所探讨。

《广东省立勤勤大学工学院（建筑图案设计展览会）特刊》内容以老师与学生的文章为主，老师林克明与胡德元皆曾落笔过——林克明的"此次展览会的意义"与胡德元的"建筑之三位"。林克明的这篇文章并非他发表的第一篇文章，早在此文发表（1935年）的前两年（1933年），他就曾写过一篇名为"什么是摩登建筑"一文，刊登在《广东省立工专校刊》上。

"什么是摩登建筑"

20世纪30年代后是中国近代建筑师发展的高峰时期，此时期也与世界接轨，在一片传统复兴的中华古典风格的大潮中，部分建筑师仍表现出对现代建筑的追求，态度谨慎，他们探究着这一新的建筑思潮，并在项目中试验着新建筑形式，同时也撰文讨论与评价现代建筑带给中国近代社会的影响，林克明就是其中之一。

他在"什么是摩登建筑"一文中首先说道，我们对于什么事物都趋尚"摩登"（modern），但一般人往往会误解摩登的意义，不能体会摩登的精神，致使摩登失去意义。他说，从史的方向必须先定位明白什么是建筑或不能列于建筑学之分，及什么是摩登建筑（即现代建筑）或不能称作摩登建筑之分。接着，他解释近十年来（约1920—1933年间），摩登建筑运动是建立在艺术与建筑两者的范畴与基础上的，是合理地反抗一切以浪漫为夸耀者，摩登建筑离不开实用的意义，以采用于交通意象（火车、汽车、飞机等）而衍生的，这些意象代表着时代的进步，也有着一种速度的美感，所以摩登建筑具有鲜明的描写。接着，他提出摩登建筑几项要素：①摩登建筑，首要注意如何达到实用性；②材料与方法的采用根据以上原则需要而定；③美是建筑物与其目的的直接关系，材料支配上的自然性质，和工程构造上的新颖与美丽；④摩登建筑之美，绝对不在正面或立面，或建筑物之前面或背面划分界限，能拿捏到好处者，便是美；⑤建筑物的设计，需考量全体，不能划分界限而独立或片段地设计，而构造以需要为前提，一切构造形式根据现代社会需要而成立。林克明觉得摩登建筑需有平天台、大开阔度的玻璃及横向水平窗，这与勒·柯布西耶新建筑的特点契合，而他自己更认为摩登建筑中实的面积较其所需要偏多，而有时应实者则特别实之，应空者则特别空之，并搭配多幅图片说明，加强介绍力度。他始终认为摩登建筑应以艺术的简洁和实用的价值写出最高之美。之后，林克明在他作品中试验了这一新的建筑风格。

"建筑之三位"

胡德元的"建筑之三位"一文如同林克明的观点，认为现代建筑应具有实用的意义，首重用途，关注材料，最后转为艺术精神方面的思想。他且批判了古典主义的形式与样式，指责其实为本末倒置之病。

而学生除了郑祖良外，还有黎抡杰、裘同怡、杨蔚然、李楚白也都曾在《广东省立勤勤大学工学院（建筑图案设计展览会）特刊》留下墨迹，他们全是勤大 1933 级的学生。他们的老师林克明与胡德元对现代建筑的理解，及广东省立勤勤大学建筑系的现代主义建筑教育都对他们造成影响，从他们的文章中便可窥知一二，如何去解读与支持对现代建筑的探索。

"建筑的霸权时代"，"建筑的时代性"，"住宅的摩登化"

黎抡杰在"建筑的霸权时代"一文中主张不必跟随欧美资本主义的形式，更不应徘徊于古代封建建筑的道路上，应创建新的建筑机轴，直接表明了摒弃古典、开拓新建筑的态度。裘同怡在"建筑的时代性"一文中阐明每个时代都有其相对应的建筑艺术形式，而现代建筑如同古典建筑（古埃及、希腊、罗马、文艺复兴）一样，是人类文明社会发展至今必然的时代产物，它以单纯的线条、经济的费用及同等的价值、同等的实用产生具有美术化的物品，在建筑史上，是很有价值的记载。杨蔚然在"住宅的摩登化"一文中直接定义"摩登住宅"的基本原理：经济、实用、美观及一切的合理化。

"纯粹主义 Le Corbusier"，"色彩建筑家 Bruno Taut"

黎抡杰是《新建筑》杂志主要的"写手"，他在创刊号上以笔名"赵平原"直接撰文"纯粹主义 Le Corbusier"介绍现代主义建筑大师勒·柯布西耶，直接定义了《新建筑》杂志的主调。接着，他在第 3 期以"色彩建筑家 Bruno Taut"一文介绍了表现主义建筑师布鲁诺·陶特（Bruno Taut），陶特创作的玻璃链（the Glaserne Kette）在文中被提起，玻璃带来了新时代，它允许光线的射入，也去除了憎恨，为生活增添了色彩，所以，鲁诺·陶特是一位色彩建筑家。

"苏联新建筑之批判"，"苏联建筑通讯"，"苏联新建筑图版"

黎抡杰也对苏联时期的建筑感兴趣，在第 4 期撰写"苏联新建筑之批判"批判了苏联新建筑，之后又在第 9 期译有"苏联建筑通讯"一文及附相关图版"苏联新建筑图版"。

防空建筑，防空洞，防空避难室，防空棚，空袭纵火，隧道式防空洞

《新建筑》出刊后，开辟防空建筑的议题，史永浩、任革源两人对此议题撰写多篇连载（第 1 期至第 4 期）文章——"都市防空建筑之研究 - 民众防空避难室的计划"，专门研究都市防空的建筑及避难室的计划。而从《新建筑》第 5 期后，接着也有关于防空的文章，有李金培"建筑形式在防空都市之研究"（《新建筑》，5、6 期，1937），而有的论述当城市遇到空袭时的情况（黎抡杰"论近代都市与空袭纵火"，《新建筑》，7 期，1938），有的探讨临时加盖的防空棚及如何防御易燃的燃烧弹（陈荣枝"防空棚与燃烧弹的防御"（署名荣枝），《新建筑》，7 期，1938），有的探讨如何将现代建筑运用在防空工事的计划（郑祖良"现代建筑计划的防空处理"，《新建筑》，7 期，1938），有的检讨防空建筑的设施情况（黄理白"粤省防空建筑设施的检讨"，《新建筑》，9 期，1938）。

建築與建築家

粹純主義者 Le corbusier 之介紹

趙平原

安格爾(Ingres)，塞尙 (Cezanne)，馬締斯 (Matisse) 等偉天的先覺者，其結論有畢加索(Picasso)勃拉克(Brague)等輩出，作爲繪畫界之決定運動，使我們認識新的繪畫，和新的造型，但自一九〇八年以來，立體派結局的理論，藝術其結果爲個性表現之喚起，同時於一九一二年顯示一大的轉變，爲形，色，的純正表現之頃向。

但是畢加索(Picasoo)的新古典主義失敗了，於是純粹主義者因而抬頭。

現代多多立體主義者向着純粹派之集團集合，其首腦(Ozenfant) 及 (C. F. Jeanneret) 二畫家，他們是(Cezanne)的弟子，由多種論文及宣傳，其結果有風捲全歐之勢，自一九二一年至三五年之雜誌「新精神」(Le Sprit Neavout)爲他們最顯著的論說機關。

由此我們不能不敍述純粹派的理論了 Ozeufant 及 CF Jeanneret. 以爲造型美術之最大缺点是不能把握着音樂底(音响律動，諧調等)嚴格明瞭的科學法則。卽造型藝術不能如有音樂意味的純粹底藝術。

因此有成立新美學的必要，卽同一物體給與人類以同樣的印象的美學脫去，對於人及時代是以物質爲普通性與恒久性，以現實的基礎爲原則，來做美學的標準判斷，然而，鞏固的標準原則成立，是由生物學及生理學的動向而生，於是新的美學是立足於現實的科學的地盤，由生理學的感覺，算學的系統，加入給與形及色彩之完全效果，而獲得以下的結論

「還原物象的姿態」，換而言之還原爲幾何的形態所謂「物之規則的整頓」此点亦與立體主義之觀點相同。

但，物象的改造應造爲有機的秩序，卽以有機的關係來處理物象還原的形態，此事實是從辯証的揚棄，爲純粹主義者所把握的特徵，亦爲純粹主義與立體主義相異之点。

立體派的思想是「怎樣令到造型的美」而純粹主義是要「如何能成有用的美」。

图 6-168 "建筑与建筑家，纯粹主义者 Le corbusier 之介绍"

　　一九一六年再到巴黎從事美術研究，由他生活所浸透而生出的昇華，他相信純粹主義是表現藝術所摘出之高調，是現代繪畫之清算，繪畫最後必達純粹造型之路。

　　由繪畫上的見解以確定他對於建築創造的前程如前所述他和畫家 Ozenfant 及 Jeanneret 等發行雜誌「新精神」來作他們純粹主義之宣傳機關，當時屬彼旗幟之下的為爲歐洲有名之畫家。

　　他據雜誌「新精神」來發表他的意見，他認將來的藝術必然走入建築之途，換句話說，建築是要握造型藝術的霸權，以此目的和學院派作劇烈的鬥爭。

　　「惰眠的安閒者，無何等進步之必要罷，所謂古典派的建築家，追着死了的殘影，作極安存的買賣，他們對於未來，不要了。」

　　彼於一九二二年秋季沙龍 Salon 發表其十年研究所得之三百萬人之近代都市計劃，此種龐大的計畫發表驚駭當時的巴黎建築界。

　　一九二五年他更應巴黎哇山汽車製廠的贊助於巴黎萬國展覽會中建一新思潮舘以展覽其改造巴黎市中心的計劃名哇山計劃圖 (Voinin Plan) 對於巴黎之改造爲都市計劃開一紀元。

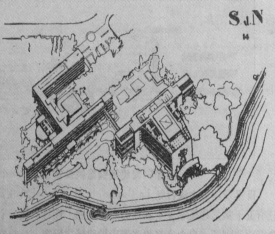

國際聯盟建築圖案競技當選
鳥　瞰　圖
Le corbusier 作

　　氏於一九一五前後發表之製作和著述甚多有

作品集　Le Corbusier und P. Jeanneret　　　1929
　　　　　　　,,　　　　,,　　　,,　　　,,　　　1934
著書　Uers une Architecture　　　　　　　1924
　　　L art decoratif d Aujourd hai　　　　1925
　　　Utbanisme　　　　　　　　　　　　1924
　　　La Pein Ture moderne　　　　　　　1925
　　　Almanch I Architecture d Aujourd hui　1925
　　　Uue Maison und Palais　　　　　　　1928

　　偉大的天才是永遠烱爍於世界，他的奮鬥，他的努力，他爲人類求幸福，這是值得我們銘感的，近代建築，無疑地想信，衛生，機能性，目的性爲其動向之所趨罷。

图 6-169 "建筑与建筑家，纯粹主义者 Le corbusier 之介绍"

《新建筑》于 1941 年在重庆复刊，当时国民政府将重庆按作战手段对防空进行划分，有积极防空和消极防空。积极防空是通过高炮及部队对入侵日机进行阻击，以掩护机关和军事、经济设施；消极防空是组织民众和地面人员构建防空设施——防空洞与防空壕，尽量减少被日机轰炸的损失。所以，重庆防空洞多，探讨防空建筑有其必要性与迫切性，《新建筑》继续开设此议题专栏。

郑祖良在复刊后的《新建筑》共发表 3 篇文章，有"隧道式防空洞的入口处理"（《新建筑》，渝版 1 期，1941，5）、"隧道式标准防空洞之提案"（《新建筑》，渝版 1 期，1941，5）、"防空洞之容积与避难人数之决定"（《新建筑》，渝版 2 期），以上内容皆探讨一种在地下挖通的隧道式防空洞的建筑。其实，当时重庆防空洞的源由来自于 20 世纪 20 年代末所建造的地铁工程，工程因战乱及资金缺乏而停工，已修建的地铁隧道便成为防空洞体系的框架。

郑祖良也继续论述新建筑，关注美学、工学部分及如何落实到住居层面，撰有"论新建筑与实业计划的住居工业"、"论新建筑之力感"与"现代建筑的特性与建筑工学"（与黎抡杰合著）三文。

其他建筑师也关注到防空的相关课题，有的论述当前国力与防空之间的关系（黎抡杰"论'国力'与国土防空"，《新建筑》，渝版 2 期），有的探讨防空都市理论或成形基础（黎抡杰，"防空都市论"，《新建筑》，渝版 2 期；夏昌世"论防空都市之理论基础"，《新建筑》，渝版 3 期）。

"国际新建筑会议十周年纪念感言"

林克明曾在《新建筑》第 7 期刊有一篇名为"国际新建筑会议十周年纪念感言"的文章。他曾留学法国（1920—1926 年），亲眼目睹了西方社会在时代演变过程中的进步与革新，因此，文中林克明忧虑地表示国内某些建筑已脱离实际现况，无法表达时代精神，是为落伍的现象。

文起首先林克明介绍欧战前的新建筑思潮。有兴起于奥地利维也纳分离派运动，主要人物有奥托·瓦格纳（Otto Wagner）、约瑟夫·霍夫曼（Josef Hoffmann）。之后，浪漫主义倡导后，主张材料、构造的真实表现，产生构造派，主要人物有彼得·贝伦斯（Peter Behrens）、阿道夫·路斯（Adolf Loos）等人，认为建筑的新表现在于构造形式，建筑艺术的价值并非追求装饰。同时也提到荷兰风格派反对对建筑古典的抄袭，用几何式、直线与色彩来展现空间及比例的新意义，主要人物有里特·维尔德（Gerrit Rietveld）、杜多克（Willem Marinus Dudok）等人。接着林克明说到，欧战后的 10 年间（1918—1928 年），因战争后的疲乏状态，社会上重新建立建筑与科学及新生活的基础，此时，勒·柯布西耶的出现造成了巨大影响，新建筑展现功能性的意义并得以科学的实施，正大步迈进，但国际建筑界仍是众说纷纭，直到 1928 年"CIAM 国际新建筑会议"的举行，使新建筑的重心从此奠定，达到国际统一的形式，之后，新建筑不断地产生，合理的功能性与科学的建筑实例不胜枚举。林克明介绍了"CIAM 国际新建筑会议"的内容，会议在瑞士沃洲（Conton de Vaud）城沙拉斯公署举行，共 12 个国家 48 位建筑家参加，会议持续 3 天，讨论的议题有现代艺术的建筑结果、标准化论、普通经济问题、都市计划、小学与家庭教育、建筑与国家之关系，每一项议题由一位建筑师主持，会中建筑师互抒己见、相互争论，会后发表宣言、总章则及革新方案，结论是把建筑放在真实的计划（社会、经济）中，打破无意义的古典式的保守。此会议震撼全世界，在历史上具有不容置疑的价值。于是林克明便反思国内，近代以来，建筑文化向来落后，无国际地位，虽过去十年间（1928—1938 年）稍有进展，然提倡新建筑运动的人甚少，"CIAM 国际新建筑会议"后现代主义建筑已遍于全世界，但国内却无相关响应，影响中国近代建筑学术之前途甚巨。他又接着批判国民政府提倡主导的中国固有建筑之形式，已脱离经济与社会的考量，无一合理性，是为"时代之落伍者"。最后，林克明说明国内现状，寄语未来：抗战以来，人民颠沛流离，无居所，城市与建筑被轰炸得满目疮痍，多数损毁（与欧战后欧洲社

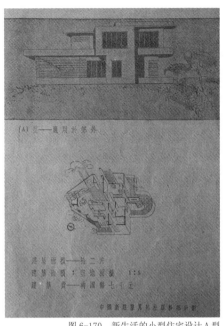

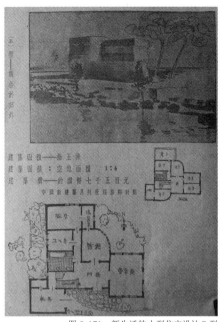

图 6-170　新生活的小型住宅设计 A 型　　　　　　图 6-171　新生活的小型住宅设计 B 型

会情况相同），战后该好好思考经济与社会的重建问题，营造适合时代需要、以功能性为目的的新建筑，提高中国新建筑于国际水平线上。

"国际建筑与民族形式——论中国新建筑底形的建立"

林克明借由撰文比较了古典与现代建筑在战后复兴时所面对的经济与社会问题的不同及利弊，提倡建筑必须反映时代性。他的学生霍云鹤（1933级）也于 1941 年在《新建筑》渝版第 1 期撰写一篇名为"国际建筑与民族形式——论中国新建筑底形的建立"的文章，同样论述现代建筑的特征，说明现代建筑的形体不是样式，而是一种由新的材料与构造方法及新的构成原理所形成的物体，明确地提倡现代建筑，及如何建立中国新建筑的形态。

在重庆期间，郑祖良与黎抡杰除了组织《新建筑》的编辑工作，也担任《市政评论》在重庆出版时的主编。由于杂志的主旨方向"灌输市政知识、促进都市建设"，郑祖良与黎抡杰便将视点转向都市方面。

"论战后都市计划"，"英国都市计划之沿革及其性质"

20 世纪 20 年代后，田园城市理论（也称花园城市，是 19 世纪末英国社会活动家霍华德提出的城市规划设想）在中国开始传播，影响中国近代的城市规划，许多学者纷纷响应田园城市的理论。郑祖良在《市政评论》第 6 卷 10、11 期中刊有一篇名为"论战后都市计划"的文章，文中积极提倡"城市土地公有"制度，与田园城市理论其中一项思路契合，即"城市土地为社区共有，而不是私有"。郑祖良关注到战后的土地，提出依照报价收买都市土地，并照报价征税，土地涨价归公，以防止土地被大地主垄断及地主从地租及地价增涨中获得暴利的可能性，以此达到人民共享土地的目的，这也是平均地权（民生主义的纲领之一，是孙中山所提出解决土地问题之方针）的想法，因此，田园城市理论与国民政府的土地理念有共同之处。同期中，黎抡杰也论述"英国都市计划之沿革及其性质"一文，文中提到企业城镇与田园城市的旧城改建与新城建设之两种形式，及制定城市建设法规——（《公共卫生法》、《住宅与城市规划法》）以维持整齐、清洁、安定的城市环境，以保障居民健康。

"拿破仑三世及豪斯曼之巴黎改造"，"论带形都市与大陪都之改造"

19世纪中叶，豪斯曼主持制定的大巴黎改造是影响最广的城市规划实践，是城市改造的范例。黎抡杰在《市政评论》第6卷12期撰文"拿破仑三世及豪斯曼之巴黎改造"介绍了这一改造计划。文中提到启蒙运动与工业革命后的巴黎汇聚了大量人口，拥挤的程度导致中古时期所建造的旧城被肮脏、嘈杂及传染病肆虐。拿破仑三世于1852年委任豪斯曼男爵（Baron Haussmann）对巴黎进行翻天覆地的改造，项目有拓宽街道、修建大型房屋和豪华旅馆、修缮下水管道和城市供水系统等。拓宽街道是豪斯曼改造计划中最大的工程，他引用古典式的几何对称理念，规划出城市的南北轴线，用东西南北主干道将巴黎分成不同区块，拓宽后的街道有效消解了拥挤的人群。接着，豪斯曼重塑巴黎的建筑，并修建歌剧院、纪念碑、火车站和政府楼，皆是西方古典风格，还修缮与新增了卫生下水管道，改善原本臭气熏天的城市气味，更将污水管道和废物管道分离，废物可用作有机肥灌溉农田，此套城市供水系统既环保又经济。改造后的巴黎，彻底变成面目一新的工业革命时代的现代都市，之后，豪斯曼的改造计划成为城市改建效仿的典范。

之后，黎抡杰更撰文"论带形都市与大陪都之改造"论述陪都重庆的改造计划，因重庆的特有地形提出"带形都市"的概念。

6.2.10　中华工程师学会、中国工程师学会、《工程》的产生与内容

军事工业，兴建工业及化学企业，开发煤矿，建造铁路

19世纪中叶以来，中国近代进行第一次大规模的现代化工业运动，引入了大量现代化的科学与技术成果，并以"自强"为口号，在各省各地成立新的军事工业，以加强军事力量，设立制造局（江南制造总局、金陵机械制造局等）、船政局（福州船政局）、兵工厂（汉阳兵工厂），兴建一大批工业及化学企业，如织造、火柴、造纸等工厂，开发煤矿及建造铁路，这些皆由政府经营，是官僚的旧式管理，技术人员也多引自国外。

中国铁路公司成立，铁路总工程师，中国人承建巨大工程之开端

1887年中国铁路公司在天津成立，隔年，学习铁路工程出身的詹天佑（刚回国时，前往福州船政局学驾驶，不久被张之洞聘为广东博学馆教习）经留美同学推荐进入铁路公司工作，成为一名铁路工程师，负责修筑天津一带（塘沽到天津、天津到山海关）的铁路工程，并承担一座横跨滦河的铁桥建造工程。1905年，詹天佑担任全长200公里的京张（北京到张家口）铁路总工程师，此为中国人承建巨大工程之开端，且工程款只有外国承包商索价的五分之一，仅30余万两，并比原计划的1911年完工提前两年竣工，强力地回击了西方列强的藐视，并从中培养出一批本土工程专业人才，得到国内外的认可。京张铁路建成后，詹天佑获宣统赐工科进士，任留学生主试官等职，1910年，任广东商办粤汉铁路总公司总理兼工程师。

1911年辛亥革命成功，为了发展交通运输事业，孙中山提议修建铁路。1912年詹天佑兼任汉粤川铁路会办，负责兴建粤汉及川汉铁路。

广东中华工程学会

当詹天佑主办粤汉铁路工程时，感念人才辈出，工程界人士是国家之需要，责任重大，且国内相继开设学堂（"南洋"、"北洋"、"唐山"及"上海兵工学校"）专门培养工程技术人才，使得毕业生增多，都选择投身工程事业。而这些人才理应多加联络，相互团结，切磋学术，一起共谋国家工程、振兴铁路事业，

为广东中华工程学会的建立创造了条件。另外，当时国外留学工科生，已多有组织学会运作，且詹天佑自己也曾于1894年先后被英国土木工程师学会、皇家工商技艺学会、北方科学文学艺术学会、铁路轨道学会及美国土木工程师学会等团体选举为该会会员。因此，他认为组织学会之事刻不容缓，有其必要性，便于1912年在广州召集工程界同志创立"广东中华工程学会"，这是工程师的民间团体组织的始祖，詹天佑被推为会长。

中华工学会，中华铁路路工同人共济会

同时期，留美主修铁道工程学出身的颜德庆，1902年回国后，任粤汉铁路及川汉铁路工程师，于1912年与吴健等人在上海创立中华工学会，颜德庆任会长，吴健任副会长，学会章程仿效欧美体系，入会资格有所限制。作为山海关北洋铁路官学堂第一届毕业生的徐文炯，1900年毕业曾随詹天佑进行京张铁路建设，任帮办，之后任沪杭铁路总工程师（1906年）及河南商办洛潼铁路总工程师（1909年）。1912年，因工程暂停，各铁路工程同仁齐聚上海，徐文炯等组织大家创立中华铁路路工同人共济会，徐文炯任会长。此"两会"皆公推詹天佑为名誉会长。

1912年夏，谭人凤（1860—1920年，字石屏，名有时，号符善，晚年自号雪髯，人称谭胡子，汉族，湖南新化人，同盟会会员和骨干，武昌起义为策反黎元洪起了重要作用，中国近代政治家、革命家）被任命为粤汉铁路督办，邀詹天佑从广州前来上海共商粤汉川铁路之事。

中华工程师会，办会宗旨

另一方面，由于广东中华工程学会与中华工学会、中华铁路路工同人共济会名称不同，但宗旨相仿，皆欲求工程学术之发达及工程人才之集中，且当时工程专业人才并不多，为了有效整合，发挥力量与影响力，在上海期间的詹天佑便与中华工学会、中华铁路路工同人共济会协商决议将上述三会合并为一个机构，并各自征求会员意见，全部会员均赞成此项合并。于是，经过1年的筹备，1913年夏，詹天佑召集各地工程师代表赴汉口召开大会，将三会合并改名为"中华工程师会"，原会员均为发起会员，詹天佑任会长，颜德庆与徐文炯任副会长，总干事、会计员与理事20多人，任期1年，暂以汉口为会址，会员共有148人，由原三会会长呈报政府各部核准并立案。

中华工程师会拟定宗旨为"规定营造制度、联络工程人员、研究与发扬工程学术、协力发展中国工程建设事业"，及"出版以输学术、集会以通情意、试验以资实际、调查以广见闻、藏书以备参考"，并决议每年召开一次年会。前几次年会正值机构成立初期，会务讨论成为年会的主题，内容有会长与副会长的选举与任命、修改会章、征收会费、会长年度会务报告、会计员收支报告、讨论会报与书籍的出版，其中年度会务报告将刊载会务活动情况、各地会员消息记载及会中收支情形等事宜。

会务报告，《中华工程师会会报》

1914年春，中华工程师会年终的会务报告改为《中华工程师会会报》，改为月刊发行，每年出版1卷，每卷12期，除了刊载各项会务报告外，各地工程人员的学术成果、工程论述及试验报告都可在会报上发表，同时会报也会报道国内外最新工程科技信息与动态等，更进一步地推动了工程业内人士的学术研究与交流。《中华工程师会会报》的内容由图画、记载、论著、记述、专件、从录、章程条例、会员消息等几块专辑构成，之后，保留了图画、记载、从录、章程条例、会员消息等专辑，并按学科初定8个专业，重新编排，后又发展为土木、建筑、水力、机械、电机、矿冶、兵工、造船、窑业、染织、应用化学、航空共12种专业学科专辑，涉猎了中国近代工程事业的学科范围。因此，《中华工程师会会报》是一个多领域的学术会报，也是中国近代第一本关于工程科技学术交流的期刊，弥足珍贵。

1914 年 11 月，中华工程师会在汉口召开第二届年会，詹天佑连任会长，吴健、陈榥任副会长，颜德庆等 20 人为理事，赵世瑄任总干事，年会主要议题为设立广东分会、修改会章及出版工程学书籍。

中华工程师学会，《中华工程师学会会报》

1915 年春，中华工程师会第一个分会在北京成立，华南圭被选为总干事。同年夏天，中华工程师会因考量"师会"之名过于普遍，不够学术，便改名为"中华工程师学会"，以符合该会发扬研究学术之要图，并修改会章，取消发起会员，改正、副会员制，并呈报北洋政府各部审判与备案，而《中华工程师会会报》也改为《中华工程师学会会报》。同年秋天，在汉口召开第三届年会，詹天佑再次连任会长，年会主要议题有催缴会费及征集会报稿件。

1916 年春，中华工程师学会发动会员捐书、捐模型，寻求政府与各界的捐助，以推动学术研究和交流的进展。同时，北京分会已成立，且由于知名工程界人士多在北方活动，在武汉的会员甚少，学会决议迁址北京，以利后续发展，便租下北京石达子庙欧美同学会所为临时办公场所。此后会务以北京为中心，凡土木、机械、水利、电机、采矿、冶金、兵工、造船等专业工程师均可加入学会，会员 280 余人。

1916 年秋，中华工程师学会在北京召开第四届年会，詹天佑再以高票连任会长，但他未到场，并事先表明不再连任，于是大会另选沈琪任会长，陈西林、邝景阳任副会长，推张謇为名誉会长，20 人为理事，华南圭任总干事，年会上由时任中华民国总统的黎元洪赐匾题词。

1917 年春，学会通过筹备资金，买下北京西单牌楼报子街 76 号地建新会址，于隔年夏完工迁入。同年秋天，在北京召开第五届年会，詹天佑再以高票再任会长，陈西林、邝景阳任副会长，赵世瑄等 20 人为理事，华南圭连任总干事，年会主要议题有推举张謇、叶恭绰为名誉会长及修建新会址。

1917 年，美洲中国工程师协会由一群中国工程师成立，是一个科学与教育的社会组织，宗旨为"建立和完善工程设施和技术能力、改善中国人民的生活水平"，詹天佑、颜德庆、徐文炯、吴健、凌鸿勋、陈体诚、张贻志、吴承洛、侯德榜、周琦等都是早期会员。

1918 年秋，中华工程师学会在北京召开第六届年会，詹天佑再以高票连任会长，华南圭、邝景阳任副会长，推举张謇、叶恭绰为名誉会长，俞人凤等 30 人为理事，唐在贤任总干事，年会主要议题有修改会章，增设会计、干事及编辑主任。

之后，中华工程师学会年会一直召开到 1927 年，从 1913 年起共召开 13 届年会，于 1919 年第七届年会后，中华工程师学会已运作顺畅，年会的议题也多有变化。第七届讨论《中华工程师学会会报》出版及为詹天佑征文（詹天佑于 1919 年 4 月因劳成疾逝世于汉口）；1920 年，第八届修改会章（选举办法、会员资格）；1921 年，第九届邀请国外人士演讲，加入中美工业教育联合委员会，出席万国工程会议和世界动力协会；1922 年，第十届为詹天佑铜像揭幕，募集基金，组织参观以及设立土木、建筑、机械、电机、矿冶、兵工、造船、应用化学、航空等学科的干事；1923 年，第十一届邀请翁文灏演讲及修改会章；1925 年，第十二届讨论赴日参观团事宜；1927 年，第十三届选举职员。

工程科技人员为主的社会性机构，规模最大，人数最多

中华工程师学会从 1913 年成立后，是中国近代成立时间最早、水平较高的一个以工程科技人员为主的社会性机构，加入学会可获得工程界抑或整个社会界的身份认可，由于创会会长詹天佑个人在工程界的极高威望，及其他许多知名人士的加入，使得会员年年递增，至 1923 年人数已增长到 530 余人，是中国近代规模最大、人数最多的学术团体。

图 6-172 詹天佑与中华工程师学会部分会员合影

图 6-173 1918 年中华工程师学会合影

中华工程师学会历任会长有詹天佑、沈琪、颜德庆、邝孙谋，历任副会长有颜德庆、徐文炯、吴健、陈幌、陈西林、邝孙谋、华南圭、俞人凤、赵世煊、劳之常、王宠佑、孙多钰、严智怡、贝寿同，名誉会长有张謇、叶恭绰、权量。中国近代建筑从业人才部分也曾加入中华工程师学会参与运作并在《中华工程师学会会报》上发表文章，如华南圭、赵世瑄、沈琪、贝寿同等。

中国工程学会，联络各项工程人才，协助提倡中国工程事业、研究工程学之应用

1917 年年底，在美国的一群中国工科留学生与在纽约附近工厂、工程公司或化工实验室的工作者（约20 多位），利用圣诞假期齐聚纽约，许多人有感于工程人才无组织、无发声渠道，便兴起团结人才、组织新的工程团体之念头，以利中国近代工业技术之发展。隔年春，"中国工程学会"便宣告成立，设于纽约，主要成员为中国科学社的骨干，发起人为陈体诚（1893—1942 年，字子博，福州市仓山人，毕业于上海交通部工业专业学校土木工程科，后保送赴美留学，在卡内基钢铁研究院专攻桥梁构造工程，回国后，先后任京汉铁路局工程师、北京大学教授、浙江公路局局长、全国经济委员会公路处处长、福建省建设厅长兼财政厅长等职。国民政府内迁重庆时，被调任西北公路特派员兼甘肃省建设厅长、西南公路运输管理局副处长、嗣任中缅运输局副局长，致力整理"路改"，在公路工程建设事业、运输和国际交流等方面有显著业绩，是中国近代交通工程家），并被公举为会长，张贻志为副会长，分设名词、调查、编辑、发刊及会员四股会务，宗旨为"联络各项工程人才，协助提倡中国工程事业，研究工程学之应用"，提出"科学救国"的口号。会员有 84 人，参加者皆为一批有才华、受现代工程科技知识培养出身的青年才俊。因此，学会氛围活跃，会员与日俱增（约1000 余人），召开了 5 次年会。

学会会刊

20 世纪 20 年代后，多数会员相继回国，国内加入的会员日渐增多，中国工程学会迁回上海，年会改在国内召开，1923 年在上海举行第一次年会，会员约 350 余人，并在北京、天津、武汉等地设立分会，1930 年后会员增至 1500 余人。由于中国工程学会发展迅速，1923 年后逐渐取代中华工程师学会在中国工程界的地位，并于 1925 年创办中国工程学会会刊《工程》杂志，其主要内容为介绍国内外各种工程建设，刊登学术论文，以及工程调查、评论或建议。

中国工程学会历任会长为陈体诚、吴承洛、周明衡、徐佩璜、李垕身、胡庶华，历任副会长为张贻志、吴承洛、刘锡祺、凌鸿勋、薛次莘、周琦、徐恩曾、徐佩璜，历任董事为侯德榜、李铿、孙洪芬、程孝刚、任鸿隽、凌鸿勋、张贻志、黄家齐、陈体诚、茅以升、薛次莘、薛桂轮、吴承洛、徐佩璜、徐恩曾、罗英、薛绍清、李熙谋、恽震、李垕身、陈立夫、周琦、胡博渊、周明衡、张可治、顾振。中国近代建筑部分从业人才也曾加入中国工程学会成为会员，参与运作，有薛次莘、裘星远、缪恩钊、过养默、关颂声等。

中国工程师学会

中华工程师学会与中国工程学会创立有先后（1913 年；1918 年），创立地点与会址各异（汉口，北京，纽约、上海），会员来源与组成稍异（铁路工程，建筑工程，土木工程），且都是工程专业人才，而会务略有不同，但宗旨相似，皆以"联络工程人才、提倡工程事业，及专注工程学之研究"为学会方向，且会员间多有所穿插与联系。1930 年"两会"多数会员提议合并，以集中资源与力量谋发展。之后，"两会"会员推代表协商合并之事，提出具体办法，拟定新会草案与章程，历时半年。1931 年 8 月，"两会"召集会员，在南京举行联合年会，正式通过合并案，新名为"中国工程师学会"，决议以民国元年为学会创始之年，会址设在南京，并报国民政府内政部核准、备案、指导与监督。

会员资格

中国工程师学会会员分有会员、仲会员、初级会员（工科大学生）、团体会员和名誉会员，之后改分为个人会员、团体会员、荣誉会员、赞助会员、学生会员及国际会员。会员应有下列义务：遵守本会章程、信条及决议案，担任本会所指定的职务或任务，缴纳会费（荣誉会员及赞助会员免缴常年会费）。个人会员及团体会员推派代表有发言权、表决权、选举权、被选举权与罢免权。学生会员在本会举办会员（会员代表）大会时，得推选代表参加，其代表有发言权，无表决权、选举权、被选举权与罢免权。国际会员、赞助会员有发言权，无表决权、选举权、被选举权与罢免权。

个人会员资格为"凡国内外大学或独立学院毕业者，由个人会员一人之证明，请求入会，经理事会审查合格，照章缴费后，得为个人会员。但专科学校三年制毕业者，须有一年之工程经验；专科学校二、五专毕业者，须有二年之工程经验；高工学校毕业者，须有四年之工程经验"。

团体会员资格为"凡与工程界有关系之机关（构）、学校或其他学术团体，由个人会员二人之介绍，经理事会审查通过，得为团体会员，并依其意愿申请为本会甲、乙、丙、丁或戊级团体会员，甲级会员得推派代表五人，乙级会员得推派代表四人，丙级会员得推派代表三人，丁级会员得推派代表二人，戊级会员得推派代表一人，行使会员权利"。

荣誉会员资格为"凡对工程学术、工程事业或本会会务有特殊贡献或杰出成就者，由本会荣誉会员或曾任、现任理监事十人以上之署名推荐，并详列特殊贡献或杰出成就之事迹，经理事会聘设审查小组初审合格后，送请理监事会以无记名投票方式复审，经三分之二以上出席理监事之通过，得聘为荣誉会员。凡曾任本会理事长者，当然为荣誉会员"。

赞助会员资格为"凡对工程事业、工程学术或本会会务有特殊贡献而非本会会员者，由理监事十人以上之署名推荐，并详列特殊贡献之事迹，经理事会聘设审查小组初审合格后，送请全体理监事之通过，得为赞助会员"。

学生会员资格为"凡具有大专院校工程相关科系之学生资格者，由所属系科主任之证明，得向所属学生分会请求入会，经分会审查合格，照章缴费后，得为该分会学生会员。学生会员之会籍，由各分会自行管理并按期将名册向本会报备，本会不个别接受学生会员之申请。学生会员毕业后，得申请为个人会员"。

国际会员资格为"凡符合个人、团体、荣誉、赞助及学生会员之资格及入会规定，但未具中华民国国籍之个人或未设籍中华民国之机关（构）、学校或其他学术团体得申请为国际会员"。

中国工程师学会成立之初，会员2000余人，以土木与建筑专业占大多数，约占70%。规定若在同一区域有个人会员人数超出300人以上，得依法设分级组织（分会），上海、广州、北京、天津、杭州、青岛、南京、太原、武汉以及美国等地先后设立分会，而大学院校之工程相关学院及工业专科学校得设立学生分会。因此，中国工程师学会是20世纪30年代后，中国近代规模最大、人数最多的社会性机构团体。

联络工程界同志，协力发展中国工程事业，研究促进各项工程学术

在第一届年会上，所有会员选举韦以黻任会长，胡庶华任副会长，并确定宗旨为"联络工程界同志，协力发展中国工程事业，研究促进各项工程学术"，欲办会务有：①举行工程学术演讲及设立分类研究机构；②征集图书、标本、模型，调查国内外工程事业以供参考；③接受公私机关之委托、研究并解答工程问题；④刊发会志、会报及有关工程之各项图书刊物；⑤研究有关工程之各项学术及其教育事项；⑥协助会员介绍职业；⑦联系各专门工程学会工作；⑧其他有关工程事项。

学会每年举行一次年会，会上有相关会员宣读论文及就有关中国工程建设的重大问题进行探讨，如工程教育问题、城市问题、工业发展问题、专利设置问题、工业标准化、西北的建设问题、西南建设问题等。

设专门委员会，设立专门学会

中国工程师学会还设立多个专门委员会，其组织与任务由理事会订定，有工程名词委员会、材料委员会、建筑条例委员会、工程教育委员会、工程技术奖励委员会、国际技术合作委员会、工程史料编纂委员会、常期论文委员会、奖金审查委员会、职业介绍委员会、工程研究委员会、总理（孙中山）实业计划实施委员会、工程规范编纂委员会、编辑全国建设报告书委员会、工程教科书委员会、大学工科课程标准起草委员会、建筑工程材料试验所委员会、建筑总会会所委员会、材料试验设备委员会等，这些委员会常汇聚了学会所引荐的专家，开展各种学术研究活动。学会还设立 15 个专门学会，包括有中国机械工程学会、中国土木工程师学会等。

《工程》杂志

中华工程师学会与中国工程学会合并前各有"会报"，合并后会刊定名为《工程》杂志，总编辑为吴承洛、沈怡、罗英等人，主要内容为报道国内外工程建设消息、刊登各专门学会的会志与论文提要，及刊登针对工程技术的学术见解及政策规划的论文（大都为会员所撰写及年会获奖作品），档次相当高。1937年《工程》杂志总编辑为沈怡，副总编辑为胡树楫，而编辑依专业分有黄炎（土木）、董大酉（建筑）、沈怡（市政）、汪胡桢（水利）、赵曾钰（电气）、徐宗涑（化工）、蒋易均（机械）、朱其清（无线电）、钱昌诈（飞机）、李菽（矿冶）、黄炳奎（纺织），以及校对宋学勤。

内容

《工程》始发于 1925 年，初为季刊，后改为双月刊，1 年 6 期合为一卷，从 1925 年至 1936 年，已发行 12 卷。1937、1938 年因抗日战争爆发停刊，1939 年在重庆复刊，改为月刊，后移到香港发行，又改为双月刊，1942 年迁回国内发行。1939 年为第 13 卷，至 1945 年为第 19 卷。

《工程》开本为 16 开，封面有图片和文字，在封面上方的文字有"中国工程师学会会刊"九字、"工程"两字、卷号及期号，图片置于封面中间，并附小字说明插图内容，封面下方的文字是"中国工程师学会总会发行"十一字。《工程》目录为横向排列，由左往右阅读，最上排列有"中国工程师学会会刊"九字及会长、副会长、总干事等名。往下是"工程"两字及总编辑、副总编辑、编辑委员等名，接着是卷号、期号、出版日期及第几届年会论文专号。目录页每一列左侧为标题文字，右侧为页码，中间以点线联系，依序排列。《工程》相当重视工程论文的发表，单独一大项列之。目录页最下方是编辑部相关信息——地址与电话。而目录之后的文本则是竖向排列，由右往左阅读。《工程》的广告页穿插在前后数页，而版权页与广告价目表、本刊价目表置于杂志最后几页广告页之中，还包括有"铁路行车时刻表"、"工程年历"。版权页列有出版日期、卷号、期号、编辑人、发行人、发行所、印刷者、各地分售处、定报处与收稿处，及会员订户通讯及交换书报之信息。本刊价目表列有全年 6 册零售，每册定价 4 角，每册邮费本地 2 分、国内 5 分及国外 4 角，及半年或全年预定之价目及邮费。

《特刊》，《工程师节特刊》，《会务特刊》

中国工程师学会还出版《特刊》、《工程师节特刊》、《会务特刊》。《会务特刊》始发于 1932 年，为双月刊，抗战时，发行了 7 卷，主要介绍中国工程师学会和各专门工程学会的会务活动情况，及国内外工程建设报告与信息。中国工程师学会还通过各专门工程学会发行《水利》、《矿冶》、《电工》、《土木》、《化学工程》、《纺织》、《土木》、《机械》等刊物，由各专门工程学会的编辑人员，也是中国工程师学会编辑，资料共享、彼此帮忙及相互交流。

出版书籍，设立工程荣誉奖牌、奖励金制度，设奖学金

中国工程师学会也出版书籍，如《美华工学字汇》（詹天佑著）、《京张铁路纪略》、《机车丛书》等。设立工程荣誉奖牌、奖励金制度，以鼓励工程技术与学术人员的研究、发明与创造，曾被赠予金牌的特殊贡献者为侯德榜（对于制碱工程的贡献）、凌鸿勋（对陇海及粤汉两铁路工程的贡献）、茅以升（对建造钱塘江公、铁路两用桥的贡献）、孙越琦（开发西北油田的贡献）、支秉渊（研制柴油机成功的贡献）等。还设有奖学金，有天佑奖学金、子博公路奖学金、仪址土木水利奖学金、朱母奖学金、石渠奖学金、涌芬工程奖学金及几所大学内的工程奖学金，均是为了奖励工程师及工科大学生的工程研究发明与创造。

出版广告刊物

中国工程师学会也出版广告刊物，如《工程年历》（每张2分，10张15分，邮费外加）、《工程单位精密换算表》（半张报纸，双面印，共12表，分别是长度、面积、容积、重量、速率、压力、能与热、工率、流率、长重、密度、温度，有精密盖氏对数，张延祥编，吴承洛校，每张5分，10张35分，100张2.50元，邮费外加）、《中国工程纪数录》（1937年1月初版，参考检查全国工程建设唯一之手册及年刊，共12编，分别是铁道、公路、水利、电力、电信、机械、航空、矿冶、化工、教育、杂项与附录，共200余页，张延祥编，定价每册6角，邮费2分半）。

拟定中国工程师信条

中国工程师学会在会章内拟定中国工程师的信条："①工程师对社会的责任——守法奉献，恪遵法令规章，保障公共安全，增进民众福祉、尊重自然，维护生态平衡，珍惜天然资源，保存文化资产；②工程师对专业的责任——敬业守分，发挥专业知能，严守职业本分，做好工程实务，创新精进，吸收科技新知，致力求精求提升产品品质；③工程师对雇主的责任——真诚服务，竭尽才能智慧提供最佳服务，达成工作目标，互信互利，建立相互信任，营造双赢共识，创造工程佳绩；④工程师对同僚的责任——分工合作，贯彻专长分工，注重协调合作，增进作业效率，承先启后，矢志自励互勉，传承技术经验，培养后进人才。"

中国工程师学会在抗战前共举办了7次年会，每次召开年会的地点皆不同，第一届（1931年）南京、第二届（1932年）天津、第三届（1933年）武汉、第四届（1934年）济南、第五届（1935年）南京、第六届（1936年）杭州、第七届（1937年）太原。抗日战争开始，国民政府迁都重庆，中国工程师学会会务一度中断，1938年10月于重庆召开临时大会，总会迁至重庆，并在西南大后方组织分会，有昆明、成都、贵阳、桂林等地，每年继续在不同地点召开年会，第八届（1939年）昆明、第九届（1940年）成都、第十届（1941年）贵阳、第十一届（1942年）兰州、第十二届（1943年）桂林。抗战胜利后，总会迁回南京，并在南京召开年会。

第十届年会曾通过新的中国工程师信条，并刊在《工程》杂志上："①遵守国家之国防、经济建设政策，实现国父孙中山之实业计划；②认识国家民族利益高于一切，愿牺牲自由，贡献能力；③促进国家工业化，力谋主要物资之自给；④推行工业标准化，配合国防民生之需要；⑤不慕虚名，不为物诱，持职业尊严，遵守服务道德；⑥实事求是、精益求精，努力独立创造，注重集体之成就；⑦勇于任事、忠于职守，须有互切互磋、亲爱精诚之合作精神；⑧严于律己，恕以待人，益养成整洁、朴素、迅速、确实之生活习惯。"

中国工程师学会的历任会长为韦以黻、颜德庆、萨福均、徐佩璜、曾养甫、陈立夫、凌鸿勋、翁文灏、茅以升；历任副会长为胡庶华、支秉渊、黄伯樵、恽震、沈怡、茅以升、胡博渊、杜镇远、侯家源、李熙谋、顾毓琇、徐恩曾、萨福均。

中华工程师学会会员与中国工程学会会员合并为中国工程师学会会员，之后陆续有建筑从业人员加入，成为会员。

图 6-174 《中华工程师学会会报》之封面

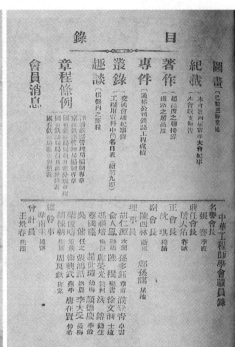

图 6-175 《中华工程师学会会报》之目录与学会职员录

图 6-176 《工程》始发于 1925 年（前身为中国工程学会会报），初为季刊，后改为双月刊

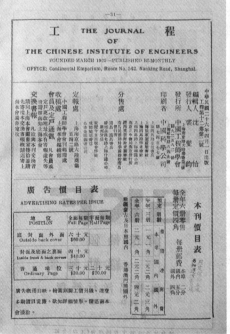

图 6-180 版权页、广告价目表、本刊价目表

图 6-181 陇海铁路简明行车时刻表

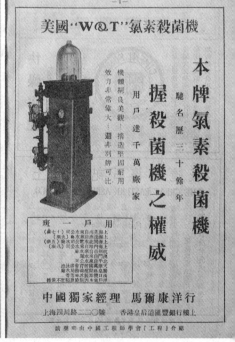

图 6-182 美国 W&T 氯素杀菌机广告

426

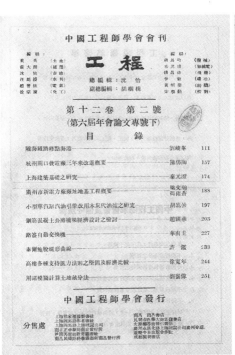
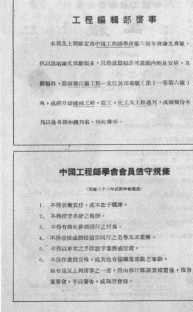
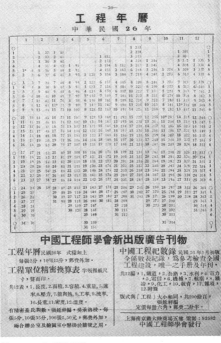

图 6-177 目录　　　　图 6-178 工程编辑部启事、中国工程师学会会员信守规条　图 6-179 《工程年历》

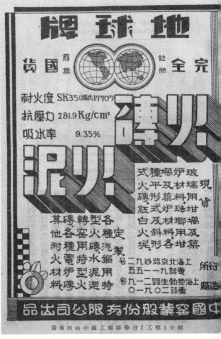

图 6-183 立兴洋行广告、上海泰记石棉制造厂广告　图 6-184 中国总经理（上海、香港）英商马尔康洋行广告　图 6-185 地球牌火砖火泥广告

图 6-186 最新罗盘经纬仪广告

图 6-187 益中福记机器广告，国货变压器广告

图 6-188 古德立满而载三角橡皮绳广告、最大陆用内燃机广告

图 6-192 铁路管理局建议之名胜游览广告

图 6-193 壳牌汽油与汽车滑机油、沥青、松香水、柴油广告

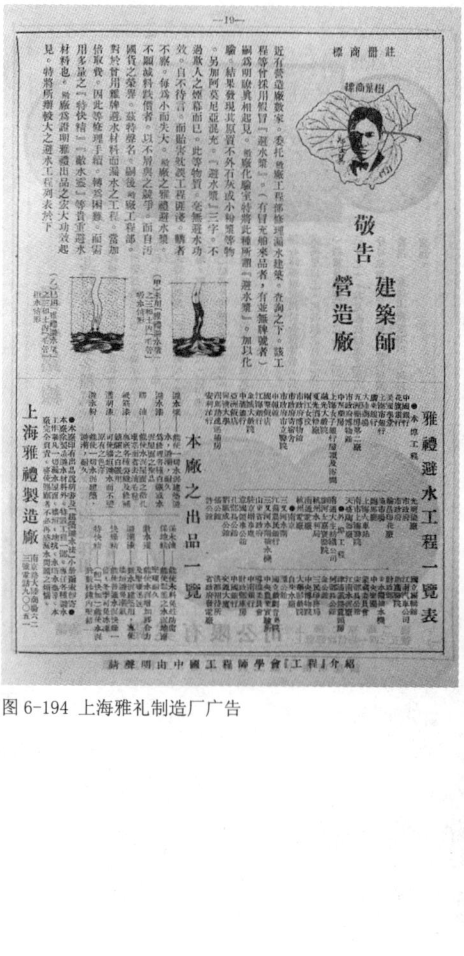

图 6-194 上海雅礼制造厂广告

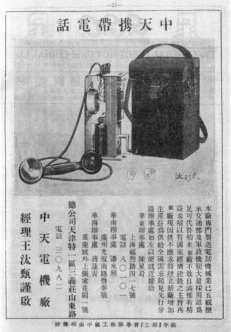

在 1934 年时，会员有薛次莘、关颂声、过养默、黄家骅、黄学诗、黄元吉、李宗侃、黄祖淼、莫衡、华南圭、贝寿同、裘星远、赵世瑄、陈裕华、陈植、李扬安、林炳贤、施求麟、孙立己、杨元麟、胡兆辉、黄锡霖、庄俊、李鸿儒、冯宝龄、李鉴、卢毓骏、缪苏骏、戚鸣鹤、施德坤、谭真、许瑞芳、杨锡镠、钟铭玉等。

在 1937 年时，新加入的会员有钟森、蔡方荫、顾道生、顾鹏程、梁衍、罗竟忠、萨本远、石麟炳、张铸等。

在 1943 年时，新加入的会员有虞曰镇、汪原洵、叶树源、过元熙、汪申等。武汉分会的会员有顾久衍、鲍鼎、王秉枕、许道谦、杨卓成、姚岑章等。

6.2.11　建筑师发表在《中华工程师学会会报》文章之观察

协助创办中华工程师会

华南圭于 1914 年协助朱启钤建造中央公园（今中山公园），负责园内建筑设计与布局，义务参与，不收取任何报酬，同时期，协助詹天佑创办中华工程师会，之后一直是该会的骨干之一。自 1916 年起，华南圭开始在《中华工程师学会会报》上发表文章。

1916 年第 3 卷发表的有"超高度之连接线"、"公共汽车之大利"、"土方行动术"、"中国土道上驶行公共汽车"。

1917 年第 4 卷发表的有"木质顶棚之算法"、"房屋工程之铁筋混凝土"、"御震房屋"、"车队之驶力"、"自来热水"、"卫生粪坑"、"房屋天然通气法和戏园通气法"、"新式吊桥"、"河底隧道之浮箱"、"房屋通气之理法"、"造管新法"、"行动喂水法"、"测量北京全城水平"。

1918 年第 5 卷发表的有"自动电话机"、"沙及灰膏之研究"、"试用混凝土轨枕意见书"、"吸尘机"、"水灾善后问题"、"轨条形式之统一"、"用加减以求于立方根"、"算机"、"电气净水"、"浮桥图"、"铁筋混凝土（桥）"、"过热蒸汽之试验序"。

1919 年第 6 卷发表的有"暖务"、"法国试验无线电话成绩"。

1920 年第 7 卷发表的有"建筑住屋须知"、"建筑材料撮要"。

1925 年第 12 卷发表的有"交通员工养老金条陈"、"京西静谊园之保存"。

1926 年第 13 卷发表的有"钢筋混凝土之大烟囱"、"京汉路局工务处呈复段会议办法"、"南满铁路参观纪略"。

1927 年第 14 卷发表的有"铁路分道岔之算式"、"自动水斗"、"家庭卫生小工程"。

1928 年第 15 卷发表的有"中西建筑式之贯通"、"北平特别市工务局组织成立宣言"、"北平之水道"、"美国之旅馆工业"、"昨日黄花之文"、"玉泉源流之状况及整理大纲"、"北平通航计划之草案"、"北平中山公园铁筋桥"、"一封技术的奇书"、"铁筋圬工撮要"。

1929 年第 16 卷发表的有"铁路工程之我见"、"公路之路皮及路床"、"天津租界之水沟和北平新式沟口"、"北平市工务局虹式沟井"、"市政费用之比较"。

1930 年第 17 卷发表的有"新式月台墙"、"华北避暑海滨"、"难井及简便新法"、"沥青土之路皮"、"北平市之新式人力辗"、"天津东马路沥青油路做法"、"本会华副会长就北宁工务处长宣言"。

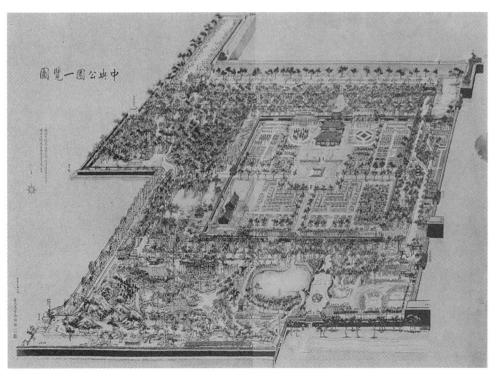

图 6-198 中央公园一览图

图 6-199 朱启钤（左十一）与筹办（北京）中央公园部分出资之董事会董事合影，华南圭（右五），蔡元培（右四）

431

图 6-200 中央公园绘影楼

图 6-201 朱启钤等游览中央公园

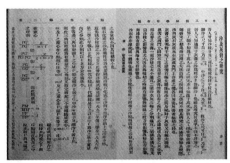

图 6-202 "沙及灰膏之研究"

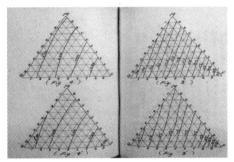

图 6-203 "沙及灰膏之研究"

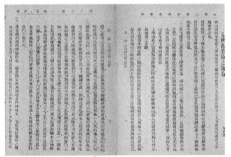

图 6-204 "京西静谊园之保存"

图 6-205 "中西建筑式之贯通"

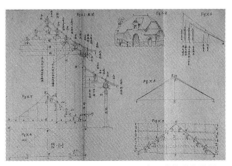

图 6-206 "中西建筑式之贯通"

华南圭是铁路工程与市政工程领域的专业人才。19世纪末、20世纪初，土木、铁路、建筑等专业都被归在工程范畴内，因此，一般学习过工程学科或工科毕业生，所学领域跨度均很大，游走于土木、铁路与建筑之间，华南圭就是其中之一，从其发表的文章与出版的著作即可知晓一二。

"沙及灰膏之研究"

华南圭对建筑材料有专门的研究，曾在《中华工程师学会会报》第5卷第2期发表一篇名为"沙及灰膏之研究"。在文中，华南圭首先说明沙粒的种类（粗、中、细）及其尺寸范围，而他自己所知适用于灰膏的沙为"粗沙2份、细沙1份"，及该如何研究与详论。所谓的灰膏是沙与岩石灰或水石灰或西门土的合成体。接着，华南圭阐述了灰膏使用与圬工优劣有极大关系，而沙粒的质与粒对灰膏又有极大影响，因此，沙粒、灰膏、"圬工"是相互影响的。在20世纪初，"圬工"通常为"用石或砖或用土之工作物"之意，解释相当广泛，在实际应用上，"圬工"为钢筋混凝土的同义词。之后，华南圭列举了法国1892年第2季及1896年第2季年报中一位法国学者曾做过的详细沙粒试验说明如何求得灰膏之定律，并附上图表解释。

"京西静谊园之保存"

华南圭在1925年发表"京西静谊园之保存"一文，期望能保护古迹及周边自然风景，呼吁人民前往参观，是中国近代第一位倡议开辟香山旅游的专家学者。静谊园位于北京西北郊的香山，是一个以山地为基址、沿坡而建的山地园，分有内垣、外垣、别垣三部分，内垣园内为主要建筑荟萃地，有宫殿、梵刹、厅堂、园林庭院等，依山就势，成为自然风景的点缀。

在"京西静谊园之保存"一文中，华南圭深觉香山两项事业"贫儿教育"与"景迹保存"是社会、国家之大事，并就景迹保存提出建言要点：①庄宅建筑之前宜交工程师审查——选相宜之地建或作为山庄，可供公众使用及保存古迹，并可将山庄向外承租，租金可济助"贫儿教育"，华南圭试举玉华山庄与玉笋两处建庄宅，借以改善玉华山庄与玉笋两处的固陋，而审查与修改需委托专门工程师；②建筑废料需随意撤除——沟坡常有碎砖破瓦，须在租地章程内规定建筑完工时，由施工单位撤除；③卫生事项须严重执行——华南圭举他自己为例，某日早晨，徒步山林间吸收松林之香气，不料，一接近旅馆，正要进入时，闻一不堪耐受之臭气，及见黄黑如酱之怪物（粪便），难以忍受，兴致大减，问一园丁，询问何人所为，见其

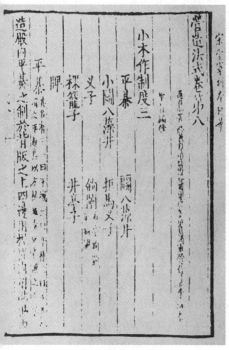

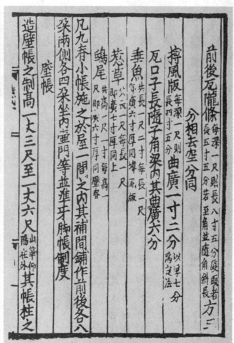

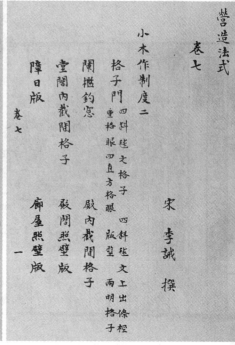

图6-207 《营造法式》崇宁本（宋）　　　　图6-208 《营造法式》绍兴本（宋）　　　　图6-209 《营造法式》翁本（清）

面有难色，园丁便说以后不再自便，另还有车夫也都自便挥洒。以上情形，华南圭认为该严加禁止，检察机关须每日派人检察，且必须严密；④炉渣灰土须设法运出——当居人游人渐多时，瓜皮菜根须每日运出，炉渣灰土须间日清除，不能随意弃于山沟，须严禁仆人清扫完将垃圾倾倒入山沟；⑤高墙宜逐渐改用矮墙——高墙易阻隔游人之视线，而无法观到绿树、青草与山势起伏之风景，高墙能少就少，可小则小，将高墙改为1米高之矮墙，可防止行人失足，又可观前方之景色；⑥宫门前之小高堆应移远；⑦甘露旅馆之管理法宜改良；⑧宜设房棚以庇车夫行人等。

《营造法式》"丁本"

朱启钤任北京内、外城警察厅厅长、总监时，为了修复古建筑，朱启钤不时与老人、老匠师交往，打交道，从而知道北京城的发展源流及匠人世代口传心授的操作秘诀与经验，还发现清代的《工程则例》之类的文字资料，并深切认为古籍里还会有类似的资料，有待发掘。1919年朱启钤受总统徐世昌委托，以北方总代表身份赴沪出席南北议和会议，途经南京时，在江南图书馆发现宋代《营造法式》一书（丁丙八千卷楼本、手抄本），通过关系借出，由商务印书馆重新发行复印本（1920年），是为"丁本"。

"丁本"经由辗转传抄，难免有错遗漏，如此珍贵古籍，必须加以完善，于是，朱启钤委托陶湘与傅增湘、罗振玉、郭世五、吕寿生、章钰、陶洙等人，根据《四库全书》文渊阁、文津阁、文溯阁三隔藏本

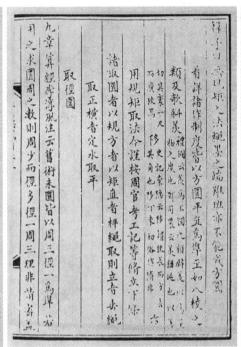

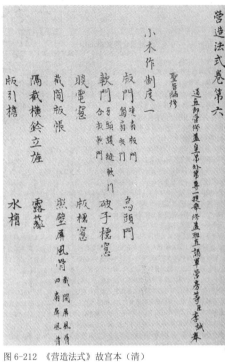

图 6-210 《营造法式》永乐本（明）　　　　图 6-211 《营造法式》石印本　　　　图 6-212 《营造法式》故宫本（清）

及蜜韵楼蒋氏抄本、丁丙八千楼本相互校勘，并请老匠师等人在"大木作"与"彩画"部分重作详绘图样，之后，书的行款字体仿宋刊本（崇宁本、绍兴本），书后有附录（集诸家记载），经由陶湘详细考订，于1925年刻板刊行，是为"陶本"。发行后，由于书的字体、行款与装订讲究，镂版、图板精美，图样生动，纹路清晰，引起中国近代建筑学术界的强烈关注。

"中西建筑式之贯通"

华南圭于1925年发表"中西建筑式之贯通"一文，即是针对读完朱启钤刊行的《李明仲营造法式》一书后的对中西建筑贯通的探讨。首先，华南圭介绍《李明仲营造法式》一书，分有八册34卷，纲目如下：第一册——总释、总例、壕寨制度、大木作；第二册——小木作、雕作、旋作、九作诸度；第三册——瓦作、泥作、彩画作、砖作、窑作、壕寨功限、石作功限、大木作功限；第四册——小木作功限、诸作功限、诸作料例、用钉料例、用胶料例、诸作等第；第五册——总例图样、壕寨图样、石作图样、大木作图样（上）；第六册——大木作图样（下）、小木作图样（上）、小木作图样（下）、雕作图样；第七册——彩画作图样（上）；第八册——彩画作图样（下）、装饰图样。接着，华南圭说明中国建筑制度无古今（古指的是古代；今指的是近代，20世纪20年代）之差异（那个年代），但有中西之差异须贯通，他以西方现代建筑学的角度来观察此书。他读此书时，在技术上没有问题，但在文字的"支离"、名目之"歧异"难以理解，因古今文字用法与文

435

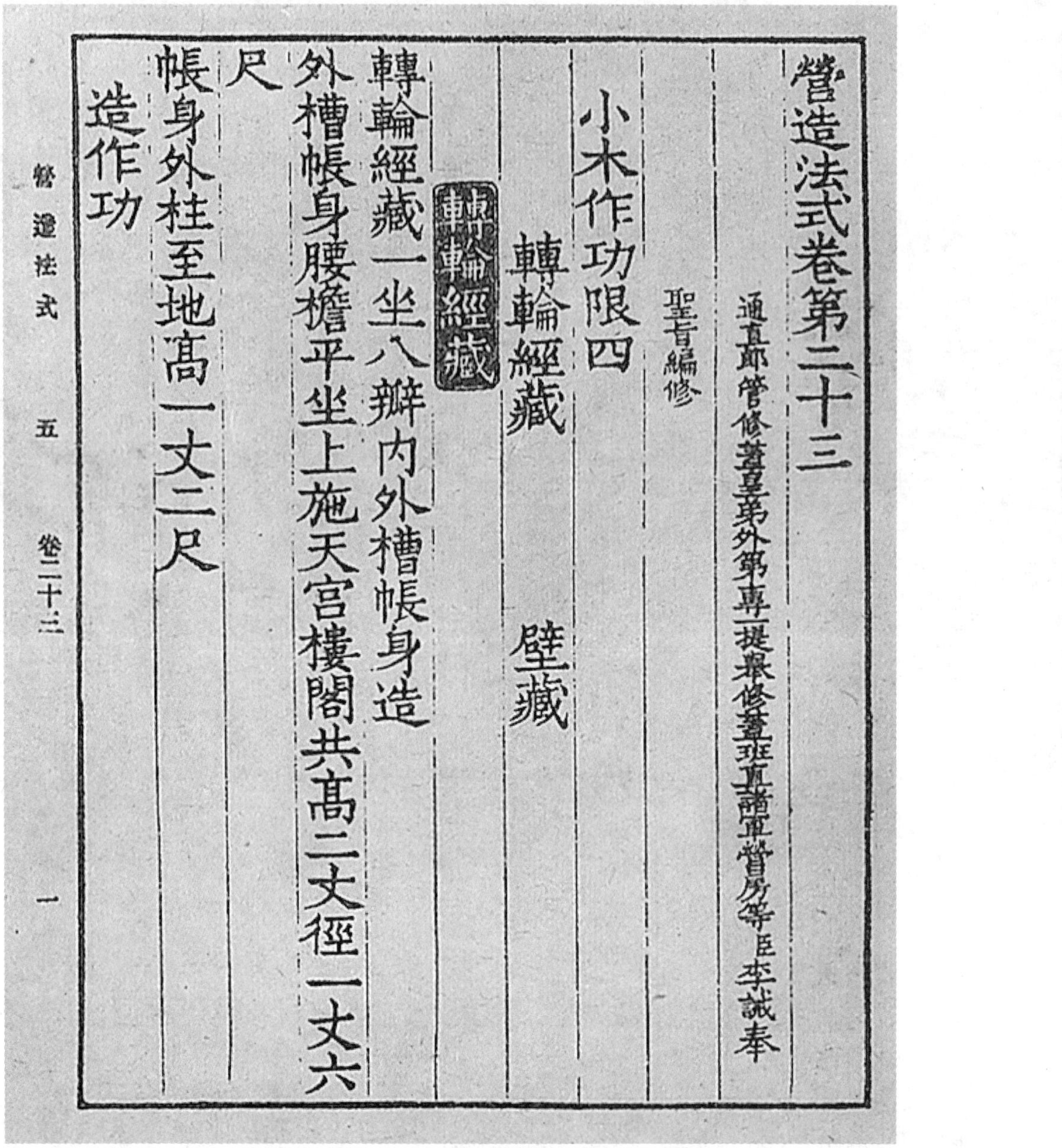

營造法式卷第二十三
通直郎管修蓋皇弟外第專一提舉修蓋班直諸軍營房等臣李誡奉
聖旨編修
小木作功限四
轉輪經藏　壁藏
轉輪經藏
轉輪經藏一坐八辦內外槽帳身造
外槽帳身腰檐平坐上施天宮樓閣共高二丈徑一丈六
尺
帳身外柱至地高一丈二尺
造作功
營造法式　五　卷二十三　一

图 6-213 《营造法式》陶本（崇宁本）

俗习惯是不同的，如：“看详”其意即为“注释”或“提要”；“今来”其意即为“近来”；“屋舍”其意即为“房屋”；“诸称”其意即为“凡称”等。华南圭说李明仲奉旨编修《营造法式》，其文出于文人之手，而所用之词由匠人传述，故无系统、无规则，是一弊，但我们不必计较于文字的细节，而需在建筑大体上看看中西能否贯通。他接着说，古今的社会生活情形不同，若采取旧式，却又要适应今日生活之需要，是不太可能的，如：旧式用南北房及东西厢，今日生活须连贯便利，若仍用厢房制度，岂不是大愚与落伍？所以，中西建筑贯通之问题，在于大体、思维，而不是细节、技巧，他更批判了建造的古典装饰性，即用现代材料与工法造屋，却又用假柱梁契合古式，既非保古，又非仿古，岂不是画蛇添足？

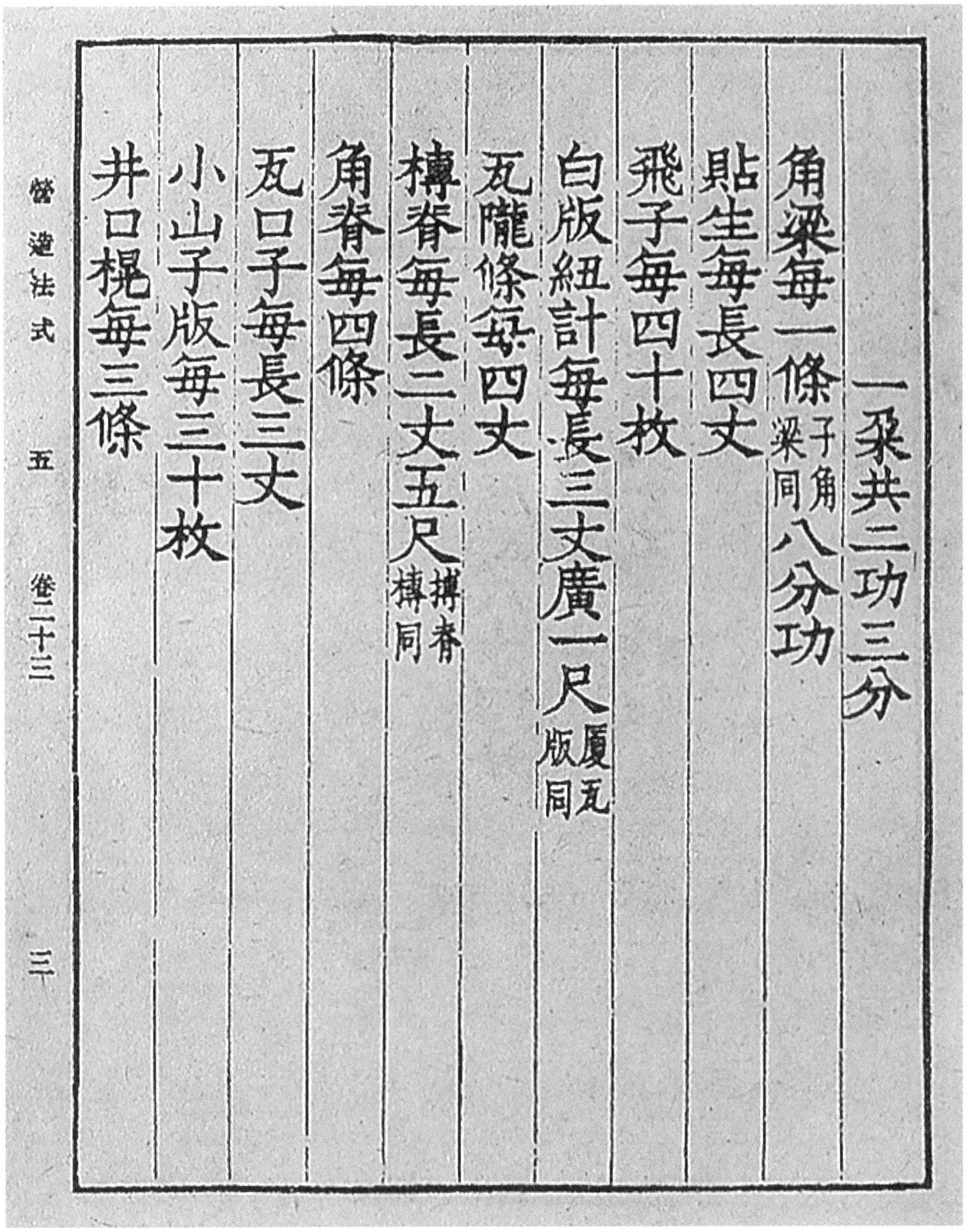

一朶共二功三分
角梁每一條子角梁同八分功
貼生每長四丈
飛子每四十枚
白版紐計每長三丈廣一尺厦瓦版同
瓦隴條每四丈
槫脊每長二丈五尺搏脊槫同
角脊每四條
瓦口子每長三丈
小山子版每三十枚
井口榥每三條

營造法式 五 卷二十三 三

图 6-214 《营造法式》陶本（崇宁本）

华南圭将房子之“大体”分为三部：柱、梁、屋面，同时比较了中西在此三部之差异。中式房子柱多、梁多，西式柱少、梁少，为一差异。中式房子屋面呈凹形，西式屋面呈直线形或凸形，又一差异。接着，华南圭说中西屋面之荷重分布点不同，所受的力学也不同（中式受挠力及压力，西式受拉力或压力），同时导致所用的材料、断面与接合方式也不同。而华南圭也观察到一点，中式房子之特长，即屋面之凹形，他命名为“篷帐式”，而古时游牧民族也习于用篷帐，形状也是凹形，无论凹形源流之如何，实有保存之价值。于是，他解释如何用现代的材料、工法来做出屋面之篷帐式，以达到形式与技术的中西贯通，这是华南圭所擅长的领域——结构力学。

6.3　关于其他机构、学会、期刊、学志、专刊

6.3.1　建筑类的产生与内容

中国近代建筑从业人员部分也曾加入或参与其他建筑类组织机构。

中国土木工程师学会，与中国工程师学会联合活动

前文曾提到，中国工程师学会相继设立15个专门工程学会，作为中国工程师学会的团体会员，中国土木工程师学会便在此基础上创立，与中国工程师学会联合活动。1936年中国土木工程师学会在杭州成立，夏光宇（1889—1970年，名昌炽，字光禹，民国后以字行，作光宇，江苏青浦人。曾入京师大学堂深造，以土木工程科第一届第一名毕业，任交通部技士、技正，路政司考工科长，并为国际交通专门委员。后曾任国民政府铁道部参事、交通部专门委员、总理实业计划研究委员会委员、平汉铁路局局长、粤汉铁路局局长等职。在南京任孙中山先生葬事筹备委员会主任干事、总理陵园管理委员会总务处长，主持中山陵的全部建设工作，中国近代土木工程学家）任第一任会长，后改任董事。

华南圭曾于1936年任中国土木工程师学会董事。新中国成立后，在中华全国自然科学专门学会联合会（1958年改称为中国科学技术协会）的统筹下，中国土木工程学会于1953年秋在北京重建并恢复活动，茅以升任第一任理事长。

中国建设协会，《中国建设》杂志

辛亥革命后，孙中山所拟定的《建国大纲》是针对国家建设所提出的规划方案，将建设国家程序分为三个阶段："军政"时期、"训政"时期与"宪政"时期。1928年北伐成功，全国统一，"军政"停止，进入"训政"时期。国民政府把市政建设作为"训政"时期的要务之一，在一批市政专家倡导下开启了城市的市政改革运动，重组城市空间，修马路、盖楼房，让城市有了现代化的气息。接着，建立市制，以法律的形式加以确立，使中国城市在国家行政建制上成为一个独立的政治单元，进行城市管理法制化的探索。1929年，国民政府部分要员发起成立中国建设协会，其宗旨是"研究及宣传并促进建设事业，登记及介绍并联络建设人才"，并创办《中国建设》杂志，陈国钧任主编，并刊出一系列建设专刊，及邀请国内市政专家探讨国家及城市建设之大计。

"都市建设计划要义"

董修甲是中国近代著名市政专家，曾在《申报》、《时事新报》等报章媒体发表大量关于市政、城市规划方面的文章，共计30余篇，并先后任各市政府之要职（上海市政府顾问、汉口市政府顾问、汉口特别市政府工务局长等）。他于1929年加入中国建设协会，成为会员，并曾于1930年在《中国建设》第2卷第5期发表一篇名为"都市建设计划要义"的文章。

"浙西水力发电及防灾蓄水库地点调查报告"

庄秉权也于1929年加入中国建设协会，成为会员，他当时是国民政府建设委员会技正兼苏州太湖流域水利委员会技术长，及工商部中华国货展览会审查委员会委员。1930年，他与林保元共同完成一篇名为"浙西水力发电及防灾蓄水库地点调查报告"文章，发表在《中国建设》第1卷第5期。

缪恩钊于 20 世纪 20 年代末被武汉大学筹备委员会邀请担任新校区的监造工程师。武汉大学新校区于 1929 年春破土动工，主要建造有文、法、理、工四个学院大楼和图书馆、体育馆、学生宿舍、学生饭厅、俱乐部、华中水工试验所、珞珈山教授别墅、教职员工宿舍、街道口牌坊及半山庐等校舍，分期竣工（1932 年后）。在监造过程中，缪恩钊于 1929 年加入中国建设协会，成为会员。

"中国市政史"，"房地损与房地估价技术"，"促进市政的基本方策"

张锐是中国近代著名市政专家，曾在市政方面极力主张"专家治市"的概念，留美回国后，常年在华北一带活动，任清华大学与南开大学市政讲师，并在天津特别市政府任职。20 世纪 30 年代初，与梁思成合作制定《天津特别市物质建设方案》，是天津史上第一部城市规划方案，内容既详细又全面，共分 25 章，包括有天津物质建设的基础、区域范围、道路系统规划、道旁树木种植、路灯与电线、下水与垃圾、六角形街道分段制、海河两岸、公共建筑物、公园系统、航空场站、自来水、电车电灯、公共汽车路线、分区问题、本市分区条例草案和结论等。张锐也曾在《中国建设》发表文章，有"中国市政史"、"房地损与房地估价技术"与"促进市政的基本方策"，共 3 篇，全部刊在第 2 卷第 5 期上（1930 年）。

"广州的建筑"

《新建筑》杂志主编郑祖良曾于 1934 年在《中国建设》第 10 卷第 5 期上发表。

中国市政工程学会、《市政工程年刊》

抗战爆发后，国民政府迁都重庆，1946 年中国市政工程学会在重庆成立，会员有沈怡、凌鸿勋、郑肇经、谭炳训、朱泰信、李荣梦、余籍传、吴华甫、薛次莘、萧云云、过守正、周宗莲、梁思成、俞浩鸣、袁梦鸿、卢毓骏、陶葆楷、哈雄文、方福森、段毓灵、茅以升、李书田、赵祖康、周象贤、关颂声、袁相尧、朱有骞、郑肇经、俞浩鸣等人，其中薛次莘与梁思成任第二届理事，卢毓骏为候补理事及编辑委员会主任委员，关颂声任监事。中国市政工程学会的宗旨为"肩起建设新时代的市政，互相策励，并征集各项资料及同人研究心得之论著"，发行《市政工程年刊》，对陪都重庆的城市建设与发展多有贡献。

6.3.2 非建筑类的产生与内容

中国近代建筑从业人员部分也曾加入或参与其他非建筑类组织机构。

蒙学堂、科学会

出版中国近代建筑史学的开山著作《中国建筑史》一书的乐嘉藻，曾于 1895 年时参加"公车上书"（指的是清末，数千名举人联名上书光绪帝，反对因甲午战争签订的《马关条约》，是中国近代以群众为主的政治运动的开端），后赴日考察新式教育，回国后，于 1902 年与人创办蒙学堂（公办），由地方人士募集经费，并聘日籍教员授课，采用日本教材。蒙学堂是贵州第一所实行现代教育的学堂。

1904 年，乐嘉藻与受维新思想影响的贵州革命初期的四杰（平刚、张铭、彭述文、蒲劭光）及其他人发起成立科学会，是中国近代贵州地区辛亥革命前的资产阶级革命团体，乐嘉藻任会长，同时期成立的革命团体还有华兴会、光复会、科学补习所。贵州科学会的宗旨是"一修学，一革命"，把钻研自然科学与革命结合在一起，在那个年代里，知识分子深知改革来自于科学的进步，挽救国家衰败的根本在于科学发展，革命的产生是科学发达的结果，因此，产生了一边修学、一边革命的现象，将科学与革命融为一体。

科学会成立后，旋即投入组织武装起事，由张铭负责，带领一批有志革命的知识分子，并结合陆军小学教员、学生，发动起义。那时，平刚已逃亡日本，参与同盟会的建立，并积极支持科学会的武装起义，但起义（1908年）前，走漏消息，计划被迫取消，并遭到清廷拘捕，科学会骨干分子四处逃匿流散，组织解体。

自治学社

1907年，乐嘉藻又与张百麟等30余人成立自治学社，宗旨为"合群救亡"，那时科学会正在密谋起义。自治学社原是一个爱国组织，欲突破宪政预备会在政治、经济、教育方面独霸的时局，代表着贵州当地知识分子和规模小的工商业者的权益，获得当地群众的支持，社务进行顺利。当科学会起义失败，自治学社取代科学会成为另一个社会团体，科学会成员加入自治学社，使自治学社发生结构性的变化，从主张立宪自治的爱国组织走向反清的革命团体，以"学会"之名而行革命之实。

保安会，《南洋商报》，南侨总会

中国近代爱国企业家、教育家陈嘉庚于1910年春在新加坡加入同盟会。1911年，新加坡的闽籍华侨在福建会馆召开大会，组织成立保安会，以筹款救济和支持革命党活动，安定危局，陈嘉庚被公推为会长，并任新加坡商会董事长，保安会成为了反清革命的重要后方。之后，陈嘉庚在新加坡领导保安会并向华侨筹款，汇款回国内，支援福建革命事业。同年10月，辛亥革命成功，陈嘉庚辗转回国，立志兴学，之后创办乡立集美高等小学、集美女子小学、集美师范部和中学部，亲自管理集美学校校务，并经营橡胶业，成为橡胶大王，1919年筹办厦门大学。

1922年陈嘉庚回到新加坡，继续经营橡胶王国。在橡胶事业期间，陈嘉庚大胆聘用洋人，委以重任，成为华族企业家中"吃螃蟹"第一人，从而拓宽了海外市场。1924年创办《南洋商报》。1929年后，因世界经济危机爆发，被迫将企业改组而于1934年破产。1937年陈嘉庚又被迫将厦门大学无条件移交南京国民政府。1937年抗日战争爆发，马来西亚、新加坡华侨筹赈祖国伤兵难民大会委员会成立，陈嘉庚当选为主席。1938年秋，南洋各地华侨领袖（共160余人）在新加坡召

图 6-215 《中国建设》

图 6-216 《中国建设》、《市政工程年刊》

图 6-217 南侨总会成立大会

图 6-218 南侨总会主席陈嘉庚在会上讲话

图 6-219 南侨机工陈昭藻的华侨登记证

图 6-220 南侨总会会所，新加坡怡和轩俱乐部

图 6-221 陈嘉庚返国受接待

图 6-222 陈嘉庚率慰劳团抵达重庆，受热烈欢迎

图 6-223 爱国学社教员多是中国教育会会员及南洋公学
特班生

图 6-224 爱国学社全体师生合影

开大会，成立"南侨总会"（南洋华侨筹赈祖国难民总会），陈嘉庚被推举为主席，领导南洋华侨支援祖国抗战。

爱国学社，爱国女学

曾就读于南洋公学短期"特班"的贝寿同，与李叔同（1901年考入，中国近代书法家、文学家和著名僧人）、黄炎培（1901年考入，中国近代职业教育创始人和理论家）、邵力子（1901年考入，中国近代著名政治家和教育家）等人汇聚一堂学习，他们皆是清末优秀的举人和秀才，因此"特班"便有"秀才班"的雅号。在学期间，贝寿同追随着"特班"总教习蔡元培（1901年被公学校方聘任，而聘任前蔡元培为绍兴中西学堂监督），颇受器重的，除了学习西学（英文、算学、格致、化学、地志、史学、政治学、理财学等），也接受新思想的熏陶及阅读各种自由的刊物，总教习蔡元培也在教学中传递爱国主义教育与民主主义思想。

1902年，蔡元培与蒋观云、章太炎等人创办了中国教育会，他担任会长。同年冬天，南洋公学因压制学生思想言论自由，爆发了反专制的学潮，200多名"特班"学生集体休、退学，当时清政府将学潮的责任推到蔡元培身上，怪罪他在"特班"教学中提倡民权、民主的思想，蔡元培不满当局，毅然辞职，退出南洋公学。而贝寿同就随蔡元培、章太炎、吴稚晖等人在中国教育会的支持下组织具有革命精神的爱国学社，贝寿同与穆杼斋等被推为领袖，而"特班"大部分学生退出南洋公学，参加爱国学社，"特班"随之解散，"特班"师生都把这一阶段看作人生当中的重大事件——即从传统走向现代。从"抛弃旧文化"学习到"接受新文化"学习的转折。

爱国学社为帮助"特班"学生继续接受教育，并灌输学生民主主义思想，重精神教育，同时作为革命活动联络机关，蔡元培作为总理，吴敬恒为学监，黄炎培、蒋智由、蒋维乔、章炳麟、吴稚晖等为教员，学制为两年，分寻常班与高等班，寻常班科目有修身、算学、理科、国文、地理、历史、英文、体操，高等班科目有伦理、算学、物理、化学、国文、心理、论理（逻辑学）、社会、国家、经济、政治、法理、日文、英文、体操。另外，学社有学生自治制度，学生在校内有高度的权利和自由，可随同教师参加政治活动，学生设评议会以监督学校与学生操行，高班学生可为寻常班的教师，于1903年春正式上课。爱国学社成立后又设立爱国女学，是中国近代较早的女校。1903年，南京陆师学堂发生学潮，章士钊等40多名学生宣布休、退学，转入爱国学社就学，章士钊还出任《苏报》主笔。

《苏报》，抨击顽固守旧，宣传改良维新，宣传反清革命

　　《苏报》创刊于1896年，报纸导向以"抨击顽固守旧、宣传改良维新、宣传反清革命"为主。南洋公学"特班"学生退学风潮后，《苏报》辟"学界风潮"专栏，鼓动学潮。《苏报》社论由蔡元培、章炳麟、章士钊、汪文博等人撰写，言论激进。章士钊任主笔后，开始以《苏报》作为宣传革命的渠道，发表文章（邹容"革命军"、章太炎"驳康有为论革命书"）。章行严任主笔后，常报道爱国学社的信息，爱国学社成员也积极在《苏报》撰写推动革命思想使其普及的文章，倡导革命，显然成为学界之革命大本营。爱国学社与《苏报》如此高调地宣传革命，自然为清政府所不容，被下令"查禁密拿"。1903年夏"《苏报》案"爆发，"爱国学社"受到牵连，被迫解散。

　　贝寿同在"特班"与爱国学社的学习中研读到来自西方世界的外交、法律和政治等著作，让他接触到了民主、民权与自由的论述。他当时师承钮永建（中国近代革命家、政治家）先生，钮先生是1898年考入上海南洋公学师范班学习，之后任公学教习，还曾与史久光等人创办《江苏》杂志，宣传革命。他授课之余向贝寿同等学生们讲述革命思想和趋势，而身为总教习的蔡元培也不时将民主和爱国的信息传递给学生。在这样的时代背景与环境中，贝寿同个人的爱国情操与对政治的兴趣被培养出来，也直接影响了日后贝寿同决定前往日本攻读政治经济学的选择和现实的折中考量。

　　由于爱国学社的革命活动受到了清政府的关注，贝寿同和主要成员皆在拟逮捕的名单内，因此他于1904年左右出国避风头，东渡到日本求学。他和一批对革命运动怀抱热情的学生（白逾桓、光明甫、从禾生等）一样，都选择前往日本东京早稻田大学攻读政治经济学。这时的他尚未接触到建筑方面的事，也丝毫没有任何想法去学习建筑，反而是对政治感兴趣。他于1905年加入孙中山先生在东京筹备成立的中国革命同盟会（后改名"中国同盟会"），积极拥护革命，反对清政府，1906年日本政府取缔同盟会，引起同盟会的留学生在归国或留日之间争论不已，最后有些成员留日，而大部分成员回到中国，同盟会旋即第一次分裂。

　　1906年时，贝寿同仍在早稻田大学求学，并作为欧洲留学生督察代表前往英国伦敦考察各国的政治和经济。考察完后，贝寿同作为江苏省官费留学生于1909年被派往德国留学，进入柏林夏洛顿堡工科大学（今柏林工业大学），攻读建筑工程科，这时才真正地接触到了建筑，时年34岁。

图 6-225　爱国女学

图 6-226　常举行爱国集会的张园

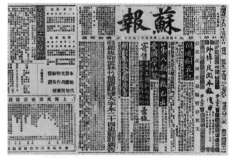

图 6-227　《苏报》

图 6-228　邹容的"革命军"

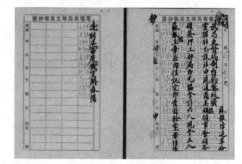

图 6-229　逮捕《苏报》馆人员事致代理湖广总督端方的密电

丙辰学社，《学艺》杂志

　　中华学艺社是中国近代在民间极为重要的学术组织，创立的社员大部分为留学东京帝国大学、早稻田大学、东京高等工业学校、东京高等师范学校的学生，毕业后各自在专业领域发展，所以之后成员遍布文、史、哲、理、工、教育、艺术等学科，与中国科学社并称为两大综合性学术团体，对科学、研究、教育、出版等有着极大的影响。

　　中华学艺社的前身是 1916 年组建的丙辰学社，由一群在日本东京留学的中国留学生所组建。五四运动前，有许多人赴日本留学，其中李大钊（早稻田大学政治科）、陈启修（东京帝国大学法科）、杜国庠（早稻田大学留学学生部普通科）等人共同研究建立学术团体，之后李大钊先回国。1916 年年底，陈启修与杜国庠、王兆荣、周昌寿等人正式发起组织学社，命名为"丙辰学社"，陈启修被推举为首届执行部理事，蔡元培、范源濂、梁启超等为名誉社员，社员有周昌寿、郑贞文、何炳松、郭沫若、夏丏尊、郑贞文、吴永权、傅式说等，创始社员 47 人，宗旨为"研究真理、昌明学术、交换智识、促进文化"，以宣传科学为主。隔年，丙辰学社创办《学艺》杂志，在日本东京发行，季刊，内容以发表介绍各种思想、思潮的文章为主。

回国发行，改名为中华学艺社，创办学艺大学

　　1918 年因北洋政府与日本签定《中日军事协定》（根据这项协定，日本可在中国驻军，并可指挥中国军队），引发大规模抗议学潮，大批留日学生回国，致使丙辰学社社务停顿。五四运动后，丙辰学社主要成员先后回国，于 1920 年在部分成员的联络与召集下，丙辰学社恢复活动，继续发展，总事务所设在上海，先后在北京、东京、京都等地成立事务所。《学艺》杂志也回国发行，改为月刊，并由商务印书馆（上海）代为印刷出版，丙辰学社先租下上海宝通路顺泰里 18 号为办公地点。1922 年丙辰学社经社员投票通过决议改名为中华学艺社，郑贞文被选为首届正总干事，周昌寿为副总干事。20 世纪 20 年代中期，由于中华学艺社的成员多为留日学生，创立社员想以学社名义投身教育事业，开展科学教育，培育人才，于 1924 年提出创办学艺大学的构想，在第二次干事会议上获干事们全体赞成，并立马组织学艺大学筹办与募捐委员会，王兆荣任委员长，向国内外募集资金。

陶成坚洁人格，昌明中外学艺

　　1925 年春，中华学艺社召开学艺大学董事会，讨论学艺大学董事会成立事宜及创办相关事项，到会人有王兆荣、郑贞文、周昌寿、何崧龄、林骙范、范寿康，会中郑贞文被选为总干事，范寿康为书记，王兆荣当选学艺大学校长，并以抽签法抽定董事任期（林骙、陈大齐为二年，文元模、何崧龄为四年，吴永权、范寿康为六年），而周昌寿与范寿康当选基金董事，推举王兆荣、周昌寿、范寿康为学艺大学章程起草委员及董事会细则起草委员。接着，会上议决先设法科（预科）、文科（文学专修科）、理科（数学专修科及理化专修科，附自然科学师范科），预科 2 年、本科 4—6 年、专修科 3—4 年及附设自然科学师范科 3 年，并设法科预科主任、文科主任、理科主任、事务主任、训导主任及学艺图书馆主任各 1 人，皆受校长所统辖。校长月俸为 300 元。教师分教授与讲师两种，教授每周担任授课时间须在 12 小时以上，16 小时以下，以不在外兼职为原则，而学生不得加入任何党籍或参加一切政治或社会活动，并暂不招收女学生。学艺大学的宗旨为"陶成坚洁人格、昌明中外学艺"，规定学生在学期间应专心一志于人格之涵养及学艺之研究，以备国家社会之用。

图6-230 《学艺》封面

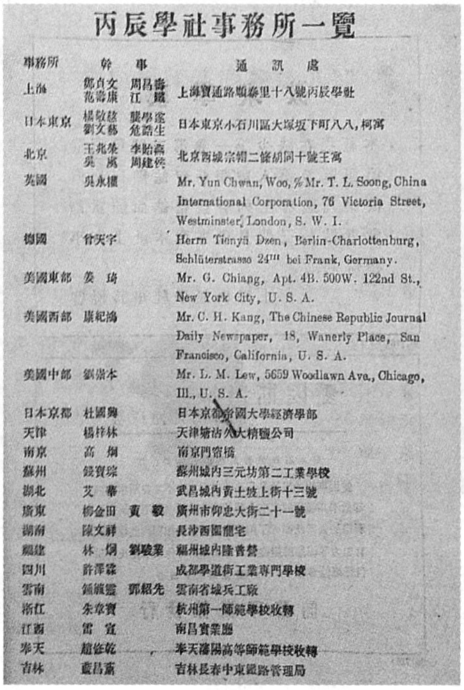

图6-231 丙辰学社事务所、干事、通讯处一览

图6-232 《学艺百号纪念增刊》

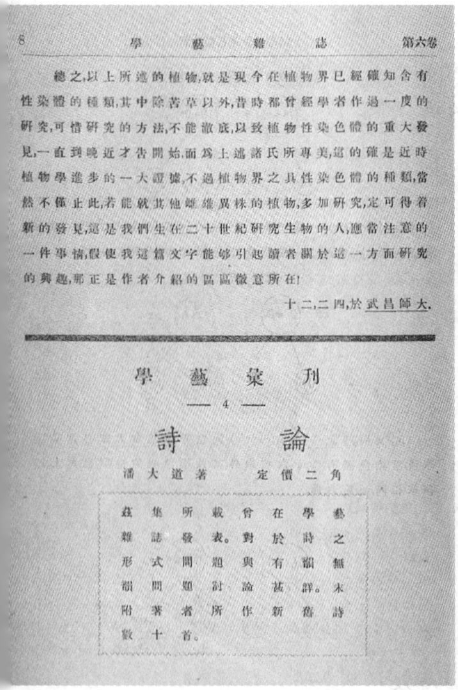

图6-236 学艺汇刊，诗论

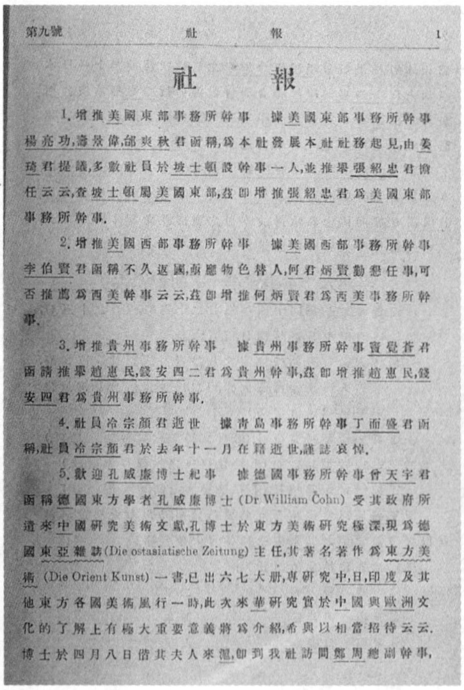

图6-237 刊登社报

图6-238 新入社员名录，登记号数、姓名、号、籍贯、学科、学历、职业、通信处、介绍人

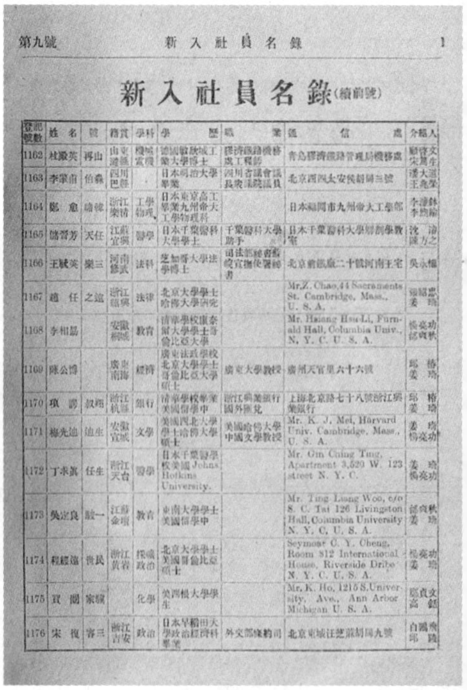

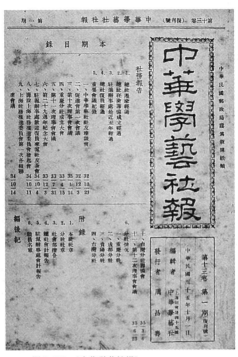

图 6-233 《中华学艺社报》

图 6-234 《学艺》

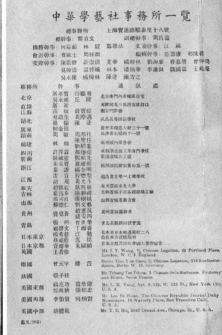

图 6-235 中华学艺社事务所一览表

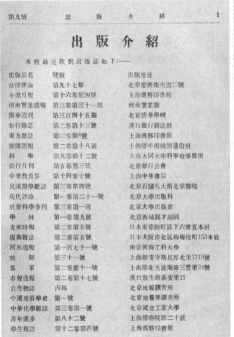

图 6-239 出版介绍

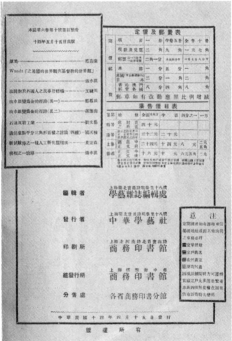

图 6-240 定价及邮费表、广告价目表及版权页

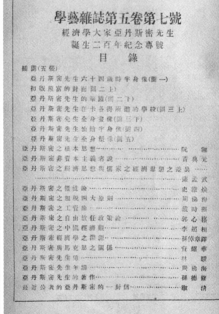

图 6-241 刊登亚丹·斯密专号

学艺大学每一学年分两学期，从 8 月至隔年 1 月为第一学期，2 月至 7 月为第二学期。1925 年秋，学艺大学在上海静安寺路 320 号正式开学，当时法科主任范寿康，文科主任郭沫若，语言学教师方光熹，德文教师常云嶧，社会学教师李剑华，数学教师何鲁，国文教师曾琦，皆是极有名气的老师，之后因募得款项只够支撑两个月及教师之间因政治倾向不同而闹矛盾，导致学艺大学于 1926 年宣布暂停办学。

1930 年初，中华学艺社购地建新社所（上海爱麦虞限路 45 号，今绍兴路 7 号），由柳士英设计，于 1932 年春落成。

内容

《学艺》是一份致力于人文与科学交融的学术刊物，1920 年后，每年出 1 卷，每月 1 号，1920 年 4 月出第 2 卷第 1 号。《学艺》封面有图片和文字，图片固定，文字有"学艺"二字、卷号、期号及每号文本的要目。要目置于"学艺"二字、卷号、期号下方，左侧为标题文字，右侧为作者名，中间以点线联系。封面下方则是出版日期、出版方（中华学艺社出版）、代售处（各地商务印书馆）及"中华邮务局特准挂号认为新闻纸类"文字。

《学艺》封面内页为中华学艺社事务所一览表，包括有总事务所地址、总干事、副总干事、会计干事、编辑干事、交际干事及各地事务所干事与通讯处，接着是数页商务印书馆的广告页，之后才是论述文章。在论述文章之后，《学艺》会刊登社报，报道国内外各地社员的信息及各地事务所的报告。接着是《学艺》需出版书籍的广告页与出版介绍，及各卷各号的目录与提要，最后是定价及邮费表、广告价目表及版权页。《学艺》杂志曾刊登亚当·斯密专号和康德专号，办理民众科学杂志，组织科学普及委员会及演讲，拍摄科学、工业、农业等方面影片，并公开放映。

《学艺》杂志的发行是中华学艺社重要的出版事业，每次出版后都免费派送给社员，作为社员之间联系感情及互通信息的重要媒介。另一项出版事业是发行大量重要的书籍，如编辑《学艺丛书》（1923 年），先后出版有《相对律之由来及其概念》、《赫格尔伦理学之探究》、《古算考源》、《电子与量子》、《胶质化学概要》、《遗传与环境》、《轨迹问题》、《生物地理概说》、《实用无线电浅说》、《威格那大陆浮动论》、《社会学纲要》、《儿科医典》等科学书籍，还与各出版社合作出版一系列丛书，如《辑印古书》是中华学艺社与商务印书馆的合作。

抗日战争爆发后，中华学艺社社员也四处流散，社务不得不停顿。

留日学生参与

在中国近代建筑师群体中，林是镇（1924 年社员）、王克生（1924 年社员、1935 年永久社员）、胡德元（1935 年社员）与龙庆忠（1935 年社员）曾先后加入中华学艺社，而他们都是留日学生（林是镇，1917 年毕业于东京高等工业学校建筑科；王克生，1919 年毕业于东京高等工业学校建筑科；胡德元，1929 年毕业于东京高等工业学校建筑科；龙庆忠，1931 年毕业于东京工业大学建筑科），正反映了中华学艺社与留日学生之间密切的关系。

"住宅改良"，"物理学之单位"，设计大楼新址

盛承彦（1919 年毕业于东京高等工业学校建筑科）、柳士英（1920 年毕业于东京高等工业学校建筑科）与黄祖淼（1925 年毕业于东京高等工业学校建筑科）也曾与中华学艺社有过联系，有的在《学艺》杂志发表文章（盛承彦的"住宅改良"、黄祖淼的"物理学之单位"），柳士英设计了中华学艺社大楼新址项目。

同时也可观察到，不管直接或间接地与中华学艺社有所关联，以上这些建筑师他们清一色都是东京高等工业学校建筑科毕业的学生，虽然在日本留学时没有加入丙辰学社，但始终与学社保持密切的联系。

中国留日学生救国团，《救国日报》

1918 年国内发生抗议学潮，北京大专学校学生到总统府要求废除中日"共同防敌军事协定"，留日学生也群情激愤，由各校代表组织"中国留日学生救国团"，推"中华学艺社"理事王兆荣为总干事长，领导该团发出抗议宣言及救国主张，以寄回国内在上海各报广为宣传，并电请欧美留学生一同声援，但此事受到日本当局的干扰压迫，留日学生愤而先后休、退学回国。

在中国留日学生救国团与回国的留日学生中，就包括有中华学艺社社员，彼此因重大事件而结识，柳士英积极响应"休退学回国"事件，并与王兆荣有所来往。而回到国内的王兆荣继续搞学生运动，任全国学生联合会理事长，并以中国留日学生救国团名义创办《救国日报》，以作为长期与北洋政府抗争的舆论阵地，他并任社长。柳士英也参与其中，负责《救国日报》编辑工作，组织学生罢课，不久后返回日本复学，而《救国日报》也在压迫下于 1920 年秋被迫停刊。

柳士英毕业回国后，于 1922 年与留日同学王克生等在（上海）华海建筑公司创办建筑部，之后，王克生加入中华学艺社，由于柳士英与王兆荣的先前关系，华海建筑与中华学艺社有了更多的联系，并加强了与留日学生之间的关系，在华海建筑创办初期，柳士英常代表学艺社出席各种会议，而华海建筑所获得的项目多与中华学艺社、留日学生有关，如杭州武林造纸厂、中华学艺社大楼。

6.3.3 其他杂志、期刊之观察

天津工商学院北辰社，《北辰》，《工商学志》

天津工商学院前身为 1920 年创办的天津工商大学，设工业、商业两科，1933 年改名为天津工商学院，由华南圭任院长（1933—1937 年），并兼铁路学教授。由于华南圭曾留学法国，任院长时，他引入法国大学的实习制度，让学生可利用课余或假期外出实习，积累经验，也因此造就天津工商学院的校训为"实事求是"。

在任天津工商学院院长前，华南圭曾在北洋政府交通部传习所任教务主任，及协助交通部长叶恭绰创办（天津）扶轮中学及交通部传习所的土木工程系。在任教期间，华南圭编写出一套现代土木工程教材，内容大部分涉及铁路工程专业，并于 1916 年出版，之后又编著出版了《房屋工程》、《力学撮要》、《材料耐力》等 10 多部教材。当华南圭在天津工商学院时，他也继续在《工商学志》发表数篇文章，内容皆触及他所熟悉的工程领域方面，有"平津快车两点一刻钟"（《工商学志》，6 卷 2 期，1934-12-25）、"铁路建设费之概计"（《工商学志》，7 卷 2 期，1935-12-25）、"铁路病情之检查"（《工商学志》，8 卷 1 期，1936-5-15）、"铁路半径与倾度"（《工商学志》，9 卷 1 期，1937-5-31），以上是铁路工程领域；"碱地之房屋"（《工商学志》，8 卷 2 期，1936-12-25）是建筑工程领域。

《工商学志》的前身是《北辰》，由天津工商学院北辰社于 1929 年初创刊，属半月刊，宗旨是在民族存亡关键时期，北辰社同仁等愿追随国人"秉公正之精神，以舆论为利器，主持正义，抗御强权，促成中国之进步"。1934 年《北辰》更名为《工商学志》，属半年刊，1 年 1 卷，共出 11 卷，1948 年停刊。

1937 年天津工商学院工业科改称为工学院，分建筑工程与土木工程两系，建筑系聘请陈炎仲（时任天津市工务局技士、科长）任第一届系主任。在任系主任之前，陈炎仲已是天津工商学院建筑讲师及近代天津

图 6-242 商务印书馆之影印古书广告

图 6-243 德国伊卡照相器广告、中西文具广告、运动用品广告

图 6-244 智识之库 少年百科全书广告

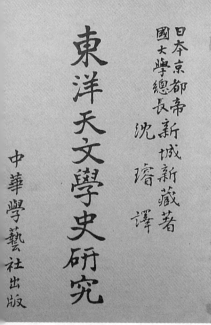

图 6-248 《东洋天文学史研究》

图 6-249 学艺汇刊 《原子构造概论》

图 6-250 学艺丛书 《遗传学概论》

448

图 6-245 相对论系列之丛书广告

图 6-246 商务印书馆出版新书广告

图 6-247 市政系列之丛书广告、商务印书馆自制绘图器广告

图 6-251 学艺丛书 《蒸汽机》

图 6-252 学艺汇刊 《机械装置及管理法》

图 6-253 学艺丛书 《名学纲要》

著名建筑师，曾是阎子亨所主持的（天津）中国工程司的咨询建筑师，并在《工商学志》发表文章，"建筑学概论"（《工商学志》（特刊），1934，4）、"摩天楼"（《工商学志》，7卷2期，1935-12-25）、"杜内嘎尼（Tony Garnier）建筑设计图集短评"（《工商学志》，8卷2期，1936-12-25）。

"建筑学概论"

在"建筑学概论"一文中，陈炎仲将建筑学依广义与狭义做解释，包括有地面上下一切建筑物，关于建筑之各种科学范畴，及研究房屋之建筑、关于房屋建筑之各种科学，并说因人类文明之进步，对住所越讲究，便从事安全、卫生、美观之研究，于是建筑成为了一种专门学科。接着，他说到建筑设计之重要条件，有应用方便、工程坚固、卫生设备、布置美丽及工料经济，以上五点若能达到，此建筑可称为精良之设计。

"摩天楼"

在"摩天楼"一文中，陈炎仲阐述了摩天楼的设计、材料、结构、构造等方面的研究，他提出摩天楼之间高度与水平距离比例之适宜性，且需注意钢柱的距离与位置，及墙面用空心砖填补以达到隔热、隔音效果，既轻巧又美观。

"工学院之过去未来"

任主任后，陈炎仲也在《工商学生》第1卷第4期（1937年）发表"工学院之过去未来"一文。《工商学生》也是天津工商学院刊物。文中提到当时国内建设日兴，社会上日渐需要专门人才，致使国内其他高校无不扩充或添加专门学系，以满足各地对人才的急切需求，再来公私建筑日趋繁盛，甚至讲究，故建筑师也日渐必需，年来渐增，因此，天津工商学院有添设建筑系的必要。

"竹筋混凝土"

除了（天津）中国工程司外，基泰工程司是另一个从天津起家的建筑公司，早年业务涉及东北、华北一带，1931年"九·一八"事变后，业务转往南方开拓，如上海、南京，抗战后，又转往西南大后方发展，如重庆、成都、昆明等地。而津、京则有部分人员留守。20世纪40年代后，基泰工程司合伙人产生矛盾，原本津、京负责人改由张镈出任（1940—1948年），同时张镈也在天津工商学院建筑系任教（1940—1946年）。林柏年与林远荫皆是张镈的学生，毕业后也都先后进入基泰工程司工

图 6-254 《工商学志》的前身是《北辰》

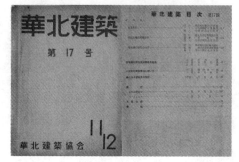

图 6-255 《华北建筑》封面、目录

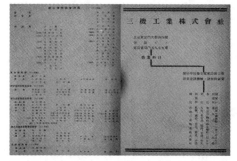

图 6-256 华北建筑协会役员、广告页

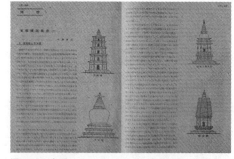

图 6-257 内页

图 6-258 《文化建设月刊》、《建设周讯》

作，在张镈手下做事。他俩在学期间也曾在《工商学志》第 10 卷第 4 期发表文章，阐述对"竹筋混凝土"的认识。

华北建筑协会，《华北建筑》

1940 年，原"中华民国临时政府"（抗战时汉奸机构）名称被废止，改称伪"华北政务委员会"，下设内务、财务、治安、教育、建设五总署，各置督办 1 人，分掌伪政委会的政务，并设政务与秘书两厅，为伪政委会内部机构。在建设总署设督办与署长各 1 名，参事若干名及总务、经理、公路、水利、都市机关五局。1940 年，林是镇出任都市局代理局长，同年 5 月，华北建筑协会创立。

华北建筑协会设有会长 1 人，副会长若干人及常议员数名，分别负责社务、会计与编辑工作，还设有委员会，有资金委员会、都市建筑取缔委员会、华北建筑调查委员会、建筑展览会委员会、见学委员会，各委员会设有委员长、副委员长、干事与委员。林是镇为第三回建筑展览会委员会委员长，之后任华北建筑协会副会长。

1940 年华北建筑协会创办《华北建筑》杂志，为非卖品，内容以报道日本建筑师在华的设计项目及研究成果为主，如：《华北建筑》第 17 号（1942 年）的"东单邮局"、"华北运输西郊独身寮"、"电气通信学院分校舍"及"现地炼瓦柱强度试验结果报告"，还有日本人考察中国建筑后之介绍与观后感（"支那建筑风景"，及文献抄录"第一次山西学术调查研究团员之报告"），之后还有会报（"第三十六回役员会"、"第三十七回役员会"、"第三十八回役员会"）及编辑后记，最后是版权页及广告价目表。版权页列有发行人、编辑人、印刷人、印刷所与发行所。《华北建筑》在页首与页尾也会掺杂几页广告页，几乎都是日本在华企业与厂家的广告，如株式会社西松组北京支店、株式会社户田组、株式会社竹中工务店北京支店、株式会社大信洋行、株式会社清水组北京支店、株式会社义合祥北京事务所等。

"创刊词"，"第二回建筑展览会感想"，"对于单人公寓设计之感想"

1940 年，林是镇当时以建设总署都市局代理局长之名在《华北建筑》第 1 号发表"创刊词"，之后又在第 12 号（1942 年）发表"第二回建筑展览会感想"一文。张镈也于 1941 年在《华北建筑》第 5 号发表"对于单人公寓设计之感想"一文，还于 1942 年参加华北建筑协会举办的一系列建筑设计竞赛，并分别获奖，有祭典场附设市民会馆获二等奖与佳作奖、街头公共厕所获三等奖、市民建筑与附属设施获佳作奖。

"中国庭园和国民性"

赵冬日自日本回国后在北京大学工学院建筑工学系任教（1942 年），当时系主任是朱兆雪，而赵冬日也曾在《华北建筑》第 20 号（1943 年）发表"中国庭园和国民性"一文。

中国文化建设协会，《文化建设月刊》，"中国的建筑"

《文化建设月刊》是 1934 年秋由中国文化建设协会创办的机关刊物，是一本集学术、文化建设、时政及文艺的综合刊物，提出"以中国文化建设为概念，不守旧，不盲从，根据中国本位，采取批评态度，用科学方法来检讨过去，把握现在，创造未来"的宗旨、宣言，以此来恢复中华民族的自信力。

《文化建设月刊》一出及其所阐述的宗旨、宣言，引起当时中国近代文化学术界对中国文化出路的争论，影响很大。刊登了陈立夫、吴铁成、吴醒亚、陈高庸、郭衡、章益、戴季陶、王新命、何炳松、唐锦柏、腾百也、郑午昌、范文照、徐慕云、李俨、王季欢、焦易堂、程瑞霖、冯柳堂、于右任、周柳英、朱家骅、刘大均、王云五、河上清等人大量学术、文艺方面的文章，如"南宋末年河北山东义军"、"元代被压迫阶级之汉南人"、"动荡中的'文化城'"、"'冀东'管窥"等。在《文化建设月刊》第1卷第1期中，中国近代著名建筑师范文照发表一篇名为"中国的建筑"的文章，阐述了中国建筑的本质特征及其构思。

图 6-259 《清华学报》、《清华年报》

《中华营建》，探讨国防与军事建筑

《中华营建》创刊于1944年，由张峻任主编，内容着重在探讨国防与军事建筑，如"粮仓建筑"、"建筑结构与防空"、"飞机场防御工事之设计"（长山）、"竹筋混凝土"（永令）、"飞机场防御工事之设计"（长山）、"营造法令"（永令），以上皆为张峻所撰写。他也与杜拱辰合著其他文章，如"国防工程：城市建设与国防．铁道与国防．公路与国防．筑港与国防"、"原子弹"。其他建筑师也曾在《中华营建》发表文章，虞曰镇的"自流井盐井营建之概况"与"如何配置戏院座位"发表在创刊号上，戴念慈的"太阳屋"发表在1945年9月那期上。

图 6-260 《清华周刊》创刊于1914年春

《内政专刊（公共工程专刊）》，"论我国城镇的重建"、"我国战后住宅政策泛论"

1937年，哈雄文开始在国民政府内政部工作，任技正。1938年国民政府公布《建筑法》，规定主管机关的层级与权限。1942年国民政府内政部创设营建司，作为管理城市建筑建设与相关事务的对口单位，哈雄文任司长，并开始组织编写营建法规，内有城镇建设、建筑管理等法规。1945年哈雄文在司长任内创办《内政专刊（公共工程专刊）》，由内政部编印，他并任编辑，也在专刊上发表文章，如"论我国城镇的重建"（《内政专刊（公共工程专刊）》，1期，1945，10），探讨抗战后国内城镇重建之议题。另一位建筑师汪定曾也以战后议题为主，撰写一篇名为"我国战后住宅政策泛论"的文章发表在第1期上（1945年）。

图 6-261 记录与评论校园生活的综合性刊物

图 6-262 汇集全校新闻与编列新鲜历史

《清华学报》

20世纪初，清华建校之初提倡培养学生"德、智、体三育并重"，各种文艺、社团活动陆续涌现（英文文学会、唱歌团、摄影团、科学会、游艺社、铜乐队、国际考察会、美术社、演说会、戏剧社、小说研究社等），丰富了校园文化生活，活跃了学生思想，同时也出现《清华周刊》、《清华学报》等刊物，部分后来有名人

图 6-263 受到清华师生们的支持与关注

士都曾在"校刊"上开设专栏（洪深、吴宓、闻一多等）。

《清华学报》于1915年在北京创刊，由清华学校清华学报社编辑，清华学校印行出版，是中国近代最早采用中英文两种版本的文理综合型高校学报，从1915年开始中、英版间隔着发行，一期英文，一期中文。1919年后，因新文化运动兴起，清华文坛发生了变化，校刊等开始以白话文为体裁，刊登大量新诗、散文，由闻一多、梁实秋、顾毓琇、谢文炳等撰写，焕然一新。之后朱自清1925年来清华任教，为文坛又注入一股新的景象。

《清华学报》1920年一度停刊，1924年复刊，改为半年刊，内容有著述、选论、学术、教令、法令、文艺、图画、丛录、广告等栏目。董修甲曾在著述上发表"论内务部所订之市自治制"一文。

1928年，《清华学报》改由清华大学学报编辑委员会主办，再后又改由清华大学出版委员会编辑，1934年改为季刊，1941年又改回半年刊。《清华学报》的主要编辑人员由教师与学生组成，教师通常负责校对与总编辑工作，做最后的掌理事宜，杨思湛、高祖同、戴元龄、刘大钧、朱自清皆曾任总编辑，而学生一般负责组稿及中英文编辑的工作，陈烈勋、陈达、杨振声、吴景超、朱自清皆曾在学生时期负责编辑工作。

基泰工程司第二合伙人朱彬在清华就读期间，课余任《清华学报》图画编辑（1914—1918年），梁思成曾做过英文编辑。中国近代知名学者都曾在学报上落过笔或参与编审工作，包括有梁启超、王国维、胡适、周培源、赵元任、朱自清、马寅初、冯友兰、罗家伦、金岳霖、吴有训、陈寅恪、闻一多等。

《清华周报》，《清华周刊》，"中国古代量法之一班"，"第四量浅说"

《清华周刊》创刊于1914年春，是清华学校里一份专门记录与评论校园生活的学生综合性刊物，由学生全权负责编辑及发行，编印的宗旨为"求同学之自励、促教育之进步、光大清华固有之荣誉、培养完全国民之性格"，以此汇集全校新闻与编列新鲜历史，好让师生感情日益亲切与紧密。《清华周刊》开始前几期叫《清华周报》，只有几页四开纸，内容有校闻、文苑、警钟等几个栏目，创刊后受到清华师生们的支持与关注，发展很快，1915年秋更添加内容，加大阅读力度，成为多栏目的小册子，内容有言论、校闻、译丛、铎声（评论）、文苑（诗词、小说等）、杂纂（小品文、谜语笑话等）等，并在编辑的质量与水平上皆有所要求，当时对中国近代教育刊物影响力很大。

五四运动后，由于新文化运动兴起，《清华周刊》有了一次转变与革新，由白话文代替文言文，使用新式标点符号，改竖向排版为横向排版，采用"集稿制"，并加强了学术和论述的分量。中国近代许多知名人士曾在学生时代担任过编辑工作，并发表过不少文章，如浦薛凤、闻一多、顾毓秀、梁实秋、周培源、潘光旦、吴景超、梅汝璈、贺麟、罗香林、水天同、张德昌、潘如澍、蒋南翔、王瑶等。中国近代著名土木工程学家蔡方荫，在清华就读期间，曾发表两篇文章——"中国古代量法之一班"与"第四量浅说"，分别刊登于《清华周刊》与《清华周刊临时增刊》（第七次）上。抗战爆发后，清华南迁，《清华周刊》被迫停刊，共出676期，1947年复刊，出了17期后再次停刊。

1919年年底，清华学校学生成立"学生自治会"，受到校长干涉与阻挠，便发生了驱赶校长的学生运动，《清华周刊》上展开"校长条件说"的争论。梁思成曾在《清华周刊》第238期（1922年）发表文章，质疑新校长的条件说。文中，梁思成提到学生们提出新校长的条件有三 ：中英文兼优、办学有名望、没有政党臭味。梁思成对此条件提出质疑，条件中的"没有政党臭味"是没法成立的，因一个人若与政治有关，就必定有所支持的政党，尤其是社会中的人，肯定都得认同或归属某个政党，除非他没有脑筋，所以绝找不出一个无政党倾向或无政党关系的人。

7. 近代建筑思潮及风格之演变、现象、姿态与哲学观

7.1 关于建筑思潮与风格

7.1.1 定义"古典"——中华古典、西方古典

"古典时代"在中国与西方的定义上是不同的，但皆代表对长期文化史的一个较为广义的称谓，而"古典"（Classical）通常指的是久远、过去的具有历史意义与价值的东西，或指人类所创造的及一种人类的意识形态，也代表着一种文化或文明演进、流传下来的概念，如：古典诗词、古典哲学、古典艺术、古典建筑等，而这些在中西方之间皆有所不同。

古典范式，风格

古典建筑指的是古典时期建造的建筑，或以古典为范式的一种建筑风格。在历史的时间轴上，中国与西方所指的古典单体建筑所产生与演变的时间点是不同的，中国指的是明清时期以前的房子，大部分是木制体系，抬梁式或穿斗式的带有大屋檐与大屋顶的房子，木柱梁为主要承重，墙不承重，即围护结构（墙）与支撑结构（柱梁）相分离，但也有少部分"砖石"或"金属"制体系；而西方指的是工业革命以前的房子，大部分是石制体系，以古希腊或古罗马时期的柱式为主要设计元素的房子，柱、墙具有承重作用，即围护结构（墙）是支撑结构。因此，从根本上说，中国与西方的古典单体建筑差异性来自于材料的不同，并造就了式样的不同，中国以木制的斗栱为基本组构，斗栱是在柱子上伸出悬臂梁将屋檐托起，由斗形木块、弓形短木、斜置长木组成，纵横交错层叠，逐层向外挑出，并依不同的组构塑造出多样的飞檐及曲线坡屋顶，接近于一种横向的发展形态，而飞檐的跨度决定开间的多寡（一般由奇数间构成），具有变动性、灵活性；而西方关注石制的基本叠构，通过石头的堆叠企图将房子拔高，形成垂直向上的神圣象征，是一种纵向的发展形态，开间具有模矩化。

古典区分，中华古典，西方古典

在 20 世纪，定义古典倾向时即是建筑师在设计房子时以遵循古典为范式的一种风格的追求，而古典风格又可区分为中华古典风格与西方古典风格。

19 世纪中叶后，现代化建筑的材料、工法、技术与设备随着通商口岸的开放而被引入中国，改变了近代整体的建造与营造的构筑观念，也直接改变了设计观，到了 20 世纪初，中国近代建筑师开始以新材料（水泥、混凝土、钢等）作为盖房子的基础。

中华古典风格指的是在新材料基础上，建筑师在形体上仿大屋顶式样，在布局上仿传统院落式的设计操作。大屋顶通常有仿单坡、硬山、悬山、庑殿、歇山、卷棚、攒尖、重檐等多种制式，屋面覆盖各色（红、绿、灰等）琉璃筒瓦，并出现用粗石块砌筑以增加尊贵感的台基（须弥座），有防水功能与防止脚踢的柱础，有围合作用的栏杆，在屋身有多种多样的传统装饰（彩画、雕刻、泥塑等），会用水泥仿木构斗栱和飞檐翘角，并漆以彩绘，部分墙面和门框饰以雕花，在额枋、雀替用彩绘的瓷片装饰，雕梁画栋，通常外墙为清水砖墙，运用富有中华古典特色的门窗（八角窗、圆窗等），室内也多是传统的装饰（天花、藻井）及古典家具。

西方古典风格指的是在新材料基础上，建筑师在形体上仿西方古典的柱式、穹拱、山墙、尖券、尖拱等式样。柱式由檐部、柱子和基座组成，柱子分柱头、柱身和柱础，主要有 3 种，即多立克柱式、爱奥尼柱式和科林斯柱式，穹拱以"圆"为主，尖券、尖拱有斜撑技术。整体上追求建筑的檐部（额枋、檐壁、檐口等）及柱子（柱础、柱身、柱头）的和谐比例，强调建筑物的对称轴线，立面以"三段式"作划分，讲求比例、配置与匀称，大量的浮雕用于装饰，有着许多西方古典的元素，如拱券、压檐、三角形山花、拱门窗、帕

拉第奥式窗罩等。通常西方古典的柱子都显得巨大而高耸,视觉性非常强烈,形塑的氛围有着一种厚实、庄重、对称的精美与细致,内部装修也非常的富丽堂皇。

7.1.2　西方古典在中国的实践——始于20世纪10年代末

中国近代建筑师的西方古典在中国的实践要比中华古典在中国的实践来得早,始于20世纪10年代末,主要由当时留学归来的中国近代建筑师直接主动引入西方古典的设计方法与建筑式样,建成作品已达相当高的水平,集中在银行、教育与景观建筑,主要代表性建筑师有沈理源、杨锡宗、庄俊、朱彬。

钻研文艺复兴,古建筑测绘,巨柱构成,庄重雄伟,银行的代表性

曾在意大利拿波里工程专科学校攻读建筑学科的沈理源,徜徉在文艺复兴时期古典建筑的环境与氛围中,对西方古典建筑产生非常大的兴趣,曾潜心钻研文艺复兴时期的西方古典建筑的形式与做法,投入大量的精力学习,在1915年学成归国后,西方古典成为他早年主要的设计倾向。

沈理源最早的建筑活动始于20世纪10年代末。1918年起,他设计了原(北京)劝业商场(始建于1914年,经过3次火烧,于1918年按照原貌重建,今北京新新宾馆)、原(北京)真光电影剧场(1921年建成,今北京儿童艺术剧院)、原(北京)前门珠市口开明影院(建于1924年),这3个项目皆是运用西方古典设计手法,立面是古典三段式划分,有许多的西方古典建筑元素,如爱奥尼柱式、拱券、三角形山花、帕拉第奥式窗罩,装饰性的语言强烈,房子犹如是一座艺术雕塑品。

在执业期间,沈理源对(杭州)胡雪岩故居进行了调研。胡雪岩故居始建于1872年,有"清代巨商第一宅"之称,故居内采用传统宅第的对称布局,各个厅堂间用回廊相连,高低错落的亭、台、楼、阁,布局紧凑,构思精巧,建筑与园林相互交融。沈理源采用现代的测绘方法对古建筑进行实地测绘,绘有平面实测图和相关图照,所得的结果成为日后修复重建的重要资料与依据,也是文物建筑修复的成功范本。沈理源所做的事早于"营造学社"后来对古建筑大规模的测绘工作,所以,沈理源是中国近代较早重视文物建筑保护的建筑师,他对文物建筑保护的重视受到意大利政府政策首重城市与古迹保存的影响。沈理源还组织师生测绘故宫,留下珍贵的资料。

从20世纪20年代开始,沈理源的作品不断地涌现,大部分集中在天津,以银行建筑居多,仍是西方古典的设计倾向为主,原浙江兴业银行天津分行(1922年建成,今永正裁缝店)、原浙江兴业银行杭州分行(1921年建成)、原(天津)中华汇业银行(1925年建成,今中国人民银行天津分行)、原天津盐业银行(1926年建成,今中国工商银行天津分行)皆体现此类风格。

原浙江兴业银行天津分行,是沈理源较早的银行设计项目,据说,当年浙江兴业银行找沈理源设计,与他是浙江籍的建筑师不无关系。此项目由浙江铁路公司集资创办,总行设在杭州,属于混合结构,层高2层,建筑物的入口设于街旁的转角处,成圆弧形状,入口处设并列的古典柱式,在一层的入口两侧配以圆窗,材料为花岗石,而在二层外墙则以水泥抹饰,窗户外是三角形山花与局部的装饰,而窗与窗之间则以嵌墙的方柱相隔,平顶出檐,做成护栏式女儿墙,外沿壁柱、窗套、檐口都雕有不同的线条、花饰。原(天津)中华汇业银行,属于混合结构,层高3层,入口设于首层的中央,两侧有爱奥尼柱组成的柱廊,入口处顶部有波浪形山花,属于文艺复兴时期的古典风格。原天津盐业银行,属于混合结构,层高3层,入口处以嵌墙方柱与古典圆柱配以顶部的三角形山花、台基、台阶组成,在一侧的墙面上,也以爱奥尼巨柱组成柱廊，建筑内部是八角形营业大厅，窗户用彩色玻璃拼成。

以上这些用巨柱构成的建筑，给人的西方古典的视觉性非常强烈，独树一帜，有一种庄重、大方与雄伟之感，内部装修也非常绚烂，富丽堂皇，而精工雕琢的结果就是显现出业主在财力上的雄厚，更显示出银行建筑所代表的高档次。多年对西方古典的建筑式样与做法、成熟与高端的西方古典技法的钻研，使沈理源在银行界获得了很高的声望，并因而加强了与银行界的关系，与他有合作关系的银行有浙江兴业银行、中华汇业银行、盐业银行、新华信托储蓄银行、金城银行、中南银行，因此，沈理源成为了当时银行设计的代表性建筑师。

综观沈理源20世纪20年代的设计，以操作西方古典的设计语言为主，大部分集中在银行建筑，而古典的语汇与元素，似乎更能突显出银行建筑所需要的稳重与气派，他企图用古典的"重"来将银行建筑的气场留住。因此，在沈理源的身上，没有任何想要操作中华古典的设计意图，他的探索是很明显且一致的，西方古典是他早年唯一的设计主线。

景观设计，轴线对称，古典巴洛克，罗马式凯旋门，圆弧形柱廊，仿古希腊神庙式门亭

沈理源执业集中在天津一带，同一时期（20世纪20年代），在广州，杨锡宗是另一个以西方古典作为他早年主要设计倾向的中国近代建筑师，他以景观建筑作为执业的切入点。学生时期的杨锡宗，原本打算赴美攻读经济，途经日本时，被当地市政规模及建筑所吸引，便换专业，考入美国康奈尔大学建筑系就读，是首批就读于此的中国留学生，他与另一位中国近代建筑师吕彦直成为了同学。杨锡宗于1918年学成回国，先暂居香港，后被广州市政厅聘为工务局技士（1921年）。

杨锡宗与一般建筑师不一样，他早年实践中接触最多的是公园、墓园、陵园的设计，这与当时的时代背景有关。20世纪20年代初，广州建市后进行大规模的城市建设，孙中山曾在《建国方略》一文中提到：要把广州建成一座花园都市（中国人的园林艺术发展至今有"花园"的概念，但没有"公园"的概念，"公园"来自于西方，日后"花园"和"公园"演变为异曲同工的模式），而时任广州市长的孙科也提出迈向现代化城市的广州应该是一座田园都市，他为广州制定山水生态城市的规划，力主城市中公用土地皆要种植花草树木，让广州成为一座大公园，于是广州有了建公园的计划（20世纪20年代前广州是没有公园的），杨锡宗便担负起原广州第一公园的设计。

原广州第一公园是倾向于西方古典的设计。杨锡宗采用规则方正、轴线对称的平面布局，四周用通透的铁条做围墙，园内设有喷水池（6座）、名人大石像（4个）、大礼堂（兼作剧场）、历史文物陈列馆、餐厅、射击场、游乐场等设施，将其设计成一座综合性的公园。公园的大门是偏向于西方古典的巴洛克式，由4根石立柱、弧形铁拱券门楣及通花大铁门（已失落）所构成，4根石立柱由大小两对排开，大小立柱的装饰语言多，有圆球和花盆作柱头装饰，且可看到几何线条的产生。在设计阶段，公园也因政局纷扰的原因而一波三折、断断续续地进行着，前后花了近两年的时间，直到1920年才开始平整土地建造。建造过程中，因各方势力的掣肘，公园范围日渐地缩小，原计划的大礼堂、历史文物陈列馆、射击场、游乐场等设施皆被删去，未能如实建造，而喷水池也由6座减为1座，公园直到1921年后才竣工。

杨锡宗在设计完原广州第一公园后受陈炯明邀请前往漳州，被聘为漳州市政总工程师，专职规划，投入漳州市政改良工作，同时还被委任为石码工务局局长。

广州黄花岗七十二烈士墓园也由杨锡宗设计，始建于1912年，1921年杨锡宗回任"工务局"取缔课长兼技士时才陆续完工。早在杨锡宗设计原广州第一公园时，即受委托负责广州黄花岗七十二烈士墓园后期规划及建筑设计。广州黄花岗七十二烈士墓园占地面积16万平方米，园内有墓亭、陵墓、纪功坊、纪功碑、黄花亭、龙柱、默池、四方池、碑廊等，入墓园正门牌坊（高13米，由林克明设计）是一道宽敞的墓

图 7-1 原浙江兴业银行天津分行 -1

图 7-2 原浙江兴业银行天津分行 -2

图 7-3 原（天津）中华汇业银行

图 7-4 原广州第一公园

图 7-5 广州黄花岗七十二烈士墓园

道（长约 300 米），两旁种植苍翠高大、景列有序的松柏，行于墓道中给人一种庄严、肃穆之感。墓道是一个缓慢高起的路径，尽头是居于方形墓台当中的烈士墓。方形墓台四周是通透的黑铸铁链，墓台内是一个由四角向中间攀升的缓坡面，显示一种高低层级的外部空间设计、景观设计，让人的视觉形成对焦的观赏集中感。方形墓台中间是自由钟墓亭，杨锡宗在自由钟墓亭的设计中采用西方古典柱式的围合，顶部前端的三角石面饰有国民党党徽，中间则用石作的自由钟压顶，亭内立有"七十二烈士之墓"的尖形碑。方形墓台后方则是纪功坊，纪功坊上是 72 块（象征 72 位烈士）青石叠成的献石（纪功碑），刻有历史缘由和烈士英名，以及海外各地支部名称和个人名（纪念捐款墓园建设），顶部则屹立着石雕的自由女神像，象征着向往自由。纪功坊前端是西方古典柱式撑起的雨披，横额饰有"缔结民国七十二烈士纪功坊"（章炳麟书写）。纪功坊皆是钢筋混凝土造，外墙面贴有景观石，前方饰有"浩气长存"四字，并设有 3 个门洞。门洞加上两侧坊边皆可通往后方的庭园，这是一个由矮丛和松柏构成的几何庭园，四周由白色的矮墙围合，墙内是花瓶式的栏杆，由后方庭园再往下走又到了另一个半圆形的室外平台。整个墓园，从墓园正门经由缓慢爬升的墓道到达方形墓台，由方形墓台两侧绕到纪功坊，经由纪功坊的门洞到达后方庭园，下了阶梯后到达半圆形室外平台，一气呵成、层级分明，是一个完整的墓园设计，或可说是一个景观设计。

广州十九路军淞沪抗日阵亡将士陵园也由杨锡宗设计，总占地面积 6.2 万平方米，入口大门是一座罗马式的凯旋门，由花岗石砌筑，进门后往前走点就是一条南北向（中轴线）的墓道，长约 300 米，宽 14 米，墓道两侧有着将军墓、将士墓、先烈纪念馆、战士坟墓和航空纪念碑，陵园规模宏伟，布置严谨，庄重典雅，体现着抗战名将如史诗般的壮烈情怀和气概。墓道中间是抗日阵亡烈士题名碑，这是一座带有西方古典元素的题名碑，方柱体花岗岩石碑，顶部压檐下有雕饰，高 7.7 米，占地 91 平方米。绕过题名碑往前走，即到达墓道尽头——半圆形纪念广场，是陵园的核心部分，由纪念碑和圆弧形柱廊组成。纪念碑有一根纪功柱，仿古罗马式图拉真凯旋柱（Trajan's Column），高约 19 米多，由大理石砌成，基座类似须弥座样式，且有着上下高低的层次性，镌刻着"十九路军淞沪抗日先烈纪念碑"，是李济深的题字。柱身仿爱奥尼柱式，较长，上细下粗，柱身是半圆形的沟槽，而柱头上端有着浮雕，顶部则以圆球作装饰（原广州第一公园大门设计也是此手法），在纪功柱前则是一座十九路军战士的铜像，近黑色。纪功柱的"灰"与铜像的"黑"两相搭配突显一种高贵典雅之感，也成为一种标志性的符号语言。而纪念碑后方的圆弧形柱廊由 20 多根仿古希腊神庙石柱环绕而成，两端则是仿古希腊神庙式的门亭，形式已简化，山墙上有浮雕，一端门亭的正面墙刻有林森撰写的"第十九路军阵亡将士纪念碑"文，另一端门亭的正面墙则刻有胡汉民撰写的"国民革命军十九路军公墓纪念碑"文。而圆弧形柱廊在阳光的照射下产生出丰富的光影效果和虚实变化，消除了体块的厚重与沉闷，也塑造出一种庄严与肃穆之感，令人衍生出崇高与尊敬之意，体现自由之可贵与向往。

承继古典，希腊多立克柱式，巴洛克装饰，银行的代表性

庄俊是另一位以西方古典作为他早年主要设计倾向的建筑师，他的西方古典风格作品分布较广（上海、济南、哈尔滨、汉口、青岛等地都有），不像沈理源、杨锡宗只单独集中出现在某一地区（沈理源在天津，杨锡宗在广州），但庄俊的西方古典风格作品（独立执业的 20 世纪 20 年代中期后）的出现晚于沈理源与杨锡宗，可是其实庄俊比沈理源与杨锡宗更早接触与进入到西方古典风格的设计和监造，这与清华有关。

庄俊属于第二批清华学校庚子赔款留美学生，1910 年，庄俊被派去（美国）伊利诺伊大学伊建筑工程系学习，是中国近代赴美留学而学习建筑专业的第一人。1914 年，庄俊本科毕业，获学士学位，旋即被母校清华电召回国，任亨利·墨菲的助手，协助清华第一批（1914—1921 年）校园建设计划，庄俊负责工程的总体规划、全校道路管网等设施的布置，以及部分教学用房、教职工与学生宿舍的设计和监造，成为了中国近代最早的驻校建筑师。墨菲所负责的清华校园总体规划与四大建筑（大礼堂、体育馆、科学馆与图书馆）设计是倾向于西方古典风格的设计，南北轴线布局，大礼堂的穹顶、铜门，加上红砖墙的使用，成为这一批建筑吸引眼球的焦点，体现出一种高贵、典雅、有纪念性的西方古典风格。这一批建筑 1914 年设计，1915 年始建，1921 年完工。庄俊由于与墨菲的合作，自然地承继此类风格，西方古典成为他独立执业后早年主要的设计倾向。

回国 9 年后，庄俊受清华委任，于 1923 年带领 100 多位学生赴美留学，他再次去美国高校（纽约哥伦比亚大学研究生院）进修，也顺道对美国各地及欧洲各国进行参访与考察。1924 年，庄俊回国，辞去清华教职。隔年，在上海创办庄俊建筑师事务所，开始承揽项目，此时已接近于 20 世纪 20 年代中期后。

图 7-6 广州十九路军淞沪抗日阵亡将士陵园 -1

图 7-7 广州十九路军淞沪抗日阵亡将士陵园 -2

图 7-8 广州十九路军淞沪抗日阵亡将士陵园 -3

图 7-9 广州十九路军淞沪抗日阵亡将士陵园 -4

图 7-10 原（上海）金城银行

原（上海）金城银行是庄俊的第一个项目，此项目是金城银行（1917年由银行家周作民在天津租界创办）在上海设立分行所建造的银行大楼，选址在原上海公共租界工部局大厦对面的用地，1926年建成，是旧上海时期著名的银行大楼之一。此项目由庄俊与赉丰洋行联合设计，申泰兴记营造厂承建，原建4层，后加建2层（1940年），高近26米，占地面积1775平方米，建筑面积9783平方米，钢筋混凝土框架。由于临街面，庄俊在设计上着重在解决光线的问题，他将营业部分及办公室等分配临马路，不需光线的库房与扶梯则置于中间，光线问题便得到解决。

西方古典是原（上海）金城银行的主要设计倾向，也是庄俊所熟练的设计操作。入口左右各一根的多立克柱式，顶部为凿有装饰性的圆形图案（龙、凤、斧头），而正面两侧突出的方柱也将外墙分成3块，加上外墙面上局部带有巴洛克的装饰，细部雕刻与凿造，选用苏州金山石与意大利云石相互搭配，用料上的讲究，体现出一种厚实、庄重、对称的西方古典风格的精美与细致，从设计中可以看到庄俊对于风格与材料甚为专研与独到。虽然用料讲究，但在经济上仍得到控制，且当时物价较廉，所以实属一项较经济的工程。值得一提的是，此项目选用苏州金山石，以及日后实践时的爱用国货，庄俊只为了支持当时初创的民族工业的发展。金城银行也成为当时旧上海时期，在华商中设计最为华丽贵气的一座银行建筑。在室内部分，营业厅、办公室、经理室与过道等等仍是西方古典的装修风格，而只有会客室却是中华古典风格的装修，反映出庄俊身为中国建筑师内心对中国传统文化的热爱。

原（上海）金城银行的建成让庄俊的设计能力得到了银行巨擘的欣赏、肯定与信任，仅交通银行便将哈尔滨、大连、济南、青岛、徐州等5地的分行交由庄俊来设计，他还设计了汉口金城银行、武汉大陆银行、南京盐业银行、上海中南银行等项目。这些项目建成后，庄俊更是声名大噪，成为中国近代银行建筑设计的翘楚与代表性建筑师。而这一系列的银行建筑其风格皆是西方古典风格，大柱式、大柱廊、压檐、三角形山花、拱门窗等，以及庄重、华丽、贵气与讲究的氛围。

山墙，大圆顶，方柱贴壁式，厚重石砌台基

除了沈理源、杨锡宗与庄俊，有部分建筑师也尝试操作西方古典风格，但作品量不多，他们是基泰工程司的朱彬，"东南建筑"的过养默、吕彦直、黄锡霖，任职于"东南建筑"的杨锡镠，"华海建筑"的柳士英、朱士圭，中国工程司的阎子亨，李宗侃，关以舟，范文照与任职于范文照建筑师事务所的赵深，林克明。

朱彬是基泰工程司第二合伙人，是大老板关颂声的妹夫，长期负责管理公司财务有效控管、节约成本，并投资国外企业（美国电力和电话公司），为公司的财务保值。早年曾留美，就读于美国宾夕法尼亚大学建筑系，接受学院派教育——强调兼顾艺术和技术两方面培养。回国入股基泰工程司后（1924年），负责部分项目的设计主导，其中原（北京）大陆银行（1925年建成）、原（天津）南开大学木斋图书馆（1928年建成）皆体现西方古典风格。木斋图书馆呈"丁"字形，两面对称式布局，砖木结构，高2层。入口设于中间，上方有山墙及大圆顶，局部墙面与两侧窗面皆有西方古典装饰的元素。

"东南建筑"由过养默与吕彦直、黄锡霖于1921年在上海创办。过养默曾在美国多所高校学习深造，有康奈尔大学土木工程系、哈佛大学、麻省理工学院土木工程系，是一位土木工程专业出身的建筑师，回国执业后与人合伙创办建筑公司，旗下员工大部分皆是土木工程专业出身，如黄元吉、杨锡镠、裘星远。所以，"东南建筑"是一所以土木工程背景出身所组成的建筑公司，但另一位合伙人吕彦直则是建筑专业出身，他留学于美国康奈尔大学建筑系。20世纪20年代起，"东南建筑"开始承接建筑业务，原（上海）票据交换所是"东南建筑"较早的项目。原（上海）票据交换所又可称之银行公会办公用房，业务仅面向华商的银行和钱庄，于是只请中国建筑师来设计。过养默受委托出任上海银行公会建筑师，负责第一家票

据交换所（原上海银行公会大楼）的设计，而吕彦直、黄锡霖也参与其中。

原（上海）票据交换所始建于1924年，1925年建成投入使用，为钢筋混凝土结构，层高5层，局部7层，占地面积为617平方米，建筑面积2850平方米。建筑的正立面中部为5开间的科林斯柱式与柱廊，柱式高达2层，设计上追求精细与匀称，也突显银行建筑的高贵与庄重，顶部女儿墙与局部墙面有着西方古典装饰的元素及假石饰面。建筑室内底层大厅为票据交换处，其他空间则为银行业务的办公用房，西方古典的装饰仍然环绕于室内，顶部有玻璃天棚。整体上体现出一种西方古典的设计倾向，也利用西方古典的语汇所形构出的气派，来彰显在那个年代里的上海金融中心的存在感。

毕业于交通部上海工业专门学校土木工程专科的杨锡镠，曾任职于"东南建筑"，任工程师一职。东南大学曾委托"东南建筑"负责学校总体规划设计，由吕彦直主导，而杨锡镠也参与其中，当时杨锡镠便负责原（南京）东南大学科学馆（今东南大学健雄院）的部分设计工作。

原（南京）东南大学科学馆原址曾是口字房，始建于1909年，1923年因火灾而烧毁，后受到捐助于1924年兴建新馆，1927年建成。此项目为砖混结构，层高4层，两翼局部3层，有地下室，正立面入口处有一高大的雨篷，用4根西方古典的立柱支撑，两侧外墙面用西方古典方柱贴壁式的垂直分割，在二、三层用压檐作水平分割，局部墙面带有些许装饰，而立面上的开窗面则采用规矩的排列处理，带有点理性设计的意味。大门采用拱券形，屋顶为红砖的坡屋顶并建有5个老虎窗。建筑内部为对称式布局，用东西向内廊来串联内部空间，同样在局部墙面与转角间皆设计有西方古典的柱式装饰，地坪采用磨石子处理。

"华海建筑"由柳士英与王克生创办，刘敦桢稍晚加入，他们皆毕业于日本东京高等工业学校建筑科，是前后期的同学（王克生，1919年毕业；柳士英，1920年毕业；刘敦桢，1921年毕业）。之后，由于各种主客观原因，"华海建筑"业务进展不顺，柳士英于1923年从上海回到家乡苏州办学，而王克生、刘敦桢继续经营建筑业务。几年后，柳士英投入到苏州市政筹备工作，于1927年任苏州市市政工程筹备处工程师及首任工务局长。

1928年，朱士圭来到苏州，任苏州市工务局工程科科长（1928—1929年），成为柳士英的下属，襄助苏州城市建设。之后，朱士圭于1929年任无锡市市政工程筹备处工务科科长，

图7-11 原（济南）交通银行

图7-12 原（汉口）金城银行

图7-13 原（天津）南开大学木斋图书馆

图7-14 原（北京）大陆银行

图7-15 原（上海）票据交换所

图7-16 原（南京）东南大学科学馆

图7-17 原（安徽）芜湖中国银行

图7-18 原（天津）南开中学范孙楼

图7-19 原（南京）中央大学生物馆

图7-20 原（上海）南京大戏院

后入（上海）华海公司建筑部，成为合伙人（1929年），与王克生共同经营业务。1930年，柳士英返回上海，与王克生、朱士圭一同重整"华海建筑"业务。这一时期，柳士英与朱士圭共同承接原（安徽）芜湖中国银行项目，是个倾向于西方古典风格的设计。原（安徽）芜湖中国银行，3层高，达7米，砖混结构，内部为木结构，屋面灰瓦，有厚重坚固的石砌台基及4根爱奥尼式柱廊，体量宏大。抗战时建筑被毁，1946年重建。

嵌墙方柱，挑檐分割，门楣浮雕，涡卷璎珞的装饰，宝瓶栏杆

香港大学土木工程系出身且又曾在天津万国函授学校建筑系勤学4年的阎子亨，于1925年创办亨大建筑公司，是跨土木与建筑两专业领域的建筑师，之后逐渐转往建筑领域发展。1928年阎子亨将亨大建筑公司更名为中国工程司。

之后，阎子亨为母校设计了原（天津）南开中学范孙楼，于1929年建成，层高为3层，属于砖混结构，建筑内部满足于校园建筑的多功能需求，这些功能空间依靠过厅、大厅与内廊彼此串联着，而平台式屋顶可供户外集会与团体活动之用。大厅前设置一排西方古典柱列，两侧转角间是嵌墙方柱，柱子上方是挑檐式分割处理。红砖为外墙主要材料，局部水泥墙，红白相间的整体给人一种西方古典风格的庄重与典雅之感，可以看出西方古典风格的设计倾向是阎子亨当时尝试的一条设计路线。1933年建成的原（天津）孙仲凯故居，也是这种风格，独立式住宅群的北楼，设置一排西方古典圆柱，外墙转角间是嵌墙方柱，顶部有三角形山花，顶层是挑檐处理与透花女儿墙，有外伸式阳台置钢铁栏杆。红砖仍是外墙主要材料，局部水泥墙，在色调上，红白相间的整体与范孙楼是相同的，仍是西方古典风格的设计倾向，但装饰比范孙楼要多且杂，装饰得有点碎，整体感没有范孙楼庄重。

曾留学法国的李宗侃回国后是（上海）大方建筑公司的从业人员，设计了原（南京）中央大学生物馆，于1929年建成。此项目也是西方古典风格的设计，大门南向，入口为4根爱奥尼式柱子组成的柱廊，顶部有山花，线刻恐龙图案，门楣有浮雕图案。1957年扩建（杨廷宝设计），加两翼教室。

毕业于美国加利福尼亚大学土木科的关以舟，回国任（广州）汕头市港务局局长时设计了原（开平）赤坎关族图书馆。此项目由赤坎两大姓氏之一的关氏族人及华侨捐资兴建，始建于1929年，1931年落成投入使用，占地面积为709.5平方米，高3层，钢筋混凝土结构，设有一西式院门，铁门立柱为西方古典风格，柱头有装饰。入口大门有2根高约3米的科林斯柱式圆柱。二层有4根方柱贯穿二、三楼，方柱柱头有涡卷与璎珞组成的装饰件，柱间有宝瓶栏杆，二、三楼有一内廊，建筑顶部有一三角形山花，再上去是钟楼，此项目仍是倾向于西方古典风格的设计。

范文照与赵深皆毕业于美国宾夕法尼亚大学建筑系，是前后期同学。范文照回国工作数年后，于1927年在上海创办范文照建筑师事务所，邀请赵深加入，原（上海）南京大戏院是两人合作的倾向于西方古典风格的设计，讲究西方古典演绎的柱式、尺度、比例、对称的内外空间构图语言，高大和比例匀称的古典柱廊与券门环绕在四周，柱头上有浮雕装饰，大厅被16根古典大理石圆柱环抱，色调庄重淡雅，内部则是舞台、乐池和宽敞的观众座椅区（分一、二层）。西方古典的操作手法对范文照和赵深来说再熟悉不过了，因他们皆是在宾夕法尼亚大学受学院派教育体系培养出来的建筑师。

毕业于法国里昂中法大学建筑工程学院的林克明，1929年任广州中山纪念堂建设委员会顾问工程师，并任（广州）省立工业专门学校土木专科教授，参加了广州市府合署图案竞赛，获首奖，这一时期设计的原（广州）第一中学校舍也是个倾向于西方古典风格的设计，入口处有3个拱门，二层以上则由古典圆柱并列的方式构成。

西方古典兴起于20世纪10年代末，直到20世纪30年代初才日渐式微，起因是大屋顶式样的中华古典风格兴起，部分建筑师投入到此浪潮中实践着。

7.1.3　中华古典在中国的实践——始于20世纪20年代中后期

西方古典风格在中国，从19世纪中叶后就是主要的建筑潮流，由一批洋行、洋地产公司、洋事务所、洋建筑公司的洋建筑师引领设计着，直到20世纪10年代末，才开始有中国近代建筑师以西方古典风格作为他们实践的主要路线，并让这种风格在20世纪20年代在中国近代建筑领域占据着主流的位置。而大屋顶式样的中华古典风格作品在这个时期是少之又少，有些中国近代建筑师在洋事务所工作，或因项目配合着洋建筑师，他们只是参与或监造的角色，并不是主导设计的身份，但还是早于其他中国近代建筑师接触到中华古典风格。

参与或监造的角色，仿传统宫殿式，外廊连接，扩建，沿袭中华古典

就读于美国北俄亥俄大学土木工程学专业的齐兆昌，曾因家境衰落，生活困苦，被教会收养，便在学成回国后就职于金陵大学，以报教会收养、教育之恩，许诺为教会服务一生，成为了南京地区教会总建筑设计师，负责教会大学的基建工程，以及南京城内所有教会学校房屋的修缮和维护工作。原（南京）金陵大学小礼拜堂建于1918年，由（美国）弗洛斯与汉密尔顿建筑师事务所设计（由小礼拜堂碑上的"重修小礼堂、钟亭记"所示），齐兆昌参与监造工作。原（南京）金陵大学小礼拜堂屋顶为歇山顶，四面有拱形门，门楣和窗框饰有装饰图案，是个倾向于中华古典风格的设计。

毕业于美国康奈尔大学建筑系的吕彦直曾在纽约亨利·墨菲（Murphy & McGill & Hamlim）事务所工作（1918—1922年），之后回国（1921年），被墨菲雇用并负责上海分公司，协助设计原（南京）金陵女子大学规划及校舍设计。而原（南京）金陵女子大学是墨菲为在中国各省传教的基督教会规划设计的多所教会大学之一，也是"耶鲁大学在中国"计划之一，当时墨菲正探索着中华古典风格，想以此来减少东西方文化的差异，并融入中国的文化属性。墨菲在规划原（南京）金陵女子大学时，充分利用自然地形，依东西向轴线布局，规矩工整，入口的林荫道加强了校园空间的纵深感。主体校舍（100号、200号、300号、400号—700号等）以宽阔大草坪为中心，对称布局，且是中国传统宫殿式的中华古典风格，皆为钢筋混凝土结构，

图 7-21 原（南京）金陵大学小礼拜堂

图 7-22 原（南京）金陵女子大学 -1

图 7-23 原（南京）金陵女子大学 -2

图 7-24 原（南京）金陵女子大学 -3

图 7-25 原（北京）欧美同学会会址扩建

校舍之间以外廊相连接，1922 年开工建设，1923 年完工使用。而吕彦直参与其中，是他较早接触到中华古典风格的一次设计经验，当然，也为他不久后设计中山陵铺垫下了基础。

齐兆昌和吕彦直早于其他中国近代建筑师接触到中华古典风格，且项目都坐落在南京，除此之外，在北京的另一位中国近代建筑师贝寿同也在同一时期接触到中华古典风格，他负责扩建了原（北京）欧美同学会会址。

曾赴欧留学于德国柏林夏洛顿堡工科大学攻读建筑工程科的贝寿同，于 1914 年欧战爆发前夕学成归国，在隔年进入北洋政府国务院下的司法部工作，任技正。由于他有着建筑专业的训练，便负责主持全国司法系统所管辖的建筑事务，同时还于 1916 年起兼任北京大学工科讲师及交通大学北京分校教务主任。1921 年贝寿同衔命赴欧洲（奥地利、比利时、德国等国）考察监狱建筑。

20 世纪 20 年代初，贝寿同加入欧美同学会，负责扩建位于北京的原欧美同学会会址（十达子庙）。19 世纪末 20 世纪初，中国赴国外留学的学生日益增多，以赴欧美留学占大部分，鉴于此，一方面为了让留学回国的人继续研究，且可聚集一起相互交流，另一方面也为了团结已留学过或正在留学的海内外人员，更重要的是经由留学人员的串联将国外进步的现代化科学、知识和理念导入国内运用来强盛国家与振兴民族，于是，1913 年由顾维钧、梁敦彦、詹天佑、蔡元培、颜惠庆、王正廷、周诒春等人共同发起，联合京津两地的留学归国学人在北京创建欧美同学会。欧美同学会为了中西方文化的交流，定期举办讨论会及学术和交际的会务活动，于 1915 年由会员集资 2000 两银元，购得北京南河沿街口已破旧的普胜寺（十达子庙），将它翻修后建立会所，成为欧美同学会的会所，而会所也成为导入现代化的渠道和窗口，之后经过 2 次扩建，到了 1925 年又需再次扩建，由当时主持会务工作的颜惠庆等人，向国内外会员募集资金 4 万银元，并交付给具有建筑专业背景的贝寿同负责设计。

普胜寺前身是明朝皇城东苑的崇质宫，明末毁废，清顺治年间敕建，又称十达子庙，为清初所建三大寺庙之一，之后经过 2 次（清乾隆九年和清乾隆四十一年）重修，此寺是清初蒙古高僧恼木汗在北京的驻锡处。扩建后的欧美同学会会址新建房屋达 90 多间，贝寿同又将大厅予以美化，加建廊道串联，并围合后创造出天井，同时也增加了许多附属的设施，有餐厅、图书馆、游艺室、浴室、招待所等，服务功能更加齐全。而在形态上，仍然沿袭着原本普胜寺（十达子庙）固有的中华古典风

图 7-26 （南京）中山陵 -1

图 7-27 （南京）中山陵 -2

格，将传统东方建筑之美如实地体现。

大屋顶式样的中华古典风格的浪潮

前文提到西方古典风格从 19 世纪中叶后到 20 世纪 20 年代在中国近代建筑领域占据着主流的位置，但此现象随着政治情势的演变在 20 世纪 20 年代末有了变化。

稍稍过了 20 世纪 20 年代中期，中国近代发生了北伐战争（1926—1928 年），是国民党发动的以国民革命军为主力的统一战争，由南向北进行，国民革命军连克长沙、武汉、南京、上海等地，1927 年国民政府便定都南京，1928 年国民革命军攻克北京，北伐完成，中国实现形式上的统一，并被国际社会承认为中国唯一之合法政府。

当 1927 年国民政府定都南京后，制定了《首都计划》（1927—1937 年），旨在对南京市进行现代化城市的改造，首重建设，聘请亨利·墨菲与古力治（Ernest P. Goodrich）负责首都规划工作。为了复兴中华传统文化，南京国民政府更对《首都计划》中的建筑形式与风格作了规定——企盼以"中华固有之形式"为原则，即倾向于中华古典风格的复兴，以发扬光大中华固有之文化，以观外人之耳目（也是为了对抗当时占据主流的西方古典路线，回应西方古典风格的一种反峙），以策国民之兴奋也。其中政府建筑以突出古代宫殿为优，商业建筑亦应具备中华特色，色彩需最悦目，光线、空气需充足，建筑须有弹性、伸缩的特性，以利后续分期建造。总的来说，南京国民政府当时是以政治方针来主导与控制《首都计划》下大部分建筑之成形，以此来树立法统彰显国府的正统与权威，以及民族之复兴。

这当中还有一个前因，即（南京）中山陵设计竞赛，此竞赛是中国近代以来最重要的一次，受到国内外关注，而最终首奖方案的设计倾向也直接对建筑界造成了影响，关键性人物就是吕彦直。

吕彦直于早年（1922 年）曾在亨利·墨菲事务所工作（上海分公司）时参与到原（南京）金陵女子大学校舍设计，接触到中华古典风格。1921 年与过养默、黄锡霖在上海创办"东南建筑"，1 年后正式脱离墨菲。之后，吕彦直从 1925 年开始负责（南京）中山陵与（广州）孙中山先生纪念堂、纪念碑的设计投标竞赛，两项竞赛都终获首奖，吕彦直并离开"东南建筑"，与黄檀甫合办"彦记建筑"，在这之前，吕黄两人早在 1922 年合办（上海）"真裕公司"。吕彦直的中山陵图案，平面布局呈警钟形，祭堂形式有庄严肃穆之感，倾向于中华古典风格的设计，有斗栱、檐椽、券门、歇山顶等。吕彦直还被聘请为陵墓总建筑师。

1926 年（南京）中山陵动工兴建，分 3 个阶段，第一阶段工程包括祭堂、墓室、平台、石阶、围墙及石坡等，由上海姚新记营造厂承建，1926 年开工，1929 年完工。第二阶段工程包括水沟、石阶、护壁、挖土填土等工程，由上海新金记康号营造厂承建，1927 年开工。此时，吕彦直忙于执行设计与监造任务，心力交瘁，又被确认患有肝癌，刚好李锦沛于 1928 年加入到"彦记建筑"，从旁帮忙繁重工程任务。第三阶段工程包括牌坊、陵门、碑亭、围墙、卫士室等，工程由上海陶馥记营造厂承建，是在孙中山葬入中山陵以后进行的。1929 年春，吕彦直病逝，中山陵剩余工程就由李锦沛、黄檀甫承担完成，直到 1931 年年底，工程才全部完工。

总之，当《首都计划》的企盼以"中华固有之形式"为原则的方针一出，以及（南京）中山陵竞赛与建成后的影响，从 20 世纪 20 年代末起，在社会各界掀起了一片大屋顶式样的中华古典风格的浪潮，全国部分地区受到此浪潮的影响。因此，一批中国近代建筑师直接或间接地投入到此浪潮当中，如卢树森、范文照、刘既漂、赵深、刘敦桢、顾文珏、董大酉、卢毓骏、赵志游、陈品善、郑校之、陈植、童寯，而部分建筑师也开始从原先的西方古典转向中华古典风格的试验，如杨锡宗、李宗侃、杨廷宝、林克明、黄玉瑜、关以舟、阎子亨。

无梁殿进口，额枋饰彩画，飞檐，斗栱，琉璃瓦，重檐庑殿顶

范文照在竞赛中似乎都不如意，不是未获首奖就是获奖未实施，他在南京中山陵设计竞赛及广州孙中山先生纪念堂设计竞赛中都败给吕彦直，1930 年与赵深合作参加（南京）中山纪念塔图案竞赛，获二奖（实为首奖），却未实施，只有在 1933 年与李惠伯合作的广东省政府合署图案竞赛中获首奖，但也未实施。虽然竞赛不如意，范文照仍于 1928 年受聘为中山陵陵园计划专门委员，1929 年任南京首都设计委员会评议员，接着在 1932 年任（南京）中山陵顾问及国民政府铁道部技术专员、全国道路协会名誉顾问。

范文照的业务与事务所始于上海，古典是他早年的设计主线，1930 年建成的原（上海）南京大戏院是西方古典风格的设计，但早在 1 年前即 1929 年，他就建成了原（上海）圣约翰大学交谊室项目。此项目为钢筋水泥及砖木混合结构，无梁殿进口，屋顶铺绿色琉璃瓦，檐角有瑞兽，檐下有飞椽，额枋饰有中国传统彩画，是个倾向于中华古典风格的设计，由范文照个人完成。可以看出，范文照早年执业时的古典情怀是浓重的，这与他所受的学院派教育有关。

之后，范文照在项目中关于中华古典风格的设计就与人合作完成——赵深与李锦沛。

赵深在加入范文照事务所前曾被李锦沛推荐介绍给美国基督教驻华青年会办事处主任建筑师阿瑟·阿当姆森（Arthur Q·Adamson），他被聘（约聘）为美国基督教青年会驻上海办事处建筑处建筑师，任期半年，与李锦沛共同负责原（上海）基督教青年会大楼的设计，但因缺建造经费，此事就停摆，那时李锦沛与范文照相继创办个人事务所（1927 年）。不久后，赵深加入范文照事务所，此时（1928 年），青年会的兴建经费已筹备好，两家事务所（李锦沛、范文照）因彼此的联系和责任关系便共同负责设计。项目于 1931 年建成，此项目在现代高层建筑中尝试中华古典风格的设计，企图将传统的语汇与元素（飞檐、斗栱、琉璃瓦等）在现代的形式、材料与工法（高层、钢筋混凝土、框架结构）上呈现。

除了上海，南京是范文照第二个执业重地，他运用他的社会关系从 20 世纪 20 年代末起承接了一些项目，如原（南京）铁道部大楼（1930 年建成）、原（南京）励志社总社（1931 年建成）、原（南京）华侨招待所（1933 年建成），这些项目都是他与赵深共同完成，由于他俩是宾夕法尼亚大学毕业，故将学院派教育培养出的对西方古典的设计操作与理解运用，转换到对中华古

图 7-28 原（上海）圣约翰大学交谊室

图 7-29 原（上海）八仙桥基督教青年会大楼

图 7-30 原（南京）华侨招待所

图 7-31 原（上海）同孚路 82 号

图 7-32 原（南京）中山陵藏经楼

典风格的探索，体现在项目上，一个是采用中国传统宫殿式的重檐歇山顶形式，琉璃瓦屋面与青灰色的墙面、斗栱、门楣等中国古典元素（原南京铁道部大楼），一个是仿清代宫殿式的重檐庑殿顶建筑，呈"品"字形分布构成的院落（原南京励志社总社），一个亦是采用中国传统宫殿式屋顶形式（原南京华侨招待所）。当然，这也与这些项目身处南京有关，就城市整体考量，仍要符合"中华固有之形式"为原则的设计方针。

赵深也参加过南京中山陵设计竞赛，获名誉奖第二名。由于他是唯一一位来自境外的应征者，又是中国人，获名誉奖后仍受到陵园专家和委员的关注。1929年南京总理陵园管理委员会在葬事筹委会基础上成立，1931年便聘请赵深绘制各种纪念亭（由广州市政府捐建）图样，给予建筑费5%的酬劳费（8850元）。行健亭便由赵深设计及绘制，王竞记营造厂承建，1933年建成。行健亭平面为正方形，屋顶为木结构的重檐攒尖顶，覆盖蓝色琉璃瓦，屋顶由4根圆柱撑起，在每根圆柱旁有3根方柱，共有16根柱子，亭内地面铺砌水泥方砖，支柱立在方砖上并涂以红漆，梁、柱表面和顶部及窗格皆用钢筋混凝土仿木结构形式的装饰表现，亭子内外整体施以彩绘，主色调红蓝相间的亭子处于一片树林中显得晶碧细致，体现中华古典风格中亭子的建筑和艺术之感。

建于1934年的原（上海）同孚路82号是一栋3层高的中国传统宫殿式大屋顶建筑，飞翘屋檐，且充分展现了中国传统的装饰元素，是范文照在上海另一个倾向中华古典风格的设计。

重檐歇山顶，八角亭，四角攒尖顶，卷棚顶水榭，雀替，檐椽，藻井，传统牌坊式，汉白玉雕凤栏杆

在南京，还有卢树森、刘敦桢、顾文珏、卢毓骏、赵志游与陈品善的作品皆倾向于中华古典风格的设计。

原（南京）中央研究院气象研究所与原（南京）中山陵藏经楼是卢树森设计的。中山陵藏经楼是由中国佛教协会于1934年冬发起筹建，1936年竣工，专门收藏孙中山先生物品及展出奉安大典珍贵史料。藏经楼有主楼、僧房和碑廊3大部分，主楼为钢筋混凝土结构，中国传统宫殿式的重檐歇山顶，顶覆绿色琉璃瓦，屋脊及屋檐覆黄色琉璃瓦，梁、柱、额、枋等均饰以彩绘。室内大厅高悬火炬形大吊灯，顶部有八角形莲花藻井。整栋主楼内外都非常豪华宏丽，雕梁画栋，是标准的中华古典风格的设计。

曾留学于日本东京高等工业学校建筑科的刘敦桢归国后曾在上海绢丝纺织公司任建筑师，1923年加入"华海建筑"（1922年由柳士英与王克生合办），1925年离开"华海建筑"赴长沙，任湖南大学校舍工程师兼土木工程系教授，1926年被柳士英邀请前去苏州工专任教。1927年年底，"苏州工专"并入国立第四中山大学，1928年更名为（南京）中央大学建筑科，刘敦桢便带领部分"苏州工专"师生前去南京，专注在建筑学的教育工作（1928—1931年），同时兼（南京）永宁建筑师事务所建筑师。之后，还任中央研究院气象研究所建筑师，以及（南京）中山陵纪念塔图案评判顾问。在南京期间，刘敦桢设计了（南京）中山陵光化亭与仰止亭。光化亭为中山陵附属纪念建筑，是一座仿木结构的重檐八角亭子，全由福建花岗石雕成，做工细腻，建造费由海外华侨捐款，1931年夏开工，原定15个月完工，后因运输石料船沉没，延到1934年夏才完工。仰止亭位于光化亭的西边，由叶恭绰捐资建造，是一座四角攒尖顶的正方形亭子，屋面覆蓝色琉璃瓦，朱红色立柱，高6.7米，边长5米，钢筋混凝土结构，梁柱、额枋、雀替、檐椽、藻井等均有彩绘，台阶用苏州花岗石砌筑。这两座亭子皆带有浓厚的中华古典风格。

在仰止亭的南端是流徽榭，由陵园工程师顾文钰设计，建于1932年，由（南京）中央陆军军官学校捐款建造。流徽榭坐落于流徽湖（筑坝蓄积中山陵之东、灵谷寺之西的溪水而成的人工湖），三面临水，一面临陆，是一座卷棚顶的水榭，覆盖白色琉璃瓦，呈长方形，有蓝色立柱，檐椽施以白漆蓝纹，梁枋与雀替均有彩绘，全由钢筋混凝土构筑，中华古典风格鲜明。

旅欧留法数年的卢毓骏，曾是（法国）巴黎大学都市计划学院的研究员，回国后曾入南京特别市政府工务局工作（1928年），经办首都市政工程，1931年任（南京）中央大学建筑工程科兼职教授，1933年入国民政府考试院工作，一待就近10年之久。这一时期，卢毓骏就负责考试院的设计。考试院始建于1930年，建筑面积达8277平方米，是个庞大的工程。考试院总体以轴线布局去规划，单体建筑依东、西向平行排列，东向有泮池、大门、武庙大殿、宁远楼、华林馆、图书馆书库、宝章阁等，西部有大门、孔子问礼图碑亭、明志楼、衡鉴楼、公明堂等。所有建筑都体现典型的中华古典风格，有重檐歇山顶、仿古庑殿式、重檐庑殿顶、攒尖顶、传统牌坊式、单檐歇山顶等式样，屋顶覆盖琉璃瓦，有钢筋混凝土结构或砖混结构、砖木结构，梁枋、斗栱、檐椽等均施以彩绘，走入其中犹如走在古代宫城街坊中，别有一番古味。

原（南京）小红山主席官邸又名美龄宫，依山而筑，于1931年春由赵志游（南京市政府工务局局长）设计，陈品善（南京市政府工务局技正）负责主办所有工程计划、预算及招标事宜，由新金记康号营造厂承造，由于工程经费过于耗大，一度停建，直到1934年才完工。官邸主楼3层高，有一地下室，为职员用房及厨房。一层有接待室、衣帽间、秘书办公室，以及几间卧室、厨房、配膳房、洗衣室、卫生间、服务用房等。二层有大厅、客厅、大饭厅、配膳房、书房、秘书室等，作为会客与休息之用，还有一室外平台，以清式汉白玉雕凤栏杆围合，平台可供聊天、饮茶与赏景之用。三层有客厅、大卧室、小餐厅、厨房等，用于居住。官邸主楼是一栋中国传统宫殿式大屋顶建筑，覆盖绿色琉璃瓦，富丽堂皇，做工讲究，中华古典风格气韵甚浓。

刘既漂曾留法，并与林风眠、林文铮等人以研究新艺术为宗旨组织霍普斯社（海外艺术运动社），回国后又与林风眠、林文铮等人成立艺术运动社，致力于艺术运动及促进东方新艺术之发展。1929年刘既漂在杭州西湖艺术院设计西湖博览会建筑，他与李宗侃合作设计了进口大门，此大门汲取了中国传统宫殿建筑的柱础、梁架、重檐等元素，以中华古典风格的装饰话语诠释了美术建筑的美化本质，并再将其几何化（三角形、方形），而入口两旁的柱子施以龙的图样表示对古典的继承，建筑内部也多装饰。

面对现实转向中西合璧或中华风格

前文提到，除了范文照在竞赛中2次败给吕彦直，还有一

图7-33 （南京）中山陵光化亭

图7-34 （南京）中山陵流徽榭

图7-35 原（南京）国民政府考试院

图7-36 原（南京）小红山主席官邸

图7-37 原（杭州）西湖博览会大门

位建筑师也 2 次败给吕彦直，他就是在广州的建筑师杨锡宗。他与吕彦直是留美（美国康奈尔大学建筑系）时的同学，同时接受学院派教育，毕业后两人各奔东西，最后都选择回国发展，杨锡宗在华南（广州、福建）一带执业，吕彦直选择华东（上海、南京）一带，彼此也就少了接触。经过数年后，20 世纪 20 年代中（1925年、1926 年）的两桩大事件又重新把两人联结起来——南京中山陵图案竞赛（1925 年）与广州孙中山先生纪念碑、纪念堂设计竞赛（1926 年）——此两项是中国近代建筑史上重要的设计竞赛，它开展了中国近代建筑师在评选中获奖并实施的重要实践"自立"和掌握"话语权"的意义。同时，杨锡宗与吕彦直也因都参加竞赛而有了竞争关系，瑜亮情节自然横生。

杨锡宗回国后（1918 年），刚实践时（1921 年），接触最多的是公园、墓园、陵园项目，以景观建筑作为切入点，而这些景观建筑都倾向于西方古典风格的设计。

1925 年孙中山先生逝世，当时孙中山葬事筹备处制定陵墓规范，在报纸上刊登悬奖公告，向全世界的建筑师和美术家征集陵墓设计图案，杨锡宗和吕彦直都参加了。杨锡宗在规划中山陵的过程中，向国外购买许多书籍及参考资料，与助手不分日夜地钻研，来回仔细检查规划和设计上的问题，花了几个月的时间。杨锡宗与吕彦直所提交的方案是两件截然不同的设计，杨锡宗设计的中山陵是完全的西方古典化，没有任何中华古典的语汇和元素，而吕彦直则充分融会东西方建筑技术与艺术，体现中华风格的建筑语言，并加以变通设计。最终，首奖一名由吕彦直获得（当时孙中山家属及葬事筹备委会联席会议主持人孙科高度赞赏吕彦直的方案，符合"适用、坚固、美观"的原则，且用石、铜材料，朴实坚固，不易老坏），二奖一名由范文照获得，三奖一名由杨锡宗获得。这是杨锡宗第一次败给吕彦直。

关于纪念碑，在广州曾公布两个不同的征集方案。杨锡宗在广州总理纪念碑图案竞赛（1926 年 1—2 月，第二次全国代表大会决议建造）赢得第一名（第二名为陈均沛、第三名为叶永俊），并获奖金 500 元，但并未实施建造。之后，广州孙中山先生纪念堂、纪念碑设计竞赛（1926 年 2—9 月，孙中山逝世一周年后的活动，由孙科、陈树人、金曾澄等人组成的建筑孙总理纪念堂委员会提出，应将堂与碑作整体考量，便形成前堂后碑的借天然地势之格局）则由吕彦直获得第一名，杨锡宗则屈居第二，范文照获第三（名誉第一奖是刘福泰，名誉第二奖是陈均沛，名誉第三奖是张光圻）。这是杨锡宗第二次败给吕彦直。

虽然未获首奖，杨锡宗之后仍被聘为广州孙中山先生纪念堂的建筑委员和管理委员会总干事，同时也被广东省教育厅许任为总工程师。

这两件重要的设计竞赛，杨锡宗虽都获奖，也让他名声在全国鹊起，但未获首奖对杨锡宗而言就是失败。而杨锡宗的失败绝非偶然，因他的方案对当时国人来讲是充满了洋气（倾向于西方古典），不符合大众的审美标准和口味。杨锡宗受到此竞赛教训后，决定面对现实，贴近大众口味，也决定不再忤逆于当时为政者所推崇、掀起的中华风格的政治引导，之后，他的设计开始有了转向，稍往中间靠拢，由西方古典转向中西合璧或中华风格，他也融于此潮流（大屋顶）中去。

木构斗栱，飞檐翘角，台基仿须弥座，仿传统牌坊，柱身雕云纹，柱下有石鼓，门亭

1927 年为纪念辛亥革命将领邓仲元（1886—1922，原名士元，别名铿，广州惠阳淡水人，原籍梅县丙村，早年参加辛亥革命，曾任广东军政府陆军司令长、粤军总部参谋长兼陆军第一师师长，中国近代军事家），国民党元老李济深提议在越秀公园内创建仲元图书馆，杨锡宗便应李济深之邀进行设计。

原（广州）仲元图书馆占地面积 253 平方米，总面积 7600 平方米，高 2 层，钢筋混凝土结构，历时 2 年，于 1930 年建成，以门廊抱厦的方式处理。此项目已完全看不到任何的西方古典样式、装饰和元素，是一个大屋顶式样的中华古典风格，它的屋顶使用了覆盖绿色琉璃瓦的重檐庑殿顶，用水泥仿了木构斗栱和飞檐翘角，从正面的水洗石米圆柱廊即可视之，墙面是水磨青砖砌，墙脚是花岗石，部分墙面和门框饰以雕

花，而在额枋、雀替则用了彩绘的瓷片装饰。在窗户部分，一层是规矩排列的竖向窗，二层是矩形窗，窗户切割利落，没有任何古典的装饰元素，但整体设计上极为讲究，做工精细，而衬托建筑的台基也仿了须弥座样式，此手法杨锡宗也运用在原岭南大学的水塔项目（1930 年建成），他尝试将须弥座与传统塔作结合，而 原（广州）仲元图书馆于 1957 年已改为广州美术馆。

在设计上，虽然杨锡宗于 20 世纪 20 年代末转向探索中西合璧和中华风格的道路，但他对于西方古典风格仍然没有忘怀，这从他在 1928 年设计的广州十九路军淞沪抗日阵亡将士陵园项目中，仍可一窥。

杨锡宗在 1932 年完成了原（广州）中山大学总体校园规划及第一期的校舍设计，1934 年相继建成。有了 1929 年南京《首都计划》所制定的政治引导，以及陈济棠（1890—1954 年，字伯南，广东防城人，一级上将，曾主政广东，有"南天王"之称，中国近代军事家、政治家）在广东主政期间（1929—1936 年）大力推行民族主义（广东复古运动）风潮，所以校园主要建筑以大屋顶式样的中华古典风格为主，而杨锡宗设计的中山大学工学院与入口石牌坊也是这种倾向。

中山大学入口石牌坊用比水泥硬度要好的三合土（由石灰、黄土、沙石、桐油和糯米浆组成）加钢筋一节一节构筑，外饰以花岗石砌成，面阔五间六柱，冲天式，前后两排，长约 22.5 米，宽约 5 米，高约 6 米，从两侧到中间逐步高起，原本门额刻有"国立中山大学"6 字，门内刻"格致、诚正、修齐、治平"。石牌坊是一个仿中国传统牌坊（古代为表彰功勋、科第、德政、忠孝节义，以及祭祖、标明地名所立之门洞式构筑物，具有纪念性质，类似于西方的凯旋门功能意义，有木牌楼、琉璃牌楼、石牌楼、水泥牌楼、铜制牌坊，门额会题字）风格和形式所建造，在中间两柱上方各有一个狮子头浮雕，柱身、柱间、柱头等处雕有云纹、海浪纹、海日等图案，每根柱下方皆有石鼓，表面饰以龙的图腾。

在原（广州）中山大学工学院的电子机械工程系馆和土木系馆杨锡宗都采取了大屋顶式样的中华古典风格，平面布局皆以内门廊抱厦、合院的方式（仲元图书馆也是此方式）处理，高 2 层。电气机械工程系馆平面近似于长方形，正面设有两个主要出入口（门亭），土木系馆平面近似于矩形，设一个主要出入口（门亭），两侧各设有一个次要出入口。值得一提的是，门亭也是杨锡宗设计的一项特点，包括广州十九路军淞沪抗日阵亡将士陵园的圆弧形柱廊两端的仿古希腊神庙式的门亭，以及仲元图书馆、中山大学工学院的电子机械工程系馆和土木系馆

图 7-38 原（广州）仲元图书馆

图 7-39 原（广州）中山大学入口石牌坊

图 7-40 原（广州）中山大学工学院电子机械工程系馆

图 7-41 原（广州）中山大学工学院土木系馆-1

图 7-42 原（广州）中山大学工学院土木系馆-2

主入口处的中华风格的门亭。

电子机械工程系馆和土木系馆与早前设计的仲元图书馆如出一辙，钢筋混凝土框架系统，采用了绿色琉璃瓦的大屋顶，外墙面用红砖砌成，用水泥仿了木构斗栱、雀替和飞檐翘角，部分墙面和门框饰以雕花。在窗户部分，一、二层皆是规矩排列的钢窗，窗下墙面有着方形浮雕，而入口门亭的两侧台基也仿了须弥座样式。建筑内部的门廊围合一个内庭院（天井），门廊由两排对称排列的圆柱环绕，地面是磨石子地板，一层较二层高，设有 3 座楼梯联系，办公室、研究室、课堂等沿着内庭院而配置，每一间课堂皆享有充足的光源，且通风良好。杨锡宗除了设计土木系馆外，还于 1931 年参与组建工学院土木工程系，任筹备委员。

继承中华古典，四角重檐攒尖顶，松鹤图案栏杆，梁枋彩绘，覆盖琉璃瓦，朱红色仿木圆柱

在 20 世纪 30 年代后，大屋顶作品的数量增多，且皆因当局的政治引导而相对继承了中华古典风格路线的建筑师有两位，一位是在天津、南京的杨廷宝，一位是在广州的林克明。

林克明是继杨锡宗之后在广州具有影响力的中国近代建筑师，他俩皆曾在学成回国的执业早年工作于广州市工务局（杨锡宗比林克明早入工务局工作），林克明还参加原广州市府合署图案竞赛，获首奖。

20 世纪 20 年代末，广州市政府办公大楼已不敷使用，当局决定兴建新市府合署，选址在广州第一公园北部建设，此处刚好处于广州城中轴线上，交通方便，地方宽敞，1929 年广州市政府便公开向社会征集设计图样，由程天固、袁梦鸿等人组成评判会。当时陈济棠主政广东（1929—1936 年），大力推行民族主义（广东复古运动）风潮，于是招标规定合署必须符合中国式样及合署精神，最终，林克明获第一名，其设计被定为实施方案。

在法国受过学院派教育洗礼的林克明，对于古典风格并不陌生，他将对西方古典风格的理解运用到对中华古典风格的探索上，将合署设计成主楼高 5 层的重檐歇山顶，两角楼四角重檐攒尖顶，而侧翼东西两楼内是重檐十字脊顶，结构为钢筋混凝土，黄琉璃瓦绿脊，一层作基座处理，用花岗石砌成，上为崀假石饰面，红柱黄墙，两侧为刻有云纹、松鹤图案的栏杆，梁枋及斗栱均施以彩绘，窗户为特制钢窗镶上中国式图案，内部装修也讲究，整座建筑雄伟庄严，显得高贵古雅。此项目分三期进行，第一期工程于 1931 年夏奠基，1934 年秋竣工，市政府迁入办公，而第二、三期工程因政局动荡、资金不足而无法进行。

设计完广州市府合署后，工程进行时，林克明受广州省立工业专科学校委托筹办建筑系（1932 年），之后，广东省政府议决成立勤勤大学，1933 年 8 月广东省立勤勤大学工学院成立，林克明任建筑工程学系系主任，并延聘教师，拟定课程大纲。

由于林克明既负责筹建，又要在工务局工作，来回奔波，无法兼顾，1933 年他辞去工务局职务，专注在勤大担任教职，同时承接了原（广州）中山大学新校区（广州石牌一带）第二期校园规划工程，并于 1933 年成立事务所。这一时期林克明设计的广州市市立中山图书馆、中山大学物理系教学楼、中山大学农林化学馆、中山大学地质地理生物系、中山大学天文系、中山大学法学院皆采用大屋顶式样的中华古典风格为主。这些校舍皆为钢筋混凝土结构，多为 2 层高，红砖墙，屋顶覆盖琉璃瓦，石基座围栏，以水泥仿制木结构雀替。

郑校之也参与到中山大学第二期校园建设，设计部分校舍。他也曾在广州市工务局工作，值得一提的是，在广州，郑校之是最早获有执业证书——1912 年广东都督府工务局特给郑校之执业证书，自营（广州）郑校之建筑工程事务所，是最早的执业建筑师。之后，郑校之就受聘在广州市政府（1921 年起）任取缔课长、代理副局长。1926 年任（南京）总理陵墓监工委员会监工委员。1932 年任（广州）中山大学工程办事处技师，此时，杨锡宗正负责中山大学新校区（广州石牌一带）第一期校园规划工程。1934 年，郑校之任中山大学石牌新校建筑委员会管理兼监工委员。他设计的中山大学文学院也是个中华古典风格。

中山大学新校区（广州石牌一带）第三期校园规划工程（1935年后）由余清江、金泽光负责，余清江又与关以舟合作设计有了中山大学体育馆，也是个倾向于中华古典风格的设计。体育馆大门为仿中国传统牌楼建筑的门楼，冲天式（柱出头式），短柱，顶部有3个小屋顶，覆盖琉璃瓦。

20世纪30年代在广州执业的中国近代建筑师都卷入古典复兴浪潮，或多或少都曾贴近过，籍贯广东开平的黄玉瑜建筑师也不例外。

毕业于美国麻省理工学院的黄玉瑜曾在美工作数年，参与重要地标性、公共建筑的设计，包括有华盛顿大厦、哈佛大学哈佛医学院万德比特宿舍和费边大厦，以及纽约康奈尔医院，之后于1929年回国，参与南京城市规划，是南京国都设计技术专员办事处技正，协助墨菲制定《首都计划》，同年6月任铁道部技正，并与朱神康合作参加首都中央政治区图案竞赛，获三奖（首奖、二奖从缺）。1930年任南京总理陵园管理委员会专任建筑师，月薪400元，1年任期，曾画有"首都轮渡"的设计图。1932年赴广州发展，登记成为广州市工务局执业建筑师，并任教于原（广州）岭南大学工学院（1933年），设计了原（广州）岭南大学女生宿舍（后称广寒宫）。女生宿舍高3层，屋顶铺设绿色琉璃瓦，有10根朱红色仿木圆柱从一层穿到二层，是一座典型的中华古典风格的建筑。之后，黄玉瑜任广东信托公司建筑部主任（1937年），1938年任教于（广州）勷勤大学建筑工程学系。

"官活"下的转向中华古典

杨廷宝是基泰工程司的第三合伙人，也是主创建筑师。早年，杨廷宝在美国宾夕法尼亚大学建筑系学习，是保罗·克瑞（Paul Philippe Cret）设计课唯一一位中国留学生。在导师克瑞教导下，杨廷宝学习学院派教育导向的西方古典样式，毕业后，杨廷宝也在克瑞事务所实习（1925—1926年）。1926年，杨廷宝与学长赵深、孙熙明夫妇同游西方古典建筑的发源地西欧，进行考察与学习。1927年受关颂声与朱彬邀请加入基泰工程司，作为第三合伙人，成为主创建筑师，开始负责大量基泰工程司的设计项目。

实践早年（20世纪20年代末），杨廷宝在设计上以西方古典或西式折中作为他的主要路线，项目包括有原京奉铁路沈阳总站、原（天津）基泰大楼、（沈阳）少帅府、原（沈阳）同泽女子中学、原（沈阳）东北大学北陵校区总体规划和校舍设计、（北京）清华大学第二阶段（1929—1931年）校园规划设计。部

图7-43 原广州市政府合署

图7-44 原（广州）中山大学教学楼

图7-45 原（广州）中山大学化学

图7-46 原（广州）中山大学文学院

图7-47 原（广州）中山大学体育馆

分倾向于中式折中，如原（北京）交通银行，部分倾向于现代建筑，如原（天津）中国银行货栈。

到了20世纪30年代初，杨廷宝因基泰工程司与中国营造学社合作修缮、加固一些北京古建筑，被梁思成与刘敦桢找到，杨廷宝就任修护计划的主持建筑师，之后就主持基泰工程司北京分部（1934年），而这段修护北京古建筑的经验对杨廷宝起到至关重要的影响，为他日后实践中转向中华古典风格做了最好的铺垫。他在修护工程中，先查阅古建筑相关资料，再到现场进行调研与测绘，拍照留存，并不断请教工匠师傅关于修缮的细节，倾向于保存原有成就，采取修旧如旧的手法，完成后，填写总结记录，留下珍贵的工程资料，杨廷宝经由修缮工程进而了解到中国传统建筑相关方面的知识及施工要项（结构、构件、色彩、彩画等）。

20世纪30年代初，基泰工程司的业务转往沪、宁一带发展，关颂声将设计大本营南迁至南京、上海，天津、北京仅留少数人留守，将总部设于南京，由他与杨廷宝主持，以承揽政府的官署建筑与政府工程为主，关颂声接活，杨廷宝设计。随着国民政府的《首都计划》制定，以及当局对建筑形式与风格作了规定——企盼以"中华固有之形式"为方针，基泰工程司总部在南京，接的大部分都是"官活"，自然以此方针为设计原则，加上杨廷宝在北京古建筑的修缮经验，对中国古建筑领域方面（结构、构造、比例、细部、装饰等）有过深入与透彻地了解，对于所要操作"官活"的中华古典风格在做法与把握上自然娴熟于心、了然于胸，也相对促使他在设计上有了明显的转向中华古典风格，有一种遵从政治及回应社会期待下的设计姿态的转变。

因此，在原（南京）中山陵园邵家坡新村合作社（1930年）、原（南京）中央研究院地质研究所（1931年）、原（南京）中英庚子赔款董事会办公楼（1934年）、原（南京）国民党中央党史史料陈列馆（1934年）、原（南京）国民党中央监察委员会（1935年）、原（南京）中央研究院历史语言研究所（1936年）、原（南京）金陵大学图书馆（1935年）、原（南京）中央研究院社会科学研究所（1947年），都是杨廷宝的大屋顶式样的中华古典风格的设计，但因项目背景与条件不同而有所差异。

仿传统宫殿式，拱形门洞，博风板不填实，主入口抱厦，四角攒尖顶门阙，庑殿顶仿古牌楼

原（南京）中山陵园邵家坡新村合作社，杨廷宝试图将竖向烟囱（左右两侧，顶上是小屋顶）与歇山屋顶（重檐、单檐）相结合，覆盖在"工"字形平面上，形成在"古典"体块中一个奇特的立体感，入口门廊为3开间，上有垂花门斗。

而原（南京）中央研究院地质研究所、原（南京）中央研究院社会科学研究所与原（南京）中央研究院历史语言研究所同属于原中央研究院建筑群，建成的年代虽不同，但皆是仿中国传统宫殿式建筑，钢筋混凝土结构，杨廷宝所设计的手法大体相同，局部各异。地质研究所（高2层）与历史语言研究所（高3层）的平面为"一"字形，社会科学研究所（高3层）则是"T"字形。地质研究所依山而建，经由两段户外石阶，拾级而上到入口，入口门廊为3开间（小歇山顶），主要建筑为大歇山（单檐）屋顶，屋面覆盖绿色琉璃筒瓦，梁枋及檐口为仿木结构，漆以彩绘，外墙上部为清水砖墙，下部为粗石块砌筑之基座，从原平面微凸，接"一"字形歇山（单檐）屋顶，雕梁画栋的建筑藏于松柏环绕的树林中，屋顶背面设有老虎窗（单坡）。历史语言研究所位于社会科学研究所与总办事处北面，歇山（单檐）屋顶，屋面覆盖绿色琉璃筒瓦，梁枋及檐口皆施以彩绘，清水青砖外墙的下方为水泥仿假石粉刷，入口朝南，上有小檐门斗，正面为拱形门洞，墙面有古典装饰（石兽），入口上方二、三层是矩形窗（混凝土），建筑两侧墙面也是三排矩形窗（一对一落）规矩排列着，屋顶背面设有5个老虎窗（单坡），建筑东西两侧各设有一侧门。社会科学研究所体量最大，屋顶的表现也最为丰富与有层次，由于平面长，屋顶的形式分5段，中段最高为悬山屋顶（上下重叠式），博风板处不填实，板上有雕饰，下降一层后为歇山屋顶（两侧对称），再下降接着平顶，屋面皆覆盖绿色

图 7-48 原（南京）中央研究院 -1

图 7-49 原（南京）中央研究院 -2

图 7-50 原（南京）金陵大学图书馆

图 7-51 原（南京）中英庚子赔款董事会办公楼

琉璃筒瓦，梁枋和檐口为仿木结构，漆以彩绘，清水砖外墙，墙面设有花格门窗，主入口为抱厦做作法，而建筑大门置中，建有两层歇山屋顶，上方为悬山屋顶（与中段的悬山屋顶下层相交），有着装饰门套，进入室内经过穿堂可到后方一座书库（高3层），而在前院大门两侧及东侧有3座四角攒尖顶门阙。

原（南京）中英庚子赔款董事会办公楼，是负责保管、分配和监督使用英国退回庚子赔款的机构，高2层，屋顶为庑殿四坡顶，上铺褐色琉璃瓦，外墙为棕色面砖，室内以中廊分隔两侧，一、二层分布8个房间，顶层有一小阁楼，有3间房。

原（南京）国民党中央党史史料陈列馆俗称西宫，入口处有一"3间4柱"庑殿顶的仿古牌楼，有柱梁而无山墙，梁上设斗栱承托屋檐，屋角起翘，额枋施以彩绘，进入后，正对面即是主楼，高4层，由左右为"八"字形双踏道而上。主楼为南北向布局，钢筋混凝土结构，仿木构明式宫殿的歇山屋顶（重檐），屋面覆盖棕黄色琉璃筒瓦。一层上方为24根暴露式与16根半嵌入式朱红色圆形、立柱环绕而成的走廊。主楼的东南、西北、东北、西南四方各有一座四面坡攒尖顶的警卫房，上铺绿色琉璃瓦，屋顶尖覆宝顶。而原（南京）国民党中央监察委员会办公楼俗称东宫，与陈列馆（西宫）相似，有牌楼（3间4柱，庑殿顶）、警卫房（四面坡攒尖顶）与主楼（重檐歇山屋顶，屋面覆盖绿色琉璃筒瓦），屋顶后有"人"字形老虎窗。原（南京）金陵大学图书馆，钢筋混凝土结构，中间3层，两翼2层，中间为歇山屋顶（重檐），两翼也是歇山屋顶（单檐），上皆覆盖灰色琉璃筒瓦，外墙为青砖。以上三栋建筑群皆体现大屋顶的中华古典风格的庄重与宏伟。

低调的变向，仿外八庙须弥福寿之庙，细致与优美的姿态

"华盖建筑"由受过学院派教育洗礼的赵深、陈植、童寯3人合伙创建，以上海作为执业主要的根据地。由于身在上海，在创建之初，"华盖建筑"似乎刻意回避大屋顶的中华古典风格所带给他们的沉重包袱，即使是创建前曾与范文照合作设计多栋中华古典风格建筑（原上海基督教青年会大楼、原南京铁道部大楼、原南京励志社总社）或自己操作（南京中山陵行健亭）的赵深，也选择回避。他们企图在设计中，反映一种面向世界或国际的新（现代）建筑的时代观，或者说想寻求建筑实践上的突破点（因那时中华风格是设计主流），于是在上海设计了多栋倾向于现代建筑的房子，在南京也是。

可是，到了20世纪30年代中期，由于南京的首都建设及城市风貌关系，有的项目"华盖建筑"在设计上开始有了微小

图 7-52 原（天津）新乡河朔图书馆

图 7-53 南京大学东南楼

图 7-54 原（南京）中央研究院

图 7-55 原（北平）故宫博物院南京古物保存库

图 7-56 原（南京）马歇尔公馆

的变化，他们悄然地有了一个低调的变向，身不由己地（有一种被迫性）投入到中华古典风格的浪潮中。但是，他们的大屋顶的中华古典风格实践却不像其他建筑师那样庄重、宏伟与瑰丽，反而有着一种低调与沉潜的个性，细致与优美的姿态，同时融合其他民族形式来呈现，如原（北平）故宫博物院南京古物保存库（1936年建成）与原（南京）马歇尔公馆（1935年建成）。

原（北平）故宫博物院南京古物保存库仿承德外八庙中须弥福寿之庙的大红台而建，高4层，地下1层，钢筋混凝土结构。平面以"回"字形环绕形成封闭的院落，在4个点各设有一方亭，四周为高墙，墙顶为双坡顶，覆盖灰绿色琉璃瓦。高墙有不同，一面为灰砖高墙，开3层矩形窗，一面为水泥高墙，有横向分割缝，最上层开有一排外表方形并向内凹的"喇叭"形小窗洞，最下层则用白墙环绕，高墙面的设计趋近于干净、简洁。此设计属仿藏式风格，却不选择大红台的紫红、黄色，而以灰、白、浅绿色为主，在简洁的设计中，企图用色彩让建筑显得低调点。

原（南京）马歇尔公馆，由童寯设计，高2层，砖混结构，中华古典风格的歇山顶，上覆盖灰色琉璃瓦，而屋顶优美的曲线有着一种传统的艺术感，藏于青松翠竹中，搭配多处漏窗、花墙，以及宽敞的庭院与小径，营造出一种细腻的居家生活情调。童寯还设计有原（南京）张治中住宅，砖混结构，青平瓦屋面，青砖清水外墙，是一栋3层高带有阁楼的楼房。

对更久远的中华古典予以继承

"兴业建筑"由徐敬直、杨润钧、李惠伯于1933年合办。1935年，对"兴业建筑"是关键性的一年，徐敬直和李惠伯两位青年才俊应邀参加原（南京）中央博物院征选建筑图案，同期参加的建筑师有庄俊、关颂声、杨廷宝、虞炳烈、董大酉、李锦沛、苏夏轩、李宗侃、奚福泉、陆谦受、过元熙。最终，徐敬直和李惠伯在多份竞赛方案中脱颖而出获首奖，被委任为博物院筹备处建筑师，让他们名声一时大噪，而其他设计较好的建筑师（杨廷宝、陆谦受等）也获得奖金（2000—5000元），以资鼓励。

1933年春，国民政府教育部下设中央博物院筹备处在南京成立，办公地点设在北极阁中央研究院内，筹备主任由傅斯年担任，并拟设自然、人文、工艺三馆，由翁文灏、李济、周仁分别担任三馆的主持人。1934年夏，傅斯年离职，由李济继任，成立"中央博物院建筑委员会"，进行博物院的兴建工作，翁文灏任委员长，张道藩、傅汝霖、傅斯年、丁文江、李书华、梁思成、雷震、李济任委员，其中梁思成任专门委员，领导执行建筑工作，负责选地征地，及致函南京市政府征收土地作为院址，还对外征选建筑图案章程，由杭立武、刘敦桢、梁思成、张道藩、李济5人组成审查委员会。之后，徐敬直与其他建筑师所送选图案的内容皆与章程规定不符，最终，审查委员会才从各图案中选取徐敬直的设计图案，因它较符合修改的价值与合用。

作为20世纪30年代初生成的（南京）中央博物院自然也在这波以中华古典风格的大屋顶浪潮中翻滚着。当时以梁思成、刘敦桢为首的中国营造学社已对一批辽代建筑有所研究，而中央博物院建筑委员会也决定采用"仿辽代"式样来突破"仿明清"的式样，以寻求对更久远的中华古典风格予以继承。于是，徐敬直的设计图案便在这背景下被重新修改，由梁思成、刘敦桢指导，从"仿清式"改成"仿辽代"式样。

（南京）中央博物院被重新设计后，可以看到梁思成、刘敦桢与一批古建筑研究学者对于古建筑研究后的应用痕迹。博物院主体建筑7开间，庑殿顶，屋面为双曲面，坡度平缓，覆盖棕黄色琉璃瓦，整体形象仿辽代独乐寺山门式样，《营造法式》也成为结构构架系统的范本，屋顶下的斗栱多有结构受力作用。因此，（南京）中央博物院最终是以"兴业建筑"的图案为主，并由多位建筑师共同参与设计、监造修复。1936年开始兴建，因抗战原因，工程断断续续，直到1947年后才完工。

图 7-57 原（南京）中央博物院

7.1.4　定义"折中"——中式折中、西式折中、中西合璧

不管是中国还是世界社会，都有着一段相对冗长的"古典时期"。而世界通常指中国以外的欧洲、非洲、美洲与大洋洲，而又以欧洲为发展主线，即西方。

中国的古典时期

1840 年鸦片战争后，中国进入到近代社会历程，所以，1840 年以前，是中国的古典时期，即传统时期，基本上从《史记》所记载的夏商周开始，经历了春秋战国、秦汉、三国两晋、南北朝、隋唐、五代十国、宋、元、明、清等时期所产生和发展的文化，称为中国古典文化。当然，在夏商周以前有所谓历史传说，即有巢氏、伏羲氏、神农氏、皇帝、尧舜禹，相当于旧石器时代到新石器时代，共有 170 万年，称之为远古时期、原始社会。从夏朝起真正进入到古典时期（古代时期），到春秋止，即公元前 2070—前 476 年，共 1595 年，称之为奴隶社会阶段。从战国起，至清朝鸦片战争止，即公元前 475—1840 年，共 2315 年，称之为封建社会阶段。

因此，中国的古典时期共 3910 年，这期间的文学、哲学、经济、科技等都属于中国古典文化范畴。

西方的古典时期

1640 年英国资产阶级革命后，西方进入到近代社会历程，所以，1640 年以前，是西方的古典时期，相当于明崇祯十三年、清崇德五年（之后，1644 年李自成推翻明朝）。基本上从四大文明古国形成，即公元前

4000 年开始，经历了希腊、斯巴达、雅典城市国家，罗马共和国、罗马帝国、日耳曼入侵、西罗马帝国、东罗马帝国（拜占庭）、法兰克王国、英格兰王国、三分帝国、神圣罗马帝国，威尼斯、佛罗伦萨等城市共和国，葡萄牙王国、奥地利王国、西班牙王国、瑞士、荷兰共和国等时期所产生和发展的文化，称为西方古典文化，共 5640 年，这期间，依序发生了地中海文明、古希腊文明、古罗马文明，佛教、基督教、伊斯兰教产生，封建制度被确立，基督教分裂，十字军东征，英法百年战争，文艺复兴，新航路开辟，英法中央集团国家形成等大事。

古典（传统）走向现代

17 世纪中叶后，西方进入到近代历程，产生人类文明史上重要的活动，有英国资产阶级革命、启蒙运动、美国独立战争、法国资产阶级革命、马克思主义诞生、工业革命等，这些活动推进了人类从古典（传统）走向现代的过程。

而中国近代（1840 年鸦片战争后）的肇始晚于西方近代（1640 年英国资产阶级革命后），约近 200 年。当中国进入到近代，西方已演进过人类文明史上的变革与进步。

当西方近代开始时（1640 年），英国进行着资产阶级革命，西方古代建筑历程正进入到巴洛克（Baroque）时期。巴洛克发源于意大利，因 14 世纪后产生的文艺复兴运动精神已渐消失，所兴起的一种打破传统的艺术风格，此艺术风格强调作品的空间立体感和艺术形式的综合表现，打破理性的宁静与和谐，展现一种激情，强调运动和变化，体现在教堂上，并影响到家具和室内设计，盛期是 17 世纪。进入 18 世纪，巴洛克风格逐渐衰落，洛可可（Rococo）顺势兴起，也可说是巴洛克的延续。洛可可产生于法国，遍及于欧洲的艺术风格，具有轻快、精致、细腻、繁复等特点，追求轻盈纤细的秀雅美，纷繁琐细，精致温柔，线条婉转柔和，曲折曲线，色彩娇艳。此风格部分受中国艺术的影响，广泛应用在建筑、装潢、绘画、文学、雕塑、音乐等艺术领域，其长处是将建筑、艺术与自然景物融为一体。

折中的出现与解释

当洛可可盛行于 18 世纪上半叶时，西方近代正进行着启蒙运动（始于 17 世纪末、18 世纪初），而洛可可也只流行了 50 年，即约 1700—1750 年间，而此时启蒙运动寻求理性思考的过程，揭示着人类文明在这一时期开启从古典过渡到现代的冗长过程。而由于洛可可的装饰过火，在 18 世纪下半叶迎来了新古典主义（Neo-Classicalism），同时，西方近代也进行到工业革命时期（始于 18 世纪 60 年代）。新古典主义反对洛可可，企求回归古典，找寻古典建筑中的精神，又可分为浪漫古典主义（重视建筑的形、相，偏美学）与结构古典主义（重视技术、结构与分类，偏务实），这两者之后逐渐演变为折中主义。

折中，在哲学上解释为认同某派学说又同时接受其他学派的观点，其本意是同时接受两者，即双重承认，没有预设立场，态度是相对的开放，但却又无开创性的守成，当然，有时也可以间接的突破。

折中，在科学上解释为一种中介与模糊的过渡现象，体现在当一门学科成型之前，或是成型后再次论述的分支过程，或是在分支中与其他学科交流碰撞的过程的一个现象表述。

折中，在中国词语解释意味着"取正"，作为判断事物的准则，或是调节，使之适中，或指调和不同意见与争执，使各方都能够接受。

折中，在建筑风格上可以解释为利用各时期的元素，混合使用，集各家之特点于一身，将各时期之语汇随意组合，也反映建筑从古典过渡到现代的一种现象，新（现代）的建筑体系未形成前的混杂状态。而工业革命后的新材料提供给"折中"在结构上的技术与工法的新突破，同时将"古典"建筑体系（西方的石与东方的木）推向辩证的环节，过往不同时期的风格皆得以表态，并作不同程度的修改。

建筑上的古典呈现了道德上的善

　　折中，还有一点，信奉中世纪的建筑师相信中世纪时期所表现出的建筑上的古典呈现了道德上的善，恰恰被启蒙运动与工业革命所破坏，但他们理解已完全无法重建那样的形式，所以，他们选择复制或恢复部分中世纪时的物体与元素，以传播这样的美德，故体现出一种折中的姿态。

　　20世纪20年代，在中国出现了折中主义，是当时中国近代建筑师在进行中华古典风格设计，或试验现代建筑时，所产生的一种模糊与辩证的特征及现象，繁复的中华古典式样、元素与精简的现代线条与思想，常不成比例地体现在同一栋建筑上，大量民族形式的构件与装饰的出现，来转译中国传统元素给人的流行和印象，或许，可以把此归类为中国式的折中，即中式折中。相对地，就有西方式的折中，即西式折中，它体现的是将西方古典予以简化，局部墙面有着少量的西方古典装饰性符号与元素。

　　前文提到，西式折中盛行于19世纪初，而中式折中始于20世纪20年代末，等于说中式折中比西式折中晚形成近100年，也就是说当西方近代结束，进入到现代时（1917年的第一次世界大战结束），中国近代建筑师才真正进入到中式折中的设计探索，即使是中国的近代建筑师进行西式折中的设计也早于中式折中，即始于20世纪10年代末。其中也偶尔出现中西合璧的风格，即中方与西方的古典元素混搭在同一栋建筑上。

心态上的交织与混杂

　　总之，不管是倾向于西式折中还是中式折中的设计，在中国近代是大量的出现，体现出那个时期因传统与现代或旧与新的时局辩证下，所产生的交织与混杂的兼容特征，中国近代建筑师所操作的折中作品的数量则远远超过古典与现代，他们心态上的交织与混杂也是可见的。

7.1.5　西式折中在中国的实践——始于20世纪10年代末

　　中国近代建筑师对于西式折中在中国的实践早于中式折中，即始于20世纪10年代末。一般，折中给人的印象要比古典来得精简，要比现代多些繁复，通常与项目和场地的条件、预算，以及类型有很大的关系。

　　部分设计以西方古典为主线的建筑师（庄俊、沈理源、杨锡宗），以及其他建筑师，如关颂声、柳士英、贝寿同、过养默、张邦翰、刘敦桢、朱彬、李锦沛、杨廷宝等，都或多或少进作过西式折中设计，他们大部分留学美国，受学院派教育，有的在当地工作过，回国后直接引进他们所熟悉的西式折中设计方法与形式，少部分留学欧洲、日本。除了以上这些，"西式折中"的作品也有出自受境内教育培养或自学出身建筑师的手笔，如周惠南、刘根泰、卢镛标、阎子亨、杨锡镠、杨润玉、伍泽元、黄元吉等，他们部分都曾在洋人的设计机构工作过，可以相信或多或少受到西式折中设计的洗礼，并进而在日后独立执业时有所发挥。

古典塔楼，园林景致，拱券与山墙的简化

　　周惠南是出生于江苏武进的一位自学出身的建筑师，曾在上海（英商）业广地产有限公司（1888年创立）实习，负责绘制里弄住宅图样，从中习得一套现代化的建筑设计及技术知识。离开业广后，换了两三项工作，后入浙江兴业银行地产部，任打样间（建筑设计）主任，这时，他独立负责设计项目。

图7-58 原（上海）大世界游乐场

图7-59 原（上海）天蟾舞台

图7-60 原（上海）远东饭店

图7-61 原（上海）一品香旅社

图7-62 原（天津）扶轮公学校

约1910年后，周惠南自办打样间，开始独立执业，始于上海。他的代表性作品是由黄楚九投资兴建的原（上海）大世界游乐场。此项目是一综合性游乐会所，3层高，钢筋混凝土结构，场地面临道路交叉口处，主入口便设于此，2层以上采用西方古典柱式的塔楼设计，两侧立面则是方正的开窗面并规矩排列着，古典装饰的元素不多。而建筑内部是中国园林景致的设计，辟有风廊、花畦、寿石、山房、雀屏、鹤底、小蓬山、小庐山诸胜、题桥、穿畦等。因此，这是倾向于西式折中或中西合璧的设计。建成后，成为市民百姓娱乐消遣的去处。

原（上海）中央大戏院也是周惠南设计的，也倾向于西式折中的设计，立面上可见到拱券、山墙等简化的古典元素，以及局部墙面的古典装饰。

在上海的周惠南，自办打样间后，以西式折中或中西合璧作为他实践早期的设计主线，在之后的原（上海）天蟾舞台、原（上海）远东饭店、原（上海）一品香旅社、原（上海）中法大药房等项目上也都这样体现着。

周惠南在承接到原（上海）一品香旅社设计后，因是个扩建的项目，他将南楼部分扩建，加设宴会厅，由于旅社就在跑马厅附近，客房即可观看到跑马情景，所以生意特别火。

体量简单对称，锯齿状圈合与低落，墙的结构与装饰作用

同一时期，在京津一带实践的建筑师庄俊，稍晚设计建成了原（天津）扶轮公学校，是他较早的设计作品，在负责监造清华第一期校园建设期间所设计的。由于庄俊在与墨菲的合作中（1914年被清华电召回国，任墨菲的助手），承继到西方古典或西方折中的语言，以及他本身留美时的经历，设计原（天津）扶轮公学校时，自然将西方古典或西方折中语言有所发挥与延续，当时庄俊还未独立执业。

1918年，交通部次长（民国行政机关）兼铁路同人教育会会长叶恭绰委托庄俊设计原天津扶轮公学校（今天津市扶轮中学）的两栋教学楼（南、北楼），由天津振元木器厂承建，南楼（教学楼）于1919年完工，北楼（办公楼与宿舍）于1921年完工。

此两栋楼皆是混合结构，2层高，平屋顶，均建有地下室，两楼平面形态不一，南楼呈"一"字形，北楼呈"山"字形，但体量都简单对称，长向适宜地展开。门与入口处的形制及朝向皆有所不同，顶端突出的造型也各有巧思——一个是锯齿状的向内圈合，形成一座碉堡式的形态；一个是锯齿状的由中间向两旁渐次低落，企图将传统山墙的语汇予以几何简洁化。两栋楼外立面统一采用石材饰面，青石条砌成，所以当地人称之为"石楼"。而外墙的转角处、窗与外墙的交接面，亦用石材去修饰与变化，花饰女儿墙。入口处有着西方古典的柱式、压檐及拱门的装饰造型出现。整体上，是倾向于西式折中的设计。

在西式折中语言的主导下，庄俊又试图去试验材料，用石材作几何、有机、随意的拼贴，可以观察到那时的"墙"尚未被解放，它依然有结构作用并作为装饰面。另外，庄俊也考虑到北方天候的关系，将墙做厚，达60厘米，让室内有着冬暖夏凉的效果，生活实用性强，还兼具抗震功能。

古典装饰性，拱券门廊，红瓦坡顶，装饰性偏少

20世纪10年代末起，在北方或更明确说在天津一代执业的建筑师，他们几乎均以西方古典、西式折中风格作为设计的切入点，这当然与项目本身条件有关，以及他们身处天津有关。天津在中国近代时期，是多国租界的所在地，也因此原因，天津所受战火波及的程度较其他城市要小，而租界内或周边的建筑得以幸运地保存下来。租界内的建筑多属西方古典、西式折中风格，中国近代建筑师在此环境下，也多以符合与配合来设计，当然，这里头也掺杂了建筑师本身所受的建筑学教育培养，或与业主的需求有关。

沈理源是天津一带著名的中国近代建筑师，他的设计主线多以西方古典语言为主，大部分集中在金融银行项目，但当沈理源承接住宅（独栋别墅、里弄别墅）项目时，却开始倾向于西式折中的设计，允许不同语言的共同存在，包括有现代建筑的功能性，西方古典的装饰性与英国的浪漫主义等，体现在原（天津）洛华里、原（天津）孙传芳故居、原天津许澍旸故居与原（天津）曹汝霖故居项目上。

建于1921年的原（天津）洛华里，是一个6幢房子组成的里弄别墅群，也是沈理源办公与居住的地方，初名为"红房子"。此别墅群为砖木结构，高2层，外墙为硫缸砖清水墙面，并辅以局部白色水平与垂直的水泥饰带。独立的单元并排，每个单元前后皆有院子，二层局部有露台，屋顶为大筒瓦坡屋面，体现出一种小资情怀的建筑氛围。原（天津）孙传芳故居是一栋2层的独栋别墅，1922年建成，属砖木混合结构。在外墙面上，装饰语汇较少，主入口处4根爱奥尼柱式与顶部三角形山花，加上局部的水平线脚的装饰，是西方古典的设计元素，在建筑另一侧的墙面也是这样处理。屋顶为大坡瓦顶，开设多种形态的老虎窗，主要为水刷石墙面，在一、二层均设

图 7-63 （天津）洛华里

图 7-64 原（天津）孙传芳故居

图 7-65 原（天津）许澍旸故居

图 7-66 原（天津）大陆银行大楼

图 7-67 原（北京）中国地质调查所西楼办公室

有回廊，是倾向于西式折中的设计。原（天津）许澍旸故居，1926年建成，属砖木混合结构，高2层，立面上为清水红砖墙，有着拱券门廊及大坡度多层式红瓦坡顶，是一栋英式维多利亚时期的独栋别墅，体现19世纪英国浪漫主义的设计倾向。原（天津）曹汝霖故居，高2层，装饰性的语言比原（天津）孙传芳故居要少，外墙面上已没有多余的线条与花饰，西式折中的意味更加浓厚。

从以上迹象可以观察到，沈理源的设计思路是很明显且一致的，西方古典是他的主线，西式折中是他想尝试的方向，在20世纪20年代就已确立下来。

与沈理源一样在天津起家的关颂声，于1920年创办基泰工程司，当时尚未有合伙人，由关颂声自己独立承揽项目。当时大陆银行刚成立不久，总行设在天津，便委托关颂声来设计，项目于1921年建成。此项目为砖混结构，高3层，基座用花岗石砌筑，2层上檐口挑出。入口设在交叉口转角处，门楣有"大陆银行"四字，两侧为嵌墙的方柱，顶部有微凸之阳台，栏杆是宝瓶状。大楼沿街面为规矩排列的竖向窗，每隔两列窗中间嵌一个嵌墙的方柱。此项目装饰语言不多，是个倾向于西式折中的设计。

原（北京）中国地质调查所西楼办公室是贝寿同在北京的一个项目，也是倾向"折中"的设计。原（北京）中国地质调查所是一所不折不扣、多学科开拓的科研机构，也是最早的全国性地质机构的所在地，由贝寿同设计的西楼（原中国地质调查所办公室）和德国雷虎工程司设计的南楼（原中国地质调查所图书馆）、北楼（原中国沁园燃料研究室楼）三栋建筑共同组成。

1920年中国地质调查所筹建图书馆，于1921年动工兴建，1922年建成使用，由德国雷虎工程司承建，雷虎（Hugo Leu）20世纪初来到中国执业，先在山东青岛与友人合伙创办建筑公司，几年后自行前往北京开办雷虎工程司，统揽设计、工程、家具等业务，之后于20世纪30年代赴奉天市（今沈阳市）执业。1926年中国地质调查所所长翁文灏聘请贝寿同进行西楼（原中国地质调查所办公室）的设计和监工，项目于1928年动工，1929年建成，此处便成为中国地质学、矿床学、石油地质学、古生物学等学科的活动聚集中心。西楼是一栋高2层横宽长方体的精致小楼，在贝寿同屈指可数的项目中，显得非常珍贵，是既精致又朴实的一栋中西合璧的小洋楼，颇有一股小资风味。

石砌拱券形柱廊，局部装饰，竖向水泥线板雕饰，壁柱竖向分割

在广州一带执业的杨锡宗与沈理源一样，是以西方古典作为他实践早期的设计主线，体现在景观建筑（公园、墓园、陵园）方面。而在公园、墓园的设计后，杨锡宗在业界已获得良好的名声，于是开始接触到建筑项目，这时的他已经离开工务局，独立执业（1924年取得香港建筑师注册登记）。

20世纪10年代末，广州一带教会团体（浸信会两广联会）每年固定召开传道大会，并借以集会商谈教会相关生活问题（如儿女的教育就业问题、老年人的健康问题等），与会者皆感于个人力量势小，无法解决根本问题，便想通过经商图利，致富后便能解决问题，于是决定集资来办会，由基督教浸信会牧师张立才倡议创办嘉南堂，得到了梁延生、梁文全、黄鉴光、伍学祺、伍汉华等传道人的支持，他们便一同兴办，初名为"嘉南堂实业团"，由张立才任监督。嘉南堂集资以"做会"的方式（不招股），与一般商号、公司营利模式不同，因教会的势力，参会者日益增多，有传道人与非传道人、教友与非教友，资本越来越大，利润也越厚，也正好当时广州（20世纪10年代末20年代初）政局稳定，建设逐步有成，华侨也陆续归国扎根广州，华侨资金（游资居多）也入嘉南堂实业团，使得资金达10余万元（银毫），1921年后达数十万元，嘉南堂实业团便开始投资房地产，改名为嘉南堂置业公司（1921年），在广州城内一代盖房子，建成后用来租赁，钱滚钱的方式让嘉南堂置业公司成为广州一带著名的房地产公司，之后许多军政界人士（陈炯明、赖世璜等）也投资嘉南堂置业公司。

嘉南堂置业公司的资本在1922年后已相当庞大，于是准备投资百余万元兴建大楼，用来租给人作办公和酒店使用，选定广州西濠口兴建东楼（投资约80余万元），后有以南华置业公司（嘉南堂其中一位发起人与人合资）名义投资兴建南华楼，合称嘉南堂，皆委托给杨锡宗设计，由他一手绘制。

东楼原地皮为自来水公司所有，由嘉南堂董事先买进，然后高价转卖给嘉南堂建楼，1922年开始施工。东楼的圆弧转角处7层高，西侧面为10层高，是一栋沿街面的建筑，采用"一"字形的室内布局，杨锡宗在东楼的设计，底层采用西方古典的风格，以高大且气势雄伟的石砌拱券形柱廊建在沿街骑楼上，骑楼估计有2层高，内外墙面上有着局部西方古典元素作装饰，而底层以上则是竖向的水泥线板作雕饰，辅以规矩排列的矩形窗，装饰的元素较少，由于是钢筋混凝土造，于是形态上是用现代材料去做简化的古典样式，是一种倾向于西式折中的建筑语言。

在工程进行中，东楼的业主与建筑师是自行选定材料施工，用料好，相对的成效就好，加上做工精细，历久不衰，当时东楼的甲方还聘请一位留美工程师（与教会亲近之人）作为工程顾问，负责现场督工，让工程顺利完成。

嘉南堂东楼建成后，西濠口之房地产逐日飞涨，成为全广州市最贵的地段，而政府官僚为了拉拢嘉南堂监督张立才，便邀请他来当官，之后南华置业公司投资的南华楼也跟着兴建。杨锡宗在南华楼设计上采用石材砌筑券廊的方式为建筑之基座，同时在立面上以壁柱作竖向分割，同时期兴建的原（广州）商务印书馆广州分馆也是此类手法，这类商办建筑建成后更提高了杨锡宗在广州一带建筑界的声誉和地位。

古典简化，暗喻"山"的装饰，竖向线条勾勒与分割

"华海建筑"由柳士英与王克生创办，刘敦桢稍晚加入，三位合办人中以柳士英负责设计与工程监理部分，设计有原（杭州）武林造纸厂（厂房、办公楼、仓库、蓄水池、烟囱等）、原（南京）大高俱乐部、原（南京）高等工业学校教学楼，原（苏州）范补臣住宅、原（苏州）高等工业学校教学楼。其中原（杭州）武林造纸厂古典元素简化，也是个倾向于西式折中的设计。

同样在上海执业的过养默，是"东南建筑"的合伙人，任总工程师。原上海真茹暨南大学校舍是"东南建筑"创办初期的建筑作品，校舍建成后，因淞沪战争爆发，大部分校舍多被日军的炮火炸毁，仅存几栋建筑至今保留着，如原上海真茹暨

图 7-68 原（广州）西濠口嘉南堂

图 7-69 原（广州）西濠口南华楼

图 7-70 原（上海）真茹暨南大学科学馆

图 7-71 原（南京）国民政府最高法院

图 7-72 云南大学会泽楼

南大学科学馆与原上海真茹暨南大学教工宿舍，约于1923年建成。原上海真茹暨南大学科学馆，砖混结构，高3层，清水红砖墙，有着大屋顶，局部立面有西方古典的拱券装饰元素，可以推断是个倾向于西式折中的设计。而原上海真茹暨南大学教工宿舍则是几栋坡顶的西式小洋房，现已成为暨南新村的一部分。

过养默在"东南建筑"经手的项目不多，其中原（南京）国民政府最高法院是他在20世纪30年代的代表性作品。

最高法院原在南京汉中路附近的一所教会学校旧址里办公，由于旧址房屋年久失修而陈旧，内部布局已不符合案件审理之需，工作较不便利，于是国民政府司法部申请购地（约18923平方米）兴建新办公楼，委托"东南建筑"的过养默设计与施工，始建于1932年，隔年建成，最高法院与最高法院检察署便迁至此处办公。此项目占地面积18923平方米，建筑面积8300平方米，钢筋混凝土结构，原为3层高，后局部加建1层，设有地下室。从正面远处看建筑，近似"山"的形状，在入口墙面处也有暗喻"山"的装饰，加上局部利落的竖向线条所勾勒，堆出"山"的形体，就是为了要传达"执法如山"法院形象。建筑中间部分的两侧有着竖向宽版的墙面，以及墙面上细窄的竖向开窗面，往中间靠则以竖向窄版线条作分割，体现出新艺术运动或维也纳分离派的竖向建筑语言。建筑内部配置有共有276间办公用房，左右侧有两座红楼梯，踏板与扶手皆采木质构造。室内的挑空天井为室内的中心，共有4层的围廊，内部空间沿着围廊而布局并延伸，局部墙面有着装饰性语汇，地坪是传统磨石子地坪，顶部有玻璃天棚。此项目，过养默企图将它设计成简洁单纯、竖向的垂直语汇所堆加成的形体，并带有点装饰性，是个折中的设计。

在昆明有一栋校园建筑也是倾向于西式折中设计，它就是由留法学者张邦翰设计的云南大学会泽楼。此项目建筑面积3900平方米，4层高，一、二层高6米，三层高3米。主入口处由4根西方古典柱式构成门廊，局部墙面用石材作古典的装饰，折中语言鲜明。

外挑门檐，红瓦坡顶，材料与用色大胆，装饰较少，壁柱形成竖向线条通顶，麻石砌筑，壁柱分割墙面

前文提到，周惠南是自学出身的建筑师，在武汉，有一位也是此类建筑师，他叫卢镛标。卢镛标于1922年经由兄长卢东阳介绍进入（汉口）景明洋行，学习建筑和设计2年，可以推测卢镛标参与到一些项目（原天津麦加利银行、原汉口亚细亚洋行等）的绘制。1925年，卢镛标与刘根泰组建宏泰测绘行，设计联保里、长春里、福生里等工程。联保里是联排里弄住宅，每户以"凹"字形布局，左右相连，2层高，砖木结构，门柱为横平竖直的线条，顶端有外挑的门檐，红瓦坡屋顶，烟囱耸立，倾向于西式折中。

卢镛标没有受过高校里正规的建筑学教育，只在函授学校攻读了土木工程专业，是一种社会的在职教育，学习期间不长。之后，他于1929年自办事务所，是武汉地区华人的第一家，主要承接工业和民用建筑设计及测绘业务。由于，他曾在洋行工作过，自然承袭到洋行的设计风格与方法，从他之后的作品可以判断，他承袭到的多是西方古典、西式折中的设计风格与方法。而他也是武汉一带在近代时期有一些作品的中国建筑师。

原（汉口）中国实业银行是卢镛标在执业之后的代表性作品之一，位于江汉路赏。1922年，中国实业银行到汉口设分行，后兴建新址，委托卢镛标设计，于1935年建成。此项目，中部9层，局部6层，钢筋混凝土结构，总高48.5米，是当时汉口最高的建筑。卢镛标在设计中，语言简洁明快，材料与用色大胆，临街转角底层为黑色大理石磨光，上部刷粉红色砂浆，中间是玻璃钢窗，当时周边多为灰、黄色等石材构成的房子，实业银行的褚红色，在此显得格外鲜亮。同时，转角入口处上方的竖向线条鲜明，直通建筑顶端，而顶部3层逐级加高，形成塔状，外墙面则开设规矩排列的长方形窗，加上装饰性元素较少，是一个倾向于现代建筑试验的西式折中设计。

同时期，卢镛标也承接了原（汉口）中央信托公司与原（汉口）四明银行。原（汉口）中央信托公司为抗战前后国民政府管理武汉房地产的机构，6层高，钢筋混凝土结构。卢镛标在设计中，仍在立面上强调竖向线条，檐部厚重，古典装饰性元素比实业银行较多。同样的，卢镛标在原（汉口）四明银行的设计中，立面竖向线条运用得依然鲜明，简洁明快，壁柱形成垂直线条通顶，水刷石子粉面，底层则是麻石砌筑，局部墙面有装饰性元素，楼高约39米，中间7层，两侧5层，地下是1层。

图 7-73 原（汉口）中国实业银行

当原（汉口）四明银行建成后，与原（汉口）中国实业银行、原（汉口）中央信托公司成为了汉口一带较高的钢筋混凝土建筑，同时也都是倾向于现代建筑试验的西式折中设计。卢镛标摆脱西方古典的企图明显，以功能为导向的布局，并采用现代化的材料与工法，而简洁明快的竖向设计也为卢镛标自己树立了招牌，节约了成本，符合业主的需求，而建成的房子也不失大气。之后，设计的原（汉口）湖南省邮政管理局办公楼，也是此类倾向，此项目位于道路交叉口处，卢镛标以"U"字形布局建筑，主入口在交叉口处，4层高，两侧裙楼3层高，砖混结构，也是用了壁柱分割墙面，装饰性元素偏少。

图 7-74 原（汉口）四明银行

砖砌的细致，过渡的折中，体量的组合，古典柱式与挑檐处理

阎子亨是活跃于天津一带且多产型的建筑师，境内教育培养出身，毕业于香港大学土木工程系，接受现代土木工程知识的训练，还曾在天津万国函授学校建筑系勤学4年，日后他逐渐从土木跨界到建筑领域，于1925年创办亨大建筑公司，执业范围以天津为主，部分作品中也有西式折中的倾向。

图 7-75 （天津）四宜里

（天津）信义里、（天津）四宜里与（天津）四宜仓库，这3个项目是阎子亨早期实践的建筑作品，1926年建成，信义里与四宜里是住宅类型，四宜仓库是工厂类型，今已是历史建筑。信义里与四宜里高为4层，局部3层，属青砖造，建筑有着青砖的素朴质感，且融合了不同的砖砌方式，在外墙上的门、窗周边可以看到砖砌的细致，局部外墙抹灰。窗户的设置维持一种对称的关系，从侧面看去体现出一个整体的秩序感。建筑的形体方正，线条简单，竖柱、横梁版忠实地置放，可以观察到现代建筑的特征。由于是居住功能，阎子亨将面积最大化。但即使有着现代建筑的特征，仍存在若干的装饰，反映着当时从传统过渡到现代时的一种折中的设计现象。

图 7-76 （天津）德旺里

（天津）德旺里，1927年建成，也是个住宅类型，高3层，属于砖木造，屋顶是带有老虎窗的坡顶形态。此建筑群由于红

图 7-77 原（天津）茂根别墅

砖的显眼与反差，与宝瓶式栏杆的夺目，使得装饰性语汇多于信义里与四宜里。由于身处天津五大道，阎子亨这样的设计似乎更贴近于当地大部分的西方古典、西式折中装饰性的语境中。

原（天津）卞俶成及其子女故居，建于20世纪30年代，是一栋独院式住宅。在一层，建筑内部有宽敞的客厅、饭厅，有3间卧室与1间书房，附属功能有佣人房、厨房、储藏间、锅炉房与车房，总体符合居住的功能需求。有独立式的庭院，属红砖清水墙构成。原（天津）茂根别墅，1937年建成，建筑的整体风格突出的是体量的水平与垂直的构成，层高为1—3层，有一种自由分割的连续空间的体现。虽然坡屋顶的出檐不是很大与挑檐不是很远，但是水平与垂直体量的组合，似乎倾向于赖特的草原式住宅功能的设计尝试，借由坡屋顶与体量的组合、红砖的呈现，体现出一种独院式住宅的沉静与优雅的居住品质。

20世纪30年代开始，阎子亨与他的中国工程司团队共同完成了原（天津）耀华学校设计，包括：天津耀华学校第三教学楼校舍，1933年建成；天津耀华学校第四教学楼校舍，1935年建成；天津耀华学校游艺馆，1936年建成，已拆，今为耀华中学体育馆；天津耀华学校办公处，1938年建成，今耀华图书馆；天津耀华学校第五校舍，1943年建成，已拆，今为耀华中学科教馆。这些校舍中都采用了砖混与砖木的结构，高2层，局部1层，外墙为红缸砖清水墙，有着不同的砖砌方式，水刷石装饰，大部分平面为内廊式布局，教室与办公室分在两侧。在校舍入口处，皆有着西方古典柱式与挑檐的处理，色彩接近于白色与背后的红砖墙面形成强烈的对比，若看入口处与背后墙面的对照，西式折中的意义很鲜明。另外在外墙面上竖向开窗的简单规矩的排列，形成一种整体秩序性与美感。这样的设计企图在理性思维的基础上，去追求或恢复到古典时期的秩序与比例的优美形式，在秩序的规律中，寻求建筑内外彼此之间的关联性与契合度。

乡村城市化，筒瓦屋顶，局部古典装饰，红砖切分压顶，装饰性弱化，居民的"小天地"

晚于周惠南几年执业的杨润玉也是一位受境内教育培养出身的建筑师，曾在（上海）徐家汇土山湾工艺学校受过一套图画、绘图的技艺训练。1912年，杨润玉入上海（英商）爱尔德洋行（1897年创办）工作，任助理建筑师，开始接触到建筑事业，1915年便独立创办（上海）华信测绘行，任经理和主持人，之后加入两位合伙人，杨元麟和杨锦麟两兄弟，三杨（杨润玉、杨元麟、杨锦麟）便一同主持公司业务，业务以上海为主。刚开始，杨润玉的"华信建筑"接触最多的是厂房设计，有原（上海）德丰纱厂、原（上海）华成烟厂、原（上海）大东烟厂、原（上海）沪东杨树浦路怡德公司中广式厂房等。这些厂房项目都设计和建成于20世纪20年代，由于，战火波及和年久失修，几乎都未保存完整，之后又被后人改造一番，已不复当年的面貌。同一时期，"华信建筑"也设计了原（上海）公共体育场，包括有足球场、篮球场、排球场、小足球场各1个，网球场2个，以及其他附属设施8间，但之后体育场毁于淞沪抗日战争。

到了20世纪20年代末，杨润玉的"华信建筑"开始设计一系列的住宅项目，依业主的个性和需求不同，出现不同类型的住宅模式，有英国式、西班牙式、美国式、殖民地式、国际流行式。从中，杨润玉展现出折中的设计姿态，游刃有余。虽然，大部分住宅外观都采用欧美形式，但内部则是完全适合中国人生活习惯为主的布局设计。

上海愚谷邨，由广东潮阳人陈楚南投资开发，由"华信建筑"的杨润玉和杨元麟共同设计，于1927年建成，取名愚谷邨，其中"愚谷"二字出自"大智若愚"（北宋·苏轼）和"虚怀若谷"（战国·《老子》），意喻聪明人表面看上去显愚笨，但其实是大器大度的胸襟，并谦虚得像山谷一样能够容纳百川，"愚谷"二字体现的是中华文化的优秀和博大精深，而"邨"即"村"的异体字，字义有城市里的乡村的意思，即乡村城市化。愚谷邨为筒瓦屋顶，主要为3层，部分4层，属砖木结构，是典型的新式里弄联排住宅。联排住宅的每一户都有着一个小院，而对外入口处的主弄堂设计得相当宽敞，支弄的弄堂也设计得比旧式石库门弄堂来得宽敞,在提供人步行空间外,还可以停放车辆,足以说明在那个年代里的愚谷邨住着许多文化名人,这些白领阶层拥有汽车来代步,而现在,弄堂里若不当停车使用,则堆满了住户所种植的盆栽,让老建筑生活在一片绿意盎然之中,惬意又自在。

从联排住宅的外观上可以观察到只有局部的西方古典的装饰元素,如:单户大门入口处是装饰着西方古典的雨篷,部分外伸的阳台则带有点 1/4 圆弧的造型。除此之外,在其他外墙面上则是干净、规矩、整齐的开窗面,窗户的上下两端施以不同的收头,上方用红砖切分压顶,下方用水泥块遮挡。从整体上看,所有窗户在粉黄色墙面上的配置突显出一种秩序性,或者是把墙面上的装饰性弱化,似乎有点贴近于现代建筑的可能性,但更确切地说,这仍是倾向于西式折中的联排住宅设计。

建于 1935 年的涌泉坊也是"华信建筑"设计的一群联排新式里弄住宅,而在坊弄底是出身于烟草世家的陈楚湘住宅。

烟草商人陈楚湘继承父业(其父亲是兴业烟厂创办人陈文鉴),创办福和烟草公司,后与人集资接盘华成烟厂。华成烟厂从 1927 年开始分阶段在上海霍山路兴建新厂,占地 21 亩多,委托杨润玉的"华信建筑"负责设计。因此,杨润玉之后也承接了陈楚湘住宅的设计。原陈楚湘住宅属于涌泉坊的一部分,是 1 幢西班牙式独立花园住宅,涌泉坊其他部分还包括有 15 幢西班牙式新式里弄住宅,皆为 3 层楼高,全部建筑委托"华信建筑"的杨润玉、杨元麟负责设计,并由"华信建筑"工程师周济之负责处理结构和工程问题的处理,配合的营造商是久记营造厂,1934 年开始设计,1935 年施工,1936 年建成。

涌泉坊的联排新式里弄住宅占地面积 5300 平方米,建筑面积 6233 平方米,入口面向愚园路,上方有个联系东西两侧的过街楼,进入后是一条 6 米宽的主弄堂,联排住宅依着主弄堂依序排开。在共 15 幢住宅中,过街楼所联系的是一排 7 幢联列住宅,剩余的 8 幢以每 2 幢并置为一,主弄堂尽头的西侧则是 1 幢独立花园住宅(原陈楚湘住宅)。在住宅设计上,7 幢联列住宅设有单、双开间,每 2 幢并置住宅则设有双、三开间,而建筑内部布局也因各自需求而有所不同。住宅外墙与愚谷邨相似,皆为粉黄色墙面,而住宅屋顶则是坡度平缓的红色筒瓦屋顶,且都设有小庭院,庭院矮围墙也红瓦压顶,但部分围墙顶部则用简瓦,并搭配少许装饰。住宅分前后部(南北部),前部(南部)楼下为起居室、会客室,楼上为卧室,后部(北部)楼下为厨房、餐厅、汽车间,楼上为仆室、贮藏室等,扶梯间设于前后部之间用来联系,而内部设计和装修很讲究,档

图 7-78 原(天津)耀华学校

图 7-79 (上海)愚谷邨 -1

图 7-80 (上海)愚谷邨 -2

图 7-81 (上海)涌泉坊

图 7-82 原(上海)陈楚湘住宅

次高，设有采暖设备和壁炉，以及多套卫生间且浴厕分离，客厅和居室用的地板材料有嵌铜条磨石子、檀木地板等，同时也对门、窗的设置讲究，有落地玻璃大门，气派之感立刻呈现。这种每2幢并置住宅形成了居民自己的"小天地"，由于与弄堂入口有段距离，隔绝弄堂外道路噪声。

拱形的窗带，仿"拉丁十字"布局，"中高两低"形态，局部装饰性，塔式圆顶，细部装饰的图案几何化

杨锡镠于1934年后专职任《中国建筑》杂志社发行人一职，暂停建筑师业务，而在这之前，他也有着不少建筑作品，他也是一位受境内教育培养出身的建筑师，曾入交通部上海工业专门学校的土木工程专科就读，1922年获学士学位毕业，进入"东南建筑"工作，任工程师，原（上海）南洋大学体育馆是杨锡镠在"东南建筑"负责设计的项目。

1921年交通部南洋大学张铸主任大力提倡体育，并发布《交大沪校重视体育》之公告，表明学校将体育、德育与智育并重（三育并重），于是，1924年交通部南洋大学设法兴建体育馆、养病室、学生集会室等三大建筑，并开始投标，由"东南建筑"中标，而杨锡镠便负责母校交通部南洋大学（今上海交通大学）体育馆的设计工作，隔年春节后开始动工。此项建设部分经费来自于学校师生的捐款（教职员方面捐款3万元，学生方面捐款3万元），并逐年增加，1925年各界捐建体育馆银达7万余元，部分设备（游泳池、健身房、乒乓球房及室内跑道等）已陆续竣工，至1926年建成。

体育馆为钢筋水泥结构，建筑面积为2957平方米，层高3层，底层有小型游泳池、乒乓球室、浴室、办公室及卫生设备，二层有健身房、室内篮球场（可容纳1300—1400人），南面有小型舞台，可供演出及集会使用，三层有室内跑道，也可作观赏球赛的看台。建筑的入口置于两侧突出的块体，中间辅以室外露台（2层）与半室外长廊（1层）连接，在一层室外长廊的外缘有着西方古典的柱式及顶部压檐的处理，而二层室外露台的墙面则是拱形的高大窗带。在两侧入口处的墙面上也是有着局部的西方古典的装饰元素，顶部也是压檐式的处理，而建筑整体则是用材料（红砖、水泥）与色彩（红、白）作上下两段不同的区分。西方古典的柱式与局部装饰元素同样出现在室内部分，出现的频率仍在控制范围内，并不太多，但从这个项目中可以观察到杨锡镠早期的设计是倾向于西式折中的。

1924年，杨锡镠同黄元吉脱离"东南建筑"，与钟铭玉共同创办凯泰建筑师事务所（"凯泰建筑"）。在"凯泰建筑"期间，杨锡镠参与到了一些项目设计，有原上海光华大学部分校舍、原上海大学全部校舍、原上海胜德织造厂、原柳州无线电台与原上海中华基督教会鸿德堂。在"凯泰建筑"负责完鸿德堂设计后，由于杨锡镠是当时任南洋大学校长凌鸿勋的得意弟子，便经由凌鸿勋介绍推荐给了伍廷飏（当时受广西省政府的任命，担任广西省政府物产展览会筹备处主任，副主任为邓植仪，当时伍廷飏在全国各地为建设延揽人才），于1927年杨锡镠便离开"凯泰建筑"，前往广西担任公职。

早在1925年，在伍廷飏的主持下，柳州已完成历史上第一条公路——柳石公路，之后又建起柳州总车站、柳江图书馆，创办柳州历史上的第一家西医医院——柳江公医院。1927年中央政府派人巡视，对伍廷飏的建设成果非常满意，于是密令伍廷飏以广西物产展览会的名义，划拨大笔资金，在柳州开马路、建会场、修码头、铺设轻便铁路等，完成一批市政设施建设。杨锡镠去了广西后，担任广西省政府物产展览会筹备处建筑科长，成为伍廷飏手下的爱将，并负责柳州的市政设施建设的重任，同时承担起梧州中山纪念堂的后续设计工程（1928年），当时南京、广州也在进行中山纪念堂的设计工程。

梧州中山纪念堂共分两阶段的设计，第一阶段是1926年已完成，当时非杨锡镠所设计，时间上早于广州中山纪念堂（1927年吕彦直完成广州中山纪念的设计与绘制工作）。当时梧州中山纪念堂的筹建人为李济深（1885—1959年，中国近代著名革命家、政治家），他因公从广西前往广州，陆续担任国民党革命委员会第二届中央执行委员、黄埔军校副校长、国民党广州政治分会主席、广东省政府主席等职，便无法完成梧州中山纪念堂第一阶段设计的动工计画。与此同时，1927 年国民党中央执行委员会看重李济深早有筹划过梧州中山纪念堂的建设经验，于是委托李济深与古应芬、黄隆生等人接手广州中山纪念堂的筹建工作，而当时吕彦直已完成广州中山纪念堂的设计及图纸绘制，便交由广州中山纪念堂筹建委员会审查后，于 1928 年动工兴建。之后，李济深便将广州中山纪念堂的相关设计资料交给杨锡镠参考，于是杨锡镠便负责梧州中山纪念堂第二阶段的设计工作，参考了吕彦直的方案，而当时伍廷飏满腔热血正投入广西的建设，又得知广州中山纪念已开工。因此，他便督促杨锡镠赶紧完成梧州中山纪念堂的设计，还动员军民开辟场地（梧州北山公园）供梧州中山纪念堂建设之用。

梧州中山纪念堂占地面积 1630 平方米，建筑面积 1330.59 平方米，主体建筑平面呈 "中" 和 "山" 字形布局，"中" 即孙中山，"山" 即青山，与青山相互辉映，意含着孙中山先生万古长青，而 "中" 字形布局也似基督教 "拉丁十字" 的形式。建筑坐北朝南，分东西向与南北向两部分，在东西向部分，有一个渐退式（局部假 3 层）的 5 层高的塔楼，约 23 米，而两侧为 2 层高的厅堂，"中高两低" 形态，一种中间或者端景方突出于两侧的形态，似乎成为杨锡镠日后常用的设计手法。在东西向的外墙上，杨锡镠还是保持着一贯的局部装饰性，竖向的垂直语汇仍然有所呈现，竖向的廊道，竖向的窗带，而在竖向的柱子顶部切割少许的造型变化，塔楼顶部也是一种教堂的塔式圆顶。这个项目偏向于西式折中的风格，带有点装饰性。

在纪念堂东西向部分，主要是供展览之用的展览空间，一楼展厅为孙中山先生图片展，二楼展厅为孙中山先生的亲属与后裔图片展，办公空间置于二楼。东西向与南北向之间有 3 扇大门相通，而南北向则是供集会之用的会堂空间，约 500 平方米，可容纳近千人。会堂的北端为舞台，中间为座位席的大厅，南端有一加层看台，此室内大厅的不加设一根柱子，保持了空间的完整与开放，所以在结构部分，杨锡镠在屋顶上用了 6 根钢架，跨度约 18 米多，再辅以小钢架，构成了一个钢桁架系统的方形屋顶。方形屋顶外部是中华古典风格的歇山屋顶，铺上天青色琉璃瓦，它隐藏在东西向的塔楼后面，若不细究难以被发现，从这一点也反映梧州中山纪念堂是一栋中西合璧的建筑，即是折中建筑语言的体现，带有些许装饰性。

1929 年国民政府内部爆发一场蒋中正与新桂系之间的战争，伍廷飏被任命为前敌总指挥，率部出征。当时双方在广州、广西会战，致使广州、广西政局陷入混乱。伍廷飏等人借举办

图 7-83 原（上海）南洋大学体育馆 -1

图 7-84 原（上海）南洋大学体育馆 -2

图 7-85 原（上海）南洋大学体育馆 -3

图 7-86 梧州中山纪念堂

图 7-87 原（上海）真茹国际通讯大电台

图 7-88 上海南京饭店

图 7-89 百乐门舞厅 -1

图 7-90 百乐门舞厅 -2

图 7-91 原上海第一特区法院

图 7-92 原吉林省立大学校舍

广西省政府物产展览会之机将省会迁移至柳州的计划被搁置下来，于是杨锡镠就离开广西，回到上海，并创办个人的建筑师事务所，承接项目有原（上海）真茹国际通讯大电台、原（上海）中法报台、原上海中正西路 300 与 302 号牛小姐 3 层洋房、原上海南京饭店等项目设计，其中南京饭店成为杨锡镠自行开业后在上海的成名之作。

原上海南京饭店建于 1931 年，由新金记祥号承建，属钢筋混凝土结构，高 7 层，是一栋临街面的饭店建筑类型。杨锡镠以满足饭店功能需求而布局，建筑沿着临街面而起，至 5 层逐层向后退缩。在外立面上，杨锡镠依然运用了熟悉的装饰性手法，利用竖向的垂直墙板与阳台来分割立面的比例与韵律，并将细部装饰的图案几何化，并利用材料的不同来强调材质的对比效果。因此，可以观察此设计倾向于西式折中。南京饭店建成，让杨锡镠的知名度迅速提高，也为他迎来了下一个重要的项目——上海百乐门舞厅，杨锡镠更成为上海当地广为知晓并享有较高声誉的中国近代建筑师。

圆筒形玻璃钢塔，装饰艺术的折中

20 世纪 20 年代末，浙江商人顾联承除了在缫丝业有所发展外，还投资房地产业、百货业和娱乐业。他当时发现自从上海戈登路（今上海江宁路）的大华饭店（曾是蒋介石和宋美龄婚庆之所，1927 年）于 1929 年易主被拆除后，曾于 20 世纪初被誉为贵族区的上海西区，再没有与贵族区相匹配的娱乐场所。顾联承眼光敏锐，相中田鸡浜（今上海静安寺西侧），他认为此地若发展娱乐业颇有前景，在经过多方考量后，投巨资 70 万两白银，购下此地，欲建造一栋高标准的饭店舞厅。当时，顾联承建造的观念与标语即是 Paramount Hall——最高的、最卓越的建筑，并取谐音命名为"百乐门"，又因慕杨锡镠之名，便将此设计交由杨锡镠负责，由陆根记营造厂承建。

上海百乐门舞厅占地面积为 930 平方米，高 3 层，总建筑面积为 2550 平方米，钢筋混凝土结构，临街面为店铺，建筑内部一层为厨房，二、三楼为舞池和宴会厅，二楼可容纳 400 人座位，三楼可容纳 250 人座位，舞池位于二楼，坐在三楼的走廊可看到二楼的舞池，而三楼另还有小型玻璃舞池、旅馆与餐饮部。二楼的舞池有 800 余平方米，舞池地板用汽车钢板支托，跳舞时会有振动的感觉，因此被称之为弹簧地板，舞池的四周则是用磨砂玻璃铺成的地板，底下装有灯光，三楼的小舞池也是如此，灯光由地板向上耀射，五彩缤纷，令人目眩，大舞池周围有小舞池，可供人习舞与幽会。总之，百乐门舞厅室内设备一流，陈设豪华气派，令人向往，建成后号称"东方第一乐府"。值得一提的是，二楼舞池中间不设一柱，与两旁小舞池相连，这与梧州中山纪念堂南北向的室内大厅的不设一柱一样，企图保持空间的完整与开放，视野一览无遗，这是杨锡镠在处理大型室内集会场所常见的设计手法——不设一柱。另外一个与梧州中山纪念堂相似之处是外形上的"中高两低"，即建筑于中间或者端景方突出于两侧的形态，而百乐门的中间塔楼则用180块雕花玻璃所组成的渐退式的圆筒形玻璃钢塔，约9米高，塔顶伸出一根旗杆，夜晚华灯初上时，色彩斑斓，光彩夺目。

杨锡镠还曾设计过原上海第一特区法院，是中国近代的一栋新式的法院建筑。而中国近代第一个关于法院建筑的机构称之为"西式衙门"，由英国领事巴夏礼（Harry Smith Parkes）建议，于1864年在英租界领事馆内设立理事衙门，中方与英方互派官员共同审理华洋之间的案件，1869年改称"会审公廨"，之后经过数次迁移，1898年迁至上海市浙江北路的新地址，并称"新衙门"。20世纪初著名反清政治案件的"苏报案"就曾在此审判过，"新衙门"罗织文字狱，也见证了历史上重大的政治事件。而位于上海市浙江北路"会审公廨"建于1900年，1927年会审公廨结束，成立临时法院。由于，旧的会审公廨是2层高的砖木结构，局部加建1层，属于中西合璧建筑，后年久失修并曾遭到重大破坏，于是临时法院决定在原地旁兴建新的法院建筑，并改称为上海第一特区法院，由杨锡镠设计，5层高，钢筋混凝土结构，一样体现着杨锡镠所熟悉的装饰艺术的折中风格。

对称的品字形，人字栱作装饰，整体秩序性，古典的四坡顶，曲线起翘，中西合璧

梁思成与刘敦桢于20世纪20年代末30年代初应朱启钤邀请加入中国营造学社，之后较少有项目出现，但在这之前，他俩都各自在吉林与长沙有设计作品，且都是校园建筑的项目。

原吉林省立大学规划与校舍设计是时任东三省保安副司令兼吉林省政府主席张作相在吉林实施的四大建设工程之一，聘请东北大学建筑工程系主任及教授梁思成、陈植、童寯、蔡方荫等人设计，1930年动工，1931年建成，共建了3座石楼，1座学生宿舍楼，1栋实验楼，19栋教工宿舍楼和2座门房，目前仅存3座石楼。石楼有主楼、副楼，主楼为礼堂与图书馆，副楼为教学楼。校园采用轴线对称来布局，主楼在中间，东、西两侧各一副楼，呈对称的品字形，主、副楼的室内对称，立面形式也对称。主、副楼为砖混结构，用粗糙的花岗石作为立面饰面，形成强烈的凹凸感，局部墙面加入古典元素（人字栱）作装饰，两侧立面是规矩排列的窗户，塑造出一种整体秩序性。此项目的3座石楼在功能、结构与形式皆统一，同时反映梁思成、陈植受学院派教育后的影响，在设计上倾向于"折中"的表述。

1925年刘敦桢离开"华海建筑"，赴长沙，任湖南大学校舍工程师兼土木工程系教授。这一时期，刘敦桢设计了原（长沙）湖南大学二院校舍，是个典型的折中风格建筑，古典对称式的布局，屋顶是西方古典的四坡顶，檐口处是中华古典屋顶的曲线起翘，墙面是清水砖壁柱，部分做成圆角，中西合璧的意图明显。

"双十"对称，半圆拱屋顶，简化山墙，竖向线条，砖砌壁柱分割，镂空花瓶雕饰，拱券廊，檐口锯齿状

基泰工程司是中国近代建筑执业形态中发展规模最大的一家建筑公司，且成立较早，由关颂声于1920年在天津创办。1927年关颂声通过张学良的关系，接下了原（沈阳）京奉铁路沈阳总站的设计，交由杨廷宝主导，成为杨廷宝回国后主持的第一个设计项目，于1930年建成。受过学院派教育的杨廷宝本想将此项目设计成西方式样，但当时甲方更心仪于原京奉铁路正阳门东车站的造型。

原京奉铁路正阳门东车站（又称前门火车站、北平火车站、北平东站、北京站）始建于1901年，1906年建成，由英国建筑师设计，矩形布局，地下2层，地上3层，采用西方古典迈向现代建筑的西式折中语言设计，

图 7-93 原（长沙）湖南大学二院

图 7-94 原（沈阳）京奉铁路沈阳总站

图 7-95 中原公司

图 7-96 基泰大楼 -1

图 7-97 基泰大楼 -2

由钟楼、山墙、半圆拱屋顶等所组成。杨廷宝便按照原京奉铁路沈阳总站的式样来设计，采用中轴线的"双十"对称配置，古典的布局浓厚。入口处有大挑檐，由 10 根混凝土柱支撑，形成一个过渡空间。而入口内与建筑的中间为候车大厅，前后设有大面积的玻璃开窗，引入光源，让空间明亮。两侧为站房，3 层高，一层有候车、售票、行包房、小卖、厕所等设施，二、三层是站务、行政用房。杨廷宝将形象强烈（原京奉铁路沈阳总站出现过）的半圆拱屋顶（高 25m）置于建筑中间处，形成焦点，并覆盖整个候车大厅，在立面上设计成三段式，建筑的墙面与檐部有局部的西方古典装饰元素，入口两侧的顶部有简化的山墙语汇。此项目，布局合理紧凑，形象明快清晰，手法简练大方，除了展现杨廷宝扎实、过人的设计功力外，所有语言、式样皆指向西式折中，这也是杨廷宝所熟悉的操作及早年的设计倾向。而杨宽麟在此项目中唯一挑战与需把握的是候车大厅挑空与支撑半圆拱屋顶的结构计算。

由于基泰工程司是华人所创办，也是天津一带在租界上取得建筑师营业执照的第一家公司，经过早年开拓时的一些实践，逐渐在地方上有了名声，进而有机会获得外地人在天津的委托项目。

20 世纪 20 年代，来自上海先施百货公司的高级合伙人林寿田、黄文谦等人与旅日商人林紫垣合作，北上在天津设立筹办处，一面招股，一面调查市场，后将民族资产联合起来，投资 47 万银元，将原日租界旭街（今和平路）街边 1200 平方米的地买下，准备在天津兴建一家由华人投资的大型百货公司及商场，取名为中原股份有限公司（即逐鹿中原之意，上海人到北方办商厦），委托基泰工程司的朱彬、杨廷宝、杨宽麟设计，于 1927 年动工，1928 年完工，而基泰工程司建筑师曾在设计前受委托南下考察香港、上海等地各大百货公司相关案例，援以参考。

原天津中原公司占地面积为 1131 平方米，建筑面积为 9164 平方米，钢筋混凝土框架结构，主体 6 层，局部 7 层，商场设在一至四层，电影院在五层，娱乐场在六层，七层有舞厅与屋顶花园。基泰工程司将中原公司设计成一方整体量，而在方整中伫立一简洁竖向、没有柱子的塔楼，直接落在钢质井字梁上，并且谨慎小心地处理塔楼的结构，以确保质量不出问题。由于当时中原公司周围皆是低矮的房子，高耸的塔楼显得雄伟壮观，成为天津最高的地标建筑物。1940 年中原公司遭火灾后重建过，内部布局基本没变，只在外部上改为竖向线条的垂直分割。

中原公司于1928年开业,顺利建成,一方面标志着中华民族产业的自立自强,中国人用自己的资本在租界上创办自己的现代商业,在那个时局里,意义非凡,另一方面基泰工程司在此项目的建成后,在行业内创造出口碑,名声大起,业务量逐渐增多。于是,他们决定在天津法租界择地建造自用的办公楼(原本在关颂声的祖产上经营),即原天津基泰大楼,由杨廷宝主导设计,天津惠通成木厂承造。此项目为砖混结构,占地面积为2100平方米,建筑面积为8620平方米,平面呈矩形,左右对称式布局,大楼中间部分5层,两侧为4层。这是一栋住、商、办建筑,一层是对外租赁的商业、店铺,二、三层为办公用房,也对外出租,各种设施齐全,四层为基泰工程司的办公点。

图 7-98 原(天津)大陆银行货栈 -1

杨廷宝在此设计的重点是立面材料与局部装饰,外墙面上有着青、红砖砌成的各种风格图案(圆形、方格、交叉、菱形),用砖砌壁柱作立面的竖向分割及局部清水墙所构成的凹凸变化,上方女儿墙则是古钱形混凝土的镂空花瓶的雕饰。而建筑主入口在中间,向里凹进去,上边有过街楼,楼梯与电梯设在二层,交通流线清楚便捷,主入口上方做成西方古典式的半圆形拱券廊,用两对绞绳柱承托。此项目,多种材料、装饰与图案的细部呈现都将建筑导往中西合璧的设计倾向,且可从中读出杨廷宝在手法上的精细与缜密,比例与尺度拿捏得恰到好处。建成后,基泰工程司将大楼顶层设为总部,扩大经营,招募新员工。5位合伙人各自配有办公室和会计室,还设有大图房、图库、文具库、保险库、传达室、图书馆、会议室、接待室等功能空间,大图房可容纳20张图桌,在当时规模之大可以想象,也是一种树立公司形象的标志和手段。

图 7-99 原(天津)大陆银行货栈 -2

不难发现,此时的杨廷宝或者说基泰工程司正在多方尝试与演绎中,他们从西方古典与西式折中起家。

由于有了第一次(1919年)的合作(银行大楼委托关颂声设计),天津大陆银行又将货栈委托基泰工程司设计,由朱彬主持。大陆银行成立后,为了拓展业务,并打破洋行的垄断,决定发展仓储业务,在法租界万国桥(1927年建成,今解放桥)畔兴建一座大型货栈,用来存放各种商货。货栈为砖木混合结构,主体4层高,中间局部6层,体量厚实方整,而在方整的顶部有一高出之"塔楼",此手法在原天津中原公司也出现过,"塔楼"似乎成了基泰工程司早期设计的重点元素,有着地标性的意涵。货栈基座为花岗石砌筑,外墙面为红色清水砖,用白色水泥带作立面分割处理,顶部檐口则设计成锯齿状,仿似垛口(墙上呈凹凸形的短墙),两个垛子间的缺口,可作瞭望用。

图 7-100 少帅府 -1

图 7-101 少帅府 -2

图 7-102 同泽女子中学

多进院落关系，简化三角形山花，竖向窗洞，细部装饰，几何图案的道路系统

基泰工程司在东北的业务除了原（沈阳）京奉铁路沈阳总站外，还有沈阳少帅府、原沈阳同泽女子中学、原沈阳东北大学北陵校园总体规划和校舍设计。

少帅府是奉系军阀、北洋军政府陆海军大元帅张作霖为其儿子所兴建的6座寓所，位于张氏帅府的西院。1928年6月初，张作霖因多次抵制日本帝国主义的诱惑及无理要求，从北京返回奉天途中（京奉铁路、南满铁路），他所搭乘的列车被日本关东军预埋好的炸弹炸毁（皇姑屯炸车案），张作霖身受重伤，当日逝世。其子张学良旋即主政，于同年底宣布东三省及热河省服从南京国民政府（东北易帜）。张学良主政后，决定拆掉张氏帅府西院四合院及卫队营房，兴建新楼，并向海内外公开招标。当时，关颂声得知此信息时已稍迟，投标截止日正迫近，便连夜通知杨廷宝火速搭机前往沈阳，准备参赛工作，次日下午，杨廷宝直奔张氏帅府调研，现场会勘。而杨廷宝的才气、实力与能力皆在此次任务中完全展现，经过一下午考察后，杨廷宝便开始进行方案设计，通宵达旦，不到一天半的时间，就绘制出全套的设计图，参加竞标，工作的效率与张力极高。之后，杨廷宝的方案从中外建筑师众多方案中被张学良夫妇选中，他俩皆醉心于杨廷宝的设计及水彩渲染图，大力赞赏。

此次的中标，杨廷宝为基泰工程司在业务竞争上获得了一个重要成果，也为公司在东北打开了市场，加上他在津、京所负责的一些重要项目（中原公司、基泰大楼、中国银行货栈、北京交通银行），奠定了他在大老板（关颂声）心中的地位，日后，杨廷宝便逐渐成为基泰工程司的主创建筑师，声名远播。

1929年春（沈阳）少帅府开工，委托一家国外建筑公司承担施工，工程进行时，因"九•一八事变"（1931年）爆发被迫停工，之后，日本接手此工程，支付建筑公司全部建筑费，方才继续施工，于1939年建成。

此少帅府共6座红楼群，皆为3层，地下1层。杨廷宝采用轴线布局，1号楼正中，5、6号楼分置左右两侧，围成一个"U"字形平面，2、3、4号楼置于1号楼后方（由南往北）依序布局，这是一个倾向于中国传统多进院落关系的设计。建筑主入口位于南面，1、2、3、5、6号楼作办公使用，4号楼是3套并列的住宅。砖木混合结构，砖柱与砖墙承重，楼板、楼梯及屋架则为木结构。6座红楼群风格皆相同，均采用简化的三角形山花，竖向的方窗与窗洞，红砖墙体，红瓦坡顶，设有阳台、老虎窗等，线脚、壁柱、门窗框都用白色的石块装饰与划分，用清水砂浆作修饰处理。此红楼群整体上材料与色调的统一，给人典雅与细腻之感，西方古典语言的简化与装饰，加上中国传统的多进院落布局，是一种倾向于中西合璧、折中的设计体现，这也是杨廷宝所熟悉的设计手法。

同样，此折中手法也运用在原沈阳同泽女子中学（张学良所创办）的设计上，红砖墙体、水泥粉刷与竖向细部的装饰皆如实地展现。此中学是身为学校董事长的张学良为了办学亲自拨款（50万银元）更新老旧校舍，筹建新楼，委托基泰工程司杨廷宝来设计，1928年始建，1930年完工。由于场地较局限，在教学楼上，杨廷宝采"T"字形对称布局，以充分利用空间，共3层，主入口朝东。平面布局分3部分：中间为大办公室、卫生所、小仓库及两座楼梯（双向梯），两侧为小办公室、教室、试验室与准备室等。"T"字形凸出的一块，一层（半地下室）为室内操场（篮球、健身）及体育器械仓库，二层为可供千人使用的大礼堂，有舞台和回廊。

而原（沈阳）东北大学是基泰工程司在早年（1929年）所接触到的第一个校园规划设计，校园总体规划外，还设计了多所校舍（办公楼、图书馆、文法科课堂楼、化学馆、实验室、教职员宿舍、教授俱乐部）及体育场。

原（沈阳）东北大学1923年春由张作霖创办，在北陵购地兴建规划新校园，基泰工程司的杨廷宝主导设计，总建筑面积为75208平方米。在校园规划上，杨廷宝采用轴线布局，图书馆置于校园中心，南北两侧分置体育场、体育馆、理工实验室、理工学院，中间以大片草坪、树木绿化间隔，形成一个主要的纵向轴线，然后，图书馆东西两侧是化学楼与文法学院，在图书馆、化学楼与文法学院的前方（南面）草坪又往东西形成一个次要的横向轴线，此轴线上有女生体育馆、大礼堂、教职员宿舍及几何图案（圆形、方形、菱形、半圆形、椭圆形）的道路系统，其他校舍则环绕在此两轴线（主纵与次横）周遭布置，东侧有男生宿舍，西侧有男生宿舍、女生宿舍与教育学院。整体上，形成一个个方形虚构（格子状）的围合组群，各有各的天地，校园相对地开敞，这是一个倾向于西方的轴线校园规划。而在原（沈阳）东北大学其他校舍的设计，杨廷宝仍然采用了折中的手法。

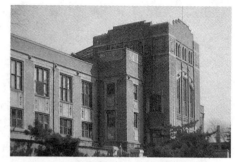

图 7-103 东北大学图书馆

几何图案装饰，简化的古典形态，红瓦压顶，装饰艺术

祖籍广东台山、生于美国纽约的李锦沛，是属于非中国境内出生，并成长、学习于境外教育的系统，是一位具有华侨身份的建筑师，曾在美国布扎艺术学院接受布扎艺术教育的培训，这样的培训也影响李锦沛日后实践时的设计走向，即追求一种折中式的装饰艺术风格，体现优美与纯粹的装饰性建筑。

由于李锦沛的美籍华人建筑师身份，1923 年被美国基督教青年会全国协会派遣到中国，担任驻华青年会办事处副建筑师，协助主任建筑师阿瑟·阿当姆森的设计工作，先后负责设计了保定、济南等地的基督教青年会会堂。1927 年，他创建了李锦沛建筑师事务所，开启属于他个人的实践工作。

图 7-104 东北大学体育场

1928 年建成的（上海）盲童学校是李锦沛的作品，是当时上海市唯一一所教育培养视力障碍学生的学校。此项目占地面积 1.96 万平方米，建筑面积 1.3 万平方米，有着教学用房、学生宿舍、辅助用房与办公楼等功能空间，属于英式风情的校园建筑，建筑皆采取单体与单体之间的组合，以围绕着操场来布局，环境优美，而全部建筑皆采用红瓦的坡屋顶，与红砖的清水墙，在外墙面的转角之处有着仿石的装饰处理，用圆去修饰转角间的尖，强调安全性。部分的室外窗台稍高，且底面铺上石块与地毯，以方便盲童行走。屋顶面有着大小相间的老虎窗及竖向的烟囱布置，侧墙面上有着圆窗，而红瓦屋顶与红砖墙加上一些白色饰带的装饰，具有一种较高的艺术价值，体现出淳朴与优雅之感。

图 7-105 盲童学校

原（上海）清心女子中学于 1927 年由李锦沛设计，1930 年建成。1861 年，美国基督教长老会传教士范约翰来上海创办了清心书院，1918 年，定名为清心女子中学，原本只招收女生，1969 年起开始招收男生，便改称为上海市第八中学。此项目占地面积 18300 平方米，绿地面积近 5000 平方米，所有建筑皆围绕在草坪四周而伫立，古典与折中的设计含意较重。从外形上明显看出有着三段式的立面布置，底层是水泥饰

图 7-106 清心女子中学

图 7-107 武进医院病房大楼 -1

图 7-108 武进医院病房大楼 -2

图 7-109 华业公寓 -1

图 7-110 华业公寓 -2

图 7-111 西湖博览会水上大门

图 7-112 西湖博览会教育馆大门

图 7-113 清华大学图书馆扩建 -1

图 7-114 清华大学图书馆扩建 -2

图 7-115 清华大学气象台

面加上横向的勾缝处理，入口是拱门与矩形窗户，中层是水泥饰面加上灰砖的混合布置，有着局部突出的竖向墙板与窗户的排列，在墙板之间的面上有着几何图案的装饰，也有着局部突出的长方体块，并做线脚与牛腿的古典元素的装饰，而上层屋顶以简化的山墙处之，依然有着圆形窗，以及局部的装饰处理，整体上呈现出一种简化的西方古典形态，西式折中的意味浓厚。几何厚实的墙体加上灰色调的主动出场，让建筑置于没有遮蔽与掩饰的本质之中，企图将简洁的形体赋予深刻而又内涵深沉的表现，宁静而舒适的校园建筑，从容、低调而优化地体现出来。

而另一个体现出简化的古典形态的是原（常州）武进医院病房大楼，也由李锦沛设计。此项目坐北朝南，呈"凹"字形的布局，面宽5间，中间4层，两旁为东西厢楼，上下为3层，钢筋混凝土结构。立面有着三段式或四段式的处理，在简化的基础上中西合璧，如在底层与中间部分是简化的西方古典形态，有着局部的山墙、拱券、拱门、柱式与水泥勾缝的处理，而在顶层部分则是中式斜屋顶，以及局部传统封火山墙的隐喻，而在中式与西式的分界部分，用一条横向水平围绕式的压檐作区分，材料让两部分呈现出不同。

李锦沛设计的（上海）华业公寓是20世纪30年代中国建筑师自行设计的住宅项目的代表性作品，至今保存最为完整。

上海华业公寓由老上海有名的营造巨商与收藏家谭敬投资兴建，兴建的动机是为了迎合上海地区有钱人对于高档住宅建筑的需求，1934年建成，是一个既豪华又气派的楼盘，使用后公寓皆住着达官贵人、文艺人士、富商与洋人等。此项目占地面积为2183平方米，建筑面积为10507平方米，高40余米，钢筋混凝土结构。公寓采用合院式的布局，主楼位于中间部分，而廊道则连接主楼与配楼。建筑顶部采用类似中国亭子攒尖顶的多面锥形的设计，用西班牙红瓦压顶，底下有一条装饰带。建筑内部的房间皆配有无线电技术，部分楼层的阳台可以打网球。外墙和天棚都镶嵌着玻璃砖，天然采光。建筑外观的形式、细部与局部有着时髦的仿西班牙式的装饰，所以，李锦沛仍将其熟悉的装饰艺术风格运用在设计上，同时也体现出现代高层住宅建筑的功能需求，是个倾向于西式折中的设计。

古典的简化与变形处理，赋予装饰性，建筑美术化

1929年前后，林凤鸣（任筹备主任）与刘既漂（任参事与设计）都参加了杭州西湖博览会的筹备工作，刘既漂设计的西湖博览会博物馆进口大门采取中华古典风格的诠释，而在其他博览建筑部分，则采取了西式折中的设计，通过对西方古典样式的截取，后进行简化与变形的处理，赋予装饰性。革命纪念馆位于锦带桥西侧，在平湖秋月和唐庄原址上，以展示辛亥革命前后的相关运动资料与文献大门是一骑街牌楼，塔基下截为三角形，象征三民主义，塔身上做五角形，象征五权宪法，是中西合璧的设计。博览会位于孤山中山林，展出各类出品、标本、模型、器具或生物，水上大门的牌楼图样为刘既漂设计。教育馆设在浙江省立图书馆旁，进口大门将古典的斗栱简化，形成倒锥形的曲线，四周有简化的古典立柱，并赋予灿烂的色彩，金碧辉煌，中西合璧语言鲜明。卫生馆在教育馆南侧，共有旧西泠印社、寂盦、俞楼、盛公祠4处，以健身救国为主旨而设置，大门用野兽派的健壮形态来暗示健身救国的概念。另外，当时的艺术馆展出有6大部分，是雕塑、绘画、金石书法、工艺、建筑、民间艺术，建筑在此被归为艺术类。而在以上设计中，刘既漂企图将博览会建筑赋予中西合璧的装饰艺术的表现，调和中西艺术，以此来提倡美术建筑的重要性，建筑艺术化等同建筑美术化，这也是刘既漂参与创办艺术运动社的宗旨。

几何式的分区规划，贴近原校舍的风格，古典和现代之间的过渡，典雅与精致

在校园建筑方面，有部分也体现了西式折中的设计，这与学校本身早期的教育走向有关系，以清华学校为代表。

清华学校的前身为1909年创设游美学务处，附设肄业馆，是清政府利用美国退还庚子赔款建立的留美预备学校，也是美国力图在文化教育方面对中国进行影响，所以，"清华"与美国较为接近，也同样受到美国高校建筑倾向于西方古典（新古典、帕拉第奥）的影响。

"清华"第一期校园规划与校舍设计始于1914年，1915年始建，1921年完工，由美国建筑师亨利·墨菲进行总体规划与四大建筑（大礼堂、体育馆、科学馆与图书馆）设计——是在中国近代时期按照现代化的科学、材料、技术与工法建造的建筑。校园总体以校门、大礼堂、图书馆形成一条主要的南北轴线来布局，清华学堂与科学馆伫立在东西两侧，中间留出大片草坪广场，除了有宜人的尺度外，更体现出一种严谨、规矩、渐次、和谐的校园建筑群。大礼堂在这一批建筑中成为了吸引眼球的焦点，穹顶、铜门，加上红砖墙的使用，加强了鲜明的对比，而这一批建筑的设计倾向都是以西方古典为主，由于"清华"的规格较高，所以在设计中都欲要呈现出一种高贵、典雅、有纪念性的风格语言，甚至更讲求细部与施工质量，突出材料的肌理质感，也引入最先进的防火技术，有暖气、热气与干燥等现代化设备。第一期校园建成后影响了第二期的规划与设计。

"清华"第二期校园规划与校舍设计由基泰工程司承接，杨廷宝主持。

"清华"第二期校园规划与校舍设计始于1929年，1931年完工。1928年，南京国民政府将清华学校改为清华大学，直接受国民政府管辖，任命罗家伦为首任校长，他以建设"清华"为中国现代化的第一流大学为职志，开始新一批的校园建设，委托校友杨廷宝主持规划，并设计生物馆、男生宿舍（明斋）与气象台及图书馆的扩建。杨廷宝接付此项重要任务后，甚感光荣，为了不辜负母校的期望，他尽全力地带着助手至场地进行勘察，调查、测量与记录，几经思索后，决定尊重早年第一期的校园规划，在其基础上进行扩建。

杨廷宝延续墨菲早年的构想，将校园设计成一个几何式的分区规划，形成纵横交错的道路系统，这也是杨廷宝所熟悉的"轴线对称"布局（杨廷宝设计的原沈阳东北大学也是此项做法），并对已有的大礼堂、清华学堂、体育馆、图书馆、科学馆等建筑予以尊重，考虑它们的成形原因，将新一批校舍设计贴近第一期原有校舍的风格与特征，相互统一。后因时局纷扰，此规划未能实现，但部分新校舍仍得以建成。

第一期设计的图书馆已不能满足要求，急需扩建，杨廷宝在原先"T"字形的平面上另立轴线，转向扩建，形成"L"字形的环抱布局，主入口设于转角处，正中转角处4层，两侧2层，并在旧馆后部（东侧）

图 7-116 清华大学化学馆

图 7-117 清华大学机械馆

图 7-118 新华信托储蓄银行

图 7-119 交通大学执信西斋

图 7-120 上海孔祥熙故居

扩建一 3 层书库。杨廷宝在图书馆扩建的尺度、材料、色调与细部的处理都反映出对原先老馆形式的尊重，并凝塑协调成一个整体，彼此和谐，新老馆浑然一体，新馆犹如一个背景建筑依附在主要的老馆旁，扩建后的新馆可容纳 1200 余座。而生物馆则带有装饰艺术的折中语言，属于一种古典和现代之间的过渡风格，与原沈阳同泽女子中学的设计类似。

气象台则是一个八角形的塔式建筑，杨廷宝用现代材料（钢筋混凝土）为基础，砖墙承重，将传统的塔（高耸的尖顶，多层，形状有圆形、多角形等）以现代的形式呈现。气象台高约 24 米，5 层高，内部直径计 24 英尺，每层各 15 英尺，内设有铁转梯，环绕塔内身而上，底层为天文钟室，顶层为办公室，置有气象等仪器、设备，为一气象教学科研之场所，屋顶唯一露天平台（今有圆球顶），可一览"清华"校园风光。

"清华"第三期部分校舍设计由沈理源设计。

"清华"第二期校园规划与校舍设计始于 1931 年，1933 年完工。清华大学化学馆是沈理源设计的，是旧的清华大学校区最大的系馆之一。这个项目面积为 5722 平方米，层高 4 层，属于砖混结构，沈理源在设计上采用对称式布局，入口置于中间部分，建筑内部为一通廊，两侧为办公与教学功能空间，用一中间的楼梯来联系上下楼层，体现出简洁与清晰的教学空间的功能需求。体量由一长向几何构成，中间局部装饰性墙面高起，而立面上从上到下的竖向线条的设计非常鲜明，既垂直又贯穿，在建筑中间部分，在上下贯穿的墙面上，有着局部的砖的装饰性表述，墙头与檐部都有着花饰，在建筑两侧部分，相同模式的竖向墙面与并列开窗面，反映出一种秩序性。整体上，建筑以红砖为主要材料的清一色的表述下，展现出在那个年代里的教育建筑中的一种奢华、典雅与精致，艺术水平非常高，而这也是沈理源尝试折中的装饰性的设计倾向。

竖向与砖的装饰性减弱，宽面与窄面墙板的间隔处理

在那个年代里，教育建筑几乎都是朝西方古典与中华古典的设计倾向来操作，比如：原中央大学（今东南大学）孟芳图书馆、原金陵大学（今南京大学）图书馆、原广州中山大学（今华南农业大学）教学楼群等，而沈理源本身也是西方古典的设计翘楚，但在设计校园建筑时，他却不是操作擅长的西方古典设计，而尝试转向折中的设计，说明他也试图在那个年代里，迎合世界建筑潮流或者是寻求一种设计上的突破。但是，沈理源骨子里的西方古典灵魂依然存在着，而这个存在也只是一时的，体现在清华大学机械馆的设计上，沈理源在入口处及局部墙面上加入了古典的元素，而将竖向与砖的装饰性的设计减弱，用灰色的砖墙搭配局部的白色墙面，形成另一种教育建筑中的低调、朴实之感。到了设计清华大学电机馆时，更看不到任何的西方古典、竖向与砖的装饰性的设计，只有在建筑中间部分，有着一段小山墙。

同时期，沈理源也规划设计"清华"的新林院，是教职工居住区，单层坡顶式的西式花园别墅，西式折中语汇如实体现，共有30户，1号院由彭光钦、吴达元、高景德、任华所居住，2号院由周培源、霍秉权、吴达元所居住，3号院由陈岱孙、葛庭燧所居住，8号院由赵忠尧、梁思成所居住，71号院由张荫麟、陶葆楷、侯祥麟、王逊、金岳霖所居住，72号院由闻一多、杨武之、陈梁生、张席缇所居住……

在其他的校园建筑方面，或多或少也都体现着西式折中的设计，但为数不多，有的是建筑师在设计风格上的转变（原北京大学图书馆），有的是为了符合校园整体风格而设计（原上海交通大学执信西斋、原上海交通大学总办公厅、原南京中央大学图书馆扩建、原南京中央大学南大门、原南京中央大学附属牙科医院、原南京中央大学大礼堂扩建）。

原北京大学图书馆也由沈理源设计。在此项目中，已很难看到西方古典、竖向与砖的装饰性设计，近乎于无，反而在立面上，用成排规矩排列的窗户，去塑造出一种整体秩序性，尝试转向既功能又理性的设计，只在墙面上有着局部水刷石装饰。

而原（天津）新华信托储蓄银行则是沈理源另一个倾向于西式折中的设计，建于1934年，属于框架结构。建筑位于街旁的转角处，而转角处顶部是7层的退台处理，两侧为6层，入口设于首层转角的端点，大门上有着铜板的装饰，建筑内部的墙面与地面皆是彩色的大理石。在设计上，沈理源利用宽面与窄面墙板由上而下的间隔处理，形成一排强调竖向线条的垂直表述，既简洁又利落，加上规矩方正的几何形体，是接近于现代建筑的设计操作，只在局部墙面上稍加装饰，由于竖向线条给人的强大视觉感，相对地也弱化了局部装饰性的语言。

上海交通大学在南洋公学或之后的时期所建成的房子是交大最早的校园建筑，先后有建于1899年的中院，建于1899年的校长宿舍，建于1900年的上院，建于1910年的新中院，建于1918年的老图书馆。综观以上这些校舍，都体现西方古典、西式折中、中西合璧的风格，中院是3层砖木结构的欧式风格；校长宿舍是2层砖木结构的欧式风格；上院是3层"山"字形的文艺复兴式风格，有拱券长外廊，外墙饰以断山花和法国券式门窗；新中院是"外廊式建筑"，高2层，"口"字形平面，青砖墙面，红砖腰线；老图书馆是3层高的西方古典风格，有科林斯柱式、巴洛克细部雕刻、山花。之后，新建的校舍，或多或少都需贴近或符合校园整体建筑风格，才不会显得突兀，原上海交通大学执信西斋与总办公厅即是如此。

原上海交通大学执信西斋由范文照设计，是一座学生宿舍的设计，原名为西新宿舍，后为纪念民主战士、国民革命先驱朱执信才改名为执信西斋。1928年南京国民政府成立后，成立新的交通大学（合并沪平唐诸校），学生人数增多，且学生宿舍年久失修，校方便决定建新宿舍楼，交由范文照设计，始建于1929年夏，1930年冬完工。此项目建筑面积4397平方米，承重墙结构，外墙红砖白缝，以"马蹄形"布局展开，中间高3层，两翼高2层，主入口设在中间，并配有卧室152间，2人1间，可容纳300多位学生，还有阅报室及交谊室，建成后深受到学生喜欢，是一个倾向于西式折中的设计。

原青岛孔祥熙故居与原上海孔祥熙故居也是范文照倾向于西式折中的设计。孔祥熙是孔子第75代孙，是一名银行家及富商，其妻子为宋霭龄，与宋子文、蒋介石有姻亲关系，孔家也是中国近代四大家族之一，所以屡任高官，掌握财政大权，曾任南京国民政府行政院长，兼财政部长，长期主理国民政府财政，改革币制，建立银行体系等。

原（青岛）孔祥熙故居成形的原因是在20世纪30年代初，孔祥熙认为青岛临海，是宜居的城市，便在面瞰大海的太平山上购地建别墅，委托范文照设计，但建成后很少住，由他女儿住在这里。这是一花园

图 7-121 中央大学图书馆扩建

图 7-122 中央大学南大门

图 7-123 大夏大学校舍

图 7-124 中华学艺社

图 7-125 袁佐良故居

洋房项目，假 3 层，砖混结构，主入口由北面进入，绕过喷水池即是客厅，稍大，有一 S 形扶梯，大理石踏步，铜花纹扶杆，内墙贴柚木护壁板（约1.4米），二楼则有会客厅、卧室、书房、餐厅与储藏室等功能空间。此项目的底层立面为西方古典柱式的门廊，墙面为黄色水泥拉毛处理，烟囱为清水红砖砌筑，红瓦坡顶，倾向于西式折中的设计。在上海的孔祥熙故居也由范文照设计。此项目，假 3 层，砖混结构，面积约 1000 平方米，平面以近矩形布局，入口处设有连续券门廊，正立面的柱廊为拱券构成，入口在中间，陡峭的灰瓦屋顶，南北立面各有一半露明木构架，设有开蓬式老虎窗，附有阿拉伯纹案之雕刻，材料亦是黄色水泥拉毛墙面。

扩建后与原先的风格形成统一

早年，基泰工程司所承接的校园规划与设计项目（原东北大学、清华大学第二期）皆体现西方古典与西方折中的设计语言，这当中，除了主创建筑师的想法外，部分是延续原先建筑师的构想与准则，如墨菲设计的清华大学第一期规划及图书馆。之后，基泰工程司在南京的业务也接触到校园项目，承接了原（南京）中央大学图书馆扩建、原（南京）中央大学南大门、原（南京）中央大学附属牙科医院及原（南京）中央大学大礼堂扩建，由杨廷宝主导设计。其中的两个项目——图书馆与大礼堂，杨廷宝在尊重前例的基础上进行扩建设计。

原南京中央大学图书馆于 1924 年建成，钢筋混凝土结构，高 2 层，平面为倒"T"字形，采用对称式的室内布局。主立面为西方古典风格的三段式（横三、纵三），入口门厅置于正中，门廊立 4 根硕大粗壮的爱奥尼柱式，局部墙面、檐下与窗框有浮雕装饰，比例严谨、做工讲究，因不敷使用，后需要扩建。1933 年扩建时，杨廷宝在原先倒"T"字形平面的两侧与后面加建 3 个"一"字形平面，以通道与楼梯彼此连接，并围合出 2 个内院，以增加室内采光与通风。在立面上，扩建后的建筑与原先的风格形成一个统一，与既有的校园环境取得和谐，且不管是形式、细部、材料、色彩等，在建筑内外，都维持着西方折中的设计语言。同时，图书馆功能也增多，有书库、中西文编目室、期刊室、阅览室、会议室、研究室、储藏室等，可藏书 40 余万册。之后的原南京中央大学大礼堂扩建也是相同的手法，加建部分（教学楼，高3层）延续原先欧洲文艺复兴时期的西方折中的建筑风格。

原南京中央大学南大门设计，杨廷宝也延续原先校园建筑的整体调性，采用 3 间 4 柱（方柱）的西方折中柱式设计，与图书馆、大礼堂形成一致性的风格，而 3 间 4 柱也是对应于大礼堂门厅立面上的 4 根爱奥尼列柱，形成强烈的轴线视觉透视感。而原南京中央大学附属牙科医院稍晚几年设计，坐落于校园的东北角，钢筋混凝土结构，砖墙承重，高 3 层，平面为 "T"字形，仍延续西方折中的设计基调，但已简化，没有过多厚重的西方古典柱式与装饰。

图 7-126 汉口金城里

大理石圆拱，双扇古铜色门，仿中世纪城堡式样

原上海大夏大学校舍由柳士英设计。1924 年王伯群与前厦门大学教授欧元怀、王毓祥等应 300 名失学青年要求在上海创办私立大夏大学，1927 年王伯群任校长，王伯群与柳士英有着一层留日关系，还一同参加过革命活动。1930 年，柳士英返回上海，与王克生、朱士圭一同重整 "华海建筑" 业务时，就与朱士圭执教于大夏大学，并委托设计部分大夏大学校舍。在设计中，柳士英采西方折中设计，抛弃烦琐的装饰，显得干净与大器。

同一时期，柳士英还设计了原上海中华学艺社、原上海王伯群故居。

图 7-127 原上海富民会馆

上海中华学艺社于 1932 年建成，钢筋混凝土结构，立面上，笔直的竖向线条鲜明，简洁清晰，体现了分离派的语言，入口处用黑、白、黄三色构成大理石圆拱，配有双扇古铜色大门，局部内外墙面有着装饰性的元素，但显得素净，折中的装饰艺术设计风格鲜明。而原（上海）王伯群故居则是一栋 4 层高的仿欧洲中世纪城堡式样的建筑，风格也倾向西式折中。

图 7-128 原上海大陆商场

去除烦琐的装饰，立面分割比例，转向折中

原本在京津一带执业的庄俊，于 1924 年南下到上海创业，于 1925 年创办庄俊建筑师事务所，开启他个人创作的实践生涯。庄俊设计一批住宅与别墅类型的建筑，分别在上海与汉口一带。

原（上海）袁佐良故居由庄俊承担改扩建设计和施工，1930 年建成。袁佐良（袁世凯孙子）是 20 世纪三四十年代上海金融界的大亨，也是金城银行的行长。之前，庄俊因设计金城银行而出名，所以，当袁佐良获周作民巨款建造寓所时，也放心将寓所交由庄俊负责，进行改扩建。此项目属于砖木结构，层高 2 层，局部 3 层，建筑面积为 862 平方米，是一栋西班牙式风格的独立式花园洋房。

图 7-129 原上海恒利银行

由于，庄俊在汉口有着银行项目（汉口金城银行、汉口大陆银行）的业务，所以，他也承接了汉口一带银行高层职员的高档

图 7-130 原苏州景海女子师范学校校舍

住宅区（金城里与大陆坊）。庄俊能顺利进入汉口的建筑市场，与金城银行有关，因金城银行与大陆银行关系密切。

金城里 1931 年建成，为砖混结构，3 层高，共 9 单元的公寓式里弄住宅，采用围合式布局，与南端汉口金城银行相连，形成一种内向型的院落住宅区。而大陆坊 1934 年建成，为钢筋混凝土结构，3 层高，局部 4 层，底层为银行与商铺，二、三层为住宅，共 8 单元的联排里弄住宅，沿街式布局，同时利用住区的入口配置将住商分离开来，创造出良好的临街商业街及不被打扰的住宅区。在形态上，这两区都带有一种西式折中的立面布局，以及局部的装饰性，金城里延伸了金城银行西方古典式的风格形态，但稍加收敛，而大陆坊的西式折中语言更是明显，去除多余烦琐的装饰元素，凸显立面规矩的分割比例，显得理性又庄重。另外，由于民国政府定都南京后，大力推动国内的硬软件建设，并推行新生活运动，加上华商强烈支持民族工业，使得国内经济好转，在社会上逐渐产生出一批新兴的中产阶级，而这两区住宅便是提供给当时社会上的中产阶级（银行高层职员、商人、医生等）来居住，在当时可谓是高级住宅区，弥漫着一股旧时代的贵族气息。

原上海富民会馆建于 20 世纪 30 年代，曾作为某银行的俱乐部，提供给银行职员平常休闲、娱乐之用，有着健身房、阅览室、舞厅等功能，也是庄俊的设计项目。此项目为钢筋混凝土结构，4 层高，后加建 1 层。一层为一些辅助用房，经由入口的台阶而进入到二层，宽敞的多功能大厅（舞厅）则设在二层，三、四层作为办公与居住使用。这个俱乐部，曾于 20 世纪 50 年代时改建为古柏小学的礼堂，60 年代时改建为服装厂、服装研究所、服装展销厅，于 80 年代时恢复成原本会馆的功能，并对市民开放。这栋建筑西式折中的意味非常浓厚，在入口处与外墙面上都有着装饰的元素，比起之前庄俊设计的西方古典的厚重与贵气，更显得一种简洁与端庄。

所以，从汉口的金城里与大陆坊，到上海富民会馆，可以观察出庄俊的设计已在转变，它从原本西方古典逐渐转向西式折中，并尝试去操作装饰性风格。

庄俊大部分的项目都与银行相关。原上海四行储蓄会由原大陆、中南、金城、盐业四家银行共同投资建造，也交由庄俊来设计，由周瑞记营造厂承建，1932 年建成。此项目为钢筋混凝土结构，7 层高，占地面积 606 平方米，建筑面积 3102 平方米。在设计中，庄俊凸显在立面窗墙间作竖向划分，以及作均匀、对称的分割，并让装饰性语言减少。

原上海大陆商场则是庄俊尝试折中的装饰艺术设计的代表之作，于 1933 年建成。1930 年，大陆银行向哈同洋行（英商犹太人哈同于 1892 年向原地主英国人阿达姆森买下）租下这块地兴建商业大楼，委托庄俊设计，场地是旧上海时的中心黄金地段（地产约 9 亩，早期称佛陀街与饭店弄），工程分别由公记、申兴泰、褚伦记等营造厂分期施工完成，占地 6000 余平方米，建筑面积 32223 平方米。由于场地是转角临街面，考量到黄金地段，昂贵的地皮，庄俊设计了一个沿街面周边式的饱和方案，将建筑予以充分利用，提高建筑的容积率及最大的使用性，还设置了 3 个通道，分别在东、南、北三面，便于疏散人群以利交通。在建筑内部设有内院，以解决大楼的采光与通风问题。原本 6 层高，后加建 1 层，局部 8、9 层，形成梯状叠落。在此项目中，立面竖向的垂直表述更为明显，在局部墙面、窗樘、窗间内与顶部围墙都有纹饰的装饰性元素，加上成排规矩分割的窗户带，与水泥粉刷的米白色墙面，仿佛让建筑具有了古典精神下的理性秩序感。在当时繁华、热闹的街区中，不管是在形态还是精神上，也都反映出一种低调中的奢华。

对称式布局，简化的山墙，局部装饰，规矩排列的窗带，水泥雕切，钢窗作竖向分割，向上的延展性

1931 年春，赵深与陈植合办（上海）赵深陈植建筑师事务所，原上海恒利银行是当时承接的项目之一，于 1933 年建成，由仁昌营造厂承建，钢筋混凝土结构，高 5 层。由于此项目场地位于道路交叉口处，赵深在设计时为满足现代银行的功能需求，以方正规矩的外形呈现。在墙面上，用白色水泥墙为主的竖向线条表述，并在局部墙面加上装饰元素，体现简洁、大方的装饰艺术，是一种西式折中的设计倾向。

在设计恒利银行期间，童寯加盟赵深、陈植，3 人于 1932 年合办"华盖建筑"，业务以上海为主，后陆续拓展到苏州、南京、长沙、昆明等地区，而 3 位合伙人与旗下员工也各自有负责项目。

原苏州景海女子师范学校是华盖建筑在苏州的项目之一，倾向西式折中的姿态鲜明。

景海女子师范学校前身为景海女塾，1902 年为纪念美国基督教南公理会（又称南监理会，Methodist Episcopal Church, South, 为基督教新教的卫斯理派的一支教派）女传教士海淑德（美国基督教南监理会在华第一位女传教士，1892 年任中西女塾第一任校长，1900 年在上海去世）在苏州天赐庄所创办。景海女师为培养淑女的学堂（景海乃景仰海淑德之意），设有国文、英文、理化、算学、钢琴、体操等科目，因学费昂贵，专收中产阶级家庭的女儿入学。

1928 年后，景海女师转向更广大的社会群体办学，降低学费，用中文授课，设有音乐师范科、高中师范科、幼稚师范科，附设幼稚园、托儿所，聘请社会知名人士任讲师。之后培养出一批新时代、新知识的女学人。著名的有杨荫榆（1884—1938 年），江苏无锡人，出身于书香门第，就读于苏州景海女子师范学校和上海务本女校，1907 年获公费留学日本，转入东京女子高等师范学校理化博物科学习，1911 年毕业回国，1913 年任江苏省立第二女子师范学校教务主任，1914 年任北京女子师范学校学监，1918 年入美国哥伦比亚大学攻读教育专业，获得硕士学位，1924 年任北京女子师范大学校长，为中国近代史上第一位女性大学校长。吴贻芳（1893—1985 年），祖籍江苏泰兴，1904—1915 年，先后就读于杭州女子学校、上海启明女子学校、苏州景海女子师范学校，1916 年就读于金陵女子大学，1919 年毕业，后任教于北京女子师范学校，1922 年赴美国密歇根大学留学，获生物学、哲学双博士学位，1928 年回国，出任金陵女子大学校长，是中国近代史上第二位女性大学校长。

景海女子师范学校部分校舍现仍存在于苏州大学校园内，礼堂被命名为"敬贤堂"，教学楼被命名为"崇远楼"，为砖木结构，礼堂 2 层高，教学楼 3 层高，顶部皆为坡屋顶。教学楼采用对称式布局，平面呈"工"字形，主入口设在中间，两侧墙面各有一次入口。由主入口进入屋内，垂直楼梯位于尽头，中间为通廊，通廊两侧布置教室，在三楼顶端架起木构造系统的坡屋顶，外覆盖浅绿色波浪版。"华盖建筑"在此设计中，仍维持着创建初所走的一条简化的古典路线，外部有简化的山墙、局部装饰，以及规矩排列的窗带（正面墙 3 个推拉窗 1 组，侧面墙为 4 个推拉窗 1 组），倾向于西式折中的姿态鲜明，墙面饰以灰砖，窗框面用水泥雕切。

福昌饭店是华盖建筑在南京的一个饭店项目，也倾向西式折中。由于场地受到限制，稍窄（梯形），且楼高 6 层，在设计上，华盖建筑采取以组合钢窗作竖向的立面垂直分割线条，强调一种向上的延展性，企图产生一种高耸之感。

仿壁板外墙，三角形山墙，横向水平装饰，竖向装饰带作分割，墙面以点状装饰

奚福泉是一位在上海土生土长的建筑师，曾留德（1929 年毕业于德国柏林工业大学建筑系获工学博士学位），毕业回国后，于 1930 年入（英商）公和洋行，任建筑师 1 年，参与原上海都城饭店（1934 年建成）、原上海河滨大厦（1935 年建成）设计，于 1931 年加入（上海）启明建筑公司，（上海）梅泉别墅是这一时期奚福泉设计的作品之一，是里弄式的花园住宅。

1935 年，奚福泉创办公利工程司，上海建国西路花园住宅是这一时期奚福泉设计的作品之一。此项目是一独栋式的花园住宅，高 2 层，双坡屋顶，以水泥砂浆仿壁板外墙，二层设有阳台，为三角形山墙，住宅东面亦设有景观花园。奚福泉在花园住宅设计中皆展现出中西合璧的异国风情。

图7-131 南京福昌饭店

图7-132 （上海）梅泉别墅

图7-133 （上海）建国西路花园住宅

图7-134 原（上海）中国银行虹口大楼

图7-135 原（昆明）南屏街银行

陆谦受是（上海）中国银行（总管理处）建筑课课长，合作人是吴景奇，两人一同主持建筑课业务，以负责中国银行系统内各地（上海、南京、青岛、济南、重庆等）的行屋项目设计为主。

1932年中国银行投资建造原（上海）中国银行虹口大楼，由陆谦受和吴景奇负责设计，泰康行营造厂承建，占地面积为996平方米，建筑面积为5858平方米，高7层，属于钢筋混凝土结构。此项目，由于位于道路交叉口，占地扁长，陆谦受为满足现代银行的功能而设计，尽量让建筑达到饱和的状态，在交叉口转角处以弧形来处理，以此增加室内使用面积，又可达到美观的程度。在室内、结构方面，陆谦受在一、二层之间以大梁悬挂柱子上，增加了一层的室内高度，而一层临街面展开面积大，设有17间店面，提供给店家租赁使用，内部则为银行营业用房，二层以上则是办公用房及银行职员公寓，公寓分为单身户和家庭户两种，配有卫生间，另除了设有楼梯外，还增设电梯来联系上下楼层。在建筑立面上，陆谦受设计了两段式立面：在一至三层部分以横向水平装饰带来作楼层之间的分割，用横向水平装饰并带有局部圆形、方形装饰；在四至七层部分以竖向装饰带作窗户之间的分割，用褐色面砖饰面配以石质横竖线条，部分墙面以点状装饰，因此，整体看上去横向和竖向线条的语汇对比鲜明，整齐规律徒增一种秩序感，可以观察到在此项目中陆谦受倾向在现代建筑的基础上去尝试"装饰艺术"风格和体现，折中姿态鲜明。

在其他地区，有些建筑师也在零星项目上倾向于西式折中的设计，包括有董大酉设计的原（上海）唐绍仪故居，罗邦杰与吴景祥合作设计的原（上海）国立音乐专科学校，吴景祥设计的（北京）干面胡同57号住宅，苏夏轩设计的原（青岛）上海商业储蓄银行与原（西安）西京招待所，刘福泰设计的原（南京）板桥新村，郑德鹏（基泰工程司建筑师）设计的原青岛市礼堂，以及林克明设计的原广州市平民宫、原（广州）金星戏院、原（广州）大中中学校舍、陈荣枝与李炳垣合作设计的（广州）爱群酒店，郑校之设计的原（广州）中山大学天文台，伍泽元设计的原（广州）新华戏院、黄玉瑜设计的原（广州）农林上路自宅、原（广州）泰康路华安楼、（广州）长堤孙逸仙纪念医院。

综观以上项目，从20世纪10年代末到30年代中后期，也就是抗战前，中国近代建筑师倾向于西式折中、中西合璧设计的作品循序增多，从1926年起，每年都维持固定的数量10—15个，达到一定的饱和度。到了抗战期间，1938年后，作品数量暴跌，这当然与抗战爆发后市场萧条的现实原因有关，但倾向于西式折中的作品也开始出现在西南大后方（昆明、重庆），因为部分建筑师撤往这些地方继续执业及拓展业务。

双坡顶盖灰瓦，对称式分割，山墙露木构架，黄色拉毛外墙

抗战后，华盖建筑的赵深决定前往昆明继续开拓业务，设立分所，维持公司的营运，在昆明设计了一批银行建筑，有原（昆明）兴文银行、原（昆明）南屏街聚兴城银行、原（昆明）劝业银行等，它们都位于南屏街上，在建成后，与附近的银行、南屏戏院、星火剧院、北京饭店、服装百货店、南屏沐浴室等将此区构成了昆明的金融、商业与娱乐中心，在战时，是全国仅有的繁华、热闹之地，非常时尚，吸引许多年轻人前往消费、驻足。其中，原（昆明）兴文银行为钢筋混凝土结构，高5层，水刷石外墙，以满足现代银行功能需求的方正规矩外形呈现，其设计也与原（上海）恒利银行相似，在外墙面上，以白色水泥墙为主的竖向墙板的垂直分割表述，并在局部墙面加上装饰元素，倾向于一种折中的设计。

抗战后，兴业建筑也随国民政府内迁重庆，以重庆为发展根据地，也在昆明、贵阳一带拓展业务，范围涵盖西南大后方。

兴业建筑的李惠伯于1942年设计了原（昆明）卢汉西山别墅。西山与昆明主城是一水（滇池）之隔，稍微远离城市，但也是距离昆明较近的自然风景区，有着良好充足的生态资源（山水、湿地），与大自然相得益彰，气候湿润宜人，西山一带满足了建造别墅的生活品质与舒适度的基本要求，在这里建别墅会有着一种宁静、祥和的田园、山居岁月的生活。

原（昆明）卢汉西山别墅，依山林而建，高2层，采用双坡的坡屋顶形式，覆盖灰瓦，前后两端有两只静静矗立的排烟口。在设计中，李惠伯将别墅的层与层之间以水平分割线板突出，二层设有一宽敞的平台，供人驻留眺望，平台四周用石作的栏杆围合。此项目偏向于折中的设计，没有过多的装饰性元素，一层的墙面是规矩的竖向分割开窗面，每一组开窗面皆是木材构成，长方形（竖向）形态中再分方形小口，而二层的外墙则多了半圆形或半圆形与长方形（竖向）组合的开窗面形态，将原本平淡的外墙赋予白墙与木头本色开窗面组合成的几何构图美感，既简洁又素朴。

抗战后，基泰工程司也跟随着国民政府撤往西南大后方，将总部迁到重庆。

虽然，基泰工程司在西南大后方的许多项目皆围绕着古典的风格打转，但仍有个别项目突破了古典的范畴，向现代建筑方向试验着，比抗战前更往现代建筑靠近，而产生一种折中的语言，这方面仍是杨廷宝设计时常遗留下来的痕迹。

图7-136 原（昆明）卢汉西山别墅

图7-137 原（重庆）美丰银行

图7-138 原（上海）叶揆初合众图书馆

图7-139 原（上海）富民路花园里弄住宅

图7-140 （上海）蒲园

原（重庆）美丰银行是钢筋混凝土结构，高 6 层，中间 3 层，是个满足现代银行功能的设计，建筑以饱满的方式而立，不浪费任何场地面积，主入口置中，有一门厅，两侧各有一次入口，分别有一侧厅与天井。通过门厅，经由穿堂到达挑空宽敞的营业大厅，顶部有采光天棚（三层屋顶），其他用房围绕着大厅而设，一层有办公室、营业室、总机室、收发室、卫生间等，二层有办公室、票库、储藏室、卫生间等，二层以上用房都为办公使用。在立面上，采用西方古典的对称式分割，横 3 纵 3，局部墙面稍带装饰，用垂直墙板作分割，竖向语言鲜明，且西方古典繁复的语言已弱化，倾向于西式折中的设计。

抗战后，华盖建筑的陈植留守上海，负责上海、南京、苏州等地业务的后续执行。留守期间，业务日渐稀少，陈植靠着之江文理学院教职的微薄工资养家度日，之后才或多或少承接项目，有原（上海）叶揆初合众图书馆、原（上海）张允观故居、原（上海）福开森路金叔初洋房、原（上海）富民路花园里弄住宅、原（上海）江西路东南银行改建、原（上海）静安寺路交通银行办公大楼、原（上海）江西路新华银行改建等，经济压力才纾解许多。

叶景葵等于 1939 年春成立合众图书馆筹备处，租下原上海辣斐德路 614 号为办公场所，并筹措基金，购长乐路一地 2 亩，作为图书馆用地。早年，华盖建筑曾设计原（上海）浙江兴业银行，是经由陈植叔父陈敬第（浙江兴业银行常务董事）的关系而获得项目设计权，当浙江兴业银行董事长叶景葵欲建图书馆时，第一个就想到曾有合作的陈植，便委托华盖建筑设计。

合众图书馆场地位于路口转角处，华盖建筑以满足"现代"图书馆功能采"合院式"布局，内有中庭，以利于图书馆之采光与通风。图书馆分转角处中间部分和"U"字形环绕部分，外形呈钝角状，中间为高 3 层半的阅览室，其他为高 3 层"U"字形环绕的书库。主入口设于转角处中间，进入室内即是一个内厅，近正八角形，楼梯厅在左侧，右侧进图书馆各室。此项目仍看到"华盖建筑"一贯的设计手法，简洁的竖向与横向的表述，在一、二层的竖向窗下有竖向的垂直水泥分割面，三层、三层半的外墙有横向倒凹形的水平分割面，而转角处中间的平屋顶与"U"字形环绕的红瓦双坡屋顶，其檐口都挑出，是另一个设计重点，是折中的设计倾向叶揆初合众图书馆建成后，叶景葵将其收藏手稿捐赠给图书馆，开馆后，图书馆也成为上海文人（钱钟书、马叙伦、冯其庸等）常聚会、看书的场所。1958 年，合众图书馆并入上海图书馆，顾廷龙被任命为上海图书馆馆长。

在合众图书馆旁的富民路巷弄内有一批花园里弄住宅，也由陈植设计，福新烟草工业公司承包，建于 1940 年。陈植设计了沿街前后共两排房子，单体为双开间，假 3 层，南立面西侧开间前凹，山墙露木构架，红瓦双坡顶，东侧屋顶设棚氏老虎窗，黄色拉毛外墙，私家花园近 180 平方米，内部精心装饰、用心布置，属英式乡村风格，是当时有钱人家在市中心居住的别墅，广受洋人喜爱。

在其他地区的抗战期间，有些建筑师也在零星项目上操作倾向于西式折中的设计，包括：张玉泉（大地建筑）设计的（上海）蒲园，范能力设计的原（上海）福开森路 117 弄 1 号 2 号住宅，陈裕华设计的（南京）基督教莫愁路堂，杨作材设计的（延安）中共中央办公厅办公楼。

式微

抗战胜利后，西式折中的作品数量日趋减少，一直到 1949 年新中国成立之后，这迹象没改变过。若与中式折中作比较，中式折中在 1952 年后有了第二波高潮（第一波是 1932—1936 年间），作品数量增多，并在之后与社会主义、民族形式有了搭接，成就了北京十大建筑。而中式折中也与中华古典相契合，在 20 世纪 50 年代后带来了第二波的古典复兴运动。之前，西方古典早在 20 世纪 30 年代初已式微，西式折中顶多晚了 15 年（1945 年抗战胜利之后）才没落，两者在中国近代的语境下，没有了话语权，或被中式折中所吞没，或在中西合璧中处于绝对的弱势。

7.1.6   中式折中在中国的实践——始于20世纪20年代末

中国近代建筑师的中式折中在中国的实践，始于20世纪10年代末，但兴盛于20世纪30年代初之后，这中间经历一段空白期，只有少数几个作品产生，包括有周惠南的原（上海）共舞台（1919年），贝寿同的原（苏州）高等检察厅看守所（1921年），杨锡宗的原（广州）培正中学美洲华侨纪念堂（1927年），吕彦直的广州中山纪念碑，以上4个项目都倾向于中式折中、中西合璧的设计。

仿传统牌楼式，米字形放射式，粉墙黛瓦，融于城市肌理当中

原（上海）共舞台是个仿中国传统牌楼式的折中设计，是一个演出场地，舞台高大宽敞，可容纳不少观众，是旧时代著名的游乐场所，业主为黄金荣（1868—1953年，生于江苏苏州。旧上海赫赫有名的青帮头目，与杜月笙、张啸林并称上海滩青帮三大亨）。之后，周惠南又承接黄金荣所委托的原（上海）黄金大戏院，一个戏曲演出的小剧场。因此，周惠南与旧上海时期联系得较其他建筑师紧密，是旧上海时期设计娱乐、戏剧、餐饮的翘楚。

离上海不远的苏州，有一个项目也与旧时代联系得很紧密，即原（苏州）高等检察厅看守所，它宜今又宜古，必须一提，由贝寿同设计。

1912年当时任北洋政府司法部总长的许世英曾通电全国派员调查各县地旧式监狱的实际状况，供新式监狱筹建之参考与规划，就在这个基础上，贝寿同出国考察并回国负责旧式监狱的改造，位于江苏的原苏州高等检察厅看守所（今苏州市警察博物馆和禁毒博物馆）就成为贝寿同监狱改造的一个代表性作品。

原苏州高等检察厅看守所位于苏州市的司前街，司前街南与东大街相连，北以吉利桥为界，过桥出道前街与养育巷对望，司前街原为宋织里南桥，明朝时改名，且在此设立司狱司衙，故称司前街，而司狱司衙也成为明朝时的传统监狱，到了清宣统年间，清政府在苏州设立6座监狱——即江苏按察司监、苏州府监、吴县监狱、元和县监狱、长洲县监狱、苏州模范监狱，其中江苏按察司监和苏州府监设在司前街，即是贝寿同于北洋政府时期负责改造的看守所，苏州人也称作司前街监狱。辛亥革命后江苏按察司监被废止，民国政府把此设立为江苏高等检察厅看守所，新中国成立后，仍是苏州市看守所，之后被列为文保建筑，并已被改建成博物馆，因此，原苏州高等检察厅看守所跨越了4个朝代（明、清、民国、新中国），历史

图7-141 原（上海）福开森路117弄1号2号住宅

图7-142 （南京）基督教莫愁路堂

图7-143 （延安）中共中央办公厅办公楼

图7-144 原（上海）共舞台

图7-145 原（苏州）高等检察厅看守所-1

图 7-146 原（苏州）高等检察厅看守所 -2

图 7-147 原（苏州）高等检察厅看守所 -3

图 7-148 原（苏州）高等检察厅看守所 -4

非常久远，并也积累下不少关于"监狱"方面传奇变幻的故事，其中最著名的是发生在 1936 年的"七君子事件"，当时救国联合会领导人沈钧儒、李公朴、王造时、沙千里、邹韬奋、章乃器、史良 7 人在上海遭到政府当局的非法逮捕，沈钧儒等 6 人移到苏州关押，史良于 6 天后自动投案，并被关在司前街看守所女监，宋庆龄等赴苏州看望史及发起爱国入狱运动，抗议当局的非法逮捕，1937 年七君子交保释放，而关押过史良的监房于新中国成立后遂被称为"七君子"监。

当时这座"旧式监狱"只有两排牢房，可人犯逐渐增多，牢房逐渐不敷使用，拥挤不堪，且常年失修，十分简陋，承接改造任务的贝寿同，在考察完欧洲等国监狱后，便决意将此旧式监狱改造成新式监狱，以符合时代与现实使用的需求。于是贝寿同加建两翼及前后围合起来，加上原本的两排监房共同形成"十"字形，十字交接处即中间突出部分为八角形的看守平台，监狱看押人员于此楼上就可看押管理所有的人犯，因此，整体建筑平面布局以此八角形为中心，向外呈"米"字形放射式展开，建筑内部即形成 4 条交通狱道和 4 条关押狱道的串联流线，其中 4 条关押狱道皆高出于监房，并开设顶窗增加室内采光，而每列监所皆呈"一"字形排开，共 2 层，楼上为看押人员的房间和走道，楼下则是牢房，楼上地板会开洞，方便看押人员从地板监看楼下牢房的动静，一方面达到了安全管理的直接与便利，一方面也增加了楼下的采光。而楼下关押狱道的两侧为两两对望的 10 多间牢房，对称式排列着，空间尺度皆相同，每间牢房约 10 平方米左右，地面铺设地板，牢门上有送饭的小门，门下有圆形的通风口。

由于监狱置身于苏州城，整体建筑形态仍然维持着苏州民居建筑固有的粉墙黛瓦的特色，"宁古无时、宁朴无巧"地坐落在古老的街巷内，稍加不留意可能会误以为是普通的民居、民宅，可以想见建筑已融于整个城市肌理当中，它本身是消隐的，也似乎只想作为配角而成为城市当中的一部分，不会炫耀自己，感觉"监狱似是监狱、监狱又似不是监狱"，因此，由此观察到贝寿同的设计是不张扬，是低调、内敛的，既和谐也独具匠心，是一种贴近于中国传统、地方性的折中设计。另外此座监狱的改造，成功地瓦解和突破明清旧式监狱的形制，更企图让监狱走向现代化，对往后监狱设计的影响至关重要。

绿琉璃瓦的庑殿大屋顶，中西合璧，雀替作支撑，墙面饰以图腾和纹路，合院式布局

杨锡宗设计的原（广州）培正中学美洲华侨纪念堂，1927 年建成，更倾向于中西合璧。

广州培正中学创建于 1889 年，由基督教浸信会教友（冯景谦、欧阳康、余德宽、廖德等）等决议共同发起组织设立教育机构，教育教友的儿女，即开办培正书院，是广州一带的一所百年名校（教会教友办学），1893 年改名为培正书塾，1906 年定名为羊城培正师范传习所，1907 年在东山一带购地始建新校区，1912 年改名为培正学校，之后学生激增，财政困难，教友们便组成培正维持会向教友募捐，增盖课堂、宿舍，1928 年获准立案为私立广州培正中学，校方决议向海外华侨募捐（共捐得 30 万元），建造美洲华侨纪念堂（美洲堂），委托给杨锡宗设计。杨锡宗在高 3 层的美洲堂的设计上改变以往对于西方古典样式的单一追求，在有着拱门、拱窗（帕拉第奥式）及局部装饰元素的西方古典的外立面上方，加上一个绿琉璃瓦的中华古典风格的庑殿大屋顶，采取中西合璧的方式来对应于一个华侨纪念堂（华侨本身存在的事实与意义——跨足于中西两方）。

1935 年建成的原（广州）中山大学教职工宿舍是杨锡宗进行现代建筑试验时所产生的设计，他抛弃大屋顶形式，在正立面的二、三层阳台板下辅以雀替作支撑，及在阳台的铁栏杆、建筑顶部墙面上饰以传统的图腾和纹路，是个中式折中的设计。而在建筑正立面中间部分，竖向语言鲜明，材料的单一性（红砖），更显设计上的纯粹和简单，平面仍是合院式的布局，内廊也用实墙围合，没有任何古典的元素。

杨锡宗与林克明皆曾留过学，一个留美（杨锡宗），一个留法（林克明），而林克明回国工作后与杨锡宗一样曾入广州市工务局工作，但他晚于杨锡宗。之后，两人也先后设计过原（广州）中山大学校舍，杨锡宗负责第一期校园规划工程，担任总工程师，新校园于1933年动工兴建，1934年秋完工，建有20多座校舍和硬件设施，让农、工、理学院迁入使用，第一期建设资金则来自于中央拨款、国企盈余及海内外各界的捐款。之后的第二期工程由林克明负责，1934年秋动工，1935年秋竣工，因建设经费庞大，使得资金短缺，校方便向银行借款兴建。

同样地，林克明与杨锡宗在原（广州）中山大学校舍设计方面，也曾设计几栋倾向于中式折中的作品，如原（广州）中山大学男生宿舍，在局部屋顶部位仿古建筑形式，或阳台板下辅以雀替作支撑，外墙上有传统纹样。

吕彦直的广州中山纪念碑是一系列孙中山先生纪念建筑中的一件，建于1929年。

广州中山纪念碑碑身全用花岗石砌成，高37米，方形碑底，由下到上渐缩，碑内有一旋梯。登碑时，从首层石拱门进入，在第一、二层设有雕花石栏，四周平台可俯眺。此项目是吕彦直关于孙中山先生系列建筑中更倾向于中式折中的设计，线条简单利落，局部墙面有着中国传统的装饰性图样，全部石刻而成。

图 7-149 原（广州）培正中学美洲华侨纪念堂

图 7-150 原（广州）中山大学教职工宿舍

中式折中顺势搭上大屋顶浪潮而前行

进入到20世纪30年代初，中式折中的设计逐渐出现，也顺势搭上20世纪20年代末30年代初兴起的大屋顶式样的中华古典风格浪潮而前行。

图 7-151 原（广州）中山大学宿舍 -1

雀替饰云纹，龙的雕饰，楅扇栏杆的浅浮雕，局部的装饰元素

原北京交通银行于1932年建成，由基泰工程司的杨廷宝设计。早年，1927年加入"基泰"后，杨廷宝的设计较倾向于西方古典、西式折中，到了20世纪30年代后，杨廷宝逐渐转向对中国传统建筑的试验，锁定在细部装饰上，发展出一套中式折中的设计语汇，原（北京）交通银行就是一例。

原（北京）交通银行建筑用地约2000平方米，4层高，钢筋混凝土混合结构。杨廷宝在此设计中采对称式布局，一层为挑高（2层）的营业大厅，办公室与其他用房环绕着大厅而设，金库设在地下室，二层设一环绕式的廊道。正立面采用对称形式，入口台阶旁设有一对石狮，基座为花岗石砌筑，入口上方是垂花门，局部墙面装饰着中国传统图案。立面窗户有3排（横向），最上方一排窗顶内两侧有雀替，饰云纹，云纹饰样也出现在外墙两侧顶部及檐口板。而外墙两侧之内的竖向墙面上有龙的雕饰，微凸。在建筑东边有一挑出的阳台，除了云纹出现

图 7-152 原（广州）中山大学宿舍 -2

图 7-153 广州中山纪念碑

图 7-154 原（北京）交通银行

图 7-155 原（上海）大泸旅馆 -1

图 7-156 原（上海）大泸旅馆 -2

图 7-157 原（上海）中华基督教女青年会

图 7-158 原（南京）卫生设施实验处新屋

在阳台顶部，阳台下方还砌有槅扇栏杆的浅浮雕，这是一栋倾向于中式折中的设计。原（北京）清华大学男生宿舍的设计也是这样的处理，中国传统的细部装饰浓烈。

杨廷宝与宾夕法尼亚大学的学长赵深是好友，曾一同赴欧旅游。赵深在回国后不久就加入范文照的设计团队，之后，赵深离开范文照建筑师事务所（1931 年），自办（上海）赵深建筑师事务所，承接到原上海大泸旅馆项目。原上海大泸旅馆，1931 年建成，总建筑面积 7500 平方米，高 7 层，由于地处于临街面，为了满足饭店的功能，建筑采取方正规矩的布局，没有浪费多余的空间，只在一层留出让行人穿越的骑楼空间，虽然无法在外在形体上有所发挥，赵深却在外墙面和柱子加了局部的中国图案装饰元素，体现一种中式折中的设计风格。

莲瓣须弥座，雕饰回纹，菱花槅扇门，仿宫殿大门，藻井天花

倾向于中华古典风格的原上海基督教青年会大楼是由范文照、赵深、李锦沛 3 人共同设计，而基督教青年会在上海另一个重要的项目就是原（上海）中华基督教女青年会大楼，由李锦沛独立设计，于 1933 年建成。

女青年会大楼，9 层楼高，局部 5、6、7、8 层，属于钢筋混凝土框架结构。由于此项目临街面，李锦沛以贴近于街面来设计，方正几何的外形符合现代高层建筑的功能性，在建筑顶部则是层层叠上。外墙面上规矩排列的矩形窗，体现一种理性的秩序感。在装饰部分，勒脚与基座是石刻莲瓣须弥座，墙面、门框、窗与压顶皆雕饰有传统回纹图案，大门是菱花槅扇门和横批窗，仿明清宫殿的大门做法，入口处门楣是仿木外檐，石刻勾头滴水，内部为中式的装修，藻井式天花绘有精致细腻的彩画。材料以红砖与水泥饰面相间搭配，亦强调一种竖向的垂直表述。可以观察到，此项目强调一种局部、细致、优雅的装饰表现，这也是李锦沛拿手的设计手法，因他曾接受纽约布扎艺术学院的培训，对装饰艺术相当了解。因此，这是一个倾向于中式折中的装饰艺术的设计。

20 世纪 20 年代末起，许多中外建筑师都尝试将所谓的中华风格大屋顶设计移植到现代建筑上，这样的尝试一直持续到 20 世纪 30 年代，在李锦沛的作品中，除了原上海八仙桥基督教青年会大楼是这样的外，1934 年建成的原上海吴淞国家检疫局办公大楼也作了这样的尝试。但是，从吴淞国家检疫局办公大楼可以看出，李锦沛将中华风格与现代主义结合的企图非常明显，且更强调竖向、垂直与水平、延伸的搭配设计，这似乎看到点赖特的草原式住宅的有机设计的原则，只是李锦沛把它扩大化而已。在竖向、垂直部分，李锦沛在顶层设计复制了貌似传统亭子的屋顶风格，而垂直的高度也有着塔的象征性，另外，也用竖向的墙板设计去撑住顶部的传统形式。在水平、延伸部分，以一个横向的几何形体伫立着，到了角边则收了一个大的圆弧，而水平饰带将立面分出 4 个部分，是现代主义的特征，而圆弧形则带有点表现主义的味道。这样的中华风格与现代主义作结合，确实让人产生一种折中交错的时空感与冲突性的美感。

图 7-159 （南京）中山陵音乐台

赵深离开后，范文照在之后几年又聘请几位建筑师，谭垣、吴景奇、徐敬直、李惠伯等，他们加上赵深，日后都成为中国近代才华洋溢的著名建筑师，因此，范文照建筑师事务所可谓是汇聚和培养著名建筑师的单位。这一时期范文照设计有原（上海）中央银行银库、原（上海）三山会馆市房全部、原（南京）卫生设施实验处新屋、原（上海）卫生防疫站。

图 7-160 原（南京）中央医院

其实，从范文照的代表性作品中可以观察到，他的设计姿态是明确的，要不就古典，要不就反古典（1933 年后转向现代建筑），而折中，对他来说，从来都不是主线，且还批判过（是一种骑墙派）。他曾撰文提过"这些中西建筑（折中）的混合物在中国多数大城市中均能见到，那中国式的屋顶建在西方古典的立面之上，就如同苏格拉底戴上中国瓜皮帽或孔夫子穿上西式晚礼服是什么样子，这些都应该受到鉴赏家的谴责，违反了优秀建筑的基本原理"。

图 7-161 原（南京）中央体育场田径场 -1

原（南京）卫生设施实验处新屋是范文照在南京仅有的倾向于折中的设计，其他都是中华古典风格。实验处新屋于 1931 年由国民政府卫生署长刘瑞恒委托范文照设计，工程因"九·一八"及"一·二八"事变而停顿，后因急于使用，先建造一部分，于 1932 年夏开工，由建华营造公司承造，于 1933 年完工。此项目原为 3 层（之后加建 1 层），钢混结构，主入口设于中间处，两侧墙面有次入口，建筑呈"口"字形布局，内部有一室内中庭，功能空间围绕着中庭而配置，流线简洁明快。在外立面部分，建筑呈横竖向分割，局部内外墙面有古典元素之装饰，但不多，折中语言鲜明。

图 7-162 原（南京）中央体育场篮球场 -1

半圆形护廊，传统照壁，底部须弥座，霸王拳枋头，简化雀替

由于，基泰工程司杨廷宝在南京的作品，较重要的大部分都是倾向于中华古典风格的设计，因多属政府或官署的项目，受到《首都计划》中对建筑形式与风格规定（企盼以"中华固有之形式"为原则）的指导。其次，在传统与现代的过渡阶段中，杨廷宝也尝试将民族形式体现在建筑内外，倾向于一种中式折

图 7-163 原（南京）中央体育场国术场 -1

中的设计操作。

（南京）中山陵音乐台、原（南京）中央医院、原（南京）中央体育场建筑群与（南京）中国科学院紫金山天文台，在这些项目中并没有出现雄伟庄重、富丽堂皇的古典大屋顶，而是从平屋顶的现代功能出发，在简洁的墙面分割上，杨廷宝运用了大量民族形式的构件与装饰手法，来贴近转译中国传统元素的流行和印象，这是一种中式折中的设计尝试，也是传统转向现代的过渡阶段中产生的特殊现象。

中山陵音乐台是一个室外空间的设计，杨廷宝将音乐台与地形环境作巧妙结合，依山势而建，座位席（3000余人）以放射状的方式设于斜坡上，分成数个草坪区。最上方有一排半圆形的护廊，利用3圈半圆形水平向走道与5条纵向阶梯交错联系到舞台区。舞台区前方有一月形水池，可用来汇聚雨水。舞台深13米多，面宽22米，台口高出草坪，在台口与月形水池之间有一丛灌木花槽。舞台背景墙采用中国传统建筑的照壁（是大门内的屏蔽物及受风水影响产生的一种建筑形式，可分几种类型：木制、石制、砖雕、琉璃），高11米多，宽16米多，底部为须弥座，顶部有云龙纹图案，中间有3个龙头及灯槽。整个半圆形音乐台似乎参照了西方传统露天剧场、斗兽场与竞技场的布局，而在细部上则加入中华古典的样式与装饰，所以这是一个中西合璧的设计。

原（南京）中央医院，钢筋混凝土结构，砖墙承重。杨廷宝依照医院建筑的现代功能来设计，采用倾向于西方古典对称式布局，近似双"T"字形平面（一、二层），三、四层缩减为"一"字形，功能安排得非常集中，也让建筑看起来有跌落层次。主入口门厅设于双"T"交接处，在"T"字伸出的两头有次入口，主入口门厅外有一3开间的门廊，在门廊墙上伸出装饰用的霸王拳枋头。建筑屋顶设有花架，花架处有简化雀替。建筑内部以中廊的方式将功能空间分置两侧，转角处设有楼梯，形成一对称式塔楼。医院为平屋顶，外墙为浅黄色面砖与局部凹凸纹理变化的水泥抹灰（立面横向分割与窗户之间），开设规矩排列的竖向窗。这个项目着重在中国传统的细部装饰（花架、雀替、枋头、云纹等）及细节设计（墙角抹角、檐部伸出、线脚等），它的语言仍倾向于中式折中。

仿传统牌楼，冲天式短柱（云纹柱头），小牌坊屋顶，假石雕纹栏杆，毛石砌筑

原（南京）中央体育场是20世纪30年代远东地区最大的体育场之一，建筑群包括有田径场、游泳池、棒球场、篮球场（与排球场合用）、国术场、网球场、跑马场、足球场（在田径场内）及其附属设施，是个功能齐全的综合性体育场，建成后，于1931年举行全国运动大会，但因17省水灾和"九•一八"事变的影响，未能如期举行。体育场建筑群以田径场为中心来规划布局，田径场为南北走向，大门在东西侧，西侧大门往西延伸是体育场对外的主入口道路，其他场地则分布在主入口道路两旁（南北面）。篮球场（北面）与国术场（南面）设于田径场西侧及主入口道路两旁（南北面）形成另一条南北向轴线，篮球场往北是游泳池，游泳池向北转折朝东北向则是棒球场，篮球场的西侧是跑马场，跑马场内则是两座足球场，而国术场往南是网球场，网球场内分3部分，共12个赛场。整体上，体育场布局合理，场地开阔，形式统一，平实壮观。

体育场建筑群所有工程皆是钢筋混凝土结构，根据不同需求杨廷宝分别采用不同的平面设计：田径场为椭圆形，游泳池为长方形，棒球场为折扇形，篮球场为长八角形，国术场为正八角形，网球场为矩形，跑马场为椭圆形。

椭圆形的田径场中间是跑道，跑道内是足球场，跑道南北两端是篮球场和网球场，四周为环绕式的看台（容纳35000余人）。田径场大门在东西两侧各一，且都是仿中国传统牌楼建筑的门楼，作为入口的意象，也增加了田径场的气势，门楼面阔9间，高3层（约10米多）。一般传统牌楼形式分两种：冲天式（柱出头式）与不出头式。此田径场门楼是冲天式，为短柱（云纹柱头），七间八柱，顶上为七楼，为7个小牌坊屋顶，门楼入口有3个高5米多的拱形铁门，进去则是一个大穿堂，再进去是一个内门，而门楼朝向赛场一面有

图 7-164 原（南京）中央体育场田径场 -2

图 7-165 原（南京）中央体育场田径场 -3

图 7-166 原（南京）中央体育场篮球场 -2

图 7-167 原（南京）中央体育场国术场 -2

一大雨篷。西门楼内部为司令台，东门楼则为一看台，两台两端相望。田径场的功能完善，备有办公室、运动员宿舍、浴室、厕所、裁判员休息室、新闻记者休息室、男女休息室和男女盥洗室等。

长方形的游泳池的入口是一座仿中国传统宫殿式建筑，庑殿顶，上覆琉璃筒瓦，红砖外墙，入口门廊为3开间，一大（中间）两小（两旁），门楣上方有雀替与彩绘，建筑分2层：地上1层与地下1层。地上设有办公处、男女更衣室、男女淋浴室及厕所，地下是滤水器房和锅炉房，用来蓄聚山水与井水，以及自动循环换水。进入游泳池后，绕到办公处后方，再经由一座户外双向剪刀梯而下到泳池区，泳池长50米，宽20米，有9条泳道，泳池四周则为户外水泥看台座位区。

篮球场与国术场，彼此相望，都是八角形的平面，因不同比赛要求而有不同的尺度。篮球场所需面积大，故为长八角形，国术场则为正八角形，取八角也有八卦的吉祥之意，这是一种东方文化的象征体现。同样，篮球场与国术场入口各建有一仿中国传统的牌坊（古代为表彰功勋、科第、德政、忠孝节义，以及祭祖、标明地名所立之门洞式构筑物），3间4柱，云纹望柱头，而进入牌坊后有一平台，平台四周为环绕式的水泥假石雕纹栏杆。篮球场除了平台对应的那边，另在每一边建有一单开间牌坊，共6座。而篮球场与国术场都利用地形下挖一八角形，中间为球场，球场周围为八角形通道及看台座位区。

（南京）中国科学院紫金山天文台则是另一个中式折中语言鲜明的作品。紫金山天文台的第一座观象台于1931年建造，总面积500多平方米，用来观测天文、气象等现象。一般传统古观象台是一种多层的高台，经由坡道或阶梯（正面而上、左右而上、螺旋式）而上到台顶，顶上有神堂。台体为正方形，台基用黄土夯筑，四周砌砖。同样地，杨廷宝将紫金山天文台也设计成一个台式建筑，分3段式（这也受西方古典的影响），经由正面阶梯上到台顶，并利用台体的高度在台顶下设置办公用房，采用古典对称式布局，有文书室、接待室、资料室、陈列室、馆长室，台顶则是一个2层高的球体状观象台。在第一段与第二段之间有一座跨于石阶上3间4柱的中国传统牌楼，顶部有3个小屋顶，覆盖蓝色琉璃瓦，在各层所围护的钩阑，杨廷宝采取须弥座的官式栏杆做法，而台基与外墙用毛石砌筑，其厚重宛如山石一般，与环境融合一体。第一座观象台建成后，紫金山天文台陆续又在山顶附近建好几座观象台，基本延续第一座的风格，数个球体状的观象台潜藏在山野绿林之中，在阳光折射下，甚为美观。

图7-168 （南京）中国科学院紫金山天文台-1

图7-169 （南京）中国科学院紫金山天文台-2

图7-170 原（上海）大都会舞厅

图7-171 原上海市博物馆-1

图7-172 原上海市图书馆-1

以上这些建筑都是以现代的赛场与天文办公功能空间结合仿传统宫殿、牌楼、牌坊形式及细部装饰手法，中式折中的语言鲜明。

八角形穹隆顶，细致的庭柱伫立，雕梁画栋，露天花园

因设计上海百乐门舞厅被上海当地广为知晓并享有较高声誉的杨锡镠，知名度迅速提高，顺利地接到原（上海）大都会舞厅项目。

大华饭店因股东纠纷而被拆除后，20世纪30年代初，上海工部局便在原上海大华路（今上海南汇路）和上海麦边路（今上海奉贤路）一带建市房，而原上海戈登路（今上海江宁路）的空地（原大华饭店位置），由广东商人江耀章于1934年投资建造大都会舞厅，由杨锡镠负责设计。舞厅呈八角形，里面正中有穹隆顶，顶下有一个圆形舞池，舞厅内有8根图案精巧细致的庭柱伫立在舞池周围，四周雕梁画栋，古色古香味盛浓。当时空调并不普遍，若在室内跳舞，太过喧闹与闷热，于是江耀章便希望舞厅开敞通风，大都会舞厅便布置在露天花园里，成为半室外的舞厅，舞客休息时，还可观望窗外的芳草树木，庭园景观，当夜幕低垂，灯火渐亮，人来到大都会舞厅，翩然起舞，惬意悠哉，别有一番情调。大都会舞厅的设计是一栋倾向于中华风格的现代舞厅，这迥异于百乐门舞厅的现代的竖向表述、装饰艺术，可以观察到杨锡镠的设计始终摆荡在传统与现代之间，有时西式折中，有时又竖向表述、装饰艺术，偶尔又来点中华风格，设计上的分裂思维清楚地体现着，而他也成为旧时代舞厅的设计专家。

抛弃繁复古典，减少装饰性，仿北京鼓楼，飞檐大顶，梁枋藻井，华丽檐饰，几何体组成，开窗面的秩序

《大上海计划》于1929年实施，同时也为建筑师迎来了一些政府项目的机会，这些政府建筑更多体现着是一种中式折中的设计语言，与时代背景及经济条件改变有关，当时主要负责的建筑师是董大酉。

董大酉在进行这些政府项目（原上海市博物馆、原上海市图书馆、原上海市运动场、原上海市运动馆、原上海市立医院、原上海卫生试验所、原中国工程师学会工业材料试验所）设计时，调整策略，运用有限的经费，抛弃了繁复的中华古典风格设计，并减少装饰性元素的产生，予以简化，朝向中式折中的设计，原上海市博物馆与原上海市图书馆就是如此。这两项目都是钢筋混凝土结构，董大酉在设计上，将两建筑分为上下两段：下段设计成一圈方正并只存在少量装饰性元素的几何体，同时在立面上体现一种秩序感的矩形或竖向的开窗面，以尽量简单为原则，倾向于现代建筑的设计；上段是一个仿北京鼓楼造型的中华古典风格的门楼设计，高4层，重檐歇山顶，覆盖杏黄色琉璃瓦，有飞檐大顶与梁枋藻井，中国传统建筑的韵味横生。远观时，建筑仿如戴了一个小帽似的，因此，建筑的上下两段形成强烈的对比性，古典与现代并存，中式折中意味鲜明。而原（上海）卫生试验所也是如此设计，建筑是几何的长方体，屋顶中部是歇山顶，两侧为庑殿顶，覆盖黄色玻璃瓦，有着华丽的檐饰，墙面有长寿等中国传统的装饰性纹样。

而原上海市运动场则要比原上海市博物馆、原上海市图书馆、原（上海）卫生试验所简化，已不见大屋顶式样，且在设计中，因运动场本身的现实条件，较注重功能性的使用，加上经费有限，董大酉将运动场朝向更简洁、干净的设计，建筑由几何体（长方形、圆形）组成，人造石饰面，显得利落大方，只在局部墙面饰以斗栱、花落等中国传统的装饰性纹样。原上海市运动馆也是如此设计的。董大酉还在运动场的外围设置了一圈清水红砖墙的拱廊，内部底层为办公与商业使用的店铺，供外界出租用。

原上海市立医院与原中国工程师学会工业材料试验所是这一批政府项目中最为"精炼"的设计，董大酉的策略没变，只是将形态更简单化，并相对突出了开窗面的秩序感，似乎更倾向于现代建筑中象征性的理性表述。

图 7-173 原上海市博物馆 -2

图 7-174 原上海市运动场 -1

图 7-175 原上海市图书馆 -2

图 7-176 原上海市运动场 -2

开设大玻璃窗，讲求亲民，竖向线条与开窗

以上海起家的赵深，于1931年春，与陈植合办（上海）赵深陈植建筑师事务所后，承接到了原（上海）浙江兴业银行、原上海恒利银行、原（南京）国民政府外交部大楼等项目。其中，原上海恒利银行是倾向于西式折中的设计，原（上海）浙江兴业银行与原（南京）国民政府外交部大楼则倾向于中式折中的设计。而原（上海）浙江兴业银行项目的承接与陈植的家世背景有很大的关系。

浙江兴业银行成立于1907年，由浙江铁路公司设立并持有大部分股权。浙江铁路公司成立后，决定成立公司附属银行，资本额为100万元，分1万股，每股100元。当时银行是新生的商业事物，是企业的象征，便以"振兴浙江实业"的名义成立浙江兴业银行，总行设在杭州，是浙江省第一家银行，也是中国近代第一家商业银行，之后在上海、汉口设立分行。1915年浙江兴业银行改组，把业务中心移到上海，将上海分行改为总行，改杭州总行为分行，由叶景葵任董事长，业务稳中求进，发展迅速，储蓄存款逐年增加，常年居私营银行之榜首，时任商务印书馆总务处处长陈敬第（陈植叔父）应叶景葵邀请担任驻行常务董事，陈植因这层关系而获得项目机会（原本浙江兴业银行与英商通和洋行签了设计协议）。

原（上海）浙江兴业银行，是自带的项目（陈植先承接，后事务所成立，将项目带入）。此项目原拟建11层，共计200万造价，之后减为6层，钢筋混凝土结构。由于临街面及路口转角处，平面呈梯形布局。由于当时（20世纪20年代后）绝大部分的银行建筑皆倾向古典的设计，营业大厅及办公空间皆设在一层，为保有私密性，对外墙面是封闭的，用石材作立面饰面，仅在墙面上开设小窗。陈植与赵深在设计此项目时，打破此陈规，以一种相对开放的姿态面向社会，在一层墙面开设大玻璃窗，讲求亲民，二层亦是，而三层以上因是办公房出租，3窗并列，较有私密性。同时，建筑不是沉重的古典（一般银行的设计体现），而是倾向以竖向线条与开窗节奏的折中表述，只在局部墙面以水平带饰装饰（方块状），用不同材料作区分构成红白相间墙面。

三段式的折中，摒弃大屋顶，简化斗栱，实用原则

原（南京）国民政府外交部大楼项目由赵深与陈植、童寯共同设计完成，因为当时他们3位已于1932年合办"华盖建筑"，此项目是童寯入股后第一个参与的项目。在设计过程中，由赵深先完成平面设计，陈植与童寯之后参与讨

图7-177 原上海市卫生试验所

图7-178 原上海市立医院

图7-179 原（上海）浙江兴业银行

图7-180 原（南京）国民政府外交部大楼-1

图7-181 原（南京）国民政府外交部大楼-2

论，根据功能需求决定总体布局。设计共4层，一、二、三层为办公室、会客室及会议室，四层作储藏档案用。而室内设计由陈植负责，同外部一样，室内有着局部的中华古典装饰元素，如天花、柱梁等，并施以彩绘。

承接到原（南京）国民政府外交部还有一个前因，原本有两方案，"华盖建筑"方案是业主外交部因经济紧缩、比较考量后所选中的。

原（南京）国民政府外交部于1931年春筹建建筑，有外交宾馆（20万建造）与临时办公大楼（60万建造），外交宾馆委托基泰工程司设计，临时办公大楼委托"华盖建筑"设计，因"基泰"与"华盖"是中国近代著名建筑设计机构。1931年夏，外交部与"基泰"与"华盖"就各自设计内容与条件签订合同。同年，因"九•一八"爆发，接着"一•二八"事变及《淞沪停战协定》，工程暂搁置，之后时局变化，政府经济紧缩，而外交事务又剧增，外交部便对建筑的使用空间发生变化，从以宾馆为主转以办公为主，辅以官员宿舍，仍交由基泰工程司设计。

原先，"华盖建筑"设计的办公大楼是倾向于简化的古典形式，三段式（基座、墙身、檐部）的中式折中的语言，平面呈倒"T"形，并摒弃大屋顶，采平屋顶，檐部有简化斗栱作装饰。而基泰工程司设计的宾馆，平面也是倒"T"形，前后以楼梯联系，并采取的是大屋顶的中华风格，重檐歇山顶，琉璃瓦屋面，屋前有月台踏步，局部墙面有装饰与彩画，极为华丽。时局变化后，外交部将办公大楼仍交由基泰工程司设计，但由于经济紧缩，原先的宾馆方案过于华丽，造价高，不符合经济条件，又因前次设计费（外交宾馆）存在争议，于是，外交部便选择与"华盖建筑"接触。时任外交部次长刘荣杰是陈敬第（陈植叔父）的邻居与好友，又因这层关系，"华盖建筑"取得多次与外交部沟通的机会，说服了外交部，终获得办公大楼的设计权，当然，更因他们的方案（临时办公大楼）简洁、素朴与典雅，强调功能，造价较低，符合实用原则。之后，在办公大楼的基础上，酌量扩展一部分作迎宾用。

不对称的几何体量组合，尽量从简，黑瓦坡顶，去除多余装饰，嵌琉璃花砖

之后，"华盖建筑"业务往南京拓展，也出于南京的关系，在设计上有了一些变化。

从20世纪20年代到30年代初，（南京）中山陵园内建有许多文化与景观设施，包括有中山陵墓、牌坊、陵门、碑亭、祭堂、音乐台、流徽榭、美龄宫、藏经楼、中山文化教育馆等，其中的中山文化教育馆（1936年）是孙中山先生儿子孙科（时任立法院院长）倡办的，以"阐明孙中山学说和思想，恢复中华固有文化"为创建宗旨，并成立中山文化教育馆筹委会，选在原上海莫利爱路10号办公，由总务组署办公室，购置各项应用物件，孙科任筹委会委员长。之后，筹委会欲在南京建造中山文化教育馆，向南京总理陵园管理委员会提出用地申请，并在中山陵园内灵谷寺前择一地，作为建馆之用，委托"华盖建筑"设计，由赵深主导，童寯参与设计，1934年动工，1935年完工。抗战期间，该建筑已毁于战火之中。

在设计上，"华盖建筑"采取不对称的几何体量组合方式，由3个不同的设计单元构成，以3层塔楼为主轴，向外突出为主入口，建筑内部设有大厅及办公空间，两翼为高2层图书馆，顶部有坡屋顶，但予以简化。在立面材料上，就地取材，覆贴当地产的黑色面砖及水泥饰面，坡屋顶用黑瓦，因为经费紧张，绚丽的古典风格与材料就不适合，设计尽量从简，去除大面积多余的装饰元素。塔楼的主入口处，有一凹入的半室外天井，与两侧几何块体形成竖向高大的垂直印象，而块体顶部稍带装饰性，嵌琉璃花砖，此手法贴近或截取于维也纳分离派的设计语言，气势宏伟，更传达了一种浓浓的中国情怀，倾向于中式折中的设计。

两翼围合成内院，临时性，对称式布局，坡屋顶

抗日战争爆发后，"华盖建筑"业务大幅削减，1938年赵深先到湖南考察，当时原（长沙）清华大学矿物工程系教学楼和机电楼正在施工，他便处理相关后续工程事宜。矿物工程系教学楼和机电楼是清华大学南迁至长沙所兴建的两座校舍，委托"华盖建筑"设计，两栋皆为3层楼，对称式布局，两翼延伸围合成内院，红砖清水墙，坡屋顶。在立面上，仍可看到横向的水平分割墙板，倾向于中式折中的设计。

抗日战争爆发后，"华盖建筑"的童寯受南京国民政府资源委员会化学专门委员叶诸沛（1920—1971年，中国近代冶金学家，中国科学院学部委员）之邀到重庆，从事设计工作（1938—1939年），主持资源委员会重庆炼钢厂的规划，而资金来源以国家投资与银行贷款为主，按供需合同进行生产，使用国家投资并承付利息，赢利按比例分成，实行盈亏自负，是以营利为目的的商品生产者。1940年，炼钢厂与纯铣厂、炼锌厂合并为电化冶炼厂，设于綦江三溪大田坝。

1939年冬，童寯途经越南、香港，短暂回到上海，后于1940年春赴贵阳，设立"华盖建筑"分所，并协助赵深在昆明分所的工作，主要设计与监造项目有原四川资中酒精厂、原贵阳花溪清华中学、原贵阳南明区省政府招待所、原贵阳花溪贵阳县政府、原贵阳儿童图书馆、原贵阳招待所、原贵阳民众教育馆、原贵阳湘雅村国立湘雅医学院讲堂及宿舍、原贵州省立物产陈列馆、原贵州艺术馆等。

抗战后，贵阳远离战场，处于大后方，受战火波及的程度较小，全国各地沦陷区的工厂、单位、学校纷纷内迁贵阳，为贵阳经济、文化的发展提供了支持，部分建筑师也转移到贵阳发展，并开始建造房子，包括政府建筑、公共建筑、住宅建筑等。但因战时的现实条件较差，多数企业、甲方盖房子多偏向临时性的想法，所以，房子建成后，较简单粗陋，无法反映战前所达到的建造水平。因此，20世纪40年代后在贵阳所盖的房子，大多为临时建筑，而这种临时建筑的产生，完全反映迁往贵阳的人，他们总想战胜后迁回原聚居地（沦陷区）。

贵阳海拔高度约1100米，常年受西风带影响，属亚热带湿润温和型气候，年平均总降水量为1129.5毫米，夏季雨水充沛，约500毫米，夜间降水量占全年降水量的70%，而充沛的雨水多集中在夜晚降下，是贵阳气候的特色之一，所以，城市的防汛工作、建筑的防水与排水很重要。因此，童寯在贵阳的项目，如原贵阳儿童图书馆、原贵阳招待所、原贵州艺术馆等，皆考虑多雨的气候因素，屋顶采用坡屋顶，来解决排水问

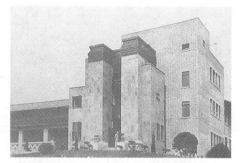
图 7-182 原（南京）中山陵园中山文化教育馆

图 7-183 原（长沙）清华大学矿物工程系机电楼

图 7-184 原（长沙）清华大学矿物工程系教学楼

图 7-185 花溪清华中学 -1

图 7-186 花溪清华中学 -2

题，当然也因平屋顶的防水施工过程（用石油沥青黏粘两层油毛毡或屋顶板上铺水泥砂浆，再干铺油毛毡）较麻烦，且材料（沥青、油毛毡）贵，有时业主做不起，坡屋顶便成为了最经济、最符合气候条件的屋顶形式，而采用坡屋顶的项目皆因女儿墙加高，在视线上遮住了坡屋顶。在设计部分，童寯仍采竖向与横向的对比手法，在部分墙面转角及雨篷会来点圆弧收边（早年项目常见的处理），这批建筑几乎无任何装饰。

贵阳花溪清华中学是童寯义务为母校"清华"所承接的设计。花溪清华中学于1938年春创办，是贵州省重点中学，坐落在著名的高原明珠花溪，背靠雄伟大将山，面临清澈花溪河，青山环抱，绿树成荫，环境优美。

创办之初，清华中学校董会选举时任贵州省政府委员、财政厅长周诒春（1882—1958年，字寄梅，历任清华学堂校长、燕京大学校长、民国卫生部长等职，1956年任全国政协委员，中国近代教育家）为董事长，也是清华中学最高掌门人。周诒春利用自身关系和名望，为学校向各界人士筹募基金，邀请名人（贵州名士任可澄、省府主席吴鼎昌、贵阳市首任市长何辑五、省交通厅长叶纪元、贵阳医学院院长李宗恩，以及教育、科教、商界翁文灏、章元善、施嘉炀、吴泽霖等）任校董，并重视办学思想和优良校风，强调"智、德、体、群、美"全面发展的教育培养，由于战时办学，周诒春还教育学生要养成艰苦朴素、勤劳实干的精神。

花溪清华中学创建后，急需建设校园，经费由周诒春募集，他邀请清华校友童寯义务为学校建设规划和校舍设计。1941年竣工，兴建有教师办公楼、礼堂、图书室3栋建筑（命名"达公楼"）。这3栋建筑，因战时及经费考量，设计一切从简，以实用为主。在设计中，童寯采用对称式布局，建筑内部中间为通廊及楼梯，两侧为教室。在立面上，中间部分高于两侧，入口处在中间，设有门廊，上有雨篷，而中间部分仍强调竖向的垂直墙板表述，两侧是规矩排列的矩形窗，也为了排水，采用坡屋顶，有四坡与双坡形式，覆盖红瓦，整体上，倾向于中式折中的设计。

墙面辅以花纹壁饰，拼花窗棂，顶部水泥塑饰，竖向语汇，呼应木构架下的檐口处理，装饰性已减弱

虽然，南京是大屋顶式样的中华古典风格的大本营，政府项目皆是此类建筑，商业项目也都充满中华特色。但是，在少量的政府或金融项目，仍存在着中式折中设计的痕迹，奚福泉是代表性建筑师。

而综观奚福泉大部分的作品，他是一位热衷于对现代建筑进行试验的建筑师，而他在南京的项目（原南京中国国货银行南京分行、原南京国民大会堂、原南京国立美术馆），也在试验现代建筑的基础上去作折中的表态，切入点与其他建筑师不同。

原中国国货银行南京分行于1936年建成，是孔祥熙与宋子文所创设的官商合办的银行，总行设在上海，成立于1929年，1930年在南京设立支行，委托奚福泉设计，由成泰营造厂承建。此项目6层高，采用钢筋混凝土结构，平屋顶。在设计上，奚福泉在平面采"梯"形的现代功能空间的布局，在立面采用竖向分割线条与规矩排列的矩形窗构成，是倾向于现代建筑的设计。入口处为大门廊，有8根方形混凝土柱，上接挑台石栏，下部为承台式仿石柱础，外墙是人造石饰面，局部墙面辅以中国传统花纹图案的壁饰，有拼花窗棂、花格钢窗及顶部水泥塑饰等。因此，平面是现代功能与立面的装饰构成了中式折中的设计语言。

原南京国民大会堂于1936年建成，是奚福泉经由公开招标后以首选方案获设计权（第二名是基泰工程司的关颂声，第三名是华盖建筑的赵深），但最终方案是综合一、二、三名的优点而折中兴建，由李宗侃督造，上海陆根记营造厂营造。此项目高4层，建筑面积为5100平方米。奚福泉在设计中采用对称式的布局，中间部分高于两侧边楼，而两侧边楼呈直线展开，内部结构合理，音响效果甚佳。外墙面上立柱与玻璃窗的竖向语汇，带有点维也纳分离派的味道，并构成了虚实相间的对比。同样地与原中国国货银行南京分行一样在局部墙面、窗花、雨篷和门扇有着中国传统装饰纹样，顶部阶梯式处理呼应中国传统建筑中屋顶木构架下的檐口处理，但装饰性已减弱，原南京国立美术馆与原南京国民大会堂似双胞胎，设计雷同。

低调面对大屋顶，弱化处理，几何形，体量关系，局部装饰

　　中国银行（总管理处）建筑课由陆谦受与吴景奇共同主持，陆谦受任课长，吴景奇任助理建筑师，负责中国银行系统内各地（上海、南京、青岛、济南、重庆等）的行屋项目设计为主。中国银行（总管理处）建筑课在上海的大部分项目皆倾向于西式折中或现代建筑，到了南京，也必须符合现实，尝试些许倾向于中华古典风格的设计，但却相对弱化，产生了中式折中的形态。

　　原中国银行南京分行是中国银行（总管理处）建筑课在南京的项目之一。1914年，中国银行在南京设立分行，在原址上兴建大楼，后于1933年重建，陆谦受和吴景奇负责设计，上海新亨营造厂承建。此项目属于钢筋混凝土结构，高3层，占地面积3746平方米，建筑面积5709平方米。在设计上，陆谦受以方正规矩的平面布局来满足银行功能，采用对称处理，并从原本的形体拉出一长形块体来作为银行入口，以5个长方柱支撑作挑高及退缩处理。外墙面上设有天窗（方窗、圆窗），沿着外墙面序列而设，使得光线也均匀分布于室内，还具通风换气之功能。为了突显中国银行的社会地位，陆谦受在内部墙面上采用壁画装饰，富丽堂皇，提供宴会和招待贵宾之用。在材料方面，泰山面砖为外墙主要材料，苏州石打光做勒脚，正立面两侧墙面作横向砖带分割，局部外墙作竖向长窗及装饰处理，可以观察到此项目装饰性元素较少。值得一提的是，陆谦受设计了一个中华古典风格的斜屋顶，若没仔细看，甚难发现（屋顶稍稍退缩于形体内），似乎反映出陆谦受想低调面对大屋顶的现实框限，朝弱化、退位的处理，以简单的几何三角形状去呈现，而屋顶覆盖青瓦，屋脊用人造石饰以金色。总之，体现的是一种中式折中的设计语言。

　　中国银行的总部设在上海，20世纪30年代后，中国银行决定建造新大楼。当时，中国银行行长张嘉璈认为："必须有一新式建筑，方足象征中国银行之近代化，表示基础巩固，信孚中外。"便买进上海仁记路（今滇池路）和圆明园路的地皮，并每年提存50万元房产基金，准备建造新大楼，委托公和洋行（1868年由威廉·萨尔维在香港创立，之后加入测量师和建筑师，因参加第二代香港汇丰银行总行大厦设计竞赛，于1886年获胜，声名大噪，奠定地位，1895年改名为"巴马丹拿"。1912年民国政府成立，巴马丹拿派事务所成员乔治·威尔森和洛根远赴上海开设分所，以"公和洋行"这个名称面世，几年后威尔森和洛根成为正式合伙人和主持人，总部也从香港迁往上海，在上海外滩一带实践）设计双塔楼，一塔（高塔，300英尺，91米）位于外滩上，高于原沙逊大厦（77米），当时堪

图 7-187　原中国国货银行南京分行

图 7-188　原南京国民大会堂 -1

图 7-189　原南京国民大会堂 -2

图 7-190　原南京国立美术馆

图 7-191　原中国银行南京分行

图 7-192 原(上海)中国银行大厦

图 7-193 民园西里

图 7-194 原同济大学解放楼

图 7-195 原同济大学水泥实验馆

图 7-196 原南京工学院五四楼

称是远东第一栋摩天大楼,可以俯瞰上海外滩,而另一塔(低塔,178英尺,54米)位于圆明园路处,造价约1000万元。之后受到金融萎缩、白银风潮的影响,原本兴盛多年的房地产泡沫经济瞬间开始破灭,中国银行决定压缩节省开支,低塔放弃建造,而高塔将建造高度降低,改为18层楼,而更改后的大楼则由公和洋行和陆谦受共同设计,造价也紧缩为600万元,但高度仍然高过原沙逊大厦,供总部办公和上海分行营业之用。

1934年中国银行大厦管理处理事会成立,由被张嘉璈从香港调到上海任分行经理的贝祖贻(1893—1982年,字淞荪,江苏吴县人,1907年进苏州东吴大学,1911年考入唐山工业专门学校,毕业后先后任汉冶萍公司上海办事处统计部会计、中国银行总管理处总账室会计、中国银行广东分行营业主任、中国银行香港分行经理、中国银行上海分行经理及总行外汇部主任,中国近代银行家、金融家,其子贝聿铭为世界著名华裔建筑师)出任理事长,而贝祖贻会被调来因与时任国民政府财政部部长的宋子文有私交关系(两人曾任职于汉冶萍公司上海办事处),贝祖贻任理事长后自然有着主导建筑设计方向的权力,加上陆谦受的共同设计,于是在原主体上加入局部的中式符号和元素。之后,1935年宋子文出任董事长后,拥有庞大势力的沙逊集团不愿看到原本坐拥外滩第一高楼(原沙逊大楼)被取代,便凭借与高层(工部局、国民政府)的关系,施压,要求将中国银行新大楼更改设计,降低为17层(约70米),以低于原沙逊大楼。1937年新大楼结构工程完工,但因抗战爆发,工程延宕,断断续续地完工,直到抗战胜利后,中国银行才顺利迁入办公(1946年)。

此项目在设计方面,陆谦受以简化和实用的形式处理,外墙面带有局部装饰风格,是高层式的体量对称关系,而在立面上,深凹的开窗处理的规矩排列,是偏向于一种理性思考下的整体秩序感,而开窗面饰有中国传统装饰纹样,顶部的阶梯式呼应木构架下的檐口处理。因此,此项目有别于中国银行在上海其他行屋的风格(西式折中或现代建筑),中式折中语言鲜明,继续朝着装饰弱化和减少的方向设计。

墙垛砌筑,民居符号,封火山墙的暗喻,对传统装饰性的回归

天津一带的建筑在中国近代时期,大部分皆倾向于西方古典、西式折中风格,而沈理源也是操作此风格的能手与翘楚,但天津民园西里却不是这样,它有着倾向于中式折中的语言。

民园西里,建于1939年,是个沿街联排式的里弄住宅。20世纪30年代,天津聚集了民国时期的政府官员、军阀家属、买办、外国人与部分清朝遗族,他们来到天津买地建房居住,构成了天津一带在中国近代的文化融合时期，而天津也成为高档次的居住城市，民园西里就在这一时期诞生。民园西里由天津房地产济安公司投资兴建，提供或租赁给启新洋灰公司、东亚毛纺厂与济安公司部分职员当居所使用，现今已成为天津五大道的创意产业锚地的文化艺术街区，开设有艺术画廊、精品酒店、创意商店、咖啡店、展示体验馆等商铺和艺术机构，提升了这一代的人文气息与休闲服务的水平。

此项目是由两栋里弄住宅与17个单元联排组成，属于砖木混合结构，高2层，局部3层，每个分户单元都有着一个院落，单元与单元之间以"凹"字形排列。而立面材料为琉缸砖，围墙用墙垛砌筑，建筑内部是木地板与木门窗。建筑内部一层有厨房、起居室、佣人房、餐厅、储藏室，二层有卫生间与卧室居住功能空间，局部三层有储藏室，可以通往屋顶的平台，屋后还有一个小院，开启后门即可通往后面的小巷，整体上，布局合理与恰当。可以观察到，在设计时，沈理源运用了中国传统民居的符号与元素，建筑顶部为多坡大筒瓦屋顶，侧墙有封火山墙的运用，墙檐弯曲与邻墙之间的搭配，成为一种对传统装饰性的回归，而封火山墙的墙顶、平台围墙的顶部及部分墙面皆以白边作为修饰，总体设计可以看出对细节的追求，细致与精巧。

折中的高潮，"古今中外、皆为我用"

总体上可以观察到，中国近代建筑师的中式折中在中国的实践出现两波高潮，第一波是1932—1936年间，其中以1935年建成的最多，这当中，大部分是董大酉设计的《大上海计划》配套的政府项目。抗战爆发后，作品量爆减，部分也都是战前所承接的项目，接续建成。抗战胜利后，虽然有作品，但也是少量；第二波出现在1952年之后，大部分是校园建筑项目，如同济大学的解放楼、青年楼、基建处、工程实验馆、水泥实验馆、化学馆、科学材料馆、学生宿舍、同济新村（村一楼至村四楼）、南北楼、图书馆、西南一楼，以及南京工学院的五四楼、五五楼。之后，1958年后的"北京十大建筑"，成就了折中风格的高潮，它们是人民大会堂、中国历史博物馆与中国革命博物馆、中国人民革命军事博物馆、民族文化宫、民族饭店、钓鱼台国宾馆、华侨大厦、北京火车站、全国农业展览馆和北京工人体育场。"北京十大建筑"是新中国成立10周年的献礼工程，当时中央提出"古今中外、皆为我用"的设计原则，容纳各式风格（大屋顶的中华古典、柱式的西方古典、现代建筑），体现一种折中的方针与状态。因此，"北京十大建筑"是一次由政府主导进行的大型创作探索。

7.1.7 定义"现代"——现代化的背景、现代主义思想、现代建筑

现代的序幕，现代的知识与机械，推向现代时期，产生现代性的思考

在人类文明史上，18世纪是一个重要的时期，产生了两个重要活动，即启蒙运动与工业革命，促使着人类在知识、文化、思想及产业方面有着革命性的突破。启蒙运动启迪了人类的行为与思想，动摇与冲撞了古典的封建神权的统治，揭开了人类迈向现代知识生产的序幕；工业革命的机械制造，让人类在创作思维有了改变，是一项产业革命，开启了机械时代，是人类在现代化进程推动中不可取代的力量。启蒙运动的现代知识与工业革命的现代机械，终把人类从古典（传统）时期引进、推向了现代时期，进而产生了现代性的思考与思想。

在中国以外的世界（统称西方），于1640年英国资产阶级革命后进入到了近代社会历程，也就是17世纪中叶后，而中国正处于清朝的古代封建时期（1636年，皇太极改国号为大清）。启蒙运动始于17世纪末18世纪初，工业革命始于18世纪下半叶，西方便在近代时期完成了古典（传统）走向现代的过程，并经由殖

民活动扩散到世界各地。

而中国直到 1840 年鸦片战争后才进入到近代历程，晚了西方近代约近 200 年。

就在启蒙运动发生的阶段，中国最后一个封建帝制王朝清政府正处于"康乾盛世"（康熙 1662 年即位，雍正 1723 年登基，1735 年乾隆继位），人口数倍于明朝，制度改革，欧洲人追崇中国文化、思想与艺术（18 世纪中国风）。到了乾隆末年，清政府开始走向衰落，政治腐败，各地民变，这时是工业革命发生的阶段，而之后清朝掌政者（1799 年之后）的施政风格日趋保守和僵化，濒临全面颓废崩溃之势。因此，在盛世期间，清政府没有接受或迎向这一波人类文明史上的重大变革，盛世之后，也没有能力赶上，结果就没有顺势接受现代知识与机械所带来势不可挡的现代化的进步，或者是消极的抵抗（政治僵化、文化专制、闭关锁国）。这之中，或多或少曾贴近过现代化，但作用都不大。

总之，古代时期的中国（清政府）对于人类文明史上的现代化变革是失败的，没有参与，也导致之后以一种相对屈辱、战败的方式向世界开放（19 世纪中叶后）。开放后，便是中国的近代历程的开启，经过了一段冗长的时间（1840—1911 年），碰撞、冲击与辩证，之后才逐渐地从古典的过去走了出来，迎向现代化，当换了一个政体后，进行了中国近代社会的革命性变革。

可以判断，从 19 世纪中叶到 20 世纪 10 年代，是中国近代社会真正从古典过渡到现代的时期。这一时期，关于新（现代）的事物陆续导入中国，促使着城市有了建设，视野有了改变，知识有了宽度，经济有了转机，生活有了更新。就建筑而言，工业革命后产生的新材料与工法引入中国后，让旧（传统）的营造、建造观有了改变，加上人员的流动（留学）与回归，思潮的涌起，现实的状况，实践也有了变化，进而衍生出新（现代）的设计观，创造出新（现代）建筑，并同步于世界（在 20 世纪初期，现代建筑被称为新建筑）。

中国的现代主义思想、现代建筑——面向进步与自由，改变过往与既有，对艺术精神的向往

世界上的新（现代）建筑不是随机产生的，它是由工业革命引起的对于社会生产与生活方式的大变革。在 19 世纪，因工业革命后工业的大发展，以及人口增多导致城市需不断地扩大，各类建筑急需建造，以经济和实用为主，包括有住宅、商业、办公、工厂、铁路等建筑，而这些建筑的需求已胜过被古典体系所服务的宫殿、庙宇和陵墓。同时也出现新形态的展览建筑，新的功能被提出，多样化导致所需用地增多，跨度增大，而城市中的商业与医院项目的功能也趋多样化，有着复杂性。以上的前因，都让房子需增加楼层，赋予灵活的现代功能布局来满足现状所需，因此，需要有新的设计观及结构体系来支撑。于是，新的材料（铁、钢、水泥等）便逐渐取代旧的材料（木、砖、砂、石等）用于房屋结构上，并出现了钢筋混凝土结构，可以支撑新（现代）建筑如实产生，建筑得到飞跃的变化。

以上新（现代）建筑形成的前因与情况，也体现在中国近代社会历程中。

中国近代社会在洋务运动时期（19 世纪中叶后），因新（现代）的事物的导入，促使旧（传统）的城市需要更新，因它已无法满足人的生活需求，加上战事频传，逃难民众增加，涌入某特定区域，城市中居住问题急需解决，所以，住宅激增，房地产兴起。而洋务运动后的重视工业发展，也需要跨度大的厂房。到了 20 世纪，政体转换后，大建设兴起，华商投资，出现了各类型建筑，如住宅、商业、办公、工厂、铁路等项目，功能也趋多样化，楼层增高，房地产又再度兴盛。也由于中国近代社会尚未统一，战事纷扰，经济、实用与快速建成的房子更符合现代生活之所需（工期短、预算少），也更贴近于社会大众的层面。以上的前因与情况，导致旧的中国古典（传统）建筑的木构架体系已无法满足与解决新形态建筑的功能需求，也不符合时代变革后的进步条件。因此，当新的材料（铁、钢、水泥等）与工法导入中国后，人类工业革命文明所创造出来的材料及其产生的新结构体系（钢骨、钢筋混凝土结构），让旧（传统）的营造观受到了冲击，给了中国近代社会对旧（传统）体系的一个改变与更新的机会，进而有能力发展新（现代）建筑来符合现代生活所要的经济、实用、舒适、安逸与方便之感，创造出新（现代）的设计观。

因此，在中国的语境与文化框架下去定义的话，意识到新（现代）的时代到来，以及思考到符合时代背景下的现代性，并力求迎向与改变的建筑，即是中国的现代建筑。换句话说，中国的现代主义思想、现代建筑始源于人类（建筑）对现代的理解以及材料的更新、工法的创建（文明移转的导入），得再加上中国自身从"古典"过渡到"现代"时（中国近代历程）对自身现代性存在的自我价值与对现代生活的自我救赎的一种追求，既面向进步与自由，也改变过往与既有，最后，对艺术精神（理想性及诗性）的向往，才是属于中国的现代主义思想、现代建筑。总之，在中国近代时期，是存在此一思想、运动，始于20世纪20年代末。

结构原理的相似，"墙"得到了解放，减少繁复的古典步骤

若从另一个角度观察，中国古典（传统）建筑的木构架体系以木柱、木梁所构成的框架，受力的是木柱，墙是不承重的，且在承重的木柱间立成，并分割空间，窗之后才安上（除了木头，砖块、砖石也在中国"古典"建筑得到了大量使用，如：军事防御的墙体、桥梁、道路、台阶、塔、墓穴等，以上算是构筑体，不算正式的建筑），这样的结构原理与现代建筑的结构原理是相似的。现代建筑的柱是混凝土柱，成形是有原因的：一方面它将古典的柱式（柱头、柱壁、柱础）简化，让其受力，而古典时受力的"墙"瞬间得到了解放，可以加以运用；一方面也是经济预算的考量，混凝土柱所形成的框架系统较为节省，建造快速、方便，符合时代需求。另外，在中国的语境下，现代建筑的混凝土柱的框架系统也让中国营造人员可以缩短对现代工法在理解上的时间，他们认为顶多换了个材料，多学了套基础工程与结构工程，况且跨度加大，楼层增高，使用性更灵活，反而减少需要花时间雕琢的、繁复的古典的装饰步骤。这样的改变也把中国古典（传统）建筑盖棺论定为是"古代"时期的经典，留存于历史之中。

可变动性，非永久性，不相信永生，物质会消失或被取代，生命循环论，"易"，生而不有，回归本质

从材料层面观察，中国古典（传统）建筑屋顶面的材料（茅草、筒瓦等）是附加的，可更换，墙不承重，材料是拼接而成的，也可弹性更换，所以材料是可变动性、非永久性的。而木构架体系的构筑方式也有使用期限（有的倾向于临时性），久了需翻修或重建，所以也是非永久性的。而这样的非永久性或可变动性的材料观正好与中国人的文化观、哲学观有关系，即中国人不太相信永生。

所谓的房子在中国人的文化观里是有形的事物，是物质性的（这也是古代不太重视工匠的原因之一），而中国人认为物质的事物是会消失抑或被取代，更是可以被重建的，同中国人生命观认为"生生之为易"的生命循环论的道理契合。

"易"为中国自然哲学的宇宙观，认为世界上不变的唯有"变易本身"，而这"变易"非指物体的空间性位置移动，而是指事物的时间性生成演化，任何事物皆有生有灭。中国人认为宇宙万物从道开始，皆有一共同之本源，亦皆有从无到有、从隐到显、由盛而衰的诞生、生长、灭亡之生命循环的过程，人只是处于生生不已、大化流行的世界图象之中，与万物一体，与天地同参，而天地间的万物生命是创化不已、生而又生、永不止息。房子就如同万物，是物质，有生有灭，可以"生而不有"，但当被重建时，功能依然存在，也就是精神依然存在，精神与物质在中国人的文化观里是分开存在的。

因此，中国人对于物质性的房子的永恒性、永久性是不关心的，也认为是非永恒性、非永久性的，相信房子终有一天会灭亡，并得到建造再生，即使是宫殿与庙宇，宏大辉煌，也不冀求能使用多长时间。这与西方的相信永恒是不同的，所以，西方以天为主体，建造永恒性、永久性的教堂来牵引天与人之间的关系，他们信奉太阳，喜欢造太阳神，教堂里天窗所射下的光就如同太阳的光芒。而中国人的非永恒性、非永久性则体现在以人为主体，从无到有，回归到生活的本质，没有什么是不可以改变的，更适合在阴柔的

月光下去改变，去企盼一种诗境力量（闲寂、幽雅、朴素、空明、澄净、洗心）的产生，诗的感叹之情。

以人为主体，徜徉在天地的空间之间，空间上的"道"

而中国人的哲学观讲求的"天地人合一"也是以人为主体，去跟天、地产生关系，以天、地为模范（天尊地卑），所以，通常中国人不太在乎围合人四周的物质（房子、遮蔽物），抑或物质之美，那都是外相、表征，中国人认为这些物质的存在是属于日常之需求，但并不是绝对的需要。当以人为主体时，人就作为主角，徜徉在天地之间，就如同徜徉在天地的空间之间，去寻求一种空间上的"道"，这与现代主义思想中所强调的空间抽象性有一种不谋而合的关系，有其相似的巧妙之处。

因此，中国人的文化观、哲学观贴近于现代主义思想的抽象精神层面，而中国古典（传统）建筑的构架体系似乎可以认定为是现代主义思想、现代建筑的先驱，或者可以这样说，站在中国人的视角来看，从中国的古典（传统）建筑过渡到中国的现代建筑是相对可以理解的，它的构架体系与精神层面皆相似，在这基础上，再去思考空间的精神与物质之间的关系，是理所当然的合理。

7.1.8 现代主义、现代建筑在中国的实践——始于 20 世纪 20 年代末

中国近代建筑师的现代建筑在中国的实践，始于 20 世纪 20 年代末，兴盛于 20 世纪 30 年代中期，这中间只有少数几个作品产生，且 1 年 1 个（1928 年、1929 年、1931 年、1932 年），包括有杨廷宝的原（天津）中国银行货栈、阎子亨的原（天津）王天木故居、沈理源的原（天津）王占元故居、奚福泉的（上海）康绥公寓，以上 4 个项目或多或少有现代建筑设计的痕迹，但都在试验中。

横向带状窗，抛弃多余装饰，水平线条，非对称式布局，平屋顶，转角窗，尝试向现代建筑的靠近

原（天津）中国银行货栈由基泰工程司的杨廷宝于 1928 年主持设计，由杨宽麟负责结构设计，1929 年建成。由于场地限制及满足货栈最大的功能需求，杨廷宝设计成菱形，将场地充分利用。"货栈"4 层高，局部 5 层，在平面布局的中间部分挖空，设有内院，可以通风采光，以保装卸货物之流畅。

杨廷宝在此项目中除了满足货栈功能，他有一点突破，即是在立面形式上用了两种划分，一是在入口处墙面用竖向墙柱作划分，墙与墙之间是横向带状窗；一是在其他墙面用横向带状窗来强调一种水平向延伸的划分，并在转角处用圆弧处理，且抛弃多余的装饰元素，让货栈显得简洁、干净，这一切都说明着杨廷宝当时尝试向现代建筑的风格靠近，但也或许是因货栈本身不需说太多的话，不需要矫情的设计，只需满足功能需求即可。在货栈结构部分，杨宽麟用短木与短钢筋打好，并定好桩，密集布局，桩顶浇筑钢筋混凝土将货栈构成。而货栈建成后，由于临近海河，当时岸边没码头，货轮便可在此装卸货物。

原（天津）王天木故居，20 世纪 20 年代末建成，由阎子亨设计。此项目，层高 3 层，属于砖木结构，清水砖墙，平屋顶，百叶窗。建筑内部一层为客厅、饭厅与书房，二、三层为卧室与起居室，二层有方形阳台，满足基本的住居功能需求，饱和的方正几何体，显示出功能的完整使用，撇开外墙面砖的语汇，明显含有现代建筑的设计韵味。可以观察到阎子亨在探索现代建筑的路线上，已逐渐弱化外部的装饰性，或者是弱化附加于建筑体上的装饰性，但仍看到砖在墙面上不同砌法、色调与水泥墙、刷石子之间搭配的运用，并且用材料的不同与分割去塑造出现代建筑的水平线条。

原（天津）王占元故居是原直系军阀王占元家族的住宅，是王占元为其 3 个儿子所兴建的，委托沈理源设计，分为 3 栋楼房，砖木结构，高 2 层，局部 3 层，平屋顶。在设计中，沈理源采用非对称式的平面

布局，首层为一半圆形玻璃花厅，顶部设有阳台。二层屋顶设有混凝土制大凉棚，阳台后半部设有居室。在立面上，横向的语言鲜明，一圈是素净的水泥墙面，一圈是砖与玻璃窗的间隔排列，设有转角窗，加上非对称式的布局，倾向于现代建筑设计的语言鲜明。

由以上 3 个项目可以观察到，在 20 世纪 20 年代末起，倾向于现代建筑的作品以天津占多数。然而，天津大部分中国近代建筑师的作品是以西方古典、西式折中为主，能出现 2—3 个现代建筑作品，实属难得，当然与天津较其他城市安稳地接受现代化的建设和资讯有关。其实，也反映一种现象，即当建筑师以西方古典、西式折中为其设计主线时，仍会有少数作品是对现代建筑的试验，他们还是关注到了这一新（现代）的思潮，有的还特别明显，倾向现代建筑试验的作品较多，如中国工程司的阎子亨建筑师。

原（天津）王天木故居（20 世纪 20 年代末建成）是阎子亨早年对现代建筑进行试验的作品，之后，他沿着这条路探索下去，并作不同的设计尝试，有几何的体现，有理性秩序的追求，有分离派竖向线条的诠释，有表现主义雕塑性的语汇，有横向水平线条的现代特征，以上是他自己对现代建筑的个人理解与认知。

竖向线条，截取现代建筑语言，表现主义的雕塑性，延伸性

1933 年，北洋工学院拟具发展计划，除了聘请教授外，也要添建教学楼，增建工程学馆、图书馆与新体育馆等，阎子亨分别于 1933 年建成了原北洋工学院工程学馆，1936 年建成了原北洋工学院工程实验馆两栋教学楼。

原北洋工学院工程学馆，也称南大楼，占地面积为 1623.83 平方米，建筑面积为 4949.91 平方米，高 3 层，属于砖混结构，平屋顶。在设计中，阎子亨采用对称式布局，入口置于中间部分，南北两侧都设立了出入口，方便人流的疏通，而两侧的出入口与内部的过道空间直向楼梯形成了建筑的中介空间，让室内更显得明亮与空气流通。建筑内部中间通廊两侧为功能空间，一层为办公室，二、三层为教室，依靠中间的楼梯联系上下楼层，布局简单清晰，符合现代教学功能之需求。而大面积的开窗，使得室内空间开敞而明亮，内部的地坪则是传统适合大面积空间使用的磨石子地坪。建筑是长向几何构成，中间与两侧局部高起，竖向线条的设计犹然明显。立面上成排规矩排列的窗户，体现出一种整体秩序性，有点偏向于理性的设计倾向。在建筑中间与两侧部分皆有小山墙的语汇，与

图 7-197　原（天津）中国银行货栈

图 7-198　王天木故居 -1

图 7-199　王天木故居 -2

图 7-200　王占元故居 -1

图 7-201　王占元故居 -2

图 7-202 原北洋工学院工程学馆 -1

图 7-203 原北洋工学院工程学馆 -2

图 7-204 原北洋工学院工程学馆 -3

图 7-205 原北洋工学院工程实验馆 -1

图 7-206 原北洋工学院工程实验馆 -2

图 7-207 原北洋工学院工程学馆 -4

图 7-208 原北洋工学院工程学馆 -5

图 7-209 原天津防盲医院

局部砖的装饰性的零碎表述，带有点折中的意涵。而在另一侧出入口，高大的垂直体量，仿似维也纳分离派的竖向设计。因此，从这栋建筑可以观察到，阎子亨在探索现代建筑的不同尝试，或者零碎地截取现代建筑的设计语言，有长向的几何体现，有整体的理性秩序，有零碎装饰的折中，有分离派的竖向垂直表述，可以这样认定，这栋建筑是一个现代主义集合体的展现。

阎子亨也设计了北洋工学院另一栋教学楼，即工程实验馆，也称北大楼，占地面积为 1606.5 平方米，建筑面积为 4805.11 平方米，高 3 层，属于砖混结构，平屋顶。此建筑的整体布局、设计语言与南大楼相似，但竖向线条的设计更为明显，砖的装饰性也少了很多，在竖向语言的唯一表述中，建筑更体现出一种精炼与典雅。

原天津防盲医院，于 1935 年建成，已拆，也由阎子亨设计，属于砖混结构，高 2 层，顶部有挑檐。由于场地在道路交叉口处，阎子亨便在交叉口处作半圆弧形墙面处理，这样的处理在 20 世纪 30 年代时常出现，如汉口洞庭街与鄱阳街、兰陵路和黎黄陂路交叉口处的巴公房子，上海淮海中路与武康路交叉口处的武康大楼，这 3 栋建筑有异曲同工之妙，建筑师皆考虑地形条件而设计，但防盲医院比巴公房子、武康大楼要简洁，装饰性语汇也少很多。半圆弧形处理，稍带有点表现主义的雕塑性尝试，而局部圆弧、弧形的处理在阎子亨之后的项目中经常出现。

原（天津）寿德大楼，于 1936 年建成，是阎子亨设计的一栋钢筋混凝土框架结构的"现代"公寓，主体高 6 层，中间部分高 7 层。在设计时，阎子亨采"U"字形的平面布局，入口采过街楼方式，原 8 米的通道与内院结合，内院形成了一个内部的采光天井，底层部分设有店铺、厨房、餐厅等，2 层为卧室、厨房、餐厅、储藏室等，3 层以上为客房，客房沿着中间"U"型内廊而设置，并有其他附属的服务与办公空间等。可以观察，阎子亨充分利用地形所给予的范围来设计，不浪费任何用地。而建筑正立面为对称式，中间部分采"竖向"垂直线条设计，临中间部分采一小段作弧形处理，并接续两侧墙面的横向水平发展。不管是竖向垂直与横向水平皆用砖清水墙与混凝土墙去作分割，形成强烈的现代几何语言的对比，既简洁又利落，具有现代建筑之味道。

原（天津）茂根大楼，可谓是阎子亨在 20 世纪 30 年代的代表性作品，总结了这时期他在现代建筑探索中所思考的范畴与面向。此项目于 1937 年建成，是由中国工程司主持建筑师阎子亨与中国工程司建筑师陈炎仲合作设计完成。

原（天津）茂根大楼，由茂根堂投资兴建，是一栋混合结构的现代式公寓，中间高4层，两翼高3层，从外观上可看出还带有半地下室。内部以楼梯为中心，两侧配置居住单元，包括有起居室、卧室、工作间、厨房、佣人房、公共卫生间等。外部采用对称式立面设计，窗户的形式也多样，有圆窗、矩形窗，更多了以前设计时少见的角窗。外伸式阳台的转角间采用弧形的处理，形成一种横向水平延伸性的语汇，具有流线型，而这样的局部弧形倾向于表现主义的雕塑尝试。同时利用材料上的色差来突出深浅的视觉对比性，并以简单线条与体块作等比例的分割处理，是个倾向于现代建筑试验的设计。

总结阎子亨的设计，他实际上就是一位在天津实践时，大部分项目都是对现代建筑进行试验的建筑师，而在上海有一位建筑师也是此类设计路线，他就是奚福泉。

内部功能实用性，几何形体完整性，扩大使用性，弧形处理

以上海起家的奚福泉，离开公和洋行，加入（上海）启明建筑事务所，任主创建筑师时，即是一位热衷于对现代建筑进行试验的建筑师。从20世纪30年代后，他所设计的项目，如（上海）康绥公寓、原（上海）白赛仲路公寓、原（上海）虹桥疗养院、原（上海）浦东大厦都带有此类倾向的痕迹。

（上海）康绥公寓，于1932年建成，业主为贝润生（1872—1947年，名仁元，字润生，江苏元和人。16岁到沪，中国近代民族资本家，著名美籍华人建筑师贝聿铭的叔祖）。"康绥"两字由英文cozy（温馨舒适）直译过来。此项目为钢筋混凝土结构，是个隐身于闹市中、临街面的住商混合型公寓，平屋顶，高5层（原为4层，后加建1层），总高度21.10米，平面呈长条形，东立面宽14.6米，南立面长76.8米，西立面宽14.6米，北立面长为75.95米，朝北有6个内天井。在设计时，奚福泉以创造城市中温馨小品的小康居住形态与质量为考量，以单身或小家庭夫妻2人居住为主，有别于淮海中路南面属豪华大型的培恩公寓和永业大楼。奚福泉将住宅出入口设在大楼背后的弄堂里，设6部扶梯，1梯3户，1梯2户，并企图保持一层临街面的完整性，供出租商业使用，这样的思考是现代建筑中因应城市中现实环境与内部功能布局的设计考量。奚福泉在弄堂内的住宅一层前设小花园，铺设马赛克拼花地坪，栋与栋之间可供晒衣使用，将住宅出入口设在弄堂内，可以营造现代居住生活的隐秘与舒适之感，不受街道嘈杂的干扰，而墙面上局部的大玻璃开窗，供给了建筑内部光线外，也体现出现代建筑的开窗形

图 7-210 原（天津）寿德大楼

图 7-211 原（天津）茂根大楼 -1

图 7-212 原（天津）茂根大楼 -2

图 7-213 （上海）康绥公寓 -1

图 7-214 原（上海）虹桥疗养院

图 7-215 （上海）康绥公寓 -2

图 7-216 （上海）康绥公寓 -3

图 7-217 （上海）康绥公寓 -4

式，让室内显得明亮，通风顺畅，让生活有安逸之感。而立面上竖向（棕红色面砖壁饰）与横向（白色水泥条带）的划分强烈，矩形开窗面规矩排列，利落的线条呼应了现代主义的精神，但还是带有点装饰性。康绥公寓，低调隐身于城市街道中，是其迷人之处，不走近细看，很难发现它所展现的现代建筑的意义与价值。

原（上海）虹桥疗养院，于1934年建成，由虹桥疗养院创始人丁惠康投资兴建。丁惠康出生在书香门第医学之家，其父亲丁福保是清政府时期的京师课学馆教授，1908年南京全国医科考试最优秀的内科医士，后特派赴日考察医学，回国后创办医学书局，编辑发行医学、文学、佛学、说文、古钱等书目百余种。1932年丁惠康与父亲筹资30万元巨款，在虹桥路201号建造（上海）虹桥疗养院，委托"启明建筑"承接，由奚福泉设计。在设计中，奚福泉为满足现代疗养院的功能布局，关注内部疗养空间的合理配置与要求，以实用性为主。建筑是低至高呈阶梯状的楼房，以增加室内空间的光线，而楼房内的疗养室皆朝南，设有大面玻璃窗、大阳台，让疗养室能充分晒到太阳，且病区内均有暖气。地板采用橡皮铺设，柔软舒适，降低噪声，可防滑，其他设备也最新颖，如手术室无影灯、冷气等。由于，设计注重内部功能的实用性，在形式上，奚福泉没有施以太多装饰的手法，只呈现出一个完整的、阶梯状的几何形体，深具现代建筑的实用价值与功能观念，并设有转角窗、圆窗及竖向窗。建成后，开张之日吴铁城（上海市市长）亲临剪彩，宾客1000余人，轰动一时。

由以上项目可以观察到，现代建筑设计中几何形体的完整性是奚福泉惯用的手法，他注重内部功能的合理布局，以满足业主之需求，所以，没有放太多心思在外观形式的雕琢，原（上海）浦东大厦也是如此。

1932年浦东同学会常务理事会寻土地自建会所，并招标，委请庄俊、李锦沛、薛次莘等人评审，有5位建筑师参加，最终决定采用"启明建筑"的奚福泉所提出的方案。施工时，经费原因断断续续，曾一度停工，复工后于1936年建成。由于，场地的条件不佳，属不规则的地形，在设计时，奚福泉沿着场地饱和并满足现代商住结合的功能布局，一层为大厅，挑高二层，周边有廊道围绕，三层有不同性质（医师、律师、会计师、建筑师等）的办公间，四、五、六层为公寓，七、八层为俱乐部。接着，将建筑外墙处理成5个竖向间段且呈6角外凸，中间3间段为8层，两侧为6层，创造出凹凸相间与左右对称的形体，奚福泉以具有现代建筑特征的几何形体来弥补地形上的缺陷所带来不好的视觉感，顶部外墙的横向镶嵌线条，让现代建筑的语汇更加鲜明。此大厦因兴建高架道路于20世纪80年代中被拆除。

原（上海）欧亚航空公司上海龙华飞机棚厂是奚福泉另一个鲜明的现代建筑设计，于1936年建成。由于是个飞机棚厂项目，在设计中，奚福泉扩大内部的使用性，设计一个完整的几何体，而两侧墙面则是现代建筑中横向语汇鲜明的水平窗带，转角墙面则是弧形的处理，带有点表现主义的味道，手法简洁利落。

（上海）自由公寓也是奚福泉的设计，于1937年建成，高9层，钢筋混凝土结构。此项目由于地形的狭长，奚福泉在场地前方设有大片绿地，后方设车位汽车停放区域。公寓出入口由底层通道引入，设3个踏步进入电梯厅，电梯厅设在出入口背后，与楼梯口相望，以避免人流的冲突与拥挤情况发生。建筑标准层以中央电梯为中心，两边对称布局，每层设2个3室户，有客厅、卧室、厨房、佣人房与共用的卫生间，佣人由阳台走廊进出，卧室与客厅相接处设转角阳台，北边两翼设小楼梯，供佣人出入及消防楼梯用。在此项目中，奚福泉强调高楼的竖向语言并保留完整的几何体，外墙贴褐色面砖，转角阳台与客厅窗框处用淡色调处理，设计处理合理又精心。

高潮

1933年之后，中国近代建筑师倾向于现代建筑试验的作品逐年增加，到了1935年、1936年达到一个高潮，这两年的作品量都绝对多于其他年份，两年总和近30个。

除了以上阎子亨、奚福泉，两人以主创建筑师身份进行对现代建筑的试验，属个人身份。而另外以团体身份，对现代建筑进行试验的有"华盖建筑"，他们是联合型事务所，由赵深、陈植、童寯3人于1932年合伙创办。而原大上海大戏院是"华盖建筑"创建后，执业初期重要的代表性作品，倾向于对现代建筑的追求。

图 7-218 原（上海）欧亚航空公司上海龙华飞机棚厂

竖向线条，圆弧形的延伸，水平饰带，选择回避大屋顶

中国近代第一座由中国建筑师设计的电影院于20世纪30年代初建成，即原（上海）南京大戏院，由以何挺然（创办联怡电影公司）为首的一些社会名流及海归人士集资建造，范文照建筑师事务所承接。"华盖建筑"的赵深，早年曾在范文照事务所任职，他与范两人就负责此项目，是个倾向于西式折中的设计，讲究演绎西方古典的柱式、尺度、比例、对称的内外空间的构成，高大和比例匀称的古典柱廊与券门，庄重又淡雅，这是受学院派教育的影响。建成后，首映是美国环球电影公司的歌舞片《百老汇》，盛况空前，成为当时最轰动的新闻，之后，不管放映的是国产片还是好莱坞片（西洋影戏），都创造每月客满的记录。更重要的是，原（上海）南京大戏院的出现，投入到竞争行列中（申江大戏院、好莱坞大戏院、丽都大戏院等），蓬勃发展、丰厚利润的电影院事业是那个时代里娱乐、流行与时尚文化的象征。1932年因"一·二八"事变，部分戏院在战火中遭到焚毁，电影院事业曾出现一段清淡的时期。

图 7-219 （上海）自由公寓

早年，赵深因在原（上海）南京大戏院的优异设计能力，获得何挺然的赏识，因此，又再度接到何挺然投资欲复兴电影事业的另一个项目，即原大上海大戏院，陈植、童寯共同参与设计，于1932年秋兴建，晚于原（上海）南京大戏院3年建成（1933年冬），营造费用18万元，水电及暖气设备费用4万3千元，冷气费用2万2千余元，钢铁及椅子费用2万7千元，总共27万余元。

图 7-220 原大上海大戏院

原大上海大戏院共5层，后为观众厅，设上下两层，有1700余座位，设有大挑台的楼座，有750个座位，地板用橡皮铺成，踩踏无声，设置有最先进的放映机（放映16毫米胶片）、宽敞屏幕及隔声纸板等设备，还附设有音乐茶座、弹子房等空间。在外立面上，材料为黑色磨光大理石贴面，以及水泥刷带，设有8根从二层底贯穿到顶的玻璃方柱嵌于墙上，内置霓虹灯，竖向线条极为挺拔与鲜明，这也是"华盖建筑"在设计上常见的手法（原浙江兴业银行、原恒利银行），还在大戏院茶室大门墙面采用圆角处理，与室内曲线灯带相呼应，整体上，既

图 7-221 原上海金城大戏院 -1

图 7-222 原上海金城大戏院 -2

实用又简练，装饰在此匿迹，因此，原大上海大戏院的设计更贴近于现代建筑的语言。晚上时，带有柔和白光的玻璃方柱，在城市街道中，极为壮丽，与黑色大理石形成强烈对比，醒目绝伦，加上侧边霓虹灯管上的大上海大戏院标识，可招揽顾客前来。

原大上海大戏院建成那年（1933年），"华盖建筑"又接到另一个电影院项目，即原上海金城大戏院，于1934年建成开业。此项目设计与原大上海大戏院有异曲同工之妙，手法上仍见竖向线条与圆角、弧的出现，唯一增加的是横向表述。为了吸引人潮，主入口设在转角处，墙面处理成圆弧形，并延伸至室内，而主入口上方则是竖向语言，4根从二层底贯穿到四层顶的水泥小圆方柱，收到墙板内，而墙板两侧墙面是往内收的切面圆弧，是表现主义的手法，同时，用水泥的分割勾缝与侧墙面上两段的水平水泥饰带（内置两排方块窗，共10个），形成横向的表述，简单又利落，可以说，"华盖建筑"又再一次试验了现代建筑的语言与手法。

"华盖建筑"在创建之初，身在上海，赵深、陈植、童寯似乎选择回避大屋顶的中华风格所带来的沉重包袱，企图在设计中反映一种面向世界或国际的新（现代）建筑的时代观，或者说想寻求建筑实践上的突破点（因那时中华风格是设计主流），在原（上海）中国银行大厦的方案便是如此。此项目，由于是高层建筑，童寯设计一个竖向的逐层向内收缩的形体，既简洁又明晰，类似于他在美国工作时（伊莱·雅克·康事务所），参与到的项目（华尔街120号项目）。

居住功能的经济与实用性，形式的简洁，装饰的去除，体量的进退关系，工业轻质，转角不落柱

因此，从创建后到抗战前（1932—1937年），"华盖建筑"在上海的实践仍贴近于现代建筑语言的操作，在住宅项目上，更强调符合居住功能的合理、经济与实用性，以及立面形式的简洁，在原（上海）合记公寓、原（上海）梅谷公寓及原（上海）敦信路赵宅项目中皆可看到此一设计特征，这一类作品不高，2—4层左右，以街边与私人自用住宅类型为主，皆为方正几何的形体。

原（上海）梅谷公寓沿街边转角处而伫立，是个住商混合的公寓，设计给单身或小家庭夫妻两人居住为主。在立面上，"华盖建筑"设计3排规矩排列的矩形窗带，墙面用棕红砖，以及部分横向水泥饰带，装饰元素已近乎去除，平屋顶更呼应现代建筑中所提倡的设计元素，整体上，既简单又大方，低调隐身在城市街道中。原（上海）敦信路赵宅则为独栋式别墅，有庭园与花台，体量有进退关系，二楼设有阳台，细致栏杆体现了国际样式工业轻质的语言，也用了平屋顶，让人可以驻足。可发现在此项目中，几何精简与利落的外形，转角无任何多余的装饰，设有开窗面（转角不落柱），增加室内光线均匀的分布。

立面水平分割，横平竖直，最饱和的功能需求，逐层向内退缩

同样地，南京的部分项目（原南京首都饭店、原南京首都电厂），"华盖建筑"在设计上也倾向于现代建筑语言的操作。而南京也是"华盖建筑"除了上海之外，另一个承接项目最多的地区。

原南京首都饭店项目由"华盖建筑"的童寯主导设计，1933年建成，由大华复记建筑公司联合成记营造厂承揽建造。在此项目中，童寯为满足现代饭店的功能设计有50多间客房（含浴室），中间5层，两翼为4层，钢筋混凝土结构。由于楼层不高，建筑尺度稍宽，在立面上，童寯设计以面砖及水泥砂浆的材料饰面，加上矩形玻璃窗构成横向的立面水平分割线条，简洁又明快，装饰元素已偏少，屋顶设有2层平台，可以使用。从以上南京首都饭店项目可观察到，横平竖直是"华盖建筑"常见的设计手法，当然构成条件取决于场地大小与楼层高度。

如果条件允许的话，横平竖直手法也会同时反映在一栋建筑上，如原南京首都电厂项目，由于是一个工厂，为了满足最大化、最饱和的功能需求，"华盖建筑"设计一个厚实方整的几何形体，以充分利用室内空间，保证工厂内部作业的交通流畅。工厂被完整的包被后，室内极需采光，在一侧墙面设有竖向的垂直窗带，另一侧墙面设有横向的水平窗带，而顶部也因逐层向内退缩设有横向水平天窗，因项目性质、经济及现实考量，没有过多的装饰，因此，此项目仍是一个倾向于现代建筑的设计。而原南京首都电厂曾享有"全国模范电厂"的美誉，与杭州闸口电厂、上海杨树浦电厂被称为江南三大发电厂。

图 7-223 原上海梅谷公寓

砖在立面上的试验性

在南京项目中，有一个项目值得一提，即原（南京）水晶台中央地质调查所陈列馆，"华盖建筑"关注到砖作为材料在立面上的试验性。

1933 年，中国近代著名地质学家翁文灏（1889—1971 年，字咏霓，浙江鄞县人，曾留学比利时，专攻地质学，获博士学位，回国对地质学教育、矿产开探、地震研究等多方面有杰出贡献，曾以学者身份在国民政府内任职，主管矿务资源与其生产工作）出面筹划兴建地质调查所陈列馆大楼及图书馆等房舍，作为中国近代第一个全国性的地质研究机构，委托"华盖建筑"设计，由童寯主导。

图 7-224 原上海合记公寓

地质调查所陈列馆，建筑面积近 2000 平方米，钢筋混凝土结构，于 1935 年建成。在设计中，童寯将陈列馆主入口设在中间，有两处进口，一处是由两侧楼梯上到一层半入口，后进入室内，再上半层楼梯进入大厅；一处是由两侧楼梯下方直接进入室内。室内采取对称式布局，中间通廊，两侧为办公空间，局部墙面、门框有古典的线脚装饰，地面铺设水磨石地面。

图 7-225 原南京首都饭店 -1

此项目立面分两部分，中间为 4 层，两翼为 3 层，且是设计的重点，童寯采用红砖作为主要材料，并附以不同试验性：①砖在两翼墙部分，童寯采用平实的还原砖的做法，搭配成排矩形窗，形成一面规矩的整体立面构图，只在两翼墙顶部及窗下边有"微凸"的水平收头。②砖在中间墙部分，童寯有两种做法，一种在底层入口墙转角处用圆弧处理，有点表现主义手法，另一种在一层半入口的两侧外墙上，将砖间隔凸出形成一种竖向有机规律性，上方中间还有 4 道竖向的凸出作为收头。在以上两种做法中，童寯皆抛弃装饰，不加粉刷，以倾向于现代建筑来设计，并强调一种砖在立面上的试验性，有别于之前童寯抑或"华盖建筑"的设计手法，较特殊。

图 7-226 原南京首都饭店 -2

1936 年，"华盖建筑"的赵深参与第一届中国建筑展览会的筹备工作，任征集组副主任及常务委员，与一群中国近代建筑师（李锦沛、关颂声、董大酉、林徽因、裘樊钧、杜彦耿、梁思成、卢树森）共同策划展览会，择定原上海市博物馆及原（上海）中

图 7-227 南京首都电厂

图 7-228 原（南京）水晶台中央地质调查所陈列馆 -1

图 7-229 原（南京）水晶台中央地质调查所陈列馆 -2

图 7-230 原（南京）水晶台中央地质调查所陈列馆 -3

国航空协会新厦为展场，主题以中国古代与近代建筑为主，向全国征集展品。展会于 4 月 12 日顺利开幕，展期共 8 天。在展览期间，童寯应"中国建筑展览会"邀请代表"华盖建筑"演讲，题为现代建筑，这是"华盖建筑"除了作品实践外，第一次向外界表明其事务所基本的设计思路与追求——倾向于"现代建筑"，因此，他们被建筑界誉为求新派。

对现代建筑进行试验，强度不同

在上海、南京，不得不提范文照与董大酉，这两位建筑师不只设计能力优秀出色，他们的社会活动力也非常强大，积极参与社会事务，开拓业务关系。

范文照曾参与中国建筑师学会的创建工作（1927 年前后），还在《中国建筑》创刊号（1932 年 11 月）中发文"中国建筑师学会缘起"阐述了中国建筑师学会的组成与缘起，几位核心团队如何组织学会。之后，范文照还被聘为（南京）中山陵园陵园计划专门委员（1928 年），及任（南京）首都设计委员会评议员（1929年），他也是上海市建筑技师公会的会员。1930 年，范文照加入上海扶轮社（依循国际扶轮规章所成立的地区性社会团体，全球第一个扶轮社是 1905 年创立），成为社员，任上海联青社社长（国际性基督教青年会，1924 年海外成立）。1932 年任（南京）中山陵顾问及国民政府铁道部技术专员、全国道路协会名誉顾问。

董大酉曾被聘请为上海市中心区域建设委员会顾问兼建筑师办事处主任建筑师，负责都市计划的编制与执行，实施《大上海计划》。1931 年任中国建筑师学会书记。1933 年任中国建筑师学会会长。1934 年任（上海）京沪、沪杭甬铁路管理局顾问。1935 年被中国工程师学会推定为国货建筑材料展览会筹备委员会委员，并任审查委员会委员。1936 年任第一届中国建筑展览会常务委员。1937 年成为中国工程师学会正会员，同年，任广东省政府建筑顾问及广东省政府技正，曾计划江西、湖北、广东等省省会及汉口市等的行政区。1947 年，董大酉任南京市都市计划委员会委员，兼计划处处长、主任建筑师。

范文照与董大酉的设计也或多或少倾向于对现代建筑进行试验，但强度不同，范文照从 1933 年起，立场逐渐趋向于现代性，之后更彻底转向现代建筑，并撰文自省，否定过往中华古典风格的设计，因他以前还曾是古典复兴的旗手；而董大酉则是在设计上寻求一个突破。1930 年董大酉创办事务所后，仍继续负责主持《大上海计划》，完成一些公用建筑，皆倾向于中华古典、中式折中的设计，受限于政府所拟定的设计规范（中国式样），但少数项目已对现代建筑进行试验。这期间，董大酉在住宅、办公楼项目已转向对现代建筑进行试验，似乎承接私人业主的项目，更让董大酉在设计上可以有所发挥，寻求突破。

范文照与董大酉，最终都成为对现代建筑进行试验的代表性建筑师，两人对现代建筑的理解与操作也各有所长。

逐渐趋向现代性，传统与现代的争论在于效率与美，新的更倾向于生活的舒适与安逸，从内而外，以民为本

在 20 世纪 20 年代、30 年代间（1925—1933 年），范文照仍是古典复兴的旗手，作品有（南京）孙中山先生中山陵图案设计竞赛方案（获第二名）、（广州）孙中山先生纪念堂设计竞赛（获第三名）、原（上海）圣约翰大学交谊室、原（上海）基督教青年会大楼、原（上海）南京大戏院、原（南京）铁道部大楼、原（南京）励志社总社、原（南京）华侨招待所、江苏保圣寺。其中，基督教青年会大楼由范文照与李锦沛、赵深合作完成，南京大戏院、铁道部大楼与励志社总社由范文照与赵深共同设计。

在 20 世纪 20 年代末 30 年代初的中国近代，因建设的蓬勃发展，吸引外资入沪投资，人流、物流极度频繁，与世界接轨后的资讯通达，使得现代主义建筑思想来到了中国，加上早已进入中国、行之多年的现代化材料、技术、工法与设备的推进，使得新思想充满着无限的可能性，这些都冲击了沉浸在古典浪潮的中国近代建筑师。

当范文照徜徉在中华古典的浪潮时,他的同辈建筑师有部分已悄然地在项目中试验着现代主义思想,或手法趋近于现代建筑原则,如:奚福泉设计的(上海)康绥公寓、原(上海)白赛仲公寓,华盖建筑(赵深、陈植、童寯)设计的原大上海大戏院、原(上海)金城大戏院、原(南京)首都饭店,身为活跃于媒体与社会活动、久经沙场的建筑师范文照,对于这些讯息,不可能不知道,因此,可以客观判断,他也注意到这一新(现代主义)思潮。

林林总总的讯息刺激着范文照对现代性问题的思考,因他也是个嗅觉敏锐的建筑师。不久,事务所的成员流动,促使资讯产生更新,此刻,范文照本身的设计思想真正发生了根本性的变化。

1933年,范文照事务所成员先后离职,便又补进新血,有林朋(Carl Linabohm,瑞典人美籍建筑师)、伍子昂(1933年美国哥伦比亚大学建筑学院毕业,获学士学位)、萧鼎华与铁广涛(1932年毕业于沈阳东北大学建筑工程系,获学士学位,1933年入范文照事务所实习)。其中,林朋与伍子昂提倡现代主义思想、现代建筑的主张,这时,范文照逐渐接受这一新观点,立场也逐渐趋向于现代性,但他内心仍然认为中国建筑是有其魅力的,而这个魅力不是指外形,而是一种建筑艺术的理想性及诗性。所以,范文照并不是要抛弃中国建筑。他自己认为传统与现代的争论在于效率与美,旧的形式正被新的抹除,而新的更倾向于生活的舒适、方便和安逸,但缺少那些古老方式中存在的调和之美。他曾经撰文解释过:当我们适应于新(现代)要求时,中国建筑艺术的本质特征应当不作更改地,予以保留,要重新获得"它"的智慧与美。而他认为的本质特征是:①规划的正当性,中国建筑有其轴线性与方向性,有一种线的节奏,提供给人愉悦的平衡感;②构造的真实性,没有虚假的概念,每个构件均有其结构上的价值,装饰都有其启发式的实用性,是一种开放性的木构系统,木柱支承是主要承重,墙只具围护功用,而这构造方式造就了钢架的现代概念,只是材料被更换;③屋顶曲线及曲面的微妙性,曲线赋予建筑生命力及艺术美,南北各异,柔和的曲线更让建筑与周遭环境取得良好的和谐感;④比例的协调感,梁柱的横竖效果加强了线与体的节奏性;⑤艺术的装饰性,丰富多彩的装饰受到普遍的赞美,使得室内设计也成为亮点,适应现代生活。

范文照还说过,中国近代存在着两个流派,理想派与现实派,前者反对新的效率,后者承认老的形式和风格,又认为最好的做法是对至今为止尚不甚可爱的新形式尽可能地加以美化处理。然而,他又发现出现一批为数不多的人,试图综合新老及东西中最优秀的部分,他们特别反对把东西方风格及形式叠加起来而导致城市变得难看的做法。他们认为,可以同样取得光、热、通风与卫生而又不必使房屋显得难看,他们试图把现代的舒适与方便引入房屋,而又保留中国古而有之的美观。

因此,这时,范文照对于中国建筑的理解似乎更倾向于一种艺术精神(与过往强调的大屋顶有所不同),他认为若采用现代形式时,内部仍需显藏、保留中国建筑的艺术精神,才符合他强调的建筑构思应当从内而外,而不是从外而内。由此,可以判断,范文照在中华古典风格的范畴内,逐渐从对形体(大屋顶)的关注转向对精神(理想性及诗性)的理解,并加入实用、经济(范似乎认为富丽堂皇的大屋顶式样过于浪费,不适合现代生活)的现代生活的舒适、方便和安逸之需求(以民为本的观念)。

自我解放,自我救赎,撰文自省,否定过往,考察新(现代)建筑

之后,在1934年,范文照终于从中华古典风格中自我解放、自我救赎,彻底转向新(现代)建筑,他撰文自省,否定过往,并终结原本富丽堂皇、过度浪费的中华古典风格中的大屋顶式样,号召社会各界来纠正此错误。要知道,范文照以前可是古典的旗手,他这样的转变,是一次革命性的宣告。

一年后,在1935年夏,范文照被委任为国家顾问,代表国民政府出席在英国伦敦召开的第14次国际城市及房屋设计会议以及罗马国际建筑师大会。开会期间,范文照利用剩余时间,考察欧洲各国的新(现代)建筑,那时正是现代主义在欧洲发展到最成熟的阶段,亲身体验后,加强了范文照对新(现代)建筑

图 7-231 （上海）协发公寓 -1

图 7-232 原中华书局广州分局 -1

图 7-233 原（上海）西摩路与福煦路转角处市房公寓

图 7-234 （上海）协发公寓 -2

图 7-235 （上海）协发公寓 -3

图 7-236 原中华书局广州分局 -2

图 7-237 原中华书局广州分局 -3

的缤纷多彩的认识与理解，而在几年前，1932 年，在美国纽约的现代艺术博物馆（MOMA, New York）也举办了"现代建筑：国际风格展览"。回国，已有体会的范文照更坚定地往新（现代）建筑的实践发展。

横向水平性，圆弧形半悬挑，先科学化后美术化，横竖穿插

这一时期，范文照的设计有原（上海）西摩路与福煦路转角处市房公寓、（上海）协发公寓、原（广州）中华书局广州分局已是倾向于现代建筑的设计。

原（上海）西摩路与福煦路转角处市房公寓是一个临街面的住商混合型建筑，底层为出租用的店铺，共有 14 间，皆使用了透明的无框大玻璃橱窗，既简洁又明亮，具有现代的店铺风格，二层为店铺的楼座，作办公和储藏使用，由一层店铺内小楼梯而上，三层为公寓，有 4 个单元，一梯两户，设一公用走道，卧室在南边，客厅与厨房在北边，设有辅助楼梯作消防疏散用，北边设有外廊。此项目，范文照用一个完整的几何体来满足公寓功能，立面上不带多余的古典装饰，使用泰山砖，利用横向的水泥窗版强调一种水平性，并在转角路口处将建筑施以弧形的处理，在二、三层窗版用 1/4 弧形向下收边。这栋建筑的出现说明范文照正式往现代建筑靠近，并切割对古典的遵从。

同样，在另一栋公寓，（上海）协发公寓，范文照也运用了现代建筑的设计手法。此项目占地面积 1050 平方米，建筑面积 2128 平方米，共 4 层，混合结构。由于是公寓式住宅，范文照仍用一个完整的几何体来满足住宅功能需求，不浪费任何面积，采用"一"字形布局，每个标准单元一梯一户，是当时高档的公寓式住宅，每户 4 室户型，居室大多为套间，并在房间分隔处设壁橱。起居室面向阳台处有 6 扇落地窗，在单元拼接处设有天井，改善室内的采光及通风。厨房较其他房间大，还设有佣人房。楼梯为一圆弧形半悬挑出，并活泼了立面。范文照在此设计中施以立面更加简洁、利落的形象，圆弧楼梯设有大片玻璃窗，材料也统一化，外墙面是浅黄色水泥拉毛处理，装饰的元素更趋近于无，现代建筑的语言与精神瞬间涌现，干净又纯粹。

虽然，范文照祖籍是广东顺德（生于上海），但他很少在广东一带活动，顶多曾参加广东省政府举办的图案竞赛（广东省政府合署图案竞赛，获首奖），他在广州唯一一个建成的项目是原（广州）中华书局广州分局。

原（广州）中华书局广州分局诞生在广州图书出版业繁荣的时期。19世纪以来，由于通商口岸的开放，现代化资讯的导入，出版业的高速发展，上海成为中国近代图书业发展最早最快的城市，之后，在20世纪初，许多出版机构纷纷到各地开设分局、分馆，扩大经营，以广州开设的最多，商务印书馆在永汉北路创办分馆（1907年），中华书局在永汉北路设立分局（1912年），世界书局在惠爱路昌兴街（1921年）和永汉北路分别设立分局，民智书局在永汉北路设立分局（1924年）等，一时之间，广州城内书局、书店林立，原（广州）中华书局广州分局便在此情况下产生。到了抗战前期，由于战场集中在华北、华东一带，身处华南的广州，稍稍远离战场，政局有着一段时间的稳定，也使得在北方的书局及文化人南迁避难及发展，以致广州的图书出版业曾一度地繁荣，但失守后，大多数书店关闭、解散。

范文照对于现代建筑的设计理解是应当从内而外，不单单只是对中国建筑艺术精神的保留，还有一种先考量科学化的设计，之后再美术化，他的作品也一直这样体现着，如：原（上海）西摩路与福煦路转角处市房公寓的满足临街面的住商混合形态以及（上海）协发公寓完整的功能需求，两者都在面积上进行极度饱和化，不浪费任何空间。范文照不会因为去追求形的表现，而忽视这一点，所以，他的建筑都是一个完整的个体、几何化，原（广州）中华书局广州分局也是如此，书局的功能需求绝对的满足，且因应周遭环境，入口有近2层高的退缩骑楼，然后在有限的范围内进行形体的美术化。而美术化也建立在简洁、利落的现代建筑语言基础上，立面上横向水平窗带如实地呈现，与顶部伸出的垂直立版，构成了横竖穿插对话的立面关系，材料的单纯化（红褐色方砖、白涂料）更让建筑的语言趋近于纯粹与精炼。

凌空腾飞状的表现主义味道

同样，在20世纪20年代末30年代初，现代主义建筑思潮来到了中国，身为政府部门御用建筑师的董大酉或多或少也风闻这一新的思潮。由于受限于政府的设计规范（中国式样），在执行《大上海计划》政府项目时，没能对现代建筑进行探索，但在部分政府项目的设计中，董大酉已悄然地对现代建筑进行试验，如原（上海）中国航空协会陈列馆及会所。

原（上海）中国航空协会陈列馆及会所是《大上海计划》的配套项目，高3层，正中楼顶形似天坛，建筑内部可沿扶梯直上顶层，圆形环墙嵌黑色大理石，祭台正中有蓝色玻璃，阳

图 7-238 原（上海）中国航空协会陈列馆及会所

图 7-239 原（上海）吴兴路花园住宅 -1

图 7-240 原（上海）吴兴路花园住宅 -2

图 7-241 原（上海）吴兴路花园住宅 -3

图 7-242 原（上海）古柏公寓

光透过玻璃可直射大厅，局部墙面饰有飞机的纹饰与云纹。其实，合理认定的话，这是一个倾向于中式折中的设计，因有许多中华古典的装饰语汇，而它的形体又似飞机的凌空腾飞状，似乎带有点表现主义的味道，从中可以观察到，董大酉的设计步伐已开始转变。

设计的突破，层级分明，空间变化，散步体验，弧形收边，转角开窗面，几何进退，流线性，方盒子

当承接到私人业主的项目时，董大酉已不受限制，加上步伐已转变，便顺势开启了对现代建筑的试验，或者他想在设计上寻求一个突破。在这些项目中，一栋是他的自宅，其他是花园住宅、里弄住宅。

原（上海）震旦东路董大酉自宅于 1935 年建成，主体 2 层高，逐层退缩后，局部 3 层高。在设计中，董大酉将自宅赋予现代建筑中精简、利落的几何形式，由弧形与矩形构成，并依现代住宅功能而采用非对称式布局，平屋顶，手法干净又纯粹。入口处设在一层，前方有一悬挑平台作为遮挡，以立柱撑起，董大酉希望塑造一种层级分明的关系，从室外到半室外，再到室内空间。与入口处相接的是一弧形几何体，墙体与悬挑的二层平台相连，有出入口进出，而平台边上设一户外直梯，随着体量的退缩，可上到三层的户外平台，建筑借着平台、直梯与体量退缩形成一种细微的空间变化，与空间上的散步体验，同时也加强了户外平台的使用性与景观性。而平台、户外直梯与室内挑高廊道、楼梯的栏杆，董大酉都给予细致化的设计，反映的是现代建筑运动中国际式样的工业轻质构造设计，贴近于新客观性、新实在精神的设计语言。在建筑内部，为了制造室内空间的挑高感及一层的使用面积，董大酉将室内楼梯置于墙边上，人拾级而上，到了二层挑高旁的廊道，可形成室内空间上下层的对话关系，视线是穿透的，空间是流动的。一层的客厅布置着典雅的沙发，后有一圆形的明镜，反射楼梯的景象，再往后，是一方形洞龛，内有一张现代的钢管椅。在细部设计上，董大酉已有表现主义的手法，如二层挑高廊道与栏杆皆以弧形作收边处理。由于是个按照住宅功能而布局的设计，窗户也因应住宅本身形态而设置，可以观察到，在立面上，在弧形与矩形的转角处，董大酉都设计出横向的转弧或转角的开窗面，除了增加室内光线外，也是现代建筑的设计手法。总体上，这是一个强调几何的进退关系，以及内外交互的向上、向外与面向自然、风景的现代住宅设计，简洁大方而不失细部。

原（上海）吴兴路花园住宅是董大酉设计的一栋花园住宅，2 层高，平屋顶。此项目，董大酉企图体现一种流线性型、倾向于表现主义的设计，在完整的长方形几何体上加强流动的水平语汇，弧形的设计在此项目中运用得更极致，在围护的铁栏杆、窗边框、楼梯间、局部外墙体立面转角与挑檐的转角皆用弧形作收边处理，以弧形消除直角收边时的锐利感，而形塑出建筑的一种"流线性"，线条更加简洁与流畅，并设计有自由的开窗面，墙瞬间得到解放。原（上海）大西路惇信路伍志超甲、乙、丙种住宅的设计也是如此。

原（上海）京沪、沪杭甬铁路管理局大楼也由董大酉设计。京沪、沪杭甬铁路管理局原一部分在老上海北站办公，1932 年老上海北站遭到日军轰炸，严重损毁，人员急需办公用房，于是，京沪、沪杭甬铁路管理局决定在北站东侧建新楼。1934 年，董大酉被聘为（上海）京沪、沪杭甬铁路管理局顾问，就由他来负责新楼设计。在设计中，董大酉将新楼赋予现代建筑的特色，以 3 个几何方盒子组成，平屋顶，中间为 8 层，两翼为 6 层，考虑经费预算，董大酉以实用、好用的设计为主，立面只开设矩形窗，局部竖向长窗，没有任何装饰。

弧形去修饰僵硬的线条，功能最大使用性，因级高而切出叠落的开窗面，局部圆弧墙面，形随功能而生

在上海，还有一些个别建筑师也对现代建筑进行试验，如庄俊，"华信建筑"的杨润玉，"凯泰建筑"的黄元吉与刘鸿典。

图 7-243 原（上海）震旦东路董大酉自宅 -1

图 7-244 原（上海）震旦东路董大酉自宅 -2

图 7-245 原（上海）京沪、沪杭甬铁路管理局大楼 -1

图 7-246 原（上海）京沪、沪杭甬铁路管理局大楼 -2

庄俊是一位以西方古典、局部西式折中为设计主线的建筑师，也是设计银行建筑的翘楚与代表性建筑师。20世纪20年代末30年代初，现代主义建筑思潮来到中国后，由于庄俊曾是中国建筑师学会首届与多届会长，他身在广大的建筑舆论与媒体宣传中，自然也会受到现代主义思潮的影响。于是，在他众多西方古典风格的作品中，出现了一两个倾向于现代建筑的作品。

原（上海）古柏公寓是庄俊设计的一群里弄住宅。在设计中，庄俊根据现代住居功能进行布局，分有两部分：一面有着成排一进一进的临接住房，4层高，局部3层。而在住宅公共入口处、局部阳台及室内的墙面皆有着弧形的表现主义设计语言，庄俊企图用弧形去修饰与点缀原本僵硬的工整线条；另一面由单元组合成联排的住房，4层高。在单元与单元间留设出共享的天井空间，同时用材料的不同去分割上下两区。而这两部分住居设计已看不见任何装饰性的元素，昭示着庄俊也试验了现代建筑。

原（上海）孙克基妇孺医院，是庄俊尝试操作现代建筑设计的重要作品，也是近代中国人创办的第一栋妇孺医院，由妇产科专家孙克基博士（旧上海著名妇产科教授与医生，曾任市卫生局妇产科总顾问及市医院联合会主任委员等职，治学严谨、医术精湛、手术精巧，以"术后务求不发热、不输血、不使用抗生素，减少病人痛苦及经济负担"为医疗准则）创办，院内医疗设备部分由病人家属捐赠。

妇孺医院原是宋子文别墅住宅，1928年孙克基任上海医学院妇产科教授及上海红十字会总医院妇产科主任后，欲自建医院，宋氏得知便将自宅予以赠用，因孙克基曾医治好宋氏夫人张乐怡妇科病。孙克基便委请庄俊设计，由长记营造厂施工，1935年建成，占地面积3128平方米，建筑面积5600平方米。此项目为钢筋混凝土结构，6层高，局部4、5层。在设计中，庄俊为了满足现代医院的功能需求，将建筑形体予以工整化，方正的外形更符合现代建筑所阐述的功能最大使用性。在立面上，庄俊设计成3部分，中间部分是楼梯间与局部空间，凸出于两侧。而主要外墙材料为红砖，由白色水平线条修饰了红砖面也贯穿整个建筑。楼梯的外墙也因级高而切出叠落的开窗面，饶富趣味。在底层部分，局部圆弧墙面成为了入口视觉性的引导。此项目呈现出简洁、利落、干净的现代建筑的设计精神，这样的案例在庄俊大批古典作品中是稀有的，如昙花一现。

"华信建筑"的杨润玉是住宅项目的设计好手。20世纪30年代时，杨润玉在原上海政同路（今政立路）进行了两种不

图 7-247 原（上海）孙克基妇孺医院

图 7-248 原（上海）恩派亚公寓 -1

图 7-249 原（上海）恩派亚公寓 -2

图 7-250 原（上海）沙发花园 -1

图 7-251 原（上海）沙发花园 -2

同形式的住宅设计，一种是西班牙式，一种是时代流行式。其中，时代流行式，是杨润玉在进行现代建筑试验时的设计。在设计上，平面布局不对称，没有固定的轴线发展形态，所有内部功能皆依现代居住需求而随机的发展，并从中生长出外在的形式，可以明显地看出一种"形随功能而生"的体量关系。在立面设计上，杨润玉去除装饰性的元素，以干净平整的水泥墙面去展现建筑的形，入口处底层加高、水平窗带、圆窗、转角不落柱皆——体现，而从"转角不落柱"和只有2层的设计反推，可以观察到此项目的构造方式倾向于承重墙系统，企图让室内空间保持完整性，并达到最大的使用程度。因此，此项目是一个倾向于现代建筑的住宅设计。

布置不同的户数组合，水平窗带的放大版，弧形墙的圆形窗

"凯泰建筑"的黄元吉于1935年设计了原（上海）恩派亚公寓，这是一栋高层公寓，也是一个倾向于现代建筑的设计。

20世纪30年代后，上海曾一度流行兴建高层公寓，标准层配以不同的套间，居住对象以有权势、经济上富有的中国人与外籍商人为主。此类高层公寓大多坐落在靠近商业区的道路转角处、河滨边缘地带或隐藏至道路内侧。黄元吉设计的原（上海）恩派亚公寓即属此类住宅（道路转角处），由浙江兴业银行投资兴建。在设计中，黄元吉布置不同的户数组合，以2居室与3居室占多数，各户配有独立厨房、浴室、卫生间、餐厅、客厅等居住设施，水、电、煤气等设备皆齐全，垂直交通以电梯为主，并设有附属楼梯。由于是临街转角建筑，水平交通采用单侧走廊，底层全为出租的店铺，以方便居民购物。在立面上，黄元吉设计了横向的连续带状开窗面与墙面，水平向语言鲜明，仿佛现代建筑的设计原则中水平窗带的放大版，横向的水平窗带的整体立面加上白色的水泥墙，给人一种精炼的现代设计之感。而在道路转角处及局部墙面的立面处理则是竖向的墙板，或突出的弧形墙，暗示着建筑内部的交通流线。而弧形墙上的圆形窗与带状的横向的水平窗带，构成了强烈的现代几何语言的对比。

刘鸿典曾入上海市中心区域建设委员会，任绘图员（3年），协助董大酉进行建筑设计，负责原上海市游泳池、原上海市图书馆。1936年，刘鸿典入（上海）交通银行工作，任行员（1936—1939年），经办建筑师业务，这一时期设计的原（上海）沙发花园住宅群，其中有少量是倾向于现代建筑的设计，建于1938—1940年，合作者是李英年、马俊德。原（上海）沙发花园住宅建成后，为老上海中产阶层提供了一个理想家园。

满足现代办公和仓储功能，圆弧和横向水平分割，顶部弧形压檐延伸绕过圆柱

以上海为发展根据地的中国银行（总管理处）建筑课，主持人是陆谦受与吴景奇，他们也有少数作品是倾向于对现代建筑进行试验，如原（上海）中国银行堆栈仓库与原（上海）中国银行同孚大楼。

原（上海）中国银行堆栈仓库建于1935年，是一栋沿苏州河的现代化仓储建筑，高11层，钢筋混凝土结构，设于河岸边只为了能方便运货上下码头，并堆存摆放。此项目，陆谦受以方正规矩的平面布局来满足现代办公和仓储功能。在立面部分，陆谦受以圆弧和横向水平分割来形塑这座建筑，并用材料和色彩的对比（红砖墙和白水泥墙）将层次划分鲜明，简洁而利落，阳台也作"圆弧"处理，二、三层阳台打通成一体，其余各层阳台则较小，设计姿态往现代建筑靠拢。

原（上海）中国银行同孚大楼是住商混合使用，底层为银行用房，其余楼层为公寓。因项目临街面，在设计时，陆谦受便将大楼平面布局设计为弧形，使建筑面积最大程度被运用。在立面部分，陆谦受仍以横向水平作分割，材料为褐色面砖饰面配以石质横竖线条，局部墙面有些装饰性。此项目的弧形运用得更为广泛，接近于一种二维的曲面形式，尤其在角端以圆弧、圆柱做收头，顶部弧形压檐延伸绕过圆柱，再

图 7-252 原（上海）恩派亚公寓 -3

图 7-253 原（上海）恩派亚公寓 -4

图 7-254 原（上海）中国银行堆栈仓库 -1

图 7-255 原（上海）中国银行堆栈仓库 -2

往后延伸至建筑背面，可以看出陆谦受在尝试表现主义的设计手法。

往现代建筑的方向尝试，平屋顶，半圆形雨篷，弧形钢窗

杨廷宝在早年曾有对现代建筑进行试验的作品（原天津中国银行货栈）。之后，在20世纪30年代后，随基泰工程司来到南京的他，设计的绝大部分作品皆倾向于中华古典、中式折中风格，只有原（南京）大华大戏院，带有点现代建筑的倾向。

原（南京）大华大戏院建于20世纪30年代中，是当时南京最早建造的戏院之一，也是规模最大、配备齐全的一家戏院（容纳1000余人），钢筋混凝土结构，局部砖墙承重。在设计中，杨廷宝按照现代剧场的要求与配备来设计，不浪费任何空间，饱满地坐落在场地上，主入口设于临街面，两侧是散场出口。杨廷宝在室内采对称式布局，一楼有宽敞门厅，12根红柱，左右两侧是售票房及男女厕所，楼梯置于门厅后中间处，经由楼梯两旁通道到达观众席，尽头是舞台，一楼更靠两边是安全出口通道，分别有2座楼梯（安全逃生梯）。而二楼的布局重点是用回廊联系空间，门厅上部的回廊包覆着矩形挑空空间，挑空顶部是格子状吊顶，置嵌灯，回廊两侧有办公室、男女宾休息室、冷饮室，回廊与二楼楼座间有1个穿堂，置1个室内喷泉及2间衣帽间，楼座旁有吸烟室，吸烟室连接着楼梯（安全逃生梯），方便散场疏通，而二楼舞台上方处也有一回廊，边上有数间化妆室、厕所与机器房。此项目，杨廷宝在入口雨篷处采用了横向的弧线处理，两三条弧线相互交叉，并让此成为一、二层立面的水平向延伸划分，入口两旁也削角为弧形墙，而二层立面下方设一排矩形窗，也在两侧墙面削角为弧形墙，抛弃多余的装饰元素。可以观察到，立面的水平、弧线与弧形墙的语汇，标志着杨廷宝往现代建筑的方向尝试，但在室内及局部，仍是浓厚的中华古典装饰氛围，大红柱柱头有彩画纹样，回廊的框边有雀替装饰，扶手有镂空的古典装饰纹样等，都显示此建筑仍是一个折中设计，却稍往现代建筑靠近。

基泰工程司其他建筑师多少也对现代建筑进行过探索，原（南京）国际联欢社就是一例，由基泰工程司建筑师梁衍主导。联欢社为钢筋混凝土结构，高3层，平屋顶，入口为半圆形雨篷，中间部分以框架柱与弧形钢窗结合，而部分墙面以檐口线和窗腰线等横向线条为主，是个倾向于现代建筑的设计。

除了上海、南京，其他区域（长沙、北平、广州）也有部分建筑师在对现代建筑进行探索。

图 7-256 原（上海）中国银行同孚大楼

图 7-257 原（南京）大华大戏院

图 7-258 原（南京）国际联欢社 -1

图 7-259 原（南京）国际联欢社 -2

图 7-260 原（长沙）湖南电灯公司办公楼

墙面转角处施以圆弧收边，倾向于表现主义，外在形式是内部功能的反映

原本从苏州回到上海重整"华海建筑"业务的柳士英，于1934年又再度离开上海，奔赴长沙，任教于湖南大学土木工程系，之后任系主任。这一时期，可以在原（长沙）湖南电灯公司办公楼项目中，观察到柳士英的设计演变，他开始倾向于对现代建筑进行探索，但还不太明显。

在柳士英早年设计中，装饰性元素偏多，如原（上海）中华学艺社，且还有点西方古典倾向，如原（安徽）芜湖中国银行、原（上海）王伯群故居，但更多的是折中的体现，如原（上海）同兴纱厂、原（杭州）武林造纸厂、原（上海）大夏大学校舍与原（上海）大夏新村。到了长沙后，柳士英在电灯公司办公楼设计中，墙面的装饰性元素偏少，并设矩形窗，他还在墙面（主入口处、顶部一圈水泥墙面）转角处施以圆弧收边，这有点倾向于表现主义的手法。因此，可以稍微窥视到，柳士英正往现代建筑的试验迈进，之后，他在20世纪40年代中后期，于湖南大学内创作出一系列倾向于现代建筑的校园建筑，迎来了个人实践后的设计高潮。

1928年，梁思成与林徽因在沈阳创办东北大学建筑工程系。3年后（1931年秋），受朱启钤极力邀请，梁思成辞去东北大学建筑工程系系主任一职，从沈阳回到北平，加入（北平）中国营造学社，任法式部主任，并在北平安家，住在北总布胡同3号院。而林徽因产后体质虚弱，感染上肺结核病，已于1930年冬回到北平香山静养。加入营造学社后，梁思成开始潜心在关于中国古建筑史方面的研究。在这时期，梁思成与林徽因还承接了原（北京）仁立地毯公司、原北京大学地质馆与原北京大学女生宿舍3个项目，其中，原北京大学地质馆与原北京大学女生宿舍皆是倾向于现代建筑的设计。

原北京大学女生宿舍，高3层，局部4、5层，共设有112间居室，平屋顶，砖混结构，墙体使用灰砖。在设计中，梁思成注重内部的功能合理布局，体现一个现代宿舍楼的设计，形随功能而生，外在形式已是内部功能的反映。建筑分8个的居住单元，单元大门朝向内院，每单元设有楼梯，单元每层有6—8间居室，内有壁橱，居室外有走廊联系，在尽头设有公共厕所与水房。在立面上，梁思成没设计太多的装饰性元素，有别于原（北京）仁立地毯公司（外墙上有古典斗栱、人字栱的装饰符号），相当简洁。原北京大学地质馆也是如此设计。

实用，减少浪费，形体简洁，横向窗带，首重功能，方形，非对称性，半圆弧形悬挑阳台，螺旋钢梯

广州在20世纪30年代中期也是个试验现代建筑的大本营，体现在校园与住宅建筑上，其中以林克明、胡德元为代表性建筑师，他俩也是（广州）省立工业专科学校土木工程科的老师。

早年，林克明是以古典的风格设计扬名于中国近代建筑界。可是在广州勤勤大学校舍设计中，林克明以实用、经济为设计原则，减少铺张浪费，不采取华丽繁复的装饰，校舍皆是平屋顶，3层高，局部4层，形体明快简洁，皆水平展开，线条利落，并采用横向的窗带，少量的装饰性，是倾向于现代建筑的设计。林克明在工料上也以坚实与适用为主，但工料价格时有起落，这些校舍皆在1935年左右建成。同一时期，林克明在部分（广州）中山大学校舍设计（原发电厂、原学生宿舍）也采取现代建筑的设计原则，平屋顶，形体明快，线条简单，首重功能，完全不采用古典的构件形式和装饰手法，虽然，其他"中大"校舍多是中华古、中式折中的设计。

以上，可以观察到，林克明在"勤大"、"中大"校舍设计上已进行现代建筑的试验，同时在"勤大"建筑学教育上也施行一套现代建筑的教学理念，办过教学成果展，出书，向外界宣告。因此，广州在20世纪30年代中期是中国近代建筑界抑或建筑教育界现代建筑运动的大本营，他们也称之为新建筑运动，"勤大"的师生对现代主义思潮、现代建筑有着清晰的认识，并给予支持与肯定。早在（广州）省立工业专科学校时期，林克明就曾在《广东省立工专校刊》上撰文（《什么是摩登建筑》，1933年），是他第一次向外界介绍现代主义建筑思想，因此，他早已意识到这一"新"思潮对建筑的影响，而他的留法经历（1921—1926年），更让他早就关注到现代主义思想（酝酿于20世纪10年代末）。

胡德元是林克明的好伙伴，两人的建筑学教育理念趋近，即认同现代建筑的教学理念，他曾在建筑学史课目，介绍现代建筑思潮及演变的脉络，让学生能够清晰分辨古典与现代的差别。同时，胡德元也撰文（"建筑之三位"）阐述他对现代建筑的观念，即实用是现代建筑的基本意义，首重用途，后才关注材料，最终转化为艺术精神方面的一种思想。胡德元设计的原（广州）中山大学电话所就是一个较为标准的现代建筑的作品。

20世纪30年代中期，林克明在广州越秀北路一带参与规划独院住宅小区，是简易的平房，低层、低密度。抗战爆发后，林克明短暂住在其中一栋（后称林克明自宅），至今保存完好。

林克明自宅于1935年建成，由林克明本人亲自设计，是广州地区有防空洞（厚度1米）的第一栋私人住宅，高2层，平屋顶，由清水红砖墙结合淡黄色意大利抹灰，设有露台、花园和围墙。由于场地向南偏东30度，纵深约10米是平地，其余是坡地，在设计时，林克明筑挡土墙填平至16米，填平部分作半地下室使用，有厨房等功能空间，外有服务平台，可供洗衣、晒衣用。林克明以满足现代居住功能而布局，一层的门厅、客厅与餐厅在同一个大的空间中，使得室内空间显得宽敞有流动性。设一书房，供林克明自己与夫人在家备课用。二层设有主卧室、卧室与居室，主卧室外有一半圆弧形悬挑阳台，由钢管柱栏杆围合，且建筑是一个简单的矩形，所以，半圆弧加方形体现的是现代建筑设计中常见的非对称性、几何形的体量组合语言，还开设有转角窗，窗外有曲线形窗格。主卧室的半圆弧形悬挑阳台下方是一开放的车库。二层后方的居室可供休息，并有一螺旋钢梯可到上方平台空间。这是一个较为标准的现代建筑设计。

面向国际，积极地与世界接轨，展现对现代建筑的追求

总体上观察，20世纪30年代后是中国近代建筑师发展的高峰时期，他们面向国际，积极地与世界接轨，部分建筑师展现对现代建筑的追求，他们试验的态度是谨慎的，一步一趋探究着这一新建筑思潮。

1937年抗战爆发后，现代建筑作品爆减，部分建筑师随着国民政府撤往西南大后方，让这些区域（昆明、重庆）也出现了少量倾向于现代建筑的作品。

图 7-261 原北京大学女生宿舍

图 7-262 原（广州）广东省立勷勤大学校舍 -1

图 7-263 原（广州）广东省立勷勤大学校舍 -2

图 7-264 原（广州）中山大学电话所 -1

图 7-265 原（广州）中山大学电话所 -2

图 7-266 原（广州）中山大学电话所 -3

图 7-267 原（广州）中山大学电话所 -4

图 7-268 原（广州）林克明自宅 -1

图 7-269 原（广州）林克明自宅 -2

采用曲线形，竖与横的对比，大面积玻璃窗，水平水泥饰带，虚实墙面

抗日战争爆发后，决定前往昆明继续开拓业务，设立"华盖建筑"分所，维持公司的营运。早在抗战前，赵深已承接昆明业务（原昆明大逸乐大戏院），而原（昆明）南屏大戏院是赵深在昆明承接的第二个大戏院项目，是个倾向于现代建筑的设计。

原（昆明）南屏大戏院由昆明地区上层社会龙云（1884—1962年，字志舟，彝族，主政云南17年，使云南的政治、经济和文化等方面建设取得重大进步，被誉为"民主堡垒"）夫人顾映秋与卢汉（1896—1974年，原名邦汉，字永衡，彝族，中国近代军事家）夫人龙泽清、刘淑清等出资建造，建于1940年，号称是最豪华的、最为现代化的远东第一影院（上映的影片与好莱坞同步）。昆明也在战时成为中国近代的电影事业中心，许多大影片公司（华纳、环球、雷电华、派拉蒙、哥伦比亚、联美等）在昆明派驻代表，负责办理影片相关业务（播放、租片）。

原（昆明）南屏大戏院场地临街（晓东街），赵深将戏院设计成一个南北向的长方形几何体，高3层，南向呈圆弧形，底层作为戏院主入口。经由主入口进入室内后，一层有挑高大厅、售票处及休憩等候区，二层设有环绕回廊及茶座。而在观众厅设计上，赵深采用曲线形，满足了观众观看的视线，最多可容纳1400人。在外立面设计部分，水洗石的外墙，在造型、语汇上，相当程度与原（上海）金城大戏院相似，采用竖向与横向的对比表述，竖向语言产生在圆弧形戏院主入口上方，由7根从二层底贯穿到三层顶的水泥小圆柱，收到墙板内构成，并用大面积玻璃窗来增加室内大厅的光线，另外在东面墙上嵌有一高于戏院3米多的竖向墙板，上覆有戏院名称；横向语言产生在东、西面的墙上，赵深用水泥的分割勾缝与墙面上两段的水平水泥饰带（内置两排方块窗）来构成。以上的操作说明，赵深在昆明再一次试验了现代建筑的语言与手法，即虚实墙面与横平竖直。原（昆明）南屏大戏院建成后，盛极一时，与原（南京）大华电影院（基泰工程司的杨廷宝设计）和原（上海）大光明电影院（邬达克设计）相媲美。

对环境的体察，功能性思考，几何形，随机放射的布局，室内流线顺应山坡，圆形修饰了堪尬面，竖向

另一家建筑公司基泰工程司在西南大后方的许多项目皆围绕着古典风格打转，但仍有个别项目突破了古典的范畴，向现代建筑方向试验着，比抗战前更往现代建筑靠近，仍由杨廷宝设计，如原（重庆）嘉陵新村国际联欢社、原（重庆）圆庐。

建于1940年前后的联欢社与圆庐相距不远，高2层，皆为砖木结构。联欢社是一自在生长的非对称性平面，是对环境现状（临道路转弯处而成形）体察后而产生的布局，倾向于现代功能性的思考。圆庐则是将几何形平面（圆形、长方形带尖角）置于场地之中，来探讨简单形体与环境（山势）之间的对话。两者设计中都因应于环境而设计，生成的平面皆挣脱了古典所赋予的对称性命题，同时分别走向随机与放射的现代室内空间布局。联欢社的随机是在"L"字形之间用两个大小不一"八角"形扣合，在一端长出一个"一"字形平面，由一直向楼梯联系（因地形而高度不同），大"八角"形中有8根圆柱环绕，而小"八角"形对应的是主入口，主入口外是道路转弯形成的小广场，入口门厅旁有一楼梯沿着"八角"边而上，室内有两处是4、5步短阶梯，都让室内流线因功能及顺应山坡而走得更加自由。圆庐因圆形平面而让室内形成放射、同心圆布局，起居室（一楼）与圆厅（二楼）为中心，其他扇形用房（门厅、传达室、会客室、卧室、餐室、书房、居室、储藏室、卫生间）环绕而设，在一层伸出一长方形带尖角平面，布置厨房、工友室及穿堂。由于周边房子为传统坡屋顶，因此，联欢社与圆庐皆因地制宜地设了坡顶形式覆盖，联欢社有八角攒尖顶与歇山顶，圆庐有六角形花瓣伞顶，覆盖重庆常见的青瓦，也设了无装饰元素的八角窗、长方形窗与矩形窗，尤其在圆庐圆厅顶部设一圈气窗，以利采光与通风，也是与自然对话的窗口。

几何的圆形平面也用在原（重庆）中国滑翔总会跳伞塔的设计中。跳伞塔为钢筋混凝土结构，呈圆锥形。塔高40米，塔身底部直径3.35米，塔身顶部直径1.52米，塔内有螺旋楼梯，塔尖外设3只伸出长

30米的钢臂，各悬一伞，作为培训飞行员跳伞之用，塔底有一直径40米的圆形平台，由6根方柱支撑。几何形体在此项目中运用得更加精简，这是因其功能相对地单纯而致。

在重庆期间，"兴业建筑"也设计了原（重庆）建国银行行屋。原（重庆）建国银行行屋是1941年由刘芹堂开办的建国银行总行，是商业银行，原本（重庆）建国银行是由泥巴和竹子为材料修建成的平房，于1944年重建，委托"兴业建筑"负责设计。重新设计时，由于原建国银行的地基面积较小，且临街道转角面，过往的行人与车辆较多，阻碍交通，碍观瞻，故"兴业建筑"便将原本的方形建筑改设计为高5层的圆形建筑，修饰了方形的堪尬面，圆形既缓和了一切，同时也展现出几何形体的纯粹性，相对也满足了现代化的银行功能。而立面上竖向的墙面分割，更将圆形建筑彰显出一种向上的视觉延伸性，在城市中，极为醒目，而简洁纯粹的形态则是倾向于现代建筑的设计。原（昆明）酒杯楼也是如此设计的。

值得标记的建筑现象的转移

总之，"华盖建筑"昆明分所的作品，基本延续抗战前事务所设计的基本思路（现代建筑），没有多大的改变。而基泰工程司则是尝试向现代建筑试验着，"兴业建筑"亦是。他们与其他原本在沪宁地区发展的建筑师，纷纷将建筑经验随之西移应用在昆明、重庆，且更多倾向现代建筑的试验，是一个值得标记的建筑现象的转移，就如同二战前，一批欧洲建筑师转往美国发展后，而将现代主义建筑思潮引入美国的情形一样。

抗战期间，在天津、上海地区，仍有部分建筑师对现代建筑在进行探索，包括有阎子亨设计的原（天津）久安大楼，雍惠民设计的原（天津）孙季鲁故居，范文照设计的（上海）美琪大戏院与（上海）集雅公寓，奚福泉设计的原（上海）福开森路4号住宅与（上海）玫瑰别墅，顾鹏程设计的原（上海）贝当路249号住宅，谭垣设计的原（上海）福开森路12号住宅。

用圆弧形来让建筑柔化，夹角处用弧形处理

原（天津）久安大楼于1941年建成，主体中间部分高5层，两侧高4层，属于混合结构。建筑内部底层为营业大厅，并有挑高空间，办公附属空间沿着周围配置，二层以上为办公室。此项目可以看出阎子亨已习惯用圆弧形来处理建筑的转角间，企图让建筑柔化并有一种流线型。另外中间部分的高起，似乎也成为阎子亨一贯的设计，他对于设计现代大楼的手法更加纯

图 7-270 原（昆明）南屏大戏院

图 7-271 原（重庆）圆庐 -1

图 7-272 原（重庆）圆庐 -2

图 7-273 原（重庆）中国滑翔总会跳伞塔

图 7-274 原（重庆）建国银行行屋

图 7-275 原（昆明）酒杯楼 -1

图 7-276 原（昆明）酒杯楼 -2

图 7-277 原（天津）久安大楼 -1

图 7-278 原（天津）久安大楼 -2

图 7-279 原（天津）孙季鲁故居

熟，语言也精炼，中间是竖向垂直线条与两侧的横向水平线条相互搭配。

同样位于天津的原孙季鲁故居由雍惠民设计，1939 年建成，高 3 层，砖混结构，平屋顶，以 "T" 字形布局，建筑的夹角处用弧形处理，体现的是现代建筑中几何体的完全展现。

圆形巨塔，挑空空间，回廊式布局，弧形雨篷，速度的美感

抗战期间，范文照建成的作品不多，保留下来的，就 2 个，（上海）美琪大戏院与（上海）集雅公寓，两个项目皆没偏离现代建筑语言。

有了之前良好的合作关系（原南京大戏院），10 年后，在 20 世纪 40 年代初，何挺然又将（上海）美琪大戏院项目委托范文照设计。美琪大戏院（Majestic Theatre）是向社会征名而定的，于 1941 年深秋开幕营业，首映《美月琪花》（美国福克斯影片公司摄制），是上海孤岛时期建成的最后一家专映西片的首轮影院。美琪大戏院，高 2 层，钢筋混凝土框架结构，占地面积 2612 平方米，建筑面积 5416 平方米。此项目位于道路交叉口处，主入口即设于此，为一高大的几何圆形巨塔，气势磅礴，进入后，圆形门厅是高 2 层的挑空共用空间，宏伟壮观，宽广明亮，顶部有水晶吊灯，缤纷灿烂，喷泉设在其中，流光溢彩，两翼连接观众休息厅和穿堂，右翼穿堂设有螺旋形扶梯，二楼采用回廊式布局。在设计时，范文照仍极度饱和化，布局理性，明确地将休息厅、门厅、售票、厅楼厅、楼梯、穿堂等各功能空间分立，妥善运用，并富于变化，自然流畅，室内还加有艺术雕塑，营造气氛，富丽庄重，楼梯与地坪采用磨石子材料，共 1597 个座位。在外立面部分，范文照在几何圆形巨塔上做直线条长窗，供给室内光源外，也形成竖向的垂直语言，巨塔下为一弧形的大雨篷，与巨塔搭配产生一种速度的美感，两侧墙面有数个方窗与横向窗带，在线条、比例与体量之间层次分明。开幕之际，曾被海内外人士誉为亚洲第一。

单元设户，合宜方便的模式，不带装饰的矩形窗

范文照对于住宅项目有他自己独到的理解，除了极度饱和化外，他还觉得住宅应具备现代生活的特质，即舒适、方便和安逸之需求，以及他始终认为的从内而外的设计，1942 年的（上海）集雅公寓是范文照在走向现代建筑试验后的最具代表性作品。

集雅公寓的场地稍具难度，是不规则地形，范文照以 "T" 字形布局，两侧留出进出口的车道，东南侧设一露天停车场，

图 7-280 （上海）美琪大戏院 -1

图 7-281 （上海）美琪大戏院 -2

图 7-282 （上海）集雅公寓 -1

图 7-283 （上海）集雅公寓 -2

建筑临街面（北面）是一完整的体块，"T"字形的凹角处（南面）则成为小区步道及景观绿化，当时以小家庭及单身独居住户为主。公寓中间主要单元为7层，东西两端单元为4层，都设有专属出入口。中间主要单元设2个4室户和6个1室半户，每户均为套间及凹室配置，此处的厨房比（上海）协发公寓小，起居间较大。每户都设有内阳台（向南、向东西面），增加室内采光与通风，卧室设壁橱。范文照在此项目中，合理地分配使用面积，在增删调整后，提出合宜、方便的公寓模式，临街面的一层部分是可出租的店铺。在处理完内部功能后，范文照接着美化建筑形式，仍不脱他既有的手法，纯粹与精炼。建筑外墙贴黄色马赛克，中部是电梯与楼梯，其外墙面施以垂直向水泥线板，线板间隔竖向窗，东西两端单元楼梯外墙则做垂直向长框，这3部分构成强烈的竖向线条语言，其他墙面开设不带装饰的矩形窗，规矩排列着。由于，抗战胜利后，范文照没有任何代表性的作品建成，（上海）集雅公寓成为了他在大陆时期最后一个重要作品，建筑本身的构思与细致，反映出建筑师本身的设计功力。

平屋顶，非对称式布局，细致的栏杆围合，弧形处理，横向的水平窗带，转角窗

原（上海）福开森路4号住宅与（上海）玫瑰别墅是奚福泉在战时的两件作品，皆是花园别墅。

玫瑰别墅其主人是蓝妮，是孙科的二夫人，蓝妮嫁给孙科后，有了稳定的生活，为了接济与前夫所生的3个孩子，她开始涉足房地产，看中了复兴西路的高贵、宁静，经友人资助建造玫瑰别墅，于1940年完工，据称，当时价格达35万元。玫瑰别墅交由奚福泉、赵深、陈植设计，每人分配1、2栋，设计出7栋风格各异的房子，平屋顶，并使用不同颜色，非常显目与别致，蓝妮还亲自监工建造。7栋房子每栋都3层楼，虽风格各异，但都是倾向于现代建筑的设计。

奚福泉设计的原（上海）福开森路4号住宅与谭垣设计的原（上海）福开森路12号住宅有相似之处。由于都位于原（上海）福开森路上，两栋距离不远，皆是以满足现代居住功能而设计，采取非对称式布局，皆有阳台，设有细致的栏杆围合，体现的是国际样式中的工业轻质的构造语言。平屋顶，局部墙面、入口处与阳台转角是弧形处理。临街外墙面设有圆窗、矩形窗、竖向窗，而矩形窗上下有水泥线版作收边，强调一种横向的现代建筑线条语言。

而顾鹏程设计的原（上海）贝当路249号住宅，横向的语言更加强烈。建筑先以一个完整的几何体出现，非对称式布局，形体依内部功能而衍生，平屋顶。然后，顾鹏程在外墙面上设横向的水平开窗带，还在形体的退缩与转角处开设转角窗，形成"转角不落柱"的外在形象，因此，这是一个更为标准的现代建筑的设计，既简洁又精炼。

小高潮，现代功能，采用预铸构件建造，横向语汇鲜明

抗战胜利后，新一波战后复兴的建设工程旋即展开，现代建筑作品的数量便逐渐增多，迎来了一段小高潮，但维持不久，就2年左右。而原本撤往西南大后方的建筑师也返回原执业根据地（南京、广州），重启事务所的业务。

"华盖建筑"的赵深（1945年）和童寯（1946年）先后返回上海，昆明和贵阳分所皆结束战时业务，2人与陈植重新整合为一，在"华盖建筑"上海总所继续经营建筑业务，并在南京设立分所，由童寯负责，这一时期设计的原（南京）美国顾问团公寓大楼是"华盖建筑"战后的代表性作品。

原（南京）美国顾问团公寓大楼项目由童寯主导。公寓大楼分A、B两栋楼，俗称"AB大楼"，占地面积约24000平方米，建筑面积约15000平方米，皆是国民政府购地所建，于1935年委托"华盖建筑"设计，新金记康号营造厂承建，1936年动工，因战争暂时停工，直到1945年才建成。"AB大楼"楼高4层，在设计时，童寯以现代功能合理的公寓要求来布置平面，采用钢架、玻璃和预铸构件建造。在立面上，横

图 7-284 （上海）玫瑰别墅

图 7-285 原（上海）福开森路 4 号住宅

图 7-286 原（南京）美国顾问团公寓大楼 -1

图 7-287 原（南京）美国顾问团公寓大楼 -2

图 7-288 原（台湾）糖业公司大楼

向的水平玻璃窗带与墙面间隔分割语汇鲜明，在撤除装饰后，让延伸的长方几何体组合显得干净与纯粹，同时突出了立面的虚实对比，这是一件更精确的现代建筑作品。

抗战胜利后，"华盖建筑"在南京陆续接了不少业务，但上海的业务仍不多，总部经营困难，当承接到原（上海）浙江第一商业银行（1948 年复建，1950 年建成）后，才稍稍纾解经济压力，此项目由陈植、赵深负责。

台湾地区在抗战期间，也受到战火波及，导致产业严重受创，到了"二战"结束、日本战败投降后，台湾地区于 1945 年 10 月 25 日光复，随之国民政府至台接收敌产，在技术官僚领导下启动百废待兴的重建工作，部分大陆企业纷纷投资，帮助台湾地区经济的复兴，而台湾地区战后经济依靠米糖、香蕉、木材的出口赚取外汇，并以轻工业产品的进口替代国际收支，但由于市场不大，饱和极快，遂转入出口扩张的经济发展。"华盖建筑"也于 1947 年委派陈植至台北，设立分所，承接原（台湾）糖业公司大楼项目（1951 年建成），由陈植负责。

台湾糖业公司（"台糖"）于 1946 年春在上海成立，接收日本所属在台各糖业相关机构后，于 1947 年初将总部从上海迁至台湾台北，于 1948 年秋正式召开股东大会，并报工商部核准登记，后"台糖"又因各事业部多位于台湾南部，为方便调配资源，将总部从台北迁至台南。之后，"台糖"利用丰富的甘蔗资源发展成为台湾地区的大型制糖企业，业务以砂糖的生产与销售为主。"华盖建筑"承接了位于台北的糖业公司大楼设计后，陈植与赵深经常往来沪台两地，1948 年后，他们结束"台糖"工程，选择留在大陆。

横向表述，强烈的水平线条

在设计上，原（上海）浙江第一商业银行及原（台湾）糖业公司大楼仍不脱"华盖建筑"惯用横向表述手法，两件作品相当类似。

（上海）浙江第一商业银行早在 1940 年委托洋人建筑师设计大楼，工程进行到打桩阶段，因战争而停建，1948 年复建时，银行方对原方案不甚满意，而当时"华盖建筑"在业界已享有盛誉，设计作品有高水平，银行方面找陈植，将业务委托给"华盖建筑"设计，由陈植主导。

原（上海）浙江第一商业银行，占地面积 1666 平方米，建筑面积 13223 平方米，楼高 8 层。由于基础已打桩，框架结构（钢筋混凝土）已固定，陈植在原方案构架上设计时，并无太大的创作与改动的空间，只能在原平面上作功能合理的布局，将

图 7-289 原（上海）贝当路 249 号住宅 -1

图 7-290 原（上海）贝当路 249 号住宅 -2

图 7-291 原（上海）贝当路 249 号住宅 -3

客户与职员、员工的出入流线划分开来，客户由江西中路的主入口大门进入营业大厅，而职员、员工由汉口路的次入口进出，这一侧也布置小空间、楼梯间、电梯间，成为室内上下流线的控制区块，各层都设有办公室，保险库安装在夹层内，较为隐秘。立面上，在基座和夹层用石料贴面，上层贴红褐色面砖，并在外作一层整面的横向分割处理，内有大面积带状采光窗、遮阳板和窗台，刻画出强烈的水平线条，而汉口路次入口上方的立面则采用竖向的垂直墙板分割处理，既朴实又简洁，不加任何装饰，总之，陈植用墙、门、窗等元素构成了现代建筑的要素。工程进行时，陈植也曾带之江大学建筑系学生前往参观，作为银行设计课题演练前的考察。

20世纪40年代在台湾地区，民间的建筑活动大多延续着日据时期的木造和加强砖造的构造形态，而原（台湾）糖业公司大楼是少有的公共建筑项目，采取新的现代建筑的观念。在大楼立面上，陈植设计了横向的水平分割窗带，展现出国际样式的建筑风格，但此项目与原（上海）浙江第一商业银行的形态相似，都因墙柱未分离，强烈的水平线条受到外柱、柱间分隔之短柱及墙板的干扰，水平延续的不够纯粹与彻底，但都还是个倾向于现代建筑的设计。而糖业大楼屋顶女儿墙的旗杆插座、入口处的装饰及双外柱扩大斜出并顶到上方水平墙板的语汇，还是显示出些许淡化的折中语言。

现代厂房功能空间运用的最大化

赵深是江苏无锡人，13岁才离家北上求学，抗战胜利后，他也利用家乡的人脉关系到无锡拓展业务，承接有原（无锡）茂新面粉厂、原（无锡）申新纺织厂、（无锡）太湖江南大学校舍等项目。（无锡）茂新面粉厂是民族工商业先驱荣宗敬、荣德生等于1900年筹资创办的，是荣家创办最早的企业，原名保兴面粉厂，后改称茂新面粉厂，原厂房因抗战期间被炸毁，设备受损，于1946年后重建，委托"华盖建筑"设计，无锡振兴营造场承建，于1948年初建成有麦仓、制粉车间、办公楼等。在麦仓与制粉车间设计中，赵深寻求现代厂房功能空间运用的最大化，建筑以方正规矩的几何体呈现。在立面上，赵深以红砖与水泥作为主要材料，设计了两种表现形式：一种是在二层底以上到顶的墙面范围内作竖向的垂直分割表述，一列是红砖面，一列是水泥面与矩形窗，交叉并置；另一种是在五层以上的墙面，以一排水泥面与矩形窗构成横向的水平表述，其他部分全是红砖，此两组墙面表现形式形成了对比性，也活泼了一般工厂给人僵硬的感觉。另外，在一侧墙面设有面粉出

图7-292 原（上海）浙江第一商业银行

图7-293 原（无锡）茂新面粉厂-1

图7-294 原（无锡）茂新面粉厂-2

图7-295 原（无锡）茂新面粉厂-3

图7-296 原（南京）新生俱乐部

货的螺旋状滑道及虾壳状拔尘烟囱，体现一种工业的设计感，而麦仓的仓底是钢架结构，皆用英国制造的工字钢构成。面粉厂办公楼是一个 3 层高的方正几何体，设有荣德生办公室、厂长室、工务处、交易所、招待处、会堂及高级职员宿舍，是面粉厂的生产经营管理中心，在立面上，赵深用两段的水平水泥饰带（内置两排方块窗），构成了横向表述。

1945 年抗战胜利后，国民政府还都南京，基泰工程司也将总部迁回南京。同年，关颂声任中华营建研究会编辑委员会名誉编辑及中国市政工程学会第二届监事，隔年任孙中山先生陵园新村复兴委员会委员。此时，杨廷宝正在美国、加拿大、英国考察建筑（1944—1945 年）。战后的南京，急需建设复兴，于是基泰工程司迎来了新的项目机会。

从杨廷宝的作品可以观察到，战后时期，他除了个别项目是大屋顶的中华古典风格及少数折中设计，多数项目皆转向对现代建筑进行全面性的探索，一直延续到新中国成立以后。虽然，他在战前或战时有少量项目（原天津中国银行货栈、原南京大华大戏院、原重庆嘉陵新村国际联欢社、原重庆圆庐、原重庆中国滑翔总会跳伞塔）是倾向于"现代建筑"的设计，但姿态还不太明显，因为他在战前或战时绝大部分时间都在操作中华古典、中式折中的设计语言。而设计姿态上的转向与 1944 年他受国民政府资源委员会委托派往欧美等国考察有关。

二战期间，大批的欧洲建筑师辗转逃亡至美洲，也把现代主义的思想与技术带到美国，对美国的现代建筑是一大促进，而美国本土培养出（事务所）的建筑师弗兰克・劳埃德・赖特（Frank・Lloyd・Wright）仍继续他的现代设计探索。

20 世纪 40 年代前后，赖特设计的作品有流水别墅（1937 年）、约翰逊父子公司办公大楼（1937 年）、雅各布住宅（1938 年）、麦迪逊约翰逊住宅（1938 年）、西塔里埃森别墅（1939 年）、史蒂文斯住宅与别墅（1940 年）、约翰逊制蜡公司实验楼（1944 年）等。这个时期的赖特正进入晚期的设计阶段与形态，他从早期的手法（开放式、非对称、格子直角）与材料（木、灰浆、石与砖等）转向发展出许多自由表现、有机与流线形式的设计，以及现代与本土材料的搭配（玻璃、混凝土配上木料、石材），如：流水别墅的融入地景的设计，约翰逊父子公司办公大楼的香菇柱与弧形外墙的曲线造型。

非对称布局，材料的仿真，材料已脱离装饰层面，试验性的构筑，几何形的堆叠及移位，空间的层级性

杨廷宝考察期间，曾拜访赖特，并对赖特带有东方色彩的设计非常感兴趣，他心仪赖特的打破方盒子设计，并从中探索建筑与环境之间的和谐与构成，以及开放、灵活的布局让空间内外形成流动性与通透性，同时忠实地将建筑材料呈现出，去寻求大众的认同，这些都对杨廷宝产生影响，体现在他回国后的设计。

杨廷宝在他的自用住宅设计（1946 年），采用大矩形加小正方形平面组合，而非古典的轴线对称式布局。在一层，杨廷宝将楼梯置于大矩形平面中间，利用短墙分隔空间，使客厅与饭厅形成一整体，没阻隔，空间相互流通，此手法相似于赖特的非对称平面布局，同时使用本土的旧材料（城砖）建造，有一种自然循环的再生观念，既环保又实惠，工程造价也低。

原（南京）宋子文故居（1946 年）也是相似的设计手法，在这个项目中，杨廷宝着重在材料的仿真与多重建造，建筑为钢筋混凝土结构，室内天花是钢筋混凝土仿木形式，壁炉用粗石堆砌，建筑共 3 层，底层用毛石砌，坚固耐用，上面 2 层为砖砌，表面是米黄色拉毛粉刷，颗粒大，触摸的质感强，重点是屋顶面用芦荻伴以白水泥砂浆铺设，共 3 层（厚约 2 厘米），最上层做成蜂窝状，有如茅草一般，以上的运用说明此项目的材料已脱离装饰的层面，且带有试验性（茅草顶）的构筑呈现，这在现代建筑的范畴之内，也是赖特所熟悉的设计手法。而室内布局追求与自然地形（坡地）结合，依高度不同设有南北双入口，房子依山而建，随山势高低起伏，错落有致，屋顶的大烟囱与老虎窗更让建筑有着一种农舍田野风情（对比赖特的草原风格）。

原（南京）新生俱乐部（1947年）更明显地接近于赖特的草原式住宅布局，强调格子、直角的设计，平面依不同功能（大礼堂、讲台、音乐室、交谊室、办公室、餐厅、厨房、男女厕等）需求与尺度向水平（南北向）延伸展开，并依序用数个"几何形"置入堆叠及移位调整后，空间如生物般的有机成长，并创造出空间与空间之间的层级性，是个开放式、非对称的平面布局，同时平面对应于立面所塑造出来的体形，让建筑造型更加丰富，入口有深挑檐雨篷，一圆柱支撑及墙角导弧形，屋顶则是低矮坡屋顶与平顶相互扣合的组织，外观明快简洁。

十字形的延展，良好的景观面，功能区分，平屋顶，水平深挑檐，转角不落柱，落地玻璃，屋顶水池

原（南京）孙科故居（1948年）也是同样的手法，从"十"字形平面延展成各方向长短不一的方形，使得室内空间（大客厅、餐室、厨房、会客室、书房、客室、卧室、小厅等）皆有良好的朝向与景观，增加了与自然的接触，且室内功能区分鲜明，互不干扰，但也相互流通带有压顶条的平屋顶水平深挑檐（门廊、卧室外的遮檐）运用更直接，墙板亦上下左右地环绕与包覆在房子之间，部分墙面转角不落柱（墙），改以落地玻璃视之，二层阳台有钢管栏杆，以上有着国际风格（International Style）的味道。同时，建筑也相对地开放，设有门廊、后平台及通往户外的楼梯，让建筑更加亲近自然，屋顶的水池设计，也让建筑达到了隔热与降温的功用。

原（南京）基泰工程司办公楼扩建（1946年）、原（南京）招商局候船楼（1947年）、原（南京）国民党中央通讯社办公楼（1948年）是杨廷宝在高层项目中对现代建筑探索的案例，皆是平屋顶及对立面进行简化的设计。基泰工程司办公楼扩建，在立面上，横竖的线条对比强烈。中央通讯社办公楼平面在"工"字形的布局基础上，立面更加干净、简洁，竖向墙面的分割与长形窗逐层地规矩排列，墙角与窗边都没有任何多余的装饰。而候船楼立面的带状连续角窗，增加了虚实感，使建筑轻盈与通透，中间的圆窗与两侧墙面的圆弧处理，有其细部设计之巧妙。

新中国成立后，杨廷宝的业务有了新的发展。1950年，杨廷宝与杨宽麟受到兴业投资公司的邀请，两人一同搭档组建兴业投资公司建筑工程设计部，杨廷宝任建筑总工程师，杨宽麟任结构总工程师，但不常驻京，这个时期的项目有（北京）和平宾馆、全国工商业联合会办公楼、（北京）王府井百货大楼等。其中和平宾馆当时备受各界关注，"一"字形平面，高8层，钢筋混凝土框架结构，外观简洁利落，是个倾向于现代建筑的设计，也契合当时"反浪费"的风潮。1952年，杨廷宝任南京工学院建筑工程系（原南京中央大学建筑工程系）系主任。1954年兴业投资公司建筑工程设计部并入北京市设计院（今北京市建筑设计院）。

体量的不对称性，逐层退台，工业轻质构造，流线倾向，强烈的竖横向对比，扇形布局，连续的出挑檐口

原（上海）张群故居是任职于"兴业建筑"的汪坦所设计，由同事戴念慈画透视图。原（上海）张群故居设计呈现的是"现代建筑"的语言，包括有体量之间的不对称性，部分体量向后向上的逐层退台（这也是"兴业建筑"惯用的手法），形成阳台空间，用一半水泥墙（下）一半铁件栏杆（上）构成阳台的围合，体现了工业轻质构造，而部分墙面是曲面或弧面的形态，有着表现主义的流线倾向，水平带窗与转角窗的开设，更是标准的现代建筑语言，并增加光线均匀的分布，主入口的门廊则用两根圆柱支撑，此项目楼梯、立柱、开窗面与几何体的进退关系直接反映的是20世纪30年代国际建筑界盛行的新实在精神、国际式样的建筑语言。

抗战结束后，"兴业建筑"总部从重庆返回南京与上海，继续建筑业务。当时，建筑师靠营造厂揽活，由于陶馥记营造厂与政府高层关系很好，"兴业建筑"经济力量较弱，便将办公处设在营造厂的办公楼内，

图 7-297 原（南京）孙科故居 -1

图 7-298 原（南京）招商局候船楼

图 7-299 原（南京）国民党中央通讯社办公楼 -1

图 7-300 原（上海）张群故居

图 7-301 原（南京）馥记大厦

业务获得了陶桂林的支持，1947 年，陶桂林发起成立了中华营造业全国联合会，并当选为理事长。这一时期，除了完成未建完的原（南京）中央博物院工程外（1948 年建成），还设计有原（南京）丁家桥中央大学附属医院门诊部、原（南京）中央博物院宿舍、原（南京）馥记大厦等项目。

原（南京）馥记大厦是承建南京中山陵、广州中山纪念堂工程的陶桂林所创办的馥记营造厂在南京的办公楼，委托"兴业建筑"的合伙人李惠伯与从业人员汪坦共同设计的，建于 1948—1951 年。原（南京）馥记大厦高 3 层，底层是馥记营造厂的营业用房，二、三层是出租用的写字间，平面为一长方形，在立面上，李惠伯采用了连续的竖向混凝土板，用以遮阳，中间施以两道横向的水泥板间隔，形成强烈的竖横向对比的构图语言，更是一个倾向于现代建筑的设计。

在上海的奚福泉于 1946 年承接了原（上海）欧亚航空公司上海龙华站项目。在设计中，奚福泉首重功能与用途，以"扇"形布局而展开，主要出入口与候机大厅设于中间部位。在立面上，奚福泉设计了连续的出挑檐口与工整排列的立柱组合，简洁的外形体现出实用大方之感，没有任何装饰，平屋顶，倾向于现代建筑的设计。

横向的窗带，女儿墙的透空框架，屋顶花园，底层设有圆柱

在上海的黄作桑曾在 20 世纪 40 年代在中国银行建筑课协助陆谦受（建筑课课长）工作（但黄作桑没正式入职），于 1946 年前后设计了原（上海）中国银行宿舍。原（上海）中国银行宿舍是中行别业的一部分，占地面积 46117 亩，为中国近代银行同业内第一所员工宿舍，由 1923 年起由中国银行出资分批建造，有花园、公寓等住宅类型，黄作桑设计的宿舍是一栋沿马路的公寓住宅。此项目高 5 层，平屋顶，1 梯 2 户，每户 3 房，主要供给一般职员居住。在设计时，黄作桑在立面上颇具心思，横向的窗带与屋顶女儿墙的透空框架处理强化了立面水平线条的延伸，屋顶透空框架内是屋顶花园，底层设有圆柱，现代建筑的语言鲜明。

黄作桑还有少量作品在济南，即山东济南中等技术学校校舍（食堂、宿舍楼）项目，由黄作桑与部分圣约翰大学学生共同设计完成。在食堂设计部分，由于食堂需要一个较大的空间，黄作桑采用了框架结构，类似于厂房的做法，中间部分是平缓的坡屋顶，且高于两侧，设有高窗，以增加室内通风与采光。而框架结构忠实地表现在外墙上，并以此作为材料分割的界面，一排是红砖，一排是石材，一排是水泥，横向间隔排列，

图 7-302 原（南京）孙科故居 -2

图 7-303 原（南京）国民党中央通讯社办公楼 -2

图 7-304 （北京）和平宾馆 -1

图 7-305 （北京）和平宾馆 -2

可清晰地看到材料的变化。在宿舍楼设计部分，黄作燊采用"Z"字形布局，主出入口位于"Z"字形的短向（南北向）墙面，次出入口位于"Z"字形长向（东西向）墙面的两端，各设有一室外楼梯，悬挑的室外楼梯依靠一水泥墙拾级而上，颇具新意。建筑内部以中间廊道及东西向居室构成，流线明确简洁。建筑顶部是平缓的坡屋顶。在立面上，使用的材料与食堂一样，但采用竖向分割与排列，一面是红砖，一面是石材与水泥的间隔搭配，与食堂的横向的间隔排列形成强烈的对比，而红砖墙上还开设通风的小方孔，颇具心思。由于校舍首重功能，在设计时，黄作燊没有太多花哨的手法，在现代框架结构的基础上，着重材料在墙面上的忠实体现。

黄作燊除了实践也投身到办学工作，他的学生中，李德华、王吉螽曾工作于鲍立克的设计公司，协助设计了原（上海）姚有德故居。

功能依不同的层高而布局，横向的水平延伸形态鲜明

20世纪30、40年代后，上海西郊成为四大家族和民族资本家的落脚地，在虹桥路、淮阳路、哈密路一带建起一批家族式的别墅，中国水泥厂经理姚有德、申新纱厂总经理荣鸿元、永安公司经理郭琳爽、金城银行经理徐国慕、中国内衣公司经理黄汉彦、亨得利钟表行经理庄智鹤、大光明钟表行经理陈花飞、黑人牙膏厂老板严伯林、大同照相馆老板金安迪等人的私宅便在此兴建起。这些房屋式样各异，皆藏于绿荫中，一般为乡村别墅，用以周末度假或避暑，平时闲置委托专人管理。姚有德当时委托协泰洋行设计故居，实际是由鲍立克与李德华、王吉螽共同设计完成。

原（上海）姚有德故居建于1948年，建筑面积800平方米，高2层，混合结构，是一座独院式花园别墅，有住宅外围绕着很大的庭园。由于场地是起伏的坡地，设计上顺应地形，各功能空间依不同的层高而布局，设一半地下室，有餐厅、厨房间和佣人住房，二楼为客厅，有个外挑的阳台，起居室、卧房分置两侧，起居室设有室内庭园景观，是假山、小桥流水与树木花卉，与室外的景观（池水、草坪、花丛）形成呼应，而起居室顶部是玻璃天窗，可滑动启闭。房子外有一小型游泳池及宽广的大草坪和花园。在形体与立面上，横向的水平延伸形态鲜明，屋盖为板式大挑檐水泥板，外墙用毛石砌筑，转折性的流动空间语汇，与周围环境完美结合，空间十分和谐，以上皆是受赖特影响的现代建筑的设计手法。之后，李德华等老师设计的原（上海）同济大学教工俱乐部，也是此类倾向与手法。

图 7-306 原（上海）欧亚航空公司上海龙华站

图 7-307 原（上海）中国银行宿舍

图 7-308 原（上海）姚有德故居

图 7-309 原（上海）同济大学教工俱乐部

图 7-310 原广州市银行华侨新村

以生活功能引出室内空间布局，并带出外在形式

在广州的杨锡宗，于 1946 年设计的原广州市银行华侨新村，也完全体现现代建筑设计的语汇和精神，手法相当成熟。在设计上，杨锡宗采取独立式住宅和集合住宅相结合的设计，多是坐北朝南，在独立式住宅部分，皆 2 层高，有 2 个出入口，一主一次，主入口设在住宅中间处，上方有一平板雨披，让主入口、玄关处成一半室外空间。一进到室内即面对着楼梯，空间以楼梯为核心向两侧展开，包括有客厅、餐厅、厨房、厕所等，后方有一车库，二层则是 4 间卧室及 2 间浴室，这是一个倾向于现代建筑的功能导向的设计，以生活功能引出室内空间布局，并带出外在形式，中规中矩，不带任何多余的表情，在形式上，平顶、角窗（转角不落柱）、遮阳板、格栅等物件构成了一幅简单明了的现代建筑住宅。

原（广州）豪贤路住宅是张光琼（1907—1975 年，海南文昌人，云南讲武堂第 18 期炮科毕业，中国近代军人）故居，由林克明设计。此项目高 2 层，局部 3 层，一楼配有客厅、厨房、佣人房和杂物房，二楼有主卧房、卧室，前后均有庭院。由于战后复兴，经济拮据，在设计时，林克明以精简的几何体构成房屋的主体，既省钱，建造也快速，是个倾向于现代建筑的设计。

共享庭院，1/4 圆弧形收边，圆形窗，风格派的构图，材料构成简洁，倾向于未来主义

20 世纪 30 年代中期后，在湖南大学土木工程系办学与任教的柳士英，曾与湖南土木、建筑界人士组建长沙迪新土木建筑公司，并任总工程师，便一直待在中南地区发展。1934 年，柳士英对湖南大学校区进行扩建与规划，将教学区、宿舍区、实习工厂、学生活动区等校舍顺应地形作合理的安排，使校舍融于山林之中。抗战爆发后，校舍大部分都遭到日军轰炸损毁，湖南大学便西迁辰溪龙头垴建分校，也由柳士英设计，多为临时性的校舍，较为简陋。抗战胜利后，1946 年湖南大学复原迁回长沙本校，柳士英便组织重建校园，这个时期设计不少校舍，其中的原（长沙）湖南大学学生第二宿舍、原（长沙）湖南大学学生第三宿舍、原（长沙）湖南大学学生第九宿舍、原（长沙）湖南大学学生第七宿舍、原（长沙）湖南大学工程馆是一系列倾向于现代建筑的设计创作，这些校舍建成后，也为柳士英迎来实践后的设计高潮。

原（长沙）湖南大学学生第二宿舍，高 2 层，假 3 层，坡屋顶，覆盖青瓦。在设计时，柳士英以"U"字形布局，由中间走廊及两旁寝室的单廊组成的"日"字形空间，共同围绕着共享庭院，卫生间、盥洗间设在院中，以适应学生生活要求，并达到隔声及通风的效果。中间以一条通廊联系两侧，与建筑物构成的形态，仿似合院式的空间精神。在立面上，柳士英有许多细部设计手法的体现，如主入口门上方的竖向条窗加分割边柱的处理，而门上端雨挡及两侧为 1/4 圆弧形收边处理，外墙砖面上开设 4 个圆形窗。值得注意的是，柳士英在外墙面上常以白色水泥线板勾边，并环绕着窗户与墙面，在青砖墙上显得非常醒目，同时还带有点风格派设计的构图美感，寓美于纯粹与简朴之中。而在材料与色彩上，柳士英尽量让它层级分明，清一色的处理，有时是一面青砖墙、青瓦，有时是一面清水墙，材料构成也显得简洁明快。虽然，屋顶为坡屋顶，但整体上是倾向于现代建筑的设计。同样的在原（长沙）湖南大学学生第三宿舍与原（长沙）湖南大学学生第九宿舍的设计，也是如此的展现。

原（长沙）湖南大学学生第七宿舍则是柳士英倾向于未来主义的设计。未来主义是 1907 年在意大利兴起的反传统艺术的运动，运动宗旨以强调世界统一性的表现，并配合着机械动力所展现出来的速度美感，贴近于混凝土与钢骨结合的极致表现，其创始人是圣伊利亚（St. Elia），曾绘制许多未来派对世界城市的建筑想象图，巨大机械的建筑林立在城市中，包含了巨大阶梯形的楼房、高架铁道、高速公路及飞机的跑道，汇集在同一栋建筑中，表现出崇拜机械的姿态。而第七宿舍在正立面语汇上，相当程度是倾向于未来主义的设计，展现出机械工业的美学与形态。此项目高 3 层，以对称式布局，设计重点在正立面的主入口处。在设计中，柳士英仍有许多细部的设计手法，圆窗在此依然出现，在中间部分墙面的顶端设 3 个，

图 7-311 原（长沙）湖南大学学生第二宿舍

图 7-312 原（长沙）湖南大学学生第九宿舍 -1

图 7-313 原（长沙）湖南大学学生第九宿舍 -2

图 7-314 原（长沙）湖南大学学生第三宿舍 -1

彼此相连，还有点造型，而圆窗上是弧形的顶端处理，在两侧转向直角来收边，也暗示其身后屋顶阁楼的功能。中间部分的屋身竖向3段式等距分割，两旁是石材贴面，中间为玻璃窗，设有一弧形雨披。主入口分两处，一处由半圆形挖空的底层进入，一处由户外楼梯而上进入，而户外楼梯两侧墙面有对称的八角洞，而半圆形挖空的上方以曲线凸面与楼梯扶手凸面作联系的处理。因此，种种的细部手法构成了一个倾向于未来主义的设计。

图 7-315 原（广州）豪贤路住宅

倾向于表现主义，塑形特征，圆转弧，动态性，圆曲结合

在原（长沙）湖南大学工程馆项目中，柳士英以倾向于表现主义的手法来设计，建筑的外在形式有着不少的圆弧处理，着重在塑形性质的艺术特征，而水平窗带中半圆带形的窗口与墙体之间的圆转弧形的流线细部处理，增加了形的立体表现，建筑犹如是一件雕塑品，呈现出动态性与流线型，柳士英企图追求外墙上刚性静态与柔性动态的圆曲结合，给人一种观形而看出作者内在情感的自我表现与抒发，现代建筑的语言鲜明。

图 7-316 原（长沙）湖南大学学生第三宿舍 -2

现代建筑的集合体，零碎截取了现代建筑的设计元素

新中国成立后，在上海，同济大学为建设新校园，于1951年由同济大学校务会议行文教育部请求批准添设工务组，隶属于秘书处，而工务组是专门为建筑修缮工程而设立的，工程专门人才皆由同济老师担任，负责学校工程事务，1953年成为设计处。当时由哈雄文统筹领导，主持同济校园总体规划设计，先建一座工程馆，即文远楼，并要求该楼屋顶可置天文测量仪器，供教学和研究之用。而文远楼就由哈雄文与黄毓麟共同设计，而他俩也隶属于设计处第一设计室。

图 7-317 原（长沙）湖南大学学生第三宿舍 -3

同济大学文远楼从空间、功能布局到细部都体现了倾向于现代建筑的设计。位于校园东南侧，平面为一长一短向的"一"字形平面，南北向，高3层，部分4层，采用不对称的布局，属钢筋混凝土框架结构，有别于当时一般校园建筑的砖混结构，也是为了因应功能要求与设计手法上的考量。建筑在南北两侧设出入口，方便人流疏通，而两侧出入口与内部的过道空间、直向楼梯形成了室内的中介空间，并向内退缩产生出挑空，而中介空间也形成两个不同的功能体系：一侧是阶梯教室，是院系调整后班级人数增加而设计的，而阶梯教室皆被布局靠近中间出入口，以方便人流的疏散，利用中间出入口的缓冲与隔绝，减少对另一侧功能空间的干扰，而阶梯教室的东西向连接廊中设置了男女厕所，以方便使用；一侧是办公室、教

图 7-318 原（长沙）湖南大学学生第九宿舍 -3

图 7-319 原（长沙）湖南大学学生第九宿舍 -4

图 7-320 原（长沙）湖南大学学生第七宿舍 -1

图 7-321 原（长沙）湖南大学学生第七宿舍 -2

图 7-322 原（长沙）湖南大学学生第七宿舍 -3

图 7-323 原（长沙）湖南大学工程馆 -1

图 7-324 原（长沙）湖南大学工程馆 -2

图 7-325 原（长沙）湖南大学工程馆 -3

学空间与专业教室，中间通廊两侧为教室及开敞的专业制图教室，也有小的专业教室，而教室内皆是大面积的玻璃采光，增加了室内的明亮。

文远楼在空间上体现包豪斯精神，这也在垂直过道空间中展现，而室内为了增加高度感及转换的空间感，局部管线外露与走明，且局部天花板未粉刷过，或是拆模后的混凝土形态，而地面是传统的磨石子地坪，并在墙面交接处与楼梯边缘作了黑色的收边处理。

文远楼在入口处采用不同的设计，南侧入口面向景观草坪，入口处拉出一块几何体量，并作切挖，形成入口玄关，以6根小圆柱支撑，两侧是长方形体量的组合，倾向于几何关系的构成，北侧入口面向建筑群，在既有的长方体加建一个雨篷形成入口玄关，雨篷为上卷的弧形处理，为笔直僵硬的建筑线条带来了些许趣味，而入口上方的竖向墙板与横向的雨篷也形成了一种对比性，同时是倾向于维也纳分离派的设计语言。因此，文远楼的设计就像是一个现代建筑的集合体，零碎截取了现代建筑的设计元素。但在外立面上，有部分的古典装饰元素及细部处理。而同济校园中的部分学生宿舍，设计简洁，方正几何，平屋顶，也都是倾向于现代建筑的设计。

黄毓麟在同一时期也承接了原（上海）儿科医院与原（上海）中央音乐学院华东分院教学楼60号楼项目，在设计中也倾向于现代建筑的设计。

图7-326 原（上海）同济大学文远楼-1

图7-327 原（上海）同济大学文远楼-2

图7-328 原（上海）中央音乐学院华东分院教学楼60号楼

底层架空，平屋顶，白色几何体，体量组合，低薄的檐口

1949年后，新中国进入到计划经济时期，广州成为最重要的对外贸易的地方，由于其地理位置（珠江三角洲，临港澳）原因。1951年政府为了恢复商业贸易活动，促进生产，提出举办以内贸为主的华南土特产展览交流大会，择地，兴建展馆，计划建成10多栋展览建筑（物资交流馆、工矿馆、日用品工业馆、手工业馆、食品馆、农业馆、水果蔬菜馆、林产馆、水产馆、省际馆）及2个部（交易服务部、文化娱乐部），由林克明负责场地规划与组织，并找来广州市建设委员会、中山大学建筑工程系、广州院、广东院等不同部门的建筑师共同设计，是一个集群设计，包括有林克明、夏昌世、谭天宋、余清江、陈伯齐等建筑师参与其中，在设计中，他们不约而同都倾向于现代建筑的设计。

物资交流馆由谭天宋设计，他是原中山大学建筑工程系的老师，此馆是交流大会的第一展馆，作为综合性使用，建筑入口处底层架空，平屋顶，白色几何体，较倾向于现代建筑。工矿馆由林克明设计，几何体量的组合，简洁明快，是个对称式的设计。水产馆由夏昌世设计，也是个倾向于现代建筑的设计，注重内部现代展览功能的合理布局，适宜灵活，入口处有两个水池，水池边是沙池，门厅外采用小圆柱撑起低薄的檐口组合，没有多余的装饰，节省投资，几何语言鲜明（以体量创造出船的造型），简洁利落。手工业馆由郭尚德设计，"十"字形的平面布局，展览路线流畅，白色体量更具有横向的延伸性，同样也没有多余的装饰元素，水平窗带，平屋顶，是个现代建筑的设计。省际馆由陈伯齐设计，采用不对称的平面布局，立面上竖向与格子语言混搭，竖横向的体量组合更趋明显。

经济，实用，考虑微气候，纤细的柱与轻薄的板，流动空间

　　夏昌世在同一时期也设计了原（广州）中山医学院药理寄生虫研究大楼、原（广州）中山医学院教学楼、原（广州）华南工学院旧图书馆、原（广州）华南工学院化工实验室大楼。以上这些项目皆体现了经济、实用的现代建筑特色，又兼具理性（受德国现代建筑的影响），并考虑场地的适应性及微气候的现实面，寻求建筑上的遮阳、隔热和通风的解决方法，运用多种材料与构造形式（竹筋混凝土、砖砌拱顶、钢筋砖、无梁楼板和通风百页等）加以处理，大体上皆采用框架结构，建筑用纤细的柱和轻薄的板构成，体现一种轻逸与通透的设计语言，有别于传统的厚重，而在轻逸与通透的构筑下更突显材料的质感与肌理，而建筑内部则采用自由的流动空间，兼具南方园林的特色。

图 7-329 原（广州）华南土特产展览会水产馆

图 7-330 原（广州）中山医学院教学楼

不对称布局，几何体，平屋顶，水平窗带，底层架空

　　广州市政府在新中国成立后因应广州华侨众多的特点兴建华侨新村，组织筹建委员会，由林克明负责技术指导，由黄适、陈伯齐、金泽光、余清江等建筑师组成设计委员会。华侨新村多为独院式的花园住宅，少量多层公寓，皆体现倾向现代建筑的设计，不对称布局，几何体量组合，平屋顶，转角窗，水平窗带，底层架空。外墙涂料为米黄与苹果绿，楼梯间用淡灰色水刷石与清水红砖墙，部分墙面是白、灰色水刷石，整体住宅色调多样，和谐共融。

图 7-331 原（广州）中山医学院

竖横向的几何体量组合

　　刘鸿典早年在上海执业时的设计皆倾向于现代建筑，1949年后，刘鸿典赴东北，任东北工学院二级教授，兼教研室主任，还兼任建校设计室主任负责东北工学院校园规划及部分建筑设计，同时期还设计了原（长春）东北工学院长春分院教学楼。

图 7-332 （广州）华侨新村 -1

图 7-333 （广州）华侨新村 -2

图 7-334 原（长春）东北工学院长春分院教学楼

图 7-335 原（武汉）同济医院

此项目因墙体上布满粉饰的鸽子而被称之为鸽子楼，并体现着竖横向的几何体量组合，是个倾向于现代建筑的设计。

3 波高潮，1933 年前后已同步于世界

综观中国近代建筑师的现代建筑在中国的实践，虽然晚于古典与折中，但它也出现过 3 波高潮，分别是 1933—1937 年间、1946—1948 年间、1951 年之后，若在分析世界上现代建筑产生的时间（约在 1930 年前后），从中可观察到，中国的现代建筑产生只晚了世界上的现代建筑约 2—3 年时间，也就是说，中国在 1933 年前后已同步化于世界。

7.2 关于建筑思潮的现象与建筑师的姿态

7.2.1 钟摆效应下的实践现象与心理状态

从 20 世纪 10 年代起，中国近代建筑师陆续成立与创办测绘行、建筑师事务所与建筑公司，投入到实践市场，作品量逐年递增，到了 20 世纪 20 年代末 30 年代初，中国近代建筑师建成的作品水平已足以与洋人设计机构的作品相抗衡，并打破了原本由洋人设计机构独揽项目的市场局面，带动了一波波近代建筑活动的繁荣景象。

而在作品的实践中，由于时局、社会的演变与各种原因，导致建筑师在实践中产生了一些特殊的现象，而这些现象伴随着不同衍生与特性。

在绝大部分的中国近代建筑师，不管求学于境内或境外，他们在实践过程中对于设计的追求都有着一种钟摆效应的权宜性，而这个钟摆的现象原因来自于时代的背景与宿命——即离传统越近，继承的问题越明显，但又要符合时代的现代化潮流的演进。

众所周知，1911 年辛亥革命成功，清政府退位，进入到民国时期，但当时并未完全统一，各省各地军阀割据，有的还要恢复帝制，时局非常混乱，于是，部分知识分子思考到改革并未彻底，意识到儒家所构建起的古代封建帝制太根深蒂固，必须对人民在思想上进行洗涤，才能起到思想上的变革，加上现代化学说与思想于 19 世纪末、20 世纪初大量导入中国，于是，从 20 世纪 10 年代中期后，代表"现代"自由的思想正挑战着"传统"权威的概念，弥漫在全国，而这种思想和精神成为了新文化运动的重要立基点和动力。当时，中国社会正处于一种古典（传统）与现代论战，何者占优？——是现代的科学技术，还是古典（传统）的伦理文脉。而部分知识分子也思考着何谓本身个体的自觉性与自明性，一种中国性的现代意识正在中国人心中逐渐被构建起。

而建筑身为时代的一部分，也不免俗地融入到时代的论战当中，进行着古典（传统）与现代的辩证。

那时，在中国近代建筑师中，不管是个人型或联合型事务所，所操作的大部分作品都有着古典、折中与现代并存的现象，犹如是钟摆效应，一阵摆向古典、折中，一阵又摆向现代。当时的建筑师在钟摆效应下有几种实践现象与心理状态：大部分建筑师没有单一的设计思想的追求与执着，始终摆荡在古典（传统）与现代之间，偶尔又在折中上停留一下，这部分人的心理状态非常地分裂与纠结，仿佛陷于时代的论战当中，他们似乎没有一个定向或经常转向，姿态非常游离，摆幅较频繁、较大；少部分建筑师有着单一的设计思想，不管是独钟于古典、折中或现代，皆未偏离本身对自己所认可与理解的思想与风格的追求，只是偶尔试验下其他风格，摆幅较少、偏小，他们的心理状态非常的坚定与踏实，丝毫不受到外界的时代论战的干扰，谨守自己的设计主线，持续实践着；还有少数建筑师自我修正设计主线，从彼端转向此端，并且对外宣告，摆幅较大，他们的心理状态经历了一次革命性的思想与风格的自我解放及救赎的过程。

总之，钟摆效应是中国近代建筑师一个特有的实践现象，反映了在时代背景下建筑所处的一个位置，辩证于古典（传统）与现代之间的语境下。

7.2.2　联合型的钟摆效应

华信建筑（杨润玉、杨元麟、杨锦麟、杨德源）、基泰工程司（关颂声、朱彬、杨廷宝、杨宽麟、关颂坚）、东南建筑（过养默、吕彦直、黄锡霖）、华海建筑（王克生、柳士英、刘敦桢、朱士圭）、凯泰建筑（黄元吉、杨锡镠、钟铭玉）、彦沛记建筑（吕彦直、黄檀甫、李锦沛）、梁思成林徽因建筑（梁思成、林徽因）、华盖建筑（赵深、陈植、童寯）、兴业建筑（徐敬直、杨润钧、李惠伯）、中国银行建筑课（陆谦受、吴景奇、黄显灏）、同济大学工务组设计处（哈雄文、黄毓麟、祝永年等）、上海中国海关总署（吴景祥）是中国近代最主要、具代表性的联合型设计机构，他们各自有着不同的钟摆效应，并焕发出不同的精神分裂的现象。

华信建筑的钟摆效应

华信建筑（杨润玉、杨元麟、杨锦麟、杨德源）的作品中，倾向于折中有（上海）愚谷邨、原（上海）政同路、原（上海）江湾体育会路住宅、原（上海）三民路集合住宅、（上海）涌泉坊、原（上海）陈楚湘住宅、原（上海）中华劝工银行（约7个），倾向于现代的有原（上海）政同路住宅，而倾向于古典的近乎无。因此，他们的设计路线以折中为主，稍微摆荡到现代，没有太多高深的设计探讨和追求，但以贴近现实的态度，去操作各种不同类型的住宅模式，以满足业主的需求，许多建成作品表现得很朴实，低调地藏于巷弄之中，成为旧时代一项住宅设计的经典和范例。

基泰工程司的钟摆效应

基泰工程司（关颂声、朱彬、杨廷宝、杨宽麟、关颂坚）的作品中，倾向于古典的有原（北京）大陆银行、原（天津）南开大学木斋图书馆、原（南京）中山陵园邵家坡新村合作社、原（南京）中央研究院地质研究所、原（南京）中央体育场游泳池、原（南京）中英庚子赔款董事会办公楼、原（南京）国民党中央党史史料陈列馆、原（天津）新乡河朔图书馆、原（南京）国民党中央监察委员会、原（南京）金陵大学图书馆、原（南京）中央研究院历史语言研究所、原（成都）励志社大楼、原（成都）四川大学规划及校舍设计、原（重庆）国民政府门廊、原（重庆）青年会电影院、原（南京）中央研究院社会科学研究所、原（南京）正气亭、原（南京）华东航空学院教学楼、南京大学东南楼（约19个）。倾向于折中的有原（天津）大陆银行大楼、原（天津）基泰大楼、原（天津）大陆银行货栈、原（上海）大陆银行、原（上海）聚兴诚银行上海分行、原（上海）大新公司大楼、原（天津）中原公司、（沈阳）少帅府、原（沈阳）京奉铁路沈阳总站、原（沈阳）同泽女子中学、原（沈阳）东北大学图书馆、原（沈阳）东北大学文法科课堂楼、原（沈阳）东北大学实验室、原（沈阳）东北大学教职员宿舍、原（沈阳）东北大学体育场、原（北京）交通银行、（北京）清华大学生物馆、（北京）清华大学男生宿舍、（北京）清华大学气象台、（北京）清华大学图书馆扩建、（南京）中山陵音乐台、原（南京）中央医院、原（南京）中央体育场田径场、原（南京）中央体育场篮球场、原（南京）中央体育场国术场、原（南京）中央大学图书馆扩建、（南京）中国科学院紫金山天文台、原（南京）宋子文故居、原（南京）中央大学附属牙科医院、原（重庆）美丰银行、（南京）杨廷宝故居、原（南京）公教新村、原（南京）

资源委员会背躬楼、原南京祁家桥俱乐部、原（南京）中央研究院地理研究所、原（南京）中央研究院化学研究所、原（南京）结核病防治院（约37个）。倾向于现代的有原（天津）中国银行货栈、原（南京）大华大戏院、原（南京）国际联欢社、原（重庆）嘉陵新村国际联欢社、原（重庆）圆庐、原（重庆）中国滑翔总会跳伞塔、原（南京）基泰工程司办公楼扩建、原（南京）下关火车站扩建、原（南京）新生俱乐部、原（南京）招商局候船楼、原（南京）孙科故居、原（南京）国民党中央通讯社办公楼（12个）。若以作品数量统计，基泰工程司的设计路线较倾向于古典（约19个）、折中（约37个），但在钟摆效应下，经由3次（1931年、1937年、1945年）业务的转折而让作品也有了不同的变化。杨廷宝作为基泰工程司第三合伙人，他也是主创建筑师，负责大量的设计任务。

20世纪20年代到30年代初，黄河以北，基泰工程司主要的设计倾向于西方古典与西方折中语言为主，偶尔往中华古典风格尝试，锁定在细部装饰上，少数作品尝试现代建筑。到了20世纪30年代后（抗战前），黄河以南、长江一带，基泰工程司主要的设计，大方向渐趋转向中华古典风格，设计出一系列带有强烈古典色彩、雄伟庄严的大屋顶建筑（南京），它们是遵从政治及回应社会期待下的产物。次方向则是在古典（传统）与现代的辩证阶段中，尝试将民族形式体现在建筑内外的中式折中语言（南京、上海）。而早年的西方古典与西方折中操作手法仍在两三个项目中出现（南京）。稍带有现代建筑语言的试验，短暂地出现在商业项目上。由此观察，基泰工程司从20世纪30年代起，在设计路线上走得比较多元、开放，多面向的操作与尝试，这也是联合型建筑公司的特色，非定于一"尊"或"思"（合伙人各有想法）。

1937年抗日战争爆发，基泰工程司将总部自南京迁往上海，不久后，上海时局混乱，基泰工程司同其他建筑师与事务所跟随着国民政府撤往西南大后方，将总部迁到重庆，并自建办公楼为基地。到了重庆后（1939年后），杨廷宝仍维持抗战前（1937年前）的设计路线，摆荡在古典、折中与现代之间。

因此，基泰工程司对于建筑思想与风格的探索因政治的演变而跌宕起伏，在稳定与不稳定中寻求变化与突破，若要将基泰工程司在中国近代建筑史中予以定位，那么建筑的多变性与多样性，或许更准确些，因为他们都尝试过对古典、折中与现代建筑的多方探索，真实而又恳切，钟摆效应非常明显，摆幅较大。

东南建筑的钟摆效应

东南建筑（过养默、吕彦直、黄锡霖）的作品中，倾向于古典的有原（南京）东南大学科学馆、原（上海）票据交换所，倾向于"折中"的有原（上海）真茹暨南大学科学馆、原（南京）国民政府最高法院。而东南建筑的合伙人有过养默、吕彦直与黄锡霖，由过养默、吕彦直操刀设计。实际上，东南建筑的作品并不多，让人耳熟能详的大作应是吕彦直在时所负责的中山陵设计竞赛，但他于1925年离职，所以，过养默并没有参与到中山陵设计过程与后续施工阶段，也反映出在古典的范畴下，大屋顶式样的中华古典设计并非过养默的设计走向，而他崇尚的是以西方古典来介入设计，接着，在过渡到现代建筑的姿态中，衍生出西式折中的设计特征为其设计主线，而这样的思路是一种简化的过渡（古典到现代），钟摆效应较不大。

凯泰建筑、梁思成林徽因建筑的钟摆效应

凯泰建筑（黄元吉、杨锡镠、钟铭玉）与梁思成林徽因建筑（梁思成、林徽因）的钟摆效应摆幅偏小。凯泰建筑（黄元吉、杨锡镠、钟铭玉）的作品倾向于古典的有原（上海）中华基督教会鸿德堂，倾向于折中的有（上海）四明新村、原（上海）安凯第商场（一层）、原常熟县立图书馆，倾向于现代的有原（上海）恩派亚公寓。梁思成林徽因建筑（梁思成、林徽因）的作品倾向于古典的有广西大学礼堂（汇学堂），倾向于折中的有原吉林省立大学校舍，倾向于现代的有原北京大学地质馆、原北京大学女生宿舍。

彦记建筑、彦沛记建筑的钟摆效应

彦记建筑、彦沛记建筑（吕彦直、黄檀甫、李锦沛）的作品中，倾向于古典的有南京中山陵、广州中山纪念堂，倾向于折中的有广州中山纪念碑。吕彦直是彦记建筑的主创建筑师，他的路线非常明确，谨守对古典倾向的设计探索，摆幅甚小。

华盖建筑的钟摆效应

华盖建筑（赵深、陈植、童寯）的作品中，倾向于古典的有原（北平）故宫博物院南京古物保存库、（南京）中山陵行健亭、原（南京）马歇尔公馆（约3个）。倾向于折中的有原（上海）恒利银行、原上海北站修复、原（南京）国民政府外交部大楼、原（上海）浙江兴业银行、原（上海）新华路449号西班牙别墅、（南京）福昌饭店、原（南京）中山陵园中山文化教育馆、原（苏州）景海女子师范学校校舍、原（长沙）清华大学矿物工程系教学楼、原（长沙）清华大学矿物工程系机电楼、原（昆明）南屏街银行、原（昆明）兴文银行、原（南京）张治中公馆、原（贵阳）花溪清华中学、（南京）童寯故居、原（上海）叶揆初合众图书馆、原（上海）富民路花园里弄住宅（约17个）。倾向于现代的有原大上海大戏院、原（上海）金城大戏院、原（上海）合记公寓、原（上海）梅谷公寓、（南京）福昌饭店、（南京）首都电厂、原（上海）西藏公寓、原（昆明）南屏大戏院、原（无锡）茂新面粉厂、原（上海）浙江第一商业银行、原（台湾）糖业公司大楼、原（南京）首都饭店、原（南京）水晶台中央地质调查所陈列馆、原（南京）美国顾问团公寓大楼（约14个）。虽然，华盖建筑倾向于折中的作品较多，但实际上他们的设计路线是以现代为主，偶尔摆荡到古典、折中。

华盖建筑创建后，即展现对现代建筑的追求。之后，参与原上海市博物馆投标，提出简化的折中设计方案（1934年），是华盖建筑第一次向中华风格、中式折中语言靠近，究其原因，与时代背景（国府主导下的大屋顶浪潮），或所受教育（学院派）有关。但是，身在上海的他们似乎选择回避大屋顶的中华风格所带来的沉重包袱，企图在设计中反映一种面向世界或国际的新（现代）建筑的时代观，因此，华盖建筑在上海的实践仍贴近于现代建筑语言的操作。

华盖建筑在南京的实践因首都建设计划及城市风貌的原因，有了一些设计变化，他们低调地转向投入到中华古典风格的实践中去，有一种被迫性，少量项目是对现代建筑的追求。抗战后的华盖建筑在昆明与贵阳成立分所，基本延续抗战前事务所设计的基本思路，没有多大的改变，更多倾向现代建筑的试验，部分是折中设计。

总之，华盖建筑早就确定以倾向于现代建筑的试验——横平竖直、虚实对比为其基本的设计思路与走向，这当中或之后（1938—1945年、1945—1952年）或许会因项目与现实条件的不同而忽左忽右，产生中式折、西式折中倾向，但却不影响他们对新（现代）建筑观念的追求，大部分作品皆如是，因此，可以说，他们是出自于古典（学院派）训练下的现代建筑的设计棋手。

兴业建筑的钟摆效应

兴业建筑（徐敬直、杨润钧、李惠伯）的作品中，倾向于古典的有原（南京）中央博物院，倾向于折中的有原（南京）意大利大使馆、原（南京）丁家桥中央大学附属医院修建门诊部、原（昆明）卢汉西山别墅、原（南京）实业部中央农业实验所，倾向于现代的有原（昆明）酒杯楼、（上海）裕华新村、原（重庆）建国银行行屋、原（上海）张群故居、原（南京）馥记大厦。从战前的创办时到战时、战后的拓展阶段，兴业建筑除了原（南京）中央博物院项目是倾向于大屋顶式样的中华古典风格，其余项目皆倾向于现代建筑的试验与操作，更多关注在垂直与水平（竖横向）的构成或扣合的语言，以及体量层叠后的不对称性，并带有一种几何的构图美感，而材料在兴业建筑设计中俨然成为一项中介质，用以缓和不同材料彼此之间的冲突性。

中国银行建筑课的钟摆效应

中国银行建筑课（陆谦受、吴景奇、黄显灏）的作品中，倾向于折中的有原（南京）中国银行南京分行、原（上海）华商证券交易所、原中国银行青岛分行、原山东金城银行、原（上海）中国银行虹口大楼、原（苏州）中国银行、原（上海）中国银行大厦。倾向于现代的有原（上海）中国银行堆栈仓库、原（上海）中国银行同孚大楼。陆谦受是中国银行建筑课课长，因深受现代主义建筑思潮的影响，曾在《中国建筑》（第26期，1936年）杂志上撰文"我们的主张"，文中对古典、折中风格采取缄默的态度，鼓励和号召建筑朝向现代化的符合功能实用和需求，符合时代背景，遵从美术和文化精神而努力，因此，中国银行建筑课的设计主线较倾向于现代建筑。

同济大学工务组设计处的钟摆效应

同济大学工务组设计处（哈雄文、黄毓麟、祝永年等）的作品中，倾向于折中的有原（上海）同济大学工程实验馆、原（上海）同济大学水泥实验馆、原（上海）同济大学化学馆、原（上海）同济大学科学材料馆、原（上海）同济大学基建处、原（上海）同济大学学生宿舍（西北一、二楼）、（上海）同济新村（村一楼至村四楼）、（上海）同济大学南北楼、（上海）同济大学图书馆、（上海）同济大学西南一楼。倾向于现代的有原（上海）同济大学文远楼、原（上海）儿科医院、原（上海）中央音乐学院华东分院教学楼60号楼、原（上海）同济大学学生宿舍、原（上海）姚有德故居、原（上海）同济大学教工俱乐部、原（武汉）同济医院。同济大学工务组设计处是高校型的设计机构，他们大部分作品皆摆荡在折中与现代之间。

上海中国海关总署的钟摆效应

上海中国海关总署（吴景祥）的作品中，倾向于折中的有（北京）干面胡同57号住宅、原（海口）海关大楼、原（上海）新闻路海关职工宿舍、原（上海）汾阳路海关住宅区（今海关一村）、原（上海）吴景祥故居。吴景祥早年任职于上海中国海关总署，他为海关设计一系列的作品，以及自宅设计皆是折中倾向，所以，他的设计路线明确，钟摆效应接近于无。

7.2.3　个人型、个体户的钟摆效应

周惠南、庄俊、杨锡宗、沈理源、阎子亨、范文照、董大酉、杨锡镠、卢镛标、李锦沛、卢树森、林克明、奚福泉、顾鹏程、罗邦杰、张玉泉、范能力、苏夏轩皆在中国近代成立个人型事务所，他们也有着不同的钟摆效应。

周惠南的钟摆效应

周惠南的作品中，倾向于折中的有原（上海）大世界游乐场、原（上海）共舞台、原（上海）中央大戏院、原（上海）天蟾舞台（现逸夫舞台）、原（上海）远东饭店、原（上海）一品香旅社、原（上海）中西大药房、原（上海）中法大药房。周惠南的作品皆是折中倾向，他的设计路线是明确的，无任何钟摆效应。

庄俊的钟摆效应

庄俊的作品中，倾向于古典的有原（上海）金城银行、原（济南）交通银行、原（哈尔滨）交通银行、原（汉口）金城银行、原（青岛）交通银行、原（汉口）大陆银行。倾向于"折中"的有原（天津）扶轮公学校、原（上海）袁佐良故居、（汉口）金城里、原（上海）四行储蓄会、原（上海）大陆商场、原（上海）交通大学总办公厅、（汉口）大陆坊、原（上海）

富民会馆。倾向于现代的有原（上海）古柏公寓、原（上海）孙克基妇孺医院。总结庄俊的设计，由于他设计的银行建筑居多，又帮银行职员设计住宅，所以是一位与银行关系密切的银行建筑师。而在古典的范畴中，西方古典、西方折中是庄俊主要的设计倾向，只有一两个项目是对现代建筑的试验，因此，他的钟摆效应不大。通常在庄俊的作品中皆体现出一种古典的庄重、奢华与贵气之感，符合那个年代里中产阶级（银行职员、华商、医生、教师等）所要传达的由弱变强、合法致富的社会地位与价值。

杨锡宗的钟摆效应

  杨锡宗的作品中，倾向于古典的有原（广州）第一公园、（广州）黄花岗七十二烈士墓园、（广州）十九路军淞沪抗日阵亡将士陵园、原（广州）仲元图书馆、原（广州）岭南大学水塔、原（广州）中山大学入口石牌坊、原（广州）中山大学工学院电子机械工程系馆、原（广州）中山大学工学院土木系馆。倾向于折中的原（广州）西濠口嘉南堂、原（广州）西濠口南华楼、原（广州）商务印书馆广州分馆、原（广州）培正中学美洲华侨纪念堂、原（广州）中山大学教职工宿舍、原（广州）银行汕头支行。倾向于现代的有原（广州）中山大学教职工宿舍、原广州市银行华侨新村。杨锡宗实质上是一位从景观（公园、墓园、陵园）切入到建筑的建筑师，设计视点由大转到小、由宏观转到微观……他将公园、墓园、陵园设计逐渐从简单化和单一化朝向一种立体化和个性化，并从中探索和演绎中华古典、西方古典的许多元素与物件的表情，达到整体性的景观化和艺术化，他成为此方面的翘楚。当他进入到建筑设计阶段时，更来回反复于中华古典、西方古典风格的思辨当中，还曾进行对现代建筑的试验与操作，由此可知，他不流于俗套，是一位顺应时局、顺应潮流的建筑师，融于整个大环境的趋势当中去实践着，因此，他的钟摆效应非常明显。

沈理源的钟摆效应

  沈理源的作品中，倾向于古典的有原（北京）劝业商场、原（北京）真光电影剧场、原浙江兴业银行杭州分行、原浙江兴业银行天津分行、原（北京）前门珠市口开明影院、原（天津）中华汇业银行、原中南银行天津分行增建、原（天津）盐业银行。倾向于折中的有（天津）洛华里、原（天津）孙传芳故居、原（天津）许澍旸故居、原（天津）曹汝霖故居、原（天津）章瑞庭故居、原（天津）周明泰故居、原（北京）清华大学化学馆、原（北京）清华大学电机馆、原（北京）清华大学机械馆、原（北京）清华大学新林院、原（北京）大学图书馆、原（天津）新华信托储蓄银行、（天津）民园西里。倾向于现代的有原（天津）王占元故居。在沈理源的实践中，他以西方古典作为设计的主要路线，并逐渐尝试折中的设计倾向，他几乎都在古典与折中之间，偶尔才对现代建筑进行试验，因此，沈理源的设计路线单一，钟摆效应不大，摆幅偏小。而那个年代里掀起的大屋顶式样的中华古典设计风潮，沈理源碰都没碰过，也根本不感兴趣。

阎子亨的钟摆效应

  阎子亨的作品中，倾向于古典的有原（天津）南开中学范孙楼、原（天津）孙仲凯故居、原（天津）丁懋英女医院。倾向于折中的有（天津）信义里、（天津）四宜里、（天津）四宜仓库、（天津）德旺里、原（天津）卞俶成及其子女故居、原（天津）胡奇故居、原（天津）耀华学校第三教学楼校舍、原（天津）耀华学校第四教学楼校舍、（天津）沈鸿翔医生办公处、原（天津）耀华学校游艺馆、原（天津）茂根别墅、（天津）永定里、（天津）岳阳里、原（天津）大兴村。倾向于现代的有原（天津）王天木故居、原北洋工学院工程学馆、原（天津）防盲医院、原（天津）寿德大楼、原北洋工学院工程实验馆、原天津茂根大楼、原（天津）久安大楼。总结阎子亨的实践，一开始他以古典为设计路线，后逐渐转向试验现代建筑，从这之中产生出折中的设计倾向，到后期，他在公寓式大楼表现出对现代建筑的设计追求，因此，他的钟摆效应明显，但摆幅次数偏小，直接摆向现代为主。

范文照的钟摆效应

范文照的作品中，倾向于古典的有原（上海）圣约翰大学交谊室、原（上海）南京大戏院、原（南京）铁道部大楼、原（南京）励志社总社、原（上海）八仙桥基督教青年会大楼、原（南京）华侨招待所、（苏州）保圣寺古物馆、原（上海）同孚路82号。倾向于折中的有原（上海）交通大学执信西斋、原（南京）国民政府卫生部、原（上海）历届殉职警察纪念碑、原（上海）孔祥熙故居。倾向于现代的有（上海）协发公寓、原（上海）西摩路与福煦路转角处市房公寓、原中华书局广州分局、（上海）美琪大戏院、（上海）集雅公寓。范文照本是奉行于古典精神的设计旗手，项目也如数家珍，之后，完全转向对新（现代）建筑的试验，并一直追求下去。而他认为的新（现代）是要让所设计出来的房子，能让人的生活过得有现代的舒适、方便和安逸之感，是以民为本的观念，但内部还得显藏与保留中国建筑的艺术与精神，才是一种从内而外的设计。他觉得现代生活也需考量经济与实用的意义，所以，他反对大屋顶式样的过度浪费。因此，他的实践过程经历了一段自我救赎的过程，也就是中国人对新（现代）建筑理解的过程。

董大酉的钟摆效应

董大酉的作品中，倾向于古典的有原（上海）特别市政府大楼。倾向于折中的有原（上海）唐绍仪故居、原（上海）陈英士先生纪念塔、原山东大学科学馆、原上海市图书馆、原上海市博物馆、原上海市卫生试验所、原上海市立医院、原上海市体育场、原上海市体育馆、原（上海）中国工程师工业材料试验所，倾向于现代的有原（上海）中国航空协会陈列馆及会所、原（上海）震旦东路董大酉自宅、原（上海）京沪、沪杭甬铁路管理局大楼、原（上海）吴兴路花园住宅、原（上海）大西路悙信路伍志超甲、乙、丙种住宅。董大酉对现代建筑的试验对他个人来说是一项设计上的突破。

杨锡镠的钟摆效应

杨锡镠的作品中，倾向于古典的有原（南京）东南大学科学馆、原（上海）中华基督教会鸿德堂。倾向于折中的有原（上海）南洋大学体育馆、梧州中山纪念堂、原上海南京饭店、原（上海）真茹国际通讯大电台、原上海百乐门舞厅、原（上海）第一特区法院、原（上海）大都会舞厅、（无锡）茹经堂。杨锡镠的设计路线明确，一直处于对折中倾向的探索，钟摆效应不大，而他实际上是一位中国近代的建筑媒体人。

卢镛标的钟摆效应

卢镛标的作品中，倾向于折中的有（汉口）联保里、原（汉口）中国实业银行、原（汉口）中央信托公司、原（汉口）四明银行、（汉口）江汉村、原（汉口）湖南省邮政管理局办公楼。卢镛标几乎以折中作为他的设计表态，丝毫没有偏移，故也没有钟摆效应。

李锦沛的钟摆效应

李锦沛的作品中，倾向于折中的有（上海）盲童学校、原（上海）清心女子中学、原（常州）武进医院病房大楼、原（上海）中华基督教女青年会大楼、原（上海）旅沪广东浸信会堂、原（昆明）基督教青年会、原（上海）广东银行、原（上海）吴淞国家检疫局办公大楼、原（上海）严同春住宅、（上海）华业公寓、原（杭州）浙江建业银行、原（南京）新都大戏院、原（南京）聚兴城银行南京分行。综观李锦沛的设计，由于他受布札艺术教育培养出身，对于西方古典的装饰艺术方面的设计，再熟悉不过，后因工作与现实的原因，接触到了中华风格的相关内容，于是逐渐在设计上操作既西式又中式的折中设计，或者摆荡在这两者之间，折中的意图非常鲜明、单一。

卢树森的钟摆效应

卢树森的作品中，倾向于古典的有原（南京）中央研究院北极阁中央气象台办公楼、原（南京）中央研究院气象研究所图书馆、原（南京）中山陵藏经楼、原（南京）文德里中国科学社生物研究所、青岛湛山寺药师塔及山门。倾向于折中的有原（上海）中国科学院上海明复图书馆。卢树森的作品皆是古典倾向，设计方向明确，没有钟摆效应，是位古典的旗手。

林克明的钟摆效应

林克明的作品中，倾向于古典的有原（广州）第一中学校舍、原（广州）市立中山图书馆、原广州市政府合署、原（广州）中山大学地质地理生物系、原（广州）中山大学化学楼、原（广州）中山大学法学院、原（广州）中山大学教学楼、原（广州）中山大学天文系、原（广州）广东省教育会会堂、原（广州）广东科学会馆、原（广州）广东省农业展览馆。倾向于折中的有原广州市平民宫、原（广州）中山大学男生宿舍、原（广州）中山大学宿舍、原（广州）金星戏院、原（广州）大中中学校舍、原（广州）华南土特产展览会门楼、原（广州）中苏友好大厦、原（广州）中国出口商品陈列馆、原（广州）羊城宾馆。倾向于现代的有原（广州）广东省立勤勤大学校舍、原广州中山大学发电厂、原（广州）中山大学学生宿舍、原（广州）林克明自宅、原（广州）豪贤路住宅、（广州）华侨新村。林克明是一位多产的建筑师，作品分布平均，在古典、折中与现代三方面都有着为数不少的好作品，也因此，他摆荡的范围较大，钟摆效应明显，实践后期，则较倾向于对现代建筑进行试验与追求。

奚福泉的钟摆效应

奚福泉的作品中，倾向于折中的有（上海）梅泉别墅、原（上海）都城饭店、原（南京）国民大会堂、原（南京）国立美术馆、原（南京）中国国货银行南京分行、（上海）建国西路花园住宅、原（沙市）邮局大楼、原（上海）高安路18弄住宅。倾向于"现代"的有（上海）康绥公寓、原（上海）白赛仲路公寓、原（上海）虹桥疗养院、原（上海）浦东大厦、原（上海）欧亚航空公司上海龙华飞机棚厂、（上海）自由公寓、原（上海）福开森路4号住宅、（上海）玫瑰别墅、原（上海）欧亚航空公司上海龙华站。虽然，奚福泉的折中与现代的作品量相等，实际上，他是一位热衷于对现代建筑进行试验的建筑师，且路线专注，从未偏移过，钟摆效应不大，他的折中设计有些是因项目条件与现实原因而生，有一种半被迫性。

顾鹏程、罗邦杰、张玉泉、范能力与苏夏轩的作品量不多，较难看出其基本设计走向，只能就单一作品来作基本定位的判断，因此，很难观察出钟摆效应的产生。

除了联合型与个人型事务所，还有一批建筑师属个体户，他们分别是政府部门、金融企业、学校等机构的建筑师，如贝寿同、齐兆昌、汪申、朱兆雪、张邦翰、郑校之、柳士英、刘敦桢、刘既漂、李宗侃、卢毓骏、赵志游、陈品善、顾文珏、刘福泰、胡德元、陈荣枝、李炳垣、黄玉瑜、关以舟、余清江、雍惠民、谭垣、夏昌世、陈伯齐、刘鸿典、黄作燊、谭天宋。他们的作品量偏少，只能从一两件作品来判断其所处的设计倾向，至于钟摆效应就很难判断了，但有的作品量较多，仍能观察得出他们的设计思路及钟摆效应。

贝寿同的钟摆效应

贝寿同的作品中，倾向于古典的有原（北京）欧美同学会会址扩建，倾向于折中的有原（苏州）高等检察厅看守所、原（北京）中国地质调查所西楼办公室。贝寿同一直是一位政府部门的建筑师，所设计的项目甚少，从他作品中，丝毫看不到任何过分的设计，纵然建筑所传达的倾向各异（地方性、中华古典、折中），但整体上表现出一种低调与内敛的姿态，既寡欲、简单，又贴切地把握每一个设计的环节。

柳士英的钟摆效应

柳士英的作品中，倾向于古典的有原（安徽）芜湖中国银行、原（长沙）湖南大学老图书馆、原（长沙）湖南大学大礼堂、（长沙）爱晚亭（改建）。倾向于折中的有原（上海）同兴纱厂、原（杭州）武林造纸厂、原（上海）中华学艺社、原（上海）大夏大学校舍、原（上海）大夏新村、原（上海）王伯群故居、原（长沙）湖南大学至善村教工住宅区、原（长沙）湖南大学胜利斋教工宿舍、原（长沙）湖南大学科学馆（加顶层）。倾向于现代的有原（长沙）湖南电灯公司办公楼、原（长沙）湖南大学学生第二宿舍、原（长沙）湖南大学学生第三宿舍、原（长沙）湖南大学学生第九宿舍、原（长沙）湖南大学学生第七宿舍、原（长沙）湖南大学工程馆。柳士英的设计有明显改变，从古典、折中转向现代，推举现代思想，以功能至上，通过简洁的手法反映现实，并着重在细节的处理，钟摆效应明显。

刘既漂的钟摆效应

刘既漂的作品中，倾向于古典的有原（杭州）西湖博览会大门、原（杭州）西湖博览会会塔、原（杭州）西湖博览会桥。倾向于折中的有原（杭州）西湖博览会西冷桥畔音乐亭、原（杭州）西湖博览会革命纪念馆大门、原（杭州）西湖博览会博物馆大门、原（杭州）西湖博览会艺术馆大门、原（杭州）西湖博览会水上大门、原（杭州）西湖博览会卫生馆大门、原（杭州）西湖博览会教育馆大门。刘既漂是一个折中倾向并积极倡导装饰艺术风格的建筑师，他将古典元素简化、变形，并与装饰艺术相结合，借以宣扬他喜爱的美术建筑的思想，因此，他的设计路线专一，钟摆效应偏小。

夏昌世的钟摆效应

夏昌世的作品中，倾向于折中的有原（广州）华南工学院旧图书馆、原（广州）华南工学院22号教学楼。倾向于现代的有原（广州）华南土特产展览会水产馆、原（广州）中山医学院药理寄生虫研究大楼、原（广州）中山医学院教学楼、原（广州）华南工学院旧图书馆、原（广州）华南工学院化工实验室大楼。实际上，夏昌世崇尚现代建筑，他将留德时领悟到理性、经济与实用的原则，与古典自然、意境及气候特色、材料相结合，形成他自己的主要设计思路，注重功能，控制经济，并把现代建筑物理方面的研究应用于设计上，实乃一种创新，而他的钟摆效应偏小。

刘鸿典的钟摆效应

刘鸿典的作品中，倾向于折中的有原（沈阳）东北工学院冶金学馆、原（沈阳）东北工学院校门。倾向于现代的有原（上海）沙发花园、原（沈阳）东北工学院冶金学馆、原（长春）东北工学院长春分院教学楼。虽然，刘鸿典的作品量不多，有些还是担任甲方建筑师时与人合作的项目，但他还是有一个稍微明显的现代倾向，路线单一。

黄作桑的钟摆效应

黄作桑的作品中，倾向于现代的有原（上海）中国银行宿舍、原（山东）济南中等技术学校，因此，他是一位倾向于现代的建筑师。

7.2.4 倾向与强度、双曲线的演变、跳跃的星座图

中国近代建筑师各自有不同的设计倾向与强度，而他们也构成了一个整体的中国近代建筑的设计演变。

笔者将中国近代建筑师依他们各自设计作品的倾向与强度，分布在 4 个象限。而这 4 个象限，实际上是由一条古典、折中与现代的线作为主轴线，有方向性，同时在上下两端辅助拉出一条隐线，并倾向于中式或西式。由此，构成了 4 个不同的象限。而建筑师所处的一个点的位置即代表他的设计强度，是一个最大倾向的相对值（因建筑师有可能因实践的转向会上下左右跳跃），每一个点都是相对唯一的坐标，每一个点也都可以在建筑师的作品中找到相对唯一的对应关系。

从中国近代建筑师坐标图中可以观察到，相对靠近折中倾向的建筑师偏多，包括有朱启钤、关颂声、郑校之、贝寿同、虞炳烈、余清江、关以舟、王华彬、李惠伯、黄玉瑜、李锦沛、郭蕴诚、吴景祥、杨锡镠、朱彬、范能力、孙支厦、李英年、李蟠、罗邦杰、苏夏轩、刘既漂、张玉泉等建筑师。

另外，中华古典风格以吕彦直为首，西方古典风格以庄俊为首，各自形成两大集团。在集团中，中华古典风格的有卢毓骏、杨锡宗、杨廷宝、徐敬直、卢树森、刘敦桢、齐兆昌、汪申、朱兆雪、顾文珏、赵志游等建筑师，西方古典风格的有沈理源、过氧默、李宗侃、朱士圭、周惠南等建筑师，他们分处于古典范畴的两端，彼此形成一种风格上的对抗与僵持。这些建筑师有的也不是说专一或独守于某种路线，偶尔会转向尝试于其他，所以，他们的强度各有不同，并逐渐朝向折中与现代的方向发展。

因此，此坐标图中的建筑师会有两种类型：①运动性：建筑师的跳跃较多、较大，所以不处于上下左右的极端，而是较偏向中间折中的状态；②非运动性：建筑师谨守于某种路线，所以有可能处于上下左右极端或偏中间的非极端。

而非运动性的建筑师较少，有的处于极端，有的则偏向现代的范围，以柳士英为首，包括有奚福泉、黄元吉、黄毓麟、夏昌世、阎子亨、童寯、吴一清、黄作燊、顾鹏程、谭天宋、胡德元、阮达祖、谭垣、过元熙等建筑师。而运动性的建筑师较多，大部分都处于中间折中的范围。另外，部分运动性的建筑师有一种迹象，即从古典逐渐走向现代，中间经历折中，以范文照为首，包括有陈植、董大酉、赵深、陆谦受、林克明、陈荣枝、朱彬、卢镛标、杨润玉等建筑师。

若将运动性与非运动性建筑师的点相结合，可以观察到中国近代建筑师的设计经由点的运动，形成上下两道连续双曲线的演变，点连接的轨迹忠实呈现。而双曲线在数学上定义为平面交截直角一类的圆锥曲线，而在此图中，可以解释为建筑师分处于双曲线上下两古典的极端，有的作品经不断地挤压与消化，去除某种装饰性，逐步简化后，朝向经济与实用的现代迈进，终归于一。

此中国近代建筑师坐标图构成了中国近代建筑整体的设计演变，从中，依每个点可观察到建筑师所处的位置，也清晰地反映建筑思潮与现象。

7.3 关于中国近代"建筑之树"的整体谱系与姿态

若依建筑相关执业形态（企业团体、事务所、高校）作区分，中国近代建筑师共有 25 个体系，而这些体系随着各自的发展，之后构成了相关的谱系，以及联结、师承与传承的关系。

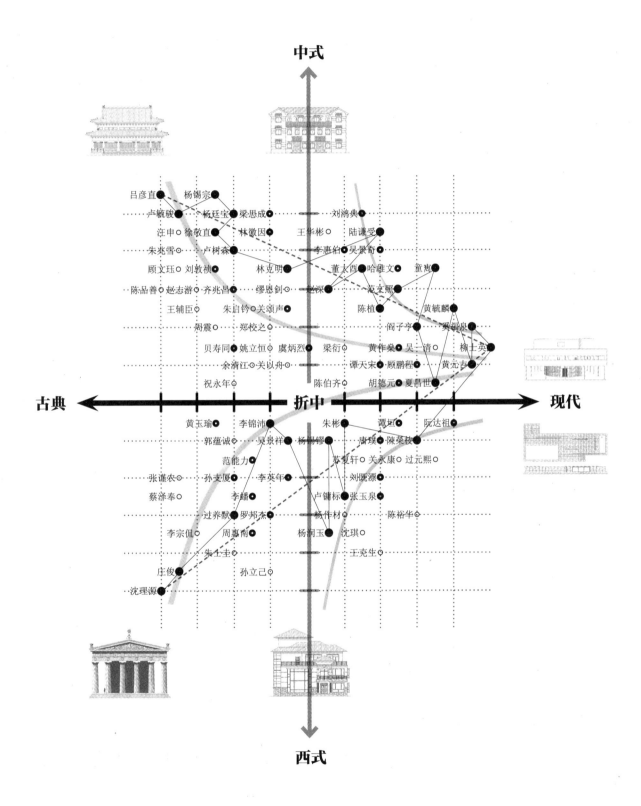

图 7-336 建筑倾向与强度之坐标图

<table>
<tr><td>1. 基泰工程司系</td><td>14. 董大酉建筑师事务所系</td></tr>
<tr><td>2. "华信建筑"系</td><td>15. "启明建筑"系</td></tr>
<tr><td>3. "华海建筑"系</td><td>16. 奚福泉系</td></tr>
<tr><td>4. 柳士英系</td><td>17. 刘既漂建筑师事务所系</td></tr>
<tr><td>5. "东南建筑"系</td><td>18. "大地建筑"系</td></tr>
<tr><td>6. "彦记建筑"、"彦沛记建筑"系</td><td>19. 顾鹏程工程公司系</td></tr>
<tr><td>7. 李锦沛建筑师事务所系</td><td>20. 范文照建筑师事务所系</td></tr>
<tr><td>8. "凯泰建筑"系</td><td>21. 中国银行（总管理处）建筑课系</td></tr>
<tr><td>9. 杨锡镠建筑师事务所系</td><td>22. "五联建筑"系</td></tr>
<tr><td>10. "华盖建筑"系</td><td>23. 广州市工务局系</td></tr>
<tr><td>11. "兴业建筑"系</td><td>24. 杨锡宗画则行系</td></tr>
<tr><td>12. 庄俊建筑师事务所系</td><td>25. 林克明建筑师事务所系</td></tr>
<tr><td>13. 上海市中心区域建设委员会系</td><td></td></tr>
</table>

基泰工程司系

基泰工程司的合伙人是关颂声、朱彬、杨廷宝、杨宽麟、关颂坚，从业人员有郭锦文、初毓梅、陈延曾、王勤法、萨本远、梁衍、关永康、张镈、孙增蕃、张开济、范志恒、叶树源、方山寿、龙希玉、曾永年、陈濯、虞福京、林柏年、林远荫、郭瑞麟、李昌运、刘友渔、郑翰西、朱葆初、张智、关仲恒、阮展帆、马增新、程天中、李厚田、颜家卿、谢振文、李益甫、沈祖海、姚岑章、陈其宽等。1947年，增4位初期合伙人，分别是张镈、初毓梅、肖子言、郭锦文。

"兴华建筑"（何立蒸、刘光华、龙希玉、曾永年）、张镈建筑师事务所、范志恒建筑师事务所、杨卓成建筑师事务所、叶树源建筑师事务所、伟成建筑师事务所皆是从基泰工程司发展出去的事务所。"兴华建筑"的龙希玉和曾永年曾在梁衍手下做事；张镈创办事务所后，原在基泰工程司工作的刘友渔和虞福京被张镈延揽；范志恒、杨卓成与叶树源皆是离开基泰工程司后，自办事务所；张开济离开基泰工程司后，加入"大地建筑"（刘既漂、费康、张玉泉），后自办事务所。

从基泰工程司从业人员中，可以观察到部分的师承与传承关系，以张镈、张开济、杨卓成、沈祖海、陈其宽较为明显。

张镈曾于1935年被关颂坚派去北京，从此跟着杨廷宝，杨廷宝是张镈的入门师傅。原（成都）四川大学规划及校舍（图书馆、化学馆、学生宿舍等）设计由杨廷宝领着张镈一同进行，以仿宫殿的大屋顶式样的中华古典风格设计。之后，张镈出任平津部主持建筑师，负责京津两地业务，而他也带出一批徒弟，有林柏年、林远荫、陈濯、刘友渔、李宝铎与虞福京，他们也是张镈在天津工商学院建筑系任教的学生。1946年张镈自办事务所。1951年任北京市建筑设计研究院总建筑师，主持设计的北京人民大会堂、北京饭店新楼、北京民族饭店、北京友谊宾馆、北京民族文化宫等建筑，皆体现倾向于大屋顶式样的中华古典或中式折中的设计，可看出较为明显师承于杨廷宝的痕迹。

张开济曾是基泰工程司在南京、上海的从业人员，待了一段时间，受基泰工程司的影响较为间接。他曾在其他事务所任职过，但从张开济之后的作品，仍可观察到受基泰工程司影响的一些蛛丝马迹。1949年后，张开济入原（公营）永茂建筑公司（北京院前身）工作，曾主持设计北京天安门观礼台、中国革命博物馆、北京历史博物馆、北京钓鱼台国宾馆、北京天文馆、北京三里河"四部一会"建筑群等项目。在这些项目中，皆体现倾向于大屋顶式样的中华古典或中式折中的设计，而基泰工程司正是这方面设计的高手，因此，张开济受到基泰工程司较为相对、间接的影响。

杨卓成早年在"华盖建筑"工作，之后入基泰工程司任职，一待就是五六年，1949年后赴台，自办事务所。杨卓成在台湾地区的作品有着强烈大屋顶式样的中华古典风格，擅长以钢筋混凝土材料表现中国北方宫殿建筑，如最著名的台北圆山大饭店、台北中正纪念堂、台北国家音乐厅、台北国家戏剧院，因此，师承与传承关系较为明显。之后，杨卓成的设计也趋向于多元，有的体现现代建筑设计，如原台湾大学体育馆、中央百世大楼，有的参考伊斯兰风格，如台北清真寺，有的是"折中"倾向，如台北中央银行。而杨卓成也是个受台湾地区政府高层赏识的建筑师。

沈祖海曾短暂在基泰工程司工作，后赴美留学，毕业后赴台，自办事务所。沈祖海受基泰工程司影响较少，若有的话，较偏向于折中与现代，如台北世界贸易中心、台北国际会议中心、台北嘉新大楼、台北松山机场、海关大楼、国际学生中心等。

陈其宽也曾在基泰工程司工作，后赴美留学，毕业后在美工作与任教，后赴台，创办东海大学建筑系，任第一届系主任。陈其宽受基泰工程司影响较少，但从他对东海大学的校园规划中，仍可观察到受中国传统院落的影响颇深，校舍由三四间房子合成一个院子，房子跟房子不碰头，中间有庭园，一进一进院落的延伸性也是一种中国意象的衍生。

"华信建筑"系

"华信建筑"的合伙人是杨润玉、杨元麟、杨锦麟，从业人员有周济之、严晦庵、张因、杨德源，公司规模偏小，但自成一体系。

"华海建筑"系

"华海建筑"原先的合伙人是王克生、柳士英、刘敦桢。柳士英、刘敦桢先后离开，之后，朱士圭加入成为合伙人，柳士英复入，与王克生、朱士圭一同主持"华海建筑"业务。刘敦桢离开后，曾入南京永宁建筑师事务所任职，又在中央研究院气象研究所任建筑师。1934年柳士英离开"华海建筑"，前往长沙发展，与湖南土木、建筑界人士组建长沙迪新土木建筑公司，并任总工程师。朱士圭离开后，曾与蒋骥合组事务所，在上海、苏州、南京等地执行建筑师业务。"华海建筑"一直以来皆由柳士英负责设计与工程监理，到长沙后，柳士英投入办学，并成为一名驻校（湖南大学）建筑师。

"东南建筑"系

"东南建筑"的合伙人是过养默、吕彦直、黄锡霖，从业人员有黄元吉、杨锡镠、庄允昌、裘星远、李滢江。之后，吕彦直离开，与黄檀甫合办"彦记建筑"，裘星远也离开"东南建筑"，加入"彦记建筑"。在这之前，吕彦直与黄檀甫两人早在1922年合办"真裕公司"，"真裕公司"与"东南建筑"像是"近亲"关系。

"彦记建筑"、"彦沛记建筑"系

李锦沛于1928年加入"彦记建筑"，"彦记建筑"也改名为"彦沛记建筑"。早在李锦沛加入"彦记建筑"前，他已于1927年自办事务所，负责设计一些教会建筑。后来，李锦沛虽加入"彦沛记建筑"，仍一面维持自办事务所的业务。因此，"彦沛记建筑"与李锦沛建筑师事务所有着合作关系。原本在"彦记建筑"任工程师的裘星远，也于 1930 年入李锦沛事务所工作。

李锦沛建筑师事务所系

李锦沛建筑师事务所从业人员有裘星远（绘图员）、张克斌、李扬安、王秉枕、吴若瑾、香福洪、陈培芳（绘图员）、屈培荪、林寿南、卓文扬（监工）。张克斌建筑师事务所、李扬安建筑师事务所、建明建筑师事务所皆是从李锦沛建筑师事务所发展出去的事务所。

"凯泰建筑"系

"凯泰建筑"（黄元吉、杨锡镠、钟铭玉）是一支从"东南建筑"发展出去的设计团队，因它的合伙人中黄元吉、杨锡镠与"东南建筑"的合伙人过养默、黄锡霖皆是土木工程专业培养出身，两者的关系不难想象，有着一种师承与传承的关系。"凯泰建筑"从业人员有赵曾和（工程师）、陆宗豪（绘图设计）、张念曾（绘图员）、李定奎（绘图员）、孙秉源（绘图员）。但从"凯泰建筑"的作品很难看出与"东南建筑"有任何师承与传承的联结，因"凯泰建筑"更多关注到对现代建筑的追求，以及部分折中的设计，有别于"东南建筑"关注到的西方古典与西式折中路线。

实际上，吕彦直在"东南建筑"时期，投入到对中华古典风格的探索，这部分在"凯泰建筑"作品中很难看到。因此，虽然"凯泰建筑"从"东南建筑"发展出去，但设计上的师承与传承是近乎没有的。

杨锡镠建筑师事务所系

杨锡镠于 1927 年离开"凯泰建筑"前往广西发展，1929 年回到上海，自办事务所，原在"凯泰建筑"任绘图员的孙秉源也加入。杨锡镠建筑师事务所从业人员有孙秉源、白凤仪、石麟炳、萧鼎华（1934—1936年）、俞锡康等。杨锡镠从"凯泰建筑"离开后，自成体系，他是"凯泰建筑"对折中探索的一个延续，而黄元吉则独守现代建筑的追求。但之后杨锡镠又复入"凯泰建筑"。

"华盖建筑"系

"华盖建筑"的合伙人是赵深、陈植、童寯，从业人员有常世维、陈延曾、丁宝训、刘致平、毛梓尧、陆宗豪、葛瑞卿、沈承基、汪履冰、鲍文彬、黄志劭、周辅成、陈瑞棠、张伯伦、张昌龄等。"兴华建筑"（何立蒸、刘光华、龙希玉、曾永年）、华泰建筑师事务所（丁宝训）、彭洮奴建筑师事务所皆是从基泰工程司发展出去的事务所。"兴华建筑"的何立蒸和刘光华曾先后入"华盖建筑"昆明分所工作；"华泰建筑"由丁宝训与人合办；彭洮奴在"华盖建筑"工作 3 年后，入范志恒建筑师事务所工作，不久后自行开业。

刘致平与毛梓尧离开"华盖建筑"后，各自有发展。刘致平在"华盖建筑"任实习生，后到浙江省风景整理委员会任建筑师，后又经梁思成推荐入中国营造学社，任法式助理；毛梓尧先独立接项目，后在多个单位任职，设计一些项目，1949 年后入北京工业建筑设计院，任主任设计师。

陈植后来与赵深、童寯合组"华盖建筑"，但之前他与童寯曾在东北合作过。1929 年，梁思成、林徽因与陈植、张润田合作成立（沈阳）梁林陈张建筑师事务所，之后，改称为（沈阳）梁林陈童蔡营造事务所（1930 年）。1931 年梁思成回到北京，加入中国营造学社，并与林徽因在北京执行建筑师业务。

"兴业建筑"系

"兴业建筑"的合伙人是徐敬直、杨润钧、李惠伯，从业人员有刘光华、汪坦、胡璞、戴念慈、姚岑章、周仪先、吴继轨、刘登、邓琼照、蓝志勤、林鸿恩、朱民生、曾宪源、徐不浮、赵璧、赵鹤皋、陈浩生、周泰禧、曹见宾、马志中、陈志建、田润波等。"兴华建筑"（何立蒸、刘光华、龙希玉、曾永年）、怡信工程司（徐尚志、戴念慈）、戴念慈建筑师事务所皆是从"兴业建筑"发展出去的事务所。"兴华建筑"的刘光华，曾入"兴业建筑"实习3个月，跟着李惠伯，负责昆明建筑业务；戴念慈经汪坦推荐入"兴业建筑"重庆总部工作，后自办事务所，原在"兴业建筑"工作的田润波加入。1948年戴念慈加入怡信工程司，任建筑师，主持建筑师为徐尚志等。而胡璞、汪坦、姚岑章、周仪先离开"兴业建筑"后，各自有发展。

从"兴业建筑"从业人员中，可以观察到部分的师承与传承关系，以汪坦、戴念慈较为明显，汪坦与刘光华之后皆投身于教育事业。

虽然，"兴业建筑"最著名的项目原（南京）中央博物院，是个倾向于大屋顶式样的中华古典风格设计，但在实践过程中，他们更多地关注到现代建筑的试验。汪坦在"兴业建筑"时，参与设计的原（上海）张群故居与原（南京）馥记大厦（与李惠伯共同设计）就是此类倾向，更多地垂直与水平（竖横向）的构成或扣合的语言，以及体量层叠后的不对称性，并带有一种几何的构图美感。实际上，汪坦师承于李惠伯，李惠伯的设计及结构能力很强，在教学上也偏向于现代建筑，而徐敬直更多是公司的管理。汪坦之后出国留学与工作，回国后，到大连工学院任教，同时任基建处副处长，之后，被梁思成请去清华任教。

戴念慈在"兴业建筑"时，曾画过汪坦设计的原（上海）张群故居的透视图，离开后独立执业。1949年后，戴念慈调到北京，任中央直属机关修建办事处设计室主任，1953年任中央建筑工程设计院主任工程师和总建筑师。新中国成立后，为了贯彻勤俭建国的方针，戴念慈提出"适用、经济、美观"的主张，此主张与现代建筑的部分原则相近，更成为建国后民用建筑的指导方针。而戴念慈的北京饭店西楼设计，巧妙地将新老建筑的中西文化相结合，中央党校办公楼的建筑语言趋近于简练与朴拙，中国美术馆则是在有限的条件下做出异常精美的设计，在民族形式上独具创新，形象的感染力都很强。

庄俊建筑师事务所系

庄俊于1925年自办个人型事务所，从业人员有董大酉、苏夏轩、黄耀伟、孙立己、戴琅华，他们之后也都先后离开，各自发展。

董大酉在庄俊事务所协助建筑设计，参与到一些银行建筑项目，或多或少会受到庄俊对西方古典或西式折中设计的影响，从董大酉之后的设计有一些线索可寻，但董大酉与庄俊更多的是伙伴关系，而非师承关系。之后，董大酉与菲利普合办苏生洋行，从业人员有浦海。1930年，董大酉被上海市中心区域建设委员会聘为顾问兼建筑师办事处主任建筑师，负责实施《大上海计划》，浦海也加入，任绘图员。

上海市中心区域建设委员会系

上海市中心区域建设委员会先后网罗一批建筑师加入，王华彬、巫振英为助理建筑师，庄允昌、刘慧忠、葛宏夫为技士，范能力、秦国鼎、张光庭、张继襄为技佐，刘鸿典、徐辰星、浦海、宋学勤为绘图员。

董大酉建筑师事务所系

董大酉自办事务所后，浦海被董大酉延揽。1937年，董大酉与张光圻合办董张建筑师事务所，浦海也跟随前来。

浦海一路跟随，是董大酉的得力助手，因他丰富的工作经验（开宜工程公司、费力伯建筑师事务所），之后，浦海离开，自办事务所。但浦海的作品甚少，很难看到他独立执业后在设计方面与董大酉之间的联结。

王华彬也被董大酉延揽入职，成为董大酉的助理，他原先是上海市中心区域建设委员会助理建筑师。成立事务所后，董大酉继续主持《大上海计划》建筑设计，建成一些公用建筑，其中原上海市博物馆与原上海市图书馆就由董大酉与王华彬共同设计完成。王华彬后来自办事务所。

哈雄文回国后也入董大酉事务所工作，他与王华彬是宾夕法尼亚大学的同学（1928年入学），之后，哈雄文入政府部门工作，任内政部技正，后任营建司司长，又在高校任教，并与黄家骅、刘光华合办文华建筑师事务所（"文华建筑"）。1949年后，哈雄文入同济大学建筑系，与黄毓麟负责第一设计室的设计工作，两人共同设计了同济校园建筑，体现的是倾向于现代建筑的包豪斯风格。

董大酉建筑师事务所从业人员还有常世维、许崇基、陈顺滋、陈登鳌等。

由于陈登鳌离开后，在多处单位任职，很难与董大酉在设计方面有师承或传承的联结。直到1949年后，陈登鳌主持设计的部分作品，如中央军委办公厅机关宿舍，体现的是中式折中语言，装饰性元素偏少，成为20世纪50年代"批判大屋顶、反浪费"风潮中的建筑典型。其形态、成因与董大酉设计的原上海市博物馆与原上海市图书馆相似，由于董大酉设计的原上海特别市政府大楼的大屋顶的中华古典风格，结构复杂，耗时多，导致《大上海计划》建设经费缩减，其他建筑只能在"反浪费"下进行。因此，虽然时空不同，但陈登鳌与董大酉的设计皆受经济的限制。

刘鸿典也曾在上海市中心区域建设委员会工作，协助董大酉，负责原上海市游泳池、原上海市图书馆的设计任务。从刘鸿典之后的作品（原镇江唐氏住宅、上方花园住宅群）可以观察到，他较倾向于现代建筑的实践，这部分与董大酉于20世纪30年代中的住宅项目的设计接近，或许，他们在设计思路上是契合的。之后，刘鸿典入上海交通银行任行员，经办建筑师业务，又入浙江兴业银行，任上海总行建筑师，后自办事务所。实际上，刘鸿典较偏向于是一名地方企业和团体的甲方建筑师。

曾在庄俊任职的孙立己，实际上也是一名甲方，被"四行"（金城银行、中南银行、大陆银行及盐业银行）聘为企业部及调查部专员，任"四行"储蓄会地产处副经理及顾问、信托部沪部襄理，之后，短暂加入庄俊事务所任职，不久，便独立开业，自办事务所。

而苏夏轩也是一名甲方建筑师，曾任上海商业储蓄银行及中国旅行社建筑工程师，后自办建筑工程司。他独立执业后的作品较倾向于西式折中，语汇与庄俊的设计较接近。

由以上在庄俊事务所任职过的建筑师之后的出路观察，有一个明显的方向，他们皆服务于金融、银行企业，成为一名甲方建筑师，而庄俊的业务大部分也是银行项目，这说明了两者有相对的联结关系。

罗邦杰并没在庄俊事务所任职过，但他也曾是一名甲方建筑师，入（上海）大陆银行建筑科服务，设计一些银行项目，之后，自办事务所，独立执业。

"启明建筑"系

"启明建筑"的合伙人是张远东、曹次骞、唐树屏，从业人员有奚福泉、夏昌世、殷楚年、李春龄、韩济仲、裘功懋、康来敏、杨锡祺。虽然，合伙人是张远东、曹次骞与唐树屏，但他们不是建筑师，"启明建筑"主要的设计任务落在奚福泉身上，而奚福泉并无师承与传承于谁，他自成一个体系，若有的话，应该说他受到德国现代建筑的影响多，设计较偏向于实用与理性，因他曾留德一段时间。之后，奚福泉离开"启明建筑"，自办公利工程司，而原本在"启明建筑"任职的康来敏被奚福泉延揽。

刘既漂建筑师事务所系

刘既漂早年在广州自办事务所，从业人员有费康、张玉泉。这时期，刘既漂的设计自成一个体系，受"现代美术"的影响，是美术建筑的倡导者，较倾向于对折中、中西合璧的追求。刘既漂有一点可提，他在设计中的简化的抽象性似乎也与现代性中的抽象语汇是接近的。

"大地建筑"系、顾鹏程工程公司系

刘既漂与费康、张玉泉在上海合办大地建筑师事务所（"大地建筑"），费康、张玉泉从员工变为合伙人，分摊设计任务。而"大地建筑"员工部分从顾鹏程工程公司转来，有陈登鳌、沈祥森、胡廉葆等，张开济也离开"基泰工程司"，友情加入。因此，"大地建筑"与顾鹏程工程公司等于合并，有明显的合作关系。这时期，费康、张玉泉的设计似乎受到刘既漂的影响，部分项目较倾向于折中设计，且强调在形式上对美的追求。

范文照建筑师事务所系

范文照于 1927 年自办事务所，从业人员有赵深、丁宝训、谭垣、吴景奇、徐敬直、李惠伯、黄章斌、陈渊若、杨锦麟、赵璧、厉尊谅、张伯伦、林朋、伍子昂。赵深建筑师事务所、刘福泰谭垣建筑师都市计划师事务所、中国银行建筑课（陆谦受、吴景奇、黄显灏）、"兴业建筑"（徐敬直、杨润钧、李惠伯）皆是从范文照建筑师事务所发展出去的事务所。赵深、谭垣、吴景奇、徐敬直、李惠伯，日后都成为中国近代才华洋溢的著名建筑师，因此，范文照建筑师事务所可谓是汇聚或培养著名建筑师的单位。

范文照本是奉行古典精神的设计旗手，之后，完全转向对新（现代）建筑的试验，反对大屋顶的过度浪费，觉得现代生活的设计需考虑经济与实用的以民为本的观念。

虽然，赵深在范文照事务所任职，但他俩在设计上是合作关系。早年合作时，赵深与范文照的古典情怀是浓重的，一同是古典复兴的旗手，当然与所受的学院派教育有关，之后，赵深离开，自办事务所，稍往折中靠近，与陈植、童寯合组"华盖建筑"后，正式向现代建筑迈进。谭垣在范文照事务所工作 2 年，离职后，与教学上的同事（中央大学建筑系）刘福泰合办刘福泰谭垣建筑师都市计划师事务所，后又与黄耀伟合办（上海）恒耀地产建筑公司，1944 年自办事务所，之后投身于教育事业。谭垣只有少量的作品，皆是市房与住宅，而他在原（上海）福开森路 12 号的自宅是个倾向于现代建筑的设计，虽然与范文照转向后的设计相似，但在范文照转向前，谭垣已离职，因此，彼此并无太明显的联结关系，只是在设计路线上契合；徐敬直和李惠伯也是如此，两人在范文照事务所工作 1 年后离职，与杨润钧合组"兴业建筑"，虽然，他们的实践更多地关注到现代建筑的试验，但与范文照没有联结关系，也只是在设计路线上契合。

中国银行（总管理处）建筑课系

吴景奇在范文照事务所任助理建筑师，更多是襄助范文照的项目设计，但待的时间不长，仅 1 年，那时，范文照还徜徉于古典的范畴中。吴景奇离开后，与陆谦受一同主持中国银行（总管理处）建筑课业务，陆谦受任课长，吴景奇任助理建筑师，成为一名甲方建筑师。他与陆谦受深受现代建筑思潮的影响，在大部分作品中，皆探索一条接近于现代建筑的新中式的设计路线，有些作品遗留下少量中华古典的装饰元素，但整体上强调符合功能实用的需求，遵从美术和文化的精神，与范文照在设计路线上是趋同的。因此，从以上在范文照事务所任职过的建筑师之后的设计路线观察，范文照与他们（赵深、谭垣、徐敬直和李惠伯、吴景奇）皆在同一时期（1933 年后）开启了对现代建筑的试验与追求，实际上，他们皆受到时代演进所产生的新思潮的影响。而范文照更多地受到新进事务所成员的影响，林朋与伍子昂皆于 1933 年入职，他们提倡现代主义思想、现代建筑的主张，也让范文照接受这一新观点，立场逐渐趋向于现代性。之后，范文照彻底告别古典，并批判它的富丽堂皇与过度浪费。

中国银行（总管理处）建筑课由陆谦受与吴景奇主持，旗下有一批工程师、建筑师、办事员、雇员与监工员。阮达祖建筑师事务所、信诚建筑师事务所、五联建筑师事务所（陆谦受、黄作燊、陈占祥、王大闳、阮达祖在中国银行建筑课任助理建筑师，之后在建明建筑师事务所任建筑师，后在重庆自办事务所，1949年后赴港发展，在港独立执业。他在香港的设计注重功能与效率，倾向于现代建筑的实践，与中国银行建筑课的设计路线相似，因此，有着一层不近的师承与传承的关系；华国英在中国银行建筑课任工程员，之后与方山寿合办信诚建筑师事务所，但无作品。

"五联建筑"系

黄作燊曾在中国银行建筑课工作过，襄助留英时学长陆谦受的设计任务，之后，与陆谦受、陈占祥、王大闳、郑观萱共组五联建筑师事务所，黄作燊与陆谦受对现代建筑的探索是一致的，实际上，他俩是一种合作关系。

黄作燊更多的是在教育事业上的投入，他在圣约翰大学建筑系的教学上，参照包豪斯课程，企图摆脱学院派教育对古典的模仿，以进行现代抽象或具象的空间探索，是一项从古典转向现代的建筑学教育转型和尝试，而他的学生李德华、张肇康、程天中、樊书培、籍传实、王吉螽皆深受其影响，从李德华与王吉螽之后的实践可发现这一线索。

广州市工务局系

曾在广州市工务局任职的杨锡宗、郑校之、林克明、黄森光、陈荣枝、麦蕴瑜，皆属于地方政府部门的建筑师，也可称之是甲方建筑师，他们构成广州一带的中国近代建筑师团队，且有别于其他地区，成为一个特殊的执业现象。之后，有的离开，自办画则行或事务所，他们这批人，各自有自己理解的设计倾向与主张，互不受影响。

杨锡宗画则行系

杨锡宗、郑校之是较早入广州市工务局工作。杨锡宗入局后，负责规划城市公园，之后离开，独立开业，自办画则行，项目取向开始多元，他的设计倾向自成一个体系，无后续的传承关系；郑校之则自营建

筑工程事务所，开广州一带建筑师执业制度建立的先河。

林克明建筑师事务所系

　　林克明晚于杨锡宗、郑校之入广州市工务局工作。入局后，林克明即开始负责相关政府项目的设计工作，同时投身教育事业，后因教学、业务繁忙便离开工务局，自办事务所。林克明更多的是在教育事业上的投入，他与胡德元共同拟定教学方针，以突破学院派教育的困窘，训练全方面的人才，初期以重技术、轻美术训练为主，中期以对现代主义建筑思想与教育的探索为主，而他们的学生郑祖良、黎抡杰、霍云鹤等皆深受此一教学方向的影响，在校期间，即继承了对现代主义建筑思潮的追求，在作业与文章上进行很多探索，还办杂志、展览，向外界宣告。而林克明与胡德元的作品，在这一时期（20世纪30年代中期）也都体现了倾向于现代建筑的试验，以实用与经济为原则，减少铺张浪费。之后，胡德元离开教学岗位，自办事务所，从业人员有学生郑祖良。因此，郑祖良师承于林克明与胡德元，他之后也与夏昌世、莫朝俊在重庆合办友联建筑工程师事务所，因郑祖良与夏昌世对现代建筑的理解是一致的。

其他系

　　除了以上，其他散落在谱系周边的建筑师，并没有后续相关联结、师承与传承的关系，他们部分人自成一个体系，自行对所理解的设计倾向进行探索，有京津一带的朱启钤、沈琪、华南圭、贝寿同、汪申、朱兆雪、沈理源、阎子亨、陈炎仲、谭真，陕西的杨作材，汉口的卢镛标，南京的齐兆昌、卢树森、卢毓骏、刘福泰、陈裕华、李宗侃，上海的周惠南、李英年、范能力、黄家骅、李蟠、徐鑫堂、吴一清、吴景祥、冯纪忠，桂林的虞炳烈、虞曰镇，广州的谭天宋、过元熙、陈伯齐、黄玉瑜、关以舟、余清江、胡兆辉。

"建筑之树"

　　不管是有谱系的联结、师承与传承的关系，或者无，他们整体构成了一幅中国近代的"建筑之树"，展现出中国近代建筑师曾有的一个百花齐放的时代，更可以让中国人直面历史，了解到那个时期的往日辉煌。

图片来源

2. 近代的历史、建设和辩证

图 2-1 取自：http://zh.wikipedia.org/wiki/File:Newton-WilliamBlake.jpg

图 2-2 取自：http://zh.wikipedia.org/wiki/File:Un_dîner_de_philosophes.Jean_Huber.jpg

图 2-3 取自：http://zh.wikipedia.org/wiki/File:Encyclopedie_de_D%27Alembert_et_Diderot_-_Premiere_Page_-_ENC_1-NA5.jpg

图 2-4 取自：http://zh.wikipedia.org/wiki/File:Herstellung-eines-Kupferstichs.png

图 2-5 取自：http://zh.wikipedia.org/wiki/File:Zoom_lunette_ardente.jpg

图 2-6 取自：http://zh.wikipedia.org/wiki/File:Paul_Sandby_-_The_Laterna_Magica_-_WGA20731.jpg

图 2-7 取自：http://zh.wikipedia.org/wiki/File:Ecoleamphitheatre.jpg

图 2-8 取自：http://zh.wikipedia.org/wiki/File:Declaration_of_the_Rights_of_Man_and_of_the_Citizen_in_1789.jpg

图 2-9 取自：http://zh.wikipedia.org/wiki/File:Dore_London.jpg

图 2-10 取自：http://zh.wikipedia.org/wiki/File:Adolf_Friedrich_Erdmann_von_Menzel_021.jpg

图 2-11 取自：http://zh.wikipedia.org/wiki/File:1890heyenbrock.jpg

图 2-12 取自：http://zh.wikipedia.org/wiki/File:Beam_engine,_Shildon_-_geograph.org.uk_-_1170153.jpg

图 2-13 取自：http://www.baike.com/ipadwiki/美洲殖民地

图 2-14 取自：http://www.baike.com/wiki/ 弗吉尼亚公司

图 2-15 取自：http://hanyu.iciba.com/wiki/2174987.shtml

图 2-16 取自：http://zh.wikipedia.org/wiki/File:Wpdms_ruperts_land.jpg

图 2-17 取自：http://en.wikipedia.org/wiki/Hudson%27s_Bay_Company

图 2-18 取自：http://zh.wikipedia.org/wiki/File:European_settlements_in_India_1501-1739.png

图 2-19 取自：http://zh.wikipedia.org/wiki/File:East_India_House_THS_1817_edited.jpg

图 2-20 取自：http://3g.sina.com.cn/dpool/blog/ArtRead.php?nid=46ba5f090102ds0p&f=3&vt=4&gp=2

图 2-21 取自：http://amuseum.cdstm.cn/AMuseum/ship/history/trade/ozhou01.html

图 2-22 取自：http://shuge.org/sort/shehuikexue/

图 2-23 取自：http://shuge.org/sort/shehuikexue/

图 2-24 图 2-54.取自：http://www.roadqu.com/poi/journey/65d556a42889863bcf03ebf737d2b814

图 2-25 取自：http://www.tdzyw.com/2012/0814/18814.html

图 2-26 取自：http://www.761.com/jiangsu_suzhou/jd-13865.html

图 2-28 取自：http://photo.netor.com/photo/mempic_45313.html

图 2-29 取自：http://tupian.baike.com/a3_03_24_01300000029584120755248781861_jpg.html

图 2-30 取自：http://you.ctrip.com/travels/baoding459/1158547.html

图 2-31 取自：http://big5.china.com/gate/big5/tuku.news.china.com/history/html/2007-01-15/2470729_843112191.htm

图 2-32 取自：http://tssjy.jpkc.cc/tssjy/showindex/210/101

图 2-34 取自：http://scenic.fengjing.com/beijing/9713/branch_45.shtml

图 2-35 取自：http://baike.baidu.com/image/9319cf09a2a61cc0d1581b9f

图 2-36 取自：http://www.nipic.com/show/4/79/7431182kfe9ee5d8.html

图 2-37 取自：http://design.yuanlin.com/HTML/Opus/2010-3/Yuanlin_Design_3087_4.HTML

图 2-38 取自：http://www.nipic.com/show/4/79/7431182kfe9ee5d8.html

图 2-39 取自：http://hanyu.iciba.com/wiki/4877030.shtml

图 2-40 取自：http://design.yuanlin.com/HTML/Opus/2010-3/Yuanlin_Design_3087_4.HTML

图 2-41 取自：http://www.nlc.gov.cn/newbngq/bnsw/ysl/

图 2-42 取自：http://www.nlc.gov.cn/newbngq/bnsw/ysl/

图 2-43 取自：http://www.zwbk.org/MyLemmaShow.aspx?lid=157886

图 2-44 取自：http://fenlei.hudong.com/ 清代建筑则例 /?prd=fenleishequ_zifenlei

图 2-45 取自：http://www.nlc.gov.cn/newbngq/bnsw/ysl/

图 2-46 取自：http://www.nlc.gov.cn/newbngq/bnsw/ysl/

图 2-47 取自：http://www.nlc.gov.cn/newbngq/bnsw/ysl/

图 2-48 作者藏书

图 2-49 作者藏书

图 2-50 取自：http://www.egou.com/review_21226367.html

图 2-51 取自：http://www.kongfz.cn/1987415/

图 2-52 取自：http://tupian.baike.com/a4_40_84_01300000802987127711840105103_jpg.html

图 2-53 取自：http://zh.wikipedia.org/wiki/File:Tianjin_20051107_concessions_coloured.jpg

图 2-54 取自：http://zh.wikipedia.org/wiki/File:Han_keou_1912.jpg

图 2-55 取自：http://zh.wikipedia.org/wiki/File:Shanghai_1935_S1_AMS-WO.jpg

图 2-56 取自：http://zh.wikipedia.org/wiki/广州英租界

图 2-57 取自：http://zh.wikipedia.org/wiki/File:Peking_legation_quarter.jpg

图 2-58 取自：邓明主编.上海百年掠影（1840S—1940S）.上海：上海人民美术出版社，1992.

图 2-59 取自：上海市历史博物馆编.武汉旧影.上海：上海世纪出版股份有限公司，上海古籍出版社，2007.

图 2-60 取自：吕芳上主编.百年锐于千载.台北：国史馆，2011.

图 2-62 取自：http://zh.wikipedia.org/wiki/File:Canton_c1850.jpg

图 2-63 取自：邓明主编.上海百年掠影（1840S—1940S）.上海：上海人民美术出版社，1992.

图 2-64 取自：唐振常主编.近代上海繁华录.台北：台湾商务印书馆股份有限公司，1993.

图 2-65 取自：邓明主编.上海百年掠影（1840S—1940S）.上海：上海人民美术出版社，1992.

图 2-66～图 2-73 取自：唐振常主编.近代上海繁华录.台湾：台湾商务印书馆股份有限公司，1993.

图 2-74 取自：http://www.cpd.com.cn/n3820/n3824/n3846/c92051/content.html

图 2-75 取自：http://xiper.blog.163.com/blog/static/3510738720096268414682/

图 2-76 取自：http://ilishi.blog.sohu.com/162751205.html

图 2-77 取自：邓明主编.上海百年掠影（1840S—1940S）.上海：上海人民美术出版社，1992.

图 2-78 作者藏书

图 2-79 取自：http://pmgs.kongfz.com/detail/3_64898/

图 2-80 取自：http://pmgs.kongfz.com/item_pic_88212/

图 2-81 取自：http://www.baike.com/wiki/章锡琛

图 2-82 取自：http://blog.sina.com.cn/s/blog_6304daf401017uoo.html

图 2-83 取自：http://roll.sohu.com/20111009/n321572356.shtml

图 2-84 取自：http://www.china.com.cn/chinese/archive/189836.htm

图 2-86 取自：http://expo2010.sina.com.cn/expocapsule/capsule/20100525/18139217.shtml

图 2-87 取自：http://www.aoar.cn/yishu/quwen/284206.html

图 2-88 取自：http://tupian.baike.com/s/《察世俗每月统记传》/xgtupian/1/1

图 2-89 取自：http://www.gzzxws.gov.cn/wszm/wspl/201208/t20120808_29208.htm

图 2-90 取自：http://blog.sciencenet.cn/home.php?mod=space&uid=469915&do=blog&id=378553

图 2-91 取自：http://blog.sciencenet.cn/home.php?mod=space&uid=469915&do=blog&id=378545

图 2-92、图 2-93 取自：http://printmaking1101.blog.sohu.com/187001571.html

图 2-94 取自：http://tglj.ltxjob.com/ArticleInfo.aspx?Id=19522

图 2-95 取自：http://tupian.baike.com/a1_84_84_01300000165597122563843035523_jpg.html

图 2-96 取自：http://zh.wikipedia.org/wiki/File:新青年封面.jpg

图 2-97 取自：http://img.memopool.cn/upload/2011/10/24/5d670af7332a9a1301333673c2b10194.html

图 2-98 取自：http://www.library.sh.cn/tsgc/gcjx/list.asp?id=141

图 2-99 取自：http://www.gz.xinhuanet.com/2012-06/20/c_112258515.htm

图 2-100 取自：http://www.jibao.net.cn/news/view.asp?id=928

图 2-101 取自：http://tupian.baike.com/a0_83_41_01300000190639121770414912421_jpg.html

图 2-102 取自：http://shszx.eastday.com/node2/node22/lhsb/node4434/node4447/u1a22911.html

图 2-103 取自：http://zhaihuablog.blog.163.com/blog/static/12655615220100125095320/

图 2-104 取自：http://www.zgsd.net/channel7-p_177601.shtml

图 2-105 取自：http://www.baike.com/wiki/化学鉴原

图 2-106 取自：http://www.gmw.cn/content/2007-10/11/content_681759.htm

图 2-107 作者藏书

图 2-108 作者藏书

图 2-109～图 2-115 取自：邓明主编．上海百年掠影（1840S—1940S）．上海：上海人民美术出版社，1992.

图 2-116 取自：潘翎主编．上海沧桑一百年（1843—1949）．香港：海峰出版社，1994.

图 2-117～图 2-121 取自：唐振常主编．近代上海繁华录．台北：台湾商务印书馆股份有限公司，1993.

图 2-122 取自：唐振常主编．近代上海繁华录．台北：台湾商务印书馆股份有限公司，1993.

图 2-123 取自：上海市历史博物馆编．武汉旧影．上海：上海世纪出版股份有限公司与上海古籍出版社，2007.

图 2-124 取自：http://zh.wikipedia.org/wiki/File:Foochow_Arsenal.jpg

图 2-125～图 2-128 取自：唐振常主编．近代上海繁华录．台北：台湾商务印书馆股份有限公司，1993.

图 2-129～图 2-138 取自：《建筑月刊》，1934 年第 2 卷第 3 期，1934 年第 2 卷第 4 期．

3. 近代建筑师之个体观察

图 3-1 取自：http://news.ifeng.com/history/vp/detail_2009_10/18/333816_0.shtml

图 3-2～图 3-9 取自如下：

《建筑师》第 9 期～第 54 期．北京：中国建筑工业出版社，《建筑师》编辑部．

曾昭奋，张在元主编．当代中国建筑师·第一卷．天津：天津科学技术出版社，1988.

曾昭奋，张在元主编．当代中国建筑师·第二卷．天津：天津科学技术出版社，1990.

杜汝俭，陆元鼎等编．中国著名建筑师林克明．北京：科学普及出版社，1991.

万仁元主编．袁世凯与北洋军阀．台湾：台湾商务印书馆股份有限公司，1994.

潘谷西主编．1927—1997 东南大学建筑系成立七十周年纪念专集．北京：中国建筑工业出版社，1997.

杨永生编．建筑百家回忆录．北京：中国建筑工业出版社，2000.

清华大学建筑学院编．建筑师林徽因．北京：清华大学出版社，2004.

建筑师宋融编委会编．建筑师宋融．北京：中国城市出版社，2004.

杨永生编．哲匠录．北京：中国建筑工业出版社，2005.

《建筑创作》杂志社主编．石阶上的舞者——中国女建筑师的作品与思想纪录．北京：中国建筑工业出版社，2006.

杨永生，王莉慧编．建筑史解码人．北京：中国建筑工业出版社，2006.

赖德霖主编．近代哲匠录——中国近代重要建筑师、建筑师事务所名录．北京：中国水利水电出版社，知识产权出版社，2006.

吴启聪，朱卓雄著．建闻筑迹——香港第一代华人建筑师的故事．香港：经济日报出版社，2007.

《建筑创作》杂志社编．建筑中国六十年·人物卷．天津：天津大学出版社，2009.

郑时龄编．新中国新建筑六十年 60 人．南昌：江西科学技术出版社，2009.

石安海主编．岭南近现代优秀建筑·1949—1990 卷．北京：中国建筑工业出版社，2010.

费麟著．匠人钩沉录．北京：中国建筑工业出版社，2010.

杨伟成主编．中国第一代建筑结构工程设计大师杨宽麟．天津：天津大学出版社，2011.

同济大学建筑与城市规划学院编．黄作燊纪念文集．北京：中国建筑工业出版社，2012.

童明编．赭石：童寯画纪．南京：东南大学出版社，2012.

谈健，谈晓玲著．建筑家夏昌世．广州：华南理工大学出版社，2012.

胡荣锦著．建筑家林克明．广州：华南理工大学出版社，2012.

陈周起著．建筑家龙庆忠．广州：华南理工大学出版社，2012.

潘小娴著．建筑家陈伯齐．广州：华南理工大学出版社，2012.

图 3-10 取自：http://baike.baidu.com/view/212972.htm?fr=aladdin

图 3-11 取自：http://weibo.com/u/1921226184

图 3-12 取自：http://baike.haosou.com/doc/5594709.html

图 3-13 取自：http://baike.baidu.com/view/1995.htm

图 3-14 取自：http://cul.qq.com/a/20150106/052688.htm

图 3-15 取自：http://baike.baidu.com/view/24938.htm

图 3-16 取自：http://blog.sina.com.cn/s/blog_4ca0e56f0101irws.html

图 3-17 取自：http://archives.seu.edu.cn/_upload/article/59/e5/473ddea740ee90cc8765455b493d/c18a0ef0-3cc1-4f45-a7aa-91dc990df23d.gif

图 3-18 取自：http://epaper.xxcb.cn/XXCBE/html/2012-11/27/content_2665935.htm

图 3-19 取自：http://epaper.xxcb.cn/XXCBE/html/2012-11/27/content_2665935.htm

图 3-20 取自：http://baike.baidu.com/view/5563866.htm

图 3-21 取自：http://baike.haosou.com/doc/5668099.html

图 3-22 取自：http://roll.sohu.com/20120507/n342485949.shtml

图 3-23 取自：http://www.fjsen.com/zhuanti/2011-10/09/content_6303668.ht

图 3-24～图 3-26 取自：清华大学建筑学院编.建筑师林徽因.北京：清华大学出版社，2004.

图 3-27 取自：http://baike.baidu.com/link?url=DNPsYL9zI9e_ees9JBUBCIHUb8_yWX7tZXl5mrFTRn09dr4ltRRxyguh9XGBpycm
nVTm7ot3VYPeIgTXDZJyraxUiVpNK7-MwoMZIyrT43K

图 3-28 取自：http://www.ycwb.com/epaper/ycwb/html/2012-09/01/content_1479983.htm

图 3-29 取自：http://news.dahe.cn/2012/04-06/101215616.html

图 3-30 取自：http://baike.baidu.com/subview/357612/9820521.htm?fr=aladdin

图 3-31 取自：潘谷西主编.1927—1997 东南大学建筑系成立七十周年纪念专集.北京：中国建筑工业出版社，1997.

图 3-32 取自：http://zh.wikipedia.org/wiki/汪凤藻

图 3-33 取自：http://zh.wikipedia.org/wiki/汪荣宝

图 3-34 取自：http://www.fox2008.cn/ebook/zwsz/zwsz2008/zwsz20080505.html

图 3-35 取自：http://baike.baidu.com/subview/279024/13658969.htm?fr=aladdin

图 3-36 取自：《建筑创作》杂志社编.建筑中国六十年·人物卷.天津：天津大学出版社，2009.

图 3-37 取自：http://blog.sina.com.cn/s/blog_49c77b570100nnkt.html

图 3-38 取自：清华大学建筑学院编.建筑师林徽因.北京：清华大学出版社，2004.

图 3-39 取自：http://baike.baidu.com/view/2126.htm?fr=aladdin

图 3-40 取自：潘谷西主编.1927—1997 东南大学建筑系成立七十周年纪念专集.北京：中国建筑工业出版社，1997.

图 3-41 取自：http://www.kf.cn/blwb/html/2013-04/27/content_117401.htm

图 3-42 取自：http://collection.sina.com.cn/cjrw/20110110/095311663.shtml

图 3-43 取自：http://baike.baidu.com/view/2147486.htm

图 3-44 取自：冯纪忠著.建筑人生——冯纪忠自述.北京：东方出版社，2010.

图 3-47 取自：http://news.hexun.com/2011-10-05/133947020.html

图 3-48 取自：http://baike.baidu.com/view/2923646.htm

图 3-49～图 3-51 取自：万仁元主编.蒋介石与国民政府（上）.台湾：台湾商务印书馆股份有限公司，1994.

图 3-52 取自：http://sub.whu.edu.cn/dag/wdxsh/xld/wangshijie.htm

图 3-53 取自：http://whu.cuepa.cn/show_more.php?doc_id=307478

图 3-54 取自：http://www.ihb.ac.cn/gkjj/lsyg/200909/t20090924_2518371.html

图 3-55 取自：http://baike.baidu.com/view/1315714.htm?fr=aladdin

图 3-56 取自：http://baike.haosou.com/doc/6591299.html

图 3-57 取自：http://baike.baidu.com/view/51738.htm

图 3-58 取自：赖德霖主编.近代哲匠录——中国近代重要建筑师、建筑师事务所名录.北京：中国水利水电出版社，知识产
权出版社，2006.

图 3-59 取自：http://lt.cjdby.net/thread-1482159-1-1.html

图 3-60 取自：http://memory.library.sh.cn/node/31619

图 3-61 取自：http://www.10000xing.cn/x115/2012/0327213121.html

图 3-62 取自：http://blog.163.com/mu_swallow/

图 3-63 取自：http://www.epailive.com/items/4/3/4604731.shtml

图 3-64 取自：http://baike.baidu.com/view/280881.htm

图 3-65 取自：赖德霖主编.近代哲匠录——中国近代重要建筑师、建筑师事务所名录.北京：中国水利水电出版社，知识产
权出版社，2006.

图 3-66 取自：http://roll.sohu.com/20120820/n351043151.shtml

图 3-67 取自：http://szgdb.2500sz.com/news/gdb/2012/11/19/gdb-12-23-09-819.shtml

图 3-68 取自：http://www.epailive.com/items/4/3/4604731.shtml

图 3-69 取自：http://xinwen.2500sz.com/news/zt/mcxwzt2013/2013/10/23/2182937.shtml

图 3-70 取自：赖德霖主编.近代哲匠录——中国近代重要建筑师、建筑师事务所名录.北京：中国水利水电出版社，知识产

权出版社，2006.

图 3-71 取自：http://www.pumch.cn

图 3-72 取自：吴启聪，朱卓雄著.建闻筑迹——香港第一代华人建筑师的故事.香港：经济日报出版社，2007.

图 3-73 取自：吴启聪，朱卓雄著.建闻筑迹——香港第一代华人建筑师的故事.香港：经济日报出版社，2007.

图 3-74 取自：http://baike.baidu.com/subview/702359/10339706.htm?fr=aladdin

图 3-75 取自：北京市建筑设计研究院成立50周年纪念集编委会编.北京市建筑设计研究院成立50周年纪念集（1949—
1999）.北京：中国建筑工业出版社，1999.

图 3-76 取自：http://blog.sina.cn/dpool/blog/s/blog_5992bc5c0100tacs.html?vt=4

图 3-77～图 3-79 取自：http://finance.sina.com.cn/economist/xuezhesuibi/20050425/23231549007.shtml

图 3-80 取自：http://www.52qj.com/0/92/6028.html

图 3-81 取自：http://baike.baidu.com/link?url=ShtufBkfqFCIIvOkV3Noqa4xNhCxE1b--xsudofRM75dY7Sc2ftCabkIRujiW3NT
t2TvpS4WU60unE4KHiVQZq

图 3-82 取自：http://baike.baidu.com/link?url=RGXeYYVp-wNqDIOC4IAQCnUXZbLgLfbxsaVs04ZOTovjIIpqsR_9-1_r4L7Fs3iMauwyOB5SYGdKHfAxpotUJq

图 3-83 取自：http://qhyzd.blog.163.com

图 3-84 取自：http://tupian.baike.com/a3_33_10_01000000000000119081050741433_jpg.html

图 3-85 取自：http://baike.baidu.com/view/318394.htm

图 3-86～图 3-91 取自：黎志涛著.杨廷宝.北京：中国建筑工业出版社，2012.

图 3-92 取自：王建国主编.杨廷宝建筑论述与作品选集.北京：中国建筑工业出版社，1997.

图 3-93 取自：http://www.xwzf.gov.cn/art/2011/9/27/art_52_83319.html

图 3-94 取自：http://tupian.baike.com/a3_65_50_01300000245463123663505877853_jpg.html

图 3-95～图 3-98 取自：林洙著.梁思成.北京：中国建筑工业出版社，2010.

图 3-99、图 3-100 取自：清华大学建筑学院编.建筑师林徽因.北京：清华大学出版社，2004.

图 3-101 取自：http://baike.baidu.com/view/94324.htm?fr=aladdin

图 3-102 取自：http://tupian.baike.com/a3_68_01_01300000034573112973401451516_jpg.html

图 3-103 取自：http://www.cppcc.gov.cn/2011/09/28/ARTI1317197444609351.shtml

图 3-104～图 3-106 取自：娄承浩，陶祎珺著.陈植.北京：中国建筑工业出版社，2012.

图 3-107～图 3-110 取自：费麟著.匠人钩沉录.天津：天津大学出版社，2010.

图 3-111 取自：http://lit.eastday.com/renda/node5661/node5663/node13510/userobject1ai1711734.html

图 3-112 取自：http://design.newsccn.com/2011-11-01/96408.html

图 3-114 取自：http://blog.sina.com.cn/s/blog_49c77b570100nogq.html

图 3-115 取自：http://majialaoba.blog.163.com/blog/static/51786055200711883445759/

图 3-116 取自：http://majialaoba.blog.163.com

图 3-117 取自：http://baike.baidu.com/view/1448867.htm?fr=aladdin

图 3-118 取自：http://blog.sina.com.cn/s/blog_72ddcb990100q95c.html

图 3-120 取自：http://baike.baidu.com/view/4889270.htm?fr=aladdin

图 3-121 取自：http://baike.sogou.com/v56908364.htm

图 3-123 取自：http://www.btv.cn/btvindex/btvindex/BTVjsgq/content/2012-08/09/content_5392308.htm

图 3-124 取自：http://design.newsccn.com/2011-04-26/43084.html

图 3-125 取自：http://www.doc88.com/p-302883775839.html

图 3-126 取自：http://paper.wenweipo.com/2008/12/27/OT0812270003.htm

图 3-127 取自：吴启聪，朱卓雄著.建闻筑迹——香港第一代华人建筑师的故事.香港：经济日报出版社，2007.

图 3-130 取自：http://en.wikipedia.org/wiki/Dent_&_Co

图 3-131 取自：http://blog.voc.com.cn/blog_showone_type_blog_id_771653_p_1.html

图 3-132 取自：http://www.bjd.com.cn/pwjc/bjrw/200605/t20060508_27588.htm

图 3-133 取自：http://baike.baidu.com/subview/243806/8634038.htm

图 3-134 取自：http://blog.sina.com.cn/s/blog_5498bc9c010008or.html

图 3-135～图 3-137 取自：同济大学建筑与城市规划学院编.黄作燊纪念文集.北京：中国建筑工业出版社，2012.

图 3-138 取自：http://book.ifeng.com/special/yueduzhongguo/list/200909/0924_8167_1363352.shtml

图 3-139、图 3-140 取自：王军著.城记.北京：生活·读书·新知三联书店，2003.

图 3-141 取自：http://baike.baidu.com/view/3643944.htm?fr=aladdin

图 3-142 取自：http://baike.baidu.com/view/4257596.htm

图 3-143 取自：谈健，谈晓玲著. 建筑家夏昌世. 广州：华南理工大学出版社，2012.

图 3-144 取自：http://baike.baidu.com/view/477158.htm?fr=aladdin

图 3-146 取自：http://www.huabao.me/p/52665/

图 3-147 取自：万仁元主编. 袁世凯与北洋军阀. 台湾：台湾商务印书馆股份有限公司，1994.

图 3-148 取自：万仁元主编. 袁世凯与北洋军阀. 台湾：台湾商务印书馆股份有限公司，1994.

图 3-149 取自：http://www.eku.cc/xzy/sctx/87912.htm

图 3-153 取自：万仁元主编. 袁世凯与北洋军阀. 台湾：台湾商务印书馆股份有限公司，1994.

4. 近代建筑教育的萌生和发展

图 4-1 取自：http://zh.wikipedia.org/wiki/File:Palastexamen-SongDynastie.jpg

图 4-2 取自：http://gb.cri.cn/1321/2008/05/28/542@2073661.htm

图 4-3、图 4-4 取自：潘翎主编. 上海沧桑一百年（1843—1949）. 香港：海峰出版社，1994.

图 4-5、图 4-6 取自：http://ganghua1960.blog.163.com/blog/static/16013326220117136270305/

图 4-7、图 4-8 取自：潘翎主编. 上海沧桑一百年（1843—1949）. 香港：海峰出版社，1994.

图 4-9 取自：http://zh.wikipedia.org/wiki/File:Zongli_Yamen.jpg

图 4-10 取自：http://photo.netor.com/photo/mempic_55685.html

图 4-11 取自：http://www.fjsen.com/c/2009-05-08/content_83259.htm

图 4-12 取自：http://mil.eastday.com/eastday/mil/node3042/node23983/userobject1ai337563.html

图 4-13 取自：http://www.tupain58.com/show-1-75-6209078k9cb1d557.html

图 4-14 取自：http://blog.sina.com.cn/s/blog_5948fef10100o8mk.html

图 4-15 取自：http://liuxue.people.com.cn/GB/1053/7748968.html

图 4-16～图 4-19 取自：万仁元主编. 袁世凯与北洋军阀. 台湾：台湾商务印书馆股份有限公司，1994.

图 4-20、图 4-21 取自：北京大学档案馆校史馆编著. 北京大学图史（1898—2008）. 北京：北京大学出版社，2010.

图 4-22 取自：http://www.360doc.com/content/12/0519/12/178233_212082367.shtml

图 4-23 取自：http://www.360doc.com/content/12/0519/12/178233_212082367.shtml

图 4-24～图 4-26 取自：唐振常主编. 近代上海繁华录. 台湾：台湾商务印书馆股份有限公司，1993.

图 4-27 取自：http://www.gzzxws.gov.cn/gzws../gzws/ml/hqcc/201107/t20110720_21511.htm

图 4-28 取自：http://blog.sina.com.cn/s/blog_4ecd5c400100z7a1.html

图 4-29 取自：http://www.yupoo.com/photos/la_noodle/albums/1577788/66383014/

图 4-30 取自：http://blog.sina.com.cn/s/blog_6179dc270100g25d.html

图 4-31、图 4-32 取自：潘翎主编. 上海沧桑一百年（1843—1949）. 香港：海峰出版社，1994.

图 4-33 取自：吕芳上主编. 百年锐于千载. 台北：国史馆，2011.

图 4-34 取自：http://www.ssrb.com.cn/News/China/2010/1114/125634.html

图 4-35 取自：陈潮著. 近代留学生. 香港：香港中和出版有限公司，2011.

图 4-36、图 4-37 取自：童明编. 赭石：童寯画纪. 南京：东南大学出版社，2012.

图 4-38 取自：http://www.3773.com.cn/pho/gx/46914.shtml

图 4-39 取自：http://blog.sina.com.cn/s/blog_4c217c490100xldh.html

图 4-40 取自：陆敏恂主编. 同济老照片. 上海：同济大学出版社，2007.

图 4-41、图 4-42 取自：唐振常主编. 近代上海繁华录. 台湾：台湾商务印书馆股份有限公司，1993.

图 4-43～图 4-57 取自：陈潮著. 近代留学生. 香港：香港中和出版有限公司，2011.

图 4-58 取自：http://zh.wikipedia.org/wiki/ 大政奉还

图 4-59、图 4-60 取自：http://ja.wikipedia.org/wiki/ 工部大学校

图 4-61 取自：http://en.wikipedia.org/wiki/Josiah_Conder_(architect)

图 4-62 取自：http://baike.baidu.com/view/7990812.htm

图 4-63～图 4-69 取自：http://www.globaluniversitiesranking.org/images/banners/top-100(eng).pdf

图 4-70 取自：http://ja.wikipedia.org/wiki/ 手岛精一

图 4-71 取自：http://ja.wikipedia.org/wiki/ 佐野利器

图 4-72、图 4-73 取自：徐苏斌著．近代中国建筑学的诞生．天津：天津大学出版社，2012.

图 4-74～图 4-79 取自：http://www.globaluniversitiesranking.org/images/banners/top-100(eng).pdf

图 4-80 取自：http://zh.wikipedia.org/wiki/File:Palace_of_Versailles.gif

图 4-81 取自：http://www.nipic.com/show/8926917.html

图 4-82 取自：sucai/15537328.html

图 4-83 取自：http://www.uutuu.com/fotolog/photo/155770/

图 4-84 取自：http://www.uutuu.com/fotolog/photo/155770/

图 4-86 取自：http://tz.soocang.com/content-93-28126-1.html

图 4-87 取自：http://blog.ifeng.com/article/32283569.html

图 4-88 取自：https://en.wikipedia.org/wiki/Tony_Garnier_(architect)

图 4-89～图 4-93 环取自：侯幼彬，李婉贞著．虞炳烈．北京：中国建筑工业出版社，2012.

图 4-94 取自：http://baike.baidu.com/link?url=zz9LoVl5I3BoY8RiYxHvLIbOEgEDHXUwRUTcKPn2_xVGyqwDKkSYgFZoSOF1tvdwhPDLmrlSqmMBWFHbkk4qda

图 4-95 取自：http://www.eduglobal.com/uk/Article/82870/

图 4-96 取自：http://school.nihaowang.com/10379.html

图 4-97 取自：http://www.ddove.com/old/picview.aspx?id=233449

图 4-98 取自：http://travel.sina.com.cn/view-youji/41347/

图 4-99 取自：吴启聪，朱卓雄著．建闻筑迹——香港第一代华人建筑师的故事．香港：经济日报出版社，2007.

图 4-100 取自：http://baike.baidu.com/link?url=6GJ7l6r04ZFibrWG6MBW35Wqds4yusVorSOWspvaWScDI5sk_YQZL-7RCe1DnpT7HrXOa6lQc_d5o9FfyZBp-q

图 4-101 取自：http://baike.baidu.com/link?url=6GJ7l6r04ZFibrWG6MBW35Wqds4yusVorSOWspvaWScDI5sk_YQZL-7RCe1DnpT7HrXOa6lQc_d5o9FfyZBp-q

图 4-102 取自：http://www.baike.com/wiki/麦金托什

图 4-103 取自：https://en.wikipedia.org/wiki/Charles_Rennie_Mackintosh

图 4-104 取自：http://tupian.baike.com/a0_20_03_013000001678821214460323862111_jpg.html

图 4-105 取自：http://de.hujiang.com/new/p472763/

图 4-106 取自：http://tieba.baidu.com/p/2116410080

图 4-107 取自：http://www.138top.com/dgdxpm-QSzxpm_1734_2408.html

图 4-108 取自：http://baike.sogou.com/v342829.htm?ch=ch.bk.innerlink

图 4-109 取自：http://www.youhuaaa.com/page/painter/show.php?id=277

图 4-110 取自：https://en.wikipedia.org/wiki/Karl_Friedrich_Schinkel

图 4-111 取自：https://en.wikipedia.org/wiki/Karl_Friedrich_Schinkel

图 4-112 取自：沈振森，顾放著．沈理源．北京：中国建筑工业出版社，2011.

图 4-114、图 4-115 取自：谈健，谈晓玲著．建筑家夏昌世．广州：华南理工大学出版社，2012.

图 4-118 取自：https://en.wikipedia.org/wiki/Benjamin_Henry_Latrobe

图 4-119 取自：http://en.wikipedia.org/wiki/Bank_of_Pennsylvania

图 4-120 取自：http://en.wikipedia.org/wiki/William_Strickland_(architect)

图 4-127 取自：http://en.wikipedia.org/wiki/American_Institute_of_Architects

图 4-128 取自：http://www.mit.edu

图 4-133、图 4-134 取自：童明编．赫石：童寯画纪．南京：东南大学出版社，2012.

图 4-138～图 4-140 取自：东南大学建筑系，东南大学建筑研究所编．杨廷宝建筑设计作品选．北京：中国建筑工业出版社，2001.

图 4-141、图 4-142 取自：刘怡，黎志涛著．中国当代杰出的建筑师 建筑教育家：杨廷宝．北京：中国建筑工业出版社，2006.

图 4-143 取自：娄承浩，陶祎珺著．陈植．北京：中国建筑工业出版社，2012.

图 4-144、图 4-145 取自：东南大学建筑系，东南大学建筑研究所编．杨廷宝建筑设计作品选．北京：中国建筑工业出版社，2001.

图 4-146～图 4-148 取自：童明编．赫石：童寯画纪．南京：东南大学出版社，2012.

图 4-149 取自：杨伟成主编．中国第一代建筑结构工程设计大师杨宽麟．天津：天津大学出版社，2011.

图 4-150 童取自：童明编．赫石：童寯画纪．南京：东南大学出版社，2012.

图 4-151 取自：杨伟成主编．中国第一代建筑结构工程设计大师杨宽麟．天津：天津大学出版社，2011.

图 4-152 取自：清华大学建筑学院编 . 建筑师林徽因 . 北京：清华大学出版社，2004.

图 4-153、图 4-154 取自：黎志涛著 . 杨廷宝 . 北京：中国建筑工业出版社，2012.

图 4-155 取自：童明编 . 赭石：童寯画纪 . 南京：东南大学出版社，2012.

图 4-156 取自：清华大学建筑学院编 . 建筑师林徽因 . 北京：清华大学出版社，2004.

图 4-157 取自：童明编 . 赭石：童寯画纪 . 南京：东南大学出版社，2012.

图 4-158 取自：清华大学建筑学院编 . 建筑师林徽因 . 北京：清华大学出版社，2004.

图 4-159 取自：赖德霖主编 . 近代哲匠录——中国近代重要建筑师、建筑师事务所名录 . 北京：中国水利水电出版社，知识产权出版社，2006.

图 4-160 取自：http://auction.99ys.com/preview/3026/4493/558596

图 4-161 取自：http://fkl0117.blog.163.com/blog/static/94321591200910141111716961/

图 4-162 取自：http://xcb.jssvc.edu.cn/News_View.asp?NewsID=1905

图 4-163 取自：侯幼彬，李婉贞著 . 虞炳烈 . 北京：中国建筑工业出版社，2012.

图 4-164 取自：赖德霖主编 . 近代哲匠录——中国近代重要建筑师、建筑师事务所名录 . 北京：中国水利水电出版社，知识产权出版社，

2006.

图 4-165 取自：http://www.szjs.com.cn/htmls/201112/55852.html

图 4-166 取自：http://www.360doc.com/content/14/0610/13/1978589_385378245.shtml

图 4-167 取自：http://blog.sina.com.cn/s/blog_5992bc5c0100j78i.html

图 4-168、图 4-169 取自：http://archives.xjtu.edu.cn/News/Show.asp?id=1404

图 4-170 取自：杨永生编 . 建筑百家回忆录 . 北京：中国建筑工业出版社，2000.

图 4-171 取自：http://archives.xjtu.edu.cn/News/Show.asp?id=1404

图 4-172 取自：潘谷西主编 . 1927—1997 东南大学建筑系成立七十周年纪念专集 . 北京：中国建筑工业出版社，1997.

图 4-173 取自：《中国建筑》，1933 年第 1 卷第 2 期 .

图 4-174 取自：费麟著 . 匠人钩沉录 . 天津：天津大学出版社，2010.

图 4-175～图 4-193 取自：《中国建筑》，1933 年第 1 卷第 1～6 期，1934 年第 2 卷第 1～12 期 .

图 4-194～图 4-196 取自：侯幼彬，李婉贞著 . 虞炳烈 . 北京：中国建筑工业出版社，2012.

图 4-197～图 4-206 取自：潘谷西主编 . 1927—1997 东南大学建筑系成立七十周年纪念专集 . 北京：中国建筑工业出版社，1997.

图 4-207 取自：吕芳上主编 . 百年锐于千载 . 台北：国史馆，2011.

图 4-208～图 4-211 取自：潘谷西主编 . 1927—1997 东南大学建筑系成立七十周年纪念专集 . 北京：中国建筑工业出版社，1997.

图 4-212 取自：http://www.kongfz.cn/8561747/

图 4-213、图 4-214 取自：北京大学档案馆校史馆编著 . 北京大学图史（1898—2008）. 北京：北京大学出版社，2010.

图 4-215 取自：林洙著 . 梁思成 . 北京：中国建筑工业出版社，2010.

图 4-216 取自：娄承浩，陶祎珺著 . 陈植 . 北京：中国建筑工业出版社，2012.

图 4-217～图 4-237 取自：《中国建筑》，1933 年第 1 卷第 1～6 期，1934 年第 2 卷第 1～12 期 .

图 4-238 取自：彭长歆，庄少庞编著 . 华南建筑 80 年，华南理工大学建筑学科大事记（1932—2012）. 广州：华南理工大学出版社，2012.

图 4-239 取自：广东省立勤勤大学教务处编 . 广东省立勤勤大学概览 . 广州：广东省立勤勤大学，1937.

图 4-240、图 4-241 取自：杜汝俭，陆元鼎等编 . 中国著名建筑师林克明 . 北京：科学普及出版社，1991.

图 4-242～图 4-252 取自：广东省立勤勤大学教务处编 . 广东省立勤勤大学概览 . 广州：广东省立勤勤大学，1937.

图 4-253 取自：彭长歆，庄少庞编著 . 华南建筑 80 年，华南理工大学建筑学科大事记（1932—2012）. 广州：华南理工大学出版社，2012.

图 4-254 取自：http://item.yhd.com/item/6233367?ref=ctg

图 4-255～图 4-257 取自：http://www.globaluniversitiesranking.org/images/banners/top-100(eng).pdf

图 4-258 取自：广东省立勤勤大学教务处编 . 广东省立勤勤大学概览 . 广州：广东省立勤勤大学，1937.

图 4-259～图 4-270 取自：《中国建筑》，1937 年第 29 期 .

图 4-271、图 4-272 取自：沪江大学校友会（上海）编 . 沪江大家庭（1906—1991）：沪江大学 85 周年纪念集 .

图 4-273～图 4-281 取自：宋昆主编 . 天津大学建筑学院院史 . 天津：天津大学出版社，2008.

图 4-282～图 4-318 取自：之江建筑学会年刊．之江建筑学会，1941.

图 4-319～图 4-325 取自：梁山，李坚，张克谟编．中山大学校史（1924—1949）．上海：上海教育出版社，1983.

图 4-326 取自：彭长歆，庄少庞编著．华南建筑 80 年：华南理工大学建筑学科大事记（1932—2012）．广州：华南理工大学出版社，2012.

图 4-327、图 4-328 取自：侯幼彬，李婉贞著．虞炳烈．北京：中国建筑工业出版社，2012.

图 4-329 取自：彭长歆，庄少庞编著．华南建筑 80 年：华南理工大学建筑学科大事记（1932—2012）．广州：华南理工大学出版社，2012.

图 4-330、图 4-331 取自：侯幼彬，李婉贞著．虞炳烈．北京：中国建筑工业出版社，2012.

图 4-332～图 4-335 取自：彭长歆，庄少庞编著．华南建筑 80 年：华南理工大学建筑学科大事记（1932—2012）．广州：华南理工大学出版社，2012.

图 4-336～图 4-340 取自：http://blog.sina.com.cn/s/blog_4e594dcb0100t7f8.html

图 4-341、图 4-342 取自：同济大学建筑与城市规划学院编．黄作燊纪念文集．北京：中国建筑工业出版社，2012.

图 4-343 取自：http://shopimg.kongfz.com.cn/20130714/1207884/1207884ivDHE0_b.jpg

图 4-344 取自：同济大学建筑与城市规划学院．黄作燊纪念文集．北京：中国建筑工业出版社，2012.

图 4-345 取自：陆敏恂主编．同济老照片．上海：同济大学出版社，2007.

图 4-346、图 4-347 取自：同济大学建筑与城市规划学院编．黄作燊纪念文集．北京：中国建筑工业出版社，2012.

图 4-348 取自：杨伟成主编．中国第一代建筑结构工程设计大师杨宽麟．天津：天津大学出版社，2011.

图 4-349 取自：陆敏恂主编．同济老照片．上海：同济大学出版社，2007.

5. 近代建筑相关执业形态的破啼而生

图 5-1～图 5-4 取自：曹焕旭著．中国古代的工匠．北京：商务印书馆，1996.

图 5-5 取自：http://epaper.hf365.com/jhcb/html/2010-09/14/content_317721.htm

图 5-6～图 5-9 取自：唐振常主编．近代上海繁华录．台湾：台湾商务印书馆股份有限公司，1993.

图 5-10～图 5-15 取自：娄承浩，薛顺生编著．上海百年建筑师和营造师．上海：同济大学出版社，2011.

图 5-16～图 5-20 取自：《中国建筑》，1933 年第 1 卷第 1～6 期、1934 年第 2 卷第 1～12 期．

图 5-21～图 5-30 取自：唐振常主编．近代上海繁华录．台湾：台湾商务印书馆股份有限公司，1993.

图 5-31 取自：http://zmbj.brtn.cn/20140320/ARTI1395302391545328.shtml

图 5-32 取自：http://www.lsqn.cn/LSJD/tuku/201112/296461.html

图 5-33 取自：http://travel.sina.com.cn/china/2013-07-10/1711199046.shtml

图 5-34 取自：http://travel.sina.com.cn/china/2013-07-10/1711199046.shtml

图 5-35 取自：http://business.sohu.com/20130805/n383407514.shtml

图 5-36、图 5-37 取自：潘翎主编．上海沧桑一百年（1843—1949）．香港：海峰出版社，1994.

图 5-38 取自：许善斌著．证照中国（1911—1949）．北京：新华出版社，2010.

图 5-39～图 5-52 作者拍摄

图 5-53 取自：万仁元主编．袁世凯与北洋军阀．台湾：台湾商务印书馆股份有限公司，1994.

图 5-54 取自：http://blog.sina.com.cn/s/blog_62053add0102vhwi.html

图 5-55 取自：赖德霖著．中国近代建筑史研究．北京：清华大学出版社，2007.

图 5-56～图 5-58 取自：万仁元主编．袁世凯与北洋军阀．台湾：台湾商务印书馆股份有限公司，1994.

图 5-59 取自：http://bbs.qianlong.com/thread-9144173-2-1.html

图 5-60 作者拍摄

图 5-61 取自：万仁元主编．袁世凯与北洋军阀．台湾：台湾商务印书馆股份有限公司，1994.

图 5-62 作者拍摄

图 5-63 取自：http://zh.wikipedia.org/wiki/File:Canton1860.jpg

图 5-64 取自：http://zh.wikipedia.org/wiki/File:Hankou_1930.jpg

图 5-65 取自：http://zh.wikipedia.org/wiki/File:Map_of_Hankow.jpg

图 5-66～图 5-68 取自：潘翎主编．上海沧桑一百年（1843—1949）．香港：海峰出版社，1994.

图 5-69 取自：http://www.njmgjz.cn/xzjz/b233

图 5-70 作者拍摄

图 5-71 取自：戈比意（Le Corbusier）著．明日之城市．卢毓骏译．上海：商务印书馆，1936.

图 5-72 取自：卢毓骏著．现代建筑．台北：华岗出版有限公司，1953.

图 5-73～图 5-77 取自：宋昆主编．天津大学建筑学院院史．天津：天津大学出版社，2008.

图 5-78、图 5-79 取自：万仁元主编．蒋介石与国民政府（上）．台湾：台湾商务印书馆股份有限公司，1994.

图 5-80～图 5-82 取自《中国建筑》1933 年第 1 卷第 6 期．

图 5-83、图 5-84 取自：（澳）丹尼森，（澳）广裕仁著．中国现代主义：建筑的视角与变革．吴真贞译．北京：电子工业出版社，2012.

图 5-85 取自：http://www.archives.sh.cn/shjy/shzg/201212/t20121219_37521.html

图 5-86 取自：http://www.997788.com/s_143_15859963/

图 5-87 取自：http://auction.artxun.com/pic-163206873-0.html

图 5-88 取自：http://fenlei.baike.com/ 天津租界建筑 /?prd=fenleishequ_zifenlei

图 5-89 取自：http://blog.sina.com.cn/s/blog_c24362a801011k7h.html

图 5-90 取自：http://baike.haosou.com/doc/6216822.html

图 5-91 取自：http://www.hosane.com/auction/detail/N12092246

图 5-92 取自：http://www.zhuokearts.com/artist/art_display.asp?keyno=63845

图 5-93 取自：邓明主编．上海百年掠影（1840S—1940S）．上海：上海人民美术出版社，1992.

图 5-94 取自：http://bbs.voc.com.cn/topic-5368303-1-1.html

图 5-95 取自：唐振常主编．近代上海繁华录．台湾：台湾商务印书馆股份有限公司，1993.

图 5-96 取自：邓明主编．上海百年掠影（1840S—1940S）．上海：上海人民美术出版社，1992.

图 5-97～图 5-99 取自：邓明主编．上海百年掠影（1840S—1940S）．上海：上海人民美术出版社，1992.

图 5-100 取自：潘翎主编．上海沧桑一百年（1843—1949）．香港：海峰出版社，1994.

图 5-101 取自：邓明主编．上海百年掠影（1840S—1940S）．上海：上海人民美术出版社，1992.

图 5-102 取自：唐振常主编．近代上海繁华录．台湾：台湾商务印书馆股份有限公司，1993.

图 5-103、图 5-104 取自：（澳）丹尼森，（澳）广裕仁著．中国现代主义：建筑的视角与变革．吴真贞译．北京：电子工业出版社，2012.

图 5-105 取自：唐振常主编．近代上海繁华录．台北：台湾商务印书馆股份有限公司，1993.

图 5-106、图 5-107 取自：（澳）丹尼森，（澳）广裕仁著．中国现代主义：建筑的视角与变革．吴真贞译．北京：电子工业出版社，2012.

图 5-108 取自：http://www.yupoo.com/photos/tingfairy/68329675/

图 5-109 取自：http://www.yupoo.com/photos/tingfairy/68329675/

图 5-110 取自：http://news.sina.com.cn/o/2012-03-01/032424037907.shtml

图 5-111 取自：http://blog.sina.com.cn/jonathanxie

图 5-112 取自：http://news.sina.com.cn/o/2012-03-01/032424037907.shtml

图 5-113 取自：http://www.youku.com/show_page/id_zccf4799a5fd511e4b2ad.html?from=y1.12-84

图 5-114 取自：http://news.cnool.net/0-1-24/64209/1.html

图 5-115 作者自制

图 5-116～图 5-123 取自：杨伟成主编．中国第一代建筑结构工程设计大师杨宽麟．天津：天津大学出版社，2011.

图 5-124～图 5-126 取自：费麟著．匠人钩沉录．天津：天津大学出版社，2010.

图 5-127、图 5-128 取自：http://book.kongfz.com/item_pic_4028_223968433/

图 5-129 取自：彭长歆，庄少庞编著．华南建筑 80 年，华南理工大学建筑学科大事记（1932—2012）．广州：华南理工大学出版社，2012.

6. 近代建筑组织、机构、团体与媒体的成形和效应

图 6-1 取自：http://news.163.com/07/0628/08/3I2GHPQJ00011247.html

图 6-2 取自：http://www.chinahexie.org.cn/a/meitichuban/pingmianmeiti/lilunqianyan/2011/0819/18695.html

图 6-3 取自：http://www.chinanews.com/cul/2010/11-03/2632056.shtml

图 6-4 取自：http://www.zgsd.net/channel2-p_140870.shtml

图 6-5 取自：http://www.ionly.com.cn/nbo/auction/ZuoPin.aspx?id=57685

图 6-6 取自：http://yz.sssc.cn/item/view/2033250

图 6-7 取自：http://blog.sina.com.cn/s/blog_51ec9abf0101rg9g.html

图 6-8　取自：http://www.library.sh.cn/news/list.asp?id=5775

图 6-9　取自：http://www.dfdaily.com/html/8762/2013/7/30/1042805.shtml

图 6-11　取自：钱海平等著. 中国建筑的现代化进程. 北京：中国建筑工业出版社，2012.

图 6-12 ～图 6-60 取自：《建筑月刊》1932 年第 1 卷第 1 ～ 2 期、1933 年第 1 卷第 3 ～ 12 期、1934 年第 2 卷第 1 ～ 12 期.

图 6-61 ～图 6-66 取自：杜彦耿编译. 英华、华英合解建筑辞典. 上海：上海市建筑协会，1936.

图 6-67 ～图 6-159 取自：《中国建筑》，1933 年第 1 卷第 1 ～ 6 期、1934 年第 2 卷第 1 ～ 12 期.

图 6-160 ～图 6-163 取自：《新建筑》，1933 年创刊号.

图 6-164、图 6-165　取自：彭长歆，庄少庞编著. 华南建筑 80 年：华南理工大学建筑学科大事记（1932—2012）. 广州：华南理工大学出版社，2012.

图 6-166 ～图 6-171 取自：《新建筑》，1933 年创刊号.

图 6-172 取自：http://blog.yahoo.com/_43BL53UVZCHMMR3OQFDGARMANA/articles/1040852/category/ 镍疯亚绢 +Those+were+the+Days

图 6-173 取自：http://amuseum.cdstm.cn/AMuseum/railway/tlsh/220310709.html

图 6-174、图 6-175　取自：《中华工程师学会会报》之目录与学会职员录.

图 6-176 ～图 6-197 取自：《工程》. 上海：中国工程师学会，1937.

图 6-198 ～图 6-201 取自：万仁元主编. 袁世凯与北洋军阀. 台湾：台湾商务印书馆股份有限公司，1994.

图 6-202 ～图 6-206 取自：http://blog.ifeng.com/6180618-2.html

图 6-207 ～图 6-212 取自：林洙著. 叩开鲁班的大门 中国营造学社史略. 北京：中国建筑工业出版社，1995.

图 6-213、图 6-214　取自：李诚编修 王云五主编. 国学基本丛书：营造法式. 台北：台湾商务印书馆，1956.

图 6-216 取自：http://book.kongfz.com/6713/134303218/

图 6-217 取自：http://archives.hainan.gov.cn/web/show_common/showItem.jsp?showId=25&itemId=486

图 6-218 取自：http://library.xmu.edu.cn/news/detail.asp?serial=28962

图 6-219 取自：http://www.1937china.org.cn/wwsc/jpdc/20130607/14073.shtml

图 6-220 取自：http://www.sgwritings.com/35857/viewspace_21297.html

图 6-221 取自：http://202.84.17.54/content/20090913/Articeldi07ban004BB.htm

图 6-222 取自：http://www.cq.xinhuanet.com/subject/2005/2005-08-04/content_4804318.htm

图 6-223、图 6-224 取自：http://sjtu.cuepa.cn/show_more.php?doc_id=488391

图 6-225 取自：http://tupian.baike.com/a1_93_06_01000000000000119080696475393_jpg.html

图 6-226 ～图 6-229 取自：http://www.archives.sh.cn/shjy/shsh/201209/t20120918_36525.html

图 6-230 ～图 6-247 取自：中华学艺社编. 学艺. 中华学艺社，1933.

图 6-248 取自：http://www.zgsd.net/p_132900.shtml

图 6-249 ～图 6-253 取自：http://www.kongfz.com

图 6-254 取自：http://www.kongfz.com

图 6-255 ～图 6-257 取自：华北建筑协会著.《华北建筑》. 北京：新民印书馆，1943.

图 6-258 取自：http://www.kongfz.com

图 6-259 ～图 6-263 取自：http://qhzk.lib.tsinghua.edu.cn/database/

7. 近代建筑思潮及风格之演变、现象、姿态与哲学观

图 7-1 ～图 7-335 作者拍摄

图 7-336 作者自制

参考文献

杂志

《中华工程师学会会报》，第 13 期第 9、10 期．上海：中华工程师学会，1926.

《中国建筑》，创刊号、第一卷第一期～第一卷第六期、第二卷第一期～第二卷第十一、十二期合刊、第 29 期．上海：中国建筑师学会，1932—1937.

《建筑月刊》第一卷第六期、第二卷第三期～第二卷第十期、第三卷第一期～第三卷第九期、第四卷第四期～第四卷第七期．上海：上海市建筑协会，1932—1936.

《工程》．上海：中国工程师学会，1937.

华北建筑协会著．《华北建筑》．北京：新民印书馆，1943.

《市政工程年刊》，1946 年第 2 期．中国市政工程学会，1946.

《建筑师》，第 1～49 期．北京：中国建筑工业出版社《建筑师》编辑部，1979—1992.

《建筑业导报》，第 326～329、332 期．北京：建筑业导报社，2004—2005.

图书

梁启超著．中国历史研究法．上海：中国书局，1936.

良友图书公司印．摩天楼．上海：良友图书公司，1936.

杜彦耿编译．英华、华英合解建筑辞典．上海：上海市建筑协会，1936.

广东省立勤勤大学教务处编．广东省立勤勤大学概览．广州：广东省立勤勤大学，1937.

中华学艺社编．学艺．中华学艺社，1933.

之江大学 28 级年刊．上海：之江大学年刊社，1939.

火永彰著．建筑图学．上海：商务印书馆，1941.

Percy Ash 著．建筑图案法．黄志劭译．上海：世界书局，1941.

唐英编著．房屋建筑学·住宅编．上海：商务印书馆，1941.

之江建筑学会年刊．之江建筑学会，1941.

王璧文著．中国建筑史．国立编译馆，1943.

刘汝醴译述．苏联艺术的发展．旅大中苏友好协会，1949.

吴延祺著．补习教育．台北：正中书局台湾书店，1954.

郑学稼著．第三国际兴亡史．香港：亚洲出版社有限公司，1954.

李诚编修，王云五主编．国学基本丛书：营造法式（五）．台北：台湾商务印书馆，1956.

李诚编修，王云五主编．国学基本丛书：营造法式（六）．台北：台湾商务印书馆，1956.

李诚编修，王云五主编．国学基本丛书：营造法式（七）．台北：台湾商务印书馆，1956.

李诚编修，王云五主编．国学基本丛书：营造法式（八）．台北：台湾商务印书馆，1956.

格里採夫斯基，康尼科夫著．房屋建筑学．徐经常译．上海：新科学书店，1954.

袁祖超著．中国报业小史．香港：新闻天地社，1957.

吴相湘编著．史地丛书．南京：台北：正中书局，1957.

卫聚贤著．中国考古学史．台北：台湾商务印书馆股份有限公司，1965.

马腾云主编．近代学人信札．台北：神州出版公司，1966.

蒋梦麟著．新潮．台北：传记文学出版社，1967.

凌鸿勋著．十六年筑路生涯．台北：传记文学出版社，1968.

陈启天著．近代中国教育史．台北：中华书局，1969.

吴相湘编著．民国人和事．台北：三民书局股份有限公司，1970.

范功勤著．正中文艺丛书：中华河山．台北：正中书局，1971.

卢毓骏著．中国建筑史及营造法．台北：中国文化学院建筑及都市计划学会，1971.

黄宝瑜著．中国建筑史．台北：国立编译馆，1973.

孙邦正编著．中国学制问题．台北：台湾商务印书馆股份有限公司．1973.

中山大学成立五十周年特刊编印委员会编．中山大学成立五十周年特刊．台北：中山大学校友会，1974.

陈赞昕编著．国史菁华．台北：世界书局，1976.

黄丽贞著．李渔．台北：河洛图书出版社，1978.

刘文潭著．艺术品味．台北：台湾商务印书馆股份有限公司．1978.

童寯著．新建筑与流派．北京：中国建筑工业出版社，1980.

童寯著．日本近现代建筑．北京：中国建筑工业出版社，1983.

梁山，李坚，张克谟编．中山大学校史（1924—1949）．上海：上海教育出版社，1983.

贺陈词译．近代建筑史．台北：茂荣图书有限公司，1984.

王立甫，李乾朗，郭肇立策划．台北建筑．台北：台北市建筑师公会，1985.

姚炎祥主编．哈尔滨建筑工程学院院史．黑龙江：哈尔滨市北方书局，1985.

左森，胡如光编．回忆北洋大学．天津：天津大学出版社，1985.

天津工商学院津沽大学校友会秘书处编．工商学院津沽大学天津校友通讯录，1985.

曾昭奋，张在元主编．当代中国建筑·第一卷．天津：天津科学技术出版社，1988.

陈从周，章明主编．上海近代建筑史稿．上海：上海三联书店，1988.

曾昭奋，张在元主编．当代中国建筑·第二卷．天津：天津科学技术出版社，1990.

天津工商学院津沽大学校友会秘书处编．工商学院津沽大学天津校友通讯录，1990.

高仲林主编．天津近代建筑．天津：天津科学技术出版社，1990．

杜汝俭，陆元鼎等编．中国著名建筑师林克明．北京：科学普及出版社，1991．

沪江大学校友会（上海）编．沪江大家庭（1906—1991）：沪江大学 85 周年纪念集．

费成康著．中国租界史．上海：上海社会科学院出版社，1991．

汪坦，张复合编．第三次中国近代建筑史研究讨论会论文集．北京：中国建筑工业出版社，1991．

邓明主编．上海百年掠影（1840S—1940S）．上海：上海人民美术出版社，1992．

天津工商学院津沽大学校友会秘书处编．工商学院津沽大学天津校友通讯录，1992．

唐振常主编．近代上海繁华录．台湾：台湾商务印书馆股份有限公司，1993．

南京中央大学校友联络处编．南京中央大学（1940—1945）校友通讯录，1993．

汪坦，张复合编．第四次中国近代建筑史研究讨论会论文集．北京：中国建筑工业出版社，1993．

万仁元主编．袁世凯与北洋军阀．台湾：台湾商务印书馆股份有限公司，1994．

万仁元主编．蒋介石与国民政府（上）．台湾：台湾商务印书馆股份有限公司，1994．

万仁元主编．蒋介石与国民政府（中）．台湾：台湾商务印书馆股份有限公司，1994．

万仁元主编．蒋介石与国民政府（下）．台湾：台湾商务印书馆股份有限公司，1994．

伊东忠太著．中国建筑史．陈清泉译补．台湾：台湾商务印书馆股份有限公司，1994．

潘翎主编．上海沧桑一百年（1843—1949）．香港：海峰出版社，1994．

张镈著．我的建筑创作道路．北京：中国建筑工业出版社，1994．

中大八十年校庆特刊编辑委员会编．中大八十年．桃园：中央大学，1995．

曹象先印赠．中央大学复校第一届毕业纪念刊．

林洙著．叩开鲁班的大门：中国营造学社史略．北京：中国建筑工业出版社，1995．

林克明著．世纪回顾——林克明回忆录．广州：广州市政协文史资料委员会编，1995．

刘其伟编译．近代建筑艺术源流．台北：六合出版社，1996．

中国建筑学会主编．中国著名建筑设计院优秀设计作品集．北京：中国建筑工业出版社，1996

《当代中国建筑师》丛书编委会编．当代中国建筑师·唐璞．北京：中国建筑工业出版社，1997．

同济大学建筑与城市规划学院编．同济大学建筑系选集：教师论文集．北京：中国建筑工业出版社，1997．

张兴国，谢吾同编．教师建筑与规划设计作品集．北京：中国建筑工业出版社，1997．

潘谷西主编．1927—1997　东南大学建筑系成立七十周年纪念专集．北京：中国建筑工业出版社，1997．

钟训正，鲍家声等编．教师设计作品集．北京：中国建筑工业出版社，1997．

王建国主编．杨廷宝建筑论述与作品选集．北京：中国建筑工业出版社，1997．

汪坦，张复合编．第五次中国近代建筑史研究讨论会论文集．北京：中国建筑工业出版社，1998．

杨永生，顾孟潮主编．20 世纪中国建筑．天津：天津科学技术出版社，1999．

《北京市建筑设计研究院成立 50 周年纪念集》编委会编．北京市建筑设计研究院成立 50 周年纪念集，1999．

郑时龄著．上海近代建筑风格．上海：上海教育出版社，1999．

董黎著．中国教会大学建筑研究．珠海：珠海出版社，1999．

杨永生著．建筑百家轶事．北京：中国建筑工业出版社，2000．

杨永生编．建筑百家回忆录．北京：中国建筑工业出版社，2000．

彭一刚著．感悟与探寻：建筑创作·绘画·论文集．天津：天津大学出版社，2000．

张燕主编．南京民国建筑艺术．南京：江苏科学技术出版社，2000．

杨永生．建筑百家回忆录．北京：中国建筑工业出版社，2000．

邹德侬著．中国现代建筑史．天津：天津科学技术出版社，2001．

东南大学建筑系，东南大学建筑研究所编．杨廷宝建筑设计作品选．北京：中国建筑工业出版社，2001．

张复合主编．中国近代建筑研究与保护（一）．北京：清华大学出版社，1999．

张复合主编．中国近代建筑研究与保护（二）．北京：清华大学出版社，2001．

张复合主编．中国近代建筑研究与保护（三）．北京：清华大学出版社，2003．

张复合主编．中国近代建筑研究与保护（四）．北京：清华大学出版社，2004．

张复合主编．中国近代建筑研究与保护（五）．北京：清华大学出版社，2006．

张复合主编．中国近代建筑研究与保护（六）．北京：清华大学出版社，2008．

张复合主编．中国近代建筑研究与保护（七）．北京：清华大学出版社，2010．

张复合主编．中国近代建筑研究与保护（八）．北京：清华大学出版社，2012．

卢海鸣，杨新华主编．南京民国建筑．南京：南京大学出版社，2001.

华南理工大学建筑学术丛书编辑委员会编．建筑系教师设计作品集．北京：中国建筑工业出版社，2002.

北京市规划委员会，北京城市规划学会．北京十大建筑设计．天津：天津大学出版社，2002.

邹德侬等著．中国现代建筑史．北京：机械工业出版社，2003.

杨秉德，蔡萌著．中国近代建筑史话．北京：机械工业出版社，2003.

王军著．城记．北京：生活·读书·新知三联书店，2003.

中国建筑设计研究院编．建筑师林乐义．北京：清华大学出版社，2003.

李海清著．中国建筑现代转型．南京：东南大学出版社，2004.

清华大学建筑学院编．建筑师林徽因．北京：清华大学出版社，2004.

《建筑创作》杂志社主编．北京建筑图说．北京：中国城市出版社，2004.

建筑师宋融编委会编．建筑师宋融．北京：中国城市出版社，2004.

刘景梁主编．天津建筑图说．北京：中国城市出版社，2004.

杨永生编．哲匠录．北京：中国建筑工业出版社，2005.

杨永生，刘叙杰，林洙著．建筑五宗师．天津：百花文艺出版社，2005.

《东亚三国的近现代史》共同编委会编．东亚三国的近现代史．香港：三联书局，2005.

陈玲，王迦南，蔡小丽编著．明信片清末中国．台北：究竟出版社，2005.

K·弗兰姆普敦著．20世纪建筑学的演变：一个概要陈述．张钦楠译．北京：中国建筑工业出版社，2005.

刘怡，黎志涛著．中国当代杰出的建筑师 建筑教育家杨廷宝．北京：中国建筑工业出版社，2006.

《建筑创作》杂志社主编．石阶上的舞者——中国女建筑师的作品与思想纪录．北京：中国建筑工业出版社，2006.

孙全文著．当代建筑思潮与评论．台北：田园城市文化事业有限公司，2006.

华揽洪著．重建中国．李颖译．华崇民编校．北京：三联书店，2006.

李怡著．现代性：批判的批判．北京：人民文学出版社，2006.

许善斌著．证照百年：旧纸片上的中国生活图景．北京：中国言实出版社，2006.

杨永生，王莉慧编．建筑史解码人．北京：中国建筑工业出版社，2006.

刘克峰编．dA ISSUE_06 FOCUS FLUIDITY 流动性．田园城市文化事业有限公司，2006.

赖德霖主编．王浩娱，袁雪平，司春娟编．近代哲匠录——中国近代重要建筑师、建筑事务所名录．北京：中国水利水

电出版社，2006.

许乙弘著．Art Deco的源与流——中西"摩登建筑"关系研究．南京：东南大学出版社，2006.

理查德·威斯顿著．建筑大师经典作品解读：平面·立面·剖面．牛海英，张雪珊译．大连：大连理工大学出版社，2006.

基朗·隆，罗伯特·贝文，凯斯特·罗腾贝李著．当代建筑大师．吕奕欣译．台湾：木马文化出版，2006.

赖德霖著．中国近代建筑史研究．北京：清华大学出版社，2007.

台北当代美术馆编．第二层皮肤：当代设计新肌体．台湾：典藏出版社，2007.

汤玛士豪菲著．设计小史．陈品秀译．台北：三言社，2007.

上海市历史博物馆编．武汉旧影．上海：上海世纪出版股份有限公司，上海古籍出版社，2007

陆敏恂主编．同济老照片．上海：同济大学出版社，2007.

王学哲，方鹏程著．勇往向前：商务印书馆百年经营史．台北：台湾商务印书馆股份有限公司，2007.

同济大学建筑与城市规划学院编．历史与精神：同济大学建筑与城市规划学院百年校庆纪念文集．北京：中国建筑工业出版社，2007.

谢至恺编著．图说香港殖民建筑．香港：共和媒体有限公司，2007.

赵冰主编．冯纪忠和方塔园．北京：中国建筑工业出版社，2007.

吴启聪，朱卓雄著．建闻筑迹——香港第一代华人建筑师的故事．香港：经济日报出版社，2007.

宋昆主编．天津大学建筑学院院史．天津：天津大学出版社，2008.

钱锋，伍江著．中国现代建筑教育史（1920—1980）．北京：中国建筑工业出版社，2008.

刘先觉，王昕编著．江苏近代建筑．南京：江苏科学技术出版社，2008.

邓庆坦著．中国近现代建筑历史整合研究论纲．北京：中国建筑工业出版社，2008.

伍江著．上海百年建筑史 1840—1949．第2版．上海：同济大学出版社，2008.

何伯英著．旧日影像：西方早期摄影与明信片上的中国．张关林译．上海：东方出版中心，2008.

安东尼·高迪．王晶译．北京：中国电力出版社，2008.

杰里米·梅尔文著．流派：建筑卷．王环宇译．北京：生活·读书·新知三联书店，2008.

建筑创作杂志社编．中国建筑设计三十年．天津：天津大学出版社，2009.

汤马士·豪菲著．DESIGN 设计小史．陈品秀译．台北：三言社，2009.

上海市文物管理委员会编．上海工业遗产实录．上海：上海交通大学出版社，2009.

中国建筑设计研究院编．建筑师龚德顺．北京：清华大学出

版社，2009.

沙永杰，纪雁，钱宗灏著．上海武康路：风貌保护道路的历史研究与保护规划探索．上海：同济大学出版社，2009.

BIAD传媒"建筑创作"杂志社编．建筑中国60年：作品卷．天津：天津大学出版社，2009.

BIAD传媒"建筑创作"杂志社编．建筑中国60年：人物卷．天津：天津大学出版社，2009.

BIAD传媒"建筑创作"杂志社编．建筑中国60年：机构卷．天津：天津大学出版社，2009.

郑时龄编．新中国新建筑六十年60人．南昌：江西科学技术出版社，2009.

薛求理著．建造革命—1980年以来的中国建筑．水润宇，喻蓉霞译．北京：清华大学出版社，2009.

邹德侬，王明贤，张向炜著．中国建筑60年（1949—2009）：历史纵览．北京：中国建筑工业出版社，2009.

罗兰·哈根伯格著．职业建筑家——20位日本建筑家侧访．王增荣译．台湾：田园城市文化，2009.

日本株式会社新建筑社编．日本新建筑1 绿色建筑．大连：大连理工大学出版社，2009.

昆明市规划局，昆明市规划编制与信息中心编．昆明市挂牌保护历史建筑．昆明：云南大学出版社，2010.

徐苏斌著．近代中国建筑学的诞生．天津：天津大学出版社，2010.

冯纪忠著．建筑人生——冯纪忠自述．北京：东方出版社，2010.

北京大学档案馆校史馆编著．北京大学图史（1898—2008）．北京：北京大学出版社，2010.

董黎著．中国近代教会大学建筑史研究．北京：科学出版社，2010.

陈伯超主编．沈阳城市建筑图说．北京：机械工业出版社，2010.

石安海主编．岭南近现代优秀建筑：1949—1990卷．北京：中国建筑工业出版社，2010.

胡月等著．百年衣裳：20世纪中国服装流变．北京：生活·读书·新知三联书店，2010.

林洙著．梁思成．北京：中国建筑工业出版社，2010.

费麟著．匠人钩沉录．北京：中国建筑工业出版社，2010.

许善斌著．证照中国（1911—1949）．北京：新华出版社，2010.

五十岚太郎著．关于现在建筑的16章．谢宗哲译．台北：田园城市文化，2010.

日本株式会社新建筑社编．日本新建筑2 日本青年建筑师．大连：大连理工大学出版社，2010.

魏枢著．"大上海计划"启示录：近代上海市中心区域的规划变迁与空间演进．南京：东南大学出版社，2011.

柴育筑著．宜人境筑的探索者——戴复东 吴卢生．上海：同济大学出版社，2011.

秦风老照片馆编，徐家宁撰文．近代中国的反光镜．桂林：广西师范大学出版社，2011.

中国教育报刊社组，西安建筑科技大学撰稿．西安建筑科技大学．重庆：重庆大学出版社，2011.

杨伟成主编．中国第一代建筑结构工程设计大师杨宽麟．天津：天津大学出版社，2011.

陈潮著．近代留学生．香港：香港中和出版有限公司，2011.

吕芳上主编．百年锐于千载．台北：国史馆，2011.

娄承浩，薛顺生编著．上海百年建筑师和营造师．上海：同济大学出版社，2011.

张辉主编．云南建筑百年：1911—2011．昆明：云南人民出版社，2011.

徐苏斌著．近代中国建筑学的诞生．天津：天津大学出版社，2012.

彭长歆著．现代性·地方性——岭南城市与建筑的近代转型．上海：同济大学出版社，2012.

钱海平等著．中国建筑的现代化进程．北京：中国建筑工业出版社，2012.

王河著．岭南建筑学派．北京：中国城市出版社，2012.

同济大学建筑与城市规划学院编．黄作燊纪念文集．北京：中国建筑工业出版社，2012.

童明编．赭石：童寯画纪．南京：东南大学出版社，2012.

同济大学建筑与城市规划学院编．黄作燊纪念文集．北京：中国建筑工业出版社，2012.

梁志敏著．广西百年近代建筑．北京：科学出版社，2012.

（澳）丹尼森，（澳）广裕仁著．中国现代主义：建筑的视角与变革．吴真贞译．北京：电子工业出版社，2012.

娄承浩，陶褴珺著．陈植．北京：中国建筑工业出版社，2012.

黎志涛著．杨廷宝．北京：中国建筑工业出版社，2012.

沈振森，顾放著．沈理源．北京：中国建筑工业出版社，2012.

同济大学建筑与城市规划学院编．吴景祥纪念文集．北京：中国建筑工业出版社，2012.

侯幼彬，李婉贞著．虞炳烈．北京：中国建筑工业出版社，2012.

林洙著．中国建筑名师丛书．梁思成：中国建筑工业出版社，2012.

梁志敏编．广西百年近代建筑．北京：科学出版社，2012.

杨永生口述，李鸽，王莉慧整理．缅述．北京：中国建筑工业出版社，2012.

杨永生著．建筑圈里的人与事．北京：中国建筑工业出版社，2012.

汉宝德著．建筑母语：传统、地域与乡愁．北京：天下远见出版股份有限公司，2012.

黄士娟著．建筑技术官僚与殖民地经营．台北：台北艺术大学，2012.

李开周著．民国房地产战争．上海：上海三联书店，2012.

谈健，谈晓玲著．建筑家夏昌世．广州：华南理工大学出版社，2012.

胡荣锦著．建筑家林克明．广州：华南理工大学出版社，2012．

陈周起著．建筑家龙庆忠．广州：华南理工大学出版社，2012．

潘小娴著．建筑家陈伯齐．广州：华南理工大学出版社，2012．

彭长歆，庄少庞编著．华南建筑80年：华南理工大学建筑学科大事记（1932—2012）．广州：华南理工大学出版社，2012．

新周刊编．民国范儿．桂林：漓江出版社，2012．

2011东亚现代建筑记录与维护国际研讨会论文集．台北：台湾博物馆，2012．

王煦，章开元，张静著．百年中国社会影像（1911—2011）．香港：三联书店，2013．

中国建筑工业出版社，《中国建筑文化遗产》编辑部编．建筑编辑家杨永生．北京：中国建筑工业出版社，2013．

网络

http://baike.baidu.com/view/4444036.htm?fr=aladdin

http://www.chinabaike.com/article/316/416/2007/20070506109657.html

http://baike.baidu.com/link?url=fe8JeWqTgq4lAC_kZngOW3UsNUf8O9EM3vR2DXeuqaAh9IEqd5d83-2kNzAtIJBK

http://epaper.timedg.com/html/2013-11/21/content_1225419.htm

http://bbs.tianya.cn/post-no05-162716-2.shtml

http://www.culturalink.gov.cn/portal/pubinfo/116026/20110608/138c2caea7394aeaa971f9f4ee84df05.html

http://baike.baidu.com/link?url=26GWOAcGgLgOVeNJ_xmPkZ9JwUGwGazP258J8WAGOs3fWWRSEwBmLGxGjjGvUO6K

http://www.sznews.com/culture/content/2011-03/31/content_5489310.htm

http://law.eastday.com/node2/node22/lhsb/node3835/node3848/u1a18989.html

http://baike.baidu.com/view/4648504.htm?fr=aladdin

http://huaxinmin.blog.163.com/blog/static/11890996420112235149196/

http://wenku.baidu.com/link?url=Awd5C5MYO13hpbiIjw1TEWcjwdt1ozzvU9VRUM6zDZqkybF13IHI_YMhym4fF2fND5M8rnpxqNQPJ5MeAutuCJyyIX6kEh2rG2bTtvzRBhC

http://zh.wikipedia.org/wiki/华南圭

http://baike.baidu.com/link?url=rl0IJpwIpydHvKfm6n2kGk2MslpAHkhCpxBqbCgglgc_ZrBCGtoOYXBh3uFlSND8NdMP_swOgb6PhvDNmWvrYK

http://www.zsnews.cn/Culture/2009/05/15/1105169.shtml

http://baike.baidu.com/view/5524130.htm?fr=aladdin

http://www.doc88.com/p-803812581165.html

http://www.ycwb.com/ePaper/ycwb/page/1/2009-08-23/B03/8421250951851979.pdf

http://www.chinajsb.cn/gb/content/2004-03/19/content_74283.htm

http://hzdaily.hangzhou.com.cn/hzrb/html/2014-02/13/content_1672515.htm

http://epaper.tianjinwe.com/tjrb/tjrb/2009-06/07/content_6589830.htm

http://blog.ifeng.com/article/1576610.html

http://www.tianjinwe.com/tianjin/tbbd/201009/t20100907_1683482.html

http://blog.sina.com.cn/s/blog_62ce80f90100nls1.html

http://cdmd.cnki.com.cn/Article/CDMD-10056-1011267663.htm

http://zh.wikipedia.org/wiki/范文照

http://baike.baidu.com/link?url=5oUfe6Qa7rMgOqFswjUwNUUcQYuT_gj6bNUqSxQLg2dR3gzRUip8s_tTZrjD3d37GpAvwYckPvnIX4gk1F_7Pq

http://www.scmp.com/frontpage/hk

http://www.washingtonpost.com/wp-dyn/content/article/2009/05/26/AR2009052603481.html

http://d.wanfangdata.com.cn/LocalChronicleItem_268885.aspx

http://www.yplib.org.cn/structure/jdsh/bnsz/gh_72932_1.htm

http://zh.wikipedia.org/wiki/大上海计划

http://whb.news365.com.cn/tp/201406/t20140627_1141202.html

http://d.wanfangdata.com.cn/Periodical_jzcz200806030.aspx

http://www.zhoushan.cn/zssq_new/zsrj/201309/t20130916_612183.htm

http://blog.sina.com.cn/s/blog_466163860102drxn.html

http://wenku.baidu.com/link?url=TdXi2x606h5mBWFfztCKy7e2o2IbXOAWqCycNzGRuBSJVbveFkxtAy21ae10VLaH5whjPrgh9J5JelY-7J2t2-5x2dtBM8ayLB3fQe7HNfe

http://baike.baidu.com/view/1531091.htm?fr=aladdin

http://zh.wikipedia.org/wiki/武汉大学历史

http://zh.wikipedia.org/wiki/武汉大学早期建筑

http://zh.wikipedia.org/zh-cn/李锦沛

http://baike.baidu.com/view/2624739.htm?fr=aladdin

http://www.chinajsb.cn/gb/content/2004-04/09/content_80429.htm

http://wuxizazhi.cnki.net/Sub/JZQY/a/JZYW201305024.html

http://www.shtong.gov.cn/node2/node2245/node73148/node73154/node73182/node73816/userobject1ai86829.html

http://zh.wikipedia.org/wiki/盧毓駿

http://www.docin.com/p-616299402.html

http://cdmd.cnki.com.cn/Article/CDMD-10497-1012403697.htm

http://wenku.baidu.com/link?url=G51BOd5r6joRLOIzMV1fyGSjOEi-nqSmbBD-1sYS55cAnFRCiLQDhCQ3zJsGwjfQQPvsfCEVNo1TK33FIxJKkn0N9tBuuGLaMEp82VCOYhu

http://cdmd.cnki.com.cn/Article/CDMD-10561-1013320269.htm

http://news.dayoo.com/guangzhou/201402/12/73437_34994148.htm

http://gzdaily.dayoo.com/html/2012-09/11/content_1889106.htm

http://news.sina.com.cn/o/2006-07-29/21589603071s.shtml

http://www.shtong.gov.cn/node2/node2245/node68930/node68942/node69106/node69110/userobject1ai67150.html

http://wenku.baidu.com/link?url=HIw9DSyzq2N71i1NCc3xvVfkTWbuS8FOgXaxfE3kGNyRgq1sZnMlGVErGebSSw4pWUwCmv9FUaGHJWADJKVoCxQA-YIt5_fmSXEnM--8q-C

http://wenku.baidu.com/link?url=qqm6i1n9Qg3oFReJzAqw70zJsOWQ9qwjMea5Wxuw4m_1mmUM1uYQsknKfQuJXzClwAHCwX5sWQPgoFR2cOBXQPKlq_kEGBUVVnWrqVpZ5tW

http://blog.163.com/ostrichruiken@126/blog/static/172613795201003021724800/

http://news.163.com/09/1122/17/5008V6AS000125LI.html

http://jb.sznews.com/html/2009-12/15/content_891628.htm

http://www.abbs.com.cn/newarch/read.php?cate=6&recid=16167

http://www.far2000.com/information/media/20121205/12052C1412012.html

http://baike.baidu.com/link?url=GslI9AeNik7f3oWjorMO-EPEeXFT6krGZEsajzoD2Zj63fm5LKOv4kGWBWZgOpe5MgdZOrdhlP8TBs9MXZHAXK

http://jigou.xauat.edu.cn/xajdb/xb/2006gq/751754/0902.htm

http://www.chinabaike.com/z/jz/dq/447502.html

http://wenku.baidu.com/link?url=JOPK4tI6anzR8pYrk3yuROWcnNjqh50ClucVmdZvZI1E8xxBo4R6IZL6EqIazzcix6Op4pNuWm5GLQmRqSXZfg4m8ohPA3bsFOX_s_MI8va

http://d.wanfangdata.com.cn/LocalChronicleItem_9118880.aspx

http://blog.tianya.cn/blogger/post_read.asp?BlogID=629724&PostID=49737221

http://www.abbs.com.cn/newarch/read.php?cate=6&recid=23645

http://blog.sina.com.cn/s/blog_470282950102dzhq.html

http://www.doc88.com/p-002207981071.html

http://xyh.hnu.cn/index.php?option=com_

content&view=article&id=930:2011-11-03-07-47-14&catid=14:2011-02-22-08-32-49&Itemid=12

http://www.docin.com/p-62527822.html

http://newsold.hnu.cn/showcontent/index.php?option=com_content&task=view&id=27253

http://xuewen.cnki.net/CJFD-NFJZ403.009.html

http://news.sina.com.cn/s/2005-11-29/09327569830s.shtml

http://zh.wikipedia.org/wiki/刘敦桢

http://baike.baidu.com/link?url=sALnZ9j23q5EHQFyKYwnlRa4VlQPBe6SsnbUQaWEN7R42tjFmavV1fgfnBGD6tk439A_IC17WBBn6MJo5-rgpa

http://baike.baidu.com/link?url=ZVMwWsmeA15eImrlQlaQbO4GA8o5hJcYn2NnGPekg1X5OBrtT_1Fgl9SAxRbZ3syQPiFcHWCUjpzx5tytnqZQa

http://www.kongfz.cn/4539560/

http://www.kongfz.cn/2991514/

http://shszx.eastday.com/node2/node4810/node4851/zhxw/u1ai56437.html

http://www.niwota.com/submsg/319639/

http://zh.wikipedia.org/wiki/涌泉坊

http://blog.sina.com.cn/s/blog_4886b5700100be99.html

http://tianjin.enorth.com.cn/system/2004/12/22/000929671.shtml

http://tianjin.enorth.com.cn/system/2004/08/13/000842078.shtml

http://bbs.hupu.com/4822976-8.html

http://zh.wikipedia.org/wiki/朱彬_（建築師）

http://hd.stheadline.com/living/living_content.asp?contid=8580&srctype=g

http://baike.baidu.com/link?url=PGf--MbWeDXxZlA3FjQgVjG8pHKe-RuhfLhrCZ89ok_zfIAmnL3P9q4n6iXrTQqwAmjKxvanbHrEg4CH3s_2Xq

http://fjrb.fjsen.com/fjrb/html/2012-03/10/content_310961.htm

http://www.abbs.com.cn/newarch/read.php?cate=6&recid=2258

http://wenku.baidu.com/link?url=ZxTZ7nx3pVw381na9KDNhUc07hfplcsctZQstY7rVBAnoo6u_5HJb_wTyx92kD-I_vueR33xjYy6Amv4sbPc12J0YqPOcRIyaXXJ30BBtXy

http://news.ifeng.com/mainland/detail_2012_06/11/15190324_0.shtml

http://news.swjtu.edu.cn/shownews-655.html

http://www.xinhuanet.com/chinanews/2004-10/28/content_3116146.htm

http://dz.xdkb.net/old/html/2009-09/06/content_71414498.htm

http://blog.sina.com.cn/s/blog_635934790100mdq2.html

http://baike.baidu.com/link?url=i2mdGx66qEp9eC

lUhaN7iCy1upMhGjd-BQ2_e_p4BVXfRq-vdEAMfNeNdL-
t2S7ZV4nOi8XpDMIqorKaYUVvxa

http://culture.people.com.cn/GB/40462/40463/3298101.
html

http://www.whplan.cn/city/18qi/hq11.aspx

http://www.google.com.hk/
books?id=THdbAAAAIAAJ&lr=&hl=zh-CN

http://baike.baidu.com/link?url=bUP9wejCubTFRaG1hjuJ
bFVDVH3Rs4a9WTO7qK9OwZ730L_3bLpX2BcfEeabfqHMWsQfIsx
jB-1XqHsU_f8a3a

http://baike.baidu.com/subview/128058/6028482.
htm?fr=aladdin

http://zh.wikipedia.org/wiki/童寯

http://wenku.baidu.com/link?url=u_dXL6t74FZmEEH2CaQ
hjFDZie1vKWYxIrkMdMRgOjF9_r1ySLMuSMbUU8FM3vO9kHCO-
OnZCcD1_7D1BStOGcyV-h1DmysaEihiLLDB1Dm

http://finance.jwb.com.cn/art/2011/3/31/
art_542_133087.html

http://dag.usst.edu.cn/s/11/t/63/43/e1/info17377.htm

http://zh.wikipedia.org/wiki/南京博物院

http://www.xici.net/d181318962.htm

http://www.njmuseum.com/zh/nb/content/content_426.
html

http://wenku.baidu.com/link?url=OD_TkT-MYbr4Mn25bXxt
16WjvPKAsW3KqlcaMW15nQ41TgzFZpx191RPjh-nIUpcz78_5gby
w92ygJQynJoGkEBLO5ddzPkwDxO2bdTI9Ha

http://zh.wikipedia.org/wiki/鄔勵德

http://baike.baidu.com/link?url=OtbAG9uUbDWih1V2n6qp
2u40Q2oDb1WR4kep4TfjReXtLVVcQOK5nrTxticS4AQc

http://www.abbs.com.cn/topic/read.
php?cate=2&recid=21182

http://d.wanfangdata.com.cn/Thesis_Y372459.aspx

http://daotin.com/forum.php?mod=viewthread&tid=51528

http://wenku.baidu.com/link?url=2yZsFX9LE19S1MfrhTx3
Eaneww9duLN5RwNwoyuajWe4-n_f3GIuDsPi06LXNigVc1b676Mo
DmpJeMXpSKV_4xtuV8LaIfO1J8EfNU1JfvC

http://www.doc88.com/p-302883775839.html

http://paper.wenweipo.com/2008/12/27/FC0812270003.
htm

http://book.kongfz.com/item_pic_4028_223968433/

http://wb.sznews.com/html/2010-03/21/
content_1003627.htm

http://blog.sina.com.cn/s/blog_47103df60100009c.html

http://wenku.baidu.com/link?url=BzPOSK9ZCRr2Qn31nYdo
SQtrNY3xO5opL5pbOZL34HGUYOVVxdVduJH1RgMSKJOwvG2PP16t
2nzB5vB1Wu81rFT1UJhsSExsNdROrLqB-EK

http://today.hit.edu.cn/
articles/2005/03-16/03163753.htm

http://cdmd.cnki.com.cn/Article/CDMD-10497-
1013296348.htm

http://baike.baidu.com/link?url=75ekBkTZbVHLkAF6QW
nrse3w9S5BT12Jz5MTYhmkksm8ZAKckK3Tox98f7x5J1AVUD_
f6w2Zvwjc_ryxw31ZMq

http://www.tongji.edu.cn/~archives/newsfiles/xw172.
htm

http://www.douban.com/note/218935025/

http://wuxizazhi.cnki.net/Search/SDJZ199902018.html

作者简介

黄元炤

2010 年 任《城市·环境·设计》杂志（UED）特约编辑
2012 年 任《世界建筑导报》杂志（AW）专栏作家
2012 年 于"中国建筑新闻网"开设"专家专栏"
2013 年 毕业于北京大学建筑学研究中心
2013 年 执教于北京建筑大学建筑设计艺术（ADA）研究中心，担任中国现代建筑历史研究所主持人
2014 年 任《世界建筑导报》杂志（AW）编委
2014 年 任《住区》杂志（Community Design）专栏作家
2014 年 起在北京大学、北京建筑大学、北京服装学院、天津大学讲授关于中国近当代建筑历史研究系列课程与讲座

主要学术专著：

01.《20 中国当代青年建筑师》（中国建筑工业出版社，2011 年 3 月出版）
02.《流向：中国当代建筑 20 年观察与解析（1991—2011）上、下册》（江苏人民出版社，2012 年 1 月出版）
03.《当代建筑师访谈录》（中国建筑工业出版社，2014 年 10 月出版）
04.《范文照》（中国近代建筑师系列）（中国建筑工业出版社，2015 年 6 月出版）
05.《柳士英》（中国近代建筑师系列）（中国建筑工业出版社，2015 年 6 月出版）

主要学术合著：

《恩施民居》（中国建筑工业出版社，2011 年 5 月出版）

主要学术论文：

01. 黄元炤，"中国近代建筑史论"研究专栏：妥协与坚持中的挣扎探索——柳士英设计思想演变，《ABITARE·住》亚洲中文版杂志，2010/01—02（双月刊），017 期

02. 黄元炤，中国当代私有化建筑执业领域的兴起与演变：一个概要综述与图表分析研究，《城市·环境·设计》杂志（UED），2010/02＋03 合刊，041 期

03. 黄元炤，"中国近代建筑史论"研究专栏：理性而充满魅力的盒子——范文照的现代主义实践，《ABITARE·住》亚洲中文版杂志，2010/03—04（双月刊），018 期

04. 黄元炤，本土代表性建筑师的延伸与解析：当"本土设计"的崔愷遇到"失重下的创意"的孟建民所产生的对比性与设计走向，《城市·环境·设计》杂志（UED），2010/04，042 期

05. 黄元炤，"中国近代建筑史论"研究专栏："住"在"现代"——董大酉，《ABITARE·住》亚洲中文版杂志，2010/05—06（双月刊），019 期

06. 黄元炤，"中国近代建筑史论"研究专栏：现代主义的集合体——哈雄文·黄毓麟，《ABITARE·住》亚洲中文版杂志，2010/07—08（双月刊），020 期

07. 黄元炤，"中国近代建筑史论"研究专栏：从里弄到公寓——黄元吉，《ABITARE·住》亚洲中文版杂志，2010/09—10（双月刊），021 期

08. 黄元炤，"中国近代建筑史论"研究专栏：从中西合璧到轻工业厂房——奚福泉，《ABITARE·住》亚洲中文版杂志，2010/11—12（双月刊），022 期

09. 黄元炤，中国国有（公有）设计院执业型态的观察、演变与解析，《城市·环境·设计》杂志（UED），2010/12，049 期

10. 黄元炤，远藤秀平——从唯物论的工业性到唯心论的自然性的演变，《城市·环境·设计》杂志（UED），2011/07，054 期

11. 黄元炤，启蒙与实践：民国前后的中国近代建筑，《艺术与设计》杂志，2011 年第 9 期

12. 黄元炤，传统与现代的辩证，《建筑中国周刊》，NO：102

13. 黄元炤，"建筑史话"研究专栏：阎子亨："现代主义"之路的探索者，《世界建筑导报》杂志（AW），2012:02（双月刊），144 期

14. 黄元炤，"建筑史话"研究专栏：沈理源：摆荡于"古典"与"折中"之间，《世界建筑导报》杂志（AW），2012:03（双月刊），145 期

15. 黄元炤，"建筑史话"研究专栏：李锦沛：在"现代主义"基础上的"装饰艺术"，《世界建筑导报》杂志（AW），2012:04（双月刊），146 期

16. 黄元炤，"建筑史话"研究专栏：庄俊：旧时代，中产阶级的贵气"古典"与"现代"功能，《世界建筑导报》杂志（AW），2012:05（双月刊），147 期

17. 黄元炤，"建筑史话"研究专栏：过养默：简化的过渡——一股时代的潮流与趋势，《世界建筑导报》杂志（AW），2012:06（双月刊），148 期

18. 黄元炤，"建筑史话"研究专栏：杨锡镠：中国近代的三栖建筑人（建筑师、教师、杂志发行人与报纸专刊主编），《世界建筑导报》杂志（AW），2013:01（双月刊），149 期

19. 黄元炤，"建筑史话"研究专栏：贝寿同：让监狱走向"现代化"的近代建筑家，《世界建筑导报》杂志（AW），2013:02（双月刊），150 期

20. 黄元炤，事说昕语第二季：图像化的城市还是人性化的城市？，《建筑技艺》杂志（AT），2013/01，总 214 期

21. 黄元炤，"建筑史话"研究专栏：陆谦受：对"古典"和"折中"缄默、号召朝向"现代"，《世界建筑导报》杂志（AW），2013:03（双月刊），151 期

22. 黄元炤，"建筑史话"研究专栏：赵深："中规中矩"、"平易朴实"的设计姿态，《世界建筑导报》杂志（AW），2013:04（双月刊），152 期

23. 黄元炤，"建筑史话"研究专栏：杨润玉：旧时代住宅设计的经典与范例，《世界建筑导报》杂志（AW），2013:05（双月刊），153 期

24. 黄元炤，"建筑史话"研究专栏：杨锡宗：近代，从景观设计切入建筑设计的翘楚，《世界建筑导报》杂志（AW），2013:06（双月刊），154 期

25. 黄元炤，从"不内化"到"内化"的小天地——由《胜景·几何》个展（微展）观察李兴钢的创作发展，《建筑技艺》杂志（AT），2013/05，总 218 期

26. 黄元炤，崔愷的"30 年"与崔愷工作室的"10 年"的"沃土"耕耘——由"十年·耕耘"展观察崔愷的创作发展，《建筑技艺》杂志（AT），2013/06，总 219 期

27. 黄元炤，李兴钢创作中的四格——"能品"、"妙品"和"神品"，及迈向"逸品"的出格，《城市空间设计》杂志（URBAN FLUX），2013/06，总 84 期

28. 黄元炤，"建筑史话"研究专栏：基泰工程司（上）：从"开拓"到趋于"稳定"的阶段（1920—1930）（津京、时期），《世界建筑导报》杂志（AW），2014:01（双月刊），155 期

29. 黄元炤，"建筑史话"研究专栏：基泰工程司（下）："稳定"、"转折"、"战时"与"战后"的阶段（1930—1949），及"分路"后（1949—），《世界建筑导报》杂志（AW），2014:02（双月刊），156 期

30. 黄元炤，"建筑史话"研究专栏：华盖建筑（上）：从共同"任教"到"创建"、"执业"的初期阶段（1928—1933），《世界建筑导报》杂志（AW），2014:03（双月刊），157 期

31. 黄元炤，"建筑史话"研究专栏：华盖建筑（下）："稳定拓展"、"战时"与"战后"阶段（1935—1951），"联合顾问"（1951—1952）及"分路"后（1952—），《世界建筑导报》杂志（AW），2014:04（双月刊），158 期

32. 黄元炤，"建筑史话"研究专栏：兴业建筑：倾向于"现代建筑"的试验与操作，《世界建筑导报》杂志（AW），2014:05（双月刊），159 期

33. 黄元炤，"缺席的建筑"研究专栏：中国近代建筑：缺席与无声于"世界"的老房子，《住区》杂志（Community Design），2014/05（双月刊），总第 63 期

34. 黄元炤，"建筑史话"研究专栏：范文照：对"新（现代）建筑"救赎与理解的过程，《世界建筑导报》杂志（AW），2014:06（双月刊），160 期

35. 黄元炤，"建筑史话"研究专栏：柳士英：厌恶繁琐装饰，崇尚"现代建筑"，《世界建筑导报》杂志（AW），2015:01（双月刊），161 期

36. 黄元炤，"缺席的建筑"研究专栏：冷战时期的苏联现代建筑，《住区》杂志（Community Design），2015/01（双月刊），总第 65 期

37. 黄元炤，"建筑史话"研究专栏：董大酉：面对现实、拥抱"现代建筑"的设计姿态，《世界建筑导报》杂志（AW），2015:02（双月刊），162 期

38. 黄元炤，"建筑史话"研究专栏：奚福泉：简单又平实的设计姿态，契合于"现代建筑"，《世界建筑导报》杂志（AW），2015:03（双月刊），163 期

主要报纸文章：

01. 黄元炤，中国当代建筑实践演变，《中华建筑报》，2011/07/26
02. 黄元炤，成长中的当代中国建筑师，《中华建筑报》，2011/10/25
03. 黄元炤，立足于土地的理性思维与思考的崔愷，《中华建筑报》，2012/08/28

黄元炤
Huang Yuanzhao